输变电技术常用
国家标准汇编

电力线路卷

中国标准出版社　编

中国标准出版社

北　京

图书在版编目(CIP)数据

输变电技术常用国家标准汇编.电力线路卷/中国标准
出版社编.—北京:中国标准出版社,2019.11
ISBN 978-7-5066-9447-6

Ⅰ.①输… Ⅱ.①中… Ⅲ.①输电技术—国家标
准—汇编—中国②变电所—国家标准—汇编—中国③输
配电线路—国家标准—汇编—中国 Ⅳ.①TM72-65
②TM63-65

中国版本图书馆 CIP 数据核字(2019)第 155739 号

中国标准出版社出版发行
北京市朝阳区和平里西街甲 2 号(100029)
北京市西城区三里河北街 16 号(100045)

网址 www.spc.net.cn
总编室:(010)68533533 发行中心:(010)51780238
读者服务部:(010)68523946
中国标准出版社秦皇岛印刷厂印刷
各地新华书店经销

*

开本 880×1230 1/16 印张 59.75 字数 1 801 千字
2019 年 11 月第一版 2019 年 11 月第一次印刷

*

定价 305.00 元

出 版 说 明

  电力工业是国民经济和社会发展的重要基础产业。电力工业的快速发展,有力地支持了国民经济和社会的发展。随着电力需求的日益增长,输变电技术不断发展变化,电网安全愈发得到重视,节能减排日益受到关注,电源结构不断进行调整,电力设施陆续新建,老设备也不断得到更新改造,各种新技术的应用日益广泛。

  近年来,我国有关部门也在不断制定和修订相关方面的国家标准,为电网建设和运行的各有关部门的科研技术人员提供系统的、完整的具有实用价值的技术资料。

  为满足电力系统工程技术人员和科技管理人员对标准的需求,我们对输变电技术常用的国家标准进行了收集整理。《输变电技术常用国家标准汇编》汇集了2019年5月底我国有关部门发布的现行有效的电网运行和建设方面的国家标准。本套汇编所收的标准按专业分类编排,分13卷出版,包括有:基础与安全卷、电力线路卷、电力变压器卷、继电保护与自动控制卷、低压装置卷、高压输变电卷、特高压技术卷、断路器卷、电力金具与绝缘子卷、带电作业卷、设备用油卷、节能管理卷、互感器与电抗器卷。

  本卷为电力线路卷,共收入该领域的国家标准共57项。

  本汇编在使用时请读者注意以下几点:

  1. 由于标准的时效性,汇编所收录的标准可能会被修订或重新制定,请读者使用时注意采用最新的有效版本。

  2. 鉴于标准出版年代不尽相同,对于其中的量和单位不统一之处及各标准格式不一致之处未做改动。

  本套汇编为电力行业工程技术人员和管理人员提供准确、系统、实用的技术资料,也是标准化工作者常用的重要资料。

  本套汇编在选编过程中得到电力行业有关人员的大力支持,在此特表感谢。本书编纂仓促,不妥之处请读者批评指正。

编 者

2019 年 5 月

目　　录

ICS 29.060
K 13

中华人民共和国国家标准

GB/T 3048.1—2007
代替 GB/T 3048.1—1994

电线电缆电性能试验方法
第 1 部分：总则

Test methods for electrical properties of electric cables and wires—
Part 1：General

2007-12-03 发布　　　　　　　　　　　　　　2008-05-01 实施

中华人民共和国国家质量监督检验检疫总局
中国国家标准化管理委员会　发布

1

前　言

GB/T 3048《电线电缆电性能试验方法》分为 14 个部分：
——第 1 部分：总则；
——第 2 部分：金属材料电阻率试验；
——第 3 部分：半导电橡塑材料体积电阻率试验；
——第 4 部分：导体直流电阻试验；
——第 5 部分：绝缘电阻试验；
——第 7 部分：耐电痕试验；
——第 8 部分：交流电压试验；
——第 9 部分：绝缘线芯火花试验；
——第 10 部分：挤出护套火花试验；
——第 11 部分：介质损耗角正切试验；
——第 12 部分：局部放电试验；
——第 13 部分：冲击电压试验；
——第 14 部分：直流电压试验；
——第 16 部分：表面电阻试验。

本部分为 GB/T 3048 的第 1 部分。

本部分代替 GB/T 3048.1—1994《电线电缆电性能试验方法　总则》。本次修订按照 GB/T 1.1—2000《标准化工作导则　第 1 部分：标准的结构和编写规则》对本部分进行了调整。

本部分与 GB/T 3048.1—1994 相比主要变化如下：
——标准的英文名称改为"Test methods for electrical properties of electric cables and wires—Part 1:General"；
——本部分的总体结构和编排按 GB/T 1.1—2000 进行了修改：
1)　第 1 章为"范围"(1994 年版的第 1 章；本版的第 1 章)；
2)　第 2 章为"术语和定义"(1994 年版的第 5 章；本版的第 2 章)；
3)　第 3 章为"试验的一般规定"(1994 年版的第 4 章；本版的第 3 章)；
4)　第 4 章为"实现规定的目的"(1994 年版的第 3 章；本版的第 4 章)；
5)　第 5 章为"试验设备的校准"(1994 年版的第 6 章；本版的第 5 章)；
——在第 1 章"范围"中删除了包含要求的部分(1994 年版的第 1 章；本版的第 1 章)；
——删除了"引用标准"(1994 年版的第 2 章；本版无)；
——在第 2 章"术语和定义"中调整了大部分内容(1994 年版的第 5 章；本版的第 2 章)；
——在第 3 章"试验的一般规定"中补充了更为明确的要求，并规定了基准试验方法(1994 年版的第 4 章；本版的 3.3～3.6)；
——在第 5 章"试验设备的校准"中补充了相应规定(1994 年版的第 6 章；本版的第 5 章)。

本部分由中国电器工业协会提出。

本部分由全国电线电缆标准化技术委员会归口。

本部分起草单位：上海电缆研究所。

本部分主要起草人：万树德、余震明、夏凯荣、朱中柱、金标义。

本部分所代替标准的历次版本发布情况为：GB 3048.1—1983、GB/T 3048.1—1994。

电线电缆电性能试验方法
第1部分:总则

1 范围

GB/T 3048 的本部分规定了电线电缆电性能试验的术语和定义、试验的一般规定、实现规定的目的和试验设备的定期校准。

根据有关电线电缆标准规定,GB/T 3048 后续部分规定的各项试验方法,适用于各种类型电线电缆及材料的电性能试验。

2 术语和定义

下列术语和定义适用于 GB/T 3048 的本部分。

2.1

试样的环境条件化处理 environmental conditions of specification

在规定的温度下,规定的时间内,置试样于规定相对湿度的环境中或浸在水或其他规定的液体中。

2.2

标准参考环境 reference standard environment

在任何环境条件下所测得的值,经计算可以校正到某一特定环境下的值,这一特定环境条件称为标准参考环境。

标准参考大气条件为:

温度:$t_0 = 20$℃;

气压:$b_0 = 101.3$ kPa;

绝对湿度:$h_0 = 11$ g/m³。

2.3

重复性 repeatability

在相同测量条件下,对同一被测物理量进行连续多次测量所得结果之间的一致性。

注 1:这些条件称为"重复性条件"。

注 2:重复性条件包括:

——相同的测量程序;

——相同的观测者;

——在相同的条件下使用相同的测量仪器;

——相同地点;

——在短时间内重复测量。

注 3:重复性可以用测量结果的分散性定量地表示。

注 4:重复性用在重复性条件下,重复观测结果的实验标准差(称为重复性标准差)S_r 定量地给出。

注 5:重复观察中的变动性,是由于所有影响结果的影响量不能完全保持恒定而引起的。

2.4

再现性 reproducibility

在改变了的测量条件下,同一被测物理量的测量结果之间的一致性。

注 1:在给出再现性时,应有效说明改变条件的详细情况。

注 2:可改变的条件包括:

——测量原理;

———测量方法；

———观测者；

———测量仪器；

———参考测量标准；

———地点；

———使用条件；

———时间。

注3：再现性可用测量结果的分散性定量地表示。

注4：测量结果在这里通常理解为已修正结果。

注5：在再现性条件下,再现性用重复观测结果的实验标准差(称为再现性标准差)S_R定量地给出。

2.5

校准　calibration

在规定条件下,为确定测量仪器、测量系统的示值、实物量具或标准物质所代表的值与相对应的由参考标准确定的量值之间关系的一组操作。

注1：校准结果可用以评定测量仪器、测量系统或实物量具的示值误差,或给任何标尺上的标记赋值。

注2：校准也可用以确定其他计量特性。

注3：可将校准结果记录在有时称为"校准证书"或"校准报告"的文件上。

注4：有时用修正值或"校准因子"或"校准曲线"表征校准结果。

3　试验的一般规定

3.1　除有关标准中另有规定,试验一律在环境温度(室温)下进行。

3.2　除非产品标准中另有规定,型式试验时,试样应进行环境条件化处理至少16 h,环境条件按有关标准规定。

3.3　GB/T 3048没有规定全部的试验条件以及全部试验要求,它们应在有关电缆产品标准中加以规定。

GB/T 3048规定的任何试验要求可以在有关电缆产品标准中加以修改,以适应特殊类型电缆的需要。

3.4　GB/T 3048规定的试验方法首先是作为型式试验用的,除非产品标准中另有规定,抽样试验和例行试验中也应采用。某些试验项目的型式试验和经常进行的试验(如例行试验)的条件有本质上的区别,GB/T 3048已指明了这些区别。

3.5　除非产品标准中另有规定,型式试验和抽样试验时,三芯及以下的电缆每芯均应取样,超过三芯的电缆应取三个芯的试样,如多芯电缆各芯颜色不同时,应取不同颜色的试样。

3.6　GB/T 3048后续部分中,对于同一试验项目有一种以上的试验方法(含不同的测试原理、不同的试样环境条件化处理和不同的试样制备方法)时,分为基准试验方法和常规试验方法,两种方法均适用于正常电缆产品的检验,检验者可根据具体条件采用。但有争议时应以基准试验方法为准。

4　实现规定的目的

GB/T 3048后续部分除应符合本部分第3章"试验的一般规定"外,还应规定试验设备、试样制备和试验程序,实现这些规定的主要目的是：

a)　使试验结果具有较好的重复性和再现性；

b)　使试样在实施试验前和试验中,因环境条件引起的性能变化,能被限制在确定的和一致的条件范围内。

5 试验设备的校准

凡对检验的准确性或有效性有影响的试验设备,在投入使用前必须进行校准。

凡是进行电线电缆产品特殊检验的试验设备,应按检定方法标准校准。

为确定试验设备处于预期使用要求的状态,应按规定进行定期校准。

———————————

ICS 29.060
K 13

中华人民共和国国家标准

GB/T 3048.2—2007
代替 GB/T 3048.2—1994

电线电缆电性能试验方法
第 2 部分：金属材料电阻率试验

Test methods for electrical properties of electric cables and wires—
Part 2: Test of electrical resistivity of metallic materials

(IEC 60468:1974, Method of measurement of resistivity
of metallic materials, MOD)

2007-12-03 发布　　　　　　　　　　　　　　　2008-05-01 实施

中华人民共和国国家质量监督检验检疫总局
中国国家标准化管理委员会　发布

7

前　言

GB/T 3048《电线电缆电性能试验方法》分为 14 个部分:
——第 1 部分:总则;
——第 2 部分:金属材料电阻率试验;
——第 3 部分:半导电橡塑材料体积电阻率试验;
——第 4 部分:导体直流电阻试验;
——第 5 部分:绝缘电阻试验;
——第 7 部分:耐电痕试验;
——第 8 部分:交流电压试验;
——第 9 部分:绝缘线芯火花试验;
——第 10 部分:挤出护套火花试验;
——第 11 部分:介质损耗角正切试验;
——第 12 部分:局部放电试验;
——第 13 部分:冲击电压试验;
——第 14 部分:直流电压试验;
——第 16 部分:表面电阻试验。
本部分为 GB/T 3048 的第 2 部分。

本部分修改采用 IEC 60468:1974《金属材料电阻率的测量方法》(英文版)。

本部分的结构符合 GB/T 1.1—2000《标准化工作导则　第 1 部分:标准的结构和编写规则》,并与 GB/T 3048 的其他部分相协调。在附录 A 中列出了本部分章条编号与 IEC 60468:1974 章条编号的对照一览表。

考虑到检测技术的发展和测量的实际需要,在采用 IEC 60468:1974 时,本部分做了一些修改,有关技术性差异已编入正文中并在它们所涉及的条文的页边空白处用垂直单线标识;这些技术差异如下:

——按照 GB/T 1.1—2000 规定的标准结构和与 GB/T 3048 其他部分协调统一的原则,本部分增加了第 2 章"规范性引用文件"和第 4 章"试验设备";

——IEC 60468:1974 中除表 1 列出各参数测量的允许误差范围外,在标准条文中相关部分还重复表述,本部分对此进行了整合,以减少不必要的重复;

——在本部分第 3 章"术语和定义"中补充 3.5"惠斯顿电桥"和 3.6"凯尔文电桥",以与本部分 6.2.1 中电阻测量的"两点法"和"四点法"相对应;

——增加第 4 章"试验设备",以完善对于电阻、长度、质量、温度等测量仪器和设备的要求。还在 4.1 中补充了"也可使用电桥以外的其他仪器",主要是为纳入近年来广泛应用的高精度数字式直流电阻测试仪;

——在本部分第 5 章"试样制备"中补充 5.5 以规范"基准试验"中对所制备试样的处理方式;

——本部分将 IEC 60468:1974 中分别表述的第 6 章"基准方法"和第 7 章"常规方法"两章合并为一章,即本部分的第 6 章"试验程序"。本部分统一地在第 6 章中对这两种试验方法分别作出规定;

——考虑到试验的实际操作情况和新技术的发展,本部分作了下述更改:

1)　由于现在温度控制技术的提高,本部分的 6.1.2 和 6.1.3 对于 IEC 60468:1974 中规定分别为(15～25)℃和(10～35)℃的"基准试验"和"常规试验"试样测试温度控制范围做了较

大的修改,分别改为(20±0.1)℃和(20±5)℃,使其更接近标准温度 20℃;

2) 本部分补充 6.4.1.1 和 6.4.1.2,给出简单截面试样的截面积计算公式,并规定了取"π"值的有效位数;

——IEC 60468:1974 的 6.2.6 中指出,对于较小的温差($t-t_0$)数值来说,线膨胀温度系数"γ"是比电阻温度系数小得多的参数,在相关公式中可不必将"γ"包括进去。与 IEC 60468:1974 相比,本部分规定的测试温度更接近标准温度 20℃(t_0),因此在第 7 章"试验结果及计算"的 7.1 中明确"γ"可忽略不计,这适用于所有相关的计算,并具有足够的准确度。

为便于使用,对于 IEC 60468:1974,本部分还做了下列编辑性修改:

——用小数点"."代替作为小数点的逗号",";

——删除了国际标准的前言;

——增加了资料性附录 A 以指导使用。

本部分代替 GB/T 3048.2—1994《电线电缆电性能试验方法 金属导体材料电阻率试验》。本次修订按照 GB/T 1.1—2000 对本部分进行了调整。

本部分与 GB/T 3048.2—1994 相比主要变化如下:

——标准的中文名称改为"电线电缆电性能试验方法 第 2 部分:金属材料电阻率试验";

——标准的英文名称改为"Test methods for electrical properties of electric cables and wires—Part 2:Test of electrical resistivity of metallic materials";

——本部分的总体结构和编排按 GB/T 1.1—2000 进行了修改:

1) 第 1 章为"范围"(1994 年版的第 1 章;本版的第 1 章);

2) 第 2 章为"规范性引用文件"(1994 年版的第 2 章;本版的第 2 章);

3) 第 3 章为"术语和定义"(1994 年版的第 3 章;本版的第 3 章);

4) 第 4 章为"试验设备"(1994 年版的第 4 章;本版的第 4 章);

5) 第 5 章为"试样制备"(1994 年版的第 5 章;本版的第 5 章);

6) 第 6 章为"试验程序"(1994 年版的第 6 章;本版的第 6 章);

7) 第 7 章为"试验结果及计算"(1994 年版的第 7 章;本版的第 7 章);

8) 第 8 章为"试验记录"(1994 年版的第 8 章;本版的第 8 章);

——在第 1 章"范围"中修改了本部分的适用范围,将"仲裁试验"和"例行试验"改为"基准试验"和"常规试验"(1994 年版的第 1 章;本版的第 1 章);

——在第 3 章"术语和定义"中按 GB/T 2900.4《电工术语 电工合金》进行编辑性修改,并补充了直流电桥的条目(1994 年版的第 3 章;本版的第 3 章、3.5、3.6);

——在第 4 章"试验设备"中进行了必要的整合(1994 年版的 4.1、5.2.2;本版的 6.2.2、4.2);

——在第 5 章"试样制备"中合并了对试样的"形状"和"特性"的分别要求,进行了统一的综合规定,并补充了试样的特殊制备方式(1994 年版的第 5 章;本版的第 5 章、5.5);

——在第 6 章"试验程序"中作了下述修改:

1) 不再对"常规试验"做单独的要求,而与"基准试验"合并进行统一的综合规定(1994 年版的第 6 章;本版的第 6 章);

2) 补充了简单截面导体试样的截面积计算公式(1994 年版无;本版的 6.4.1.2、6.4.1.3);

3) 对试样温度作了更严格的规定(1994 年版的 6.2.1、6.9.1;本版的 6.1.2、6.1.3);

——在第 7 章"试验结果及计算"中确认本部分规定的测试温度下,计算公式中的线膨胀温度系数"γ"可忽略不计并具有足够的准确度(1994 年版的 7.3;本版的 7.1);

——在第 8 章"试验记录"中修改了部分要求,删除了"试验报告"的提法,统一规范为"试验记录"(1994 年版的第 8 章、8.2;本版的第 8 章、8.2)。

本部分的附录 A、附录 B、附录 C 和附录 D 为资料性附录。

本部分由中国电器工业协会提出。

本部分由全国电线电缆标准化技术委员会归口。

本部分起草单位：上海电缆研究所。

本部分主要起草人：万树德、夏凯荣、余震明、沈建华。

本部分所代替标准的历次版本发布情况为：GB 3048.2—1983、GB/T 3048.2—1994。

电线电缆电性能试验方法
第2部分:金属材料电阻率试验

1 范围

GB/T 3048 的本部分规定了金属材料电阻率试验的术语和定义、试验设备、试样制备、试验程序、试验结果及计算和试验记录。

本部分规定的试验方法适用于测定实心(非绞合)铜、铝及其合金金属导体材料和电阻材料的体积电阻率和质量电阻率,以及测定实心金属导体材料(均匀截面积)的单位长度电阻。

本部分所提供的方法为测定标准条件下电阻率在$(0.01\sim2.0)\Omega\cdot mm^2/m(\mu\Omega\cdot m)$范围内的实心(非绞合)材料电阻率的基准试验和常规试验方法。

本部分应与 GB/T 3048.1 一起使用。

2 规范性引用文件

下列文件中的条款通过 GB/T 3048 的本部分的引用而成为本部分的条款。凡是注日期的引用文件,其随后所有的修改单(不包括勘误的内容)或修订版均不适用于本部分,然而,鼓励根据本部分达成协议的各方研究是否可使用这些文件的最新版本。凡是不注日期的引用文件,其最新版本适用于本部分。

GB/T 1214 游标卡尺

GB/T 1216 外径千分尺(neq ISO 3611)

GB/T 3048.1 电线电缆电性能试验方法 第1部分:总则

3 术语和定义

下列术语和定义适用于 GB/T 3048 的本部分。

3.1

体积电阻率 volume resistivity

单位长度、单位截面积导体的电阻,在标准温度导体的体积电阻率用公式(1)计算:

$$\rho_V(t_0)=\frac{A(t_0)}{l_1(t_0)}\cdot R(t_0) \quad\cdots\cdots\cdots\cdots\cdots\cdots\cdots\cdots\cdots(1)$$

式中:

$\rho_V(t_0)$——在标准温度 t_0 时的体积电阻率,单位为欧米($\Omega\cdot m$);

$A(t_0)$——在标准温度 t_0 时的试样的截面积,单位为平方米(m^2);

$l_1(t_0)$——在标准温度 t_0 时的试样的标长,单位为米(m);

$R(t_0)$——在标准温度 t_0 时的试样标长两端间的电阻,单位为欧(Ω)。

3.2

质量电阻率 mass resistivity

单位长度、单位质量导体的电阻,在标准温度导体的质量电阻率用公式(2)计算:

$$\rho_m(t_0)=\frac{m}{l_2(t_0)}\cdot\frac{R(t_0)}{l_1(t_0)} \quad\cdots\cdots\cdots\cdots\cdots\cdots\cdots\cdots\cdots(2)$$

式中:

$\rho_m(t_0)$——在标准温度 t_0 时的质量电阻率,单位为欧千克每平方米($\Omega\cdot kg/m^2$);

m——试样质量,单位为千克(kg);

$l_2(t_0)$——在标准温度 t_0 时的试样的总长,单位为米(m);

$R(t_0)$——在标准温度 t_0 时的试样标长两端间的电阻,单位为欧(Ω);

$l_1(t_0)$——在标准温度 t_0 时的试样的标长,单位为米(m)。

3.3

单位长度电阻　resistance per unit length

导体在标准温度下单位长度的电阻值用公式(3)计算:

$$R_1(t_0) = \frac{R(t_0)}{l_1(t_0)} \quad\quad\quad\quad\quad\quad\quad\quad\cdots\cdots\cdots\cdots\cdots\cdots\cdots\cdots(3)$$

式中:

$R_1(t_0)$——在标准温度 t_0 时单位长度的电阻,单位为欧每米(Ω/m);

$R(t_0)$——在标准温度 t_0 时试样标长两端间的电阻,单位为欧(Ω);

$l_1(t_0)$——在标准温度 t_0 时试样的标长,单位为米(m)。

3.4

国际退火铜标准导电率百分数　conductivity per cent IACS

本部分的表1转录了已规定在 IEC 60028:1925《铜电阻的国际标准》中的国际退火铜标准(简称 IACS)的体积电阻率和质量电阻率的数值。IEC 60028 把商业退火铜的导电率规定为20℃时标准退火铜导电率的百分数,导电率是电阻率的倒数。它假定商业退火铜的密度与标准退火铜的密度相同,从而不论导电率是质量导电率值还是体积导电率值,都无关紧要。但是从1925年以来,其他金属的导电率普遍采用 IACS 表示。由于其他金属的密度和铜的密度可能不同,在这些情况下,不论是体积的还是质量的,都需要规定导电率的基准。IACS 体积导电率百分数或者 IACS 质量导电率百分数,定义为国际退火铜标准规定电阻率(不论是体积的或者质量的)对相同单位的试样电阻率之比乘以100。

注:标准退火铜和商用纯铝排、硬拉铝线及退火铝线的其他特性值可参见附录B。

表 1　与 IACS 相当电阻率数值

20℃时的导电率(%IACS)		100.00
体　积　电　阻　率	Ω·m	$1.724\ 1 \times 10^{-8}$
	Ω·mm²/m(μΩ·m)	0.017 241
质　量　电　阻　率	Ω·kg/m²	$1.532\ 8 \times 10^{-4}$
	Ω·g/m²	0.153 28

3.5

惠斯登电桥　Wheatstone bridge

惠斯登电桥即单臂电桥,测量电阻时只有两个触点,称为两点法。

3.6

凯尔文电桥　Kelvin bridge

凯尔文电桥即双臂电桥,测量电阻时有四个触点,称为四点法。

4　试验设备

4.1　电阻测量系统可使用直流电桥。只要总测量误差符合表2规定,也可使用电桥以外的其他仪器。如根据直流电流-电压降直接法原理,并采用了四端测量技术,具有高精度的数字式直流电阻测试仪。

4.2　电阻测量专用夹具:两电位点之间的标距长度应不小于0.3 m,其他尺寸应与试验设备相适应。

4.3　游标卡尺:(1 000±0.1)mm,符合 GB/T 1214 规定。

　　杠杆千分尺:表头示值误差应不超过 1 μm,符合 GB/T 1216 规定。

4.4 精密天平:分度值为 0.1 mg。

4.5 温度计:示值误差应不超过 0.1℃。

4.6 精密恒温油浴(基准试验时):(20±0.1)℃。

5 试样制备

5.1 试样应无接头,试样表面应无裂纹和缺陷,横向尺寸为 1 mm 及以上的试样用肉眼检查,小于 1 mm 的试样用 20 倍放大镜检查。

试样表面,特别是在与电流和电位接头接触的表面上,应基本无斑疤、灰尘和油污。必要时,在测量试样尺寸之前应清洗干净。

5.2 试样为截面大致均匀的任何形状的杆材、线材、带材、排或管材等,其表面应光滑。沿试样标距长度以相等间距分 5 次或更多次所测得的横截面,其相对标准偏差在基准试验时应不超过 1%,常规试验时应不超过 2%。

5.3 测定单位长度的质量时,试样的两端应呈平面且垂直于纵轴,试样表面应无毛刺、飞边和弧边(锯齿状边)。

5.4 从大块材料中截取的试样,应注意在制备试样时防止材料性能发生明显变化。塑性变形会使材料加工变硬,电阻率增加;加热会使材料退火,电阻率减小。

5.5 必要时,基准试验用试样应按下述方法制备:试样经酸洗并加工至标称直径为 2 mm,去油污,经 (500~550)℃保护性气氛中退火 30 min,然后在同一保护气氛中快速冷却或在空气中快速转移到水中冷却。

6 试验程序

6.1 一般规定

6.1.1 本部分规定两种试验方法:基准试验方法和常规试验方法。用基准试验方法测量体积电阻率的允许总误差范围是±0.25%,质量电阻率及单位长度电阻的允许总误差范围是±0.20%。用常规试验方法测量体积电阻率的允许总误差范围是±0.65%,质量电阻率的允许总误差范围是±0.45%,单位长度电阻的允许总误差范围是±0.40%。为计算所需的每种物理量的每次测定,要求精密和准确,使按附录 D 所述计算的总误差不超过上述界限。如果各个测量值的精密度和准确度在表 2 规定的误差范围内,则此总误差规定是可以达到的。基准试验和常规试验的标准温度都是 20℃。

6.1.2 基准试验的试样应置于(20±0.1)℃的精密恒温油浴。在整个试验过程中,温度的测量和控制应符合表 2 规定。

6.1.3 常规试验的试样应在(20±5)℃恒温条件下测量,试样在测试前应置于温度符合试验要求的实验室中至少 1 h,或放入油浴,温度的测量和控制应符合表 2 规定。

表 2 允许测量误差

项目名称	基准试验	常规试验
长度	±0.05%	±0.10%
电阻	±0.15%	±0.30%
截面积	±0.15%	±0.50%
使用已知试样密度:		
空气中的质量	±0.05%	±0.10%
试样长度	±0.05%	±0.20%
试样密度	±0.12%	±0.45%
使用流体秤重:		
空气中的质量	±0.04(d_L/d_S)%	±0.30(d_L/d_S)%

表2(续)

项目名称	基准试验	常规试验
液体中的质量	$\pm0.08[d_L/(d_S-d_L)]\%$	$\pm0.30[d_L/(d_S-d_L)]\%$
液体密度	$\pm0.08\%$	$\pm0.20\%$
温度引起的总误差	$\pm0.06\%$	$\pm0.25\%$
温度控制	$\pm0.04\%(0.1\,℃)$	$\pm0.15\%(0.4\,℃)$
温度校准	$\pm0.04\%$	$\pm0.15\%$
总误差		
体积电阻率	$\pm0.25\%$	$\pm0.65\%$
质量电阻率	$\pm0.20\%$	$\pm0.45\%$
单位长度电阻	$\pm0.20\%$	$\pm0.40\%$

注:误差分析参见附录D。

6.2 电阻测量

6.2.1 被测试样电阻为 $10\ \Omega$ 及以下(应不小于 $10\ \mu\Omega$)者应采用四点法,如凯尔文电桥;电阻大于 $10\ \Omega$ 者可采用两点法,如惠斯顿电桥;常规试验时,试样电阻大于 $1\ \Omega$ 者允许采用两点法。

6.2.2 电阻测量系统的总误差包括:标准电阻的校准误差、试样和标准电阻的比较误差、接触电势和热电势引起的误差、测量电流引起的试样发热误差。基准试验和常规试验时电阻测量系统的误差应符合表2规定。

6.2.3 四点法测量(采用四端夹具)时,电位接触点应由相当锋利的刀刃构成,且互相平行,均垂直于试样纵轴,接点也可以是锐利的针状接点。每个电位接点与相应的电流接点之间的距离应不小于试样断面周长的1.5倍。

6.2.4 使用凯尔文双臂电桥时,标准电阻和试样间的跨线电阻应明显地既小于标准电阻,又小于试样电阻。否则,应采取适当方法予以补偿,如引线补偿,使线圈和引线阻值比例达到足够平衡,使跨线电阻的影响降低到保证电桥准确度符合规定的要求。

6.2.5 应注意消除由于接触电势和热电势引起的测量误差。可采用电流换向法,读取一个正向读数和一个反向读数,取算术平均值。也可以采用平衡点法(补偿法),检流计接入电路后,在电流不闭合的情况下调零,达到闭合电流时检流计上基本观察不到冲击。

6.2.6 在满足试验系统灵敏度要求的情况下,应尽量选择最小的测试电流,以免引起过大的温升。当用比测试电流大40%的电流所测得的电阻平均值超过测试电流所测平均值的0.06%时,则认为温升过大,试验无效,应选择更小的测试电流。

6.3 长度测量

在试验温度 t 时测定试样两电位点之间的标距长度 $l_1(t)$,测量误差应符合表2规定。

6.4 截面积测量

6.4.1 计算法

6.4.1.1 简单截面的试样,其截面积可以合理的从线性截面尺寸计算得出。测定尺寸时应沿试样的计量长度以大约相等的间距至少测量五次,计算出算术平均值。平均值的标准偏差与平均值自身的比值应不超过 $\pm15\%$。

6.4.1.2 圆形截面试样,按公式(4)计算截面积。

$$A(t) = \frac{\pi}{4} \cdot d^2 \qquad\qquad\cdots\cdots\cdots\cdots\cdots\cdots(4)$$

式中:

$A(t)$——在试验温度 t 时试样的截面积,单位为平方毫米(mm^2);

π——圆周率,取 3.141 6;

d——试样直径平均值,单位为毫米(mm)。

6.4.1.3 扁线截面试样,按公式(5)计算截面积。

$$A(t) = \delta \cdot b - 0.858r^2 \qquad \cdots\cdots\cdots\cdots\cdots\cdots(5)$$

式中:

δ——试样厚度平均值,单位为毫米(mm);

b——试样宽度平均值,单位为毫米(mm);

r——扁线圆角半径,单位为毫米(mm)。

6.4.2 称重法

截面比较复杂的试样,当直接测量并计算出的截面积的误差不符合表2规定时,截面积应采用秤重法按公式(6)确定。

$$A(t) = \frac{m}{l_2(t)d_S(t)} \cdot 10^3 \qquad \cdots\cdots\cdots\cdots\cdots\cdots(6)$$

式中:

m——试样质量,单位为克(g);

$l_2(t)$——试验温度 t 时的试样的总长,单位为米(m);

$d_S(t)$——试验温度 t 时的试样密度,单位为千克每立方米(kg/m³)。

质量、总长度、密度的测量误差应符合表2规定。

6.5 质量测量

应注意减小试样在空气中称重的误差,以满足公式(6)的要求。必要时,应按公式(7)校准空气浮力:

$$m = \frac{m_A d_S(d_W - d_A)}{d_W(d_S - d_A)} \qquad \cdots\cdots\cdots\cdots\cdots\cdots(7)$$

式中:

m_A——在空气中测定的视在质量,单位为克(g);

d_S——试样密度,单位为千克每立方米(kg/m³);

d_W——砝码密度,单位为千克每立方米(kg/m³);

d_A——空气密度,1.2 kg/m³。

6.6 密度测量

6.6.1 当不知试样密度或试样密度误差不符合表2规定时,应在空气中和已知密度的液体中称重测定试样密度。可用试样直接测定,也可用与试样密度相同的试件测定。空气和液体的试验温度选择应能使对流所引起的误差减小到最低限度。

6.6.2 在液体中称重时,液体温度的均匀性应保证液体密度的误差应符合表2规定。

在液体中悬挂试样的挂线应尽可能的细,空气中称重时,挂线的延长部分应浸入同一液体中,以消除表面张力的影响。挂线直径超过0.05 mm时,应用直径为其两倍的挂线进行第二次称重,两次称重的质量差应不超过试样在液体中视在质量的 $\pm 0.01[d_L/(d_S-d_L)]$%。

用水作液体时,应加入适量的浸润剂,按重量计应不超过0.03%,并注意在称重前基本去除试样表面的全部气泡。

6.6.3 试样密度按公式(8)计算确定:

$$d_S = \frac{m_A d_L(t) - m_L(t)d_A}{m_A - m_L(t)} \qquad \cdots\cdots\cdots\cdots\cdots\cdots(8)$$

式中:

$d_L(t)$——试验温度 t 时的液体密度,单位为千克每立方米(kg/m³);

$m_L(t)$——在液体中测定的试样视在质量,单位为克(g)。

注:采用此法测定密度时,截面积的误差取决于 $m_A(d_S/d_L)$ 和 $m_L(d_S-d_L)/d_L$ 的误差,故允许误差按这些数值的倒数百分比予以规定。参见附录D。

7 试验结果及计算

7.1 温度换算

考虑到电阻及线性尺寸都随温度而变化,计算时应将试验温度 t 时测得的数值换算到标准温度 t_0,本部分规定的 t_0 值为 20℃。下列各公式中,温差 $(t-20)$ 与试样电阻温度系数误差的乘积应符合表 2 规定。

因本部分规定的测试温度接近 20℃,在 $(t-20)$ 较小时,试样线膨胀温度系数"γ"比电阻温度系数"α_{20}"小得多,"γ"可忽略不计。这适用于下列各种计算情况,并具有足够的准确度。

7.2 电阻计算

设试样的电阻与温度呈线性变化,电阻按公式(9)计算:

$$R_{20} = \frac{R(t)}{1 + \alpha_{20}(t - 20)} \quad\quad\quad\cdots\cdots\cdots\cdots\cdots\cdots\cdots(9)$$

式中:

R_{20}——20℃时试样的标长两端间的电阻,单位为欧(Ω);

$R(t)$——试验温度 t 时试样的标长两端间的电阻,单位为欧(Ω);

α_{20}——20℃时试样的电阻温度系数,1/℃。

7.3 单位长度电阻计算

标准温度 20℃时的单位长度电阻按公式(10)计算:

$$R_{l20} = \frac{R_1(t)}{1 + (\alpha_{20} - \gamma)(t - 20)} \quad\quad\quad\cdots\cdots\cdots\cdots\cdots\cdots(10)$$

式中:

R_{l20}——20℃时单位长度电阻,单位为欧每米(Ω/m);

$R_1(t)$——试验温度 t 时试样单位长度电阻,单位为欧每米(Ω/m);

γ——线膨胀温度系数,1/℃。

7.4 体积电阻率计算

标准温度 20℃时的体积电阻率按公式(11)计算:

$$\rho_{V20} = \frac{\rho_V(t)}{1 + (\alpha_{20} + \gamma)(t - 20)} \quad\quad\quad\cdots\cdots\cdots\cdots\cdots\cdots(11)$$

式中:

ρ_{V20}——20℃时试样的体积电阻率,单位为欧米($\Omega \cdot m$);

$\rho_V(t)$——试验温度 t 时试样的体积电阻率,单位为欧米($\Omega \cdot m$)。

7.5 质量电阻率计算

标准温度 20℃时的质量电阻率按公式(12)计算:

$$\rho_{m20} = \frac{\rho_m(t)}{1 + (\alpha_{20} - 2\gamma)(t - 20)} \quad\quad\quad\cdots\cdots\cdots\cdots\cdots(12)$$

式中:

ρ_{m20}——20℃时试样的质量电阻率,单位为欧千克每平方米($\Omega \cdot kg/m^2$);

$\rho_m(t)$——试验温度 t 时试样的质量电阻率,单位为欧千克每平方米($\Omega \cdot kg/m^2$)。

7.6 线性尺寸和截面积计算

当测量试样总长度和截面积时的温度 t' 与测量电阻及标记试样长度时温度 t 不同时,应按公式(13)和公式(14)进行换算。

$$l_2(t) = l_2(t')[1 + \gamma(t - t')] \quad\quad\quad\cdots\cdots\cdots\cdots\cdots\cdots(13)$$

$$A(t) = A(t')[1 + 2\gamma(t - t')] \quad\quad\quad\cdots\cdots\cdots\cdots\cdots\cdots(14)$$

式中：

$l_2(t)$——换算到温度 t 时的试样总长度，单位为米(m)；

$A(t)$——换算到温度 t 时的试样截面积，单位为平方毫米(mm^2)；

$l_2(t')$——试验温度 t' 时的试样总长度，单位为米(m)；

$A(t')$——试验温度 t' 时的试样截面积，单位为平方毫米(mm^2)。

8 试验记录

8.1 试验记录中应详细记载下列内容：

a) 试验类型；

b) 试样编号，试样型号、规格；

c) 试验日期，测试时的温度；

d) 试样的平均电阻、测定次数和测试温度下平均电阻的标准偏差；

e) 试样平均截面积、测定次数和测试温度下平均截面积的标准偏差；

f) 试样的标距长度；

g) 20℃时试样的体积电阻率或单位长度电阻；

h) 测试仪器及其校准有效期。

8.2 有特别要求时，下列事项亦应包括在试验记录中：

a) 试验前的机械处理和热处理(必要时)；

b) 称重确定截面积时，应有试样长度、空气中质量、液体中质量(如果采用的话)、砝码密度、液体密度、试样密度、依此计算出的截面积、测量时的温度。用别的试件测定密度时应予说明；

c) 电阻各次测量汇总表；

d) 横向线性尺寸的各次测量，连同每组测量用的计算截面积汇总表。

附　录　A
（资料性附录）

本部分与 IEC 60468：1974 章、条编号对照

表 A.1 给出了本部分的章、条编号与 IEC 60468：1974 的章、条编号对照一览表。

表 A.1　本部分的章、条编号与 IEC 60468：1974 的章、条编号对照表

本部分章条编号	对应的 IEC 60468：1974 的章、条编号
1	1,2
2	—
3	4
3.1～3.4	4.1～4.4、5
3.5～3.6	—
4、4.1	—
4.2	6.1.2.2 的列项 2)、3)
4.3～4.6	—
5	6.1.2、7.1.2 的标题
5.1	6.1.2.2 的列项 4)、5)
5.2～5.4	6.1.2.1、7.1.2
5.5	—
6	6.1.3、7.1.3
6.1、6.1.1	3
6.1.2	6.1.3.1 的第 5 段
6.1.3	7.1.3.1 的一部分
6.2	6.1.3.1 的标题、7.1.3.1 的标题
6.2.1	6.1.1、7.1.1、6.1.2.2 的列项 1)
6.2.2～6.2.6	6.1.3.1 第 1～第 4 段的主要部分、7.1.3.1 的一部分
6.3	6.1.3.1 第 2 段的第一句、7.1.3.1 的第二句
6.4、6.4.1	6.1.3.2 和 7.1.3.2 的第一段
6.4.1.1、6.4.1.2	—
6.4.2	6.1.3.2 和 7.1.3.2 第二段
6.5	6.1.3.3、7.1.3.3
6.6、6.6.1～6.6.3	6.1.3.4、7.1.3.4
7、7.1	6.2、6.2.6、7.2
7.2～7.6	6.2.1～6.2.5
8	6.3、7.3
8.1	6.3 的列项 a)

表 A.1(续)

本部分章条编号	对应的 IEC 60468:1974 的章、条编号
8.2	6.3 的列项 b)
附录 A	—
附录 B	表 3
附录 C	附录 A
附录 D	附录 B

附 录 B

（资料性附录）

铜和铝在 20℃ 时的特性

表 B.1 给出了铜和铝在 20℃ 时的特性。

表 B.1 铜和铝在 20℃ 时的特性

特 性	铜	铝 排	硬 铝 线	退火铝线
体积电阻率 $\rho_V(t_0)$,$10^{-8}\,\Omega\cdot m$	1.724 1	2.90	2.826 4	2.80
电阻温度系数 $\alpha(t_0)$,$10^{-3}/℃$	3.93	3.93	4.03	4.07
线膨胀温度系数 γ,$10^{-5}/℃$	1.7	2.3	2.3	2.3
体积电阻率的温度系数 ε,$10^{-11}\,\Omega\cdot m/℃$	6.8	11.46	11.46	11.46
密度 $d_S(t_0)$,$10^6\,g\cdot m^{-3}$	8.89	2.703	2.703	2.703

注 1：铜为标准退火铜。ε、γ 和 d_S 特性值也适用于商用退火铜 IEC 60028 给定值。

注 2：铝排为商用纯铝排材料。$\rho(t_0)$ 为最大值，IEC 60105 给定值。

注 3：硬铝线为商用硬拉铝线。$\rho_V(t_0)$ 既是标准值，也是最大值，IEC 60111 给定值。

注 4：退火铝线为商用铝线。$\rho_V(t_0)$ 为最大值，IEC 60121 给定值。

注 5：ε 值是根据 IEC 出版物给定的 α，ρ_V，γ 值计算得出。参见附录 C。

附　录　C
（资料性附录）
温　度　校　准

利用电阻温度系数来计算标准温度 t_0 时的体积电阻率，如第 7 章所述，已是普遍的应用了。但是采用其他方法时也会具有另外的优点。如果体积电阻率温度系数 ε 由公式（C.1）定义时，铜的 ε 值几乎与所有常用的铜合金的数值相同，铝的 ε 值与铝合金的相同。

$$\rho_v(t_2) = \rho_v(t_1) + \varepsilon(t_2 - t_1) \qquad \cdots\cdots\cdots\cdots\cdots\cdots\cdots\cdots\cdots\cdots（C.1）$$

这样，当在温度 t 测量电阻和尺寸时，计算所得的体积电阻率 $\rho_v(t)$，可根据附录 B 中的 ε 值，利用公式（C.1）很精确把温度校准到标准温度。

同时，还可以用公式（C.2）表述标准温度 t_0 时电阻温度系数 $\alpha(t_0)$ 与 ε 的相互关系。

$$\alpha(t_0) = \frac{\varepsilon}{\rho_v(t_0)} - \gamma \qquad \cdots\cdots\cdots\cdots\cdots\cdots\cdots\cdots\cdots\cdots（C.2）$$

附　录　D

（资料性附录）

误　差　分　析

D.1　电阻、电阻率及单位长度电阻误差分析

试样的电阻 $R(t_0)$ 可从标准电阻通过比较测量技术提供的等式（D.1）和其测量比 N_{AB} 计算得出：

$$\frac{R_X}{R_S} = \frac{Z_A}{Z_B} \equiv N_{AB} \qquad\qquad\cdots\cdots\cdots\cdots\cdots\cdots\cdots\cdots\cdots\cdots（\text{D.1}）$$

式中：

R_X——未知电阻；

R_S——标准电阻；

Z_A , Z_B——电桥平衡臂的阻抗。

假定在考虑范围电阻和长度与温度呈线性变化，测量时，试样[其电阻 $R_X = R(t)$]具有温度 t，标准电阻[电阻 $R_S(t')$]具有稍许不同的温度 t'，而如果标准电阻检定是在标准温度 t_2，但该温度和电阻率的标准温度 t_0 又不相同时，于是得：

$$R_S(t') = R_S(t_2)[1 + \alpha_S(t' - t_2)] \qquad\cdots\cdots\cdots\cdots\cdots\cdots（\text{D.2}）$$

式中：

α_S——标准电阻的电阻温度系数。

所以

$$R(t) = N_{AB}R_S(t') = N_{AB}R_S(t_2)[1 + \alpha_S(t' - t_2)] \qquad\cdots\cdots\cdots\cdots（\text{D.3}）$$

为了得到最大的准确度，最好是：

$$t = t_0 \quad 和 \quad t' = t_2$$

体积电阻率由公式（D.4）得出：

$$\rho_V(t) = \frac{A(t)}{l_1(t)} \cdot N_{AB}R_S(t_2)[1 + \alpha_S(t' - t_2)] \qquad\cdots\cdots\cdots\cdots（\text{D.4}）$$

ρ_V 的相对误差由公式（D.5）计算：

$$\frac{\Delta\rho_V}{\rho_V} = \frac{1}{\rho_V}\left\{\sum_i\left[\Delta X_i \frac{\partial\rho_V}{\partial X_i}\right]^2\right\}^{1/2} \qquad\cdots\cdots\cdots\cdots\cdots\cdots\cdots（\text{D.5}）$$

式中：

X_i——第 i 次的特性，为已知或测得；

ΔX_i——X_i 的误差大小。

其最佳近似则为：

$$\frac{\Delta\rho_V(t)}{\rho_V(t)} \approx \left\{\left[\frac{\Delta A}{A}\right]^2 + \left(\frac{\Delta l_1}{l_1}\right)^2 + \left[\frac{\Delta N_{AB}}{N_{AB}}\right]^2 + \left[\frac{\Delta R_S(t_2)}{R_S(t_2)}\right]^2\right.$$

$$\left. + [(t' - t_2) \times \Delta\alpha_S]^2 + [\alpha_S\Delta t']^2\right\}^{1/2} \qquad\cdots\cdots\cdots\cdots（\text{D.6}）$$

因为 $\rho(t_0) = \rho(t) + \varepsilon(t_0 - t)$，得出：

$$\frac{\Delta\rho_V(t_0)}{\rho_V(t)} \approx \left\{\left[\frac{\Delta\rho_V(t)}{\rho_V(t)}\right]^2 + \left[\frac{\Delta\varepsilon}{\rho_V(t)}(t_0 - t)\right]^2 + \left[\frac{\varepsilon}{\rho_V(t)}\Delta t\right]^2\right\}^{1/2}$$

$$\approx \left\{\left[\frac{\Delta A}{A}\right]^2 + \left[\frac{\Delta l_1}{l_1}\right]^2 + \left[\frac{\Delta N_{AB}}{N_{AB}}\right]^2 + \left[\frac{\Delta R_S(t_2)}{R_S(t_2)}\right]^2\right.$$

$$+ [(t' - t_2)\Delta\alpha_S]^2 + [\alpha_S\Delta t']^2$$

$$\left. + \left[\frac{\Delta\varepsilon}{\rho_V(t)}(t_0 - t)\right]^2 + \left[\frac{\varepsilon}{\rho_V(t)}\Delta t\right]^2\right\}^{1/2} \qquad\cdots\cdots\cdots（\text{D.7}）$$

质量电阻率和单位长度电阻的误差也可用类似的公式进行分析：

$$\frac{\Delta\rho_m(t_0)}{\rho_m(t_0)} \approx \left\{\left[\frac{\Delta m}{m}\right]^2 + \left[\frac{\Delta l_1}{l_1}\right]^2 + \left[\frac{\Delta l_2}{l_2}\right]^2 + \left[\frac{\Delta N_{AB}}{N_{AB}}\right]^2 + \left[\frac{\Delta R_S(t_2)}{R_S(t_2)}\right]^2 \right.$$
$$+ [(t'-t_2)\times\Delta\alpha_S]^2 + [\alpha_S\times\Delta t']^2$$
$$\left. + [(t_0-t)\times\Delta\beta'(t_0)]^2 + [\beta'(t_0)\times\Delta t]^2\right\}^{1/2} \qquad\cdots\cdots\cdots\cdots\cdots(D.8)$$

式中 $\beta'(t_0)$ 的定义为：

$$\rho_m(t_0) = \rho_m(t)[1+\beta'(t_0)(t_0-t)]^{-1}$$

而

$$\frac{\Delta R_1(t_0)}{R_1(t_0)} \approx \left\{\left[\frac{\Delta l_1}{l_1}\right] + \left[\frac{\Delta N_{AB}}{N_{AB}}\right]^2 + \left[\frac{\Delta R_S(t_2)}{R_S(t_2)}\right]^2 \right.$$
$$+ [(t'-t_2)\times\Delta\alpha_S]^2 + [\alpha_S\times\Delta t']^2$$
$$+ [(t_0-t)\times\Delta(\alpha(t_0)-\gamma)]^2$$
$$\left. [(\alpha(t_0)-\gamma)\times\Delta t]^2\right\}^{1/2} \qquad\cdots\cdots\cdots\cdots\cdots(D.9)$$

上述各式中：

$\Delta A/A$——试样截面积相对误差；

$\Delta l_1/l_1$——试样标距长度相对误差；

$\Delta l_2/l_2$——试样总长度相对误差；

$\Delta m/m$——试样质量相对误差；

$\Delta N_{AB}/N_{AB}$——电桥精度和测量准确度所引起的相对误差；

$\Delta R_S(t_2)/R_S(t_2)$——标准温度 t_2 时标准电阻校正的相对误差；

$(t'-t_2)\Delta\alpha_S$——在温度 t' 下测量电阻时的标准电阻相对误差，该误差是由 t 校准到 t' 时引起的。

本部分表 2 中的"电阻"相对误差指的是：

$$\left\{\left[\frac{\Delta N_{AB}}{N_{AB}}\right]^2 + \left[\frac{\Delta R_S(t_2)}{R_S(t_2)}\right]^2 + [(t'-t_2)\times\Delta\alpha_S]^2\right\}^{1/2}$$

本部分表 2 中"温度引起的总误差"中，"温度控制"的相对误差指的是：

$$\{[\alpha_S\times\Delta t']^2 + [K\times\Delta t]^2\}^{1/2}$$

式中：

K——温度测量时误差的影响，对体积电阻率为 $\varepsilon/\rho_V(t)$，对质量电阻率为 β'，对单位长度电阻为 $[\alpha(t_0)-\gamma]$。

"温度校准"的相对误差指的是由试验温度 t 校准到标准温度 t_0 引起的误差，对体积电阻率为 $\{[(t_0-t)\times\Delta\varepsilon/\rho_V(t)]^2\}^{1/2}$，对质量电阻率为 $\{[(t_0-t)\times\Delta\beta'(t_0)]^2\}^{1/2}$，对单位长度电阻为 $\{[(t_0-t)\times\Delta(\alpha(t_0)-\gamma)]^2\}^{1/2}$。

D.2 截面测量误差分析

D.2.1 试样的截面积在整个试样长度上是有微小变化的，这种变化引起的误差能从等距离多次测量中估计出来。

设 $A(x)$ 为试样 x 位置上的截面积。

令 $A(x)=A_m[1+f(x)]$，且 $|f(x)|\ll 1$，A_m 是 $A(x)$ 的平均值，以及：

$$A_m = \frac{1}{l}\int_0^l A(x)dx$$

$$\int_0^l f(x)dx = 0$$

这样，电阻 R 可由公式（D.10）得出：

$$R = \rho_\mathrm{v} \int_0^l \frac{\mathrm{d}x}{A(x)} \approx \frac{\rho_\mathrm{v} l}{A_\mathrm{m}} \left\{ 1 + \frac{1}{l} \int_0^l [f(x)]^2 \mathrm{d}x \right\} \quad\cdots\cdots\cdots\cdots\cdots\cdots\cdots（\,D.10\,）$$

如果截面积的 n 次测量是沿试样长度等距离进行的，那么：

$$\overline{A} = \sum_{i=1}^n A(x_i)/n$$

式中 $A(x_i)$ 表示第 i 次测量，$\overline{A}$ 是 A_m 的一个估计值。

且 $C^2 = (1/A_\mathrm{m}^2)\sum_{i=1}^n [A(x_i) - \overline{A}]^2/(n-1)$ 是 $\dfrac{\sigma^2}{A_\mathrm{m}^2} = \dfrac{1}{l}\int_0^l [f(x)]^2 \mathrm{d}x$ 的估计值。

式中的 σ 是 $A(x)$ 的方差。

这样，取两次近似值时，计算体积电阻率的截面积应是：

$$A = \overline{A}/(1 + c^2)$$

这个截面积的相对误差可取定为 A_m 的标准平均偏差：

$$\frac{\Delta A}{A} = S_\mathrm{m} \equiv \frac{c}{\sqrt{n}}$$

对基准试验来说，$\Delta A/A$ 应不超过 $\pm 0.15\%$，而如果 $n = 5$，截面积测量五次，修正值 c^2 在 A 和 A_m 的关系式中约为 0.001% 左右，因此是不值得注意的。

对于常规试验来说，$\Delta A/A$ 可以大到不超过 $\pm 0.50\%$，修正值 c^2 大约为 0.005% 左右，同样是不值得注意的。

所以在计算体积电阻率时，可以使用 n 次测量的平均值 A_m，它的误差取平均值的标准平均偏差。

D.2.2 当截面积是从试样的密度、质量和长度确定时，A_m 可直接从公式（D.11）得到：

$$m = d_\mathrm{S} \int_0^l A(x)\mathrm{d}x = d_\mathrm{S} l A_\mathrm{m} \quad\cdots\cdots\cdots\cdots\cdots\cdots\cdots\cdots（\,D.11\,）$$

式中：

m——试样质量；

d_S——试样密度。

这时，A_m 的误差由质量 m、长度 l 和密度 d_S 的测量误差所组成和决定，由公式（D.12）计算：

$$\frac{\Delta A}{A} = \left\{ \left[\frac{\Delta m}{m}\right]^2 + \left[\frac{\Delta l}{l}\right]^2 + \left[\frac{\Delta d_\mathrm{S}}{d_\mathrm{S}}\right]^2 \right\}^{1/2} \quad\cdots\cdots\cdots\cdots\cdots\cdots（\,D.12\,）$$

试样的密度可在空气中和液体中称重，比较测定的视在质量用公式（D.13）就能算出：

$$d_\mathrm{S} = \frac{m_\mathrm{A} d_\mathrm{L} - m_\mathrm{L} d_\mathrm{A}}{m_\mathrm{A} - m_\mathrm{L}} \approx \frac{m_\mathrm{A} d_\mathrm{L}}{m_\mathrm{A} - m_\mathrm{L}} \quad\cdots\cdots\cdots\cdots\cdots\cdots\cdots（\,D.13\,）$$

式中：

m_A——空气中试样视在质量；

m_L——液体中试样视在质量；

d_L——液体密度。

因此，表 2 中截面积误差指的是：

$$\frac{\Delta A}{A} = \left\{ \left[\left(\frac{d_\mathrm{S}}{d_\mathrm{L}}\right)\frac{\Delta m_\mathrm{A}}{m_\mathrm{A}}\right]^2 + \left[\left(\frac{d_\mathrm{S} - d_\mathrm{L}}{d_\mathrm{L}}\right)\frac{\Delta m_\mathrm{L}}{m_\mathrm{L}}\right]^2 + \left[\frac{\Delta d_\mathrm{L}}{d_\mathrm{L}}\right]^2 + \left[\frac{\Delta l}{l}\right]^2 \right\}^{1/2} \quad\cdots\cdots（\,D.14\,）$$

D.2.3 为满足 5.2 中"试样为截面大体上均匀"，可采用 n 次等距离的尺寸测量，并对每个校正项分别作出估计。

参 考 文 献

[1] IEC 60028:1925 铜电阻的国际标准。

ICS 29.060
K 13

中华人民共和国国家标准

GB/T 3048.3—2007
代替 GB/T 3048.3—1994

电线电缆电性能试验方法
第 3 部分：半导电橡塑材料
体积电阻率试验

Test methods for electrical properties of electric cables and wires—
Part 3：Test of volume resistivity of semi-conducting rubbers and plastics

2007-12-03 发布

2008-05-01 实施

中华人民共和国国家质量监督检验检疫总局
中国国家标准化管理委员会 发布

前　言

GB/T 3048《电线电缆电性能试验方法》分为 14 个部分：
——第 1 部分：总则；
——第 2 部分：金属材料电阻率试验；
——第 3 部分：半导电橡塑材料体积电阻率试验；
——第 4 部分：导体直流电阻试验；
——第 5 部分：绝缘电阻试验；
——第 7 部分：耐电痕试验；
——第 8 部分：交流电压试验；
——第 9 部分：绝缘线芯火花试验；
——第 10 部分：挤出护套火花试验；
——第 11 部分：介质损耗角正切试验；
——第 12 部分：局部放电试验；
——第 13 部分：冲击电压试验；
——第 14 部分：直流电压试验；
——第 16 部分：表面电阻试验。

本部分为 GB/T 3048 的第 3 部分。

本部分代替 GB/T 3048.3—1994《电线电缆电性能试验方法　半导电橡塑材料体积电阻率试验》。

本次修订按照 GB/T 1.1—2000《标准化工作导则　第 1 部分：标准的结构和编写规则》对本部分进行了调整。

本部分与 GB/T 3048.3—1994 相比主要变化如下：

——标准的英文名称改为"Test methods for electrical properties of electric cables and wires—Part 3：Test of volume resistivity of semi-conducting rubbers and plastics"；

——本部分的总体结构和编排按 GB/T 1.1—2000 进行了修改：

1)　第 1 章为"范围"（1994 年版的第 1 章；本版的第 1 章）；

2)　第 2 章为"规范性引用文件"（1994 年版的第 2 章；本版的第 2 章）；

3)　第 3 章为"试验设备"（1994 年版的第 3 章；本版的第 3 章）；

4)　第 4 章为"试样制备"（1994 年版的第 4 章；本版的第 4 章）；

5)　第 5 章为"试验程序"（1994 年版的第 5 章；本版的第 5 章）；

6)　第 6 章为"试验结果及计算"（1994 年版的第 6 章；本版的第 6 章）；

7)　第 7 章为"试验记录"（1994 年版无；本版的第 7 章）；

——在第 1 章"范围"中删除了包含要求的部分（1994 年版的第 1 章；本版的第 1 章）；

——在第 3 章"试验设备"中作了下述修改：

1)　补充规定了电流电极间的距离和绝缘电阻（1994 年版的 3.2.1；本版的 3.4.1）；

2)　将对于电流测量仪表的"精确度"规定修改为"示值误差"规定（1994 年版的 3.3；本版的 3.2)；

3)　补充了对于电压测量仪表的"示值误差"规定（1994 年版的 3.4；本版的 3.3）；

4)　修改了对恒温箱温控范围的要求（1994 年版的 3.6；本版的 3.6）；

——在第 4 章"试样制备"中补充了关于试样裁切的要求（1994 年版的 4.1；本版的 4,1）；

——在第 5 章"试验程序"中作了下述修改:

  1)   补充了采用电流换向法的内容(1994 年版的 5.3、5.4;本版的 5.3);

  2)   修改了试样重复测量两次的表述(1994 年版的 5.5;本版的 5.4);

  3)   增加了"工作温度"体积电阻率的试验(1994 年版无;本版的 5.6);

——在第 6 章"试验结果及计算"中,对公式作了表达方式的修改(1994 年版的 6.1;本版的 6.1);

——增加第 7 章"试验记录",规定了试验记录应记载的具体内容(1994 年版无;本版的第 7 章)。

本部分由中国电器工业协会提出。

本部分由全国电线电缆标准化技术委员会归口。

本部分起草单位:上海电缆研究所。

本部分主要起草人:万树德、余震明、夏凯荣、朱中柱、金标义。

本部分所代替标准的历次版本发布情况为:GB 3048.3—1983、GB/T 3048.3—1994。

电线电缆电性能试验方法
第3部分：半导电橡塑材料
体积电阻率试验

1 范围

GB/T 3048的本部分规定了半导电橡塑材料体积电阻率试验的试验设备、试样制备、试验程序、试验结果及计算和试验记录。

本部分规定的试验方法适用于测量电线电缆用橡皮和塑料半导电材料的体积电阻率，测量范围不大于 10^6 Ω·cm。

本部分应与 GB/T 3048.1 一起使用。

2 规范性引用文件

下列文件中的条款通过 GB/T 3048 的本部分的引用而成为本部分的条款。凡是注日期的引用文件，其随后所有的修改单(不包括勘误的内容)或修订版均不适用于本部分，然而，鼓励根据本部分达成协议的各方研究是否可使用这些文件的最新版本。凡是不注日期的引用文件，其最新版本适用于本部分。

GB/T 3048.1 电线电缆电性能试验方法 第1部分：总则

3 试验设备

测量系统的接线原理图如图1。

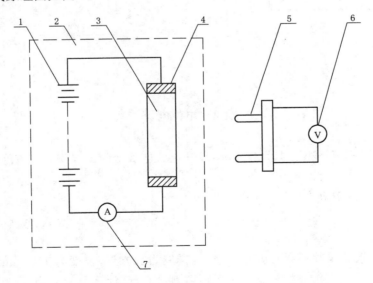

1——直流电源；

2——绝缘板；

3——试样；

4——电流电极；

5——电位电极；

6——电压表；

7——电流表。

图 1 测量系统原理图

3.1 直流电源

直流电源应能调整到试样两个电位电极之间的功率损耗不大于 0.1 W,其对地绝缘电阻应不小于 10^{12} Ω。

3.2 电流表

测量电流仪表的示值误差应不超过 ±1%。

3.3 电压表

电压表输入阻抗应不小于 10^8 Ω;可采用静电电压表、真空管电压表或数字电压表;电压表输入端的对地绝缘电阻应大于 10^{12} Ω。测量电压仪表的示值误差应不超过 ±1%。

3.4 电极

3.4.1 电流电极:用黄铜或不锈钢制成的夹状电极,长度应不小于试样宽度,与试样的接触宽度约为 5 mm。

电流电极之间距离应为 (100±1) mm,它们之间的绝缘电阻应大于 10^{12} Ω。

3.4.2 电位电极:用不锈钢制成,如图 2,长度应不小于试样宽度,高度为 15 mm,其与试样接触部分的顶端应具有半径不大于 0.5 mm 的圆角。

两个测量极间的距离为 20 mm,误差应不超过 ±2%,测量极间的绝缘电阻应大于 10^{12} Ω。

电位电极沿试样宽度的压力约为 65 N/m。

单位为毫米

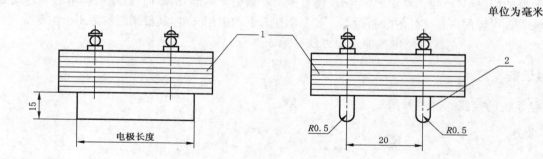

1——绝缘;

2——不锈钢电极。

图 2 电位电极

3.5 绝缘板

绝缘板的绝缘电阻率应不小于 10^{15} Ω·cm,装在电流电极上的试样安放在该绝缘板上。

3.6 恒温箱

恒温箱的温度控制范围应为 (70±1)℃。

4 试样制备

4.1 每次试验应至少准备尺寸相同的试样 3 个,试样应为长方形,长度为 110 mm,宽度为 50 mm,厚度为 2 mm 或 4 mm。厚度应沿试样长度大致等距离测量 6 点,计算取其平均值,每一点的测量值与平均值之差应不超过 ±5%。

试样可用刀片或冲模裁切,但必须注意尽量使变形减少到最低程度,因为变形会影响电阻值。

4.2 试样表面应清洁,必要时,可用白土掺水轻擦试样表面,再用蒸馏水冲洗干净,然后放在空气中干燥,擦洗时不得损伤试样表面,不允许用对试样有腐蚀或溶胀作用的有机溶剂清洗试样。

4.3 硫化或塑化成型的试样应至少放置 16 h 后才能用于试验,但最长放置时间不能超过 28 d。用作对比试验的试样应尽可能具有相同的放置时间。

5 试验程序

5.1 在试样的两端装上电流电极，放置在绝缘板上，并用恒温箱在(70±1)℃的温度下加热 2 h。

5.2 加热后，将试样、电流电极和绝缘板原样取出，在温度为(23±2)℃、相对湿度为(50±5)%的环境条件下放置 16 h。

5.3 放上电位电极，电极与试样接触的刀口应垂直于电流流动方向，任何一端电位电极与电流电极之间距离应不小于 20 mm。接通电流，在充电 1 min 后读取电流和电压读数。应注意消除由于接触电势引起的测量误差。可采用电流换向法，读取一个正向读数和一个反向读数，取算术平均值。

5.4 同一试样上按5.3的要求重复测量两次，每测量一次，移动一次电位电极。以测定整个试样长度上电压分布的情况，取算术平均值。

5.5 除产品标准另有规定外，测量应在与试样环境条件化处理相同的条件下进行。

5.6 测量半导电橡塑材料在工作温度(90℃或其他温度)下体积电阻率的试验程序应由供需双方另行商定。

6 试验结果及计算

6.1 用公式(1)计算每个试样的体积电阻率：

$$\rho_\mathrm{v} = \frac{U \cdot W \cdot t}{I \cdot L} \qquad\qquad\qquad (1)$$

式中：

ρ_v——试样的体积电阻率，单位为欧厘米(Ω·cm)；

U——电压读数平均值，单位为伏(V)；

W——试样宽度，单位为厘米(cm)；

t——试样平均厚度，单位为厘米(cm)；

I——电流读数平均值，单位为安(A)；

L——与试样接触的两个电位电极之间的距离，单位为厘米(cm)。

6.2 半导电材料体积电阻率取计算出的 3 个试样体积电阻率的中间值。

7 试验记录

试验记录中应详细记载下列内容：

a) 试验类型；

b) 试样编号，试样型号、规格；

c) 试验日期和测试时的温度、湿度；

d) 测量的电阻值或电压、电流读数；

e) 试样的厚度；

f) 试样的体积电阻率；

g) 测试设备及其校准有效期。

ICS 29.060
K 13

中华人民共和国国家标准

GB/T 3048.4—2007
代替 GB/T 3048.4—1994

电线电缆电性能试验方法
第4部分：导体直流电阻试验

Test methods for electrical properties of electric cables and wires—
Part 4：Test of DC resistance of conductors

2007-12-03 发布

2008-05-01 实施

中华人民共和国国家质量监督检验检疫总局
中国国家标准化管理委员会　发布

前　言

GB/T 3048《电线电缆电性能试验方法》分为 14 个部分：

——第 1 部分：总则；

——第 2 部分：金属材料电阻率试验；

——第 3 部分：半导电橡塑材料体积电阻率试验；

——第 4 部分：导体直流电阻试验；

——第 5 部分：绝缘电阻试验；

——第 7 部分：耐电痕试验；

——第 8 部分：交流电压试验；

——第 9 部分：绝缘线芯火花试验；

——第 10 部分：挤出护套火花试验；

——第 11 部分：介质损耗角正切试验；

——第 12 部分：局部放电试验；

——第 13 部分：冲击电压试验；

——第 14 部分：直流电压试验；

——第 16 部分：表面电阻试验。

本部分为 GB/T 3048 的第 4 部分。

本部分代替 GB/T 3048.4—1994《电线电缆电性能试验方法　导体直流电阻试验》。本次修订按照 GB/T 1.1—2000《标准化工作导则　第 1 部分：标准的结构和编写规则》对本部分进行了调整。

本部分与 GB/T 3048.4—1994 相比主要变化如下：

——标准的英文名称改为“Test methods for electrical properties of electric cables and wires—Part 4：Test of DC resistance of conductors”；

——本部分的总体结构和编排按 GB/T 1.1—2000 进行了修改：

1)　第 1 章为“范围”（1994 年版的第 1 章；本版的第 1 章）；

2)　第 2 章为“规范性引用文件”（1994 年版的第 2 章；本版的第 2 章）；

3)　第 3 章为“试验设备”（1994 年版的第 3 章；本版的第 3 章）；

4)　第 4 章为“试样制备”（1994 年版的第 4 章；本版的第 4 章）；

5)　第 5 章为“试验程序”（1994 年版的第 5 章；本版的第 5 章）；

6)　第 6 章为“试验结果及计算”（1994 年版的第 6 章；本版的第 6 章）；

7)　第 7 章为“试验记录”（1994 年版无；本版的第 7 章）；

——在第 1 章“范围”中删除了包含要求的部分（1994 年版的第 1 章；本版的第 1 章）；

——在第 2 章“规范性引用文件”中补充了相关标准（1994 年版的第 2 章；本版的第 2 章）；

——在第 3 章“试验设备”中明确补充了数字式测试仪器（1994 年版的 3.3；本版的 3.3）；

——在第 4 章“试样制备”中作了技术性调整，并补充了阻水型导体试样的制备要求（1994 年版的第 4 章；本版的第 4 章、4.3）；

——在第 5 章“试验程序”中将 1994 年版第 1 章中对环境温度的规定和 4.5 纳入 5.1（1994 年版的第 1 章、4.5；本版的 5.1）；

——在第 6 章“试验结果及计算”中作了下述修改：

1)　删除了电桥法的计算公式，补充了数字式仪表读数的规定（1994 年版的 6.1、6.2；本版的

　　　6.1.1、6.1.2);

　2)　增加了例行试验时温度校正的计算公式(1994年版无;本版的6.2.2);

　3)　删除计算结果数值修约的规定(1994年版的6.4;本版无);

——增加第7章"试验记录",规定了试验记录应记载的具体内容(1994年版无;本版的第7章)。

本部分由中国电器工业协会提出。

本部分由全国电线电缆标准化技术委员会归口。

本部分起草单位:上海电缆研究所。

本部分主要起草人:万树德、夏凯荣、余震明、朱中柱、金标义。

本部分所代替标准的历次版本发布情况为:GB 764—1965、GB 3048.4—1983、GB/T 3048.4—1994。

电线电缆电性能试验方法
第4部分：导体直流电阻试验

1 范围

GB/T 3048 的本部分规定了导体直流电阻试验的试验设备、试样制备、试验程序、试验结果及计算和试验记录。

本部分规定的试验方法适用于测量电线电缆导体的直流电阻，其测量范围为：

——双臂电桥：$(2 \times 10^{-5} \sim 99.9)\ \Omega$；

——单臂电桥：$1\ \Omega \sim 100\ \Omega$ 及以上。

本部分规定的试验方法不适用于测量已安装的电线电缆的直流电阻。

本部分应与 GB/T 3048.1 一起使用。

2 规范性引用文件

下列文件中的条款通过 GB/T 3048 的本部分的引用而成为本部分的条款。凡是注日期的引用文件，其随后所有的修改单（不包括勘误的内容）或修订版均不适用于本部分，然而，鼓励根据本部分达成协议的各方研究是否可使用这些文件的最新版本。凡是不注日期的引用文件，其最新版本适用于本部分。

GB/T 3048.1 电线电缆电性能试验方法 第1部分：总则

3 试验设备

3.1 电桥的原理图如图1和图2。

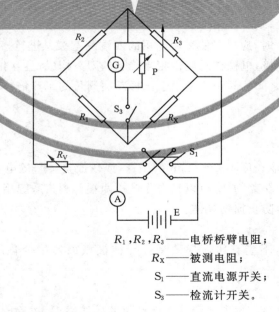

A——电流表；	R_1, R_2, R_3——电桥桥臂电阻；
E——直流电源；	R_X——被测电阻；
G——检流计；	S_1——直流电源开关；
P——分流器；	S_3——检流计开关。
R_V——变阻器；	

图 1 单臂电桥

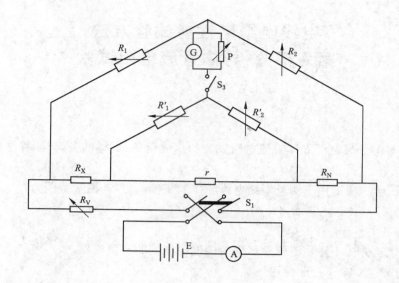

A——电流表;
E——直流电源;
G——检流计;
P——分流器;
R_N——标准电阻;
r——跨线电阻;

R_V——变阻器;
R_1,R'_1,R_2,R'_2——电桥桥臂电阻;
R_X——被测电阻;
S_1——直流电源开关;
S_3——检流计开关。

图 2 双臂电桥

3.2 电桥可以是携带式电桥或试验室专用的固定式电桥,试验室专用固定式电桥及附件的接线与安装应按仪器技术说明书进行。

3.3 只要测量误差符合 5.3 规定,也可使用除电桥以外的其他仪器。如根据直流电流-电压降直接法原理,并采用四端测量技术,具有高精度的数字式直流电阻测试仪。

3.4 当被测电阻小于 1 Ω 时,应尽可能采用专用的四端测量夹具进行接线,四端夹具的外侧一对为电流电极,内侧一对为电位电极,电位接触应由相当锋利的刀刃构成,且互相平行,均垂直于试样。每个电位接点与相应的电流接点之间的间距应不小于试样断面周长的 1.5 倍。

4 试样制备

4.1 试样截取

从被试电线电缆上切取长度不小于 1 m 的试样,或以成盘(圈)的电线电缆作为试样。去除试样导体外表面绝缘、护套或其他覆盖物,也可以只去除试样两端与测量系统相连接部位的覆盖物、露出导体。去除覆盖物时应小心进行,防止损伤导体。

4.2 试样拉直

如果需要将试样拉直,不应有任何导致试样导体横截面发生变化的扭曲,也不应导致试样导体伸长。

4.3 试样表面处理

试样在接入测量系统前,应预先清洁其连接部位的导体表面,去除附着物、污秽和油垢。连接处表面的氧化层应尽可能除尽。如用试剂处理后,必须用水充分清洗以清除试剂的残留液。对于阻水型导体试样,应采用低熔点合金浇注。

4.4 大截面铝导体试样

4.4.1 型式试验的试样长度

推荐采用试样长度:导体截面(95～185)mm²,取 3 m;导体截面 240 mm² 及以上,取 5 m。有争议时,导体截面 185 mm² 及以下,取 5 m;导体截面 240 mm² 及以上,取 10 m。

4.4.2 电流端和电位端

铝绞线的电流引入端可采用铝压接头(铝鼻子),并按常规压接方法压接,以使压接后的导体与接头融为一体。其电位电极可采用直径约 1.0 mm 的软铜丝在绞线外紧密缠绕 1～2 圈后打结引出,以防松动。

5 试验程序

5.1 试验环境温度

5.1.1 型式试验时,试样应在温度为(15～25)℃和空气湿度不大于 85% 的试验环境中放置足够长的时间,在试样放置和试验过程中,环境温度的变化应不超过 ±1℃。

应使用最小刻度为 0.1℃ 的温度计测量环境温度,温度计距离地面应不少于 1 m,距离墙面应不少于 10 cm,距离试样应不超过 1 m,且二者应大致在同一高度,并应避免受到热辐射和空气对流的影响。

5.1.2 例行试验时,试样应在温度为(5～35)℃的试验环境中放置足够长的时间,使之达到温度平衡。测试结果按 6.2.2 进行电阻值换算。

5.2 试样连接

5.2.1 采用单臂电桥测量时,用两个专用夹头连接被测试样。

5.2.2 采用双臂电桥或其他电阻测试仪器测量时,用四端测量夹具或四个夹头连接被测试样。

5.2.3 绞合导线的全部单线应可靠地与测量系统的电流夹头相连接。对于两芯及以上成品电线电缆的导体电阻测量,单臂电桥两夹头或双臂电桥的一对电位夹头应在长度测量的实际标线处与被测试样相连接。

5.3 电阻测量误差

型式试验时电阻测量误差应不超过 ±0.5%;例行试验时电阻测量误差应不超过 ±2%。

5.4 试样长度测量

应在单臂电桥的夹头或双臂电桥的一对电位夹头之间的试样上测量试样长度。型式试验时测量误差应不超过 ±0.15%,例行试验时测量误差应不超过 ±0.5%。

5.5 小电阻试样的电阻测量

当试样的电阻小于 0.1 Ω 时,应注意消除由于接触电势和热电势引起的测量误差。应采用电流换向法,读取一个正向读数和一个反向读数,取算术平均值;或采用平衡点法(补偿法),检流计接入电路后,在电流不闭合的情况下调零,达到闭合电流时检流计上基本观察不到冲击。

5.6 细微导体的电阻测量

对细微导体进行测量时,在满足试验系统灵敏度要求的情况下,应尽量选择最小的测试电流以防止电流过大而引起导体升温。推荐采用电流密度,铝导体应不大于 0.5 A/mm²,铜导体应不大于 1.0 A/mm²,可用比例为"1∶1.41"的两个测量电流,分别测出试样的电阻值。如两者之差不超过 0.5%,则认为用比例为"1"的电流测量时,试样导体未发生温升变化。

6 试验结果及计算

6.1 电阻试验结果

6.1.1 用电桥测量时,应按电桥说明书给出的公式计算电阻值。

6.1.2 用数字式仪器测量时,应按仪器说明书规定读数。

6.2 标准温度下单位长度电阻值换算

6.2.1 型式试验时,温度为20℃时每公里长度电阻值按公式(1)计算:

$$R_{20} = \frac{R_x}{1+\alpha_{20}(t-20)} \cdot \frac{1\,000}{L} \quad\cdots\cdots\cdots\cdots\cdots\cdots\cdots\cdots\cdots\cdots\cdots\cdots\cdots\cdots\cdots\cdots\cdots (1)$$

式中:

R_{20}——20℃时每公里长度电阻值,单位为欧每千米(Ω/km);

R_x——t℃时 L 长电缆的实测电阻值,单位为欧(Ω);

α_{20}——导体材料20℃时的电阻温度系数,单位为每摄氏度(1/℃);

t——测量时的导体温度(环境温度),单位为摄氏度(℃);

L——试样的测量长度(成品电缆的长度,而不是单根绝缘线芯的长度),单位为米(m)。

注:按公式(1)的定义,t 应为导体温度。本部分的试验方法采用环境温度代替导体温度,并规定了相关的要求。

6.2.2 例行试验时,温度为20℃时每公里长度电阻值应按公式(2)计算:

$$R_{20} = R_x K_t \cdot \frac{1\,000}{L} \quad\cdots\cdots\cdots\cdots\cdots\cdots\cdots\cdots\cdots\cdots\cdots\cdots\cdots\cdots\cdots\cdots\cdots\cdots\cdots (2)$$

式中:

K_t——测量环境温度为 t℃时的电阻温度校正系数。

表1规定了在通常温度范围内的温度校正系数 K_t 值。其值按公式(3)计算:

$$K_t = \frac{1}{1+0.004(t-20)} = \frac{250}{230+t} \quad\cdots\cdots\cdots\cdots\cdots\cdots\cdots\cdots\cdots\cdots (3)$$

此式为近似公式,但能计算出足以达到在测量环境温度和电缆长度的准确度范围内的实际值。

表 1　在 t℃时测量导体电阻校正到 20℃时的温度校正系数 K_t

测量时环境温度　t/℃	校正系数　K_t	测量时环境温度　t/℃	校正系数　K_t	测量时环境温度　t/℃	校正系数　K_t
5	1.064	16	1.016	27	0.973
6	1.059	17	1.012	28	0.969
7	1.055	18	1.008	29	0.965
8	1.050	19	1.004	30	0.962
9	1.046	20	1.000	31	0.958
10	1.042	21	0.996	32	0.954
11	1.037	22	0.992	33	0.951
12	1.033	23	0.988	34	0.947
13	1.029	24	0.984	35	0.943
14	1.025	25	0.980		
15	1.020	26	0.977		

6.3 标准温度下的导体相当电阻率

温度为20℃的导体的相当电阻率按公式(4)计算:

$$\rho_{20} = \frac{R_x A}{[1+\alpha_{20}(t-20)]L} \quad\cdots\cdots\cdots\cdots\cdots\cdots\cdots\cdots\cdots\cdots\cdots\cdots\cdots\cdots\cdots (4)$$

式中:

ρ_{20}——20℃时导体的相当电阻率,单位为欧平方毫米每米(Ω·mm²/m);

A——导体的标称截面积,单位为平方毫米(mm²)。

7　试验记录

试验记录中应详细记录下列内容:

a)　试验类型;

b) 试样编号,试样型号、规格;

c) 试验日期,测试时的温度;

d) 试样的各次电阻测量值,平均值;

e) 测量结果;

f) 测试仪器及校准有效期。

ICS 29.060.20
K 13

中华人民共和国国家标准

GB/T 3048.5—2007
代替 GB/T 3048.5—1994,GB/T 3048.6—1994

电线电缆电性能试验方法
第 5 部分：绝缘电阻试验

Test methods for electrical properties of electric cables and wires—
Part 5：Test of insulation resistance

2007-12-03 发布

2008-05-01 实施

中华人民共和国国家质量监督检验检疫总局
中国国家标准化管理委员会   发 布

前　言

GB/T 3048《电线电缆电性能试验方法》分为 14 个部分：
——第 1 部分：总则；
——第 2 部分：金属材料电阻率试验；
——第 3 部分：半导电橡塑材料体积电阻率试验；
——第 4 部分：导体直流电阻试验；
——第 5 部分：绝缘电阻试验；
——第 7 部分：耐电痕试验；
——第 8 部分：交流电压试验；
——第 9 部分：绝缘线芯火花试验；
——第 10 部分：挤出护套火花试验；
——第 11 部分：介质损耗角正切试验；
——第 12 部分：局部放电试验；
——第 13 部分：冲击电压试验；
——第 14 部分：直流电压试验；
——第 16 部分：表面电阻试验。

本部分为 GB/T 3048 的第 5 部分。

本部分代替 GB/T 3048.5—1994《电线电缆电性能试验方法　绝缘电阻试验　检流计法》和 GB/T 3048.6—1994《电线电缆电性能试验方法　绝缘电阻试验　电压-电流法》。本次修订按照 GB/T 1.1—2000《标准化工作导则　第 1 部分：标准的结构和编写规则》对本部分进行了调整。

本部分纳入并调整了 GB/T 3048.5—1994 和 GB/T 3048.6—1994 中适用的内容。本部分与 GB/T 3048.5—1994 相比主要变化如下：
——标准的中文名称改为"电线电缆电性能试验方法　第 5 部分：绝缘电阻试验"；
——标准的英文名称改为"Test methods for electrical properties of electric cables and wires—Part 5：Test of insulation resistance"；
——本部分的总体结构和编排按 GB/T 1.1—2000 进行了修改：
　　1）　第 1 章为"范围"（1994 年版的第 1 章；本版的第 1 章）；
　　2）　第 2 章为"规范性引用文件"（1994 年版的第 2 章；本版的第 2 章）；
　　3）　第 3 章为"术语和定义"（1994 年版无；本版的第 3 章）；
　　4）　第 4 章为"试验设备"（1994 年版的第 3 章；本版的第 4 章）；
　　5）　第 5 章为"试样制备"（1994 年版的第 4 章；本版的第 5 章）；
　　6）　第 6 章为"试验程序"（1994 年版的第 5 章；本版的第 6 章）；
　　7）　第 7 章为"试验结果及计算"（1994 年的第 6 章；本版的第 7 章）；
　　8）　第 8 章为"注意事项"（1994 年的第 7 章；本版的第 8 章）；
　　9）　第 9 章为"试验记录"（1994 年版无；本版的第 9 章）；
——在第 1 章"范围"中删除了包含要求的部分，并将检流计比较法改为直流比较法，同时修改了其测量范围（1994 年版的第 1 章；本版的第 1 章）；
——在第 2 章"规范性引用文件"中补充列入了第 3 章中引用的 GB/T 2900.5—2002（1994 年版的第 2 章；本版的第 2 章）；

——在第 4 章"试验设备"中明确补充了数字式直流比较法测试仪器(1994 年版无;本版的 4.3);

——在第 6 章"试验程序"中作了下述修改:

1) 修改了"测试充电时间"的规定(GB/T 3048.5—1994 的 5.4.2 和 GB/T 3048.6—1994 的 5.3.2;本版的 6.6);

2) 补充了多芯电缆线芯对屏蔽的接线方式(1994 年版的 5.1.1;本版的 6.1.1);

3) 修改了"非金属护套、非屏蔽或无铠装的电缆试样"的接线方式(1994 年版的 5.1.1;本版的 6.1.2);

4) 增加了高温下绝缘电阻测试方法(1994 年版无;本版的 6.4);

——在第 7 章"试验结果及计算"中作了下述修改:

1) 对计算公式进行了归并整合,删除了绝缘电阻的计算公式(1994 年版的 6.1;本版的 7.1);

2) 对"绝缘电阻系数 K"的取值作了更为明确的规定(1994 年版的 6.3;本版的 7.3);

3) 增加了"体积电阻率 ρ"和"绝缘电阻常数 K_i"的计算公式(1994 年版无;本版的 7.4);

4) 删除计算结果数值修约的规定(1994 年版的 6.4;本版无);

——在第 8 章"注意事项"中作了下述修改:

1) 对于将试样置于屏蔽箱内测试作了更为明确的表述(GB/T 3048.6—1994 的 7.2;本版的 8.2);

2) 修改了关于"采用输出端对地悬浮的高阻计"的表述,并补充了使用高阻计时的技术判断(GB/T 3048.6—1994 的 7.4;本版的 8.4);

——增加第 9 章"试验记录",规定了试验记录应记载的具体内容(1994 年版无;本版的第 9 章)。

本部分由中国电器工业协会提出。

本部分由全国电线电缆标准化技术委员会归口。

本部分起草单位:上海电缆研究所。

本部分主要起草人:万树德、夏凯荣、余震明、朱中柱、金标义。

本部分所代替标准的历次版本发布情况为:

——GB 765—1965、GB 3048.5—1983、GB/T 3048.5—1994;

——GB 3048.6—1983、GB/T 3048.6—1994。

电线电缆电性能试验方法
第 5 部分：绝缘电阻试验

1 范围

GB/T 3048 的本部分规定了直流比较法和电压-电流法测试绝缘电阻的术语和定义、试验设备、试样制备、试验程序、试验结果及计算、注意事项和试验记录。

本部分适用于测试电线电缆的绝缘电阻，包括直流比较法和电压-电流法：直流比较法的测量范围为 $(10^5 \sim 2 \times 10^{15})\Omega$；电压-电流法测量范围为 $(10^4 \sim 10^{16})\Omega$；测量电压一般为 $(100 \sim 500)V$。

电压-电流法如被测电压和电流在同一台仪器直接以电阻表示，则也可称之为"高阻计法"。

本部分应与 GB/T 3048.1 一起使用。

2 规范性引用文件

下列文件中的条款通过 GB/T 3048 的本部分的引用而成为本部分的条款。凡是注日期的引用文件，其随后所有的修改单（不包括勘误的内容）或修订版均不适用于本部分，然而，鼓励根据本部分达成协议的各方研究是否可使用这些文件的最新版本。凡是不注日期的引用文件，其最新版本适用于本部分。

GB/T 2900.5—2002 电工术语 绝缘固体、液体或气体［eqv IEC 60050(212):1990］

GB/T 3048.1 电线电缆电性能试验方法 第 1 部分：总则

3 术语和定义

GB/T 2900.5—2002 确立的下列术语和定义适用于 GB/T 3048 的本部分。

3.1

绝缘电阻 insulation resistance

在规定条件下，处于两个导体之间的绝缘材料的电阻。

3.2

体积电阻 volume resistance

排除表面电流后由体积导电所确定的绝缘电阻部分。

3.3

体积电阻率 volume resistivity

折算成单位立方体积时的体积电阻。

注：根据 IEC 60050(212)，"电导率"定义为"与电场强度的乘积是传导电流密度的标量或张量"，"电阻率"定义为"电导率的倒数"。测量中绝缘材料体积中各点可能不均匀，体积电阻率是其平均值，也包括了电极上可能存在的极化现象的影响。

4 试验设备

4.1 直流比较法的典型原理如图 1，主要组成部分应符合下列要求：

4.1.1 检流计的电流常数应不大于 10^{-9} A/mm。

4.1.2 分流器的分流系数应能在 1/10 000～1/1 的范围内变化，且调节级数不少于 5 级，临界电阻应等于或略大于检流计的外部临界电阻，但不超过 20%。

4.1.3 标准电阻的阻值应不小于 10^5 Ω，相对误差应不超过 ±0.5%。

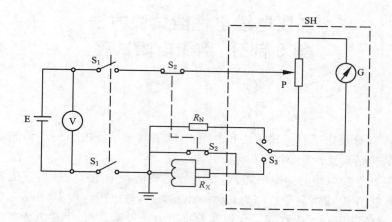

E——直流电源；

G——检流计；

P——分流器；

R_N——标准电阻；

R_X——试样绝缘电阻；

SH——金属极屏蔽（虚线）；

S_1——直流电压开关；

S_2——试样短路开关；

S_3——换向开关；

V——直流电压表。

图 1 直流比较法测试系统原理图

4.1.4 直流电源的输出电压应稳定，输出端电压值变化应不超过±1%。

4.1.5 检流计、分流器、标准电阻、测量连接线和线路元件的底座均应与屏蔽相连，被屏蔽元件与屏蔽间的绝缘电阻应比标准电阻至少大100倍。

用电池作检流计的照明电源时，该电源必须置于屏蔽系统内。如用交流电源供电，必须将降压变压器低压侧的一端与屏蔽相连接。

4.2 电压-电流法典型的测试系统接线如图2，主要组成部分应符合下列要求：

4.2.1 直流电压表的准确度应不低于1.0级。

4.2.2 高阻抗直流放大器、检流计或微安计在额定工作电压下8h内零点漂移应不超过仪表刻度标尺全长的4%。

4.2.3 直流放大器输入电阻的阻值应比试样绝缘电阻至少小100倍。

4.2.4 在采用整流直流电源时电压必须稳定。因电源电压波动所引起的对试样的任何充电和放电电流，与测量绝缘电阻时的泄漏电流相比，应小至可以忽略不计。同时输出电压的纹波因数应不大于0.1%。

4.2.5 测量用的连接线应有良好的屏蔽，其对地绝缘电阻比放大器输入电阻应至少大100倍。

4.3 只要测量误差符合6.7规定，也可使用其他测量仪器。如根据类似高压电桥的比例式测量桥路，并采用模数转换器技术，具有防干扰、高稳定性的数字式直流比较法测试仪。

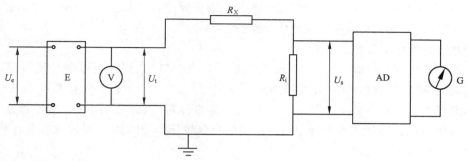

AD——高阻抗直流放大器；

　E——直流电源；

　G——检流计或微安表；

R_i——直流放大器输入电阻；

R_X——试样绝缘电阻；

U_e——交流输入电源电压；

U_t——直流输出电压；

U_s——放大器输入电阻压降；

　V——直流电压表。

图 2　电压-电流法（高阻计）测试系统原理图

5　试样制备

5.1　除产品标准中另有规定者外，试样有效长度应不小于 10 m，应小心地剥除试样两端绝缘外的覆盖物，并注意不损伤绝缘表面。

5.2　试样应在试验环境中放置足够长的时间，使试样温度和试验温度平衡，并保持稳定。

5.3　浸入水中试验时，试样两个端头露出水面的长度应不小于 250 mm，绝缘部分露出的长度应不小于 150 mm。

　　在空气中试验时，试样端部绝缘部分露出的长度应不小于 100 mm。

　　露出的绝缘表面应保持干燥和洁净。

6　试验程序

6.1　试样接线

6.1.1　有金属护套、屏蔽层或铠装的电缆试样

　　单芯电缆，应测量导体对金属套或屏蔽层或铠装层之间的绝缘电阻；多芯电缆，应分别就每一线芯对其余线芯与金属套或屏蔽层或铠装层连接进行测量；若要求测量多芯电缆线芯与屏蔽间绝缘电阻，则应将所有线芯并联后对屏蔽进行测量。

6.1.2　非金属护套、非屏蔽或无铠装的电缆试样

　　单芯电缆应浸入水中，测量导体对水之间的绝缘电阻；多芯电缆应分别就每一线芯对其余线芯进行测量。

　　也可将试样紧密地绕在金属试棒上，单芯电缆测量导体对试棒之间的绝缘电阻；多芯电缆，应分别就每一线芯对其余线芯与试棒连接进行测量。试棒外径应符合产品标准规定。

6.2　试样长度测量

　　将试样接入测试系统，试样的有效长度测量误差应不超过±1%。

6.3　试验环境条件

　　除电线电缆产品标准中另有规定外，型式试验时测量应在环境温度为(20±5)℃和空气相对湿度不大于80%的室内或水中进行。例行试验时，测量一般在环境温度为(0～35)℃的室内进行。

工作温度下绝缘电阻的试验温度应在有关产品标准中规定,温度的误差应不超过±2℃。

有争议时环境温度或工作温度的误差应不超过±1℃。

6.4 电缆的高温下绝缘电阻测试方法

6.4.1 从被试单芯电缆上切取一段 1.40 m 长的试样,在试样中央部分包覆屏蔽层,可以采用金属编织或金属带作屏蔽层,其包覆方式应使得有效长度至少为 1.0 m。在有效测量长度的两端留出 1 mm 宽的间隙,再绑扎 5 mm 宽的金属丝作为保护环;然后将试样弯成直径约 15D(D 为绝缘线芯的外径)但至少是 0.20 m 的圆圈。试样应置于规定试验温度的空气烘箱中持续 2 h,测量线芯和屏蔽之间的绝缘电阻,测试时保护金属丝环接地。

6.4.2 从被试多芯电缆上截取(3~5)m 试样,将端头作适合于绝缘电阻测量的处理后,放入烘箱中。在达到规定试验温度后,保温 2 h,测量电缆线芯间的绝缘电阻。

6.5 试验电压

应按产品标准规定选择对试样的测试电压。

6.6 测试充电时间

为使绝缘电阻测量值基本稳定,测试充电时间应足够充分,不少于 1 min,不超过 5 min,通常推荐 1 min 读数。

6.7 测试系统的测量误差

测试系统的测量误差应符合下述要求:

——被测试样绝缘电阻值为(1×10^{10})Ω 及以下,测量误差不超过±10%;

——被测试样绝缘电阻值为(1×10^{10})Ω 以上,测量误差不超过±20%。

7 试验结果及计算

7.1 采用直流比较法测试时应按仪器说明书给出的公式计算绝缘电阻值。

采用电压-电流法或用数字式仪器测试时,应按仪器说明书规定读取绝缘电阻值。

7.2 每公里长度的绝缘电阻应按公式(1)计算:

$$R_L = R_x L \quad\cdots\cdots\cdots\cdots\cdots\cdots\cdots\cdots\cdots\cdots\cdots (1)$$

式中:

R_L——每公里长度绝缘电阻,单位为兆欧千米(MΩ·km);

R_X——试样绝缘电阻,单位为兆欧(MΩ);

L——试样有效测量长度,单位为千米(km)。

7.3 20℃时每公里长度的绝缘电阻应按公式(2)计算:

$$R_{20} = K R_L \quad\cdots\cdots\cdots\cdots\cdots\cdots\cdots\cdots\cdots\cdots\cdots (2)$$

式中:

R_{20}——20℃时每公里长度的绝缘电阻,单位为兆欧千米(MΩ·km);

K——绝缘电阻温度校正系数,应由供需双方商定。

注:型式试验系在 6.3 规定的标准环境下进行,其试验结果不须进行温度校正;公式(2)仅适用于对例行试验结果的温度校正。

7.4 体积电阻率应由所测得的绝缘电阻按公式(3)计算:

$$\rho = \frac{2\pi L R_x}{\ln(D/d)} \cdot 10^{11} \quad\cdots\cdots\cdots\cdots\cdots\cdots\cdots\cdots (3)$$

式中:

ρ——体积电阻率,单位为欧厘米(Ω·cm);

D——绝缘外径,单位为毫米(mm);

d——绝缘内径,单位为毫米(mm)。

绝缘电阻常数 K_i 应按公式(4)计算,以 MΩ·km 表示:

$$K_i = \frac{LR_x}{\lg(D/d)} = 0.367\,\rho \times 10^{-11} \quad \cdots\cdots\cdots\cdots\cdots\cdots\cdots\cdots\cdots (4)$$

注:对于成型导体的绝缘线芯,比值 D/d 是绝缘表面周长与导体表面周长的比值。

8 注意事项

8.1 需要时,可在试样两端绝缘表面上加保护环。保护环应紧贴绝缘表面,并与测试系统的屏蔽相连接或接地。

8.2 如试样的绝缘电阻大于 1×10^{12} Ω 和测量时因外界电磁场或试样运动产生的摩擦引起测试不稳定时,可将试样静置于屏蔽箱内,在整体屏蔽的条件下进行测试。但测试回路的对地电阻比放大器的输入电阻至少大 100 倍,屏蔽必须可靠接地。

8.3 重复试验时,在加电压之前应使试样短路放电,放电时间应不少于试样充电时间的 4 倍;如因试样有剩余电荷而造成测量结果有明显差别时,必须先进行充分放电。对于这类试样,无论是第一次测试或重复测试,均需充分放电。

8.4 采用输出端对地悬浮的高阻计测量绝缘电阻时,推荐将高阻计的测量端(低压端)与被测绝缘线芯的导体相连,高阻计的高压端连接试样的另一极(水,允许接地);当采用通用的高阻计测量绝缘电阻时,浸入水中的试样必须对地绝缘,否则将使高阻计因输出的高压端对地短路而损坏,或可能由于加热电源的影响造成测试误差增大。

8.5 应注意直流比较法测试绝缘电阻所用成套仪器装置的内部与外部的屏蔽连接方法,以免造成测量误差增大。

9 试验记录

试验记录中应详细记录下列内容:
a) 试验类型;
b) 试样编号,试样型号或规格;
c) 试样制备方式;
d) 测试方法和测试电压;
e) 试验日期和测试时的温度;
f) 如果测试高温下的绝缘电阻,应记录测试方法;
g) 测试结果;
h) 测试仪器及其校准有效期。

ICS 29.060
K 13

中华人民共和国国家标准

GB/T 3048.7—2007
代替 GB/T 3048.7—1994

电线电缆电性能试验方法
第 7 部分：耐电痕试验

Test methods for electrical properties of electric cables and wires—
Part 7：Tracking resistance test

2007-12-03 发布   2008-05-01 实施

中华人民共和国国家质量监督检验检疫总局
中国国家标准化管理委员会 发布

前　　言

GB/T 3048《电线电缆电性能试验方法》分为14个部分：

——第1部分：总则；

——第2部分：金属材料电阻率试验；

——第3部分：半导电橡塑材料体积电阻率试验；

——第4部分：导体直流电阻试验；

——第5部分：绝缘电阻试验；

——第7部分：耐电痕试验；

——第8部分：交流电压试验；

——第9部分：绝缘线芯火花试验；

——第10部分：挤出护套火花试验；

——第11部分：介质损耗角正切试验；

——第12部分：局部放电试验；

——第13部分：冲击电压试验；

——第14部分：直流电压试验；

——第16部分：表面电阻试验。

本部分为GB/T 3048的第7部分。

本部分代替GB/T 3048.7—1994《电线电缆电性能试验方法　耐电痕试验》。本次修订按照GB/T 1.1—2000《标准化工作导则　第1部分：标准的结构和编写规则》对本部分进行了调整。

本部分与GB/T 3048.7—1994相比主要变化如下：

——标准的英文名称改为"Test methods for electrical properties of electric cables and wires—Part 7：Tracking resistance test"；

——本部分的总体结构和编排按GB/T 1.1—2000进行了修改：

  1) 第1章为"范围"（1994年版的第1章；本版的第1章）；

  2) 第2章为"规范性引用文件"（1994年版的第2章；本版的第2章）；

  3) 第3章为"术语和定义"（1994年版无；本版的第3章）；

  4) 第4章为"试验设备"（1994年版的第3章；本版的第4章）；

  5) 第5章为"试样制备"（1994年版的第4章；本版的第5章）；

  6) 第6章为"试验程序"（1994年版的第5章；本版的第6章）；

  7) 第7章为"试验结果及评定"（1994年版的第6章；本版的第7章）；

  8) 第8章为"试验记录"（1994年版无；本版的第8章）；

——增加了第3章"术语和定义"（1994年版无；本版的第3章）；

——在第4章"试验设备"中作了下述修改：

  1) 增加对试验设备快速保护的要求，删除了保护电阻（1994年版的3.1，图1；本版的4.2.1，图1）；

  2) 增加了对电压测量装置的要求（1994年版无；本版的4.2.2）；

  3) 补充了对试验用液体导电率偏差的要求（1994年版的3.3；本版的4.4）；

——在第5章"试样制备"中补充了常用的制备方法（1994年版的4.3；本版的5.3）；

——在第6章"试验程序"中作了下述修改：

　　　1)　补充了喷雾速度(1994 年版的 5.2;本版的 6.2);

　　　2)　将喷雾周期整合纳入本章(1994 年版的 6.2;本版的 6.2);

——增加第 8 章"试验记录",规定了试验记录应记载的具体内容(1994 年版无;本版的第 8 章)。

本部分由中国电器工业协会提出。

本部分由全国电线电缆标准化技术委员会归口。

本部分起草单位:上海电缆研究所。

本部分主要起草人:万树德、余震明、夏凯荣、朱中柱、金标义。

本部分所代替标准的历次版本发布情况为:GB 3048.7—1983、GB/T 3048.7—1994。

电线电缆电性能试验方法
第7部分:耐电痕试验

1 范围

GB/T 3048 的本部分规定了耐电痕试验的术语和定义、试验设备、试样制备、试验程序、试验结果及评定和试验记录。

本试验方法适用于测试电线电缆耐受在污秽条件下因表面漏电引起电痕迹而造成损坏的能力。

不按本部分规定的污秽条件得出的结果,不能与按本试验方法所得试验结果相比较。

本部分应与 GB/T 3048.1 一起使用。

2 规范性引用文件

下列文件中的条款通过 GB/T 3048 的本部分的引用而成为本部分的条款。凡是注日期的引用文件,其随后所有的修改单(不包括勘误的内容)或修订版均不适用于本部分,然而,鼓励根据本部分达成协议的各方研究是否可使用这些文件的最新版本。凡是不注日期的引用文件,其最新版本适用于本部分。

GB/T 3048.1 电线电缆电性能试验方法 第1部分:总则

3 术语和定义

下列术语和定义适用于 GB/T 3048 的本部分。

3.1

漏电痕迹 track

在规定试验条件,固体绝缘材料在电场和电解液的联合作用下,其表面逐渐形成的导电通路叫漏电痕迹。

3.2

电痕化 tracking

形成漏电痕迹的过程称为电痕化。

4 试验设备

4.1 测试系统

测试系统的原理如图1所示。

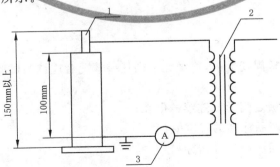

1——试样;

2——试验变压器;

3——电流测量仪表。

图1 测试系统原理图

4.2 电压试验装置

4.2.1 工频试验变压器的高压输出应不低于 4 kV,并有足够的容量(高压侧电流应不小于 1 A)以满足试验时泄漏电流的要求。试验中在泄漏电流为 250 mA 时,电源高压侧的最大电压降应小于 5%。并应采用连接到测量电源电流的自动断路器来保护变压器,设定当流过高压侧的瞬时电流达(1.0±0.1) A 时,在(50~250) ms 时间内令电路断开。

4.2.2 电压测量设备(电压互感器、分压器或其他测量高压的仪器)应与试样直接并联,其低压侧可用电压表、示波器或其他测量仪器测量。不论采用何种方式,测量误差应不超过±3%。

4.2.3 电流测量仪表的准确度应不低于 1.0 级。

4.3 喷雾设备

喷雾设备应有一个或多个喷头,喷程不小于 1 m。只要能满足本部分规定的条件,任何形式的喷嘴都可采用。

4.4 试验液体

除产品标准另有规定外,试验液体(推荐的配方为 1 L 水中含化学纯的氯化钠约 0.2% 和表面活性剂 0.1% 的液体)的导电率应为(3 000±400) μS/cm(用电导率仪测量)。表面活性剂推荐采用仲辛基苯基聚氧乙烯醚,也可用其他相当的表面活性剂。

5 试样制备

5.1 试样长度应不小于 150 mm,单芯电缆取绝缘线芯进行试验,多芯电缆取单根绝缘线芯进行试验。试样外观应平整,表面无划痕凹陷等缺陷,如有灰尘、油脂或其他污秽物时,可用绸布等蘸着对试样无腐蚀作用的溶剂擦净,然后再用水冲洗几次。

5.2 沿试样轴线方向垂直切除一端上的绝缘约 20 mm,露出导体。

在离试样绝缘切口 100 mm 处,垂直于试样轴线绕上直径约 1 mm 的裸铜线(2~3)圈。

5.3 试样的另一端面应进行适当的绝缘处理,或采用增大试样长度的方式,以防在试验过程中附着试验液体后引起放电。

6 试验程序

6.1 将准备好的试样垂直放置,按图 1 连接,导体接变压器高压端,试样表面的铜线接地。

6.2 调整喷雾装置,喷头离地面至少 600 mm,距离试样约 500 mm。喷头轴线与试样轴线呈 45°角,试验液直接喷于试样上,如用多个喷头时,喷头应对称或均匀地分布于试样周围。试样处的喷雾速度约 3 m/s,喷雾量为(0.5±0.1) mm/min。喷射压力应基本稳定。喷雾 10 s,间歇 20 s 为一个喷雾周期。

6.3 开始喷雾的同时,应在试样上施加 4 kV 工频试验电压,试验过程中电压值应保持在规定值的 ±3% 以内。

7 试验结果及评定

在产品标准中规定的喷雾周期数内,试样无下列任一情况者应认为试验合格:

    a) 表面燃烧;

    b) 在高压电极和接地极之间形成连续的电弧;

    c) 表面泄漏电流超过产品标准的规定值;

    d) 因绝缘局部受腐蚀而引起试样击穿。

8 试验记录

试验记录应详细记载下列内容:

    a) 试验类型;

b)　试样编号,试样型号、规格;

c)　试验日期,大气条件;

d)　试验液体的导电率,喷雾周期和喷雾量;

e)　试验电压和泄漏电流值;

f)　在试验开始和完成试验以后,至少应在两个相反的方向摄下试样的彩色照片,照片应清晰地展示泄漏途径的状况;

g)　试验设备及其校准有效期。

ICS 29.060
K 13

中华人民共和国国家标准

GB/T 3048.8—2007
代替 GB/T 3048.8—1994

电线电缆电性能试验方法
第 8 部分：交流电压试验

Test methods for electrical properties of electric cables and wires—
Part 8：AC voltage test

（IEC 60060-1：1989，High-voltage test techniques—
Part 1：General definitions and test requirements，NEQ）

2007-12-03 发布

2008-05-01 实施

中华人民共和国国家质量监督检验检疫总局
中国国家标准化管理委员会 发布

前　言

GB/T 3048《电线电缆电性能试验方法》分为14个部分：

——第1部分：总则；

——第2部分：金属材料电阻率试验；

——第3部分：半导电橡塑材料体积电阻率试验；

——第4部分：导体直流电阻试验；

——第5部分：绝缘电阻试验；

——第7部分：耐电痕试验；

——第8部分：交流电压试验；

——第9部分：绝缘线芯火花试验；

——第10部分：挤出护套火花试验；

——第11部分：介质损耗角正切试验；

——第12部分：局部放电试验；

——第13部分：冲击电压试验；

——第14部分：直流电压试验；

——第16部分：表面电阻试验。

本部分为 GB/T 3048 的第 8 部分，对应于 IEC 60060-1:1989《高电压试验技术　第 1 部分：一般定义和试验要求》（英文版）。

本部分与 IEC 60060-1:1989 的一致性程度为非等效。

本部分与 IEC 60060-1:1989 的主要差异如下：

——仅与 IEC 60060-1:1989 第 5 章"交流电压试验"相对应，其余部分全部删除；

——对应于 IEC 60060-1:1989 第 5 章"交流电压试验"的主要技术差异：

    1)　对"交流电压的频率"按产品标准进行修改；

    2)　删除了"对变压器试验回路的要求"；

    3)　对"串联谐振回路"进行修改，并补充附录 A"调感式串联谐振试验回路和参数选择"；

    4)　对"试验电压的测量"进行了修改，并补充了例行试验采用的三种从高压端直接测量的方法；

    5)　对"试验程序"作了较大改动，补充了电缆试样接线的详细规定和具体说明接线方式的表 1 和表 2，删除"破坏性放电电压试验"和"确保破坏性放电电压试验"；

——与 GB/T 3048 的其他部分相协调，本部分增加了第 2 章"规范性引用文件"、第 5 章"试样制备"、第 7 章"试验结果及评定"、第 8 章"注意事项"和第 9 章"试验记录"。

本部分代替 GB/T 3048.8—1994《电线电缆电性能试验方法　交流电压试验》。本次修订按照 GB/T 1.1—2000《标准化工作导则　第 1 部分：标准的结构和编写规则》对本部分进行了调整。

本部分与 GB/T 3048.8—1994 相比主要变化如下：

——标准的英文名称改为"Test methods for electrical properties of electric cables and wires—Part 8：AC voltage test"；

——本部分的总体结构和编排按 GB/T 1.1—2000 进行了修改：

    1)　第 1 章为"范围"（1994 年版的第 1 章；本版的第 1 章）；

    2)　第 2 章为"规范性引用文件"（1994 年版的第 2 章；本版的第 2 章）；

3) 第 3 章为"术语和定义"（1994 年版无；本版的第 3 章）；

4) 第 4 章为"试验设备"（1994 年版的第 3 章；本版的第 4 章）；

5) 第 5 章为"试样制备"（1994 年版的第 4 章；本版的第 5 章）；

6) 第 6 章为"试验程序"（1994 年版的第 5 章；本版的第 6 章）；

7) 第 7 章为"试验结果及评定"（1994 年版的第 6 章；本版的第 7 章）；

8) 第 8 章为"注意事项"（1994 年版的第 7 章；本版的第 8 章）；

9) 第 9 章为"试验记录"（1994 年版无；本版的第 9 章）；

——在第 2 章"规范性引用文件"中补充了相关标准（1994 年版的第 2 章；本版的第 2 章）；

——增加了第 3 章"术语和定义"（1994 年版无；本版的第 3 章）；

——在第 4 章"试验设备"中进行了下述修改：

1) 完善了"容许偏差"的要求（1994 年版的 5.4；本版的 4.1.2）；

2) 完善了对"串联谐振回路"表述（1994 年版的 3.2；本版的 4.2.2）；

3) 补充了对"试验电压的测量"的规定（1994 年版的 3.3；本版的 4.3.1、4.3.2）；

——在第 5 章"试样制备"中增加了交联聚乙烯绝缘电缆和矿物绝缘电缆的试样制备方法（1994 年版无；本版 5.6、5.7）；

——在第 6 章"试验程序"中作了下述修改：

1) 补充了逐级击穿试验（1994 年版无；本版的 6.1.2）；

2) 删除了对绝缘护套电压试验接线方式的规定（1994 年版的 5.1.4 和 5.1.5；本版无）；

3) 完善了施加试验电压的要求（1994 年版的 5.3；本版的 6.3.2）；

——在第 7 章"试验结果及评定"中补充了对假击穿的判断（1994 年版无；本版的 7.2）；

——在第 8 章"注意事项"中修改了对试验区域安全的要求（1994 年版的 7.2；本版的 8.2）；

——增加第 9 章"试验记录"，规定了试验记录应记载的具体内容（1994 年版无；本版的第 9 章）；

——对附录 A 作了技术性修改（1994 年版的附录 A；本版的附录 A）。

本部分的附录 A 是规范性附录。

本部分由中国电器工业协会提出。

本部分由全国电线电缆标准化技术委员会归口。

本部分起草单位：上海电缆研究所。

本部分主要起草人：万树德、余震明、夏凯荣、朱中柱、金标义。

本部分所代替标准的历次版本发布情况为：GB 766—1965、GB 3048.8—1983、GB/T 3048.8—1994。

电线电缆电性能试验方法
第8部分：交流电压试验

1 范围

GB/T 3048 的本部分规定了交流电压试验的术语和定义、试验设备、试样制备、试验程序、试验结果及评定、注意事项和试验记录。

本部分适用于电线电缆产品耐受交流电压试验，但不适用于绕组线产品。

本部分应与 GB/T 3048.1 一起使用。

2 规范性引用文件

下列文件中的条款通过 GB/T 3048 的本部分的引用而成为本部分的条款。凡是注日期的引用文件，其随后所有的修改单(不包括勘误的内容)或修订版均不适用于本部分，然而，鼓励根据本部分达成协议的各方研究是否可使用这些文件的最新版本。凡是不注日期的引用文件，其最新版本适用于本部分。

GB/T 311.6 高电压测量标准空气间隙(GB/T 311.6—2005，IEC 60052:2002，IDT)

GB/T 2900.19 电工术语 高电压试验技术和绝缘配合

GB/T 3048.1 电线电缆电性能试验方法 第1部分:总则

GB/T 16927.2 高电压试验技术 第二部分:测量系统(GB/T 16927.2—1997，eqv IEC 60060-2:1994)

3 术语和定义

GB/T 2900.19 确立的以及下列术语和定义适用于 GB/T 3048 的本部分。

3.1

峰值 peak value

交流电压的峰值是指最大值，但不计由非破坏性放电引起的微小高频振荡。

3.2

方均根(有效)值 root-mean-square(effective)value

交流电压的方均根值是指一完整周波中电压值平方的平均值的平方根。

3.3

试验电压值 value of the test voltage

试验电压值是指其峰值除以 $\sqrt{2}$。

3.4

总不确定度 overall uncertainty

e

表征测量结果分散在真值周围程度的估量。由于存在很多影响因素，它是由多个单独的不确定度所组成。

注：认为本部分中所考虑的大多数的不确定度来源都具有随机特性并是互相独立的，那么总的不确定度 e 的最佳估量为：

$$e = \sqrt{\sum_{i=1}^{n} e_i^2}$$

式中：e 和 $e_1 \cdots e_n$ 均用标准偏差表示。

4 试验设备

4.1 对试验电压的要求

4.1.1 电压波形

4.1.1.1 试验电压应为频率(49～61)Hz的交流电源,通常称为工频试验电压。

4.1.1.2 试验电压的波形为两个半波相同的近似正弦波,且峰值与方均根(有效)值之比应为
$\sqrt{2}\pm0.07$,如满足这些要求,则认为高压试验结果不受波形畸变的影响。

注:如果诸谐波的方均根(有效)值不大于基波的方均根值的5%,则认为满足上述对电压波形的要求。

4.1.2 容许偏差

在整个试验过程中,试验电压的测量值应保持在规定电压值的±3%以内。

注:容许偏差为规定值与实测值之间允许的差值。它与测量误差不同,测量误差是指测量值与真值之差。

4.2 试验电压的产生

4.2.1 一般要求

4.2.1.1 除了用试验变压器产生所需的试验电压外,根据电线电缆产品具有较大电容的特点,也可采
用4.2.2规定的串联谐振回路产生试验电压。不论采用哪一种方式,试验电源都应满足试样试验所需
的电压和电容电流的要求。

4.2.1.2 试验回路的电压应稳定,不受各种泄漏电流的影响。试样的非破坏性放电不应使试验电压有
明显的降低,以至影响试样破坏性放电时的电压测量。

4.2.2 串联谐振回路

串联谐振回路主要是由与电缆试样或容性负载相串接的电感及相连的馈电电源所组成。通过改变
回路参数或电源频率,就能够把回路调整到谐振,此时,加到试样上的电压远大于电源电压且大体上是
正弦波。

谐振条件和试验电压的稳定性取决于电源频率和试验回路特性的稳定性。

当放电发生时,电源供给很小的电流,这就限制了对试样介质的破坏。

调感式串联谐振回路的试验回路和参数选择见附录A。

4.3 试验电压的测量

4.3.1 用GB/T 16927.2规定认可的测量装置进行测量

电压的峰值,方均根(有效)值和正弦波畸变及瞬态电压降的测量应采用经GB/T 16927.2规定程
序认可的测量装置。

一般要求是在额定频率下测量试验电压峰值或有效值的总不确定度应在±3%范围内。

4.3.2 用认可的测量装置校准未认可的测量装置

这种方法通常是将与试验电压有关的某种仪器的显示与对同一个电压进行的测量之间建立的一种
关系;其电压的测量可以是按4.3.1进行的或用符合GB/T 311.6的球隙进行测量。但在试验期间,球
隙距离应增至足够大以防止放电。

通常可用不低于50%的试验电压值外推。如果试验回路中电流不随外加电压线性变化,或者在校
准电压和试验电压之间的电压波形或频率发生变化,则外推法可能误差较大。

对于电力电缆的例行试验,下述三种方法都能满足要求:

——电压互感器(与试样的高压端并联):电压互感器的测量误差应不超过±1%,与之相接的电压
表的误差应不超过±2%。

——高压静电电压表(与试样的高压端并联):高压静电电压表的测量误差应不超过±2%。

——分压器(与试样的高压端并联):分压器的分压比误差应不超过±1%,测量有效值时应接至准
确度达0.5级的低压读出装置;测量峰值时应接至不确定度不超过±1%的低压读出仪器。

5 试样制备

5.1 除产品标准中另有规定外,抽样试验用样品应随机抽样。

5.2 试样的数量和长度应符合产品标准规定。

5.3 试样终端部分的长度和终端头的制备方法应能保证在规定的试验电压下不发生沿其表面闪络放电或内部击穿。

5.4 在水槽内进行试验时,试样两个端部伸出水面的长度应不小于 200 mm,且应保证在规定的试验电压下不发生沿其表面闪络放电。

5.5 试样应处于相应产品标准规定的试验压力(油压或气压)和试验温度条件下。

5.6 高压交联聚乙烯绝缘电力电缆可采用脱离子水终端,也可采用其他型式的试验终端,但应满足5.3的要求。

5.7 应采用特殊方法制备矿物绝缘电缆试样,以避免影响电缆端头的密封和破坏绝缘线芯的结构从而导致试样击穿造成误判断。

6 试验程序

6.1 试验方式

6.1.1 试样耐压试验的试验电压值和耐受电压时间按产品标准规定。

6.1.2 试样的逐级击穿试验,可由供需双方商定每级升压的数值和耐受时间。推荐每级耐受时间至少5 min。

6.2 试样接线

6.2.1 应按下列规定接线方式接线,也可采用其他接线方式,但必须保证试样每一线芯与其相邻线芯之间,至少经受一次按产品标准规定的工频电压试验。

6.2.2 电力电缆和电气装备用电线电缆应按表1规定接线;通信电缆应按表2规定接线。

表 1 电力电缆和电气装备用电线电缆接线方式

试样芯数	试样结构简图	试样接线方式(高压端→接地端)	
		无金属套、金属屏蔽、铠装且无附加特殊电极	有金属套、金属屏蔽、铠装或有附加特殊电极
单芯		—	1→0
二芯	① ②	1→2	(1) 1→2+0 (2) 2→1+0
三芯	① ② ③	(1) 1→2+3 (2) 2→3+1	(1) 1→2+3+0 (2) 2→1+3+0 (3) 3→1+2+0

表 1（续）

试样芯数	试样结构简图	试样接线方式（高压端→接地端）	
		无金属套、金属屏蔽、铠装且无附加特殊电极	有金属套、金属屏蔽、铠装或有附加特殊电极
四芯	④① ②③	(1) 1→2＋3＋4 (2) 2→3＋4＋1 (3) 3→4＋1＋2	(1) 1→2＋3＋4＋0 (2) 2→1＋3＋4＋0 (3) 3→1＋2＋4＋0 (4) 4→1＋2＋3＋0
注1：表中"1,2,3,4"代表线芯导体编号。			
注2：表中"0"代表金属护套、金属屏蔽、铠装或附加特殊电极（指水槽、金属珠链、石墨涂层、绕包金属箔等）。			
表3：表中"＋"代表相互电气连接。			

表 2 通信电缆接线方式

绞合元件	元件结构示意	试样接线方式（高压端→接地端）	
		无金属套、金属屏蔽、铠装且无附加电极	有金属套、金属屏蔽、铠装或有附加电极
单根芯线	◎	—	每一导体对其余所有导体与金属套屏蔽铠装连接接地
对绞组	ⓐⓑ	所有导体a→ 所有导体b	(1) 所有导体a→ 所有导体b (2) 所有导体a＋b→0
三线组	ⓐⓑ ⓒ	(1) 所有导体a→ 所有导体b＋c (2) 有导体b→ 所有导体a＋c	(1) 所有导体a→ 所有导体b＋c (2) 所有导体b→ 所有导体a＋c (3) 所有导体a＋b＋c→0
四线组	ⓓⓐ ⓑⓒ	(1) 所有导体a＋b→ 所有导体c＋d (2) 所有导体a＋c→ 所有导体b＋d	(1) 所有导体a＋b→ 所有导体c＋d (2) 所有导体a＋c→ 所有导体b＋d (3) 所有导体a＋b＋c＋d→0
注1：表中"a,b,c,d"代表线芯导体编号。			
注2：表中"0"代表金属护套、金属屏蔽、铠装或附加特殊电极（指水槽、金属珠链、石墨涂层、绕包金属箔等）。			
注3：表中"＋"代表相互电气连接。			

6.2.3 五芯及以上多芯电缆,通常需进行二次试验:第一次在每层芯中的奇数芯(并联)对偶数芯(并联)之间施加电压;第二次在所有奇数层的线芯(并联)对偶数层的线芯(并联)之间施加电压。如果电缆中同一层中含有的线芯数为奇数,则应补充对未经受电压试验的相邻线芯间再进行一次规定的电压试验。

注:多芯电缆中心的一根线芯(或诸线芯)作为第一层;如有金属套(屏蔽)或铠装作为最后一层,试验时应接地。

6.2.4 在试样的金属套(屏蔽)和铠装之间的内衬层试验时,所有线芯都应与金属套(屏蔽)相连接,并接至试验电源的高压端,而铠装接至接地端。

6.3 试验要求

6.3.1 除非产品标准另有规定,试验应在(20±15)℃温度下进行。试验时,试样的温度与周围环境温度之差应不超过±3℃。

6.3.2 对试样施加电压时,应当从足够低的数值(不应超过产品标准所规定试验电压值的40%)开始,以防止操作瞬变过程而引起的过电压影响;然后应缓慢地升高电压,以便能在仪表上准确读数,但也不能升得太慢,以免造成在接近试验电压时耐压时间过长。当施加电压超过75%试验电压后,只要以每秒2%的速率升压,一般可满足上述要求。应保持试验电压至规定时间后,降低电压,直至低于所规定的试验电压值的40%,然后再切断电源,以免可能出现瞬变过程而导致故障或造成不正确的试验结果。

7 试验结果及评定

7.1 试样在施加所规定的试验电压和持续时间内无任何击穿现象,则可认为该试样通过耐受工频电压试验。

7.2 试验中如发生异常现象,应判断是否属于"假击穿"。假击穿现象应予排除,并重新试验。只有当试样不可能再次耐受相同电压值的试验时,则应认为试样已击穿。

7.3 如果在试验过程中,试样的试验终端发生沿其表面闪络放电或内部击穿,允许另做试验终端,并重复进行试验。

7.4 试验过程中因故停电后继续试验,除产品标准另有规定外,应重新计时。

8 注意事项

8.1 试验回路应有快速保护装置,以保证当试样击穿或试样端部或终端发生沿其表面闪络放电或内部击穿时能迅速切断试验电源。

8.2 试验设备、测量系统和试样的高压端与周围接地体之间应保持足够的安全距离,以防止产生空气放电。试验区域周围应有可靠的安全措施,如金属接地栅拦,信号灯或安全警示标志。

8.3 试验区域内应有接地电极,接地电阻应小于4 Ω,试验装置的接地端和试样的接地端或附加电极均应与接地电极可靠连接。

9 试验记录

试验记录应详细记载下列的内容:

a) 试验类型;

b) 试样编号,试样型号、规格;

c) 试验日期,大气条件;

d) 施加电压的数值和时间;

e) 试验中的异常现象,处理和判断;

f) 试验设备及其校准有效期。

附 录 A

（规范性附录）

调感式串联谐振回路和参数选择

A.1 串联谐振试验回路

串联谐振试验回路及其等值线路分别如图 A.1 与图 A.2 所示。

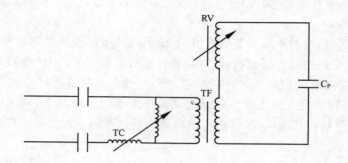

C$_P$——试样电容器；

RV——可调电抗器；

TC——单相调压器；

TF——馈电变压器。

图 A.1 串联谐振试验回路

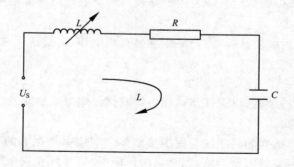

C——试样电容，F；

L——回路电感，H；

R——回路等值电阻（包括可调电抗器和馈电变压器的损耗、高压导线的电晕损耗、试样介质损耗和脱离子水终端的损耗等），Ω。

图 A.2 等值线路

A.2 谐振条件

根据试样电容值调节电抗器的电感值使其满足谐振条件：

$$\omega L = \frac{1}{\omega C} \quad\quad\quad\quad\quad\quad\quad\quad\quad (A.1)$$

式中：

$\omega = 2\pi f, f = 50$ Hz。

谐振时，流过高压回路 L 及 C 的电流达到最大值，即：

$$I_M = \frac{U_S}{R} \quad\quad\quad\quad\quad\quad\quad\quad\quad (A.2)$$

式中：

U_S——试验时所需的馈电电压。

$$Q = \frac{1}{R} \cdot \sqrt{\frac{L}{C}} \quad \dots\dots\dots\dots\dots\dots\dots\dots\dots（A.3）$$

式中：

Q——回路品质因数，Q 值一般较大，$Q>30$。

A.3 参数选择

A.3.1 馈电变压器输出电压 U_S，按 $\frac{U_C}{Q}$ 选取，U_C 为试样所需最高试验电压值。

A.3.2 馈电变压器输出电流 I_S 等于试样所需的最大电容电流值。

A.3.3 调压器的额定容量与馈电变压器相同。

A.3.4 可调电抗器电感调节范围按试样最大电容和最小电容值进行选择，首先必须满足最大电容时的电感值。如果电感调节范围不够，为满足最小电容值试验的需要，必要时可增加负荷电容器。

A.3.5 为满足短试样进行型式试验，且采用脱离子水终端时，回路的 Q 值将大大降低，为此，选择的馈电变压器应具有足够的电压输出。

ICS 29.060
K 13

中华人民共和国国家标准

GB/T 3048.9—2007
代替 GB/T 3048.9—1994,GB/T 3048.15—1992

电线电缆电性能试验方法
第 9 部分：绝缘线芯火花试验

Test methods for electrical properties of electric cables and wires—
Part 9:Spark test of insulated cores

2007-12-03 发布   2008-05-01 实施

中华人民共和国国家质量监督检验检疫总局
中国国家标准化管理委员会   发布

前　言

GB/T 3048《电线电缆电性能试验方法》分为 14 个部分：

——第 1 部分：总则；

——第 2 部分：金属材料电阻率试验；

——第 3 部分：半导电橡塑材料体积电阻率试验；

——第 4 部分：导体直流电阻试验；

——第 5 部分：绝缘电阻试验；

——第 7 部分：耐电痕试验；

——第 8 部分：交流电压试验；

——第 9 部分：绝缘线芯火花试验；

——第 10 部分：挤出护套火花试验；

——第 11 部分：介质损耗角正切试验；

——第 12 部分：局部放电试验；

——第 13 部分：冲击电压试验；

——第 14 部分：直流电压试验；

——第 16 部分：表面电阻试验。

本部分为 GB/T 3048 的第 9 部分。

本部分代替 GB/T 3048.9—1994《电线电缆电性能试验方法 绝缘线芯工频火花试验》和 GB/T 3048.15—1992《电线电缆 绝缘线芯直流火花试验方法》。本次修订按照 GB/T 1.1—2000《标准化工作导则 第 1 部分：标准的结构和编写规则》对本部分进行了调整。

本部分与 GB/T 3048.9—1994 和 GB/T 3048.15—1992 相比主要变化如下：

——标准的中文名称统一为"电线电缆电性能试验方法 第 9 部分：绝缘线芯火花试验"；

——标准的英文名称改为"Test methods for electrical properties of electric cables and wires—Part 9：Spark test of insulated cores"；

——本部分的总体结构和编排按 GB/T 1.1—2000 进行了修改：

1) 第 1 章为"范围"（GB/T 3048.9—1994 和 GB/T 3048.15—1992 的第 1 章；本版的第 1 章）；

2) 第 2 章为"规范性引用文件"（GB/T 3048.9—1994 的第 2 章，GB/T 3048.15—1992 无；本版的第 2 章）；

3) 第 3 章为"术语和定义"（GB/T 3048.9—1994 和 GB/T 3048.15—1992 无；本版的第 3 章）；

4) 第 4 章为"试验设备"（GB/T 3048.9—1994 的第 3 章、GB/T 3048.15—1992 的第 2 章；本版的第 4 章）；

5) 第 5 章为"试样制备"（GB/T 3048.9—1994 和 GB/T 3048.15—1992 无；本版的第 5 章）；

6) 第 6 章为"试验程序"（GB/T 3048.9—1994 的第 4 章和第 5 章、GB/T 3048.15—1992 的第 3 章和第 4 章；本版的第 6 章）；

7) 第 7 章为"试验结果及评定"（GB/T 3048.9—1994 的第 6 章和 GB/T 3048.15—1992 的第 5 章；本版的第 7 章）；

8) 第 8 章为"试验设备的校准"（GB/T 3048.9—1994 的第 7 章、GB/T 3048.15—1992 无；

本版的第 8 章);

9) 第 9 章为"试验记录"(GB/T 3048.9—1994 和 GB/T 3048.15—1992 无;本版的第 9 章);

——在第 1 章"范围"中删除了包含要求的部分(GB/T 3048.15—1992 的第 1 章;本版的第 1 章);

——在第 2 章"规范性引用文件"中补充了相关标准(GB/T 3048.9—1994 的第 2 章; GB/T 3048.15—1992 无;本版的第 2 章);

——增加了第 3 章"术语和定义"(GB/T 3048.9—1994 和 GB/T 3048.15—1992 无;本版的第 3 章);

——在第 4 章"试验设备"中修改了对直流高压电源脉动的规定(GB/T 3048.15—1992 的 2.1;本版的 4.2.2);

——在第 6 章"试验程序"中将试验电压由规定值改为推荐值(GB/T 3048.9—1994 的第 4 章和 GB/T 3048.15—1992 的第 3 章;本版的第 6 章);

——增加第 9 章"试验记录",规定了试验记录应记载的具体内容(GB/T 3048.9—1994 和 GB/T 3048.15—1992 无;本版的第 9 章)。

本部分由中国电器工业协会提出。

本部分由全国电线电缆标准化技术委员会归口。

本部分起草单位:上海电缆研究所。

本部分主要起草人:万树德、余震明、夏凯荣、张兆焕。

本部分所代替标准的历次版本发布情况为:

——GB 3048.9—1983、GB/T 3048.9—1994;

——GB/T 3048.15—1992。

电线电缆电性能试验方法
第9部分:绝缘线芯火花试验

1 范围

GB/T 3048 的本部分规定了绝缘线芯(电线)火花试验的术语和定义、试验设备、试样制备、试验程序、试验结果及评定、试验设备的校准和试验记录。

本部分适用于检验橡皮和塑料绝缘电线电缆绝缘线芯的绝缘层质量,可用于电线电缆的中间检验和例行试验。不适用于检验任何采用非导电材料制成的导电线芯的绝缘产品。

本部分包括工频火花试验和直流火花试验。即采用工频火花机和直流火花机进行试验。

本部分应与 GB/T 3048.1 一起使用。

2 规范性引用文件

下列文件中的条款通过 GB/T 3048 的本部分的引用而成为本部分的条款。凡是注日期的引用文件,其随后所有的修改单(不包括勘误的内容)或修订版均不适用于本部分,然而,鼓励根据本部分达成协议的各方研究是否可使用这些文件的最新版本。凡是不注日期的引用文件,其最新版本适用于本部分。

GB/T 2900.10—2001 电工术语 电缆(idt IEC 60050(461):1984)

GB/T 3048.1 电线电缆电性能试验方法 第1部分:总则

JB/T 4278.10 橡皮塑料电线电缆试验仪器设备检定方法 火花试验机

3 术语和定义

GB/T 2900.10—2001 确立的下列术语和定义适用于 GB/T 3048 的本部分。

3.1

火花试验 spark test

电缆通过周围电极时该电极对其施加试验电压的一种绝缘试验。

4 试验设备

4.1 概述

工频火花试验机和直流火花试验机的示意图如图1,主要组成部分及整个装置应符合下述各条规定。

4.2 高压电源

4.2.1 工频火花试验机的高压电源

电源频率为(49~61)Hz,电压波形应近似正弦波。

4.2.2 直流火花试验机的高压电源

电源的正极应接地,负极由一根低电容的非屏蔽电线与试验电极相连,直流输出电压的纹波,其峰值对峰值应不超过直流电压的 5%。

4.2.3 试验电压的测量

试验电极对地的电位差应由火花机的试验电压表显示,试验电压表应直接连接到电源的输出端,也可通过其他任何合适的方式连接,但其示值误差应不超过±5%。

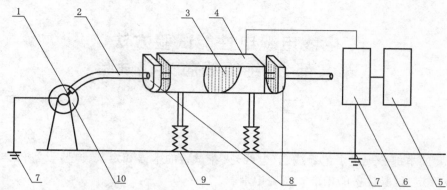

1——试样导体；

2——被试绝缘线芯(电线)；

3——试验电极；

4——试验电极箱；

5——检测控制装置；

6——高压电源；

7——接地；

8——保护电极；

9——绝缘子；

10——收线盘。

图 1 火花试验机的示意图

4.3 试验电极

4.3.1 电极的有效长度应使被试绝缘线芯的每一点通过电极下的时间不小于下列规定：

  a) 工频电源   0.05 s

  注：这时间表示绝缘线芯穿过每毫米长电极的最大速度为 1.2 m/min。

  b) 直流电源   0.001 s

  注：这时间表示绝缘线芯穿过每毫米长电极的最大速度为 60 m/min。

4.3.2 电极的有效宽度应大于被试线芯的最大直径 30 mm。底部可制成"V"形或"U"形。对地保持良好绝缘，而使在最高试验电压下，当绝缘子受潮时火花机也应正常运行。电极箱壳体应接地。

4.3.3 电极为用金属制成的接触式电极，可用珠链或环链，链长应大于"V"形或"U"形底部电极的深度。相邻两链的间距应不大于 8 mm。

  注：相邻两链的间距应不大于 8 mm 是指任何方向的相邻两个间的距离。

  珠链或环链应满足下述要求：

  a) 珠的直径为(2～5)mm，一串珠链上的相邻两颗珠子的间距应不超过 2.5 mm；

  b) 环由直径大于 0.8 mm 的金属丝构成，环的外径应不大于 5 mm，如用椭圆形等其他形状时纵轴应不大于 5 mm。每 100 mm 长的环链上，环数应不少于 20 个；

  c) 链上的珠或环应分布均匀，表面光滑，不应有刮伤被试绝缘线芯的任何毛刺，且每一节珠或环应灵活可挠。珠链或环链应交叉排列。

4.4 保护电极

  试验电极的两端应有接地保护电极。保护电极的宽度应不小于试验电极宽度，保护电极(轴向)长度不小于 15 mm，所用珠链或环链应与试验电极一致。保护电极与试验电极之间距离应保证在正常最高试验电压下，不发生试样绝缘表面闪络。

4.5 安全保护连锁装置

  保证开启试验电极箱时自动断开高压电源。

4.6 击穿指示器

击穿指示器由数字显示计数器和讯响报警器组成,能对每次击穿记录和报警。击穿指示器应能保持其指示数,直至下一个击穿被记录或指示器被人工复位。讯响报警器的报警时间应能持续数秒钟,并能触发断路器断开高压电源和驱动系统电源。在必要时可遮断触发信号。

4.7 灵敏度

4.7.1 灵敏度测试

灵敏度用人工击穿装置测试。

人工击穿装置测试中的火花间隙应由作相对旋转运动的一块金属板和一个金属针尖组成,在每秒钟内金属板和金属针尖有一次距离为(0.25±0.05)mm,工频火花机测试时,持续时间为 0.025 s;直流火花机测试时,持续时间为 0.005 s,针尖对金属板的极性,针尖为负极,金属板为正极。

4.7.2 最低灵敏度测试

在无负载情况下,将试验电极电压调到工频 3 kV(或直流 5 kV),当人工击穿装置接入后,其火花间隙短路状态下的稳态电流应不超过 600 μA。为了将稳态电流限制在适当的数值范围内,可以串联一附加电阻。

最低灵敏度测试时,应先接入符合上述要求的人工击穿装置,将试验电压调到工频 3 kV(或直流 5 kV),启动人工击穿装置,使金属板和针尖间的火花间隙被连续击穿 20 次。要求火花试验机的击穿计数器应记录 20 次,对每次击穿都应准确无误的计数。

试验时应断开触发信号,以保证试验变压器的电源不被断开。

每次试验应更换铜针,针尖的锥度应不大于 60°,直径应不大于 2 mm。

4.7.3 稳定性测试

最低灵敏度符合要求后,应将附加电阻(若有)短接。在电极间放一段没有缺陷、并是该火花机将要测试的具有最大电容值的被试绝缘线芯(电线),或在人工击穿装置的板电极和针尖电极之间并入一个与被试线芯有相同电容值的电容器(直流火花机可不接入线芯或电容器)并将电极电压调至设备的最高试验电压,可选用较粗的铜针,以防止针尖熔化。启动人工击穿装置,使金属板和针尖间的火花间隙被连续击穿 20 次。火花试验机的击穿计数器应记录 20 次,对每次击穿都应准确无误的计数。

试验时应断开触发信号,以保证试验变压器的电源不被断开。

5 试样制备

整个制造长度的电线电缆。

6 试验程序

6.1 每次试验前应检查安全保护链锁装置,确保正常动作。

6.2 火花试验设备和收放线装置均应可靠接地。

6.3 被试绝缘线芯的导体应可靠地连续接地。

6.4 被试绝缘线芯进入电极之前,应用适当方法除去绝缘表面的水分,以防止试验过程中产生闪络。

6.5 试验电压值应在产品标准中规定。如果产品标准中没有规定相应的试验电压值,则可按表 1 推荐的电压值行试验。

表 1 绝缘线芯火花试验电压推荐值

绝缘标称厚度 δ/mm	试 验 电 压/kV	
	工频火花机	直流火花机
δ≤0.25	3	5
0.25＜δ≤0.5	4	6
0.5＜δ≤1.0	6	9
1.0＜δ≤1.5	10	15
1.5＜δ≤2.0	15	23
2.0＜δ≤2.5	20	30
2.5＜δ	25	38

注：非密封性的绝缘结构，如无粘结层的绕包结构，其试验电压应在产品标准中规定。

7 试验结果及评定

单位长度（如每 km）被试绝缘线芯的击穿次数即为试验结果。

8 试验设备的校准

每年应至少一次按 JB/T 4278.10 规定的检定方法对火花试验机进行校准，在大修或较大程度调整后，也应进行校准。

9 试验记录

试验记录应详细记载下列的内容：
a) 试样编号，试样型号、规格；
b) 试验日期，大气条件；
c) 施加电压的数值；
d) 试验结果；
e) 试验设备及其校准有效期。

ICS 29.060
K 13

中华人民共和国国家标准

GB/T 3048.10—2007
代替 GB/T 3048.10—1994

电线电缆电性能试验方法
第 10 部分：挤出护套火花试验

Test methods for electrical properties of electric cables and wires—
Part 10：Spark test of extruded protective sheaths

2007-12-03 发布

2008-05-01 实施

中华人民共和国国家质量监督检验检疫总局
中国国家标准化管理委员会
发 布

前　　言

GB/T 3048《电线电缆电性能试验方法》分为14个部分：

——第1部分：总则；

——第2部分：金属材料电阻率试验；

——第3部分：半导电橡塑材料体积电阻率试验；

——第4部分：导体直流电阻试验；

——第5部分：绝缘电阻试验；

——第7部分：耐电痕试验；

——第8部分：交流电压试验；

——第9部分：绝缘线芯火花试验；

——第10部分：挤出护套火花试验；

——第11部分：介质损耗角正切试验；

——第12部分：局部放电试验；

——第13部分：冲击电压试验；

——第14部分：直流电压试验；

——第16部分：表面电阻试验。

本部分为GB/T 3048的第10部分。

本部分代替GB/T 3048.10—1994《电线电缆电性能试验方法　挤出防蚀护套火花试验》。本次修订按照GB/T 1.1—2000《标准化工作导则　第1部分：标准的结构和编写规则》对本部分进行了调整。

本部分与GB/T 3048.10—1994相比主要变化如下：

——标准的英文名称改为"Test methods for electrical properties of electric cables and wires—Part 10:Spark test of extruded protective sheaths"；

——本部分的总体结构和编排按GB/T 1.1—2000进行了修改：

1)　第1章为"范围"（1994年版的第1章；本版的第1章）；

2)　第2章为"规范性引用文件"（1994年版的第2章；本版的第2章）；

3)　第3章为"术语和定义"（1994年版无；本版的第3章）；

4)　第4章为"试验设备"（1994年版的第3章；本版的第4章）；

5)　第5章为"试样制备"（1994年版的第4章；本版的第5章）；

6)　第6章为"试验程序"（1994年版的第5章；本版的第6章）；

7)　第7章为"试验结果及评定"（1994年版的第6章；本版的第7章）；

8)　第8章为"试验设备的校准"（1994年版无；本版的第8章）；

9)　第9章为"试验记录"（1994年版无；本版的第9章）；

——在第2章"规范性引用文件"中补充了相关标准（1994年版的第2章；本版的第2章）；

——增加了第3章"术语和定义"（1994年版无；本版的第3章）；

——在第4章"试验设备"中删除了高频火花试验机（1994年版的3.1；本版的第4章）；

——在第6章"试验程序"中删除了高频火花试验的相关规定（1994年版的5.2和表1；本版的6.2和表1）；

——增加了第8章"试验设备的校准"（1994年版无；本版的第8章）；

——增加第9章"试验记录"，规定了试验记录应记载的具体内容（1994年版无；本版的第9章）。

本部分由中国电器工业协会提出。

本部分由全国电线电缆标准化技术委员会归口。

本部分起草单位：上海电缆研究所。

本部分主要起草人：万树德、余震明、夏凯荣。

本部分所代替标准的历次版本发布情况为：GB 3048.10—1982、GB/T 3048.10—1994。

电线电缆电性能试验方法
第 10 部分：挤出护套火花试验

1 范围

GB/T 3048 的本部分规定了挤出防蚀护套火花试验的术语和定义、试验设备、试样制备、试验程序、试验结果及评定、试验设备的校准和试验记录。

本部分适用于检验挤包在金属套或金属铠装层外面的防蚀护套的密封性。

本部分应与 GB/T 3048.1 一起使用。

2 规范性引用文件

下列文件中的条款通过 GB/T 3048 本部分的引用而成为本部分的条款。凡是注日期的引用文件，其随后所有的修改单(不包括勘误的内容)或修订版均不适用于本部分，然而，鼓励根据本部分达成协议的各方研究是否可使用这些文件的最新版本。凡是不注日期的引用文件，其最新版本适用于本部分。

GB/T 2900.10—2001 电工术语 电缆(idt IEC 60050(461):1984)

GB/T 3048.1 电线电缆电性能试验方法 第 1 部分：总则

GB/T 3048.9—2007 电线电缆电性能试验方法 第 9 部分：绝缘线芯火花试验

JB/T 4278.10 橡皮塑料电线电缆试验仪器设备检定方法 火花试验机

3 术语和定义

GB/T 2900.10—2001 确立的下列术语和定义适用于 GB/T 3048 的本部分。

3.1

火花试验 spark test

电缆通过周围电极时该电极对其施加试验电压的一种绝缘试验。

4 试验设备

工频火花试验机或直流火花试验机，应符合 GB/T 3048.9—2007 相关规定。

5 试样制备

整个制造长度的电缆。

6 试验程序

6.1 火花试验应在挤制防蚀套的过程中进行，也可在火花试验机上单独进行。

6.2 当采用工频火花试验机进行试验时，被试电缆金属套或铠装应接地。

当采用直流火花试验机进行试验时，被试电缆金属套或铠装一般应与直流电源的负极相连接。

6.3 试验电压值应符合产品标准的规定，如果产品标准中没有规定相应试验电压值，则可按表 1 推荐的电压值进行试验。

表 1　防蚀护套火花试验电压推荐值

试验类型	试验电压/kV	最高试验电压/kV
直流	9 t	25
50 Hz	6 t	15
注 1：t 为防蚀护套标称厚度,mm。		
注 2：由塑料带和塑料套组合构成的防蚀层火花试验电压,如需方另有要求时,可与供方另行商定。		

7　试验结果及评定

单位长度(如每 km)被试品的击穿次数即为试验结果。

8　试验设备的校准

每年应至少一次按 JB/T 4278.10 规定的检定方法对火花试验机进行校准;在大修或较大程度调整后,也应进行校准。

9　试验记录

试验记录应详细记载下列的内容:

a)　试样编号,试样型号、规格;

b)　试验日期,大气条件;

c)　施加电压的数值;

d)　试验结果;

e)　试验设备及其校准有效期。

ICS 29.060
K 13

中华人民共和国国家标准

GB/T 3048.11—2007
代替 GB/T 3048.11—1994

电线电缆电性能试验方法
第 11 部分：介质损耗角正切试验

Test methods for electrical properties of electric cables and wires—
Part 11：Test for dielectric dissipation factor

2007-12-03 发布 　　　　　　　　　　　　　　2008-05-01 实施

中华人民共和国国家质量监督检验检疫总局
中国国家标准化管理委员会　发 布

前　言

GB/T 3048《电线电缆电性能试验方法》分为 14 个部分：

——第 1 部分：总则；

——第 2 部分：金属材料电阻率试验；

——第 3 部分：半导电橡塑材料体积电阻率试验；

——第 4 部分：导体直流电阻试验；

——第 5 部分：绝缘电阻试验；

——第 7 部分：耐电痕试验；

——第 8 部分：交流电压试验；

——第 9 部分：绝缘线芯火花试验；

——第 10 部分：挤出护套火花试验；

——第 11 部分：介质损耗角正切试验；

——第 12 部分：局部放电试验；

——第 13 部分：冲击电压试验；

——第 14 部分：直流电压试验；

——第 16 部分：表面电阻试验。

本部分为 GB/T 3048 的第 11 部分。

本部分代替 GB/T 3048.11—1994《电线电缆电性能试验方法　介质损失角正切试验》。本次修订按照 GB/T 1.1—2000《标准化工作导则　第 1 部分：标准的结构和编写规则》对本部分进行了调整。

本部分与 GB/T 3048.11—1994 相比主要变化如下：

——标准的中文名称改为"电线电缆电性能试验方法　第 11 部分：介质损耗角正切试验"；

——标准的英文名称改为"Test methods for electrical properties of electric cables and wires—Part 11: Test for dielectric dissipation factor"；

——本部分的总体结构和编排按 GB/T 1.1—2000 进行了修改：

1） 第 1 章为"范围"（1994 年版的第 1 章；本版的第 1 章）；

2） 第 2 章为"规范性引用文件"（1994 年版的第 2 章；本版的第 2 章）；

3） 第 3 章为"术语和定义"（1994 年版无；本版的第 3 章）；

4） 第 4 章为"试验设备"（1994 年版的第 3 章；本版的第 4 章）；

5） 第 5 章为"试样制备"（1994 年版的第 4 章；本版的第 5 章）；

6） 第 6 章为"试验程序"（1994 年版的第 5 章；本版的第 6 章）；

7） 第 7 章为"试验结果及计算"（1994 年版的第 6 章；本版的第 7 章）；

8） 第 8 章为"注意事项"（1994 年版的第 7 章；本版的第 8 章）；

9） 第 9 章为"试验记录"（1994 年版无；本版的第 9 章）；

——在第 2 章"规范性引用文件"中补充了相关的标准（1994 年版的第 2 章；本版的第 2 章）；

——增加了第 3 章"术语和定义"（1994 年版无；本版的第 3 章）；

——在第 4 章"试验设备"中作了下述修改：

1） 明确试验电源的电压值按 GB/T 3048.8 的规定进行测量（1994 版的 3.1.3；本版的 4.1.3）；

2） 提高了对标准电容器的要求［1994 版的 3.2.1 中 b. 项；本版的 4.2.1 中 b）项］；

3) 增加了测量仪器应满足试样的电容电流的要求(1994 版无;本版的 4.2.2);

——在第 5 章"试样制备"中增加脱离子水终端的制备(1994 年版无;本版的 5.6);

——在第 6 章"试验程序"中作了下述修改:

1) 对试样接线方式作了补充和完善[1994 版的 5.1.3;本版的 6.1 中 c)项];

2) 删除用温度计测量环境温度的规定(1994 版的 5.3;本版无);

3) 增加了在规定的试验温度下测量 tan δ 值时测量试样温度的要求(1994 版无;本版的 6.3);

——在第 7 章"试验结果及计算"中,增加了读取或计算试样电容值的要求(1994 年版无;本版的 7.2);

——增加第 9 章"试验记录",规定了试验记录应记载的具体内容(1994 年的 6.2;本版的第 9 章)。

本部分由中国电器工业协会提出。

本部分由全国电线电缆标准化技术委员会归口。

本部分起草单位:上海电缆研究所。

本部分主要起草人:万树德、余震明、夏凯荣、杨文才。

本部分所代替标准的历次版本发布情况为:GB 767—1965、GB 3048.11—1983、GB/T 3048.11—1994。

电线电缆电性能试验方法
第11部分:介质损耗角正切试验

1 范围

GB/T 3048 的本部分规定了介质损耗角正切试验的术语和定义、试验设备、试样制备、试验程序、试验结果及计算、注意事项和试验记录。

本部分适用于工频交流电压下测量电缆产品的介质损耗角正切(tan δ)值和电容值,但不适用于绕组线产品。

本部分应与 GB/T 3048.1 一起使用。

2 规范性引用文件

下列文件中的条款通过 GB/T 3048 的本部分的引用而成为本部分的条款。凡是注日期的引用文件,其随后所有的修改单(不包括勘误的内容)或修订版均不适用于本部分,然而,鼓励根据本部分达成协议的各方研究是否可使用这些文件的最新版本。凡是不注日期的引用文件,其最新版本适用于本部分。

GB/T 2900.19　电工术语　高电压技术和绝缘配合

GB/T 3048.1　电线电缆电性能试验方法　第1部分:总则

GB/T 3048.8—2007　电线电缆电性能试验方法　第8部分:交流电压试验

3 术语和定义

GB/T 2900.19 确立的以及下列术语和定义适用于 GB/T 3048 的本部分。

3.1

介质损耗角正切　dielectric dissipation factor

tan δ

表征电缆绝缘在交流电场下能量损耗的一个参数,是外施正弦电压与通过试样的电流之间相角的余角正切。

4 试验设备

4.1 试验电源

4.1.1　除了用试验变压器产生所需的试验电压外,也可采用串联谐振回路产生试验电压。试验电源应满足相应试样试验所需的试验电压和电容电流的要求。

4.1.2　试验电源应为频率(49~61)Hz 的交流电压,电压的波形应接近正弦波,两个半波基本上相同,且峰值与有效值之比为 $\sqrt{2}\pm0.07$。

4.1.3　应按 GB/T 3048.8—2007 中 4.3 的规定测量试验电源的电压值。

4.2 测量仪器

4.2.1　可采用西林电桥(或电流比较仪式电桥)和标准电容器测量电缆的介质损耗角正切(tan δ)。

    a)　西林电桥(应为双屏蔽结构并附有屏蔽电位自动调节器)或电流比较仪式电桥,应满足下述条件:

        1)　tan δ 测量范围为 1×10^{-4}~1.0;

    2) tan δ 测量准确度为±0.05％±1×10⁻⁴。

  b) 标准电容器的额定工作电压应大于相应试样所需的最高测试电压,并满足下述条件:

    1) 电容量实测值的测量误差应不超过±0.05％;

    2) tan δ≤1×10⁻⁵。

4.2.2 测量仪器应满足试样的电容电流的要求,应选择合适的配件,否则会影响测量准确度,甚至损伤测量仪器。

5 试样制备

5.1 应按产品标准规定选取试样的长度,但不得小于 4 m(不包括电缆终端)。

5.2 试样终端部分的长度和终端的制备方法,应能保证在规定的最高测试电压下不发生沿其表面闪络放电或内部击穿。

5.3 为了提高测量的准确度,可在被测试样的端部开切保护环,并将保护环接地。

5.4 充油或充气电缆试样的油压或气压应符合产品标准规定。

5.5 试样测量极对地应具有一定电阻值。

5.6 交联聚乙烯绝缘电力电缆可采用脱离子水终端。这时终端制备(包括开保护环)应按其技术说明书的规定进行。

6 试验程序

6.1 除产品标准中另有规定外,应按下列方式接线:

  a) 单芯电缆,应将导体接高压端,金属套、屏蔽或附加电极接测量极;

  b) 分相铅套电缆,应依次将每一线芯接高压端,其他线芯相互连接并与金属套、屏蔽一起接至测量极;

  c) 多芯电缆,应依次将每一线芯接高压端,其他线芯相互连接并接至测量极;或每一线芯接高压极,其他线芯相互连接并与金属套、屏蔽一起接至测量极。测量时还应将多芯电缆的铠装(若有)接至测量系统的保护电极或接地。

6.2 除产品标准另有规定外,试验一般均应在(20±15)℃的环境温度下进行。试样的温度与周围环境温度之差应不超过±3℃。

6.3 按产品标准要求在规定的试验温度下测量 tan δ 值时,可采用各种方法测量试样温度,但测量值与标准规定值之差应不超过±3℃。

6.4 测量时应从较低值(不应超过产品所规定的测试电压值的 40％)开始将电压缓慢平稳地升至规定的试验电压值(电压偏差应不超过规定值的±3％),然后进行电桥平衡(检流计灵敏度应从最低值开始)。测量结束后,将检流计灵敏度调至最低值,并应迅速降压至低于所规定的试验电压的 40％,然后再切断电源。

7 试验结果及计算

7.1 按试验所采用测量电桥的型式,直接读数或计算试样的 tan δ 值。

7.2 按试验所采用测量电桥的型式,直接读数或计算试样的电容值。

8 注意事项

8.1 试验区周围应有可靠的安全措施,试验区内应有接地极,其接地电阻应小于 4 Ω,试验设备、测量系统的接地端和试样的接地端应与接地极可靠连接。

8.2 测量前试样应先经过工频交流耐受电压试验,即在试样上施加测量 tan δ 时所需的最高测试电压有效值,试样不应有任何异常现象。

8.3 标准电容器和试样与测量仪器之间的连接线,应采用满足测量仪器要求的相同规格和长度的屏蔽电缆。

9 试验记录

a) 试验类型;

b) 试样编号,试样型号、规格;

c) 试验日期、大气条件、试验时温度和相对湿度;

d) 测量电桥和标准电容器的型号;

e) 测量时所施加的试验电压有效值,试样的 $\tan\delta$ 值和电容值;

f) 试验中的异常现象及处理;

g) 测试设备及其校准有效期。

ICS 29.060
K 13

中华人民共和国国家标准

GB/T 3048.12—2007
代替 GB/T 3048.12—1994

电线电缆电性能试验方法
第 12 部分：局部放电试验

Test methods for electrical properties of electric cables and wires—
Part 12：Partial discharge test

(IEC 60885-3：1988，Electrical test methods for electric cables—
Part 3：Test methods for partial discharge measurement on lengths
of extruded power cable，MOD)

2007-12-03 发布   2008-05-01 实施

中华人民共和国国家质量监督检验检疫总局
中国国家标准化管理委员会 发布

前　言

GB/T 3048《电线电缆电性能试验方法》分为 14 个部分：
——第 1 部分：总则；
——第 2 部分：金属材料电阻率试验；
——第 3 部分：半导电橡塑材料体积电阻率试验；
——第 4 部分：导体直流电阻试验；
——第 5 部分：绝缘电阻试验；
——第 7 部分：耐电痕试验；
——第 8 部分：交流电压试验；
——第 9 部分：绝缘线芯火花试验；
——第 10 部分：挤出护套火花试验；
——第 11 部分：介质损耗角正切试验；
——第 12 部分：局部放电试验；
——第 13 部分：冲击电压试验；
——第 14 部分：直流电压试验；
——第 16 部分：表面电阻试验。

本部分为 GB/T 3048 的第 12 部分。

本部分修改采用 IEC 60885-3:1988《电缆电性能试验方法　第 3 部分：整根挤出电力电缆局部放电测试方法》（英文版）。

本部分的结构符合 GB/T 1.1—2000《标准化工作导则　第 1 部分：标准的结构和编写规则》，并与 GB/T 3048 的其他部分相协调。在附录 A 中列出了本部分章条编号与 IEC 60885-3:1988 章条编号的对照一览表。

考虑到检测技术的发展，在采用 IEC 60885-3:1988 时，本部分做了一些修改，有关技术性差异已编入正文中并在它们所涉及的条文的页边空白处用垂直单线标识。

本部分与 IEC 60885-3:1988 差异如下：
——按照 GB/T 1.1—2000 规定的标准结构和 GB/T 3048 其他部分的协调统一原则，本部分增加了：第 2 章"规范性引用文件"、第 7 章"注意事项"、第 8 章"试验设备的检定"、第 9 章"试验记录"；
——考虑到试验的实际操作情况，本部分做了下述改动：
　　1）　鉴于"绘制双脉冲图"并非电缆局部放电试验的必须步骤，而仅试验回路的校核，故将 IEC 60885-3:1988 的 2.6 改为本部分的"附录 B"；
　　2）　鉴于"对终端阻抗要求"以理论估算为主，且是绝少用的测量方法，故将 IEC 60885-3:1988 的 2.7 改为本部分的"附录 C"；
——按照 GB/T 1.1—2000"充分考虑最新技术水平"的要求，本部分做了下述改动：
　　1）　由于无局部放电的电缆终端是局部放电测试技术的重要组成部分，本部分的第 5 章"试样制备"中具体规定了较成熟的试验用终端；
　　2）　根据长期进行电缆局部放电试验的技术积累，本部分增加了第 7 章"注意事项"；
　　3）　总结近 20 年来 35kV 及以下电缆局部放电例行试验的经验，在本部分 7.4 中"推荐采用附录 D 介绍的全屏蔽试验室"；

——本部分参照 IEC 60885-2:1987《电缆电性能试验方法 第 2 部分:局部放电试验》(英文版)的第 5 章"试验步骤"增加了 6.6.2;

——本部分删除了 IEC 60885-3:1988 的第 3 章"应用导则"。

为便于使用,对于 IEC 60885-3:1988 本部分还做了下列编辑性修改:

——用小数点"."代替作为小数点的逗号",";

——删除了国际标准的前言;

——增加了资料性附录 A 以指导使用。

本部分代替 GB/T 3048.12—1994《电线电缆电性能试验方法 局部放电试验》。本次修订按照 GB/T 1.1—2000《标准化工作导则 第 1 部分:标准的结构和编写规则》对本部分进行了调整。

本部分与 GB/T 3048.12—1994 相比主要变化如下:

——标准的英文名称改为"Test methods for electrical properties of electric cables and wires—Part 12:Partial discharge test";

——本部分的总体结构和编排按 GB/T 1.1—2000 进行了修改:

    1)　第 1 章为"范围"(1994 年版的第 1 章;本版的第 1 章);

    2)　第 2 章为"规范性引用文件"(1994 年版的第 2 章;本版的第 2 章);

    3)　第 3 章为"术语和定义"(1994 年版无;本版的第 3 章);

    4)　第 4 章为"试验设备"(1994 年版的第 3 章;本版的第 4 章);

    5)　第 5 章为"试样制备"(1994 年版的第 4 章;本版的第 5 章);

    6)　第 6 章为"试验程序"(1994 年版的第 5 章;本版的第 6 章);

    7)　第 7 章为"注意事项"(1994 年版的第 6 章;本版的第 7 章);

    8)　第 8 章为"试验设备的检定"(1994 年版无;本版的第 8 章);

    9)　第 9 章为"试验记录"(1994 年版无;本版的第 9 章);

——在第 2 章"规范性引用文件"中补充了相关标准(1994 年版的第 2 章;本版的第 2 章);

——增加了第 3 章"术语和定义"(1994 年版无;本版的第 3 章);

——在第 4 章"试验设备"中作了适当的修改和完善(1994 年版的 3.1;本版的 4.1、4.1.1);

——在第 5 章"试样制备"中增加了对于试样终端的制作要求(1994 年版的第 4 章;本版的第 5 章);

——对第 7 章"注意事项"作了较大的补充,特别是推荐采用"全屏蔽局部放电测试系统技术条件"(1994 年版的第 6 章;本版的第 7 章和附录 D);

——增加了第 8 章"试验设备的校准"(1994 年版无;本版的第 8 章);

——增加第 9 章"试验记录",规定了试验记录应记载的具体内容(1994 年版无;本版的第 9 章);

——将前版标准的第 7 章"双脉冲曲线图绘制方法"改为附录 B(1994 年版的第 7 章;本版的附录 B);

——将前版标准的第 8 章"终端阻抗的要求"改为附录 C(1994 年版的第 8 章;本版的附录 C)。

本部分的附录 A、附录 D 为资料性附录;附录 B、附录 C 为规范性附录。

本部分由中国电器工业协会提出。

本部分由全国电线电缆标准化技术委员会归口。

本部分起草单位:上海电缆研究所。

本部分主要起草人:万树德、余震明、夏凯荣、张兆焕、范作义。

本部分所代替标准的历次版本发布情况为:GB 3048.12—1983、GB/T 3048.12—1994。

电线电缆电性能试验方法
第 12 部分:局部放电试验

1 范围

GB/T 3048 的本部分规定了局部放电试验的术语和定义、试验设备、试样制备、试验程序、注意事项、试验设备的校准和试验记录。

本试验方法适用于测量不同长度挤包绝缘电力电缆的局部放电,即在规定电压下和给定灵敏度下测量电缆的放电量或检验放电量是否超过规定值。

有关局部放电测量的一般技术参照 IEC 60270:1981。

本部分应与 GB/T 3048.1 一起使用。

2 规范性引用文件

下列文件中的条款通过 GB/T 3048 的本部分的引用而成为本部分的条款。凡是注日期的引用文件,其随后所有的修改单(不包括勘误的内容)或修订版均不适用于本部分,然而,鼓励根据本部分达成协议的各方研究是否可使用这些文件的最新版本。凡是不注日期的引用文件,其最新版本适用于本部分。

GB/T 2900.19　电工术语　高电压技术和绝缘配合

GB/T 3048.1　电线电缆电性能试验方法　第 1 部分:总则

GB/T 3048.8—2007　电线电缆电性能试验方法　第 8 部分:交流电压试验

JB/T 10435　电线电缆局部放电试验系统检定方法

IEC 60270:1981　局部放电测量

3 术语和定义

GB/T 2900.19 和 IEC 60270:1981 确立的术语和定义适用于 GB/T 3048 的本部分。

4 试验设备

4.1 试验回路

4.1.1 试验回路的组成

试验回路包括高压电源、高压电压表、测量回路、放电量校准器、双脉冲发生器等组成。如有必要,还包括终端阻抗或反射抑制器。试验设备所有部件的噪声水平应足够低,以得到所要求的灵敏度。

注:一般较少采用高压电压表,通常用分压器来测量高电压。

4.1.2 高压电源

除了采用试验变压器外,推荐采用串联谐振装置产生试验电压。不论采用何种方式,试验电源都应满足试样试验所需的电压和电容电流的要求。

试验电源应是频率为(49～61)Hz 的交流电源,试验电压波形为两个半波相同的近似正弦波,且峰值与有效值之比应为 $\sqrt{2} \pm 0.07$。

4.1.3 试验回路和仪器

试验回路包括试样,耦合电容器和测量回路。测量回路由测量阻抗(测量仪器的输入阻抗和选定与电缆阻抗匹配的输入单元),连接导线和测量仪器等组成。测量仪器或检测器包括合适的放大器,示波器,另外可根据需要增加仪器指示局部放电的存在并测出视在电荷量。

4.1.4 双脉冲发生器

局部放电测试回路的特性需用双脉冲发生器进行校核,双脉冲应与工频同步,两个结对且相等的脉冲,其间隔时间,应从 0.2 μs 到 100 μs 连续可调,脉冲的前沿(上升时间)应不超过 20 ns(峰值的 10% 至 90%),从 10% 波头值到 10% 波尾值的时间应不超过 150 ns。

注:双脉冲发生器仅在测定试验回路的特性(见 4.2.2)时使用。

4.1.5 终端阻抗(特性阻抗)

为了抑制电缆远端(远离检测器的电缆终端)开路情况下的脉冲反射,可在远端连接终端阻抗,其阻抗值应与电缆试样的特性阻抗值匹配。

4.1.6 反射抑制器

如试验时无终端阻抗,为了避免脉冲叠加的影响,可采用反射抑制器,即一种电子开关,在大多数情况下能闭锁检测器的输入,隔断电缆远端开路情况下的反射脉冲。但是当局部放电的部位处于远端或其附近时,则有些正叠加就难以避免。

4.2 确定试验回路的特性

4.2.1 常用的试验线路图

试验回路特性应在使用条件下加以确定。确定试验回路特性的常用试验线路见图 1~图 5。对电缆导体两端(以及屏蔽两端)连接一起时也可应用类似的试验线路。

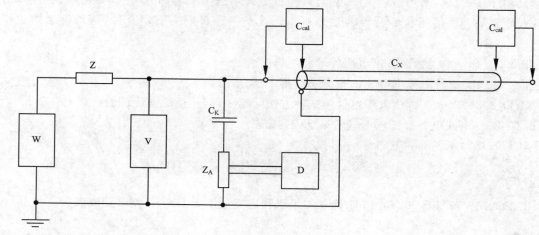

C_{cal}——校准电容器;

C_K——耦合电容器;

C_X——电缆试样;

D——检测仪器;

V——高压电压表;

W——交流电源;

Z——电感或滤波器;

Z_A——输入单元。

图 1 输入单元 Z_A 与耦合电容器 C_K 串联

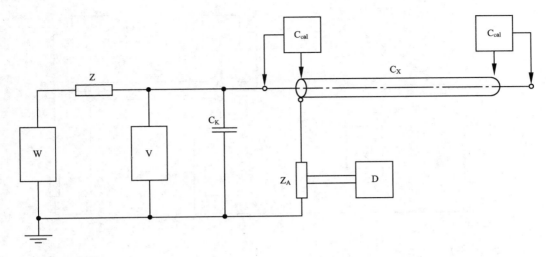

C_{cal}——校准电容器；

C_K——耦合电容器；

C_X——电缆试样；

D——检测仪器；

V——高压电压表；

W——交流电源；

Z——电感或滤波器；

Z_A——输入单元。

图2　输入单元 Z_A 与电缆 C_X 串联

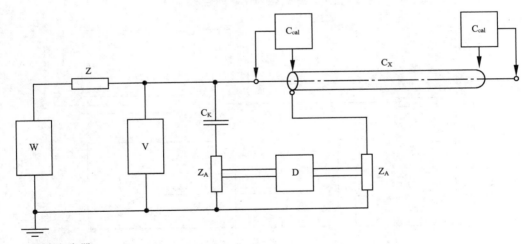

C_{cal}——校准电容器；

C_K——耦合电容器；

C_X——电缆试样；

D——检测仪器；

V——高压电压表；

W——交流电源；

Z——电感或滤波器；

Z_A——输入单元。

图3　电桥线路

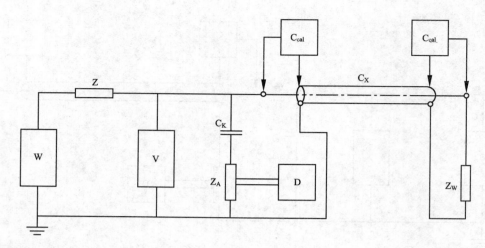

C_cal——校准电容器；

C_K——耦合电容器；

C_X——电缆试样；

D——检测仪器；

V——高压电压表；

W——交流电源；

Z——电感或滤波器；

Z_A——输入单元；

Z_W——终端阻抗。

图 4　终端阻抗 Z_W 的连接

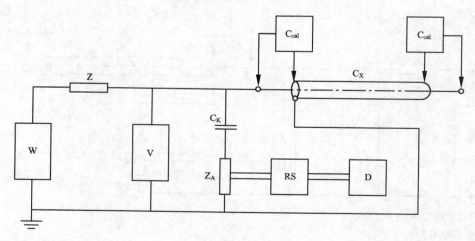

C_cal——校准电容器；

C_K——耦合电容器；

C_X——电缆试样；

D——检测仪器；

RS——反射抑制器；

V——高压电压表；

W——交流电源；

Z——电感或滤波器；

Z_A——输入单元。

图 5　反射抑制器 RS 的连接

4.2.2 叠加性能

如果不采用终端阻抗,就必须测定试验回路对行波叠加的性能,按图 6 连接双脉冲发生器,并标绘出双脉冲曲线图(见附录 B)。这种校核至少每年进行一次或在重要回路部件已修理调换过时要进行。

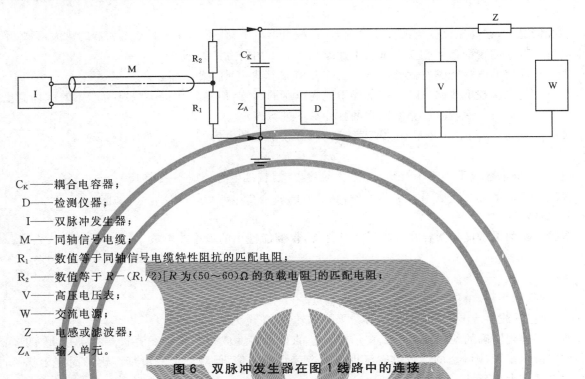

CK——耦合电容器;

 D——检测仪器;

 I——双脉冲发生器;

 M——同轴信号电缆;

 R₁——数值等于同轴信号电缆特性阻抗的匹配电阻;

 R₂——数值等于 $R-(R_1/2)$[R 为(50～60)Ω 的负载电阻]的匹配电阻;

 V——高压电压表;

 W——交流电源;

 Z——电感或滤波器;

 ZA——输入单元。

图 6　双脉冲发生器在图 1 线路中的连接

4.2.3 终端阻抗

采用终端阻抗(见图 4)时,它对于被试电缆的适用性按附录 C 规定的方法加以证实。这种校核至少每年进行一次和有要求时或在重要回路部件已修理调换过时要进行。

4.2.4 反射抑制器

使用反射抑制器的目的是要获得符合图 B.1 的 1 型双脉冲曲线图,按照图 7 接线,反射抑制器的效能至少每年校核一次和有要求时或在重要回路部件已修理调换过时要进行。

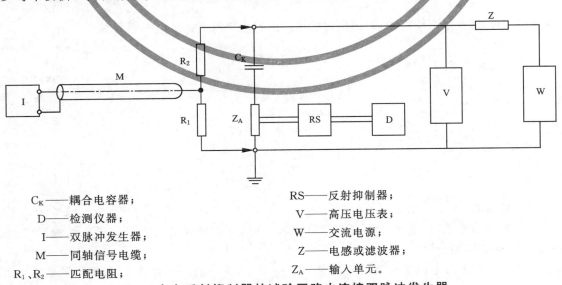

　CK——耦合电容器;　　　　　　　　RS——反射抑制器;

　　D——检测仪器;　　　　　　　　　 V——高压电压表;

　　I——双脉冲发生器;　　　　　　　 W——交流电源;

　　M——同轴信号电缆;　　　　　　　 Z——电感或滤波器;

R₁、R₂——匹配电阻;　　　　　　　　ZA——输入单元。

图 7　在有反射抑制器的试验回路中连接双脉冲发生器

4.2.5 电量校准

应采用"电荷变换"校准法进行电量校准,在此方法中,校准器直接跨接在被试电缆一端的导体和金属屏蔽层之间,然后将预定的电荷注入试样,要求注入电荷量能在示波器上产生的脉冲高度至少为10 mm。

一般情况下,在高压试验电源接通之前,应把校准器取下,并不允许再调整放大器的放大倍数,不然应设法将一合适的校准信号在整个试验中连续显示。可用的方法如下:

——校准器的电容能够在试验电压下工作并构成了试验回路之一部分;

——采用二次校准线路,此时,校准器不受高电压的影响,但是二次校准线路所产生的脉冲高度应事先针对一次校准线路所产生的脉冲高度进行核对。

校准电量 q_{cal}(pC)等于校准脉冲幅值 ΔU(V)和校准器的电容 C_{cal}(pF)的乘积。即:

$$q_{cal} = C_{cal} \cdot \Delta U \qquad\qquad\cdots\cdots\cdots\cdots\cdots\cdots\cdots\cdots(1)$$

通常,校准电容应不小于 10 pF。对于大长度电缆,校准电容还应不大于 150 pF。

校准脉冲的上升时间应不大于 0.1 μs,衰减时间通常在(100~1 000)μs 内选取。

4.2.6 灵敏度

试验回路的灵敏度是指存在背景干扰条件下,仪器能检出的最小放电量 q_{min}(pC),用下式表示:

$$q_{min} = 2kh_n \qquad\qquad\cdots\cdots\cdots\cdots\cdots\cdots\cdots\cdots(2)$$

式中:

k——刻度系数,单位为微库每毫米,pC/mm;

h_n——在示波器或 pC 表上读出的背景干扰偏转值,单位为毫米(mm)。

即为了得到明确的检测结果,q_{min} 在示波器上的显示高度应至少为视在背景干扰高度 h_n 的 2 倍。如果采用指示仪表,则 q_{min} 的读数也应至少为噪音读数的 2 倍,但对于个别清楚可辨的固定干扰脉冲,则不计入背景干扰高度。

刻度系数 k 是在电荷量校准时计算得出的,k 乘以仪器读数即可得出校准时注入试样的电量幅值,k 值的稳定性应符合 IEC 60270:1981 的相关规定。

5 试样制备

5.1 型式试验应按产品标准规定取短电缆试样;例行试验应在制造长度的电缆产品(长电缆试样)上进行。

5.2 应仔细制作试验用电缆终端,以避免因终端产生的局部放电。这些终端包括:

——油纸终端;

——预制式简易终端;

——氟里昂(F113)终端;

——油终端;

——油水终端;

——脱离子水终端。

6 试验程序

6.1 选择试验回路

6.1.1 应根据双脉冲图(见附录 B)判断电缆试样属于短电缆情况(见 6.2)还是长电缆情况(见 6.3~6.5)从而选择试验回路。

6.1.2 试验回路应无放电以达到所需灵敏度。应按 4.2.6 要求进行电量校准,校准不必在施加高压情况下进行。

6.1.3 试验电压、灵敏度和允许局部放电量应符合电缆产品标准的规定。

6.2 短电缆试验(包括型式试验)

6.2.1 条件

短电缆可认为与集中电容相似,对短电缆长度上的限制取决于所采用的试验回路,其实际数值可从附录 B 规定的双脉冲曲线图确定,并定义为 l_k。一般应选用图 1~图 3 的试验线路。

注:当电缆两端连接在一起时,长度直至 $2l_k$ 也属于短电缆。

6.2.2 灵敏度检验

校准器应并联于试样远离测试仪器的一端,由注入校准电量 q_{cal} 和对应测出的偏转值 a_2,可计算出刻度系数 k_2(pC/mm)($k_2=q_{cal}/a_2$)和灵敏度 q_{min}(pC)。

$$q_{min}=2k_2h_n \qquad\qquad\qquad\qquad\cdots\cdots\cdots\cdots\cdots\cdots\cdots(\,3\,)$$

式中:

h_n——背景干扰偏转值,单位为毫米(mm)。

6.2.3 试验步骤

只需在试样的一端进行测量,用测得的偏转值 A(mm)计算出放电量 q(pC),即:

$$q=k_2A \qquad\qquad\qquad\qquad\qquad\cdots\cdots\cdots\cdots\cdots\cdots\cdots(\,4\,)$$

6.3 不接终端阻抗的长电缆试验

6.3.1 条件

电缆长度超过 l_k 时,仍有可能不接终端阻抗进行试验,条件是计入叠加和衰减现象,这时双脉冲曲线图或为 1 型曲线(见图 B.1),或为 2 型和 3 型曲线(见图 B.2 和图 B.3),但此处试样长度 l 应小于 $2l_1$ 或大于 $2l_2$。

如果试样长度范围为 $2l_1 \leqslant l \leqslant 2l_2$,则应采用其他试验回路,或按 6.4 或 6.5 规定试验。

6.3.2 灵敏度检验

应按图 1、图 2 或图 3 将校准器先后并联接到电缆的每一端,首先接到远端,然后接到近端,在这两种情况下,校准器的校准电量和放大器的放大倍数,均不应变动。分别记录两次测量的偏转值如下:

——a_1:校准器接在近端时所测得的偏转值,单位为毫米(mm);

——a_2:校准器接在远端时所测得的偏转值,单位为毫米(mm)。

由 a_1 和校准电量 q_{cal} 计算出刻度系数 k_1,(pC/mm):

$$k_1=q_{cal}/a_1 \qquad\qquad\qquad\qquad\cdots\cdots\cdots\cdots\cdots\cdots\cdots(\,5\,)$$

由 a_1 和 a_2 计算出衰减修正系数 F:

——当 $a_2 \geqslant a_1$ 时,$F=1$;

——当 $a_2 < a_1$ 时,$F=\sqrt{a_1/a_2}$。

由此可计算出灵敏度:

$$q_{min}=2k_1h_nF \qquad\qquad\qquad\qquad\cdots\cdots\cdots\cdots\cdots\cdots\cdots(\,6\,)$$

6.3.3 试验步骤

将耦合电容器的高压端轮流接到电缆每一端,测出二个偏转值 A_1 和 A_2,用测得较高的数值 A_{max} 来计算放电量 q(pC):

$$q=k_1A_{max}F \qquad\qquad\qquad\qquad\cdots\cdots\cdots\cdots\cdots\cdots\cdots(\,7\,)$$

只有当双脉冲图是 1 型(如图 B.1),且 $a_2 \geqslant a_1$ 时,测量一个电缆试样两端连在一起时的 A(mm)值就足够了,其放电量可由下式计算:

$$q=k_1A \qquad\qquad\qquad\qquad\qquad\cdots\cdots\cdots\cdots\cdots\cdots\cdots(\,8\,)$$

6.4 接终端阻抗的长电缆试验

6.4.1 条件

为消除长度大于 l_k 的电缆中脉冲的叠加误差,如图 4 所示,可采用终端阻抗进行试验。这种方法可用于所有检测装置和所有电缆长度上进行测量,条件是阻抗 Z_w 应符合附录 C 规定的要求,此时校准只需要确定衰减的影响,阻抗对被试电缆的适用性按附录C规定的方法验证。

6.4.2 灵敏度检验

按照图4,校准器应先后并联连接到电缆的每一端,首先接到远端,然后接到近端,以上两种情况校准器的校准电量和放大器的放大倍数均不应变动,分别记录两次测量的偏转值如下:

——a_1:校准器接在近端所测得的偏转值(mm),若6.4.3.2满足则此点就可不测量;

——a_2:校准器接在远端所测得的偏转值(mm)。

由 a_2 和校准电量计算出刻度系数 k_2(pC/mm)($k_2 = q_{cal}/a_2$)和灵敏度 q_{min}(pC):

$$q_{min} = 2k_2h_n \qquad\qquad\qquad\cdots\cdots\cdots\cdots\cdots\cdots\cdots(9)$$

6.4.3 试验步骤

6.4.3.1 为尽量精确得出局部放电量,耦合电容器的高压端应轮流连接到电缆两端进行测量,用测得的两个偏转值 A_1 和 A_2 来计算放电量 q(pC):

$$q = q_{cal}\sqrt{\frac{A_1 \cdot A_2}{a_1 \cdot a_2}} \qquad\qquad\cdots\cdots\cdots\cdots\cdots\cdots(10)$$

6.4.3.2 在放电量不超过规定值得到充分满足的情况下,可把耦合电容器高压端仅与电缆一端连接做试验。此时校准脉冲仅在接终端阻抗的电缆远端注入(a_2),若已知标定系数 k_2(pC/mm),偏转值 A_1(mm),可计算放电量 q(pC):

$$q = k_2A_1 \qquad\qquad\qquad\cdots\cdots\cdots\cdots\cdots\cdots\cdots(11)$$

6.5 采用反射抑制器的长电缆试验

6.5.1 要求

反射抑制器的连接见图5。使用了反射抑制器,双脉冲曲线图应符合第一种曲线,见图B.1。

6.5.2 灵敏度检验

与6.3.2相同。

6.5.3 试验步骤

与6.3.3相同。

6.6 试验要求

6.6.1 试验电压的测量

应按 GB/T 3048.8—2007 中4.3的规定测量试验电压。

6.6.2 施加电压的方法

无论是型式试验或例行试验,试验电压应加在导电线芯和金属屏蔽之间,电缆的试验电压由产品标准规定。进行局部放电测量时,电压应平稳地升高到1.2倍试验电压,但时间应不超过1 min,此后,缓慢地下降到规定的试验电压,此时即可测量局部放电量值,其合格指标应在产品标准中规定;或测量(判断)试样在给定试验回路灵敏度下无可检出的放电。

7 注意事项

7.1 电缆终端的局部放电影响电缆本体局部放电测量准确度时,可采用任何合适方法加以消除。

7.2 测量前试样应先经过工频交流耐受电压试验(在试样上施加试验时所需的最高测试电压有效值,试样不应有任何异常现象),以免在进行局部放电试验发生击穿或闪络,损坏局部放电测试仪。

7.3 为了获取理想的双脉冲图,应选用具有 α 响应宽频带的局部放电检测仪。

7.4 对于35 kV 及以下电缆的例行试验,推荐采用附录D介绍的全屏蔽实验室。

8 试验设备的校准

电缆局部放电测试系统应按 JB/T 10435 规定的检定方法进行校准。在重要部件已修理调换过时也应进行校准。

9 试验记录

a) 试验类型；

b) 试样编号、试样型号、规格、长度；

c) 试验日期、大气条件、试验时试样的温度；

d) 试验回路、测试仪器型号、测试时的相关技术参数；

e) 回路灵敏度校验和背景干扰值；

f) 施加的试验电压的数值和局部放电量；

g) 试验中的异常现象、处理和判断；

h) 必要时的双脉冲图；

i) 试验设备及其校准有效期。

附　录　A

（资料性附录）

本部分章条编号与 IEC 60885-3：1988 章条编号对照

表 A.1 给出了本部分章条编号与 IEC 60885-3：1988 章条编号对照一览表。

表 A.1　本部分章条编号与 IEC 60885-3：1988 章条编号对照

本部分章条编号	对应的国际标准章条编号
1	1.1、1.2
2	—
3	2.1
4	2.2
4.1	2.2.1 的标题
4.1.1	2.2.1 的第 1 段
4.1.2	2.2.1 的第 2 段
4.1.3～4.1.6	2.2.2～2.2.5
4.2、4.2.1	2.3
4.2.2～4.2.6	2.3.1～2.3.5
5	—
5.1	2.4 的第 1 段
5.2	—
6	2.4 的标题
6.1、6.1.1、6.1.2	2.4 的第 2 段
6.1.3	2.5
6.2	2.4.1
6.2.1～6.2.3	2.4.1 的 a)项～c)项
6.3	2.4.2
6.3.1～6.3.3	2.4.2 的 a)项～c)项
6.4	2.4.3
6.4.1～6.4.3	2.4.3 的 a)项～c)项
6.5	2.4.4 的标题
6.5.1～6.5.3	2.4.4 的 a)项～c)项
6.6、6.6.1、6.6.2	—
7、7.1～7.4	—
8、9	—
附录　A	—
附录　B	2.6
附录　C	2.7
附录　D	—
—	第三节

附　录　B
（规范性附录）
双脉冲曲线绘制方法

双脉冲发生器应如图 6 所示连接到测量回路的元件上。双脉冲图随每个回路部件而变,应精确获得双脉冲图以用于高压试验,电力电缆以数值等于挤包塑料绝缘电缆最大特性阻抗值($R = 50\Omega \sim 60\Omega$)的电阻代替。应按下列条件将双脉冲象校准脉冲一样注入到图 1～图 3 不同试验回路中的相同位置:

a) 双脉冲发生器 I 应满足 4.1.3 要求,脉冲间隔应采用带校准时基的外接示波器来确定,要求准确度±3%或 50ns 取较大者。总输出阻抗应在($50 \sim 60$)Ω 范围,为此可能需外接串并联电阻。用下述方法可得到双脉冲图:

1) 最简单的方法是把双脉冲发生器用不超过 3 m 的导线并接在耦合电容器 C_K 和输入单元 Z_A 上;

2) 对较长的连接线应采用同轴电缆(如图 6),此时需两个附加电阻 R_1 和 R_2 以保证匹配系统阻抗在($50 \sim 60$)Ω 范围。

b) 耦合电容器 C_K 和其他高压部件以及它们的连接均应与实际加高压试验时相同。

c) 高压试验中的匹配单元或输入单元 Z_A 可用作测取双脉冲图的元件。

d) 检测仪器 D 应有增益调节以及频率选择。为了精确测量叠加畸变产生的脉冲幅值变化,检测仪器 D 的输出端应外接示波器作显示。

将双脉冲发生器的时间间隔设定到 $100\ \mu s$,测出双脉冲的偏转值 A_{100},这代表无叠加的情况。随后,时间间隔从 $100\ \mu s$ 到 $0.2\ \mu s$,测出不同时间间隔 t 时的最大偏转值 A_t。应特别注意发生正、负叠加的区域,画出 $A_t/A_{100} - t$ 函数曲线,即得到双脉冲图(如图 B.1～图 B.3)。从图中,在开始的正叠加部分定出 $A_t/A_{100} = 1.4$ 时的 t_k。定出 t_1 和 t_2,在该区域 $A_t/A_{100} \leqslant 1.0$,为负叠加区域。考虑到测量误差,幅值最大至 -10% 的负叠加区可以忽略。

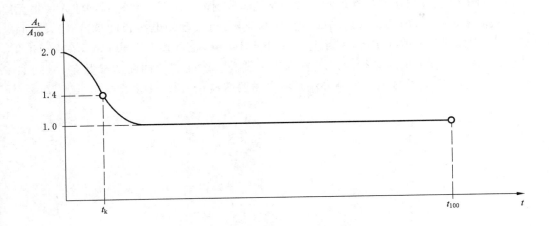

图 B.1　无负叠加的双脉冲曲线图(1型)

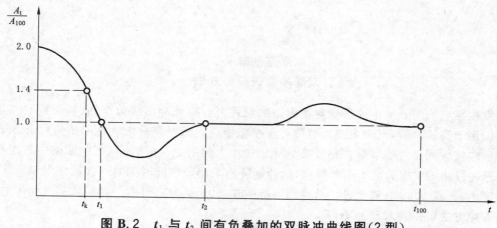

图 B.2　t_1 与 t_2 间有负叠加的双脉冲曲线图（2 型）

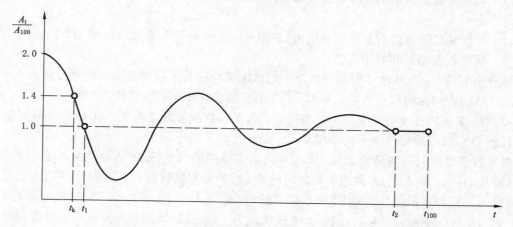

图 B.3　t_1 与 t_2 间有负的和正的叠加的双脉冲曲线（3 型）

　　应用公式 $l=0.5 \cdot t \cdot v$ 计算，电缆长度 l_k，l_1 和 l_2 就对应于 t_k，t_1 和 t_2。式中 v 为平均传播速度，对大多数挤包塑料绝缘电缆的典型值在(150～170) m/μs 范围内。可用一校准脉冲注入一根无终端阻抗长电缆的方法测量传播速度，测出入射和反射脉冲的时延，再按已知电缆长度求得。$l<l_k$ 的电缆长度可视为短电缆，它由双脉冲曲线定出，实际上 l_k 可小于 100 m，也可大于 1 000 m。在 $2l_1$ 和 $2l_2$ 之间的长度是禁区，对这种长度的电缆必须用终端阻抗法来试验或改变试验回路的参数条件(例如 D，Z_A，C_K)以变更 l_1 和 l_2 至较适宜的数值。另一办法是将电缆两端连在一起，使该长度相当于 $2l_k$。

附　录　C
（规范性附录）
终端阻抗的要求

C.1　终端阻抗的构成

终端阻抗 Z_w（见图 4）由 RC 或 RLC 元件构成，其数值由经验公式计算确定。

C.2　RC 元件

对检测仪器的放大器截止频率小于 2MHz 时电容器 C_w 的数值（Z_w 的高压隔离电容）可按下式计算：

$$C_w \geqslant 0.5 \cdot \frac{1}{R_w \cdot f_m} \quad (\text{F}) \quad \cdots\cdots\cdots\cdots\cdots\cdots\cdots (\text{C.1})$$

对检测仪器的放大器截止频率大于 2MHz 时：

$$C_w \geqslant \frac{3T_j}{R_w} \quad (\text{F}) \quad \cdots\cdots\cdots\cdots\cdots\cdots\cdots (\text{C.2})$$

式中：

R_w——终端阻抗的电阻元件（大致符合电缆的特性阻抗）；

f_m——检测仪器的平均测量频率（频率上限和下限的算术平均值）；

T_j——初始局部放电脉冲的时延（一般小于 0.2 μs）。

可用下述测量来证明 C_w 的适用性：先将 RC 元件并联跨接在试样远端，同时将 C_w 短接，R 调整到符合电缆特性阻抗，此后将校准器也接到试样远端测得偏转值 a_2，再将 C_w 的短接线取下，在同样的放大倍率下和接入 C_w 的情况下所测得偏转值 a_3 与 a_2 的差值应不超过 a_2 的 ±15% 范围。

C.3　RLC 元件（串联谐振线路）

电容器 C_w 的数值可按下式计算：

$$C_w \geqslant \frac{\Delta f}{2\pi \cdot f_m^2 \cdot R_w} \quad (\text{F}) \quad \cdots\cdots\cdots\cdots\cdots\cdots\cdots (\text{C.3})$$

电感 L_w 的数值可按下式计算：

$$L_w = \frac{1}{(2\pi \cdot f_m)^2 \cdot C_w} \quad (\text{H}) \quad \cdots\cdots\cdots\cdots\cdots\cdots\cdots (\text{C.4})$$

式中：

R_w——终端阻抗的电阻元件（大致符合电缆的特性阻抗）；

f_m——检测仪器的平均测量频率（频率上限与下限的算术平均值）；

Δf——检测仪器的频带宽度（频率上限与下限的差值）。

可用下述测量来证明，在各测量频率下谐振线路的适用性：先不接终端阻抗，而将一符合电缆特性阻抗的电阻并联连接在试样远端，将校准器也接到试样远端，测得偏转值 a_2，然后将电阻取下，换上 RLC 组成的终端阻抗，在同样的放大倍率下测得的偏转值 a_3 与 a_2 的差值应不超过 a_2 的 ±15%，在测量频率下，终端阻抗中的电阻部分应相当于电阻 R_w。

附　录　D
（资料性附录）
全屏蔽局部放电测试系统技术条件

D.1　独立的供电电源

D.1.1　推荐采用由工厂变电站直接以 10 kV 电压供电，也可采用单相（380 V）专用变压器供电。

D.1.2　由工厂变电站至屏蔽室，可采用铜带屏蔽的缆芯加软结构接地用缆芯成缆、多层钢带铠装的特制电缆供电至屏蔽室。

D.1.3　屏蔽室宜远离变电站，尽量不设在车间内。

D.1.4　宜采用双屏蔽隔离变压器或高压降压双屏蔽隔离变压器。

D.2　电源的滤波系统

D.2.1　低压电源滤波器是一个宽带的带阻滤波器。推荐耐压试验设备、局部放电测试系统和照明等辅助系统都有独立的滤波器。

D.2.2　推荐采用串联谐振系统，对抑制高次谐波，改善试验电源波形，减少背景噪音有利。

D.2.3　高压电源滤波器是十分重要的元件，有多功能用途，宜注意其中高压耦合电容器的本体局部放电水平，以满足试验要求。

D.3　隔离地坪

D.3.1　系统设备和整个试区置于一个与工厂地坪隔离的独立地坪上。独立地坪下的钢筋网宜与工厂地坪钢筋网断开。

D.3.2　采用特殊措施建造密封的绝缘地槽、隔离地坪，施工完的隔离地坪与工厂地坪间宜有一定的绝缘电阻。

D.3.3　隔离独立地坪内的接地宜采用单点接地系统，接地极长度宜大于 10 m，接地电阻小于 1Ω 或小于变电站的接地电阻。

D.4　全屏蔽室

D.4.1　屏蔽室可采用钢板焊接或组装式屏蔽结构。如采用单层钢板焊接建造全屏蔽室，钢板宜平整，焊接质量宜良好。宜精心制作和安装屏蔽室大门，以保证大门关闭时其四周与屏蔽室接触良好。

D.4.2　屏蔽室大门宜有足够大的空间，以保证电缆盘进出方便。

D.4.3　控制室可置于屏蔽室外或屏蔽室内。推荐控制室置于屏蔽室内，所有进入屏蔽室的电源线，控制线及测量线均宜经过低压电源滤波器。

D.4.4　屏蔽室内的照明、控制室内的照明和空调、屏蔽室大门的开关控制电源宜经滤波电源供电。

D.5　试验设备和测试仪器

D.5.1　可按 GB/T 3048.8—2007 选择高压试验设备，推荐选用串联谐振装置。

D.5.2　局部放电检测仪宜符合 JB/T 7088 的规定。

D.5.3　为满足长电缆局部放电测试的需要，宜采用局部放电定位测试仪，注意盲区的检测和局部放电定位的经验积累。

D.6　注意事项

D.6.1　配套的局部放电试验用终端宜尽量满足电力电缆的出厂耐压试验要求。

D.6.2 屏蔽室内的所有设备(包括试样)可采用有绝缘层的铜带或软线(如电焊机电缆)直接与屏蔽室的同一接地电极相连。屏蔽室外所有设备的接地线可直接与调压器接地电极相连接。隔离地坪的接地电极直接与调压器的接地极或屏蔽室的接地极相连接。原则上宜遵循单点接地的要求,避免接地线构成回路。

D.6.3 所有接地线宜仔细制作连接端头并经常检查接地部位的可靠程度。

D.6.4 注意观察并分析示波图,力求识别干扰的来源,可采用开窗法和时差法进行局部放电测试。

ICS 29.060
K 13

中华人民共和国国家标准

GB/T 3048.13—2007
代替 GB/T 3048.13—1992

电线电缆电性能试验方法
第 13 部分：冲击电压试验

Test methods for electrical properties of electric cables and wires—
Part 13: Impulse voltage test

(IEC 60230:1966, Impulse test on cables and accessories,
IEC 60060-1:1989, High-voltage test techniques—
Part 1: General definition and test requirements, MOD)

2007-12-03 发布

2008-05-01 实施

中华人民共和国国家质量监督检验检疫总局
中国国家标准化管理委员会 发布

前　　言

GB/T 3048《电线电缆电性能试验方法》分为 14 个部分:

——第 1 部分:总则;

——第 2 部分:金属材料电阻率试验;

——第 3 部分:半导电橡塑材料体积电阻率试验;

——第 4 部分:导体直流电阻试验;

——第 5 部分:绝缘电阻试验;

——第 7 部分:耐电痕试验;

——第 8 部分:交流电压试验;

——第 9 部分:绝缘线芯火花试验;

——第 10 部分:挤出护套火花试验;

——第 11 部分:介质损耗角正切试验;

——第 12 部分:局部放电试验;

——第 13 部分:冲击电压试验;

——第 14 部分:直流电压试验;

——第 16 部分:表面电阻试验。

本部分为 GB/T 3048 的第 13 部分。

本部分修改采用 IEC 60230:1966《电缆及其附件的冲击电压试验》(英文版)和 IEC 60060-1:1989《高电压试验技术　第 1 部分:一般定义和技术要求》(英文版)。

本部分根据 IEC 60230:1966 和 IEC 60060-1:1989 重新起草。本部分的结构符合 GB/T 1.1—2000《标准化工作导则　第 1 部分:标准的结构和编写规则》,并与 GB/T 3048 的其他部分相协调。在附录 A 中列出了本部分章条编号与 IEC 60230:1966 和 IEC 60060-1:1989 章条编号的对照一览表。

考虑到检测技术的发展,在采用 IEC 60230:1966 和 IEC 60060-1:1989 时,本部分做了一些修改,有关技术性差异已编入正文中并在它们所涉及的条文的页边空白处用垂直单线标识。

本部分与 IEC 60230:1966 和 IEC 60060-1:1989 差异如下:

——按照 GB/T 1.1—2000 规定的标准结构和与 GB/T 3048 其他部分的协调统一原则,本部分增加了:第 2 章"规范性引用文件"、第 3 章"术语和定义"、第 8 章"注意事项"和第 9 章"试验记录";

——与 IEC 60230:1966 的差异如下:

　　1)　鉴于目前高压电缆的品种已由"充油电缆和压气电缆"发展到"交联聚乙烯绝缘电缆",本部分参照产品标准和试验实践,在试样制备中增加试样的加热方式,纳入 5.4、5.5;

　　2)　试验终端制作要求,纳入 5.6;

　　3)　增加电力电缆的接线方式,纳入 6.1.1、6.1.2;

　　4)　增加绝缘型护套和埋地绝缘接头外护层冲击电压试验接线方式的 6.1.3、6.1.4;

　　5)　增加确定复合绝缘电力电缆终端在特殊大气条件下试验电压校准的 8.5;

——与 IEC 60060-1:1989 的差异如下:

　　1)　仅与第 6 章"雷电冲击电压"和第 7 章"操作冲击电压"相对应,其余部分全部删除;

　　2)　补充了雷电冲击波测量系统的一般要求,纳入 4.3.1.1;

　　3)　补充了操作冲击波测量系统的一般要求,纳入 4.3.1.2。

为便于使用,对于 IEC 60230:1966 和 IEC 60060-1:1989,本部分还做了下列编辑性修改:

——"本标准"一词改为"本部分";

——用小数点"."代替作为小数点的逗号",";

——删除了国际标准的前言;

——增加了资料性附录 A 以指导使用。

本部分代替 GB/T 3048.13—1992《电线电缆 冲击电压试验方法》。本次修订按照 GB/T 1.1—2000 对本部分进行了调整。

本部分与 GB/T 3048.13—1992 相比主要变化如下:

——标准的中文名称改为"电线电缆电性能试验方法 第13部分:冲击电压试验";

——标准的英文名称改为"Test methods for electrical properties of electric cables and wires—Part 13:Impulse voltage test";

——本部分的总体结构和编排按 GB/T 1.1—2000 进行了修改:

1) 第 1 章为"范围"(1992 年版的第 1 章;本版的第 1 章);

2) 第 2 章为"规范性引用文件"(1992 年版的第 2 章;本版的第 2 章);

3) 第 3 章为"术语和定义"(1992 年版无;本版的第 3 章);

4) 第 4 章为"试验设备"(1992 年版的第 3 章;本版的第 4 章);

5) 第 5 章为"试样制备"(1992 年版的第 4 章;本版的第 5 章);

6) 第 6 章为"试验程序"(1992 年版的第 5 章;本版的第 6 章);

7) 第 7 章为"试验结果及评定"(1992 年版的第 6 章;本版的第 7 章);

8) 第 8 章为"注意事项"(1992 年版的第 7 章;本版的第 8 章);

9) 第 9 章为"试验记录"(1992 年版无;本版的第 9 章);

——在第 1 章"范围"中明确适用于"最高电压为 1 kV 及以上各种类型电力电缆及其附件的冲击电压试验"(1992 年版的第 1 章;本版的第 1 章);

——增加了第 3 章"术语和定义"(1992 年版无;本版的第 3 章);

——在第 4 章"试验设备"中作了下述修改:

1) 完善了产生操作冲击电压时对元件的特殊要求(1992 年版的 3.2;本版的 4.2.2);

2) 认可新型的测试仪器(1992 年版的 3.3.1;本版的 4.3.1);

3) 补充测量系统按不确定度考核(1992 年版的 3.1.2.1、3.1.2.2;本版的 4.3.1.1、4.3.1.2);

4) 增加"用认可的测量装置校准未认可的测量装置"的传统测量方式(1992 年版无;本版的 4.3.2);

——在第 5 章"试样制备"中作了下述修改:

1) 增加了试样加热方式(1992 年版无;本版的 5.5);

2) 增加了试验终端的制作要求(1992 年版无;本版的 5.6);

——在第 6 章"试验程序"中作了下述修改:

1) 增加对电力电缆和特殊试样的接线方式(1992 年版无;本版的 6.1.1~6.1.4);

2) 补充可按供需双方另行商定施加冲击电压的加压程序(1992 年版的 5.2.1;本版的 6.4.1);

——在第 7 章"试验结果及评定"中增加关于冲击电压试验进行工频耐压试验的内容(1992 年版的第 7 章;本版的 7.1);

——在第 8 章"注意事项"中作了下述修改:

1) 完善了对试验区安全的要求(1994 年版的 7.2、7.4;本版的 8.2);

2) 增加关于复合绝缘电力电缆终端在高海拔或极端条件下试验时应进行大气校准的规定(1992 年版无;本版的 8.5);

——增加第 9 章"试验记录",规定了试验记录应记载的具体内容(1992 年版无;本版的第 9 章)。

本部分的附录 A 为资料性附录。

本部分由中国电器工业协会提出。

本部分由全国电线电缆标准化技术委员会归口。

本部分起草单位:上海电缆研究所。

本部分主要起草人:万树德、余震明、夏凯荣、杨文才。

本部分所代替标准的历次版本发布情况为:GB/T 3048.13—1992。

电线电缆电性能试验方法
第 13 部分：冲击电压试验

1 范围

GB/T 3048 的本部分规定了有关电缆及其附件冲击电压试验的术语和定义、试验设备、试样制备、试验程序、试验结果及评定、注意事项和试验记录。

本部分适用于最高额定电压 U_m 为 1 kV 及以上的各种类型电力电缆及其附件的冲击电压试验。

本部分应与 GB/T 3048.1 一起使用。

2 规范性引用文件

下列文件中的条款通过 GB/T 3048 的本部分的引用而成为本部分的条款。凡是注日期的引用文件,其随后所有的修改单(不包括勘误的内容)或修订版均不适用于本部分,然而,鼓励根据本部分达成协议的各方研究是否可使用这些文件的最新版本。凡是不注日期的引用文件,其最新版本适用于本部分。

GB/T 311.6—2005 高电压测量标准空气间隙(IEC 60052:2002,IDT)

GB/T 2900.19 电工术语 高电压试验技术和绝缘配合

GB/T 3048.1 电线电缆电性能试验方法 第 1 部分:总则

GB/T 16927.2 高电压试验技术 第二部分:测量系统(GB/T 16927.2—1997,eqv IEC 60060-2:1994)

3 术语和定义

GB/T 2900.19 确立的以及下列术语和定义适用于 GB/T 3048 的本部分。

3.1

总不确定度 **overall uncertainty**

e

表征测量结果分散在真值周围程度的估量。由于存在很多影响因素,它是由多个单独的不确定度所组成。

注:认为本部分中所考虑的大多数的不确定度来源都具有随机特性并是互相独立的,那么总不确定度 e 的最佳估量为:

$$e = \sqrt{\sum_{i=1}^{n} e_i^2}$$

式中:e 和 $e_1 \cdots\cdots e_n$ 均用标准偏差表示。

4 试验设备

4.1 对试验电压的要求

4.1.1 试验电压值

4.1.1.1 雷电冲击电压试验的试验电压值

对于平滑的雷电冲击波,试验电压值是指冲击电压波的峰值。对于某些试验回路,在冲击电压波的峰值处可能会有振荡或过冲(对峰值附近的过冲或振荡,只有当其单个波峰的幅值不超过峰值的 5% 才是允许的)。如果这种振荡的频率不小于 0.5 MHz 或过冲的持续时间不大于 1 μs,应作平均曲线。测量时可取这条平均曲线的最大幅值作为试验电压的峰值。

4.1.1.2 操作冲击电压试验的试验电压值

对于操作冲击波,试验电压值一般是指峰值。

4.1.2 试验电压波形

4.1.2.1 雷电冲击电压波

雷电冲击电压波的波前时间 T_1 为(1~5) μs,半波峰值时间 T_2 为(40~60) μs,如图 1 所示。

标准规定值与实测值之间的容许偏差应不超过如下规定范围:

——峰值　　　　　　　$\pm 3\%$。

注:峰值的容许偏差为规定值与测量值之间的允许差值。它们与测量误差不同,测量误差为实际记录值与真值之差。

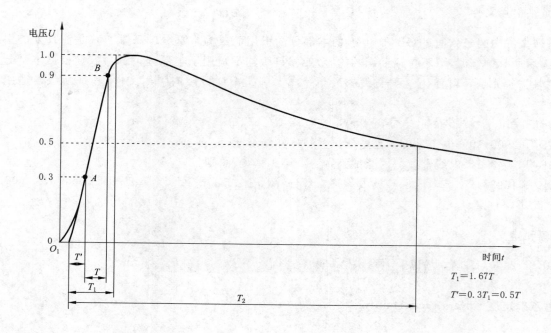

图 1　雷电冲击电压波

4.1.2.2 标准操作冲击电压波

标准操作冲击电压波的波前时间 T_p 为 250 μs,半峰值时间 T_2 为 2 500 μs,如图 2 所示。

标准规定值与实测值之间的容许偏差如下:

——峰值　　　　　　　$\pm 3\%$;

——波前时间　　　　　$\pm 20\%$;

——半峰值时间　　　　$\pm 60\%$。

注:峰值的容许偏差为规定值与测量值之间的允许差值。它们与测量误差不同,测量误差为实际记录值与真值之差。

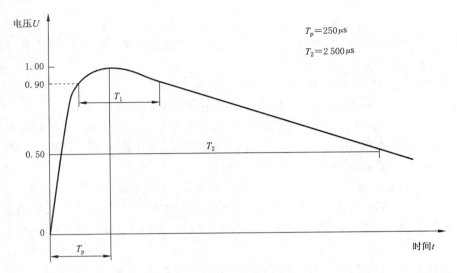

$T_p = 250 \mu s$

$T_2 = 2\,500 \mu s$

图 2   操作冲击电压波

4.2   试验电压的产生

4.2.1   雷电冲击电压波一般由冲击电压发生器产生,冲击电压发生器主要由许多电容器组成,电容器先由直流电源并联充电,然后串联对包括试样在内的回路放电。直流充电电源应可以调节,以便能根据所需的试验电压调节相应的充电电压值。

4.2.2   操作冲击电压波通常由常规的冲击电压发生器产生(见 4.2.1)。在选择产生操作冲击回路元件时,要避免由试样的非破坏性放电电流而引起冲击波形畸变过大,特别是高电压下作外绝缘的污秽试验时,这样的电流可能达到相当大的数值;如果试验回路的内阻抗相当高,可能引起波形严重畸变,甚至阻止破坏性放电发生。

4.3   试验电压的测量和冲击波形的确定

4.3.1   用按 GB/T 16927.2 规定认可的测量装置测量

测量试验电压峰值、各时间参量和振荡或过冲时,应采用经 GB/T 16927.2 规定程序认可的测量系统。包括分压器、示波器和峰值电压表(记忆示波器、数字记录仪、数字存贮示波器)、高压引线、阻尼电阻、高频电缆及其端部匹配和接地回路,测量试验电压峰值和波形参数。测量应在试样接入回路时进行,通常对每个试样都要校核冲击波形。

4.3.1.1   雷电冲击波测量系统的一般要求是:

　a)   测量冲击波峰值的总不确定度为 ±3% 范围内;

　b)   测量冲击波形时间参数的总不确定度为 ±10% 范围内;

　c)   测量可能叠加在冲击波上的振荡应不超过 4.1.1.1 规定的允许水平。

4.3.1.2   操作冲击波测量系统的一般要求是:

　a)   测量操作冲击峰值的总不确定度为 ±3% 范围内;

　b)   测量操作冲击波形时间参数的总不确定度为 ±10% 范围内。

4.3.2   用认可的测量装置校准未认可的测量装置测量

这一方法通常是将与试验电压有关的某种仪器的显示(例如冲击电压发生器第一级的充电电压的显示)和对同一电压进行的测量之间建立一种关系。其电压的测量可以是按 4.3.1 进行的,或是用符合 GB/T 311.6—2005 的测量球隙进行的。

这个关系可能与试样和球隙的接入有关,因此在校准时和实际试验时其他条件应保证相同。在试验期间球隙距离应增至足够大以防止放电。

GBT 3048.13—2007

5 试样制备

5.1 应按产品标准的规定对电缆试样进行处理,如果仅对电缆附件进行冲击电压试验,则与电缆附件相配的电缆试样不必经受弯曲试验。

5.2 除产品标准另有规定外,电缆试样长度应按下述规定选取:

   a) 试样仅有两个电缆终端头,两终端头底部之间电缆的长度至少为 5 m;

   b) 试样中有一个电缆连接头,每个电缆终端头底部至连接头之间自由电缆的长度至少为 5 m;

   c) 试样中有一个以上电缆连接头,每个电缆终端头底部至连接头之间自由电缆的长度至少为 5 m,相邻连接头之间自由电缆的长度至少为 3 m。

5.3 试样应处于相应产品标准规定的试验压力(油压或气压)和试验温度条件。

5.4 如果产品标准规定,试样需要在导体加热条件下进行冲击电压试验,应采用将电缆试样穿过穿心式感应加热变压器,并在试样的两终端头之间利用电缆线芯或铜(铝)母线相连接,以便施加导体加热电流。

5.5 如果因为实际原因,不可能仅靠导体电流加热,可以在金属屏蔽和(或)金属套通过电流作附加加热,或采用保温层或外部加热措施。

5.6 电缆试验终端的长度和制作方法,应保证试验电压下不发生沿其表面闪络放电或内部击穿。

6 试验程序

6.1 接线方式

6.1.1 对于单芯电力电缆,应将导体接至冲击电压发生器的输出端,屏蔽、金属套或附加特殊电极(如水槽等)接地。

6.1.2 对于没有分相屏蔽的多芯电力电缆,应依次将每一线芯接至冲击电压发生器的输出端,其他线芯相互连接并与统包金属层一起接地。

6.1.3 对电力电缆绝缘型护套和电缆附件试样进行试验时,试样的所有线芯都应与金属套(屏蔽)和铠装(若有)相连接,并接至冲击电压发生器输出端,而附加特殊电极(如水槽或石墨涂层)接地。

6.1.4 埋地绝缘接头的外护层冲击电压试验,应按相关的产品标准规定接线。

6.2 冲击电压发生器的校准

电缆试样的温度达到规定值以前或规定温度持续期间,在正式施加冲击试验电压之前,应按下列条件对冲击电压发生器进行正极性校准:

试样的终端头接至冲击电压发生器,测量系统与其并联。在此条件下,以试样所规定的耐受冲击电压值的 50%、65% 和 80% 分别校准冲击电压发生器输出电压值与相应的充电电压值,绘制两者之间的关系曲线。此曲线一般应为一直线,再利用外推法确定与试样所规定的耐受冲击电压值相对应的充电电压值,并以此充电电压值作为施加耐受冲击电压值的参考依据。利用冲击电压测量系统测量冲击电压值(也可利用测量球隙测量冲击电压值)和摄录冲击电压波形的示波图,示波图应包括时标和校幅。根据示波图判断冲击电压波形是否符合 4.1.2 的规定,如果不符合,应调节冲击电压发生器的波前和波尾电阻参数,重复校准。

注:通常对每个试样都要校核冲击波形。但是具有相同设计和相同尺寸的电缆试样,在同一个条件下作试验,只需校核一次。

6.3 耐受水平冲击电压试验

6.3.1 除非产品标准另有规定外,在试样处于相应产品标准规定的试验压力和温度条件下,连续施加 10 次正极性相应规定的耐受冲击电压值。如果所施加的耐受冲击电压值低于 4.1.2.1 规定的容许偏差下限,该次不予计数。应适当调整充电电压值,并相应补充施加耐受冲击电压值。

6.3.2 在施加 10 次正极性相应规定值的耐受冲击电压后,立即按 6.2 规定进行负极性冲击电压值和

110

波形的校准,然后在试样上连续施加10次负极性相同规定值的耐受冲击电压值。同样,如果所施加的耐受冲击电压值低于4.1.2规定的容许偏差下限,该次也不予计数,应适当调整充电电压值,并相应补充施加耐受冲击电压值。

6.3.3 在连续施加正和负极性相应规定的耐受冲击电压值时,至少应分别摄录第1次和第10次冲击电压示波图。示波图应包括时标和校幅。

6.3.4 在试验期间应检查环境温度和试样温度,可采用各种方法测量试样温度,但测量值与标准规定值之差应不超过±3℃。如有需要还应检查试样的油压或气压,并调整至标准规定值。

6.4 冲击电压裕度试验

6.4.1 当为研究目的或产品标准要求进行冲击电压裕度试验时,应由供需双方商定施加冲击电压的步骤,也可采用以下推荐程序施加冲击电压:

    a) 10次负极性冲击电压,其值为1.05倍的耐受水平冲击电压值;

    b) 5次正极性冲击电压,第1次值为a)所施加电压值的50%,另外4次正极性冲击电压,其值逐级升高至a)所施加电压值的85%;

    c) 10次正极性冲击电压,其值为1.05倍的耐受水平冲击电压值;

    d) 10次正极性冲击电压,其值为1.1倍的耐受水平冲击电压值;

    e) 5次负极性冲击电压,第1次值为d)所施加电压值的50%,另外4次负极性冲击电压,其值逐级升高至d)所施加电压值的85%;

    f) 10次负极性冲击电压,其值为1.1倍的耐受水平冲击电压值;

    g) 按上述次序逐级施加冲击电压,每级升高约5%的耐受水平冲击电压值,并以此类推;

    h) 试验继续进行直至所要求的试验电压值,或直至试样击穿为止。

6.4.2 每次试验至少应摄录第1次和第10次冲击电压示波图,并以示波图的波形判断试样是否通过该电压等级下的冲击电压试验。示波图的波形畸变或呈现截波,一般可认为试样击穿或终端头闪络放电。

6.4.3 一般情况下,一次试验过程中不必对冲击电压值和波形进行重复校准,可从原校准曲线按外推法确定与冲击电压值相对应的充电电压值,如果原校准曲线所用的最大校准冲击电压值与所拟施加的冲击电压值之间的差值较大时,为了获得较准确的试验结果,必须按6.2重新校准。

7 试验结果及评定

7.1 除非产品标准另有规定,在规定的试验电压值下连续施加10次正极性或负极性冲击电压时,如果所摄录的第10次冲击电压波形图无畸变或未呈现截波,对于冲击电压裕度试验则可认为试样已通过相应电压的冲击电压试验。对耐受水平电压试验,还应按产品标准规定进行工频耐压试验,才可认为试样已通过相应的耐受冲击电压试验。

7.2 如果所摄录第10次冲击电压示波图不能清晰地显示,可再次施加相同的耐受冲击电压值,以获得清晰的示波图,并根据示波图判断试样是否通过相应的冲击电压试验。

8 注意事项

8.1 冲击电压发生器应具有快速过电流保护装置,以保证当试验设备内部击穿时能迅速切断试验电源。

8.2 冲击电压发生器、测量系统和试样的高压端与周围接地体之间应保持足够的安全距离,以防止产生空气放电。试验区域周围应有可靠的安全措施,如金属接地栅栏、信号指示灯、或安全警示标志。

8.3 试验区域地坪下应有单独接地电极和与其连成一整体的接地网,其接地电阻一般应小于0.5Ω。冲击电压发生器、测量系统和试样的接地端以及穿心式感应加热变压器的接地端均应与接地网可靠连接。

8.4 为了防止试验过程中对地放电或击穿所产生的暂态高电压损及电源系统,一般要求在冲击电压试验区域内所有供电电源均应由单独的绝缘隔离变压器供电。

8.5 大气校准

对复合绝缘的电力电缆终端,处于高海拔或者极端气候条件下进行试验时,为能施加正确的试验电压应进行大气校准,这时外绝缘(自恢复绝缘)可能不同于内绝缘(非自恢复绝缘)的额定耐受电压,应慎重处理。

9 试验记录

试验记录应包括以下内容:

a) 试验类型;

b) 试样编号,试样型号、规格;

c) 试验日期、大气条件;

d) 施加电压的数值、极性、次数,冲击后的工频耐压试验结果;

e) 冲击试验的波形示波图;

f) 试验中的异常现象、判断和处理;

g) 试验设备及其校准有效期。

附 录 A
（资料性附录）

本部分章条编号与 IEC 60230:1966 和 IEC 60060-1:1989 章条编号对照

表 A.1 给出了本部分章条编号与 IEC 60230:1966 和 IEC 60060-1:1989 章条编号对照一缆表。

表 A.1 本部分章条编号与 IEC 60230:1966 和 IEC 60060-1:1989 章条编号对照

本部分章条编号	对应的 IEC 60230 章条编号	对应的 IEC 60060-1 章条编号
1	1、1.1、1.3	—
—	1.2、1.4	—
2、3、3.1、4	—	—
—	—	18 的大部分、19 的一部分、21 的大部分
4.1	—	—
4.1.1	—	18.1.3 的标题
4.1.1.1	—	18.1.3 的第 1 句、19.2 的第 3、第 4 段
4.1.1.2	—	21.2
4.1.2、4.1.2.1	4	18.1.1、19.2 的第 1、第 2 段
4.1.2.2	—	21.1、22.1、22.2
4.2、4.2.1	—	19.5
4.2.2	—	22.4
4.3、4.3.1	—	19.6、19.6.1、22.5 的一部分
4.3.1.1、4.3.1.2	—	—
4.3.2	—	19.6.2、22.5 的一部分
5	2、3	—
5.1	2.1	—
5.2	2.2、2.3	—
5.3	3.1、3.2	—
5.4～5.6	—	—
6、6.1、6.1.1～6.1.4	—	—
6.2	5	—
6.3	6	—
6.3.1～6.3.4	6.1～6.4	—
6.4	7	—
6.4.1	7.1、8、8.1～8.3	—
6.4.2、6.4.3	8.4、8.5	—
7、7.1、7.2	7.2	—
8、8.1～8.5	—	—
9	—	—

ICS 29.060
K 13

中华人民共和国国家标准

GB/T 3048.14—2007
代替 GB/T 3048.14—1992

电线电缆电性能试验方法
第 14 部分：直流电压试验

Test methods for electrical properties of electric cables and wires—
Part 14：DC voltage test

（IEC 60060-1：1989，High-voltage test techniques—Part 1：General
definition and test requirements，NEQ）

2007-12-03 发布   2008-05-01 实施

中华人民共和国国家质量监督检验检疫总局
中国国家标准化管理委员会　发布

前　言

GB/T 3048《电线电缆电性能试验方法》分为 14 个部分：

——第 1 部分：总则；

——第 2 部分：金属材料电阻率试验；

——第 3 部分：半导电橡塑材料体积电阻率试验；

——第 4 部分：导体直流电阻试验；

——第 5 部分：绝缘电阻试验；

——第 7 部分：耐电痕试验；

——第 8 部分：交流电压试验；

——第 9 部分：绝缘线芯火花试验；

——第 10 部分：挤出护套火花试验；

——第 11 部分：介质损耗角正切试验；

——第 12 部分：局部放电试验；

——第 13 部分：冲击电压试验；

——第 14 部分：直流电压试验；

——第 16 部分：表面电阻试验。

本部分为 GB/T 3048 的第 14 部分，对应于 IEC 60060-1：1989《高电压试验技术　第 1 部分：一般定义和技术要求》（英文版）。

本部分与 IEC 60060-1：1989 的一致性程度为非等效。

本部分与 IEC 60060-1：1989 的主要差异如下：

——仅与 IEC 60060-1：1989 的第 4 章"直流电压试验"相对应，其余部分全部删除；

——对应于 IEC 60060-1：1989 的第 4 章"直流电压试验"的主要技术差异：

1）　对"试验电压的产生"作了修改，补充直流高压发生器的组成；

2）　在"试验电流的测量"中明确"电线电缆产品一般仅要求测量泄漏电流"；

3）　对"试验程序"作了较大改动，补充了电缆试样接线的详细规定和具体说明接线方式的表 1、表 2，删除"破坏性放电电压试验"和"确保放电电压试验"；

——与 GB/T 3048 的其他部分相协调，本部分增加了：第 2 章"规范性引用文件"、第 5 章"试样制备"、第 7 章"试验结果及评定"、第 8 章"注意事项"和第 9 章"试验记录"。

本部分代替 GB/T 3048.14—1992《电线电缆　直流电压试验方法》。本次修订按照 GB/T 1.1—2000《标准化工作导则　第 1 部分：标准的结构和编写规则》对本部分进行了调整。

本部分与 GB/T 3048.14—1992 相比主要变化如下：

——标准的中文名称改为"电线电缆电性能试验方法　第 14 部分：直流电压试验"；

——标准的英文名称改为"Test methods for electrical properties of electric cables and wires—Part 14：DC voltage test"；

——本部分的总体结构和编排按 GB/T 1.1—2000 进行了修改：

1）　第 1 章为"范围"（1992 年版的第 1 章；本版的第 1 章）；

2）　第 2 章为"规范性引用文件"（1992 年版的第 2 章；本版的第 2 章）；

3）　第 3 章为"术语和定义"（1992 年版无；本版的第 3 章）；

4）　第 4 章为"试验设备"（1992 年版的第 3 章；本版的第 4 章）；

5) 第 5 章为"试样制备"(1992 年版的第 4 章;本版的第 5 章);

6) 第 6 章为"试验程序"(1992 年版的第 5 章;本版的第 6 章);

7) 第 7 章为"试验结果及评定"(1992 年版的第 6 章;本版的第 7 章);

8) 第 8 章为"注意事项"(1992 年版的第 7 章;本版的第 8 章);

9) 第 9 章为"试验记录"(1992 年版无;本版的第 9 章);

——在第 1 章"范围"中删除"电力电缆及其附件……通信电缆"的表述,统一为"电线电缆产品"(1992 年版的第 1 章;本版的第 1 章);

——在第 2 章"规范性引用文件"中补充了相关标准(1992 年版的第 2 章;本版的第 2 章);

——增加了第 3 章"术语和定义"(1992 年版无;本版的第 3 章);

——在第 4 章"试验设备"中作了下述修改:

1) 将试验电压的波纹因数由 5% 改为 3%(1992 年版的 3.1.1;本版的 4.1.1);

2) 完善了"容许偏差"的要求(1992 年版的 5.4;本版的 4.1.2);

3) 完善了"试验电压的产生"的要求(1992 年版的 3.2;本版的 4.2.2、4.2.3);

4) 补充了对"试验电压的测量"的规定(1992 年版的 3.3;本版的 4.3.1、4.3.2);

5) 增加了"试验电流的测量"(1992 年版无;本版的 4.4);

——在第 5 章"试样制备"中删除有关电缆附件的规定(1992 年版的 4.1、4.3;本版无);

——在第 6 章"试验程序"中作了下述修改:

1) 增加了"逐级击穿试验"(1992 年版无;本版的 6.1.2);

2) 补充了电力电缆和电气装备用电线电缆接线方式的表 1,将前版中通信电缆的接线方式的表 1 改为表 2(1992 年版的 5.1.4、表 1;本版的 6.2.2、表 1、表 2);

3) 明确绝缘型护套的试验接线,修改了金属护套或铠装外的绝缘护套的试验要求(1992 年版的 5.1.6、5.1.7;本版的 6.2.5、6.2.6);

4) 完善了施加试验电压的要求(1992 年版的 5.3;本版的 6.3.2);

——在第 7 章"试验结果的评定"中增加了对"泄漏电流"的规定(1992 年版无;本版的 7.2);

——在第 8 章"注意事项"中,作了下述修改:

1) 修改了对试验区域的安全要求(1992 年版的 7.2;本版的 8.2);

2) 增加了直流耐压与绝缘电阻试验实施次序(1992 年版无;本版的 8.5);

——增加第 9 章"试验记录",规定了试验记录应记载的具体内容(1992 年版无;本版的第 9 章)。

本部分由中国电器工业协会提出。

本部分由全国电线电缆标准化技术委员会归口。

本部分起草单位:上海电缆研究所。

本部分主要起草人:万树德、余震明、夏凯荣、杨文才。

本部分所代替标准的历次版本发布情况为:GB/T 3048.14—1992。

电线电缆电性能试验方法
第14部分:直流电压试验

1 范围

GB/T 3048 的本部分规定了电线电缆直流电压试验的术语和定义、试验设备、试样制备、试验程序、试验结果及评定、注意事项和试验记录。

本部分适用于电线电缆产品耐受直流电压试验。

本部分应与 GB/T 3048.1 一起使用。

2 规范性引用文件

下列文件中的条款通过 GB/T 3048 的本部分的引用而成为本部分的条款。凡是注日期的引用文件,其随后所有的修改单(不包括勘误的内容)或修订版均不适用于本部分,然而,鼓励根据本部分达成协议的各方研究是否可使用这些文件的最新版本。凡是不注日期的引用文件,其最新版本适用于本部分。

GB/T 311.6—2005 高电压测量标准空气间隙(IEC 60052:2002,IDT)

GB/T 2900.19—2001 电工术语 高电压试验技术和绝缘配合

GB/T 3048.1 电线电缆电性能试验方法 第1部分:总则

GB/T 16927.2 高电压试验技术 第二部分:测量系统(GB/T 16927.2—1997,eqv IEC 60060-2:1994)

3 术语和定义

GB/T 2900.19—2001 及下列术语和定义适用于 GB/T 3048 的本部分。

3.1
试验电压值 value the test voltage

试验电压值是指算术平均值。

3.2
纹波 ripple

纹波是指对直流电压的算术平均值的周期性脉动。波纹幅值是指最大值和最小值之差的一半。纹波因数是纹波幅值与算术平均值之比。

3.3
总不确定度 overall uncertainty

e

表征测量结果分散在真值周围程度的估量。由于存在很多影响因素,它是由多个单独的不确定度所组成。

注:认为本部分中所考虑的大多数的不确定度来源都具有随机特性并是互相独立的,那么总的不确定度 e 的最佳估量为:

$$e=\sqrt{\sum_{i=1}^{n}e_i^2}$$

式中:e 和 $e_1\cdots e_n$ 均用标准偏差表示。

4 试验设备

4.1 对试验电压的要求

4.1.1 电压波形

除产品标准中另有规定外,试样上的试验电压应是纹波因数不大于 3% 的直流电压。试验电压的极性应符合相应产品标准规定。

4.1.2 容许偏差

在整个试验过程中试验电压测量值应保持在规定电压值的 ±3% 以内。

注:容许偏差为规定值与实测值之间的允许差值。它与测量误差不同,测量误差是指测量值与真值之差。

4.2 试验电压的产生

4.2.1 试验电源应能输出试样试验所需的电压和电流。

4.2.2 直流电压一般用直流高压发生器产生,也可用静电发生器产生。直流高压发生器主要由调压器(或脉宽调制、变频装置等)、整流变压器、整流元件、滤波电容器、极性转换装置和放电电阻组成。

4.2.3 电源的额定输出电流应使试样电容在相当短的时间内充电。但当试样电容很大时,也允许长达几分钟的充电时间。电源(包括储能电容)还应能供给泄漏电流和吸收电流,以及任何内部和外部的非破坏性放电电流,其电压降不应超过 10%。

4.3 试验电压的测量

4.3.1 用 GB/T 16927.2 规定认可的测量装置测量

算术平均值、最大值、纹波因数和试验电压的瞬时压降通常采用按 GB/T 16927.2 规定程序认可的测量装置测量。在测量纹波,瞬态电压或电压稳定性时、测量装置的响应特性应符合要求。

一般要求是测量试验电压算术平均值的测量总不确定度应不超过 ±3%。

4.3.2 用认可的测量装置校准未认可的测量装置

这种方法通常是将与试验电压有关的某种仪器的显示值和对同一个电压进行的测量之间建立一种关系。其电压的测量可以是按 4.3 进行的测量或采用符合 GB/T 311.6—2005 的球隙进行的测量。这种关系可能与试样、球隙的接入、湿试验中的雨量等因数有关。因此,在校准和实际试验过程中,这些条件应保持相同,为防止火花放电,球隙的距离应拉开足够大。应注意将供电电压与输出电压之间的关系用于测量可能不够可靠。

目前通常采用电阻分压器:分压器的分压比误差应不超过 ±1%,分压器测量电流在额定电压下应大于 0.5 mA,分压器的低压臂经测量同轴电缆接至误差不超过 ±0.5% 的低压读出仪器。

用球隙测量直流电压时,由于纤维会引起较低电压下的放电,因此必须采取预防措施。应施加多次电压并以最高电压值作为实际测量值。

注 1:纤维的影响可由速度不小于 3 m/s 的气流吹过球隙予以消除。

注 2:当存在纹波时,球隙不能测量直流电压的算术平均值。

校准时,通常可用不低于 50% 的试验电压值外推。如果试验回路中的电流不随外加电压线性变化,外推法可能误差较大。

4.4 试验电流的测量

在测量流过试样的电流时,可以区分出几个独立的分量。对同一个试样和同一试验电压,各分量的大小可能差几个数量级。这些分量是:

a) 由于开始加上试验电压或由于试验电压上纹波或其他波动所引起的电容电流。

b) 由于绝缘中发生缓慢的电荷位移而引起的介质吸收电流。这个电流可持续几秒至几小时。该过程局部可逆。当试样放电或短路时,可观察到反极性电流。

c) 当 a)、b)分量衰减到零后的持续泄漏电流,在恒定电压下该电流将是稳态直流。

d) 局部放电电流。

应注意保证仪器对某一个电流分量的测量不受其他分量的影响。对于非破坏性试验,往往可以从观测电流随时间的变化规律中了解绝缘特性。电线电缆产品一般仅要求测量泄漏电流。

注:应注意破坏性放电时可能流过的电流值,如果没有适当的保护,可能会损坏电流表。

5 试样制备

5.1 试样的数量和长度应符合产品标准规定。

5.2 试样终端部分的长度和终端头的制备方法,应能保证在规定的试验电压下不发生沿其表面闪络放电或内部击穿。

5.3 在水槽内进行试验时,试样两个端部伸出水面的长度应不小于 200 mm,且应保证在规定的试验电压下不发生沿其表面闪络放电。

5.4 充油或充气电缆试样的油压或气压应符合产品标准规定;试样温度也应符合相应产品标准的规定。

6 试验程序

6.1 试验方法

6.1.1 试样耐压试验的试验电压值、极性、电流值和耐受电压时间应符合产品标准规定。

6.1.2 试样的逐级击穿试验可由供需双方商定每级升压的数值和耐受时间,推荐每级耐受时间至少 5 min。

6.2 接线方法

6.2.1 除产品标准另有规定外,应按下列规定接线方式接线,但必须保证试样每一线芯与其相邻线芯之间,至少经受一次按产品标准规定的直流电压试验。

6.2.2 电力电缆和电气装备用电线电缆接线方式见表1;通信电缆可参照表2规定接线。

表 1 电力电缆和电气装备用电线电缆接线方式

试样芯数	试样结构简图	试样接线方式(高压端→接地端)	
		无金属套、金属屏蔽、铠装且无附加特殊电极	有金属套、金属屏蔽、铠装或有附加特殊电极
单芯	①	—	1→0
二芯	① ②	1→2	(1)1→2+0 (2)2→1+0
三芯	① ② ③	(1)1→2+3 (2)2→3+1	(1)1→2+3+0 (2)2→1+3+0 (3)3→1+2+0
四芯	④ ① ② ③	(1)1→2+3+4 (2)2→3+4+1 (3)3→4+1+2	(1)1→2+3+4+0 (2)2→1+3+4+0 (3)3→1+2+4+0 (4)4→1+2+3+0

注1:表中"1,2,3,4"代表线芯导体编号。
注2:表中"0"代表金属护套、金属屏蔽、铠装或附加特殊电极(指水槽、金属珠链、石墨涂层、绕包金属箔等)。
注3:表中"+"代表相互电气连接。

表 2 通信电缆接线方式

绞合元件	元件结构示意	试样接线方式(高压端→接地端)	
		无金属套、金属屏蔽、铠装且无附加电极	有金属套、金属屏蔽、铠装或有附加电极
单根芯线		—	每一导体对其余所有导体与金属套屏蔽铠装连接接地
对绞组	a b	所有导体 a→ 所有导体 b	(1) 所有导体 a→ 所有导体 b (2) 所有导体 a＋b→0
三线组	a b c	(1) 所有导体 a→ 所有导体 b＋c (2) 所有导体 b→ 所有导体 a＋c	(1) 所有导体 a→ 所有导体 b＋c (2) 所有导体 b→ 所有导体 a＋c (3) 所有导体 a＋b＋c→0
四线组	d a b c	(1) 所有导体 a＋b→ 所有导体 c＋d (2) 所有导体 a＋c→ 所有导体 b＋d	(1) 所有导体 a＋b→ 所有导体 c＋d (2) 所有导体 a＋c→ 所有导体 b＋d (3) 所有导体 a＋b＋c＋d→0

注1：表中"a,b,c,d"代表线芯导体编号。

注2：表中"0"代表金属护套、金属屏蔽、铠装或附加特殊电极(指水槽、金属珠链、石墨涂层、绕包金属箔等)。

注3：表中"＋"代表相互电气连接。

6.2.3 五芯及以上多芯电缆,通常需进行二次试验:第一次在每层线芯中的奇数线芯(并联)对偶数线芯(并联)之间施加电压;第二次在所有奇数层的线芯(并联)对偶数层的线芯(并联)之间施加电压。如果电缆中同一层中含有的线芯数为奇数,则应补充对未经受电压试验的相邻线芯间再进行一次规定的电压试验。

注：多芯电缆中心的一根线芯(或诸线芯)作为第一层;如有金属套(屏蔽)或铠装作为最后一层,试验时接地。

6.2.4 分相铅套(或铝套)电缆应依次将每一线芯接高压端,其他线芯相互连接并与金属套、屏蔽或铠装(若有)一起接地,或按单芯电缆并联接线。

6.2.5 在绝缘型护套试验时,试样的所有导体都应与金属套(屏蔽)和铠装(若有)相连接,并接至高压端的负极,而附加特殊电极(如水槽或石墨涂层)接至接地端。

6.2.6 对试样的金属套(屏蔽)与铠装之间的内衬层进行试验时,所有线芯都应与金属套(屏蔽)相连接,并接至试验电源的高压端,而铠装接至接地端。

6.3 试验要求

6.3.1 除非产品标准另有规定,试验应在(20±15)℃的环境温度下进行。试验时,试样的温度与周围环境温度之差应不超过±3℃。

6.3.2 对试样施加电压时应从足够低的数值(不应超过相应产品标准所规定试验电压值40%)开始,以防止操作瞬变过程引起的过电压影响;然后应慢慢地升高电压,以便能在仪表上准确读数,但也不应太慢以免造成在接近试验电压时耐压时间过长。若试验电压值达到75%以上,以每秒2%的试验电压速率升压,通常能满足上述要求。将试验电压保持规定时间后,然后切断充电电源,通过适当的电阻使回路电容、包括试样电容放电来消除电压。

7 试验结果及评定

7.1 试样在施加相应规定的试验电压和持续时间内,无任何闪络放电,或者试验回路电流不随时间而增大,则应认为试样通过直流电压试验。如果在试验期间内出现电流急剧增加,甚至直流高电压发生器线路的开关跳闸,且试样不可能再次耐受同样的试验电压,则应认为试样已击穿。

7.2 在对试样施加规定的试验电压下,其泄漏电流不超过相应标准规定值,则应认为试样的泄漏电流试验合格。

7.3 如果在试验过程中,试样的试验终端发生沿其表面闪络放电或内部击穿,允许另做试验终端,并重复进行试验。

7.4 试验过程中因故停电后继续试验,除产品标准另有规定外,应重新计时。

8 注意事项

8.1 直流高压发生器应有快速过电流保护装置,以保证当试样击穿或试样端部或终端头发生沿其表面闪络放电或内部击穿时能迅速切除试验电源。

8.2 直流高压端(包括直流高压发生器、测量装置和试样)与周围接地体之间应保持足够的安全距离,以防发生空气放电。试验区域周围应有可靠的安全措施,如金属接地栅栏,信号灯或安全警示标志。

8.3 试验区内应有接地电极,接地电阻应小于 4 Ω,直流高压发生器的接地端和试样的接地端均应与接地电极可靠连接。

8.4 与直流高压端(包括直流高压发生器、测量装置和试样)邻近的易感应电荷的设备均应可靠接地。

8.5 对电线电缆试样的直流耐压试验应于该试样的绝缘电阻测量后实施。

9 试验记录

试验记录应详细记载下列内容:
a) 试验类型;
b) 试样编号,试样型号、规格;
c) 试验日期,大气条件;
d) 施加电压的数值和时间;泄漏电流值;
e) 试验中的异常现象,处理和判断;
f) 试验设备及其校准有效期。

ICS 29.060
K 13

中华人民共和国国家标准

GB/T 3048.16—2007
代替 GB/T 3048.16—1994

电线电缆电性能试验方法
第 16 部分：表面电阻试验

Test methods for electrical properties of electric cables and wires—
Part 16：Surface resistance test

2007-12-03 发布

2008-05-01 实施

中华人民共和国国家质量监督检验检疫总局
中国国家标准化管理委员会　发布

前　言

GB/T 3048《电线电缆电性能试验方法》分为 14 个部分：

——第 1 部分：总则；

——第 2 部分：金属材料电阻率试验；

——第 3 部分：半导电橡塑材料体积电阻率试验；

——第 4 部分：导体直流电阻试验；

——第 5 部分：绝缘电阻试验；

——第 7 部分：耐电痕试验；

——第 8 部分：交流电压试验；

——第 9 部分：绝缘线芯火花试验；

——第 10 部分：挤出护套火花试验；

——第 11 部分：介质损耗角正切试验；

——第 12 部分：局部放电试验；

——第 13 部分：冲击电压试验；

——第 14 部分：直流电压试验；

——第 16 部分：表面电阻试验。

本部分为 GB/T 3048 的第 16 部分。

本部分代替 GB/T 3048.16—1994《电线电缆电性能试验方法　表面电阻试验》。本次修订按照 GB/T 1.1—2000《标准化工作导则　第 1 部分：标准的结构和编写规则》对本部分进行了调整。

本部分与 GB/T 3048.16—1994 相比主要变化如下：

——标准的英文名称改为"Test methods for electrical properties of electric cables and wires—Part 16：Surface resistance test"；

——本部分的总体结构和编排按 GB/T 1.1—2000 进行了修改：

    1)　第 1 章为"范围"（1994 年版的第 1 章；本版的第 1 章）；

    2)　第 2 章为"规范性引用文件"（1994 年版的第 2 章；本版的第 2 章）；

    3)　第 3 章为"术语和定义"（1994 年版无；本版的第 3 章）；

    4)　第 4 章为"试验设备"（1994 年版的第 3 章；本版的第 4 章）；

    5)　第 5 章为"试样制备"（1994 年版的第 4 章；本版的第 5 章）；

    6)　第 6 章为"试验程序"（1994 年版的第 5 章；本版的第 6 章）；

    7)　第 7 章为"试验结果及计算"（1994 年版的第 6 章；本版的第 7 章）；

    8)　第 8 章为"试验记录"（1994 年版无；本版的第 8 章）；

——在第 2 章"规范性引用文件"中补充了相关的标准（1994 年版的第 2 章；本版的第 2 章）；

——增加了第 3 章"术语和定义"（1994 年版无；本版的第 3 章）；

——在第 4 章"试验设备"中，对测量系统作了必要的修改（1994 年版的 3.2；本版的 4.2）；

——在第 6 章"试验程序"中对环境条件化处理增加新规定（1994 年版无；本版的 6.2）；

——增加第 8 章"试验记录"，规定了试验记录应记载的具体内容（1994 年版无；本版的第 8 章）。

本部分由中国电器工业协会提出。

本部分由全国电线电缆标准化技术委员会归口。

本部分起草单位：上海电缆研究所。

本部分主要起草人：万树德、余震明、夏凯荣、忻济民。

本部分所代替标准的历次版本发布情况为：GB/T 3048.16—1994。

电线电缆电性能试验方法
第 16 部分：表面电阻试验

1 范围

GB/T 3048 的本部分规定了表面电阻试验的术语和定义、试验设备、试样制备、试验程序、试验结果及计算和试验记录。

本部分适用于测量电线电缆的表面电阻，其测量范围为 $(10^5 \sim 10^{15})\,\Omega$。

试样的条件化处理环境和测试环境与本部分不同时，其测试结果与按本部分规定的环境所测得的结果不能比较。

本部分应与 GB/T 3048.1 一起使用。

2 规范性引用文件

下列文件中的条款通过 GB/T 3048 的本部分的引用而成为本部分的条款。凡是注日期的引用文件，其随后所有的修改单（不包括勘误的内容）或修订版均不适用于本部分，然而，鼓励根据本部分达成协议的各方研究是否可使用这些文件的最新版本。凡是不注日期的引用文件，其最新版本适用于本部分。

GB/T 2900.5—2002　电工术语　绝缘固体、液体或气体（eqv IEC 60050(212):1990）

GB/T 3048.1　电线电缆电性能试验方法　第 1 部分：总则

3 术语和定义

GB/T 2900.5—2002 确立的以及下列术语和定义适用于 GB/T 3048 的本部分。

3.1

表面电阻　surface resistance

由表面导电所确定的绝缘电阻部分。

注 1：表面电阻一般受环境的影响较大。

注 2：电化时间常以不确定的方式对表面电流施加剧烈影响。测量时，电化时间常取 1 min。

3.2

表面电阻率　surface resistivity

折算成单位面积时的表面电阻。

注 1：表面电阻率值受可能存在的电极极化的影响。

注 2：表面电阻率的数值与该单位面积的大小无关。

3.3

电化　electrification

在接触绝缘电介质的两电极之间，施加电压的过程。

4 试验设备

4.1 试验箱

4.1.1　试验箱如图 1 所示，应为透明的玻璃或有机玻璃器皿。箱体的尺寸应能保证试样不与箱体的任何一面相碰。箱盖和箱体应很好地密闭，以使空气的互换量最小。

4.1.2　引接线应采用高绝缘电阻电线（如聚四氟乙烯绝缘电线）。无试样时，在规定的温度和相对湿度下,两引出线间的电阻,至少比试样的表面电阻大 100 倍。

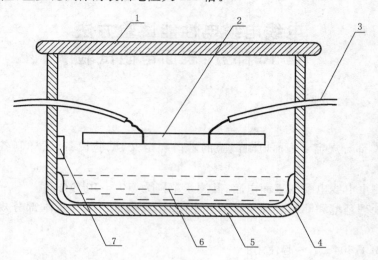

1——箱盖;

2——试样;

3——引接线;

4——搪瓷皿;

5——箱体;

6——$Na_2Cr_2O_7$ 饱和水溶液,或其他水溶液;

7——湿度计。

图 1 表面电阻试验箱示意图

4.1.3 箱内的 $Na_2Cr_2O_7$ 饱和水溶液是为使试验箱在 20℃ 的环境中时,箱内的相对湿度能保持在(50±5)%。

4.1.4 如试验箱同时放入几个试样,试样间的距离应不小于 25 mm。

4.1.5 试验箱内有一湿度计,可以从试验箱的外面测得箱内的相对湿度值。

4.2 测量系统

表面电阻的测试可以采用直流比较法或电压-电流法(高阻计法),也可采用数字式测量仪器。

无论采用何种方法,测试系统的测量误差应符合下述要求:

——被测试样绝缘电阻值为($1×10^{10}$)Ω 及以下,测量误差不超过±10%;

——被测试样绝缘电阻值为($1×10^{10}$)Ω 以上,测量误差不超过±20%。

5 试样制备

5.1 从被试电线电缆上切取 3 根外观完整,表面无缺损的试样,试样的长度应不小于 250 mm。

5.2 用干净不落屑、柔软、干燥、吸水的材料来回擦拭试样几次作清洁处理,对沾染严重的试样,可用酒精擦拭,再做干燥处理。

5.3 用直径不大于 0.05 mm 的镀银圆铜线,在试样的中部,以螺旋状缠绕两个电极,两电极的内侧相距(50±1)mm,每一电极的密绕圈数不得少于 10 圈。也可以采用宽度为 10 mm 的清洁自粘性铜箔在试样上叠绕数圈,再用直径为(0.2~0.5)mm 的圆铜线缠绕在铜箔上形成电极。

5.4 用干净不落屑、柔软、干燥、吸水的材料来回擦拭试样的电极之间部分,作此清洁处理后,试样的电极之间部分应不再接触除环境空气外的其他任何物质。

6 试验程序

6.1 将试样放入试验箱中,试样的电极与引接线箱内一端相连。

6.2 试样应按产品标准规定进行环境条件化处理,如产品标准未作规定,则应按6.3规定进行。

6.3 试验箱置于(20±2)℃的环境下,箱内的相对湿度应为(50±5)%,试样在此条件下至少放置24 h,作环境条件化处理。(在20℃时,$Na_2Cr_2O_7$饱和水溶液的上方,相对湿度可保持为52%,也可以用其他物质的水溶液,如一定比重的甘油水溶液)。

6.4 将引接线的箱外一端与测量系统相接,测出试样电极中间部分的电阻值,测试用电压为500 V。为使表面电阻测量值基本稳定,充电时间应足够充分,不少于1 min,不超过5 min,通常推荐1 min读数。

6.5 除产品标准中另有规定外,测量时试样应处于与条件化处理时完全相同的环境中。

7 试验结果及计算

7.1 以测得的3个试样表面电阻测量值的中间值为试验结果。

7.2 试样的表面电阻率为:

$$\rho_s = \frac{R \cdot \pi \cdot D}{L} \quad\quad\quad\quad\quad\quad\quad\quad\quad\quad\quad (1)$$

式中:

ρ_s——表面电阻率,单位为欧(Ω);

R——表面电阻,单位为欧(Ω);

D——试样的直径,单位为毫米(mm);

L——两电极内侧之间的距离,单位为毫米(mm)。

8 试验记录

试验记录应详细记载下列内容:

a) 试验类型;

b) 试样编号,试样型号、规格;

c) 试样制备和测试方法;

d) 条件化处理的温度、湿度、时间;

e) 试验日期和测试时的温度、湿度;

f) 试样的测试值和计算;

g) 测试仪器及其校准有效期。

ICS 29.060.20
K 13

中华人民共和国国家标准

GB/T 5013.1—2008/IEC 60245-1:2003
代替 GB 5013.1—1997

额定电压 450/750V 及以下橡皮绝缘电缆
第 1 部分：一般要求

Rubber insulated cables of rated voltages up to and including 450/750 V—
Part 1：General requirements

(IEC 60245-1:2003，IDT)

2008-01-22 发布   2008-09-01 实施

中华人民共和国国家质量监督检验检疫总局
中国国家标准化管理委员会   发布

前　言

GB/T 5013《额定电压450/750 V及以下橡皮绝缘电缆》分为八个部分：
——第1部分：一般要求；
——第2部分：试验方法；
——第3部分：耐热硅橡胶绝缘电缆；
——第4部分：软线和软电缆；
——第5部分：电梯电缆；
——第6部分：电焊机电缆；
——第7部分：耐热乙烯-乙酸乙烯酯橡皮绝缘电缆；
——第8部分：特软电线。

本部分为GB/T 5013的第1部分。本部分等同采用IEC 60245-1:2003《额定电压450/750 V及以下橡皮绝缘电缆　第1部分：一般要求》(英文版)。

为便于使用，GB/T 5013的本部分做了下列编辑性修改：
——用小数点"."代替作为小数点的逗号","；
——删除国际标准的前言；
——增加了资料性附录C；
——删除了第4章中的"NOTE The colour scheme is under consideration."；
——删除了参考文献。

本部分从实施之日起代替GB 5013.1—1997。

本部分与GB 5013.1—1997相比主要变化如下：
——表1中1.2.1中IE4绝缘老化规定应带导体，1.3"氧弹老化后性能"省略，对IE4绝缘增加4"耐臭氧试验"；
——定义中增加2.1.5"乙丙橡胶混合物或其他相当的合成弹性体"和2.1.6"交联聚氯乙烯"；
——删除了3.2；3.1.2改为3.2，3.1.3改为3.3；
——3.3.1中标志距离改为"550 mm"和"275 mm"；
——5.2.1中取消了"普通橡皮混合物绝缘的电缆——IE1型"，增加了"乙丙橡皮混合物或其相当材料绝缘的电缆——IE4型"和"XP1型(交联聚氯乙烯)"；
——5.5.1中增加了"SX1型(交联聚氯乙烯)"；
——附录A中"特殊用途软电缆"增加了86、87、88、89四个型号；
——附录C中型号对照表取消了51，同时对型号的编制进行了规范。

本部分的附录A和附录B为规范性附录，附录C为资料性附录。

本部分由中国电器工业协会提出。

本部分由全国电线电缆标准化技术委员会归口。

本部分负责起草单位：上海电缆研究所。

本部分主要起草人：金标义、刘旌平、曲文波。

本部分所代替标准的历次版本发布情况为：GB 5013.1—1985，GB 5013.1—1997。

额定电压 450/750V 及以下橡皮绝缘电缆
第 1 部分:一般要求

1 概述

1.1 范围

GB/T 5013 的本部分适用于额定电压 U_0/U 为 450/750 V 及以下,硫化橡皮绝缘和护套(若有)的硬和软电缆,用于交流额定电压不超过 450/750 V 的动力装置。

注:对某些型号的软电缆可使用术语"软线"。

各种型号的电缆在 GB/T 5013.3、GB/T 5013.4 等部分中规定,电缆的型号表示法见附录 A。

GB/T 5013 的第 1 至第 8 部分规定的试验方法见 GB/T 5013.2、GB/T 18380.1 及 GB/T 2951 的相关部分。

1.2 规范性引用文件

下列文件中的条款通过 GB/T 5013 的本部分的引用而成为本部分的条款。凡是注日期的引用文件,其随后所有的修改单(不包括勘误的内容)或修订版均不适用于本部分,然而,鼓励根据本部分达成协议的各方研究是否可使用这些文件的最新版本。凡是不注日期的引用文件,其最新版本适用于本部分。

GB/T 2951.1—1997 电缆绝缘和护套材料通用试验方法 第 1 部分:通用试验方法 第 1 节:厚度和外形尺寸测量——机械性能试验(idt IEC 60811-1-1:1993)

GB/T 2951.2—1997 电缆绝缘和护套材料通用试验方法 第 1 部分:通用试验方法 第 2 节:热老化试验方法(idt IEC 60811-1-2:1985)

GB/T 2951.4—1997 电缆绝缘和护套材料通用试验方法 第 1 部分:通用试验方法 第 4 节:低温试验方法(idt IEC 60811-1-4:1985)

GB/T 2951.5—1997 电缆绝缘和护套材料通用试验方法 第 2 部分:弹性体混合料专用试验方法 第 1 节:耐臭氧试验——热延伸试验——浸矿物油试验(idt IEC 60811-2-1:1986)

GB/T 2951.6—1997 电缆绝缘和护套材料通用试验方法 第 3 部分:聚氯乙烯混合料专用试验方法 第 1 节:高温压力试验——抗开裂试验(IEC 60811-3-1:1985,IDT)

GB/T 3956 电缆的导体(GB/T 3956—1997,idt IEC 60228:1978)

GB/T 5013.2—2008 额定电压 450/750 V 及以下橡皮绝缘电缆 第 2 部分:试验方法(IEC 60245-2:1998,IDT)

GB/T 5013.3 额定电压 450/750 V 及以下橡皮绝缘电缆 第 3 部分:耐热硅橡胶绝缘电缆(GB/T 5013.3—2008,IEC 60245-3:1994,IDT)

GB/T 5013.4 额定电压 450/750 V 及以下橡皮绝缘电缆 第 4 部分:软线和软电缆(GB/T 5013.4—2008,IEC 60245-4:2004,IDT)

GB/T 5013.7—2008 额定电压 450/750 V 及以下橡皮绝缘电缆 第 7 部分:耐热乙烯-乙酸乙烯酯橡皮绝缘电缆(IEC 60245-7:1994,IDT)

GB/T 18380.1 电缆在火焰条件下的燃烧试验 第 1 部分:单根绝缘电线或电缆的垂直燃烧试验方法(GB/T 18380.1—2001,IEC 60332-1:1993,IDT)

2 术语和定义

下列术语和定义适用于 GB/T 5013 的各个部分。

2.1 绝缘和护套材料的定义

2.1.1

混合物的型号 type of compound

混合物按照规定的试验所测得的性能进行分类。

注：型号与混合物组分没有直接关系。

2.1.2

橡皮混合物 rubber compound

橡皮混合物是经过适当选择、配比、加工和硫化，它的特有组分为橡胶和/或合成弹性体混合物。

注：硫化是指绝缘和/或护套挤好后的下一道加工，目的是为了使弹性体永久交联。

2.1.3

氯丁胶混合物（PCP）或其他相当的合成弹性体 polychloroprene compound（PCP）or other equivalent synthetic elastomer

硫化混合物的弹性体为氯丁橡胶或其他性能类似于 PCP 的相当的合成弹性体。

2.1.4

乙烯-乙酸乙烯酯橡皮混合物或其他相当的合成弹性体 ethylene - vinyl acetate rubber compound（EVA）or other equivalent synthetic elastomer

交联混合物的弹性体为乙烯-乙酸乙烯酯或其他性能类似于 EVA 的相当的合成弹性体。

2.1.5

乙丙橡胶混合物或其他相当的合成弹性体 ethylene - propylene rubber compound（EPR）or other equivalent synthetic elastomer

交联混合物的弹性体为乙丙橡胶或其他性能类似于 EPR 的相当的合成弹性体。

2.1.6

交联聚氯乙烯 cross-linked polyvinyl chloride（XLPVC）

适当的选择、配比和加工的、含有适当交联剂的 PVC 材料混合物，其交联后能达到后续详细规范中的性能要求。

2.2 试验的定义

2.2.1

型式试验（符号 T） type tests

型式试验是指按一般商业原则，GB/T 5013 规定的一种型号电缆在供货前进行的试验，以证明电缆具有良好的性能，能满足规定的使用要求。

注：型式试验的本质是一旦进行这些试验后，不必重复进行，除非电缆材料或设计的改变会影响电缆性能。

2.2.2

抽样试验（符号 S） sample tests

在成品电缆试样上或取自成品电缆的元件上进行的试验，以证明成品电缆产品符合设计规范。

2.3

额定电压 rated voltages

电缆的额定电压是电缆设计和进行电性能试验用的基准电压。

注 1：额定电压用 U_0/U 表示，单位为 V：

U_0 为任一绝缘导体和"地"（电缆的金属护层或周围介质）之间的电压有效值。

U 为多芯电缆或单芯电缆系统中任何两相导体之间的电压有效值。

在交流系统中，电缆的额定电压应至少等于使用电缆的系统的标称电压。这个条件对 U_0 和 U 值均适用。

在直流系统中，该系统的标称电压应不大于电缆额定电压的 1.5 倍。

注 2：系统的工作电压允许长时间地超过该系统标称电压的 10%。如果电缆额定电压至少等于系统的标称电压，则该电缆能在高于额定电压 10% 的工作电压下使用。

3 标志

3.1 产地标志和电缆识别

电缆应具有制造标志,该标志可以是标志线或是制造厂名或商标的重复标志。

标志可以油墨印字或压印凸字在绝缘或护套上,或者油墨印字在刮胶带或标志隔离带上。

3.1.1 标志的连续性

一个标志的末端与下一个标志的始端之间的距离应不超过:

——如果标志在电缆的外护套上,为 550 mm;

——如果标志在无护套电缆绝缘上,为 275 mm;

——如果标志在有护套电缆绝缘上,为 275 mm;

——如果标志在有护套电缆包带上,为 275 mm。

3.2 耐擦性

油墨印字标志应耐擦。应按 GB/T 5013.2—2008 中 1.8 规定的试验检查是否符合要求。

3.3 清晰度

所有标志应字迹清楚。

标志线的颜色应容易识别或易于辨认,必要时,可用汽油或其他合适的溶剂擦干净。

4 绝缘线芯识别

每根绝缘线芯应按下述规定识别:

——五芯及以下电缆用颜色识别,见 4.1;

——五芯以上电缆用颜色或数字识别,见 4.1 和 4.2。

4.1 绝缘线芯的颜色识别

4.1.1 一般要求

电缆绝缘线芯应采用着色绝缘或其他适合的方法进行识别。

除绿/黄组合色外,电缆的每一线芯应只用一种颜色。

任何多芯电缆均不应使用红色、灰色、白色以及不是组合色用的绿色和黄色。

4.1.2 颜色色谱

优先选用的色谱如下:

单芯电缆:无优先选用色谱;

两芯电缆:无优先选用色谱;

三芯电缆:绿/黄色、浅蓝色、棕色,或是浅蓝色、黑色、棕色;

四芯电缆:绿/黄色、浅蓝色、黑色、棕色,或是浅蓝色、黑色、棕色、黑色或棕色;

五芯电缆:绿/黄色、浅蓝色、黑色、棕色、黑色或棕色,或是浅蓝色、黑色、棕色、黑色或棕色、黑色或棕色;

大于五芯电缆:在外层,一芯是绿/黄色,一芯是浅蓝色,其他线芯是同一种颜色,但不是绿色、黄色、浅蓝色或棕色;在其他层,一芯是棕色,其他线芯是同一种颜色,但不是绿色、黄色、浅蓝色或棕色,或者在外层,一芯是浅蓝色,一芯是棕色,而其他线芯是同一种颜色,但不是绿色、黄色、浅蓝色或棕色;在其他层,一芯是棕色,而其他线芯是同一种颜色,但不是绿色、黄色、浅蓝色或棕色。

各种颜色应能清楚地识别并耐擦。应按 GB/T 5013.2—2008 中 1.8 规定的试验方法检验。

4.1.3 绿/黄组合色

绿/黄组合色线芯的颜色分布应符合下列条件:

对于每一段长 15 mm 的绝缘线芯,其中一种颜色应至少覆盖绝缘线芯表面的 30%,且不大于 70%,而另一种颜色则覆盖绝缘线芯的其余部分。

> 注:关于使用绿/黄组合色和浅蓝色的情况说明:当按上述规定绿/黄组合色时,表示专门用作识别连接接地或类似保护用途的绝缘线芯。浅蓝色用作识别连接中性线的绝缘线芯,如果没有中性线,则浅蓝色可用于识别除接地或保护导体以外的任一绝缘线芯。

4.2 绝缘线芯的数字识别

4.2.1 一般要求

线芯的绝缘应是同一种颜色,并按数序排列,但绿/黄色线芯(若有)除外。

如果有绿/黄色绝缘线芯,则应符合 4.1.3 的要求,并且应放在外层。

数字编号应从内层以数字 1 开始。

数字应用阿拉伯数字印在绝缘线芯的外表面上。数字颜色相同并与绝缘颜色有明显反差,数字应字迹清晰。

4.2.2 标志的优先排列方法

数字标志应沿着绝缘线芯以相等的间隔重复出现,相邻两个完整的数字标志应彼此颠倒。

当标志是由一个数字组成时,则破折号应放置在数字的下面。如果标志是由两个数字组成时,则一个数字排在另一个数字的下面,同时在底下的数字下面放破折号。相邻两个完整的数字标志之间的距离 d 应不超过 50 mm。

标志的排列如图 1 所示:

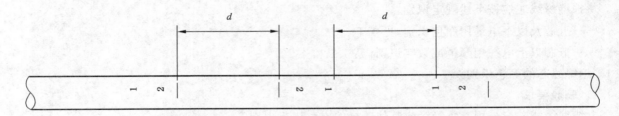

图 1 数字标志的排列

4.2.3 耐擦性

数字标志应耐擦,应按 GB/T 5013.2—2008 中 1.8 规定的试验检查是否符合要求。

5 电缆结构的一般要求

5.1 导体

5.1.1 材料

导体应是退火铜线。除非在产品标准中(GB/T 5013.3、GB/T 5013.4 等)另有规定,导体中各单线可以是不镀锡或是镀锡的铜线。镀锡铜线应覆盖一层有效的锡层。

5.1.2 结构

除非在有关产品标准中另有规定,导体中单线的最大直径应符合 GB/T 3956 的要求。

各种型号电缆使用的导体类型详见产品标准(GB/T 5013.3、GB/T 5013.4 等)。

5.1.3 导体和绝缘之间的隔离层

在不镀锡导体或镀锡导体和绝缘之间可以任选放置一层由合适材料组成的隔离带。

5.1.4 结构检查

通过检验和测量来检查结构,应符合 5.1.1 和 5.1.2 以及 GB/T 3956 的要求。

5.1.5 电阻

除非在有关产品标准(GB/T 5013.3、GB/T 5013.4 等)中另作规定,在 20℃时每芯导体电阻应符合 GB/T 3956 对各种导体规定的要求。

应按 GB/T 5013.2—2008 中 2.1 规定的试验方法检查是否符合要求。

5.2 绝缘

5.2.1 材料

绝缘应是按产品标准(GB/T 5013.3、GB/T 5013.4 等)中的每种型号电缆规定的硫化橡皮混合物。

硅橡胶绝缘的电缆——IE2 型。

乙烯-乙酸乙烯酯橡皮混合物或相当材料绝缘的电缆——IE3 型。

乙丙橡皮混合物或其相当材料绝缘的电缆——IE4 型。

这些混合物的试验要求见表 1 规定。

注:对 GB/T 5013.8 中型号为 XP1 某些电缆绝缘,其试验要求见相应产品标准。

由上述任何一种绝缘混合物作绝缘并包括在产品标准(GB/T 5013.3、GB/T 5013.4 等)中的电缆,其最高工作温度见相应的产品标准。

5.2.2 包覆导体

绝缘应紧密地包覆在导体或隔离层上。在产品标准(GB/T 5013.3、GB/T 5013.4 等)中所列每一种型号的电缆,不论包覆绝缘是单层或多层,也不论是否绕包刮胶带均应如此。绝缘应能剥离,而又不损伤绝缘、导体、或镀锡层或金属镀层(若有)。通过检验和手工测量以检查是否符合要求。

5.2.3 厚度

绝缘厚度的平均值应不小于产品标准(GB/T 5013.3、GB/T 5013.4 等)的表格中列出的每一种型号和规格电缆的规定值。但是,在任一点的厚度可小于规定值,只要不小于规定值的 90%－0.1 mm。

应按 GB/T 5013.2—2008 中 1.9 规定的试验方法检查是否符合要求。

5.2.4 老化前后的机械性能

在正常使用的温度范围内,绝缘应具有足够的机械强度和弹性。

应按表 1 规定的试验检查是否符合要求。适用的试验方法和试验要求见表 1 规定。

表 1 硫化橡皮绝缘非电性试验要求

序　号	试验项目	单　位	混合物型号			试验方法	
			IE2	IE3	IE4	GB/T	条文号
1	抗张强度和断裂伸长率					2951.1—1997	9.1
1.1	交货状态原始性能						
1.1.1	抗张强度原始值						
	——最小中间值	N/mm²	5.0	6.5	5.0		
1.1.2	断裂伸长率原始值						
	——最小中间值	%	150	200	200		
1.2	空气烘箱老化后的性能					2951.1—1997 和 2951.2—1997	9.1 8.1
1.2.1	老化条件[a,b]						
	——温度	℃	200±2	150±2	100±2		
	——处理时间	h	10×24	7×24	7×24		
1.2.2	老化后抗张强度						
	——最小中间值	N/mm²	4.0	—	4.2		

表 1（续）

序 号	试验项目	单 位	混合物型号			试验方法	
			IE2	IE3	IE4	GB/T	条文号
	——最大变化率^c	%	—	±30	±25		
1.2.3	老化后断裂伸长率						
	——最小中间值	%	120	—	200		
	——最大变化率^c	%	—	±30	±25		
1.3	省略						
1.4	空气弹老化后的性能					2951.2—1997	8.2
1.4.1	老化条件^a						
	——温度	℃	—	150±3	127±2		
	——处理时间	h	—	7×24	40		
1.4.2	老化后抗张强度						
	——最小中间值	N/mm²	—	6.0	—		
	——最大变化率^c	%	—	—	±30		
1.4.3	老化后断裂伸长率						
	——最大变化率^c	%	—	−30^d	±30		
2	热延伸试验					2951.5—1997	第9章
2.1	试验条件						
	——温度	℃	200±3	200±3	200±3		
	——处理时间	min	15	15	15		
	——机械应力	N/mm²	0.20	0.20	0.20		
2.2	试验结果						
	——载荷下的伸长率，最大值	%	175	100	100		
	——冷却后的伸长率，最大值	%	25	25	25		
3	高温压力试验		见 GB/T 2951.6			2951.6—1997	第8章
3.1	试验条件						
	——由刀片施加的压力		—	8.1.4	—		
	——载荷下的加热时间		—	8.1.5	—		
	——温度	℃	—	150±2	—		
3.2	试验结果						
	——压痕深度中间值，最大值	%	—	50	—		
4	耐臭氧试验					2951.5—1997	第8章
4.1	试验条件						
	——试验温度	℃	—	—	25±2		
	——试验时间	h	—	—	24		
	——臭氧浓度	%	—	—	0.025~0.030		
4.2	试验结果			无裂纹			

^{a}　IE4 绝缘应带导体或取走不超过 30% 的铜丝进行老化。

^{b}　除非产品标准中另有规定，橡皮混合物的老化不采用强迫鼓风烘箱。仲裁试验时，必须采用自然通风老化箱。

^{c}　变化率：老化后中间值与老化前中间值之差与老化前中间值之比，以百分比表示。

^{d}　不规定正偏差。

5.3 填充

5.3.1 材料

除非在产品标准（GB/T 5013.3、GB/T 5013.4 等）中另有规定，填充物应由下列一种组成或由下列材料组合而成：

——硫化或非硫化橡皮混合物；或

——天然或合成纤维；或

——纸。

填充物的组分与绝缘和/或护套之间不应产生有害的相互作用。

5.3.2 包覆

对每种型号电缆，产品标准（GB/T 5013.3、GB/T 5013.4 等）中规定了是否有填充物或是否由护套嵌入线芯之间而形成填充（见 5.5.2）。填充物应填满绝缘线芯之间的空隙以形成实际上圆形的成缆线芯。填充物应能剥离而不损伤绝缘线芯。成缆线芯和填充物可以用薄膜或带子扎在一起。

5.4 纺纤编织

5.4.1 材料

纺纤编织层用的纱应是产品标准（GB/T 5013.3、GB/T 5013.4 等）中每种型号电缆要求的材料。在产品标准中规定有编织层时，编织用纱可以是天然材料（棉纱、经处理的棉纱、丝）或者是合成材料（人造丝、聚酰胺等）或者也可以是玻璃纤维或相当材料制成的细丝。

5.4.2 包覆

编织应均匀，没有结头或间隙。为了防止磨损由玻璃纤维丝制成的编织层，应采用合适的材料进行处理。

5.5 护套

5.5.1 材料

护套材料应是按产品标准（GB/T 5013.3、GB/T 5013.4 等）中的每种型号电缆规定的一种硫化橡皮混合物。

橡皮混合物护套电缆——SE3 型。

氯丁混合物或其他相当的合成弹性体护套电缆——SE4 型。

这些混合物的试验要求见表 2 规定。

注：GB/T 5013.8 中的一些电缆，其型号为 SX1 的护套材料的要求见产品标准。

5.5.2 包覆

在产品标准（GB/T 5013.3、GB/T 5013.4 等）中规定的每种型号电缆的保护护套应由单层或双层（内层或护套和外层或护套）组成。

5.5.2.1 单层护套

护套应单层包覆：

——单芯电缆，包覆在绝缘线芯上；

——多芯电缆，包覆在成缆线芯和填充物上。

多芯电缆的护套应能剥离而不损伤成缆线芯。

在护套下面可以绕包一层带子或薄膜。

在某些情况下，在产品标准（GB/T 5013.3、GB/T 5013.4 等）中指明护套可嵌入成缆线芯之间的间隙而形成填充（见 5.3.2）。

5.5.2.2 双层护套

内层

内护套应按 5.5.2.1 的规定挤包。在内护套外面可绕包一层刮胶带或相当的带子。

对于厚度不超过 0.5 mm 的包带或隔离层（若有），可包括在内护套的厚度测量值内，只要包带粘合内护套。

外层

外层或护套应包覆在内护套或包带的外面。它可以粘着内护层或包带,也可以不粘着。

如果外护层粘着内护层,则应与内护层能明显地区别开来;如果不粘着,则应容易与内护层分离。

5.5.3 厚度

护套厚度的平均值应不小于产品标准(GB/T 5013.3、GB/T 5013.4 等)的表格中列出的每种型号和规格电缆的规定值。

除另有规定,在任一点的厚度可小于规定值,只要不小于规定值的 85%−0.1 mm。

应按 GB/T 5013.2—2008 中 1.10 规定的试验方法检查是否符合标准要求。

注:在附录 B 中给出了 GB/T 5013.4 中的 60245 IEC 53、60245 IEC 57、60245 IEC 66 三种型号电缆的护套厚度计算方法。

5.5.4 老化前后的机械性能

在正常使用温度范围内,护套应具有足够的机械强度和弹性。

应按表 2 规定的试验检查是否符合要求。

适用的试验方法和试验要求见表 2 规定。

表 2 硫化橡皮护套非电性试验要求

序 号	试验项目	单 位	混合物型号		试验方法	
			SE3	SE4	GB/T	条文号
1	抗张强度和断裂伸长率				2951.1—1997	9.2
1.1	交货状态原始性能					
1.1.1	抗张强度原始值					
	——最小中间值	N/mm²	7.0	10.0		
1.1.2	断裂伸长率原始值					
	——最小中间值	%	300	300		
1.2	空气烘箱老化后的性能				2951.2—1997	8.1.3.1
1.2.1	老化条件					
	——温度	℃	70±2	70±2		
	——处理时间	h	10×24	10×24		
1.2.2	老化后抗张强度					
	——最小中间值	N/mm²	—	—		
	——最大变化率[a]	%	±20	−15[b]		
1.2.3	老化后断裂伸长率					
	——最小中间值	%	250	250		
	——最大变化率[a]	%	±20	−25[b]		
1.3	浸矿物油后机械性能				2951.5—1997	10
1.3.1	试验条件					
	——油温	℃	—	100±2		
	——浸油时间	h		24		
1.3.2	浸油后抗张强度					
	——最大变化率[a]	%	—	±40		
1.3.3	浸油后断裂伸长率					
	——最大变化率[a]	%	—	±40		
2	热延伸试验				2951.5—1997	9
2.1	试验条件					
	——温度	℃	200±3	200±3		
	——处理时间	min	15	15		
	——机械应力	N/mm²	0.20	0.20		

表 2（续）

序　号	试验项目	单　位	混合物型号		试验方法	
			SE3	SE4	GB/T	条文号
2.2	试验结果					
	——载荷下的伸长率，最大值	%	175	175		
	——冷却后的伸长率，最大值	%	25	25		
3	低温弯曲试验				2951.4—1997	8.2
3.1	试验条件					
	——温度	℃		−35±2		
	——施加低温时间		—	见 GB/T 2951.4 —1997 中 8.2.3		
3.2	试验结果			无裂纹		
4	低温拉伸试验				2951.4—1997	8.4
4.1	试验条件					
	——温度	℃	—	−35±2		
	——施加低温时间		—	见 GB/T 2951.4 —1997 中 8.4.4		
4.2	试验结果					
	——未断裂时的伸长率，最小值	%	—	30		

a　变化率：老化后中间值与老化前中间值之差与老化前中间值之比，以百分比表示。
b　不规定正偏差。

5.6　成品电缆试验

5.6.1　电气性能

电缆应有足够的介电强度和绝缘电阻。

应按表 3 规定的试验检查是否符合要求。

试验方法和试验要求见表 3 规定。

5.6.2　外形尺寸

电缆的平均外形尺寸应在产品标准（GB/T 5013.3、GB/T 5013.4 等）各表中所规定的范围内。

圆形护套电缆在同一横截面上测得任意两点外径之差（椭圆度）应不超过所规定平均外径上限的 15%。

应按 GB/T 5013.2—2008 中 1.11 规定的试验方法检查是否符合标准要求。

表 3　硫化橡皮绝缘电缆电性试验要求

序　号	试验项目	单　位	电缆额定电压			试验方法	
			300/300 V	300/500 V	450/750 V	GB/T	条文号
1	导体电阻测量					5013.2—2008	2.1
1.1	试验结果最大值		见 GB/T 3956 和产品标准 (GB/T 5013.3、GB/T 5013.4 等)				
2	成品电缆电压试验					5013.2—2008	2.2
2.1	试验条件：						
	——试样最小长度	m	10	10	10		
	——浸水最少时间	h	1	1	1		
	——水温	℃	20±5	20±5	20±5		
2.2	试验电压（交流）	V	2 000	2 000	2 500		

表 3（续）

序　号	试验项目	单位	电缆额定电压			试验方法	
			300/300 V	300/500 V	450/750 V	GB/T	条文号
2.3	每次最少施加电压时间	min	5	5	5		
2.4	试验结果		不发生击穿				
3	绝缘线芯电压试验					5013.2—2008	2.3
3.1	试验条件：						
	——试样长度	m	5	5	5		
	——浸水最少时间	h	1	1	1		
	——水温	℃	20±5	20±5	20±5		
3.2	按规定的绝缘厚度施加电压（交流）						
	——0.6 mm 及以下	V	1 500	1 500	—		
	——0.6 mm 以上	V	2 000	2 000	2 500		
3.3	每次最少施加电压时间	min	5	5	5		
3.4	试验结果		不发生击穿				
4	90℃以上绝缘电阻测量[a]					5013.2—2008	2.4
4.1	试验条件						
	——试验温度	℃	—	110	110		
4.2	试验结果		—	GB/T 5013.7—2008 中表 1 和表 3			

[a] 只适用于 GB/T 5013.7 乙烯-乙酸乙酯橡皮绝缘电缆。

5.6.3　软电缆的机械强度

软电缆应能经受在正常使用时所引起的弯曲和其他机械应力。

当在产品标准（GB/T 5013.3、GB/T 5013.4 等）中有规定时，应按 GB/T 5013.2—2008 中第 3 章规定的试验方法检查是否符合要求。

5.6.3.1　软电缆的曲挠试验

见 GB/T 5013.2—2008 中 3.1。

导体标称截面超过 4 mm² 的软电缆和所有单芯电缆不进行该项试验。

在试验期间经 15 000 次往复运动，即 30 000 次单程运动后应既不发生电流断路，也不发生导体之间的短路。

试验后，应剥去三芯或三芯以上电缆的护套（若有）。然后应按 GB/T 5013.2—2008 中 2.2 或 2.3 的适用条款规定，对电缆或绝缘线芯进行电压试验，但试验电压不超过 2 000 V。

5.6.3.2　静态曲挠试验

见 GB/T 5013.2—2008 中 3.2。

两次测量 l' 的平均值（见 GB/T 5013.2—2008 中图 2），对于电焊机电缆应不超过表 4 的规定值，对于电梯电缆应不超过表 5 的规定值。

5.6.3.3　耐磨试验

见 GB/T 5013.2—2008 中 3.3。

经 20 000 次单程运动后，安装的试样绝缘的显露部分总长度应不大于 10 mm。

试验后，安装的试样应按 GB/T 5013.2—2008 中 2.2 进行电压试验。

表 4　电焊机电缆静态曲挠试验要求

标称截面积/mm²	最大距离 l'/cm
16	45
25	45
35	50
50	50
70	55
95	60

表 5　电梯电缆静态曲挠试验要求

电缆类型	芯　数	最大距离 l'/cm
编织电梯电缆	12 芯及以下	70
	16 和 18 芯	90
	大于 18 芯	125
硫化橡皮和氯丁或相当的 合成弹性体橡套电梯电缆	12 芯及以下	115
	16 和 18 芯	125
	大于 18 芯	150

5.6.3.4　电梯电缆中心垫芯的抗张强度

见 GB/T 5013.2—2008 中 3.4。

在试验过程中,中心垫芯或中心承力芯应不断裂。

5.6.3.5　电梯电缆不延燃试验

见 GB/T 5013.2—2008 中第 5 章。

电缆应符合 GB/T 18380.1 的要求,此外,在试验过程中线芯之间应不发生短路。

5.6.3.6　纺纤编织层的耐热试验

见 GB/T 5013.2—2008 中第 6 章。

如果编织层或其任何组件在试验时不熔化、不炭化,则认为试验合格。

6　电缆使用导则

正在考虑中。

附　录　A

（规范性附录）

型号表示法

GB/T 5013 所包括的各种电缆的型号用两位数字表示,放在 IEC 60245 标准号后面。第一位数字表示电缆的基本分类;第二位数字表示在基本分类中的特定型式。

分类和型号如下:

0—固定布线用无护套电缆

　　03—导体最高温度 180℃耐热硅橡胶绝缘电缆(60245 IEC 03)

　　04—导体最高温度 110℃,750 V 硬导体、耐热乙烯-乙酸乙烯酯橡皮绝缘单芯无护套电缆
　　　　(60245 IEC 04)

　　05—导体最高温度 110℃,750 V 软导体、耐热乙烯-乙酸乙烯酯橡皮绝缘单芯无护套电缆
　　　　(60245 IEC 05)

　　06—导体最高温度 110℃,500 V 硬导体、耐热乙烯-乙酸乙烯酯橡皮或其他相当的合成弹性体
　　　　绝缘单芯无护套电缆(60245 IEC 06)

　　07—导体最高温度 110℃,500 V 软导体、耐热乙烯-乙酸乙烯酯橡皮或其他相当的合成弹性体
　　　　绝缘单芯无护套电缆(60245 IEC 07)

5—一般用途软电缆

　　53—普通强度橡套软线(60245 IEC 53)

　　57—普通氯丁或其他相当的合成弹性体橡套软线(60245 IEC 57)

　　58—装饰回路用氯丁或其他相当的合成弹性体橡套圆电缆(60245 IEC 58),扁电缆(60245 IEC 58f)

6—重型软电缆

　　66—重型氯丁或其他相当的合成弹性体橡套软电缆(60245 IEC 66)

7—特殊型软电缆

　　70—编织电梯电缆(60245 IEC 70)

　　74—橡套电梯电缆(60245 IEC 74)

　　75—氯丁或其他相当的合成弹性体橡套电梯电缆(60245 IEC 75)

8—特殊用途软电缆

　　81—橡套电焊机电缆(60245 IEC 81)

　　82—氯丁或其他相当的合成弹性体橡套电焊机电缆(60245 IEC 82)

　　86—橡皮绝缘和护套高柔软性电缆(60245 IEC 86)

　　87—橡皮绝缘、交联聚氯乙烯护套高柔软性电缆(60245 IEC 87)

　　88—交联聚氯乙烯绝缘和护套高柔软性电缆(60245 IEC 88)

　　89—乙丙橡皮绝缘编织高柔软性电缆(60245 IEC 89)

附 录 B

（规范性附录）

60245 IEC 53、57 和 66 型电缆护套厚度的计算方法

B.1 概述

本护套厚度计算方法适用于 GB/T 5013.4 中二芯、三芯、四芯和五芯的下列型号电缆：

——60245 IEC 53:普通强度橡套软线；

——60245 IEC 57:普通氯丁或其他相当的合成弹性体橡套软线；

——60245 IEC 66:重型氯丁或其他相当的合成弹性体橡套软电缆。

注：列于 GB/T 5013.4 中电缆护套厚度的计算未采用本计算方法，本计算方法只在这些型号电缆可能扩展时应用。

B.2 计算公式

应使用下列公式：

a) 60245 IEC 53 和 57 型：

$$t_s = 0.085 D_f + 0.45$$

b) 导体截面积 6 mm² 及以下的 60245 IEC 66 型：

$$t_s = 0.13 D_f + 0.74$$

c) 导体截面积大于 6 mm² 的 60245 IEC 66 型：

$$t_s = 0.11 D_f + 1.8$$

式中：

t_s——护套厚度,mm；

D_f——成缆线芯的假定直径,mm。

假定直径 D_f 应按下述公式计算： $D_f = K(d_L + 2t_i)$

式中：

d_L——导体假定直径,mm；

t_i——绝缘规定厚度,mm；

K——成缆系数。

各标称截面积导体的假定直径 d_L（实心导体直径）见表 B.1：

表 B.1 各标称截面积导体假定直径

导体标称截面积/mm²	导体假定直径 d_L/mm	导体标称截面积/mm²	导体假定直径 d_L/mm
0.75	1.0	35	6.7
1	1.1	50	8.0
1.5	1.4	70	9.4
2.5	1.8	95	11.0
4	2.3	120	12.4
6	2.8	150	13.8
10	3.6	185	15.3
16	4.5	240	17.5
25	5.6	300	19.6
		400	22.6

五芯及以下电缆的成缆系数 K 如下表：

芯　数	2	3	4	5
K	2.00	2.16	2.42	2.70

B.3　护套厚度计算时的数字修约

假定直径 D_f 和护套厚度 t_s 应按下述方法修约至小数点后一位：

当修约前的第二位小数小于 5 时，第一位小数保持不变；当修约前的第二位小数是 5 或大于 5 时，第一位小数应加 1。

附 录 C
（资料性附录）
产品型号表示法及与 IEC 60245 产品型号的对照

C.1 GB/T 5013 中产品型号表示

C.1.1 系列代号

移动式电气设备等用电缆系列代号 ………………………………………………………………… Y

家庭电器设备用电缆系列代号 …………………………………………………………………… R

C.1.2 按材料特征分

硬铜导体 …………………………………………………………………………………… 省略

软铜导体 …………………………………………………………………………………… R

绝缘乙丙胶混合物 ………………………………………………………………………… E

绝缘硅橡胶混合物 ………………………………………………………………………… G

绝缘乙烯-乙酸乙烯酯橡皮混合物 ……………………………………………………… YY

绝缘交联聚氯乙烯 ………………………………………………………………………… VJ

护套天然丁苯胶或类似弹性体混合物 ………………………………………………… 省略

护套氯丁胶混合物 ………………………………………………………………………… F

护套编织织物 ……………………………………………………………………………… B

护套交联聚氯乙烯 ………………………………………………………………………… VJ

C.1.3 按使用特征分

电焊机用 …………………………………………………………………………………… H

电梯用 ……………………………………………………………………………………… T

具有耐户外气候性能 ……………………………………………………………………… W

装饰回路用 ………………………………………………………………………………… S

C.1.4 按结构特征分

轻型 ………………………………………………………………………………………… Q

中型 ………………………………………………………………………………………… Z

重型 ………………………………………………………………………………………… C

圆型 ………………………………………………………………………………………… 省略

扁型（平型） ……………………………………………………………………………… B

C.2 型号对照表

型号对照表见表 C.1。

表 C.1 橡皮绝缘电缆型号对照表

序号	名 称	IEC 60245 的型号	GB/T 5013 中的型号
1	导体最高温度 180℃耐热硅橡胶绝缘电缆	60245 IEC 03	YG
2	导体最高温度 110℃750 V 硬导体耐热乙烯-乙酸乙烯酯橡皮绝缘单芯无护套电缆	60245 IEC 04	YYY

表 C.1（续）

序　号	名　　称	IEC 60245 的型号	GB/T 5013 中的型号
3	导体最高温度 110℃750 V 软导体耐热乙烯-乙酸乙烯酯橡皮绝缘单芯无护套电缆	60245 IEC 05	YRYY
4	导体最高温度 110℃500 V 硬导体耐热乙烯-乙酸乙烯酯橡皮或其他相当的合成弹性体绝缘单芯无护套电缆	60245 IEC 06	YYY
5	导体最高温度 110℃500 V 软导体耐热乙烯-乙酸乙烯酯橡皮或其他相当的合成弹性体绝缘单芯无护套电缆	60245 IEC 07	YRYY
6	普通强度橡套软线	60245 IEC 53	YZ
7	普通氯丁或其他相当的合成弹性体橡套软线	60245 IEC 57	YZW
8	装饰回路用氯丁或其他相当的合成弹性体橡套圆电缆,扁电缆	60245 IEC 58 60245 IEC 58f	YS YSB
9	重型氯丁或其他相当的合成弹性体橡套软电缆	60245 IEC 66	YCW
10	编织电梯电缆	60245 IEC 70	YTB
11	橡套电梯电缆	60245 IEC 74	YT
12	氯丁或其他相当的合成弹性体橡套电梯电缆	60245 IEC 75	YTF
13	高强度橡套电焊机电缆	60245 IEC 81	YH
14	氯丁或其他相当的合成弹性体橡套电焊机电缆	60245 IEC 82	YHF
注：表 C.1 仅适用于 GB/T 5013 的第 1 至第 7 部分,不适用于第 8 部分。			

ICS 29.060.20
K 13

中华人民共和国国家标准

GB/T 5013.2—2008/IEC 60245-2:1998
代替 GB 5013.2—1997

额定电压 450/750 V 及以下橡皮绝缘电缆
第 2 部分：试验方法

Rubber insulated cables of rated voltages up to and including 450/750 V—
Part 2：Test methods

(IEC 60245-2:1998,IDT)

2008-01-22 发布　　　　　　　　　　　　　　2008-09-01 实施

中华人民共和国国家质量监督检验检疫总局
中国国家标准化管理委员会　　发布

前　言

GB/T 5013《额定电压 450/750 V 及以下橡皮绝缘电缆》分为八个部分：

——第 1 部分：一般要求；

——第 2 部分：试验方法；

——第 3 部分：耐热硅橡胶绝缘电缆；

——第 4 部分：软线和软电缆；

——第 5 部分：电梯电缆；

——第 6 部分：电焊机电缆；

——第 7 部分：耐热乙烯-乙酸乙烯酯橡皮绝缘电缆；

——第 8 部分：特软电线。

本部分为 GB/T 5013 的第 2 部分。本部分等同采用 IEC 60245-2:1998《额定电压 450/750 V 及以下橡皮绝缘电缆　第 2 部分：试验方法》（英文版）。

为便于使用，GB/T 5013 的本部分做了下列编辑性修改：

——用小数点"."代替作为小数点的逗号"，"；

——删除国际标准的前言。

本部分对 IEC 原文第 4 章标题的编辑性错误进行了更正，改为"IE4 型绝缘橡皮混合物在空气烘箱和空气弹老化后的机械性能试验"。

本部分从实施之日起代替 GB 5013.2—1997。

本部分与 GB 5013.2—1997 相比主要变化如下：

——3.1"曲挠试验"内容重新编排，并对重锤重量、滑轮直径和施加电流等参数做了修改补充；

——增加了 3.5"三轮曲挠试验"和 3.6"扭绞试验"；

——第 4 章中分别用"IE4"、"空气"和"8.2"替代原文的"IE1"、"氧"和"8.3"。

本部分由中国电器工业协会提出。

本部分由全国电线电缆标准化技术委员会归口。

本部分负责起草单位：上海电缆研究所。

本部分主要起草人：金标义、刘旌平、曲文波。

本部分所代替标准的历次版本发布情况为：GB 5013.2—1997。

额定电压 450/750 V 及以下橡皮绝缘电缆
第 2 部分:试验方法

1 概述

1.1 范围

GB/T 5013 的本部分给出了 GB/T 5013 的所有部分规定的而没有包括在 GB/T 2951 中的试验方法。

1.2 规范性引用文件

下列文件中的条款通过 GB/T 5013 的本部分的引用而成为本部分的条款。凡是注日期的引用文件,其随后所有的修改单(不包括勘误的内容)或修订版均不适用于本部分,然而,鼓励根据本部分达成协议的各方研究是否可使用这些文件的最新版本。凡是不注日期的引用文件,其最新版本适用于本部分。

GB/T 131 产品几何技术规范(GPS)技术产品文件中表面结构的表示法(GB/T 131—2006,ISO 1302:2002,IDT)

GB/T 2951.1—1997 电缆绝缘和护套材料通用试验方法 第 1 部分:通用试验方法 第 1 节:厚度和外形尺寸测量——机械性能试验(idt IEC 60811-1-1:1993)

GB/T 2951.2—1997 电缆绝缘和护套材料通用试验方法 第 1 部分:通用试验方法 第 2 节:热老化试验方法(idt IEC 60811-1-2:1985)

GB/T 5013.1—2008 额定电压 450/750 V 及以下橡皮绝缘电缆 第 1 部分:一般要求(IEC 60245-1:2003,IDT)

GB/T 5013.3 额定电压 450/750 V 及以下橡皮绝缘电缆 第 3 部分:耐热硅橡胶绝缘电缆(GB/T 5013.3—2008,IEC 60245-3:1994,IDT)

GB/T 5013.4—2008 额定电压 450/750 V 及以下橡皮绝缘电缆 第 4 部分:软线和软电缆(IEC 60245-4:2004,IDT)

GB/T 5013.8—2006 额定电压 450/750 V 及以下橡皮绝缘电缆 第 8 部分:特软电线(IEC 60245-8:1998,IDT)

GB/T 18380.1 电缆在火焰条件下的燃烧试验 第 1 部分:单根绝缘电线或电缆的垂直燃烧试验方法(GB/T 18380.1—2001,IEC 60332-1:1993,IDT)

1.3 试验按频度分类

按 GB/T 5013.1—2008 中 2.2 定义,试验规定为型式试验(符号 T)和/或抽样试验(符号 S)。

符号 T 和 S 用在产品标准(GB/T 5013.3、GB/T 5013.4 等)的有关表格中。

1.4 取样

如果绝缘或护套采用压印凸字标志,取样时应包括该标志。

除非另有规定,对于多芯电缆,除 1.9 所规定的试验以外,应取不超过三芯试样(若分色,任取不同颜色)进行试验。

1.5 预处理

全部试验应在绝缘或护套硫化后至少存放 16 h 后才能进行。

1.6 试验温度

除非另有规定,试验应在环境温度下进行。

1.7 试验电压

除非另有规定,试验电压应是交流 49 Hz～61 Hz 的近似正弦波形,峰值与有效值之比等于$\sqrt{2}$(1±7%)。电压均为有效值。

1.8 颜色和标志的耐擦性检查

用浸过水的一团脱脂棉或一块棉布轻轻擦拭制造厂名或商标及绝缘线芯颜色或数字标志,共擦 10 次,检查是否符合要求。

1.9 绝缘厚度测量

1.9.1 步骤

绝缘厚度应按 GB/T 2951.1—1997 中 8.1 规定的方法测量。

应在至少相隔 1 m 的三处各取一段电缆试样。

五芯及以下的电缆,每一绝缘线芯均要检查。五芯以上的电缆,则检查任意五根绝缘线芯。

如果取出导体有困难,可放在拉力机上拉出,或将该段绝缘线芯浸入水银中,直至绝缘变得松弛,能把导体抽出。

1.9.2 试验结果评定

每一根绝缘线芯取三段绝缘试样,测得18个值的平均值(以 mm 表示),应计算到小数点后第二位,并按如下规定修约,然后将该值作为绝缘厚度的平均值。

计算时,如果第二位小数是 5 或大于 5,则第一位小数应加 1,例如 1.74 修约为 1.7,1.75 修约为 1.8。

所测全部数值的最小值应作为任一处绝缘的最小厚度。

本试验可以结合任何其他的厚度测量一起进行,例如 GB/T 5013.1—2008 中 5.2.4 规定的测量。

1.10 护套厚度测量

1.10.1 步骤

护套厚度应按 GB/T 2951.1—1997 中 8.2 规定的方法测量。

应在至少相隔 1 m 的三处各取一段电缆试样。

1.10.2 试验结果评定

从三段护套上测得的全部数值(以 mm 表示)的平均值应计算到小数点后第二位,并按如下规定修约,然后将该值作为护套厚度的平均值。

计算时,如果第二位小数是 5 或大于 5,则第一位小数应加 1,例如 1.74 修约为 1.7,1.75 修约为 1.8。

所测全部数值的最小值应作为任一处护套的最小厚度。

本试验可以结合任何其他的厚度测量,例如 GB/T 5013.1—2008 中 5.5.4 规定的测量一起进行。

1.11 外形尺寸和椭圆度的测量

按 1.9 或 1.10 规定取三段试样。

任何圆电缆的外径测量和宽边不超过 15 mm 的扁电缆的外形尺寸应按 GB/T 2951.1—1997 中 8.3 规定测量。

当扁电缆的宽边超过 15 mm 时,应使用千分尺、投影仪或类似仪器测量。

所测得数值的平均值作为平均外形尺寸。

圆形护套电缆椭圆度的检查,应在电缆同一横截面上两处测量。

1.12 未镀锡导体的锡焊试验

1.12.1 试验目的

本试验用于检验未镀锡导体和绝缘之间的隔离层是否有效。

用下述规定的焊锡槽方法检查是否符合标准要求。

1.12.2 试样的选择和试件制备

在电缆三点分别选取一段长度足够用于下述规定的弯曲试验的样品,并将每段样品的绝缘线芯小心地从所有其他组件上剥离。

将得到的每根绝缘线芯试样在直径为三倍线芯直径的心轴上卷绕三圈。

把试样退绕并拉直,然后再次卷绕,卷绕方式使第一次卷绕时被压缩的一面变为第二次卷绕时拉伸的一面。

对这样的操作周期再重复两次,即一个方向弯曲三次,另一个方向弯曲三次。

第三次弯曲后,把线芯拉直。对每个线芯试样从实际卷绕过的那部分取下长约 15 cm 的试件。

然后每个试件应在温度为 70℃±1℃ 的热空气烘箱中加速老化 240 h。

加速老化后,将试件置于环境温度下存放至少 16 h。

然后在每个试件的一端剥去 60 mm 长一段,用下述规定焊锡槽方法进行焊锡试验。

1.12.3 焊锡槽

焊锡槽的体积应足够大,以保证当导体进入焊锡槽时,焊锡的温度均匀一致。应有一个将焊锡温度保持在 270℃±10℃ 的装置。

焊锡槽的高度应至少为 75 mm。

为了防止焊锡槽对线芯的直接辐射,可用耐热材料制的穿孔板使其可见表面积尽可能减少。

焊锡的组分应是锡(在 59.5% 和 61.5% 之间)和铅。

杂质(与总质量的百分比)应不超过:

锑	0.50	锌	0.005
铋	0.25	铝	0.005
铜	0.08	其他	0.080
铁	0.02		

1.12.4 试验步骤

焊锡槽的表面应保持清洁光亮。

在环境温度下浸在盛有氯化锌溶液(ZnCl 占总质量的 10%)的酸洗池中 10 s 后,每个试件的裸露端头应沿其纵轴方向浸入焊锡槽中 50 mm 长。

浸入速度为 25 mm/s±5 mm/s。

浸锡时间为 5 s±0.5 s。

取出速度为 25 mm/s±5 mm/s。

一次浸入的开始与下一次浸入的开始之间的时间间隔为 10 s,共浸三次。

1.12.5 要求

导体的浸入部分应充分地镀上锡。

2 电气性能试验

2.1 导体电阻

导体电阻检查应在长度至少为 1 m 的电缆试样上对每根导体进行测量,并且还应测量每根电缆试样的长度。

若需要,可按下列公式换算到导体在 20℃,长度为 1 km 时的电阻:

$$R_{20} = R_t \frac{254.5}{234.5 + t} \times \frac{1\ 000}{L}$$

式中:

t——在测量时的试样温度,℃;

R_{20}——20℃时导体电阻,Ω/km;

R_t——t(℃)时，长度为 L(m)的电缆的导体电阻，Ω；

L——电缆试样长度(是成品试样的长度，而不是单根绝缘线芯或单线的长度)，m。

2.2 成品电缆电压试验

交货的成品电缆试样应浸入水中。试样长度、水温和浸水时间见 GB/T 5013.1—2008 表 3 的规定。

电压应依次施加在每一导体对连接在一起的所有其他导体和水以及中心金属芯(若有)之间。然后电压再施加在所有连接在一起的导体对水并连接中心金属芯(若有)之间。

施加电压和耐压时间应按 GB/T 5013.1—2008 表 3 中的各项规定。

2.3 绝缘线芯电压试验

该项试验适用于有护套或有编织的电缆。

试验应在一根 5 m 长的电缆试样上进行。应剥去护套或外编织层和任何其他覆盖层或填充物，而不损伤绝缘线芯。

绝缘线芯应按 GB/T 5013.1—2008 表 3 的规定浸于水中，电压施加在导体和水之间。

施加电压和耐压时间应按 GB/T 5013.1—2008 表 3 中的各项规定。

2.4 温度 90℃ 以上的绝缘电阻

本试验方法适用于导体最高允许温度 90℃ 以上的电缆或绝缘线芯。

本试验应在用作电压试验的同一试样上进行。

从被试电缆或线芯上切取一段 1.40 m 长的试样。在试样中央部分，在要包覆的屏蔽层外并应超过金属丝扎线的宽度包覆一层半导电层。

屏蔽层可以是金属编织或金属带，其包覆方式应使得有效测量长度为 1.0 m。

在有效测量长度的两端留出 1 mm 宽的间隙，在其半导电层上绑扎约 5 mm 宽的金属丝作为保护环。应除去间隙上的任何半导电材料。

然后将试样弯成直径约为 15D(D 为绝缘线芯的标称外径)但至少是 0.20 m 的圆圈。

试样应在规定试验温度的空气烘箱中持续 2 h。试样和空气烘箱的箱壁之间的净距应至少为 5 cm。

在导体和屏蔽之间施加 80 V～500 V 的电压后 1 min 测量绝缘电阻，保护金属丝环接地。该数值应换算成 1 km 长的数据。测得的电阻值应不小于产品标准规定的最小绝缘电阻值。

3 成品软电缆的机械强度试验

3.1 曲挠试验

3.1.1 概述

试验要求见 GB/T 5013.1—2008 中 5.6.3.1。

本试验不适用于导体标称截面积超过 4 mm² 的软电缆和超过 18 芯的具有两层以上同心层的电缆。

3.1.2 试验设备

试验应在图 1 所示的设备上进行，该设备由小车 C 及其传动系统和四个用于卷绕试样的滑轮组成，小车 C 支撑两个相同直径的滑轮 A 和 B。另两个固定的滑轮安放在设备的两端，其直径可以不同于滑轮 A 和 B，但四个滑轮应能使装在其间的电缆呈水平状态。小车应在大于 1 m 的行程上以约 0.33 m/s 的恒速作往返运动。

滑轮由金属制成，对于圆电缆滑轮上开有半圆形的凹槽，对于扁电缆滑轮上开有平底的凹槽。限位夹头 D 应安装成使小车始终在重锤所施加的拉力作用下进行移动。当一端的夹具与支撑座接触时，另一端的夹具与支撑座的距离最大不超过 5 cm。

传动系统应能使小车平稳地作往返运动。

3.1.3 试样准备

取一根约 5 m 长的软电缆试样,如图 1 所示在滑轮上将其拉紧,两端各挂一个重锤。重锤的质量及滑轮 A 和 B 的直径见表 1。

表 1 负重和滑轮直径

软 电 缆 型 号	芯数	标称截面积/ mm²	负重/ kg	滑轮直径[a]/ mm
编织软线	2 或 3	0.75	1.0	80
		1	1.0	80
		1.5	1.0	80
普通强度橡套软线及软电缆 普通型氯丁或其他相当的合成弹性体橡套软线及 软电缆 重型氯丁或其他相当的合成弹性体橡套软电缆	2~5	0.75	1.0	80
	2	1	1.0	120
		1.5	1.0	120
		2.5	1.5	120
		4	2.5	160
	3	1	1.0	120
		1.5	1.5	120
		2.5	2.0	160
		4	3.0	160
	4	1	1.5	120
		1.5	1.5	160
		2.5	2.5	160
		4	3.5	200
	5	1	1.5	120
		1.5	2.5	160
		2.5	3.0	160
		4	4.0	200
	7	1.5	3.5	160
		2.5	5.0	200
	12	1.5	5.0	200
		2.5	7.5	200
	18	1.5	7.5	200
		2.5	9.0	200

[a] 直径应在凹槽的最低点测量。

3.1.4 线芯负载电流

产生负载电流的电压可以是低电压或 230/400 V 的电压。

在曲挠试验过程中,试样的每根导体应负载表 2 规定的电流:

——二芯和三芯电缆,每根线芯都应加满负荷负载;

——四芯和五芯电缆,其中三芯应加满负荷负载,或所有线芯按下列公式加负载:

$$I_n = I_3 \sqrt{3/n}\,(\mathrm{A/mm^2})$$

式中:

n——芯数;

I_3——表 2 给出的满负荷负载。

超过五芯的电缆不应加负载电流。在不加负载的线芯上应加一个信号电流。

表 2　负载电流

导体标称截面积/mm²	电流/A
0.75	6
1	10
1.5	14
2.5	20
4	25

3.1.5　线芯之间的电压

对于二芯电缆,导体之间应施加 230 V 交流电压。对于所有其他三芯或三芯以上的电缆应在三根导体上施加约 400 V 的三相交流电压,而另外任何导体则连接到中性线上。应对三根相邻的线芯进行试验。如果是两层结构,应在外层进行试验。这同样应用于采用低压电流负载的系统。

3.1.6　故障检测(曲挠试验设备的结构)

当发生下述现象时,曲挠试验设备应能检测出并自动停止:

——电流断路;

——导体间短路;

——试样和滑轮间短路。

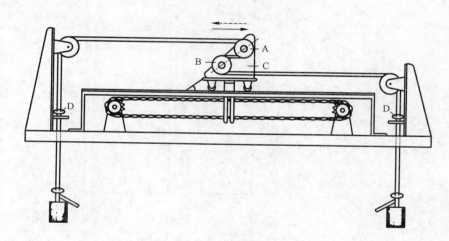

图 1　曲挠试验装置

3.2　静态曲挠试验

试验要求见 GB/T 5013.1—2008 中 5.6.3.2 的规定。

将一根长度为 3 m±0.05 m 的试样放在如图 2 所示的装置上进行试验。夹头 A 和 B 应放置在距地面至少 1.5 m 高的地方。

夹头 A 应固定,夹头 B 应能在夹头 A 的水平线上作水平移动。

应垂直夹住试样的两端(在试验期间应保持垂直),一端夹在夹头 A 上,另一端夹在可移动的夹头 B 上,两夹头之间距离 $l=0.20$ m。电缆装好后的大致形状如图 2 虚线所示。然后,使可移动的夹头 B 向离开固定夹头 A 的方向移动,直至电缆形状如图 2 实线所示的 U 形为止。即完全为通过夹头的两根铅垂线所包围,铅垂线与电缆的外形线相切。第一次试验后,使电缆在夹头处转 180°,进行第二次试验。

测量两根铅垂线之间的距离 l' 并取其两次测量的平均值。

如果试验结果不合格,对试样应进行预处理,即把试样绕在一根直径为电缆外径约 20 倍的轴上,然后松开,这样共重复 4 次,每次应将试样转动 90°。试样预处理后,应经受住上述试验,并应符合规定要求。

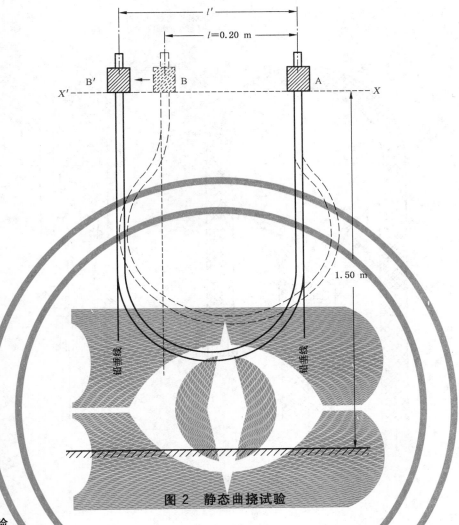

图 2　静态曲挠试验

3.3　耐磨试验

试验要求见 GB/T 5013.1—2008 中 5.6.3.3 的规定。

试验应在三对软电缆试样上进行,每个试样长约 1 m。

在每对试样中,一个试样应在槽底直径为 40 mm 的固定轮上约绕两圈,如图 3 所示,轮子的凸缘之间的距离使每圈试样彼此紧密接触即可。然后固定试样,防止电缆与轮子间有任何相对移动。

另一个试样应放在由上述两圈试样形成的槽中,在其一端悬挂 500 g 质量的重物。

试样另一端应在 0.10 m 距离内作上下运动,速度约为每分钟 40 次单程。

3.4　电梯电缆中心垫芯的抗张强度

试验要求见 GB/T 5013.1—2008 中 5.6.3.4。

从成品电缆上取一根 1 m 长的试样并称重。

剥去距试样两端 0.2 m 内的所有覆盖物并除去绝缘线芯,包括中心承力芯的中心垫芯应承受相当于 300 m 电缆质量的拉力。

拉力应施加 1 min。

可以使用一个自由悬挂的重锤或一个合适的能施加恒定拉力的拉力试验机。

3.5　三轮曲挠试验

3.5.1　试验方法

除对后续描述的试验装置作如下修改外,所有试验应按 3.1 的要求进行。

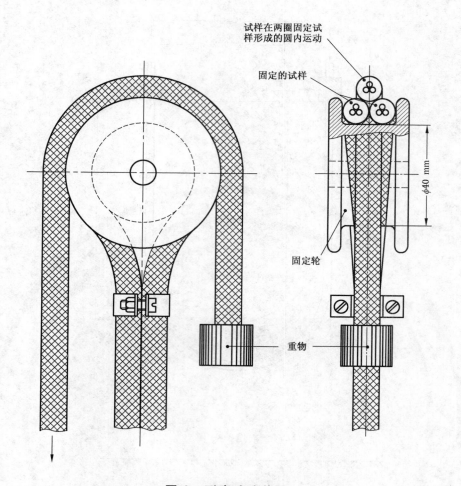

图 3　耐磨试验装置

a)　小车

3.1 中的设备的小车改成图 6 所示。

b)　滑轮

改动的小车 C 三个滑轮直径相同,滑轮直径按表 3 选择。

表 3　滑轮直径

电缆型号(芯数和导体标称截面积) No. ×mm²	滑轮直径/mm
2×0.75	40
2×1	40
3×0.75	40
2×1.5	45
3×1	45
3×1.5	50

c)　小车移动速度

改动的小车应具有约 0.1 m/s 的恒定速度。

d)　负重

3.1 中所述的加在导体上的负重应按 28 N/mm² 进行计算。

3.5.2 试验要求

在往复运动 1 000 次，即单向运动 2 000 次期间，导体不应发生断路，导体间不应发生短路，电缆和滑轮（试验设备）之间也不应发生短路。

试验后，应剥掉电缆护套。绝缘线芯按本部分 2.3 的规定进行电压试验，试验电压见 GB/T 5013.8。

3.6 扭绞试验

3.6.1 适用范围

本试验适用于二芯和三芯、导体截面积不超过 1.5 mm² 的有护套的软线。

3.6.2 试验设备

本试验应在一台拉力试验机或等效的设备上进行。

用两个夹具固定软线。上夹具应能上下移动。下夹具垂直悬挂不用固定，但应保证软线在试验过程中不发生扭转而导致扭距改变。具体见图 7。

3.6.3 试样

取约 1 m 长的试样。软线应按图 7 中位置 1（起始位置）所示扭转三次，然后固定在上下夹具间，两夹具的初始距离为 200 mm。两夹具间的软线总长约为 800 mm，如图 7 中的位置 2 所示。

该试验需四个试样，两个用作顺时针扭转，另两个用作逆时针扭转。

3.6.4 试验步骤

下夹具按表 4 的要求悬挂一个重物。

表 4 负载重量

导体标称截面积/mm²	电 缆 负 重	
	二芯 N	三芯 N
0.75	30	50
1	50	70
1.5	70	100

每根导体按表 5 加负载电流。电流应由低电压系统产生。

表 5 试验电流

导体标称截面积/mm²	试验电流/A
0.75	6
1	10
1.5	16

上夹具以每分钟九个周期的速度上下移动（一上一下为一个周期），每次移动距离（向上或向下）应为 650 mm。

当上夹具升到最高点时，下夹具上的重物应提起 50 mm 高（见图 7，位置 2）

每个试样应承受 3 000 次循环。

3.6.5 试验要求

在试验期间应不发生断路，导体间应不发生短路。

护套以及任何外护层（纺织物编织层）都应无损伤（无裂纹和撕裂）。纺织物编织层应无超过 2 mm 的裂口。

试验后，剥去护套和任何外护层，绝缘线芯按 2.3 的规定进行电压试验，试验电压见 GB/T 5013.8。

4 IE4 型绝缘橡皮混合物在空气烘箱和空气弹老化后的机械性能试验

4.1 概述

试验应按 GB/T 2951.1—1997 中 9.1 和 GB/T 2951.2—1997 中 8.1、8.2 的规定进行。

试验条件和试验要求见 GB/T 5013.1—2008 的表1。

4.2 取样和制备

从每一被试绝缘线芯上取一个试样作试验,其长度足以切取至少五个试件,经要求的老化处理后作拉力试验。

4.3 老化试验步骤

绝缘线芯试件带导体老化试验应按 GB/T 2951.2—1997 的8.1.3.2a)和8.3规定以管状或哑铃状试片进行试验。

如果预计经老化处理后导体和隔离层(若有)在不损伤绝缘条件下不能取出时,则允许在老化处理前抽出构成导体的约 30% 单线。

4.4 试件制备和拉力试验

老化时间结束后,立即从烘箱或空气弹中取出线芯试件,在环境温度下至少放置 16 h,避免日光直接照射。

试件应按 GB/T 2951.1—1997 中9.1规定制备。

制备哑铃试片时,面向导体的这一侧绝缘应削平或磨平,使该侧绝缘除去的材料最少而又足够光滑。

制备好的试片应按 GB/T 2951.1—1997 中9.1规定进行截面积测定、条件处理和拉力试验。

5 电梯电缆燃烧试验

试验要求见 GB/T 5013.1—2008 中5.6.3.5。

试验应按 GB/T 18380.1 规定进行。

试验前,电缆中不相邻的导体应串联连接。

在这样形成的两组线路中接入约 220 V 电压,并串联一只约 100 W/220 V 的灯泡。

在两组线路的另一端应接入一只约 10 W/220 V 的指示灯。

注:对于有多层绝缘线芯的电缆,不相邻线芯的串联连接应依次通过每一层,使得在每一层上相邻的绝缘线芯应尽可能地不在同一线路里。

在试验期间,指示灯应保持明亮。

典型的电气回路接线图如图4所示。

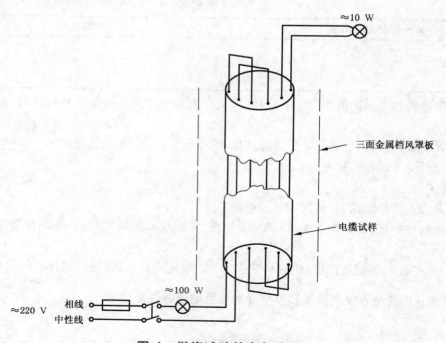

图4 燃烧试验的电气线路

6 纺纤编织层的耐热试验

6.1 概述

本试验适用于 GB/T 5013.8—2006 的第 2 章中 60245 IEC 89(RQEB)型编织电缆。

本试验是为了证明纺纤编织层具有足够的耐热性。

6.2 装置

6.2.1 带自然空气流通的电气加热箱。

6.2.2 如图 5 所示的铝块,表面光滑平整,表面光洁度符合 GB/T 131、粗糙度 $Ra50$、试件质量 1 000 g ±50 g。

6.2.3 钢制底板和带有导向杆的垂直侧板如图 5 所示。这样的设计可使铝块能在导向杆之间无阻碍地滑动,并且避免了任何的侧向倾斜。

6.2.4 计时器,如秒表。

6.3 试样

试样应是约 300 mm 长的一段成品软线。

6.4 制备

试样应校直并放在铝块中部,并尽可能靠近钢底板的中间纵轴位置,如图 5 所示。试样的一端伸出后部的引入孔约 100 mm。

应将符合 6.2.2 要求的铝块放在 6.2.1 所述的温度为 260℃±5℃的加热箱中至少 4 h。

6.5 试验步骤

把铝块从加热箱中取出立即放在试样上 60^{+3}_{0} s。接着从试样上移去铝块。

6.6 要求

试验要求见 GB/T 5013.1—2008 中 5.6.3.6 规定。

单位为毫米

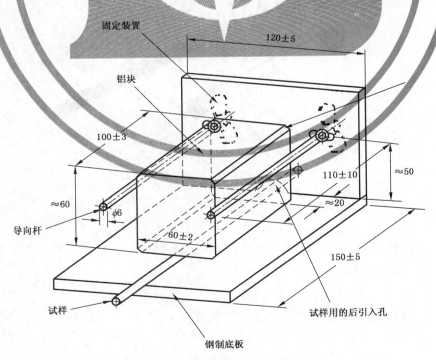

图 5 装配好的试验装置

图6 小车"C"

单位为毫米

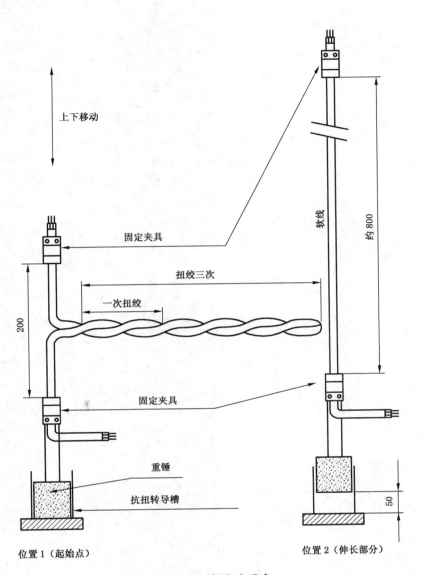

图 7　扭绞试验设备

ICS 29.060.20
K 13

中华人民共和国国家标准

GB/T 5013.3—2008/IEC 60245-3：1994
代替 GB 5013.3—1997

额定电压 450/750 V 及以下橡皮绝缘电缆 第 3 部分：耐热硅橡胶绝缘电缆

Rubber insulated cables of rated voltages up to and including 450/750 V—
Part 3：Heat resistant silicone insulated cables

(IEC 60245-3：1994，IDT)

2008-01-22 发布 2008-09-01 实施

中华人民共和国国家质量监督检验检疫总局
中国国家标准化管理委员会 发布

前　言

GB/T 5013《额定电压 450/750 V 及以下橡皮绝缘电缆》分为八个部分：

——第 1 部分：一般要求；

——第 2 部分：试验方法；

——第 3 部分：耐热硅橡胶绝缘电缆；

——第 4 部分：软线和软电缆；

——第 5 部分：电梯电缆；

——第 6 部分：电焊机电缆；

——第 7 部分：耐热乙烯-乙酸乙烯酯橡皮绝缘电缆；

——第 8 部分：特软电线。

本部分为 GB/T 5013 的第 3 部分。本部分等同采用 IEC 60245-3：1994《额定电压 450/750 V 及以下橡皮绝缘电缆　第 3 部分：耐热硅橡胶绝缘电缆》（英文版）及其修改单 Amendment1：1997（英文版）。

为便于使用，GB/T 5013 的本部分做了下列编辑性修改：

——用小数点"."代替作为小数点的逗号"，"；

——删除国际标准的前言。

本部分从实施之日起代替 GB 5013.3—1997。

本部分与 GB 5013.3—1997 相比主要变化如下：

——表 1 中增加了平均外径下限规定，并减小了平均外径上限数值。

本部分由中国电器工业协会提出。

本部分由全国电线电缆标准化技术委员会归口。

本部分负责起草单位：上海电缆研究所。

本部分参加起草单位：安徽华菱电缆集团有限公司、福建南平太阳电缆股份有限公司、昆明电缆股份有限公司、上海南洋电材有限公司、上海南洋电缆有限公司、天津金山电线电缆股份有限公司。

本部分主要起草人：金标义、胡光政、柯宗海、何文钧、黄德义、谭金凤、郑国俊。

本部分所代替标准的历次版本发布情况为：GB 5013.3—1997。

额定电压 450/750 V 及以下橡皮绝缘电缆

第 3 部分:耐热硅橡胶绝缘电缆

1 概述

1.1 范围

GB/T 5013 的本部分给出了额定电压 300/500 V 耐热硅橡胶绝缘电缆的技术要求。

每种电缆均应符合 GB/T 5013.1 规定的要求和本部分的特殊要求。

1.2 规范性引用文件

下列文件中的条款通过 GB/T 5013 的本部分的引用而成为本部分的条款。凡是注日期的引用文件,其随后所有的修改单(不包括勘误的内容)或修订版均不适用于本部分,然而,鼓励根据本部分达成协议的各方研究是否可使用这些文件的最新版本。凡是不注日期的引用文件,其最新版本适用于本部分。

GB/T 2951.1—1997 电缆绝缘和护套材料通用试验方法 第 1 部分:通用试验方法 第 1 节:厚度和外形尺寸测量——机械性能试验(idt IEC 60811-1-1:1993)

GB/T 2951.2—1997 电缆绝缘和护套材料通用试验方法 第 1 部分:通用试验方法 第 2 节:热老化试验方法(idt IEC 60811-1-2:1985)

GB/T 2951.5—1997 电缆绝缘和护套材料通用试验方法 第 2 部分:弹性体混合料专用试验方法 第 1 节:耐臭氧试验——热延伸试验——浸矿物油试验(idt IEC 60811-2-1:1986)

GB/T 3956 电缆的导体(GB/T 3956—1997,idt IEC 60228:1978)

GB/T 5013.1—2008 额定电压 450/750 V 及以下橡皮绝缘电缆 第 1 部分:一般要求(IEC 60245-1:2003,IDT)

GB/T 5013.2—2008 额定电压 450/750 V 及以下橡皮绝缘电缆 第 2 部分:试验方法(IEC 60245-2:1998,IDT)

2 导体最高温度为 180℃的耐热硅橡胶绝缘电缆

2.1 型号

60245 IEC 03(YG)。

2.2 额定电压

300/500 V。

2.3 结构

2.3.1 导体

芯数:一芯。

导体应符合 GB/T 3956 中第 5 种导体规定的要求。

单线可以不镀锡或镀锡,或镀一种除锡以外的金属,例如银。

2.3.2 隔离层

即使单线不镀锡或除锡以外的金属,在导体周围是否包一层由合适材料制成的隔离层可任选。

2.3.3 绝缘

绝缘应是单层挤包在导体上的 IE2 型硅橡胶混合物。

绝缘厚度应符合表1第2栏的规定值。

2.3.4 外编织层

绝缘线芯应包覆一层符合 GB/T 5013.1—2008 中 5.4.2 规定的经过处理的玻璃纤维编织层。

2.3.5 外径

平均外径应在表1第3栏和第4栏规定的范围内。

2.4 试验

应以表2规定的检测与试验检查是否符合2.3的要求。

2.5 使用导则

在正常使用时,导体最高温度为180℃。

注：其他导则正在考虑中。

表 1　60245 IEC 03（YG）型电缆的尺寸

导体标称截面积/mm²	绝缘厚度规定值/mm	平均外径/mm	
		下限	上限
0.5	0.6	2.6	3.3
0.75	0.6	2.8	3.5
1	0.6	2.9	3.7
1.5	0.7	3.4	4.2
2.5	0.8	4.0	5.0
4	0.8	4.5	5.6
6	0.8	5.0	6.2
10	1.0	6.2	7.8
16	1.0	7.3	9.1

表 2　60245 IEC 03（YG）型电缆的试验

1	2	3	4	
序号	试验项目	试验种类	试验方法	
			GB/T	条文号
1	电气性能试验			
1.1	导体电阻	T,S	5013.2—2008	2.1
1.2	2 000 V 电压试验	T,S	5013.2—2008	2.2
2	结构尺寸检查		5013.1 和 5013.2	
2.1	结构检查	T,S	5013.1	检查和手工试验
2.2	绝缘厚度测量	T,S	5013.2—2008	1.9
2.3	外径测量			
2.3.1	平均值	T,S	5013.2—2008	1.11
2.3.2	椭圆度	T,S	5013.2—2008	1.11
3	绝缘机械性能			
3.1	老化前拉力试验	T	2951.1—1997	9.1
3.2	空气烘箱老化后拉力试验	T	2951.2—1997	8.1.3.1
3.3	热延伸试验	T	2951.5—1997	9

ICS 29.060.20
K 13

中华人民共和国国家标准

GB/T 5013.4—2008/IEC 60245-4:2004
代替 GB 5013.4—1997

额定电压 450/750 V 及
以下橡皮绝缘电缆
第 4 部分：软线和软电缆

Rubber insulated cables of rated voltages up to
and including 450/750 V—
Part 4：Cords and flexible cables

(IEC 60245-4:2004,IDT)

2008-01-22 发布   2008-09-01 实施

中华人民共和国国家质量监督检验检疫总局   发 布
中国国家标准化管理委员会

前　言

GB/T 5013《额定电压 450/750 V 及以下橡皮绝缘电缆》分为八个部分：

——第 1 部分：一般要求；

——第 2 部分：试验方法；

——第 3 部分：耐热硅橡胶绝缘电缆；

——第 4 部分：软线和软电缆；

——第 5 部分：电梯电缆；

——第 6 部分：电焊机电缆；

——第 7 部分：耐热乙烯-乙酸乙烯酯橡皮绝缘电缆；

——第 8 部分：特软电线。

本部分为 GB/T 5013 的第 4 部分。本部分等同采用 IEC 60245-4:2004《额定电压 450/750 V 及以下橡皮绝缘电缆　第 4 部分：软线和软电缆》(英文版)。

为便于使用，GB/T 5013 的本部分做了下列编辑性修改：

——用小数点"."代替作为小数点的逗号","；

——删除国际标准的前言。

本部分从实施之日起代替 GB 5013.4—1997。

本部分与 GB 5013.4—1997 相比主要变化如下：

——第 2 章"编织软线"所有内容移至 GB/T 5013.8 中第 5 章"乙丙橡皮绝缘编织特软电线"；

——绝缘材料用"IE4"代替"IE1"；

——3.3.2、4.3.2、5.3.2、6.3.2"隔离层"中删除了"有关要求见 GB 5013.1—1997 的 5.1.3"；

——表 3、表 5、表 7 中减小了平均外径下限和上限数值，表 9 中修订了平均外径下限和上限规定；

——表 4、表 6、表 8 中 3.3"氧弹老化后拉力试验"替换成"空气弹老化后拉力试验"，并增加 3.5"耐臭氧试验"；

——5.3.4 中无论绝缘是否挤包，"刮胶带"都改为任选。

本部分由中国电器工业协会提出。

本部分由全国电线电缆标准化技术委员会归口。

本部分负责起草单位：上海电缆研究所。

本部分参加起草单位：安徽华菱电缆集团有限公司、福建南平太阳电缆股份有限公司、广东华声电器实业有限公司、青岛汉缆集团有限公司、上海南洋电材有限公司、无锡江南电缆有限公司。

本部分主要起草人：金标义、胡光政、柯宗海、朱巨涛、张立铭、黄德义、郑国俊。

本部分所代替标准的历次版本发布情况为：GB 3958—1983、GB 5013.2—1985、GB 5013.4—1997。

额定电压 450/750 V 及以下橡皮绝缘电缆
第 4 部分:软线和软电缆

1 概述

1.1 范围

GB/T 5013 的本部分给出了额定电压 450/750 V 及以下橡皮绝缘橡皮或氯丁或其他相当的合成弹性体护套软线和软电缆的技术要求。

每种电缆均应符合 GB/T 5013.1 规定的要求,并且每种型号电缆应各自符合本部分的特殊要求。

1.2 规范性引用文件

下列文件中的条款通过 GB/T 5013 的本部分的引用而成为本部分的条款。凡是注日期的引用文件,其随后所有的修改单(不包括勘误的内容)或修订版均不适用于本部分,然而,鼓励根据本部分达成协议的各方研究是否可使用这些文件的最新版本。凡是不注日期的引用文件,其最新版本适用于本部分。

GB/T 2951.1—1997 电缆绝缘和护套材料通用试验方法 第 1 部分:通用试验方法 第 1 节:厚度和外形尺寸测量——机械性能试验(idt IEC 60811-1-1:1993)

GB/T 2951.2—1997 电缆绝缘和护套材料通用试验方法 第 1 部分:通用试验方法 第 2 节:热老化试验方法(idt IEC 60811-1-2:1985)

GB/T 2951.4—1997 电缆绝缘和护套材料通用试验方法 第 1 部分:通用试验方法 第 4 节:低温试验(idt IEC 60811-1-2:1985)

GB/T 2951.5—1997 电缆绝缘和护套材料通用试验方法 第 2 部分:弹性体混合料专用试验方法 第 1 节:耐臭氧试验——热延伸试验——浸矿物油试验(idt IEC 60811-2-1:1986)

GB/T 3956 电缆的导体(GB/T 3956—1997,idt IEC 60228:1978)

GB/T 5013.1—2008 额定电压 450/750 V 及以下橡皮绝缘电缆 第 1 部分:一般要求(IEC 60245-1:2003,IDT)

GB/T 5013.2—2008 额定电压 450/750 V 及以下橡皮绝缘电缆 第 2 部分:试验方法(IEC 60245-2:1998,IDT)

GB/T 5013.8—2006 额定电压 450/750 V 及以下橡皮绝缘电缆 第 8 部分:特软电线(IEC 60245-8:1998,IDT)

2 编织软线

见 GB/T 5013.8—2006 第 5 章。

3 普通强度橡套软线

3.1 型号

60245 IEC 53(YZ)。

3.2 额定电压

300/500 V。

3.3 结构

3.3.1 导体

芯数:二芯、三芯、四芯或五芯。

导体应符合 GB/T 3956 第 5 种导体规定的要求,单线可以不镀锡或镀锡。

3.3.2 隔离层

可以在每根导体外面包覆一层由合适材料制成的隔离层。

3.3.3 绝缘

包覆在每根导体上的绝缘应是 IE4 型橡皮混合物。

绝缘应采用挤包。

绝缘厚度应符合表 3 第 2 栏的规定值。

3.3.4 绝缘线芯和填充(若有)绞合成缆

绝缘线芯应绞合在一起。

可以在成缆线芯中间放置填充。

3.3.5 护套

包覆在成缆线芯上的护套应是 SE3 型橡皮混合物。

护套厚度应符合表 3 第 3 栏的规定值。

护套应单层挤出,并应填满成缆线芯的间隙。

护套应能剥离而又不损伤绝缘线芯。

3.3.6 外径

平均外径应在表 3 第 4 栏和第 5 栏规定的范围内。

3.4 试验

应以表 4 规定的检测与试验检查是否符合 3.3 的要求。

3.5 使用导则

在正常使用时,导体最高温度为 60℃。

注:其他导则正在考虑中。

表 3　60245 IEC 53(YZ)型橡套软线尺寸

1	2	3	4	5
芯数及导体标称截面积/mm²	绝缘厚度规定值/mm	护套厚度规定值/mm	平均外径/mm	
			下限	上限
2×0.75	0.6	0.8	5.7	7.4
2×1	0.6	0.9	6.1	8.0
2×1.5	0.8	1.0	7.6	9.8
2×2.5	0.9	1.1	9.0	11.6
3×0.75	0.6	0.9	6.2	8.1
3×1	0.6	0.9	6.5	8.5
3×1.5	0.8	1.0	8.0	10.4
3×2.5	0.9	1.1	9.6	12.4
4×0.75	0.6	0.9	6.8	8.8
4×1	0.6	0.9	7.1	9.3
4×1.5	0.8	1.1	9.0	11.6
4×2.5	0.9	1.2	10.7	13.8
5×0.75	0.6	1.0	7.6	9.9
5×1	0.6	1.0	8.0	10.3
5×1.5	0.8	1.1	9.8	12.7
5×2.5	0.9	1.3	11.9	15.3
注:电缆的平均外形尺寸按 IEC 60719 进行计算。				

表 4　60245 IEC 53（YZ)型橡套软线试验

1	2	3	4	
序号	试验项目	试验种类	试验方法	
			GB/T	条文号
1	电气性能试验			
1.1	导体电阻	T,S	5013.2—2008	2.1
1.2	绝缘线芯按规定绝缘厚度的电压试验			
1.2.1	0.6 mm 及以下为 1 500 V	T	5013.2—2008	2.3
1.2.2	0.6 mm 以上为 2 000 V	T	5013.2—2008	2.3
1.3	成品电缆 2 000 V 电压试验	T,S	5013.2—2008	2.2
2	结构尺寸检查		5013.1、5013.2	
2.1	结构检查	T,S	5013.1	检查和手工试验
2.2	绝缘厚度测量	T,S	5013.2—2008	1.9
2.3	护套厚度测量	T,S	5013.2—2008	1.10
2.4	外径测量			
2.4.1	平均值	T,S	5013.2—2008	1.11
2.4.2	椭圆度	T,S	5013.2—2008	1.11
3	绝缘机械性能			
3.1	老化前拉力试验	T	2951.1—1997	9.1
3.2	空气烘箱老化后拉力试验	T	5013.2—2008	4
3.3	空气弹老化后拉力试验	T	2951.2—1997	8.2
3.4	热延伸试验	T	2951.5—1997	9
3.5	耐臭氧试验	T	2951.5—1997	8
4	护套机械性能			
4.1	老化前拉力试验	T	2951.1—1997	9.2
4.2	空气烘箱老化后拉力试验	T	2951.2—1997	8.1.3.1
4.3	热延伸试验	T	2951.5—1997	9
5	成品电缆机械强度试验			
5.1	曲挠试验及试验后的浸水电压试验			
	二芯成品电缆试验电压为 2 000 V	T	5013.2—2008	3.1 和 2.2
	对于二芯以上电缆：			
	绝缘厚度在 0.6 mm 及以下绝缘线芯试验电压为 1 500 V	T	5013.2—2008	3.1 和 2.3
	绝缘厚度大于 0.6 mm 绝缘线芯试验电压为 2 000 V	T	5013.2—2008	3.1 和 2.3

4　普通氯丁或其他相当的合成弹性体橡套软线

4.1　型号

60245 IEC 57（YZW)。

4.2　额定电压

300/500 V。

4.3　结构

4.3.1　导体

芯数：二芯、三芯、四芯或五芯。

导体应符合 GB/T 3956 第 5 种导体规定的要求。单线可以不镀锡或镀锡。

4.3.2 隔离层

可以在每根导体外面包覆一层由合适材料制成的隔离层。

4.3.3 绝缘

包覆在每根导体上的绝缘应是 IE4 型橡皮混合物。

绝缘应采用挤包。

绝缘厚度应符合表 5 第 2 栏的规定值。

4.3.4 绝缘线芯和填充(若有)绞合成缆

绝缘线芯应绞合在一起。

可以在成缆线芯中间放置填充。

4.3.5 护套

包覆在成缆线芯上的护套应是 SE4 型橡皮混合物。

护套厚度应符合表 5 第 3 栏的规定值。

护套应单层挤出,并应填满成缆线芯的间隙。

护套应能剥离而又不损伤绝缘线芯。

4.3.6 外径

平均外径应在表 5 第 4 栏和第 5 栏规定的范围内。

4.4 试验

应以表 6 规定的检测与试验检查是否符合 4.3 的要求。

4.5 使用导则

在正常使用时,导体最高温度为 60℃。

注:其他导则正在考虑中。

表 5 60245 IEC 57(YZW)型橡套软线尺寸

1	2	3	4	5
芯数及导体 标称截面积/mm²	绝缘厚度规定值/mm	护套厚度规定值/mm	平均外径/mm	
			下限	上限
2×0.75	0.6	0.8	5.7	7.4
2×1	0.6	0.9	6.1	8.0
2×1.5	0.8	1.0	7.6	9.8
2×2.5	0.9	1.1	9.0	11.6
3×0.75	0.6	0.9	6.2	8.1
3×1	0.6	0.9	6.5	8.5
3×1.5	0.8	1.0	8.0	10.4
3×2.5	0.9	1.1	9.6	12.4
4×0.75	0.6	0.9	6.8	8.8
4×1	0.6	0.9	7.1	9.3
4×1.5	0.8	1.1	9.0	11.6
4×2.5	0.9	1.2	10.7	13.8
5×0.75	0.6	1.0	7.6	9.9
5×1	0.6	1.0	8.0	10.3
5×1.5	0.8	1.1	9.8	12.7
5×2.5	0.9	1.3	11.9	15.3

注:电缆的平均外形尺寸按 IEC 60719 进行计算。

表 6　60245 IEC 57 (YZW)型橡套软线试验

1	2	3	4	
序号	试验项目	试验种类	试验方法	
			GB/T	条文号
1	电气性能试验			
1.1	导体电阻	T, S	5013.2—2008	2.1
1.2	绝缘线芯按规定绝缘厚度的电压试验			
1.2.1	0.6 mm 及以下为 1 500 V	T	5013.2—2008	2.3
1.2.2	0.6 mm 以上为 2 000 V	T	5013.2—2008	2.3
1.3	成品电缆 2 000 V 电压试验	T, S	5013.2—2008	2.2
2	结构尺寸检查		5013.1、5013.2	
2.1	结构检查	T, S	5013.1	检查和手工试验
2.2	绝缘厚度测量	T, S	5013.2—2008	1.9
2.3	护套厚度测量	T, S	5013.2—2008	1.10
2.4	外径测量			
2.4.1	平均值	T, S	5013.2—2008	1.11
2.4.2	椭圆度	T, S	5013.2—2008	1.11
3	绝缘机械性能			
3.1	老化前拉力试验	T	2951.1—1997	9.1
3.2	空气烘箱老化后拉力试验	T	5013.2—2008	4
3.3	空气弹老化后拉力试验	T	2951.2—1997	8.2
3.4	热延伸试验	T	2951.5—1997	9
3.5	耐臭氧试验	T	2951.5—1997	8
4	护套机械性能			
4.1	老化前拉力试验	T	2951.1—1997	9.2
4.2	空气烘箱老化后拉力试验	T	2951.2—1997	8.1.3.1
4.3	浸油后拉力试验	T	2951.5—1997	10
4.4	热延伸试验	T	2951.5—1997	9
5	成品电缆机械强度试验			
5.1	曲挠试验及试验后的浸水电压试验			
	二芯成品电缆试验电压为 2 000 V	T	5013.2—2008	3.1 和 2.2
	对于二芯以上电缆:			
	绝缘厚度在 0.6 mm 及以下绝缘线芯试验电压为 1 500 V	T	5013.2—2008	3.1 和 2.3
	绝缘厚度大于 0.6 mm 绝缘线芯试验电压为 2 000 V	T	5013.2—2008	3.1 和 2.3
6	低温试验			
6.1	护套弯曲试验	T	2951.4—1997	8.2

5　重型氯丁或其他相当的合成弹性体橡套软电缆

5.1　型号

60245 IEC 66 (YCW)。

5.2　额定电压

450/750 V。

5.3 结构

5.3.1 导体

芯数：一芯、二芯、三芯、四芯或五芯。

导体应符合 GB/T 3956 第 5 种导体规定的要求。单线可以不镀锡或镀锡。

5.3.2 隔离层

可以在每根导体外面包覆一层由合适材料制成的隔离层。

5.3.3 绝缘

包覆在每根导体上的绝缘应是 IE4 型橡皮混合物。

绝缘应采用挤包。

绝缘厚度应符合表 7 第 2 栏的规定值。

5.3.4 刮胶带

导体标称截面积超过 4 mm² 的绝缘线芯，可螺旋绕包一层任选的刮胶带，其搭盖应至少 1 mm。

刮胶带应粘附绝缘，但应能剥离而又不损伤绝缘。

5.3.5 绝缘线芯和填充（若有）绞合成缆

绝缘线芯应绞合在一起。

可以在成缆线芯中间放置填充。

若是大截面导体的绝缘线芯，则可在挤护套前在成缆线芯上绕包织物带，只要成品电缆绝缘线芯之间的外部间隙中没有任何实质性空隙。

5.3.6 护套

成缆线芯外面应包覆护套。

护套厚度应符合表 7 第 3、4 和 5 栏的规定值。

护套组成如下：

5.3.6.1 单芯电缆

护套应是单层的 SE4 型橡皮混合物。

5.3.6.2 多芯电缆

a) 截面积 10 mm² 及以下：

——护套是单层的 SE4 型橡皮混合物。

b) 截面积 10 mm² 以上：

——护套可以是单层的 SE4 型橡皮混合物；

——或是两层，内层是 SE3 型橡皮混合物，外层是 SE4 型橡皮混合物。

c) 护套挤入间隙：

在 a) 和 b) 的情况下，单层护套或双层护套的内层应填满成缆线芯之间的间隙。

护套应能剥离而又不损伤成缆线芯。

5.3.7 外径

平均外径应在表 7 第 6 栏和第 7 栏规定的范围内。

5.4 试验

应以表 8 规定的检测与试验检查是否符合 5.3 的要求。

低温试验应是针对导体标称截面积 16 mm² 及以下的电缆。

5.5 使用导则

在正常使用时，导体最高温度为 60℃。

注：其他导则正在考虑中。

表 7　60245 IEC 66（YCW）型橡套电缆的尺寸

1	2	3	4	5	6	7
		护套厚度规定值/mm			平均外径/mm	
芯数及导体标称截面积/mm²	绝缘厚度规定值/mm	单层	两层		下限	上限
			内层	外层		
1×1.5	0.8	1.4	—	—	5.7	7.1
1×2.5	0.9	1.4	—	—	6.3	7.9
1×4	1.0	1.5	—	—	7.2	9.0
1×6	1.0	1.6	—	—	7.9	9.8
1×10	1.2	1.8	—	—	9.5	11.9
1×16	1.2	1.9	—	—	10.8	13.4
1×25	1.4	2.0	—	—	12.7	15.8
1×35	1.4	2.2	—	—	14.3	17.9
1×50	1.6	2.4	—	—	16.5	20.6
1×70	1.6	2.6	—	—	18.6	23.3
1×95	1.8	2.8	—	—	20.8	26.0
1×120	1.8	3.0	—	—	22.8	28.6
1×150	2.0	3.2	—	—	25.2	31.4
1×185	2.2	3.4	—	—	27.6	34.4
1×240	2.4	3.5	—	—	30.6	38.3
1×300	2.6	3.6	—	—	33.5	41.9
1×400	2.8	3.8	—	—	37.4	46.8
2×1	0.8	1.3	—	—	7.7	10.0
2×1.5	0.8	1.5	—	—	8.5	11.0
2×2.5	0.9	1.7	—	—	10.2	13.1
2×4	1.0	1.8	—	—	11.8	15.1
2×6	1.0	2.0	—	—	13.1	16.8
2×10	1.2	3.1	—	—	17.7	22.6
2×16	1.2	3.3	1.3	2.0	20.2	25.7
2×25	1.4	3.6	1.4	2.2	24.3	30.7
3×1	0.8	1.4	—	—	8.3	10.7
3×1.5	0.8	1.6	—	—	9.2	11.9
3×2.5	0.9	1.8	—	—	10.9	14.0
3×4	1.0	1.9	—	—	12.7	16.2
3×6	1.0	2.1	—	—	14.1	18.0
3×10	1.2	3.3	—	—	19.1	24.2
3×16	1.2	3.5	1.4	2.1	21.8	27.6
3×25	1.4	3.8	1.5	2.3	26.1	33.0
3×35	1.4	4.1	1.6	2.5	29.3	37.1
3×50	1.6	4.5	1.8	2.7	34.1	42.9
3×70	1.6	4.8	1.9	2.9	38.4	48.3
3×95	1.8	5.3	2.1	3.2	43.3	54.0
4×1	0.8	1.5	—	—	9.2	11.9
4×1.5	0.8	1.7	—	—	10.2	13.1
4×2.5	0.9	1.9	—	—	12.1	15.5
4×4	1.0	2.0	—	—	14.0	17.9

表 7（续）

1	2	3	4	5	6	7
芯数及导体标称截面积/mm²	绝缘厚度规定值/mm	护套厚度规定值/mm			平均外径/mm	
		单层	两层		下限	上限
			内层	外层		
4×6	1.0	2.3	—	—	15.7	20.0
4×10	1.2	3.4	—	—	20.9	26.5
4×16	1.2	3.6	1.4	2.2	23.8	30.1
4×25	1.4	4.1	1.6	2.5	28.9	36.6
4×35	1.4	4.4	1.7	2.7	32.5	41.1
4×50	1.6	4.8	1.9	2.9	37.7	47.5
4×70	1.6	5.2	2.0	3.2	42.7	54.0
4×95	1.8	5.9	2.3	3.6	48.4	61.0
4×120	1.8	6.0	2.4	3.6	53.0	66.0
4×150	2.0	6.5	2.6	3.9	58.0	73.0
5×1	0.8	1.6	—	—	10.2	13.1
5×1.5	0.8	1.8	—	—	11.2	14.4
5×2.5	0.9	2.0	—	—	13.3	17.0
5×4	1.0	2.2	—	—	15.6	19.9
5×6	1.0	2.5	—	—	17.5	22.2
5×10	1.2	3.6	—	—	22.9	29.1
5×16	1.2	3.9	1.5	2.4	26.4	33.3
5×25	1.4	4.4	1.7	2.7	32.0	40.4

注：电缆的外形尺寸按 IEC 60719 进行计算。

表 8　60245 IEC 66（YCW）型橡套电缆的试验

1	2	3	4	
序号	试验项目	试验种类	试验方法	
			GB/T	条文号
1	电气性能试验			
1.1	导体电阻	T，S	5013.2—2008	2.1
1.2	绝缘线芯 2 500 V 电压试验	T	5013.2—2008	2.3
1.3	成品电缆 2 500 V 电压试验	T，S	5013.2—2008	2.2
2	结构尺寸检查		5013.1、5013.2	
2.1	结构检查	T，S	5013.1	检查和手工试验
2.2	绝缘厚度测量	T，S	5013.2—2008	1.9
2.3	护套厚度测量	T，S	5013.2—2008	1.10
2.4	外径测量			
2.4.1	平均值	T，S	5013.2—2008	1.11
2.4.2	椭圆度	T，S	5013.2—2008	1.11
3	绝缘机械性能			
3.1	老化前拉力试验	T	2951.1—1997	9.1
3.2	空气烘箱老化后拉力试验	T	5013.2—2008	4
3.3	空气弹老化后拉力试验	T	2951.2—1997	8.2
3.4	热延伸试验	T	2951.5—1997	9

表 8（续）

1	2	3	4	
			试验方法	
序号	试验项目	试验种类	GB/T	条文号
3.5	耐臭氧试验	T	2951.5—1997	8
4	护套机械性能			
4.1	老化前拉力试验	T	2951.1—1997	9.2
4.2	空气烘箱老化后拉力试验	T	2951.2—1997	8.1.3.1
4.3	浸油后拉力试验	T	2951.5—1997	10
4.4	热延伸试验	T	2951.5—1997	9
5	成品电缆机械强度试验			
5.1	曲挠试验及试验后的浸水电压试验			
	二芯及以下成品电缆试验电压为 2 000 V	T	5013.2—2008	3.1 和 2.2
	二芯以上电缆绝缘线芯试验电压为 2 000 V	T	5013.2—2008	3.1 和 2.3
6	低温试验（见 5.4）			
6.1	护套弯曲试验	T	2951.4—1997	8.2
6.2	护套伸长率试验[a]	T	2951.4—1997	8.4

[a] 仅适用于外径超过该试验方法规定的限值的电缆。

6 装饰性回路用氯丁橡胶或其他相当的合成弹性体橡套电缆

6.1 型号

圆电缆：60245 IEC 58（YS）；

扁电缆：60245 IEC 58f（YSB）。

6.2 额定电压

300/500 V。

6.3 结构

6.3.1 导体

芯数：一芯或二芯。

导体应符合 GB/T 3956 第 5 种导体规定的要求。单线可以不镀锡或镀锡。

6.3.2 隔离层

可以在每根导体外面包覆一层由合适材料制成的隔离层。

6.3.3 绝缘

包覆在每根导体上的绝缘应是 IE4 型橡皮混合物。

绝缘应采用挤包。

绝缘厚度应符合表 9 第 2 栏的规定值。

6.3.4 绝缘线芯成缆

二芯电缆的两根绝缘线芯应平行放置。两根导体中心之间的距离应符合表 9 第 3 栏和第 4 栏的平均值。

6.3.5 护套

包覆在成缆线芯上的护套应是 SE4 型橡皮混合物。

对于二芯扁电缆，护套应填满线芯之间的空隙形成填充。

护套厚度应符合表 9 第 5 栏的规定值。

护套应能剥离而又不损伤绝缘线芯。

护套优先选用的颜色是绿色和黑色。

6.3.6 外形尺寸

圆电缆的平均外径和扁电缆的平均外形尺寸应在表9第6栏和第7栏规定的范围内。

6.4 试验

应以表10规定的检测与试验检查是否符合6.3的要求。

对于6.3.5的要求,其试验程序一般按GB/T 5013.2—2008中1.11的规定,但测量值应是导体中心之间的距离。从三个样品上的测量值的平均值为平均距离。

6.5 使用导则

适用于室内和室外的装饰回路。

在正常使用时,导体最高温度为60℃。

表9 60245 IEC 58(YS)和58f(YSB)型电缆尺寸

1	2	3	4	5	6	7
芯数及导体标称截面积/mm²	绝缘厚度规定值/mm	导体中心间距/mm		护套厚度规定值/mm	平均外形尺寸/mm	
		平均下限	平均上限		下限	上限
1×0.75	0.8	—	—	0.8	4.1	5.2
1×1.5	0.8	—	—	0.8	4.5	5.6
2×1.5	0.8	6.7	7.0	0.8	5.0×13.0	6.0×14.0

注:电缆的平均外形尺寸按IEC 60719进行计算。

表10 60245 IEC 58(YS)和58f(YSB)型电缆的试验

1	2	3	4	
序号	试验项目	试验种类	试验方法	
			GB/T	条文号
1	电气性能试验			
1.1	导体电阻	T,S	5013.2—2008	2.1
1.2	绝缘线芯2 000 V电压试验	T	5013.2—2008	2.3
1.3	成品电缆2 000 V电压试验	T,S	5013.2—2008	2.2
2	结构尺寸检查		5013.1、5013.2	
2.1	结构检查	T,S	5013.1	检查和手工试验
2.2	绝缘厚度测量	T,S	5013.2—2008	1.9
2.3	护套厚度测量	T,S	5013.2—2008	1.10
2.4	外径测量			
2.4.1	平均值	T,S	5013.2—2008	1.11
2.4.2	椭圆度	T,S	5013.2—2008	1.11
2.5	导体中心间距	T,S	5013.2—2008 和本部分	1.11 6.4
3	绝缘机械性能			
3.1	老化前拉力试验	T	2951.1—1997	9.1
3.2	空气烘箱老化后拉力试验	T	5013.2—2008	4
3.3	空气弹老化后拉力试验	T	2951.2—1997	8.2
3.4	热延伸试验	T	2951.5—1997	9
3.5	耐臭氧试验	T	2951.5—1997	8

表 10（续）

1	2	3	4	
			试验方法	
序号	试验项目	试验种类	GB/T	条文号
4	护套机械性能			
4.1	老化前拉力试验	T	2951.1—1997	9.2
4.2	空气烘箱老化后拉力试验	T	2951.2—1997	8.1.3.1
4.3	浸油后拉力试验	T	2951.5—1997	10
4.4	热延伸试验	T	2951.5—1997	9
5	成品电缆机械强度试验			
5.1	曲挠试验及试验后的浸水 2 000 V 电压试验	T	5013.2—2008	3.1 和 2.2

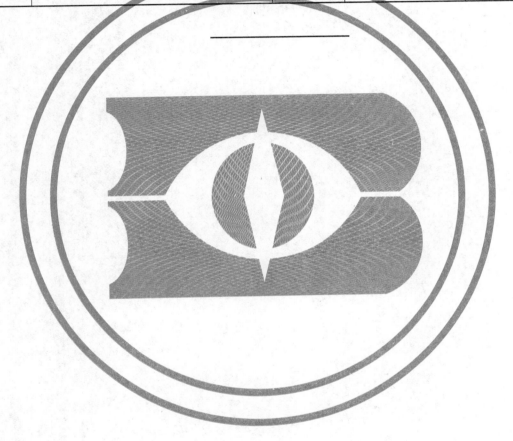

ICS 29.060.20
K 13

中华人民共和国国家标准

GB/T 5013.5—2008/IEC 60245-5:1994
代替 GB 5013.5—1997

额定电压450/750 V及以下橡皮绝缘电缆
第5部分:电梯电缆

Rubber insulated cables of rated voltages up to and including 450/750 V—
Part 5:Lift cables

(IEC 60245-5:1994,IDT)

2008-01-22 发布

2008-09-01 实施

中华人民共和国国家质量监督检验检疫总局
中国国家标准化管理委员会 发布

前　言

GB/T 5013《额定电压 450/750 V 及以下橡皮绝缘电缆》分为八个部分：

——第 1 部分：一般要求；

——第 2 部分：试验方法；

——第 3 部分：耐热硅橡胶绝缘电缆；

——第 4 部分：软线和软电缆；

——第 5 部分：电梯电缆；

——第 6 部分：电焊机电缆；

——第 7 部分：耐热乙烯-乙酸乙烯酯橡皮绝缘电缆；

——第 8 部分：特软电线。

本部分为 GB/T 5013 的第 5 部分。本部分等同采用 IEC 60245-5:1994《额定电压 450/750 V 及以下橡皮绝缘电缆　第 5 部分：电梯电缆》(英文版)及其修改单 Amendment1:2003(英文版)。

为便于使用，GB/T 5013 的本部分做了下列编辑性修改：

——用小数点"."替代作为小数点的逗号","；

——删除国际标准的前言。

本部分从实施之日起替代 GB/T 5013.5—1997。

本部分与 GB 5013.5—1997 相比主要变化如下：

——2.3.2"隔离层"中删除了"有关要求见 GB 5013.1—1997 的 5.1.3"；

——绝缘材料用"IE4"替换"IE1"；

——表 2 中 3.3 试验项目改为"空气弹老化后拉力试验"；

——表 2 中增加试验项目 3.5"耐臭氧试验"。

本部分由中国电器工业协会提出。

本部分由全国电线电缆标准化技术委员会归口。

本部分负责起草单位：上海电缆研究所。

本部分参加起草单位：安徽华菱电缆集团有限公司、福建南平太阳电缆股份有限公司、广东华声电器实业有限公司、江苏上上电缆集团、上海南洋电材有限公司、无锡江南电缆有限公司。

本部分主要起草人：金标义、胡光政、柯宗海、朱巨涛、谈建伟、黄德义、夏亚芳。

本部分所代替标准的历次版本发布情况为：GB 5013.4—1987、GB 5013.5—1997。

额定电压 450/750 V 及以下橡皮绝缘电缆
第 5 部分:电梯电缆

1 概述

1.1 范围

GB/T 5013 的本部分给出了额定电压 300/500 V 橡皮绝缘电梯电缆的技术要求。

每种电缆均应符合 GB/T 5013.1 规定的要求和本部分的特殊要求。

1.2 规范性引用文件

下列文件中的条款通过 GB/T 5013 的本部分的引用而成为本部分的条款。凡是注日期的引用文件,其随后所有的修改单(不包括勘误的内容)或修订版均不适用于本部分,然而,鼓励根据本部分达成协议的各方研究是否可使用这些文件的最新版本。凡是不注日期的引用文件,其最新版本适用于本部分。

GB/T 2951.1—1997 电缆绝缘和护套材料通用试验方法 第 1 部分:通用试验方法 第 1 节:厚度和外形尺寸测量——机械性能试验(idt IEC 60811-1-1:1993)

GB/T 2951.2—1997 电缆绝缘和护套材料通用试验方法 第 1 部分:通用试验方法 第 2 节:热老化试验方法(idt IEC 60811-1-2:1985)

GB/T 2951.5—1997 电缆绝缘和护套材料通用试验方法 第 2 部分:弹性体混合料专用试验方法 第 1 节:耐臭氧试验——热延伸试验——浸矿物油试验(idt IEC 60811-2-1:1986)

GB/T 3956 电缆的导体(GB/T 3956—1997,idt IEC 60228:1978)

GB/T 5013.1—2008 额定电压 450/750 V 及以下橡皮绝缘电缆 第 1 部分:一般要求(IEC 60245-1:2003,IDT)

GB/T 5013.2—2008 额定电压 450/750 V 及以下橡皮绝缘电缆 第 2 部分:试验方法(IEC 60245-2:1998,IDT)

2 一般用途的编织、高强度橡皮、氯丁或其他相当的合成弹性体橡套电梯电缆[1]

2.1 型号

编织电梯电缆: 60245 IEC 70(YTB);

高强度橡套电梯电缆: 60245 IEC 74(YT);

氯丁或其他相当的合成弹性体橡套电梯电缆:60245 IEC 75(YTF)。

2.2 额定电压

300/500 V。

2.3 结构

2.3.1 导体

芯数:6、9、12、18、24 或 30 芯[2]。

导体应符合 GB/T 3956 中第 5 种导体规定的要求,但导体在 20 ℃时的最大电阻值应增加 5%。单线可以不镀锡或镀锡。

2.3.2 隔离层

可以在每根导体外面包覆一层由合适材料制成的隔离层。

---

1) 高速电梯电缆或高层建筑用电梯电缆的标准正在考虑中。

2) 并不排除含有其他芯数或更多芯数的电缆结构。

2.3.3 绝缘

挤包在每根导体上的绝缘应是 IE4 型橡皮混合物。

绝缘厚度应符合表 1 第 2 栏的规定值。

2.3.4 绝缘线芯保护层

可以在每根绝缘线芯外面任选包覆一层织物编织层或相当的保护覆盖层。

2.3.5 中心垫芯

如果电梯电缆的中心垫芯包含承受拉力的元件，它应具有足够的抗拉强度。

2.3.6 绝缘线芯、中心垫芯和填充物（若有）的成缆

绝缘线芯和任选的填充物应绞合在中心垫芯周围。

填充物（若有）应由干棉纱或其他合适的纤维材料组成。

中心垫芯应由大麻、黄麻或类似材料组成。它可能有承力元件；如果中心垫芯是由金属材料构成，则应用非导电材料包覆。

包覆层的目的是防止由于金属承力元件断丝而损伤绝缘线芯。

制造厂应说明电缆是否有承力元件。

对于 6、9 和 12 芯的电缆，线芯应成缆为一层；对于 12 芯以上的电缆，线芯应成缆为一层或两层。成缆的横截面应实际上呈圆形。

绝缘线芯识别应按 GB/T 5013.1—2008 中的 4.1 或 4.2。

2.3.7 外覆盖层

2.3.7.1 编织电梯电缆

绝缘线芯应任选包覆一层内织物编织层或包带层，以及包覆一层外织物编织层。

内织物编织层（若有）应采用棉纱或类似材料。

用织物胶布带或类似的带子，螺旋绕包包扎，绕包搭盖至少为 1 mm。

外编织层应由合适的织物材料组成。

对于防潮和阻燃的编织电梯电缆，外层编织后应浸透防潮和阻燃料。

制造厂应说明电梯电缆是否阻燃。

2.3.7.2 高强度橡皮、氯丁或其他相当的合成弹性体橡套电梯电缆

绝缘线芯成缆后应螺旋绕包扎带或包覆内编织层以及包覆护套。

螺旋绕包用扎带应是棉纱或类似材料的带子。

内编织层应用织物材料或类似材料。

护套应是：

60245 IEC 74（YT）用 SE3 型橡皮混合物；

60245 IEC 75（YTF）用 SE4 型橡皮混合物。

氯丁或其他相当的合成弹性体橡套电缆应是阻燃的。

护套厚度应符合表 1 第 3 栏的规定值。

2.3.8 外径

这些电缆的外径不作规定。

2.4 试验

应以表 2 规定的检测与试验检查是否符合 2.3 的要求。

2.5 使用导则

在正常使用时，导体最高温度为 60℃。

注：其他导则正在考虑中。

表 1 60245 IEC 70（YTB）、60245 IEC 74（YT）和 60245 IEC 75（YTF）型电缆的结构尺寸

芯数与导体标称截面积[a]/mm²	绝缘厚度规定值[b]/mm	护套厚度规定值/mm
（6×0.75）	0.8	1.5
6×1	0.8	1.5
（9×0.75）	0.8	2.0
9×1	0.8	2.0
（12×0.75）	0.8	2.0
12×1	0.8	2.0
（18×0.75）	0.8	2.0
18×1	0.8	2.0
（24×0.75）	0.8	2.5
24×1	0.8	2.5
（30×0.75）	0.8	2.5
30×1	0.8	2.5

[a] 有括号的为非优先芯数与导体截面积；这个问题正在考虑中。

[b] 如果绝缘线芯外面包覆了一层织物编织层或相当的保护层，则 0.75 mm² 绝缘线芯的绝缘厚度可减薄到 0.6 mm。

表 2 60245 IEC 70（YTB）、60245 IEC 74（YT）和 60245 IEC 75（YTF）型电缆的试验

1	2	3	4	
			试验方法	
序号	试验项目	试验种类	GB/T	条文号
1	电气性能试验			
1.1	导体电阻	T,S	5013.2—2008	2.1
1.2	绝缘线芯按规定绝缘厚度的电压试验			
1.2.1	0.6 mm 为 1 500 V	T	5013.2—2008	2.3
1.2.2	0.6 mm 以上为 2 000 V	T	5013.2—2008	2.2
1.3	成品电缆 2 000 V 电压试验	T,S	5013.2—2008	2.2
2	结构尺寸检查		5013.1、5013.2	
2.1	结构检查	T,S	5013.1	检查和手工试验
2.2	绝缘厚度测量	T,S	5013.2—2008	1.9
2.3	护套厚度测量	T,S	5013.2—2008	1.10
3	绝缘机械性能			
3.1	老化前拉力试验	T	2951.1—1997	9.1
3.2	空气烘箱老化后拉力试验	T	5013.2—2008	4
3.3	空气弹老化后拉力试验	T	2951.2—1997	8.2
3.4	热延伸试验	T	2951.5—1997	9
3.5	耐臭氧试验	T	2951.5—1997	8
4	护套机械性能			
4.1	老化前拉力试验	T	2951.1—1997	9.2
4.2	空气烘箱老化后拉力试验	T	2951.2—1997	8.1.3.1
4.3	浸油后拉力试验[a]	T	2951.5—1997	10
4.4	热延伸试验	T	2951.5—1997	9
5	成品电缆机械强度			
5.1	具有承力元件的中心垫芯抗张强度	T	5013.2—2008	3.4
5.2	静态曲挠试验	T	5013.2—2008	3.2

表 2（续）

1	2	3	4	
			试验方法	
序号	试验项目	试验种类	GB/T	条文号
5.3	阻燃性试验[b]	T	5013.2—2008	5
5.4	耐磨损试验[c]	T	5013.2—2008	3.3
5.5	大长度悬环试验	T	正在考虑中	

[a] 只适用于 60245 IEC 75（YTF）型电缆。

[b] 适用于 60245 IEC 75（YTF）型和有阻燃编织层的 60245 IEC 70（YTB）型电缆。

[c] 只适用于 60245 IEC 70（YTB）型电缆。

ICS 29.060.20
K 13

中华人民共和国国家标准

GB/T 5013.6—2008/IEC 60245-6：1994
代替 GB 5013.6—1997

额定电压 450/750 V 及以下橡皮绝缘电缆 第 6 部分：电焊机电缆

Rubber insulated cables of rated voltages up to and including 450/750 V—
Part 6：Arc welding electrode cables

(IEC 60245-6：1994，IDT)

2008-01-22 发布   2008-09-01 实施

中华人民共和国国家质量监督检验检疫总局
中国国家标准化管理委员会   发布

前　言

GB/T 5013《额定电压450/750 V及以下橡皮绝缘电缆》分为八个部分：

——第1部分：一般要求；

——第2部分：试验方法；

——第3部分：耐热硅橡胶绝缘电缆；

——第4部分：软线和软电缆；

——第5部分：电梯电缆；

——第6部分：电焊机电缆；

——第7部分：耐热乙烯-乙酸乙烯酯橡皮绝缘电缆；

——第8部分：特软电线。

本部分为GB/T 5013的第6部分。本部分等同采用IEC 60245-6：1994《额定电压450/750 V及以下橡皮绝缘电缆　第6部分：电焊机电缆》(英文版)及其修改单 Amendment1：1997，Amendment2：2003(英文版)。

为便于使用，GB/T 5013的本部分做了下列编辑性修改：

——用小数点"."代替作为小数点的逗号"，"；

——删除国际标准的前言。

本部分从实施之日起代替GB/T 5013.6—1997。

本部分与GB 5013.6—1997相比主要变化如下：

——绝缘材料用"IE4"代替"IE1"；

——表1中减小了平均外径下限和上限数值，并增加脚注2"覆盖层厚度测量应按GB/T 5013.1—2008中5.5.3的规定"；

——表2中3.3"氧弹老化后拉力试验"替换成"空气弹老化后拉力试验"，并增加3.5"耐臭氧试验"。

本部分由中国电器工业协会提出。

本部分由全国电线电缆标准化技术委员会归口。

本部分负责起草单位：上海电缆研究所。

本部分参加起草单位：广东华声电器实业有限公司、江苏上上电缆集团、昆明电缆股份有限公司、青岛汉缆集团有限公司、上海南洋电缆有限公司、无锡江南电缆有限公司。

本部分主要起草人：金标义、朱巨涛、谈建伟、何文钧、张立铭、谭金凤、夏亚芳。

本部分所代替标准的历次版本发布情况为：GB 5013.3—1985、GB 5013.6—1997。

额定电压 450/750 V 及以下橡皮绝缘
电缆　第 6 部分:电焊机电缆

1　概述

1.1　范围

GB/T 5013 的本部分给出了橡皮绝缘电焊机电缆的技术要求。

每种电缆均应符合 GB/T 5013.1 规定的要求和本部分的特殊要求。

1.2　规范性引用文件

下列文件中的条款通过 GB/T 5013 的本部分的引用而成为本部分的条款。凡是注日期的引用文件,其随后所有的修改单(不包括勘误的内容)或修订版均不适用于本部分,然而,鼓励根据本部分达成协议的各方研究是否可使用这些文件的最新版本。凡是不注日期的引用文件,其最新版本适用于本部分。

GB/T 2951.1—1997　电缆绝缘和护套材料通用试验方法　第 1 部分:通用试验方法　第 1 节:厚度和外形尺寸测量——机械性能试验(idt IEC 60811-1-1:1993)

GB/T 2951.2—1997　电缆绝缘和护套材料通用试验方法　第 1 部分:通用试验方法　第 2 节:热老化试验方法(idt IEC 60811-1-2:1985)

GB/T 2951.5—1997　电缆绝缘和护套材料通用试验方法　第 2 部分:弹性体混合料专用试验方法　第 1 节:耐臭氧试验——热延伸试验——浸矿物油试验(idt IEC 60811-2-1:1986)

GB/T 5013.1—2008　额定电压 450/750 V 及以下橡皮绝缘电缆　第 1 部分:一般要求(IEC 60245-1:2003,IDT)

GB/T 5013.2—2008　额定电压 450/750 V 及以下橡皮绝缘电缆　第 2 部分:试验方法(IEC 60245-2:1998,IDT)

2　电焊机电缆

2.1　型号

橡套电焊机电缆:　　　　　　　　　　　　　　　60245 IEC 81(YH);

氯丁或其他相当的合成弹性体橡套电焊机电缆:　　60245 IEC 82(YHF)。

2.2　额定电压

由于这种类型的电缆专用于焊接,故额定电压不作规定。

2.3　结构

2.3.1　导体

芯数:一芯。

导体应符合表 1 第 2 栏的要求。

单线可以不镀锡或镀锡。

2.3.2　隔离层

在导体周围应外加一层由合适材料制成的隔离层。

2.3.3　覆盖层

导体和隔离层应由下列中的一种覆盖层保护。

2.3.3.1　抗张强度最小为 12 MPa 的 SE3 型橡胶混合物挤包覆盖层,构成绝缘兼护套,其厚度应符合表 1 第 3 栏的规定值。

2.3.3.2 SE4 型氯丁或其他相当的合成弹性体混合物挤包覆盖层，构成绝缘兼护套，其厚度应符合表 1 第 3 栏的规定值。

2.3.3.3 由一层 IE4 型橡皮混合物挤包绝缘、一层任选的织物带和一层 SE4 型氯丁或其他相当的合成弹性体混合物挤包护套组成的复合覆盖层，其总厚度应符合表 1 第 3 栏的规定值；复合覆盖层中的护套厚度应符合表 1 第 4 栏的规定值；如果绝缘不是挤包，则应至少由两层组成。

2.3.4 外径

平均外径应在表 1 第 5 栏和第 6 栏规定的范围内。

2.4 试验

应以表 2 规定的检测与试验检查是否符合 2.3 的要求。

2.5 使用导则

正在考虑中。

表 1 60245 IEC 81（YH）和 60245 IEC 82（YHF）型电缆综合数据

1	2	3	4	5	6	7	8
导体标称截面积/mm²	导体中单线最大直径/mm	覆盖层[b] 总厚度规定值/mm	复合覆盖层[b] 中的护套厚度[a] 规定值/mm	平均外径/mm		20℃时导体最大电阻/Ω·km	
				下限	上限	单线镀锡	单线未镀锡
16	0.21	2.0	1.3	8.8	11.0	1.19	1.16
25	0.21	2.0	1.3	10.1	12.7	0.780	0.758
35	0.21	2.0	1.3	11.4	14.2	0.552	0.536
50	0.21	2.2	1.5	13.2	16.5	0.390	0.379
70	0.21	2.4	1.6	15.3	19.2	0.276	0.268
95	0.21	2.6	1.7	17.1	21.4	0.204	0.198

[a] 复合覆盖层的绝缘厚度不单独测量。

[b] 厚度测量应按 GB/T 5013.1—2008 中 5.5.3 的规定。

表 2 60245 IEC 81（YH）和 60245 IEC 82（YHF）型电缆的试验

1	2	3	4	
序号	试验项目	试验种类	试验方法	
			GB/T	条文号
1	电气性能试验			
1.1	导体电阻	T,S	5013.2—2008	2.1
1.2	成品电缆 1 000 V 电压试验	T,S	5013.2—2008	2.2
2	结构尺寸检查		5013.1、5013.2	
2.1	结构检查	T,S	5013.1	检查和手工试验
2.2	覆盖层厚度测量	T,S	5013.2—2008	1.9
2.3	外径测量			
2.3.1	平均值	T,S	5013.2—2008	1.11
2.3.2	椭圆度	T,S	5013.2—2008	1.11
3	绝缘机械性能[a]			
3.1	老化前拉力试验	T	2951.1—1997	9.1
3.2	空气烘箱老化后拉力试验	T	5013.2—2008	4
3.3	空气弹老化后拉力试验	T	2951.2—1997	8.2
3.4	热延伸试验	T	2951.5—1997	9
3.5	耐臭氧试验	T	2951.5—1997	8
4	覆盖层或复合覆盖层中的护套机械性能			

表 2（续）

1	2	3	4	
序号	试验项目	试验种类	试验方法	
			GB/T	条文号
4.1	老化前拉力试验	T	2951.1—1997	9.2
4.2	空气烘箱老化后拉力试验	T	2951.2—1997	8.1.3.1
4.3	浸油后拉力试验b	T	2951.5—1997	10
4.4	撕裂试验	T	正在考虑中	
4.5	热延伸试验	T	2951.5—1997	9
5	成品电缆机械强度			
5.1	静态曲挠试验	T	5013.2—2008	3.2

a 只适用于复合覆盖层中有 IE4 型橡皮混合物作为单独绝缘层的电缆。

b 只适用于 60245 IEC 82（YHF）型电缆。

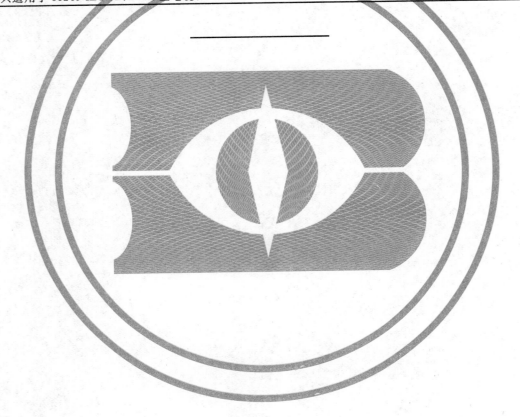

ICS 29.060.20
K 13

中华人民共和国国家标准

GB/T 5013.7—2008/IEC 60245-7:1994
代替 GB 5013.7—1997

额定电压 450/750 V 及以下
橡皮绝缘电缆
第 7 部分：耐热乙烯-乙酸乙烯酯
橡皮绝缘电缆

Rubber insulated cables of rated voltages up to and including 450/750 V—
Part 7：Heat resistant ethylene-vinyl acetate rubber insulated cables

(IEC 60245-7:1994,IDT)

2008-01-22 发布　　　　　　　　　　　　　2008-09-01 实施

中华人民共和国国家质量监督检验检疫总局
中国国家标准化管理委员会　发布

前　言

GB/T 5013《额定电压 450/750 V 及以下橡皮绝缘电缆》分为八个部分：

——第 1 部分：一般要求；

——第 2 部分：试验方法；

——第 3 部分：耐热硅橡胶绝缘电缆；

——第 4 部分：软线和软电缆；

——第 5 部分：电梯电缆；

——第 6 部分：电焊机电缆；

——第 7 部分：耐热乙烯-乙酸乙烯酯橡皮绝缘电缆；

——第 8 部分：特软电线。

本部分为 GB/T 5013 的第 7 部分。本部分等同采用 IEC 60245-7:1994《额定电压 450/750 V 及以下橡皮绝缘电缆　第 7 部分：耐热乙烯-乙酸乙烯酯橡皮绝缘电缆》(英文版)及其修改单 Amendment1：1997(英文版)。

为便于使用，GB/T 5013 的本部分做了下列编辑性修改：

——用小数点"."代替作为小数点的逗号"，"；

——删除国际标准的前言。

本部分对 IEC 原文 2.3.4 和 3.3.4 对应的编辑性错误进行了更正。

本部分从实施之日起代替 GB 5013.7—1997。

本部分与 GB 5013.7—1997 相比主要变化如下：

——表 1 和表 3 中增加了平均外径下限规定，并修改了平均外径上限数值。

本部分由中国电器工业协会提出。

本部分由全国电线电缆标准化技术委员会归口。

本部分负责起草单位：上海电缆研究所。

本部分参加起草单位：江苏上上电缆集团、昆明电缆股份有限公司、青岛汉缆集团有限公司、上海南洋电缆有限公司、天津金山电线电缆股份有限公司、无锡江南电缆有限公司。

本部分主要起草人：金标义、谈建伟、何文钧、张立铭、谭金凤、郑国俊、夏亚芳。

本部分所代替标准的历次版本发布情况为：GB 5013.7—1997。

额定电压 450/750 V 及以下
橡皮绝缘电缆
第 7 部分:耐热乙烯-乙酸乙烯酯
橡皮绝缘电缆

1 概述

1.1 范围

GB/T 5013 的本部分给出了额定电压 450/750 V 及以下乙烯-乙酸乙烯酯橡皮绝缘电缆的技术要求。

每种电缆均应符合 GB/T 5013.1 规定的要求和本部分的特殊要求。

1.2 规范性引用文件

下列文件中的条款通过 GB/T 5013 的本部分的引用而成为本部分的条款。凡是注日期的引用文件,其随后所有的修改单(不包括勘误的内容)或修订版均不适用于本部分,然而,鼓励根据本部分达成协议的各方研究是否可使用这些文件的最新版本。凡是不注日期的引用文件,其最新版本适用于本部分。

GB/T 2951.1—1997 电缆绝缘和护套材料通用试验方法 第 1 部分:通用试验方法 第 1 节:厚度和外形尺寸测量——机械性能试验(idt IEC 60811-1-1:1993)

GB/T 2951.2—1997 电缆绝缘和护套材料通用试验方法 第 1 部分:通用试验方法 第 2 节:热老化试验方法(idt IEC 60811-1-2:1985)

GB/T 2951.5—1997 电缆绝缘和护套材料通用试验方法 第 2 部分:弹性体混合料专用试验方法 第 1 节:耐臭氧试验——热延伸试验——浸矿物油试验(idt IEC 60811-2-1:1986)

GB/T 2951.6—1997 电缆绝缘和护套材料试验方法 第 3 部分:聚氯乙烯混合料专用试验方法 第 1 节:高温压力试验-抗开裂试验(idt IEC 60811-3-1:1985)

GB/T 3956 电缆的导体(GB/T 3956—1997,idt IEC 60228:1978)

GB/T 5013.1—2008 额定电压 450/750 V 及以下橡皮绝缘电缆 第 1 部分:一般要求(IEC 60245-1:2003,IDT)

GB/T 5013.2—2008 额定电压 450/750 V 及以下橡皮绝缘电缆 第 2 部分:试验方法(IEC 60245-2:1998,IDT)

2 导体最高温度为 110℃ 的耐热乙烯-乙酸乙烯酯橡皮或其他相当的合成弹性体绝缘、单芯、无护套 750 V 电缆

2.1 型号

实心或绞合导体: 60245 IEC 04(YYY);

软导体: 60245 IEC 05(YRYY)。

2.2 额定电压

450/750 V。

2.3 结构

2.3.1 导体

芯数:一芯。

导体应符合 GB/T 3956 的要求:

实心导体为第 1 种；

绞合导体为第 2 种；

软导体为第 5 种。

单线可以不镀锡或镀锡。

2.3.2 隔离层

如果导体不镀锡,应在导体周围外加一层由合适材料制成的隔离层;如果导体镀锡,则是否使用隔离层可任选。

2.3.3 绝缘

导体外面的绝缘应是 IE3 型橡皮混合物。绝缘厚度应符合表 1 第 3 栏的规定值。绝缘电阻应不小于表 1 第 5 栏的规定值。

2.3.4 外径

平均外径应不超过表 1 第 4 栏和第 5 栏规定的上、下限。

2.3.5 标志

除应符合 GB/T 5013.1—2008 中 3.1 的一般要求外,这类电缆还应有型号或导体最高温度标志。

2.4 试验

应以表 2 规定的检测与试验,检查是否符合 2.3 的要求。

2.5 使用导则

正常使用时,导体最高温度为 110℃。

这类电缆预定用于工作在高温区的电气设备内部接线。

表 1 60245 IEC 04(YYY)和 60245 IEC 05(YRYY)型电缆综合数据

1	2	3	4	5	6
导体标称截面积/ mm²	GB/T 3956 中的导体种类	绝缘厚度规定值/ mm	平均外径/mm		110℃空气中的 最小绝缘电阻[a]/ (MΩ·km)
			下限	上限	
0.5	1	0.8	2.3	2.9	0.018
0.75	1	0.8	2.4	3.1	0.016
1	1	0.8	2.6	3.2	0.014
1.5	1	0.8	2.8	3.5	0.012
2.5	1	0.9	3.4	4.3	0.011
4	1	1.0	4.0	5.0	0.010
6	1	1.0	4.5	5.6	0.009
10	1	1.2	5.7	7.1	0.008
1.5	2	0.8	2.9	3.7	0.012
2.5	2	0.9	3.5	4.4	0.011
4	2	1.0	4.2	5.2	0.010
6	2	1.0	4.7	5.9	0.008
10	2	1.2	6.0	7.4	0.008
16	2	1.2	6.8	8.5	0.006
25	2	1.4	8.4	10.6	0.006
35	2	1.4	9.4	11.8	0.005
50	2	1.6	10.9	13.7	0.005
70	2	1.6	12.5	15.6	0.004
95	2	1.8	14.5	18.1	0.004

表 1（续）

1	2	3	4	5	6
导体标称截面积/ mm²	GB/T 3956 中的导体种类	绝缘厚度规定值/ mm	平均外径/mm		110℃空气中的 最小绝缘电阻[a]/ （MΩ·km）
			下限	上限	
0.5	5	0.8	2.4	3.1	0.016
0.75	5	0.8	2.6	3.2	0.015
1	5	0.8	2.7	3.4	0.013
1.5	5	0.8	3.0	3.7	0.012
2.5	5	0.9	3.6	4.5	0.011
4	5	1.0	4.3	5.4	0.010
6	5	1.0	4.8	6.0	0.008
10	5	1.2	6.0	7.6	0.008
16	5	1.2	7.1	8.9	0.006
25	5	1.4	8.8	11.0	0.005
35	5	1.4	10.1	12.6	0.005
50	5	1.6	11.9	14.9	0.004
70	5	1.6	13.6	17.0	0.004
95	5	1.8	15.5	19.3	0.004

[a] 这些数据是以在110℃空气中的绝缘电阻率为10¹⁰ Ω·cm 为根据的。

表 2 60245 IEC 04（YYY）和 60245 IEC 05（YRYY）型电缆的试验

1	2	3	4	
序号	试验项目	试验种类	试验方法	
			GB/T	条文号
1	电气性能试验			
1.1	导体电阻	T,S	5013.2—2008	2.1
1.2	2 500 V电压试验	T,S	5013.2—2008	2.2
1.3	110℃空气中的绝缘电阻	T	5013.2—2008	2.4
2	结构尺寸检查		5013.1、5013.2	
2.1	结构检查	T,S	5013.1	检查和手工试验
2.2	绝缘厚度测量	T,S	5013.2—2008	1.9
2.3	外径测量	T,S	5013.2—2008	1.11
3	绝缘机械性能			
3.1	老化前拉力试验	T	2951.1—1997	9.1
3.2	空气烘箱老化后拉力试验	T	2951.2—1997	8.1.3.1
3.3	空气弹老化后拉力试验	T	2951.2—1997	8.2
3.4	热延伸试验	T	2951.5—1997	9
3.5	高温压力试验	T	2951.6—1997	8.1
4	焊锡试验（未镀锡导体）	T	5013.2—2008	1.12

3 导体最高温度为 110℃ 的耐热乙烯-乙酸乙烯酯橡皮或其他相当的合成弹性体绝缘、单芯、无护套 500 V 电缆

3.1 型号

实心导体：　　　　　60245 IEC 06(YYY)；

软导体：　　　　　　60245 IEC 07(YRYY)。

3.2 额定电压

300/500 V。

3.3 结构

3.3.1 导体

芯数：一芯。

导体应符合 GB/T 3956 的要求：

实心导体为第 1 种；

软导体为第 5 种。

单线可以不镀锡或镀锡。

3.3.2 隔离层

如果导体不镀锡，应在导体周围外加一层由合适材料制成的隔离层；如果导体镀锡，则是否使用隔离层可任选。

3.3.3 绝缘

导体外面的绝缘应是 IE3 型橡皮混合物。绝缘厚度应符合表 3 第 3 栏的规定值。绝缘电阻应不小于表 3 第 5 栏的规定值。

3.3.4 外径

平均外径应不超过表 3 第 4 栏和第 5 栏规定的上、下限。

3.3.5 标志

除应符合 GB/T 5013.1—2008 中 3.1 的一般要求外，这类电缆还应有型号或导体最高温度标志。

3.4 试验

应以表 4 规定的检测与试验检查是否符合 3.3 的要求。

3.5 使用导则

正常使用时，导体最高温度为 110℃。

这类电缆预定用于工作在高温区的电气设备内部接线。

表 3　60245 IEC 06(YYY) 和 60245 IEC 07(YRYY) 型电缆综合数据

1	2	3	4	5	6
导体标称截面积/mm²	GB/T 3956 中的导体种类	绝缘厚度规定值/mm	平均外径/mm		110℃空气中的最小绝缘电阻[a]/(MΩ·km)
			下限	上限	
0.5	1	0.6	1.9	2.4	0.015
0.75	1	0.6	2.1	2.6	0.013
1	1	0.6	2.2	2.8	0.012
0.5	5	0.6	2.1	2.6	0.014
0.75	5	0.6	2.2	2.8	0.012
1	5	0.6	2.4	2.9	0.011
[a]　这些数据是以在 110℃ 空气中的绝缘电阻率为 10^{10} Ω·cm 为根据的。					

表 4 60245 IEC 06（YYY）和 60245 IEC 07（YRYY）型电缆的试验

1	2	3	4	
			试验方法	
序号	试验项目	试验种类	GB/T	条文号
1	电气性能试验			
1.1	导体电阻	T,S	5013.2—2008	2.1
1.2	2 000 V 电压试验	T,S	5013.2—2008	2.2
1.3	110℃空气中的绝缘电阻	T	5013.2—2008	2.4
2	结构尺寸检查		5013.1、5013.2	
2.1	结构检查	T,S	5013.1	检查和手工试验
2.2	绝缘厚度测量	T,S	5013.2—2008	1.9
2.3	外径测量	T,S	5013.2—2008	1.11
3	绝缘机械性能			
3.1	老化前拉力试验	T	2951.1—1997	9.1
3.2	空气烘箱老化后拉力试验	T	2951.2—1997	8.1.3.1
3.3	空气弹老化后拉力试验	T	2951.2—1997	8.2
3.4	热延伸试验	T	2951.5—1997	9
3.5	高温压力试验	T	2951.6—1997	8.1
4	焊锡试验（未镀锡导体）	T	5013.2—2008	1.12

ICS 29.060.20
K 13

中华人民共和国国家标准

GB/T 5013.8—2013/IEC 60245-8:2004
代替 GB/T 5013.8—2006

额定电压 450/750 V 及以下橡皮绝缘电缆
第 8 部分：特软电线

Rubber insulated cables—Rated voltages up to and including 450/750 V—
Part 8：Cords for applications requiring high flexibility

(IEC 60245-8:2004,IDT)

2013-07-19 发布

2013-12-02 实施

中华人民共和国国家质量监督检验检疫总局
中国国家标准化管理委员会　发布

前　言

GB/T 5013《额定电压 450/750 V 及以下橡皮绝缘电缆》分为八个部分：
——第 1 部分：一般要求；
——第 2 部分：试验方法；
——第 3 部分：耐热硅橡胶绝缘电缆；
——第 4 部分：软线和软电缆；
——第 5 部分：电梯电缆；
——第 6 部分：电焊机电缆；
——第 7 部分：耐热乙烯-乙酸乙烯酯橡皮绝缘电缆；
——第 8 部分：特软电线。

本部分为 GB/T 5013 的第 8 部分。

本部分按照 GB/T 1.1—2009 给出的规则起草。

本部分代替 GB/T 5013.8—2006《额定电压 450/750 V 及以下橡皮绝缘电缆　第 8 部分：特软电线》。与 GB/T 5013.8—2006 相比，主要变化如下：
——删除了橡皮绝缘和护套特软电线的内容（见 2006 版第 2 章）；
——删除了橡皮绝缘交联聚氯乙烯（XLPVC）护套特软电线的内容（见 2006 版第 3 章）；
——删除了交联聚氯乙烯（XLPVC）绝缘和护套特软电线的内容（见 2006 版第 4 章和附录 A）；
——增加了乙丙橡皮（EPR）绝缘和编织护层特软电线的技术指标与要求（见第 5 章）；
——增加了编织物覆盖率测试方法（见附录 B）；
——修改了产品型号对照表（见附录 NB，2006 版的附录 C）。

本部分使用翻译法等同采用国际电工委员会标准 IEC 60245-8:2004《额定电压 450/750 V 及以下橡皮绝缘电缆　第 8 部分：特软电线》第 1.1 版及第 2 号修改单（2011）。

本部分在等同采用 IEC 60245-8:2004 时修正了原文中几处编辑性错误。这些修正如下：
——IEC 60245-8:2004 的 5.4.2 中原文有误，表 2 应改为表 9，本部分已作了相应修正。
——IEC 60245-8:2004 的表 9 中序号为 1.3 的绝缘线芯 2 000 V 电压试验类型，其原文有误，"R"
　　应改为"T,S"，本部分已作了相应修正。

为便于使用，本部分还做了下列编辑性修改：
——IEC 60245-8:2004 的第 2 号修改单（2011）原文中的规范性引用文件 IEC 60228 为不注日期引
　　用，但在标准中又引用了 IEC 60228 的具体表格，为正确理解和使用本标准，本次修订时对
　　IEC 60228 为注日期引用；
——在标准正文中为明确对表 7 的引用，在 5.4.3 扭绞试验中增加了"下夹具悬挂重物应符合表 7
　　的规定，每根导体按表 7 加负载电流"的表述；
——为正确理解和使用本部分，在 IEC 60245-8:2004 的表 9 中序号为 4.2 的三轮曲挠试验增加了
　　"绝缘线芯浸水电压试验的试验电压见上述 1.3"的表述；在 IEC 60245-8:2004 的表 9 中序号
　　为 4.3 的扭绞试验增加了"绝缘线芯浸水电压试验的试验电压见上述 1.3"的表述；
——增加了附录 NA（资料性附录）"产品型号表示法"；
——增加了附录 NB（资料性附录）"产品型号对照"。

对于 IEC 60245-8:2004 第 2 号修改单（2011），其内容已纳入正文中，并在它们所涉及的条款的页边空白处用垂直双线标识。

本部分由中国电器工业协会提出。

本部分由全国电线电缆标准化技术委员会(SAC/TC 213)归口。

本部分起草单位:上海电缆研究所。

本部分主要起草人:郑伟、金标义、王新营、严波、张敬平。

本部分所代替标准的历次版本发布情况为:

——GB/T 5013.8—2006。

额定电压 450/750 V 及以下橡皮绝缘电缆
第 8 部分:特软电线

1 概述

1.1 范围

GB/T 5013 的本部分规定了额定电压 300/300 V、要求特别柔软场合(如电熨斗)使用的橡皮绝缘和纺织物编织层的特软电线的技术要求。

每种电线均应符合 GB/T 5013.1—2008 规定的要求和本部分的特殊要求。

1.2 规范性引用文件

下列文件对于本文件的应用是必不可少的。凡是注日期的引用文件,仅注日期的版本适用于本文件。凡是不注日期的引用文件,其最新版本(包括所有的修改单)适用于本文件。

GB/T 2951.11—2008 电缆和光缆绝缘和护套材料通用试验方法 第 11 部分:通用试验方法 厚度和外形尺寸测量 机械性能试验(IEC 60811-1-1:2001,IDT)

GB/T 2951.12—2008 电缆和光缆绝缘和护套材料通用试验方法 第 12 部分:通用试验方法 热老化试验方法(IEC 60811-1-2:1985,IDT)

GB/T 2951.21—2008 电缆和光缆绝缘和护套材料通用试验方法 第 21 部分:弹性体混合料专用试验方法 耐臭氧试验 热延伸试验 浸矿物油试验(IEC 60811-2-1:2001,IDT)

GB/T 3956—2008 电缆的导体(IEC 60228:2004,IDT)

GB/T 5013.1—2008 额定电压 450/750 V 及以下橡皮绝缘电缆 第 1 部分:一般要求(IEC 60245-1:2003,IDT)

GB/T 5013.2—2008 额定电压 450/750 V 及以下橡皮绝缘电缆 第 2 部分:试验方法(IEC 60245-2:1998,IDT)

IEC 60719 额定电压 450/750 V 及以下圆形铜导体电缆平均外形尺寸下限和上限的计算(Calculation of the lower and upper limits for the average outer dimensions of cables with circular copper conductors and of rated voltages up to and including 450/750 V)

2 备用

3 备用

4 备用

5 乙丙橡皮(EPR)绝缘编织护层特软电线

5.1 型号

60245 IEC 89(RQB)。

5.2　额定电压

300/300 V。

5.3　结构

5.3.1　导体

芯数:2 芯或 3 芯。

导体应符合 GB/T 3956—2008 中表 4 的第 6 种导体的规定,但 20 ℃导体电阻的最大值比GB/T 3956—2008中规定增大 3%。单线可以不镀锡或镀锡。

5.3.2　隔离层

每芯导体外面可包覆一层由合适材料制成的隔离层。

5.3.3　绝缘

包覆在每芯导体上的绝缘应当是 IE4 型乙丙橡皮(EPR)混合物。

绝缘应采用挤包工艺。

绝缘厚度应符合表 8 第 2 栏的规定值。

5.3.4　填充物

填充物为纺织材料。

5.3.5　线芯与填充绞合成缆

线芯与填充物应绞合在一起。

最大绞合节距不应超过组合线芯直径的 7.5 倍,绞合方向和导体及绝缘线芯的绞合方向相同。

可以在成缆线芯中间放置填充。

5.3.6　编织护层

线芯和填充物应被覆盖在纺织编织层下:

——编织线根数不能少于 60 根线;

——每米最少交叉数:700 个;

——编织锭子不能少于 24 个。

5.3.7　外径

平均外径应在表 8 第 3 栏和第 4 栏规定的范围内。

5.4　试验

应按表 9 规定的检测和试验检查,并应符合 5.3 的规定。

5.4.1　结构一致性检查

应按 5.3.5 检查绞合节距,即测量试样 10 个节距长度,将此值除以 10 的计算值记为成缆线芯的绞合节距。

5.4.2　三轮曲挠试验

试验应按 GB/T 5013.2—2008 中 3.5 的规定进行。

往复运动次数应为 2 000 次,即 4 000 次单向运动,试验电压按表 9 的规定施加。

5.4.3 扭绞试验

试验应按 GB/T 5013.2—2008 中 3.6 的规定进行,但下夹具悬挂重物应符合表 7 的规定,每根导体按表 7 加负载电流。

5.4.3.1 试样

为防止重锤达到导槽顶端或底部以及离开导槽,应按如下步骤准备试样:

a) 试样在装入试验设备以前应先扭绞三次并用胶带临时固定。

b) 试样两端应固定在夹具中,然后去除胶带。

c) 两个固定夹具应慢慢分离以确保其完全分开试样拉直时,重锤仍在导槽中并如 GB/T 5013.2—2008 中 3.6.4 规定的那样被提升 50 mm。当夹具完全分开时,重锤应与导槽任何一端没有接触。

d) 如果试样无法拉直,试样应进行最多 30 次慢速往复试验,以便在操作试样时使扭绞平均分布在试样长度上,试验初期不出现打结。

5.4.3.2 要求

总共 1 500 次往复。

表 7 电线挂重条件下的试验电流

导体标称截面积 mm²	试验电流 A	电线负重	
		2 芯 N	3 芯 N
0.75	6	15	20
1.0	10	20	25
1.5	16	25	30

5.5 (资料性)使用导则

在正常使用时,导体最高温度为 60 ℃。

注:其他导则正在考虑中。

表 8 60245 IEC 89(RQB)型特软电线尺寸

1	2	3	4
芯数及导体标称截面积 mm²	绝缘厚度规定值 mm	平均外径	
		下限 mm	上限 mm
2×0.75	0.8	5.5	7.2
2×1	0.8	5.7	7.6
2×1.5	0.8	6.2	8.2
3×0.75	0.8	5.9	7.7
3×1	0.8	6.2	8.1
3×1.5	0.8	6.7	8.8

表 9 60245 IEC 89(RQB)型特软电线试验

1	2	3	4	5
序号	试验项目	试验种类	试验方法	
			标准编号	章条号
1	电气性能试验			
1.1	导体电阻	T,S	GB/T 5013.2—2008	2.1
1.2	成品电线2 000 V电压试验	T,S	GB/T 5013.2—2008	2.2
1.3	绝缘线芯2 000 V电压试验	T,S	GB/T 5013.2—2008	2.3
2	结构尺寸检查			
2.1	结构检查	T,S	GB/T 5013.1—2008	检查和手工试验
2.2	绝缘厚度测量	T,S	GB/T 5013.2—2008	1.9
2.3	编织覆盖率	T,S	本标准	附录B
2.4	外径测量			
2.4.1	平均值	T,S	GB/T 5013.2—2008	1.11
2.4.2	椭圆度	T,S	GB/T 5013.2—2008	1.11
2.5	可焊性试验(裸导体)	T	GB/T 5013.2—2008	1.12
3	绝缘机械性能			
3.1	老化前拉力试验	T	GB/T 2951.11—2008	9.1
3.2	空气烘箱老化后拉力试验	T	GB/T 5013.2—2008	第4章
3.3	空气弹老化后拉力试验	T	GB/T 2951.12—2008	8.2
3.4	热延伸试验	T	GB/T 2951.21—2008	第9章
4	成品电线机械性能			
4.1	耐磨试验	T	GB/T 5013.2—2008	3.3
4.2	三轮曲挠试验	T	GB/T 5013.2—2008	3.5
	(绝缘线芯浸水电压试验的试验电压见本表1.3。)			
4.3	扭绞试验	T	GB/T 5013.2—2008	3.6
	(绝缘线芯浸水电压试验的试验电压见本表1.3。)			
5	纤维编织层的耐热试验	T	GB/T 5013.2—2008	第6章
6	耐臭氧试验	T	GB/T 2951.21—2008	第8章

附　录　A
备　用

附　录　B
（规范性附录）
编织物覆盖率测试方法

B.1　定义

B.1.1
线　thread

单个编织物单元,通常与其他单元结合在一起,组成电缆的编织层。

B.1.2
编织锭子　carrier

线卷绕而成的单元,一个锭子可包含数根线。

B.1.3
交叉　crossing

为使编织覆盖电缆,锭子上所有线的排列。

B.2　试验方法

B.2.1　线的根数

计算每个编织锭子上线的根数,线的数量应是每个锭子上所有线数量之和。

B.2.2　每米的交叉数

电缆试样沿长度方向上以 20 mm 长度为单位标记两个参照点。

测量并记录如图 B.1 所示交叉点数量。

必须取样 3 次,并求出 3 次取样的平均值 N(每个值换算到 1 000 mm 的交叉数)作为每米交叉数的数据。

每米交叉数按下述公式(B.1)计算;

$$P = N \times \frac{1\,000}{20} = N \times 50 \qquad\qquad (B.1)$$

式中:

P ——单位长度编织交叉数,单位为个每米(个/m);

N ——20 mm 参照点之间编织条纹的数量,单位为个。

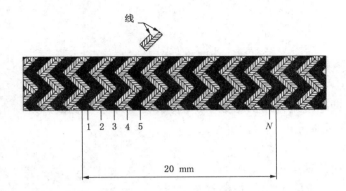

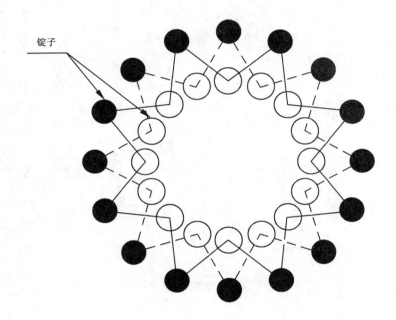

图 B.1 纺织编织层

附　录　NA
（资料性附录）
产品型号表示法

本部分所包括的各种电缆型号用两个数字命名，放在本部分号后面。第一个数字表示电缆的基本分类；第二个数字表示在基本分类中的特定型式。

分类和型号如下：

8 ——特殊场合应用的软电缆；

89——乙丙橡皮绝缘（EPR）和编织护层特软电线。

附 录 NB

（资料性附录）

产品型号对照

产品型号对照见表 NB.1。

表 NB.1 产品型号对照

序号	名称	IEC 60245 型号	本部分的型号
1	乙丙橡皮绝缘(EPR)编织护层特软电线	60245 IEC 89	RQB

ICS 29.060.20
K 13

中华人民共和国国家标准

GB/T 5023.1—2008/IEC 60227-1:2007
代替 GB 5023.1—1997

额定电压 450/750 V 及以下
聚氯乙烯绝缘电缆
第 1 部分：一般要求

Polyvinyl chloride insulated cables of rated
voltages up to and including 450/750 V—
Part 1：General requirements

(IEC 60227-1:2007,IDT)

2008-06-30 发布　　　　　　　　　　2009-05-01 实施

中华人民共和国国家质量监督检验检疫总局
中国国家标准化管理委员会　发布

前　言

GB/T 5023《额定电压450/750 V及以下聚氯乙烯绝缘电缆》分为七个部分：

——第1部分：一般要求；

——第2部分：试验方法；

——第3部分：固定布线用无护套电缆；

——第4部分：固定布线用护套电缆；

——第5部分：软电缆（软线）；

——第6部分：电梯电缆和挠性连接用电缆；

——第7部分：二芯或多芯屏蔽和非屏蔽软电缆。

本部分为GB/T 5023的第1部分。本部分等同采用IEC 60227-1：2007《额定电压450/750 V及以下聚氯乙烯绝缘电缆　第1部分：一般要求》第3.0版（英文版）。

为了便于使用，GB/T 5023的本部分做了下列编辑性修改：

——用小数点"."代替作为小数点的逗号"，"；

——删除了IEC 60227-1：2007的前言；

——增加了资料性附录B。

本部分代替GB 5023.1—1997《额定电压450/750 V及以下聚氯乙烯绝缘电缆　第1部分：一般要求》。

本部分与GB 5023.1—1997相比主要变化如下：

——修改了3.1.1中标志的连续性；

——删除了4.1.1中"任一多芯电缆均不应使用红色、灰色、白色"的要求，增加了条文的注"宜避免使用红色和白色"；

——删除了4.1.2中注"无护套双芯平行软线的绝缘线芯无需识别"，修改了三芯、四芯、五芯电缆的色谱；

——将4.1.3注中的浅蓝色改为蓝色；

——表1中规定PVC/E的非污染性试验老化条件改为(100±2)℃，10×24 h；

——5.5.1增加90℃聚氯乙烯护套混合物PVC/ST 10，并在表2中增加PVC/ST 10全性能数据；

——表1和表2中第8项的低温冲击试验，根据我国的气候条件，试验温度规定为—15℃，也可以根据客户的要求调整试验温度；

——附录A中增加了56、57及71c型号电缆：

　　a）　56——导体温度为90℃耐热轻型聚氯乙烯护套软线（60227 IEC 56）；

　　b）　57——导体温度为90℃耐热普通聚氯乙烯护套软线（60227 IEC 57）；

　　c）　71c——圆形聚氯乙烯护套电梯电缆和挠性连接用电缆（60227 IEC 71c）。

本部分的附录A为规范性附录，附录B为资料性附录。

本部分由中国电器工业协会提出。

本部分由全国电线电缆标准化技术委员会（SAC/TC 213）归口。

本部分负责起草单位：上海电缆研究所。

本部分参加起草单位：宝胜科技创新股份有限公司、常熟电缆厂、江苏上上电缆集团有限公司、远东电缆厂、天津金山电线电缆股份有限公司、浙江万马电缆股份有限公司。

本部分主要起草人:严永昌、房权生、钱国锋、李斌、汪传斌、郑国俊、郑宏。

本部分所代替标准的历次版本发布情况为:

——GB 5023.1—1985,GB 5023.1—1997。

额定电压450/750 V及以下
聚氯乙烯绝缘电缆
第1部分:一般要求

1 总则

1.1 范围

GB/T 5023的本部分适用于额定电压U_0/U为450/750 V及以下聚氯乙烯绝缘和护套(若有)软电缆和硬电缆,用于交流标称电压不超过450/750 V的动力装置。

注:对某些型号的软电缆,可使用术语"软线"。

各种型号的电缆规定在GB/T 5023.3、GB/T 5023.4等标准中。电缆的型号表示方法见附录A。

在GB/T 5023的第1、第3和第4等部分中规定的试验方法见GB/T 5023.2、GB/T 18380.12—2008和GB/T 2951—2008的相关部分。

1.2 规范性引用文件

下列文件中的条款通过GB/T 5023的本部分的引用而成为本部分的条款。凡是注日期的引用文件,其随后所有的修改单(不包括勘误的内容)或修订版均不适用于本部分,然而,鼓励根据本部分达成协议的各方研究是否可使用这些文件的最新版本。凡是不注日期的引用文件,其最新版本适用于本部分。

GB/T 2951.11—2008 电缆和光缆绝缘和护套材料通用试验方法 第11部分:通用试验方法——厚度和外形尺寸测量——机械性能试验(IEC 60811-1-1:2001,IDT)

GB/T 2951.12—2008 电缆和光缆绝缘和护套材料通用试验方法 第12部分:通用试验方法——热老化试验方法(IEC 60811-1-2:1985,IDT)

GB/T 2951.14—2008 电缆和光缆绝缘和护套材料通用试验方法 第14部分:通用试验方法——低温试验(IEC 60811-1-4:1985,IDT)

GB/T 2951.21—2008 电缆和光缆绝缘和护套材料通用试验方法 第21部分:弹性体混合料专用试验方法——耐臭氧试验——热延伸试验——浸矿物油试验(IEC 60811-2-1:2001,IDT)

GB/T 2951.31—2008 电缆和光缆绝缘和护套材料通用试验方法 第31部分:聚氯乙烯混合料专用试验方法——高温压力试验——抗开裂试验(IEC 60811-3-1:1985,IDT)

GB/T 2951.32—2008 电缆和光缆绝缘和护套材料通用试验方法 第32部分:聚氯乙烯混合料专用试验方法——失重试验——热稳定性试验(IEC 60811-3-2:1985,IDT)

GB/T 3956—1997 电缆的导体(idt IEC 60228:1978)

GB/T 5023.2—2008 额定电压450/750 V及以下聚氯乙烯绝缘电缆 第2部分:试验方法(IEC 60227-2:2003,IDT)

GB/T 5023.3—2008 额定电压450/750 V及以下聚氯乙烯绝缘电缆 第3部分:固定布线用无护套电缆(IEC 60227-3:1997,IDT)

GB/T 5023.4—2008 额定电压450/750 V及以下聚氯乙烯绝缘电缆 第4部分:固定布线用护套电缆(IEC 60227-4:1997,IDT)

GB/T 5023.5—2008 额定电压450/750 V及以下聚氯乙烯绝缘电缆 第5部分:软电缆(软线)(IEC 60227-5:2003,IDT)

GB/T 18380.12—2008 电缆和光缆在火焰条件下的燃烧试验 第12部分:单根绝缘电线电缆火

焰垂直蔓延试验——1 kW 预混合型火焰试验方法(IEC 60332-1-2:2004,IDT)

　　IEC 173:1964　软电缆和软电线线芯的颜色

　　IEC 62440　额定电压 450/750 V 及以下电缆使用导则

2　术语和定义

下列术语和定义适用于 GB/T 5023 的各部分。

2.1　绝缘和护套材料的定义

2.1.1

聚氯乙烯混合物　polyvinyl chloride compound;PVC

聚氯乙烯混合物是指它的特定组分是聚氯乙烯或它的一种共聚物经适当选择、配比和加工后制成的材料。该术语也可表示为含有聚氯乙烯和某种聚氯乙烯聚合物的混合物。

2.1.2

混合物的型号　type of compound

混合物按照规定的试验测得的性能进行分类。型号与混合物的组分没有直接关系。

2.2　试验方法定义

2.2.1

型式试验(符号 T)　type tests(symbol T)

型式试验是指按一般商业原则,对 GB/T 5023 标准规定的一种型号电缆在供货前进行的试验,以证明电缆具有良好的性能,能满足规定的使用要求。型式试验的本质是一旦进行这些试验后,不必重复进行。如果改变电缆材料或设计会影响电缆的性能,则必须重复进行型式试验。

2.2.2

抽样试验(符号 S)　sample tests(symbol S)

抽样试验是在成品电缆试样上或取自成品电缆的元件上进行的试验,以证明成品电缆产品符合设计规范。

2.3　额定电压　rated voltage

额定电压是电缆结构设计和电性能试验用的基准电压。

额定电压用 U_0/U 表示,单位为 V。

U_0 为任一绝缘导体和"地"(电缆的金属护层或周围介质)之间的电压有效值。

U 为多芯电缆或单芯电缆系统任何两相导体之间的电压有效值。

当用于交流系统时,电缆的额定电压应至少等于使用电缆系统的标称电压。该条件均适用于 U_0 和 U 值。

当用于直流系统时,该系统的标称电压应不大于电缆额定电压的 1.5 倍。

注: 系统的工作电压允许长时间地超过该系统标称电压的 10%,如果电缆的额定电压至少等于该系统的标称电压,则电缆可在高于额定电压 10% 的工作电压下使用。

3　标志

3.1　产地标志和电缆识别

电缆应有制造厂名、产品型号和额定电压的连续标志,厂名标志可以是标志识别线或者是制造厂名或商标的重复标志。产品型号表示方法见附录 A。

导体温度超过 70 ℃时使用的电缆,其识别标志可用型号或用最高导体温度表示。

标志可以用油墨印字或采用压印凸字在绝缘或护套上。

3.1.1　标志连续性

一个完整标志的末端与下一个标志的始端之间的距离:

——在电缆外护套上应不超过 550 mm；

——在下列电缆的绝缘或包带上应不超过 275 mm：

 a) 无护套电缆的绝缘；

 b) 有护套电缆的绝缘；

 c) 护套电缆里面的包带。

3.1.2 耐擦性

油墨印字标志应耐擦。按 GB/T 5023.2—2008 中 1.8 规定的试验检查是否符合要求。

3.1.3 清晰度

所有标志应字迹清楚。

标志识别线的颜色应容易识别或易于辨认，必要时，可用汽油或其他合适的溶剂擦干净。

3.2 产品表示方法

产品应用型号、规格和标准号表示。规格包括额定电压、芯数和导体标称截面积等。电缆包装上应附有表示产品型号、规格、标准号、厂名和产地的标签或标志。

GB 5023.1～GB 5023.3—1985 产品型号的表示法及与 GB/T 5023—2008 产品型号的对照参见附录 B。

4 绝缘线芯识别

每根绝缘线芯应按下述规定识别：

——五芯及以下电缆用颜色识别，见 4.1；

——五芯以上电缆用数字识别，见 4.2。

注：颜色色谱、尤其是多芯硬电缆的颜色色谱正在考虑中。

4.1 绝缘线芯的颜色识别方法

4.1.1 一般要求

电缆的绝缘线芯应用着色绝缘或其他合适的方法进行识别，除用黄/绿组合色识别的绝缘线芯外，电缆的每一绝缘线芯应只用一种颜色。

任一多芯电缆均不应使用不是组合色用的绿色和黄色。

注：宜避免使用红色和白色。

4.1.2 颜色色谱

软电缆和单芯电缆优先选用的色谱是：

——单芯电缆：无优先选用色谱；

——两芯电缆：无优先选用色谱；

——三芯电缆：黄/绿色、蓝色、棕色，或是棕色、黑色、灰色；

——四芯电缆：黄/绿色、棕色、黑色、灰色，或是蓝色、棕色、黑色、灰色；

——五芯电缆：黄/绿色、蓝色、棕色、黑色、灰色，或是蓝色、棕色、黑色、灰色、黑色。

各种颜色应能清楚地识别并耐擦，耐擦性能应按 GB/T 5023.2—2008 中 1.8 规定的试验进行检查。

4.1.3 黄/绿组合色

黄/绿组合色绝缘线芯的双色分配应符合下列条件（按 IEC 60173:1964）：

对每一段长 15 mm 的双色绝缘线芯，其中一种颜色应至少覆盖绝缘线芯表面的 30%，且不大于 70%，而另一种颜色则覆盖绝缘线芯的其余部分。

注：关于使用黄/绿组合色和蓝色的情况说明：

 当按上述规定使用黄/绿组合色时，表示专门用来识别连接接地或类似保护用途的绝缘线芯，而蓝色用作连接中性线的绝缘线芯。如果没有中性线，则蓝色可用于识别除接地或保护导体外的任一绝缘线芯。

4.2 绝缘线芯的数字识别方法

4.2.1 一般要求

绝缘应是同一种颜色并按数序排列,但黄/绿组合色绝缘线芯(若有)除外。

黄/绿组合色绝缘线芯(若有)应符合 4.1.3 要求,并应放置在外层。

数字编号应从内层由 1 开始。

数字应用阿拉伯数字印在绝缘线芯的外表面上。数字颜色相同并与绝缘颜色有明显反差。阿拉伯数字应字迹清楚。

4.2.2 标志的优先排列方法

数字标志应沿着绝缘线芯以相等的间隔重复出现,相邻两组数字标志应彼此颠倒。

当标志由单个数字组成时,则应在数字的下面放一破折号。如果标志是由两个数字组成,则应上下排列并在下面数字的下方放置破折号。相邻两组数字标志的间距 d 应不大于 50 mm。

标志的排列如下图所示:

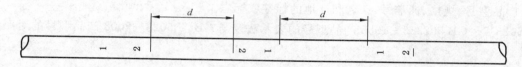

4.2.3 耐擦性

数字标志应耐擦,并按 GB/T 5023.2—2008 中 1.8 规定的试验检查是否符合要求。

5 电缆结构的一般要求

5.1 导体

5.1.1 材料

导体应是退火铜线,但铜皮软线也可以使用铜合金单线。导体中的单线可以不镀锡或镀锡。

5.1.2 结构

软导体中单线的最大直径(除铜皮软线导体外)和硬导体中单线最少根数应符合 GB/T 3956—1997 的要求。

各种型号电缆使用的导体类别见产品标准(GB/T 5023.3—2008、GB/T 5023.4—2008 等)。

固定敷设用电缆的导体应是圆形实心、圆形绞合或紧压圆形绞合导体。

铜皮软线的每根导体应由多股绞合或复绞股线组成,而每股线由一根或多根压扁铜线或铜合金线螺旋形地绕在棉纱绳、聚酰胺绳或类似材料制成的绳上。

5.1.3 结构检查

应通过检验和测量来检查结构是否符合 5.1.1 和 5.1.2 及 GB/T 3956—1997 要求。

5.1.4 电阻

电缆(除铜皮软线外)的每芯导体在 20 ℃时的电阻应符合 GB/T 3956—1997 各种导体规定的要求。

应按 GB/T 5023.2—2008 中 2.1 规定的试验方法检查是否符合要求。

5.2 绝缘

5.2.1 材料

绝缘应按产品标准(GB/T 5023.3—2008,GB/T 5023.4—2008 等)中的每种型号电缆,相应规定的一种聚氯乙烯混合物:

固定敷设用电缆	PVC/C 型
软电缆	PVC/D 型
内部布线用耐热电缆	PVC/E 型

不同型号聚氯乙烯混合物的试验要求见表1规定。

由上述任一种混合物作绝缘,包括在产品标准(GB/T 5023.3—2008、GB/T 5023.4—2008等)中规定的电缆的最高温度见相应标准。

5.2.2 挤包绝缘

绝缘应紧密挤包在导体上,除铜皮软线外的电缆,在剥离绝缘时,应不损伤绝缘体、导体或镀锡层(若有),并通过检验及手工测量检查是否符合要求。

5.2.3 厚度

绝缘厚度的平均值应不小于产品标准(GB/T 5023.3—2008、GB/T 5023.4—2008等)所列表格中的每种型号和规格电缆的规定值。

但在任一点的厚度可小于规定值,只要不小于规定值的90%—0.1 mm。

应按GB/T 5023.2—2008中1.9规定的试验方法检查是否符合要求。

5.2.4 老化前后的机械性能

绝缘在正常使用温度范围内,应具有足够的机械强度和弹性。

应按表1规定的试验检查是否符合要求。适用的试验方法和试验要求见表1规定。

表1 聚氯乙烯(PVC)绝缘非电性试验要求

序 号	试 验 项 目	单 位	混 合 物 的 型 号			试 验 方 法	
			PVC/C	PVC/D	PVC/E	GB/T	条文号
1	抗张强度和断裂伸长率					2951.11—2008	9.1
1.1	交货状态原始性能						
1.1.1	抗张强度原始值:						
	——最小中间值	N/mm²	12.5	10.0	15.0		
1.1.2	断裂伸长率原始值:						
	——最小中间值	%	125	150	150		
1.2	空气烘箱老化后的性能					2951.11—2008 2951.12—2008	9.1 8.1.3.1
1.2.1	老化条件:						
	——温度	℃	80±2	80±2	135±2		
	——时间	h	7×24	7×24	10×24		
1.2.2	老化后抗张强度:						
	——最小中间值	N/mm²	12.5	10.0	15.0		
	——最大变化率[a]	%	±20	±20	±25		
1.2.3	老化后断裂伸长率:						
	——最小中间值	%	125	150	150		
	——最大变化率[a]	%	±20	±20	±25		
2	失重试验					2951.32—2008	8.1
2.1	老化条件:						
	——温度	℃	80±2	80±2	115±2		
	——时间	h	7×24	7×24	10×24		
2.2	失重:						
	——最大值	mg/cm²	2.0	2.0	2.0		

表 1（续）

序 号	试 验 项 目	单 位	混 合 物 的 型 号			试 验 方 法	
			PVC/C	PVC/D	PVC/E	GB/T	条文号
3	非污染试验[b]						
3.1	老化条件	℃	80±2	80±2	100±2	2951.12—2008	8.1.4
		h	7×24	7×24	10×24		
3.2	老化后机械性能		同 1.2.2 和 1.2.3				
4	热冲击试验					2951.31—2008	9.1
4.1	试验条件：						
	——温度	℃	150±2	150±2	150±2		
	——时间	h	1	1	1		
4.2	试验结果		不开裂				
5	高温压力试验					2951.31—2008	8.1
5.1	试验条件：						
	——刀口上施加的压力		见 GB/T 2951.31—2008 中 8.1.4				
	——载荷下加热时间		见 GB/T 2951.31—2008 中 8.1.5				
	——温度	℃	80±2	70±2	90±2		
5.2	试验结果：						
	——压痕深度，最大中间值	%	50	50	50		
6	低温弯曲试验					2951.14—2008	8.1
6.1	试验条件：						
	——温度[c]	℃	−15±2	−15±2	−15±2		
	——施加低温时间		见 GB/T 2951.14—2008 中 8.1.4 和 8.1.5				
6.2	试验结果		不 开 裂				
7	低温拉伸试验					2951.14—2008	8.3
7.1	试验条件：						
	——温度[c]	℃	−15±2	−15±2	—		
	——施加低温时间		见 GB/T 2951.14—2008 中 8.3.4 和 8.3.5				
7.2	试验结果：						
	——最小伸长率	%	20	20	—		
8	低温冲击试验[d]					2951.14—2008	8.5
8.1	试验条件：						
	——温度[c]	℃	−15±2	−15±2	—		
	——施加低温时间		见 GB/T 2951.14—2008 中 8.5.5				
	——落锤质量		见 GB/T 2951.14—2008 中 8.5.4				
8.2	试验结果		见 GB/T 2951.14—2008 中 8.5.6				

表 1（续）

序 号	试 验 项 目	单 位	混 合 物 的 型 号			试 验 方 法	
			PVC/C	PVC/D	PVC/E	GB/T	条文号
9	热稳定性试验					2951.32—2008	9
9.1	试验条件：						
	——温度	℃	—	—	200±0.5		
9.2	试验结果：						
	——最小平均热稳定时间	min	—	—	180		

a 变化率：老化后的中间值与老化前的中间值之差与老化前中间值之比，以百分比表示。

b 如果适用。

c 根据我国气候条件，试验温度规定为—15 ℃，但根据用户要求允许调整试验温度。

d 如果产品标准（GB/T 5023.3—2008，GB/T 5023.4—2008 等）中有规定。

5.3 填充物

5.3.1 材料

除非在产品标准（GB/T 5023.3—2008、GB/T 5023.4—2008 等）中另有规定，填充物应由下列一种或任一种组合材料组成：

——非硫化型橡皮或塑料混合物；

——天然或合成纺纤；

——纸。

当采用非硫化型橡皮填充时，其组分与绝缘和（或）护套之间不应产生有害的相互作用。

5.3.2 包覆

在产品标准（GB/T 5023.3—2008、GB/T 5023.4—2008 等）中，对每种型号电缆规定是否有填充物或者是否由护套或内护层嵌入绝缘线芯之间构成填充。

填充物应填满绝缘线芯之间的空隙、形成实际上的圆形。填充物应不粘连绝缘线芯。成缆线芯和填充物可以用薄膜或带子扎在一起。

5.4 内护层

5.4.1 材料

除非在产品标准（GB/T 5023.4—2008 等）中另有规定，挤包内护层应由非硫化型橡皮或塑料混合物组成。

当采用非硫化型橡皮构成内护层时，其组分与绝缘和（或）护套之间不应产生有害的相互作用。

应按 GB/T 2951.12—2008 中 8.1.4 规定的试验方法检查是否符合要求。

5.4.2 挤包内护层

内护层应挤包在绝缘线芯上并允许嵌入绝缘线芯之间的空隙形成实际上的圆形，挤包的内护层应不粘连绝缘线芯。

在产品标准（GB/T 5023.4—2008 等）中，对每种型号电缆规定是否有挤包内护层或者外护套是否可嵌入绝缘线芯之间构成填充。

5.4.3 厚度

除非在产品标准（GB/T 5023.4—2008 等）中另有规定，挤包内护层的厚度不要求测量。

5.5 护套

5.5.1 材料

护套应是按产品标准（GB/T 5023.4—2008 等）中的每种型号电缆规定的一种聚氯乙烯混合物。

固定敷设用电缆　　　　　　　PVC/ST4 型

软电缆　　　　　　　　　　　PVC/ST5 型

耐油护套软电缆　　　　　　　PVC/ST9 型

90 ℃聚氯乙烯护套电缆　　　　PVC/ST10 型

不同型号聚氯乙烯混合物的试验要求见表 2 规定。

5.5.2　挤包护套

护套应单层挤包：

a)　单芯电缆，挤包在绝缘线芯上；

b)　其他电缆，挤包在成缆线芯和填充物或内护层上（若有）。

护套应不粘连绝缘线芯。由薄膜或带子组成的隔离层可放在护套内层。

如在产品标准(GB/T 5023.4—2008 等)中有规定，则护套可嵌入成缆线芯之间的空隙构成填充。

5.5.3　厚度

护套厚度的平均值应不小于产品标准(GB/T 5023.4—2008 等)所列表格中列出的每种型号和规格的规定值。

但在任一点的厚度可小于规定值，只要不小于规定值的 85%−0.1 mm。

应按 GB/T 5023.2—2008 中 1.10 规定的试验方法检查是否符合要求。

5.5.4　老化前后的机械性能

护套在正常使用温度范围内，应具有足够的机械强度和弹性。

应按表 2 规定的试验检查是否符合要求。

试验方法和试验要求见表 2 规定。

表 2　聚氯乙烯（PVC）护套非电性试验要求

序号	试验项目	单位	混合物的型号				试验方法	
			PVC/ST4	PVC/ST5	PVC/ST9	PVC/ST10	GB/T	条文号
1	抗张强度和断裂伸长率						2951.11—2008	9.2
1.1	交货状态原始性能							
1.1.1	抗张强度原始值：							
	——最小中间值	N/mm²	12.5	10.0	10.0	10.0		
1.1.2	断裂伸长率原始值：							
	——最小中间值	%	125	150	150	150		
1.2	空气烘箱老化后的性能						2951.12—2008	8.1
1.2.1	老化条件：						2951.11—2008	9.2
	——温度	℃	80±2	80±2	80±2	135±2		
	——时间	h	7×24	7×24	7×24	10×24		
1.2.2	抗张强度：							
	——最小中间值	N/mm²	12.5	10.0	10.0	10.0		
	——最大变化率ᵃ	%	±20	±20	±20	±25		
1.2.3	断裂伸长率：							
	——最小中间值	%	125	150	150	150		
	——最大变化率ᵃ	%	±20	±20	±20	±25		

表 2（续）

序号	试验项目	单位	混合物的型号				试验方法	
			PVC/ST4	PVC/ST5	PVC/ST9	PVC/ST10	GB/T	条文号
2	失重试验						2951.32—2008	8.2
2.1	老化条件：							
	——温度	℃	80±2	80±2	80±2	115±2		
	——时间	h	7×24	7×24	7×24	10×24		
2.2	失重：							
	——最大值	mg/cm²	2.0	2.0	2.0	2.0		
3	非污染试验[b]						2951.12—2008	8.1.4
3.1	老化条件：							
	——温度	℃	同1.2.1			100±2		
	——时间	h	同1.2.1			10×24		
3.2	老化后机械性能		同1.2.2和1.2.3					
4	热冲击试验						2951.31—2008	9.2
4.1	试验条件：							
	——温度	℃	150±2	150±2	150±2	150±2		
	——时间	h	1	1	1	1		
4.2	试验结果		不开裂					
5	高温压力试验						2951.31—2008	8.2
5.1	试验条件：							
	——刀口上施加的压力						2951.31—2008	8.2.4
	——载荷下加热时间						2951.31—2008	8.2.5
	——温度	℃	80±2	70±2	70±2	90±2		
5.2	试验结果：							
	——压痕深度最大中间值	%	50	50	50	50		
6	低温弯曲试验						2951.14—2008	8.2
6.1	试验条件：							
	——温度[c]	℃	−15±2	−15±2	−15±2	−15±2		
	——施加低温时间						2951.14—2008	8.2.3
6.2	试验结果		不开裂					
7	低温拉伸试验						2951.14—2008	8.4
7.1	试验条件：							
	——温度[c]	℃	−15±2	−15±2	−15±2	−15±2		
	——施加低温时间						2951.14—2008	8.4.4 8.4.5
7.2	试验结果：							
	——最小伸长率	%	20	20	20	20		

表 2（续）

序号	试验项目	单位	混合物的型号				试验方法	
			PVC/ST4	PVC/ST5	PVC/ST9	PVC/ST10	GB/T	条文号
8	低温冲击试验						2951.14—2008	8.5
8.1	试验条件：							
	——温度 c	℃	−15±2	−15±2	−15±2	−15±2		
	——施加低温时间	h					2951.14—2008	8.5.5
	——落锤质量						2951.14—2008	8.5.4
8.2	试验结果						2951.14—2008	8.5.6
9	浸矿物油后的机械性能						2951.21—2008	10
9.1	试验条件：							
	——油的温度	℃	—	—	90±2	—		
	——浸油时间	h	—	—	24	—		
9.2	抗张强度：							
	——最大变化率 a	％	—	—	±30	—		
9.3	断裂伸长率：							
	——最大变化率 a	％	—	—	±30	—		
10	200 ℃最低热稳定性	min	—	—	—	180	2951.32—2008	9

a 变化率：老化后的中间值与老化前的中间值之差与老化前中间值之比，以百分比表示。

b 如果适用。

c 根据我国的气候条件，低温试验温度规定为−15 ℃，但根据用户要求允许调整试验温度。

5.6 成品电缆试验

5.6.1 电气性能

电缆应有足够的介电强度和绝缘电阻。

应按表 3 规定的试验检查是否符合要求。

试验方法和试验要求见表 3 规定。

5.6.2 外形尺寸

电缆的平均外形尺寸应在产品标准（GB/T 5023.3—2008、GB/T 5023.4—2008 等）各表中规定的范围内。

圆形护套电缆在同一横截面上测任意两点外径之差（椭圆度）应不超过平均外径规定上限的 15％。

应按 GB/T 5023.2—2008 中 1.11 规定的试验方法检查是否符合要求。

5.6.3 软电缆的机械强度

软电缆应能经受住正常使用时的弯曲和其他机械应力。

当在产品标准（GB/T 5023.5—2008 等）中有规定时，应按 GB/T 5023.2—2008 中第 3 章规定的试验方法检查是否符合要求。

5.6.3.1 软电缆的曲挠试验

见 GB/T 5023.2—2008 中 3.1。

软电缆经 15 000 次往复运动，即 30 000 次单程运动后，应既不发生电流断路，也不发生导体之间短路。

试验后，试样应按 GB/T 5023.2—2008 中 2.2 的规定进行电压试验。

表 3 PVC 绝缘电缆电性试验要求

序 号	试 验 项 目	单 位	电缆额定电压			试 验 方 法	
			300/300 V	300/500 V	450/750 V	GB/T	条文号
1	导体电阻的测量					5023.2—2008	2.1
1.1	试验结果:		见 GB/T 3956—1997 和产品标准				
	——最大值		(GB/T 5023.3—2008, GB/T 5023.4—2008 等)				
2	成品电缆电压试验					5023.2—2008	2.2
2.1	试验条件:						
	——试样最小长度	m	10	10	10		
	——浸水最少时间	h	1	1	1		
	——水温	℃	20±5	20±5	20±5		
2.2	试验电压(交流)	V	2 000	2 000	2 500		
2.3	每次最少施加电压时间	min	5	5	5		
2.4	试验结果		不击穿	不击穿	不击穿		
3	绝缘线芯电压试验					5023.2—2008	2.3
3.1	试验条件:						
	——试样长度	m	5	5	5		
	——浸水最少时间	h	1	1	1		
	——水温	℃	20±5	20±5	20±5		
3.2	试验电压(交流):						
	——绝缘厚度 0.6 mm 及以下	V	1 500	1 500	—		
	——绝缘厚度 0.6 mm 以上	V	2 000	2 000	2 500		
3.3	每次最少施加电压时间	min	5	5	5		
3.4	试验结果		不击穿	不击穿	不击穿		
4	绝缘电阻测量					5023.2—2008	2.4
4.1	试验条件:						
	——试样长度	m	5	5	5		
	——经第 2 或第 3 项电压试验						
	——浸热水最少时间	h	2	2	2		
	——水温		见产品标准(GB/T 5023.3—2008、GB/T 5023.4—2008 等)中的表格				
4.2	试验结果						

5.6.3.2 铜皮软线的弯曲试验

见 GB/T 5023.2—2008 中 3.2。

铜皮软线经 60 000 次双向弯曲,即 120 000 次单向弯曲后,应不发生电流断路。

试验后,试样应按 GB/T 5023.2—2008 中 2.2 规定进行电压试验,试验电压 1 500 V 仅施加在连接一起的导体和水之间。

5.6.3.3 铜皮软线荷重断芯试验

见 GB/T 5023.2—2008 中 3.3。

在试验期间,应不发生电流断路。

5.6.3.4 绝缘线芯撕离试验

见 GB/T 5023.2—2008 中 3.4。

撕离力应在 3 N 和 30 N 之间。

5.6.4 不延燃试验

所有电缆均应符合 GB/T 18380.12—2008 规定的试验要求。

6 电缆使用导则

见 IEC 62440。

附 录 A
（规范性附录）
型号表示方法

GB/T 5023 所包含的各种电缆型号用两位数字表示，放在 60227 IEC 后面。第一位数字表示电缆的基本分类，第二位数字表示在基本分类中的特定型式。

分类和型号如下：

0——固定布线用无护套电缆

    01——一般用途单芯硬导体无护套电缆（60227 IEC 01）

    02——一般用途单芯软导体无护套电缆（60227 IEC 02）

    05——内部布线用导体温度为 70 ℃的单芯实心导体无护套电缆（60227 IEC 05）

    06——内部布线用导体温度为 70 ℃的单芯软导体无护套电缆（60227 IEC 06）

    07——内部布线用导体温度为 90 ℃的单芯实心导体无护套电缆（60227 IEC 07）

    08——内部布线用导体温度为 90 ℃的单芯软导体无护套电缆（60227 IEC 08）

1——固定布线用护套电缆

    10——轻型聚氯乙烯护套电缆（60227 IEC 10）

4——轻型无护套软电缆

    41——扁形铜皮软线（60227 IEC 41）

    42——扁形无护套软线（60227 IEC 42）

    43——户内装饰照明回路用软线（60227 IEC 43）

5——一般用途护套软电缆

    52——轻型聚氯乙烯护套软线（60227 IEC 52）

    53——普通聚氯乙烯护套软线（60227 IEC 53）

    56——导体温度为 90 ℃耐热轻型聚氯乙烯护套软线（60227 IEC 56）

    57——导体温度为 90 ℃耐热普通聚氯乙烯护套软线（60227 IEC 57）

7——特殊用途护套软电缆

    71c——圆形聚氯乙烯护套电梯电缆和挠性连接用电缆（60227 IEC 71c）

    71f——扁形聚氯乙烯护套电梯电缆和挠性连接用电缆（60227 IEC 71f）

    74——耐油聚氯乙烯护套屏蔽软电缆（60227 IEC 74）

    75——耐油聚氯乙烯护套非屏蔽软电缆（60227 IEC 75）

附　录　B

（资料性附录）

GB 5023.1～GB 5023.3—1985 产品型号的表示法
及与 GB/T 5023—2008 产品型号的对照

B.1　GB 5023.1～GB 5023.3—1985 及 GB 5023.4～GB 5023.5—1986 产品型号中各字母代表意义

B.1.1　按用途分

固定敷设用电缆（电线）　……………………………………………………………… B

连接用软电缆（软线）　………………………………………………………………… R

电梯电缆　………………………………………………………………………………… T

装饰照明用软线　………………………………………………………………………… S

B.1.2　按材料特征分

铜导体　………………………………………………………………………………… 省略

铜皮铜导体　…………………………………………………………………………… TP

绝缘聚氯乙烯　………………………………………………………………………… V

护套聚氯乙烯　………………………………………………………………………… V

护套耐油聚氯乙烯　…………………………………………………………………… VY

B.1.3　按结构特征分

圆形　…………………………………………………………………………………… 省略

扁形（平形）　………………………………………………………………………… B

双绞形　………………………………………………………………………………… S

屏蔽型　………………………………………………………………………………… P

软结构　………………………………………………………………………………… R

B.1.4　按耐热特性分

70 ℃　………………………………………………………………………………… 省略

90 ℃　………………………………………………………………………………… 90

B.2　型号对照表

聚氯乙烯绝缘电缆型号对照表见表 B.1。

表 B.1 聚氯乙烯绝缘电缆型号对照表

序号	名 称	GB/T 5023—2008	GB 5023.1～ GB 5023.3—1985
1	一般用途单芯硬导体无护套电缆	60227 IEC 01	BV
2	一般用途单芯软导体无护套电缆	60227 IEC 02	RV
3	内部布线用导体温度为 70 ℃的单芯实心导体无护套电缆	60227 IEC 05	BV
4	内部布线用导体温度为 70 ℃的单芯软导体无护套电缆	60227 IEC 06	RV
5	内部布线用导体温度为 90 ℃的单芯实心导体无护套电缆	60227 IEC 07	BV-90
6	内部布线用导体温度为 90 ℃的单芯软导体无护套电缆	60227 IEC 08	RV-90
7	轻型聚氯乙烯护套电缆	60227 IEC 10	BVV
8	扁形铜皮软线	60227 IEC 41	RTPVR
9	扁形无护套软线	60227 IEC 42	RVB
10	户内装饰照明回路用软线	60227 IEC 43	SVR
11	轻型聚氯乙烯护套软线	60227 IEC 52	RVV
12	普通聚氯乙烯护套软线	60227 IEC 53	RVV
13	导体温度为 90 ℃的耐热轻型聚氯乙烯护套软线	60227 IEC 56	RVV-90
14	导体温度为 90 ℃的耐热普通聚氯乙烯护套软线	60227 IEC 57	RVV-90
15	扁形聚氯乙烯护套电梯电缆和挠性连接用电缆	60227 IEC 71f	TVVB
16	圆形聚氯乙烯护套电梯电缆和挠性连接用电缆	60227 IEC 71c	TVV
17	耐油聚氯乙烯护套屏蔽软电缆	60227 IEC 74	RVVYP
18	耐油聚氯乙烯护套非屏蔽软电缆	60227 IEC 75	RVVY

ICS 29.060.20

K 13

中华人民共和国国家标准

GB/T 5023.2—2008/IEC 60227-2:2003

代替 GB 5023.2—1997

额定电压 450/750 V 及以下

聚氯乙烯绝缘电缆

第 2 部分：试验方法

Polyvinyl chloride insulated cables of rated voltages up to and including

450/750 V—Part 2：Test methods

(IEC 60227-2:2003,IDT)

2008-06-30 发布　　　　　　　　　　　　2009-05-01 实施

中华人民共和国国家质量监督检验检疫总局

中国国家标准化管理委员会　发布

前　　言

GB/T 5023《额定电压 450/750 V 及以下聚氯乙烯绝缘电缆》分为七个部分:

——第 1 部分:一般要求;

——第 2 部分:试验方法;

——第 3 部分:固定布线用无护套电缆;

——第 4 部分:固定布线用护套电缆;

——第 5 部分:软电缆(软线);

——第 6 部分:电梯电缆和挠性连接用电缆;

——第 7 部分:二芯或多芯屏蔽和非屏蔽软电缆。

本部分为 GB/T 5023 的第 2 部分。本部分等同采用 IEC 60227-2:2003《额定电压 450/750 V 及以下聚氯乙烯绝缘电缆　第 2 部分:试验方法》第 2.1 版(英文版)。

为了便于使用,GB/T 5023 的本部分做了下列编辑性修改:

——用小数点“.”代替作为小数点的逗号“,”;

——删除了 IEC 60227-2:2003 的前言;

——删除了 2.3、表 1 及 3.4 中“扁形无护套软线”的相关内容。

本部分代替 GB 5023.2—1997《额定电压 450/750 V 及以下聚氯乙烯绝缘电缆　第 2 部分:试验方法》。

本部分与 GB 5023.2—1997 相比主要变化如下:

——1.9.1 中取消了“将一段绝缘线芯试样浸入水银中,直至绝缘变得松弛,能把导体抽出”方法;

——删除了 2.3、表 1 及 3.4 中“扁形无护套软线”的相关内容;

——3.1 曲挠试验作了以下修改:

　　1)　3.1.1 总则中修改为“本试验也不适用于线芯标称截面积大于 2.5 mm² 多芯软电缆”;

　　2)　3.1.2 对曲挠试验仪器作了描述;

　　3)　3.1.3 试样准备的表 1 中电缆芯数增加 2、3、4 芯,并规定 2、3、4 芯标称截面积为 0.5 mm² 的电缆挂重为 0.5 kg,滑轮的直径为 60 mm;

　　4)　增加了 3.1.4 线芯载流试验;

　　5)　增加了 3.1.5 线芯间电压试验;

　　6)　增加了 3.1.6 失效检查。

——增加了 3.5 静态曲挠试验;

——增加了 3.6 电梯电缆中心垫芯的抗张强度试验。

本部分由中国电器工业协会提出。

本部分由全国电线电缆标准化技术委员会(SAC/TC 213)归口。

本部分负责起草单位:上海电缆研究所。

本部分参加起草单位:江苏上上电缆集团有限公司、常熟电缆厂、福建南平太阳电缆股份有限公司、上海熊猫线缆股份有限公司、江苏圣安电缆有限公司、上海老港申菱电子电缆有限公司。

本部分主要起草人:严永昌、李斌、钱国锋、范德发、周晓荣、孙萍、顾友明。

本部分所代替标准的历次版本发布情况为:

——GB 5023.2—1997。

额定电压 450/750 V 及以下
聚氯乙烯绝缘电缆
第 2 部分:试验方法

1 总则

1.1 一般要求

在 GB/T 5023 各部分中所规定的试验方法均列于本部分和下列标准:

GB/T 2951.11—2008 电缆和光缆绝缘和护套材料通用试验方法 第 11 部分:通用试验方法——厚度和外形尺寸测量——机械性能试验(IEC 60811-1-1:2001,IDT)

GB/T 5023.1—2008 额定电压 450/750 V 及以下聚氯乙烯绝缘电缆 第 1 部分:一般要求(IEC 60227-1:2007,IDT)

GB/T 18380.12—2008 电缆和光缆在火焰条件下的燃烧试验 第 12 部分:单根绝缘电线电缆火焰垂直蔓延试验(IEC 60332-1-2:2004,IDT)

1.2 适用的试验

各种型号电缆所适用的试验由产品标准(GB/T 5023.3、GB/T 5023.4 等)规定。

1.3 试验按频度分类

按 GB/T 5023.1—2008 中 2.2 定义,试验规定为型式试验(符号 T)和(或)抽样试验(符号 S)两种。符号 T 和 S 用在产品标准(GB/T 5023.3、GB/T 5023.4 等)的有关各表中。

1.4 取样

如果绝缘或护套采用压印凸字标志时,取样应包括该标志。

除非另有规定,对于多芯电缆,除 1.9 规定的试验外,所取试样应不超过三芯(若分色,取不同颜色)进行试验。

1.5 预处理

全部试验应在绝缘或护套挤出后存放至少 16 h 后才能进行。

1.6 试验温度

除非另有规定,试验应在环境温度下进行。

1.7 试验电压

除非另有规定,试验电压应是交流 49 Hz~61 Hz 的近似正弦波形,峰值与有效值之比等于 $\sqrt{2}(1\pm7\%)$。

电压均为有效值。

1.8 颜色和标志的耐擦性检查

应用浸过水的一团脱脂棉或一块棉布轻轻地擦拭制造厂名或商标、绝缘线芯颜色或数字标志,共擦 10 次,检查结果应符合标准要求。

1.9 绝缘厚度测量

1.9.1 步骤

绝缘厚度应按 GB/T 2951.11—2008 中 8.1 规定测量,应在至少相隔 1 m 的三处各取一段电缆试样。

五芯及以下电缆,每芯均应检查,五芯以上电缆,任检五芯,检查是否符合要求。

若取出导体有困难,可放在拉力机上抽取,或将绝缘线芯试样的中心部分拉伸至绝缘变得松弛,亦可采用其他方法,但不能对绝缘产生伤害。

1.9.2 试验结果评定

每一根绝缘线芯取三段绝缘试样,测得18个数值的平均值(用 mm 表示),应计算到小数点后两位,并按如下规定修约,然后取该值作为绝缘厚度的平均值。

计算时,若第二位小数是5或大于5,则第一位小数应加1。例如1.74应修约为1.7,1.75应修约为1.8。

所测全部数值的最小值,应作为任一处绝缘的最小厚度。

本试验可以与任何其他厚度测量一起进行,如 GB/T 5023.1—2008 中5.2.4规定的试验项目。

1.10 护套厚度测量

1.10.1 步骤

护套厚度应按 GB/T 2951.11—2008 中8.2规定测量。

应在至少相隔1 m 的三处各取一段电缆试样。

1.10.2 试验结果评定

从三段护套上测得的全部数值(以 mm 表示)的平均值应计算到小数点后两位,并按如下规定修约,然后取该值为护套厚度的平均值。

计算时,若第二位小数是5或大于5,则第一位小数应加1。例如1.74应修约为1.7,1.75应修约为1.8。

所测全部数值的最小值应作为任一处护套的最小厚度。

本试验可以与其他的厚度测量一起进行,如 GB/T 5023.1—2008 中5.5.4规定的试验项目。

1.11 外形尺寸和椭圆度测量

应按1.9或1.10规定取三段试样。

任何圆形电缆外径的测量以及宽边不超过 15 mm 的扁形电缆外形尺寸的测量,应按 GB/T 2951.11—2008 中8.3的规定进行。

当扁形电缆的宽边超过 15 mm 时,应使用千分尺、投影仪或类似仪器进行测量。

应以所测值的平均值作为平均外形尺寸。

圆形护套电缆椭圆度的检查,应在同一截面上测量两处。

2 电气性能试验

2.1 导体电阻

导体电阻检查应在长度至少为1 m 的电缆试样上对每根导体进行测量,并测定每根电缆试样的长度。

若有必要,可按下列公式换算成导体在20 ℃、长度为1 km 时的电阻。

$$R_{20} = R_t \frac{254.5}{234.5 + t} \times \frac{1\ 000}{L}$$

式中:

t——测量时的试样温度,℃;

R_{20}——20 ℃时导体电阻,Ω/km;

R_t——t(℃)时,长度为 L(m)电缆的导体电阻,Ω;

L——电缆试样长度,m(是成品试样的长度,而不是单根绝缘线芯或单线的长度)。

2.2 成品电缆电压试验

交货的成品电缆,如果没有金属层,则应浸入水中,试样长度、水温和浸水时间见 GB/T 5023.1—2008 中表 3 的规定。电压应依次施加在每根导体对连接在一起的所有其他导体和金属层(若有)或水之间,然后电压再施加在所有连接在一起的导体和金属层或水之间。

施加电压和耐电压时间见 GB/T 5023.1—2008 中表 3 的各项规定。

2.3 绝缘线芯电压试验

本试验适用于护套电缆,但不适用于扁形铜皮软线。

试验应在一根 5 m 长的电缆试样上进行,应剥去护套和任何其他包覆层或填充物而不损伤绝缘线芯。

绝缘线芯应按 GB/T 5023.1—2008 中表 3 的规定浸于水中,电压施加在导体和水之间。

施加电压和耐电压时间见 GB/T 5023.1—2008 中表 3 中的各项规定。

2.4 绝缘电阻

本试验适用于所有电缆,试验应在 5 m 长的绝缘线芯试样上进行。在测量绝缘电阻前,试样应经受住按 2.3 规定进行的电压试验,或者如不适用,按 2.2 规定进行电压试验。

试样应浸在预先加热到规定温度的水中,其两端应露出水面约 0.25 m。

试样长度、水温和浸水时间见 GB/T 5023.1—2008 中表 3 规定。然后应在导体和水之间施加 80 V 到 500 V 的直流电压。

绝缘电阻应在施加电压 1 min 后测量,并换算成 1 km 对应的值。测量值应不低于产品标准(GB/T 5023.3—2008、GB/T 5023.4—2008 等)中所规定的最小绝缘电阻。

在产品标准(GB/T 5023.3—2008,GB/T 5023.4—2008 等)中规定的绝缘电阻值是根据绝缘的体积电阻率为 $1 \times 10^8 \ \Omega \cdot m$ 计算的,计算公式为:

$$R = 0.036 \ 71 \lg \frac{D}{d}$$

式中:

R——绝缘电阻,$M\Omega \cdot km$;

D——绝缘的标称外径;

d——导体外接圆直径或铜皮软线绝缘的标称内径。

3 成品软电缆的机械强度试验

3.1 曲挠试验

3.1.1 总则

试验要求见 GB/T 5023.1—2008 中 5.6.3.1 规定。

本试验不适用于铜皮软线或固定布线用单芯软导体电缆。另外,本试验也不适用于线芯标称截面积大于 2.5 mm² 的多芯软电缆。

3.1.2 试验仪器

本试验应使用图 1 所示设备进行。设备包括一辆小车 C,小车的驱动装置以及对每一根试样试验用的四个滑轮。可移动的小车 C 上安装有直径相等的两个滑轮 A 和 B。设备两端各有一个固定滑轮,直径可以与滑轮 A 和 B 不等,但四个滑轮的安装应可使试样呈水平状态。小车以约 0.33 m/s 的恒速在大于 1 m 的距离之间往复移动。

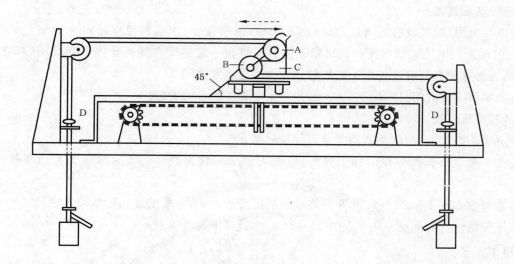

图 1 曲挠试验设备

滑轮应为金属质地,并有半圆形的凹槽以放置圆形电缆,还需有扁形凹槽放置扁形电缆。安装限位夹头 D,以使小车离开重锤时,始终能借助重锤施加一个拉力使小车往复运动。当一个限位装置靠在支架上时,另一个距其支架距离应最大不超过 5 cm。

驱动系统应能使小车平稳运动且转换方向时不发生急跳。

3.1.3 试样准备

取约 5 m 长的软电缆试样置于滑轮上并拉紧,如图 1 所示,软电缆的两端各载一个重锤,重锤的质量及滑轮 A 和 B 的直径列于表1。

表 1 重锤质量及滑轮直径

软 电 缆 类 型	芯数[b]	标称截面积/ mm²	重锤质量/ kg	滑轮直径[a]/ mm
轻型聚氯乙烯护套电缆	2	0.5	0.5	60
		0.75	1.0	80
		1	1.0	80
		1.5	1.0	80
		2.5	1.5	120
普通聚氯乙烯护套电缆	3	0.5	0.5	80
		0.75	1.0	80
		1	1.0	80
		1.5	1.0	80
		2.5	1.5	120
	4	0.5	0.5	80
		0.75	1.0	80
		1	1.0	80
		1.5	1.5	120
		2.5	1.5	120
轻型聚氯乙烯护套电缆 普通聚氯乙烯护套电缆	5	0.5	1.0	80
		0.75	1.0	80
		1	1.0	120
		1.5	1.5	120
		2.5	2.0	120

表 1（续）

软 电 缆 类 型	芯数[b]	标称截面积/ mm²	重锤质量/ kg	滑轮直径[a]/ mm
普通聚氯乙烯护套电缆		0.5	1.0	120
		0.75	1.5	120
	6	1	1.5	120
		1.5	2.0	120
		2.5	3.5	160
		0.5	1.0	120
		0.75	1.5	120
	7	1	1.5	120
		1.5	2.0	160
		2.5	3.5	160
		0.5	1.5	120
		0.75	2.0	160
	12	1	3.0	160
		1.5	4.0	160
		2.5	7.0	200
		0.5	2.0	160
		0.75	3.0	160
	18	1	4.0	160
		1.5	6.0	200
		2.5	7.5	200

[a] 直径为在凹槽最低处测量值。

[b] 线芯数为7～18但未包括在表内的电缆，为"非优选"结构，试验时，重锤质量及滑轮直径可选用同一截面积的下一档表列芯数的规定值。

3.1.4 线芯载流试验

在电流试验中，可采用 230/400 V 或以下的低压。

在曲挠试验中，试样应加载电流如下：

——两芯和三芯电缆：所有线芯加载 $1 \text{ A/mm}^{2}{}_{0}^{+10}\%$；

——四芯和五芯电缆：三根线芯加 $1 \text{ A/mm}^{2}{}_{0}^{+10}\%$ 或所有线芯加载 $\sqrt{3/n} \text{ A/mm}^{2}{}_{0}^{+10}\%$，式中 n 为线芯数。

五芯以上的电缆不应进行载流试验。不进行载流试验的线芯，应加载信号电流。

3.1.5 线芯间电压试验

对于两芯电缆，导体间施加电压应为交流约 230 V。对于其他三芯或更多线芯的电缆，应施加约 400 V 三相交流电压到三根导体上，其他导体接到中性线上。试验应在相邻的三根线芯上进行。若是双层结构，则应从外层取样。这同样适用于低压电流加载系统。

3.1.6 失效检查（曲挠设备装置）

曲挠设备应有失效检测部件，以便在曲挠试验中出现下列情况时可以检测并停止：

——电流断路；

——导体之间短路；

——导体和（曲挠设备的）滑轮之间短路。

3.2 弯曲试验

试验要求见 GB/T 5023.1—2008 中 5.6.3.2 规定。

取适当长的软线试样,固定在如图2所示的设备上,在其一端悬挂0.5 kg的重锤,导体通过约为0.1 A的电流。

试样应垂直于导体轴线平面作180°往复弯曲运动,当弯曲到极端位置时,应与导体轴线的两边各呈90°角。

弯曲频率为每分钟60次。

若试样经试验不符合要求,则应另取两根试样进行重复试验,均应符合要求。

单位为毫米

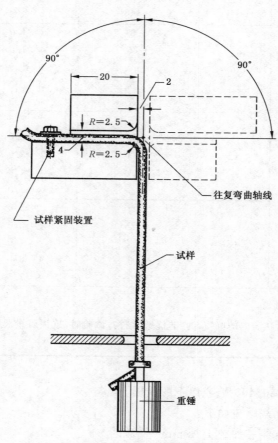

图 2 弯曲试验设备

3.3 荷重断芯试验

试验要求见GB/T 5023.1—2008中5.6.3.3规定。

取适当长的软线试样,其一端安装在刚性支撑物上,并在距支撑点下方0.5 m处试样上悬挂一0.5 kg的重锤。导体通过约为0.1 A的电流。试验时,把重锤提到支撑点处自由落下,重复五次。

3.4 绝缘线芯撕离试验

试验要求见GB/T 5023.1—2008中5.6.3.4规定。

在短段软线试样上,将绝缘线芯之间的绝缘切开,用拉力机以5 mm/s的速度测定撕离绝缘所需的力。

3.5 静态曲挠试验

试验要求见GB/T 5023的相关部分。

试验适用于导体截面积为2.5 mm² 及以下的电缆。

试验前,电缆应在(20±5)℃环境中垂直放置24 h。

一根长度为(3±0.05)m的试样应放在如图3所示的装置上进行试验。夹头 A 和 B 应放置在距地面至少1.5 m高的地方。

夹头 A 应固定,夹头 B 应可以在夹头 A 的水平线上作水平移动。

应垂直夹住试样的两端(在试验期间也应保持垂直),一端夹在夹头 A 上,另一端夹在可移动的夹头 B 上,两夹头之间距离应为 $l=0.20$ m。电缆装好后的大致形状如图 3 虚线所示。

然后,使可移动的夹头 B 向离开固定夹头 A 的方向移动,直到电缆形状如图 3 实线所示的 U 形为止,即完全为通过夹头的两根铅锤线所包围,铅锤线与电缆的外形线相切。该试验应进行两次。在第一次试验后,电缆在夹头处应转 180°。

测量两根铅锤线之间的距离 l' 并取其两次的平均值。

如果试验结果不合格,对试样应进行预处理,即把试样绕在一根直径为电缆外径约 20 倍的轴上,然后松开,这样共重复两次。每次转动试样 180°。试样经预处理后,应经受住上述试验,并应符合规定要求。

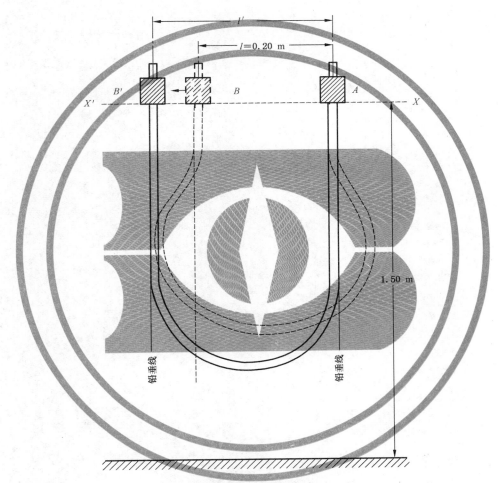

图 3　静态曲挠试验

3.6　电梯电缆中心垫芯的抗张强度

试验要求见 GB/T 5023 的相关规定。

从成品电缆上取一根 1 m 长的试样并称重。

在试样两端约 0.20 m 处,剥去所有覆盖物并除去绝缘线芯,中心部分包括中心承力芯应承受相当于 300 m 电缆重量的拉力。

拉力应施加 1 min。

可以使用一个自由悬挂的重锤或一个合适的能施加一个恒定拉力的拉力试验机。

ICS 29.060.20
K 13

中华人民共和国国家标准

GB/T 5023.3—2008/IEC 60227-3:1997
代替 GB 5023.3—1997

额定电压 450/750 V 及以下
聚氯乙烯绝缘电缆
第 3 部分：固定布线用无护套电缆

Polyvinyl chloride insulated cables of rated voltages up to and including
450/750 V—Part 3：Non-sheathed cables for fixed wiring

(IEC 60227-3:1997,IDT)

2008-06-30 发布   2009-05-01 实施

中华人民共和国国家质量监督检验检疫总局
中国国家标准化管理委员会   发布

前　言

GB/T 5023《额定电压450/750 V及以下聚氯乙烯绝缘电缆》分为七个部分：
——第1部分：一般要求；
——第2部分：试验方法；
——第3部分：固定布线用无护套电缆；
——第4部分：固定布线用护套电缆；
——第5部分：软电缆（软线）；
——第6部分：电梯电缆和挠性连接用电缆；
——第7部分：二芯或多芯屏蔽和非屏蔽软电缆。

本部分为GB/T 5023的第3部分。本部分等同采用IEC 60227-3：1997《额定电压450/750 V及以下聚氯乙烯绝缘电缆　第3部分：固定布线用无护套电缆》第2.1版（英文版）。

为了便于使用，GB/T 5023的本部分做了下列编辑性修改：
——用小数点"."代替作为小数点的逗号"，"；
——删除了IEC 60227-3：1997的前言。

本部分代替GB 5023.3—1997《额定电压450/750 V及以下聚氯乙烯绝缘电缆　第3部分：固定布线用无护套电缆》。

本部分与GB 5023.3—1997相比主要变化如下：
——对60227 IEC 01、02、05、06、07、08各型号电缆的外径作了上下限规定，原标准中电缆的上限直径也作了调整（表1、表3、表5、表7、表9、表11）；
——对60227 IEC 01型电缆中35 mm² 和50 mm² 的最小绝缘电阻作了修改，35 mm² 对应的最小绝缘电阻由0.004 0 MΩ · km修改为0.004 3 MΩ · km，50 mm² 对应的最小绝缘电阻由0.004 5 MΩ · km修改为0.004 3 MΩ · km。

本部分由中国电器工业协会提出。

本部分由全国电线电缆标准化技术委员会（SAC/TC 213）归口。

本部分负责起草单位：上海电缆研究所。

本部分参加起草单位：常熟电缆厂、远东电缆厂、宝胜科技创新股份有限公司、浙江万马电缆股份有限公司、上海老港申菱电子电缆有限公司、天津金山电线电缆股份有限公司。

本部分主要起草人：严永昌、钱国锋、汪传斌、房权生、郑宏、顾友明、郑国俊。

本部分所代替标准的历次版本发布情况为：
——GB 5023.2—1985、GB 5023.3—1985；
——GB 5023.3—1997。

额定电压 450/750 V 及以下
聚氯乙烯绝缘电缆
第 3 部分:固定布线用无护套电缆

1 总则

1.1 范围

GB/T 5023 的本部分详细规定了额定电压 450/750 V 及以下固定布线用聚氯乙烯绝缘单芯无护套电缆的技术要求。

所有电缆均应符合 GB/T 5023.1 规定的相应要求,并且各种型号电缆应分别符合本部分规定的特殊要求。

1.2 规范性引用文件

下列文件中的条款通过 GB/T 5023 的本部分的引用而成为本部分的条款。凡是注日期的引用文件,其随后所有的修改单(不包括勘误的内容)或修订版均不适用于本部分,然而,鼓励根据本部分达成协议的各方研究是否可使用这些文件的最新版本。凡是不注日期的引用文件,其最新版本适用于本部分。

GB/T 2951.11—2008　电缆和光缆绝缘和护套材料通用试验方法　第 11 部分:通用试验方法——厚度和外形尺寸测量——机械性能试验(IEC 60811-1-1:2001,IDT)

GB/T 2951.12—2008　电缆和光缆绝缘和护套材料通用试验方法　第 12 部分:通用试验方法——热老化试验方法(IEC 60811-1-2:1985,IDT)

GB/T 2951.14—2008　电缆和光缆绝缘和护套材料通用试验方法　第 14 部分:通用试验方法——低温试验(IEC 60811-1-4:1985,IDT)

GB/T 2951.31—2008　电缆和光缆绝缘和护套材料通用试验方法　第 31 部分:聚氯乙烯混合料专用试验方法——高温压力试验——抗开裂试验(IEC 60811-3-1:1985,IDT)

GB/T 2951.32—2008　电缆和光缆绝缘和护套材料通用试验方法　第 32 部分:聚氯乙烯混合料专用试验方法——失重试验——热稳定性试验(IEC 60811-3-2:1985,IDT)

GB/T 3956—1997　电缆的导体(idt IEC 60228:1978)

GB/T 5023.1　额定电压 450/750 V 及以下聚氯乙烯绝缘电缆　第 1 部分:一般要求(GB/T 5023.1—2008,IEC 60227-1:2007,IDT)

GB/T 5023.2—2008　额定电压 450/750 V 及以下聚氯乙烯绝缘电缆　第 2 部分:试验方法(IEC 60227-2:2003,IDT)

GB/T 18380.12—2008　电缆和光缆在火焰条件下的燃烧试验　第 12 部分:单根绝缘电线电缆火焰垂直蔓延试验(IEC 60332-1-2:2004,IDT)

2 一般用途单芯硬导体无护套电缆

2.1 型号

60227 IEC 01(BV)。

2.2 额定电压

450/750 V。

2.3 结构

2.3.1 导体

芯数:1芯。

导体应符合 GB/T 3956—1997 规定的要求:

——实心导体用第1种;

——绞合导体用第2种。

2.3.2 绝缘

挤包在导体上的绝缘应是 PVC/C 型聚氯乙烯混合物。

绝缘厚度应符合表1第3栏的规定值。

绝缘电阻应不小于表1第6栏的规定值。

表1 60227 IEC 01(BV)型电缆的综合数据

导体标称截面积/mm²	导体种类	绝缘厚度规定值/mm	平均外径/mm		70 ℃时最小绝缘电阻/(MΩ·km)
			下限	上限	
1.5	1	0.7	2.6	3.2	0.011
1.5	2	0.7	2.7	3.3	0.010
2.5	1	0.8	3.2	3.9	0.010
2.5	2	0.8	3.3	4.0	0.009
4	1	0.8	3.6	4.4	0.008 5
4	2	0.8	3.8	4.6	0.007 7
6	1	0.8	4.1	5.0	0.007 0
6	2	0.8	4.3	5.2	0.006 5
10	1	1.0	5.3	6.4	0.007 0
10	2	1.0	5.6	6.7	0.006 5
16	2	1.0	6.4	7.8	0.005 0
25	2	1.2	8.1	9.7	0.005 0
35	2	1.2	9.0	10.9	0.004 3
50	2	1.4	10.6	12.8	0.004 3
70	2	1.4	12.1	14.6	0.003 5
95	2	1.6	14.1	17.1	0.003 5
120	2	1.6	15.6	18.8	0.003 2
150	2	1.8	17.3	20.9	0.003 2
185	2	2.0	19.3	23.3	0.003 2
240	2	2.2	22.0	26.6	0.003 2
300	2	2.4	24.5	29.6	0.003 0
400	2	2.6	27.5	33.2	0.002 8

2.3.3 外径

平均外径应在表1第4栏和第5栏规定的限值内。

2.4 试验

应按表2规定的检测和试验,检查是否符合2.3的要求。

2.5 使用导则

在正常使用时,导体最高温度为70 ℃。

注:其他导则正在考虑中。

表 2　60227 IEC 01(BV)型电缆的试验项目

序号	试 验 项 目	试验类型	试验方法	
			GB/T	条文号
1	电气性能试验			
1.1	导体电阻	T,S	5023.2—2008	2.1
1.2	2 500 V 电压试验	T,S	5023.2—2008	2.2
1.3	70 ℃时绝缘电阻	T	5023.2—2008	2.4
2	结构尺寸检查		5023.1 和 5023.2—2008	
2.1	结构检查	T,S	5023.1	检查和手工试验
2.2	绝缘厚度测量	T,S	5023.2—2008	1.9
2.3	外径测量	T,S	5023.2—2008	1.11
3	绝缘机械性能			
3.1	老化前拉力试验	T	2951.11—2008	9.1
3.2	老化后拉力试验	T	2951.12—2008	8.1.3.1
3.3	失重试验	T	2951.32—2008	8.1
4	高温压力试验	T	2951.31—2008	8.1
5	低温弹性和冲击强度			
5.1	绝缘低温弯曲试验	T	2951.14—2008	8.1
5.2	绝缘低温拉伸试验[a]	T	2951.14—2008	8.3
5.3	绝缘低温冲击试验	T	2951.14—2008	8.5
6	热冲击试验	T	2951.31—2008	9.1
7	不延燃试验	T	18380.12—2008	—

[a] 只有当电缆外径超过试验方法规定的极限值时才适用。

3　一般用途单芯软导体无护套电缆

3.1　型号

60227 IEC 02(RV)。

3.2　额定电压

450/750 V。

3.3　结构

3.3.1　导体

芯数:1 芯。

导体应符合 GB/T 3956—1997 中第 5 种导体规定的要求。

3.3.2　绝缘

挤包在导体上的绝缘应是 PVC/C 型聚氯乙烯混合物。

绝缘厚度应符合表 3 第 2 栏的规定值。

绝缘电阻应不小于表 3 第 5 栏的规定值。

3.3.3　外径

平均外径应在表 3 第 3 栏和第 4 栏规定的限值内。

3.4　试验

应按表 4 规定的检测和试验,检查是否符合 3.3 的要求。

3.5 使用导则

在正常使用时，导体最高温度为 70 ℃。

注：其他导则正在考虑中。

表 3 60227 IEC 02（RV）型电缆的综合数据

导体标称截面积/ mm²	绝缘厚度规定值/ mm	平均外径/mm		70 ℃时最小绝缘电阻/ (MΩ·km)
		下限	上限	
1.5	0.7	2.8	3.4	0.010
2.5	0.8	3.4	4.1	0.009
4	0.8	3.9	4.8	0.007
6	0.8	4.4	5.3	0.006
10	1.0	5.7	6.8	0.005 6
16	1.0	6.7	8.1	0.004 6
25	1.2	8.4	10.2	0.004 4
35	1.2	9.7	11.7	0.003 8
50	1.4	11.5	13.9	0.003 7
70	1.4	13.2	16.0	0.003 2
95	1.6	15.1	18.2	0.003 2
120	1.6	16.7	20.2	0.002 9
150	1.8	18.6	22.5	0.002 9
185	2.0	20.6	24.9	0.002 9
240	2.2	23.5	28.4	0.002 8

表 4 60227 IEC 02（RV）型电缆的试验项目

序号	试 验 项 目	试验类型	试验方法	
			GB/T	条文号
1	电气性能试验			
1.1	导体电阻	T,S	5023.2—2008	2.1
1.2	2 500 V 电压试验	T,S	5023.2—2008	2.2
1.3	70 ℃时绝缘电阻	T	5023.2—2008	2.4
2	结构尺寸检查		5023.1 和 5023.2—2008	
2.1	结构检查	T,S	5023.1	检查和手工试验
2.2	绝缘厚度测量	T,S	5023.2—2008	1.9
2.3	外径测量	T,S	5023.2—2008	1.11
3	绝缘机械性能			
3.1	老化前拉力试验	T	2951.11—2008	9.1
3.2	老化后拉力试验	T	2951.12—2008	8.1.3.1
3.3	失重试验	T	2951.32—2008	8.1

表 4（续）

序号	试 验 项 目	试验类型	试验方法	
			GB/T	条文号
4	高温压力试验	T	2951.31—2008	8.1
5	低温弹性			
5.1	绝缘低温弯曲试验	T	2951.14—2008	8.1
5.2	绝缘低温拉伸试验[a]	T	2951.14—2008	8.3
6	热冲击试验	T	2951.31—2008	9.1
7	不延燃试验	T	18380.12—2008	—

[a] 只有当电缆外径超过试验方法规定的极限值时才适用。

4 内部布线用导体温度为 70 ℃的单芯实心导体无护套电缆

4.1 型号

60227 IEC 05（BV）。

4.2 额定电压

300/500 V。

4.3 结构

4.3.1 导体

芯数：1芯。

导体应符合 GB/T 3956—1997 中第 1 种导体规定的要求。

4.3.2 绝缘

挤包在导体上的绝缘应是 PVC/C 型聚氯乙烯混合物。

绝缘厚度应符合表 5 第 2 栏的规定值。

绝缘电阻应不小于表 5 第 5 栏的规定值。

4.3.3 外径

平均外径应在表 5 第 3 栏和第 4 栏规定的限值内。

表 5 60227 IEC 05（BV）型电缆的综合数据

导体标称截面积/ mm²	绝缘厚度规定值/ mm	平均外径/mm		70 ℃时最小绝缘电阻/ （MΩ·km）
		下限	上限	
0.5	0.6	1.9	2.3	0.015
0.75	0.6	2.1	2.5	0.012
1	0.6	2.2	2.7	0.011

4.4 试验

应按表 6 规定的检测和试验，检查是否符合 4.3 的要求。

4.5 使用导则

在正常使用时，导体最高温度为 70 ℃。

注：其他导则正在考虑中。

表 6　60227 IEC 05（BV）型电缆的试验项目

序号	试 验 项 目	试验类型	试验方法	
			GB/T	条文号
1	电气性能试验			
1.1	导体电阻	T,S	5023.2—2008	2.1
1.2	2 000 V 电压试验	T,S	5023.2—2008	2.2
1.3	70 ℃时绝缘电阻	T	5023.2—2008	2.4
2	结构尺寸检查		5023.1 和 5023.2—2008	
2.1	结构检查	T,S	5023.1	检查和手工试验
2.2	绝缘厚度测量	T,S	5023.2—2008	1.9
2.3	外径测量	T,S	5023.2—2008	1.11
3	绝缘机械性能			
3.1	老化前拉力试验	T	2951.11—2008	9.1
3.2	老化后拉力试验	T	2951.12—2008	8.1.3.1
3.3	失重试验	T	2951.32—2008	8.1
4	高温压力试验	T	2951.31—2008	8.1
5	低温弹性			
5.1	绝缘低温弯曲试验	T	2951.14—2008	8.1
6	热冲击试验	T	2951.31—2008	9.1
7	不延燃试验	T	18380.12—2008	—

5　内部布线用导体温度为 70 ℃的单芯软导体无护套电缆

5.1　型号

60227 IEC 06（RV）。

5.2　额定电压

300/500 V。

5.3　结构

5.3.1　导体

芯数：1 芯。

导体应符合 GB/T 3956—1997 中第 5 种导体规定的要求。

5.3.2　绝缘

挤包在导体上的绝缘应是 PVC/C 型聚氯乙烯混合物。

绝缘厚度应符合表 7 第 2 栏的规定值。

绝缘电阻应不小于表 7 第 5 栏的规定值。

5.3.3　外径

平均外径应在表 7 第 3 栏和第 4 栏规定的限值内。

表 7　60227 IEC 06（RV）型电缆的综合数据

导体标称 截面积/ mm²	绝缘厚度规定值/ mm	平均外径/mm		70 ℃时最小绝缘电阻/ （MΩ·km）
		下限	上限	
0.5	0.6	2.1	2.5	0.013
0.75	0.6	2.2	2.7	0.011
1	0.6	2.4	2.8	0.010

5.4　试验

应按表 8 规定的检测和试验,检查是否符合 5.3 的要求。

5.5　使用导则

在正常使用时,导体最高温度为 70 ℃。

注：其他导则正在考虑中。

表 8　60227 IEC 06（RV）型电缆的试验项目

序号	试 验 项 目	试验类型	试验方法	
			GB/T	条文号
1	电气性能试验			
1.1	导体电阻	T,S	5023.2—2008	2.1
1.2	2 000 V 电压试验	T,S	5023.2—2008	2.2
1.3	70 ℃时绝缘电阻	T	5023.2—2008	2.4
2	结构尺寸检查		5023.1 和 5023.2—2008	
2.1	结构检查	T,S	5023.1	检查和手工试验
2.2	绝缘厚度测量	T,S	5023.2—2008	1.9
2.3	外径测量	T,S	5023.2—2008	1.11
3	绝缘机械性能			
3.1	老化前拉力试验	T	2951.11—2008	9.1
3.2	老化后拉力试验	T	2951.12—2008	8.1.3.1
3.3	失重试验	T	2951.32—2008	8.1
4	高温压力试验	T	2951.31—2008	8.1
5	低温弹性			
5.1	绝缘低温弯曲试验	T	2951.14—2008	8.1
6	热冲击试验	T	2951.31—2008	9.1
7	不延燃试验	T	18380.12—2008	—

6　内部布线用导体温度为 90 ℃的单芯实心导体无护套电缆

6.1　型号

60227 IEC 07（BV-90）。

6.2　额定电压

300/500 V。

6.3 结构

6.3.1 导体

芯数:1 芯。

导体应符合 GB/T 3956—1997 中第 1 种导体规定的要求。

6.3.2 绝缘

挤包在导体上的绝缘应是 PVC/E 型聚氯乙烯混合物。

绝缘厚度应符合表 9 第 2 栏的规定值。

绝缘电阻应不小于表 9 第 5 栏的规定值。

6.3.3 外径

平均外径应在表 9 第 3 栏和第 4 栏规定的限值内。

表 9　60227 IEC 07(BV-90)型电缆的综合数据

导体标称截面积/mm²	绝缘厚度规定值/mm	平均外径/mm		90 ℃时最小绝缘电阻/(MΩ·km)
		下限	上限	
0.5	0.6	1.9	2.3	0.015
0.75	0.6	2.1	2.5	0.013
1	0.6	2.2	2.7	0.012
1.5	0.7	2.6	3.2	0.011
2.5	0.8	3.2	3.9	0.009

6.4 试验

应按表 10 规定的检测和试验,检查是否符合 6.3 的要求。

6.5 使用导则

在正常使用时,导体最高温度为 90 ℃。

在电缆的使用环境可防止热塑流动和允许减小绝缘电阻的情况下,能连续在 90 ℃使用的 PVC 混合物,在缩短总工作时间的前提下,其工作温度可提高至 105 ℃。

注:其他导则正在考虑中。

表 10　60227 IEC 07(BV-90)型电缆的试验项目

序号	试　验　项　目	试验类型	试验方法	
			GB/T	条文号
1	电气性能试验			
1.1	导体电阻	T,S	5023.2—2008	2.1
1.2	2 000 V 电压试验	T,S	5023.2—2008	2.2
1.3	90 ℃时绝缘电阻	T	5023.2—2008	2.4
2	结构尺寸检查		5023.1 和 5023.2—2008	
2.1	结构检查	T,S	5023.1	检查和手工试验
2.2	绝缘厚度测量	T,S	5023.2—2008	1.9
2.3	外径测量	T,S	5023.2—2008	1.11
3	绝缘机械性能			
3.1	老化前拉力试验	T	2951.11—2008	9.1
3.2	老化后拉力试验	T	2951.12—2008	8.1.3.1
3.3	失重试验	T	2951.32—2008	8.1

表 10（续）

序号	试 验 项 目	试验类型	试验方法	
			GB/T	条文号
4	高温压力试验	T	2951.31—2008	8.1
5 5.1	低温弹性 绝缘低温弯曲试验	T	2951.14—2008	8.1
6	热冲击试验	T	2951.31—2008	9.1
7	不延燃试验	T	18380.12—2008	—
8	热稳定性试验	T	2951.32—2008	9

7 内部布线用导体温度为 90 ℃的单芯软导体无护套电缆

7.1 型号

60227 IEC 08(RV-90)。

7.2 额定电压

300/500 V。

7.3 结构

7.3.1 导体

芯数：1 芯。

导体应符合 GB/T 3956—1997 中第 5 种导体规定的要求。

7.3.2 绝缘

挤包在导体上的绝缘应是 PVC/E 型聚氯乙烯混合物。

绝缘厚度应符合表 11 第 2 栏的规定值。

绝缘电阻应不小于表 11 第 5 栏的规定值。

7.3.3 外径

平均外径应在表 11 第 3 栏和第 4 栏规定的限值内。

表 11 60227 IEC 08(RV-90)型电缆的综合数据

导体标称截面积/ mm²	绝缘厚度规定值/ mm	平均外径/mm		90 ℃时最小绝缘电阻/ (MΩ·km)
		下限	上限	
0.5	0.6	2.1	2.5	0.013
0.75	0.6	2.2	2.7	0.012
1	0.6	2.4	2.8	0.010
1.5	0.7	2.8	3.4	0.009
2.5	0.8	3.4	4.1	0.009

7.4 试验

应按表 12 规定的检测和试验，检查是否符合 7.3 的要求。

7.5 使用导则

在正常使用时，导体最高温度为 90 ℃。

在电缆的使用环境可防止热塑流动和允许减小绝缘电阻的情况下，能连续在 90 ℃使用的 PVC 混合物，在缩短总工作时间的前提下，其工作温度可提高至 105 ℃。

注：其他导则正在考虑中。

表 12 60227 IEC 08(RV-90)型电缆的试验项目

序号	试 验 项 目	试验类型	试验方法	
			GB/T	条文号
1	电气性能试验			
1.1	导体电阻	T,S	5023.2—2008	2.1
1.2	2 000 V 电压试验	T,S	5023.2—2008	2.2
1.3	90 ℃时绝缘电阻	T	5023.2—2008	2.4
2	结构尺寸检查		5023.1 和 5023.2—2008	
2.1	结构检查	T,S	5023.1	检查和手工试验
2.2	绝缘厚度测量	T,S	5023.2—2008	1.9
2.3	外径测量	T,S	5023.2—2008	1.11
3	绝缘机械性能			
3.1	老化前拉力试验	T	2951.11—2008	9.1
3.2	老化后拉力试验	T	2951.12—2008	8.1.3.1
3.3	失重试验	T	2951.32—2008	8.1
4	高温压力试验	T	2951.31—2008	8.1
5	低温弹性			
5.1	绝缘低温弯曲试验	T	2951.14—2008	8.1
6	热冲击试验	T	2951.31—2008	9.1
7	不延燃试验	T	18380.12—2008	—
8	热稳定性试验	T	2951.32—2008	9

ICS 29.060.20
K 13

中华人民共和国国家标准

GB/T 5023.4—2008/IEC 60227-4：1997
代替 GB 5023.4—1997

额定电压 450/750 V 及以下

聚氯乙烯绝缘电缆

第 4 部分：固定布线用护套电缆

Polyvinyl chloride insulated cables of rated voltages up to and including
450/750 V—Part 4：Sheathed cables for fixed wiring

（IEC 60227-4：1997，IDT）

2008-06-30 发布　　　　　　　　　　　　　2009-05-01 实施

中华人民共和国国家质量监督检验检疫总局
中国国家标准化管理委员会　发布

前　言

GB/T 5023《额定电压 450/750 V 及以下聚氯乙烯绝缘电缆》分为七个部分：
——第 1 部分：一般要求；
——第 2 部分：试验方法；
——第 3 部分：固定布线用无护套电缆；
——第 4 部分：固定布线用护套电缆；
——第 5 部分：软电缆（软线）；
——第 6 部分：电梯电缆和挠性连接用电缆；
——第 7 部分：二芯或多芯屏蔽和非屏蔽软电缆。

本部分为 GB/T 5023 的第 4 部分。本部分等同采用 IEC 60227-4:1997《额定电压 450/750 V 及以下聚氯乙烯绝缘电缆　第 4 部分：固定布线用护套电缆》第 2.1 版（英文版）。

为了便于使用，GB/T 5023 的本部分做了下列编辑性修改：
——用小数点"."代替作为小数点的逗号","；
——删除了 IEC 60227-4:1997 的前言。

本部分代替 GB 5023.4—1997《额定电压 450/750 V 及以下聚氯乙烯绝缘电缆　第 4 部分：固定布线用护套电缆》。

本部分与 GB 5023.4—1997 相比主要变化如下：
——规范性引用文件中增加了下列文件：
　　IEC 60719:1992 额定电压 450/750V 及以下圆形铜导体电缆平均外径上限和下限的计算方法；
——表 1 中增加了表注：电缆平均外径上下限的计算未遵从 IEC 60719:1992 的规定。

本部分由中国电器工业协会提出。

本部分由全国电线电缆标准化技术委员会（SAC/TC 213）归口。

本部分负责起草单位：上海电缆研究所。

本部分参加起草单位：远东电缆厂、天津金山电线电缆股份有限公司、江苏圣安电缆有限公司、南昌电缆有限责任公司、江苏上上电缆集团有限公司、湖南湘能金杯电缆有限公司。

本部分主要起草人：陆燕红、汪传斌、郑国俊、孙萍、丁小琴、李斌、艾卫民。

本部分所代替标准的历次版本发布情况为：
——GB 5023.2—1985；
——GB 5023.4—1997。

额定电压 450/750 V 及以下
聚氯乙烯绝缘电缆
第 4 部分：固定布线用护套电缆

1 总则

1.1 范围

GB/T 5023 的本部分详细规定了额定电压 300/500 V 轻型聚氯乙烯护套电缆的技术要求。

所有电缆均应符合 GB/T 5023.1 规定的相应要求和本部分的特殊要求。

1.2 规范性引用文件

下列文件中的条款通过 GB/T 5023 的本部分的引用而成为本部分的条款。凡是注日期的引用文件，其随后所有的修改单（不包括勘误的内容）或修订版均不适用于本部分，然而，鼓励根据本部分达成协议的各方研究是否可使用这些文件的最新版本。凡是不注日期的引用文件，其最新版本适用于本部分。

GB/T 2951.11—2008 电缆和光缆绝缘和护套材料通用试验方法 第 11 部分：通用试验方法——厚度和外形尺寸测量——机械性能试验（IEC 60811-1-1：2001，IDT）

GB/T 2951.12—2008 电缆和光缆绝缘和护套材料通用试验方法 第 12 部分：通用试验方法——热老化试验方法（IEC 60811-1-2：1985，IDT）

GB/T 2951.14—2008 电缆和光缆绝缘和护套材料通用试验方法 第 14 部分：通用试验方法——低温试验（IEC 60811-1-4：1985，IDT）

GB/T 2951.31—2008 电缆和光缆绝缘和护套材料通用试验方法 第 31 部分：聚氯乙烯混合料专用试验方法——高温压力试验——抗开裂试验（IEC 60811-3-1：1985，IDT）

GB/T 2951.32—2008 电缆和光缆绝缘和护套材料通用试验方法 第 32 部分：聚氯乙烯混合料专用试验方法——失重试验——热稳定性试验（IEC 60811-3-2：1985，IDT）

GB/T 3956—1997 电缆的导体（idt，IEC 60228：1978）

GB/T 5023.1 额定电压 450/750 V 及以下聚氯乙烯绝缘电缆 第 1 部分：一般要求（GB/T 5023.1—2008，IEC 60227-1：2007，IDT）

GB/T 5023.2—2008 额定电压 450/750 V 及以下聚氯乙烯绝缘电缆 第 2 部分：试验方法（IEC 60227-2：2003，IDT）

GB/T 18380.12—2008 电缆和光缆在火焰条件下的燃烧试验 第 12 部分：单根绝缘电线电缆火焰垂直蔓延试验（IEC 60332-1-2：2004，IDT）

IEC 60719：1992 额定电压 450/750 V 及以下圆形铜导体电缆平均外径上限和下限的计算方法

2 轻型聚氯乙烯护套电缆

2.1 型号

60227 IEC 10（BVV）。

2.2 额定电压

300/500 V。

2.3 结构

2.3.1 导体

芯数:2、3、4 或 5 芯。

导体应符合 GB/T 3956—1997 规定的要求:

——实心导体用第 1 种;

——绞合导体用第 2 种。

2.3.2 绝缘

挤包在导体上的绝缘应是 PVC/C 型聚氯乙烯混合物。

绝缘厚度应符合表 1 第 3 栏的规定值。

绝缘电阻应不小于表 1 第 8 栏的规定值。

2.3.3 绝缘线芯成缆

绝缘线芯应绞合在一起。

2.3.4 内护层

在绞合的绝缘线芯上应挤包一层由非硫化型橡皮或塑料混合物组成的内护层。

内护层与绝缘线芯应易于分离。

2.3.5 护套

挤包在内护层上的护套应是 PVC/ST4 型聚氯乙烯混合物。

护套应与内护层紧密贴合,且易于剥离而不损伤内护层。

护套厚度应符合表 1 第 5 栏的规定值。

2.3.6 外径

平均外径应在表 1 第 6 栏和第 7 栏规定的限值内。

2.4 试验

应按表 2 规定的检测和试验,检查是否符合 2.3 的要求。

2.5 使用导则

在正常使用时,导体最高温度为 70 ℃。

注:其他导则正在考虑中。

表 1 60227 IEC 10(BVV)型电缆的综合数据

导体芯数和标称截面积/mm²	导体种类	绝缘厚度规定值/mm	内护层厚度近似值/mm	护套厚度规定值/mm	平均外径/mm		70 ℃时最小绝缘电阻/(MΩ·km)
					下限	上限	
2×1.5	1	0.7	0.4	1.2	7.6	10.0	0.011
	2	0.7	0.4	1.2	7.8	10.5	0.010
2×2.5	1	0.8	0.4	1.2	8.6	11.5	0.010
	2	0.8	0.4	1.2	9.0	12.0	0.009
2×4	1	0.8	0.4	1.2	9.6	12.5	0.008 5
	2	0.8	0.4	1.2	10.0	13.0	0.007 7
2×6	1	0.8	0.4	1.2	10.5	13.5	0.007 0
	2	0.8	0.4	1.2	11.0	14.0	0.006 5
2×10	1	1.0	0.6	1.4	13.0	16.5	0.007 0
	2	1.0	0.6	1.4	13.5	17.5	0.006 5

表 1（续）

导体芯数和标称截面积/mm²	导体种类	绝缘厚度规定值/mm	内护层厚度近似值/mm	护套厚度规定值/mm	平均外径/mm		70 ℃时最小绝缘电阻/（MΩ·km）
					下限	上限	
2×16	2	1.0	0.6	1.4	15.5	20.0	0.005 2
2×25	2	1.2	0.8	1.4	18.5	24.0	0.005 0
2×35	2	1.2	1.0	1.6	21.0	27.5	0.004 4
3×1.5	1	0.7	0.4	1.2	8.0	10.5	0.011
	2	0.7	0.4	1.2	8.2	11.0	0.010
3×2.5	1	0.8	0.4	1.2	9.2	12.0	0.010
	2	0.8	0.4	1.2	9.4	12.5	0.009
3×4	1	0.8	0.4	1.2	10.0	13.0	0.008 5
	2	0.8	0.4	1.2	10.5	13.5	0.007 7
3×6	1	0.8	0.4	1.4	11.5	14.5	0.007 0
	2	0.8	0.4	1.4	12.0	15.5	0.006 5
3×10	1	1.0	0.6	1.4	14.0	17.5	0.007 0
	2	1.0	0.6	1.4	14.5	19.0	0.006 5
3×16	2	1.0	0.8	1.4	16.5	21.5	0.005 2
3×25	2	1.2	0.8	1.6	20.5	26.0	0.005 0
3×35	2	1.2	1.0	1.6	22.0	29.0	0.004 4
4×1.5	1	0.7	0.4	1.2	8.6	11.5	0.011
	2	0.7	0.4	1.2	9.0	12.0	0.010
4×2.5	1	0.8	0.4	1.2	10.0	13.0	0.010
	2	0.8	0.4	1.2	10.0	13.5	0.009
4×4	1	0.8	0.4	1.4	11.5	14.5	0.008 5
	2	0.8	0.4	1.4	12.0	15.0	0.007 7
4×6	1	0.8	0.6	1.4	12.5	16.0	0.007 0
	2	0.8	0.6	1.4	13.0	17.0	0.006 5
4×10	1	1.0	0.6	1.4	15.5	19.0	0.007 0
	2	1.0	0.6	1.4	16.0	20.5	0.006 5
4×16	2	1.0	0.8	1.4	18.0	23.5	0.005 2
4×25	2	1.2	1.0	1.6	22.5	28.5	0.005 0
4×35	2	1.2	1.0	1.6	24.5	32.0	0.004 4
5×1.5	1	0.7	0.4	1.2	9.4	12.0	0.011
	2	0.7	0.4	1.2	9.8	12.5	0.010
5×2.5	1	0.8	0.4	1.2	11.0	14.0	0.010
	2	0.8	0.4	1.2	11.0	14.5	0.009
5×4	1	0.8	0.6	1.4	12.5	16.0	0.008 5
	2	0.8	0.6	1.4	13.0	17.0	0.007 7
5×6	1	0.8	0.6	1.4	13.5	17.5	0.007 0
	2	0.8	0.6	1.4	14.5	18.5	0.006 5

表 1（续）

导体芯数和标称截面积/mm²	导体种类	绝缘厚度规定值/mm	内护层厚度近似值/mm	护套厚度规定值/mm	平均外径/mm 下限	平均外径/mm 上限	70 ℃时最小绝缘电阻/(MΩ·km)
5×10	1	1.0	0.6	1.4	17.0	21.0	0.007 0
	2	1.0	0.6	1.4	17.5	22.0	0.006 5
5×16	2	1.0	0.8	1.6	20.5	26.0	0.005 2
5×25	2	1.2	1.0	1.6	24.5	31.5	0.005 0
5×35	2	1.2	1.2	1.6	27.0	35.0	0.004 4

注：电缆平均外径上下限的计算未遵从 IEC 60719:1992 的规定。

表 2　60227 IEC 10（BVV）型电缆的试验项目

序号	试 验 项 目	试验类型	试验方法 GB/T	试验方法 条文号
1	电气性能试验			
1.1	导体电阻	T,S	5023.2—2008	2.1
1.2	绝缘线芯 2 000 V 电压试验	T	5023.2—2008	2.3
1.3	成品电缆 2 000 V 电压试验	T,S	5023.2—2008	2.2
1.4	70 ℃时绝缘电阻	T	5023.2—2008	2.4
2	结构尺寸检查		5023.1 和 5023.2—2008	
2.1	结构检查	T,S	5023.1	检查和手工试验
2.2	绝缘厚度测量	T,S	5023.2—2008	1.9
2.3	护套厚度测量	T,S	5023.2—2008	1.10
2.4	外径测量			
2.4.1	平均值	T,S	5023.2—2008	1.11
2.4.2	椭圆度	T,S	5023.2—2008	1.11
3	绝缘机械性能			
3.1	老化前拉力试验	T	2951.11—2008	9.1
3.2	老化后拉力试验	T	2951.12—2008	8.1.3.1
3.3	失重试验	T	2951.32—2008	8.1
4	护套机械性能			
4.1	老化前拉力试验	T	2951.11—2008	9.2
4.2	老化后拉力试验	T	2951.12—2008	8.1.3.1
4.3	失重试验	T	2951.32—2008	8.2
5	非污染试验	T	2951.12—2008	8.1.4
6	高温压力试验			
6.1	绝缘	T	2951.31—2008	8.1
6.2	护套	T	2951.31—2008	8.2

表 2（续）

序号	试 验 项 目	试验类型	试验方法	
			GB/T	条文号
7	低温弹性和冲击强度			
7.1	绝缘低温弯曲试验	T	2951.14—2008	8.1
7.2	护套低温弯曲试验	T	2951.14—2008	8.2
7.3	护套低温拉伸试验[a]	T	2951.14—2008	8.4
7.4	成品电缆低温冲击试验	T	2951.14—2008	8.5
8	热冲击试验			
8.1	绝缘	T	2951.31—2008	9.1
8.2	护套	T	2951.31—2008	9.2
9	不延燃试验	T	18380.12—2008	—

[a] 只有当电缆外径超过试验方法规定的极限值时才适用。

ICS 29.060.20
K 13

中华人民共和国国家标准

GB/T 5023.5—2008/IEC 60227-5：2003
代替 GB 5023.5—1997

额定电压 450/750 V 及以下
聚氯乙烯绝缘电缆
第 5 部分：软电缆（软线）

Polyvinyl chloride insulated cables of rated voltages up to and including
450/750 V—Part 5：Flexible cables（cords）

（IEC 60227-5：2003，IDT）

2008-06-30 发布　　　　　　　　　　　　　　　　2009-05-01 实施

中华人民共和国国家质量监督检验检疫总局
中国国家标准化管理委员会　发 布

前　言

GB/T 5023《额定电压 450/750 V 及以下聚氯乙烯绝缘电缆》分为七个部分：

——第 1 部分：一般要求；

——第 2 部分：试验方法；

——第 3 部分：固定布线用无护套电缆；

——第 4 部分：固定布线用护套电缆；

——第 5 部分：软电缆（软线）；

——第 6 部分：电梯电缆和挠性连接用电缆；

——第 7 部分：二芯或多芯屏蔽和非屏蔽软电缆。

本部分为 GB/T 5023 的第 5 部分。本部分等同采用 IEC 60227-5:2003《额定电压 450/750 V 及以下聚氯乙烯绝缘电缆　第 5 部分：软电缆（软线）》第 2.2 版（英文版）。

为了便于使用，GB/T 5023 的本部分做了下列编辑性修改：

——用小数点"."代替作为小数点的逗号","；

——删除了 IEC 60227-5:2003 的前言；

——删除了参考文献。

本部分代替 GB 5023.5—1997《额定电压 450/750 V 及以下聚氯乙烯绝缘电缆　第 5 部分：软电缆（软线）》。

本部分与 GB 5023.5—1997 相比主要变化如下：

——规范性引用文件中增加了下列文件：

　　IEC 60719 额定电压 450/750 V 及以下圆形铜导体电缆平均外径上限和下限的计算方法；

——删除了第 3 章扁形无护套软线 60227 IEC 42；

——增加了导体温度为 90 ℃的耐热轻型聚氯乙烯护套软线（60227 IEC 56）；

——增加了导体温度为 90 ℃的耐热普通聚氯乙烯护套软线（60227 IEC 57）；

——60227 IEC 43 型电缆设定平均外形尺寸下限；

——4.3.2 中修改为 70 ℃绝缘电阻应不小于表 5 第 7 栏的规定值；

——第 4 章户内装饰照明回路用软线导体修改为 GB/T 3596—1997 中第 5 种导体。

本部分由中国电器工业协会提出。

本部分由全国电线电缆标准化技术委员会（SAC/TC 213）归口。

本部分负责起草单位：上海电缆研究所。

本部分参加起草单位：福建南平太阳电缆股份有限公司、湖南湘能金杯电缆有限公司、宝胜科技创新股份有限公司、浙江万马电缆股份有限公司、上海熊猫线缆股份有限公司、南昌电缆有限责任公司。

本部分主要起草人：陆燕红、范德发、艾卫民、房权生、郑宏、周晓荣、丁小琴。

本部分所代替标准的历次版本发布情况为：

——GB 5023.3—1985；

——GB 5023.5—1997。

额定电压 450/750 V 及以下
聚氯乙烯绝缘电缆
第5部分:软电缆(软线)

1 总则

1.1 范围

GB/T 5023 的本部分详细规定了额定电压 300/500 V 及以下聚氯乙烯软电缆(软线)的技术要求。

所有电缆均应符合 GB/T 5023.1 规定的相应要求,并且各种型号电缆应分别符合本部分规定的特殊要求。

1.2 规范性引用文件

下列文件中的条款通过 GB/T 5023 的本部分的引用而成为本部分的条款。凡是注日期的引用文件,其随后所有的修改单(不包括勘误的内容)或修订版均不适用于本部分,然而,鼓励根据本部分达成协议的各方研究是否可使用这些文件的最新版本。凡是不注日期的引用文件,其最新版本适用于本部分。

GB/T 2951.11—2008 电缆和光缆绝缘和护套材料通用试验方法 第 11 部分:通用试验方法——厚度和外形尺寸测量——机械性能试验(IEC 60811-1-1:2001,IDT)

GB/T 2951.12—2008 电缆和光缆绝缘和护套材料通用试验方法 第 12 部分:通用试验方法——热老化试验方法(IEC 60811-1-2:1985,IDT)

GB/T 2951.14—2008 电缆和光缆绝缘和护套材料通用试验方法 第 14 部分:通用试验方法——低温试验(IEC 60811-1-4:1985,IDT)

GB/T 2951.31—2008 电缆和光缆绝缘和护套材料通用试验方法 第 31 部分:聚氯乙烯混合料专用试验方法——高温压力试验——抗开裂试验(IEC 60811-3-1:1985,IDT)

GB/T 2951.32—2008 电缆和光缆绝缘和护套材料通用试验方法 第 32 部分:聚氯乙烯混合料专用试验方法——失重试验——热稳定性试验(IEC 60811-3-2:1985,IDT)

GB/T 3956—1997 电缆的导体(idt IEC 60228:1978)

GB/T 5023.1 额定电压 450/750 V 及以下聚氯乙烯绝缘电缆 第 1 部分:一般要求(GB/T 5023.1—2008,IEC 60227-1:2007,IDT)

GB/T 5023.2—2008 额定电压 450/750 V 及以下聚氯乙烯绝缘电缆 第 2 部分:试验方法(IEC 60227-2:2003,IDT)

GB/T 18380.12—2008 电缆和光缆在火焰条件下的燃烧试验 第 12 部分:单根绝缘电线电缆火焰垂直蔓延试验(IEC 60332-1-2:2004,IDT)

IEC 60719 额定电压 450/750 V 及以下圆形铜导体电缆平均外径上限和下限的计算方法

2 扁形铜皮软线

2.1 型号

60227 IEC 41(RTPVR)。

2.2 额定电压

300/300 V。

2.3 结构

2.3.1 导体

芯数:2 芯。

每根导体应由多股绞合或复绞股线组成,而每股线由一根或多根压扁铜线或铜合金线螺旋形地绕在棉纱绳、聚酰胺绳或类似材料制成的绳上。

导体电阻应不大于表1第5栏的规定值。

2.3.2 绝缘

挤包在每芯导体上的绝缘应是PVC/D型聚氯乙烯混合物。

绝缘厚度应符合表1第1栏的规定值。

绝缘电阻应不小于表1第4栏的规定值。

2.3.3 绝缘线芯成缆

导体应平行放置并挤包绝缘。

在导体之间绝缘两边应有一凹槽,便于分离绝缘线芯。

2.3.4 外形尺寸

平均外形尺寸应在表1第2栏和第3栏规定的限值内。

表 1　60227 IEC 41(RTPVR)型软线的综合数据

绝缘厚度规定值/mm	平均外形尺寸/mm		70 ℃时最小绝缘电阻/(MΩ·km)	20 ℃时最大导体电阻/(Ω/km)
	下限	上限		
0.8	2.2×4.4	3.5×7.0	0.019	270
注:平均外径依据IEC 60719标准计算。				

表 2　60227 IEC 41(RTPVR)型软线的试验项目

序号	试验项目	试验类型	试验方法	
			GB/T	条文号
1	电气性能试验			
1.1	导体电阻	T,S	5023.2—2008	2.1
1.2	成品电缆2 000 V电压试验	T,S	5023.2—2008	2.2
1.3	70 ℃时绝缘电阻	T	5023.2—2008	2.4
2	结构尺寸检查		5023.1和5023.2—2008	
2.1	结构检查	T,S	5023.1	检查和手工试验
2.2	绝缘厚度测量	T,S	5023.2—2008	1.9
2.3	外形尺寸测量	T,S	5023.2—2008	1.11
3	绝缘机械性能			
3.1	老化前拉力试验	T	2951.11—2008	9.1
3.2	老化后拉力试验	T	2951.12—2008	8.1.3.1
3.3	失重试验	T	2951.32—2008	8.1
4	高温压力试验	T	2951.31—2008	8.1
5	低温弹性			
5.1	绝缘低温弯曲试验	T	2951.14—2008	8.1
6	热冲击试验	T	2951.31—2008	9.1
7	成品电缆机械强度			
7.1	弯曲试验	T	5023.2—2008	3.2
7.2	荷重断芯试验	T	5023.2—2008	3.3
8	不延燃试验	T	18380.12—2008	—

2.4 试验

应按表 2 规定的检测和试验,检查是否符合 2.3 的要求。

2.5 使用导则

在正常使用时,导体最高温度为 70 ℃。

注:其他导则正在考虑中。

3 不使用

4 户内装饰照明回路用软线

4.1 型号

60227 IEC 43(SVR)。

4.2 额定电压

300/300 V。

4.3 结构

4.3.1 导体

芯数:1 芯。

导体应符合 GB/T 3956—1997 中第 5 种导体规定的要求。

4.3.2 绝缘

绝缘应是 PVC/D 型聚氯乙烯混合物。绝缘应由两层组成并双层同时挤包在导体上。

绝缘外层的颜色应与内层有明显的反差,且应粘合在内层绝缘上。内外层绝缘的组合厚度应符合表 5 第 3 栏和第 4 栏的规定值,且各层绝缘在任何一点的厚度不应小于第 2 栏的规定值。

70 ℃时绝缘电阻应不小于表 5 第 7 栏的规定值。

4.3.3 软线识别

外层优先选用颜色:绿色。

4.3.4 外径

平均外径应在表 5 第 5 栏和第 6 栏规定的限值内。

4.4 试验

应按表 6 规定的检测和试验,检查是否符合 4.3 的要求。

4.5 使用导则

在正常使用时,导体最高温度为 70 ℃。

注:其他导则正在考虑中。

表 5　60227 IEC 43(SVR)型电缆的综合数据

导体标称截面积/mm²	绝缘各层厚度最小值/mm	绝缘总厚度最小值/mm	绝缘总厚度平均值/mm	平均外径/mm		70 ℃时最小绝缘电阻/(MΩ·km)
				下限	上限	
0.5	0.2	0.6	0.7	2.3	2.7	0.014
0.75	0.2	0.6	0.7	2.4	2.9	0.012
注:平均外径依据 IEC 60719 标准计算。						

5 轻型聚氯乙烯护套软线

5.1 型号

60227 IEC 52(RVV)。

5.2 额定电压

300/300 V。

表 6 60227 IEC 43(SVR)型电缆的试验项目

序号	试验项目	试验类型	试验方法 GB/T	条文号
1	电气性能试验			
1.1	导体电阻	T,S	5023.2—2008	2.1
1.2	成品电缆 2 000 V 电压试验	T,S	5023.2—2008	2.2
1.3	70 ℃时绝缘电阻	T	5023.2—2008	2.4
2	结构尺寸检查		5023.1 和 5023.2—2008	
2.1	结构检查	T,S	5023.1 本部分	检查和手工试验 4.3
2.2	内层绝缘厚度测量(只检验最小厚度)	T,S	5023.2—2008	1.9
2.3	外层绝缘厚度测量(只检验最小厚度)	T,S	5023.2—2008	1.9
2.4	总厚度测量[a]	T,S	5023.2—2008	1.9
2.5	外径测量	T,S	5023.2—2008	1.11
3	绝缘机械性能			
3.1	老化前拉力试验[a]	T	2951.11—2008	9.1
3.2	老化后拉力试验[a]	T	2951.12—2008	8.1.3.1
3.3	失重试验[a]	T	2951.32—2008	8.1
4	高温压力试验[a]	T	2951.31—2008	8.1
5	低温弹性			
5.1	绝缘低温弯曲试验[a]	T	2951.14—2008	8.1
6	热冲击试验[a]	T	2951.31—2008	9.1
7	不延燃试验	T	18380.12—2008	—

> [a] 由于双层绝缘采用同种材料同时挤出,故组合绝缘应按一层绝缘进行试验和评定。

5.3 结构

5.3.1 导体

芯数:2 和 3 芯。

导体应符合 GB/T 3956—1997 中第 5 种导体规定的要求。

5.3.2 绝缘

挤包在每芯导体上的绝缘应是 PVC/D 型聚氯乙烯混合物。

绝缘厚度应符合表 7 第 2 栏的规定值。

绝缘电阻应不小于表 7 第 6 栏的规定值。

5.3.3 绝缘线芯成缆

圆形软线:绝缘线芯应绞合在一起。

扁形软线:绝缘线芯应平行放置。

5.3.4 护套

挤包在成缆绝缘线芯上的护套应是 PVC/ST5 型聚氯乙烯混合物。

护套厚度应符合表 7 第 3 栏的规定值。

护套允许填满绝缘线芯之间的空隙、构成填充,但不应粘连绝缘线芯。绝缘线芯成缆后允许包有隔离层,也不应粘连绝缘线芯。

成品圆形软线实际上应是圆形截面。

5.3.5 外形尺寸

圆形软线的平均外径和扁形软线的平均外形尺寸应在表7第4栏和第5栏规定的限值内。

5.4 试验

应按表8规定的检测和试验,检查是否符合5.3的要求。

5.5 使用导则

在正常使用时,导体最高温度为70 ℃。

注:其他导则正在考虑中。

表7 60227 IEC 52(RVV)型软线的综合数据

导体芯数和标称截面积/mm²	绝缘厚度规定值/mm	护套厚度规定值/mm	平均外形尺寸/mm		70 ℃时最小绝缘电阻/(MΩ·km)
			下限	上限	
2×0.5	0.5	0.6	4.6 或 3.0×4.9	5.9 或 3.7×5.9	0.012
2×0.75	0.5	0.6	4.9 或 3.2×5.2	6.3 或 3.8×6.3	0.010
3×0.5	0.5	0.6	4.9	6.3	0.012
3×0.75	0.5	0.6	5.2	6.7	0.010

注:平均外形尺寸依据IEC 60719标准计算。

表8 60227 IEC 52(RVV)型软线的试验项目

序号	试验项目	试验类型	试验方法 GB/T	条文号
1	电气性能试验			
1.1	导体电阻	T,S	5023.2—2008	2.1
1.2	绝缘线芯1 500 V电压试验	T,S	5023.2—2008	2.3
1.3	成品电缆2 000 V电压试验	T,S	5023.2—2008	2.2
1.4	70 ℃时绝缘电阻	T	5023.2—2008	2.4
2	结构尺寸检查		5023.1和5023.2—2008	
2.1	结构检查	T,S	5023.1	检查和手工试验
2.2	绝缘厚度测量	T,S	5023.2—2008	1.9
2.3	护套厚度测量	T,S	5023.2—2008	1.10
2.4	外形尺寸测量			
2.4.1	平均值	T,S	5023.2—2008	1.11
2.4.2	椭圆度	T,S	5023.2—2008	1.11
3	绝缘机械性能			
3.1	老化前拉力试验	T	2951.11—2008	9.1
3.2	老化后拉力试验	T	2951.12—2008	8.1.3.1
3.3	失重试验	T	2951.32—2008	8.1
4	护套机械性能			
4.1	老化前拉力试验	T	2951.11—2008	9.2

表 8（续）

序号	试 验 项 目	试验类型	试 验 方 法	
			GB/T	条 文 号
4.2	老化后拉力试验	T	2951.12—2008	8.1.3.1
4.3	失重试验	T	2951.32—2008	8.2
5	高温压力试验			
5.1	绝缘	T	2951.31—2008	8.1
5.2	护套	T	2951.31—2008	8.2
6	低温弹性和冲击强度			
6.1	绝缘低温弯曲试验	T	2951.14—2008	8.1
6.2	护套低温弯曲试验	T	2951.14—2008	8.2
6.3	成品电缆低温冲击试验	T	2951.14—2008	8.5
7	热冲击试验			
7.1	绝缘	T	2951.31—2008	9.1
7.2	护套	T	2951.31—2008	9.2
8	成品电缆机械强度			
8.1	曲挠试验	T	5023.2—2008	3.1
9	不延燃试验	T	18380.12—2008	—

6 普通聚氯乙烯护套软线

6.1 型号

60227 IEC 53(RVV)。

6.2 额定电压

300/500 V。

6.3 结构

6.3.1 导体

芯数：2、3、4 或 5 芯。

导体应符合 GB/T 3956—1997 中第 5 种导体规定的要求。

6.3.2 绝缘

挤包在每芯导体上的绝缘应是 PVC/D 型聚氯乙烯混合物。

绝缘厚度应符合表 9 第 2 栏的规定值。

绝缘电阻应不小于表 9 第 6 栏的规定值。

6.3.3 绝缘线芯和填充（若有）一起成缆

圆形软线：绝缘线芯和填充（若有）应绞合在一起；

扁形软线：绝缘线芯应平行放置。

对于两芯圆形软线，绝缘线芯之间的间隙可单独填充或用护套填充。

任一填充物均不应粘连绝缘线芯。

6.3.4 护套

挤包在绝缘线芯上的护套应是 PVC/ST5 型聚氯乙烯混合物。

护套厚度应符合表 9 第 3 栏的规定值。

护套允许填满绝缘线芯之间的空隙、构成填充,但不应粘连绝缘线芯。绝缘线芯成缆后允许包有隔离层,也不应粘连绝缘线芯。

成品圆形软线实际上应是圆形截面。

6.3.5 外形尺寸

圆形软线的平均外径和扁形软线的平均外形尺寸应在表 9 第 4 栏和第 5 栏规定的限值内。

6.4 试验

应按表 10 规定的检测和试验,检查是否符合 6.3 的要求。

6.5 使用导则

在正常使用时,导体最高温度为 70 ℃。

注:其他导则正在考虑中。

表 9　60227 IEC 53(RVV)型软线的综合数据

导体芯数和标称截面积/ mm²	绝缘厚度规定值/ mm	护套厚度规定值/ mm	平均外形尺寸/mm		70 ℃时最小绝缘电阻/ (MΩ·km)
			下限	上限	
2×0.75	0.6	0.8	5.7 或 3.7×6.0	7.2 或 4.5×7.2	0.011
2×1	0.6	0.8	5.9 或 3.9×6.2	7.5 或 4.7×7.5	0.010
2×1.5	0.7	0.8	6.8	8.6	0.010
2×2.5	0.8	1.0	8.4	10.6	0.009
3×0.75	0.6	0.8	6.0	7.6	0.011
3×1	0.6	0.8	6.3	8.0	0.010
3×1.5	0.7	0.9	7.4	9.4	0.010
3×2.5	0.8	1.1	9.2	11.4	0.009
4×0.75	0.6	0.8	6.6	8.3	0.011
4×1	0.6	0.9	7.1	9.0	0.010
4×1.5	0.7	1.0	8.4	10.5	0.010
4×2.5	0.8	1.1	10.1	12.5	0.009
5×0.75	0.6	0.9	7.4	9.3	0.011
5×1	0.6	0.9	7.8	9.8	0.010
5×1.5	0.7	1.1	9.3	11.6	0.010
5×2.5	0.8	1.2	11.2	13.9	0.009

注:平均外形尺寸依据 IEC 60719 标准计算。

表 10　60227 IEC 53（RVV）型软线的试验项目

序号	试验项目	试验类型	试验方法	
			GB/T	条文号
1	电气性能试验			
1.1	导体电阻	T，S	5023.2—2008	2.1
1.2	绝缘线芯按规定的绝缘厚度进行电压试验			
1.2.1	0.6 mm 及以下为 1 500 V	T	5023.2—2008	2.3
1.2.2	大于 0.6 mm 为 2 000 V	T	5023.2—2008	2.3
1.3	成品电缆 2 000 V 电压试验	T	5023.2—2008	2.2
1.4	70 ℃时绝缘电阻	T	5023.2—2008	2.4
2	结构尺寸检查		5023.1 和 5023.2—2008	
2.1	结构检查	T，S	5023.1	检查和手工试验
2.2	绝缘厚度测量	T，S	5023.2—2008	1.9
2.3	护套厚度测量	T，S	5023.2—2008	1.10
2.4	外形尺寸测量			
2.4.1	平均值	T，S	5023.2—2008	1.11
2.4.2	椭圆度	T，S	5023.2—2008	1.11
3	绝缘机械性能			
3.1	老化前拉力试验	T	2951.11—2008	9.1
3.2	老化后拉力试验	T	2951.12—2008	8.1.3.1
3.3	失重试验	T	2951.32—2008	8.1
4	护套机械性能			
4.1	老化前拉力试验	T	2951.11—2008	9.2
4.2	老化后拉力试验	T	2951.12—2008	8.1.3.1
4.3	失重试验	T	2951.32—2008	8.2
5	非污染试验	T	2951.12—2008	8.1.4
6	高温压力试验			
6.1	绝缘	T	2951.31—2008	8.1
6.2	护套	T	2951.31—2008	8.2
7	低温弹性和冲击强度			
7.1	绝缘低温弯曲试验	T	2951.14—2008	8.1
7.2	护套低温弯曲试验	T	2951.14—2008	8.2
7.3	成品电缆低温冲击试验	T	2951.14—2008	8.5
8	热冲击试验			
8.1	绝缘	T	2951.31—2008	9.1
8.2	护套	T	2951.31—2008	9.2
9	成品电缆机械强度			
9.1	曲挠试验	T	5023.2—2008	3.1
10	不延燃试验	T	18380.12—2008	—

7 导体温度为 90 ℃的耐热轻型聚氯乙烯护套软线

7.1 型号

60227 IEC 56(RVV-90)。

7.2 额定电压

300/300 V。

7.3 结构

7.3.1 导体

芯数：2 或 3 芯。

导体应符合 GB/T 3596—1997 中第 5 种导体规定的要求。

7.3.2 绝缘

挤包在每芯导体上的绝缘应是 PVC/E 型聚氯乙烯混合物。

绝缘厚度应符合表 11 第 2 栏的规定值。

绝缘电阻应不小于表 11 第 6 栏的规定值。

7.3.3 绝缘线芯成缆

圆形软线：绝缘线芯应绞合在一起。

扁形软线：绝缘线芯应平行放置。

7.3.4 护套

挤包在绝缘线芯上的护套应是 PVC/ST10 型聚氯乙烯混合物。

护套厚度应符合表 11 第 3 栏的规定值。

护套允许填满绝缘线芯之间的空隙、构成填充，但不应粘连绝缘线芯。绝缘线芯成缆后允许包有隔离层，也不应粘连绝缘线芯。

成品圆形软线实际上应是圆形截面。

7.3.5 外形尺寸

圆形软线的平均外径和扁形软线的平均外形尺寸应在表 11 第 4 栏和第 5 栏规定的限值内。

7.4 试验

应按表 12 规定的检测和试验，检查是否符合 7.3 的要求。

7.5 使用导则

在正常使用时，导体最高温度为 90 ℃。

注：其他导则正在考虑中。

表 11 60227 IEC 56(RVV-90)型软线的综合数据

导体芯数及标称截面积/mm²	绝缘厚度规定值/mm	护套厚度规定值/mm	平均外形尺寸/mm		90 ℃时最小绝缘电阻/(MΩ·km)
			下限	上限	
2×0.5	0.5	0.6	4.6 或 3.0×4.9	5.9 或 3.7×5.9	0.012
2×0.75	0.5	0.6	4.9 或 3.2×5.2	6.3 或 3.8×6.3	0.010
3×0.5	0.5	0.6	4.9	6.3	0.012
3×0.75	0.5	0.6	5.2	6.7	0.010
注：平均外形尺寸依据 IEC 60719 标准计算。					

表 12　60227 IEC 56(RVV-90)型软线的试验项目

序号	试验项目	试验类型	试 验 方 法	
			GB/T	条 文 号
1	电气性能试验			
1.1	导体电阻	T,S	5023.2—2008	2.1
1.2	成品电缆 2 000 V 电压试验	T,S	5023.2—2008	2.2
1.3	绝缘线芯 1 500 V 电压试验	T	5023.2—2008	2.3
1.4	90 ℃时绝缘电阻	T	5023.2—2008	2.4
2	结构尺寸检查			
2.1	结构检查	T,S	5023.1	检查和手工试验
2.2	绝缘厚度测量	T,S	5023.2—2008	1.9
2.3	护套厚度测量	T,S	5023.2—2008	1.10
2.4	外形尺寸测量			
2.4.1	平均值	T,S	5023.2—2008	1.11
2.4.2	椭圆度	T,S	5023.2—2008	1.11
3	绝缘机械性能			
3.1	老化前拉力试验	T	2951.11—2008	9.1
3.2	老化后拉力试验	T	2951.12—2008	8.1.3.1
3.3	失重试验	T	2951.32—2008	8.1
4	护套机械性能			
4.1	老化前拉力试验	T	2951.11—2008	9.2
4.2	老化后拉力试验	T	2951.12—2008	8.1.3.1
4.3	失重试验	T	2951.32—2008	8.2
5	高温压力试验			
5.1	绝缘	T	2951.31—2008	8.1
5.2	护套	T	2951.31—2008	8.2
6	低温弹性和冲击强度			
6.1	绝缘低温弯曲试验	T	2951.14—2008	8.1
6.2	护套低温弯曲试验	T	2951.14—2008	8.2
6.3	成品电缆低温冲击试验	T	2951.14—2008	8.5
7	热冲击试验			
7.1	绝缘	T	2951.31—2008	9.1
7.2	护套	T	2951.31—2008	9.2
8	热稳定性试验			
8.1	绝缘	T	2951.32—2008	9
8.2	护套	T	2951.32—2008	9
9	成品电缆机械强度			
9.1	曲挠试验	T	5023.2—2008	3.1
10	不延燃试验	T	18380.12—2008	—

8 导体温度为 90 ℃的耐热普通聚氯乙烯护套软线

8.1 型号

60227 IEC 57(RVV-90)。

8.2 额定电压

300/500 V。

8.3 结构

8.3.1 导体

芯数:2、3、4 或 5 芯。

导体应符合 GB/T 3956—1997 中第 5 种导体规定的要求。

8.3.2 绝缘

挤包在每芯导体上的绝缘应是 PVC/E 型聚氯乙烯混合物。

绝缘厚度应符合表 13 第 2 栏的规定值。

绝缘电阻应不小于表 13 第 6 栏的规定值。

8.3.3 绝缘线芯和填充(若有)成缆

圆形软线:绝缘线芯和填充(若有)应绞合在一起。

扁形软线:绝缘线芯应平行放置。

对于两芯圆形软线,绝缘线芯之间的间隙可单独填充或用护套填充。

任一填充物均不应粘连绝缘线芯。

8.3.4 护套

挤包在绝缘线芯上的护套应是 PVC/ST10 型聚氯乙烯混合物。

护套厚度应符合表 13 第 3 栏的规定值。

护套允许填满绝缘线芯之间的空隙、构成填充,但不应粘连绝缘线芯。绝缘线芯成缆后允许包有隔离层,也不应粘连绝缘线芯。

成品圆形软线实际上应是圆形截面。

8.3.5 外形尺寸

圆形软线的平均外径和扁形软线的平均外形尺寸应在表 13 第 4 栏和第 5 栏规定的限值内。

8.4 试验

应以表 14 规定的检测和试验,检查是否符合 8.3 的要求。

8.5 使用导则

在正常使用时,导体最高温度为 90 ℃。

注:其他导则正在考虑中。

表 13 60227 IEC 57(RVV-90)型软线的综合数据

导体芯数及标称截面积/mm²	绝缘厚度规定值/mm	护套厚度规定值/mm	平均外形尺寸/mm		90 ℃时最小绝缘电阻/(MΩ·km)
			下限	上限	
2×0.75	0.6	0.8	5.7 或 3.7×6.0	7.2 或 4.5×7.2	0.011
2×1	0.6	0.8	5.9 或 3.9×6.2	7.5 或 4.7×7.5	0.010
2×1.5	0.7	0.8	6.8	8.6	0.010
2×2.5	0.8	1.0	8.4	10.6	0.009
3×0.75	0.6	0.8	6.0	7.6	0.011
3×1	0.6	0.8	6.3	8.0	0.010

表 13（续）

导体芯数及标称截面积/mm²	绝缘厚度规定值/mm	护套厚度规定值/mm	平均外形尺寸/mm		90 ℃时最小绝缘电阻/（MΩ·km）
			下限	上限	
3×1.5	0.7	0.9	7.4	9.4	0.010
3×2.5	0.8	1.1	9.2	11.4	0.009
4×0.75	0.6	0.8	6.6	8.3	0.011
4×1	0.6	0.9	7.1	9.0	0.010
4×1.5	0.7	1.0	8.4	10.5	0.010
4×2.5	0.8	1.1	10.1	12.5	0.009
5×0.75	0.6	0.9	7.4	9.3	0.011
5×1	0.6	0.9	7.8	9.8	0.010
5×1.5	0.7	1.1	9.3	11.6	0.010
5×2.5	0.8	1.2	11.2	13.9	0.009

注：平均外形尺寸依据 IEC 60719 标准计算。

表 14　60227 IEC 57（RVV-90）型软线的试验项目

序号	试验项目	试验类型	试验方法 GB/T	条文号
1	电气性能试验			
1.1	导体电阻	T,S	5023.2—2008	2.1
1.2	成品电缆 2 000 V 电压试验	T,S	5023.2—2008	2.2
1.3	绝缘线芯按规定的绝缘厚度进行电压试验			
1.3.1	0.6 mm 及以下为 1 500 V	T	5023.2—2008	2.3
1.3.2	大于 0.6 mm 为 2 000 V	T	5023.2—2008	2.3
1.4	90 ℃时绝缘电阻	T	5023.2—2008	2.4
2	结构尺寸检查			
2.1	结构检查	T,S	5023.1	检查和手工试验
2.2	绝缘厚度测量	T,S	5023.2—2008	1.9
2.3	护套厚度测量	T,S	5023.2—2008	1.10
2.4	外形尺寸测量			
2.4.1	平均值	T,S	5023.2—2008	1.11
2.4.2	椭圆度	T,S	5023.2—2008	1.11
3	绝缘机械性能			
3.1	老化前拉力试验	T	2951.11—2008	9.1
3.2	老化后拉力试验	T	2951.12—2008	8.1.3.1
3.3	失重试验	T	2951.32—2008	8.1
3.4	非污染试验[a]	T	2951.12—2008	8.1.4
4	护套机械性能			
4.1	老化前拉力试验	T	2951.11—2008	9.2

表 14（续）

序号	试验项目	试验类型	试验方法	
			GBT	条文号
4.2	老化后拉力试验	T	2951.12—2008	8.1.3.1
4.3	失重试验	T	2951.32—2008	8.2
5	高温压力试验			
5.1	绝缘	T	2951.31—2008	8.1
5.2	护套	T	2951.31—2008	8.2
6	低温弹性和冲击强度			
6.1	绝缘低温弯曲试验	T	2951.14—2008	8.1
6.2	护套低温弯曲试验b	T	2951.14—2008	8.2
6.3	护套低温拉伸试验c	T	2951.14—2008	8.4
6.4	成品电缆低温冲击试验	T	2951.14—2008	8.5
7	热冲击试验			
7.1	绝缘	T	2951.31—2008	9.1
7.2	护套	T	2951.31—2008	9.2
8	热稳定性试验			
8.1	绝缘	T	2951.32—2008	9
8.2	护套	T	2951.32—2008	9
9	成品电缆机械强度			
9.1	曲挠试验	T	5023.2—2008	3.1
10	不延燃试验	T	18380.12—2008	—

a 见 GB/T 5023.1—2008 中 5.3.1 条的规定。

b 只适用于平均外径 12.5 mm 及以下电缆。

c 只适用于平均外径大于 12.5 mm 电缆。

ICS 29.060.20
K 13

中华人民共和国国家标准

GB/T 5023.6—2006/IEC 60227-6:2001
代替 GB 5023.6—1997

额定电压 450/750 V 及以下
聚氯乙烯绝缘电缆
第 6 部分:电梯电缆和挠性连接用电缆

Polyvinyl chloride insulated cables of rated voltages up to and including 450/750 V—
Part 6:Lift cables and cables for flexible connections

(IEC 60227-6:2001,IDT)

2006-04-30 发布 　　　　　　　　　　　　　　　　 2006-12-01 实施

中华人民共和国国家质量监督检验检疫总局
中国国家标准化管理委员会　发布

前　言

《额定电压 450/750 V 及以下聚氯乙烯绝缘电缆》分为 7 个部分：

——GB 5023.1—1997 额定电压 450/750 V 及以下聚氯乙烯绝缘电缆　第 1 部分：一般要求
（idt IEC 60227-1:1993）。

——GB 5023.2—1997 额定电压 450/750 V 及以下聚氯乙烯绝缘电缆　第 2 部分：试验方法
（idt IEC 60227-2:1979）。

——GB 5023.3—1997 额定电压 450/750 V 及以下聚氯乙烯绝缘电缆　第 3 部分：固定布线用无
护套电缆（idt IEC 60227-3:1993）。

——GB 5023.4—1997 额定电压 450/750 V 及以下聚氯乙烯绝缘电缆　第 4 部分：固定布线用护
套电缆（idt IEC 60227-4:1992）。

——GB 5023.5—1997 额定电压 450/750 V 及以下聚氯乙烯绝缘电缆　第 5 部分：软电缆（软电
线）（idt IEC 60227-5:1979）。

——GB/T 5023.6—2006 额定电压 450/750 V 及以下聚氯乙烯绝缘电缆　第 6 部分：电梯电缆和
挠性连接用电缆（IEC 60227-6:2001，IDT）。

——GB 5023.7—1997 额定电压 450/750 V 及以下聚氯乙烯绝缘电缆　第 7 部分：芯或多芯屏蔽
软电缆（idt IEC 60227-7:1995）。

本部分为第 6 部分，等同采用国际电工委员会（IEC）标准 IEC 60227-6:2001《额定电压 450/750 V
及以下聚氯乙烯绝缘电缆　第 6 部分：电梯电缆和挠性连接用电缆》。

本部分是第一次修订，并增加圆形电梯电缆和挠性连接用电缆部分。

本部分从实施之日起，同时替代 GB 5023.6—1997。

本部分的附录 A 和附录 B 都是规范性附录，附录 C 是资料性附录。

本部分由中国电器工业协会提出。

本部分由全国电线电缆标准化技术委员会（SAC/TC 213）归口。

本部分负责起草单位：上海电缆研究所。

本部分参加起草单位：上海老港申菱电子电缆有限公司、天津金山电线电缆股份有限公司、中山市
电线电缆有限公司。

本部分主要起草人：刘旌平、顾友明、郑国俊、朱革、吴曾权。

额定电压 450/750 V 及以下
聚氯乙烯绝缘电缆
第 6 部分:电梯电缆和挠性连接用电缆

1 范围

本部分详细规定了额定电压 450/750 V 及以下扁形和圆形电梯电缆和挠性连接用电缆的技术要求。

2 规范性引用文件

下列文件中的条款通过本部分的引用而成为本部分的条款。凡是注日期的引用文件,其随后所有的修改单(不包括勘误的内容)或修订版均不适用于本部分,然而,鼓励根据本部分达成协议的各方研究是否可使用这些文件的最新版本。凡是不注日期的引用文件,其最新版本适用于本部分。

GB/T 2951.1—1997 电缆绝缘和护套材料通用试验方法 第 1 部分:通用试验方法 第 1 节:厚度和外形尺寸测量——机械性能试验(idt IEC 60811-1-1:1993)

GB/T 2951.2—1997 电缆绝缘和护套材料通用试验方法 第 1 部分:通用试验方法 第 2 节:热老化试验方法(idt IEC 60811-1-2:1985)

GB/T 2951.4—1997 电缆绝缘和护套材料通用试验方法 第 1 部分:通用试验方法 第 4 节:低温试验(idt IEC 60811-1-4:1985)

GB/T 2951.6—1997 电缆绝缘和护套材料通用试验方法 第 3 部分:聚氯乙烯混合料专用试验方法 第 1 节:高温压力试验——抗开裂试验(idt IEC 60811-3-1:1985)

GB/T 2951.7—1997 电缆绝缘和护套材料通用试验方法 第 3 部分:聚氯乙烯混合料专用试验方法 第 2 节:失重试验——热稳定试验(idt IEC 60811-3-2:1985)

GB/T 3956—1997 电缆的导体(idt IEC 60228:1978)

GB 5023.1—1997 额定电压 450/750 V 及以下聚氯乙烯绝缘电缆 第 1 部分:一般要求(idt IEC 60227-1:1993)

GB 5023.2—1997 额定电压 450/750 V 及以下聚氯乙烯绝缘电缆 第 2 部分:试验方法(idt IEC 60227-2:1979)

GB/T 11322.1—1997 射频电缆 第 0 部分:详细规范设计指南 第一篇:同轴电缆(idt IEC 60096-0-1:1990)

GB/T 12706.1-2002 额定电压 1 kV(U_m=1.2 kV)到 35 kV(U_m=40.5 kV)挤包绝缘电力电缆及附件 第 1 部分:额定电压 1 kV(U_m=1.2 kV)到 3 kV(U_m=3.6 kV)电缆(eqv IEC 60502-1:1997)

GB/T 18380.1 电缆在火焰条件下的燃烧试验 第 1 部分:单根绝缘电线或电缆的垂直燃烧试验方法(GB/T 18380.1—2001,idt IEC 60332-1:1993)

3 扁形聚氯乙烯护套电梯电缆和挠性连接用电缆

3.1 型号
60227 IEC 71f(TVVB)。

3.2 额定电压
——导体标称截面 1 mm² 及以下的电缆:300/500 V;
——导体标称截面大于 1 mm² 的电缆:450/750 V。

3.3 结构

3.3.1 导体

芯数：3、4、5、6、9、12、16、18、20 或 24 芯。

导体标称截面和芯数的组合见表 1：

表 1 导体标称截面和芯数

导体标称截面/mm²	芯 数
0.75 和 1	(3)、(4)、(5)、6、9、12、(16)、(18)、(20)或 24
1.5 和 2.5	(3)、4、5、6、9 或 12
4、6、10、16 和 25	4 或 5

括号内为非优先芯数。

导体应符合 GB/T 3956—1997 中第 5 种导体规定的要求。

扁形电缆两侧绝缘线芯的导体可由铜线和钢线组成。这些导体的标称几何截面应与其他导体截面相等，其最大电阻应不大于相同标称截面铜导体最大电阻的两倍。

3.3.2 绝缘

挤包在每芯导体上的绝缘应是 PVC/D 型聚氯乙烯混合物。

绝缘厚度应符合表 4 第 2 栏的规定值。

绝缘电阻应不小于表 4 第 3 栏的规定值。

3.3.3 绝缘线芯和承拉元件(若有)的排列

绝缘线芯应平行排列。但也允许先把 2 芯、3 芯、4 芯或 5 芯绞合成组后再平行排列，在这种情况下，每组绝缘线芯内可以夹一根撕裂线。绝缘线芯应可分离而又不损伤绝缘。

单股或多股承拉元件可以使用织物材料。

单股或多股承拉元件也可以使用金属材料，但应包覆一层非导电的耐磨材料。

如果绝缘线芯绞合后分组排列，则应按表 2 规定分组：

表 2 绝缘线芯分组

绝缘线芯数	5	6	9	12	16	18	20	24
分组	2+1+2	2×3	3×3	3×4	4×4	4+5+5+4	5×4	6×4

组间间距的标称值 e_1 列于表 5 第 2 栏(见图 1)。

对间距 e_1 的平均值不作规定，但线芯组与组之间的任一间距 e_1 可小于标称值，且应不小于标称值的 80%−0.2 mm。

3.3.4 护套

挤包在绝缘线芯上的护套应是 PVC/ST5 型聚氯乙烯混合物。

护套应紧密挤包以避免形成空隙，且应不粘连绝缘线芯。扁形电缆的边缘应成圆角。

护套厚度应符合表 5 第 3 栏的 e_2 和 e_3 的规定值(见图 1)。

e_2 和 e_3 的平均值应不小于相应的规定值，但任一处的厚度可小于规定值，且应不小于相应规定值的 80%−0.2 mm。

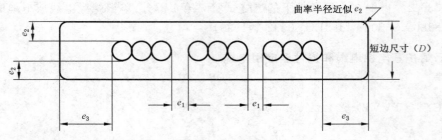

注：本图是表 5 列出的护套厚度和间距的示意图，它不代表实际尺寸。

图 1 电缆断面图

3.4　试验

按表6规定的检测和试验检查,应符合3.3的规定。但是,由于电缆的断面是矩形,应该考虑下列修正和补充。按适用情况,应将3.4.1～3.4.5的内容与表6规定的有关试验结合起来使用。

3.4.1　护套高温压力试验

如果电缆短边的形状完全是圆形,则试验应按 GB/T 2951.6—1997 中 8.2 的规定在短边上进行。

压力计算：

D 为电缆短边尺寸；

δ 为护套平均厚度 e_3,按 GB/T 2951.1—1997 的 8.2.4 测定。

如果短边如图1所示为扁平形或近似扁平形,则试验按 GB/T 2951.6—1997 的 8.2 进行,并作如下修正。

a)　试片制备

沿着电缆的轴线方向,在电缆的宽边上切取一窄条,窄条内侧的凸脊应磨平或削平。被试窄条的宽度应至少为 10 mm,但不大于 20 mm,试片厚度应在施加压力 F 处测量。

b)　试片在试验装置中的位置

窄条试片应卷绕在直径近似等于电缆绝缘线芯直径的芯棒上,窄条的纵轴与芯棒轴线垂直,而且其内表面与芯棒圆周的接触面应至少有 120°(见图2)。

试验装置的金属刀架应置于试件中间。

c)　压力计算

d 为加压力处的窄条试片厚度,单位 mm。见 GB/T 2951.6—1997 的 8.2.4。

D 为芯棒直径与 2 d 之和,单位 mm。

d)　压痕

压痕深度与上述的原始值 d 相关。

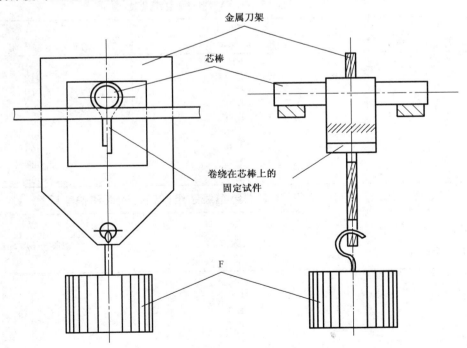

图 2　压痕试验装置

3.4.2　成品电缆低温冲击试验

低温冲击试验时的落锤质量应按 GB/T 2951.4—1997 的 8.5.4 规定,根据扁电缆的短边尺寸选取。

3.4.3 曲挠试验

该试验不适用于电梯电缆(更适合电梯电缆的试验方法正在考虑中)。

试验只适用于导体标称截面为 0.75 mm²、1 mm²、1.5 mm²、2.5 mm² 或 4 mm² 和 5 芯及以下的挠性连接用电缆。

电缆两端挂锤的质量及滑轮 A 和 B 的直径按表 3 规定。

表 3 曲 挠 试 验

软 电 缆 类 型	挂锤质量/kg	滑轮直径/mm
扁形聚氯乙烯护套挠性连接用电缆的导体标称截面		
0.75 mm² 和 1 mm²	1.0	80
1.5 mm² 和 2.5 mm²	1.5	120
4 mm²	2.0	200

3.4.4 静态曲挠试验

试验按 GB 5023.2—1997 中的 3.5 规定进行。

试验后的合格距离 l' 应不大于 0.70 m。

3.4.5 阻燃试验

试验时,火焰应施加在电缆宽边的中部。

3.5 使用导则

扁形电梯电缆预定用于安装在自由悬挂长度不超过 35 m 及移动速度不超过 1.6 m/s 的电梯和升降机,当电缆使用范围超过上述限制时,应由买方和制造厂之间协商解决,例如增加承拉元件等。

本规范不适用于在温度 0℃ 以下使用的电缆。

在正常使用时,导体最高温度为 70℃。

注:其他导则正在考虑中。

表 4 60227 IEC 71f(TVVB)型电缆综合数据

1	2	3
导体标称截面/mm²	绝缘厚度规定值/mm	70℃时最小绝缘电阻/(MΩ·km)
0.75	0.6	0.011
1	0.6	0.010
1.5	0.7	0.010
2.5	0.8	0.009
4	0.8	0.007
6	0.8	0.006
10	1.0	0.005 6
16	1.0	0.004 6
25	1.2	0.004 4

表 5 60227 IEC 71f(TVVB)型电缆线芯组(若有)间距和护套厚度

1	2	3	
导体标称截面/mm²	间距标称值/mm	护套厚度规定值/mm	
	e_1	e_2	e_3
0.75	1.0	0.9	1.5
1	1.0	0.9	1.5
1.5	1.0	1.0	1.5
2.5	1.5	1.0	1.5
4	1.5	1.0	1.8
6	1.5	1.2	1.8
10	1.5	1.2	1.8
16	1.5	1.4	1.8
25	1.5	1.5	2.0
	1.5	1.6	2.0

表 6　60227 IEC 71f（TVVB）型电缆的试验项目

1	2	3	4	
			试 验 方 法	
序号	试 验 项 目	试验种类	GB（GB/T）	条文号
1	电气性能试验			
1.1	导体电阻	T，S	5023.2—1997	2.1
1.2	绝缘线芯按额定电压进行电压试验			
1.2.1	U_0/U：300/500 V，绝缘厚度≤0.6 mm	T	5023.2—1997	2.3
	试验电压：1 500 V			
1.2.2	U_0/U：450/750 V，绝缘厚度＞0.6 mm	T	5023.2—1997	2.3
	试验电压：2 500 V			
1.3	成品电缆按额定电压进行电压试验	T，S	5023.2—1997	2.2
1.3.1	U_0/U：300/500 V，试验电压：2 000 V			
1.3.2	U_0/U：450/750 V，试验电压：2 500 V			
1.4	70℃时绝缘电阻	T	5023.2—1997	2.4
2	结构尺寸检查			
2.1	结构检查	T，S	5023.1—1997	检查和手工试验
2.2	绝缘厚度测量	T，S	5023.2—1997	1.9
2.3	护套厚度测量	T，S	5023.2—1997	1.10
3	绝缘机械性能			
3.1	老化前拉力试验	T	2951.1—1997	9.1
3.2	老化后拉力试验	T	2951.2—1997	8.1.3
3.3	失重试验	T	2951.7—1997	8.1
4	护套机械性能			
4.1	老化前拉力试验	T	2951.1—1997	9.2
4.2	老化后拉力试验	T	2951.2—1997	8.1.3
4.3	失重试验	T	2951.7—1997	8.2
5	高温压力试验			
5.1	绝缘	T	2951.6—1997	8.1
5.2	护套		2951.6—1997	8.2
			5023.6—1997	3.4.1
6	低温弹性和冲击强度			
6.1	绝缘低温弯曲试验	T	2951.4—1997	8.1
6.2	护套低温弯曲试验	T	2951.4—1997	8.2
6.3	护套低温拉伸试验	T	2951.4—1997	8.4
			2951.4—1997	8.5
6.4	成品电缆低温冲击试验	T	5023.6—1997	3.4.2
7	热冲击试验			
7.1	绝缘	T	2951.6—1997	9.1
7.2	护套	T	2951.6—1997	9.2
8	成品电缆机械强度			
8.1	曲挠试验	T	5023.2—1997	3.1
			5023.6—1997	3.4.3
8.2	静态曲挠试验	T	5023.2—1997	3.5
			5023.6—1997	3.4.4
9	阻燃试验	T	18380.1	
			5023.6—1997	3.4.5

4 圆形聚氯乙烯护套电梯电缆和挠性连接用电缆

4.1 型号

60227 IEC 71c（TVV）。

4.2 额定电压

——导体标称截面 1 mm² 及以下的电缆：300/500 V；

——导体标称截面大于 1 mm² 的电缆：450/750 V。

4.3 结构

4.3.1 导体

导体标称截面和优先选用的芯数组合见表7：

表 7 导体标称截面和芯数

导体标称截面/mm²	优先选用的芯数[a]
0.75、1、1.5 和 2.5	6、9、12、18、24 或 30
4、6、10、16 和 25	4 或 5

[a] 表列为优先选用的芯数，但也允许有其他芯数或更多芯数的电缆结构。

导体应符合 GB/T 3956—1997 中第 5 种导体规定的要求，但 2.5 mm² 及以下导体的最大电阻应增加 5%。单线可以不镀锡或镀锡。

在电缆的任一绞层中可以放置下列通信单元：

——光缆；

——同轴电缆；

——屏蔽通信线对和导体标称截面至少为 0.5 mm² 的多根屏蔽单芯线。

通信线对和单芯线的导体应符合 GB/T 3956—1997 中第 5 种导体规定的要求。

任一通信单元应挤包一层合适的非金属包覆层或缠绕扎带。

4.3.2 控制和动力线芯的绝缘

挤包在每芯导体上的绝缘应是 PVC/D 型聚氯乙烯混合物。

绝缘厚度应符合表 8 第 2 栏的规定值。

绝缘电阻应不小于表 8 第 3 栏的规定值。

表 8 60227 IEC 71c（TVV）型电缆综合数据

1	2	3
导体标称截面/mm²	绝缘厚度规定值/mm	70℃时最小绝缘电阻/(MΩ·km)
0.75	0.6	0.011
1	0.6	0.010
1.5	0.7	0.010
2.5	0.8	0.009
4	0.8	0.007
6	0.8	0.006
10	1.0	0.005 6
16	1.0	0.004 6
25	1.2	0.004 4

4.3.3 绝缘线芯、中间填芯和通信单元及填充（若有）绞合成缆

电梯电缆的绝缘线芯应与任选的填充或通信单元绞合在中间填芯的周围。

中间填芯应由如下材料构成：

a） 大麻、黄麻或类似材料；

b) 承拉元件；

c) 上述 a)和 b)的组合。

承拉元件应由非金属材料或包覆非导电、耐磨材料的金属材料组成。

注：包覆层的用途是防止承拉元件的股线断裂而损伤绝缘线芯。

填充(若有)应由干的棉纱或其他合适的纤维材料构成。

对不是用于电梯电缆场合的其他电缆,中间填芯和/或承拉元件可任选。

成缆时,6 芯、9 芯和 12 芯电缆应绞合在同一层上,12 芯以上至 30 芯则可绞合在一层或二层上。

只要相应增加绞合层数,也可以制造 30 芯以上的电缆(见表 7 注)。绝缘线芯成缆后应基本上构成圆形截面。

成缆线芯的节距应不大于绞合绝缘线芯层心圆直径的 11 倍。

4.3.4 绝缘线芯成缆后的包覆层

绝缘线芯成缆后可施加一层编织或带子组成的包覆层。

编织层应由天然材料(如棉纱或经处理的棉纱)或合成材料(如人造丝)为基材组成,编织层应均匀、无结点或间隙。

绕包带应以天然或合成材料为基材制成,并应以合适的搭盖、螺旋形地绕包在成缆线芯上。绕包带应与绝缘和护套材料相容。

4.3.5 屏蔽

屏蔽可以施加在绝缘线芯成缆后的包覆层上。

屏蔽应由裸的或镀锡的退火铜单线对称编织而成,屏蔽层单线最大直径为 0.21 mm。

屏蔽编织应由铜线编织或铜线与适用的织物股线(如聚酯)交错编织构成。

屏蔽编织的覆盖率(对铜线部分而言)按适用的方法(如 GB/T 11322.1)计算,应不小于 85%。

4.3.6 护套

挤包在缆芯包覆层或屏蔽层(若有)上的护套应是 PVC/ST5 型聚氯乙烯混合物。

护套应能剥离而又不损伤除 4.3.4 中规定的编织层以外的其他内层。

护套厚度应符合表 9 的规定值：

表 9 护套厚度

缆芯包覆层的假定直径[a]/mm	护套厚度规定值/mm
不大于 9.0	1.0
9.1～14.0	1.3
14.1～18.0	1.6
18.1～22.0	2.0
大于 22.0	2.4
[a] 包括屏蔽层(若有)。	

4.4 试验

按表 11 规定的检测和试验检查,并应符合 4.3 的规定。

4.4.1 曲挠试验

4.4.1.1 电梯电缆曲挠试验

4.4.1.1.1 试验装置

机械曲挠机构由两个装在同一高度、能水平地前后、相互协调运动的小车组成。小车的瞬时速度是相等的,其最大相对加速度能达到 4 m/s² 且在 1 h 内完成(1 500±10)次循环(小车从最外端位置移动到最内端位置,然后,返回到原始的最外端位置算一次循环)。

每辆小车支撑一个摇管,在摇管处的电缆引入端装有两块带锥形的木制压块组成的电缆夹具。对于有承拉元件的电缆试样,夹具还应能扣紧这些承拉元件。

小车在最外端位置时,电缆夹具轴尖间的距离是(1 700±10) mm,而在最内端位置时的间距是(760±10) mm(见图 3)。

4.4.1.1.2 试验设备安装

先把小车放置在最外端位置,计长电缆试样后剪断,使得能夹住试样的两端,并应在试样的中心有(40±5) mm 的静挠距(绝缘线芯应有足够的长度,应使得伸出部分超过两个端头,便于按图 3 所示进行电气连接)。然后,小车移到最内端位置,把电缆的两端和所有的承拉元件夹紧在每辆小车上,再用环氧或聚氨酯混合物填满夹具的锥形部分。

注:夹具紧扣时应稍微有一些伸缩弹性,以免导体的先期故障发生在电缆的夹具内。

4.4.1.1.3 电缆的电气连接

把电缆的各芯连接在一起形成连续的串联回路。电路的两端连接 12V D.C.电源,以便能连续监视电缆绝缘线芯的连续性。且当电缆的绝缘线芯一旦出现断路时,试验装置应能自动停机。在试验进行期间,每周应对电缆进行一次高压试验(A.C.1.5 kV/5 min 或 D.C.2.5 kV/5 min)。

4.4.1.1.4 试验要求

电缆应能经受住 3 000 000 次循环曲挠试验。除每周一次需停机进行高压试验外,曲挠试验应连续进行。在整个试验期间,应连续监视每根绝缘线芯的连续性。

在规定的曲挠试验周期内,导体应不发生断路。在高压试验时,应不发生闪络或绝缘击穿。

尺寸单位为毫米

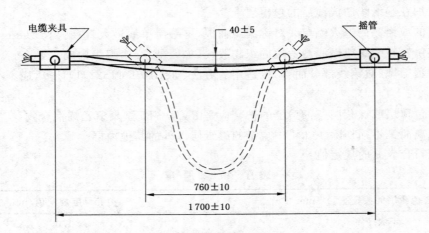

图 3 曲挠试验装置

4.4.1.2 挠性连接用电缆的曲挠试验

挠性连接用电缆的曲挠试验应按表 10 进行。

表 10 曲 挠 试 验

软电缆类型	重锤质量/kg	滑轮直径/mm
挠性连接用圆形聚氯乙烯护套电缆		
导体标称截面≤1 mm²	1.0	80
导体标称截面:1.5 mm² 和 2.5 mm²	1.5	120
导体标称截面:4 mm²	2.0	200

4.4.2 静态曲挠试验

试验按 GB 5023.2—1997 的 3.5 规定要求进行。

两根铅锤线之间的距离 l' 应不大于被试电缆测量外径的 30 倍。

4.4.3 承拉元件的抗拉强度

除非制造商与用户另有协议,由承拉元件构成的中间填芯的抗拉强度应按 GB 5023.2—1997 的

3.6规定要求进行试验。

中间填芯或承拉元件在试验期间应不断裂。

4.4.4 其他试验

其他试验项目和要求可根据制造商和用户的协议另行增加。

4.5 使用导则

圆形电梯电缆预定用于安装在自由悬挂长度不超过45 m及移动速度不超过4.0 m/s的电梯和升降机。

当电缆使用范围超出上述导则规定时,其最大允许悬挂长度和其他要求应参照地方、地区、国家和其他法规。

本规范中的电缆不适于在温度0℃以下使用。

在正常使用时,导体最高温度为70℃。

表 11　60227 IEC 71c (TVV)型圆形软电缆的试验项目

1	2	3	4	
			试验方法	
序号	试验项目	试验种类	GB (GB/T)	条文号
1	电气性能试验			
1.1	导体电阻	T,S	5023.2—1997	2.1
1.2	绝缘线芯按额定电压进行电压试验			
1.2.1	U_0/U:300/500 V,绝缘厚度≤0.6 mm	T	5023.2—1997	2.3
	试验电压:1 500 V			
1.2.2	U_0/U:450/750 V,绝缘厚度>0.6 mm	T	5023.2—1997	2.3
	试验电压:2 500 V			
1.3	成品电缆按额定电压进行电压试验	T,S	5023.2—1997	2.2
1.3.1	U_0/U:300/500 V,试验电压:2 000 V			
1.3.2	U_0/U:450/750 V,试验电压:2 500 V			
1.4	70℃时绝缘电阻	T	5023.2—1997	2.4
2	结构尺寸检查			
2.1	结构检查	T,S	5023.1—1997	检查和手工试验
2.2	绝缘厚度测量	T,S	5023.2—1997	1.9
2.3	护套厚度测量	T,S	5023.2—1997	1.10
3	绝缘机械性能			
3.1	老化前拉力试验	T	2951.1—1997	9.1
3.2	老化后拉力试验	T	2951.2—1997	8.1.3
3.3	失重试验	T	2951.7—1997	8.1
4	护套机械性能			
4.1	老化前拉力试验	T	2951.1—1997	9.2
4.2	老化后拉力试验	T	2951.2—1997	8.1.3
4.3	失重试验	T	2951.7—1997	8.2
5	高温压力试验			
5.1	绝缘	T	2951.6—1997	8.1
5.2	护套	T	2951.6—1997	8.2
6	低温弹性和冲击强度			
6.1	绝缘低温弯曲试验	T	2951.4—1997	8.1
6.2	护套低温弯曲试验	T	2951.4—1997	8.2
6.3	护套低温拉伸试验	T	2951.4—1997	8.4
6.4	成品电缆低温冲击试验	T	2951.4—1997	8.5

表 11（续）

1	2	3	4	
			试 验 方 法	
序号	试 验 项 目	试验种类	GB（GB/T）	条文号
7	热冲击试验			
7.1	绝缘	T	2951.6—1997	9.1
7.2	护套	T	2951.6—1997	9.2
8	成品电缆机械强度			
8.1	有承拉元件中间填芯的抗拉强度	T	5023.2—1997	3.6
			5023.6—1997	3.4.3
8.2	曲挠试验			
8.2.1	电梯电缆	T	5023.6—1997	4.4.1.1
8.2.2	其他电缆	T	5023.2—1997	3.1
			5023.6—1997	4.4.1.2
8.3	静态曲挠试验	T	5023.2—1997	3.5
			5023.6—1997	4.4.2
9	阻燃试验	T	18380.1	

附　录　A

（规范性附录）

确定护套尺寸的假定计算方法

A.1　总则

确定护套尺寸的假定计算方法应按 GB/T 12706.1—2002 中附录 A 的规定，并补充如下：

A.2　导体

GB/T 12706.1—2002 表 A.1 中的值仍适用，并补充下表 A.1 列出值：

表 A.1　导体假定直径

导体标称截面/mm²	d_L/mm
0.75	1.0
1	1.1

A.3　绝缘线芯成缆外径

GB/T 12706.1—2002 表 A.2 中的值仍使用，并补充下表 A.2 列出值：

表 A.2　绞合线芯的成缆系数 k

芯　　数	成缆系数 k
24	6.00
24[a]	9.00
30	7.00
30[a]	11.0
a　绝缘线芯成缆在同一层。	

A.4　内包覆层

非金属缆芯包覆层厚度忽略不计。

A.5　同心式导体和金属屏蔽

直径增加值是编织单线直径的 4 倍。

附 录 B

（规范性附录）

产品型号表示方法

本部分所包含的各种电缆型号用二个数字命名，放在本部分后面。第一个数字表示电缆的基本分类；第二个数字表示在基本分类中的特定型式。

分类和型号如下：

7——特殊用途护套软电缆

71f——扁形聚氯乙烯护套电梯电缆和挠性连接用电缆（60227 IEC 71f）

71c——圆形聚氯乙烯护套电梯电缆和挠性连接用电缆（60227 IEC 71c）

附 录 C
（资料性附录）
产品型号表示方法和对照表

C.1 电线电缆产品型号中各字母代表意义

C.1.1 按用途分

电梯电缆 ·· T

C.1.2 按材料特征分

铜导体 ··· 省略

绝缘聚氯乙烯 ·· V

护套聚氯乙烯 ·· V

C.1.3 按结构特征分

圆形 ··· 省略

扁形（平形） ·· B

C.1.4 按耐热特性分

70℃ ·· 省略

C.2 型号对照表

表 C.1 型号对照表

序号	名　　称	GB/T 5023.6—2006	GB/T 5023.6—2006 括号内的表示方法
1	扁形聚氯乙烯护套电梯电缆和挠性连接用电缆	60227 IEC 71f	(TVVB)
2	圆形聚氯乙烯护套电梯电缆和挠性连接用电缆	60227 IEC 71c	(TVV)

ICS 29.060.20
K 13

中华人民共和国国家标准

GB/T 5023.7—2008/IEC 60227-7:2003
代替 GB 5023.7—1997

额定电压 450/750 V 及以下
聚氯乙烯绝缘电缆
第 7 部分：二芯或多芯屏蔽和非屏蔽
软电缆

Polyvinyl chloride insulated cables of rated voltages up to and including 450/750 V
—Part 7：Flexible cables screened and unscreened with two or more conductors

(IEC 60227-7:2003,IDT)

2008-06-30 发布　　　　　　　　　　　　　　2009-05-01 实施

中华人民共和国国家质量监督检验检疫总局
中国国家标准化管理委员会　发布

前　　言

GB/T 5023《额定电压 450/750 V 及以下聚氯乙烯绝缘电缆》分为七个部分：

——第 1 部分：一般要求；

——第 2 部分：试验方法；

——第 3 部分：固定布线用无护套电缆；

——第 4 部分：固定布线用护套电缆；

——第 5 部分：软电缆（软线）；

——第 6 部分：电梯电缆和挠性连接用电缆；

——第 7 部分：二芯或多芯屏蔽和非屏蔽软电缆。

本部分为 GB/T 5023 的第 7 部分。本部分等同采用 IEC 60227-7：2003《额定电压 450/750 V 及以下聚氯乙烯绝缘电缆　第 7 部分：二芯或多芯屏蔽和非屏蔽软电缆》第 1.1 版（英文版）。

为了便于使用，GB/T 5023 的本部分做了下列编辑性修改：

——用小数点"."代替作为小数点的逗号","；

——删除了 IEC 60227-7：2003 的前言。

本部分代替 GB 5023.7—1997《额定电压 450/750 V 及以下聚氯乙烯绝缘电缆　第 7 部分：二芯或多芯屏蔽和非屏蔽软电缆》。

本部分与 GB 5023.7—1997 相比主要变化如下：

——规范性引用文件中增加了下列文件：

IEC 60502-1：2004 额定电压 1 kV（U_m＝1.2 kV）到 30 kV（U_m＝36 kV）挤包绝缘电力电缆及附件　第 1 部分：额定电压 1 kV（U_m＝1.2 kV）到 3 kV（U_m＝3.6 kV）电缆；

——GB 9023—1988 被 GB/T 12269—1990 代替；

——增加规范性附录 A：编码型号表示法。

本部分的附录 A 为规范性附录。

本部分由中国电器工业协会提出。

本部分由全国电线电缆标准化技术委员会（SAC/TC 213）归口。

本部分负责起草单位：上海电缆研究所。

本部分参加起草单位：上海熊猫线缆股份有限公司、南昌电缆有限责任公司、江苏圣安电缆有限公司、上海老港申菱电子电缆有限公司、福建南平太阳电缆股份有限公司、湖南湘能金杯电缆有限公司。

本部分主要起草人：丁晓青、周晓荣、丁小琴、孙萍、顾友明、范德发、艾卫民。

本部分所代替标准的历次版本发布情况为：

——GB 5023.7—1997。

额定电压 450/750 V 及以下
聚氯乙烯绝缘电缆
第 7 部分：二芯或多芯屏蔽和非屏蔽
软电缆

1 总则

1.1 范围

GB/T 5023 的本部分详细规定了额定电压 300/500 V 及以下聚氯乙烯绝缘屏蔽和非屏蔽绝缘控制电缆的技术要求。

所有电缆均应符合 GB/T 5023.1 规定的相应要求，并且各种型号电缆应分别符合本部分规定的特殊要求。

1.2 规范性引用文件

下列文件中的条款通过 GB/T 5023 的本部分的引用而成为本部分的条款。凡是注日期的引用文件，其随后所有的修改单（不包括勘误的内容）或修订版均不适用于本部分，然而，鼓励根据本部分达成协议的各方研究是否可使用这些文件的最新版本。凡是不注日期的引用文件，其最新版本适用于本部分。

GB/T 2951.11—2008 电缆和光缆绝缘和护套材料通用试验方法 第 11 部分：通用试验方法——厚度和外形尺寸测量—— 机械性能试验（IEC 60811-1-1：2001，IDT）

GB/T 2951.12—2008 电缆和光缆绝缘和护套材料通用试验方法 第 12 部分：通用试验方法——热老化试验方法（IEC 60811-1-2：1985，IDT）

GB/T 2951.14—2008 电缆和光缆绝缘和护套材料通用试验方法 第 14 部分：通用试验方法——低温试验（IEC 60811-1-4：1985，IDT）

GB/T 2951.21—2008 电缆和光缆绝缘和护套材料通用试验方法 第 21 部分：弹性体混合料专用试验方法——耐臭氧试验——热延伸试验-浸矿物油试验（IEC 60811-2-1：2001，IDT）

GB/T 2951.31—2008 电缆和光缆绝缘和护套材料通用试验方法 第 31 部分：聚氯乙烯混合料专用试验方法——高温压力试验——抗开裂试验（IEC 60811-3-1：1985，IDT）

GB/T 2951.32—2008 电缆和光缆绝缘和护套材料通用试验方法 第 32 部分：聚氯乙烯混合料专用试验方法——失重试验——热稳定性试验（IEC 60811-3-2：1985，IDT）

GB/T 3956—1997 电缆的导体（idt，IEC 60228：1978）

GB/T 5023.1—2008 额定电压 450/750 V 及以下聚氯乙烯绝缘电缆 第 1 部分：一般要求（IEC 60227-1：2007，IDT）

GB/T 5023.2—2008 额定电压 450/750 V 及以下聚氯乙烯绝缘电缆 第 2 部分：试验方法（IEC 60227-2：2003，IDT）

GB/T 12269—1990 射频电缆总规范（idt，IEC 60096-1：1986）

GB/T 18380.12—2008 电缆和光缆在火焰条件下的燃烧试验 第 12 部分：单根绝缘电线电缆火焰垂直蔓延试验（IEC 60332-1-2：2004，IDT）

IEC 60502-1：2004 额定电压 1 kV（U_m＝1.2 kV）到 30 kV（U_m＝36 kV）挤包绝缘电力电缆及附件 第 1 部分：额定电压 1 kV（U_m＝1.2 kV）到 3 kV（U_m＝3.6 kV）电缆

IEC 60719 额定电压 450/750 V 及以下圆形铜导体电缆平均外径上限和下限值的计算方法

2 耐油聚氯乙烯护套屏蔽和非屏蔽软电缆

2.1 型号

屏蔽电缆为 60227 IEC 74(RVVYP)

非屏蔽电缆为 60227 IEC 75(RVVY)

2.2 额定电压

300/500 V。

2.3 结构

2.3.1 导体

芯数:2~60 芯。

优先芯数:2,3,4,5,6,7,12,18,27,36,48 和 60 芯。

导体应符合 GB/T 3956—1997 中第 5 种导体规定的要求。

2.3.2 绝缘

挤包在每芯导体上的绝缘应是 PVC/D 型聚氯乙烯混合物。

绝缘厚度应符合表 1 或表 2 第 2 栏的规定值。

绝缘电阻应不小于表 1 第 8 栏或表 2 第 6 栏的规定值。

2.3.3 绝缘线芯和填充(若有)一起成缆

绝缘线芯应选取合适的同心层排列,绞合在一起。

缆芯的中心不允许放绝缘线芯,但五芯及以上电缆的第一层中心可放一根合适材料制成的填充物。三芯及以上缆芯中应有一根黄绿组合色绝缘线芯。

成缆时各层可以重叠或间隙绕包一层带子,包带应不粘连绝缘线芯。

两芯电缆绝缘线芯之间的间隙可单独填充或用护套填充。

2.3.4 屏蔽电缆的内护层

挤包在缆芯上的内护层应是 PVC/ST5 型聚氯乙烯混合物,所有电缆内护层的厚度应由下列公式确定:

$$t_{is} = 0.02D_f + 0.6 \text{ mm}$$

式中 D_f 是根据 IEC 60502-1:2004 附录 A 中 A.2.1,A.2.2 和 A.2.3 计算的绝缘线芯成缆后缆芯的假设直径。0.5 mm²,0.75 mm² 和 1.0 mm² 导体的假设直径 d_f(A.2.1 中未作规定)应分别取 0.8 mm,1.0 mm 和 1.1 mm。

采用优先芯数的电缆,其内护层厚度的计算值如表 1 第 3 栏所示。

注:当电缆由 10 芯或更多芯组成时,所规定的值适用于两层或更多层的缆芯。

内护套厚度的平均值应不小于计算值。但在任一点的厚度可小于计算值,只要不小于计算值的 85%—0.1 mm。

内护层可以填满缆芯间的空隙,但应不粘连绝缘线芯。

2.3.5 屏蔽

屏蔽电缆的屏蔽层应采用裸铜线或镀锡铜线编织在内护层上。

采用优先芯数的电缆编织用铜线直径应符合表 1 第 4 栏的规定值。

其他电缆编织用铜线直径的最大值如下:

$d \leqslant 10.0$ mm	0.16 mm
$10.0 \text{ mm} < d \leqslant 20.0 \text{ mm}$	0.21 mm
$20.0 \text{ mm} < d \leqslant 30.0 \text{ mm}$	0.26 mm
$30.0 \text{ mm} < d$	0.31 mm

d 为内护层的假设直径,由缆芯的假设直径加上两倍内护层规定厚度计算得出。

屏蔽效率应通过测量转移阻抗确定,在 30 MHz 时的测量值应不超过 250 Ω/km。

2.3.6 护套或外护套

在下述两种情况下,护套或外护套应是 PVC/ST 9 型聚氯乙烯混合物(见 GB/T 5023.1):

——作为屏蔽电缆屏蔽层外面的外护套,或

——作为非屏蔽电缆绝缘线芯成缆后缆芯的护套。

在屏蔽和外护套之间可以有一层附加的包带。

所有电缆的护套或外护套的厚度应由下列公式确定:

$$t_s = 0.08\,d_L + 0.4 \text{ mm}$$

最大值为 2.4 mm,式中 d_L 为屏蔽电缆内护层或非屏蔽电缆绝缘线芯成缆后缆芯的假设直径。

假设直径应按 IEC 60502-1:2004 中附录 A 和本部分 2.3.4 计算,由于编织屏蔽而使直径增加的数值为表 1 第 4 栏规定的编织用铜线直径的四倍。

采用优先芯数的电缆其护套和外护套厚度的计算值如表 1 第 5 栏和表 2 第 3 栏所示(见 2.3.4 的注)。护套和外护套厚度应符合 GB/T 5023.1—2008 中 5.5.3 的规定。

非屏蔽电缆的护套可以填满缆芯间的空隙,但应不粘连绝缘线芯。屏蔽电缆的外护套应紧密挤包,但应不粘连屏蔽层。

所有电缆实际上应是圆形截面。

2.3.7 绝缘线芯识别

除黄/绿组合色绝缘线芯(若有)外,所有绝缘线芯应按 GB/T 5023.1—2008 中 4.2 规定的数字识别标志。

2.3.8 外径

电缆的平均外径应在按 IEC 60719 计算确定的范围内。采用优先芯数的电缆,其平均外径范围如表 1 第 6 栏和第 7 栏或表 2 第 4 栏和第 5 栏所示(见 2.3.4 的注)。

2.4 试验

应按表 3 规定的检测和试验,检查是否符合 2.3 的要求。

2.5 使用导则

电缆主要用于包括机床和起重运输设备在内的制造加工用机器各部件间的内部连接。允许该电缆直接与电源线相连接。不推荐屏蔽电缆用于连续弯曲的场合,如果使用时电缆不需要移动,则建议将电缆敷设在线管、线槽中。

推荐屏蔽电缆用于有中等水平电磁干扰的场合。

电缆仅用于建筑物内,并且环境温度保持在 +5 ℃~+40 ℃ 范围内。

正常使用时,导体最高温度为 70 ℃。

护套最高温度为 60 ℃。

表 1　60227 IEC 74(RVVYP)型电缆的综合数据

导体芯数和标称截面积/mm²	绝缘厚度规定值/mm	内护层厚度规定值/mm	屏蔽层铜线最大直径/mm	外护套厚度规定值/mm	平均外径/mm		70 ℃时最小绝缘电阻/(MΩ·km)
					下限	上限	
2×0.5	0.6	0.7	0.16	0.9	7.7	9.6	0.013
2×0.75	0.6	0.7	0.16	0.9	8.0	10.0	0.011
2×1	0.6	0.7	0.16	0.9	8.2	10.3	0.010
2×1.5	0.7	0.7	0.16	1.0	9.3	11.6	0.010
2×2.5	0.8	0.7	0.16	1.1	10.7	13.3	0.009

表1（续）

导体芯数和标称截面积/mm²	绝缘厚度规定值/mm	内护层厚度规定值/mm	屏蔽层铜线最大直径/mm	外护套厚度规定值/mm	平均外径/mm		70 ℃时最小绝缘电阻/(MΩ·km)
					下 限	上 限	
3×0.5	0.6	0.7	0.16	0.9	8.0	10.0	0.013
3×0.75	0.6	0.7	0.16	0.9	8.3	10.4	0.011
3×1	0.6	0.7	0.16	1.0	8.8	11.0	0.010
3×1.5	0.7	0.7	0.16	1.0	9.7	12.1	0.010
3×2.5	0.8	0.7	0.16	1.1	11.3	14.0	0.009
4×0.5	0.6	0.7	0.16	0.9	8.5	10.7	0.013
4×0.75	0.6	0.7	0.16	1.0	9.1	11.3	0.011
4×1	0.6	0.7	0.16	1.0	9.4	11.7	0.010
4×1.5	0.7	0.7	0.16	1.1	10.7	13.2	0.010
4×2.5	0.8	0.8	0.16	1.2	12.6	15.5	0.009
5×0.5	0.6	0.7	0.16	1.0	9.3	11.6	0.013
5×0.75	0.6	0.7	0.16	1.0	9.7	12.1	0.011
5×1	0.6	0.7	0.16	1.1	10.3	12.8	0.010
5×1.5	0.7	0.8	0.16	1.2	11.8	14.7	0.010
5×2.5	0.8	0.8	0.21	1.3	13.9	17.2	0.009
6×0.5	0.6	0.7	0.16	1.0	9.9	12.4	0.013
6×0.75	0.6	0.7	0.16	1.1	10.5	13.1	0.011
6×1	0.6	0.7	0.16	1.1	11.0	13.6	0.010
6×1.5	0.7	0.8	0.16	1.2	12.7	15.7	0.010
6×2.5	0.8	0.8	0.21	1.4	15.2	18.7	0.009
7×0.5	0.6	0.7	0.16	1.1	10.8	13.5	0.013
7×0.75	0.6	0.7	0.16	1.2	11.5	14.3	0.011
7×1	0.6	0.8	0.16	1.2	12.2	15.1	0.010
7×1.5	0.7	0.8	0.21	1.3	14.1	17.4	0.010
7×2.5	0.8	0.8	0.21	1.5	16.5	20.3	0.009
12×0.5	0.6	0.8	0.21	1.3	13.3	16.5	0.013
12×0.75	0.6	0.8	0.21	1.3	13.9	17.2	0.011
12×1	0.6	0.8	0.21	1.4	14.7	18.1	0.010
12×1.5	0.7	0.8	0.21	1.5	16.7	20.5	0.010
12×2.5	0.8	0.9	0.21	1.7	19.9	24.4	0.009
18×0.5	0.6	0.8	0.21	1.3	15.1	18.6	0.013
18×0.75	0.6	0.8	0.21	1.5	16.2	19.9	0.011
18×1	0.6	0.8	0.21	1.5	16.9	20.8	0.010
18×1.5	0.7	0.9	0.21	1.7	19.6	24.1	0.010
18×2.5	0.8	0.9	0.21	2.0	23.3	28.5	0.009

表 1（续）

导体芯数和标称截面积/mm²	绝缘厚度规定值/mm	内护层厚度规定值/mm	屏蔽层铜线最大直径/mm	外护套厚度规定值/mm	平均外径/mm		70 ℃时最小绝缘电阻/(MΩ·km)
					下 限	上 限	
27×0.5	0.6	0.8	0.21	1.6	18.0	22.1	0.013
27×0.75	0.6	0.9	0.21	1.7	19.3	23.7	0.011
27×1	0.6	0.9	0.21	1.7	20.2	24.7	0.010
27×1.5	0.7	0.9	0.21	2.0	23.4	28.6	0.010
27×2.5	0.8	1.0	0.26	2.3	28.2	34.5	0.009
36×0.5	0.6	0.9	0.21	1.7	20.1	24.7	0.013
36×0.75	0.6	0.9	0.21	1.8	21.3	26.2	0.011
36×1	0.6	0.9	0.21	1.9	22.5	27.6	0.010
36×1.5	0.7	1.0	0.26	2.2	26.6	32.5	0.010
36×2.5	0.8	1.1	0.26	2.4	31.5	38.5	0.009
48×0.5	0.6	0.9	0.26	1.9	23.1	28.3	0.013
48×0.75	0.6	1.0	0.26	2.1	24.9	30.4	0.011
48×1	0.6	1.0	0.26	2.1	26.1	31.9	0.010
48×1.5	0.7	1.1	0.26	2.4	30.4	37.0	0.010
48×2.5	0.8	1.2	0.31	2.4	35.9	43.7	0.009
60×0.5	0.6	1.0	0.26	2.1	25.5	31.1	0.013
60×0.75	0.6	1.0	0.26	2.2	27.0	32.9	0.011
60×1	0.6	1.0	0.26	2.3	28.5	34.7	0.010
60×1.5	0.7	1.1	0.26	2.4	32.7	39.9	0.010
60×2.5	0.8	1.2	0.31	2.4	38.8	47.2	0.009

表 2 60227 IEC 75（RVVY）型电缆的综合数据

导体芯数和标称截面积/mm²	绝缘厚度规定值/mm	护套厚度规定值/mm	平均外径/mm		70 ℃时最小绝缘电阻/(MΩ·km)
			下 限	上 限	
2×0.5	0.6	0.7	5.2	6.6	0.013
2×0.75	0.6	0.8	5.7	7.2	0.011
2×1	0.6	0.8	5.9	7.5	0.010
2×1.5	0.7	0.8	6.8	8.6	0.010
2×2.5	0.8	0.9	8.2	10.3	0.009
3×0.5	0.6	0.7	5.5	7.0	0.013
3×0.75	0.6	0.8	6.0	7.6	0.011
3×1	0.6	0.8	6.3	8.0	0.010
3×1.5	0.7	0.9	7.4	9.4	0.010
3×2.5	0.8	1.0	9.0	11.2	0.009

表 2（续）

导体芯数和标称截面积/mm²	绝缘厚度规定值/mm	护套厚度规定值/mm	平均外径/mm		70 ℃时最小绝缘电阻/(MΩ·km)
			下 限	上 限	
4×0.5	0.6	0.8	6.2	7.9	0.013
4×0.75	0.6	0.8	6.6	8.3	0.011
4×1	0.6	0.8	6.9	8.7	0.010
4×1.5	0.7	0.9	8.2	10.2	0.010
4×2.5	0.8	1.1	10.1	12.5	0.009
5×0.5	0.6	0.8	6.8	8.6	0.013
5×0.75	0.6	0.9	7.4	9.3	0.011
5×1	0.6	0.9	7.8	9.8	0.010
5×1.5	0.7	1.0	9.1	11.4	0.010
5×2.5	0.8	1.1	11.0	13.7	0.009
6×0.5	0.6	0.9	7.6	9.6	0.013
6×0.75	0.6	0.9	8.1	10.1	0.011
6×1	0.6	1.0	8.7	10.8	0.010
6×1.5	0.7	1.1	10.2	12.6	0.010
6×2.5	0.8	1.2	12.2	15.1	0.009
7×0.5	0.6	0.9	8.3	10.4	0.013
7×0.75	0.6	1.0	9.0	11.3	0.011
7×1	0.6	1.0	9.5	11.8	0.010
7×1.5	0.7	1.2	11.3	14.1	0.010
7×2.5	0.8	1.3	13.6	16.8	0.009
12×0.5	0.6	1.1	10.4	12.9	0.013
12×0.75	0.6	1.1	11.0	13.7	0.011
12×1	0.6	1.2	11.8	14.6	0.010
12×1.5	0.7	1.3	13.8	17.0	0.010
12×2.5	0.8	1.5	16.8	20.6	0.009
18×0.5	0.6	1.2	12.3	15.3	0.013
18×0.75	0.6	1.3	13.2	16.4	0.011
18×1	0.6	1.3	14.0	17.2	0.010
18×1.5	0.7	1.5	16.5	20.3	0.010
18×2.5	0.8	1.8	20.2	24.8	0.009
27×0.5	0.6	1.4	15.1	18.6	0.013
27×0.75	0.6	1.5	16.2	19.9	0.011
27×1	0.6	1.5	17.0	21.0	0.010
27×1.5	0.7	1.8	20.3	24.9	0.010
27×2.5	0.8	2.1	24.7	30.2	0.009

表 2（续）

导体芯数和标称截面积/mm²	绝缘厚度规定值/mm	护套厚度规定值/mm	平均外径/mm		70 ℃时最小绝缘电阻/（MΩ·km）
			下 限	上 限	
36×0.5	0.6	1.5	17.0	20.9	0.013
36×0.75	0.6	1.6	18.2	22.4	0.011
36×1	0.6	1.7	19.4	23.8	0.010
36×1.5	0.7	2.0	23.0	28.2	0.010
36×2.5	0.8	2.3	28.0	34.2	0.009
48×0.5	0.6	1.7	19.8	24.3	0.013
48×0.75	0.6	1.8	21.2	25.9	0.011
48×1	0.6	1.9	22.5	27.6	0.010
48×1.5	0.7	2.2	26.2	32.5	0.010
48×2.5	0.8	2.4	32.1	39.1	0.009
60×0.5	0.6	1.8	21.7	26.6	0.013
60×0.75	0.6	2.0	23.4	28.7	0.011
60×1	0.6	2.1	24.9	30.5	0.010
60×1.5	0.7	2.4	29.5	35.8	0.010
60×2.5	0.8	2.4	35.0	42.6	0.009

表 3 60227 IEC 74（RVVYP）及 60227 IEC 75（RVVY）型电缆的试验项目

序号	试 验 项 目	试验类型	试 验 方 法	
			GB/T	条 文 号
1	电气性能试验			
1.1	导体电阻	T,S	5023.2—2008	2.1
1.2	绝缘线芯按规定的绝缘厚度进行电压试验			
1.2.1	绝缘厚度≤0.6 mm 试验电压 1 500 V	T	5023.2—2008	2.3
1.2.2	绝缘厚度＞0.6 mm 试验电压 2 000 V	T	5023.2—2008	2.3
1.3	成品电缆 2 000 V 电压试验	T,S	5023.2—2008	2.2
1.4	70 ℃时绝缘电阻	T	5023.2—2008	2.4
1.5	屏蔽电缆转移阻抗	T	12269—1990	19
2	结构尺寸检查		5023.1—2008 和 5023.2—2008	
2.1	结构检查	T,S	5023.1—2008	检查和手工试验
2.2	绝缘厚度测量	T,S	5023.2—2008	1.9
2.3	内护层或护套或外护套厚度测量	T,S	5023.2—2008	1.10
2.4	外径测量			
2.4.1	平均值	T,S	5023.2—2008	1.11
2.4.2	椭圆度	T,S	5023.2—2008	1.11
3	绝缘机械性能			

表 3（续）

序 号	试 验 项 目	试验类型	试 验 方 法 GB/T	条 文 号
3.1	老化前拉力试验	T	2951.11—2008	9.1
3.2	老化后拉力试验	T	2951.12—2008	8.1.3.1
3.3	失重试验	T	2951.32—2008	8.1
4	内护层机械性能			
4.1	老化前拉力试验	T	2951.11—2008	9.2
4.2	老化后拉力试验	T	2951.12—2008	8.1.3.1
5	护套或外护套机械性能			
5.1	老化前拉力试验	T	2951.11—2008	9.2
5.2	老化后拉力试验	T	2951.12—2008	8.1.3.1
5.3	失重试验	T	2951.32—2008	8.2
6	非污染试验[a]	T	2951.12—2008	8.1.4
7	高温压力试验			
7.1	绝缘	T	2951.31—2008	8.1
7.2	护套或外护套	T	2951.31—2008	8.2
8	低温弹性和冲击强度			
8.1	绝缘低温弯曲试验	T	2951.14—2008	8.1
8.2	护套或外护套低温弯曲试验[b]	T	2951.14—2008	8.2
8.3	护套或外护套低温拉伸试验[c]	T	2951.14—2008	8.4
8.4	成品电缆低温冲击试验[d]	T	2951.14—2008	8.5
9	热冲击试验			
9.1	绝缘	T	2951.31—2008	9.1
9.2	护套或外护套	T	2951.31—2008	9.2
10	成品电缆机械强度			
10.1	非屏蔽电缆曲挠试验[e]	T	5023.2—2008	3.1
11	不延燃试验	T	18380.12—2008	—
12	护套或外护套浸矿物油试验	T	2951.21—2008	10

[a] 若适用，见 GB/T 5023.1—2008 中 5.3.1。

[b] 仅适用于平均外径为 12.5 mm 及以下电缆。

[c] 仅适用于平均外径超过 12.5 mm 的电缆。

[d] 屏蔽电缆的内护层也应检查。

[e] 不适用于 18 芯以上的电缆。

附　录　A

（规范性附录）

编码型号表示法

GB/T 5023 所包括的各种电缆型号用两位数字表示，放在 60227 IEC 后面。第一位数字表示电缆的基本分类，第二位数字表示在基本分类中的特定型式。

分类和型号如下：

0——固定布线用无护套电缆

　　01——一般用途单芯硬导体无护套电缆（60227 IEC 01）

　　02——一般用途单芯软导体无护套电缆（60227 IEC 02）

　　05——内部布线用导体温度为 70 ℃的单芯实心导体无护套电缆（60227 IEC 05）

　　06——内部布线用导体温度为 70 ℃的单芯软导体无护套电缆（60227 IEC 06）

　　07——内部布线用导体温度为 90 ℃的单芯实心导体无护套电缆（60227 IEC 07）

　　08——内部布线用导体温度为 90 ℃的单芯软导体无护套电缆（60227 IEC 08）

1——固定布线用护套电缆

　　10——轻型聚氯乙烯护套电缆（60227 IEC 10）

4——轻型无护套软电缆

　　41——扁形铜皮软线（60227 IEC 41）

　　42——扁形无护套软线（60227 IEC 42）

　　43——户内装饰照明回路用软线（60227 IEC 43）

5——一般用途护套软电缆

　　52——轻型聚氯乙烯护套软线（60227 IEC 52）

　　53——普通聚氯乙烯护套软线（60227 IEC 53）

　　56——导体温度为 90 ℃的耐热轻型聚氯乙烯护套软线（60227 IEC 56）

　　57——导体温度为 90 ℃的耐热普通聚氯乙烯护套软线（60227 IEC 57）

7——特殊用途护套软电缆

　　71c——圆形聚氯乙烯护套电梯电缆和挠性连接用电缆（60227 IEC 71c）

　　71f——扁形聚氯乙烯护套电梯电缆和挠性连接用电缆（60227 IEC 71f）

　　74——耐油聚氯乙烯护套屏蔽软电缆（60227 IEC 74）

　　75——耐油聚氯乙烯护套非屏蔽软电缆（60227 IEC 75）

ICS 29.060.20
K 13

中华人民共和国国家标准

GB/T 6995.1—2008
代替 GB 6995.1—1986

电线电缆识别标志方法
第 1 部分：一般规定

Markings for electric wires and cables—
Part 1：General requirements

2008-06-18 发布

2009-03-01 实施

中华人民共和国国家质量监督检验检疫总局
中国国家标准化管理委员会
发 布

前　言

GB/T 6995《电线电缆识别标志方法》分为五个部分：
——第1部分：一般规定；
——第2部分：标准颜色；
——第3部分：电线电缆识别标志；
——第4部分：电气装备电线电缆绝缘线芯识别标志；
——第5部分：电力电缆绝缘线芯识别标志。

本部分是 GB/T 6995 的第1部分。

本部分代替 GB 6995.1—1986《电线电缆识别标志方法　第1部分：一般规定》。

本部分与 GB 6995.1—1986 相比，主要变化如下：
——删除了"目的"一章（前版的第2章）；
——增加了"规范性引用文件"一章（见第2章）；
——修改章标题"一般要求"为"颜色识别和数字识别的要求"（前版的第4章，本版的第4章）；
——调整了"压印标志"的章条号（前版的4.3，本版的5.2）；
——调整了"标志线或标志带"的章条号（前版的4.4，本版的第6章）；
——增加了绝缘线芯颜色识别的相关内容（本版的4.1.1）；
——增加了"印刷标志"一章（见第5章）；
——增加了油墨印刷标志的相关内容（本版的5.1）；
——增加了激光印刷标志的相关内容（本版的5.3）；
——调整了"试验方法"的章条号（前版的第5章，本版的第7章）。

本部分由中国电器工业协会提出。

本部分由全国电线电缆标准化技术委员会（SAC/TC 213）归口。

本部分主要起草单位：上海电缆研究所。

本部分参加起草单位：宝胜科技创新股份有限公司、上海斯瑞聚合体科技有限公司、天津金山电线电缆股份有限公司、远东控股集团有限公司、温州振华电子有限公司。

本部分主要起草人：周晓薇、张敬平、庞玉春、董建东、郑国俊、汪传斌、杨枫。

本部分所代替标准的历次版本发布情况为：
——GB 6995.1—1986。

电线电缆识别标志方法
第1部分：一般规定

1 范围

GB/T 6995 的本部分适用于电气装备电线电缆、电力电缆和通信电缆等电缆识别标志及绝缘线芯的识别标志。

本部分应与 GB/T 6995 中第2部分、第3部分、第4部分和第5部分一起使用。

2 规范性引用文件

下列文件中的条款通过 GB/T 6995 的本部分的引用而成为本部分的条款。凡是注日期的引用文件，其随后所有的修改单(不包括勘误的内容)或修订版均不适用于本部分，然而，鼓励根据本部分达成协议的各方研究是否可使用这些文件的最新版本。凡是不注日期的引用文件，其最新版本适用于本部分。

GB/T 6995.2—2008 电线电缆识别标志方法　第2部分：标准颜色
GB/T 6995.3—2008 电线电缆识别标志方法　第3部分：电线电缆识别标志
GB/T 6995.4—2008 电线电缆识别标志方法　第4部分：电气装备电线电缆绝缘线芯识别标志
GB/T 6995.5—2008 电线电缆识别标志方法　第5部分：电力电缆绝缘线芯识别标志

3 定义

下述定义适用于本部分。

3.1

电线电缆识别标志　wire and cable identification
用文字、字母、符号、颜色等标记标出电线电缆的制造厂、产品商标、型号、规格，性能等。

3.2

绝缘线芯识别标志　core identification
用阿拉伯数字、颜色(单一颜色或组合颜色)区分多芯电缆的不同绝缘线芯或标明绝缘线芯的功能。

3.3

标准颜色　standard colour
为识别标志所规定采用的颜色，并用颜色色板表示。

3.4

颜色色序　colour sequence
多芯电缆(二芯以上)绝缘线芯采用颜色识别时规定优先采用的颜色(包括组合颜色)及其顺序排列规则。

4 颜色识别和数字识别的要求

4.1 颜色识别
4.1.1 要求

标志颜色应能确认符合或接近 GB/T 6995.2—2008 中规定的某一种颜色。

用颜色识别绝缘线芯时，可全部采用着色绝缘料，或在绝缘最外层挤包一薄层着色绝缘料，或纵向挤包一条合适宽度的色条等合适的方法。

4.1.2 清晰度

标志颜色应易于识别或易于辨认。

4.1.3 耐擦性

标志应耐擦,擦拭后的颜色应基本保持不变。

4.2 数字识别

4.2.1 要求

载体应是同一种颜色。所有识别数字的颜色应具有相同颜色。载体颜色与标志颜色应明显不同,且应能确认符合或接近 GB/T 6995.2—2008 中规定的某一种颜色。

4.2.2 清晰度

数字标志应清晰,字迹清楚。

4.2.3 耐擦性

数字标志应耐擦,擦拭后的标志应仍保持不变。

5 印刷标志

5.1 油墨印刷标志

5.1.1 清晰度

油墨印刷标志应清晰,字迹清楚。

5.1.2 耐擦性

油墨印刷标志应耐擦,擦拭后的标志应基本保持不变。

5.2 压印标志

5.2.1 型式

压印标志应采用凸印或凹印的型式,直接压印在载体上。

5.2.2 清晰度

压印标志的字迹应清晰或易于辨认。

5.3 激光印刷标志

5.3.1 型式

用激光将文字、数字、字母、符号和图形雕刻在载体表面。

5.3.2 清晰度

激光印刷标志应清晰或易于辨认。

6 标志线或标志带

6.1.1 标志线

用于识别电线电缆的标志线,其颜色可为单一颜色,也可为组合颜色。

6.1.2 标志带

标志带是在带子上印上文字、字母、符号等标记,标出电线电缆的制造厂,产品电压等级,型号、规格、商标等。

6.1.3 清晰度

整个标志线上的颜色应保持一致,组合颜色中两种颜色的分界线应保证清晰。标志线的颜色和标志带上的标记应清楚可辨。

6.1.4 牢度

用汽油或其他合适溶剂清洗时,标志颜色应保持不变。

7 试验方法

7.1 标志清晰度用目力检查,当试样表面受到污染不能辨认时,可用汽油或其他合适溶剂浸过的棉织物擦拭试样表面;或者用洁净的刀片切取试样断面进行检查。

7.2 标志耐擦性用浸过水的脱脂棉或棉布,轻轻擦拭 10 次,然后用目力检查。

ICS 29.060.20
K 13

中华人民共和国国家标准

GB/T 6995.2—2008
代替 GB 6995.2—1986

电线电缆识别标志方法
第 2 部分：标准颜色

Markings for electric wires and cables—
Part 2:Standard colours

2008-06-18 发布

2009-03-01 实施

中华人民共和国国家质量监督检验检疫总局
中国国家标准化管理委员会　发布

前　言

GB/T 6995《电线电缆识别标志方法》分为五个部分：
——第1部分：一般规定；
——第2部分：标准颜色；
——第3部分：电线电缆识别标志；
——第4部分：电气装备电线电缆绝缘线芯识别标志；
——第5部分：电力电缆绝缘线芯识别标志。

本部分是 GB/T 6995 的第2部分。

本部分代替 GB 6995.2—1986《电线电缆识别标志方法　第2部分：标准颜色》。

本部分与 GB 6995.2—1986 相比，主要变化如下：
——增加了对 IEC 60304:1982 的规范性引用内容（见第2章）；
——调整了"标准颜色"章条号，（前版的第2章，本版的第3章）；
——删除了标准颜色中的"浅蓝色"（前版的第2章）；
——删除了12种标准颜色的色板（前版的第2章）；
——增加了12种标准颜色清单和色板的要求（见第3章）。

本部分由中国电器工业协会提出。

本部分由全国电线电缆标准化技术委员会（SAC/TC 213）归口。

本部分主要起草单位：上海电缆研究所。

本部分参加起草单位：温州振华电子有限公司、宝胜科技创新股份有限公司、上海斯瑞聚合体科技有限公司、天津金山电线电缆股份有限公司、远东控股集团有限公司。

本部分主要起草人：周晓薇、张敬平、杨枫、庞玉春、董建东、郑国俊、汪传斌。

本部分所代替标准的历次版本发布情况为：
——GB 6995.2—1986。

电线电缆识别标志方法
第2部分：标准颜色

1 范围

GB/T 6995 的本部分适用于各种电线电缆的识别标志和其他绝缘线芯识别标志用的颜色。

2 规范性引用文件

下列文件中的条款通过 GB/T 6995 的本部分的引用而成为本部分的条款。凡是注日期的引用文件，其随后所有的修改单（不包括勘误的内容）或修订版均不适用于本部分，然而，鼓励根据本部分达成协议的各方研究是否可使用这些文件的最新版本。凡是不注日期的引用文件，其最新版本适用于本部分。

IEC 60304:1982　低频电线电缆绝缘标准颜色

3 标准颜色

电线电缆识别用的标准颜色为：
白色、红色、黑色、黄色、蓝色、绿色、橙色、灰色、棕色、青绿色、紫色和粉红色。
上述颜色清单和色板应符合 IEC 60304:1982 的相关规定。

ICS 29.060.20
K 13

中华人民共和国国家标准

GB/T 6995.3—2008
代替 GB 6995.3—1986

电线电缆识别标志方法
第 3 部分：电线电缆识别标志

Markings for electric wires and cables—
Part 3：Identifications of cables and wires

2008-06-18 发布

2009-03-01 实施

中华人民共和国国家质量监督检验检疫总局
中国国家标准化管理委员会　发布

前 言

GB/T 6995《电线电缆识别标志方法》分为五个部分：

——第1部分：一般规定；

——第2部分：标准颜色；

——第3部分：电线电缆识别标志；

——第4部分：电气装备电线电缆绝缘线芯识别标志；

——第5部分：电力电缆绝缘线芯识别标志。

本部分是 GB/T 6995 的第3部分。

本部分代替 GB 6995.3—1986《电线电缆识别标志方法 第3部分：电线电缆识别标志》。

本部分与 GB 6995.3—1986 相比，主要变化如下：

——增加了"规范性引用文件"一章（见第2章）；

——调整了"标志内容"章条号，其后内容的章条号顺沿（前版的第2章、第3章和第4章，本版的第3章、第4章和第5章）；

——删除了出口产品也可以用"中国制造"作为产地标志和电线电缆规格包含的频率和承荷能力等内容（前版的2.1）；

——增加了长度标志的内容（本版的3.1）；

——增加了制造日期标志的内容（本版的3.2）；

——增加了用其他图形符号作为产地标志的内容（本版的4.3）；

——增加了激光印刷的内容（本版的5.2.1）。

本部分由中国电器工业协会提出。

本部分由全国电线电缆标准化技术委员会（SAC/TC 213）归口。

本部分主要起草单位：上海电缆研究所。

本部分参加起草单位：天津金山电线电缆股份有限公司、远东控股集团有限公司、温州振华电子有限公司、宝胜科技创新股份有限公司、上海斯瑞聚合体科技有限公司。

本部分主要起草人：张敬平、周晓薇、郑国俊、汪传斌、杨枫、庞玉春、董建东。

本部分所代替标准的历次版本发布情况为：

——GB 6995.3—1986。

电线电缆识别标志方法
第3部分:电线电缆识别标志

1 范围

GB/T 6995 的本部分适用于电气装备电线电缆、电力电线和通信电缆的识别标志。

本部分应与 GB/T 6995.1—2008 和 GB/T 6995.2—2008 一起使用。

2 规范性引用文件

下列文件中的条款通过 GB/T 6995 的本部分的引用而成为本部分的条款。凡是注日期的引用文件,其随后所有的修改单(不包括勘误的内容)或修订版均不适用于本部分,然而,鼓励根据本部分达成协议的各方研究是否可使用这些文件的最新版本。凡是不注日期的引用文件,其最新版本适用于本部分。

GB/T 6995.1—2008 电线电缆识别标志方法 第1部分:一般规定

GB/T 6995.2—2008 电线电缆识别标志方法 第2部分:标准颜色

3 标志内容

3.1 一个完整的电线电缆识别标志包括产地标志、功能标志和长度标志(如果有的话):

a) 产地标志——主要指电线电缆的制造厂名或商标。

b) 功能标志——主要指电线电缆的型号和规格。

注:电线电缆的规格是指:导体截面、芯数、额定电压等。

c) 长度标志——表示成品电线电缆的长度标识。

注:长度标志的距离最多为 1 m。

3.2 标志内容应在产品标准中规定。如需要增加制造日期标志(如年份等),应由供需双方协商确定。

4 标志方法

4.1 产地标志应连续标记在护套或绝缘的外表面上;或者连续标记在刮胶带上、隔离带上、绝缘带或标志带上。可以与功能标志一起标出。允许采用制造厂专用的单色或复色标志线,但必须在产品标准中明确规定。

4.2 功能标志应连续标记在护套或绝缘的外表面上;或者连续标记在刮胶带上、隔离带上、绝缘带或标志带上。

4.3 标志的排列顺序,一般为制造厂名或商标、型号、规格。产地标志可以是中文汉字或汉语拼音字母,也可以用合适的外文标记及其他图形符号。

4.4 在特殊场合使用的电线电缆,除用上述电缆标志方法外,还可规定护套颜色,进一步标明电线电缆的特征或某个参数。

4.5 采用何种标志方法,应在产品标准中规定。

5 标志要求

5.1 一般要求

5.1.1 标志的一般要求应符合 GB/T 6995.1—2008 的规定。

5.1.2 标志的颜色应能确认并符合或接近 GB/T 6995.2—2008 中第 2 章的规定。

5.2 印刷标志

5.2.1 印刷标志分为油墨印刷、压印和激光印刷等多种。

5.2.2 除非产品标准另有规定，一个完整标志的末端和下一个完整标志的始端之间的距离应符合下列规定：

    ——在绝缘或护套上 ……………………………………………… 不超过 500 mm；

    ——在刮胶带、隔离带、绝缘带或标志带上 ……………………… 不超过 200 mm。

5.3 标志带

标志带可以为一条，也可以为几条，应具有非吸湿性能。

————————

ICS 29.060.20
K 13

中华人民共和国国家标准

GB/T 6995.4—2008
代替 GB 6995.4—1986

电线电缆识别标志方法
第 4 部分:电气装备电线电缆绝缘线
芯识别标志

Markings for electric wires and cables—
Part 4:Identifications of insulated conductors of cables and wires for electrical
appliances and equipments

2008-06-18 发布   2009-03-01 实施

中华人民共和国国家质量监督检验检疫总局
中国国家标准化管理委员会   发布

前　言

GB/T 6995《电线电缆识别标志方法》分为五个部分：
——第 1 部分：一般规定；
——第 2 部分：标准颜色；
——第 3 部分：电线电缆识别标志；
——第 4 部分：电气装备电线电缆绝缘线芯识别标志；
——第 5 部分：电力电缆绝缘线芯识别标志。

本部分是 GB/T 6995 的第 4 部分。

本部分代替 GB 6995.4—1986《电线电缆识别标志方法　第 4 部分：电气装备电线电缆绝缘线芯识别标志》。

本部分与 GB 6995.4—1986 相比，主要变化如下：
——增加了"规范性引用文件"一章（见第 2 章）；
——调整了"线芯识别"章条号，"接地线芯或类似保护目的用线芯的识别"章条号顺沿（前版的第 2 章和第 3 章，本版的第 3 章和第 4 章）；
——增加了"中性线线芯的识别"一章（见第 5 章）；
——调整了"其他线芯的识别"章条号（前版的第 4 章，本版的第 6 章）；
——修改表 1 内第 1 列中的"2.7"为"2.4"（前版的表 1，本版的表 1）。

本部分由中国电器工业协会提出。

本部分由全国电线电缆标准化技术委员会（SAC/TC 213）归口。

本部分主要起草单位：上海电缆研究所。

本部分参加起草单位：上海斯瑞聚合体科技有限公司、天津金山电线电缆股份有限公司、远东控股集团有限公司、温州振华电子有限公司、宝胜科技创新股份有限公司。

本部分主要起草人：周晓薇、张敬平、何亚丽、郑国俊、汪传斌、周跃忠、庞玉春。

本部分所代替标准的历次版本发布情况为：
——GB 6995.4—1986。

电线电缆识别标志方法
第4部分：电气装备电线电缆绝缘线
芯识别标志

1 范围

GB/T 6995 的本部分适用于橡皮绝缘和塑料绝缘的电气装备电线电缆的绝缘线芯识别标志。

绝缘线芯识别标志除应符合本部分规定外，还应符合 GB/T 6995.1—2008 和 GB/T 6995.2—2008 的相应规定。

2 规范性引用文件

下列文件中的条款通过 GB/T 6995 的本部分的引用而成为本部分的条款。凡是注日期的引用文件，其随后所有的修改单（不包括勘误的内容）或修订版均不适用于本部分，然而，鼓励根据本部分达成协议的各方研究是否可使用这些文件的最新版本。凡是不注日期的引用文件，其最新版本适用于本部分。

GB/T 6995.1—2008　电线电缆识别标志方法　第1部分：一般规定
GB/T 6995.2—2008　电线电缆识别标志方法　第2部分：标准颜色

3 线芯识别

3.1　电气装备电线电缆绝缘线芯采用颜色识别和数字识别两种方法。

3.2　5芯及以下电缆，优先使用颜色识别。

3.3　5芯以上电缆，可用颜色识别或数字识别。

4 接地线芯或类似保护目的用线芯的识别

4.1　无论采用颜色标志或数字标志，电缆中的接地线芯或类似保护目的用线芯，都必须采用绿/黄组合颜色的识别标志。绿/黄组合颜色标志不允许用于其他线芯。

4.2　绿/黄组合颜色的其中一种颜色在线芯表面上应占 30%～70%，余下部分为另一种颜色，并在整个长度的线芯上应保持一致。

4.3　多芯电缆中的绿/黄组合颜色线芯应放在缆芯的最外层。

4.4　在有绿/黄组合颜色线芯的缆芯中，应尽量避免采用黄色或绿色作为其他线芯的识别颜色。

5 中性线线芯的识别

作为中性线的绝缘线芯应使用蓝色作为颜色标识。为了避免和其他颜色产生混淆，推荐使用淡蓝色。

6 其他线芯的识别

6.1 颜色识别

6.1.1　电缆线芯的绝缘或最外层绝缘应采用着色绝缘料，或者在绝缘的表面上或绝缘的最外层上用其他合适的方法着色。

6.1.2　对于颜色色序，在未作出统一规定前，应由产品标准规定。

6.2 数字识别

6.2.1 一般要求

6.2.1.1 除另有规定外,线芯的绝缘应是同一种颜色。

6.2.1.2 数字应采用阿拉伯数字,印刷在绝缘线芯表面上。所有识别数字应具有相同颜色,并与绝缘的颜色一定要有明显的不同。

6.2.1.3 数字标志应清晰,字迹清楚。

6.2.1.4 除另有规定外,数字编号应从内层到外层,从1号开始,各层均按顺时针方向排列。有绿/黄组合颜色线芯时,应放在缆芯的最外层。

6.2.2 标志的排列方法

6.2.2.1 数字标志应沿绝缘线芯以相等的间隔重复出现,相邻两个完整标志中的数字应彼此颠倒。

6.2.2.2 一个完整的数字标志是由数字与一个破折号组成。当标志由一个数字组成时,破折号放在数字的下面;当标志由两个数字组成时,则后一个数字排在前一个数字的下面,破折号放在后一个数字的下面。

6.2.2.3 标志的排列及排列尺寸应符合图1和表1规定。

表 1 标志排列尺寸

线芯标称直径/ mm	尺寸/mm			
D	l 最大	h 最小	i	e 最小
$D < 2.4$	50	2.3	2	0.6
$2.4 \leqslant D < 5$	50	3.2	3	1.2

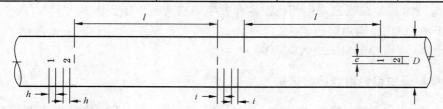

D——绝缘线芯的外径;

l——相邻两个完整标志之间的最大距离;

h——数字最小高度;

i——数字与破折号及两个连续数字之间的距离;

e——标志的最小宽度,数字1的最小宽度为$e/2$。

图 1

ICS 29.060.20
K 13

中华人民共和国国家标准

GB/T 6995.5—2008
代替 GB 6995.5—1986

电线电缆识别标志方法
第 5 部分：电力电缆绝缘线芯识别标志

Markings for electric wires and cables—
Part 5：Identifications of insulated cores of power cables

2008-06-18 发布

2009-03-01 实施

中华人民共和国国家质量监督检验检疫总局
中国国家标准化管理委员会 发布

前　言

GB/T 6995《电线电缆识别标志方法》分为五个部分：
——第 1 部分：一般规定；
——第 2 部分：标准颜色；
——第 3 部分：电线电缆识别标志；
——第 4 部分：电气装备电线电缆绝缘线芯识别标志；
——第 5 部分：电力电缆绝缘线芯识别标志。

本部分是 GB/T 6995 的第 5 部分。

本部分代替 GB 6995.5—1986《电线电缆识别标志方法　第 5 部分：电力电缆绝缘线芯识别标志》。

本部分与 GB 6995.5—1986 相比，主要变化如下：
——增加了"规范性引用文件"一章（见第 2 章）；
——调整了"线芯识别"章条号，其后内容的章条号顺沿（前版的第 2 章、第 3 章和第 4 章，本版的
　　第 3 章、第 4 章和第 5 章）；
——增加了 5 芯电缆的数字识别标志（本版的 4.2）；
——删除了"标称截面 16 mm² 的中性线芯允许不加标志，采用本色"的内容（前版的 3.2）；
——修改"着色剂对电缆纸纤维无有害影响"为"着色剂对电缆绝缘无有害影响"（前版的 3.4，本版
　　的 4.4）；
——修改电缆绝缘线芯为 3 芯时颜色识别"红、黄、绿"为"黄、绿、红"，电缆绝缘线芯为 4 芯时颜色
　　识别"红、黄、绿、浅蓝"为"黄、绿、红、蓝"（前版的 4.1，本版的 5.1）；
——增加了电缆绝缘线芯为 5 芯时的颜色识别（本版的 5.1）。

本部分由中国电器工业协会提出。

本部分由全国电线电缆标准化技术委员会（SAC/TC 213）归口。

本部分主要起草单位：上海电缆研究所。

本部分参加起草单位：远东控股集团有限公司、温州振华电子有限公司、宝胜科技创新股份有限公司、上海斯瑞聚合体科技有限公司、天津金山电线电缆股份有限公司。

本部分主要起草人：张敬平、周晓薇、汪传斌、周跃忠、庞玉春、何亚丽、郑国俊。

本部分所代替标准的历次版本发布情况为：
——GB 6995.5—1986。

电线电缆识别标志方法
第5部分：电力电缆绝缘线芯识别标志

1 范围

GB/T 6995 的本部分适用于电力电缆绝缘线芯的识别标志，包括充油电缆，油浸纸绝缘电缆和挤包固体绝缘电缆。

绝缘线芯识别标志除应符合本部分规定外，还应符合 GB/T 6995.1—2008 和 GB/T 6995.2—2008 的相关规定。

2 规范性引用文件

下列文件中的条款通过 GB/T 6995 的本部分的引用而成为本部分的条款。凡是注日期的引用文件，其随后所有的修改单（不包括勘误的内容）或修订版均不适用于本部分，然而，鼓励根据本部分达成协议的各方研究是否可使用这些文件的最新版本。凡是不注日期的引用文件，其最新版本适用于本部分。

GB/T 6995.1—2008 电线电缆识别标志方法 第 1 部分：一般规定

GB/T 6995.2—2008 电线电缆识别标志方法 第 2 部分：标准颜色

3 线芯识别

3.1 电力电缆绝缘线芯采用数字识别和颜色识别两种方法。

3.2 充油电缆和油浸纸绝缘电缆应采用数字识别。

3.3 挤包固体绝缘电缆采用颜色识别，特殊情况下允许采用数字识别。

4 数字识别

4.1 一般要求

对于充油电缆和油浸纸绝缘电缆，应在绝缘线芯绝缘层的外层纸带上印有阿拉伯数字标志，除另有规定外，数字标志的颜色应为白色。

数字标志应清晰，字迹清楚。

4.2 数字标志的使用

多芯电缆绝缘线芯应采用不同的数字标志，并符合下列规定：

——2 芯电缆：0，1；

——3 芯电缆：1，2，3；

——4 芯电缆：0，1，2，3；

——5 芯电缆：0，1，2，3，4。

其中数字 1，2，3 用于主线芯，0 用于中性线芯。在 5 芯电缆中，数字"4"指特定目的导体（包括接地导体）。

4.3 数字标志的排列尺寸

对于充油电缆和油浸纸绝缘电缆，绝缘线芯上相邻两个完整数字标志之间的最大距离为 25 mm，数字标志的最小高度为 4.5 mm。

4.4 数字标志用着色剂的要求

对于充油电缆和油浸纸绝缘电缆，数字标志所用着色剂应不易褪色，并且应为化学中性，对电缆绝缘无有害影响。

5 颜色识别

5.1 多芯电缆绝缘线芯应采用不同的颜色标志,并符合下述规定:

　　——2 芯电缆:红、蓝;

　　——3 芯电缆:黄、绿、红;

　　——4 芯电缆:黄、绿、红、蓝;

　　——5 芯电缆:由供需双方协商确定。

　　注:颜色红、黄、绿用于主线芯。蓝色用于中性线芯,为了避免和其他颜色产生混淆,推荐使用淡蓝色。

5.2 聚氯乙烯绝缘电缆的绝缘线芯一般采用着色绝缘料。

5.3 不易着色的绝缘线芯允许采用标志纱或标志色带。

前　　言

本标准是在 GB/T 7349—1987 的基础上修订而成的,同时增加了直流送电线、换流站无线电干扰的测量方法。

本标准的附录 A 和附录 B 为标准的附录,附录 C 为提示的附录。

本标准自实施之日起同时代替 GB/T 7349—1987。

本标准由中华人民共和国国家电力公司提出。

本标准由全国电力线、高压设备和电力牵引系统的无线电干扰标准化分技术委员会归口。

本标准负责起草单位:国家电力公司武汉高压研究所。

本标准主要起草人:邬雄、万保权、蒋虹、郎维川、张广州、王勤。

中 华 人 民 共 和 国 国 家 标 准

高压架空送电线、变电站
无线电干扰测量方法

GB/T 7349—2002

代替 GB/T 7349—1987

Methods of measurement of radio interference from
high voltage overhead power transmission line and substation

1 范围

本标准规定了测量高压架空送电线、变电站产生的无线电干扰的方法。

本标准适用于电压等级为 500 kV 及以下正常运行的高压架空送电线、变电站、频率范围为 (0.15～30) MHz 的无线电干扰测量。

2 引用标准

下列标准所包含的条文,通过在本标准中引用而构成为本标准的条文。本标准出版时,所示版本均为有效。所有标准都会被修订,使用本标准的各方应探讨使用下列标准最新版本的可能性。

GB/T 6113.1—1995 《无线电骚扰和抗扰度测量设备规范》

3 测量仪器

3.1 必须使用符合 GB/T 6113.1,持有有效计量检定证书的仪表。

3.2 使用准峰值检波器。

3.3 使用具有电屏蔽的环状天线或柱状天线。

3.4 使用记录器时,必须保证不影响测试仪的性能及测量准确度。

4 测量条件

4.1 测量要求

4.1.1 每次测量前,按仪器使用要求,对仪器进行校准。

4.1.2 由于使用柱状天线测量架空送电线路的无线电干扰场的电场分量容易受到其他因素的影响,所以应优先采用环状天线。环状天线底座高度不超过地面 2 m,测量时应绕其轴旋转到获得最大读数的位置,并记录方位。

4.1.3 在使用柱状天线测量时,柱状天线应按其使用要求架设,且应避免杆状天线端部的电晕放电影响测量结果。如发生电晕放电,应移动天线位置,在不发生电晕放电的地方测量,或改用环状天线。

4.1.4 测量人员和其他设备与天线的相对位置应不影响测量读数,尤其在采用柱状天线时。

4.2 测量频率

参考测量频率为 0.5(1±10%) MHz,也可用 1 MHz。

为了避免在单一频率下测量时,由于线路可能出现驻波而带来的误差影响,所以应在干扰频带内对各个频率进行测量并画出相应的曲线,测量可在下列频率或其附近频率进行:0.15、0.25、0.50、1.0、1.5、3.0、6.0、10、15、30 MHz。

4.3 测量位置

测量地点选在地势较平坦,远离建筑物和树木,没有其他电力线和通信、广播线的地方,电磁环境场强至少比来自被测对象的无线电干扰场强低 6 dB。电磁环境场强的测量,可以在线路停电时进行;或者在距线路 400 m 以外进行。

沿被测线路的气象条件应近似一致,在雨天测量时,只有当下雨范围为测试现场周围(或方圆)为 10 km 以上时,测量才有效。

4.3.1 对于线路,测量点应选在档距中央附近,距线路末端 10 km 以上,若受条件限制应不少于 2 km。测量点应远离线路交叉及转角等点,但在对干扰实例进行调查时,不受此限。

4.3.2 对于变电站,测量点应选在最高电压等级电气设备区外侧,避开进出线,不少于三点。

4.4 测量距离

4.4.1 线路:距边相导线投影 20 m 处。

4.4.2 变电站:

a) 距最近带电构架投影 20 m 处。

b) 围墙外 20 m 处。

直流送电线、换流站无线电干扰测量(见附录 A)。

5 测量数据

5.1 测量读数

在特定的时间、地点和气象条件下,若仪表读数是稳定的,测量读数为稳定时的仪表读数;若仪表读数是波动的,使用记录器记录或每 0.5 min 读一个数,取其 10 min 的平均值为测量读数。对使用不同天线的测量读数,应分别记录与处理。

5.2 线路的测量数据

在给定的气象条件下,每次的测量数据,为沿线近似等分布的三个地点的测量读数的平均值。注意,在给定的气象条件下,对某个地点、某个测量频率,一日之内不能获得多于一次的测量数据。

5.3 变电站的测量数据

在给定的气象条件下,每次测量数据取各测点测量读数中最大的测量读数,并且作出相应测点处的频谱曲线。

5.4 测量次数及评价

5.4.1 按第四章的规定进行测量,测量次数不得少于 15 次,最好 20 次以上。

5.4.2 在每一种气象条件下,测量次数应与该地区该气象条件出现的频度成正比。

5.4.3 对被测系统干扰水平的统计评价(见附录 B)。

5.5 所需记录的参考资料

为了便于进行统计评价,应记录参考资料,所需参考资料见附录 B。

附 录 A

（标准的附录）

直流送电线、换流站无线电干扰测量

A1 概述

直流送电系统以两种不同的方式产生无线电干扰：直流电晕效应；阀的点火效应。而且由于导线周围存在固有的电离层，以及正、负极性导线之间，导线与地之间存在空间电荷，所以直流电晕的机理不同于交流电晕。

在相同的导线表面电位梯度下，直流线路比交流线路产生的无线电干扰场强低，正极性导线比负极性导线产生的无线电干扰场强低。

A2 测量

A2.1 直流线路

测量位置选择按本标准4.3的规定进行。测量距离为线路外侧距正极性导线投影20 m处，同时为了比较，也可在线路外侧距负极性导线投影20 m处测量。

A2.2 换流站

除应在本标准4.4.2规定的位置测量外，应在距换流站周边0.5 km的若干点处进行测量。

A3 其他

与交流线路相反，在好天气情况下，直流线路上一般出现最高无线电干扰。风向和风速对直流线路的无线电干扰影响也很大，因此测量时应记录风向和风速。

相同的无线电干扰测量值，在评价干扰影响时，直流线路可能比交流线路产生的影响小。

附 录 B

（标准的附录）

统 计 评 价

本附录的内容作为判断被测系统的干扰电平的一种方法。

依照给定的干扰限值，根据下式来评价被测系统的干扰电平。

$$\overline{X} + kS_n \leqslant L$$

式中：L——无线电干扰限值；

$\overline{X}$——某一测点的无线电干扰 n 次测量结果的平均值；

S_n——测量结果的样本标准差；

$$S_n = \sqrt{\frac{\sum\limits_{i=1}^{n}(X_i - \overline{X})^2}{n-1}}$$

k——取决于 n 的常数，它可以用满足80%/80%规则来确定。

下表给出 n 次测量所用的 k 值：

n	15	20	25	30	35
k	1.17	1.12	1.09	1.07	1.06

在公式中,k 值依赖于两方面:80%/80%规则和样本数量。80%/80%规则是采用统计方法获得的,对架空送电线 80%/80%规则可理解为:在 80%以上的时间内,架空送电线的无线电干扰不超过限值的置信度为 80%。

附 录 C
（提示的附录）
测量报告中所需记录的参考资料

当根据测量结果对被测系统进行统计评价时,测量报告中可包括下列资料:

C1 系统电压

C2 气象条件

C2.1 温度

C2.2 相对湿度

C2.3 大气压

C2.4 风向和风速

C2.5 天气(晴、阴、雨、雪、雾等)

C3 导线

C3.1 型号

C3.2 每相导线跟数,分裂间距和相对位置

C3.3 测量点处各相导线对地高度

C3.4 测量时,测量点处导线表面的最大电位梯度(有效值表示)

C4 地线

C4.1 型号

C4.2 是否绝缘

C5 绝缘子

C5.1 导线、地线的绝缘子型号

C5.2 绝缘子并联串数

C5.3 每串绝缘子片数

C5.4 绝缘地线保护间隙距离

C5.5 绝缘子污秽情况

C6 杆塔

C6.1 材料

C6.2 塔型图

C7 线路

测量点到最近变电站进出线构架、换位和转角杆塔的距离。

C8 变电站

变电站的主接线图,标有测量点位置的平面布置图及进出线平面图,位置环境图。

C9 测点的海拔高度

C10 测量点的大地导电率

C11 测量点的背景干扰场强

C12 建成、投运时间及其电压

C13 测量次数

ICS 29.060.20
K 13

中华人民共和国国家标准

GB/T 11017.1—2014
代替 GB/T 11017.1—2002

额定电压 110 kV(U_m＝126 kV)交联
聚乙烯绝缘电力电缆及其附件
第 1 部分：试验方法和要求

Power cables with cross-linked polyethylene insulation and their accessories for
rated voltage of 110 kV(U_m＝126 kV)—Part 1：Test methods and requirements

[IEC 60840：2011，Power cables with extruded insulation and their accessories
for rated voltages above 30 kV(U_m＝36 kV) up to 150 kV(U_m＝170 kV)—
Test methods and requirements，MOD]

2014-07-24 发布

2015-01-22 实施

中华人民共和国国家质量监督检验检疫总局
中国国家标准化管理委员会   发布

前　言

GB/T 11017《额定电压 110 kV(U_m=126 kV)交联聚乙烯绝缘电力电缆及其附件》分为三个部分：

——第 1 部分：试验方法和要求；

——第 2 部分：电缆；

——第 3 部分：电缆附件。

本部分为 GB/T 11017 的第 1 部分。

本部分按照 GB/T 1.1—2009 给出的规则起草。

本部分代替 GB/T 11017.1—2002《额定电压 110 kV 交联聚乙烯绝缘电力电缆及其附件　第 1 部分：试验方法和要求》。与 GB/T 11017.1—2002 相比，本部分的主要技术变化如下：

——标准名称修改为《额定电压 110 kV(U_m=126 kV)交联聚乙烯绝缘电力电缆及其附件　第 1 部分：试验方法和要求》；

——增加了 IEC 60840:2011 的引言（见引言）；

——增加了电缆系统的定义（见 3.3）；

——增加了标称电场强度的定义（见 3.4）；

——增加了预制件主绝缘的例行试验（见第 9 章）；

——修改了非金属外护套的电气试验（见 9.4,2002 年版的 9.4）；

——增加了金属屏蔽电阻测量的要求（见 10.5）；

——绝缘偏心度由 0.12 修改为 0.10（见 10.6.2,2002 年版的 10.6.2）；

——增加了皱纹金属套上外护套厚度的测量方法（见 10.6.3）；

——修改了对电缆局部放电试验的判定准则（见 9.2、11.3.5 和 12.4.4,2002 年版的 9.2、11.3.5 和 12.4）；

——增加了附件的抽样试验（见第 11 章）；

——增加了电缆系统的型式试验（见第 12 章）；

——增加了电缆系统的预鉴定试验（见第 13 章）；

——修改了电缆型式试验的认可规则（见第 14 章,2002 年版的第 11 章）；

——修改了附件型式试验的认可规则（见第 15 章,2002 年版的第 12 章）；

——修改了安装后绝缘交流电压试验（见 16.3,2002 年版的 13.1.1）；

——删除了安装后对电缆线路进行的主绝缘直流电压试验（见 2002 年版的 13.1.2）；

——增加了导体温度的测定方法（见附录 A）；

——增加了具有与外护套粘结的纵包金属带或纵包金属箔的电缆组件的试验（见附录 F）。

本部分使用重新起草法修改采用 IEC 60840:2011《额定电压大于 30 kV(U_m=36 kV)至 150 kV(U_m=170 kV)挤包绝缘电力电缆及其附件 试验方法和要求》第 4 版。

本部分与 IEC 60840:2011 相比结构上有部分调整,附录 I 列出了本部分与 IEC 60840:2011 的章条编号对照一览表。

本部分与 IEC 60840:2011 相比存在技术性差异,这些差异涉及的条款已通过在其外侧页边空白位置的垂直单线(|)进行了标示,附录 J 给出了相应技术性差异及其原因的一览表。

本部分由中国电器工业协会提出。

本部分由全国电线电缆标准化技术委员会(SAC/TC 213)归口。

本部分负责起草单位:上海电缆研究所。

本部分参加起草单位：中国电力科学研究院、国家电线电缆质量监督检验中心、广州岭南电缆股份有限公司、郑州电缆股份有限公司、天津塑力线缆集团有限公司、宁波东方电缆股份有限公司、江苏上上电缆集团有限公司、福建南平太阳电缆股份有限公司、江苏新远东电缆有限公司、宝胜科技创新股份有限公司。

本部分主要起草人：徐晓峰、阎孟昆、范玉军、邓声华、朱爱荣、韩长武、叶信红、李斌、范德发、汪传斌、房权生、孙建生。

本部分所代替标准的历次版本发布情况为：
——GB/T 11017—1989、GB/T 11017.1—2002。

引　言

本引言为 IEC 60840:2011(第四版)的引言。

1988 年发布的第一版 IEC 60840 标准仅仅涉及了电缆。在 1999 年发布的第二版中加进了附件，所述的试验方法和要求包括了：

a) 电缆本体；

b) 带有附件的电缆(电缆系统)。

后来一些国家建议最好明确区分系统、电缆和附件，尤其是对较低的电压范围，如 45 kV。这在 2004 年的第三版中得到了考虑，并在本版(第四版)中予以保留，给出的型式认可的要求和范围适用于：

a) 电缆系统；

b) 电缆本体；

c) 附件本体。

制造商和用户可以选择最合适的型式认可方式。

在 2004 年 11 月的会议上，IEC TC 20(高压电缆)决定准备对 IEC 60840 做出进一步的重要修改，并决定这一版应结合采纳国际大电网会议(CIGRE)B1 研究委员会的 B1.06 工作组提出的高压和超高压挤包绝缘电缆试验的推荐方法。这项工作在 2006 年 10 月的 IEC TC 20 会议前，发表于 CIGRE 技术手册 No.303。该手册名为"交流(超)高压挤包绝缘地下电缆的鉴定试验的评价"因此得到 IEC TC 20 考虑，并将其相当大部分补充进 IEC 60840。当导体屏蔽和(或)绝缘屏蔽上具有高电场强度的电缆与附件组成为电缆系统时，现在被要求进行一项(相比 IEC 62067 简化的)预鉴定试验。

此外 IEC 60840 引入的其他重要变化还有：

a) IEC 60840 与 IEC 62067(同时修订)的章节编号经过协调达到尽可能一致，以方便两个标准的使用。

b) 抽样试验中，雷电冲击电压试验不再要求随后的工频电压试验。

与 CIGRE 有关的参考资料由参考文献给出。

注：我国 GB/Z 18890.1—2002《额定电压 220 kV(U_m=252 kV)　交联聚乙烯绝缘电力电缆及其附件　第 1 部分：试验方法和要求》和 GB/T 22078.1—2008《额定电压 500 kV(U_m=550 kV)交联聚乙烯绝缘电力电缆及其附件　第 1 部分：试验方法和要求》均修改采用了 IEC 62067《额定电压 150 kV(U_m=170 kV)以上至 500 kV(U_m=550 kV)挤包绝缘电力电缆及其附件　试验方法和要求》的较早版本。

额定电压 110 kV($U_m=126$ kV)交联
聚乙烯绝缘电力电缆及其附件
第 1 部分:试验方法和要求

1 范围

GB/T 11017 的本部分规定了额定电压 110 kV($U_m=126$ kV)固定安装的交联聚乙烯绝缘电力电缆系统、电缆本体及其附件本体的试验方法和要求。

本部分适用于通常安装和运行条件下使用的单芯电缆及其附件,但不适用于特殊条件下使用的电缆及其附件,如海底电缆。对这些特殊用途的电缆及附件可能需要修改本部分的试验或可能需要设定一些特殊的试验条件。

本部分不包含连接交联聚乙烯绝缘电缆和纸绝缘电缆的过渡接头。

2 规范性引用文件

下列文件对于本文件的应用是必不可少的。凡是注日期的引用文件,仅注日期的版本适用于本文件。凡是不注日期的引用文件,其最新版本(包括所有的修改单)适用于本文件。

GB/T 2951.11—2008 电缆和光缆绝缘和护套材料通用试验方法 第 11 部分:通用试验方法——厚度和外形尺寸测量——机械性能试验(IEC 60811-1-1:2001,IDT)

GB/T 2951.12—2008 电缆和光缆绝缘和护套材料通用试验方法 第 12 部分:通用试验方法——热老化试验方法(IEC 60811-1-2:2000,IDT)

GB/T 2951.13—2008 电缆和光缆绝缘和护套材料通用试验方法 第 13 部分:通用试验方法——密度测定方法——吸水试验——收缩试验 (IEC 60811-1-3:2001,IDT)

GB/T 2951.14—2008 电缆和光缆绝缘和护套材料通用试验方法 第 14 部分:通用试验方法——低温试验(IEC 60811-1-4:1985,IDT)

GB/T 2951.21—2008 电缆和光缆绝缘和护套材料通用试验方法 第 21 部分:弹性体混合料专用试验方法——耐臭氧试验——热延伸试验——浸矿物油试验(IEC 60811-2-1:2001,IDT)

GB/T 2951.31—2008 电缆和光缆绝缘和护套材料通用试验方法 第 31 部分:聚氯乙烯混合料专用试验方法——高温压力试验——抗开裂试验(IEC 60811-3-1:1985,IDT)

GB/T 2951.32—2008 电缆和光缆绝缘和护套材料通用试验方法 第 32 部分:聚氯乙烯混合料专用试验方法——失重试验——热稳定性试验(IEC 60811-3-2:1985,IDT)

GB/T 2951.41—2008 电缆和光缆绝缘和护套材料通用试验方法 第 41 部分:聚乙烯和聚丙烯混合料专用试验方法——耐环境应力开裂试验——熔体指数测量方法——直接燃烧法测量聚乙烯中碳黑和(或)矿物质填料含量——热重分析法(TGA)测量碳黑含量——显微镜法评估聚乙烯中碳黑分散度(IEC 60811-4-1:2004,IDT)

GB/T 3048.12 电线电缆电性能试验方法 第 12 部分:局部放电试验(GB/T 3048.12—2007,IEC 60885-3:1988,MOD)

GB/T 3048.13 电线电缆电性能试验方法 第 13 部分:冲击电压试验(GB/T 3048.13—2007,IEC 60060-1:1989,MOD)

GB/T 3956　电缆的导体(GB/T 3956—2008,IEC 60228:2004,IDT)

GB/T 16927.1　高电压试验技术　第1部分:一般定义及试验要求(GB/T 16927.1—2011,IEC 60060-1:2006,MOD)

GB/T 18380.12　电缆和光缆在火焰条件下的燃烧试验　第12部分:单根绝缘电线电缆火焰垂直蔓延试验—1 kW预混合型火焰试验方法(GB/T 18380.12—2008,IEC 60332-1-2:2004,IDT)

JB/T 10696.5—2007　电线电缆机械和理化性能试验方法　第5部分:腐蚀扩展试验

JB/T 10696.6—2007　电线电缆机械和理化性能试验方法　第6部分:挤出外套刮磨试验

IEC 60183　高压电缆选择导则(Guide to the selection of high-voltage cables)

IEC 60229:2007　电缆　具有特殊保护功能的挤包外护套的试验(Electric cables—Tests on extruded oversheaths with a special protective function)

IEC 60287-1-1:2006　电缆载流量计算　第1-1部分:载流量公式(100%负荷因数)和损耗计算　一般规定[Electric cables—Calculation of the current rating—Part 1-1:Current rating equations(100% load factor)and calculation of losses-General]

3　术语和定义

下列术语和定义适用于本文件。

3.1　尺寸值(厚度、截面积等)定义

3.1.1

标称值　nominal value

指定的量值并经常用于表格之中。

注:在本部分中,标称值通常引伸出在考虑规定公差下通过测量进行检验的一些量值。

3.1.2

中间值　median value

将测量的若干个数值以递增(或递减)的次序排列,若数值的数目为奇数时中间的那个数值为中间值,若数值的数目为偶数时中间两个数值的平均值为中间值。

3.2　有关试验的定义

3.2.1

例行试验　routine test

由制造商在成品(所有制造长度电缆或所有附件)上进行的试验,以检验其是否满足规定的要求。

3.2.2

抽样试验　sample test

由制造商按规定的频度在成品电缆或取自成品电缆或附件的部件的试样上进行的试验,以验证成品电缆或附件是否满足规定的要求。

3.2.3

型式试验　type test

在一般工业生产基础上供应本标准所包含的一种型式的电缆系统、或电缆、或附件之前进行的试验,以证明电缆或附件具有满足预期使用条件的良好性能。

注:除非电缆或附件中的材料、制造工艺、设计或设计电场强度发生改变,且这种改变可能会对其性能产生不利影响,型式试验一旦通过后,不必重复进行。

3.2.4

预鉴定试验 prequalification test

在一般工业生产基础上供应本标准所包含的一种型式的电缆系统之前进行的试验,以证明该完整电缆系统具有满意的长期运行性能。

3.2.5

预鉴定扩展试验 extension of prequalification test

在一般工业生产基础上供应本标准所包含的一种型式的电缆系统之前,对某种已经通过预鉴定试验的电缆系统所进行的试验,以证明该完整电缆系统具有满意的长期运行性能。

3.2.6

安装后的电气试验 electrical test after installation

电缆系统安装完成时为证明其完好所进行的试验。

3.3 其他定义

3.3.1

电缆系统 cable system

安装了各种附件的电缆,包括用于抑制系统上热机械力的仅对终端和接头使用的各种部件。

3.3.2

标称电场强度 nominal electrical stress

以标称尺寸按 U_0 计算的电场强度。

4 电压标示和材料

4.1 额定电压

本部分用符号 U_0、U 和 U_m 表示电缆和附件的额定电压,这些符号的意义由 IEC 60183 给出。

4.2 电缆的绝缘材料

本部分适用于以交联聚乙烯(XLPE)材料作为绝缘的电缆,表 1 中规定了 XLPE 型绝缘电缆导体的最高工作温度,并据此规定试验条件。

表 1 电缆的交联聚乙烯绝缘混合料

绝缘混合料	导体最高温度/℃	
	正常运行	短路(最长持续时间 5 s)
交联聚乙烯(XLPE)	90	250
注:特殊敷设条件下,有可能需要降低导体运行的最高温度。		

4.3 电缆的金属屏蔽/金属套

本部分适用于使用中的各种结构的金属屏蔽,包括径向防水结构以及其他结构。

提供径向防水功能的结构主要有:

——金属套;

——与外护套粘结的纵包金属带或纵包金属箔;

——复合屏蔽,包括束合金属线及其外部加上的作为径向不透水的阻挡层(见第 5 章)的金属套或与外护套粘结的金属带或金属箔。

而其他结构如：

——不与外护套粘结的金属带或者金属箔；

——仅有束合金属线。

注：在任何情况下，金属屏蔽/金属套应能够承受全部短路电流。

4.4 电缆的非金属护套材料

本部分的各项试验规定适用于以下四种类型非金属护套：

——以聚氯乙烯（PVC）为基材的 ST_1 和 ST_2；

——以聚乙烯（PE）为基材的 ST_3 和 ST_7。

选用何种类型护套取决于电缆的设计及电缆安装和运行时的机械、热性能和阻燃性能的要求。

与本部分中包括的各种类型的外护套材料相适应的在正常运行时的最高导体温度见表2。

注：一些情况下，外护套上可包覆一层功能材料（如半导电层）。

表 2 电缆非金属护套混合料

非金属护套混合料	代号	正常运行时电缆导体最高温度/℃
聚氯乙烯（PVC）	ST_1	80
	ST_2	90
聚乙烯（PE）	ST_3	80
	ST_7	90

5 电缆阻水措施

当电缆系统敷设在地下、易积水的地下通道或水中时，推荐采用径向不透水的阻挡层包覆电缆。

注：目前尚无径向透水试验方法。

为防止一旦电缆损坏进水后更换大段长度的电缆，也可以采用纵向阻水措施。

纵向透水试验在12.5.14中给出。

6 电缆特性

为实施并记录本部分所述的电缆系统或电缆的试验，应对电缆进行标示。

下列电缆特性应予明确或申明：

a) 制造商名称、型号、名称、制造日期或日期代码；

b) 额定电压：应给出 U_0、U 和 U_m 的值（见4.1和8.4）；

c) 导体类型及其材料和用平方毫米表示的标称截面积；导体结构；减小集肤效应的措施（如果有）及其性质；纵向阻水措施（如果有）及其性质；如果标称截面积与 GB/T 3956 不一致，给出折算到 1 km、20 ℃时的导体直流电阻；

d) 绝缘的材料和标称厚度（t_n）（见4.2）。表3给出了交联聚乙烯绝缘材料的 $\tan\delta$；

e) 绝缘系统的制造工艺类型；

f) 屏蔽层的阻水措施（如果有）及其性质；

g) 金属屏蔽的材料和结构，例如金属线的根数和直径。应申明金属屏蔽的直流电阻。金属套的材质、结构及标称厚度，或与外护套粘结的纵包金属带或金属箔（如果有）的材料、结构和标称厚度；

h) 外护套的材质和标称厚度；

i) 导体标称直径(d)；

j) 成品电缆标称外径(D)；

k) 绝缘的标称内径(d_{ii})和计算的标称外径(D_{io})；

l) 导体与金属屏蔽/金属套间的每公里标称电容；

m) 计算的导体屏蔽上的标称电场强度(E_i)和绝缘屏蔽上的标称电场强度(E_o)：

$$E_i = \frac{2U_0}{d_{ii}\ln(D_{io}/d_{ii})}$$

$$E_o = \frac{2U_0}{D_{io}\ln(D_{io}/d_{ii})}$$

式中：

$U_0 = 64$ kV；

$D_{io} = d_{ii} + 2t_n$；

D_{io}——计算的绝缘标称外径，单位为毫米(mm)；

d_{ii}——申明的绝缘标称内径，单位为毫米(mm)；

t_n——申明的绝缘标称厚度，单位为毫米(mm)。

表 3 交联聚乙烯绝缘料的 tanδ

绝缘混合料	交联聚乙烯(XLPE)
tanδ 最大值	10×10^{-4}

7 附件特性

为实施并记录本部分所述的电缆系统或附件的试验，应对附件进行标示。

下列特性应予明确或申明：

a) 用于试验的电缆应按第 6 章正确标示。

b) 附件中使用的导体连接金具应正确地标示：

——安装工艺；

——工具、模具和必要的装配设置；

——接触表面的处理；

——连接金具的型号，编号和其他识别标志；

——导体连接金具已经通过的型式试验的详细情况，适用时。

c) 用于试验的附件应正确地标示：

——制造商名称；

——型号，名称，制造日期或日期代码；

——额定电压[见第 6 章 b)项]；

——安装说明书(编号和日期)。

8 试验条件

8.1 环境温度

除非对特殊试验另外详细规定，试验应在环境温度为(20±15)℃下进行。

8.2 工频试验电压的频率和波形

除非本部分另外指明,交流试验电压的频率应为 49 Hz～61 Hz。波形应基本为正弦波。电压值以有效值(r.m.s.)表示。

8.3 雷电冲击试验电压的波形

按照 GB/T 3048.13,雷电冲击电压波的波前时间应为 1 μs～5 μs,按照 GB/T 16927.1,半波峰时间应为 50 μs±10 μs。

8.4 试验电压与额定电压的关系

本部分规定的试验电压用额定电压 U_0 的倍数表示,为确定试验电压的 U_0 值为 64 kV,试验电压应按表 4 规定。

本部分中的试验电压是根据假定电缆和附件用于 IEC 60183 中定义的 A 类系统而确定。

表 4　试验电压

1	2	3	4[a]	5[a]	6[a]	7[a]	8[a]	9[a]	10[b]
额定电压 U	设备最高电压 U_m	用于确定试验电压的值 U_0	9.3 电压试验 2.5U_0	9.2 和 12.4.4 局部放电试验 1.5U_0	12.4.5 tanδ 试验 U_0	12.4.6 热循环电压试验 2U_0	10.12、12.4.7 和 13.2.5 雷电冲击电压试验	12.4.7 电压试验 2.5U_0	16.3 安装后电压试验 2U_0
kV	kV	kV	kV	kV	kV	kV	kV	kV	kV
110	126	64	160	96	64	128	550	160	128

> [a]　必要时,应根据 12.4.1 调整施加电压。
> [b]　必要时,应根据 16.3 调整施加电压。

8.5 电缆导体温度的测定

推荐采用附录 A 中所述的试验方法之一测定导体的实际温度。

9 电缆和预制附件主绝缘的例行试验

9.1 概述

下列试验应在每根制造长度电缆上进行:
a)　局部放电试验(见 9.2);
b)　电压试验(见 9.3);
c)　非金属护套的电气试验(见 9.4)。

这些试验的次序由制造方自行确定。

每个预制附件的主绝缘应经受局部放电试验(见 9.2)和电压试验(见 9.3),可按以下 1)、2)或 3)叙述的方法进行试验:
1)　在安装于电缆的附件上进行;
2)　主绝缘部件装在专供试验的附件上进行;

3) 采用模拟附件装置进行试验,使主绝缘部件所受的电场强度再现实际电场情况。

在上述 2)和 3)情况下,应选取试验电压值使得产生的电场强度至少与附件产品上施加 9.2 和 9.3 规定试验电压时在该部件上产生的电场强度相同。

注:预制附件的主绝缘包括与电缆绝缘直接接触并且是附件中控制电场分布所必需而且基本的部件,例如模压预制或预浇注预制橡胶绝缘件或有填充料的环氧绝缘件。它们可以单独使用或组合起来使用而成为附件的必要的绝缘和屏蔽。

9.2 局部放电试验

局部放电试验应按 GB/T 3048.12 进行,检测灵敏度应为 10 pC 或更优。附件试验按相同原则进行,检测灵敏度应为 5 pC 或更优。

试验电压应逐渐升到 $1.75U_0$ 并保持 10 s,然后慢慢地降到 $1.5U_0$。

在 $1.5U_0$ 下,被试品应无超过申明灵敏度的可检测的放电。

9.3 电压试验

电压试验应在环境温度下以工频交流电压进行。

试验电压应施加在导体和金属屏蔽/金属套间逐渐地升到 $2.5U_0$(见表 4),然后保持 30 min。

绝缘应不发生击穿。

9.4 非金属护套的电气试验

应进行 IEC 60229:2007 第 3 章规定的电气试验,在金属屏蔽/金属套与外护套表面导电层之间以金属套接负极施加直流电压 25 kV,历时 1 min。

外护套应不发生击穿。

10 电缆的抽样试验

10.1 概述

下列试验应在代表交货批的电缆样品上进行,对 b)项和 g)项试验,样品可以是整盘电缆:

a) 导体检验(见 10.4);
b) 导体电阻和金属屏蔽电阻测量(见 10.5);
c) 绝缘与非金属护套厚度测量(见 10.6);
d) 金属套厚度测量(见 10.7);
e) 直径测量,要求时(见 10.8);
f) XLPE 绝缘热延伸试验(见 10.9);
g) 电容测量(见 10.10);
h) 按照第 6 章 m)计算的导体屏蔽上标称电场强度大于 8.0 kV/mm 的电缆的雷电冲击电压试验(见 10.11);
i) 透水试验,适用时(见 10.12);
j) 具有与外护套粘结的纵包金属带或纵包金属箔的电缆组件的试验(见 10.13)。

10.2 试验频度

10.1 中的 a)~g)以及 j)抽样试验项目,应在相同型号和导体截面电缆的每一批(生产系列)中抽取的一根试样上进行,但不应超过任何合同中电缆总根数的 10%,修约至最近的整数。

10.1 中的 h)和 i)项的抽样频度应符合协议的质量控制方法。在无此类协议时,对电缆长度超过

20 km的合同应进行一次试验。

10.3 复试

如果取自任一根电缆上的试样,未通过10.1中的任何一项试验,则应从同一批电缆中再取两根试样,对未通过的项目进行试验。假如加试的这两根电缆都通过了试验,则抽取这两根试样的该批其他电缆应认为符合要求。如任一根加试电缆未通过试验,则该批电缆应认为不符合要求。

10.4 导体检验

应采用实际可行的检验及测量方法来检查导体结构是否符合GB/T 3956或申明的要求。

10.5 导体电阻和金属屏蔽/金属套电阻测量

整根电缆或电缆试样在试验前应置于温度适当稳定的试验室内至少12 h。如怀疑导体或金属屏蔽温度与试验室温度不同,则电缆应放在试验室内24 h后再测量电阻。或者可将导体或金属屏蔽试样放置在可控温的恒温槽内至少1 h后再测量电阻。

导体或金属屏蔽直流电阻应按GB/T 3956给出的公式和系数校正到温度为20 ℃、长度为1 km的数值。对于不是铜或铝的金属屏蔽,温度系数和校正公式应分别从IEC 60287-1-1:2006的表1和2.1.1取得。

校正到20 ℃的导体直流电阻不应超过GB/T 3956规定的相应的最大值或申明值。

校正到20 ℃的金属屏蔽直流电阻不应超过申明值。

10.6 绝缘和非金属护套厚度测量

10.6.1 概述

试验方法应按GB/T 2951.11—2008第8章,但包覆在皱纹金属套上的外护套厚度测量应按照10.6.3给出的方法。

应从每根选作试验的电缆的一端(如果必需)截除任何可能受到损伤的部分后,切取一段代表被试电缆的试样。

10.6.2 对绝缘的要求

最小测量厚度不应小于标称厚度的90%:

$$t_{\min} \geqslant 0.90t_{\mathrm{n}}$$

以及,由下式定义的绝缘的偏心度不应大于10%:

$$\frac{t_{\max} - t_{\min}}{t_{\max}} \leqslant 0.10$$

式中:

$t_{\max}$——最大厚度,单位为毫米(mm);

$t_{\min}$——最小厚度,单位为毫米(mm);

t_{n} ——标称厚度,单位为毫米(mm)。

注:其中$t_{\max}$和$t_{\min}$为绝缘同一截面上的测量值。

导体和绝缘上的半导电屏蔽层厚度应不包含在绝缘厚度内。

10.6.3 对电缆非金属护套的要求

非金属护套厚度的最小测量值加上0.1 mm后,应不小于标称厚度的85%,即:

$$t_{\min} \geqslant 0.85t_{\mathrm{n}} - 0.1$$

式中：

t_{min}——最小厚度，单位为毫米（mm）；

t_n——标称厚度，单位为毫米（mm）。

此外，包覆在基本光滑表面上的外护套，其测量值的平均值（mm）按附录 B 修约至一位小数，应不小于标称厚度。

对平均厚度的要求不适用于包覆在不规则表面上的外护套，如包覆在金属屏蔽线和（或）金属带、或皱纹金属套上的外护套。

包覆在皱纹金属套上的外护套厚度，应采用具有至少一个半径约为 3 mm 的球面测头、精度为±0.01 mm 的测微计进行测量。取样和测量的步骤如下：

a) 从成品电缆上切取包含至少 6 个波峰和 6 个波谷的足够长度的一段外护套试样，在该外护套试样的外表面上画一条平行于电缆轴线的参考线。从外护套试样的一端截取的一个圆环上确定最小厚度的位置，以该最小厚度的位置为中点（以前述的参考线辅助定位）、沿着电缆轴线切取宽度约为 20 mm～40 mm 的包含了 6 个波峰和 6 个波谷的条状试片。应小心地除去试片上的各种附着物（如防腐涂料、与外护套材质相异的半导电层）。

b) 在条状试片上 6 个波谷位置（护套较薄处）分别测量每个波谷处的最小厚度。

6 个测量值中最小的一个即为该皱纹金属套上的外护套的最小测量厚度。

10.7 金属套厚度测量

下列试验适用于铅、铅合金或铝金属套电缆。

10.7.1 铅或铅合金套

铅或铅合金套电缆，其金属套的最小厚度加上 0.1 mm 后，应不小于标称厚度的 95%，即：

$$t_{min} \geqslant 0.95t_n - 0.1$$

应由制造方决定用下列的一种方法测量金属套厚度。

10.7.1.1 窄条法

应采用测量面直径为 4 mm～8 mm、精度为±0.01 mm 的测微计进行测量。

应从成品电缆上切取约 50 mm 长的铅套试件进行测量。应将试件沿纵向剖开，并小心地展平。在清洁试片后，应沿着铅套圆周、距试片边缘不小于 10 mm 处在足够多的点上测量，以确保测得最小厚度。

10.7.1.2 圆环法

应采用测微计测量，测微计的两个测量面，一个为平面，另一个为球面，或一个为平面，另一个为长 2.4 mm、宽 0.8 mm 的矩形平面。球面或矩形平面应适合与环的内侧面接触。测微计精度应为±0.01 mm。

应从试样上仔细切取铅套圆环进行测量。应沿圆环的圆周在足够多的点上测量，以确保测得最小厚度。

10.7.2 平铝套或皱纹铝套

平铝套的最小厚度加上 0.1 mm 后，应不小于标称厚度的 90%，即：

$$t_{min} \geqslant 0.90t_n - 0.1$$

皱纹铝套的最小厚度加上 0.1 mm 后，应不小于标称厚度的 85%，即：

$$t_{min} \geqslant 0.85t_n - 0.1$$

应采用具有两个半径约 3 mm 球面测头的千分尺进行测量，精度应为±0.01 mm。

应从成品电缆上仔细切取约 50 mm 宽的金属套圆环进行测量。应沿圆环圆周在足够多的点上测量,以确保测得最小厚度。

10.8 直径测量

如买方要求,应测量电缆绝缘芯直径和/或电缆外径。测量应按 GB/T 2951.11—2008 的 8.3 进行。

10.9 XLPE 绝缘的热延伸试验

10.9.1 步骤

取样和试验步骤应按照 GB/T 2951.21—2008 第 9 章进行,采用表 9 给出的试验条件。
试片应按所采用的交联工艺、取自被认为交联度最低的绝缘部分。

10.9.2 要求

试验结果应符合表 9 要求。

10.10 电容测量

应在环境温度下测量导体与金属屏蔽和(或)金属套间的电容,并应同时记录环境温度。
电容测量值应校正到 1 km 电容,并且不应超过制造商申明标称值 8%。

10.11 雷电冲击电压试验

仅对导体屏蔽标称电场强度大于 8.0 kV/mm 的电缆要求进行本试验。
试验应在不包括试验附件至少 10 m 长的成品电缆试样上进行,试验时导体温度应比电缆正常运行的最大导体温度高 5 K～10 K。
应只通过导体电流将被试电缆加热到规定的温度。
注:如果由于实际原因,不能达到试验温度,可以外加热绝缘措施。
应按照 GB/T 3048.13 的试验程序施加雷电冲击电压。
电缆应耐受按表 4 第 8 栏试验电压值施加的 10 次正极性和 10 次负极性电压冲击而不破坏。
绝缘应不发生击穿。

10.12 透水试验

适用时,应从成品电缆上取样进行试验,并应满足 12.5.14 的要求。

10.13 与外护套粘结的纵包金属带或金属箔电缆的部件试验

对具有与外护套粘结的纵包金属带或纵包金属箔的电缆,应从成品电缆上取 1 m 试样,并按照 12.5.15 要求进行试验。

11 附件的抽样试验

11.1 附件部件的试验

对每个部件的特性应按照附件制造商的技术规范,或者通过部件供应商提供的试验报告、或通过内部试验来进行查验。
附件制造商应提供每种部件要进行的各项试验的清单,并说明每种试验的频次。
对部件要按照图纸进行检查,不应有超出申明公差的偏离。
注:由于各个供应商提供的部件各不相同,因此,本部分不可能规定部件通用的抽样试验。

11.2 成品附件的试验

对主绝缘部件不能进行例行试验(见9.1)的附件,制造商应在完全装配好的附件上进行下列各项电气试验。

a) 局部放电试验(见9.2);

b) 电压试验(见9.3)。

这些试验的次序由制造方按适合试验安排来确定。

注:不做例行试验的主绝缘的例子有热缩绝缘以及绕包绝缘和(或)现场模制的绝缘。

这些试验应对每个合同的每种形式的一个附件进行,如果该合同中这种形式附件的数量超过50个。

如果试样未通过上述二项试验中的任何一项试验,则应从合同供应的相同类型附件中再抽取两个试样,对未通过的项目进行试验。如果这两个加试试样都通过了试验,则应认为该合同相同类型的其他附件符合本部分要求。如任一个加试试样仍未通过试验,则应认为该合同的该种类型的附件不符合本部分要求。

12 电缆系统的型式试验

12.1 概述

本章规定的各项试验是用以验证电缆系统具有满意的性能。

附录C给出电缆系统型式试验及其条文号的一览表。

注:本部分不规定与环境条件有关的终端试验。

12.2 型式认可的范围

对具有特定截面以及相同额定电压和结构的一种或一种以上电缆系统的型式试验通过后,如果满足下列a)~f)的所有条件,则该型式认可对本标准范围内其他导体截面、额定电压和结构的电缆系统亦应认可有效:

注:按照本标准的2002年版本(GB/T 11071.1—2002)已经通过的型式试验依然有效。

a) 电压等级不高于已试电缆系统的电压等级;

注:本部分中相同额定电压等级的电缆系统是指具有相同设备最高电压U_m和相同试验电压等级(见表4中第1栏和第2栏)的电缆系统。

b) 导体截面不大于已试电缆的导体截面;

c) 电缆和附件具有与已试电缆系统相同或相似的结构;

注:结构类似的电缆和附件是指绝缘和半导电屏蔽的类型和制造工艺相同的电缆和附件。由于导体或连接金具的型式或材料的差异、或者由于屏蔽绝缘线芯上或附件主绝缘部件上的保护层的差异,除非这些差异可能对试验结果有显著影响,电气型式试验不必重复进行。在有些情况下,重做型式试验中的一项或几项试验[例如弯曲试验、热循环试验和(或)相容性试验]可能是合适的。

d) 电缆导体屏蔽上计算的标称电场强度和雷电冲击电场强度不超过已试电缆系统相应计算值10%;

e) 电缆绝缘屏蔽上计算的标称电场强度和雷电冲击电场强度不超过已试电缆系统相应计算值;

f) 电缆附件主绝缘件上和电缆与附件界面上计算的标称电场强度和雷电冲击电场强度不超过已试电缆系统相应计算值。

除非采用不同的材料和制造工艺,对取自不同电压等级和(或)导体截面的电缆的试样不需要进行电缆组件的型式试验(见12.5)。但是如果包覆在屏蔽绝缘芯上的材料组合不同于原先已经过型式试验的电缆的材料组合,可以要求重复进行成品电缆样段的老化试验以检验材料的相容性(见12.5.4)。

由具有资质的鉴证机构代表签署的型式试验证书、或由制造商提供的有合适资格官员签署的载有试验结果的报告、或由独立实验室出具的型式试验证书应认可作为通过型式试验的证明。

12.3 型式试验概要

型式试验应包括 12.4 规定的成品电缆系统的电气试验和 12.5 规定的电缆组件及成品电缆适用的非电气试验。

12.4.2 列出的试验应在不包括电缆附件至少 10 m 长的一个或多个成品电缆试样上进行,试样的数量取决于试验的附件数量。

两个附件之间自由电缆的最短长度应为 5 m。

附件应安装在经过弯曲试验后的电缆上,每种型式的附件应有一个试样进行试验。

电缆和附件应按制造商说明书规定的方法进行组装,采用其所提供的等级和数量的材料,包括润滑剂(如果有)。

附件的外表面应干燥和清洁,但对电缆和附件都不应以制造商说明书没有规定的方式进行任何可能改变其电性能、热性能或机械性能的方法进行处理。

进行 12.4.2 的 c)项～g)项试验时,应将被试接头的外保护层装上。但如果能够表明此外保护层不会影响接头绝缘性能,例如没有热机械或相容性的影响,就不必装上此外保护层。

12.4.9 规定的半导电屏蔽电阻率测量应在单独的试样上进行。

12.4 成品电缆系统的电气型式试验

12.4.1 试验电压值

电气型式试验前,应按 GB/T 2951.11—2008 中 8.1 规定方法在供试验用的有代表性的一段试样上测量电缆的绝缘厚度,以检查绝缘平均厚度是否超过标称值太多。

如果绝缘平均厚度未超过标称厚度 5%,试验电压应取表 4 规定的试验电压值。

如果绝缘平均厚度超过标称厚度 5%、但不超过 15%,应调整试验电压,以使得导体屏蔽上电场强度等于绝缘平均厚度为标称值、且试验电压为表 4 规定的试验电压值时确定的电场强度。

用于电气型式试验的电缆段的绝缘平均厚度应不超标称值 15%。

12.4.2 试验及试验顺序

试验 a)～h)应按以下顺序进行:

a) 弯曲试验(见 12.4.3)随后安装附件,在环境温度下的局部放电试验(见 12.4.4);

b) $\tan\delta$ 测量(见 12.4.5);

注:本项试验可以在未进行本试验序列中其余试验项目的装有特殊试验终端的另一个电缆试样上进行。

c) 热循环电压试验(见 12.4.6);

d) 局部放电试验(见 12.4.4):

- 在环境温度下进行,以及
- 在高温下进行。

本试验应在上述 c)项最后一次循环后进行,或者在下述 e)项雷电冲击电压试验后进行;

e) 雷电冲击电压试验及随后的工频电压试验(见 12.4.7);

f) 局部放电试验,若上述 d)项没有进行;

g) 接头的外保护层试验(见附录 G);

注 1:本项试验可以在已经通过 c)项热循环电压试验的接头上进行,也可以在经过至少 3 次热循环(见附录 G)的另一个单独的接头上进行。

注 2:如果电缆和接头不在潮湿环境下运行(即不直接埋在地下或不间断地或连续浸在水中),则 G.3 和 G.4.2 规定的试验可以不做。

h)　在上述各项试验完成时,对包含电缆和附件的电缆系统的检验(见 12.4.8);

i)　电缆半导电屏蔽的电阻率试验(见 12.4.9)应在单独的试样上测量。

试验电压应符合表 4 的规定。

12.4.3　弯曲试验

电缆试样应在环境温度下围绕试验用圆柱体(例如电缆盘的筒体)弯曲至少一整圈,然后展直,过程中电缆没有轴向转动。接着应将试样沿电缆轴线旋转 180 度,重复上述过程。如此作为一个循环。这样的弯曲循环共应进行三次。

试验用圆柱体的直径应不大于:

——$36(d+D)×1.05$,平铝套电缆;

——$25(d+D)×1.05$,铅、铅合金、皱纹金属套或具有与外护套粘结的纵包金属带或纵包金属箔的电缆;

——$20(d+D)×1.05$,其他电缆。

其中:

d——导体标称直径,单位为毫米(mm)[见第 6 章 i)项];

D——电缆标称外径,单位为毫米(mm)[见第 6 章 j)项]。

注:不规定负偏差。只有与制造商协商一致才能用小于规定直径进行弯曲试验。

12.4.4　局部放电试验

局部放电试验应按 GB/T 3048.12 进行,检测的灵敏度应为 5 pC 或更优。

试验电压应逐渐升到 $1.75U_0$ 并保持 10 s,然后慢慢地降到 $1.5U_0$。

高温下试验时,试样应在比电缆正常运行的最大导体温度高 5 K～10 K 下进行试验。导体温度应在此规定温度范围内保持至少 2 h。

应只通过导体电流将被试电缆加热到规定的温度。

注:如果由于实际原因,不能达到试验温度,可以外加热绝缘措施。

在 $1.5U_0$ 下,试品中应无超过申明灵敏度的可检测的放电。

12.4.5　tanδ 测量

应只通过导体电流将试样加热到规定的温度。可采用测量导体电阻,或采用置于屏蔽或金属套表面的热电偶,或采用同样加热方式的另一段相同电缆试样导体上的热电偶来确定导体温度。

试样应加热至导体温度超过电缆正常运行的最大导体温度 5 K～10 K。

注:如果由于实际原因,不能达到试验温度,可以外加热绝缘措施。

然后应在工频电压 U_0(见表 4 第 6 栏)及上述规定温度下测量 tanδ。

测量值不应大于表 3 的给定值。

12.4.6　热循环电压试验

电缆试样应弯成具有 12.4.3 规定直径的 U 形。

应只通过导体电流将试样加热到规定的温度。试样应加热至导体温度超过电缆正常运行的最大导体温度 5 K～10 K。

注:如果由于实际原因,不能达到试验温度,可以外加热绝缘措施。

加热应至少 8 h。在每个加热期内,导体温度应保持在上述温度范围内至少 2 h。随后应自然冷却至少 16 h,直到导体温度冷却至不高于 30 ℃ 或者冷却至高于环境温度 10 K 以内,取两者之中的较高值。应记录每个加热周期最后 2 h 的导体电流。

加热和冷却循环应进行 20 次。

在整个试验期内,试样上应施加 $2U_0$ 电压(见表 4 第 7 栏)。

试验过程允许中断,只要完成了总共 20 个加电压的完整热循环。

注:导体温度超过电缆正常运行的最大导体温度 10 K 的那些热循环也认为有效。

12.4.7 雷电冲击电压试验及随后的工频电压试验

应只通过导体电流将试样加热到规定的温度。试样应加热至导体温度超过电缆正常运行的最大导体温度 5 K～10 K。

导体温度应保持在上述试验温度范围至少 2 h。

注:如果由于实际原因,不能达到试验温度,可以外加热绝缘措施。

应按照 GB/T 3048.13 给出的试验程序施加雷电冲击电压。

电缆应耐受按表 4 第 8 栏试验电压值施加的 10 次正极性和 10 次负极性电压冲击而不破坏。

雷电冲击电压试验后,应对试样系统进行 $2.5U_0$,15 min 的工频电压试验(见表 4 第 9 栏)。由制造方决定,这项试验可在冷却过程中或在环境温度下进行。

应不发生绝缘击穿或闪络。

12.4.8 检验

12.4.8.1 电缆和附件

将一个试样电缆解剖,以及只要可能将各个附件拆解,以正常视力或经矫正但不放大的视力进行检查,应无可能影响电缆系统运行的劣化迹象(如电气品质下降、泄露、腐蚀或有害的收缩)。

12.4.8.2 与外护套粘结的纵包金属箔或金属带电缆

应从完成上述型式试验后的电缆上取下 1 m 长的试样,进行 12.5.15 的各项试验。

12.4.9 半导电屏蔽电阻率

电缆半导电屏蔽的电阻率应在单独的试样上测量。

应从制造后未经处理的电缆试样的绝缘芯上和从已经过 12.5.4 规定的组件材料相容性试验老化处理后的电缆试样的绝缘芯上分别取试件,进行导体上和绝缘上的挤包半导电屏蔽的电阻率测定。

12.4.9.1 步骤

试验步骤见附录 D。

测量应在温度(90±2)℃下进行。

12.4.9.2 要求

老化前和老化后的电阻率不应超过:
——导体屏蔽:1 000 Ω·m;
——绝缘屏蔽:500 Ω·m。

12.5 电缆组件和成品电缆的非电气型式试验

非电气型式试验项目如下:
a) 电缆结构检验(见 12.5.1);
b) 绝缘老化前后机械性能试验(见 12.5.2);
c) 非金属外护套老化前后机械性能试验(见 12.5.3);

d) 检验材料相容性的成品电缆段老化试验（见12.5.4）；

e) ST₂型PVC外护套的失重试验（见12.5.5）；

f) 外护套的高温压力试验（见12.5.6）；

g) PVC外护套(ST₁和ST₂)低温试验（见12.5.7）；

h) PVC外护套(ST₁和ST₂)热冲击试验（见12.5.8）；

i) XLPE绝缘的微孔杂质试验（见12.5.9）；

j) XLPE绝缘热延伸试验（见12.5.10）；

k) 半导电屏蔽层与绝缘层界面的微孔与突起试验（见12.5.11）；

l) 黑色PE外护套(ST₃和ST₇)碳黑含量测量（见12.5.12）；

m) 燃烧试验（见12.5.13）；

n) 透水试验（见12.5.14）；

o) 具有与外护套粘结的纵包金属带或纵包金属箔的电缆组件的试验（见12.5.15）；

p) XLPE绝缘收缩试验（见12.5.16）；

q) PE外护套(ST₃和ST₇)收缩试验（见12.5.17）；

r) 非金属外护套的刮磨试验（见12.5.18）；

s) 铝套的腐蚀扩展试验（见12.5.19）。

电缆组件及成品电缆的非电气试验汇总于表5中，并指出每种试验所适用的XLPE绝缘和各种护套材料。电缆燃烧试验仅在制造商希望申明该电缆的设计特性适合该试验时才要求进行。

表5 电缆组件和成品电缆的非电气型式试验项目汇总

混合料代号(见4.2和4.4)	绝缘	外护套			
	XLPE	ST₁	ST₂	ST₃	ST₇
结构检查 透水试验ᵃ	均适用，与绝缘和外护套材料无关				
机械性能 （抗张强度和断裂伸长率） 　a) 老化前 　b) 空气烘箱老化后 　c) 成品电缆老化后(相容性试验)	× × ×	× × ×	× × ×	× × ×	× × ×
高温压力试验	—	×	×	—	×
低温性能 　a) 低温拉伸试验 　b) 低温冲击试验	— —	× ×	× ×	— —	— —
空气烘箱热失重	—	—	×	—	—
热冲击试验	—	×	×	—	—
热延伸试验	×	—	—	—	—
炭黑含量试验ᵇ	—	—	—	×	×
热收缩试验	×	—	—	×	×
燃烧试验ᶜ	—	×	×	—	—
绝缘中微孔杂质试验	×	—	—	—	—
半导电屏蔽层与绝缘层界面的微孔与突起	×	—	—	—	—
非金属外护套的刮磨试验	—	×	×	×	×
铝套的腐蚀扩展试验	—	×	×	×	×
具有与外护套粘结的纵包金属层的试验ᶜ				×	×

注：×表示要做此项试验。

ᵃ 用于制造方声明具有纵向阻水措施的电缆。

ᵇ 仅对黑色外护套。

ᶜ 只在制造方声明电缆设计适合时要求。

12.5.1 电缆结构检查

导体检查、绝缘和外护套厚度以及金属套厚度测量应分别按 10.4、10.6 及 10.7 进行,并应符合要求。

12.5.2 绝缘老化前后机械性能试验

12.5.2.1 取样

取样和试片制备应按 GB/T 2951.11—2008 中 9.1 进行。

12.5.2.2 老化处理

老化处理应按表 6 和 GB/T 2951.12—2008 中 8.1 并在表 6 规定的条件下进行。

表 6 电缆 XLPE 绝缘混合料的机械性能试验要求(老化前后)

序号	试验项目和试验条件 (混合料代号见 4.2)	单位	性能要求
			XLPE
0	正常运行时导体最高温度	℃	90
1	老化前(GB/T 2951.11—2008 的 9.1)		
1.1	最小抗张强度	N/mm²	12.5
1.2	最小断裂伸长率	%	200
2	空气烘箱老化后(GB/T 2951.12—2008 的 8.1)		
2.1	处理条件:温度	℃	135
	温度偏差	K	±3
	持续时间	h	168
2.2	抗张强度		
	a) 老化后最小值	N/mm²	—
	b) 最大变化率ᵃ	%	±25
2.3	断裂伸长率		
	a) 老化后最小值	%	—
	b) 最大变化率ᵃ	%	±25

ᵃ 变化率:老化后测得中间值与老化前测得中间值的差值除以后者,以百分数表示。

12.5.2.3 预处理和机械性能试验

预处理和机械性能的测量应按 GB/T 2951.11—2008 中 9.1 进行。

12.5.2.4 要求

老化前和老化后试片的试验结果应符合表 6 要求。

12.5.3 非金属外护套老化前后机械性能试验

12.5.3.1 取样

取样和试片制备应按 GB/T 2951.11—2008 中 9.2 进行。

12.5.3.2 老化处理

老化处理应按表 7 和 GB/T 2951.12—2008 中 8.1 并在表 7 规定的条件下进行。

12.5.3.3 预处理和机械性能试验

预处理和机械性能的测量应按 GB/T 2951.11—2008 中 9.2 进行。

12.5.3.4 要求

老化前和老化后试片的试验结果应符合表 7 要求。

表 7 电缆外护套混合料的机械性能试验要求（老化前后）

序号	试验项目和试验条件 （混合料代号见 4.3）	单位	性能要求（混合料代号见 4.4）			
			ST_1	ST_2	ST_3	ST_7
1	老化前（GB/T 2951.11—2008 中 8.2）					
1.1	最小抗张强度	N/mm²	12.5	12.5	10.0	12.5
1.2	最小断裂伸长率	%	150	150	300	300
2	空气烘箱老化后（GB/T 2951.12—2008 中 8.1）					
	处理条件：温度	℃	100	100	100	110
	温度偏差	K	±2	±2	±2	±2
	持续时间	h	168	168	240	240
2.1	抗张强度					
	a) 老化后最小值	N/mm²	12.5	12.5	—	—
	b) 最大变化率 [a]	%	±25	±25	—	—
2.2	断裂伸长率					
	a) 老化后最小值	%	150	150	300	300
	b) 最大变化率 [a]	%	±25	±25	—	—
3	高温压力试验（GB/T 2951.31—2008 中 8.2）					
	试验温度	℃	80	90	—	110
	温度偏差	K	±2	±2	—	±2
4	热收缩试验（GB/T 2951.13—2008 中第 11 章）					
	试验温度	℃	—	—	80	80
	温度偏差	K	—	—	±2	±2
	持续时间	h	—	—	5	5
	加热周期		—	—	5	5
	最大收缩率	%	—	—	3.0	3.0

[a] 变化率：老化后测得中间值与老化前测得中间值的差值除以后者，以百分数表示。

12.5.4 检验材料相容性的成品电缆段的老化试验

12.5.4.1 概述

应进行成品电缆段的老化试验，以检验电缆是否存在由于绝缘、挤包半导电层和外护套与电缆其他组成部分的接触而容易在运行中过多劣化的倾向。

本试验适用于所有类型电缆。

12.5.4.2 取样

绝缘和非金属护套试验用电缆试样应取自 GB/T 2951.12—2008 中 8.1.4 所述的成品电缆。

12.5.4.3 老化处理

电缆段的老化处理应按 GB/T 2951.12—2008 中 8.1.4 在空气烘箱中进行,条件如下:
——温度:(100±2) ℃;
——持续时间:7×24 h。

12.5.4.4 机械性能试验

从老化后电缆样品上取下的绝缘和护套试片,应按 GB/T 2951.12—2008 中 8.1.4 制备并进行机械性能试验。

12.5.4.5 要求

老化后的抗张强度和断裂伸长率的中间值与老化前得出的相应值(见 12.5.2 和 12.5.3)的变化率不应超过表 6 给出的绝缘经空气烘箱老化后的试验值,以及表 7 给出的外护套经空气烘箱老化后的试验值。

12.5.5 ST_2 型 PVC 外护套失重试验

12.5.5.1 步骤

ST_2 型外护套的失重试验应按表 8 和 GB/T 2951.32—2008 中 8.2 规定的条件下进行。

12.5.5.2 要求

试验结果应符合表 8 要求。

表 8 电缆 PVC 外护套料特殊性能试验要求

序号	试验项目和试验条件	单位	性能要求(混合料代号见 4.4)	
			ST_1	ST_2
1	空气烘箱热失重试验 (GB/T 2951.32—2008 中 8.2)			
1.1	处理条件:温度	℃	—	100
	温度偏差	K	—	±2
	持续时间	h	—	168
1.2	最大允许失重	mg/cm²	—	1.5
2	低温性能[a](GB/T 2951.14—2008 中第 8 章) 试验在未经先前老化下进行			
2.1	哑铃片的低温拉伸试验			
	试验温度	℃	−15	−15
	温度偏度	K	±2	±2
2.2	低温冲击试验			
	试验温度	℃	−15	−15
	温度偏度	K	±2	±2
3	热冲击试验(GB/T 2951.31—2008 中 9.2)			
	试验温度	℃	150	150
	温度偏度	K	±3	±3
	试验时间	h	1	1
[a] 因气候条件不同时,可以采用更低的试验温度。				

12.5.6 外护套高温压力试验

12.5.6.1 步骤

ST$_1$,ST$_2$ 和 ST$_7$ 外护套的高温压力试验应按 GB/T 2951.31—2008 中 8.2 所述的试验方法和表 7 给出的试验条件进行。

12.5.6.2 要求

试验结果应符合 GB/T 2951.31—2008 中 8.2 的要求。

12.5.7 PVC 外护套(ST$_1$ 和 ST$_2$)低温试验

12.5.7.1 步骤

ST$_1$ 和 ST$_2$ 外护套的低温试验应采用表 8 规定的试验温度,按 GB/T 2951.14—2008 的第 8 章进行。

12.5.7.2 要求

试验结果应符合 GB/T 2951.14—2008 中第 8 章的要求。

12.5.8 PVC 外护套(ST$_1$ 和 ST$_2$)热冲击试验

12.5.8.1 步骤

ST$_1$ 和 ST$_2$ 外护套的热冲击试验应采用表 8 规定的试验温度和持续时间,按 GB/T 2951.31—2008 中 9.2 进行。

12.5.8.2 要求

试验结果应符合 GB/T 2951.31—2008 的 9.2 要求。

12.5.9 XLPE 绝缘的微孔杂质试验

12.5.9.1 步骤

XLPE 绝缘的微孔杂质试验应按照附录 H 进行取样和试验。

12.5.9.2 要求

试验结果应符合以下要求:
    a) 成品电缆绝缘中应无大于 0.05 mm 的微孔,大于 0.025 mm 的微孔在每 16.4 cm^3 绝缘中不应多于 30 个;
    b) 成品电缆绝缘中应无大于 0.125 mm 的不透明杂质,大于 0.05 mm 并小于或等于 0.125 mm 的不透明杂质在每 16.4 cm^3 绝缘体积中不应多于 10 个;
    c) 成品电缆绝缘中应无大于 0.25 mm 的半透明棕色(琥珀状)物质。

12.5.10 XLPE 绝缘热延伸试验

XLPE 绝缘应按 10.9 进行热延伸试验并应符合其要求。

表9　电缆XLPE绝缘混合料的特殊性能试验要求

序号	试验项目和试验条件	单位	性能要求
			XLPE
1	热延伸试验(GB/T 2951.21—2008中第9章)		
1.1	处理条件:空气烘箱温度	℃	200
	温度偏差	K	±3
	负荷时间	min	15
	机械应力	N/cm²	20
1.2	负荷下最大伸长率	%	175
1.3	冷却后最大永久伸长率	%	15
2	热收缩试验(GB/T 2951.13—2008中第10章)		
2.1	标志间距离 L	mm	200
2.2	试验温度	℃	130
2.3	温度偏差	K	±3
2.4	持续时间	h	6
2.5	最大收缩率	%	4.5

12.5.11　半导电屏蔽层与绝缘层界面的微孔与突起试验

12.5.11.1　步骤

半导电屏蔽层与绝缘层界面的微孔与突起试验应按照附录H进行取样和试验。

12.5.11.2　要求

试验结果应符合下述规定:

a) 半导电屏蔽层与绝缘层界面上应无大于0.05 mm的微孔;

b) 导体半导电屏蔽层与绝缘层界面上应无大于0.125 mm的进入绝缘层的突起以及大于0.125 mm的进入半导电层的突起;

c) 绝缘半导电屏蔽层与绝缘层界面上应无大于0.125 mm的进入绝缘层的突起以及大于0.125 mm的进入半导电层的突起。

12.5.12　黑色PE外护套碳黑含量测量

12.5.12.1　步骤

ST_3 和 ST_7 外护套的碳黑含量测量应按GB/T 2951.41—2008中第11章所述的取样和试验步骤进行。

12.5.12.2　要求

碳黑含量的标称值应为(2.5±0.5)%。

注:对不受紫外线曝晒的特殊场合,允许较低的碳黑含量值。

12.5.13　燃烧试验

如果制造商希望申明电缆的特殊设计符合燃烧试验要求时,应在成品电缆的试样上进行GB/T 18380.12规定的燃烧试验。

试验结果应符合 GB/T 18380.12 的要求。

12.5.14 透水试验

透水试验应适用于具有包括如第 6 章的 c)和 f)中申明的纵向透水阻隔结构的电缆。本试验的目的是满足埋地电缆的要求,而不是为了用于如海底电缆那类结构的电缆。

试验装置、取样、试验步骤和要求应符合附录 E。

12.5.15 与外护套粘结的纵包金属箔或金属带电缆的组件的试验

电缆试样应进行下列试验:

a) 目力检查(见 F.1);

b) 金属箔粘结强度(见 F.2);

c) 金属箔搭接的剥离强度(见 F.3)。

试验装置、步骤和要求应符合附录 F 的规定。

12.5.16 XLPE 绝缘收缩试验

12.5.16.1 步骤

XLPE 绝缘收缩试验应按 GB/T 2951.13—2008 中第 10 章所述的取样及试验步骤和表 9 规定的试验条件进行。

12.5.16.2 要求

试验结果应符合表 9 要求。

12.5.17 PE 外护套(ST$_3$ 和 ST$_7$)收缩试验

12.5.17.1 步骤

ST$_3$ 和 ST$_7$ 型 PE 外护套的收缩试验应按 GB/T 2951.13—2008 中第 11 章所述取样及试验步骤和表 7 规定的试验条件进行。

12.5.17.2 要求

试验结果应符合表 7 要求。

12.5.18 非金属外护套刮磨试验

电缆的非金属外护套应进行 JB/T 10696.6—2007 规定的刮磨试验并符合要求。

12.5.19 铝套腐蚀扩展试验

铝套电缆应进行 JB/T 10696.5—2007 规定的腐蚀扩展试验并符合要求。

13 电缆系统的预鉴定试验

13.1 概述和预鉴定试验的认可范围

当额定电压 110 kV 电缆系统成功通过预鉴定试验,制造商就具有供应额定电压 110 kV 或较低电压等级电缆系统的合格资格,只要其绝缘屏蔽上计算的标称电场强度等于或者低于已通过试验的电缆系统的相应值。

只有导体屏蔽上计算的标称电场强度高于 8.0 kV/mm 和(或)绝缘屏蔽上计算的标称电场强度高于 4.0 kV/mm 时应进行电缆系统的预鉴定试验。具有下述任一情况,预鉴定试验应予免做:

——如果具有相同结构以及同样附件类型的电缆系统已经通过了更高额定电压的预鉴定试验;

——如果制造商能够证明在导体屏蔽和绝缘屏蔽上、在同类型电缆附件的主绝缘部件上以及在附件的界面上的计算的电场强度相等或更高的电缆系统已经具有良好的运行经历;

——如果制造商按照关于相同电缆结构和同类型附件的电缆系统的国家标准或顾客规范已经完成了同等要求的长期试验。

如果一个预鉴定合格的电缆系统使用另一个已通过预鉴定试验电缆系统的电缆和(或)附件进行替换,且另一个电缆系统的绝缘屏蔽上的计算电场强度等于或高于被替换的电缆系统,则现有的预鉴定认可应扩展到此系统或另一个电缆系统的电缆和(或)附件,只要其满足了13.3的全部要求。

如果一个预鉴定合格的电缆系统使用没有进行过预鉴定试验的电缆和(或)附件,或者使用另一个已通过预鉴定试验电缆系统的电缆和(或)附件进行替换、但该电缆系统的绝缘屏蔽上的计算电场强度低于被替换的电缆系统,则新组成的电缆系统应进行预鉴定试验,并满足13.2的全部要求。

预鉴定试验和预鉴定扩展试验的一览表参见附录C。

注 1:除非与该电缆系统相关的材料、制造工艺、设计和设计场强水平有实质性改变,预鉴定试验只需要进行一次。

注 2:实质性改变定义为可能对电缆系统产生不利影响的改变。如果有改变而申明不构成实质性改变,供应方应提供包括试验证据的详细情况。

注 3:推荐使用大截面导体的电缆进行预鉴定试验,以包含热-机械性能的影响。

由具有资质的鉴证机构代表签署的预鉴定试验证书、或由制造商提供的有合适资格官员签署的载有试验结果的报告、或由独立实验室出具的预鉴定试验证书应认可作为通过预鉴定试验的证明。

13.2　电缆系统的预鉴定试验

13.2.1　预鉴定试验概要

预鉴定试验应由最少 20 m 长的全尺寸成品电缆包含每种类型附件至少一件的完整电缆系统上进行的电气试验组成。附件之间的自由电缆的长度应至少 10 m。试验的顺序为:

a)　热循环电压试验(见 13.2.4);

b)　雷电冲击电压试验(见 13.2.5);

c)　电缆系统完成上述试验后的检验(见 13.2.6)。

可能有一个或多个附件不能满足 13.2 中所有预鉴定试验的要求。对被试电缆系统修理后,可以对保留下的电缆系统(电缆和其余的附件)继续进行预鉴定试验。如果保留下的电缆系统满足了 13.2 的所有要求,该保留下的电缆系统(电缆和其余的附件)就认为通过预鉴定试验,而没有完成试验的电缆附件则没有通过该预鉴定试验。但是可以对更换附件的电缆系统继续进行预鉴定试验直到满足 13.2 的所有要求。如果制造商确定预鉴定试验的电缆系统包含修理好的附件,那么该完整系统的预鉴定试验的起始时间考虑从修理后开始计算。

13.2.2　试验电压值

电缆系统预鉴定试验前,应测量电缆的绝缘厚度,必要时按照12.4.1调整试验电压值。

13.2.3　试验布置

电缆和附件应按制造商说明书规定的方法进行组装,采用其所提供的等级和数量的材料,包括润滑剂(如果有)。

试验可在实验室中进行,而不必在模拟真实安装条件的场所进行。

如果接头设计适用于刚性和柔性二种安装方式,则一个接头应采用刚性固定方式安装,另一个接头应采用柔性方式安装,见图1。如果接头设计仅用于刚性方式安装,则该接头的两侧都应以刚性方式固定。如果接头设计仅用于柔性方式安装,则该接头的两侧都应以柔性方式安装。

试验回路应按12.4.3规定的直径敷设成U形。

注:图1的示例较实际安装敷设的真实模拟更容易实现。设计的热-机械性能在该试验布置中没有得到测试。

在必须考虑热机械性能的特殊情况下,应考虑采用能代表设计安装条件的特殊试验布置。在安装和试验期间环境条件可能会有变化,但认为环境条件的变化并无重要影响。

当使用户外试验设施进行试验时,不受通常规定的对环境温度(20±15)℃的限制。

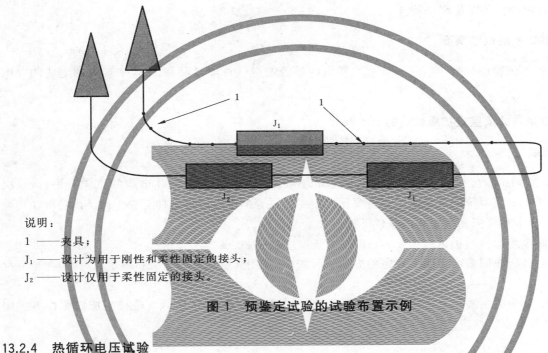

说明:

1 ——夹具;

J$_1$ ——设计为用于刚性和柔性固定的接头;

J$_2$ ——设计仅用于柔性固定的接头。

图1 预鉴定试验的试验布置示例

13.2.4 热循环电压试验

应只通过导体电流将试样加热到规定的温度。试样应加热至导体温度超过电缆正常运行的最大导体温度 0 K～5 K。试验过程中因环境温度变化要求调节导体电流。

应选择加热布置方式,使得远离附件的电缆导体温度达到上述规定温度。应记录电缆表面温度作为参考。

加热应至少 8 h。在每个加热期内,导体温度应保持在上述温度范围内至少 2 h。随后应自然冷却至少 16 h,直到导体温度冷却至不高于 30 ℃ 或者冷却至高于环境温度 10 K 以内,取两者之中的较高值。

注:如果由于实际原因,不能达到试验温度,可以外加热绝缘措施。

加热冷却循环应进行 180 次。在整个试验期间,应对电缆系统施加 1.7U$_0$ 电压。

应无击穿发生。

注1:建议在试验期间进行局部放电测试以便提供性能可能劣化的早期预警,从而有可能在损坏前进行修理。

注2:允许某些循环的热态和(或)冷态温度的持续时间不完全符合要求,但这样的循环不超过 10 个。

注3:应完成总的循环次数而不管那些可能发生的中断。

注4:导体温度超过电缆正常运行的最大导体温度 5 K 的那些热循环也认为有效。

13.2.5 雷电冲击电压试验

试验应在取自试验系统的有效长度最少 10 m 的一根或多根电缆试样上进行,电缆导体温度超过电缆正常运行的最大导体温度 0 K～5 K。导体温度应保持在上述温度范围内至少 2 h。

注 1：作为替代,试验也可在整个试验回路上进行。

注 2：如果由于实际原因,不能达到试验温度,可以外加热绝缘措施。

应按照 GB/T 3048.13 给出的步骤施加冲击电压。

试验回路应耐受按表 4 第 8 栏试验电压值施加的 10 次正极性和 10 次负极性电压冲击而不破坏。

13.2.6 检验

电缆系统(电缆和附件)的检验应符合 12.4.8 的要求。

13.3 电缆系统的预鉴定扩展试验

13.3.1 预鉴定扩展试验概要

预鉴定扩展试验应包括 13.3.2 规定的完整电缆系统的电气性能试验和 12.5 中规定的电缆的非电气试验。

13.3.2 电缆系统的预鉴定扩展试验的电气部分

13.3.2.1 概述

13.3.2.3 所列试验应在已通过预鉴定试验的电缆系统的一个或多个成品电缆的试样上进行,取决于附件的数量。电缆系统的试样应包含需要预鉴定扩展试验的电缆附件每种至少一件。试验可在实验室中进行,而不必在模拟真实安装的条件下进行。

附件之间电缆的最短长度应为 5 m。电缆总长度应最少 20 m。

电缆和附件应按制造商说明书规定的方法进行安装,采用其所提供的等级和数量的材料,包括润滑剂(如果有)。

如果一个接头的预鉴定要扩展到用于柔性和刚性二种安装方式,试验时一个接头应以柔性方式安装,另一个接头应以刚性方式安装,见图 2。

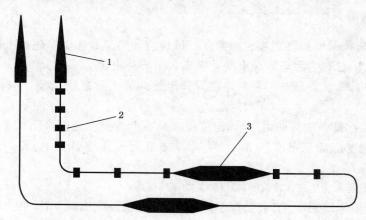

说明：

1——终端；

2——夹具；

3——接头。

图 2 一个采用设计为柔性和刚性二种安装方式的另外接头的系统的预鉴定扩展试验的布置示例

如果电缆也是预鉴定扩展试验的部分,试验回路应按 12.4.3 规定的直径敷设成 U 形。

除 13.3.2.3 规定情形之外,13.3.2.3 所列的所有试验项目应在同一个试样上依次进行。附件应在电缆的弯曲试验后安装。

12.4.9 所述的半导电屏蔽电阻率的测量应在单独的试样上进行。

如果预鉴定扩展试验仅针对附件,那么电缆半导电屏蔽电阻率测量就不要求进行。

13.3.2.2 试验电压值

预鉴定扩展试验的电气试验前,应测量电缆的绝缘厚度,必要时应按照 12.4.1 调整试验电压值。

13.3.2.3 预鉴定扩展试验的电气试验顺序

预鉴定扩展试验的电气部分的正常顺序应如下:

a) 弯曲试验(见 12.4.3)后先不做判定性的局部放电试验(见 12.4.4),而是随后安装要进行预鉴定扩展试验的附件;

b) 弯曲试验及安装附件后进行局部放电试验(见 12.4.4),以检查已安装的附件的质量;

c) 不加电压的热循环试验(见 13.3.2.4);

d) tanδ 测量(见 12.4.5);

注:本项试验可以在不进行本试验序列中其余试验项目的装有特殊试验终端的另一个电缆试样上进行。

e) 热循环电压试验(见 12.4.6);

f) 环境温度下和高温下的局部放电试验(见 12.4.4);本试验应在上述 e)项试验的最后一次循环后,或者在下述 g)项雷电冲击电压试验后进行;

g) 雷电冲击电压试验及随后的工频电压试验(见 12.4.7);

h) 局部放电试验,若上述 f)项没有进行;

i) 接头的外保护层试验(见附录 G);

注 1:本项试验可以在已经通过 c)项热循环试验的接头上进行,也可以在经过至少 3 次热循环(见附录 G)的另一个单独的接头上进行。

注 2:如果电缆和接头不在潮湿环境下运行(即不直接埋在地下或不间歇地或连续地浸在水中),则 G.3 和 G.4.2 规定的试验可以不做。

j) 在上述各项试验完成后,对包含电缆和附件的电缆系统的检验(见 12.4.8);

k) 电缆半导电屏蔽的电阻率(见 12.4.9)应在单独的试样上测量。

试验电压应符合表 4 的规定,并根据 13.3.2.2 进行可能的调整。

13.3.2.4 不加电压的热循环试验

应只通过导体电流将试样加热到规定的温度。试样应加热至导体温度超过电缆正常运行的最大导体温度 5 K～10 K。

加热应至少 8 h。在每个加热期内,导体温度应保持在上述温度范围内至少 2 h。随后应自然冷却至少 16 h,直到导体温度冷却至不高于 30℃ 或者冷却至高于环境温度 10 K 以内,取两者之中的较高值。应记录每个加热周期最后 2 h 的导体电流。

加热冷却循环应进行 60 次。

注:导体温度超过电缆正常运行的最大导体温度 10 K 的那些热循环也认为有效。

14 电缆的型式试验

14.1 概述

本章规定的试验仅用以证明电缆具有满意的性能。

这些试验应在导体屏蔽上计算的标称电场强度不高于 8.0 kV/mm 和绝缘屏蔽上计算的标称电场强度不高于 4.0 kV/mm 的电缆上进行。其他情况下应适用第 12 章电缆系统的型式试验。

电缆型式试验项目的一览表见附录 C。

14.2 型式认可的范围

对具有特定截面以及相同额定电压和结构的一种或一种以上电缆的型式试验通过后,如果满足下列 a)～e)的所有条件,则该型式认可对本标准范围内其他导体截面、额定电压和结构的电缆亦应认可有效:

注:按照本标准的 2002 年版本已经通过的型式试验依然有效。

a) 电压等级不高于已试电缆的电压等级;

注:本条中相同额定电压等级的电缆是指具有相同设备最高电压和相同试验电压等级(见表 4 中第 1 栏和第 2 栏)的电缆。

b) 导体截面不大于已试电缆的导体截面;

c) 电缆具有与已试电缆相同或相似的结构;

注:结构类似的电缆是指绝缘和半导电屏蔽的类型和制造工艺相同的电缆。由于导体的型式或材料的差异、或者由于屏蔽绝缘芯上保护层的差异,除非这些差异可能对试验结果有显著影响,电气型式试验不必重复进行。在有些情况下,重做型式试验中的一项或几项试验[例如弯曲试验、热循环试验和(或)相容性试验]可能是合适的。

d) 电缆导体屏蔽上计算的标称电场强度不超过已试电缆导体屏蔽上的标称电场强度 10%;

e) 电缆绝缘屏蔽上计算的标称电场强度不超过已试电缆绝缘屏蔽上的标称电场强度。

除非采用不同的材料和制造工艺,对取自不同电压等级和(或)导体截面的电缆的试样不需要进行电缆组件的型式试验(见 12.5)。但是如果包覆在屏蔽绝缘芯上的材料组合不同于原先已经过型式试验的电缆的材料组合,可以要求重复进行成品电缆样段的老化试验以检验材料的相容性(见 12.5.4)。

由具有资质的鉴证机构代表签署的型式试验证书、或由制造商提供的有合适资格官员签署的载有试验结果的报告、或由独立实验室出具的型式试验证书应认可作为通过型式试验的证明。

14.3 型式试验概要

型式试验应包括 12.4.1 和 14.4 规定的成品电缆的电气试验和 12.5 规定的电缆组件及成品电缆适用的非电气试验。

电缆组件及成品电缆的非电气试验汇总于表 5 中,并指出每种试验所适用的 XLPE 绝缘和各种护套材料。电缆燃烧试验仅在制造商希望申明该电缆的设计特性适合该试验时才要求进行。

14.4 成品电缆的电气型式试验

试验 a)～f)应在不包括电缆附件至少 10 m 长的一段成品电缆试样上进行。

a) 弯曲试验(见 12.4.3),随后安装试验终端及局部放电试验(见 12.4.4);

b) tanδ 测量(见 12.4.5);

注:本项试验可以在不进行本试验序列中其余试验项目的另一个电缆试样上进行。

c) 热循环电压试验(见 12.4.6)及随后的环境温度下的局部放电试验(见 12.4.4),后者应在最后一次循环后或者在下述 d)项雷电冲击电压试验后进行;

d) 雷电冲击电压试验及随后的工频电压试验(见 12.4.7);

e) 环境温度下的局部放电试验(见 12.4.4),若上述 c)项中没有进行;

f) 上述各项试验完成时对电缆的检验(见 12.4.8);

g) 电缆半导电屏蔽的电阻率(见 12.4.9)应在单独的试样上测量。

试验电压应符合表 4 的规定。

15 附件的型式试验

15.1 概述

本章规定的试验仅用以证明附件具有满意的性能。

这些试验应在导体屏蔽上计算的标称电场强度不高于 8.0 kV/mm 和绝缘屏蔽上计算的标称电场强度不高于 4.0 kV/mm 电缆的附件上进行。其他情况下应适用第 12 章电缆系统的型式试验。

附件型式试验项目的一览表见附录 C。

注：本部分不规定与环境条件有关的终端试验。

15.2 型式认可的范围

对一种或一种以上附件与特定截面以及相同额定电压和结构的一种或一种以上电缆（配套）通过型式试验后，如果满足下列 a)～d)的所有条件，则该型式认可对本标准范围内具有其他额定电压和结构的附件与其他电缆（配套）亦应认可有效：

注：按照本标准的 2002 年版本(GB/T 11017.1—2002)已经通过的型式试验依然有效。

a) 电压等级不高于已试附件的电压等级。

注：本条中相同额定电压等级的附件是指具有相同设备最高电压和相同试验电压等级（见表 4 中第 1 栏和第 2 栏）的附件。

b) 具有其他导体截面、额定电压和结构的(配套)电缆属于 14.2 所述的型式认可范围内。如果在电缆绝缘屏蔽上计算的标称电场强度不高于 2.5 kV/mm，则型式认可对与该范围内所有电缆配套的附件都认为有效。

c) 附件具有与已试附件相同或相似的结构。

注：结构类似的附件是指绝缘和半导电屏蔽的类型和制造工艺相同的附件。由于导体连接金具的型式或材料的差异、或者由于附件主绝部件外部的保护层的差异，除非这些差异可能对试验结果有显著影响，电气型式试验不必重复进行。在有些情况下，重做型式试验中的一项或几项试验（例如局部放电试验）可能是合适的。

d) 电缆附件主绝缘件上和电缆与附件的界面上计算的标称电场强度不超过已试附件的相应值。

由具有资质的鉴证机构代表签署的型式试验证书、或由制造商提供的有合适资格官员签署的载有试验结果的报告、或由独立实验室出具的型式试验证书应认可作为通过型式试验的证明。

15.3 型式试验概要

附件应按照 15.4.1 和 15.4.2 规定试验。

附件之间自由电缆的最短长度应为 5 m。

每种型式的附件应有一个试样进行试验。

附件应在首次局部放电试验前进行安装。

附件应按制造商说明书规定的方法，采用相同等级和数量的材料、包括润滑剂（如有）安装在电缆上。

附件的外表面应干燥和清洁。但是，无论电缆还是附件都不能进行制造商说明书中没有规定的可能改变其电性能、热性能或机械性能的任何形式的处理。

进行 15.4.2 中 a)～e)项试验时，应对装上外保护层的接头进行试验。如果能证明外保护层不会影响接头的绝缘性能，例如没有热-机械或不相容性影响，则不必安装外保护层。

15.4 附件的电气型式试验

15.4.1 试验电压值

附件电气型式试验前，应测量配套电缆的绝缘厚度，必要时应按 12.4.1 调整试验电压值。

15.4.2 试验和试验顺序

附件应按下列顺序试验：

a) 环境温度下的局部放电试验(见 12.4.4)；

b) 热循环电压试验(见 12.4.6)；

注：电缆可按照 12.4.3 规定的直径弯成 U 形。

c) 局部放电试验(见 12.4.4)：

- 在环境温度下进行。
- 在高温下进行。

局部放电试验应在上述 b)项热循环试验的最后一次循环结束后或者在下述 d)项冲击电压试验后进行。

d) 冲击电压试验及随后的工频电压试验(见 12.4.7)；

e) 局部放电试验，若上述 c)项没有进行；

f) 接头的外保护层试验(见附录 G)；

注 1：本项试验可以在已经通过 b)项热循环电压试验的一个接头上进行，也可以在经过至少 3 次热循环(见附录 G)的另一个单独的接头上进行。

注 2：如果接头在运行中不会遭受潮湿环境(即不直接埋在地下、或者不间歇地或连续地浸在水中)，则 f)项试验可以不做。

g) 在完成上述各项试验后对附件的检验(见 12.4.8.1)。

试验电压应符合表 4 的规定。

16 安装后的电气试验

16.1 概述

试验在电缆和附件安装完成后的新线路上进行。

推荐采用 16.2 的外护套直流电压试验和/或 16.3 的绝缘交流电压试验。

当电缆线路仅按 16.2 作了非金属护套试验，根据购买方和承包方协议，附件安装的质量保证程序可以代替 16.3 的绝缘交流电压试验。

16.2 非金属外护套直流电压试验

应在电缆金属套或金属屏蔽与地之间对外护套施加 10 kV 直流电压，持续时间 1 min。

为使试验有效，外护套外表面应与地良好接触。外护套上的导电层有助于达到此要求。

16.3 绝缘交流电压试验

应经购买方与承包方协商同意施加交流电压。电压波形应基本为正弦波形，频率应为 20 Hz～300 Hz。施加的交流电压值应为 128 kV($2U_0$)，持续时间 1 h。

作为替代，可施加交流电压 64 kV(U_0)，持续时间 24 h。

注：对已运行的电缆线路，可采用较低电压和/或较短时间进行试验。应考虑到运行年份、环境条件、击穿经历以及试验目的，经协商确定试验电压和时间。

附 录 A
（资料性附录）
电缆导体温度的测定

A.1 目的

对某些试验,电缆施加工频或冲击电压时,应将电缆导体温度升高到某一给定温度,典型的为正常运行时的最高温度以上 5 K～10 K,因此不可能去接触导体,直接测量温度。

此外尽管环境温度可能变化范围很大,但是导体温度变化应被维持在严格限制范围(5 K)。

尽管对被试电缆的预先校准或计算可能最初是满意的,但整个试验期间环境条件的变化可能导致导体温度偏离要求的范围之外。

因此,应采用一些使导体温度在整个试验期间能够监测和控制的方法。

本附录给出了通用的方法。

A.2 主试验回路温度的校准

A.2.1 概述

校准的目的是在试验要求的温度范围内,对一给定电流通过直接测量确定导体温度。

用于校准的电缆(以下称参照电缆)应与主回路所用的电缆相同。

A.2.2 电缆和温度传感器的安装

校准应在取自与被试电缆相同的一段至少 5 m 长的电缆上进行。电缆长度应使得热量向电缆两端的纵向传导对电缆中部 2 m 范围内温度的影响不超过 2 K。

在参照电缆的中部应设置两个温度传感器:一个(TC_{1c})在导体上,另一个(TC_{1s})装在电缆外表面上或直接在外表面下。

另外两个温度传感器 TC_{2c} 和 TC_{3c} 应装在参照电缆的导体上(见图 A.1),每个温度传感器距离电缆中部约 1 m。

应采用机械方法使这些温度传感器固定在导体上,因为温度传感器可能会由于加热期间电缆的振动而移动。在试验期间,应小心保持良好的热接触,以免热量泄漏至周围环境。建议按照图 A.2 所示,把温度传感器安装在绞合导体的两根股线之间或在(实心)导体与导体屏蔽之间。把导体外面的各包覆层仔细挖去形成一个小洞,以便将温度传感器装在参照电缆中部的导体上。安装好温度传感器后,可将挖出的各包覆层放回原处,这样可以恢复参照电缆的热特性。

注:为证实向电缆两端的热传导可以忽略,温度传感器 TC_{1c}、TC_{2c} 和 TC_{3c} 的各读数之间的差值应小于 2 K。

如果实际主试验回路包含了几个彼此靠近的单独电缆段,则这些电缆段会受到热邻近效应的影响。因此,考虑到这种实际试验布置应进行校准,测量应在最热的电缆段(通常是位于中间的电缆段)上进行。

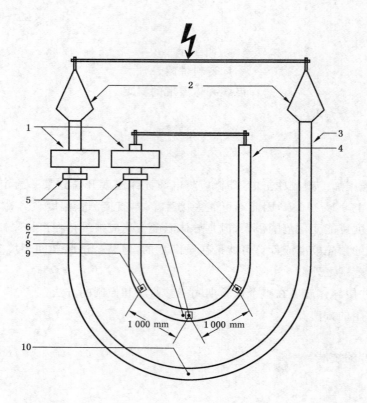

说明：

1——大电流变压器；
2——终端；
3——试验电缆；
4——参照电缆（≥5 m）；
5——电流互感器；

6——TC_{3C}（导体）；
7——TC_{1C}（导体）；
8——TC_{1S}（护套）；
9——TC_{2C}（导体）；
10——TC_S（护套）。

图 A.1 参考回路和试验回路的典型布置图

A.2.3 校准方法

校准应在温度（20±5）℃和无通风状况下进行。

应采用温度记录仪同时测量导体、外护套和环境温度。

电缆应加热到图 A.1 温度传感器 TC_{1C} 指示的导体温度达到稳定，并如表 1 给出的电缆正常运行时导体最高温度以上 5 K～10 K。

当温度稳定时，记录下述温度：

——导体温度：位置 1、2 和 3 的平均值；

——外护套温度：位置 TC_{1C}；

——环境温度；

——加热电流。

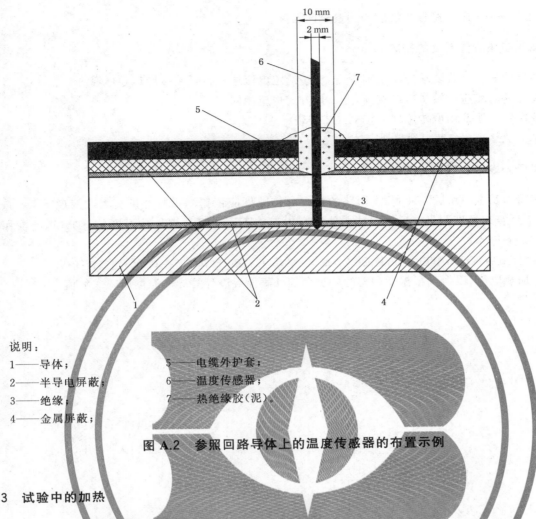

说明：
1——导体；　　　　　　　　5——电缆外护套；
2——半导电屏蔽；　　　　　6——温度传感器；
3——绝缘；　　　　　　　　7——热绝缘胶（泥）。
4——金属屏蔽；

图 A.2　参照回路导体上的温度传感器的布置示例

A.3　试验中的加热

A.3.1　方法 1——应用参照电缆回路

本方法中，参照回路的电缆与主试验回路相同，都通过相同的电流进行加热。

二个回路的电缆和温度传感器应按 A.2 进行安装。

试验回路的布置应考虑如下因素：

——参照电缆的加热电流在任何时刻与主试验回路的相同；

——试验回路的安装方式要考虑整个试验中相互的热影响。

应调节两个回路的电流，使得导体温度保持在规定范围之内。

温度传感器（TC_S）应安装在主回路最热点（通常在回路的中部）的电缆外表面上或外表面下，并与参照电缆最热点的温度传感器 TC_{1S} 安装方式相同。

注：安装在主回路电缆外护套表面上或外护套下的温度传感器（TC_S）和参照电缆上的温度传感器（TC_{1S}）所测到的温度被用于核查两个试验回路的外护套温度是否相同。

参照回路导体上的温度传感器 TC_{1C} 测量的导体温度可以认为能表示加有试验电压的主试验回路的导体温度。

注：由于介质损耗的影响，主试验回路的导体温度可稍高于参照回路的导体温度。如果有必要，应进行修正。

所有温度传感器应连接到记录仪以便进行温度监测。应记录每个回路的加热电流，以验证二个回路电流值在整个试验期间相同。二个加热电流的差异应保持在±1％内。

如果通过光纤或类同方式测量温度，参考电缆可以与被试电缆串联。

A.3.2　方法 2——应用计算导体温度和测量表面温度

A.3.2.1　试验电缆导体温度的校准

校准的目的是在试验要求的温度范围内,对一给定电流通过直接测量确定导体温度。

用于校准的电缆应与被试电缆相同,且加热方式也应相同。

用于校准的电缆及温度传感器应按 A.2.2 安装。

校准应按 A.2.3 在参照电缆上进行。

A.3.2.2　基于外表面温度测量的试验

校准期间以及主回路试验期间,主回路的电缆导体温度应依据测得的外护套表面温度(TC_S)按照 IEC 60853-2 计算。温度测量应采用安装在外护套表面或下面的最热点处的温度传感器、以与参照电缆相同的方式进行。

注:如证实暂态温度已在规定时间内趋近稳定,则作为替代,可按照 IEC 60287-1-1:2006 进行计算。

应调整加热电流,以得到根据所测得的外护套的外表面温度计算导体温度所要求的值。

附　录　B
（规范性附录）
数　值　修　约

当数值要修约到规定位数的小数,例如从几个测量值计算平均值或由一个给定标称值加上偏差百分率推导出最小值时,其步骤应按下述。

如修约前要保留的最后一位数字后跟着的数字是 0、1、2、3 或 4,则该位数字应保持不变(修约舍弃)。

如修约前要保留的最后一位数字后跟着的数字是 9、8、7、6 或 5,则该位数字应加 1(修约进位)。

例如:

$2.449 \approx 2.45$	修约到两位小数
$2.449 \approx 2.4$	修约到一位小数
$2.453 \approx 2.45$	修约到两位小数
$2.453 \approx 2.5$	修约到一位小数
$25.0478 \approx 25.048$	修约到三位小数
$25.0478 \approx 25.05$	修约到两位小数
$25.0478 \approx 25.0$	修约到一位小数

附　录　C
（资料性附录）
电缆系统、电缆和附件的型式试验、预鉴定试验和预鉴定扩展试验一览表

电缆系统、电缆和附件的型式试验分别叙述于第12、第14和第15章。

表C.1列出了电缆系统、电缆和附件型式试验的概要和条款编号。

导体屏蔽上计算的标称电场强度高于8.0 kV/mm或绝缘屏蔽上计算的标称电场强度高于4.0 kV/mm的电缆系统的预鉴定试验叙述于13.1和13.2。

导体屏蔽上计算的标称电场强度高于8.0 kV/mm或绝缘屏蔽上计算的标称电场强度高于4.0 kV/mm的电缆系统的预鉴定扩展试验叙述于13.1和13.3。

表C.2列出了电缆系统、电缆和附件的预鉴定试验的概要和条款编号。

表C.3列出了电缆系统、电缆和附件的预鉴定扩展试验的概要和条款编号。

表 C.1　电缆系统、电缆和附件的型式试验

序号	试验	条款		
		电缆系统	电缆	附件
a	概述	12.1	14.1	15.1
b	型式认可范围	12.2	14.2	15.2
c	电气型式试验	12.4	14.4	15.4
d	试验电压值	12.4.1	12.4.1	12.4.1
e	弯曲试验 室温下的局部放电试验	12.4.3 12.4.4	12.4.3 12.4.4	— 12.4.4
f	tanδ 测量	12.4.5	12.4.5	—
g	热循环电压试验	12.4.6	12.4.6	12.4.6
h	高温下的局部放电试验	12.4.4	—	12.4.4
	室温下的局部放电试验（最后一次热循环后或者i项雷电冲击电压试验后）	12.4.4	12.4.4	12.4.4
i	雷电冲击电压试验及随后的工频电压试验	12.4.7	12.4.7	12.4.7
j	高温下的局部放电试验（如上述g项后没有进行）	12.4.4	—	12.4.4
	室温下的局部放电试验（如上述g项后没有进行）	12.4.4	12.4.4	12.4.4
k	接头外保护层试验	附录G		附录G
l	检验	12.4.8	12.4.8	12.4.8.1
m	半导电屏蔽电阻率	12.4.9	12.4.9	—
n	电缆组件和成品电缆的非电气型式试验	12.5	12.5	—

表 C.2　导体屏蔽上计算的电场强度高于 8.0 kV/mm 或绝缘屏蔽上计算的电场强度高于
4.0 kV/mm 的电缆系统的预鉴定试验

项目	试验	条款
		电缆系统
a	概述和预鉴定试验的认可范围	13.1
b	电缆系统上的预鉴定试验	13.2
c	预鉴定试验概要	13.2.1
d	试验电压值	13.2.2
e	试验布置	13.2.3
f	热循环电压试验	13.2.4
g	雷电冲击电压试验	13.2.5
h	检验	13.2.6

表 C.3　导体屏蔽上计算的电场强度高于 8.0 kV/mm 或绝缘屏蔽上计算的电场强度高于
4.0 kV/mm 的电缆系统的预鉴定扩展试验

项目	试验	条款
		电缆系统
a	电缆系统的预鉴定扩展试验	13.3
b	预鉴定扩展试验概要	13.3.1
c	电缆系统的预鉴定扩展试验的电气部分	13.3.2
d	概述	13.3.2.1
e	试验电压值	13.3.2.2
f	预鉴定扩展试验的电气部分的顺序	13.3.2.3
g	不加电压的热循环试验	13.3.2.4

附 录 D
（规范性附录）
半导电屏蔽电阻率测量方法

应从长度 150 mm 的成品电缆试样上制备每个试件。

应将绝缘线芯试样沿纵向对半切开，除去导体及隔离层（如果有）以制备导体屏蔽试件，见图D.1 a）。应将绝缘线芯外所有包覆层除去以制备绝缘屏蔽试件，见图 D.1 b）。

屏蔽的体积电阻率的测定步骤应如下：

应将四只涂银电极 A、B、C 和 D［见图 D.1 a）和图 D.1 b）］置于半导电层表面。两个电位电极 B 和 C 应间距 50 mm。两个电流电极 A 和 D 应分别放置在每个电位电极外侧至少 25 mm 处。

应采用合适的夹子连接电极。连接导体屏蔽电极时，应确保夹子与试件外表面的绝缘屏蔽相互绝缘。

应将组装好的试样放入已经预热到规定温度的烘箱内，至少放置 30 min 后，用功率不超过 100 mW 的测量电路测量两个电位电极间的电阻。

电阻测量后，应在环境温度下测量导体屏蔽和绝缘屏蔽的外径，以及测量导体屏蔽层和绝缘屏蔽层的厚度，每个数据取图 D.1 b）所示试样上六个测量值的平均值。

体积电阻率 ρ（用 $\Omega \cdot m$ 表示）应按式（D.1）和式（D.2）计算：

a) 导体屏蔽

$$\rho_c = \frac{R_c \times \pi \times (D_c - T_c) \times T_c}{2L_c} \quad\quad\cdots\cdots\cdots\cdots\cdots\cdots（D.1）$$

式中：

ρ_c ——体积电阻率，单位为欧姆米（$\Omega \cdot m$）；

R_c ——测量电阻，单位为欧姆（Ω）；

D_c ——导体屏蔽外径，单位为米（m）；

T_c ——导体屏蔽平均厚度，单位为米（m）；

L_c ——电位电极间距离，单位为米（m）。

b) 绝缘屏蔽

$$\rho_i = \frac{R_i \times \pi \times (D_i - T_i) \times T_i}{L_i} \quad\quad\cdots\cdots\cdots\cdots\cdots\cdots（D.2）$$

式中：

ρ_i ——体积电阻率，单位为欧姆米（$\Omega \cdot m$）；

R_i ——测量电阻，单位为欧姆（Ω）；

D_i ——绝缘屏蔽外径，单位为米（m）；

T_i ——绝缘屏蔽平均厚度，单位为米（m）；

L_i ——电位电极间距离，单位为米（m）。

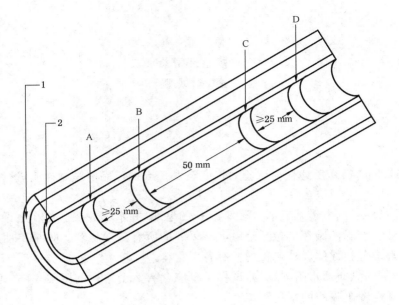

说明：
1 ——绝缘屏蔽层；
2 ——导体屏蔽层；
B、C——电位电极；
A、D——电流电极。

a) 导体屏蔽的体积电阻率测量

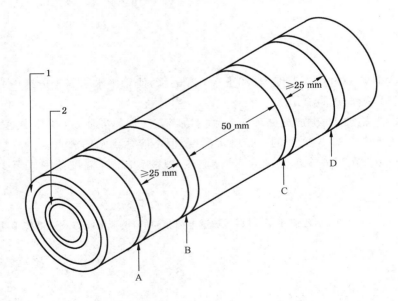

说明：
1 ——绝缘屏蔽层；
2 ——导体屏蔽层；
B、C——电位电极；
A、D——电流电极。

b) 绝缘屏蔽的体积电阻率测量

图 D.1 导体屏蔽和绝缘屏蔽的体积电阻率测量的试样制备

附 录 E
（规范性附录）
透 水 试 验

E.1 试样

一段未经过 12.4 或 14.4 所述任何试验的长度至少 3 m 的成品电缆试样应进行 12.4.3 所述的弯曲试验。

应从经过弯曲试验后的电缆上截取一段 3 m 长的电缆，并水平放置。应在电缆中间部位切除一段宽约 50 mm 的圆环。切除的圆环应包括绝缘屏蔽以外的所有各层材料。如果申明导体也有纵向阻水结构，则切除的圆环应包括导体以外包覆的所有各层材料。

如电缆采用间隔的纵向透水阻隔结构，试样至少应含有 2 个这样的阻隔，并在阻隔之间切除圆环。对这种情形，应告知电缆阻隔间的平均距离。

切出的表面应使具有纵向阻水作用的界面容易被水浸湿。不具有纵向阻水作用的界面，应采用适当的材料密封，或者将其外包覆层除去。

采用适当的装置（见图 E.1），将一根内径至少为 10 mm 的管子垂直放置在切开的圆环上，并与外护套表面相密封。电缆穿出该装置处的密封应不在电缆上产生机械应力。

注：某些阻隔对纵向透水的反应可能和水的组分（例如 pH 值和离子浓度）有关。除非另有规定，应采用普通的自来水试验。

E.2 试验

应在 5 min 内向管子内注入温度为（20±10）℃的水，使管中水柱高于电缆中心 1 m（见图 E.1）。

注水后的试样装置应放置 24 h。

然后应在试样上施加 10 次加热循环。应采用适当方法加热导体，直到其温度达到电缆正常运行时导体最高温度以上 5 K～10 K 之间的一个稳定温度，但不应达到水的沸点。

应至少加热 8 h。在每一个加热期内，导体温度应保持在上述温度范围内至少 2 h，随后应自然冷却至少 16 h。

水头应保持在 1 m。

注：整个试验过程中不加电压，建议使用一根（与被试电缆相同的）模拟电缆与被试电缆串联，在模拟电缆的导体上直接测量温度。

E.3 要求

试验期间，电缆试样两端应无水分渗出。

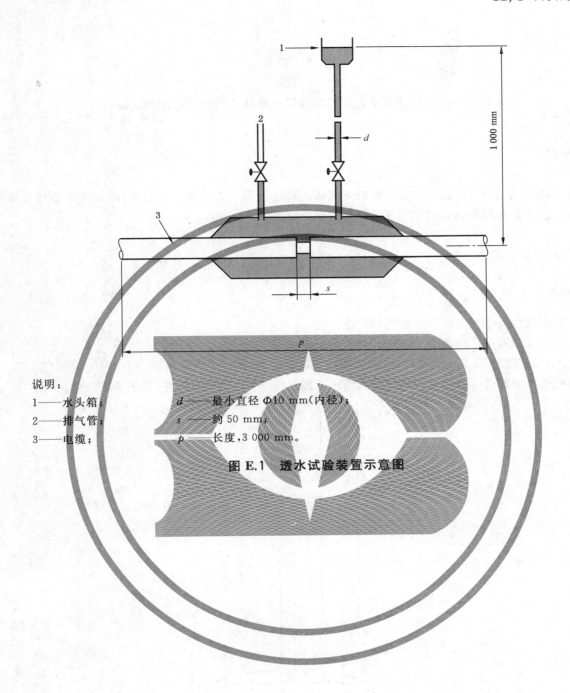

说明：

1——水头箱；
2——排气管；
3——电缆；

d —— 最小直径 Φ10 mm(内径)；
s —— 约50 mm；
p —— 长度，3 000 mm。

图 E.1　透水试验装置示意图

附 录 F
（规范性附录）
具有与外护套粘结的纵包金属带或纵包金属箔的电缆组件的试验

F.1 目视检查

应将电缆解剖后作目视检查。对试样以正常或经矫正但不放大的视力进行检查,应无开裂或金属箔与其粘结的外护套相分离或对电缆其他部分的损伤。

F.2 金属箔粘结强度

F.2.1 步骤

试片应取自金属箔与外护套相粘结的电缆护层。

试片的长度和宽度应分别为 200 mm 和 10 mm。

试片的一端应剥开 50 mm～120 mm,装在拉力试验机上,用拉力试验机的一个夹具夹住剥开一端的外护套或绝缘屏蔽层。再将剥开端的金属箔向下翻转后用另一个夹具夹住,如图 F.1 所示。

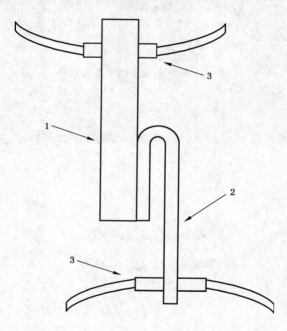

说明:

1——外护套;

2——金属箔或层合的金属箔;

3——夹具。

图 F.1 金属箔粘结强度

试验期间,试片应保持夹住并与夹具端面近似垂直。

调整好连续记录装置后,应以约180°角度从试片上剥离金属箔,并连续剥离一段足够长度以显示粘结强度。至少有一半长度的保留粘结面应以约50 mm/min的速度剥离。

F.2.2 要求

应由剥离力除以试样宽度计算出剥离强度(N/mm)。至少应对5个试样进行试验,且剥离强度的最小值不应小于0.5 N/mm。

注:如果剥离强度大于金属箔的抗拉强度以至于金属箔在剥离前断裂,应结束试验并记录断裂位置。

F.3 金属箔搭接处的剥离强度

F.3.1 步骤

应从包含有金属箔搭接部分的电缆上取下长200 mm的试样。应从取下的试样上按图F.2所示切下只含有搭接的部分。

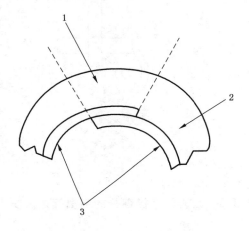

说明:
1——样品;
2——外护套;
3——金属箔或层合的金属箔。

图F.2 金属箔搭接部分示例

试验应按F.2相同的方法进行。试样装置如图F.3所示。

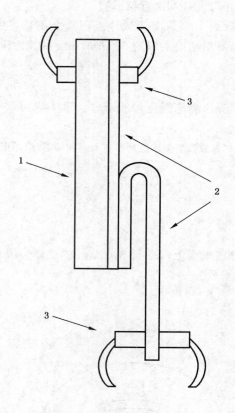

说明：

1——外护套；

2——金属箔或层合的金属箔；

3——夹具。

图 F.3　金属箔搭接部分的剥离强度试验

F.3.2　要求

剥离强度的最小值应不小于 0.5 N/mm。

注： 如果剥离强度大于金属箔的抗拉强度以至于金属箔在剥离前断裂，应结束试验并记录断裂位置。

附 录 G
（规范性附录）
接头的外保护层试验

G.1 概述

本附录规定了用于直埋接头、或用于屏蔽中断的金属套分段绝缘的绝缘护套电力电缆系统中使用的带有金属套分断结构的所有类型接头的外保护层的型式认可试验的步骤。

接头的制造商应提供带有可清楚识别的所有防水保护层的图纸。

G.2 认可范围

当需要认可具有诸如互联引线入口等结构的接头外保护层时,被试外保护层应包含这些设计特征。

如果一种金属套分段绝缘的接头的外保护层通过了试验,那么对于没有金属套分段绝缘的类似接头的外保护层也将给予认可,但反之却不可以。

当一种接头外保护层的设计取得认可后,那么由同一制造商提供的采用相同基本设计原理、采用相同材料而且在已试验直径范围之内、试验电压相同或较低的所有接头的外保护层也应认为获得认可。

试验 G.3 和 G.4 应依次在一个已通过热循环电压试验(见 12.4.6)的接头上、或在按 12.4.2 的 g)项注 1 要求经历了至少三个不加电压的热循环的另一个接头上进行。

G.3 浸水和热循环

组装试样应浸入水中,水面距外保护层最高点至少 1 m。需要时,可以使用一个水头箱与装有组装试样的密封容器相连接来实现。

应进行总共 20 个加热和冷却循环,水温应升高到 70 ℃～75 ℃ 范围。每个循环中,水应被加热到规定温度,保持至少 5 h,然后冷却至环境温度以上 10 K 之内。可以通过加入冷水或热水来达到试验温度。每个加热和冷却循环的总时间应不小于 12 h,应尽可能使水温升高到规定温度所持续的时间与冷却到 30 ℃ 以下或冷却至环境温度以上 10 K 内(二者取较高温度)所花的时间相同。

G.4 电压试验

G.4.1 概述

完成热循环且试样仍浸于水中的组装试样,应立即进行以下电压试验。

G.4.2 没有金属套分断绝缘接头的组装试样

在电力电缆的金属屏蔽和(或)金属套与接头外保护层的接地的外表面之间应施加直流试验电压 25 kV,历时 1 min。

G.4.3 金属套分断绝缘的组装试样

G.4.3.1 直流电压试验

在附件两端的电力电缆金属屏蔽和(或)金属套之间,以及在每一端的金属屏蔽和(或)金属套与接头外保护层接地的外表面之间应施加直流试验电压 25 kV,历时各 1 min。

G.4.3.2 雷电冲击电压试验

表 G.1 的试验电压应施加在浸于水中的组装试样两端的金属屏蔽和(或)金属套之间,以及施加在每一端金属屏蔽和(或)金属套与接头外保护层接地的外表面之间。若无法对浸在水中的组装试样进行冲击电压试验,可将其从水中取出,而后在最短时间内进行试验,或者可以用湿布包裹以保持试样潮湿,或者可以将组装试样的整个外表面上涂上导电层。

对两端金属屏蔽和(或)金属套之间的试验,应在冲击电压试验前将组装试样从水中移出后进行。

试验应按 GB/T 3048.13 规定并在环境温度下进行。

上述任何一项试验中应无击穿发生。

表 G.1 冲击电压试验

主绝缘额定雷电冲击电压[a] kV	雷电冲击试验电压水平			
	接头两端之间		接头每端对地之间	
	互联引线≤3 m kV	互联引线>3 m 和 ≤10 m[b] kV	互联引线≤3 m kV	互联引线>3 m 和 ≤10 m[b] kV
550	60	75	30	37.5

[a] 见表 4 第 8 栏;
[b] 若电缆的金属套电压限制器装在邻近接头处,采用互联引线不大于 3 m 的试验电压。

G.5 试样装置的检查

G.4 所述试验完成后,应即检查组装试样。

对填充可移动浇注剂的接头外保护盒,如没有可见的内部气隙或由于水分侵入造成浇注剂内部位移,或者没有浇注剂经各密封处或盒壁漏泄的迹象,应认为通过检验。

对采用其他设计和材料的接头外保护层应没有水侵入或内部腐蚀的迹象。

附　录　H
（规范性附录）
微孔、杂质与半导电屏蔽层界面突起试验

H.1　试验设备

H.1.1　显微镜

最小放大倍数为 15 倍的显微镜。
最小放大倍数为 40 倍的测量显微镜。

H.1.2　切片机

普通用途的切片机或具有类似功能的其他设备。

H.2　试样制备

从约 50 mm 长的电缆绝缘线芯样品上沿径向切取 80 个含有导体屏蔽、绝缘和绝缘屏蔽的圆形或螺旋形薄试片，试片的厚度约 0.4 mm～0.7 mm。切割用的刀片应锋利，以便获得的试片具有均匀的厚度和很光滑的表面。应非常小心地保持试片表面清洁，并防止擦伤。

H.3　步骤

应采用透射光普遍检查全部 80 个试片绝缘内的微孔、不透明杂质和半透明棕色物质，以及绝缘与半导电屏蔽层界面处的微孔和突起。

应采用最小放大倍数为 15 倍的显微镜检测在上述普遍检查中可疑的 20 个连续试片（或相等圈数的螺旋形试片）的全部区域。记录并列表统计下列各项：
　　——所有大于或等于 0.025 mm 的微孔；
　　——所有大于或等于 0.05 mm 的不透明杂质；
　　——所有大于或等于 0.25 mm 的半透明棕色（琥珀状）物质；
　　——所有大于或等于 0.125 mm 的绝缘层与半导电屏蔽层界面的突起。
这个表格应成为试验报告的组成部分。

应在最大的微孔、最大的杂质、最大的半透明棕色物质以及最大的绝缘与半导电层界面的突起的周围画圆圈做标记。

应采用最小放大倍数为 40 倍的测量显微镜对最大的微孔、最大的杂质、最大的半透明棕色物质以及最大的绝缘与半导电层界面的突起在其最大尺寸方向上测量其尺寸。

H.4　试验结果及计算

测量及计算 20 个试片绝缘的总体积，将统计表中的微孔和杂质数量换算成每 16.4 cm³ 绝缘体积中的数量，计算值应修约为整数。

应记录和报告最大的微孔、最大的杂质、最大的半透明棕色物质以及最大的绝缘与半导电层界面突起的尺寸。

如果20个试片的总体积小于 16.4 cm³，且计算的 16.4 cm³ 体积中的微孔和杂质数量大于本部分12.5.9.2的规定，则应从同一样品上再取足够的试片进行测量，以使被测试片的总体积达到不小于16.4 cm³。

附　录　I

（资料性附录）

本部分与 IEC 60840:2011 相比的结构变化情况

本部分与 IEC 60840:2011 相比在结构上有调整,具体章条编号对照情况见表 I.1。

表 I.1　本部分与 IEC 60840:2011 的章条对照情况

本部分章条编号	对应的 IEC 60840:2011 章条编号
—	10.11(删除)
10.11	10.12
10.12	10.13
10.13	10.14
12.5.9(增加)	—
—	12.5.9(删除)
12.5.11(增加)	—
—	12.5.11(删除)
12.5.18(增加)	—
—	12.5.18(删除)
12.5.19(增加)	—
—	12.5.19(删除)
表 8	表 9
表 9	表 8
附录 H(增加)	—
—	附录 H(删除)
附录 I(增加)	—
附录 J(增加)	—

附　录　J
（资料性附录）
本部分与 IEC 60840:2011 的技术性差异及其原因

表 J.1 给出了本部分与 IEC 60840:2011 的技术性差异及其原因。

表 J.1　本部分与 IEC 60840:2011 的技术性差异及其原因

本部分章条编号	技术性差异	原　因
标题	限定额定电压为 110 kV 和交联聚乙烯绝缘	我国高压电力电缆标准系列所确定
1	限定额定电压为 110 kV 和交联聚乙烯绝缘；删除了三芯电缆	本部分范围确定为 110 kV 电压等级；而我国在 110 kV 电压等级不采用三芯电缆
2	删除了 ISO 48 有关橡胶试验的标准	不在本部分范围
2	增加了 JB/T 10696.5—2007 和 JB/T 10696.6—2007	文本件中增加的试验项目
4.2,表1	删除了交联聚乙烯绝缘以外的绝缘类型	本部分范围为交联聚乙烯
8.4,表4	删除了 110 kV 以外的电压等级	本部分范围为 110 kV 电压等级
10.1	删除 EPR 和 HEPR 以及 HDPE 绝缘	不在本部分范围
10.6.1	增加了皱纹金属套上的外护套厚度测量方法	现行国家标准尚无适用方法
10.6.2	修改绝缘偏心度为 0.10	适应我国国情,提高绝缘品质要求
10.6.3	增加了皱纹金属套上的外护套厚度测量方法	现行国家标准尚无适用方法
10.9	删除 EPR 和 HEPR 内容	不在本部分范围
12.4.3	删除三芯电缆	我国在 110 kV 电压等级不采用三芯电缆
12.5	增加了外护套刮磨试验、铝套腐蚀扩展试验、绝缘中微孔杂质试验、半导电界面突起试验	适应我国国情,增加电缆产品的质量要求
表5	修改了表名,增加了外护套刮磨试验、铝套腐蚀扩展试验、绝缘中微孔杂质试验、半导电界面突起试验、与外护套粘结的纵包金属层的试验,删除了与 HDPE、EPR、HEPR 有关的 4 项试验	汇总了非电气型式试验项目,方便本部分的使用
12.5.9	删除了 EPR、HEPR 耐臭氧试验	不在本部分范围
12.5.9	增加绝缘中微孔杂质试验	适应我国国情,增加绝缘品质要求
12.5.10	删除 EPR 和 HEPR 内容	不在本部分范围
12.5.11	删除了 HDPE 绝缘的密度测量	不在本部分范围
12.5.11	增加了半导电界面突起试验	适应我国国情,增加绝缘品质要求
12.5.16	删除了 PE 和 HDPE 内容	不在本部分范围
12.5.18	删除原 HEPR 硬度试验。增加外护套刮磨试验	不在本部分范围。增加外护套品质要求
12.5.19	删除原 HEPR 模量试验。增加铝套腐蚀扩展试验	不在本部分范围。增加金属套品质要求
附录 H	删除原 HEPR 硬度试验。增加绝缘中微孔杂质试验	不在本部分范围。增加绝缘品质要求
附录 I	—	按 GB/T 20000.2 要求设置
附录 J	—	按 GB/T 20000.2 要求设置

参 考 文 献

［1］ IEC 60287(所有部分) 电缆载流量计算(Electric cables-Calculation of the current rating)

［2］ IEC 60853-2 电缆周期性和应急载流量的计算 第 2 部分:大于 18/30 (36) kV 电缆周期性载流量和所有电压电缆应急载流量(Calculation of the cyclic and emergency current rating of cables—Part 2:Cyclic rating of cables greater than 18/30 (36) kV and emergency ratings for cables of all voltages)

［3］ IEC 61443 额定电压 30 kV(U_m＝36 kV)以上电缆的短路温度极限值[Short-circuit temperature limits of electric cables with rated voltages above 30 kV (U_m＝36 kV)]

［4］ IEC 62067:2011 额定电压 150 kV(U_m＝170 kV)以上至 500 kV(U_m＝550 kV)挤包绝缘电力电缆及其附件试验方法和要求[Power cables with extruded insulation and their accessories for rated voltages above 150 kV(U_m＝170 kV) up to 500 kV(U_m＝550 kV)-Test methods and requirements]

［5］ Electra No.128:抑制金属套过电压的特殊互联电缆系统保护导则(Guide to the protection of specially bonded cable systems against sheath overvoltages),January 1990,pp 46-62.

［6］ Electra No.141:具有挤包绝缘和金属塑料复合护套的高压电缆试验导则(Guidelines for tests on high voltage cables with extruded insulation and laminated protective coverings),April 1992,pp 53-61.

［7］ Electra No.157,CIGRE Technical Brochure:高压挤包绝缘电缆附件(Accessories for HV extruded cables),December 1994,pp 84-89.

［8］ Electra No.173:高压挤包绝缘电缆系统安装后的试验(After laying tests on high-voltage extruded insulation cable systems),Augst 1997,pp 32-41.

［9］ Electra No.205:(超)高压挤包绝缘电缆系统安装后主绝缘交流电压试验的经验(Experiences with AC tests after installation on the main insulation of polymeric (E)HV cable systems),December 2002,pp 26-36.

［10］ Electra No.227:交流(超)高压挤包绝缘地下电缆系统预鉴定程序的评价(Revision of qalification procedures for extruded high voltage AC undergroud cable systems),Augst 2006,pp 31-37.

［11］ CIGRE Technical Brochure 303:交流(超)高压挤包绝缘地下电缆预鉴定程序的评价[Revision of qualification procedures for extruded (extra) high voltage ac undergroud cables];CIGRE Working Group B1-06;2006.

ICS 29.060.20
K 13

中华人民共和国国家标准

GB/T 11017.2—2014
代替 GB/T 11017.2—2002

额定电压 110 kV(U_m = 126 kV) 交联聚乙烯绝缘电力电缆及其附件 第 2 部分：电缆

Power cables with cross-linked polyethylene insulation and their accessories for rated voltage of 110 kV(U_m = 126 kV)—Part 2：Power cables

2014-07-24 发布

2015-01-22 实施

中华人民共和国国家质量监督检验检疫总局
中国国家标准化管理委员会 发布

前　言

GB/T 11017《额定电压 110 kV(U_m=126 kV)交联聚乙烯绝缘电力电缆及其附件》分为三个部分：

——第 1 部分：试验方法和要求；

——第 2 部分：电缆；

——第 3 部分：电缆附件。

本部分为 GB/T 11017 的第 2 部分。

本部分按照 GB/T 1.1—2009 给出的规则起草。

本部分代替 GB/T 11017.2—2002《额定电压 110 kV 交联聚乙烯绝缘电力电缆及其附件　第 2 部分：额定电压 110 kV 交联聚乙烯绝缘电力电缆》。与 GB/T 11017.2—2002 相比，本部分主要技术变化如下：

——标准名称改为《额定电压 110 kV(U_m=126 kV)交联聚乙烯绝缘电力电缆及其附件　第 2 部分：电缆》；

——删除了标称值和测量值的定义，增加了近似值的定义（见 3.1，2002 年版的 3.1 和 3.2）；

——修改了金属塑料复合护套的定义（见 3.2，2002 年版的 3.3）；

——使用特性中增加了电缆载流量（见 4.3）；

——修改了使用特性中的弯曲半径（见附录 A，2002 年版的 4.4）；

——增加了金属塑料复合护套电缆的型号和名称（见表 1）；

——修改了皱纹铝套的注释（见表 1，2002 年版的表 1 注）；

——增加了铜丝屏蔽的要求（见 5.3）；

——增加了分割导体的技术要求（见 6.1.2）；

——增加了半导电屏蔽的材料和结构尺寸的技术要求（见 6.3）；

——修改了缓冲层和纵向阻水材料的要求（见 6.4.1，2002 年版的 6.4.1）；

——增加了金属屏蔽的一般要求（见 6.5.1）和金属屏蔽的电阻（见 6.5.4）；

——增加了径向隔水层（见 6.5.5）；

——修改了铅套和铝套材料的要求（见 6.6.1，2002 年版的 6.6.1）；

——增加了铜套（见 6.6.1 的注）；

——修改了沥青材料的要求（见 6.6.3，2002 年版的 6.6.3）；

——增加了挤塑的半导电层及其要求（见 6.7.3）；

——修改了电缆试验项目及要求（见 8.2，2002 年版的 8.2）；

——修改了验收规则（见第 9 章，2002 年版的第 9 章）；

——修改了电缆的使用条件（见附录 A，2002 年版的附录 C）；

——合并了 2002 年版的附录 A 和附录 B，并增加了半导电护套料的性能（见附录 B，2002 年版的附录 A、附录 B）；

——增加了导体屏蔽和绝缘屏蔽上电场强度的计算值（见附录 C）；

——删除了具有金属塑料复合护层的 XLPE 绝缘高压电力电缆的试验导则（见 2002 年版的附录 D）。

本部分由中国电器工业协会提出。

本部分由全国电线电缆标准化技术委员会(SAC/TC 213)归口。

本部分负责起草单位:上海电缆研究所。

本部分参加起草单位:中国电力科学研究院、青岛汉缆股份有限公司、沈阳古河电缆有限公司、特变电工山东鲁能泰山电缆有限公司、浙江万马电缆股份有限公司、杭州电缆股份有限公司、上海上缆滕仓电缆有限公司、重庆泰山电缆有限公司、扬州曙光电缆股份有限公司、浙江晨光电缆有限公司。

本部分主要起草人:孙建生、阎孟昆、陈沛云、张道利、胥玉民、刘焕新、滕兆丰、赵源泽、张翼翔、曾祥历、岳振国、徐晓峰。

本部分所代替标准的历次版本发布情况为:

——GB/T 11017—1989、GB/T 11017.2—2002。

额定电压 110 kV($U_\mathrm{m} = 126$ kV) 交联聚乙烯绝缘电力电缆及其附件 第2部分:电缆

1 范围

GB/T 11017 的本部分规定了额定电压 110 kV($U_\mathrm{m} = 126$ kV)铜芯、铝芯交联聚乙烯绝缘电力电缆的基本结构、型号命名、技术要求、试验及验收规则、包装、运输及贮存。

本部分适用于通常安装和运行条件下使用的单芯电力电缆,但不适用于特殊条件下使用的电缆,如海底电缆。

2 规范性引用文件

下列文件对于本文件的应用是必不可少的。凡是注日期的引用文件,仅注日期的版本适用于本文件。凡是不注日期的引用文件,其最新版本(包括所有的修改单)适用于本文件。

GB/T 494—2010 建筑石油沥青

GB/T 2951.11—2008 电缆和光缆绝缘和护套材料通用试验方法 第 11 部分:通用试验方法——厚度和外形尺寸测量——机械性能试验

GB/T 2951.12—2008 电缆和光缆绝缘和护套材料通用试验方法 第 12 部分:通用试验方法——热老化试验方法

GB/T 2951.13—2008 电缆和光缆绝缘和护套材料通用试验方法 第 13 部分:通用试验方法——密度测定方法——吸水试验——收缩试验

GB/T 2951.14—2008 电缆和光缆绝缘和护套材料通用试验方法 第 14 部分:通用试验方法——低温试验

GB/T 2951.21—2008 电缆和光缆绝缘和护套材料通用试验方法 第 21 部分:弹性体混合料专用试验方法——耐臭氧试验——热延伸试验——浸矿物油试验

GB/T 2951.31—2008 电缆和光缆绝缘和护套材料通用试验方法 第 31 部分:聚氯乙烯混合料专用试验方法——高温压力试验——抗开裂试验

GB/T 2951.32—2008 电缆和光缆绝缘和护套材料通用试验方法 第 32 部分:聚氯乙烯混合料专用试验方法——失重试验——热稳定性试验

GB/T 2951.41—2008 电缆和光缆绝缘和护套材料通用试验方法 第 41 部分:聚乙烯和聚丙烯混合料专用试验方法——耐环境应力开裂试验——熔体指数测量方法——直接燃烧法测量聚乙烯中碳黑和(或)矿物质填料含量——热重分析法(TGA)测量碳黑含量——显微镜法评估聚乙烯中碳黑分散度

GB/T 3048.4 电线电缆电性能试验方法 第 4 部分:导体直流电阻试验

GB/T 3048.8 电线电缆电性能试验方法 第 8 部分:交流电压试验

GB/T 3048.11 电线电缆电性能试验方法 第 11 部分:介质损失角正切试验

GB/T 3048.12 电线电缆电性能试验方法 第 12 部分:局部放电试验

GB/T 3048.13 电线电缆电性能试验方法 第 13 部分:冲击电压试验

GB/T 3048.14　电线电缆电性能试验方法　第 14 部分:直流电压试验

GB/T 3880.1—2012　一般工业用铝及铝合金板、带材　第 1 部分:一般要求

GB/T 3953—2009　电工圆铜线

GB/T 3955—2009　电工圆铝线

GB/T 3956　电缆的导体

GB/T 6995.3—2008　电线电缆识别标志方法　第 3 部分:电线电缆识别标志

GB/T 11017.1—2014　额定电压110kV(U_m＝126 kV)交联聚乙烯绝缘电力电缆及其附件　第 1 部分:试验方法和要求

GB/T 18380.12　电缆和光缆在火焰条件下的燃烧试验　第 12 部分:单根绝缘电线电缆火焰垂直蔓延试验　1 kW 预混合型火焰试验方法

GB/T 26011—2010　电缆护套用铅合金锭

JB/T 5268.1—2011　电缆金属套　第 1 部分:总则

JB/T 8137(所有部分)　电线电缆交货盘

JB/T 10259　电缆和光缆用阻水带

JB/T 10696.5—2007　电线电缆机械和理化性能试验方法　第 5 部分:腐蚀扩展试验

JB/T 10696.6—2007　电线电缆机械和理化性能试验方法　第 6 部分:挤出外套刮磨试验

YD/T 723—2007(所有部分)　通信电缆光缆用金属塑料复合带

IEC 60183　高压电缆选择导则(Guide to the selection of high-voltage cables)

IEC 60287-1-1:2006　电缆载流量计算　第 1-1 部分:载流量公式(100％负荷因数)和损耗计算一般规定(Electric cables—Calculation of the current rating—Part 1-1: Current rating equations (100％ load factor) and calculation of losses—General)

3　术语和定义

GB/T 11017.1—2014 界定的以及下列术语和定义适用于本文件。

3.1

近似值　approximate value

一种既不保证也不检查的数值,例如用于其他尺寸值的计算。

3.2

金属塑料复合护套　metal-plastic laminated sheath

具有与电缆非金属外护套粘结的纵包金属带或纵包金属箔的复合护套,复合护套的金属带(箔)搭接缝通过熔化塑料或粘接剂粘结形成不透水的密封。通常金属层与聚乙烯护套粘结,构成为金属复合聚乙烯护套。

4　使用特性

4.1　额定电压

额定电压是电缆设计和电性能试验用的基准电压,本部分用 U_0/U 和 U_m 标识,这些符号的意义由 IEC 60183 给出:

U_0——电缆设计用的导体与金属屏蔽或金属套之间的额定电压有效值,单位为千伏(kV);

U　——电缆设计用的导体之间的额定电压有效值,单位为千伏(kV);

U_m——设备最高工作电压有效值,单位为千伏(kV)。

在本部分中：$U_0/U=64/110$；$U_m=126$。

4.2 系统类别

本部分包括的电缆适用于 IEC 60183 规定的接地故障在任何情况下于 1 min 内迅速排除的 A 类系统。

4.3 工作温度和额定载流量

电缆正常运行时导体允许的长期最高温度为 90 ℃。

短路时(最长持续时间不超过 5 s)，电缆导体允许的最高温度为 250 ℃。

IEC 60287-1-1:2006 给出了电缆正常运行时载流量计算方法。

4.4 使用条件

电缆的使用条件参见附录 A。

5 产品命名

5.1 代号

本部分采用下列代号：

交联聚乙烯绝缘   YJ

铜导体   T(省略)

铝导体   L

铅套   Q

皱纹铝套   LW

金属塑料复合护套   A

聚氯乙烯外护套   02

聚乙烯外护套   03

纵向阻水结构   Z

5.2 型号

型号依次由绝缘、导体、金属套、非金属外护套或通用外护层以及阻水结构的代号构成。

本部分包括的型号和电缆名称见表1。

表 1　电缆的型号和名称

型 号		电缆名称
铜芯	铝芯	
YJLW02	YJLLW02	交联聚乙烯绝缘皱纹铝套或焊接皱纹铝套聚氯乙烯护套电力电缆
YJLW03	YJLLW03	交联聚乙烯绝缘皱纹铝套或焊接皱纹铝套聚乙烯护套电力电缆
YJLW02-Z	YJLLW02-Z	交联聚乙烯绝缘皱纹铝套或焊接皱纹铝套聚氯乙烯护套纵向阻水电力电缆
YJLW03-Z	YJLLW03-Z	交联聚乙烯绝缘皱纹铝套或焊接皱纹铝套聚乙烯护套纵向阻水电力电缆

表 1（续）

型　　号		电缆名称
铜芯	铝芯	
YJQ02	YJLQ02	交联聚乙烯绝缘铅套聚氯乙烯护套电力电缆
YJQ03	YJLQ03	交联聚乙烯绝缘铅套聚乙烯护套电力电缆
YJQ02-Z	YJLQ02-Z	交联聚乙烯绝缘铅套聚氯乙烯护套纵向阻水电力电缆
YJQ03-Z	YJLQ03-Z	交联聚乙烯绝缘铅套聚乙烯护套纵向阻水电力电缆
YJA03	YJLA03	交联聚乙烯绝缘金属复合聚乙烯护套电力电缆
YJA03-Z	YJLA03-Z	交联聚乙烯绝缘金属复合聚乙烯护套纵向阻水电力电缆

注：皱纹铝套包括挤包皱纹铝套和铝带焊接皱纹铝套，按 JB/T 5268.1—2011 二者代号均为 LW；焊接皱纹铝套应在产品名称中明确表示。

5.3 规格

电缆的规格用额定电压、导体芯数、导体标称截面积/铜丝屏蔽（如果有）标称截面积表示。

本部分包括的电缆导体标称截面积(mm²)有：

240、300、400、500、630、800、1 000、1 200、(1 400)、1 600。

其中括号内数字为非优选截面积。用户要求时，允许采用其他截面积的导体。

铜丝屏蔽标称截面积应采用 GB/T 3956 推荐系列。

5.4 产品表示方法

5.4.1 产品表示

产品用型号、规格和本部分编号表示。

5.4.2 举例

示例 1：额定电压 64/110 kV、单芯、铜导体标称截面积 630 mm²、交联聚乙烯绝缘皱纹铝套聚氯乙烯护套电力电缆，表示为：YJLW02　64/110　1×630　GB/T 11017.2—2014。

示例 2：额定电压 64/110 kV、单芯、铜导体标称截面积 300 mm²、交联聚乙烯绝缘铅套聚乙烯护套纵向阻水电力电缆，表示为：YJQ03-Z　64/110　1×300　GB/T 11017.2—2014。

示例 3：额定电压 64/110 kV、单芯、铜导体标称截面积 300 mm²/铜丝屏蔽标称截面积 150 mm²、交联聚乙烯绝缘金属复合聚乙烯护套纵向阻水电力电缆，表示为：YJA03-Z　64/110　1×300/150　GB/T 11017.2—2014。

6 技术要求

6.1 导体

6.1.1 导体材料

铜导体应采用符合 GB/T 3953—2009 规定的 TR 型软铜线。

铝导体应采用符合 GB/T 3955—2009 规定的 LY4 型或 LY6 型硬铝线。

6.1.2 导体结构

标称截面积为 800 mm² 以下的导体应采用符合 GB/T 3956 的第 2 种紧压绞合圆形结构。

标称截面积为 800 mm² 以上的导体应采用分割导体结构;800 mm² 的导体可以采用紧压绞合圆形结构,也可以采用分割导体结构。

铜分割导体中的单线应不少于 170 根。铝分割导体的结构在考虑中。如果采用金属绑扎带,应是非磁性的,且应具有足以减小分割导体股块位移所需的强度。金属绑扎带应无凹痕、油污、裂缝、折皱;绕包后不应有可能穿透半导电屏蔽层的缺陷。

分割导体的圆度应采用卡尺和周长带两种方法沿着导体轴向相互间隔约 0.3 m 的 5 个位置进行测量。卡尺测得的 5 个最大直径的平均值应不超过周长带测得的 5 个直径的平均值 2%;在任一位置卡尺测得的最大直径应不超过周长带测得的直径 3%。

各种绞合导体和分割导体不允许整芯或整股焊接。绞合导体中的单线允许焊接,但在同一层内,相邻两个接头之间的距离不应小于 300 mm。

导体表面应光洁、无油污、无损伤屏蔽及绝缘的毛刺及锐边,以及无凸起或断裂的单线。

6.1.3 直流电阻

导体的直流电阻应符合 GB/T 3956 规定。

6.2 绝缘

6.2.1 材料

本部分包括的绝缘材料的类型应是无填充剂的交联聚乙烯,缩写代号为 XLPE。

绝缘材料的性能参见附录 B。

6.2.2 绝缘厚度

绝缘层的标称厚度应符合表 2 规定。

绝缘层的最小厚度以及偏心度应符合 GB/T 11017.1—2014 中 10.6.2 规定。

表 2 绝缘层的标称厚度

导体标称截面积 mm²	绝缘标称厚度 mm
240	19.0
300	18.5
400	17.5
500	17.0
630	16.5
800	16.0
1 000	16.0
1 200	16.0
(1 400)	16.0
1 600	16.0

6.2.3 绝缘中的微孔和杂质

绝缘中允许的微孔和杂质尺寸及数目应符合 GB/T 11017.1—2014 中 12.5.9 要求。

6.3　半导电屏蔽

6.3.1　材料

半导电屏蔽应采用交联型的半导电屏蔽塑料,应具有与其直接接触的其他材料的良好相容性,其耐温等级应与 XLPE 绝缘适配。

半导电屏蔽材料的性能参见附录 B。

6.3.2　导体屏蔽

导体屏蔽应由挤包的半导电层或先绕包半导电带再在其上挤包半导电层组成,其厚度的近似值为 1.5 mm。挤包的半导电层的最薄点厚度应为 0.5 mm。

绕包用的半导电带的体积电阻率不应大于 1 000 Ω·m。

挤包的半导电层应厚度均匀,并与绝缘层牢固地粘结,且易于从导体上剥离。半导电层与绝缘层的界面应连续光滑,无明显绞线凸纹、尖角、颗粒、焦烧及擦伤的痕迹。

6.3.3　绝缘屏蔽

绝缘屏蔽应为与绝缘层同时挤出的半导电层,其厚度的近似值为 1.0 mm,最薄点厚度应为 0.5 mm。

半导电层应均匀地挤包在绝缘上,并与绝缘层牢固地粘结。半导电层与绝缘层的界面应连续光滑,无明显尖角、颗粒、焦烧及擦伤的痕迹。

6.3.4　半导电屏蔽层与绝缘层界面的微孔与突起

半导电屏蔽层与绝缘层界面的微孔与突起应符合 GB/T 11017.1—2014 中 12.5.11 要求。

6.3.5　半导电屏蔽电阻率

半导电屏蔽电阻率应符合 GB/T 11017.1—2014 中 12.4.9 规定。

6.4　缓冲层和纵向阻水层

6.4.1　材料

缓冲层应采用半导电弹性材料,或具有纵向阻水功能的半导电弹性阻水材料。

阻水带和阻水绳应具有吸水膨胀性能。缓冲层和纵向阻水材料应与其相接触的其他材料相容。

绕包用的半导电缓冲带的体积电阻率应与电缆挤包的绝缘半导电屏蔽的体积电阻率相适应,其他物理力学性能应符合 JB/T 10259 要求。

6.4.2　缓冲层

在挤包的绝缘半导电屏蔽层外应有缓冲层。

缓冲层应是半导电的,以使绝缘半导电屏蔽层与金属屏蔽层保持电气上接触良好。

缓冲层的厚度应能满足补偿电缆运行中热膨胀的要求。

6.4.3　纵向阻水层

如电缆有纵向阻水要求时,绝缘屏蔽层与径向金属防水层之间应有纵向阻水层。纵向阻水层应由半导电性的阻水膨胀带绕包而成。阻水膨胀带应绕包紧密、平整,其可膨胀面应面向铜丝屏蔽(如果有)。

当采用与绝缘半导电屏蔽直接粘结的铅箔复合套时,可免去额外的纵向阻水层。

如对电缆导体也有纵向阻水要求时,导体绞合时应加入阻水材料。

6.5 金属屏蔽

6.5.1 一般要求

金属屏蔽应施加在电缆非金属屏蔽层上面。金属屏蔽在整个电缆长度上应电气上连续。

金属屏蔽应能满足电缆线路短路容量(短路电流及持续时间)的要求。

注: 验证金属屏蔽的短路电流有效值的计算可参见 IEC 60949。

6.5.2 铜丝屏蔽

铜丝屏蔽应由同心疏绕的软铜线组成,铜丝屏蔽层的表面上应用铜丝或铜带反向扎紧。屏蔽铜丝的直径应不小于 1.00 mm;相邻屏蔽铜丝的平均间隙 G 应不大于 4 mm。G 由式(1)定义:

$$G = \frac{\pi(D+d) - nd}{n} \qquad\qquad\qquad (1)$$

式中:

D ——铜丝屏蔽下的缆芯直径,单位为毫米(mm);

d ——铜丝的直径,单位为毫米(mm);

n ——铜丝的根数。

6.5.3 金属套屏蔽

电缆采用铅套或铝套时,金属套可作为金属屏蔽。如铅套或铝套的厚度不能满足短路容量的要求时,应采取增加铜丝屏蔽或增加金属套厚度的措施。

6.5.4 金属屏蔽的电阻

如适用,铜丝屏蔽的电阻测量值应符合 GB/T 3956 规定,或者不大于制造厂申明值(当铜丝屏蔽的截面积与 GB/T 3956 推荐的系列截面积不同时)。要求时,还应测量金属套的电阻值。

6.5.5 径向隔水层

当电缆系统敷设在地下、易积水的地下通道或水中时,电缆应采用径向不透水的阻挡层。径向隔水层包括金属套及金属塑料复合护套。

金属塑料复合护套应符合 GB/T 11017.1—2014 中 12.5.15 的要求。金属塑料复合带应符合 YD/T 723—2007 的要求。

6.6 金属套

6.6.1 材料

铅套应用铅合金制造。铅合金应符合 GB/T 26011—2010 的要求。

皱纹铝套应采用纯度不小于 99.50% 的铝或铝合金制造。焊接用铝带应符合 GB/T 3880.1—2012 的要求,其伸长率不应小于 16%。

注: 买方要求时,也可以采用铜套。

6.6.2 金属套的厚度

金属套的标称厚度应符合表 3 规定。

铅套的最小厚度应符合 GB/T 11017.1—2014 中 10.7.1 的规定。

铝套的最小厚度应符合 GB/T 11017.1—2014 中 10.7.2 的规定。

表 3　金属套的标称厚度

导体标称截面积 mm²	铅套 mm	铝套 mm
240	2.6	2.0
300	2.6	2.0
400	2.7	2.0
500	2.7	2.0
630	2.8	2.0
800	2.9	2.0
1 000	3.0	2.3
1 200	3.1	2.3
(1 400)	3.2	2.3
1 600	3.3	2.3

6.6.3　金属套的防蚀层

金属套表面应有沥青或热熔胶防蚀层。沥青可采用符合 GB/T 494—2010 要求的 10 号沥青。铅套上允许绕包自粘性橡胶带作为防蚀层。

6.7　非金属外护套

6.7.1　材料

本部分包括的非金属外护套的类型和代号应符合 GB/T 11017.1—2014 中 4.4 的规定。

电缆外护套的性能应符合 GB/T 11017.1—2014 中表 7 和表 8 的要求。

6.7.2　非金属外护套的厚度

非金属外护套的标称厚度应符合表 4 规定。非金属外护套的最小厚度和平均厚度应符合 GB/T 11017.1—2014 中 10.6.3 的要求。

表 4　非金属外护套的标称厚度

导体标称截面积 mm²	非金属外护套的标称厚度 mm
240	4.0
300	4.0
400	4.0
500	4.0
630	4.5
800	4.5
1 000	4.5
1 200	5.0
(1 400)	5.0
1 600	5.0

6.7.3 导电层

非金属外护套的表面应施以均匀牢固的导电层。

如果采用挤塑的半导电层,且其与电缆外护套粘结牢固,其厚度可以构成为外护套总厚度的一部分,但挤塑半导电层不应超过外护套标称厚度的 20%。半导电塑料的性能参见附录 B。

6.8 成品电缆

成品电缆的性能应符合第 7 章和第 8 章的要求。

7 成品电缆标志

成品电缆的外护套表面应有制造方名称、产品型号、导体/铜丝屏蔽(如果有)规格、额定电压的连续标志和长度标志。标志应字迹清楚,容易辨认,耐擦。

成品电缆标志应符合 GB/T 6995.3—2008 的规定。

8 试验要求

成品电缆应按照本章规定进行试验,并应符合要求。

8.1 试验类别及代号

试验类别及代号见表 5。

表 5 试验类别及代号

试 验 类 别	代 号
电缆例行试验	R
电缆抽样试验	S
电缆型式试验	T
电缆系统型式试验	T
电缆系统预鉴定试验	PQ

8.2 试验项目及要求

试验项目及要求应符合表 6~表 8 规定。

电缆例行试验应符合 GB/T 11017.1—2014 的第 9 章和表 6 要求。

电缆抽样试验应符合 GB/T 11017.1—2014 的第 10 章和表 7 要求。

电缆的电气型式试验应符合 GB/T 11017.1—2014 的第 14 章和表 8 要求。

电缆系统的型式试验应符合 GB/T 11017.1—2014 的第 12 章和表 8 要求。

电缆系统的预鉴定试验(以及预鉴定的扩展试验)本部分不适用。

注:附录 C 给出符合本部分规定的最大和最小规格电缆的计算的导体屏蔽和绝缘屏蔽的电场强度。

表 6　电缆例行试验项目及要求

序号	试 验 项 目	试验类型	试验要求		试验方法
			GB/T 11017.2—2014	GB/T 11017.1—2014	
1	局部放电试验	R	—	9.2	GB/T 3048.12
2	电压试验	R	—	9.3	GB/T 3048.8
3	非金属外护套的电气试验	R	—	9.4	GB/T 3048.14

表 7　电缆抽样试验项目及要求

序号	试 验 项 目	试验类型	试验要求		试验方法
			GB/T 11017.2—2014	GB/T 11017.1—2014	
1	导体检验	S	6.1.2	10.4	适当方法
2	导体和金属屏蔽电阻测量	S	6.1.3 和 6.5.3	10.5	GB/T 3048.4
3	绝缘厚度测量	S	6.2.2	10.6	GB/T 2951.11—2008
4	铜丝屏蔽的检查(适用时)	S	6.5.2	—	适当方法
5	金属套厚度测量	S	6.6.2	10.7	GB/T 11017.1—2014 的 10.7
6	非金属外护套厚度测量	S	6.7.2	10.6	GB/T 11017.1—2014 的 10.6.3
7	直径测量(要求时进行)	S	—	10.8	GB/T 2951.11—2008 及其他适当方法
8	XLPE 绝缘热延伸试验	S	—	10.9	GB/T 2951.21—2008
9	电容测量	S	—	10.10	GB/T 3048.11
10	雷电冲击电压试验(适用时)	S	—	10.11	GB/T 3048.13
11	透水试验(适用时)	S	—	10.12	GB/T 11017.1—2014 的附录 E
12	具有与外护套粘结的纵包金属带或纵包金属箔的电缆组件的试验(适用时)	S	—	10.13	GB/T 11017.1—2014 的附录 F

表 8　型式试验项目及要求

序号	试 验 项 目	试验类型	试验对象		试验要求		试验方法
			电缆	电缆系统	GB/T 11017.2—2014	GB/T 11017.1—2014	
1	绝缘厚度检验	T	×	×	—	12.4.1	GB/T 2951.11—2008
2	弯曲试验	T	×	×	—	12.4.3	GB/T 11017.1—2014 的 12.4.3
	室温下的局部放电试验					12.4.4	GB/T 3048.12

表 8（续）

序号	试验项目	试验类型	试验对象		试验要求		试验方法
			电缆	电缆系统	GB/T 11017.2—2014	GB/T 11017.1—2014	
3	tanδ 测量	T	×	×	—	12.4.5	GB/T 3048.11
4	热循环电压试验	T	×	×	—	12.4.6	GB/T 11017.1—2014 的 12.4.6
5	局部放电试验（最后一次热循环后或下述第 6 项雷电冲击电压试验后进行） 高温下 室温下	T	— ×	× ×		12.4.4	GB/T 3048.12
6	雷电冲击电压试验及随后的工频电压试验	T	×	×	—	12.4.7	GB/T 3048.13 GB/T 3048.8
7	局部放电试验（如上述第 5 项试验没有进行） 高温下 室温下	T	— ×	× ×		12.4.4	GB/T 3048.12
8	检验	T	×	×	—	12.4.8	GB/T 11017.1—2014 的 12.4.8
9	半导电屏蔽电阻率	T	×	×	6.3.5	12.4.9	GB/T 11017.1—2014 的 附录 D
10	电缆结构检查	T	×	×	6.1.2、6.2.2、6.3.2、6.3.3、6.5.2、6.6.2、6.7.2	12.5.1	GB/T 2951.11—2008 及 其他适当方法
11	绝缘老化前后机械性能试验	T	×	×	—	12.5.2	GB/T 2951.11—2008、GB/T 2951.12—2008
12	非金属外护套老化前后机械性能试验	T	×	×	—	12.5.3	GB/T 2951.11—2008、GB/T 2951.12—2008
13	成品电缆段相容性老化试验	T	×	×	—	12.5.4	GB/T 2951.11—2008、GB/T 2951.12—2008
14	ST₂ 型 PVC 外护套失重试验	T	×	×	—	12.5.5	GB/T 2951.32—2008
15	外护套高温压力试验	T	×	×	—	12.5.6	GB/T 2951.31—2008
16	PVC 外护套（ST₁ 和 ST₂）低温试验	T	×	×	—	12.5.7	GB/T 2951.14—2008
17	PVC 外护套（ST₁ 和 ST₂）热冲击试验	T	×	×	—	12.5.8	GB/T 2951.31—2008

表 8（续）

序号	试验项目	试验类型	试验对象		试验要求		试验方法
			电缆	电缆系统	GB/T 11017.2—2014	GB/T 11017.1—2014	
18	XLPE 绝缘微孔杂质试验	T	×	×	6.2.3	12.5.9	GB/T 11017.1—2014 的附录 H
19	XLPE 绝缘热延伸试验	T	×	×	—	12.5.10	GB/T 2951.21—2008
20	半导电屏蔽层与绝缘层界面的微孔与突起试验	T	×	×	6.3.4	12.5.11	GB/T 11017.1—2014 的附录 H
21	黑色 PE 外护套碳黑含量测量	T	×	×	—	12.5.12	GB/T 2951.41—2008
22	燃烧试验（要求时进行）	T	×	×	—	12.5.13	GB/T 18380.12
23	纵向透水试验（要求时进行）	T	×	×	—	12.5.14	GB/T 11017.1—2014 的附录 E
24	具有与外护套粘结的纵包金属带或纵包金属箔的电缆的组件试验	T	×	×	—	12.5.15	GB/T 11017.1—2014 的附录 F
25	XLPE 绝缘收缩试验	T	×	×	—	12.5.16	GB/T 2951.13—2008
26	PE 外护套收缩试验	T	×	×	—	12.5.17	GB/T 2951.13—2008
27	非金属外护套刮磨试验	T	×	×	—	12.5.18	JB/T 10696.6—2007
28	铝套腐蚀扩展试验	T	×	×	—	12.5.19	JB/T 10696.5—2007
29	成品电缆标志的检查	T	×	×	第 7 章	—	GB/T 6995.3—2008

注：×表示要做该项试验。

9 验收规则

制造方应按第 8 章要求进行例行试验、抽样试验、型式试验并符合要求。抽样试验的频度和复试要求应按照 GB/T 11017.1—2014 中 10.2 和 10.3 的规定。

型式试验和（或）预鉴定试验应由制造方或独立检测机构按本部分要求进行并符合要求。型式试验报告的效力应符合 GB/T 11017.1—2014 的要求。

产品应由制造方的质量检验部门检验合格后方能出厂。出厂的每盘电缆应附有产品检验合格证书。买方要求时，制造方应提供产品的工厂试验报告、型式试验报告。

产品的工厂验收应按表 6 和表 7 规定的试验项目进行。

10 包装、运输和贮存

10.1 包装

电缆应卷绕在符合 JB/T 8137 的电缆盘上交货，电缆盘的筒径应考虑使电缆不受到过度弯曲。电缆的两个端头应有可靠的防水或防潮密封,并牢靠地固定在电缆盘上。

在每盘出厂的电缆上,应附有产品检验合格证,产品检验合格证应放在不透水的塑料带内,并固定在电缆盘的侧板上。

每个电缆盘上应标明:

a) 制造方名称;

b) 电缆型号;

c) 额定电压,kV;

d) 标称截面,mm^2;

e) 装盘长度,m;

f) 毛重,kg;

g) 电缆盘包装尺寸(长×宽×高),m;

h) 电缆盘工厂编号;

i) 制造日期,年、月;

j) 表示电缆盘搬运时正确滚动方向的箭头;

k) 本部分编号。

10.2 运输和贮存

电缆应尽量避免露天存放。电缆盘不允许平放。

搬运中严禁从高处扔下装有电缆的电缆盘,严禁机械损伤电缆。吊装包装件时,严禁几盘同时吊装。

在车辆、船舶等运输工具上,电缆盘应放稳,并用合适的方法固定,防止运输中相互碰撞、滚动或翻倒。

附　录　A
（资料性附录）
电缆的使用条件

A.1　概述

本部分中电缆的使用环境主要由电缆金属套和塑料外护套的性能确定，因此一般适用于
GB/T 2952.2—2008 中表 1 推荐的场所。

A.2　铅套和铝套电缆

铅套和铝套电缆除适用于一般场所外，特别适合于下列场合：
——铅套电缆：腐蚀较严重但无硝酸、醋酸、有机质（如泥煤）及强碱性腐蚀质，且受机械力（拉力、压
　　力、振动等）不大的场所。
——铝套电缆：腐蚀不严重和要求承受一定机械力的场所（如直接与变压器连接，敷设在桥梁上和
　　竖井中等）。

A.3　金属塑料复合护套电缆

金属塑料复合护套电缆主要适用于受机械力（拉力、压力、振动等）不大，无腐蚀或腐蚀轻微，且不直
接与水接触的一般潮湿场所。

A.4　塑料外护套电缆

塑料外护套电缆使用条件：
——02 型（聚氯乙烯）外护套电缆主要适用于有一般防火要求和对外护套有一定绝缘要求的电缆
　　线路。
——03 型（聚乙烯）外护套电缆主要适用于对外护套绝缘要求较高的直埋敷设的电缆线路。对
　　—20 ℃ 以下的低温环境，或化学液体浸泡场所，以及燃烧时有低毒性要求的电缆宜采用聚乙
　　烯外护套。聚乙烯外护套如有必要用于隧道或竖井中时应采取相应的防火阻燃措施。

A.5　电缆敷设时的温度

聚氯乙烯外护套电缆敷设前 24 h 的环境温度不应低于 0 ℃。在更低环境温度敷设时，应采取适当
的加温措施。

A.6　电缆安装时的最大拉力和最大侧压力

电缆安装时允许的最大拉力和最大侧压力可按照 GB 50217—2007 中附录 H 确定。

A.7 弯曲半径

铅套电缆的最小(内侧)弯曲半径推荐为电缆直径的 18 倍;皱纹铝套和金属塑料复合护套电缆的最小(内侧)弯曲半径推荐为电缆直径的 20 倍。

注:电缆安装时考虑受到的侧压力,可能需要更大一些的弯曲半径。

附　录　B

（资料性附录）

绝缘料和半导电料的性能

电缆绝缘和半导电塑料的性能如表 B.1 所示。

表 B.1　电缆绝缘和半导电塑料的性能

序号	项　目	单位	绝缘料	半导电屏蔽料	半导电护套料
1	抗张强度	MPa	≥17.0	≥12.0	≥12.0
2	断裂伸长率	%	≥500	≥150	≥150
3	热延伸试验[(200±3)℃,0.20 MPa,15 min] 　负荷下伸长率 　永久变形率	 % %	 ≤100 ≤10	 ≤100 ≤10	 — —
4	介电常数	—	≤2.35	—	—
5	介质损失角正切 tanδ	—	≤5.0×10^{-4}	—	—
6	短时工频击穿强度 （较小的平板电极直径 25 mm,升压速率 500 V/s）	kV/mm	≥22	—	—
7	体积电阻率 　23 ℃ 　90 ℃	 Ω·m Ω·m	 ≥1.0×10^{13} —	 <1.0 <3.5	 <1.0 —
8	杂质最大尺寸（1 000 g 样片中）	mm	≤0.10	—	—

附　录　C

（资料性附录）

导体屏蔽和绝缘屏蔽上电场强度的计算值

表 C.1 给出本部分规定的最大和最小导体标称截面积电缆的导体屏蔽和绝缘屏蔽上的电场强度的计算值，其他导体截面积电缆的电场强度可以按照 GB/T 11017.1—2014 给出的公式算出。

表 C.1　电缆的导体屏蔽和绝缘屏蔽上的电场强度的计算值

导体标称截面积 mm²	导体计算直径 mm	绝缘内径 mm	绝缘外径 mm	导体屏蔽电场强度 kV/mm	绝缘屏蔽电场强度 kV/mm
240	18.4	21.4	59.4	5.86	2.11
1 600	47.6	50.6	82.6	5.16	3.16
注：导体计算直径按导体填充系数 0.9 给出。					

参 考 文 献

[1] GB/T 2952.2—2008 电缆外护层 第2部分:金属套电缆外护层

[2] GB 50217—2007 电力工程电缆设计规范

[3] IEC 60949 考虑非绝热效应的允许热短路电流的计算(Calculation of thermally permissible short-circuit currents, taking into account non-adiabatic heating effects)

ICS 29.060.20
K 13

中华人民共和国国家标准

GB/T 11017.3—2014
代替 GB/T 11017.3—2002

额定电压 110 kV（U_m = 126 kV）交联聚乙烯绝缘电力电缆及其附件 第 3 部分：电缆附件

Power cables with cross-linked polyethylene insulation and their accessories for rated voltage of 110 kV（U_m = 126 kV）—Part 3：Accessories

2014-07-24 发布　　　　　　　　　　　　　2015-01-22 实施

中华人民共和国国家质量监督检验检疫总局
中国国家标准化管理委员会　发布

前　言

GB/T 11017《额定电压110 kV(U_m=126 kV)交联聚乙烯绝缘电力电缆及其附件》分为三个部分：
——第1部分：试验方法和要求；
——第2部分：电缆；
——第3部分：电缆附件。

本部分为 GB/T 11017 的第3部分。

本部分按照 GB/T 1.1—2009 给出的规则起草。

本部分代替 GB/T 11017.3—2002《额定电压110 kV 交联聚乙烯绝缘电力电缆及其附件　第3部分：额定电压110 kV 交联聚乙烯绝缘电力电缆附件》。与 GB/T 11017.3—2002 相比，本部分的主要技术变化如下：

——标准名称修改为《额定电压110 kV(U_m=126 kV)交联聚乙烯绝缘电力电缆及其附件　第3部分　电缆附件》；
——增加了术语：瓷套管终端、复合套管终端、GIS终端连接的外壳、设计压力、最低功能压力（见第3章）；
——修改了使用条件（见第4章，2002年版的第4章）；
——修改了GIS终端和油浸（变压器）终端的命名、代号（见5.1.2，2002年版的5.1.2）；
——修改了液体填充绝缘的代号（见5.1.3.1，2002年版的5.1.3.1）；
——增加了复合套管终端的代号（见5.1.2）、型号名称（见表2）及其技术要求（见6.7）；
——修改了外绝缘环境分类、污秽类型和现场污秽度（SPS）等级的表示（见4.2.5和表1，2002年版的4.2.5和表1）和最小爬电比距（见5.1.4，2002年版的5.1.4）；
——修改了GIS终端的压力（见4.3，2002年版的4.3）；
——增加了特殊环境条件的说明（见4.2.6）；
——修改了导体连接金具的要求（见6.1，2002年版的6.1）；
——增加了半导电屏蔽用橡胶带要求（见6.3）和半导电橡胶带的性能（见附录A）；
——修改了橡胶绝缘件用绝缘料与半导电料的性能要求（见6.4，2002年版的6.4和附录A）；
——增加了用于绝缘接头金属套分断的绝缘件的要求（见6.5）；
——修改了瓷套管的技术要求（见6.6，2002年版的6.6）；
——增加了接头金属屏蔽的技术要求（见6.10和8.3.5）；
——删除了附件部件的例行试验中的密封试验（见2002年版的8.1.2）；
——增加了附件的抽样试验（见8.2）；
——删除了附件的型式试验中的户外终端无线电干扰试验[见2002年版的8.2d)和8.2.4]；
——修改了终端组装后的密封试验条件（见8.3.1，2002年版的8.2.1）；
——修改了支柱绝缘子直流试验电压（见8.3.2.1，2002年版的8.2.2.1）；
——修改了户外终端短时（1 min）工频电压试验（湿试）的要求（见8.3.3，2002年版的8.2.3）；
——增加了液体绝缘填充剂的性能要求（见附录C）；
——增加了参考文献。

本部分由中国电器工业协会提出。

本部分由全国电线电缆标准化技术委员会（SAC/TC 213）归口。

本部分负责起草单位：上海电缆研究所。

本部分参加起草单位：中国电力科学研究院、上海三原电缆附件有限公司、长缆电工科技股份有限公司、浙江金凤凰电气有限公司、广东吉熙安电缆附件有限公司、南京业基电气设备有限公司、上海永锦电气技术有限公司。

本部分主要起草人：邓长胜、阎孟昆、徐操、郭长春、李继为、龙莉英、汤志辉、柯德刚、李闯。

本部分所代替标准的历次版本发布情况为：

——GB/T 11017—1989、GB/T 11017.3—2002。

额定电压 110 kV（U_m＝126 kV）交联聚乙烯绝缘电力电缆及其附件 第 3 部分：电缆附件

1 范围

GB/T 11017 的本部分规定了额定电压 110 kV（U_m＝126 kV）交联聚乙烯绝缘电力电缆附件的基本结构、型号命名、技术要求、试验和验收规则、包装、运输及贮存。

本部分适用于一般安装条件下符合 GB/T 11017.1—2014 规定的额定电压 110 kV（U_m＝126 kV）交联聚乙烯绝缘电力电缆使用的户外终端、GIS 终端、油浸（变压器）终端、直通接头及绝缘接头。

本部分不适用于包带绝缘的接头、用于连接交联聚乙烯绝缘电缆和纸绝缘电缆的过渡接头以及可分离式电缆终端。

2 规范性引用文件

下列文件对于本文件的应用是必不可少的。凡是注日期的引用文件，仅注日期的版本适用于本文件。凡是不注日期的引用文件，其最新版本（包括所有的修改单）适用于本文件。

GB 311.1—2012 绝缘配合 第 1 部分：定义、原则和规则

GB/T 1527—2006 铜及铜合金拉制管

GB/T 2900.10—2013 电工术语 电缆

GB/T 3048.8 电线电缆电性能试验方法 第 8 部分：交流电压试验

GB/T 3048.12 电线电缆电性能试验方法 第 12 部分：局部放电试验

GB/T 3048.13 电线电缆电性能试验方法 第 13 部分：冲击电压试验

GB/T 3048.14 电线电缆电性能试验方法 第 14 部分：直流电压试验

GB/T 4109—2008 交流电压高于 1 000 V 的绝缘套管

GB/T 4423—2007 铜及铜合金拉制棒

GB/T 7354—2003 局部放电测量

GB/T 8287.1—2008 标称电压高于 1 000 V 系统用户内和户外支柱绝缘子 第 1 部分：瓷或玻璃绝缘子的试验

GB/T 11017.1—2014 额定电压 110 kV（U_m＝126 kV）交联聚乙烯绝缘电力电缆及其附件 第 1 部分：试验方法和要求

GB/T 11017.2—2014 额定电压 110 kV（U_m＝126 kV）交联聚乙烯绝缘电力电缆及其附件 第 2 部分：电缆

GB/T 12464 普通木箱

GB/T 16927.1 高电压试验技术 第 1 部分：一般定义及试验要求

GB/T 21429—2008 户外和户内电气设备用空心复合绝缘子 定义、试验方法、接收准则和设计推荐

GB/T 22381—2008 额定电压 72.5 kV 及以上气体绝缘金属封闭开关设备与充流体及挤包绝缘电力电缆的连接 充流体及干式电缆终端

GB/T 23752—2009　额定电压高于 1 000 V 的电器设备用承压和非承压空心瓷和玻璃绝缘子

GB/T 26218.1—2010　污秽条件下使用的高压绝缘子的选择和尺寸确定　第 1 部分:定义、信息和一般原则

IEC 62271-209:2007　高压开关和控制设备　第 209 部分:额定电压 52 kV 以上气体绝缘金属封闭开关的电缆连接　充流体的和挤包绝缘电缆　充流体的和干式电缆终端(High-voltage switchgear and controlgear—Part 209:Cable connections for gas-insulated metal-enclosed switchgear for rated voltages above 52 kV—Fluid-filled and extruded insulation cables—Fluid-filled and dry-type cable-terminations)

3　术语和定义

GB/T 2900.10—2013、GB/T 11017.1—2014、IEC 62271-209:2007 界定的以及下列术语和定义适用于本文件。为了便于使用,以下重复列出了 GB/T 2900.10—2013、IEC 62271-209:2007 中的某些术语和定义。

3.1

户外终端　outdoor termination

在受阳光直接照射或曝露在气候环境下或二者都存在的情况下使用的电缆终端。

[GB/T 2900.10—2013,定义 461-10-14]

3.2

瓷套管终端　termination with porcelain insulator

以陶瓷套管为外绝缘的(户外)电缆终端。

3.3

复合套管终端　termination with composite insulator

以玻璃纤维增强环氧管为衬芯,外覆耐候、抗污秽弹性体材料(如硅橡胶)组成的复合套管为外绝缘的(户外)电缆终端。

3.4

GIS 终端　gas-immersed termination for GIS

安装在气体绝缘金属封闭开关(GIS)设备内部以六氟化硫(SF_6)气体为其外绝缘的气体绝缘部分的电缆终端。

3.5

油浸终端(变压器终端)　oil-immersed termination

安装在油浸变压器设备油箱内以绝缘油为其外绝缘的液体绝缘部分的电缆终端。

3.6

直通接头　straight joint

连接两根电缆形成连续电路的附件。在本部分中特指接头的金属外壳与被连接电缆的金属屏蔽和绝缘屏蔽在电气上连续的接头。

3.7

绝缘接头　sectionalizing joint

将被连接电缆的金属套、金属屏蔽和绝缘屏蔽在电气上保持断开(不连续)的接头。

3.8

预制附件　pre-fabricated accessories

以具有电场应力控制作用的预制橡胶元件(和预制环氧绝缘件)作为主要绝缘件的电缆附件,包含预制式终端和预制式接头。

3.9

组合预制绝缘件接头 composite type pre-fabricated joint

采用预制橡胶应力锥及预制环氧绝缘件现场组装作为主要绝缘件的接头。

3.10

整体预制橡胶绝缘件接头 one piece pre-molded joint

采用单一预制橡胶绝缘件作为主要绝缘件的接头。

3.11

GIS 终端连接的外壳 cable termination connection enclosure for GIS

气体绝缘金属封闭开关设备中装有电缆终端及开关主回路末端的封闭壳体。

[IEC 62271-209:2007,定义 3.3]

3.12

设计压力 design pressure

用于确定电缆终端连接的 GIS 外壳厚度以及承受该压力的 GIS 终端部件结构的压力。

[IEC 62271-209:2007,定义 3.5]。

3.13

最低功能压力 minimum functional pressure

折算到标准大气条件(20 ℃,101.3 kPa)下,用相对压力或绝对压力(Pa)表示的绝缘介质的最低工作压力,大于或等于此压力时开关设备和 GIS 终端保持其额定特性。

[GB/T 11022—2011,定义 3.6.5.5]

4 使用条件

4.1 额定电压与导体工作温度

额定电压及导体工作温度与 GB/T 11017.2—2014 中第 4 章对电缆的规定相一致。

4.2 环境条件(适用于户外终端)

4.2.1 标准参考大气压条件

标准参考大气压条件为:
——温度 $t_0 = 20$ ℃;
——压力 $p_0 = 101.3$ kPa;
——绝对湿度 $h_0 = 11$ g/m³。
本部分规定的试验电压均为相应于标准参考大气压条件下的数值。

4.2.2 正常使用条件

本部分规定的试验电压,适用于下列使用条件下运行的设备:
a) 周围环境最高空气温度不超过 40 ℃;
b) 安装地点的海拔高度不超过 1 000 m。

4.2.3 试验电压值的温度修正

对周围环境空气温度高于 40 ℃处的设备,其外绝缘在干燥状态下的试验电压应取本部分规定的试验电压值乘以温度修正因数 K_T:

$$K_T = 1 + 0.003\ 3(T - 40)$$

式中：

T——环境空气温度，单位为摄氏度（℃）。

4.2.4 试验电压值的海拔修正

对用于海拔高于 1 000 m，但不超过 4 000 m 处的户外终端的外绝缘的绝缘强度应进行海拔修正，修正方法见 GB/T 311.1—2012 的附录 B。

4.2.5 污秽环境

外绝缘环境分类、污秽类型和现场污秽度（SPS）等级的表示应符合 GB/T 26218.1—2010。

4.2.6 特殊环境条件

设计用于特殊环境条件，例如地震、飓风、覆冰等非正常条件下运行的设备，可能需要某些特定的试验，参见 GB/T 21429—2008、GB/T 23752—2009 和 GB/T 4109—2008，本部分不作规定。

4.3 GIS 终端的压力

包围 GIS 终端外绝缘的 SF₆ 气体在 20 ℃下的设计压力（相对压力）为 0.75 MPa，最低功能压力应不超过 0.25 MPa（相对压力）。GIS 额定充气压力应不低于其最低功能压力。

当与电缆连接的 GIS 外壳抽真空是属于 SF₆ 充气工序的一部分时，电缆终端应耐受真空条件（见 IEC 62271-209：2007）。

4.4 终端安装角度

终端一般应垂直安装。如终端的轴线与垂直线的夹角超过 30°时应满足 GB/T 4109—2008 规定的弯曲耐受负荷。该要求不适用于 GIS 终端和变压器终端。

4.5 系统类别

本部分包括的附件适合的系统类别应与 GB/T 11017.2—2014 中 4.2 的规定相一致。

5 产品命名

5.1 代号

5.1.1 系列代号

交联聚乙烯绝缘电缆 ·· YJ

5.1.2 附件代号

瓷套管（户外）终端 ··· ZW

复合套管（户外）终端 ·· ZWF

GIS 终端 ·· ZG

油浸（变压器）终端 ··· ZY

直通接头 ··· JT

绝缘接头 ··· JJ

5.1.3 内绝缘代号

5.1.3.1 终端内绝缘特征

液体填充绝缘 ·· Y

干式绝缘 ··· G

六氟化硫(SF$_6$)充气绝缘 ·· Q

5.1.3.2 接头内绝缘特征

组合预制绝缘件 ··· Z

整体预制绝缘件 ··· I

5.1.4 户外终端外绝缘污秽等级代号

户外终端外绝缘污秽等级代号见表1。

表 1 户外终端外绝缘污秽等级代号

污秽度(SPS)等级	代号	统一爬电比距 mm/kV	三相系统爬电比距 mm/kV
a	0	22.0	12.7
b	1	27.8	16
c	2	34.7	20
d	3	43.3	25
e	4	53.7	31

5.1.5 接头保护盒及外保护层

无保护盒 ··· 0

玻璃钢保护盒(含铜壳和防水浇注剂)·· 1

绝缘铜壳(含防水浇注剂) ··· 2

5.2 产品型号及命名

型号组成如图1所示。

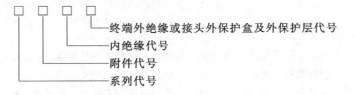

终端外绝缘或接头外保护盒及外保护层代号
内绝缘代号
附件代号
系列代号

图 1 电缆附件型号组成

本部分包括的附件产品型号与名称见表2。

表 2 产品型号及名称

型号		产 品 名 称
主型号	含副型号	
YJZWY	YJZWY0 YJZWY1 YJZWY2 YJZWY3 YJZWY4	交联聚乙烯绝缘电力电缆用液体填充绝缘瓷套管终端,外绝缘污秽等级 a 级 交联聚乙烯绝缘电力电缆用液体填充绝缘瓷套管终端,外绝缘污秽等级 b 级 交联聚乙烯绝缘电力电缆用液体填充绝缘瓷套管终端,外绝缘污秽等级 c 级 交联聚乙烯绝缘电力电缆用液体填充绝缘瓷套管终端,外绝缘污秽等级 d 级 交联聚乙烯绝缘电力电缆用液体填充绝缘瓷套管终端,外绝缘污秽等级 e 级
YJZWQ	YJZWQ0 YJZWQ1 YJZWQ2 YJZWQ3 YJZWQ4	交联聚乙烯绝缘电力电缆用 SF_6 充气绝缘瓷套管终端,外绝缘污秽等级 a 级 交联聚乙烯绝缘电力电缆用 SF_6 充气绝缘瓷套管终端,外绝缘污秽等级 b 级 交联聚乙烯绝缘电力电缆用 SF_6 充气绝缘瓷套管终端,外绝缘污秽等级 c 级 交联聚乙烯绝缘电力电缆用 SF_6 充气绝缘瓷套管终端,外绝缘污秽等级 d 级 交联聚乙烯绝缘电力电缆用 SF_6 充气绝缘瓷套管终端,外绝缘污秽等级 e 级
YJZWFY	YJZWFY2 YJZWFY3 YJZWFY4	交联聚乙烯绝缘电力电缆用液体填充绝缘复合套管终端,外绝缘污秽等级 c 级 交联聚乙烯绝缘电力电缆用液体填充绝缘复合套管终端,外绝缘污秽等级 d 级 交联聚乙烯绝缘电力电缆用液体填充绝缘复合套管终端,外绝缘污秽等级 e 级
YJZWFQ	YJZWFQ2 YJZWFQ3 YJZWFQ4	交联聚乙烯绝缘电力电缆用 SF_6 充气绝缘复合套管终端,外绝缘污秽等级 c 级 交联聚乙烯绝缘电力电缆用 SF_6 充气绝缘复合套管终端,外绝缘污秽等级 d 级 交联聚乙烯绝缘电力电缆用 SF_6 充气绝缘复合套管终端,外绝缘污秽等级 e 级
YJZGY	—	交联聚乙烯绝缘电力电缆用液体填充绝缘 GIS 终端
YJZGG	—	交联聚乙烯绝缘电力电缆用干式绝缘 GIS 终端
YJZYY	—	交联聚乙烯绝缘电力电缆用液体填充绝缘(变压器)油浸终端
YJZYG	—	交联聚乙烯绝缘电力电缆用干式绝缘(变压器)油浸终端
YJJTI	YJJTI0 YJJTI1 YJJTI2	交联聚乙烯绝缘电力电缆用整体预制橡胶绝缘件直通接头,无保护盒 交联聚乙烯绝缘电力电缆用整体预制橡胶绝缘件直通接头,玻璃钢保护盒 交联聚乙烯绝缘电力电缆用整体预制橡胶绝缘件直通接头,绝缘铜壳保护盒
YJJTZ	YJJTZ0 YJJTZ1 YJJTZ2	交联聚乙烯绝缘电力电缆用组合预制绝缘件直通接头,无保护盒 交联聚乙烯绝缘电力电缆用组合预制绝缘件直通接头,玻璃钢保护盒 交联聚乙烯绝缘电力电缆用组合预制绝缘件直通接头,绝缘铜壳保护盒
YJJJI	YJJJI0 YJJJI1 YJJJI2	交联聚乙烯绝缘电力电缆用整体预制橡胶绝缘件绝缘接头,无保护盒 交联聚乙烯绝缘电力电缆用整体预制橡胶绝缘件绝缘接头,玻璃钢保护盒 交联聚乙烯绝缘电力电缆用整体预制橡胶绝缘件绝缘接头,绝缘铜壳保护盒
YJJJZ	YJJJZ0 YJJJZ1 YJJJZ2	交联聚乙烯绝缘电力电缆用组合预制绝缘件绝缘接头,无保护盒 交联聚乙烯绝缘电力电缆用组合预制绝缘件绝缘接头,玻璃钢保护盒 交联聚乙烯绝缘电力电缆用组合预制绝缘件绝缘接头,绝缘铜壳保护盒

5.3 附件规格

附件规格由额定电压、适用电缆的相数及导体截面积表示。

附件规格应与所配套的电缆导体截面相适配。

GIS终端及油浸（变压器）终端的规格应与其所配套设备的额定电压及额定电流相适配。

5.4 产品表示方法

产品用型号、规格（额定电压、相数、适用电缆截面）及标准号表示。

示例1：导体标称截面630 mm²、额定电压64/110 kV、交联聚乙烯绝缘电缆用液体填充绝缘瓷套管终端，外绝缘污秒等级c级，表示为：YJZWY2 64/110 1×630 GB/T 11017.3—2014。

示例2：导体标称截面630 mm²、额定电压64/110 kV、交联聚乙烯绝缘电缆用干式绝缘单相GIS终端，表示为：YJZGG 64/110 1×630 GB/T 11017.3—2014。

示例3：导体标称截面630 mm²、额定电压64/110 kV、交联聚乙烯绝缘电缆用整体预制绝缘件绝缘接头，绝缘铜壳外保护盒，表示为：YJJJI2 64/110 1×630 GB/T 11017.3—2014。

6 技术要求

6.1 导体连接金具

导体连接杆应采用符合GB/T 4423—2007的铜材制造。

导体连接管应采用符合GB/T 1527—2006的铜材制造。压接型导体连接管的铜含量应不低于99.70%，并经退火处理。

终端的接线端子应采用导电性良好的铜或铜合金制造，其尺寸参见IEC/TR 62271-301：2009或用户要求。

注：铝制连接金具在考虑中。

导体连接金具的表面应光滑、洁净，不允许有损伤、毛刺和凹凸斑痕及其他影响电气接触和机械强度的缺陷。铸造成型的接线端子其接触面及连接孔不得有气孔、砂眼和夹渣等缺陷。

连接金具的规格不应小于电缆导体截面。连接金具的机械强度应满足安装和运行条件的要求。

要求时，导体连接杆和导体连接管可进行8.3.4规定的试验，以证明其性能满足要求。

6.2 结构金具

附件结构金具（金属壳体、法兰、套管、包围支架等）应采用非磁性金属材料。

弹簧压紧装置的配合面应光滑无突起，应与橡胶应力锥紧密配合，能在设计寿命内提供规定的设计压力。

所有密封金具应有良好的组装密封性和配合性，不应有造成后泄露的缺陷，如划伤、凹痕等。密封性能应符合8.3.1规定的试验要求。

6.3 密封圈及半导电橡胶带

附件用密封圈应与其周围介质相容，并能在额定负荷下长期保持使用功能。

用于屏蔽的半导电橡胶带应是交联型的，其性能参见附录A。

6.4 橡胶应力锥及预制橡胶绝缘件

橡胶应力锥及预制橡胶绝缘件用绝缘料与半导电料的性能参见GB/T 20779.2—2007（其中的人工

气候老化和耐电痕试验不适用）。

橡胶应力锥及预制橡胶绝缘件应无气泡、烧焦物及其他有害杂质，内外表面应光滑，无伤痕、裂痕、突起物。绝缘与半导电的界面应结合良好，无裂纹和剥离现象，半导电屏蔽内应无有害杂质。

橡胶绝缘件的尺寸规格应与电缆主绝缘的外径相适配。

6.5 环氧预制件及环氧套管

环氧树脂固化体性能参见附录B。

环氧预制件及环氧套管应无有害杂质、气孔，内外表面应光滑无缺陷。绝缘体与预埋金属件结合良好，无裂纹、变形等异常现象。

用于绝缘接头金属套分断的绝缘件应能耐受 GB/T 11017.1—2014 的 G4.3 的交流电压试验和雷电冲击电压试验。

环氧预制件的密封性能应符合 8.3.1 的试验要求。

6.6 瓷套管

瓷套管应符合 GB/T 23752—2009 的要求。

6.7 复合套管

复合套管应符合 GB/T 21429—2008 的要求。

6.8 支柱绝缘子

支柱绝缘子应符合 GB/T 8287.1—2008 要求。

6.9 液体绝缘填充剂

液体绝缘填充剂应与相接触的绝缘材料及结构材料相容。硅油性能和聚异丁烯性能参见附录C。

对乙丙橡胶应力锥推荐采用硅油或聚异丁烯作为绝缘填充剂。

对硅橡胶应力锥推荐采用聚异丁烯或高黏度硅油作为绝缘填充剂。

6.10 接头的金属屏蔽

接头的金属屏蔽组合应能提供不低于所连接电缆在正常运行（连续或短时负荷）和故障（短路）条件下的载流能力。

注：有关接头的金属屏蔽组合短路特性的信息可参见 IEC 60949:1988 和 IEEE Std 404—2012。

6.11 GIS 终端连接尺寸

GIS 终端与 GIS 开关的安装连接尺寸应符合 IEC 62271-209:2007（或 GB/T 22381—2008）的要求。当终端制造方与 GIS 开关制造方协商同意时，也可以采用其他配合尺寸。

终端制造方与 GIS 开关制造方的供应方界限见 IEC 62271-209:2007 中图 2 和图 4（或 GB/T 22381—2008 中表 1 和表 3）。

GIS 终端应采用防止外绝缘的 SF_6 气体进入终端和电缆内部的结构。

6.12 附件产品

附件产品及其主要部件应符合第 7 章及第 8 章要求。

7 附件标志

7.1 产品标志

每个出厂的电缆附件产品应带有明显的耐久性标志,标志内容如下:

a) 制造方名称;

b) 型号、规格;

c) 额定电压,kV;

d) 生产日期及编号。

7.2 零部件的标志

接头保护盒、预制橡胶绝缘件等部件应采用适当的方式标明制造方名称、型号、规格。

8 试验和要求

本部分所述的附件的试验均指附件本体的试验,分为例行试验(代号为 R)、抽样试验(代号为 S)和型式试验(代号为 T)。

8.1 附件部件的例行试验

附件部件的例行试验应包括以下项目:

a) 预制橡胶绝缘件的局部放电试验(见 GB/T 11017.1—2014 第 9 章);

b) 预制橡胶绝缘件的电压试验(见 GB/T 11017.1—2014 第 9 章)。

预制橡胶绝缘件包括应力锥或整体预制的组合应力控制绝缘件。

试验应按照 GB/T 11017.1—2014 第 9 章进行,并符合要求。

8.2 附件的抽样试验

附件的抽样试验应包括以下项目:

a) 附件部件的试验(见 GB/T 11017.1—2014 中 11.1);

b) 局部放电试验(见 GB/T 11017.1—2014 中 11.2);

c) 电压试验(见 GB/T 11017.1—2014 中 11.2)。

试验应按照 GB/T 11017.1—2014 第 11 章进行,并符合要求。

8.3 附件的型式试验

附件的型式试验及要求应符合 GB/T 11017.1—2014 第 15 章,此外还应进行下列项目的试验:

a) 终端组装后的密封试验(见 8.3.1);

b) 支柱绝缘子的电压试验(见 8.3.2);

c) 户外终端短时(1 min)工频电压试验(湿试)(见 8.3.3);

d) 导体压接和机械连接件的热机械性能试验,要求时(见 8.3.4)。

被试附件应按制造方提供的安装说明书并采用制造方提供的规定等级和数量的材料(包括润滑剂)进行组装。通常的安装指南参见附录 D。

GIS 终端产品电气型式试验采用的连接外壳的尺寸应符合 IEC 62271-209:2007 中表 3 或表 5 规

定。变压器终端产品电气型式试验采用的连接外壳的尺寸应与设备一致（由变压器制造商提出）。

电气试验时,GIS 终端连接的外壳内应充气至其最小功能压力。经协商同意,允许采用其他气体介质代替 SF₆ 气体,但充气压力应提供相同的介电强度。变压器终端连接的外壳内应充以允许的最小工作压力（由变压器制造商提出）的变压器油。

8.3.1 终端组装后的密封试验

终端试样应按实际使用的安装要求进行组装,组装试样内允许不含绝缘件。

试验装置应将密封金具、瓷套管、复合套管或环氧套管试品两端密封。

8.3.1.1 压力泄漏试验

在环境温度下对试品施加表压为(250±10)kPa 的气压,保持 1 h。承受气压的试品应有防爆安全措施。任选浸水检验或密封面上涂肥皂液检验,观察是否有气体逸出。

或施加相同水压,保持 1 h。在密封面上涂白垩粉,观察是否有水渗出迹象。

试验期间应无漏气或渗水迹象。

8.3.1.2 真空漏增试验

在环境温度下将试样抽真空至残压 A 为 10 kPa,然后关闭试品与真空泵间的真空阀门,保持 1 h。测量试品的压力值 B。测量用真空计的分辨率应不超过 2 kPa。

试验结束时,真空压力漏增值($B-A$)应不超过 10 kPa。

8.3.2 支柱绝缘子的电压试验

8.3.2.1 直流电压试验

应按 GB/T 3048.14 规定的试验程序对安装在终端上的支柱绝缘子的两端施加 25 kV 直流电压,持续 1 min。

绝缘子应不闪络或击穿。

8.3.2.2 冲击电压试验

应按 GB/T 3048.13 规定的试验程序对安装在终端上的支柱绝缘子的两端施加 37.5 kV 冲击电压,正负极性各 10 次。

绝缘子应不闪络或击穿。

8.3.3 户外终端短时(1 min)工频电压试验(湿试)

户外终端试样应在 GB/T 16927.1 规定的淋雨条件下,施加工频电压 185 kV,历时 1 min。

试样应不闪络或击穿。

8.3.4 导体压接和机械连接件的推荐试验

经制造方和买方同意,导体压接和机械连接件应进行电气热循环试验和机械试验。

试验方法和要求在考虑中。

8.4 附件产品的试验要求和试验方法

附件产品的试验要求和试验方法如表 3 所示。

包含附件的电缆系统的试验适用 GB/T 11017.1—2014 第 12 章和 GB/T 11017.2—2014 中表 8。

表 3　附件的试验分类、要求及试验方法

序号	试验项目	试验类型	试验要求	试验方法
1	预制橡胶绝缘件的局部放电试验	R	GB/T 11017.1—2014 中 9.2	GB/T 7354—2003、GB/T 3048.12
2	预制橡胶绝缘件的电压试验	R	GB/T 11017.1—2014 中 9.3	GB/T 3048.8
3	附件部件的试验	S	GB/T 11017.1—2014 中 11.1	合适方法
4	成品附件的局部放电试验	S	GB/T 11017.1—2014 中 11.2	GB/T 7354—2003、GB/T 3048.12
5	成品附件的电压试验	S	GB/T 11017.1—2014 中 11.2	GB/T 3048.8
6	环境温度下的局部放电试验	T	GB/T 11017.1—2014 中 15.4.2	GB/T 7354—2003、GB/T 3048.12
7	热循环电压试验	T	GB/T 11017.1—2014 中 15.4.2	GB/T 11017.1—2014 中 12.4.6
8	环境温度下和高温下的局部放电试验	T	GB/T 11017.1—2014 中 15.4.2	GB/T 7354—2003、GB/T 3048.12
9	雷电冲击电压试验及随后的工频电压试验	T	GB/T 11017.1—2014 中 15.4.2	GB/T 3048.13、GB/T 3048.8
10	接头的外保护层试验	T	GB/T 11017.1—2014 中 15.4.2	GB/T 11017.1—2014 的附录 G
11	终端组装后的密封试验	T	8.3.1	8.3.1
12	支柱绝缘子的电压试验	T	8.3.2	GB/T 3048.14、GB/T 3048.13
13	户外终端短时(1 min)工频电压试验(湿试)	T	8.3.3	GB/T 3048.8、GB/T 16927.1
14	导体压接和机械连接件的试验[a]	T	8.3.4	8.3.4
[a]　仅在要求时进行。				

9　验收规则

电缆附件产品应按表 3 规定进行试验。

产品应由制造方的质量检验部门检验合格后方能出厂,每件出厂的附件产品应附有产品检验合格证书。用户要求时,制造方应提供产品的工厂试验报告或/和型式试验报告。

产品应按表 3 规定的试验项目进行出厂验收。

10 包装、运输及贮存

10.1 一般要求

电缆附件产品的包装方式可根据产品特点而定,附件的零部件可分开包装。

对各种预制绝缘件、带材等应有相应的防水、防潮等密封措施;对易碎、怕压部件或材料应有相应的防压、防撞击的包装措施,并在包装物外部明显位置标出相应的字样或标记;易燃部件或材料应有防火警示标志。

10.2 包装箱

包装箱可采用木箱或纸箱。木箱应符合 GB/T 12464 要求。装箱时在箱内应装入装箱清单。包装箱侧面应标明附件(部件)名称、规格。包装箱的两端面应标示:

    a) 轻放;

    b) 防雨;

    c) 不得倒置。

10.3 运输和贮存

产品运输过程中不得将包装箱倒置及碰撞。

产品应贮存在清洁干燥和阴凉处,不得在户外或阳光下存放。

附 录 A

（资料性附录）

半导电橡胶带的性能

半导电橡胶带的性能见表 A.1。

表 A.1 半导电橡胶带的性能

序号	项目	单位	性能指标
1	老化前机械性能		
1.1	抗张强度	MPa	≥0.70
1.2	断裂伸长率	%	≥300
2	空气箱老化后机械性能		
	老化条件：(135±3)℃，7 d		
2.1	抗张强度变化率	%	≤±30
2.2	伸长率的变化率	%	≤±30
3.0	体积电阻率(23 ℃)	Ω·m	≤10

附 录 B

（资料性附录）

环氧树脂固化(胶)体的性能

附件用环氧树脂固化(胶)体的性能见表 B.1。

表 B.1 环氧树脂固化(胶)体的性能

序号	项目	单位	性能指标
1	电气性能(室温下)		
1.1	体积电阻率(23 ℃)	$\Omega \cdot m$	$\geqslant 1.0 \times 10^{13}$
1.2	$\tan\delta$	—	$\leqslant 5.0 \times 10^{-3}$
1.3	介电常数	—	$3.5 \sim 6.0$
1.4	短时工频击穿电场强度	kV/mm	$\geqslant 20$
2	电气性能(100 ℃)		
2.1	体积电阻率	$\Omega \cdot m$	$\geqslant 1.0 \times 10^{13}$
2.2	$\tan\delta$	—	$\leqslant 5.0 \times 10^{-3}$
2.3	介电常数	—	$3.5 \sim 6.0$
3	热变形温度	℃	$\geqslant 105$

附　录　C

（资料性附录）

液体绝缘填充剂的性能

硅油的性能见表C.1。

聚异丁烯的性能见表C.2。

表 C.1　硅油的性能

序号	项目	单位	性能指标
1	外观	—	无色透明,无杂质
2	运动黏度(25 ℃)		
	低黏度硅油	cSt	40～1 000
	高黏度硅油	cSt	7 000～13 000
3	闪点	℃	≥300
4	折光指数(25 ℃)	—	1.42～1.47
5	击穿电压(电极间距2.5 mm)	kV	≥35
6	体积电阻率(25 ℃)	Ω·m	$\geqslant 8.0 \times 10^{12}$
7	挥发度(条件:150 ℃,3 h)	%	≤0.5

表 C.2　聚异丁烯的性能

序号	项目	单位	性能指标
1	外观	—	无色透明,无杂质
2	闪点	℃	≥165
3	折光指数(25 ℃)	—	1.48～1.53
4	击穿电压(电极间距2.5 mm)	kV	≥35
5	体积电阻率(25 ℃)	Ω·m	$\geqslant 5.0 \times 10^{12}$

附 录 D
（资料性附录）
安 装 导 则

D.1 范围

本安装导则适用于额定电压 110 kV 交联聚乙烯绝缘电力电缆附件安装的一般要求。附件的具体安装工艺和详细技术要求由制造方提供。

D.2 一般要求

D.2.1 安装工作应由经过培训合格和掌握附件安装技术的有经验人员进行。

D.2.2 安装手册规定的安装程序，根据不同的环境可进行调整和改变，但应通知制造方以便提供参考意见。

D.2.3 施工现场应保持清洁、无尘。一般情况下其相对湿度应不超过 75% 方可进行电缆终端施工安装。

D.2.4 需要时，电缆应用加热方法预先进行校直。

D.2.5 电缆和附件的各组成部件，应采用挥发性好的专用清洗剂进行清洗。

D.2.6 ○型圈在安装前应涂上密封硅胶或专用硅脂，与○型圈接触的表面，应用清洗剂清洗干净，并确认这些接触面无任何损伤。

D.2.7 导体连接杆和导体连接管压接时，其所用模具尺寸应符合安装工艺规定。

D.2.8 在安装过程中，预制橡胶绝缘件和电缆绝缘表面，均应清洁干净。

D.2.9 当对电缆金属套进行钎焊时，连续钎焊时间不应超过 30 min，并可在钎焊过程中采取局部冷却措施，以免因钎焊时金属套温度过高而损伤电缆绝缘。焊接前焊接处表面应保持清洁，焊接后的表面应处理光滑。

D.3 用户规程

用户有要求（见参考文献）时，需满足其特别安装规定。

参 考 文 献

[1]　GB/T 11022—2011　高压开关设备和控制设备标准的共用技术要求

[2]　GB/T 20779.2—2007　电力防护用橡胶材料　第2部分:电缆附件用橡胶材料

[3]　DL/T 342—2010　额定电压66 kV～220 kV交联聚乙烯绝缘电力电缆接头安装规程

[4]　DL/T 343—2010　额定电压66 kV～220 kV交联聚乙烯绝缘电力电缆GIS终端安装规程

[5]　DL/T 344—2010　额定电压66 kV～220 kV交联聚乙烯绝缘电力电缆户外终端安装规程

[6]　IEC 60949:1988　考虑非绝热效应的允许热短路电流的计算(Calculation of thermally permissible short-circuit currents,taking into account non-adiabatic heating effects)

[7]　IEC/TR 62271-301:2009　高压开关和控制设备　第301部分:高压端子的尺寸标准化(High-voltage switchgear and controlgear—Part 301:Dimensional standardization of high-voltage terminals)

[8]　IEEE Std 48—2009　额定电压2.5 kV～765 kV绕包绝缘或额定电压2.5 kV～500 kV挤包绝缘屏蔽电缆的交流电缆终端的试验程序和要求(IEEE Standard for Test Procedures and Requirements for Alternating-Current Cable Terminations Used on Shielded Cables Having Laminated Insulation Rated 2.5 kV through 765 kV or Extruded Insulation Rated 2.5 kV through 500 kV)

[9]　IEEE Std 404—2012　2.5 kV～500 kV挤包和层绕绝缘屏蔽电缆接头(IEEE Standard for Extruded and Laminated Dielectric Shielded Cable Joints Rated 2.5 kV to 500 kV)

ICS 29.060.20
K 13

中华人民共和国国家标准

GB/T 12527—2008
代替 GB 12527—1990

额定电压 1 kV 及以下架空绝缘电缆

Aerial insulated cables for rated voltages up to and including 1 kV

2008-06-30 发布　　　　　　　　　　　　2009-04-01 实施

中华人民共和国国家质量监督检验检疫总局
中国国家标准化管理委员会　发布

前　言

本标准代替 GB 12527—1990《额定电压 1 kV 及以下架空绝缘电缆》。

本标准与 GB 12527—1990 相比主要变化如下：

——修改了额定电压的定义(1990 版的 3.4,本标准的 3.4);

——修改了产品表示方法(1990 版的 3.7,本标准的 4.3);

——增加了单芯电缆铝及铝合金导体规格 300 mm²、400 mm²(见表 2,表 4);

——取消了对导体绞合节径比和绞向的规定(1990 版的 7.1.2);

——增加了线芯的标志方法(见 7.2.2)。

本标准的附录 A 为资料性附录,附录 B 为规范性附录。

本标准由中国电器工业协会提出。

本标准由全国电线电缆标准化技术委员会(SAC/TC 213)归口。

本标准负责起草单位:上海电缆研究所。

本标准参加起草单位:上海电缆研究所、无锡江南电缆有限公司、常熟市电缆厂、福建南平南线电缆有限公司、广东新亚光电缆实业有限公司、武汉第二电线电缆有限公司、天津塑力线缆集团有限公司。

本标准主要起草人:曲文波、刘军、钱国峰、陈宝坤、卢占宇、沈勇、韩长武。

本标准所替代标准的历次版本发布情况为:

——GB 12527—1990。

额定电压 1 kV 及以下架空绝缘电缆

1 范围

本标准规定了交流额定电压 1 kV 及以下架空绝缘电缆的技术条件、试验方法、验收规则、包装、运输及贮存。

本标准适用于交流额定电压 U 为 1 kV 及以下架空电力线路用铜芯、铝芯、铝合金芯耐候型聚氯乙烯、聚乙烯和交联聚乙烯绝缘架空电缆。

2 规范性引用文件

下列文件中的条款通过本标准的引用而成为本标准的条款。凡是注日期的引用文件,其随后所有的修改单(不包括勘误的内容)或修订版均不适用于本标准,然而,鼓励根据本标准达成协议的各方研究是否可使用这些文件的最新版本。凡是不注日期的引用文件,其最新版本适用于本标准。

GB/T 2900.10—2001 电工术语 电缆(idt IEC 60050-461:1984)

GB/T 2951.1—1997 电缆绝缘和护套材料通用试验方法 第1部分:通用试验方法 第1节:厚度和外形尺寸测量——机械性能试验(idt IEC 60811-1-1:1993)

GB/T 2951.2—1997 电缆绝缘和护套材料通用试验方法 第1部分:通用试验方法 第2节:热老化试验方法(idt IEC 60811-1-2:1985 No.1(1989)第1次修正)

GB/T 2951.3—1997 电缆绝缘和护套材料通用试验方法 第1部分:通用试验方法 第3节:密度测量方法——吸水试验——收缩试验(idt IEC 60811-1-3:1993)

GB/T 2951.4—1997 电缆绝缘和护套材料通用试验方法 第1部分:通用试验方法 第4节:低温试验(idt IEC 60811-1-4:1985 No.1(1993)第1次修正)

GB/T 2951.5—1997 电缆绝缘和护套材料通用试验方法 第2部分:弹性体混合料通用试验方法 第1节:耐臭氧试验——热延伸试验——浸矿物油试验(idt IEC 60811-2-1:1986 No.1(1992)第1次修正 No.2(1993)第2次修正)

GB/T 2951.6—1997 电缆绝缘和护套材料通用试验方法 第3部分:聚氯乙烯混合料专用试验方法 第1节:高温压力试验——抗开裂试验(idt IEC 60811-3-1:1985 No.1(1994)第1次修正)

GB/T 2951.7—1997 电缆绝缘和护套材料通用试验方法 第3部分:聚氯乙烯混合料专用试验方法 第2节:失重试验 热稳定性试验(idt IEC 60811-3-2:1985 No.1(1993)第1次修正)

GB/T 3048.4—2007 电线电缆电性能试验方法 第4部分:导体直流电阻试验

GB/T 3048.5—2007 电线电缆电性能试验方法 第5部分:绝缘电阻试验

GB/T 3048.8—2007 电线电缆电性能试验方法 第8部分:交流电压试验(IEC 60060-1:1989,NEQ)

GB/T 3048.9—2007 电线电缆电性能试验方法 第9部分:绝缘线芯火花试验

GB/T 3682—2000 热塑性塑料熔体质量流动速率和熔体体积流动速率的测定(idt ISO 1133:1997)

GB/T 3953—1983 电工圆铜线(neq ASTM B1:1970)

GB/T 4909.2—1985 裸电线试验方法 尺寸测量(neq IEC 60251:1978)

GB/T 4909.3—1985 裸电线试验方法 拉力试验(neq IEC 60207:1966)

GB/T 6995.1—2008 电线电缆识别标志方法 第1部分:一般规定

GB/T 6995.4—2008 电线电缆识别标志方法 第4部分:电气装备电线电缆绝缘线芯识别标志

GB/T 17048—1997　架空绞线用硬铝线(idt IEC 60889：1987)

GB/T 18380.1—2001　电缆在火焰条件下的燃烧试验　第1部分：单根绝缘电线或电缆的垂直燃烧试验方法(idt IEC 60332-1：1993)

JB/T 8134—1997　架空绞线用铝-镁-硅系合金圆线(idt IEC 60104-1：1987)

JB/T 8137—1999(所有部分)　电线电缆交货盘

3　术语和定义

GB/T 2900.10—2001确立的以及下列术语和定义适用于本标准。

3.1

型式试验(代号 T)　**type test**

按一般商业原则,对本标准规定的一种型号电线或电缆在供货前进行的试验,以证明电线或电缆具有良好的性能,能满足规定的使用要求。型式试验的本质是一旦进行这些试验后,不必重复进行,如果改变电线或电缆材料或设计会影响电线或电缆的性能时,则必须重复进行。

3.2

抽样试验(代号 S)　**sample test**

在成品电缆试样上或取自成品电缆的元件上进行的试验,以证明成品电缆产品符合设计规范。

3.3

例行试验(代号 R)　**routine test**

由制造方在成品电缆的所有制造长度上进行的试验,以检验所有电缆是否符合规定的要求。

3.4

额定电压　**rated voltage**

电缆设计和运行的基准电压,用 U 表示,单位为 kV。U——电缆两相导体之间的电压有效值。

4　符号和代号

4.1　系列代号

架空绝缘电缆代号——JK

4.2　材料代号

4.2.1　导体材料代号

铜导体——省略

铝导体——L

铝合金导体——LH

4.2.2　绝缘材料代号

聚氯乙烯绝缘——V

聚乙烯绝缘——Y

交联聚乙烯绝缘——YJ

4.3　产品表示方法

4.3.1　产品用型号、规格及本标准编号表示。

4.3.2　产品表示方法举例：

　　a)　额定电压1 kV 铜芯聚氯乙烯绝缘架空电缆,单芯,标称截面为 70 mm²,表示为：
　　　　JKV-1　1×70　GB/T 12527—2008;

　　b)　额定电压1 kV 铝合金芯交联聚乙烯绝缘架空电缆,4芯,标称截面为 16 mm²,表示为：
　　　　JKLHYJ-1　4×16　GB/T 12527—2008;

c) 额定电压 1 kV 铝芯聚乙烯绝缘架空电缆,4 芯,其中主线芯为 3 芯,其标称截面为 35 mm²,承载中性导体为铝合金芯,其标称截面为 50 mm²,表示为:

JKLY-1 3×35+1×50(B)GB/T 12527—2008。

5 使用特性

5.1 额定电压 U 为 1 kV 及以下。

5.2 电缆导体的长期允许工作温度:

聚氯乙烯绝缘、聚乙烯绝缘应不超过 70 ℃;交联聚乙烯绝缘应不超过 90 ℃。

5.3 电缆的敷设温度应不低于 -20 ℃。

5.4 电缆外径(D)小于 25 mm 的电缆,弯曲半径不小于 4D。电缆外径(D)大于或等于 25 mm 的电缆,弯曲半径应不小于 6D。

6 型号、规格

6.1 型号

架空绝缘电缆的型号如表1。

表 1 架空绝缘电缆型号

型 号	名 称	用 途
JKV	额定电压 1 kV 铜芯聚氯乙烯绝缘架空电缆	架空固定敷设、引户线
JKY	额定电压 1 kV 铜芯聚乙烯绝缘架空电缆	
JKYJ	额定电压 1 kV 铜芯交联聚乙烯绝缘架空电缆	
JKLV	额定电压 1 kV 铝芯聚氯乙烯绝缘架空电缆	
JKLYJ	额定电压 1 kV 铝芯交联聚乙烯绝缘架空电缆	
JKLY	额定电压 1 kV 铝芯聚乙烯绝缘架空电缆	
JKLHY	额定电压 1 kV 铝合金芯聚乙烯绝缘架空电缆	
JKLHV	额定电压 1 kV 铝合金芯聚氯乙烯绝缘架空电缆	
JKLHYJ	额定电压 1 kV 铝合金芯交联聚乙烯绝缘架空电缆	

6.2 规格

架空绝缘的规格如表2。

表 2 架空绝缘电缆规格

型 号	芯 数	主线芯标称截面/mm²
JKV、JKLV、JKLHV、JKY、JKLY、JKLHY、JKYJ、JKLYJ、JKLHYJ	1	10～400
	2、4	10～120
JKLV、JKLY、JKLYJ	3+k[a]	10～120

> [a] 辅助线芯 k 为承载线芯或带承载的中线线芯。根据工程需求,任选其中截面与主线芯搭配。(A)表示钢承载绞线,(B)为铝合金承载绞线。

7 技术要求

7.1 导体

7.1.1 材料

铜导电线芯应采用 GB/T 3953—1983 中的 TY 型圆铜线。多芯电缆的铜导电线芯允许采用 TR

型软圆铜线。铝导电线芯应采用 GB/T 17048—1997 中的 LY9 型 H9 状态硬圆铝线。铝合金导电线芯应采用 JB/T 8134—1997 的 LHA1 型或 LHA2 型铝合金圆线。

7.1.2 要求

导体应采用紧压圆形绞合的铜、铝线或铝合金导线。导体中的单线在 7 根及以下不允许有接头。7 根以上的绞线中单线允许有接头,但成品绞线上两接头间的距离不小于 15 m。

导体表面应光洁、无油污、无损伤绝缘的毛刺、锐边以及凸起或断裂的单线。

7.1.3 结构

铜芯导体架空绝缘电缆的结构应符合表 3 的规定。铝芯、铝合金芯架空绝缘电缆的结构应符合表 4 规定。

表 3 铜芯架空绝缘电缆技术要求

导体标称截面/ mm²	导体中最少单线根数	导体外径(参考值)/ mm	绝缘标称厚度/ mm	电缆平均外径最大值/ mm	20 ℃时最大导体电阻/ Ω/km		额定工作温度时最小绝缘电阻/ MΩ·km		单芯电缆拉断力/ N
					硬铜	软铜	70 ℃	90 ℃	硬铜
10	6	3.8	1.0	6.5	1.906	1.83	0.006 7	0.67	3 471
16	6	4.8	1.2	8.0	1.198	1.15	0.006 5	0.65	5 486
25	6	6.0	1.2	9.4	0.749	0.727	0.005 4	0.54	8 465
35	6	7.0	1.4	11.0	0.540	0.524	0.005 4	0.54	11 731
50	6	8.4	1.4	12.3	0.399	0.387	0.004 6	0.46	16 502
70	12	10.0	1.4	14.1	0.276	0.268	0.004 0	0.40	23 461
95	15	11.6	1.6	16.5	0.199	0.193	0.003 9	0.39	31 759
120	18	13.0	1.6	18.1	0.158	0.153	0.003 5	0.35	39 911
150	18	14.6	1.8	20.2	0.128	0.124	0.003 5	0.35	49 505
185	30	16.2	2.0	22.5	0.102 1	0.099 1	0.003 5	0.35	61 846
240	34	18.4	2.2	25.6	0.077 7	0.075 4	0.003 4	0.34	79 823

表 4 铝芯、铝合金芯架空绝缘电缆技术要求

导体标称截面/ mm²	导体中最少单线根数	导体外径(参考值)/ mm	绝缘标称厚度/ mm	单根线芯标称平均外径最大值/ mm	20 ℃时最大导体电阻/ Ω/km		额定工作温度时最小绝缘电阻/ MΩ·km		单芯电缆拉断力/ N	
					铝芯	铝合金	70 ℃	90 ℃	铝芯	铝合金芯
10	6	3.8	1.0	6.5	3.08	3.574	0.006 7	0.67	1 650	2 514
16	6	4.8	1.2	8.0	1.91	2.217	0.006 5	0.65	2 517	4 022
25	6	6.0	1.2	9.4	1.20	1.393	0.005 4	0.54	3 762	6 284
35	6	7.0	1.4	11.0	0.868	1.007	0.005 4	0.54	5 177	8 800
50	6	8.4	1.4	12.3	0.641	0.744	0.004 6	0.46	7 011	12 569
70	12	10.0	1.4	14.1	0.443	0.514	0.004 0	0.40	10 354	17 596
95	15	11.6	1.6	16.5	0.320	0.371	0.003 9	0.39	13 727	23 880
120	15	13.0	1.6	18.1	0.253	0.294	0.003 5	0.35	17 339	30 164

表4（续）

导体标称截面/ mm²	导体中最少单线根数	导体外径（参考值）/ mm	绝缘标称厚度/ mm	单根线芯标称平均外径最大值/ mm	20 ℃时最大导体电阻/ Ω/km		额定工作温度时最小绝缘电阻/ MΩ·km		单芯电缆拉断力/ N	
					铝芯	铝合金	70 ℃	90 ℃	铝芯	铝合金芯
150	15	14.6	1.8	20.2	0.206	0.239	0.003 5	0.35	21 033	37 706
185	30	16.2	2.0	22.5	0.164	0.190	0.003 5	0.35	26 732	46 503
240	30	18.4	2.2	25.6	0.125	0.145	0.003 4	0.34	34 679	60 329
300	30	20.8	2.2	27.2	0.100	0.116	0.003 3	0.33	43 349	75 411
400	53	23.2	2.2	30.7	0.077 8	0.090 4	0.003 2	0.32	55 707	100 548

7.2 绝缘

7.2.1 材料

绝缘应采用耐候型的聚氯乙烯、聚乙烯、交联聚乙烯为基的混合料。材料的机械物理性能应符合表5的规定。

表5 绝缘材料技术要求

序 号	项 目	单 位	性能要求		
			聚氯乙烯	聚乙烯	交联聚乙烯
1	抗张强度和断裂伸长率				
1.1	原始性能				
	抗张强度 最小	MPa	12.5	10	12.5
	断裂伸长率 最小	%	150	300	200
1.2	空气烘箱老化试验				
	老化温度	℃	80±2	100±2	135±2
	老化时间	h	168	240	168
	抗张强度 最小	MPa	12.5	—	—
	变化率 最大	%	±20	—	±25
	断裂伸长率 最小	%	150	300	—
	变化率 最大	%	±20	—	±25
1.3	人工气候老化试验ª				
	老化时间	h	1 008	1 008	1 008
	试验结果：				
	a) 0 h～1 008 h				
	抗张强度变化率 最大	%	±30	±30	±30
	断裂伸长率变化率 最大	%	±30	±30	±30
	b) 504 h～1 008 h				
	抗张强度变化率 最大	%	±15	±15	±15
	断裂伸长率变化率 最大	%	±15	±15	±15
2	热失重试验				
	温度	℃	80±2	—	—
	时间	h	168	—	—
	失重 最大	mg/cm²	2.0	—	—

表 5（续）

序号	项目		单位	性能要求		
				聚氯乙烯	聚乙烯	交联聚乙烯
3	抗开裂试验					
	温度		℃	150±3	—	—
	时间		h	1	—	—
	试验结果			不开裂	—	—
4	高温压力试验					
	温度		℃	80±3	—	—
	时间		h	4(6)	—	—
	试验结果		%	50	—	—
5	低温卷绕试验					
	温度		℃	−35	—	—
	试验结果			不开裂	—	—
6	低温拉伸试验					
	温度		℃	−35	—	—
	断裂伸长率	最小	%	20	—	—
7	低温冲击试验					
	温度		℃	−35	—	—
	试验结果			不开裂	—	—
8	吸水试验					
8.1	电压法					
	温度		℃	70±2	—	—
	时间		h	240	—	—
	试验结果			不开裂	—	—
8.2	重量法					
	温度		℃	—	85±2	85±2
	时间		h	—	336	336
	吸水量	最大量	%	—	1	1
9	收缩试验					
	温度		℃	—	100±2	130±2
	时间		h	—	1	1
	收缩率	最大值	%	—	4	4
10	热延伸试验					
	温度		℃	—	—	200±3
	载荷时间		min			15
	机械应力		N/cm²	—	—	20
	载荷下伸长率		%	—	—	175
	冷却后永久伸长率		%	—	—	15
11	熔融指数					
	老化前允许值		g/10 min		0.4	—
a 人工老化试验方法见附录 A。						

7.2.2 结构

绝缘厚度的标称值应符合表3、表4的规定。绝缘厚度的平均值应不小于标称值,最薄处厚度应不小于标称值的90%减去0.1 mm后的结果。

绝缘应紧密挤包在导体上,绝缘表面应平整、色泽均匀。

两芯及两芯以上电缆的绝缘上应有识别相序的标志,且容易识别。A相为一根凸脊,B相为二根凸脊,C相为三根凸脊。根据供需双方协议,也可采用其他耐久易区分的标示方法。

7.2.3 中间检验

绝缘线芯应按GB/T 3048.9—2007的规定,进行火花试验,作为生产过程中的中间检验。

7.3 绞合电缆成缆

两芯及两芯以上电缆的绝缘线芯应按A、B、C顺向序绞合成束,绞合方向为右向,绞合节距不大于绝缘线芯计算绞合外径的25倍。

7.4 成品电缆

7.4.1 电缆的外径和结构尺寸应符合表3、表4的规定。导体的单线直径不做考核。

7.4.2 电缆的拉断力应符合表3、表4的规定。软铜线芯多芯电缆的拉断力由承载线芯决定,视具体工程配套用辅助线芯而定。

7.4.3 电缆的导体电阻应符合表3、表4的规定。

7.4.4 电缆应能承受3.5 kV、1 min电压试验。

单芯电缆应浸在室温水(附加电极)中1 h后进行。

> 注:单芯电缆的火花试验正在考虑中。

7.4.5 电缆的绝缘电阻应符合表3、表4的规定。试样应在通过7.4.4规定的电压试验后的电缆上截取,其长度不小于10 m,浸入为电压额定工作温度±2 ℃中,2 h后进行试验。

7.4.6 电缆绝缘的机械物理特性应符合表5的规定。

7.4.7 电缆的燃烧性能应符合GB/T 18380.1—2001的规定。

7.4.8 电缆应按附录B规定的方法进行耐磨性试验,电缆的耐磨次数应不少于20 000次。

试验时试样端部悬挂的负荷应符合下述规定:

——导体标称截面16 mm² 及以上电缆:50 N;

——导体标称截面16 mm² 以下电缆:30 N。

7.4.9 成品电缆的表面应有制造厂名、型号或制造厂名、型号、截面和电压的连续标志。标志应字迹清楚、容易辨认、耐擦。标志可以印刷,也可以采用凹模压印在电缆表面上,一个完整标志的末端与下一个标志的始端之间的距离应不超过500 mm。油墨印刷标志的耐磨擦性试验应按照GB/T 6995.4—2008的规定。

7.4.10 电缆交货长度按双方协议规定。长度计量误差应不超过±0.5%。

8 试验方法

产品应按照表6规定的项目和试验方法进行试验。

9 验收规则

9.1 产品应由制造厂的质量检查部门检查合格后方能出厂,出厂产品应附有质量检验合格证。

9.2 产品应按规定试验进行验收。

9.3 每批抽样数量由双方协议规定。如果用户不提出要求时,由制造厂规定。

9.4 抽检项目的检验结果不合格时,应加倍取样。如果对不合格项目进行第二次试验仍不合格时,应100%进行检验。

9.5 制造厂和用户对验收如有争议,应由双方认可的权威机构进行仲裁试验。

10 包装、运输及贮存

10.1 电缆应妥善包装在符合 JB/T 8137—1999 规定要求的电缆盘上交货。

10.2 电缆端头应可靠密封、伸出盘外的电缆端头应钉保护罩,伸头的长度应不小于 300 mm。

10.3 成盘电缆的电缆盘外侧及成圈电缆的附加标签应标明:

    a) 制造厂名或商标;

    b) 电缆型号及规格;

    c) 长度(单位为 m);

    d) 毛重(单位为 kg);

    e) 制造日期: 年 月;

    f) 表示电缆盘正确旋转方向的符号;

    g) 标准编号。

10.4 运输和贮存应按照下列要求进行:

    a) 电缆应避免在露天存放,电缆盘不允许平放;

    b) 运输中禁止从高处扔下装有电缆的电缆盘,严禁机械损伤电缆;

    c) 吊装包装件时,严禁几盘同时吊装。在车辆船舶等运输工具上,电缆盘必须放稳,并用合适方法固定,防止互撞或翻倒。

表 6 检验规则

序号	试验项目	条款	聚氯乙烯绝缘	聚乙烯绝缘	交联聚乙烯绝缘	试验方法
1	结构尺寸					
1.1	导体	7.1	T,S	T,S	T,S	GB/T 4909.2—1985
1.2	绝缘厚度	7.1、7.2.2	T,S	T,S	T,S	GB/T 2951.1—1997
1.3	电缆外径	7.1、7.4.1	T,S	T,S	T,S	GB/T 2951.1—1997
2	电缆拉断力	7.1、7.4.2	T,S	T,S	T,S	GB/T 4909.3—1985
3	导体电阻	7.1、7.4.3	T,R	T,R	T,R	GB/T 3048.4—2007
4	电压试验	7.4.4	T,R	T,R	T,R	GB/T 3048.8—2007
5	绝缘电阻	7.1、7.4.5	T,S	T,S	T,S	GB/T 3048.5—2007
6	绝缘机械物理性能	7.4.6				
6.1	空气烘箱老化试验		T,S	T,S	T,S	GB/T 2951.2—1997
6.2	人工气候老化试验		T,S	—	—	本标准附录 A
6.3	热失重		T,S	—	—	GB/T 2951.7—1997
6.4	抗开裂		T,S	—	—	GB/T 2951.6—1997
6.5	高温压力		T,S	—	—	GB/T 2951.6—1997
6.6	低温卷绕		T,S	—	—	GB/T 2951.4—1997
6.7	低温拉伸		T,S	—	—	GB/T 2951.4—1997
6.8	低温冲击		T,S	—	—	GB/T 2951.4—1997
6.9	吸水试验					
6.9.1	电压法		T,S	—	—	GB/T 2951.5—1997
6.9.2	重量法		—	T,S	T,S	GB/T 2951.5—1997
6.10	收缩试验		—	T,S	T,S	GB/T 2951.3—1997

表 6（续）

序号	试验项目	条款	试验类型			试验方法
			聚氯乙烯绝缘	聚乙烯绝缘	交联聚乙烯绝缘	
6.11	热延伸		—	—	T,S	GB/T 2951.5—1997
6.12	熔融指数		—	T,S	—	GB/T 3682—2000
7	燃烧性能	7.4.7	T,S	—	—	GB/T 18380.1—2001
8	耐磨性能	7.4.8	T,S	T,S	—	本标准附录B
9	印刷标志耐磨性能	7.4.9	T,S	T,S	T,S	GB/T 6995.1—2008
10	交货长度	7.4.10	R	R	R	计米器

附　录　A

（资料性附录）

人工气候老化试验方法（氙灯法）

A.1　适用范围

本试验方法适用于聚氯乙烯（PVC）、聚乙烯（PE）、交联聚乙烯（XLPE）绝缘架空电缆的人工气候老化性能的规定。

A.2　试验设备

A.2.1　氙灯气候老化箱：

——氙灯功率6 kW，试样转架直径 ϕ800 mm～959 mm，高365 mm，试样转架每分钟旋转一周，箱体温度55 ℃±3 ℃，相对湿度（85±5）%。

——喷水应为清洁的自来水，喷水水压0.12 MPa～0.15 MPa，喷水嘴内径 ϕ0.8 mm。以18 min喷水、光照、102 min单独光照，周期进行。

A.2.2　臭氧发生装置。

A.2.3　工业用二氧化硫。

A.2.4　—40 ℃冷冻箱。

A.2.5　拉力试验机：示值精度，从各级度盘1/10量程以上，但不小于最大负荷的4%开始，为±1%。

A.3　试样制备

从被试电缆的端部500 mm处切取足够长度的电缆，并从电缆中取出导体，制取绝缘试样（试片），能供三组试验测定有效性能。有机械损伤的样段不能作为试样用于试验。

——第一组试样至少应5个，供原始性能测量用；

——第二组试样至少应5个，供0 h～1 008 h光老化后性能测量用；

——第三组试样至少应5个，供504 h～1 008 h光老化后性能测量用。

A.4　试验步骤

A.4.1　第一组试样保存在阴凉干燥处，第二、第三组试样应放入氙灯气候箱内进行试验，其中第三组试样应在试验开始504 h后放入，试样放入气候箱内后，应在保持约5%的伸长下进行试验。

A.4.2　试验循环：整个试验持续6个星期，每星期为一次循环，其中6天按A.2.1进行试验，第7天按下述的a、b、c调节规定的条件进行试验。

——调节a：老化试样应在温度为40 ℃±3 ℃，含0.067%二氧化硫和浓度大于 20×10^{-6} 臭氧的环境中放置1天；

——调节b：老化试样应从A.2.1的环境中移至—25 ℃±2 ℃冷冻室内，进行冷热试验，共进行三次，每次2 h，两次热震时间应等于或大于1 h；

——调节c：老化试样应在40 ℃±3 ℃，含0.067%二氧化硫饱和湿度的容器内放置8 h，然后，打开容器，在试验室温环境中放置16 h。

A.4.3　在规定的老化时间后，取出试样，置环境温度下存放至少16 h，与第一组试样对比进行外观检查。

A.4.4　按GB/T 2951.1—1997的要求，在光照面冲切哑铃片和预处理后，测定老化前后三组试片的抗张强度和断裂伸长率。制作试片时，不能磨削光照面。

A.4.5 当按 A.4.4 的规定,不能在光照面冲切哑铃片时,允许从同一型号的其他规格上切取,其老化性能等效。

A.5 试验结果及计算

A.5.1 检查光照面,试样应无明显的龟裂。

A.5.2 试验结果用老化前后的抗张强度和断裂伸长率的变化率(%)表示,按下式计算,其变化率应符合产品标准的规定。

$$TS_1 = (T_2 - T_1)/T_1 \times 100\%$$
$$EB_1 = (E_2 - E_1)/E_1 \times 100\%$$
$$TS_2 = (T_2 - T_3)/T_1 \times 100\%$$
$$EB_2 = (E_2 - E_3)/E_1 \times 100\%$$

式中:

TS_1——0 h~1 008 h 光老化后抗张强度的变化率,%;

EB_1——0 h~1 008 h 光老化后断裂伸长率的变化率,%;

TS_2——504 h~1 008 h 光老化后抗张强度的变化率,%;

EB_2——504 h~1 008 h 光老化后断裂伸长率的变化率,%;

T_1——光老化前(第一组试样)抗张强度的中间值,MPa;

E_1——光老化前(第一组试样)断裂伸长率的中间值,%;

T_2——光老化后(第二组试样,光老化 1 008 h)抗张强度的中间值,MPa;

E_2——光老化后(第二组试样,光老化 1 008 h)断裂伸长率的中间值,%;

T_3——光老化后(第三组试样,光老化 504 h)抗张强度的中间值,MPa;

E_3——光老化后(第三组试样,光老化 504 h)断裂伸长率的中间值,%。

附　录　B

（规范性附录）

耐磨性能试验

B.1　适用范围

本试验方法适用于架空绝缘电缆的耐磨性能的测定。

B.2　试验设备

试验装置的直径为 12 cm，类似鼠笼转子。在转子圆周上均匀配置 12 根直径为 12 mm 钢制的圆棒，固定在转子的两端面上，转子旋转方向应与挂重物一端的重力方向一致，其转速为 8 r/min±0.5 r/min，被试电缆置于转子的钢制圆棒上。

B.3　试样制备

从被试电缆的端部 500 mm 处切取三根 75 cm 长的单芯试样，仔细擦净并弄直试样，然后剥取一端的绝缘，把 24 V 电压施加在导体和试验装置之间。

B.4　试验步骤

B.4.1　试验前，被试电缆应置于 23 ℃±5 ℃ 的环境至少 24 h。

B.4.2　把被试电缆的中点按水平方向置于转子的钢制圆棒上，其一端固定，另一端悬挂按产品标准规定的重量，并接通 24 V 试验电压。

B.4.3　如被试电缆的耐磨次数大于 5 000 次，则在 5 000 次时，应擦净试样和钢棒间的磨屑。

B.4.4　试验环境温度为 23 ℃±5 ℃。

B.5　试验结果

如无特殊规定，试验至被试试样露导体（即试样和圆棒相接触，24 V 试验回路动作）次数的平均值为耐磨次数，并应符合产品标准的规定。

ICS 29.060.20
K 13

中华人民共和国国家标准

GB/T 12706.1—2008
代替 GB/T 12706.1—2002

额定电压 1 kV(U_m＝1.2 kV)到

35 kV(U_m＝40.5 kV)

挤包绝缘电力电缆及附件

第 1 部分：额定电压 1 kV(U_m＝1.2 kV)和

3 kV(U_m＝3.6 kV)电缆

Power cables with extruded insulation and their accessories for rated voltages
from 1 kV (U_m＝1.2 kV) up to 35 kV (U_m＝40.5 kV)—
Part 1：Cables for rated voltage of 1 kV (U_m＝1.2 kV) and 3 kV (U_m＝3.6 kV)

(IEC 60502-1：2004，Power cables with extruded insulation and their
accessories for rated voltages from 1 kV(U_m＝1.2 kV)up to 30 kV(U_m＝36 kV)—
Part 1：Cables for rated voltage of 1 kV(U_m＝1.2 kV)and
3 kV(U_m＝3.6 kV)，MOD)

2008-12-31 发布   2009-11-01 实施

中华人民共和国国家质量监督检验检疫总局
中国国家标准化管理委员会   发 布

前　言

GB/T 12706《额定电压 1 kV(U_m＝1.2 kV)到 35 kV(U_m＝40.5 kV)挤包绝缘电力电缆及附件》分为四个部分：

——第 1 部分：额定电压 1 kV(U_m＝1.2 kV)和 3 kV(U_m＝3.6 kV)电缆；

——第 2 部分：额定电压 6 kV(U_m＝7.2 kV)到 30 kV(U_m＝36 kV)电缆；

——第 3 部分：额定电压 35 kV(U_m＝40.5 kV)电缆；

——第 4 部分：额定电压 6 kV(U_m＝7.2 kV)到 35 kV(U_m＝40.5 kV)电缆附件试验要求。

本部分为 GB/T 12706 的第 1 部分。

本部分修改采用 IEC 60502-1:2004《额定电压 1 kV(U_m＝1.2 kV)到 30 kV(U_m＝36 kV)挤包绝缘电力电缆及附件　第 1 部分：额定电压 1 kV(U_m＝1.2 kV)和 3 kV(U_m＝3.6 kV)电缆》第 2 版(英文版)。

本部分根据 IEC 60502-1:2004 重新起草。其章条编号与 IEC 60502-1:2004 相比,除增加了第 20 章和附录 D 外,其余完全一致。

考虑到我国国情,在采用 IEC 60502-1:2004 时,本部分做了一些修改。有关的技术性差异已编入正文并在它们所涉及的条款的页边空白处用垂直单线标识。主要的技术性差异和解释如下：

——为明确电缆用铜带材料的要求,增加了铜带材料要求内容(本版 9.2.3)和相应的引用标准 GB/T 11091—2005《电缆用铜带》(本版第 2 章)；

——为明确电缆用铠装钢带材料的要求,增加了铠装钢带材料要求内容(本版 12.2)和相应的引用标准 YB/T 024—2008《铠装电缆用钢带》(本版第 2 章)；

——为保证挤包隔离套和外护套的质量,增加了挤包隔离套火花试验要求(本版 12.3.3)、外护套的火花试验要求(本版 13.1)和相应的引用标准 GB/T 3048.10—2007《电线电缆电性能试验方法　第 10 部分：挤出护套火花试验》(本版第 2 章)；

——为完善国内对电力电缆的技术要求,增加了第 20 章"电缆产品的补充条款"及相应的附录 D,包括电缆型号、产品表示方法以及验收、包装、运输和安装等,并在本版第 2 章增加相应的引用标准 GB/T 6995.3—2008《电线电缆识别标志方法　第 3 部分：电线电缆识别标志》、GB/T 6995.5—2008《电线电缆识别标志方法　第 5 部分：电力电缆绝缘线芯识别标志》、GB/T 19666—2005《阻燃和耐火电线电缆通则》和 JB/T 8137—1999(所有部分)《电线电缆交货盘》；

——增加了有一根小截面和两根小截面的五芯电缆成缆线芯假设直径计算公式(本版 A.2.3),以满足国内对五芯电缆的技术要求。

为便于使用,在采用 IEC 60502-1:2004 时,本部分还做了下列编辑性修改：

——引用标准修改为对应于 IEC 标准的国家标准；

——删除了 IEC 60502-1:2004 的前言和引言；

——用小数点"."代替作为小数点的逗号","；

——按照汉语习惯对一些文字和表格的编排格式进行了修改,如增加了表注和表格内容的序号。

本部分代替 GB/T 12706.1—2002《额定电压 1 kV(U_m＝1.2 kV)到 35 kV(U_m＝40.5 kV)挤包绝缘电力电缆及附件　第 1 部分：额定电压 1 kV(U_m＝1.2 kV)和 3 kV(U_m＝3.6 kV)电缆》。

本部分与 GB/T 12706.1—2002 相比,主要变化如下:

——适用范围增加了无卤低烟阻燃电缆品种(本版第 1 章);

——增加了外护套材料无卤混合料(ST$_8$)代号及其最高导体运行温度(本版表 4);

——增加了对无卤低烟阻燃电缆的绝缘的要求(本版 6.1);

——增加了对无卤低烟阻燃电缆的内衬层和填充的要求(本版 7.1.2);

——增加了铜带的技术要求(本版 9.2.3);

——增加了钢带的技术要求(本版 12.2);

——增加了对隔离套的火花试验要求(本版 12.3.3);

——增加了对无卤低烟阻燃电缆的隔离套的要求(本版 12.3.3);

——增加了对外护套的火花试验要求(本版 13.1);

——增加了对无卤低烟阻燃电缆的外护套的要求(本版 13.2);

——修改了对非金属护套厚度的要求(2002 年版 16.5.3;本版的 16.5.3);

——增加了 ST$_8$ 无卤护套混合料的机械性能试验(本版 18.4);

——增加了 ST$_8$ 无卤护套混合料的特殊性能试验(本版 18.8,18.22);

——增加了 ST$_8$ 无卤护套电缆成束燃烧试验(本版 18.14.2);

——增加了 ST$_8$ 无卤护套电缆的烟发散试验、酸气含量、pH 值和电导率试验、氟含量试验和毒性
指数试验(本版 18.14.3,18.14.4,18.14.5,18.14.6,18.14.7);

——增加了 ST$_8$ 无卤护套的附加机械性能试验(本版 18.21);

——修改了电缆安装后电气试验的要求(2002 年版第 19 章;本版的第 19 章);

——修改了 ST$_7$ 护套混合料的机械性能老化时间(2002 年版表 16;本版的表 18);

——增加了 ST$_8$ 无卤护套混合料的机械性能试验要求(本版表 18);

——修改了 ST$_7$ 护套混合料的高温压力试验温度(2002 年版表 18;本版的表 20);

——增加了 ST$_8$ 无卤护套混合料的特殊性能试验(本版表 21);

——增加了无卤混合料的试验方法和要求(本版表 23);

——增加了五芯电缆成缆线芯假设直径计算公式(本版 A.2.3);

——删除了 2002 年版的附录 D、附录 E、附录 F 和附录 G,并将其内容归并到本版的附录 D 中;

——增加了规范性附录"电缆产品的补充条款"(本版附录 D);

——增加了第 5 种铜导体代号(本版 D.1.2.1.1);

——删除了挡潮层聚乙烯护层代号(2002 年版附录 D);

——修改了非磁性金属带的规定(2002 年版附录 D,本版 D.1.2.1.4);

——修改了内护层代号的规定(2002 年版附录 D,本版图 D.1);

——增加了聚烯烃护套代号的规定(本版 D.1.2.1);

——增加了阻燃电缆的产品表示方法(本版 D.1.2.2.1);

——增加了中性线和保护线导体的标称截面规定(本版表 D.2)。

本部分的附录 A、附录 B、附录 C 和附录 D 为规范性附录。

本部分由中国电器工业协会提出。

本部分由全国电线电缆标准化技术委员会(SAC/TC 213)归口。

本部分负责起草单位:上海电缆研究所。

本部分参加起草单位:上海特缆电工科技有限公司、昆明电缆有限公司、黑龙江沃尔德电缆有限公司、广东电缆厂有限公司、福建南平太阳电缆股份有限公司、海南威特电气集团有限公司、上海华普电缆

有限公司、宝胜科技创新股份有限公司、特变电工山东鲁能泰山电缆有限公司、青岛汉缆股份有限公司、扬州曙光电缆有限公司、辽宁省电力有限公司。

本部分主要起草人：孙建生、邓长胜、张举位、鲍文波、高伟红、范德发、黎驹、周雁、唐崇健、刘召见、张延华、梁国华、杨长龙。

本部分所代替标准的历次版本发布情况为：

——GB 12706.1—1991、GB/T 12706.1—2002；

——GB 12706.2—1991、GB 12706.3—1991。

额定电压 1 kV(U_m＝1.2 kV)到
35 kV(U_m＝40.5 kV)
挤包绝缘电力电缆及附件
第 1 部分：额定电压 1 kV(U_m＝1.2 kV)和
3 kV(U_m＝3.6 kV)电缆

1 范围

GB/T 12706 的本部分规定了用于配电网或工业装置中，额定电压 1 kV(U_m＝1.2 kV)和 3 kV(U_m＝3.6 kV)固定安装的挤包绝缘电力电缆的结构、尺寸和试验要求。

本部分包括了阻燃、低烟和无卤型电缆。

本部分不包括用于特殊安装和运行条件的电缆，例如用于架空线路、采矿工业、核电厂（安全壳内及其附近），以及用于水下或船舶的电缆。

2 规范性引用文件

下列文件中的条款，通过 GB/T 12706 的本部分的引用而成为本部分的条款。凡是注日期的引用文件，其随后所有的修改单(不包括勘误的内容)或修订版均不适用于本部分，然而，鼓励根据本部分达成协议的各方研究是否可使用这些文件的最新版本。凡是不注日期的引用文件，其最新版本适用于本部分。

GB/T 156—2007　标准电压(IEC 60038:2002,MOD)

GB/T 2951.11—2008　电缆和光缆绝缘和护套材料通用试验方法　第 11 部分：通用试验方法——厚度和外形尺寸测量——机械性能试验(IEC 60811-1-1:2001,IDT)

GB/T 2951.12—2008　电缆和光缆绝缘和护套材料通用试验方法　第 12 部分：通用试验方法——热老化试验方法(IEC 60811-1-2:1985,IDT)

GB/T 2951.13—2008　电缆和光缆绝缘和护套材料通用试验方法　第 13 部分：通用试验方法——密度测定方法——吸水试验——收缩试验(IEC 60811-1-3:2001,IDT)

GB/T 2951.14—2008　电缆和光缆绝缘和护套材料通用试验方法　第 14 部分：通用试验方法——低温试验(IEC 60811-1-4:1985,IDT)

GB/T 2951.21—2008　电缆和光缆绝缘和护套材料通用试验方法　第 21 部分：弹性体混合料专用试验方法——耐臭氧试验——热延伸试验——浸矿物油试验(IEC 60811-2-1:2001,IDT)

GB/T 2951.31—2008　电缆和光缆绝缘和护套材料通用试验方法　第 31 部分：聚氯乙烯混合料专用试验方法——高温压力试验——抗开裂试验(IEC 60811-3-1:1985,IDT)

GB/T 2951.32—2008　电缆和光缆绝缘和护套材料通用试验方法　第 32 部分：聚氯乙烯混合料专用试验方法——失重试验——热稳定性试验(IEC 60811-3-2:1985,IDT)

GB/T 2951.41—2008　电缆和光缆绝缘和护套材料通用试验方法　第 41 部分：聚乙烯和聚丙烯混合料专用试验方法——耐环境应力开裂试验——熔体指数测量方法——直接燃烧法测量聚乙烯中碳黑和(或)矿物质填料含量——热重分析法(TGA)测量碳黑含量——显微镜法评估聚乙烯中碳黑分散度(IEC 60811-4-1:2004,IDT)

GB/T 3048.10—2007　电线电缆电性能试验方法　第 10 部分：挤出护套火花试验

GB/T 3048.13—2007　电线电缆电性能试验方法　第 13 部分:冲击电压试验(IEC 60230:1966,IEC 60060-1:1989,MOD)

GB/T 3956—2008　电缆的导体(IEC 60228:2004,IDT)

GB/T 6995.3—2008　电线电缆识别标志方法　第 3 部分:电线电缆识别标志

GB/T 6995.5—2008　电线电缆识别标志方法　第 5 部分:电力电缆绝缘线芯识别标志

GB/T 11091—2005　电缆用铜带

GB/T 12706.2—2008　额定电压 1 kV(U_m=1.2 kV)到 35 kV(U_m=40.5 kV)挤包绝缘电力电缆及附件　第 2 部分:额定电压 6 kV(U_m=7.2 kV)到 30 kV(U_m=36 kV)电缆(IEC 60502-2:2005,Power cables with extruded insulation and their accessories for rated voltages from 1 kV(U_m=1.2 kV) up to 30 kV(U_m=36 kV)—Part 2:Cables for rated voltage of 6 kV(U_m=7.2 kV)and 30 kV(U_m=36 kV),MOD)

GB/T 16927.1—1997　高电压试验技术　第 1 部分:一般试验要求(eqv IEC 60060-1:1989)

GB/T 17650.1—1998　取自电缆或光缆的材料燃烧时释出气体的试验方法　第 1 部分:卤酸气体总量的测定(idt IEC 60754-1:1994)

GB/T 17650.2—1998　取自电缆或光缆的材料燃烧时释出气体的试验方法　第 2 部分:用测量 pH 值和电导率来测定气体的酸度(idt IEC 60754-2:1991)

GB/T 17651.2—1998　电缆或光缆在特定条件下燃烧的烟密度测定　第 2 部分:试验步骤和要求(idt IEC 61034-2:1997)

GB/T 18380.11—2008　电缆和光缆在火焰条件下的燃烧试验　第 11 部分:单根绝缘电线电缆火焰垂直蔓延试验　试验装置(IEC 60332-1-1:2004,IDT)

GB/T 18380.12—2008　电缆和光缆在火焰条件下的燃烧试验　第 12 部分:单根绝缘电线电缆火焰垂直蔓延试验　1 kW 预混合型火焰试验方法(IEC 60332-1-2:2004,IDT)

GB/T 18380.13—2008　电缆和光缆在火焰条件下的燃烧试验　第 13 部分:单根绝缘电线电缆火焰垂直蔓延试验　测定燃烧的滴落(物)/微粒的试验方法(IEC 60332-1-3:2004,IDT)

GB/T 18380.35—2008　电缆和光缆在火焰条件下的燃烧试验　第 35 部分:垂直安装的成束电线电缆火焰垂直蔓延试验　C 类(IEC 60332-3-24:2000,IDT)

GB/T 19666—2005　阻燃和耐火电线电缆通则

JB/T 8137—1999(所有部分)　电线电缆交货盘

JB/T 8996—1999　高压电缆选择导则(eqv IEC 60183:1984)

YB/T 024—2008　铠装电缆用钢带

ISO 48:2007　硫化型或热塑型橡胶　硬度测定(硬度在 10IRHD 和 100IRHD 之间)

IEC 60684-2:2003　绝缘软管　第 2 部分:试验方法

IEC 60724:2000　额定电压不超过 0.6/1 kV 电缆允许短路温度导则

3　术语和定义

下列术语和定义适用于本部分。

3.1　尺寸值(厚度,截面积等)的术语和定义

3.1.1

标称值　nominal value

指定的量值并经常用于表格之中。

在本部分中,通常标称值引伸出的量值在考虑规定公差下通过测量进行检验。

3.1.2

近似值　approximate value

既不保证也不检查的数值,例如用于其他尺寸值的计算。

3.1.3

中间值　median value

将试验得到的若干数值以递增(或递减)的次序依次排列时,若数值的数目是奇数,中间的那个值为中间值;若数值的数目是偶数,中间两个数值的平均值为中间值。

3.1.4

假设值　fictitious value

按附录 A 计算所得的值。

3.2　有关试验的术语和定义

3.2.1

例行试验　routine tests

由制造方在成品电缆的所有制造长度上进行的试验,以检验所有电缆是否符合规定的要求。

3.2.2

抽样试验　sample tests

由制造方按规定的频度,在成品电缆试样上或在取自成品电缆的某些部件上进行的试验,以检验电缆是否符合规定要求。

3.2.3

型式试验　type tests

按一般商业原则对本部分所包含的一种类型电缆在供货之前所进行的试验,以证明电缆具有满足预期使用条件的满意性能。

注:该试验的特点是:除非电缆材料或设计或制造工艺的改变可能改变电缆的特性,试验做过以后就不需要重做。

3.2.4

安装后电气试验　electrical tests after installation

在安装后进行的试验,用以证明安装后的电缆及其附件完好。

4　电压标示和材料

4.1　额定电压

本部分中电缆的额定电压 $U_0/U(U_m)$ 为 0.6/1(1.2)kV 和 1.8/3(3.6)kV。

注:上述电压的表示方法是合适的。尽管在一些国家采用其他的表示方法。例如:1.7/3 kV 或 1.9/3.3 kV 代替
1.8/3 kV。

在电缆的电压表示 $U_0/U(U_m)$ 中:

U_0——电缆设计用的导体对地或金属屏蔽之间的额定工频电压;

U——电缆设计用的导体间的额定工频电压;

U_m——设备可承受的"最高系统电压"的最大值(见 GB/T 156—2007)。

电缆的额定电压应适合电缆所在系统的运行条件。为了便于选择电缆,将系统划分为下列三类:

——A 类:该类系统任一相导体与地或接地导体接触时,能在 1 min 内与系统分离;

——B 类:该类系统可在单相接地故障时作短时运行,接地故障时间按照 JB/T 8996—1999 应不超过 1 h。对于本部分包括的电缆,在任何情况下允许不超过 8 h 的更长的带故障运行时间。任何一年接地故障的总持续时间应不超过 125 h;

——C类:包括不属于 A 类、B 类的所有系统。

注:应该认识到,在系统接地故障不能立即自动解除时,故障期间加在电缆绝缘上过高的电场强度,会在一定程度上缩短电缆寿命。如预期系统会经常地运行在持久的接地故障状态下,该系统应划为 C 类。

用于三相系统的电缆,U_0 的推荐值列于表1。

表 1　额定电压 U_0 推荐值

系统最高电压 U_m/ kV	额定电压 U_0/ kV	
	A 类　B 类	C 类
1.2	0.6	0.6
3.6	1.8	3.6[a]

[a] 这一类包括在 GB/T 12706.2—2008 的 3.6/6(7.2)kV 电缆中。

4.2　绝缘混合料

本部分所涉及绝缘混合料及其代号列于表2。

表 2　绝缘混合料

绝　缘　混　合　料	代　号
a)　热塑性的 　　用于额定电压 $U_0/U\leqslant1.8/3$ kV 电缆的聚氯乙烯	PVC/A[a]
b)　热固性的 　　乙丙橡胶或类似绝缘混合料(EPR 或 EPDM) 　　高弹性模数或高硬度乙丙橡胶 　　交联聚乙烯	EPR HEPR XLPE

[a] 聚氯乙烯为基料的绝缘混合料用于额定电压 $U_0/U=3.6/6$ kV 电缆时,在 GB/T 12706.2—2008 中表示为 PVC/B。

本部分所包括的各种绝缘混合料的导体最高温度列于表3。

表 3　各种绝缘混合料的导体最高温度

绝缘混合料	导体最高温度/℃	
	正常运行	短路(最长持续 5 s)
聚氯乙烯(PVC/A)		
导体截面≤300 mm²	70	160
导体截面>300 mm²	70	140
交联聚乙烯(XLPE)	90	250
乙丙橡胶(EPR 和 HEPR)	90	250

表3中的温度由绝缘材料的固有特性决定,在使用这些数据计算额定电流时其他因素的考虑也是很重要的。

例如在正常运行条件下,如果电缆直接埋入地下,按表中所规定的导体最高温度作连续负荷(100%负荷因数)运行,电缆周围的土壤热阻系数经过一定时间后,会因干燥而超过原始值,因此导体温度可能大大地超过最高温度,如果能预料这类运行条件,应当采取适当的预防措施。

短路温度的导则宜参照 IEC 60724:2000。

4.3　护套混合料

本部分不同类型护套混合料电缆的导体最高温度列于表4中。

表 4　不同类型护套混合料电缆的导体最高温度

护套混合料	代号	正常运行时导体最高温度/℃
a)　热塑性		
聚氯乙烯(PVC)	ST_1	80
	ST_2	90
聚乙烯	ST_3	80
	ST_7	90
无卤阻燃材料	ST_8	90
b)　弹性体		
氯丁橡胶、氯磺化聚乙烯或类似聚合物	SE_1	85

5　导体

导体应是符合 GB/T 3956—2008 的第 1 种或第 2 种镀金属层或不镀金属层退火铜导体或是铝或铝合金导体。或者第 5 种裸铜导体或镀金属层退火铜导体。

6　绝缘

6.1　材料

绝缘应为表 2 所列的一种挤包成型的介质。

无卤电缆的绝缘应符合表 23 的规定。

6.2　绝缘厚度

绝缘标称厚度规定在表 5 到表 7 中。

任何隔离层的厚度应不包括在绝缘厚度之中。

表 5　PVC/A 绝缘标称厚度

导体标称截面积/ mm²	额定电压 $U_0/U(U_m)$ 下的绝缘标称厚度/mm	
	0.6/1(1.2)kV	1.8/3(3.6)kV
1.5,2.5	0.8	—
4,6	1.0	—
10,16	1.0	2.2
25,35	1.2	2.2
50,70	1.4	2.2
95,120	1.6	2.2
150	1.8	2.2
185	2.0	2.2
240	2.2	2.2
300	2.4	2.4
400	2.6	2.6
500~800	2.8	2.8
1 000	3.0	3.0

注：不推荐任何小于以上给出的导体截面积。

表 6   交联聚乙烯(XLPE)绝缘标称厚度

导体标称截面积/	额定电压 $U_0/U(U_m)$ 下的绝缘标称厚度/mm	
mm^2	0.6/1(1.2)kV	1.8/3(3.6)kV
1.5,2.5	0.7	—
4,6	0.7	—
10,16	0.7	2.0
25,35	0.9	2.0
50	1.0	2.0
70,95	1.1	2.0
120	1.2	2.0
150	1.4	2.0
185	1.6	2.0
240	1.7	2.0
300	1.8	2.0
400	2.0	2.0
500	2.2	2.2
630	2.4	2.4
800	2.6	2.6
1 000	2.8	2.8
注：不推荐任何小于以上给出的导体截面积。		

表 7   乙丙橡胶(EPR)和硬乙丙橡胶(HEPR)绝缘标称厚度

导体标称截面积/	在额定电压 $U_0/U(U_m)$ 下的绝缘标称厚度/mm			
	0.6/1(1.2)kV		1.8/3(3.6)kV	
mm^2	EPR	HEPR	EPR	HEPR
1.5,2.5	1.0	0.7	—	—
4,6	1.0	0.7	—	—
10,16	1.0	0.7	2.2	2.0
25,35	1.2	0.9	2.2	2.0
50	1.4	1.0	2.2	2.0
70	1.4	1.1	2.2	2.0
95	1.6	1.1	2.4	2.0
120	1.6	1.2	2.4	2.0
150	1.8	1.4	2.4	2.0
185	2.0	1.6	2.4	2.0
240	2.2	1.7	2.4	2.0
300	2.4	1.8	2.4	2.0
400	2.6	2.0	2.6	2.0
500	2.8	2.2	2.8	2.2
630	2.8	2.4	2.8	2.4
800	2.8	2.6	2.8	2.6
1 000	3.0	2.8	3.0	2.8
注：不推荐任何小于以上给出的导体截面积。				

7 多芯电缆的缆芯、内衬层和填充物

多芯电缆的缆芯与电缆的额定电压及每根绝缘线芯上有否金属屏蔽层有关。

下述 7.1～7.3 不适用于由有护套单芯电缆成缆的缆芯。

7.1 内衬层与填充

7.1.1 结构

内衬层可以挤包或绕包。

除五芯以上电缆外，圆形绝缘线芯电缆只有在绝缘线芯间的间隙被密实填充时，才可采用绕包内衬层。

挤包内衬层前允许用合适的带子扎紧。

7.1.2 材料

用于内衬层和填充物的材料应适合电缆的运行温度并和电缆绝缘材料相容。

无卤电缆的内衬层和填充应符合表 23 的规定。

7.1.3 挤包内衬层厚度

挤包内衬层的近似厚度应从表 8 中选取。

表 8 挤包内衬层厚度

缆芯假设直径/mm		挤包内衬层厚度近似值/mm
—	≤25	1.0
>25	≤35	1.2
>35	≤45	1.4
>45	≤60	1.6
>60	≤80	1.8
>80	—	2.0

7.1.4 绕包内衬层厚度

缆芯假设直径为 40 mm 及以下时，绕包内衬层的近似厚度取 0.4 mm；如大于 40 mm 时，则取 0.6 mm。

7.2 额定电压 0.6/1 kV 电缆

额定电压 0.6/1 kV 电缆可以在绝缘线芯外包覆统包金属层。

注：电缆采用金属层与否，应取决于有关规范和安装要求，以免可能遭受机械损伤或直接电接触的危险。

7.2.1 有统包金属层的电缆（见第 8 章）

电缆绝缘外应有内衬层，内衬层和填充应符合 7.1 规定。

如果所用金属带的单层厚度不超过 0.3 mm，金属带也可以直接绕包在缆芯外，省略内衬层。这种电缆应符合 18.17 规定的特殊弯曲试验的要求。

7.2.2 无统包金属层的电缆（见第 8 章）

只要电缆外部形状保持圆整而且缆芯和护套之间不粘连，内衬层就可以省略。

如热塑性护套包覆在 10 mm^2 及以下的圆形缆芯的情况下，外护套可嵌入缆芯间隙。

如果采用内衬层，那么其厚度不必符合 7.1.3 或 7.1.4 规定。

7.3 额定电压 1.8/3 kV 电缆

额定电压 1.8/3 kV 电缆应具有分相或统包金属层。

7.3.1 具有统包金属层的电缆（见第 8 章）

缆芯外应有内衬层，内衬层和填充物应符合按 7.1 规定，并为非吸湿性材料。

7.3.2 具有分相金属层的电缆（见第 9 章）

各绝缘线芯的金属层应相互接触。

有附加统包金属层(见第8章)的电缆,当金属材料与分相包覆的金属层材料相同时,缆芯外应有内衬层。内衬层与填充物应符合7.1规定,并为非吸湿性材料。

当分相与统包金属层采用的金属材料不同时,应采用符合13.2中规定的任一种材料挤包隔离套将其隔开。对于铅套电缆,铅套与分相包覆的金属层之间的隔离,可采用符合7.1规定的内衬层。

既无铠装又无同心导体,也无其他统包金属层(见第8章)的电缆,只要电缆外形保持圆整,可以省略内衬层。如采用热塑性护套包覆10 mm² 及以下的圆形缆芯时,外护套可以嵌入缆芯间隙。若采用内衬层,其厚度不必按7.1.3或7.1.4的规定。

8 单芯或多芯电缆的金属层

本部分包括以下类型的金属层:

a) 金属屏蔽(见第9章);

b) 同心导体(见第10章);

c) 铅套(见第11章);

d) 金属铠装(见第12章)。

金属层应由上述的一种或几种型式组成,包覆在多芯电缆的单独绝缘线芯上或单芯电缆上时应是非磁性的。

9 金属屏蔽

9.1 结构

金属屏蔽应由一根或多根金属带,金属编织,金属丝的同心层或金属丝与金属带的组合结构组成。金属屏蔽也可以是金属套或符合9.2要求的金属铠装层。

选择金属屏蔽材料时,应特别考虑存在腐蚀的可能性,这不仅为了机械安全,而且也为了电气安全。金属屏蔽绕包的搭盖和间隙应符合9.2要求。

9.2 要求

9.2.1 金属屏蔽中铜丝的电阻,适用时应符合GB/T 3956—2008要求。铜丝屏蔽的标称截面积应根据故障电流容量确定。

9.2.2 铜丝屏蔽应由疏绕的软铜线组成,其表面采用反向绕包的铜丝或铜带扎紧。相邻铜丝的平均间隙应不大于4 mm。

9.2.3 铜带屏蔽应由一层重叠绕包的软铜带组成,也可采用双层铜带间隙绕包。铜带间的搭盖率为铜带宽度的15%(标称值),最小搭盖率应不小于5%。

铜带应符合GB/T 11091—2005的规定。

铜带标称厚度为:

——单芯电缆:≥0.12 mm;

——多芯电缆:≥0.10 mm。

铜带的最小厚度应不小于标称值的90%。

10 同心导体

10.1 结构

同心导体的间隙应符合9.2.2要求。

选用同心导体结构和材料时,应特别考虑腐蚀的可能性,这不仅为了机械安全,而且也为了电气安全。

10.2 要求

同心导体的尺寸、物理及其电阻值要求,应符合9.2要求。

10.3 使用

如采用同心导体结构,应在多芯电缆的内衬层外包覆同心导体层,对单芯电缆应直接在绝缘外或适当的内衬层外包覆同心导体层。

11 铅套

铅套应采用铅或铅合金,并形成松紧适当的无缝铅管。

铅套的标称厚度按下列公式计算:

a) 所有单芯电缆或缆芯:

$$t_{pb} = 0.03D_g + 0.8$$

b) 所有扇形导体电缆:

$$t_{pb} = 0.03D_g + 0.6$$

c) 其他电缆:

$$t_{pb} = 0.03D_g + 0.7$$

式中:

t_{pb}——铅套标称厚度,单位为毫米(mm);

D_g——铅套前假设直径,单位为毫米(mm)(按附录 B 修约到一位小数)。

在所有情况下,最小标称厚度应为 1.2 mm。将计算值按附录 B 修约到一位小数。

12 金属铠装

12.1 金属铠装类型

本部分包括铠装类型如下:

a) 扁金属丝铠装;

b) 圆金属丝铠装;

c) 双金属带铠装。

注:经制造方与购买方协商一致,额定电压 0.6/1 kV,导体截面积不超过 6 mm² 的电缆,可采用镀锌钢丝编织铠装。

12.2 材料

圆金属丝或扁金属丝应是镀锌钢丝、铜丝或镀锡铜丝、铝或铝合金丝。

金属带为涂漆钢带、镀锌钢带、铝或铝合金带。钢带应符合 YB/T 024—2008 规定。

注:铝带、铝合金带在考虑中。

在要求铠装钢丝满足最小导电性的情况下,铠装层中允许包含足够的铜丝或镀锡铜丝,以确保达到要求。

选择铠装材料时,尤其是铠装作为屏蔽层使用时,应特别考虑存在腐蚀的可能性,这不仅为了机械安全,而且也为了电气安全。

除特殊结构外,用于交流回路的单芯电缆铠装应采用非磁性材料。

注:用于交流回路的单芯电缆铠装采用某种特殊结构,电缆载流量仍将大为降低,应慎重选用。

12.3 铠装的使用

12.3.1 单芯电缆

单芯电缆的铠装层下应有挤包的或绕包的内衬层,其厚度应符合 7.1.3 或 7.1.4 的要求。

12.3.2 多芯电缆

多芯电缆需要铠装时,铠装应包覆在符合 7.1 规定的内衬层上。如采用金属带直接绕包铠装时,见 7.2.1 规定。

12.3.3 隔离套

当铠装下的金属层与铠装材料不同时,应用 13.2 规定的一种材料,挤包一层隔离套将其隔开。

隔离套应经受 GB/T 3048.10—2007 规定的火花试验。

无卤电缆的隔离套(ST_8)应符合表 23 的规定。

当铅套电缆要求铠装时,应采用包带垫层,并符合 12.3.4 规定。

如果在铠装层下采用隔离套,可以由其代替内衬层或附加在内衬层上。

挤包隔离套的标称厚度 T_s(以 mm 计)应按下列公式计算:

$$T_s = 0.02D_u + 0.6$$

式中:

D_u——挤包该隔离套前的假设直径,单位为毫米(mm)。

计算按附录 A 所述进行,计算结果修约到 0.1 mm(见附录 B)。

非铅套电缆的隔离套标称厚度应不小于 1.2 mm,若隔离套直接挤包在铅套上,隔离套的标称厚度应不小于 1.0 mm。

12.3.4 铅套电缆铠装下的包带垫层

铅套涂层外的包带垫层应由浸渍纸带与复合纸带组成,或者由两层浸渍纸带与复合纸带外加一层或多层复合浸渍纤维材料组成。

垫层材料的浸渍剂可为沥青或其他防腐剂。对于金属丝铠装,这些浸渍剂不能直接涂敷到金属丝下。

也可采用合成材料带代替浸渍纸带。

铅套与铠装之间的包带垫层在铠装后的总厚度的近似值应为 1.5 mm。

12.4 铠装金属丝和铠装金属带的尺寸

铠装金属丝和铠装金属带应优先采用下列标称尺寸:

——圆金属丝:直径 0.8,1.25,1.6,2.0,2.5,3.15 mm;

——扁金属线:厚度 0.8 mm;

——钢带:厚度 0.2,0.5,0.8 mm;

——铝或铝合金带:厚度 0.5,0.8 mm。

12.5 电缆直径与铠装层尺寸的关系

铠装圆金属丝的标称直径和铠装金属带的标称厚度应分别不小于表 9 和表 10 规定的数值。

表 9 圆铠装金属丝标称直径

铠装前假设直径/mm		铠装金属丝标称直径/mm
—	≤10	0.8
>10	≤15	1.25
>15	≤25	1.6
>25	≤35	2.0
>35	≤60	2.5
>60	—	3.15

表 10 铠装金属带标称厚度

铠装前假设直径/mm		金属带标称厚度/mm	
		钢带或镀锌钢带	铝或铝合金带
—	≤30	0.2	0.5
>30	≤70	0.5	0.5
>70	—	0.8	0.8
注:该表不适用于金属带直接包在缆芯上的电缆(见 7.2.1)。			

铠装前电缆假设直径大于 15 mm 的电缆,扁金属线的标称厚度应取 0.8 mm。电缆假设直径为 15 mm 及以下时,不应采用扁金属线铠装。

12.6 圆金属丝或扁金属线铠装

金属丝铠装应紧密,即使相邻金属丝间的间隙为最小。必要时,可在扁金属线铠装和圆金属丝铠装外疏绕一条最小标称厚度为 0.3 mm 的镀锌钢带,钢带厚度的偏差应符合 16.7.3 规定。

12.7 双金属带铠装

当采用金属带铠装和符合 7.1 规定的内衬层时,其内衬层应采用包带垫层加强。如果铠装金属带厚度为 0.2 mm,内衬层和附加包带垫层的总厚度应按 7.1 的规定值再加 0.5 mm;如果铠装金属带厚度大于 0.2 mm,内衬层和附加包带垫层的总厚度应按 7.1 的规定值再加 0.8 mm。

内衬层和附加包带垫层的总厚度不应小于规定值的 80% 再减 0.2 mm。

如果有隔离套或挤包的内衬层并且满足 12.3.3 规定时,则不必加包带垫层。

金属带铠装应螺旋绕包两层,使外层金属带的中线大致在内层金属带间隙上方,包带间隙应不大于金属带宽度的 50%。

13 外护套

13.1 概述

所有电缆都应具有外护套。

外护套通常为黑色,但也可以按照制造方和买方协议采用黑色以外的其他颜色,以适应电缆使用的特定环境。

外护套应经受 GB/T 3048.10—2007 规定的火花试验。

注:紫外稳定性试验在考虑中。

13.2 材料

外护套为热塑性材料(聚氯乙烯,聚乙烯或无卤材料)或弹性体材料(聚氯丁烯,氯磺化聚乙烯或类似聚合物)。

如果要求在火灾时电缆能阻止火焰的燃烧、发烟少以及没有卤素气体释放,应采用无卤型护套材料。无卤阻燃电缆的外护套(ST_8)应符合表 23 的规定。

外护套材料应与表 4 中规定的电缆运行温度相适应。

在特殊条件下(例如为了防白蚁)使用的外护套,可能有必要使用化学添加剂,但这些添加剂不应包括对人类及环境有害的材料。

注:例如不希望采用的材料包括[1]:
- 氯甲桥萘(艾氏剂):1、2、3、4、10、10-六氯代-1、4、4a、5、8、8a-六氢化-1、4、5、8-二甲桥萘;
- 氧桥氯甲桥萘(狄氏剂):1、2、3、4、10、10-六氯代-6、7-环氧-1、4、4a、5、6、7、8、8a-八氢-1、4、5、8-二甲桥萘;
- 六氯化苯(高丙体六六六):1、2、3、4、5、6-六氯代-环乙烷 γ 异构体。

13.3 厚度

若无其他规定,挤包护套标称厚度值 T_s(以 mm 计)应按下列公式计算:

$$T_s = 0.035D + 1.0$$

式中:

D——挤包护套前电缆的假设直径,单位为毫米(mm)(见附录 A)。

按上式计算出的数值应修约到 0.1 mm(见附录 B)。

无铠装的电缆和护套不直接包覆在铠装、金属屏蔽或同心导体上的电缆,其单芯电缆护套的标称厚度应不小于 1.4 mm,多芯电缆护套的标称厚度应不小于 1.8 mm。

---

1) 来源:《工业材料中的危险品》N. I. Sax,第五版,Van Nostrand Reinhold,ISBN 0-442-27373-8。

护套直接包覆在铠装、金属屏蔽或同心导体上的电缆,护套的标称厚度应不小于 1.8 mm。

14 试验条件

14.1 环境温度

除非另有规定,试验应在环境温度(20±15)℃下进行。

14.2 工频试验电压的频率和波形

工频试验电压的频率应在 49 Hz～61 Hz;波形基本上为正弦波,引用值为有效值。

14.3 冲击试验电压的波形

按照 GB/T 3048.13—2007,冲击波形应具有有效波前时间 1 μs～5 μs,标称半峰值时间 40 μs～60 μs。其他方面应符合 GB/T 16927.1—1997。

15 例行试验

15.1 概述

例行试验通常应在每一个电缆制造长度上进行(见 3.2.1)。根据购买方和制造方达成的质量控制协议,可以减少试验电缆的根数。

本部分要求的例行试验为:

a) 导体电阻测量(见 15.2);

b) 电压试验(见 15.3)。

15.2 导体电阻

应对例行试验中的每一根电缆长度所有导体进行测量,如果有同心导体的话也包括在内。

成品电缆或从成品电缆上取下的试样,应在保持适当温度的试验室内至少存放 12 h。若怀疑导体温度是否与室温一致,电缆应在试验室内存放 24 h 后测量。也可选取另一种方法,即将导体试样浸在温度可以控制的液体槽内,至少浸入 1 h 后测量电阻。

电阻测量值应按 GB/T 3956—2008 规定的公式和系数校正到 20 ℃下 1 km 长度的数值。

每一根导体 20 ℃时的直流电阻应不超过 GB/T 3956—2008 规定的相应的最大值。标称截面积适用时,同心导体的电阻也应符合 GB/T 3956—2008 规定。

15.3 电压试验

15.3.1 概述

电压试验应在环境温度下进行。制造方可选择采用工频交流电压或直流电压。

15.3.2 单芯电缆试验步骤

单芯屏蔽电缆的试验电压应施加在导体与金属屏蔽之间,时间为 5 min。

单芯无屏蔽电缆应将其浸入室温水中 1 h,在导体和水之间施加试验电压 5 min。

注: 单芯无金属层电缆的火花试验在考虑中。

15.3.3 多芯电缆试验步骤

对于分相屏蔽的多芯电缆,在每一相导体与金属层间施加试验电压 5 min。

对于非分相屏蔽的多芯电缆,应依次在每一绝缘导体对其余导体和绕包金属层(若有)之间施加试验电压 5 min。

导体可适当地连接在一起依次施加试验电压进行电压试验以缩短总的试验时间,只要连接顺序可以保证电压施加在每一相导体与其他导体和金属层(若有)之间至少 5 min 而不中断。

三芯电缆也可采用三相变压器,一次完成试验。

15.3.4 试验电压

工频试验电压为 2.5U_0+2 kV,对应标准额定电压的单相试验电压如表11。

表 11 例行试验电压

额定电压 U_0/ kV	0.6	1.8
试验电压/ kV	3.5	6.5

若用三相变压器同时对三芯电缆进行电压试验,相间试验电压应取上表所列数据的 1.73 倍。

当电压试验采用直流电压时,直流电压值应为工频交流电压值的 2.4 倍。

在任何情况下,电压都应逐渐升高到规定值。

15.3.5 要求

绝缘应无击穿。

16 抽样试验

16.1 概述

本部分要求的抽样试验包括:

a) 导体检查(见 16.4);

b) 尺寸检验(见 16.5~16.8);

c) EPR、HEPR 和 XLPE 绝缘及弹性体护套的热延伸试验(见 16.9)。

16.2 抽样试验频度

16.2.1 导体检查和尺寸检查

导体检查,绝缘和护套厚度测量以及电缆外径的测量应在每批同一型号和规格电缆中的一根制造长度的电缆上进行,但应限制不超过合同长度数量的 10%。

16.2.2 物理试验

应按商定的质量控制协议,在制造长度电缆上取样进行试验。若无协议,对于总长度大于 2 km 的多芯电缆或 4 km 的单芯电缆测试按表 12 进行。

表 12 抽样试验样品数量

电缆长度/km				样品数
多芯电缆		单芯电缆		
>2	≤10	>4	≤20	1
>10	≤20	>20	≤40	2
>20	≤30	>40	≤60	3
余类推		余类推		余类推

16.3 复试

如果任一试样没有通过第 16 章的任一项试验,应从同一批中再取两个附加试样就不合格项目重新试验。如果两个附加试样都合格,样品所取批次的电缆应认为符合本部分要求。如果加试样品中有一个试样不合格,则认为抽取该试样的这批电缆不符合本部分要求。

16.4 导体检查

应采用检查或可行的测量方法检验导体结构是否符合 GB/T 3956—2008 要求。

16.5 绝缘和非金属护套厚度的测量(包括挤包隔离套但不包括挤包内衬层)

16.5.1 概述

试验方法应符合 GB/T 2951.11—2008 第 8 章规定。

为试验而选取的每根电缆长度应从电缆的一端截取一段电缆来代表,如果必要,应将可能损伤的部分电缆先从该端截除。

对于超过三芯的等截面电缆,测量的绝缘线芯数目应限制在任意三个绝缘线芯上,或取总绝缘线芯数的 10%,但应选取其中大的测量数。

16.5.2 对绝缘的要求

每一段绝缘线芯，绝缘厚度测量值的平均值在按附录 B 修约到 0.1 mm 后，应不小于规定的标称厚度；其最小测量值应不低于规定标称值的 90%—0.1 mm，即：

$$t_m \geqslant 0.9t_n - 0.1$$

式中：

t_m——最小厚度，单位为毫米(mm)；

t_n——标称厚度，单位为毫米(mm)。

16.5.3 对非金属护套要求

护套应符合下列要求：

a) 无铠装电缆的非金属护套和不直接包覆在铠装、金属屏蔽或同心导体上的电缆外护套，其厚度的最小测量值应不低于规定标称值的 85%—0.1 mm。即：

$$t_m \geqslant 0.85t_n - 0.1$$

b) 直接包覆在铠装、金属屏蔽或同心导体上的电缆外护套和隔离套，其厚度最小测量值应不低于规定标称值的 80%—0.2 mm。即：

$$t_m \geqslant 0.8t_n - 0.2$$

16.6 铅套厚度测量

16.6.1 概述

根据制造方的意见选用下列方法之一测量铅套的最小厚度。铅套最小厚度应不低于规定标称值的 95%—0.1 mm。即：

$$t_m \geqslant 0.95t_n - 0.1$$

16.6.2 窄条法

应使用测量头平面直径为 4 mm～8 mm 的千分尺测量，测量精度为 ±0.01 mm。

测量应在取自成品电缆上的 50 mm 长的护套试样进行。试样应沿轴向剖开并仔细展平。将试样擦拭干净后，应沿展平的试样的圆周方向距边缘至少 10 mm 进行测量。应测取足够多的数值，以保证测量到最小厚度。

16.6.3 圆环法

应使用具有一个平测头和一个球形测头的千分尺，或具有一个平测头和一个长为 2.4 mm、宽为 0.8 mm 的矩形平测头的千分尺进行测量。测量时球形测头或矩形测头应置于护套环的内侧。千分尺的精度应为 ±0.01 mm。

测量应在从样品上仔细切下的环形护套上进行。应沿着圆周上测量足够多的点，以保证测量到最小厚度。

16.7 铠装金属丝和金属带的测量

16.7.1 金属丝的测量

应使用具有两个平测头精度为 ±0.01 mm 的千分尺来测量圆金属丝的直径和扁金属丝的厚度。对圆金属丝应在同一截面上两个互成直角的位置上各测量一次，取两次测量的平均值作为金属丝的直径。

16.7.2 金属带的测量

应使用具有两个直径为 5 mm 平测头、精度为 ±0.01 mm 的千分尺进行测量。对带宽为 40 mm 及以下的金属带应在宽度中央测其厚度；对更宽的带子应在距其每一边缘 20 mm 处测量，取其平均值作为金属带厚度。

16.7.3 要求

铠装金属丝和金属带的尺寸低于 12.5 中规定的标称尺寸的量值应不超过：

——圆金属丝：5%；

——扁金属丝:8%；

——金属带:10%。

16.8 外径测量

如果抽样试验中要求测量电缆外径,应按 GB/T 2951.11—2008 进行。

16.9 EPR、HEPR 和 XLPE 绝缘和弹性体护套的热延伸试验

16.9.1 步骤

抽样和试验步骤按 GB/T 2951.21—2008 第 9 章规定进行。

试验条件列于表 17 和表 22。

16.9.2 要求

EPR,HEPR 和 XLPE 绝缘试验结果应符合表 17 规定,SE_1 护套应符合表 22 规定。

17 电气型式试验

取成品电缆试样长度 10 m～15 m。应依次进行下列试验:

a) 环境温度下的绝缘电阻测量(见 17.1);

b) 正常运行时导体最高温度下绝缘电阻测量(见 17.2);

c) 4 h 电压试验(见 17.3)。

额定电压 1.8/3(3.6) kV 电缆应进行冲击电压试验;试验应在另外 10 m～15 m 长的成品电缆试样上进行(见 17.4)。

最多同时试验三个绝缘线芯。

17.1 环境温度下的绝缘电阻测量

17.1.1 步骤

该试验可在任何其他电气试验之前的试验样品上进行。

所有外护层应去掉,测试前绝缘线芯应在环境温度下的水中浸泡至少 1h。

直流测试电压应为 80 V～500 V 并施加足够长的时间,以达到合理稳定的测量,但不少于 1 min 也不超过 5 min。

测量在每相导体与水之间进行。

如有要求,测量可在(20±1)℃下进一步证实。

17.1.2 计算

体积电阻率由所测得的绝缘电阻通过下式求得:

$$\rho = \frac{2 \times \pi \times L \times R}{\ln(D/d)}$$

式中:

ρ——体积电阻率,单位为欧姆厘米($\Omega \cdot cm$);

R——测量得到的绝缘电阻,单位为欧姆(Ω);

L——电缆长度,单位为厘米(cm);

D——绝缘外径,单位为毫米(mm);

d——绝缘内径,单位为毫米(mm)。

"绝缘电阻常数 K_i"可按下列公式计算,以 $M\Omega \cdot km$ 表示:

$$K_i = \frac{L \times R \times 10^{-11}}{\lg(D/d)} = 10^{-11} \times 0.367\rho$$

注:对于成型导体的绝缘线芯,比值 D/d 是绝缘表面周长与导体表面周长之比。

17.1.3 要求

从测量值计算出的数值应不小于表 13 的规定值。

17.2 导体最高温度下绝缘电阻测量

17.2.1 步骤

电缆试样的绝缘线芯在试验前应浸在电缆正常运行时导体最高温度±2 ℃的水中至少 1 h。

直流测试电压应为 80 V～500 V，应施加足够长的时间，以达到合理稳定的测量，但不少于 1 min 也不超过 5 min。

测量应在每相导体与水之间进行。

17.2.2 计算

体积电阻率和（或）绝缘电阻常数，由绝缘电阻通过 17.1.2 所给公式计算求得。

17.2.3 要求

由测量值计算出的数据应不小于在表 13 中的规定值。

17.3 4 h 电压试验

17.3.1 步骤

电缆试验用绝缘线芯应在试验前浸入环境温度的水中至少 1 h。

在水与导体之间施加 $4U_0$ 的工频电压，电压应逐渐升高并持续 4 h。

17.3.2 要求

绝缘应不击穿。

17.4 额定电压 1.8/3(3.6)kV 电缆的冲击电压试验

17.4.1 步骤

试验应在导体温度高于正常运行时导体最高温度 5 ℃～10 ℃下的电缆上进行。

应按 GB/T 3048.13—2007 规定步骤施加冲击电压，峰值为 40 kV。

对于没有分相屏蔽的多芯电缆，每次冲击电压应依次施加在每相导体与地之间，其他导体连接在一起并接地。

17.4.2 要求

每根电缆绝缘线芯应承受正负各十次冲击电压后不击穿。

18 非电气型式试验

本部分非电气型式试验项目见表 14。

18.1 绝缘厚度测量

18.1.1 取样

应从每一根绝缘线芯上各取一个试样。

对多于三芯的等截面电缆，测量绝缘线芯的数目应限制在三个绝缘线芯或总芯数的 10％中，取两者中的大者。

18.1.2 步骤

按 GB/T 2951.11—2008 中 8.1 规定进行。

18.1.3 要求

见 16.5.2 规定。

18.2 非金属护套厚度测量（包括挤包隔离套但不包括内衬层）

18.2.1 取样

每根电缆取一个样品。

18.2.2 步骤

应按 GB/T 2951.11—2008 中 8.2 规定进行测量。

18.2.3 要求

见 16.5.3 规定。

18.3 老化前后绝缘的机械性能试验

18.3.1 取样

应按 GB/T 2951.11—2008 中 9.1 规定进行取样和制备试片。

18.3.2 老化处理

应在表 15 规定的条件下按 GB/T 2951.12—2008 中 8.1 的规定进行老化处理。

应仅对 0.6/1 kV 铜芯电缆进行表 15 中第 2.2 项和第 2.3 项规定的试验。对不能进行第 2.2 项试验的铜导体电缆进行第 2.3 项试验。

> 注：对于铜导体电缆推荐进行第 2.2 项和第 2.3 项试验，但到目前为止没有取得足够的资料来说明必须强制性达
> 到这些要求，除非制造方和购买方同意进行。

18.3.3 预处理和机械试验

应按 GB/T 2951.11—2008 中 9.1 规定进行预处理和机械性能的试验。

18.3.4 要求

试片老化前和老化后的试验结果均应符合表 15 要求。

18.4 非金属护套老化前后的机械性能试验

18.4.1 取样

应按 GB/T 2951.11—2008 中 9.2 规定进行取样及制备试片。

18.4.2 老化处理

应在表 18 规定的条件下，按 GB/T 2951.12—2008 中 8.1 的规定进行老化处理。

18.4.3 预处理和机械性能试验

应按 GB/T 2951.11—2008 中 9.2 规定进行预处理和机械性能试验。

18.4.4 要求

试片老化前和老化后的试验结果均应符合表 18 要求。

18.5 成品电缆段的附加老化试验

18.5.1 概述

本试验旨在检验运行中电缆绝缘和非金属护套与电缆中其他电缆部件接触时有无劣化倾向。

本试验适用于任何类型的电缆。

18.5.2 取样

应按 GB/T 2951.12—2008 中 8.1.4 规定从成品电缆上截取样品。

18.5.3 老化处理

应按 GB/T 2951.12—2008 中 8.1.4 规定在空气烘箱中进行电缆样品的老化处理。老化条件如下：

——温度：高于电缆正常运行时导体最高温度(见表 15)(10±2)℃；

——周期：168 h。

18.5.4 机械试验

取自老化后电缆段试样的绝缘和护套试片，应按 GB/T 2951.12—2008 的 8.1.4 进行机械性能试验。

18.5.5 要求

老化前和老化后抗张强度与断裂伸长率中间值的变化率(见 18.3 和 18.4)应不超过空气烘箱老化后的规定值。绝缘的规定值见表 15，非金属护套的规定值见表 18。

18.6 ST$_2$ 型 PVC 护套失重试验

18.6.1 步骤

应按 GB/T 2951.32—2008 中 8.2 规定取样和进行试验。

18.6.2 要求

试验结果应符合表 19 的要求。

18.7 绝缘和非金属护套的高温压力试验

18.7.1 步骤

应按 GB/T 2951.31—2008 第 8 章规定进行高温压力试验,试验条件和试验方法见表 16 和表 20。

18.7.2 要求

试验结果应符合 GB/T 2951.31—2008 第 8 章的要求。

18.8 低温下 PVC 绝缘和护套以及无卤护套的性能试验

18.8.1 步骤

应按 GB/T 2951.14—2008 第 8 章规定取样和进行试验,试验温度见表 16,表 19 和表 21。

18.8.2 要求

试验结果应符合 GB/T 2951.14—2008 第 8 章的要求。

18.9 PVC 绝缘和护套抗开裂试验(热冲击试验)

18.9.1 步骤

应按 GB/T 2951.31—2008 第 9 章规定取样和进行试验,试验温度和加热持续时间见表 16 和表 19。

18.9.2 要求

试验结果应符合 GB/T 2951.31—2008 第 9 章要求。

18.10 EPR 和 HEPR 绝缘耐臭氧试验

18.10.1 步骤

应按 GB/T 2951.21—2008 第 8 章规定取样和进行试验,臭氧浓度和试验时间应符合表 17 要求。

18.10.2 要求

试验结果应符合 GB/T 2951.21—2008 第 8 章要求。

18.11 EPR,HEPR 和 XLPE 绝缘和弹性体护套的热延伸试验

应按 16.9 规定取样和进行试验,并符合其要求。

18.12 弹性体的浸油试验

18.12.1 步骤

应按 GB/T 2951.21—2008 第 10 章规定取样和进行试验,试验条件应符合表 20 规定。

18.12.2 要求

试验结果应符合表 22 要求。

18.13 绝缘吸水试验

18.13.1 步骤

应按 GB/T 2951.13—2008 中 9.1 和 9.2 规定取样和进行试验。试验条件应分别符合表 16 和表 17 规定。

18.13.2 要求

试验结果应分别符合 GB/T 2951.13—2008 中 9.1 和表 17 要求。

18.14 不延燃试验

18.14.1 电缆的单根阻燃试验

该试验适用于 ST_1、ST_2 或 SE_1 护套的电缆。且仅有特别要求时才在这些电缆上进行。

试验要求和方法应符合 GB/T 18380.11—2008、GB/T 18380.12—2008、GB/T 18380.13—2008 规定。

18.14.2 电缆的成束阻燃试验

该试验适用于 ST_8 无卤护套的电缆。

试验要求和方法应符合 GB/T 18380.35—2008 规定。

18.14.3　烟发散试验

该试验适用于 ST_8 无卤护套的电缆。

试验要求和方法应符合 GB/T 17651.2—1998 规定。

18.14.4　酸气含量

该试验适用于非金属 ST_8 材料作为外护套的无卤电缆。

18.14.4.1　步骤

试验方法应符合 GB/T 17650.1—1998 规定。

18.14.4.2　要求

试验结果应符合表 23 要求。

18.14.5　pH 值和电导率试验

该试验适用于非金属 ST_8 材料作为外护套的无卤电缆。

18.14.5.1　步骤

试验方法应符合 GB/T 17650.2—1998 规定。

18.14.5.2　要求

试验结果应符合表 23 要求。

18.14.6　氟含量试验

该试验适用于非金属 ST_8 材料作为外护套的无卤电缆。

18.14.6.1　步骤

试验方法应符合 IEC 60684-2:2003 规定。

18.14.6.2　要求

试验结果应符合表 23 要求。

18.14.7　毒性指数试验

在考虑中。

注：IEC 正在制定试验方法。

18.15　黑色聚乙烯护套碳黑含量测定。

18.15.1　步骤

应按 GB/T 2951.41—2008 第 11 章规定取样和进行试验。

18.15.2　要求

试验结果应符合表 20 要求。

18.16　XLPE 绝缘的收缩试验

18.16.1　步骤

应按 GB/T 2951.13—2008 第 10 章规定取样和进行试验,试验条件应符合表 17 规定。

18.16.2　要求

试验结果应符合表 17 要求。

18.17　特殊弯曲试验

试验应在额定电压 0.6/1 kV 有统包金属层并且金属带直接绕包在缆芯上且省略内衬层的多芯电缆上进行。

18.17.1　步骤

试样应在环境温度下绕在试验圆柱体上(例如,线盘的筒体)至少一圈,圆柱体的直径为 $7D\pm5\%$,这里 D 为电缆样品的实测外径。然后松开电缆再在相反方向上重复此过程。

这种操作循环进行三次,然后将绕在试验圆柱体上的试样放入电缆正常运行时导体最高温度的空气烘箱中加热 24 h。

电缆冷却后应按 15.3 规定对弯曲状态的电缆进行电压试验。

18.17.2 要求

无击穿,外护套无裂纹。

18.18 HEPR 绝缘的硬度试验

18.18.1 步骤

应按附录 C 规定取样和进行试验。

18.18.2 要求

试验结果应符合表 17 规定。

18.19 HEPR 绝缘弹性模量测定

18.19.1 步骤

应按 GB/T 2951.11—2008 第 9 章规定取样、制备试片和进行试验,应测量伸长率为 150%时所需的负荷。相应的应力可用测得的负荷除以未伸长前的截面积得到。确定应力与应变的比值就可得到伸长率为 150%时的弹性模量,弹性模量应取全部试验结果的中间值。

18.19.2 要求

试验结果应符合表 17 规定。

18.20 PE 护套收缩试验

18.20.1 步骤

应按 GB/T 2951.13—2008 第 11 章规定取样和进行试验。

试验条件见表 20。

18.20.2 要求

试验结果应符合表 20 规定。

18.21 无卤护套的附加机械性能试验

这些试验的目的是为了检查无卤外护套在电缆安装和运行过程中的可靠性。

注:磨损试验、耐撕裂试验和热冲击试验都在考虑中。

18.22 无卤护套的吸水试验

18.22.1 步骤

应按 GB/T 2951.13—2008 的 9.2 规定取样和进行试验,试验条件应符合表 21 规定。

18.22.2 要求

试验结果应符合表 21 要求。

19 安装后电气试验

如有要求,应在电缆和与之相配的附件安装完成后进行下述试验。

应施加 $4U_0$ 直流电压,持续 15 min。

注:电缆绝缘修复后的电气试验由安装要求决定,以上试验仅适用于新安装的电缆。

20 电缆产品的补充条款

电缆产品的补充条款包括电缆型号和产品表示方法、多芯电缆的中性线和保护线导体标称截面、产品验收规则、成品电缆标志及电缆包装、运输和贮存,以及产品安装条件,详见附录 D。

表 13 绝缘混合料的电气型式试验要求

序号	试验项目和试验条件（混合料代号见4.2）	单位	性能要求		
			PVC/A	EPR/HEPR	XLPE
0	正常运行时导体最高温度（见4.2）	℃	70	90	90
1	体积电阻率 ρ				
1.1	——20℃（见17.1）	Ω·cm	10^{13}	—	—
1.2	——正常运行时导体最高温度（见17.2）	Ω·cm	10^{10}	10^{12}	10^{12}
2	绝缘电阻常数 K_i				
2.1	——20℃（见17.1）	MΩ·km	36.7		
2.2	——正常运行时导体最高温度（见17.2）	MΩ·km	0.037	3.67	3.67

表 14 非电气型式试验

序号	试验项目（混合料代号见4.2和4.3）	绝缘				护套				ST₈	SE₁
		PVC/A	EPR	HEPR	XLPE	PVC ST₁	ST₂	PE ST₃	ST₇		
1	尺寸										
1.1	厚度测量	×	×	×	×	×	×	×	×	×	×
2	机械性能（抗张强度和断裂伸长率）										
2.1	老化前	×	×	×	×	×	×	×	×	×	×
2.2	空气烘箱老化后	×	×	×	×	×	×	×	×	×	×
2.3	成品电缆段老化	×	×	×	×	×	×	×	×	×	×
2.4	浸入热油后									—	×
3	热塑性能										
3.1	高温压力试验（凹痕）	×			×	×	×			×	—
3.2	低温性能	×			×	×	×			×	—
4	其他各类试验										
4.1	空气烘箱失重	—				×	×				
4.2	热冲击试验（开裂）	×				×	×				
4.3	耐臭氧试验	—	×	×							
4.4	热延伸试验		×	×	×						×
4.5	吸水试验	×	×	×	×					×	
4.6	收缩试验							×	×	c	
4.7	碳黑含量[a]							×	×		
4.8	硬度试验		×								
4.9	弹性模量试验		×								
5	不延燃试验										
5.1	电缆的单根阻燃试验(要求时)	—	—	—	—	×	×	—	—		×
5.2	电缆的成束阻燃试验									×	
5.3	烟发散试验									×	
5.4	酸气含量试验	—	b	b	b					×	
5.5	pH值和电导率		b	b	b					×	
5.6	氟含量试验		b	b	b					×	

注1：×表示型式试验项目。

注2：具体试验见表15到表23。

a 仅对黑色外护套适用。

b 仅适用于绝缘材料为EPR、HEPR和XLPE的无卤电缆。

c 在考虑中。

表 15 电缆绝缘混合料机械性能试验要求(老化前后)

序号	试验项目 (混合料代号见4.2)	单位	PVC/A	EPR		HEPR		XLPE	
				0.6/1 kV铜 导体电缆	其他 电缆	0.6/1 kV铜 导体电缆	其他 电缆	0.6/1 kV铜 导体电缆	其他 电缆
0	正常运行时导体最高温度(见4.2)	℃	70	90	90	90	90	90	90
1	老化前(GB/T 2951.11—2008中9.1)								
1.1	抗张强度, 最小	N/mm²	12.5	4.2	4.2	8.5	8.5	12.5	12.5
1.2	断裂伸长率, 最小	%	150	200	200	200	200	200	200
2	空气烘箱老化后(GB/T 2951.12—2008中8.1)								
2.1	无导体老化后								
2.1.1	处理条件								
	——温度	℃	100	135	135	135	135	135	135
	——温度偏差	℃	±2	±3	±3	±3	±3	±3	±3
	——持续时间	h	168	168	168	168	168	168	168
2.1.2	抗张强度								
	a) 老化后数值, 最小	N/mm²	12.5	—	—	—	—	—	—
	b) 变化率ᵃ 最大	%	±25	±30	±30	±30	±30	±25	±25
2.1.3	断裂伸长率								
	a) 老化后数值, 最小	%	150	—	—	—	—	—	—
	b) 变化率ᵃ 最大	%	±25	±30	±30	±30	±30	±25	±25
2.2	带铜导体老化后抗张试验ᵇ								
2.2.1	处理条件								
	——温度	℃	—	150	—	150	—	150	—
	——温度偏差	℃	—	±3	—	±3	—	±3	—
	——持续时间	h	—	168	—	168	—	168	—
2.2.2	抗张强度变化率ᵃ 最大	%	—	±30	—	±30	—	±30	—
2.2.3	断裂伸长率变化率ᵃ 最大	%	—	±30	—	±30	—	±30	—
2.3	带铜导体老化后弯曲试验(仅用于如不进行2.2条试验的试样)ᵇ								
2.3.1	处理条件								
	——温度	℃	—	150	—	150	—	150	—
	——温度偏差	℃	—	±3	—	±3	—	±3	—
	——持续时间	h	—	240	—	240	—	240	—
2.3.2	试验结果		—	无裂纹	—	无裂纹	—	无裂纹	—

ᵃ 变化率:老化前后得出的中间值之差值除以老化前中间值,以百分数表示。

ᵇ 见18.3.2。

表 16 PVC 绝缘混合料特殊性能试验要求

序号	试验项目 （混合料代号见 4.2 和 4.3）	单位	PVC/A 绝缘
1	高温压力试验（GB/T 2951.31—2008 中第 8 章）		
1.1	温度（偏差±2 ℃）	℃	80
2	低温性能试验[a]（GB/T 2951.14—2008 中第 8 章）		
2.1	未经老化前进行试验		
	——直径＜12.5 mm 的冷弯曲试验		
	——温度（偏差±2 ℃）	℃	−15
2.2	哑铃片的低温拉伸试验		
	温度（偏差±2 ℃）	℃	−15
2.3	低温冲击试验		
	温度（偏差±2 ℃）	℃	—
3	热冲击试验（GB/T 2951.31—2008 中第 9 章）		
3.1	温度（偏差±3 ℃）	℃	150
3.2	持续时间	h	1
4	吸水试验（GB/T 2951.13—2008 中 9.1）电气法		
4.1	温度（偏差±2 ℃）	℃	70
4.2	持续时间	h	240

[a] 因气候条件，购买方可以要求采用更低的温度。

表 17 各种热固性绝缘混合料的特殊性能试验要求

序号	试验项目 （混合料代号见 4.2）	单位	EPR	HEPR	XLPE
1	耐臭氧试验（GB/T 2951.21—2008 中第 8 章）				
1.1	臭氧浓度（按体积）	%	0.025～0.030	0.025～0.030	—
1.2	无开裂持续试验时间	h	24	24	—
2	热延伸试验（GB/T 2951.21—2008 中第 9 章）				
2.1	处理条件				
	——空气温度（偏差±3 ℃）	℃	250	250	200
	——负荷时间	min	15	15	15
	——机械应力	N/cm²	20	20	20
2.2	载荷下最大伸长率	%	175	175	175
2.3	冷却后最大永久伸长率	%	15	15	15
3	吸水试验（GB/T 2951.13—2008 中 9.2）重量分析法				
3.1	温度（偏差±2 ℃）	℃	85	85	85
3.2	持续时间	h	336	336	336
3.3	重量最大增量	mg/cm²	5	5	1[a]
4	收缩试验（GB/T 2951.13—2008 中第 10 章）				
4.1	标志间长度 L	mm	—	—	200
4.2	处理温度（偏差±3 ℃）	℃	—	—	130
4.3	持续时间	h	—	—	1
4.4	最大允许收缩率	%	—	—	4
5	硬度测定（见附录 C）				
5.1	IRHD[b] 最小		—	80	—
6	弹性模量测定（见 18.19）				
6.1	150%伸长率下的弹性模量，最小	N/mm²	—	4.5	—

[a] 对于密度大于 1 g/cm³ 的 XLPE 要考虑吸水量增加大于 1 mg/cm²。

[b] IRHD：国际橡胶硬度级。

表 18　护套混合料机械性能试验要求（老化前后）

序号	试验项目 （混合料代号见 4.3）	单 位	ST₁	ST₂	ST₃	ST₇	ST₈	SE₁
1	正常运行时导体最高温度（见 4.3）	℃	80	90	80	90	90	85
2	老化前（GB/T 2951.11—2008 中 9.2）							
2.1	抗张强度，　　　最小	N/mm²	12.5	12.5	10.0	12.5	9.0	10.0
2.2	断裂伸长率，　　最小	%	150	150	300	300	125	300
3	空气烘箱老化后（GB/T 2951.12—2008 中 8.1）							
3.1	处理条件							
	——温度（偏差±2 ℃）	℃	100	100	100	110	100	100
	——持续时间	h	168	168	240	240	168	168
3.2	抗张强度							
	a) 老化后数值　　最小	N/mm²	12.5	12.5	—	—	9.0	—
	b) 变化率ᵃ，　　　最大	%	±25	±25	—	—	±40	±30
3.3	断裂伸长率							
	a) 老化后数值　　最小	%	150	150	300	300	100	250
	b) 变化率ᵃ，　　　最大	%	±25	±25	—	—	±40	±40

ᵃ 变化率：老化前后得出的中间值之差值除以老化前中间值，以百分数表示。

表 19　PVC 护套混合料特殊性能试验要求

序号	试验项目 （混合料代号见 4.2 和 4.3）	单 位	ST₁	ST₂
			护套	
1	空气烘箱中失重试验（GB/T 2951.32—2008 中 8.2）			
1.1	处理条件			
	——温度（偏差±2 ℃）	℃	—	100
	——持续时间	h	—	168
1.2	最大允许失重	mg/cm²	—	1.5
2	高温压力试验（GB/T 2951.31—2008 中第 8 章）			
2.1	温度（偏差±2 ℃）	℃	80	90
3	低温性能试验ᵃ（GB/T 2951.14—2008 中第 8 章）			
3.1	未经老化前进行试验			
	——直径＜12.5 mm 的冷弯曲试验			
	——温度（偏差±2 ℃）	℃	−15	−15
3.2	哑铃片的低温拉伸试验			
	温度（偏差±2 ℃）	℃	−15	−15
3.3	冷冲击试验			
	温度（偏差±2 ℃）	℃	−15	−15
4	热冲击试验（GB/T 2951.31—2008 中第 9 章）			
4.1	温度（偏差±3 ℃）	℃	150	150
4.2	持续时间	h	1	1

ᵃ 因气候条件，购买方可以要求采用更低的温度。

表 20　PE（热塑性聚乙烯）护套混合料的特殊性能试验要求

序号	试验项目 （混合料代号见 4.3）	单位	ST₃	ST₇
1	密度ᵃ（GB/T 2951.13—2008 中第 8 章）			
2	碳黑含量（仅适于黑色护套）（GB/T 2951.41—2008 中第 11 章）			
2.1	标称值	％	2.5	2.5
2.2	偏差	％	±0.5	±0.5
3	收缩试验（GB/T 2951.13—2008 中第 11 章）			
3.1	温度（偏差±2 ℃）	℃	80	80
3.2	加热持续时间	h	5	5
3.3	加热周期		5	5
3.4	最大允许收缩	％	3	3
4	高温压力试验（GB/T 2951.31—2008 中 8.2）			
4.1	温度（偏差±2 ℃）	℃	—	110

ᵃ 密度的测定仅在其他试验需要时才做。

表 21　无卤护套混合料的特殊性能试验要求

序号	试验项目 （混合料代号见 4.2 和 4.3）	单位	ST₈
1	高温压力试验（GB/T 2951.31—2008 中第 8 章）		
1.1	温度（偏差±2 ℃）	℃	80
2	低温性能试验ᵃ（GB/T 2951.14—2008 中第 8 章）		
2.1	未经老化前进行试验		
	——直径＜12.5 mm 的低温弯曲试验		
	——温度（偏差±2 ℃）	℃	−15
2.2	哑铃片的低温拉伸试验		
	温度（偏差±2 ℃）	℃	−15
2.3	低温冲击试验		
	温度（偏差±2 ℃）	℃	−15
3	吸水试验（GB/T 2951.13—2008 中 9.1）重量法		
3.1	温度（偏差±2 ℃）	℃	70
3.2	持续时间	h	24
3.3	最大增加重量	mg/cm²	10

ᵃ 因气候条件,购买方可以要求采用更低的温度。

表 22 弹性体护套混合料特殊性能试验要求

序号	试验项目 （混合料代号见 4.3）	单位	SE₁
1	浸油后机械性能试验（GB/T 2951.21—2008 中第 10 章和 GB/T 2951.11—2008 中第 9 章）		
1.1	处理条件		
	——油温（偏差±2 ℃）	℃	100
	——持续时间	h	24
	最大允许变化率ᵃ		
	a) 抗张强度	%	±40
	b) 断裂伸长率	%	±40
2	热延伸（GB/T 2951.21—2008 中第 9 章）		
2.1	处理条件		
	——温度（偏差±3 ℃）	℃	200
	——载荷时间	min	15
	——机械应力	N/cm²	20
2.2	负载下允许最大伸长率	%	175
2.3	冷却后最大永久伸长率	%	15
ᵃ 变化率：处理前后得出的中间值之差值除以处理前中间值，以百分数表示。			

表 23 无卤混合料的试验方法和要求

序号	试 验 项 目	单位	要求
1	酸气含量试验（GB/T 17650.1—1998）		
1.1	溴和氯含量（以 HCl 表示），最大值	%	0.5
2	氟含量试验（IEC 60684-2：2003）		
2.1	氟含量，最大值	%	0.1
3	pH 值和电导率试验（GB/T 17650.2—1998）		
3.1	pH 值，最小值		4.3
3.2	电导率，最大值	μS/mm	10
注：毒性指数试验在考虑中。			

附　录　A

（规范性附录）

确定护层尺寸的假设计算方法

电缆护层,诸如护套和铠装,其厚度通常与电缆标称直径有一个"阶梯表"的关系。

有时候会产生一些问题,计算出的标称直径不一定与生产出的电缆实际尺寸相同。在边缘情况下,如果计算直径稍有偏差,护层厚度与实际直径不相符合,就会产生疑问。不同制造方的成型导体尺寸变化、计算方法不同会引起标称直径不同和由此导致使用在基本设计相同的电缆上的护层厚度不同。

为了避免这些麻烦,而采取假设计算方法。这种计算方法忽略形状和导体的紧压程度而根据导体标称截面积,绝缘标称厚度和电缆芯数,利用公式来计算假设直径。这样护套厚度和其他护层厚度都可以通过公式或表格而与假设直径有了相应的关系。假设直径计算的方法明确规定,使用的护层厚度是唯一的,它与实际制造中的细微差别无关。这就使电缆设计标准化,对于每一个导体截面的护层厚度尺寸可以被预先计算和规定。

假设直径仅用来确定护套和电缆护层的尺寸,不是代替精确计算标称直径所需的实际过程,实际标称直径计算应分开计算。

A.1　概述

采用下述规定的电缆各种护层厚度的假设计算方法,是为了保证消除在单独计算中引起的任何差异,例如由于导体尺寸的假设以及标称直径和实际直径之间不可避免的差异。

所有厚度值和直径都应按附录 B 中的规则修约到一位小数。

扎带,例如反向螺旋绕包在铠装外的扎带,如果不厚于 0.3 mm,在此方法中忽略。

A.2　方法

A.2.1　导体

不考虑形状和紧压程度如何,每一标称截面积导体的假设直径(d_L)由表 A.1 给出。

表 A.1　导体的假设直径

导体标称截面积/ mm²	d_L/ mm	导体标称截面积/ mm²	d_L/ mm
1.5	1.4	95	11.0
2.5	1.8	120	12.4
4	2.3	150	13.8
6	2.8	185	15.3
10	3.6	240	17.5
16	4.5	300	19.5
25	5.6	400	22.6
35	6.7	500	25.2
50	8.0	630	28.3
70	9.4	800	31.9
		1 000	35.7

A.2.2　绝缘线芯

任何绝缘线芯的假设直径 D_c 如下式:

$$D_c = d_L + 2t_i$$

式中:

t_i——绝缘的标称厚度,单位为毫米(mm)(见表5~表7)。

如果采用金属屏蔽或同心导体,则应参考 A.2.5 考虑增大绝缘线芯的标称直径。

A.2.3 缆芯直径

缆芯的假设直径(D_f)如下式:

a) 所有导体标称截面积相同的电缆

$$D_f = KD_c$$

式中:

成缆系数 K 在表 A.2 中给出。

b) 有一根小截面的四芯电缆

$$D_f = \frac{2.42(3D_{c1} + D_{c2})}{4}$$

c) 有一根小截面的五芯电缆

$$D_f = \frac{2.70(4D_{c1} + D_{c2})}{5}$$

d) 有两根小截面的五芯电缆

$$D_f = \frac{2.70(3D_{c1} + D_{c2} + D_{c3})}{5}$$

式中:

D_{c1}——包括金属层(若有)的每相绝缘线芯的假设直径,单位为毫米(mm);

D_{c2}、D_{c3}——包括绝缘或护层(若有)的小截面绝缘线芯的假设直径,单位为毫米(mm)。

表 A.2 线芯成缆系数 K

芯　数	成缆系数 K	芯　数	成缆系数 K
2	2.00	24	6.00
3	2.16	25	6.00
4	2.42	26	6.00
5	2.70	27	6.15
6	3.00	28	6.41
7	3.00	29	6.41
7[a]	3.35	30	6.41
8	3.45	31	6.70
8[a]	3.66	32[1)]	6.70
9	3.80	33	6.70
9[a]	4.00	34	7.00
10	4.00	35	7.00
10[a]	4.40	36	7.00
11	4.00	37	7.00
12	4.16	38	7.33
12[a]	5.00	39	7.33
13	4.41	40	7.33
14	4.41	41	7.67
15	4.70	42	7.67
16	4.70	43	7.67
17	5.00	44	8.00
18	5.00	45	8.00
18[a]	7.00	46	8.00
19	5.00	47	8.00
20	5.33	48	8.15
21	5.33	52	8.41
22	5.67	61	9.00
23	5.67		

[a] 绝缘线芯在一层中成缆。

A.2.4 内衬层

内衬层的直径（D_B）应按下式计算：

$$D_B = D_f + 2t_B$$

式中：

缆芯的假设直径 D_f 为 40 mm 及以下，$t_B = 0.4$ mm；

缆芯的假设直径 D_f 大于 40 mm，$t_B = 0.6$ mm。

t_B 的假设直径应用于：

a) 多芯电缆：

    ——无论有无内衬层；

    ——无论内衬层为挤包还是绕包。

当有一个符合 12.3.3 规定的隔离套代替或附加在内衬层上时，应按 A.2.7 中公式计算。

b) 单芯电缆：

    ——无论有挤包还是绕包的内衬层。

A.2.5 同心导体和金属屏蔽

由于同心导体和金属屏蔽使直径增加的数值由表 A.3 给出。

表 A.3 同心导体和金属屏蔽使直径的增加值

同心导体或金属屏蔽的标称截面积/ mm²	直径的增加值/ mm	同心导体或金属屏蔽的标称截面积/ mm²	直径的增加值/ mm
1.5	0.5	50	1.7
2.5	0.5	70	2.0
4	0.5	95	2.4
6	0.6	120	2.7
10	0.8	150	3.0
16	1.1	185	4.0
25	1.2	240	5.0
35	1.4	300	6.0

如果同心导体或金属屏蔽的标称截面积介于上表所列数据的两数之间，那么取这两个标称值中较大数值所对应的直径增加值。

如果有金属屏蔽层，表 A.3 中规定的屏蔽层截面积应按下列公式计算：

a) 金属带屏蔽

$$截面积 = n_t \times t_t \times w_t (\text{mm}^2)$$

式中：

n_t——金属带根数；

t_t——单根金属带的标称厚度，单位为毫米（mm）；

w_t——单根金属带的标称宽度，单位为毫米（mm）。

当屏蔽总厚度小于 0.15 mm 时，直径增加值为零：

一层金属带重叠绕包屏蔽或两层金属带搭盖绕包屏蔽，屏蔽总厚度为金属带厚度的两倍；

金属带纵包屏蔽：

● 如果搭盖率小于 30%，屏蔽总厚度为金属带的厚度；

● 如果搭盖率达到或超过 30%，屏蔽总厚度为金属带厚度的两倍。

b) 金属丝屏蔽（包括一反向扎线，若有）

$$截面积 = \frac{n_w \times d_w^2 \times \pi}{4} + n_h \times t_h \times W_h (\text{mm}^2)$$

式中：

n_w——金属丝根数;

d_w——单根金属丝直径,单位为毫米(mm);

n_h——反向扎带根数;

t_h——厚度大于 0.3 mm 的反向扎带的厚度,单位为毫米(mm);

W_h——反向扎带的宽度,单位为毫米(mm)。

A.2.6 铅套

铅套的假设直径(D_{pb})应按下式计算:

$$D_{pb} = D_g + 2t_{pb}$$

式中:

D_g——铅套下的假设直径,单位为毫米(mm);

t_{pb}——按第 11 章的计算厚度,单位为毫米(mm)。

A.2.7 隔离套

隔离套的假设直径(D_s)应按下式计算:

$$D_s = D_u + 2t_s$$

式中:

D_u——隔离套下的假设直径,单位为毫米(mm);

t_s——按 12.3.3 的计算厚度,单位为毫米(mm)。

A.2.8 包带垫层

包带垫层的假设直径 D_{Lb} 应按下式计算:

$$D_{Lb} = D_{ULb} + 2t_{Lb}$$

式中:

D_{ULb}——包带前假设直径,单位为毫米(mm);

t_{Lb}——包带垫层厚度,按 12.3.4 规定即为 1.5 mm。

A.2.9 金属带铠装电缆的附加垫层(加在内衬层外)

因附加垫层引起的直径增加量见表 A.4。

表 A.4 因附加垫层引起的直径增加量

附加垫层下的假设直径/ mm	因附加垫层引起的直径增加/ mm
≤29	1.0
>29	1.6

A.2.10 铠装

铠装外的假设直径(D_X)应按下式计算:

扁或圆金属丝铠装

$$D_X = D_A + 2t_A + 2t_w$$

式中:

D_A——铠装前直径,单位为毫米(mm);

t_A——铠装金属丝的直径或厚度,单位为毫米(mm);

t_w——如果有反向螺旋扎带时厚度大于 0.3 mm 的反向螺旋扎带时厚度,单位为毫米(mm)。

双金属带铠装

$$D_X = D_A + 4t_A$$

式中:

D_A——铠装前直径,单位为毫米(mm);

t_A——铠装带厚度,单位为毫米(mm)。

附 录 B

（规范性附录）

数 值 修 约

B.1 假设计算法的数值修约

在按附录 A 计算假设直径和确定单元尺寸而对数值进行修约时，采用下述规则。

当任何阶段的计算值小数点后多于一位数时，数值应修约到一位小数，即精确到 0.1 mm。每一阶段的假设直径数值应修约到 0.1 mm，当用来确定包覆层厚度和直径时，在用到相应的公式或表格中去之前应先进行修约，按附录 A 要求从修约后的假设直径计算出的厚度应依次修约到 0.1 mm。

用下述实例来说明这些规则：

a) 修约前数据的第二位小数为 0、1、2、3 或 4 时则小数点后第一位小数保持不变（舍弃）。

例如：

    2.12   ≈   2.1
    2.449   ≈   2.4
    25.0478 ≈   25.0

b) 修约前数据的第二位小数为 9、8、7、6 或 5 时则小数点后第一位小数应增加 1（进一）。

例如：

    2.17   ≈   2.2
    2.453   ≈   2.5
    30.050   ≈   30.1

B.2 用作其他目的的数值修约

除 B.1 考虑的用途外，有可能有些数值要修约到多于一位小数，例如计算几次测量的平均值，或标称值加上一个百分率偏差以后的最小值。在这些情况下，应按有关条文修约到小数点后面的规定位数。

这时修约的方法为：

a) 如果修约前应保留的最后数值后一位数为 0、1、2、3 或 4 时，则最后数值应保持不变（舍弃）。

b) 如果修约前应保留的最后数值后一位数为 9、8、7、6 或 5 时，则最后数值加 1（进一）。

例如：

    2.449   ≈   2.45 修约到二位小数；
    2.449   ≈   2.4 修约到一位小数；
    25.047 8 ≈   25.048 修约到三位小数；
    25.047 8 ≈   25.05 修约到二位小数；
    25.047 8 ≈   25.0 修约到一位小数。

附 录 C

（规范性附录）

HEPR 绝缘硬度测定

C.1 试样

试样应是具有全部护层的一段成品电缆，小心地剥开试样，直至 HEPR 绝缘的测量表面，也可采用一段绝缘线芯作试样。

C.2 测量步骤

测量除按下述要求外，还应按 ISO 48:2007 要求进行。

C.2.1 大曲率面

测量装置应符合 ISO 48:2007 要求，其结构应便于使仪器稳定地放置在 HEPR 的绝缘上，同时使压脚和压头与绝缘表面垂直接触，这可由下述途径之一来实现：

a) 仪器上装有便于调节的万向接头可动脚，可与绝缘弯曲表面相适应；

b) 仪器由底板上两个平行杆 A 和 A′固定，其间距离由表面弯曲程度来决定（见图 C.1）。

这些方法可用于曲率半径 20 mm 以上的表面。

用于测量 HEPR 绝缘厚度小于 4 mm 的仪器，应采用 ISO 48:2007 中对于小试样规定的测量方法。

C.2.2 小曲率面

对于曲率半径很小表面的测量步骤同 C.2.1 规定，试样应与测量仪器用同一刚性底板固定，这样可以保证 HEPR 绝缘在压头压力增加时整体移动最小；同时可使压头与试样轴线垂直。

相应的步骤如下：

a) 将测量样品放在金属夹具槽中（见图 C.2a)）；

b) 用 V 型枕台固定测量样品的两端导体（见图 C.2b)）。

由此方法来测量的表面曲率半径的最小值可达 4 mm。对于更小的曲率半径表面应采用 ISO 48:2007 中所述的方法和仪器。

C.2.3 预处理和测量温度

测量至少应在制造（即硫化）后 16 h 进行。

测量应在（20±2）℃温度下进行，试样在此温度下至少保持 3 h 后立即测量。

C.2.4 测量次数

一次测量应在分布于试样的三个或五个点上进行，试样的硬度为测量结果的中间值，以最接近于国际橡胶硬度级（IRHD）的整数表示。

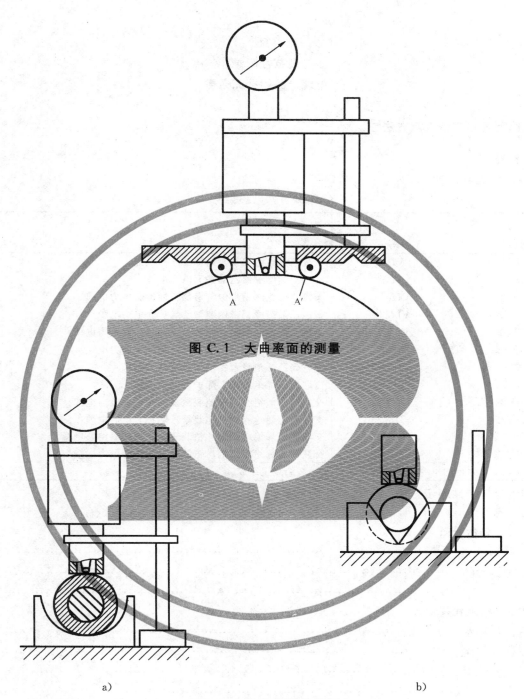

图 C.1　大曲率面的测量

a)　　　　　　　　　　　　　　　　　　　　　　b)

图 C.2　小曲率面的测量

附 录 D
（规范性附录）
电缆产品的补充条款

D.1 电缆型号和产品表示方法

D.1.1 型号

电缆常用型号见表 D.1。

表 D.1 电缆型号

型 号		名 称
铜芯	铝芯	
VV	VLV	聚氯乙烯绝缘聚氯乙烯护套电力电缆
VY	VLY	聚氯乙烯绝缘聚乙烯护套电力电缆
VV22	VLV22	聚氯乙烯绝缘钢带铠装聚氯乙烯护套电力电缆
VV23	VLV23	聚氯乙烯绝缘钢带铠装聚乙烯护套电力电缆
VV32	VLV32	聚氯乙烯绝缘细钢丝铠装聚氯乙烯护套电力电缆
VV33	VLV33	聚氯乙烯绝缘细钢丝铠装聚乙烯护套电力电缆
YJV	YJLV	交联聚乙烯绝缘聚氯乙烯护套电力电缆
YJY	YJLY	交联聚乙烯绝缘聚乙烯护套电力电缆
YJV22	YJLV22	交联聚乙烯绝缘钢带铠装聚氯乙烯护套电力电缆
YJV23	YJLV23	交联聚乙烯绝缘钢带铠装聚乙烯护套电力电缆
YJV32	YJLV32	交联聚乙烯绝缘细钢丝铠装聚氯乙烯护套电力电缆
YJV33	YJLV33	交联聚乙烯绝缘细钢丝铠装聚乙烯护套电力电缆

注：本表中未列出的电缆型号可按本附录 D.1.2 的规定组成。

D.1.2 代号和产品表示方法

D.1.2.1 代号

D.1.2.1.1 导体代号

第 2 种铜导体 ·· (T)省略

第 5 种铜导体 ·· R

铝导体 ··· L

D.1.2.1.2 绝缘代号

聚氯乙烯绝缘 ·· V

交联聚乙烯绝缘 ··· YJ

乙丙橡胶绝缘 ·· E

硬乙丙橡胶绝缘 ··· EY

D.1.2.1.3 护套代号[2]

聚氯乙烯护套 ·· V

聚乙烯或聚烯烃护套 ··· Y

弹性体护套[3] ·· F

铅套 ··· Q

---

[2] 护套代号包括挤包的内衬层和隔离套等。

[3] 弹性体护套包括氯丁橡胶、氯磺化聚乙烯或类似聚合物为基的护套混合料。若订货合同中未注明,则采用何种弹性体由制造方确定。

D.1.2.1.4 铠装代号

D.1.2.1.5 外护套代号

D.1.2.2 产品表示方法

D.1.2.2.1 概述

产品用型号（型号中有数字代号的电缆外护层，数字前的文字代号表示内护层）、规格（额定电压、芯数、标称截面积）及本部分标准编号表示。

阻燃电缆产品的表示方法，应符合 GB/T 19666—2005 的规定表示。

D.1.2.2.2 产品型号组成

产品型号的组成和排列顺序如图 D.1。

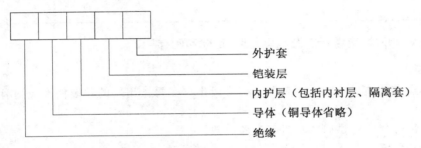

图 D.1 产品型号的组成和排列顺序图

D.1.2.2.3 产品表示示例

例如：

a) 铜芯交联聚乙烯绝缘钢带铠装聚氯乙烯护套电力电缆，额定电压为 0.6/1 kV，3＋1 芯，标称截面积 95 mm²，中性线截面积 50 mm² 表示为：

$$YJV22\text{-}0.6/1 \quad 3\times95+1\times50 \quad GB/T\ 12706.1\text{—}2008$$

b) 铝芯聚氯乙烯绝缘钢带铠装聚氯乙烯护套电力电缆，额定电压为 0.6/1 kV，3 芯，标称截面积 70 mm²，表示为：

$$VLV22\text{-}0.6/1 \quad 3\times70 \quad GB/T\ 12706.1\text{—}2008$$

D.2 多芯电缆中性线和保护线导体标称截面积

多芯电缆中性线和保护线导体标称截面积见表 D.2。

---

4) 非磁性金属带包括非磁性不锈钢带、铝或铝合金带等。若订货合同中未注明，则采用何种非磁性金属带由制造方确定。

5) 非磁性金属丝包括非磁性不锈钢丝、铜丝或镀锡铜丝、铜合金丝或镀锡铜合金丝、铝或铝合金丝等。若订货合同中未注明，则采用何种非磁性金属丝由制造方确定。

6) 弹性体外护套包括氯丁橡胶、氯磺化聚乙烯或类似聚合物为基的护套混合料。若订货合同中未注明，则采用何种弹性体由制造方确定。

表 D.2　多芯电缆中性线和保护线导体标称截面积

主绝缘线芯导体标称截面积/ mm²	中性线和保护线较小导体标称截面积/ mm²
4	2.5
6	4
10	6
16	10
25	16
35	16
50	25
70	35
95	50
120	70
150	70
185	95
240	120
300	150
400	185

D.3　产品验收规则、成品电缆标志及电缆包装、运输和贮存

D.3.1　验收规则

产品应由制造方的质量检验部门检验合格方可出厂。每个出厂的包装件上应附有产品质量检验合格证。

产品应按本部分规定的试验项目进行试验验收。

D.3.2　成品电缆标志

成品电缆的护套表面应有制造厂名称、产品型号及额定电压的连续标志,标志应字迹清楚、容易辨认、耐擦。

成品电缆标志应符合 GB/T 6995.3—2008 规定。

电缆绝缘线芯标志应符合 GB/T 6995.5—2008 规定。

D.3.3　电缆包装、运输和保管

D.3.3.1　电缆应妥善包装在符合 JB/T 8137—1999 规定要求的电缆盘上交货。

电缆端头应可靠密封,伸出盘外的电缆端头应加保护罩,伸出的长度应不小于 300 mm。

重量不超过 80 kg 的短段电缆,可以成圈包装。

D.3.3.2　成盘电缆的电缆盘外侧及成圈电缆的附加标签应标明:

a)　制造厂名称或商标;

b)　电缆型号和规格;

c)　长度,m;

d)　毛重,kg;

e)　制造日期:年　月;

f)　表示电缆盘正确滚动方向的符号;

g)　本部分标准编号。

D.3.4　运输和贮存应符合下列要求:

a)　电缆应避免在露天存放,电缆盘不允许平放;

b)　运输中严禁从高处扔下装有电缆的电缆盘,严禁机械损伤电缆;

c)　吊装包装件时,严禁几盘同时吊装。在车辆、船舶等运输工具上,电缆盘应放稳,并用合适方法
　　固定,防止互撞或翻倒。

D.4　产品安装条件

D.4.1　电缆安装时的环境温度

具有聚氯乙烯绝缘或聚氯乙烯护套的电缆,安装时的环境温度不宜低于 0 ℃。

D.4.2　电缆安装时的最小弯曲半径

电缆安装时的最小允许弯曲半径见表 D.3。

表 D.3　电缆安装时的最小弯曲半径

项　　目	单芯电缆		三芯电缆	
	无铠装	有铠装	无铠装	有铠装
安装时的电缆最小弯曲半径	20D	15D	15D	12D
靠近连接盒和终端的电缆最小弯曲半径(但弯曲要小心控制,如采用成型导板)	15D	12D	12D	10D
注:D 为电缆外径。				

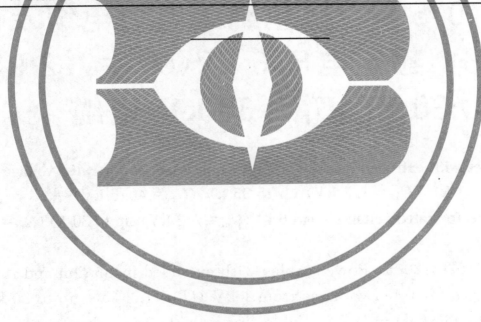

ICS 29.060.20
K 13

中华人民共和国国家标准

GB/T 12706.2—2008
代替 GB/T 12706.2—2002

额定电压 1 kV(U_m=1.2 kV)到 35 kV(U_m=40.5 kV)挤包绝缘电力电缆及附件 第 2 部分：额定电压 6 kV(U_m=7.2 kV)到 30 kV(U_m=36 kV)电缆

Power cables with extruded insulation and their accessories for rated voltages from 1 kV (U_m=1.2 kV) up to 35 kV (U_m=40.5 kV)—

Part 2：Cables for rated voltages from 6 kV(U_m=7.2 kV) up to 30 kV(U_m=36 kV)

(IEC 60502-2：2005，Power cables with extruded insulation and their accessories for rated voltages from 1 kV (U_m=1.2 kV) up to 30 kV (U_m=36 kV)—Part 2：Cables for rated voltages from 6 kV (U_m=7.2 kV) up to 30 kV(U_m=36 kV)，MOD)

2008-12-31 发布 2009-11-01 实施

中华人民共和国国家质量监督检验检疫总局
中国国家标准化管理委员会 发布

前　言

GB/T 12706《额定电压 1 kV(U_m=1.2 kV)到 35 kV(U_m=40.5 kV)挤包绝缘电力电缆及附件》分为四个部分：

——第 1 部分：额定电压 1 kV(U_m=1.2 kV)和 3 kV(U_m=3.6 kV)电缆；

——第 2 部分：额定电压 6 kV(U_m=7.2 kV)到 30 kV(U_m=36 kV)电缆；

——第 3 部分：额定电压 35 kV(U_m=40.5 kV)电缆；

——第 4 部分：额定电压 6 kV(U_m=7.2 kV)到 35 kV(U_m=40.5 kV)电缆附件试验要求。

本部分为 GB/T 12706 的第 2 部分。

本部分修改采用 IEC 60502-2:2005《额定电压 1 kV(U_m=1.2 kV)到 30 kV(U_m=36 kV)挤包绝缘电力电缆及附件　第 2 部分：额定电压 6 kV(U_m=7.2 kV)到 30 kV(U_m=36 kV)电缆》第 2 版（英文版）。

本部分根据 IEC 60502-2:2005 重新起草。其章条编号与 IEC 60502-2:2005 的章条编号相比，除增加了第 21 章外，其余完全一致。

考虑到我国国情，在采用 IEC 60502-2:2005 时，本部分做了一些修改。有关的技术性差异已编入正文中，并在它们所涉及的条款的页边空白处用垂直单线标识。主要的技术性差异和解释如下：

——为明确电缆用铜带材料的要求，增加了铜带材料要求内容（本版 10.2.3）和相应的引用标准 GB/T 11091—2005《电缆用铜带》（本版第 2 章）；

——为明确电缆用铠装钢带材料的要求，增加了铠装钢带材料要求内容（本版 13.2）和相应的引用标准 YB/T 024—2008《铠装电缆用钢带》（本版第 2 章）；

——为保证挤包隔离套和外护套的质量，增加了挤包隔离套火花试验要求（本版 13.3.3）、外护套的火花试验要求（本版 14.1）和相应的引用标准 GB/T 3048.10—2007《电线电缆电性能试验方法　第 10 部分：挤出护套火花试验》（本版第 2 章）；

——为了满足国内对电缆的技术要求，增加了第 21 章"电缆产品的补充条款"；

——考虑到国内对电缆的使用要求，本部分附录 B 为"电缆产品的补充条款"的相关内容，如电缆型号、产品表示方法，以及验收、运输、包装和安装等，并代替 IEC 60502-2:2005 标准中附录 B"额定电压 3.6/6 kV 到 18/30 kV 挤包绝缘电缆的连续载流量列表"的内容，并在本版第 2 章增加相应的引用标准 GB/T 6995.3—2008《电线电缆识别标志方法　第 3 部分：电线电缆识别标志》和 JB/T 8137—1999（所有部分）《电线电缆交货盘》。

为便于使用，在采用 IEC 60502-2:2005 时，本部分做了下列编辑性修改：

——"本标准"一词改为"本部分"；

——删除了 IEC 60502-2:2005 的前言；

——用小数点"."代替作为小数点的逗号","。

本部分代替 GB/T 12706.2—2002《额定电压 1 kV(U_m=1.2 kV)到 35 kV(U_m=40.5 kV)挤包绝缘电力电缆及附件　第 2 部分：额定电压 6 kV(U_m=7.2 kV)到 30 kV(U_m=36 kV)电缆》。

本部分与 GB/T 12706.2—2002 相比，主要变化如下：

——最大导体规格由 1 000 mm² 扩大到 1 600 mm²（2002 版表 5、表 6 和表 7，本版表 5、表 6 和表 7）；

——增加了铜带的技术要求（本版 10.2.3）；

——增加了钢带的技术要求（本版 13.2）；

——增加了挤包的隔离套的火花试验要求(本版13.3.3);

——增加了挤包的外护套的火花试验要求(本版14.1);

——局部放电试验要求改为在规定灵敏度下无放电(2002版16.3和18.1.3,本版16.3和18.1.4);

——取消了电气型式试验顺序中第一步的局部放电试验(2002版18.1.1);

——安装后电气试验增加了外护套直流电压试验(本版20.1);

——增加了"电缆产品的补充条款"(本版第21章);

——增加规范性附录"电缆产品的补充条款"(本版附录B);

——取消了2002版的附录G《电缆屏蔽结构的补充要求》,其技术要求补充到标准的正文中(本版第7章和第10章);

——取消了2002版的附录H、附录I和附录J,将其内容合并至本版附录B。

本部分的附录A、附录B、附录C、附录D、附录E和附录F为规范性附录。

本部分由中国电器工业协会提出。

本部分由全国电线电缆标准化技术委员会(SAC/TC 213)归口。

本部分负责起草单位:上海电缆研究所。

本部分参加起草单位:远东控股集团有限公司、江苏上上电缆集团公司、无锡江南电缆有限公司、江苏圣安电缆有限公司、上海南大集团有限公司、浙江万马电缆股份有限公司、昆明电缆有限公司、黑龙江沃尔德电缆有限公司、广东电缆厂有限公司、福建南平太阳电缆股份有限公司、海南威特电气集团有限公司。

本部分主要起草人:徐晓峰、汪传斌、王松明、刘军、孙萍、杨志强、郑宏、张举位、鲍文波、高伟红、范德发、黎驹。

本部分所代替标准的历次版本发布情况为:

——GB 12706.2—1991、GB/T 12706.2—2002;

——GB 12706.1—1991、GB 12706.3—1991。

额定电压 1 kV(U_m＝1.2 kV)到 35 kV (U_m＝40.5 kV)挤包绝缘电力电缆及附件 第 2 部分：额定电压 6 kV(U_m＝7.2 kV)到 30 kV(U_m＝36 kV)电缆

1 范围

GB/T 12706 的本部分规定了用于配电网或工业装置中,额定电压 6 kV 到 30 kV 固定安装的挤包绝缘电力电缆的结构、尺寸和试验要求。

在决定电缆应用时,建议考虑径向进水的可能风险。本部分包括了所谓纵向阻水结构电缆及其试验。

本部分不包括用于特殊安装和运行条件的电缆,例如用于架空电缆、采矿工业、核电厂(安全壳内及其附近),以及用于水下或船舶的电缆。

2 规范性引用文件

下列文件中的条款,通过 GB/T 12706 的本部分的引用而成为本部分的条款。凡是注日期的引用文件,其随后所有的修改单(不包括勘误的内容)或修订版均不适用于本部分。然而鼓励根据本部分达成协议的各方研究是否可使用这些文件的最新版本。凡是不注日期的引用文件,其最新版本适用于本部分。

GB/T 156—2007　标准电压(IEC 60038:2002,MOD)

GB/T 2951.11—2008　电缆和光缆绝缘和护套材料通用试验方法　第 11 部分:通用试验方法——厚度和外形尺寸测量——机械性能试验(IEC 60811-1-1:2001,IDT)

GB/T 2951.12—2008　电缆和光缆绝缘和护套材料通用试验方法　第 12 部分:通用试验方法——热老化试验方法(IEC 60811-1-2:1985,IDT)

GB/T 2951.13—2008　电缆和光缆绝缘和护套材料通用试验方法　第 13 部分:通用试验方法——密度测定方法——吸水试验——收缩试验(IEC 60811-1-3:2001,IDT)

GB/T 2951.14—2008　电缆和光缆绝缘和护套材料通用试验方法　第 14 部分:通用试验方法——低温试验(IEC 60811-1-4:1985,IDT)

GB/T 2951.21—2008　电缆和光缆绝缘和护套材料通用试验方法　第 21 部分:弹性体混合料专用试验方法——耐臭氧试验——热延伸试验——浸矿物油试验(IEC 60811-2-1:2001,IDT)

GB/T 2951.31—2008　电缆和光缆绝缘和护套材料通用试验方法　第 31 部分:聚氯乙烯混合料专用试验方法——高温压力试验——抗开裂试验(IEC 60811-3-1:1985,IDT)

GB/T 2951.32—2008　电缆和光缆绝缘和护套材料通用试验方法　第 32 部分:聚氯乙烯混合料专用试验方法——失重试验——热稳定性试验(IEC 60811-3-2:1985,IDT)

GB/T 2951.41—2008　电缆和光缆绝缘和护套材料通用试验方法　第 41 部分:聚乙烯和聚丙烯混合料专用试验方法——耐环境应力开裂试验——熔体指数测量方法——直接燃烧法测量聚乙烯中碳黑和(或)矿物质填料含量——热重分析法(TGA)测量碳黑含量——显微镜法评估聚乙烯中碳黑分散度(IEC 60811-4-1:2004,IDT)

GB/T 3048.10—2007　电线电缆电性能试验方法　第 10 部分:挤出护套火花试验

GB/T 3048.12—2007　电线电缆电性能试验方法　第 12 部分:局部放电试验(IEC 60885-3:

1988，MOD）

    GB/T 3048.13—2007   电线电缆电性能试验方法   第13部分：冲击电压试验（IEC 60230：1966，IEC 60060-1：1989，MOD）

    GB/T 3956—2008   电缆的导体（IEC 60228：2004，IDT）

    GB/T 6995.3—2008   电线电缆识别标志方法   第3部分：电线电缆识别标志

    GB/T 16927.1—1997   高电压试验技术   第1部分：一般试验要求（eqv IEC 60060-1：1989）

    GB/T 11091—2005   电缆用铜带

    GB/T 12706.1—2008   额定电压 1 kV（$U_m=1.2$ kV）到 35 kV（$U_m=40.5$ kV）挤包绝缘电力电缆及附件   第1部分：额定电压 1 kV（$U_m=1.2$ kV）和 3 kV（$U_m=3.6$ kV）电缆（（IEC 60502-1：2004，Power cables with extruded insulation and their accessories for rated voltages from 1 kV（$U_m=1.2$ kV）up to 30 kV（$U_m=36$ kV）Part 1：Cables for rated voltage of 1 kV（$U_m=1.2$ kV）and 3 kV（$U_m=3.6$ kV），MOD）

    GB/T 18380.12—2008   电缆和光缆在火焰条件下的燃烧试验   第12部分：单根绝缘电线电缆火焰垂直蔓延试验   1 kW 预混合型火焰试验方法（IEC 60332-1-2：2004，IDT）

    JB/T 8137—1999（所有部分）   电线电缆交货盘

    JB/T 8996—1999   高压电缆选择导则（eqv IEC 60183：1984）

    YB/T 024—2008   铠装电缆用钢带

    ISO 48：2007   硫化型或热塑型橡胶   硬度确定（硬度在 10IRHD 和 100IRHD 之间）

    IEC 60229：2007   具有特殊保护作用的挤包的电缆外护套的试验

    IEC 60986：2000   额定电压 6 kV（$U_m=7.2$ kV）至 30 kV（$U_m=36$ kV）电缆的短路温度限值

3 术语和定义

    下列术语和定义适用于本部分。

3.1 尺寸值（厚度、截面积等）的术语和定义

3.1.1

    标称值 **nominal value**

    指定的量值并经常用于表格之中。

    注：在本部分中，通常标称值引伸出的量值在考虑规定公差下通过测量进行检验。

3.1.2

    近似值 **approximate value**

    既不保证也不检查的数值，例如用于其他尺寸值的计算。

3.1.3

    中间值 **median value**

    将试验得到的若干数值以递增（或递减）的次序依次排列时，若数值的数目是奇数，中间的那个值为中间值；若数值的数目是偶数，中间两个数值的平均值为中间值。

3.1.4

    假设值 **fictitious value**

    按附录 A 计算所得的值。

3.2 有关试验的术语和定义

3.2.1

    例行试验 **routine tests**

    由制造方在成品电缆的所有制造长度上进行的试验，以检验所有电缆是否符合规定的要求。

3.2.2

抽样试验 sample tests

由制造方按规定的频度,在成品电缆试样上或在取自成品电缆的某些部件上进行的试验,以检验电缆是否符合规定要求。

3.2.3

型式试验 type tests

按一般商业原则对本部分所包含的一种类型电缆在供货之前所进行的试验,以证明电缆具有满足预期使用条件的满意性能。

注:该试验的特点是:除非电缆材料或设计或制造工艺的改变可能改变电缆的特性,试验做过以后就不需要重做。

3.2.4

安装后电气试验 electrical tests after installation

在安装后进行的试验,用以证明安装后的电缆及其附件完好。

4 电压标示和材料

4.1 额定电压

本部分中电缆的额定电压 $U_0/U(U_m)$ 标示如下:

$U_0/U(U_m)=3.6/6(7.2)—6/6(7.2)—6/10(12)—8.7/10(12)—8.7/15(17.5)—12/20(24)—18/30(36)$ kV

注1:上述电压的表示方法是合适的。尽管在一些国家采用其他的表示方法。例如:3.5/6—5.8/10—11.5/20—17.3/30 kV。

在电缆的电压标示 $U_0/U(U_m)$ 中:

U_0——电缆设计用的导体对地或金属屏蔽之间的额定工频电压;

U——电缆设计用的导体之间的额定工频电压;

U_m——设备可使用的"最高系统电压"的最大值(见 GB/T 156—2007)。

对于一种给定应用的电缆的额定电压应适合电缆所在系统的运行条件。为了便于选择电缆,将系统划分为下列三类:

——A类:该类系统任一相导体与地或接地导体接触时,能在 1 min 内与系统分离;

——B类:该类系统可在单相接地故障时作短时运行,接地故障时间按照 JB/T 8996—1999 应不超过 1 h。对于本部分包括的电缆,在任何情况下允许不超过 8 h 的更长的带故障运行时间。任何一年接地故障的总持续时间应不超过 125 h;

——C类:包括不属于 A 类、B 类的所有系统。

注2:应该认识到,在系统接地故障不能立即自动解除时,故障期间加在电缆绝缘上过高的电场强度,会在一定程度上缩短电缆寿命。如系统预期会经常地运行在持久的接地故障状态下,该系统可建议划为 C 类。

用于三相系统的电缆,U_0 的推荐值列于表 1。

表 1 额定电压 U_0 推荐值

系统最高电压 U_m/kV	额定电压 U_0/kV	
	A类 B类	C类
7.2	3.6	6.0
12.0	6.0	8.7
17.5	8.7	12.0
24.0	12.0	18.0
36.0	18.0	—

4.2 绝缘混合料

本部分所包括的绝缘混合料及其代号列于表2。

表 2　绝缘混合料

绝缘混合料	代　号
a) 热塑性的 用于额定电压 $U_0/U=3.6/6$ kV 电缆的聚氯乙烯	PVC/B[a]
b) 热固性的 乙丙橡胶或类似绝缘混合料(EPR 或 EPDM)	EPR
高弹性模数或高硬度乙丙橡胶	HEPR
交联聚乙烯	XLPE
[a]　聚氯乙烯绝缘混合料用于额定电压 $U_0/U \leqslant 1.8/3$ kV 电缆时,在 GB/T 12706.1—2008 中表示为 PVC/A。	

本部分所包括的各种绝缘混合料的导体最高温度列于表3。

表 3　各种绝缘混合料的导体最高温度

绝 缘 混 合 料	导体最高温度/℃	
	正常运行	短路(最长持续 5 s)
聚氯乙烯(PVC/B) 　导体截面≤300 mm²	70	160
导体截面>300 mm²	70	140
交联聚乙烯(XLPE)	90	250
乙丙橡胶(EPR 和 HEPR)	90	250

表3中的温度由绝缘混合料的固有特性决定,在使用这些数据计算额定电流时其他因素的考虑也是重要的。

例如正常运行时,如果直接埋入地下的电缆按表3所示导体最高温度在连续负荷(100%负荷因数)下运行,电缆周围土壤的热阻系数经过一定时间后,会因土壤干燥而超过原始值。因此导体温度可能大大地超过最高温度。如果能预料这类运行条件,应当采取足够的预防措施。

短路温度的导则宜参照 IEC 60986:2000。

4.3 护套混合料

本部分中不同类型护套混合料的电缆导体最高温度列于表4中。

表 4　不同类型护套混合料的电缆导体最高温度

护 套 混 合 料	代　号	正常运行时导体最高温度/℃
a) 热塑性 聚氯乙烯(PVC)	ST₁	80
	ST₂	90
聚乙烯	ST₃	80
	ST₇	90
b) 弹性体 氯丁橡胶、氯磺化聚乙烯或类似聚合物	SE₁	85

5 导体

导体是符合 GB/T 3956—2008 的第 1 种或第 2 种镀金属层或不镀金属层退火铜导体、或是铝或铝合金导体。第 2 种导体也可以是纵向阻水结构。

6 绝缘

6.1 材料

绝缘应为表 2 所列的一种挤包成型的介质。

6.2 绝缘厚度

绝缘标称厚度在表 5～表 7 中规定。

注：表 6 和表 7 中额定电压 6/6 kV、8.7/10 kV 电缆分别与 6/10 kV、8.7/15 kV 电缆结构完全相同，详见表 1 规定。

导体或绝缘外面的任何隔离层或半导电屏蔽层的厚度应不包括在绝缘厚度之中。

表 5　PVC/B 绝缘标称厚度

导体标称截面积/mm²	在额定电压 $U_0/U(U_m)$ 下的绝缘标称厚度/mm
	3.6/6(7.2)kV
10～1 600	3.4

注 1：不推荐任何小于本表给出的导体截面。然而，如果需要更小截面的话，可用导体屏蔽来增加导体的直径（见7.1）或增加绝缘厚度，以限制在试验电压下加于绝缘的最大电场强度不超过本表中给出的最小导体尺寸计算得出的场强值。

注 2：对大于 1 000 mm² 导体，可以增加绝缘厚度以避免安装和运行时的机械伤害。

表 6　交联聚乙烯(XLPE)绝缘标称厚度

导体标称截面积/mm²	在额定电压 $U_0/U(U_m)$ 下的绝缘标称厚度/mm				
	3.6/6(7.2)kV	6/6(7.2)kV, 6/10(12)kV	8.7/10(12)kV, 8.7/15(17.5)kV	12/20(24)kV	18/30(36)kV
10	2.5	—	—	—	—
16	2.5	3.4	—	—	—
25	2.5	3.4	4.5	—	—
35	2.5	3.4	4.5	5.5	—
50～185	2.5	3.4	4.5	5.5	8.0
240	2.6	3.4	4.5	5.5	8.0
300	2.8	3.4	4.5	5.5	8.0
400	3.0	3.4	4.5	5.5	8.0
500～1 600	3.2	3.4	4.5	5.5	8.0

注 1：不推荐任何小于本表给出的导体截面。然而，如果需要更小截面的话，可用导体屏蔽来增加导体的直径（见7.1）或增加绝缘厚度，以限制在试验电压下加于绝缘的最大电场强度不超过本表中给出的最小导体尺寸计算得出的场强值。

注 2：对大于 1 000 mm² 导体，可以增加绝缘厚度以避免安装和运行时的机械伤害。

表 7　乙丙橡胶（EPR）和硬乙丙橡胶（HEPR）绝缘标称厚度

导体标称截面积/mm²	额定电压 $U_0/U(U_m)$ 下的绝缘标称厚度/mm					
	3.6/6(7.2) kV		6/6(7.2) kV，6/10(12) kV	8.7/10(12) kV，8.7/15(17.5) kV	12/20(24) kV	18/30(36)kV
	无屏蔽	有屏蔽				
10	3.0	2.5	—	—	—	—
16	3.0	2.5	3.4	—	—	—
25	3.0	2.5	3.4	4.5	—	—
35	3.0	2.5	3.4	4.5	5.5	—
50～185	3.0	2.5	3.4	4.5	5.5	8.0
240	3.0	2.6	3.4	4.5	5.5	8.0
300	3.0	2.8	3.4	4.5	5.5	8.0
400	3.0	3.0	3.4	4.5	5.5	8.0
500～1 600	3.2	3.2	3.4	4.5	5.5	8.0

注1：不推荐任何小于本表给出的导体截面。然而，如果需要更小截面的话，可用导体屏蔽来增加导体的直径（见7.1），或增加绝缘厚度，以限制在试验电压下加于绝缘的最大电场强度不超过本表中给出的最小导体尺寸计算得出的场强值。

注2：对大于1 000 mm²导体，可以增加绝缘厚度以避免安装和运行时的机械伤害。

7　屏蔽

所有电缆的绝缘线芯上应有金属屏蔽，可以在单根绝缘线芯上也可在几根绝缘线芯上包覆金属屏蔽。

当单芯和三芯电缆绝缘线芯需要屏蔽时，应由导体屏蔽和绝缘屏蔽组成。除下列两种电缆外，其他电缆均应有屏蔽：

a)　额定电压 3.6/6(7.2)kV EPR 和 HEPR 绝缘电缆，若采用表7中绝缘厚度较大的一种结构时，可用无屏蔽结构；

b)　额定电压 3.6/6(7.2)kV PVC 绝缘电缆应采用无屏蔽结构。

7.1　导体屏蔽

导体屏蔽应是非金属的，由挤包的半导电料或在导体上先包半导电带再挤包半导电料组成。挤包的半导电料应和绝缘紧密结合。

7.2　绝缘屏蔽

绝缘屏蔽应由非金属半导电层与金属层组合而成。

每根绝缘线芯上应直接挤包与绝缘线芯紧密结合或可剥离的非金属半导电层。

然后对每根绝缘线芯或缆芯也可绕包一层半导电带或挤包半导电料。

金属屏蔽层应包覆在每根绝缘线芯或缆芯的外面，并应符合第10章的要求。

8　三芯电缆的缆芯、内衬层和填充

三芯电缆的缆芯与电缆的额定电压及每根绝缘线芯上有否金属屏蔽层有关。

下述8.1～8.3不适用于有护套单芯电缆成缆的缆芯。

8.1　内衬层与填充

8.1.1　结构

内衬层可以挤包或绕包。

圆形绝缘线芯电缆只有在绝缘线芯间的间隙被密实填充时,才应允许采用绕包内衬层。

挤包内衬层前允许用合适的带子扎紧。

8.1.2 材料

用于内衬层和填充物的材料应适合电缆的运行温度并和电缆绝缘材料相兼容。

8.1.3 挤包内衬层厚度

挤包内衬层的近似厚度应从表8中选取。

表 8 挤包内衬层厚度

缆芯假设直径/mm		挤包内衬层厚度近似值/mm
—	≤25	1.0
>25	≤35	1.2
>35	≤45	1.4
>45	≤60	1.6
>60	≤80	1.8
>80	—	2.0

8.1.4 绕包内衬层厚度

缆芯假设直径为 40 mm 及以下时,绕包内衬层的近似厚度取 0.4 mm;若缆芯假设直径大于 40 mm,则绕包内衬层的近似厚度取 0.6 mm。

8.2 具有统包金属层的电缆(见第 9 章)

电缆的缆芯外应包覆内衬层。内衬层和填充物应符合 8.1 规定。除纵向阻水型电缆外,内衬层应采用非吸湿材料。

如果电缆的每个绝缘线芯均采用半导电屏蔽并统包金属层时,其内衬层应采用半导电材料,填充物也可采用半导电材料。

8.3 具有分相金属层的电缆(见第 10 章)

各个绝缘线芯的金属层应相互接触。

若电缆分相金属屏蔽缆芯外具有另外的同样金属材料的统包金属层(见第 9 章),电缆的缆芯外应包覆内衬层。内衬层和填充物应符合 8.1 要求。除纵向阻水型电缆外,内衬层和填充物应采用非吸湿材料。内衬层和填充物也可采用半导电材料。

当分相与统包金属层采用的金属材料不同时,应采用符合 14.2 中规定的任一种材料挤包隔离套将其隔开。对于铅套电缆,铅套与分相包覆的金属层之间的隔离,应采用符合 8.1 的内衬层。

若电缆没有统包金属层(见第 9 章),只要电缆外形保持圆整,可以省略内衬层。

9 单芯或三芯电缆的金属层

本部分包括以下类型的金属层:

a) 金属屏蔽(见第 10 章);

b) 同心导体(见第 11 章);

c) 金属套(见第 12 章);

d) 金属铠装(见第 13 章)。

金属层应由上述的一种或几种型式组成,包覆在单芯电缆上或三芯电缆的单独绝缘线芯上时应是非磁性的。

可以采取某些措施使金属层周围具有纵向阻水性能。

10 金属屏蔽

10.1 结构

金属屏蔽应由一根或多根金属带、金属编织、金属丝的同心层或金属丝与金属带的组合结构组成。

金属屏蔽可以是金属套或是在统包屏蔽情况下符合 10.2 要求的铠装。

选择金属屏蔽材料时,应特别考虑存在腐蚀的可能性,这不仅为了机械安全,而且也为了电气安全。

金属屏蔽绕包的搭盖和间隙应符合 10.2 要求。

10.2 要求

10.2.1 金属屏蔽中铜丝的电阻,适用时应符合 GB/T 3956—2008 要求。铜丝屏蔽的标称截面积应根据故障电流容量确定。

10.2.2 铜丝屏蔽由疏绕的软铜线组成,其表面应用反向绕包的铜丝或铜带扎紧,相邻铜丝的平均间隙应不大于 4 mm。

10.2.3 铜带屏蔽由一层重叠绕包的软铜带组成,也可采用双层软铜带间隙绕包。铜带间的平均搭盖率应不小于 15%(标称值),其最小搭盖率应不小于 5%。

软铜带应符合 GB/T 11091—2005 的规定。

铜带标称厚度为:

——单芯电缆:≥0.12 mm;

——三芯电缆:≥0.10 mm。

铜带的最小厚度应不小于标称值的 90%。

10.3 不带半导电层的金属屏蔽

额定电压为 3.6/6(7.2)kV 的 PVC、EPR 和 HEPR 绝缘的电缆,采用金属屏蔽时不需要有半导电层。

11 同心导体

11.1 结构

同心导体的间隙应符合 10.2.3 要求。

选用同心导体结构和材料时,应特别考虑腐蚀的可能性,这不仅为了机械安全,而且也为了电气安全。

11.2 要求

同心导体的尺寸、物理及其电阻值要求,应符合 10.2 要求。

11.3 使用

如要求采用同心导体结构,可在三芯电缆的内衬层外,对单芯电缆也可以直接在绝缘上、半导电绝缘屏蔽层上或适当的内衬层外包覆同心导体层。

12 金属套

12.1 铅套

铅套应采用铅或铅合金,并形成松紧适当的无缝铅管。

铅套的标称厚度应按下列公式计算:

a) 所有单芯电缆或缆芯:

$$t_{pb} = 0.03D_g + 0.8$$

b) 所有 8.7/15 kV 及以下扇形导体电缆:

$$t_{pb} = 0.03D_g + 0.6$$

c) 所有其他电缆:

$$t_{pb} = 0.03D_g + 0.7$$

式中：

t_{pb}——铅套标称厚度，单位为毫米（mm）；

D_g——铅套前假设直径，单位为毫米（mm）（按照附录C修约到一位小数）。

在所有情况下，最小标称厚度应为1.2 mm。将计算值按照附录C修约到一位小数。

12.2 其他金属套

在考虑中。

13 金属铠装

13.1 金属铠装类型

本部分包括的铠装类型如下：

a) 扁金属线铠装；

b) 圆金属丝铠装；

c) 双金属带铠装。

13.2 材料

圆金属丝或扁金属丝应是镀锌钢丝，铜丝或镀锡铜丝，铝或铝合金丝。

金属带应是涂漆钢带、镀锌钢带、铝或铝合金带。钢带应采用工业等级的热轧或冷轧钢带。钢带应符合YB/T 024—2008规定。

在要求铠装钢丝层满足最小导电性的情况下，铠装层中允许包含足够的铜丝或镀锡铜丝，以确保达到要求。

选择铠装材料时，尤其是铠装作为屏蔽层时，应特别考虑腐蚀的可能性，这不仅为了机械安全，而且也为了电气安全。

除非采用特殊结构，用于交流系统的单芯电缆的铠装应采用非磁性材料。

注：用于交流系统的单芯电缆以磁性材料为主的铠装即使采用特殊结构，电缆载流量仍将大为降低，应慎重选用。

13.3 铠装的应用

13.3.1 单芯电缆

单芯电缆的铠装层下应有挤包的或绕包的内衬层，其厚度应符合8.1.3或8.1.4要求。

13.3.2 三芯电缆

三芯电缆需要铠装时，铠装应包覆在符合8.1规定的内衬层上。

13.3.3 隔离套

当铠装下的金属层与铠装材料不同时，应用14.2中规定的一种材料，挤包一层隔离套将其隔开。

隔离套应经受GB/T 3048.10—2007规定的火花试验。

如铅套电缆要求有铠装层时，应采用隔离套或包带垫层，并符合13.3.4规定。

如果在铠装层下采用隔离套，可以由其代替内衬层或附加在内衬层上。

在金属层外具有纵向阻水结构的电缆不需要采用隔离套。

隔离套的标称厚度 T_s（以 mm 计）应按下列公式计算：

$$T_s = 0.02D_u + 0.6$$

式中：

D_u——挤包该隔离套前的假设直径，单位为毫米（mm）。

计算按附录A所述进行，计算结果修约到0.1 mm（见附录C）。

非铅套电缆的隔离套标称厚度应不小于1.2 mm，若隔离套直接挤包在铅套上，隔离套的标称厚度应不小于1.0 mm。

13.3.4 铅套电缆铠装下的包带垫层

铅套涂层外的包带垫层应由浸渍纸带与复合纸带组成,或者由两层浸渍纸带与复合纸带外加一层或多层复合浸渍纤维材料组成。

垫层材料的浸渍剂可为沥青或其他防腐剂,对于金属丝铠装,这些浸渍剂不能直接涂敷到金属丝下。

也可采用合成材料带代替浸渍纸带。

铅套与铠装之间的包带垫层在铠装后的总厚度的近似值应为1.5 mm。

13.4 铠装金属丝和铠装金属带的尺寸

铠装金属丝和铠装金属带应优先采用下列标称尺寸:
- ——圆金属丝:直径0.8 mm,1.25 mm,1.6 mm,2.0 mm,2.5 mm,3.15 mm;
- ——扁金属线:厚度0.8 mm;
- ——钢带:厚度0.2 mm,0.5 mm,0.8 mm;
- ——铝或铝合金带:厚度0.5 mm,0.8 mm。

13.5 电缆直径与铠装层尺寸的关系

铠装圆金属丝的标称直径和铠装金属带的标称厚度应分别不小于表9和表10规定的数值。

表9 铠装圆金属丝标称直径

铠装前假设直径/mm		铠装金属丝标称直径/mm
—	≤10	0.8
>10	≤15	1.25
>15	≤25	1.6
>25	≤35	2.0
>35	≤60	2.5
>60	—	3.15

表10 铠装金属带标称厚度

铠装前假设直径/mm		金属带标称厚度/mm	
		钢带或镀锌钢带	铝或铝合金带
—	≤30	0.2	0.5
>30	≤70	0.5	0.5
>70	—	0.8	0.8

铠装前电缆假设直径大于15 mm的电缆,扁金属线的标称厚度应取0.8 mm。电缆假设直径为15 mm及以下时,不应采用扁金属线铠装。

13.6 圆金属丝或扁金属线铠装

金属丝铠装应紧密,即使相邻金属丝间的间隙很小。必要时,可在扁金属线铠装和圆金属丝铠装外疏绕一条最小标称厚度为0.3 mm的镀锌钢带,钢带厚度的偏差应符合17.7.3规定。

13.7 双层金属带铠装

采用金属带铠装和符合8.1规定的内衬层时,其内衬层应采用包带垫层加强。如果铠装金属带厚度为0.2 mm,内衬层和附加包带垫层的总厚度应按8.1的规定值再加0.5 mm;如果铠装金属带厚度大于0.2 mm,内衬层和附加包带垫层的总厚度应按8.1的规定值再加0.8 mm。

内衬层和附加包带垫层的总厚度不应小于规定值的80%再减0.2 mm。

如果有隔离套或挤包的内衬层并且满足13.3.3规定时,则不要求加包带垫层。

金属带铠装应螺旋绕包两层,使外层金属带的中线大致在内层金属带的间隙上方,包带间隙应不大于金属带宽度的 50%。

14 外护套

14.1 概述

所有电缆都应具有外护套。

外护套通常为黑色,但也可以按照制造方和买方协议采用黑色以外的其他颜色,以适应电缆使用的特定环境。

外护套应经受 GB/T 3048.10—2007 规定的火花试验。

注:紫外稳定性试验(UV stability test)在考虑中。

14.2 材料

外护套应为热塑性材料(聚氯乙烯或聚乙烯)或弹性体护套料(聚氯丁烯、氯磺化聚乙烯或类似聚合物)。

外护套材料应与表 4 中规定的电缆运行温度相适应。

在特殊条件下(例如为了防白蚁)使用的外护套,可能有必要使用化学添加剂,但这些添加剂不应包括对人类及环境有害的材料。

注:例如添加剂不希望采用的材料包括[1]:
——氯甲桥萘(艾氏剂):1、2、3、4、10、10-六氯代-1、4、4a、5、8、8a-六氢化-1、4、5、8-二甲桥萘;
——氧桥氯甲桥萘(狄氏剂):1、2、3、4、10、10-六氯代-6、7-环氧-1、4、4a、5、6、7、8、8a-八氢-1、4、5、8-二甲桥萘;
——六氯化苯(高丙体六六六):1、2、3、4、5、6-六氯代-环乙烷 γ 异构体。

14.3 厚度

若无其他规定,挤包外护套标称厚度值 t_s(以 mm 计)应按下列公式计算:

$$t_s = 0.035D + 1.0$$

式中:

D——挤包护套前电缆的假设直径,单位为毫米(mm)(见附录 A)。

按上式计算出的数值应修约到 0.1 mm(见附录 C)。

无铠装的电缆和护套不直接包覆在铠装、金属屏蔽或同心导体上的电缆,其单芯电缆护套的标称厚度应不小于 1.4 mm,多芯电缆护套的标称厚度应不小于 1.8 mm。

护套直接包覆在铠装、金属屏蔽或同心导体上的电缆,护套的标称厚度应不小于 1.8 mm。

15 试验条件

15.1 环境温度

除非另有规定,试验应在环境温度(20±15)℃下进行。

15.2 工频试验电压的频率和波形

工频试验电压的频率应在 49 Hz~61 Hz 范围;波形应基本上为正弦波,引用值为有效值。

15.3 冲击试验电压的波形

按 GB/T 3048.13—2007,冲击波应具有有效波前时间 1 μs~5 μs,标称半峰值时间 40 μs~60 μs。其他方面应符合 GB/T 16927.1—1997。

16 例行试验

16.1 概述

例行试验通常应在每一根电缆制造长度上进行(见 3.2.1)。根据购买方和制造方达成的质量控制协议,可以减少试验电缆的根数或采用其他的试验方法。

---

1) 来源:《工业材料中的危险品》N. I. Sax,第五版,Van Nostrand Reinhold,ISBN 0-442-27373-8。

本部分规定的例行试验为:

a) 导体电阻测量(见 16.2);

b) 在带有符合 7.1 和 7.2 规定的导体屏蔽和绝缘屏蔽的电缆绝缘线芯上进行的局部放电试验(见 16.3);

c) 电压试验(见 16.4)。

16.2 导体电阻

应对例行试验中的每一根电缆长度的所有导体进行电阻测量,若有同心导体也包括在内。

成品电缆或从成品电缆上取下的试样,试验前应在保持适当温度的试验室内至少存放 12 h。若怀疑导体温度是否与室温一致,电缆应在试验室内存放 24 h 后测量。也可将导体试样放在温度可以控制的液体槽内至少 1 h 后测量电阻。

电阻测量值应按 GB/T 3956—2008 给出的公式和系数校正到 20 ℃下 1 km 长度的数值。

每一根导体 20 ℃时的直流电阻应不超过 GB/T 3956—2008 规定的相应的最大值。标称截面积适用时,同心导体的电阻也应符合 GB/T 3956—2008 规定。

16.3 局部放电试验

应按 GB/T 3048.12—2007 进行局部放电试验,试验灵敏度应为 10 pC 或更优。

三芯电缆的所有绝缘线芯都应试验,电压施加于每一根导体和金属屏蔽之间。

试验电压应逐渐升高到 $2U_0$ 并保持 10 s,然后缓慢降到 $1.73U_0$。

在 $1.73U_0$ 下,应无任何由被试电缆产生的超过声明试验灵敏度的可检测到的放电。

注:被试电缆的任何放电都可能有害。

16.4 电压试验

16.4.1 概述

电压试验应在环境温度下采用工频交流电压进行。

16.4.2 单芯电缆试验步骤

单芯电缆的试验电压应施加在导体与金属屏蔽之间,持续 5 min。

16.4.3 三芯电缆试验步骤

对分相金属屏蔽的三芯电缆,应在每一根导体与金属屏蔽层之间施加电压,持续 5 min。

对不分相金属屏蔽的三芯电缆,应依次在每一根绝缘导体对其他所有导体及统包金属屏蔽层之间施加试验电压,持续 5 min。

三芯电缆也可采用三相变压器,一次完成试验。

16.4.4 试验电压

工频试验电压应为 $3.5U_0$,对应额定电压的单相试验电压值见表 11。

表 11 例行试验电压

额定电压 U_0/kV	3.6	6	8.7	12	18
试验电压/kV	12.5	21	30.5	42	63

若用三相变压器同时对三芯电缆进行电压试验,相间试验电压应取表 11 所列数据的 1.73 倍。

在任何情况下,电压都应逐渐升高到规定值。

16.4.5 要求

绝缘应无击穿。

17 抽样试验

17.1 概述

本部分要求的抽样试验包括:

a) 导体检查(见17.4);

b) 尺寸检查(见17.5～17.8);

c) 额定电压高于3.6/6(7.2)kV电缆的电压试验(见17.9);

d) EPR、HEPR和XLPE绝缘及弹性体护套的热延伸试验(见17.10)。

17.2 抽样试验的频度

17.2.1 导体检查和尺寸检查

导体检查,绝缘和护套厚度测量以及电缆外径的测量应在每批同一型号和规格电缆中的一根制造长度的电缆上进行,但应限制不超过合同长度数量的10%。

17.2.2 电气和物理试验

电气和物理试验应按商定的质量控制协议,在取自成品电缆的样品上进行试验。若无协议,在三芯电缆总长度大于2 km或单芯电缆总长度大于4 km时,应按表12数量进行试验。

表12 抽样试验样品数量

电缆长度/km				样 品 数
多芯电缆		单芯电缆		
>2	≤10	>4	≤20	1
>10	≤20	>20	≤40	2
>20	≤30	>40	≤60	3
余类推		余类推		余类推

17.3 复试

如果任一试样没有通过第17章的任一项试验,应从同一批中再取两个附加试样就不合格项目重新试验。如果两个附加试样都合格,样品所取批次的电缆应认为符合本部分要求。如果加试样品中有一个试样不合格,则认为抽取该试样的这批电缆不符合本部分要求。

17.4 导体检查

应采用检查或可行的测量方法检查导体结构是否符合GB/T 3956—2008要求。

17.5 绝缘和非金属护套厚度的测量(包括挤包隔离套,但不包括挤包内衬层)

17.5.1 概述

试验方法应符合GB/T 2951.11—2008第8章规定。

为试验而选取的每根电缆长度应从电缆的一端截取一段来代表,如果必要,应将可能损伤的部分电缆先从该端截除。

17.5.2 对绝缘的要求

每一段绝缘线芯,最小测量值应不低于规定标称值的90%再减0.1 mm,即:

$$t_{min} \geqslant 0.9t_n - 0.1$$

同时:

$$\frac{t_{max} - t_{min}}{t_{max}} \leqslant 0.15$$

式中:

t_{max}——最大厚度,单位为毫米(mm);

t_{min}——最小厚度,单位为毫米(mm);

t_n——标称厚度,单位为毫米(mm)。

注:t_{max}和t_{min}在同一截面测得。

17.5.3 对非金属护套要求

护套应符合下列要求:

a) 对于非铠装电缆和护套不直接包覆在铠装、金属屏蔽或同心导体上的电缆,其最小测量值应不低于标称值的85％再减0.1 mm,即:

$$t_{min} \geqslant 0.85t_n - 0.1$$

b) 直接包覆在铠装、金属屏蔽或同心导体上的护套,其最小测量值应不低于标称值的80％再减0.2 mm,即:

$$t_{min} \geqslant 0.8t_n - 0.2$$

17.6 铅套厚度测量

根据制造方的意见应采用下列方法之一测量铅套最小厚度。铅套厚度应不低于规定标称值的95％再减0.1 mm,即:

$$t_{min} \geqslant 0.95t_n - 0.1$$

注:其他类型金属套厚度测量方法在考虑中。

17.6.1 窄条法

应使用测量头平面直径为4 mm～8 mm的千分尺测量,测量精度为±0.01 mm。

测量应在取自成品电缆上的50 mm长的护套试样进行。试样应沿轴向剖开并仔细展平。将试样擦拭干净后,应沿展平的试样的圆周方向距边缘至少10 mm进行测量。应测取足够多的数值,以保证测量到最小厚度。

17.6.2 圆环法

应使用具有一个平测头和一个球形测头的千分尺,或具有一个平测头和一个长为2.4 mm、宽为0.8 mm的矩形平测头的千分尺进行测量。测量时球形测头或矩形测头应置于护套环的内侧。千分尺的精度应为±0.01 mm。

测量应在从样品上仔细切下的环形护套上进行。应沿着圆周上测量足够多的点,以保证测量到最小厚度。

17.7 铠装金属丝和金属带的测量

17.7.1 金属丝的测量

应使用具有两个平测头精度为±0.01 mm的千分尺来测量圆金属丝的直径和扁金属线的厚度。对圆金属丝应在同一截面上两个互成直角的位置上各测量一次,取两次测量的平均值作为金属丝的直径。

17.7.2 金属带的测量

应使用具有两个直径为5 mm平测头、精度为±0.01 mm的千分尺进行测量。对带宽为40 mm及以下的金属带应在宽度中央测其厚度;对更宽的带子应在距其每一边缘20 mm处测量,取其平均值作为金属带厚度。

17.7.3 要求

铠装金属丝和金属带的尺寸低于13.5中给出标称尺寸的量值应不超过:

——圆金属丝:5％;

——扁金属线:8％;

——金属带:10％。

17.8 外径测量

如果抽样试验中要求测量电缆外径,应按GB/T 2951.11—2008规定进行。

17.9 4 h电压试验

本试验仅适用于额定电压3.6/6(7.2)kV以上的电缆。

17.9.1 取样

试验终端之间的一根成品电缆长度应至少为5 m。

17.9.2 步骤

在环境温度下,每一导体与金属层间应施加工频电压4 h。

17.9.3 试验电压

试验电压应为$4U_0$。对应于标准额定电压的试验电压值列于表13。

表 13 抽样试验电压

额定电压U_0/kV	6	8.7	12	18
试验电压/kV	24	35	48	72

试验电压应逐渐升高到规定值,并持续4 h。

17.9.4 要求

绝缘应不发生击穿。

17.10 EPR、HEPR 和 XLPE 绝缘和弹性体护套热延伸试验

17.10.1 步骤

取样和试验步骤应按GB/T 2951.21—2008第9章进行。试验条件列于表19和表23。

17.10.2 要求

EPR、HEPR 和 XLPE 绝缘的试验结果应符合表19要求,SE_1护套应符合表23要求。

18 电气型式试验

具有特定电压和导体截面的一种型式的电缆通过了本部分的型式试验后,对于具有其他导体截面和/或额定电压的电缆型式批准仍然有效,只要满足下列三个条件:

    a) 绝缘和半导电屏蔽材料以及所采用的制造工艺相同;

    b) 导体截面积不大于已试电缆,但是如果已试电缆的导体截面积为95 mm²～630 mm²(含)之间,那么630 mm²及以下的所有电缆也有效;

    c) 额定电压不高于已试电缆。

型式批准与导体材料无关。

18.1 具有导体屏蔽和绝缘屏蔽的电缆

应从成品电缆中取10 m～15 m长的电缆试样按18.1.1进行试验。

除18.1.2的例外,所有18.1.1所列的试验应依次在同一试样上进行。

三芯电缆的每项试验或测量应在所有绝缘线芯上进行。

18.1.9规定的半导电屏蔽电阻率测量,应在另外的试样上进行。

18.1.1 试验顺序

正常试验的顺序应如下:

    a) 弯曲试验及随后的局部放电试验(见18.1.4);

    b) tanδ测量(见18.1.2和见18.1.5);

    c) 加热循环试验及随后的局部放电试验(见18.1.6);

    d) 冲击电压试验及随后的工频电压试验(见18.1.7);

    e) 4 h电压试验(见18.1.8)。

18.1.2 特殊条款

tanδ测量可以在没有按18.1.1正常试验顺序做过试验的另一个试样进行。

额定电压低于6/10(12)kV的电缆,不需要进行tanδ测量。

试验项目e)可取一个新的试样进行,但该试样应预先进行过18.1.1中的a)项和c)项试验。

18.1.3 弯曲试验

在室温下试样应围绕试验圆柱体(例如线盘的筒体)至少绕一整圈,然后松开展直,再在相反方向上

重复此过程。

此操作循环应进行三次。

试验圆柱体的直径应为：

——铅套或纵包复合金属箔电缆：

$$25(d+D)\pm5\% \qquad 单芯电缆；$$
$$20(d+D)\pm5\% \qquad 三芯电缆。$$

——其他类型电缆：

$$20(d+D)\pm5\% \qquad 单芯电缆；$$
$$15(d+D)\pm5\% \qquad 三芯电缆。$$

式中：

D——电缆试样实测外径，单位为毫米（mm），按 17.8 测量；

d——导体的实测直径，单位为毫米（mm）。

如果导体不是圆形：

$$d = 1.13\sqrt{S}$$

式中：

S——标称截面，单位为平方毫米（mm^2）。

本试验完成后，试样应即进行局部放电试验，并应符合 18.1.4 要求。

18.1.4 局部放电试验

应按 GB/T 3048.12—2007 进行局部放电试验，试验灵敏度应为 5 pC 或更优。

三芯电缆的所有绝缘线芯都应试验，电压施加于每一根导体和金属屏蔽之间。

试验电压逐渐升高到 $2U_0$ 并保持 10 s，然后缓慢降到 $1.73U_0$。

在 $1.73U_0$ 下，应无任何由被试电缆产生的超过声明试验灵敏度的可检测到的放电。

注：被试电缆的任何放电都可能有害。

18.1.5 额定电压 6/10(12) kV 及以上电缆的 $\tan\delta$ 测量

成品电缆试样应采用下述方法之一加热：试样应放置在液体槽或烘箱中，或者在试样的金属屏蔽层或导体或两者都通电流加热。

试样应加热至导体温度超过电缆正常运行时导体最高温度 5 ℃～10 ℃。

每一方法中，导体的温度应或者通过测量导体电阻确定，或者用放在液体槽、烘箱内或放在屏蔽层表面上，或放在与被测电缆相同的另一根同样加热的参照电缆上的测温装置进行测量。

在交流电压不低于 2 kV 和上述规定温度下进行 $\tan\delta$ 测量。

测量值应不高于表 15 规定。

18.1.6 热循环试验

经过上述各项试验后的试样应在试验室的地面上展开，并在试样导体上通以电流加热，直至导体达到稳定温度，此温度应超过电缆正常运行时导体最高温度 5 ℃～10 ℃。

三芯电缆的加热电流应通过所有导体。

加热循环应持续至少 8 h，在每一加热过程中，导体应在达到规定温度后至少维持 2 h。随后应在空气中自然冷却至少 3 h，使导体温度不超过环境温度 10 K。

此循环应重复 20 次。

第 20 个循环后，试样应进行局部放电试验并应符合 18.1.4 要求。

18.1.7 冲击电压试验及随后的工频电压试验

试验应在超过电缆正常运行时导体最高温度 5 ℃～10 ℃的温度下进行。

按 GB/T 3048.13—2007 规定的步骤施加冲击电压，其电压峰值列于表 14。

表 14 冲击电压

额定电压 U/kV	6	10	15	20	30
试验电压(峰值)/kV	60	75	95	125	170

电缆的每一个绝缘线芯应耐受 10 次正极性和 10 次负极性冲击电压而不击穿。

在冲击电压试验后,电缆试样的每一绝缘线芯应在室温下进行工频电压试验 15 min。试验电压应按表 11 规定。绝缘应不发生击穿。

18.1.8 4 h 电压试验

本试验应在室温下进行。应在试样的导体和屏蔽之间施加工频交流电压 4 h。

试验电压应为 $4U_0$,试验电压值见表 13。电压应逐渐升高至规定值。绝缘应不发生击穿。

18.1.9 半导电屏蔽电阻率

挤包在导体上的和绝缘上的半导电屏蔽的电阻率,应在取自电缆绝缘线芯上的试样上进行测量,绝缘线芯应分别取自制造好的电缆样品和进行过按 19.5 规定的材料相容性试验老化处理后的电缆样品。

18.1.9.1 步骤

试验步骤应按附录 D。

应在电缆正常运行时导体最高温度±2 ℃范围内进行测量。

18.1.9.2 要求

在老化前和老化后,电阻率应不超过下列数值:

——导体屏蔽:1 000 Ω·m;

——绝缘屏蔽:500 Ω·m。

18.2 额定电压为 3.6/6(7.2)kV 无绝缘屏蔽的电缆

在长度为 10 m~15 m 成品电缆试样的每一绝缘线芯上依次进行下列试验:

a) 环境温度下的绝缘电阻(见 18.2.1);

b) 电缆正常运行时导体最高温度下的绝缘电阻(见 18.2.2);

c) 4 h 电压试验(见 18.2.3)。

还应从成品电缆上另取一段 10 m~15 m 试样进行冲击电压试验(见 18.2.4)。

18.2.1 环境温度下绝缘电阻测量

18.2.1.1 步骤

试验应在未经过任何其他电气试验的一段试样上进行。

试验前应除去所有外护层,并将绝缘线芯浸在室温水中至少 1 h。

直流试验电压应为 80 V~500 V,为了达到合理稳定的测量,应施加足够时间的电压,但不能少于 1 min,也不能超过 5 min。

测量应在每一根导体与水之间进行。

若有要求,测量可在(20±1)℃下进一步证实。

18.2.1.2 计算

按下列公式用测量得到的绝缘电阻计算体积电阻率。

$$\rho = \frac{2 \times \pi \times L \times R}{\ln(D/d)}$$

式中:

ρ——体积电阻率,单位为欧姆厘米(Ω·cm);

R——测量得到的绝缘电阻值,单位为欧姆(Ω);

L——电缆长度,单位为厘米(cm);

D——绝缘外径,单位为毫米(mm);

d——绝缘内径,单位为毫米(mm)。

用下列公式也可以计算"绝缘电阻常数 K_i",以 MΩ·km 表示。

$$K_i = \frac{L \times R \times 10^{-11}}{\lg(D/d)} = 10^{-11} \times 0.367 \times \rho$$

注:对于成型导体的绝缘线芯,比值 D/d 是绝缘表面周长与导体表面周长之比。

18.2.1.3 要求

从测量值得出的计算值应不小于表15的规定值。

18.2.2 导体最高温度下绝缘电阻的测量

18.2.2.1 步骤

电缆试样的绝缘线芯在试验前应浸在温度为电缆正常运行时导体最高温度±2 ℃的水中至少1 h。

直流试验电压应为80 V～500 V,为了达到合理稳定的测量,应施加足够时间的电压,但不能少于1 min,也不能超过5 min。

测量应在每一根导体与水之间进行。

18.2.2.2 计算

体积电阻率和(或)绝缘电阻常数可由绝缘电阻用18.2.1.2的公式计算得到。

18.2.2.3 要求

从测量值计算出的数据应不小于表15的规定值。

18.2.3 4 h 电压试验

18.2.3.1 步骤

电缆试样的各个绝缘线芯应浸入室温水中至少1 h后进行试验。

在导体与水之间施加 $4U_0$ 的工频电压,试验电压值见表13。电压应逐渐升高并持续4 h。

18.2.3.2 要求

绝缘应不发生击穿。

18.2.4 冲击电压试验

18.2.4.1 步骤

试验应在超过电缆正常运行时导体最高温度5 ℃～10 ℃下进行。

按 GB/T 3048.13—2007 规定的步骤施加冲击电压,其电压峰值应为 60 kV。

冲击试验应依次在每相导体和其他各相导体与地连接之间施加电压。

18.2.4.2 要求

电缆的每一个绝缘线芯应耐受10次正极性和10次负极性冲击电压而不击穿。

19 非电气型式试验

本部分要求的非电气型式试验项目见表16。

19.1 绝缘厚度测量

19.1.1 取样

应从每一根绝缘线芯上各取一个样品。

19.1.2 步骤

应按 GB/T 2951.11—2008 的8.1进行测量。

19.1.3 要求

见17.5.2。

19.2 非金属护套厚度测量(包括挤包隔离套,但不包括内衬层)

19.2.1 取样

应取一个电缆试样。

19.2.2　步骤

应按 GB/T 2951.11—2008 中 8.2 进行测量。

19.2.3　要求

见 17.5.3。

19.3　老化前后绝缘的机械性能试验

19.3.1　取样

应按 GB/T 2951.11—2008 中 9.1 取样和制备试片。

19.3.2　老化处理

老化处理应在表 17 规定的条件下,按 GB/T 2951.12—2008 的 8.1 进行。

19.3.3　预处理和机械性能试验

应按 GB/T 2951.11—2008 中 9.1 进行试片的预处理和机械性能试验。

19.3.4　要求

试片老化前和老化后的试验结果均应符合表 17 要求。

19.4　非金属护套老化前后的机械性能试验

19.4.1　取样

应按 GB/T 2951.11—2008 中 9.2 取样和制备试片。

19.4.2　老化处理

老化处理应在表 20 规定的条件下,按 GB/T 2951.12—2008 中 8.1 进行。

19.4.3　预处理和机械性能试验

应按 GB/T 2951.11—2008 中 9.2 进行试片的预处理和机械性能试验。

19.4.4　要求

试片老化前和老化后的试验结果均应符合表 20 要求。

19.5　成品电缆段的附加老化试验

19.5.1　概述

本试验旨在检验电缆绝缘和非金属护套与电缆中的其他材料接触有无造成运行中劣化倾向。

本试验适用于任何类型的电缆。

19.5.2　取样

应按 GB/T 2951.12—2008 中 8.1.4 从成品电缆上截取试样。

19.5.3　老化处理

电缆样品的老化处理应按 GB/T 2951.12—2008 中 8.1.4,在空气烘箱中进行。老化条件如下:

——温度:高于电缆正常运行时导体最高温度(见表 17)10 ℃±2 ℃;

——周期:7×24 h。

19.5.4　机械性能试验

取自老化后电缆段试样的绝缘和护套试片,应按 GB/T 2951.12—2008 中 8.1.4 进行机械性能试验。

19.5.5　要求

老化前和老化后抗张强度与断裂伸长率中间值的变化率(见 19.3 和 19.4)应不超过空气烘箱老化后的规定值。绝缘的规定值见表 17,非金属护套的规定值见表 20。

19.6　ST_2 型 PVC 护套失重试验

19.6.1　步骤

应按 GB/T 2951.32—2008 中 8.2 取样和进行试验。

19.6.2　要求

试验结果应符合表 21 规定。

19.7 绝缘和非金属护套的高温压力试验

19.7.1 步骤

高温压力试验应按 GB/T 2951.31—2008 第 8 章的试验方法及表 18、表 21 和表 22 给出的试验条件进行。

19.7.2 要求

试验结果应符合 GB/T 2951.31—2008 第 8 章要求。

19.8 PVC 绝缘和护套的低温性能试验

19.8.1 步骤

应按 GB/T 2951.14—2008 第 8 章取样和进行试验,试验温度见表 18 和表 21。

19.8.2 要求

试验结果应符合 GB/T 2951.14—2008 第 8 章要求。

19.9 PVC 绝缘和护套抗开裂试验(热冲击试验)

19.9.1 步骤

应按 GB/T 2951.31—2008 第 9 章取样和进行试验,试验温度和加热持续时间见表 18 和表 21。

19.9.2 要求

试验结果应符合 GB/T 2951.31—2008 第 9 章要求。

19.10 EPR 和 HEPR 绝缘耐臭氧试验

19.10.1 步骤

应按 GB/T 2951.21—2008 第 8 章取样和进行试验。臭氧浓度和试验持续时间应符合表 19 规定。

19.10.2 要求

试验结果应符合 GB/T 2951.21—2008 第 8 章要求。

19.11 EPR、HEPR 和 XLPE 绝缘和弹性体护套的热延伸试验

应按 17.10 取样和进行试验,并符合 17.10 要求。

19.12 弹性体护套的浸油试验

19.12.1 步骤

应按 GB/T 2951.21—2008 第 10 章取样和进行试验,试验条件应符合表 23。

19.12.2 要求

试验结果应符合表 23 要求。

19.13 绝缘吸水试验

19.13.1 步骤

应按 GB/T 2951.13—2008 的 9.1 或 9.2 取样和进行试验。试验条件应分别符合表 18 或表 19 要求。

19.13.2 要求

试验结果应符合表 18 或表 19 要求。

19.14 单根电缆的不延燃试验

本试验仅适用于 ST$_1$、ST$_2$ 或 SE$_1$ 材料护套电缆,且仅有特别要求时才进行。

应按 GB/T 18380.12—2008 规定的方法进行试验并符合其要求。

19.15 黑色 PE 护套碳黑含量测定

19.15.1 步骤

应按 GB/T 2951.41—2008 第 11 章取样和进行试验。

19.15.2 要求

试验结果应符合表 22 要求。

19.16 XLPE 绝缘收缩试验

19.16.1 步骤

应按 GB/T 2951.13—2008 第 10 章取样和进行试验,试验条件应符合表 19。

19.16.2 要求

试验结果应符合表 19 规定。

19.17 PVC 绝缘热稳定性试验

19.17.1 步骤

应按 GB/T 2951.32—2008 第 9 章取样和进行试验,试验条件应符合表 18 规定。

19.17.2 要求

试验结果应符合表 18 要求。

19.18 HEPR 绝缘硬度测量

19.18.1 步骤

应按附录 E 取样和进行测量。

19.18.2 要求

试验结果应符合表 19 要求。

19.19 HEPR 绝缘弹性模量测定

19.19.1 步骤

应按 GB/T 2951.11—2008 第 9 章取样、制备试片和进行测定。

应测量伸长为 150% 时所需的负荷。相应的应力应用测得的负荷除以试片未拉伸前的截面积计算得到。应确定应力与应变的比值,以得到伸长率为 150% 时的弹性模量。

弹性模量应取全部测量结果的中间值。

19.19.2 要求

试验结果应符合表 19 要求。

19.20 PE 外护套收缩试验

19.20.1 步骤

应按 GB/T 2951.13—2008 第 11 章取样和进行试验,试验条件应符合表 22。

19.20.2 要求

试验结果应符合表 22 要求。

19.21 绝缘屏蔽的可剥离性试验

当制造方声明采用的挤包半导电绝缘屏蔽为可剥离型时,应进行本试验。

19.21.1 步骤

试验应在老化前和老化后的样品上各进行三次,可在三个单独的电缆试样上进行试验,也可在同一个电缆试样上沿圆周方向彼此间隔约 120° 的三个不同位置上进行试验。

应从老化前和按 19.5.3 老化后的被试电缆上取下长度至少 250 mm 的绝缘线芯。

在每一个试样的挤包绝缘屏蔽表面上从试样的一端到另一端向绝缘纵向切割成两道彼此相隔宽(10±1)mm 相互平行的深入绝缘的切口。

沿平行于绝缘线芯方向(也就是剥切角近似于 180°)拉开长 50 mm、宽 10 mm 的条形带后,将绝缘线芯垂直地装在拉力机上,用一个夹头夹住绝缘线芯的一端,而 10 mm 条形带,夹在另一个夹头上。

施加使 10 mm 条形带从绝缘分离的拉力,拉开至少 100 mm 长的距离。应在剥离角近似 180° 和速度为(250±50)mm/min 条件下测量拉力。

试验应在(20±5)℃温度下进行。

对未老化和老化后的试样应连续地记录其剥离力的数值。

19.21.2 要求

从老化前后的试样绝缘上剥下挤包半导电屏蔽的剥离力应不小于 4 N 和不大于 45 N。

绝缘表面应无损伤及残留的半导电屏蔽痕迹。

19.22 透水试验

当制造方声称采用了纵向阻水屏障电缆的设计时,应进行透水试验。本试验的目的是满足地下埋设电缆的要求,而不适用于水底电缆。

本试验用于下列电缆设计:

a) 在金属层附近具有纵向阻水屏障;

b) 沿着导体具有纵向阻水屏障。

试验装置、取样和试验步骤应按附录 F 规定。

20 安装后电气试验

试验应在电缆及其附件安装完成后进行。

推荐按照 20.1 进行外护套的直流电压试验,并在有要求时按照 20.2 进行绝缘试验。对于只进行外护套的直流电压试验的情况,可以用买方和供方认可的质量保证程序代替绝缘试验。

20.1 外护套的直流电压试验

应在电缆的每相金属套或金属屏蔽与接地之间施加 IEC 60229:2007 第 5 章规定的直流电压及持续时间。

为了有效试验,有必要使外护套的全部外表面接地良好。外护套上的导电层能够帮助达到此目的。

20.2 绝缘试验

20.2.1 交流电压试验

按供方与买方协议,可以采用下列 a)项或 b)项工频电压试验:

a) 在导体与金属屏蔽间施加系统的相间电压,持续 5 min;

b) 施加正常系统电压,持续 24 h。

20.2.2 直流电压试验

作为交流电压试验的替代,可以采用直流电压 $4U_0$,施加 15 min。

注1:直流电压试验可能对被试绝缘系统造成危险。其他试验方法在考虑中。

注2:对已运行的电缆线路,可采用较低的电压和/或较短的时间进行试验。试验的电压和时间应考虑已运行的时间、环境条件、击穿历史以及试验的目的,经协商确定。

21 电缆产品的补充条款

电缆产品的补充条款包括电缆型号和产品表示方法、产品验收规则、成品电缆标志、电缆包装、运输和贮存,以及安装条件,详见附录 B。

表 15 绝缘混合料的电气型式试验要求

序号	试验项目和试验条件 (混合料代号见 4.2)	单 位	性能要求		
			PVC/B	EPR/HEPR	XLPE
0	正常运行时导体最高温度(见 4.2)	℃	70	90	90
1	体积电阻率 ρ^a				
1.1	——20 ℃(见 18.2.1)	Ω·cm	10^{14}	—	—
1.2	——正常运行时导体最高温度(见 18.2.2)	Ω·cm	10^{11}	10^{12}	—
2	绝缘电阻常数 $K_i{}^a$				
2.1	——20 ℃(见 18.2.1)	MΩ·km	367	—	—

表 15（续）

序号	试验项目和试验条件 （混合料代号见 4.2）	单位	性能要求		
			PVC/B	EPR/HEPR	XLPE
2.2	——正常运行时导体最高温度（见18.2.2）	MΩ·km	0.37	3.67	—
3	tanδ（见18.1.5）				
	——超过正常运行时导体最高温度 5 ℃～10 ℃，tanδ最大值		—	$400×10^{-4}$	$80×10^{-4}$

　　a 用于按第7章 a)项和 b)项的额定电压 3.6/6(7.2)kV PVC、EPR 和 HEPR 绝缘无屏蔽电缆。

表 16　非电气型式试验（见表17～表23）

序号	试验项目 （混合料代号见 4.2 和 4.3）	绝　缘				护　套				
		PVC/B	EPR	HEPR	XLPE	PVC		PE		SE₁
						ST₁	ST₂	ST₃	ST₇	
1	尺寸									
1.1	厚度测量	×	×	×	×	×	×	×	×	×
2	机械性能（抗张强度和断裂伸长率）									
2.1	老化前	×	×	×	×	×	×	×	×	×
2.2	空气烘箱老化后	×	×	×	×	×	×	×	×	×
2.3	成品电缆段老化	×	×	×	×	×	×	×	×	×
2.4	浸入热油后	—	—	—	—	—	—	—	—	×
3	热塑性能									
3.1	高温压力试验（凹痕）	×	—	—	—	×	×	—	×	—
3.2	低温性能	×	—	—	—	×	×	—	—	—
4	其他各类试验									
4.1	空气烘箱内的失重试验	—	—	—	—	—	×	—	—	—
4.2	热冲击试验（开裂）	×	—	—	—	×	×	—	—	—
4.3	耐臭氧试验	—	×	×	—	—	—	—	—	—
4.4	热延伸试验	—	×	×	×	—	—	—	—	×
4.5	不延燃试验（若需要）	—	—	—	—	×	×	—	—	×
4.6	吸水试验	×	×	×	×	—	—	—	—	—
4.7	热稳定试验	×	—	—	—	—	—	—	—	—
4.8	收缩试验	—	—	—	×	—	—	×	×	—
4.9	碳黑含量[a]	—	—	—	—	—	—	×	×	—
4.10	硬度试验	—	—	—	×	—	—	—	—	—
4.11	弹性模量试验	—	—	—	×	—	—	—	—	—
4.12	可剥离试验[b]									
4.13	透水试验[c]									

　　注：×表示型式试验项目。

　　a 仅对黑色外护套适用。

　　b 用于制造方拟采用可剥离绝缘屏蔽电缆的设计中。

　　c 用于制造方拟采用纵向阻水屏障电缆的设计中。

表 17 绝缘混合料机械性能试验要求（老化前后）

序号	试验项目 （混合料代号见 4.2）	单位	PVC/B	EPR	HEPR	XLPE
0	电缆正常运行时导体最高温度（见 4.2）	℃	70	90	90	90
1	老化前（GB/T 2951.11—2008 中 9.1）					
1.1	抗张强度,最小	N/mm²	12.5	4.2	8.5	12.5
1.2	断裂伸长率,最小	%	125	200	200	200
2	空气烘箱老化后（GB/T 2951.12—2008 中 8.1）					
2.1	无导体老化后					
2.1.1	处理条件					
	——温度	℃	100	135	135	135
	——温度偏差	℃	±2	±3	±3	±3
	——持续时间	h	168	168	168	168
2.1.2	抗张强度					
	a) 老化后数值,最小	N/mm²	12.5	—	—	—
	b) 变化率[a],最大	%	±25	±30	±30	±25
2.1.3	断裂伸长率					
	a) 老化后数值,最小	%	125	—	—	—
	b) 变化率[a],最大	%	±25	±30	±30	±25
[a] 变化率:老化前后得出的中间值之差值除以老化前中间值,以百分数表示。						

表 18 PVC 绝缘混合料特殊性能试验要求

序号	试验项目 （混合料代号见 4.2 和 4.3）	单位	绝缘 PVC/B
1	高温压力试验（GB/T 2951.31—2008 中第 8 章）		
1.1	温度（偏差±2 ℃）	℃	80
2	低温性能试验[a]（GB/T 2951.14—2008 中第 8 章）		
2.1	未经老化前进行试验		
	——直径<12.5 mm 的冷弯曲试验		
	——温度（偏差±2 ℃）	℃	—5
2.2	哑铃片的低温拉伸试验		
	——温度（偏差±2 ℃）	℃	—5
3	热冲击试验（GB/T 2951.31—2008 中第 9 章）		
3.1	温度（偏差±3 ℃）	℃	150
3.2	持续时间	h	1
4	热稳定试验（GB/T 2951.32—2008 中第 9 章）		
4.1	温度（偏差±0.5 ℃）	℃	200
4.2	最短时间	min	100
5	吸水试验（GB/T 2951.13—2008 中 9.1）		
	电气法:		
5.1	温度（偏差±2 ℃）	℃	70
5.2	持续时间	h	240
[a] 因气候条件,购买方可以要求采用更低的温度。			

表 19　各种热固性绝缘混合料特殊性能试验要求

序号	试验项目（混合料代号见4.2）	单位	EPR	HEPR	XLPE
1	耐臭氧试验（GB/T 2951.21—2008中第8章）				
1.1	臭氧浓度（按体积）	%	0.025～0.030	0.025～0.030	—
1.2	无开裂试验持续时间	h	24	24	—
2	热延伸试验（GB/T 2951.21—2008中第9章）				
2.1	处理条件				
	——空气温度（偏差±3℃）	℃	250	250	200
	——负荷时间	min	15	15	15
	——机械应力	N/cm²	20	20	20
2.2	载荷下最大伸长率	%	175	175	175
2.3	冷却后最大永久伸长率	%	15	15	15
3	吸水试验（GB/T 2951.13—2008中9.2）				
	重量分析法：				
3.1	温度（偏差±2℃）	℃	85	85	85
3.2	持续时间	h	336	336	336
3.3	重量最大增量	mg/cm²	5	5	1[a]
4	收缩试验（GB/T 2951.13—2008中第10章）				
4.1	标志间长度 L	mm	—	—	200
4.2	温度（偏差±3℃）	℃	—	—	130
4.3	持续时间	h	—	—	1
4.4	最大允许收缩率	%	—	—	4
5	硬度测定（见附录E）				
5.1	IRHD[b]，最小		—	80	—
6	弹性模量测定（见19.19）				
6.1	150%伸长率下的弹性模量，最小	N/mm²	—	4.5	—

　a 对于密度大于 1 g/cm³ 的 XLPE 要考虑吸水量增加大于 1 mg/cm²。

　b IRHD：国际橡胶硬度级。

表 20　护套混合料机械性能试验要求（老化前后）

序号	试验项目（混合料代号见4.3）	单位	ST₁	ST₂	ST₃	ST₇	SE₁
0	电缆正常运行时导体最高温度（见4.3）	℃	80	90	80	90	85
1	老化前（GB/T 2951.11—2008中9.2）						
1.1	抗张强度，小	N/mm²	12.5	12.5	10.0	12.5	10.0
1.2	断裂伸长率，小	%	150	150	300	300	300
2	空气烘箱老化后（GB/T 2951.12—2008中8.1）						
2.1	处理条件						
	——温度（偏差±2℃）	℃	100	100	100	110	100
	——持续时间	h	168	168	240	240	168
2.2	抗张强度						
	a) 老化后数值，最小	N/mm²	12.5	12.5	—	—	—
	b) 变化率[a]，最大	%	±25	±25	—	—	±30
2.3	断裂伸长率						
	a) 老化后数值，最小	%	150	150	300	300	250
	b) 变化率[a]，最大	%	±25	±25	—	—	±40

　a 变化率：老化前后得出的中间值之差值除以老化前中间值，以百分数表示。

表 21 PVC护套混合料特殊性能试验要求

序 号	试验项目 （混合料代号见 4.2 和 4.3）	单位	护套	
			ST₁	ST₂
1	空气烘箱中失重试验（GB/T 2951.32—2008 中 8.2）			
1.1	处理条件			
	——温度（偏差±2 ℃）	℃	—	100
	——持续时间	h	—	168
1.2	最大允许失重量	mg/cm²	—	1.5
2	高温压力试验（GB/T 2951.31—2008 中第 8 章）			
2.1	温度（偏差±2 ℃）	℃	80	90
3	低温性能试验ᵃ（GB/T 2951.14—2008 中第 8 章）			
3.1	未经老化前进行试验			
	——直径＜12.5 mm 的冷弯曲试验			
	——温度（偏差±2 ℃）	℃	−15	−15
3.2	哑铃片的低温拉伸试验			
	——温度（偏差±2 ℃）	℃	−15	−15
3.3	冷冲击试验			
	——温度（偏差±2 ℃）	℃	−15	−15
4	热冲击试验（GB/T 2951.31—2008 中第 9 章）			
4.1	——温度（偏差±3 ℃）	℃	150	150
4.2	——持续时间	h	1	1

ᵃ 因气候条件，购买方可以要求采用更低的温度。

表 22 PE（热塑性聚乙烯）护套混合料特殊性能试验要求

序 号	试验项目 （混合料代号见 4.3）	单位	ST₃	ST₇
1	密度ᵃ（GB/T 2951.13—2008 中第 8 章）			
2	碳黑含量（仅对于黑色护套） （GB/T 2951.41—2008 中第 11 章）			
2.1	标称值	%	2.5	2.5
2.2	偏差	%	±0.5	±0.5
3	收缩试验（GB/T 2951.13—2008 中第 11 章）			
3.1	温度（偏差±2 ℃）	℃	80	80
3.2	加热持续时间	h	5	5
3.3	加热周期		5	5
3.4	最大允许收缩	%	3	3
4	高温压力试验（GB/T 2951.31—2008 中 8.2）			
4.1	温度（偏差±2 ℃）	℃	—	110

ᵃ 密度的测定仅在其他试验需要时才做。

表 23 弹性体护套混合料特殊性能试验要求

序 号	试验项目 (混合料代号见 4.3)	单位	SE$_1$
1	浸油后机械性能测试 (GB/T 2951.21—2008 中第 10 章和 GB/T 2951.11—2008 中第 9 章)		
1.1	处理		
	——油温(偏差±2 ℃)	℃	100
	——持续时间	h	24
	最大允许变化率[a]		
	a) 抗张强度	%	±40
	b) 断裂伸长率	%	±40
2	热延伸(GB/T 2951.21—2008 中第 9 章)		
2.1	处理		
	——温度(偏差±3 ℃)	℃	200
	——载荷时间	min	15
	——机械应力	N/cm^2	20
2.2	负载下允许最大伸长率	%	175
2.3	冷却后最大永久伸长率	%	15
[a] 变化率:处理前后得出的中间值之差值与处理前中间值之比,以百分数表示。			

附 录 A

（规范性附录）

确定护层尺寸的假设计算方法

电缆护层,诸如护套和铠装,其厚度通常与电缆标称直径有一个"阶梯表"的关系。

有时候会产生一些问题,计算出的标称直径不一定与生产出的电缆实际尺寸相同。在边缘情况下,如果计算直径稍有偏差,护层厚度与实际直径不相符合,就会产生疑问。不同制造方的成型导体尺寸变化、计算方法不同会引起标称直径不同和由此导致使用在基本设计相同的电缆上的护层厚度不同。

为了避免这些麻烦,而采取假设计算方法。这种计算方法忽略形状和导体的紧压程度而根据导体标称截面积,绝缘标称厚度和电缆芯数,利用公式来计算假设直径。这样护套厚度和其他护层厚度都可以通过公式或表格而与假设直径有了相应的关系。假设直径计算的方法明确规定,使用的护层厚度是唯一的,它与实际制造中的细微差别无关。这就使电缆设计标准化,对于每一个导体截面的护层厚度尺寸可以被预先计算和规定。

假设直径仅用来确定护套和电缆护层的尺寸,不是代替精确计算标称直径所需的实际过程,实际标称直径计算应分开计算。

A.1 概述

采用下述规定的电缆各种护层厚度的假设计算方法,是为了保证消除在单独计算中引起的任何差异,例如由于导体尺寸的假设以及标称直径和实际直径之间不可避免的差异。

所有厚度值和直径都应按附录 C 中的规则修约到一位小数。

扎带,例如反向螺旋绕包在铠装外的扎带,如果不厚于 0.3 mm,在此方法中忽略。

A.2 方法

A.2.1 导体

不考虑形状和紧压程度如何,每一标称截面积导体的假设直径(d_L)由表 A.1 给出。

表 A.1 导体的假设直径

导体标称截面积/ mm²	d_L/mm	导体标称截面积/ mm²	d_L/mm
10	3.6	240	17.5
16	4.5	300	19.5
25	5.6	400	22.6
35	6.7	500	25.2
50	8.0	630	28.3
70	9.4	800	31.9
95	11.0	1 000	35.7
120	12.4	1 200	39.1
150	13.8	1 400	42.2
185	15.3	1 600	45.1

A.2.2 绝缘线芯

任何绝缘线芯的假设直径 D_c 如下式:

a) 无半导电屏蔽电缆的绝缘线芯:

$$D_c = d_L + 2t_i$$

b) 有半导电屏蔽电缆的绝缘线芯:

$$D_c = d_L + 2t_i + 3.0$$

式中:

t_i——绝缘的标称厚度,单位为毫米(mm)(见表 5~表 7)

如果采用金属屏蔽或同心导体,则应根据 A.2.5 考虑增大绝缘线芯的标称直径。

A.2.3 缆芯直径

缆芯的假设直径(D_f)如下式:

$$D_f = B \cdot D_c$$

式中:

B——三芯电缆的成缆系数,数值为 2.16。

A.2.4 内衬层

内衬层的直径(D_B)应按下式计算:

$$D_B = D_f + 2t_B$$

式中:

缆芯的假设直径 D_f 为 40 mm 及以下,t_B=0.4 mm;

缆芯的假设直径 D_f 大于 40 mm,t_B=0.6 mm。

t_B 假设值应用于:

a) 三芯电缆

——无论有无内衬层;

——无论内衬层为挤包还是绕包。

当有一个符合 13.3.3 规定的隔离套代替或附加在内衬层上时,应按 A.2.7 中公式计算。

b) 单芯电缆

——无论有挤包还是绕包的内衬层。

A.2.5 同心导体和金属屏蔽

由于同心导体和金属屏蔽使直径增加的数值如表 A.2 规定。

表 A.2 同心导体和金属屏蔽使直径的增加值

同心导体或金属屏蔽的标称截面积/ mm²	直径的增加值/ mm	同心导体或金属屏蔽的标称截面积/ mm²	直径的增加值/ mm
1.5	0.5	50	1.7
2.5	0.5	70	2.0
4	0.5	95	2.4
6	0.6	120	2.7
10	0.8	150	3.0
16	1.1	185	4.0
25	1.2	240	5.0
35	1.4	300	6.0

如果同心导体或金属屏蔽的标称截面介于上表所列数据的两数之间,那么取这两个标称值中较大数值所对应的直径增加值。

如果有金属屏蔽层,上表中规定的屏蔽层截面积应按下列公式计算:

a) 金属带屏蔽

$$截面积 = n_t \times t_t \times w_t (mm^2)$$

式中：

n_t——金属带根数；

t_t——单根金属带的标称厚度，单位为毫米（mm）；

w_t——单根金属带的标称宽度，单位为毫米（mm）。

当屏蔽总厚度小于 0.15 mm 时，直径增加值为零：

——一层金属带重叠绕包屏蔽或两层金属带搭盖绕包屏蔽，屏蔽总厚度为金属带厚度的两倍；

——金属带纵包屏蔽：

如果搭盖率小于 30%，屏蔽总厚度为金属带的厚度；

如果搭盖率达到或超过 30%，屏蔽总厚度为金属带厚度的两倍。

b) 金属丝屏蔽（包括一反向扎线，若存在）

$$截面积 = \frac{n_w \times d_w^2 \times \pi}{4} + n_h \times t_h \times W_h \ (mm^2)$$

式中：

n_w——金属丝根数；

d_w——单根金属丝直径，单位为毫米（mm）；

n_h——反向扎带根数；

t_h——厚度大于 0.3 mm 的反向扎带的厚度，单位为毫米（mm）；

W_h——反向扎带的宽度，单位为毫米（mm）。

A.2.6 铅套

铅套的假设直径（D_{pb}）应按下式计算：

$$D_{pb} = D_g + 2t_{pb}$$

式中：

D_g——铅套下的假设直径，单位为毫米（mm）；

t_{pb}——按 12.1 的计算厚度，单位为毫米（mm）。

A.2.7 隔离套

隔离套的假设直径（D_s）应按下式计算：

$$D_s = D_u + 2t_s$$

式中：

D_u——隔离套下的假设直径，单位为毫米（mm）；

t_s——按 13.3.3 的计算厚度，单位为毫米（mm）。

A.2.8 包带垫层

包带垫层的假设直径 D_{lb} 应按下式计算：

$$D_{lb} = D_{ulb} + 2t_{lb}$$

式中：

D_{ulb}——包带前假设直径，单位为毫米（mm）；

t_{lb}——包带垫层厚度，按 13.3.4 规定即为 1.5mm。

A.2.9 金属带铠装电缆的附加垫层（加在内衬层外）

因附加垫层引起的直径增加量见表 A.3。

表 A.3 因附加垫层引起的直径增加量

附加垫层前的假设直径/mm	因附加垫层引起的直径增加/mm
≤29	1.0
>29	1.6

A.2.10 铠装

铠装外的假设直径(D_X)应按下式计算：

a) 扁或圆金属丝铠装

$$D_X = D_A + 2t_A + 2t_W$$

式中：

D_A——铠装前直径，单位为毫米(mm)；

t_A——铠装金属丝的直径或厚度，单位为毫米(mm)；

t_W——如果有反向螺旋扎带时厚度大于 0.3 mm 的反向螺旋扎带时厚度，单位为毫米(mm)。

b) 双金属带铠装

$$D_X = D_A + 4t_A$$

式中：

D_A——铠装前直径，单位为毫米(mm)；

t_A——铠装带厚度，单位为毫米(mm)。

附 录 B

（规范性附录）

电缆产品的补充条款

B.1 电缆型号和产品表示方法

B.1.1 代号

导体代号

    铜导体 …………………………………………………………………………………… (T)省略

    铝导体 …………………………………………………………………………………… L

绝缘代号

    聚氯乙烯绝缘 …………………………………………………………………………… V

    交联聚乙烯绝缘 ………………………………………………………………………… YJ

    乙丙橡胶绝缘 …………………………………………………………………………… E

    硬乙丙橡胶绝缘 ………………………………………………………………………… EY

金属屏蔽代号

    铜带屏蔽 ………………………………………………………………………………… (D)省略

    铜丝屏蔽 ………………………………………………………………………………… S

护套代号[2]

    聚氯乙烯护套 …………………………………………………………………………… V

    聚乙烯护套 ……………………………………………………………………………… Y

    弹性体[3]护套 …………………………………………………………………………… F

    金属箔复合护套 ………………………………………………………………………… A

    铅套 ……………………………………………………………………………………… Q

铠装代号

    双钢带铠装 ……………………………………………………………………………… 2

    细圆钢丝铠装 …………………………………………………………………………… 3

    粗圆钢丝铠装 …………………………………………………………………………… 4

    （双）非磁性金属带[4]铠装 ……………………………………………………………… 6

    非磁性金属丝[5]铠装 …………………………………………………………………… 7

外护套代号

    聚氯乙烯外护套 ………………………………………………………………………… 2

    聚乙烯外护套 …………………………………………………………………………… 3

    弹性体[6]外护套 ………………………………………………………………………… 4

---

2) 包括挤包的内衬层和隔离套。

3) 弹性体包括氯丁橡胶、氯磺化聚乙烯或类似聚合物为基的护套混合料。若订货合同中未注明,则采用何种弹性
体由制造厂确定。

4) 非磁性金属带包括非磁性不锈钢带、铝或铝合金带等。若订货合同中未注明,则采用何种非磁性金属带由制造
厂确定。

5) 非磁性金属丝包括非磁性不锈钢丝、铜丝或镀锡铜丝、铜合金丝或镀锡铜合金丝、铝或铝合金丝等。若订货合
同中未注明,则采用何种非磁性金属丝由制造厂确定。

6) 弹性体包括氯丁橡胶、氯磺化聚乙烯或类似聚合物为基的护套混合料。若订货合同中未注明,则采用何种弹性
体由制造厂确定。

B.1.2 产品型号

产品型号的组成和排列顺序如下[7]：

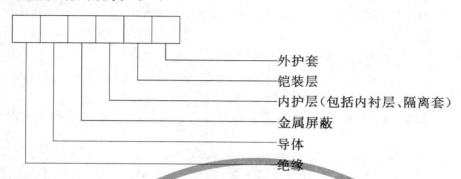

外护套
铠装层
内护层（包括内衬层、隔离套）
金属屏蔽
导体
绝缘

电缆常用型号如表B.1。

表 B.1 电缆常用型号

型号		名 称
铜 芯	铝 芯	
VV	VLV	聚氯乙烯绝缘聚氯乙烯护套电力电缆
VY	VLY	聚氯乙烯绝缘聚乙烯护套电力电缆
VV22	VLV22	聚氯乙烯绝缘钢带铠装聚氯乙烯护套电力电缆
VV23	VLV23	聚氯乙烯绝缘钢带铠装聚乙烯护套电力电缆
VV32	VLV32	聚氯乙烯绝缘细钢丝铠装聚氯乙烯护套电力电缆
VV33	VLV33	聚氯乙烯绝缘细钢丝铠装聚乙烯护套电力电缆
YJV	YJLV	交联聚乙烯绝缘聚氯乙烯护套电力电缆
YJY	YJLY	交联聚乙烯绝缘聚乙烯护套电力电缆
YJV22	YJLV22	交联聚乙烯绝缘钢带铠装聚氯乙烯护套电力电缆
YJV23	YJLV23	交联聚乙烯绝缘钢带铠装聚乙烯护套电力电缆
YJV32	YJLV32	交联聚乙烯绝缘细钢丝铠装聚氯乙烯护套电力电缆
YJV33	YJLV33	交联聚乙烯绝缘细钢丝铠装聚乙烯护套电力电缆

注：本表中未列出的电缆型号可按本附录 B.1.2 的规定组成。

B.1.3 产品表示方法

产品用型号（型号中有数字代号的电缆外护层，数字前的文字代号表示内护层）、规格（额定电压、芯数、标称截面积）及本部分的标准编号表示。

例如：

铝芯交联聚乙烯绝缘铜带屏蔽钢带铠装聚氯乙烯护套电力电缆，额定电压为 8.7/10 kV，三芯，标称截面积 120 mm² 表示为：

YJLV22—8.7/10　3×120　GB/T 12706.2—2008

交联聚乙烯绝缘铜丝屏蔽聚氯乙烯内护套钢带铠装聚氯乙烯护套电力电缆，额定电压为 8.7/10 kV，单芯铜导体，标称截面积 240 mm²，铜丝屏蔽标称截面积 25 mm²，表示为：

YJSV22—8.7/10　1×240/25　GB/T 12706.2—2008

---

7)　通常用绝缘作为电力电缆型号中的系列代号。

B.2 成品电缆标志

成品电缆的护套表面应有制造厂名称、产品型号及额定电压的连续标志,标志应字迹清楚、容易辨认、耐擦。

成品电缆标志应符合 GB/T 6995.3—2008 规定。

B.3 验收规则

B.3.1 产品应由制造方的质量检验部门检验合格方可出厂。每个出厂的包装件上应附有产品质量检验合格证。

B.3.2 产品应按本部分规定的试验项目进行试验验收。

B.4 电缆包装、运输和贮存

B.4.1 电缆应妥善包装在符合 JB/T 8137—1999 规定要求的电缆盘上交货。

电缆端头应可靠密封,伸出盘外的电缆端头应加保护罩,伸出的长度应不小于 300 mm。

重量不超过 80 kg 的短段电缆,可以成圈包装。

B.4.2 成盘电缆的电缆盘外侧及成圈电缆的附加标签应标明:

a) 制造厂名称或商标;

b) 电缆型号和规格;

c) 长度,m;

d) 毛重,kg;

e) 制造日期:年 月;

f) 表示电缆盘正确滚动方向的符号;

g) 本部分标准编号。

B.4.3 运输和贮存应符合下列要求:

a) 电缆应避免在露天存放,电缆盘不允许平放;

b) 运输中严禁从高处扔下装有电缆的电缆盘,严禁机械损伤电缆;

c) 吊装包装件时,严禁几盘同时吊装。在车辆、船舶等运输工具上,电缆盘应放稳,并用合适方法固定,防止互撞或翻倒。

B.5 电缆安装条件

B.5.1 电缆安装时的环境温度

具有聚氯乙烯绝缘或聚氯乙烯护套的电缆,安装时的环境温度应不低于 0 ℃。

B.5.2 电缆安装时的最小弯曲半径

电缆安装时的最小允许弯曲半径见表 B.2。

表 B.2 电缆安装时的最小弯曲半径

项 目	单芯电缆		三芯电缆	
	无铠装	有铠装	无铠装	有铠装
安装时的电缆最小弯曲半径	20D	15D	15D	12D
靠近连接盒和终端的电缆的最小弯曲半径(但弯曲要小心控制,如采用成型导板)	15D	12D	12D	10D
注:D 为电缆外径。				

附 录 C

（规范性附录）

数 值 修 约

C.1 假设计算法的数值修约

在按附录 A 计算假设直径和确定单元尺寸而对数值进行修约时，采用下述规则。

当任何阶段的计算值小数点后多于一位数时，数值应修约到一位小数，即精确到 0.1 mm。每一阶段的假设直径数值应修约到 0.1 mm，当用来确定包覆层厚度和直径时，在用到相应的公式或表格中去之前应先进行修约，按附录 A 要求从修约后的假设直径计算出的厚度应依次修约到 0.1 mm。

用下述实例来说明这些规则：

a) 修约前数据的第二位小数为 0、1、2、3 或 4 时则小数点后第一位小数保持不变（舍弃）。

例如：

    2.12　　≈2.1

    2.449　　≈2.4

    25.047 8　≈25.0

b) 修约前数据的第二位小数为 9、8、7、6 或 5 时则小数点后第一位小数应增加 1（进一）。

例如：

    2.17　　≈2.2

    2.453　　≈2.5

    30.050　≈30.1

C.2 用作其他目的的数值修约

除 C.1 考虑的用途外，有可能有些数值要修约到多于一位小数，例如计算几次测量的平均值，或标称值加上一个百分偏差以后的最小值。在这些情况下，应按有关条文修约到小数点后面的规定位数。

这时修约的方法为：

a) 如果修约前应保留的最后数值后一位数为 0、1、2、3 或 4 时，则最后数值应保持不变（舍弃）；

b) 如果修约前应保留的最后数值后一位数为 9、8、7、6 或 5 时，则最后数值加 1（进一）。

例如：

    2.449　　　≈2.45　　　修约到二位小数；

    2.449　　　≈2.4　　　修约到一位小数；

    25.047 8　≈25.048　修约到三位小数；

    25.047 8　≈25.05　修约到二位小数；

    25.047 8　≈25.0　修约到一位小数。

附　录　D
（规范性附录）
半导电屏蔽电阻率测量方法

从 150 mm 长成品电缆样品上制备试样。

将电缆绝缘线芯样品沿纵向对半切开，除去导体以制备导体屏蔽试样，如有隔离层也应去掉（见图 D. 1a））。将绝缘线芯外所有保护层除去后制备绝缘屏蔽试片（见图 D. 1b））。

屏蔽层体积电阻系数的测定步骤如下：

将四只涂银电极 A、B、C 和 D（见图 D. 1a）和图 D. 1b））置于半导电层表面。两个电位电极 B 和 C 间距 50 mm。两个电流电极 A 和 D 相应地在电位电极外侧间隔至少 25 mm。

采用合适的夹子连接电极。在连接导体屏蔽电极时，应确保夹子与试样外表面绝缘屏蔽层的绝缘。

将组装好的试样放入预热到规定温度的烘箱中。30 min 后用测试线路测量电极间电阻，测试线路的功率不超过 100 mW。

电阻测量后，在室温下测量导体屏蔽和绝缘的外径及导体屏蔽和绝缘屏蔽层的厚度。每个数据取六个测量值的平均值（见图 D. 1b））。

体积电阻率 ρ（用 $\Omega \cdot m$ 表示）按下式计算：

a)　导体屏蔽

$$\rho_c = \frac{R_c \times \pi \times (D_c - T_c) \times T_c}{2L_c}$$

式中：

ρ_c——体积电阻率，单位为欧姆米（$\Omega \cdot m$）；

R_c——测量电阻，单位为欧姆（Ω）；

L_c——电位电极间距离，单位为米（m）；

D_c——导体屏蔽外径，单位为米（m）；

T_c——导体屏蔽平均厚度，单位为米（m）。

b)　绝缘屏蔽

$$\rho_i = \frac{R_i \times \pi \times (D_i - T_i) \times T_i}{L_i}$$

式中：

ρ_i——体积电阻率，单位为欧姆米（$\Omega \cdot m$）；

R_i——测量电阻，单位为欧姆（Ω）；

L_i——电位电极间距离，单位为米（m）；

D_i——绝缘屏蔽外径，单位为米（m）；

T_i——绝缘屏蔽平均厚度，单位为米（m）。

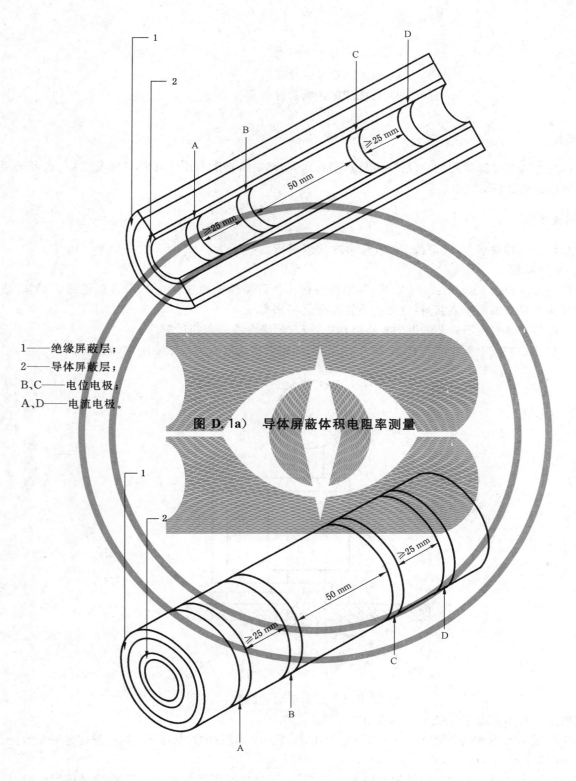

1——绝缘屏蔽层；
2——导体屏蔽层；
B、C——电位电极；
A、D——电流电极。

图 D. 1a)　导体屏蔽体积电阻率测量

1——绝缘屏蔽层；
2——导体屏蔽层；
B、C——电位电极；
A、D——电流电极。

图 D. 1b)　绝缘屏蔽体积电阻率测量

附 录 E

（规范性附录）

HEPR 绝缘硬度测定

E.1 试样

试样应是具有全部护层的一段成品电缆，小心地剥开试样，直至 HEPR 绝缘的测量表面，也可采用一段绝缘线芯作试样。

E.2 测量步骤

测量除按下述要求外，还应按 ISO 48:2007 要求进行。

E.2.1 大曲率面

测量装置应符合 ISO 48:2007 要求，其结构应便于使仪器稳定地放置在 HEPR 的绝缘上，同时使压脚和压头与绝缘表面垂直接触，这可由下述途径之一来实现：

   a) 仪器上装有便于调节的万向接头可动脚，可与绝缘弯曲表面相适应；

   b) 仪器由底板上两个平行杆 A 和 A′固定，其间距离由表面弯曲程度来决定（见图 E.1）。

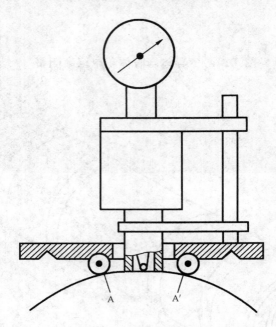

图 E.1 大曲率面的测量

这些方法可用于曲率半径 20 mm 以上的表面。

用于测量 HEPR 绝缘厚度小于 4 mm 的仪器，应采用 ISO 48:2007 中对于小试样规定的测量方法。

E.2.2 小曲率面

对于曲率半径很小表面的测量步骤同 E.2.1 规定，试样应与测量仪器用同一刚性底板固定，这样可以保证 HEPR 绝缘在压头压力增加时整体移动最小；同时可使压头与试样轴线垂直。

相应的步骤如下：

   a) 将测量样品放在金属夹具槽中（见图 E.2a)）；

   b) 用 V 型枕台固定测量样品的两端导体（见图 E.2b)）。

由此方法来测量的表面曲率半径的最小值可达 4 mm。对于更小的曲率半径表面应采用 ISO 48：

2007 中所述的方法和仪器。

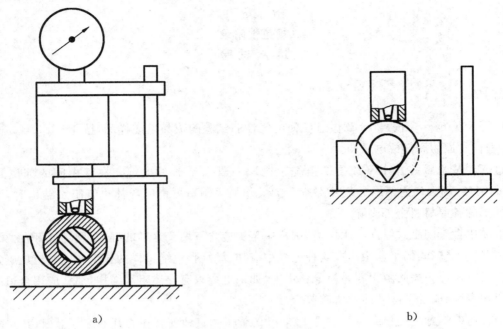

a)   b)

图 E.2   小曲率面的测量

E.2.3   预处理和测量温度

测量至少应在制造(即硫化)后 16 h 进行。

测量应在(20±2)℃温度下进行,试样在此温度下至少保持 3 h 后立即测量。

E.2.4   测量次数

一次测量应在分布于试样的三个或五个点上进行,试样的硬度为测量结果的中间值,以最接近于国际橡胶硬度级(IRHD)的整数表示。

附 录 F
（规范性附录）
透 水 试 验

F.1 试样制备

将一段至少长 6 m 未按第 18 章做过任何电气性能试验的成品电缆样品，按 18.1.3 规定进行弯曲试验，但不进行附加的局部放电试验。

从经过弯曲试验后并在水平放置的电缆上割取一段 3 m 长的电缆。在其中间的部位开一个约 50 mm 宽的圆环，剥去环内绝缘屏蔽外部所有护层。如果制造方声明导体也有阻水结构时，则应将圆环内导体外部的各层材料全部剥除。

如果电缆中含有间歇式纵向阻水屏障，试样中至少应含有两个这样的屏障，圆环应开在两个屏障之间。在此情况下，屏障间的平均距离在这种电缆中应加以说明，电缆试样的长度亦应相应地确定。

圆环应切割得使相关间隙很容易暴露在水中，如果电缆只有导体阻水结构，那么应用合适的材料密封有关的切割表面，或者剥除外面的所有包覆层。

用一个合适的装置把一根直径至少为 10 mm 的管子垂直地安置在切开的圆环上面，并与电缆外护套的表面相密封（见图 F.1）。在电缆密封出口处，该装置不应在电缆上产生机械应力。

注：某些阻水屏障对纵向透水的影响可能和水中的一些成分有关（如水的 pH 值和离子浓度），除非另有规定，一般应采用普通自来水做试验。

F.2 试验

把 20 ℃±10 ℃环境温度的水，在 5 min 内，注入管内，使管子中水位高于电缆中心轴线 1 m（见图 F.1），试样应放置 24 h。

然后对试样进行 10 次加热循环，采用导体通电加热方法，使导体温度超过电缆正常运行时导体最高温度 5 ℃～10 ℃，但不能达到 100 ℃。

每一次热循环应持续 8 h，其间导体温度应在上述规定温度范围内至少维持 2 h，随后应至少自然冷却 3 h。水头应维持 1 m 高。

注：由于在试验中不施加电压，故可在系统中接上另一根相同的模拟电缆一起试验，可直接在此根模拟电缆的导体上测量温度。

F.3 要求

在整个试验期间，试样的两端不应有水分渗出。

单位为毫米

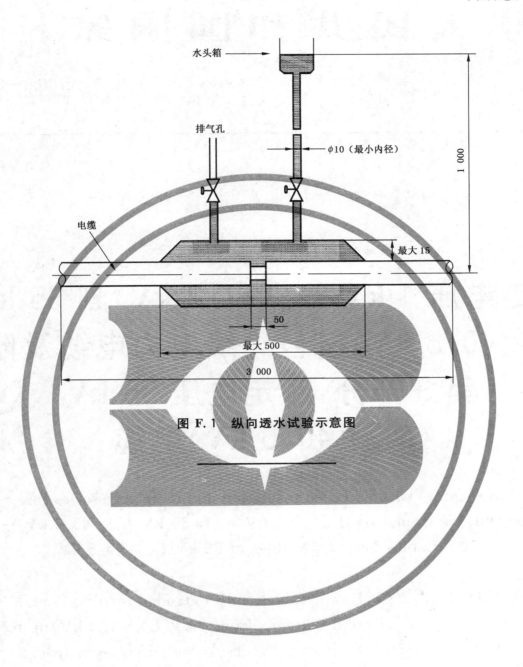

图 F.1　纵向透水试验示意图

ICS 29.060.20
K 13

中华人民共和国国家标准

GB/T 12706.3—2008
代替 GB/T 12706.3—2002

额定电压 1 kV(U_m=1.2 kV)到 35 kV(U_m=40.5 kV)挤包绝缘电力电缆及附件 第 3 部分：额定电压 35 kV (U_m=40.5 kV)电缆

Power cables with extruded insulation and their accessories for rated voltages from 1 kV(U_m=1.2 kV)up to 35 kV(U_m=40.5 kV)— Part 3：Cables for rated voltage of 35 kV(U_m=40.5 kV)

(IEC 60502-2：2005，Power cables with extruded insulation and their accessories for rated voltages from 1 kV(U_m=1.2 kV)up to 30 kV(U_m=36 kV)—Part 2：Cables for rated voltages from 6 kV(U_m=7.2 kV)up to 30 kV(U_m=36 kV)，NEQ)

2008-12-31 发布　　　　　　　　　　　　　　　2009-11-01 实施

中华人民共和国国家质量监督检验检疫总局
中国国家标准化管理委员会　发 布

前　言

GB/T 12706《额定电压 1 kV(U_m＝1.2 kV)到 35 kV(U_m＝40.5 kV)挤包绝缘电力电缆及附件》分为四个部分：
——第 1 部分：额定电压 1 kV(U_m＝1.2 kV)和 3 kV(U_m＝3.6 kV)电缆；
——第 2 部分：额定电压 6 kV(U_m＝7.2 kV)到 30 kV(U_m＝36 kV)电缆；
——第 3 部分：额定电压 35 kV(U_m＝40.5 kV)电缆；
——第 4 部分：额定电压 6 kV(U_m＝7.2 kV)到 35 kV(U_m＝40.5 kV)电缆附件试验要求。

本部分为 GB/T 12706 的第 3 部分。

本部分对应于 IEC 60502-2：2005《额定电压 1 kV(U_m＝1.2 kV)到 30 kV(U_m＝36 kV)挤包绝缘电力电缆及附件　第 2 部分：额定电压 6 kV(U_m＝7.2 kV)到 30 kV(U_m＝36 kV)电缆》，与其一致性程度为非等效，主要差异如下：
——本部分仅适用于我国的配电系统 35 kV(U_m＝40.5 kV)额定电压等级；
——型式试验项目增加了挤包外护套刮磨试验；
——安装后绝缘的电气试验采用 IEC 60840：2004《额定电压大于 30 kV(U_m＝36 kV)至 150 kV(U_m＝170 kV)挤包绝缘电力电缆及其附件　试验方法和要求》的规定；
——增加了资料性附录 F"具有纵包金属箔复合护层电缆组件的试验"；
——根据我国电缆产品技术要求，增加了第 21 章"电缆产品的补充条款"及相应的附录 G。

本部分代替 GB/T 12706.3—2002《额定电压 1 kV(U_m＝1.2 kV)到 35 kV(U_m＝40.5 kV)挤包绝缘电力电缆及附件　第 3 部分：额定电压 35 kV(U_m＝40.5 kV)电缆》。

本部分与 GB/T 12706.3—2002 相比主要变化如下：
——最大导体规格扩大到 1 600 mm²(前版标准的表 5 和表 A.1，本版的表 5 和表 A.1)；
——增加了铜带的技术要求(本版 10.2.2)；
——增加了钢带的技术要求(本版 13.2)；
——增加了挤包隔离套的火花试验要求(本版 13.3.3)；
——增加了挤包外护套的火花试验要求(本版 14.1)；
——局部放电试验要求改为在规定灵敏度下无放电(前版标准的 18.3，本版的 16.3 和 18.1.4)；
——型式试验项目增加了外护套刮磨试验(本版 19.17)；
——安装后电气试验增加了外护套直流电压试验(本版 20.1)；
——取消了主绝缘直流电压试验(前版标准的 20.2)；
——更改主绝缘交流电压试验条件为采用 IEC 60840：2004 的条件(前版标准的 20.1，本版的 20.2)；
——取消了 2002 版的附录 G"电缆屏蔽结构的补充要求"，其技术要求补充到标准的正文中去(本版第 7 章和第 10 章)；
——增加了资料性附录 F"具有纵包金属箔复合护层电缆组件的试验"(本版附录 F)；
——增加了规范性附录 G"电缆产品的补充条款"，取消了 2002 版附录 F、附录 H、附录 J，将其内容调整到本版增加的附录 G 中。

本部分的附录 A、附录 B、附录 C、附录 D、附录 E 和附录 G 为规范性附录，附录 F 为资料性附录。

本部分由中国电器工业协会提出。

本部分由全国电线电缆标准化技术委员会(SAC/TC 213)归口。

本部分负责起草单位：上海电缆研究所。

本部分参加起草单位：上海华普电缆有限公司、宝胜科技创新股份有限公司、特变电工山东鲁能泰山电缆有限公司、青岛汉缆股份有限公司、扬州曙光电缆有限公司、辽宁省电力有限公司、远东控股集团有限公司、江苏上上电缆集团公司、无锡江南电缆有限公司、江苏圣安电缆有限公司、上海南大集团有限公司、浙江万马电缆股份有限公司。

本部分主要起草人：邓长胜、周雁、唐崇健、刘召见、张延华、梁国华、杨长龙、汪传斌、王松明、刘军、孙萍、杨志强、郑宏。

本部分所代替标准的历次版本发布情况为：

——GB 12706.3—1991、GB/T 12706.3—2002；

——GB 12706.1—1991。

额定电压 1 kV(U_m＝1.2 kV)到 35 kV (U_m＝40.5 kV)挤包绝缘电力电缆及附件 第 3 部分:额定电压 35 kV (U_m＝40.5 kV)电缆

1 范围

GB/T 12706 的本部分规定了用于配电网或工业装置中,额定电压 35 kV 固定安装的挤包绝缘电力电缆的结构、尺寸和试验要求。

在决定电缆应用时,建议考虑径向进水的可能风险。本部分包括了所谓纵向阻水和径向防水结构电缆(试验方法参见附录 F)的试验。

本部分不包括用于特殊安装和运行条件的电缆,例如用于架空线路、采矿工业、核电厂(安全壳内及其附近),以及用于水下或船舶的电缆。

2 规范性引用文件

下列文件中的条款,通过 GB/T 12706 的本部分的引用而成为本部分的条款。凡是注日期的引用文件,其随后所有的修改单(不包括勘误的内容)或修订版均不适用于本部分。然而鼓励根据本部分达成协议的各方研究是否可使用这些文件的最新版本。凡是不注日期的引用文件,其最新版本适用于本部分。

GB/T 156—2007 标准电压(IEC 60038:2002,MOD)

GB/T 2951.11—2008 电缆和光缆绝缘和护套材料通用试验方法 第 11 部分:通用试验方法——厚度和外形尺寸测量——机械性能试验(IEC 60811-1-1:2001,IDT)

GB/T 2951.12—2008 电缆和光缆绝缘和护套材料通用试验方法 第 12 部分:通用试验方法——热老化试验方法(IEC 60811-1-2:1985,IDT)

GB/T 2951.13—2008 电缆和光缆绝缘和护套材料通用试验方法 第 13 部分:通用试验方法——密度测定方法——吸水试验——收缩试验(IEC 60811-1-3:2001,IDT)

GB/T 2951.14—2008 电缆和光缆绝缘和护套材料通用试验方法 第 14 部分:通用试验方法——低温试验(IEC 60811-1-4:1985,IDT)

GB/T 2951.21—2008 电缆和光缆绝缘和护套材料通用试验方法 第 21 部分:弹性体混合料专用试验方法——耐臭氧试验——热延伸试验——浸矿物油试验(IEC 60811-2-1:2001,IDT)

GB/T 2951.31—2008 电缆和光缆绝缘和护套材料通用试验方法 第 31 部分:聚氯乙烯混合料专用试验方法——高温压力试验——抗开裂试验(IEC 60811-3-1:1985,IDT)

GB/T 2951.32—2008 电缆和光缆绝缘和护套材料通用试验方法 第 32 部分:聚氯乙烯混合料专用试验方法——失重试验——热稳定性试验(IEC 60811-3-2:1985,IDT)

GB/T 2951.41—2008 电缆和光缆绝缘和护套材料通用试验方法 第 41 部分:聚乙烯和聚丙烯混合料专用试验方法——耐环境应力开裂试验——熔体指数测量方法——直接燃烧法测量聚乙烯中碳黑和(或)矿物质填料含量——热重分析法(TGA)测量碳黑含量——显微镜法评估聚乙烯中碳黑分散度(IEC 60811-4-1:2004,IDT)

GB/T 3048.10—2007 电线电缆电性能试验方法 第 10 部分:挤出护套火花试验

GB/T 3048.12—2007 电线电缆电性能试验方法 第 12 部分:局部放电试验(IEC 60885-3:

1988,MOD)

　　GB/T 3048.13—2007　　电线电缆电性能试验方法　　第13部分:冲击电压试验(IEC 60230:1966, IEC 60060-1:1989,MOD)

　　GB/T 3956—2008　　电缆的导体(IEC 60228:2004,IDT)

　　GB/T 6995.3—2008　　电线电缆识别标志方法　　第3部分:电线电缆识别标志

　　GB/T 11091—2005　　电缆用铜带

　　GB/T 16927.1—1997　　高电压试验技术　　第1部分:一般试验要求(EQV IEC 60060-1:1989)

　　GB/T 12706.2—2008　　额定电压1 kV(U_m=1.2 kV)到35 kV(U_m=40.5 kV)挤包绝缘电力电缆及附件　　第2部分:额定电压6 kV(U_m=7.2 kV)到30 kV(U_m=36 kV)电缆(IEC 60502-2:2005,Power cables with extruded insulation and their accessories for rated voltages from 1 kV(U_m=1.2 kV)up to 30 kV(U_m=35 kV)—Part 2:Cables for rated voltages from 6 kV(U_m=7.2 kV)up to 30 kV(U_m=36 kV),MOD)

　　GB/T 18380.12—2008　　电缆和光缆在火焰条件下的燃烧试验　　第12部分:单根绝缘电线电缆火焰垂直蔓延试验　　1 kW预混合型火焰试验方法(IEC 60332-1-2:2004,IDT)

　　JB/T 8137—1999(所有部分)　　电线电缆交货盘

　　JB/T 8996—1999　　高压电缆选择导则(eqv IEC 60183:1984)

　　JB/T 10181.1—2000　　电缆载流量计算　　第1部分:载流量公式(100%负荷因数)和损耗计算　　第1节:一般规定(idt IEC 60287-1-1:1994)

　　JB/T 10181.2—2000　　电缆载流量计算　　第1部分:载流量公式(100%负荷因数)和损耗计算　　第2节:双回路平面排列电缆金属套涡流损耗因数(idt IEC 60287-1-2:1993)

　　JB/T 10181.3—2000　　电缆载流量计算　　第2部分:热阻　　第1节:热阻的计算(idt IEC 60287-2-1:1994)

　　JB/T 10181.4—2000　　电缆载流量计算　　第2部分:热阻　　第2节:自由空气中不受到日光直接照射的电缆群载流量降低因数的计算方法(idt IEC 60287-2-2:1995)

　　JB/T 10181.5—2000　　电缆载流量计算　　第3部分:有关运行条件的各节　　第1节:基准运行条件和电缆选型(idt IEC 60287-3-1:1995)

　　JB/T 10181.6—2000　　电缆载流量计算　　第3部分:有关运行条件的各节　　第2节:电力电缆截面的经济优化选择(idt IEC 60287-3-2:1995)

　　JB/T 10696.6—2007　　电线电缆机械和理化性能试验方法　　第6部分　　挤出外套刮磨试验

　　YB/T 024—2008　　铠装电缆用钢带

　　ISO 48:2007　　硫化型或热塑型橡胶　　硬度测定(硬度在10IRHD和100IRHD之间)

　　IEC 60229:2007　　具有特殊保护作用的挤包的电缆外护套的试验

　　IEC 61443:1999　　额定电压30 kV(U_m=36 kV)以上电缆允许短路温度导则

3　术语和定义

　　下列术语和定义适用于本部分:

3.1　尺寸值(厚度,截面积等)的术语和定义

3.1.1

　　标称值　nominal value

　　指定的量值并经常用于表格之中。

　　注:在本部分中,通常标称值引伸出的量值在考虑规定公差下通过测量进行检验。

3.1.2

近似值　approximate value

既不保证也不检查的数值,例如用于其他尺寸值的计算。

3.1.3

中间值　median value

将试验得到的若干数值以递增(或递减)的次序依次排列时,若数值的数目是奇数,中间的那个值为中间值;若数值的数目是偶数,中间两个数值的平均值为中间值。

3.1.4

假设值　fictitious value

按附录 A 计算所得的值。

3.2　有关试验的术语和定义

3.2.1

例行试验　routine tests

由制造方在成品电缆的所有制造长度上进行的试验,以检验所有电缆是否符合规定的要求。

3.2.2

抽样试验　sample tests

由制造方按规定的频度,在成品电缆试样上或在取自成品电缆的某些部件上进行的试验,以检验电缆是否符合规定要求。

3.2.3

型式试验　type tests

按一般商业原则对本部分所包含的一种类型电缆在供货之前所进行的试验,以证明电缆具有满足预期使用条件的满意性能。

注:该试验的特点是:除非电缆材料或设计或制造工艺的改变可能改变电缆的特性,试验做过以后就不需要重做。

3.2.4

安装后电气试验　electrical tests after installation

在安装后进行的试验,用以证明安装后的电缆及其附件完好。

4　电压标示和材料

4.1　额定电压

本部分中电缆的额定电压 U_0/U (U_m) 标示如下:

U_0/U (U_m) $=21/35(40.5)$ 和 $26/35(40.5)$,单位 kV。

在电缆的电压标示 $U_0/U(U_m)$ 中:

U_0——电缆设计用的导体对地或金属屏蔽之间的额定工频电压;

　U——电缆设计用的导体之间的额定工频电压;

U_m——设备可使用的"最高系统电压"的最大值(见 GB/T 156—2007)。

对于一种给定应用的电缆的额定电压应适合电缆所在系统的运行条件。为了便于选择电缆,将系统划分为下列三类:

——A 类:该类系统任一相导体与地或接地导体接触时,能在 1 min 内与系统分离;

——B 类:该类系统可在单相接地故障时作短时运行,接地故障时间按照 JB/T 8996—1999 应不超过 1 h。对于本部分包括的电缆,在任何情况下允许不超过 8 h 的更长的带故障运行时间。任何一年接地故障的总持续时间应不超过 125 h;

——C 类:包括不属于 A 类、B 类的所有系统。

注:应该认识到,在系统接地故障不能立即自动解除时,故障期间加在电缆绝缘上过高的电场强度,会在一定程度上缩短电缆寿命。如系统预期会经常地运行在持久地接地故障状态下,该系统可建议划为 C 类。

用于三相系统的电缆,U_0的推荐值列于表1。

表 1 额定电压 U_0 推荐值

系统最高电压 U_m/ kV	额定电压 U_0/kV	
	A 类和 B 类	C 类
40.5	21	26

4.2 绝缘混合料

本部分所包括的绝缘混合料及其代号列于表2。

表 2 绝缘混合料

绝缘混合料	代 号
交联聚乙烯	XLPE
乙丙橡胶或类似材料(EPR 或 EPDM)	EPR
高弹性模量或高硬度乙丙橡胶	HEPR

本部分所包括的各种绝缘混合料的导体最高温度列于表3。

表 3 各种绝缘混合料的导体最高温度

绝缘混合料	导体最高温度/℃	
	正常运行	短路(最长持续 5 s)
交联聚乙烯(XLPE)	90	250
乙丙橡胶(EPR 和 HEPR)	90	250

表3中的温度由绝缘材料的固有特性决定,在使用这些数据计算额定电流时其他因素的考虑也是重要的。

例如正常运行时,如果直接埋入地下的电缆按表3所示导体最高温度在连续负荷(100%负荷因数)下运行,电缆周围土壤的热阻系数经过一段时间后,会因土壤干燥而超过原始值。因此导体温度可能大大地超过其最高温度。如果能预料这类运行条件,应当采取足够的预防措施。

关于连续负荷载流量的导则,参见 JB/T 10181—2000。

关于短路温度的导则,参见 IEC 61443:1999。

4.3 护套混合料

本部分中不同类型护套混合料的电缆导体最高温度列于表4中。

表 4 不同类型护套混合料的电缆导体最高温度

护套混合料	代 号	正常运行时导体最高温度/℃
a) 热塑性		
聚氯乙烯(PVC)	ST_1	80
	ST_2	90
聚乙烯	ST_3	80
	ST_7	90
b) 弹性体		
氯丁橡胶、氯磺化聚乙烯或类似聚合物	SE_1	85

5 导体

导体应是符合 GB/T 3956—2008 的第 1 种或第 2 种镀金属层或不镀金属层退火铜导体、或是铝或铝合金导体。第 2 种导体也可以是纵向阻水结构。

6 绝缘

6.1 材料

绝缘应为表2所列的一种挤包成型的介质。

6.2 绝缘厚度

标称绝缘厚度在表5中规定。

导体或绝缘外面的任何隔离层或半导电屏蔽层的厚度应不包括在绝缘厚度之中。

表5 绝缘的标称厚度

绝缘混合料	导体标称截面积/mm²	额定电压下绝缘标称厚度/mm	
		21/35(40.5)kV	26/35(40.5)kV
交联聚乙烯(XLPE)		9.3	10.5
乙丙橡胶(EPR)	50～1 600	9.3	10.5
硬乙丙橡胶(HEPR)		9.3	10.5

注1：不推荐任何小于本表给出的导体截面积。然而，如果需要更小截面的话，可用导体屏蔽来增加导体的直径（见7.1）或增加绝缘厚度，以限制在试验电压下加于绝缘的最大电场强度不超过按本表中给出的最小导体尺寸计算得出的场强值。

注2：对大于1 000 mm²导体，可以增加绝缘厚度以避免安装和运行时的机械伤害。

7 屏蔽

所有电缆的绝缘线芯上应有分相的金属屏蔽层。

单芯或三芯电缆绝缘线芯的屏蔽，应由导体屏蔽和绝缘屏蔽组成。

7.1 导体屏蔽

导体屏蔽应为挤包的半导电层。挤包的半导电层应和绝缘紧密结合，其与绝缘层的界面应光滑、无明显绞线凸纹，不应有尖角、颗粒、烧焦或擦伤的痕迹。

标称截面积500 mm²及以上电缆导体屏蔽应由半导电带和挤包半导电层复合组成。

7.2 绝缘屏蔽

绝缘屏蔽应由非金属半导电层与金属层组合而成。

每根绝缘线芯上应直接挤包与绝缘线芯紧密结合的非金属半导电层，其与绝缘层的界面应光滑，不应有尖角、颗粒、烧焦或擦伤的痕迹。

然后也可在每根绝缘线芯上包覆一层半导电带。

金属屏蔽层应包覆在每根绝缘线芯的外面，并应符合第10章要求。

8 三芯电缆的缆芯、内衬层和填充

三芯电缆缆芯的每根绝缘线芯上应有金属屏蔽层[1]。

下述8.1和8.2不适用于由有护套单芯电缆成缆的缆芯。

8.1 内衬层与填充

8.1.1 结构

内衬层可以挤包或绕包。

圆形绝缘线芯电缆只有在绝缘线芯间的间隙被密实填充时，才允许采用绕包内衬层。

挤包内衬层前允许用合适的带子扎紧。

---

[1] 本部分删除了IEC 60502-2:2005中不适用于额定电压35 kV三芯电缆的统包金属屏蔽结构。

8.1.2 材料

用于内衬层和填充物的材料应适合电缆的运行温度并和电缆绝缘材料相容。

8.1.3 挤包内衬层厚度

挤包内衬层的近似厚度应从表 6 中选取。

表 6 挤包内衬层厚度

缆芯假设直径/ mm		挤包内衬层厚度近似值/ mm
>60	≤80	1.8
>80	—	2.0

8.1.4 绕包内衬层厚度

绕包内衬层的近似厚度应为 0.6 mm。

8.2 具有分相金属层的电缆（见第 10 章）

各个绝缘线芯的金属层应相互接触。

若电缆的分相金属屏蔽缆芯外具有另外的同样金属材料的统包金属层（见第 9 章），电缆的缆芯外应包覆内衬层。内衬层和填充物应符合 8.1 要求。除纵向阻水型电缆外，内衬层和填充物应采用非吸湿材料。内衬层和填充物也可采用半导电材料。

当分相与统包金属层采用的金属材料不同时，应采用符合 14.2 中规定的任一种材料挤包隔离套将其隔开。对于铅套电缆，铅套与分相包覆的金属层之间的隔离，可采用符合 8.1 的内衬层。

若电缆没有统包金属层（见第 9 章），只要电缆外形保持圆整，可以省略内衬层。

9 单芯和三芯电缆的金属层

本部分包括以下类型的金属层：

a) 金属屏蔽（见第 10 章）；

b) 同心导体（见第 11 章）；

c) 金属套（见第 12 章）；

d) 金属铠装（见第 13 章）。

金属层应由上述的一种或几种型式组成，包覆在单芯电缆上或三芯电缆的单独绝缘线芯上时应是非磁性的。

可以采取某些措施使金属层周围具有纵向阻水性能。

10 金属屏蔽

10.1 结构

金属屏蔽应由一根或多根金属带，金属编织，金属丝的同心层或金属丝与金属带的组合结构组成。

金属屏蔽也可以是金属套或符合 10.2 要求的金属铠装层。

选择金属屏蔽材料时，应特别考虑存在腐蚀的可能性，这不仅为了机械安全，而且也为了电气安全。

金属屏蔽绕包的搭盖和间隙应符合 10.2.2 和 10.2.3 要求。

10.2 要求

10.2.1 铜丝屏蔽的标称截面积应根据故障电流容量确定。

10.2.2 铜带屏蔽应由一层重叠绕包的软铜带组成，也可采用双层铜带间隙绕包。铜带间的搭盖率为铜带宽度的 15%（标称值），最小搭盖率应不小于 5%。

软铜带应符合 GB/T 11091—2005 的规定。

铜带标称厚度为：

——单芯电缆：≥0.12 mm；

——三芯电缆：≥0.10 mm。

铜带的最小厚度应不小于标称值的90%。

10.2.3 标称截面积为500 mm² 及以上电缆的金属屏蔽应采用铜丝屏蔽结构。铜丝屏蔽应由疏绕的软铜线组成，其表面采用反向绕包的铜丝或铜带扎紧。相邻铜丝的平均间隙应不大于4 mm。

金属屏蔽中铜丝的电阻，适用时应符合 GB/T 3956—2008 要求。

11 同心导体

11.1 结构

同心导体的间隙应符合10.2.3要求。

选用同心导体结构和材料时，应特别考虑腐蚀的可能性，这不仅为了机械安全，而且也为了电气安全。

11.2 要求

同心导体的尺寸、物理及其电阻值要求，应符合10.2要求。

11.3 使用

如要求采用同心导体结构，可在三芯电缆的内衬层外，对单芯电缆也可以直接在半导电绝缘屏蔽层外或适当的内衬层外包覆同心导体层。

12 金属套

12.1 铅套

铅套应采用铅或铅合金，并形成松紧适当的无缝铅套管。

铅套的标称厚度应按下列公式计算：

a) 所有单芯电缆或缆芯：

$$t_{pb} = 0.03D_g + 0.8$$

b) 所有其他电缆：

$$t_{pb} = 0.03D_g + 0.7$$

式中：

t_{pb}——铅套标称厚度，单位为毫米(mm)；

D_g——铅套前假设直径，单位为毫米(mm)(按照附录 B 修约到一位小数)。

在所有情况下，最小标称厚度应为1.2 mm，计算值应按照附录 B 修约到一位小数。

12.2 其他金属套

在考虑中。

13 金属铠装

13.1 金属铠装类型

本部分包括的铠装类型如下：

a) 扁金属线铠装；

b) 圆金属丝铠装；

c) 双金属带铠装。

13.2 材料

圆金属丝或扁金属线应是镀锌钢丝，铜丝或镀锡铜丝，铝或铝合金丝。

金属带应是涂漆钢带、镀锌钢带、铝或铝合金带。钢带应符合 YB/T 024—2008 规定。

在要求铠装钢丝层满足最小导电性的情况下，铠装层中允许包含足够的铜丝或镀锡铜丝，以确保达到要求。

选择铠装材料时，尤其是铠装作为屏蔽层时，应特别考虑腐蚀的可能性，这不仅为了机械安全，而且也为了电气安全。

除非采用特殊结构，用于交流系统的单芯电缆的铠装应采用非磁性材料。

注：用于交流系统的单芯电缆以磁性材料为主的铠装即使采用特殊结构，电缆载流量仍将大为降低，应慎重选用。

13.3 铠装的应用

13.3.1 单芯电缆

单芯电缆的铠装层下应有挤包的或绕包的内衬层，其厚度应符合 8.1.3 或 8.1.4 要求。

13.3.2 三芯电缆

三芯电缆需要铠装时，铠装应包覆在符合 8.1 规定的内衬层上。

13.3.3 隔离套

当铠装下的金属层与铠装材料不同时，应用 14.2 规定的一种材料，挤包一层隔离套将其隔开。

隔离套应经受 GB/T 3048.10—2007 规定的火花试验。

如铅套电缆要求有铠装层时，应采用隔离套或包带垫层，并符合 13.3.4 规定。

如果在铠装层下采用隔离套，可以由其代替内衬层或附加在内衬层上。

在金属层外具有纵向阻水结构的电缆不需要采用隔离套。

隔离套的标称厚度 T_s（以 mm 计）应按下列公式计算：

$$T_s = 0.02D_u + 0.6$$

式中：

D_u——挤包该隔离套前的假设直径，单位为毫米（mm）。

计算按附录 A 所述进行，计算结果修约到 0.1 mm（见附录 B）。

非铅套电缆的隔离套标称厚度应不小于 1.2 mm。若隔离套直接挤包在铅套上，其标称厚度应不小于 1.0 mm。

13.3.4 铅套电缆铠装下的包带垫层

铅套涂层外的包带垫层应由浸渍纸带与复合纸带组成，或者由两层浸渍纸带与复合纸带外加一层或多层复合浸渍纤维材料组成。

垫层材料的浸渍剂可为沥青或其他防腐剂。对于金属丝铠装，这些浸渍剂不能直接涂敷到金属丝下。

也可采用合成材料带代替浸渍纸带。

铅套与铠装之间的包带垫层在铠装后的总厚度的近似值应为 1.5 mm。

13.4 铠装金属丝和铠装金属带的尺寸

铠装金属丝和铠装金属带应优先采用下列标称尺寸：

——圆金属丝：直径 2.0 mm，2.5 mm，3.15 mm；

——扁金属线：厚度 0.8 mm；

——钢带：厚度 0.5 mm，0.8 mm；

——铝或铝合金带：厚度 0.5 mm，0.8 mm。

13.5 电缆直径与铠装层尺寸的关系

铠装圆金属丝的标称直径和铠装金属带的标称厚度应分别不小于表 7 和表 8 规定的数值。

表 7　铠装圆金属丝标称直径

铠装前假设直径/mm		铠装金属丝标称直径/mm
>25	≤35	2.0
>35	≤60	2.5
>60	—	3.15

注：根据使用的需要，可以采用直径大于 3.15 mm 的铠装圆金属丝。

表 8　铠装金属带标称厚度

铠装前假设直径/mm		金属带标称厚度/mm	
		钢带或镀锌钢带	铝或铝合金带
>30	≤70	0.5	0.5
>70	—	0.8	0.8

扁金属线的标称厚度应取 0.8 mm。

13.6　圆金属丝或扁金属线铠装

金属丝铠装应紧密，即相邻金属丝间的间隙很小。必要时，可在扁金属线铠装和圆金属丝铠装外疏绕一条最小标称厚度为 0.3 mm 的镀锌钢带，钢带厚度的偏差应符合 17.7.3 规定。

13.7　双层金属带铠装

当采用金属带铠装和符合 8.1 规定的内衬层时，其内衬层应采用包带垫层加强。内衬层和附加包带垫层的总厚度应按 8.1 的规定值再加 0.8 mm。

内衬层和附加包带垫层的总厚度不应小于规定值的 80% 再减 0.2 mm。

如果有隔离套或挤包的内衬层并且满足 13.3.3 规定时，则不要求加包带垫层。

金属带铠装应螺旋绕包两层，使外层金属带的中线大致在内层金属带的间隙上方，包带间隙应不大于金属带宽度的 50%。

14　外护套

14.1　概述

所有电缆都应有外护套。

外护套通常为黑色，但也可以按照制造方和买方协议采用黑色以外的其他颜色，以适应电缆使用的特定环境。

外护套应经受 GB/T 3048.10—2008 规定的火花试验。

14.2　材料

外护套应为热塑性材料（聚氯乙烯或聚乙烯）或弹性体材料（聚氯丁烯，氯磺化聚乙烯或类似聚合物）。

外护套材料应与表 4 中规定的电缆运行温度相适应。

在特殊条件下（例如为了防白蚁）使用的外护套，可能有必要使用化学添加剂，但这些添加剂不应包括对人类及环境有害的材料。

注：例如不希望采用的材料包括[2]：

——氯甲桥萘（艾氏剂）：1、2、3、4、10、10-六氯代-1、4、4a、5、8、8a-六氢化-1、4、5、8-二甲桥萘；

——氧桥氯甲桥萘（狄氏剂）：1、2、3、4、10、10-六氯代-6、7-环氧-1、4、4a、5、6、7、8、8a-八氢-1、4、5、8-二甲桥萘；

——六氯化苯（高丙体六六六）：1、2、3、4、5、6-六氯代-环己烷 γ 异构体。

---

[2]　来源：《工业材料中的危险品》N. I. Sax，第五版，Van Nostrand Reinhold，ISBN 0-442-27373-8。

14.3 厚度

若无其他规定，挤包外护套标称厚度 t_s（以 mm 计）应按下式计算：

$$t_s = 0.035D + 1.0$$

式中：

D——挤包护套前电缆的假设直径，单位为(mm)（见附录 A）。

按上式计算出的数值应修约到 0.1 mm（见附录 B）。

无铠装的电缆和护套不直接包覆在铠装、金属屏蔽或同心导体上的电缆，其单芯电缆护套的标称厚度应不小于 1.4 mm，多芯电缆护套的标称厚度应不小于 1.8 mm。

护套直接包覆在铠装、金属屏蔽或同心导体上的电缆，护套的标称厚度应不小于 1.8 mm。

15 试验条件

15.1 环境温度

除非另有规定，试验应在环境温度(20±15)℃下进行。

15.2 工频试验电压的频率和波形

工频试验电压的频率应在 49 Hz～61 Hz 范围；波形应基本上为正弦波，引用值为有效值。

15.3 冲击试验电压的波形

按照 GB/T 3048.13—2007，冲击波形应具有有效波前时间 1 μs～5 μs，标称半峰值时间 40 μs～60 μs。其他方面应符合 GB/T 16927.1—1997。

16 例行试验

16.1 概述

例行试验通常应在每一根制造长度的电缆上进行（见 3.2.1）。根据购买方和制造方达成的质量控制协议，可以减少试验电缆的根数或采用其他的试验方法。

本部分要求的例行试验为：

a) 导体电阻测量（见 16.2）；

b) 在带有符合 7.1 和 7.2 规定的导体屏蔽和绝缘屏蔽的电缆绝缘线芯上进行的局部放电试验（见 16.3）；

c) 电压试验（见 16.4）。

16.2 导体电阻

应对例行试验中的每一根电缆长度的所有导体进行电阻测量，若有同心导体也包括在内。

成品电缆或从成品电缆上取下的试样，试验前应在保持适当温度的试验室内至少存放 12 h。若怀疑导体温度是否与室温一致，电缆应在试验室内存放 24 h 后测量。也可将导体试样放在温度可以控制的液体槽内至少 1 h 后测量电阻。

电阻测量值应按照 GB/T 3956—2008 给出的公式和系数校正到 20 ℃下 1 km 长度的数值。

每一根导体 20 ℃时的直流电阻应不超过 GB/T 3956—2008 规定的相应的最大值。标称截面积适用时，同心导体的电阻也应符合 GB/T 3956—2008 规定。

16.3 局部放电试验

应按 GB/T 3048.12—2007 进行局部放电试验，试验灵敏度应为 10pC 或更优。

三芯电缆的所有绝缘线芯都应试验，电压施加于每一根导体和金属屏蔽之间。

试验电压应逐渐升高到 $2U_0$ 并保持 10 s，然后缓慢降到 $1.73U_0$。

在 $1.73U_0$ 下，应无任何由被试电缆产生的超过声明试验灵敏度的可检测到的放电。

注：被试电缆的任何放电都可能有害。

16.4 电压试验[3]

16.4.1 概述

电压试验应在环境温度下采用工频交流电压进行。

除非购买方另有要求，制造方可任选以下程序进行例行电压试验：

a) $3.5U_0$，5 min；

b) $2.5U_0$，30 min。

16.4.2 单芯电缆试验步骤

对单芯电缆的试验电压应施加在导体与金属屏蔽之间。

16.4.3 三芯电缆试验步骤

应在三芯电缆的每一根导体与金属层之间施加电压。

三芯电缆也可采用三相变压器，一次完成试验。

16.4.4 试验电压

对应额定电压的单相试验电压值见表9。

表9 例行试验电压

额定电压 U_0/kV	21	26
试验电压($3.5U_0$)/kV	73.5	91
试验电压($2.5U_0$)/kV	53	65

若用三相变压器同时对三芯电缆进行电压试验，相间试验电压应取表9所列数据的1.73倍。

在任何情况下，电压都应逐渐升高到规定值。

16.4.5 要求

绝缘应无击穿。

17 抽样试验

17.1 概述

本部分要求的抽样试验包括：

a) 导体检查(见17.4)；

b) 尺寸检验(见17.5～17.8)；

c) 电压试验(见17.9)；

d) EPR、HEPR和XLPE绝缘及弹性体护套的热延伸试验(见17.10)。

17.2 抽样试验的频度

17.2.1 导体检查和尺寸检验

导体检查，绝缘和护套厚度测量以及电缆外径的测量应在每批同一型号和规格电缆中的一根制造长度的电缆上进行，但应限制不超过合同长度数量的10%。

17.2.2 电气和物理试验

电气和物理试验应按商定的质量控制协议，在取自成品电缆的样品上进行试验。若无协议，在三芯电缆总长度大于2 km或单芯电缆总长度大于4 km时，应按表10数量进行试验。

---

3) 本部分相对于 IEC 60502-2：2005 在此条文中补充了"$2.5U_0$，30 min"的电压试验条件。

表 10 抽样试验样品数量

电缆长度/km				样品数
三芯电缆		单芯电缆		
>2	≤10	>4	≤20	1
>10	≤20	>20	≤40	2
>20	≤30	>40	≤60	3
余类推		余类推		余类推

17.3 复试

如果任一试样没有通过第 17 章的任一项试验,应从同一批中再取两个附加试样就不合格项目重新试验。如果两个附加试样都合格,样品所取批次的电缆应认为符合本部分要求。如果加试样品中有一个试样不合格,则认为抽取该试样的这批电缆不符合本部分要求。

17.4 导体检查

应采用检查或可行的测量方法检验导体结构是否符合 GB/T 3956—2008 要求。

17.5 绝缘和非金属护套厚度的测量(包括挤包隔离套,但不包括挤包内衬层)

17.5.1 概述

试验方法应符合 GB/T 2951.11—2008 第 8 章规定。

为试验而选取的每根电缆长度应从电缆的一端截取一段电缆来代表,如果必要,应将可能损伤的部分电缆先从该端截除。

17.5.2 对绝缘的要求

每一段绝缘线芯,最小测量值应不低于标称值的 90% 再减 0.1 mm,即:

$$t_{min} \geqslant 0.9t_n - 0.1$$

同时:

$$\frac{t_{max} - t_{min}}{t_{max}} \leqslant 0.15$$

式中:

t_{max}——最大厚度,单位为毫米(mm);

t_{min}——最小厚度,单位为毫米(mm);

t_n——标称厚度,单位为毫米(mm)。

注:t_{max} 和 t_{min} 为同一截面上的测量值。

17.5.3 对非金属护套要求

护套应符合下列要求:

a) 对于非铠装电缆和护套不直接包覆在铠装、金属屏蔽或同心导体上的电缆,其最小测量值应不低于标称值的 85% 再减 0.1 mm,即:

$$t_{min} \geqslant 0.85t_n - 0.1$$

b) 直接包覆在铠装、金属屏蔽或同心导体上的护套,其最小测量值应不低于标称值的 80% 再减 0.2 mm,即:

$$t_{min} \geqslant 0.8t_n - 0.2$$

17.6 铅套厚度测量

根据制造方的意见应采用下列方法之一测量铅套最小厚度。铅套最小厚度应不低于标称值的 95% 再减 0.1 mm。即:

$$t_{min} \geqslant 0.95t_n - 0.1$$

注:其他类型金属套厚度测量方法在考虑中。

17.6.1 窄条法

应使用测量头平面直径为 4 mm～8 mm 的千分尺测量,测量精度为±0.01 mm。

测量应在取自成品电缆上的 50 mm 长的护套试样进行。试样应沿轴向剖开并仔细展平。将试样擦拭干净后,应沿展平的试样的圆周方向距边缘至少 10 mm 进行测量。应测取足够多的数值,以保证测量到最小厚度。

17.6.2 圆环法

应使用具有一个平测头和一个球形测头的千分尺,或具有一个平测头和一个长为 2.4 mm、宽为 0.8 mm 的矩形平测头的千分尺进行测量。测量时球形测头或矩形测头应置于护套环的内侧。千分尺的精度应为±0.01 mm。

测量应在从样品上仔细切下的环形护套上进行。应沿着圆周上测量足够多的点,以保证测量到最小厚度。

17.7 铠装金属丝和金属带的测量

17.7.1 金属丝的测量

应使用具有两个平测头精度为±0.01 mm 的千分尺来测量圆金属丝的直径和扁金属丝的厚度。对圆金属丝应在同一截面上两个互成直角的位置上各测量一次,取两次测量的平均值作为金属丝的直径。

17.7.2 金属带的测量

应使用具有两个直径为 5 mm 平测头、精度为±0.01 mm 的千分尺进行测量。对带宽为 40 mm 及以下的金属带应在宽度中央测其厚度;对更宽的带子应在距其每一边缘 20 mm 处测量,取其平均值作为金属带厚度。

17.7.3 要求

铠装金属丝和金属带的尺寸低于 13.5 中给出标称尺寸的量值应不超过:

——圆金属丝:5%;

——扁金属线:8%;

——金属带:10%。

17.8 外径测量

如果抽样试验中要求测量电缆外径,应按 GB/T 2951.11—2008 进行。

17.9 4 h 电压试验

17.9.1 取样

试验终端之间的一根成品电缆长度应至少为 5 m。

17.9.2 步骤

在环境温度下,每一导体与金属层之间应施加工频电压 4 h。

17.9.3 试验电压

试验电压应为 $4U_0$。对应于标准额定电压的试验电压值列于表 11。

表 11 抽样试验电压

额定电压 U_0/kV	21	26
试验电压/kV	84	104

试验电压应逐渐升高到规定值,并持续 4 h。

17.9.4 要求

绝缘应不发生击穿。

17.10 EPR、HEPR 和 XLPE 绝缘和弹性体护套热延伸试验

17.10.1 步骤

取样和试验步骤应按 GB/T 2951.21—2008 第 9 章进行。

试验条件列于表 18 和表 19。

17.10.2 要求

EPR、HEPR 和 XLPE 绝缘的试验结果应符合表 18 要求,SE₁ 护套应符合表 19 要求。

18 电气型式试验

具有特定电压和导体截面积的一种型式的电缆通过了本部分的型式试验后,对于具有其他导体截面积和/或额定电压的电缆型式认可仍然有效,只要满足下列三个条件:

a) 绝缘和半导电屏蔽材料以及所采用的制造工艺相同;

b) 导体截面积不大于已试电缆,但是如果已试电缆的导体截面积为 95 mm² ～630 mm²(含)之间,那么 630 mm² 及以下的所有电缆也有效;

c) 额定电压不高于已试电缆。

型式认可与导体材料无关。

18.1 具有导体屏蔽和绝缘屏蔽的电缆

应从成品电缆中取 10 m～15 m 长的电缆试样按 18.1.1 进行试验。

除 18.1.2 的例外,所有 18.1.1 所列的试验应依次在同一试样上进行。

三芯电缆的每项试验或测量应在所有绝缘线芯上进行。

18.1.9 规定的半导电屏蔽电阻率测量,应在另外的试样上进行。

18.1.1 试验顺序

正常试验的顺序应如下:

a) 弯曲试验及随后的局部放电试验(见 18.1.3 和 18.1.4);

b) tanδ 测量(见 18.1.2 和见 18.1.5);

c) 热循环试验及随后的局部放电试验(见 18.1.6);

d) 冲击电压试验及随后的工频电压试验(见 18.1.7);

e) 4 h 电压试验(见 18.1.8)。

18.1.2 特殊条款

tanδ 测量可以在没有按 18.1.1 正常试验顺序做过试验的另一个试样进行。

试验项目 e)可取一个新的试样进行,但该试样应预先进行过 18.1.1 中的 a)项和 c)项试验。

18.1.3 弯曲试验

在室温下试样应围绕试验圆柱体(例如线盘的筒体)至少绕一整圈,然后松开展直,再在相反方向上重复此过程。

此操作循环应进行三次。

试验圆柱体的直径应为:

——铅套或纵包复合金属箔电缆:

$$25(d+D)\pm5\%\qquad 单芯电缆;$$
$$20(d+D)\pm50\%\qquad 三芯电缆;$$

——其他类型电缆:

$$20(d+D)\pm5\%\qquad 单芯电缆;$$
$$15(d+D)\pm50\%\qquad 三芯电缆;$$

式中:

D——电缆试样实测外径,单位为毫米(mm),按 17.8 测量;

d——导体的实测直径,单位为毫米(mm)。

本试验完成后,试样应立即进行局部放电试验,并应符合 18.1.4 要求。

18.1.4 局部放电试验

应按 GB/T 3048.12—2007 进行局部放电试验,试验灵敏度应为 5pC 或更优。

三芯电缆的所有绝缘线芯都应试验,电压施加于每一根导体和金属屏蔽之间。

试验电压应逐渐升高到 $2U_0$ 并保持 10 s,然后缓慢降到 $1.73U_0$。

在 $1.73U_0$ 下,应无任何由被试电缆产生的超过声明试验灵敏度的可检测到的放电。

注:被试电缆的任何放电都可能有害。

18.1.5 tanδ 测量

成品电缆试样应用下述方法之一加热:试样应放置在液体槽或烘箱中,或者在试样的金属屏蔽层或导体或两者都通电流加热。

试样应加热至导体温度超过电缆正常运行时导体最高温度 5 ℃~10 ℃。

每一方法中,导体的温度应或者通过测量导体电阻确定,或者用放在液体槽、烘箱内或放在屏蔽层表面上,或放在与被测电缆相同的另一根同样加热的参照电缆上的测温装置进行测量。

tanδ 测量应在额定电压 U_0 和上述规定温度下进行。

测量值应不高于表 12 规定。

表 12 绝缘的电气型式试验要求

序号	试验项目和试验条件 (混合料代号见 4.2)	单位	性能要求	
			EPR/HEPR	XLPE
0	正常运行时导体最高温度(见 4.2)	℃	90	90
1	tanδ(见 18.5) ——超过电缆正常运行导体最高温度 5 ℃~10 ℃的 tanδ 最大值		50×10^{-4}	10×10^{-4}

18.1.6 热循环试验

经过上述各项试验后的试样应在试验室的地面上展开,并在试样导体上通以电流加热,直至导体达到稳定温度,此温度应超过电缆正常运行时导体最高温度 5 ℃~10 ℃。

三芯电缆的加热电流应通过所有导体。

加热循环应持续至少 8 h。在每一加热过程中,导体应在达到规定温度后至少维持 2 h。随后应在空气中自然冷却至少 16 h。

此循环应重复 20 次。

第 20 个循环后,试样应进行局部放电试验并应符合 18.1.4 要求。

18.1.7 冲击电压试验及随后的工频电压试验

试验应在超过电缆正常运行时导体最高温度 5 ℃~10 ℃的温度下进行。

应按照 GB/T 3048.13—2007 规定的步骤施加冲击电压,其电压峰值应为 200 kV。

电缆的每一个绝缘线芯应耐受 10 次正极性和 10 次负极性冲击电压而不击穿。

在冲击电压试验后,电缆试样的每一绝缘线芯应在室温下进行工频电压试验 15 min。试验电压应按表 9 规定。绝缘应不发生击穿。

18.1.8 4 h 电压试验

本试验应在室温下进行。应在试样的导体和屏蔽之间施加工频交流电压 4 h。

试验电压应为 $4U_0$,试验电压值见表 11。电压应逐渐升高至规定值。绝缘应不发生击穿。

18.1.9 半导电屏蔽电阻率

挤包在导体上的和绝缘上的半导电屏蔽的电阻率,应在取自电缆绝缘线芯上的试样上进行测量,绝缘线芯应分别取自制造好的电缆样品和进行过按 19.5 规定的材料相容性试验老化处理后的电缆样品。

18.1.9.1 步骤

试验步骤应按附录 C。

应在电缆正常运行时导体最高温度±2 ℃范围内进行测量。

18.1.9.2 要求

在老化前和老化后,电阻率应不超过下列数值:

——导体屏蔽:1 000 Ω·m;

——绝缘屏蔽:500 Ω·m。

19 非电气型式试验

本部分要求的非电气型式试验项目见表13。

19.1 绝缘厚度测量

19.1.1 取样

应从每一根绝缘线芯上各取一个样品。

19.1.2 步骤

应按GB/T 2951.11—2008中8.1进行测量。

19.1.3 要求

见17.5.2。

19.2 非金属护套厚度测量(包括挤包隔离套,但不包括内衬层)

19.2.1 取样

应取一个电缆试样。

19.2.2 步骤

应按GB/T 2951.11—2008中8.2进行测量。

19.2.3 要求

见17.5.3。

19.3 绝缘老化前后的机械性能试验

19.3.1 取样

应按GB/T 2951.11—2008中9.1取样和制备试片。

19.3.2 老化处理

老化处理应在表14规定的条件下,按GB/T 2951.12—2008中8.1进行。

19.3.3 预处理和机械性能试验

应按GB/T 2951.11—2008中9.1进行试片的预处理和机械性能试验。

19.3.4 要求

试片老化前和老化后的试验结果均应符合表14要求。

19.4 非金属护套老化前后的机械性能试验

19.4.1 取样

应按GB/T 2951.11—2008中9.2取样和制备试片。

19.4.2 老化处理

老化处理应在表15规定的条件下,按GB/T 2951.12—2008中8.1进行。

19.4.3 预处理和机械性能试验

应按GB/T 2951.11—2008中9.2进行试片的预处理和机械性能试验。

19.4.4 要求

试片老化前和老化后的试验结果均应符合表15要求。

19.5 成品电缆段的附加老化试验

19.5.1 概述

本试验旨在检验电缆绝缘和非金属护套与电缆中的其他材料接触有无造成运行中劣化倾向。

本试验适用于所有类型的电缆。

19.5.2 取样

应按 GB/T 2951.12—2008 中 8.1.4 从成品电缆上截取试样。

19.5.3 老化处理

电缆样品的老化处理应按 GB/T 2951.12—2008 中 8.1.4,在空气烘箱中进行。老化条件如下:

温度:高于电缆正常运行时导体最高温度(见表 12)(10±2)℃;

周期:7×24 h。

19.5.4 机械性能试验

取自老化后电缆段试样的绝缘和护套试片,应按 GB/T 2951.11—2008 中第 9 章进行机械性能试验。

19.5.5 要求

老化前和老化后抗张强度与断裂伸长率中间值的变化率(见 19.3 和见 19.4)应不超过空气烘箱老化后的规定值。绝缘的规定值见表 14,非金属护套的规定值见表 15。

19.6 ST₂型 PVC 护套失重试验

19.6.1 步骤

应按 GB/T 2951.32—2008 中 8.2 取样和进行试验。

19.6.2 要求

试验结果应符合表 16 要求。

19.7 护套的高温压力试验。

19.7.1 步骤

高温压力试验应按 GB/T 2951.31—2008 第 8 章的试验方法及表 16 和表 17 给出的试验条件进行。

19.7.2 要求

试验结果应符合 GB/T 2951.31—2008 第 8 章要求。

19.8 PVC 护套的低温性能试验

19.8.1 步骤

应按 GB/T 2951.14—2008 第 8 章取样和进行试验,试验温度见表 16。

19.8.2 要求

试验结果应符合 GB/T 2951.14—2008 第 8 章要求。

19.9 PVC 护套的抗开裂试验(热冲击试验)

19.9.1 步骤

应按 GB/T 2951.31—2008 第 9 章取样和进行试验,试验温度和加热持续时间见表 16。

19.9.2 要求

试验结果应符合 GB/T 2951.31—2008 第 9 章要求。

19.10 EPR 和 HEPR 绝缘耐臭氧试验

19.10.1 步骤

应按 GB/T 2951.21—2008 第 8 章取样和进行试验。臭氧浓度和试验持续时间应符合表 18 规定。

19.10.2 要求

试验结果应符合 GB/T 2951.21—2008 第 8 章要求。

19.11 EPR、HEPR 和 XLPE 绝缘与弹性体护套的热延伸试验

应按 17.10 取样和进行试验,并应符合 17.10 要求。

19.12 弹性体护套的浸油试验

19.12.1 步骤

应按 GB/T 2951.21—2008 第 10 章取样和进行试验,试验条件应符合表 19。

19.12.2 要求

试验结果应符合表 19 要求。

19.13 绝缘吸水试验

19.13.1 步骤

应按 GB/T 2951.13—2008 中 9.1 取样和进行试验,试验条件应符合表 18。

19.13.2 要求

试验结果应符合表 18 要求。

19.14 单根电缆的不延燃试验

本试验仅适用于 ST_1、ST_2 或 SE_1 材料护套电缆,且仅有特别要求时才进行。

应按 GB/T 18380.12—2008 规定的方法进行试验并符合其要求。

19.15 黑色 PE 护套碳黑含量测定

19.15.1 步骤

应按照 GB/T 2951.41—2008 第 11 章取样和进行试验。

19.15.2 要求

试验结果应符合表 17 要求。

19.16 XLPE 绝缘收缩试验

19.16.1 步骤

应按照 GB/T 2951.13—2008 第 10 章取样和进行试验,试验条件应符合表 18。

19.16.2 要求

试验结果应符合表 18 要求。

19.17 挤包外护套刮磨试验

试样经 18.1.3 规定的弯曲试验后,应按 JB/T 10696.6—2007 进行刮磨试验。

把经过刮磨试验的试样,在室温下浸入 0.5%(重量比)氯化钠和大约 0.1%(重量比)非离子型表面活性剂水溶液中至少 24 h。

将金属屏蔽和铠装作为负极,在负极和盐溶液之间施加直流电压 20 kV,历时 1 min。然后施加雷电冲击电压 20 kV,正负极性各 10 次。试样应不击穿。

把试样从溶液中取出,剥下包含刮磨部位的 1 m 长护套,用肉眼观察护套内外表面,应无裂缝和开裂。

19.18 HEPR 绝缘硬度测量

19.18.1 步骤

应按照附录 E 取样和进行测量。

19.18.2 要求

试验结果应符合表 18 要求。

19.19 HEPR 绝缘弹性模量测定

19.19.1 步骤

应按照 GB/T 2951.11—2008 第 9 章取样、制备试片和进行测定。

应测量伸长为 150% 时所需的负荷。相应的应力应用测得的负荷除以试片未拉伸前的截面积计算得到。应确定应力与应变的比值,以得到伸长率为 150% 时的弹性模量。

弹性模量应取全部测量结果的中间值。

19.19.2 要求

试验结果应符合表 18 要求。

19.20 PE 外护套收缩试验

19.20.1 步骤

应按照 GB/T 2951.13—2008 第 11 章取样和进行试验,试验条件应符合表 17。

19.20.2 要求

试验结果应符合表17要求。

19.21 绝缘屏蔽的可剥离性试验

当制造方声明采用的挤包半导电绝缘屏蔽为可剥离型时,应进行本试验。

19.21.1 步骤

试验应在老化前和老化后的样品上各进行三次,可在三个单独的电缆试样上进行试验,也可在同一个电缆试样上沿圆周方向彼此间隔约120°的三个不同位置上进行试验。

应从老化前和按19.5.3老化后的被试电缆上取下长度至少250 mm的绝缘线芯。

在每一个试样的挤包绝缘屏蔽表面上从试样的一端到另一端向绝缘纵向切割成两道彼此相隔宽(10±1)mm相互平行的深入绝缘的切口。

沿平行于绝缘线芯方向(也就是剥离角近似于180°)拉开长50 mm、宽10 mm的条形带后,将绝缘线芯垂直地装在拉力机上,用一个夹头夹住绝缘线芯的一端,而10 mm的条形带,夹在另一个夹头上。

施加使10 mm条形带从绝缘分离的拉力,拉开至少100 mm长的距离。应在剥离角近似180°和速度为(250±50)mm/min条件下测量拉力。

试验应在(20±5)℃温度下进行。

对未老化和老化后的试样应连续地记录其剥离力的数值。

19.21.2 要求

从老化前后的试样绝缘上剥下挤包半导电屏蔽的剥离力应不小于8 N和不大于45 N。

绝缘表面应无损伤及残留的半导电屏蔽痕迹。

19.22 透水试验

当制造方声称采用了纵向阻水屏障电缆的设计时,应进行透水试验。本试验的目的是满足地下埋设电缆的要求,而不适用于水底电缆。

本试验用于下列电缆设计:

a) 在金属层附近具有纵向阻水屏障;

b) 沿着导体具有纵向阻水屏障。

试验装置、取样和试验步骤应按附录D规定。

当电缆具有径向阻水的金属箔复合护层时,应进行附录F的试验。

20 安装后电气试验[4]

试验应在电缆及其附件安装完成后进行。

推荐按照20.1进行外护套的直流电压试验,并在有要求时按照20.2进行绝缘试验。对于只进行外护套的直流电压试验的情况,可以用买方和供方认可的质量保证程序代替绝缘试验。

20.1 外护套的直流电压试验

应在电缆的每相金属套或金属屏蔽与接地之间施加IEC 60229:2007第5章规定的直流电压及持续时间。

为了有效试验,应使外护套的全部外表面接地良好。

注:外护套上的导电层有助于达到此目的。

20.2 交流电压试验

按供方与买方协议,可以采用下列a)项或b)项工频电压试验:

a) 交流电压试验应经买方和供方协商同意后进行。电压的波形应基本是正弦波,频率应为

---

4) 安装后绝缘的电气试验与IEC 60840:2004《额定电压大于30 kV(U_m=36 kV)至150 kV(U_m=170 kV)挤包绝缘电力电缆及其附件 试验方法和要求》一致。

20 Hz～300 Hz。试验电压应为 $2U_0$,持续 60 min。

b) 作为替代,可以施加系统额定电压 U_0,持续 24 h。

注:对已运行的电缆线路,可采用较低的电压和/或较短的时间进行试验。试验的电压和时间应考虑已运行的时间、环境条件、击穿历史以及试验的目的,经协商确定。

21 电缆产品的补充条款

电缆产品的补充条款包括电缆型号和产品表示方法、产品验收规则、成品电缆标志、电缆包装、运输和贮存,以及安装条件,详见附录 G。

表 13 绝缘混合料和护套混合料的非电气型式试验(见表 14 到表 19)

序号	试验项目 (混合料代号见 4.2 和 4.3)	绝 缘			护 套				
		EPR	HEPR	XLPE	PVC		PE		SE_1
					ST_1	ST_2	ST_3	ST_7	
1	尺寸								
1.1	厚度测量	×	×	×	×	×	×	×	×
2	机械性能(抗张强度和断裂伸长率)								
2.1	老化前	×	×	×	×	×	×	×	×
2.2	空气烘箱老化后	×	×	×	×	×	×	×	×
2.3	成品电缆段老化	×	×	×	×	×	×	×	×
2.4	浸入热油后	—	—	—	—	—	—	—	×
3	热塑性能								
3.1	高温压力试验(凹痕)	—	—	—	×	×	—	×	—
3.2	低温性能	—	—	—	×	×	—	—	—
4	其他各类试验								
4.1	空气烘箱内的失重试验	—	—	—	—	×	—	—	—
4.2	热冲击试验(开裂)	—	—	—	×	×	—	—	—
4.3	抗臭氧试验	×	×	—	—	—	—	—	—
4.4	热延伸试验	×	×	×	—	—	—	—	×
4.5	不延燃试验(要求时)	—	—	—	×	×	—	—	×
4.6	吸水试验	×	×	×	—	—	—	—	—
4.7	收缩试验	—	—	×	—	—	—	—	—
4.8	外护套刮磨试验	—	—	—	×	×	×	×	×
4.9	碳黑含量[a]	—	—	—	—	—	×	×	—
4.10	硬度试验	—	×	—	—	—	—	—	—
4.11	弹性模量试验	—	×	—	—	—	—	—	—
4.12	可剥离性试验[b]								
4.13	透水试验[c]								
4.14	金属箔粘结强度[c]								
注:×表示型式试验项目。									
[a] 仅对黑色外护套适用。									
[b] 适用于制造方声明具有可剥离绝缘屏蔽电缆。									
[c] 适用于制造方声明具有阻水屏障结构电缆。									

表 14 绝缘混合料机械性能试验要求（老化前后）

序号	试验项目 （混合料代号见 4.2）	单位	EPR	HEPR	XLPE
0	正常运行时导体最高温度（见4.2）	℃	90	90	90
1	老化前（GB/T 2951.11—2008 中 9.1）				
1.1	抗张强度，最小	N/mm²	4.2	8.5	12.5
1.2	断裂伸长率，最小	%	200	200	200
2	空气烘箱老化后（GB/T 2951.12-2008 中 8.1）				
2.1	无导体老化后				
2.1.1	处理条件				
	——温度	℃	135	135	135
	——温度偏差	℃	±3	±3	±3
	——持续时间	d	7	7	7
2.1.2	抗张强度变化率[a]，最大	%	±30	±30	±25
2.1.3	断裂伸长率变化率，最大	%	±30	±30	±25

[a] 变化率：老化前后得出的中间值之差值除以老化前中间值，以百分数表示。

表 15 护套混合料机械性能试验要求（老化前后）

序号	试验项目 （混合料代号见 4.3）	单位	ST₁	ST₂	ST₃	ST₇	SE₁
	正常运行时导体最高温度（见4.3）	℃	80	90	80	90	85
1	老化前（GB/T 2951.11—2008 中 9.2）						
1.1	抗张强度，最小	N/mm²	12.5	12.5	10.0	12.5	10.0
1.2	断裂伸长率，最小	%	150	150	300	300	300
2.0	空气烘箱老化后（GB/T 2951.12—2008 中 8.1）						
2.1	处理条件						
	——温度（偏差±2 ℃）	℃	100	100	100	110	100
	——持续时间	d	7	7	10	10	7
2.2	抗张强度：						
	a) 老化后数值，最小	N/mm²	12.5	12.5	—	—	—
	b) 变化率[a]，最大	%	±25	±25	—	—	±30
2.3	断裂伸长率：						
	a) 老化后数值，最小	%	150	150	300	300	250
	b) 变化率[a]，最大	%	±25	±25	—	—	±40

[a] 变化率：老化前后得出的中间值之差值除以老化前中间值，以百分数表示。

表 16 护套混合料特殊性能试验要求

序号	试验项目 （混合料代号见 4.3）	单位	ST₁	ST₂
1	空气烘箱中失重试验（GB/T 2951.32—2008 中 8.2）			
1.1	处理条件			
	——温度（偏差±2 ℃）	℃	—	100
	——持续时间	d	—	7
1.2	最大允许失重量	mg/cm²	—	1.5
2	高温压力试验（GB/T 2951.31—2008 第 8 章）			
2.1	温度（偏差±2 ℃）	℃	80	90
3	低温性能试验ᵃ（GB/T 2951.14—2008 第 8 章）			
3.1	未经老化前进行试验			
	——直径＜12.5 mm 的冷弯曲试验			
	——温度（偏差±2 ℃）	℃	−15	−15
3.2	哑铃片的低温拉伸试验			
	——温度（偏差±2 ℃）	℃	−15	−15
3.3	冷冲击试验			
	——温度（偏差±2 ℃）	℃	−15	−15
4	抗开裂试验（GB/T 2951.31—2008 第 9 章）			
4.1	——温度（偏差±3 ℃）	℃	150	150
4.2	——持续时间	h	1	1
ᵃ 因气候条件，购买方可以要求采用更低的温度。				

表 17 PE（热塑性聚乙烯）护套混合料的特殊性能

序号	试验项目 （混合料代号见 4.3）	单位	ST₃	ST₇
1	密度ᵃ（GB/T 2951.13—2008 第 8 章）			
2	碳黑含量（仅对于黑色护套）（GB/T 2951.41—2008 第 11 章）			
2.1	标称值	%	2.5	2.5
2.2	偏差	%	±0.5	±0.5
3	收缩试验（GB/T 2951.13—2008 第 11 章）			
3.1	温度（偏差±2 ℃）	℃	80	80
3.2	加热持续时间	h	5	5
3.3	加热周期		5	5
3.4	最大允许收缩	%	3	3
4	高温压力试验（GB/T 2951.31—2008 中 8.2）			
4.1	温度（偏差±2 ℃）	℃	—	110
ᵃ 密度的测定仅在其他试验需要时才做。				

表 18 各种热固性绝缘混合料的特殊性能试验要求

序号	试验项目 （混合料代号见 4.2）	单位	EPR	HEPR	XLPE
1	耐臭氧试验（GB/T 2951.21—2008 第 8 章）				
1.1	臭氧浓度（按体积）	%	0.025～0.030	0.025～0.030	—
1.2	无开裂持续时间试验	h	24	24	—
2	热延伸试验（GB/T 2951.21—2008 第 9 章）				
2.1	处理条件				
	——空气温度（偏差±3 ℃）	℃	250	250	200
	——负荷时间	min	15	15	15
	——机械应力	N/cm²	20	20	20
2.2	载荷下最大伸长率	%	175	175	175
2.3	冷却后最大永久伸长率	%	15	15	15
3	吸水试验（GB/T 2951.13—2008 中 9.2）重量分析法				
3.1	温度（偏差±2 ℃）	℃	85	85	85
3.2	持续时间	d	14	14	14
3.3	重量最大变化率	mg/cm²	5	5	1ᵃ
4	收缩试验（GB/T 2951.13—2008 第 10 章）				
4.1	标志间长度 L	mm	—	—	200
4.2	温度（偏差±3 ℃）	℃	—	—	130
4.3	持续时间	h	—	—	1
4.4	最大允许收缩率	%	—	—	4
5	硬度测定（见附录 E）				
5.1	IRHDᵇ 最小			80	
6	弹性模量测定（见 19.19）				
6.1	150％伸长率下的弹性模量，最小	N/mm²	—	4.5	—

ᵃ 对于密度大于 1 g/cm³ 的 XLPE 要考虑吸水量的增加大于 1 mg/cm²；

ᵇ IRHD：国际橡胶硬度等级。

表 19 弹性体护套混合料特殊性能试验要求

序号	试验项目 （混合料代号见 4.3）	单位	SE₁
1	浸油后机械性能测试（GB/T 2951.21—2008 第 10 章和 GB/T 2951.11—2008 第 9 章）		
1.1	处理条件		
	——油温（偏差±2℃）	℃	100
	——持续时间	h	24
	最大允许变化率ᵃ		
	a) 抗张强度	%	±40
	b) 断裂伸长率	%	±40
2	热延伸（GB/T 2951.21—2008 第 9 章）		

表 19（续）

序号	试验项目 （混合料代号见 4.3）	单位	SE₁
2.1	处理条件		
	——温度（偏差±3℃）	℃	200
	——载荷时间	min	15
	——机械应力	N/cm²	20
2.2	负载下允许最大伸长率	%	175
2.3	冷却后最大永久伸长率	%	15
a 变化率：处理前后得出的中间值之差值与处理前中间值之比，以百分数表示。			

附 录 A
（规范性附录）
确定护层尺寸的假设计算方法

电缆护层,诸如护套和铠装,其厚度通常与电缆标称直径有一个"阶梯表"的关系。

有时候会产生一些问题,计算出的标称直径不一定与生产出的电缆实际尺寸相同。在边缘情况下,如果计算直径稍有偏差,护层厚度与实际直径不相符合,就会产生疑问。不同制造方的成型导体尺寸变化、计算方法不同会引起标称直径不同和由此导致使用在基本设计相同的电缆上的护层厚度不同。

为了避免这些麻烦,而采取假设计算方法。这种计算方法忽略形状和导体的紧压程度而根据导体标称截面积,标称绝缘厚度和电缆芯数,利用公式来计算假设直径。这样护套厚度和其他护层厚度都可以通过公式或表格而与假设直径有了相应的关系。假设直径计算的方法明确规定,使用的护层厚度是唯一的,它与实际制造中的细微差别无关。这就使电缆设计标准化,对于每一个导体截面的护层厚度尺寸可以被预先计算和规定。

假设直径仅用来确定护套和电缆护层的尺寸,不是代替精确计算标称直径所需的实际过程,实际标称直径计算应分开计算。

A.1 概述

采用下述规定的电缆各种护层厚度的假设计算方法,是为了保证消除在单独计算中引起的任何差异,例如由于导体尺寸的假设以及标称直径和实际直径之间不可避免的差异。

所有厚度值和直径都应按照附录 B(规范性附录)中的规则修约到一位小数。

扎带,例如反向螺旋绕包在铠装外的扎带,如果不厚于 0.3 mm,在此方法中忽略。

A.2 方法

A.2.1 导体

不考虑形状和紧压程度如何,每一标称截面积导体的假设直径(d_L)由表 A.1 给出。

表 A.1 导体的假设直径

导体标称截面积/mm²	d_L/mm	导体标称截面积/mm²	d_L/mm
50	8.0	630	28.3
70	9.4	800	31.9
95	11.0	1 000	35.7
120	12.4	1 200	39.1
150	13.8	1 400	42.2
185	15.3	1 600	45.1
240	17.5		
300	19.5		
400	22.6		
500	25.2		

A.2.2 绝缘线芯

任何绝缘线芯的假设直径 D_c 如下式:

a) 无半导电屏蔽电缆的绝缘线芯:

$$D_c = d_L + 2t_i$$

b) 有半导电屏蔽电缆的绝缘线芯:

$$D_c = d_L + 2t_i + 3.0$$

式中：

t_i——绝缘的标称厚度，单位为毫米（mm）（见表5～表7）

如果采用金属屏蔽或同心导体，则应根据 A.2.5 考虑增大绝缘线芯的标称直径。

A.2.3 缆芯直径

缆芯的假设直径（D_f）如下式：

$$D_f = K \cdot D_c$$

式中：

K——三芯电缆的成缆系数，数值为 2.16。

A.2.4 内衬层

内衬层的直径（D_B）应按下式计算：

$$D_B = D_f + 2t_B$$

式中：

缆芯的假设直径 D_f 为 40 mm 及以下，$t_B = 0.4$ mm；

缆芯的假设直径 D_f 大于 40 mm，$t_B = 0.6$ mm。

t_B 假设值应用于：

a) 三芯电缆

无论有无内衬层；

无论内衬层为挤包还是绕包。

当有一个符合 13.3.3 规定的隔离套代替或附加在内衬层上时，应按 A.2.7 中公式计算。

b) 单芯电缆

无论有挤包还是绕包的内衬层。

A.2.5 同心导体和金属屏蔽

由于同心导体和金属屏蔽使直径增加的数值如表 A.2 规定。

表 A.2 同心导体和金属屏蔽使直径的增加值

同心导体或金属屏蔽的标称截面积/mm²	直径的增加值/mm
50	1.7
70	2.0
95	2.4
120	2.7
150	3.0
185	4.0
240	5.0
300	6.0

如果同心导体或金属屏蔽的标称截面积介于上表所列数据的两数之间，那么取这两个标称值中较大数值所对应的直径增加值。

如果有金属屏蔽层，上表中规定的屏蔽层截面积应按下列公式计算：

a) 金属带屏蔽

$$截面积 = n_t \times t_t \times w_t \, (mm^2)$$

式中：

n_t——金属带根数；

t_t——单根金属带的标称厚度，单位为毫米（mm）；

w_t——单根金属带的标称宽度,单位为毫米(mm)。

当屏蔽总厚度小于 0.15 mm 时,直径增加值为零:

一层金属带重叠绕包屏蔽或两层金属带搭盖绕包屏蔽,屏蔽总厚度为金属带厚度的两倍;

金属带纵包屏蔽:

如果搭盖率小于 30%,屏蔽总厚度为金属带的厚度;

如果搭盖率达到或超过 30%,屏蔽总厚度为金属带厚度的两倍。

b) 金属丝屏蔽(包括一反向扎线,若存在)

$$截面积 = \frac{n_w \times d_w^2 \times \pi}{4} + n_h \times t_h \times W_h (\text{mm}^2)$$

式中:

n_w——金属丝根数;

d_w——单根金属丝直径,单位为毫米(mm);

n_h——反向扎带根数;

t_h——厚度大于 0.3 mm 的反向扎带的厚度,单位为毫米(mm);

W_h——反向扎带的宽度,单位为毫米(mm)。

A.2.6 铅套

铅套的假设直径(D_{pb})应按下式计算:

$$D_{pb} = D_g + 2t_{pb}$$

式中:

D_g——铅套下的假设直径,单位为毫米(mm);

t_{pb}——按 12.1 的计算厚度,单位为毫米(mm)。

A.2.7 隔离套

隔离套的假设直径(D_s)应按下式计算:

$$D_s = D_u + 2t_s$$

式中:

D_u——隔离套下的假设直径,单位为毫米(mm);

t_s——按 13.3.3 的计算厚度,单位为毫米(mm)。

A.2.8 包带垫层

包带垫层的假设直径 D_{lb} 应按下式计算:

$$D_{lb} = D_{ulb} + 2t_{lb}$$

式中:

D_{ulb}——包带前假设直径,单位为毫米(mm);

t_{lb}——包带垫层厚度,按照 13.3.4 规定,即为 1.5 mm。

A.2.9 金属带铠装电缆的附加垫层(加在内衬层外)

因附加垫层引起的直径增加量见表 A.3。

表 A.3 因附加垫层引起的直径增加量

附加垫层下的假设直径/mm	因附加垫层引起的直径增加/mm
>29	1.6

A.2.10 铠装

铠装外的假设直径(D_X)应按下式计算:

a) 扁或圆金属丝铠装

$$D_X = D_A + 2t_A + 2t_w$$

式中：

D_A——铠装前直径，单位为毫米（mm）；

t_A——铠装金属丝的直径或厚度，单位为毫米（mm）；

t_W——如果有反向螺旋扎带时厚度大于 0.3 mm 的反向螺旋扎带厚度，单位为毫米（mm）。

b) 双金属带铠装

$$D_X = D_A + 4t_A$$

式中：

D_A——铠装前直径，单位为毫米（mm）；

t_A——铠装带厚度，单位为毫米（mm）。

附　录　B
（规范性附录）
数　值　修　约

B.1　假设计算法的数值修约

在按照附录 A 计算假设直径和确定单元尺寸而对数值进行修约时,采用下述规则。

当任何阶段的计算值小数点后多于一位数时,数值应修约到一位小数,即精确到 0.1 mm。每一阶段的假设直径数值应修约到 0.1 mm,当用来确定包覆层厚度和直径时,在用到相应的公式或表格中去之前应先进行修约,按照附录 A 要求从修约后的假设直径计算出的厚度应依次修约到 0.1 mm。

用下述实例来说明这些规则:

a)　修约前数值的第二位小数为 0、1、2、3 或 4 时则小数点后第一位小数保持不变(舍弃)。

例如:

$$2.12 \approx 2.1$$
$$2.449 \approx 2.4$$
$$25.0478 \approx 25.0$$

b)　修约前数值的第二位小数为 9、8、7、6 或 5 时则小数点后第一位小数应增加 1(进一)。

例如:

$$2.17 \approx 2.2$$
$$2.453 \approx 2.5$$
$$30.050 \approx 30.1$$

B.2　用作其他目的的数值修约

除 B.1 考虑的用途外,有可能有些数值要修约到多于一位小数,例如计算几次测量的平均值,或标称值加上一个百分偏差以后的最小值。在这些情况下,应按有关条文修约到小数点后面的规定位数。

这时修约的方法为:

a)　如果修约前应保留的最后数值后一位数为 0、1、2、3 或 4 时,则最后数值应保持不变(舍弃)。

b)　如果修约前应保留的最后数值后一位数为 9、8、7、6 或 5 时,则最后数值加 1(进一)。

例如:

$$2.449 \approx 2.45 \qquad 修约到二位小数$$
$$2.449 \approx 2.4 \qquad 修约到一位小数$$
$$25.0478 \approx 25.048 \qquad 修约到三位小数$$
$$25.0478 \approx 25.05 \qquad 修约到二位小数$$
$$25.0478 \approx 25.0 \qquad 修约到一位小数$$

附　录　C

（规范性附录）

半导电屏蔽电阻率测量方法

从 150 mm 长成品电缆样品上制备试样。

将电缆绝缘线芯样品沿纵向对半切开,除去导体以制备导体屏蔽试样,如有隔离层也应去掉(见图 C.1a))。将绝缘线芯外所有保护层除去后制备绝缘屏蔽试片(见图 C.1b))。

屏蔽层体积电阻系数的测定步骤如下:

将四只涂银电极 A、B、C 和 D(见图 C.1a)和 C.1b))置于半导电层表面。两个电位电极 B 和 C 间距 50 mm。两个电流电极 A 和 D 相应地在电位电极外侧间隔至少 25 mm。

采用合适的夹子连接电极。在连接导体屏蔽电极时,应确保夹子与试样外表面绝缘屏蔽层的绝缘。

将组装好的试样放入预热到规定温度的烘箱中。30 min 后用测试线路测量电极间电阻,测试线路的功率不超过 100 mW。

电阻测量后,在室温下测量导体屏蔽和绝缘的外径及导体屏蔽和绝缘屏蔽层的厚度。每个数据取六个测量值的平均值(见图 C.1b))。

体积电阻率 ρ(用 $\Omega \cdot m$ 表示)按下式计算:

a)　导体屏蔽

$$\rho_c = \frac{R_c \times \pi \times (D_c - T_c) \times T_c}{2L_c}$$

式中:

ρ_c——体积电阻率,单位为欧姆米($\Omega \cdot m$);

R_c——测量电阻,单位为欧姆(Ω);

L_c——电位电极间距离,单位为米(m);

D_c——导体屏蔽外径,单位为米(m);

T_c——导体屏蔽平均厚度,单位为米(m)。

b)　绝缘屏蔽

$$\rho_i = \frac{R_i \times \pi \times (D_i - T_i) \times T_i}{L_i}$$

式中:

ρ_i——体积电阻率,单位为欧姆米($\Omega \cdot m$);

R_i——测量电阻,单位为欧姆(Ω);

L_i——电位电极间距离,单位为米(m);

D_i——绝缘屏蔽外径,单位为米(m);

T_i——绝缘屏蔽平均厚度,单位为米(m)。

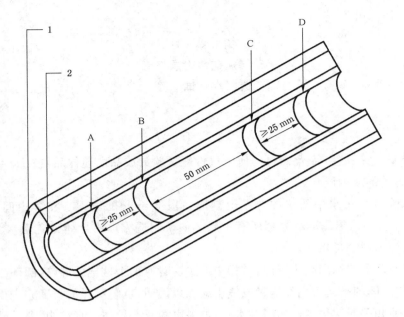

1——绝缘屏蔽层；

2——导体屏蔽层；

B、C——电位电极；

A、D——电流电极。

图 C.1 a) 导体屏蔽体积电阻率测量

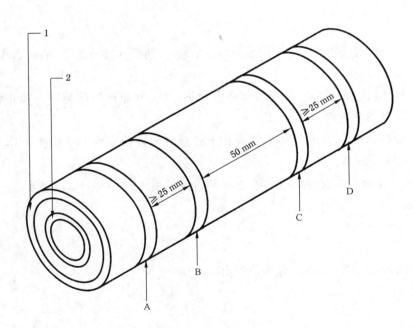

1——绝缘屏蔽层；

2——导体屏蔽层；

B、C——电位电极；

A、D——电流电极。

图 C.1 b) 绝缘屏蔽体积电阻率测量

附　录　D
（规范性附录）
透　水　试　验

D.1　试样制备

将一段至少长 6 m 未按第 18 章做过任何电气性能试验的成品电缆样品，按 18.4 规定进行弯曲试验，但不进行附加的局部放电试验。

从经过弯曲试验后并在水平放置的电缆上割取一段 3 m 长的电缆。在其中间的部位开一个约 50 mm 宽的圆环，剥去环内绝缘屏蔽外部所有护层。如果制造方声明导体也有阻水结构时，则应将圆环内导体外部的各层材料全部剥除。

如果电缆中含有间歇式纵向阻水屏障，试样中至少应含有两个这样的屏障，圆环应开在两个屏障之间。在此情况下，屏障间的平均距离在这种电缆中应加以说明，电缆试样的长度亦应相应地确定。

圆环应切割得使相关间隙很容易暴露在水中，如果电缆只有导体阻水结构，那么应用合适的材料密封有关的切割表面，或者剥除外面的所有包覆层。

用一个合适的装置把一根直径至少为 10 mm 的管子垂直地安置在切开的圆环上面，并与电缆外护套的表面相密封（见图 D.1）。在电缆密封出口处，该装置不应在电缆上产生机械应力。

注：某些阻水屏障对纵向透水的影响可能和水中的一些成分有关（如水的 pH 值和离子浓度），除非另有规定，一般应采用普通自来水做试验。

D.2　试验

把 20 ℃±10 ℃ 环境温度的水，在 5 min 内，注入管内，使管子中水位高于电缆中心轴线 1 m（见图 D.1），试样应放置 24 h。

然后对试样进行 10 次加热循环，采用导体通电加热方法，使导体温度超过电缆正常运行时导体最高温度 5 ℃～10 ℃，但不能达到 100 ℃。

每一次热循环应持续 8 h，其间导体温度应在上述规定温度范围内至少维持 2 h，随后应至少自然冷却 3 h。水头应维持 1 m 高。

注：由于在试验中不施加电压，故可在系统中接上另一根相同的模拟电缆一起试验，可直接在此根模拟电缆的导体上测量温度。

D.3　要求

在整个试验期间，试样的两端不应有水分渗出。

单位为毫米

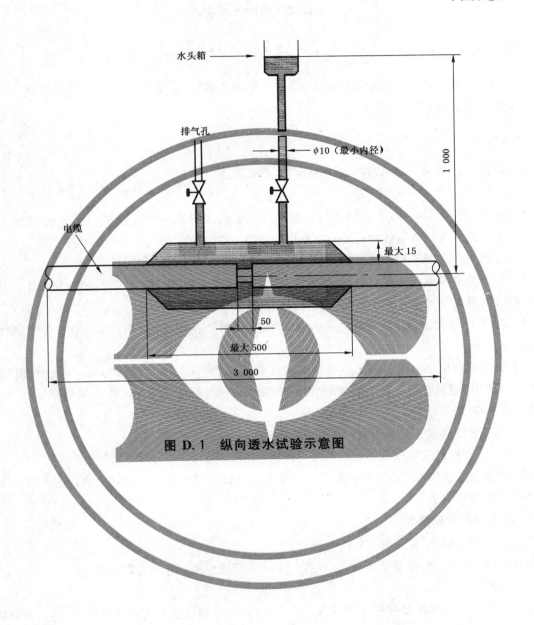

图 D.1 纵向透水试验示意图

附 录 E

（规范性附录）

HEPR 绝缘硬度测定

E.1 试样

试样应是具有全部护层的一段成品电缆，小心地剥开试样，直至 HEPR 绝缘的测量表面，也可采用一段绝缘线芯作试样。

E.2 测量步骤

测量除按下述要求外，还应按 ISO 48:2007 要求进行。

E.2.1 大曲率面

测量装置应符合 ISO 48:2007 要求，其结构应便于使仪器稳定地放置在 HEPR 的绝缘上，同时使压脚和压头与绝缘表面垂直接触，这可由下述途径之一来实现：

a) 仪器上装有便于调节的万向接头可动脚，可与绝缘弯曲表面相适应；

b) 仪器由底板上两个平行杆 A 和 A′固定，其间距离由表面弯曲程度来决定（见图 E.1）。

这些方法可用于曲率半径 20 mm 以上的表面。

用于测量 HEPR 绝缘厚度小于 4 mm 的仪器，应采用 ISO 48:2007 中对于小试样规定的测量方法。

E.2.2 小曲率面

对于曲率半径很小表面的测量步骤同 E.2.1 规定，试样应与测量仪器用同一刚性底板固定，这样可以保证 HEPR 绝缘在压头压力增加时整体移动最小；同时可使压头与试样轴线垂直。

相应的步骤如下：

a) 将测量样品放在金属夹具槽中（见图 E.2a)）；

b) 用 V 型枕台固定测量样品的两端导体（见图 E.2b)）。

由此方法来测量的表面曲率半径的最小值可达 4 mm。对于更小的曲率半径表面应采用 ISO 48:2007 中所述的方法和仪器。

E.2.3 预处理和测量温度

测量至少应在制造（即硫化）后 16 h 进行。

测量应在（20±2）℃温度下进行，试样在此温度下至少保持 3 h 后立即测量。

E.2.4 测量次数

一次测量应在分布于试样的三个或五个点上进行，试样的硬度为测量结果的中间值，以最接近于国际橡胶硬度级（IRHD）的整数表示。

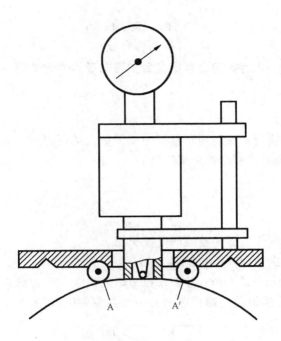

图 E.1　大曲率面的测量

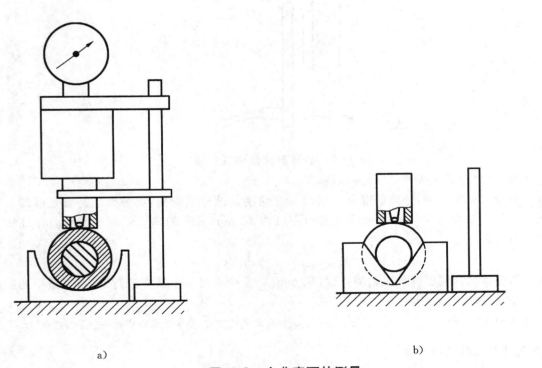

a)　　　　　　　　　　　　　　　　　　　b)

图 E.2　小曲率面的测量

附 录 F
（资料性附录）
具有纵包金属箔复合护层电缆组件的试验

F.1 目视检查

电缆应进行分解和目视检查。应运用正常目力或无扩大的矫正视力检查，以确认复合护层的金属箔没有开裂或分离，或对电缆其他部分的造成损坏。

F.2 金属箔粘结强度

F.2.1 步骤

试样应取自金属箔与塑料外护套相粘结的电缆护层。

试样的长度和宽度应分别是 200 mm 和 10 mm。

试样的一端应剥开 50 mm～120 mm，并装在拉力试验机上。拉力试验机的一个夹头夹住塑料护套或半导电屏蔽层的一端，而金属箔的一端折弯由另一个夹头夹住，如图 F.1 所示。

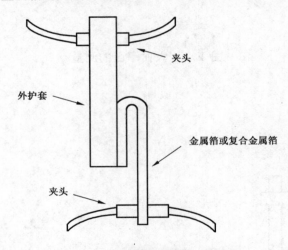

图 F.1 金属箔粘结强度试验

试验期间，试样应沿夹头平面保持近似垂直。

调整好连续记录装置后，分离的部分应以约 180°角度从试样上剥离，而分离应持续足够的长度以读取剥离强度值。至少有一半的剩余粘结面积应以约 50 mm/min 的速度剥离。试验应在环境温度（20±15）℃下进行。

F.2.2 要求

以剥离力除以试样宽度计算出粘结强度（N/mm）。至少应对五个试样进行试验，且最小的粘结强度值应不小于 0.5 N/mm。

注：如果剥离强度大于金属箔的抗拉强度以至于金属箔在剥离前断裂，则本试验应终止并记录断裂点。

F.3 金属箔搭接处的粘结强度

F.3.1 步骤

应从包含有金属箔搭接部分的电缆上取下长 200 mm 的试样。从取下的试样上应按图 F.2 所示切下只含有搭接的部分。

试验应以与 F.2.1 相同的方式进行。试样的安装如图 F.3 所示。

F.3.2 要求

最小的粘结强度应不小于 0.5 N/mm。

注：如果剥离强度大于金属箔的抗拉强度以至于金属箔在剥离前断裂，则本试验应终止并记录断裂点。

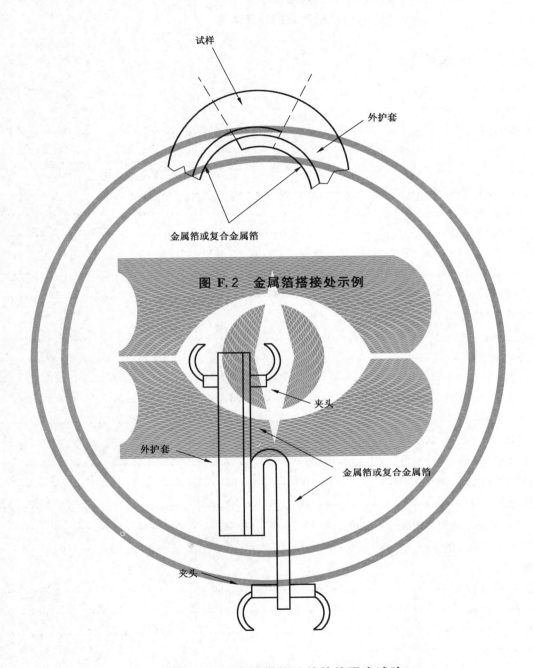

图 F.3 金属箔搭接处的粘结强度试验

附 录 G

（规范性附录）

电缆产品的补充条款

G.1 电缆型号和产品表示方法

G.1.1 代号

导体代号

    铜导体 …………………………………………………………………………… (T)省略

    铝导体 …………………………………………………………………………………… L

绝缘代号

    交联聚乙烯绝缘 ………………………………………………………………………… YJ

    乙丙橡胶绝缘 …………………………………………………………………………… E

    硬乙丙橡胶绝缘 ………………………………………………………………………… EY

金属屏蔽代号

    铜带屏蔽 ………………………………………………………………………… (D)省略

    铜丝屏蔽 ………………………………………………………………………………… S

护套代号[5]

    聚氯乙烯护套 …………………………………………………………………………… V

    聚乙烯护套 ……………………………………………………………………………… Y

    弹性体[6]护套 …………………………………………………………………………… F

    金属箔复合护套 ………………………………………………………………………… A

    铅护套 …………………………………………………………………………………… Q

铠装代号

    双钢带铠装 ……………………………………………………………………………… 2

    细圆钢丝铠装 …………………………………………………………………………… 3

    粗圆钢丝铠装 …………………………………………………………………………… 4

    （双）非磁性金属带[7]铠装 ……………………………………………………………… 6

    非磁性金属丝[8]铠装 …………………………………………………………………… 7

外护套代号

    聚氯乙烯外护套 ………………………………………………………………………… 2

    聚乙烯外护套 …………………………………………………………………………… 3

    弹性体外护套 …………………………………………………………………………… 4

G.1.2 产品型号

产品型号的组成和排列顺序如下[9]：

---

5) 包括挤包的内衬层和隔离套等。

6) 弹性体包括氯丁橡胶、氯磺化聚乙烯或类似聚合物为基的材料。

7) 非磁性金属带包括非磁性不锈钢带、铜或铜合金带、铝或铝合金带等。

8) 非磁性金属丝包括非磁性不锈钢丝、铜丝或镀锡铜丝、铜合金丝或镀锡铜合金丝、铝或铝合金丝等。

9) 通常用绝缘作为电力电缆型号中的系列代号。

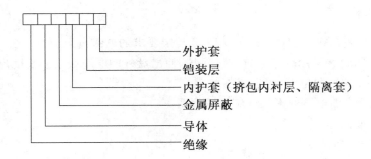

电缆常用型号如表 G.1。

表 G.1 电缆常用型号

型 号		名 称
铜 芯	铝 芯	
YJV	YJLV	交联聚乙烯绝缘聚氯乙烯护套电力电缆
YJY	YJLY	交联聚乙烯绝缘聚乙烯护套电力电缆
YJV22	YJLV22	交联聚乙烯绝缘钢带铠装聚氯乙烯护套电力电缆
YJV23	YJLV23	交联聚乙烯绝缘钢带铠装聚乙烯护套电力电缆
YJV32	YJLV32	交联聚乙烯绝缘细钢丝铠装聚氯乙烯护套电力电缆
YJV33	YJLV33	交联聚乙烯绝缘细钢丝铠装聚乙烯护套电力电缆
YJV42	YJLV42	交联聚乙烯绝缘粗钢丝铠装聚氯乙烯护套电力电缆
YJV43	YJLV43	交联聚乙烯绝缘粗钢丝铠装聚乙烯护套电力电缆
注：本表中未列出的电缆型号可按照本附录 G.1.2 的规定组成。		

G.1.3 产品表示方法

产品用型号(型号中有数字代号的电缆外护层,数字前的文字代号表示内护层)、规格(额定电压、导体芯数、标称截面积及金属屏蔽的标称截面积)及本部分标准编号表示。

例如：

交联聚乙烯绝缘铜带屏蔽聚氯乙烯护套电力电缆,额定电压为 26/35 kV,三芯铜导体,标称截面积 240 mm²,表示为：

YJV-26/35　3×240　GB/T 12706.3—2008

交联聚乙烯绝缘铜丝屏蔽聚氯乙烯内护套钢带铠装聚氯乙烯护套电力电缆,额定电压为 26/35 kV,单芯铜导体,标称截面积 240 mm²,铜丝屏蔽标称截面积 25 mm²,表示为：

YJSV22-26/35　1×240/25　GB/T 12706.3—2008

G.2 成品电缆标志

成品电缆的护套表面应有制造厂名称、产品型号及额定电压的连续标志,标志应字迹清楚、容易辨认、耐擦。

成品电缆标志应符合 GB/T 6995.3—2008 规定。

G.3 验收规则

G.3.1 产品应由制造方的质量检验部门检验合格方可出厂。每个出厂的包装件上应附有产品质量检验合格证。

G.3.2 产品应按本部分规定的试验项目进行试验验收。

G.4 电缆包装、运输和贮存

G.4.1 电缆应妥善包装在符合 JB/T 8137—1999 规定要求的电缆盘上交货。

电缆端头应可靠密封并采用合适装置加以保护,伸出盘外的电缆端头的长度应不小于 300 m。

质量不超过 80 kg 的短段电缆,可以成圈包装。

G.4.2 电缆盘外侧及成圈电缆的附加标签上应标明:

a) 制造厂名称或商标;

b) 电缆型号和规格;

c) 长度,m;

d) 毛重,kg;

e) 制造日期: 年 月;

f) 表示电缆盘正确滚动方向的符号;

g) 本部分标准编号。

G.4.3 运输和贮存应符合下列要求:

a) 电缆应避免在露天存放,电缆盘不允许平放;

b) 运输中严禁从高处扔下装有电缆的电缆盘,严禁机械损伤电缆;

c) 吊装包装件时,严禁几盘同时吊装。在车辆、船舶等运输工具上,电缆盘应放稳,并用合适方法固定,防止互撞或翻倒。

G.5 电缆安装条件

G.5.1 电缆安装时的环境温度

具有聚氯乙烯护套的电缆,安装时的环境温度应不低于 0 ℃。

G.5.2 电缆安装时的最小弯曲半径

电缆安装时的最小弯曲半径见表 G.2。

表 G.2 电缆安装时的最小弯曲半径

项 目	单芯电缆		三芯电缆	
	无铠装	有铠装	无铠装	有铠装
安装时的电缆最小弯曲半径	$20D$	$15D$	$15D$	$12D$
靠近连接盒和终端的电缆的最小弯曲半径(但弯曲要小心控制,如采用成型导板)	$15D$	$12D$	$12D$	$10D$
注:D 为电缆外径。				

ICS 29.060.20
K 13

中华人民共和国国家标准

GB/T 12706.4—2008
代替 GB/T 12706.4—2002

额定电压 1 kV(U_m=1.2 kV)到 35 kV

(U_m=40.5 kV)挤包绝缘电力电缆及附件

第 4 部分：额定电压 6 kV(U_m=7.2 kV)

到 35 kV(U_m=40.5 kV)电力电缆附件

试验要求

Power cables with extruded insulation and their accessories for rated
voltages from 1 kV (U_m=1.2 kV) up to 35 kV(U_m=40.5 kV)—
Part 4：Test requirements on accessories for cables with rated
voltages from 6 kV(U_m=7.2 kV) up to 35 kV(U_m=40.5 kV)

(IEC 60502-4：2005，Power cables with extruded insulation and their accessories
for rated voltages from 1 kV(U_m=1.2 kV) up to 30 kV(U_m=36 kV)—
Part 4：Test requirements on accessories for cables with rated voltages
from 6 kV(U_m=7.2 kV) up to 30 kV(U_m=36 kV)，MOD)

2008-12-31 发布

2009-11-01 实施

中华人民共和国国家质量监督检验检疫总局
中国国家标准化管理委员会 发布

前　言

GB/T 12706《额定电压 1 kV(U_m=1.2 kV)到 35 kV(U_m=40.5 kV)挤包绝缘电力电缆及附件》分为四个部分：

——第 1 部分：额定电压 1 kV(U_m=1.2 kV)到 3 kV(U_m=3.6 kV)电缆；

——第 2 部分：额定电压 6 kV(U_m=7.2 kV)到 30 kV(U_m=36 kV)电缆；

——第 3 部分：额定电压 35 kV(U_m=40.5 kV)电缆；

——第 4 部分：额定电压 6 kV(U_m=7.2 kV)到 35 kV(U_m=40.5 kV)电力电缆附件试验要求。

本部分为 GB/T 12706 的第 4 部分。

本部分修改采用 IEC 60502-4:2005《额定电压 1 kV(U_m=1.2 kV)到 30 kV(U_m=40.5 kV)挤包绝缘电力电缆及附件　第 4 部分：额定电压 6 kV(U_m=7.2 kV)到 30 kV(U_m=36 kV)电力电缆附件试验要求》第 2 版(英文版)。

本部分根据 IEC 60502-4:2005 重新起草。本部分除增加资料性附录 B 外，其结构与 IEC 60502-4:205 完全相同。

考虑到我国国情，在采用 IEC 60502-4:2005 时，本部分作了一些修改，有关技术性差异已编入正文中并在它们所涉及的条款的页边空白处用垂直单线标识，并在附录 B 中给出了这些技术性差异及原因的一览表。

为便于使用，在采用 IEC 60502-4:2005 时，本部分做了下列编辑性修改：

——将"本标准"一词改为"本部分"；

——删除了 IEC 60502-4:2005 的前言；

——用小数点"."代替作为小数点的逗号","。

本部分代替 GB/T 12706.4—2002《额定电压 1 kV(U_m=1.2 kV)到 35 kV(U_m=40.5 kV)挤包绝缘电力电缆及附件　第 4 部分：额定电压 6 kV(U_m=7.2 kV)到 35 kV(U_m=40.5 kV)电力电缆附件试验要求》。

本部分与 GB/T 12706.4—2002 相比，主要变化如下：

——术语和定义一章中增加"漏电痕迹、电蚀、金属护罩"(本版 3.19、3.20、3.21)；

——增加"注 1：电流值应足以达到 GB/T 18889—2002 中 9.2 规定的导体试验温度。注 2：使用这些导体截面，当达到要求的导体温度时，可能导致套管过热。在这种情况下使用一个截面积较小的导体是允许的。如果套管损坏，则该试验应宣布无效(见 9.1)。"(本版表 1)；

——增加"如果在较低 U_0 值电缆的绝缘半导电屏蔽层上的径向电场强度不大于试验电缆的径向电场强度，则对规定 U_0 的试验附件认可后可扩展到低于该 U_0 值的同类附件。"(本版 7.8)；

——删去"试验方法"(2002 版第 8 章)；

——增加 I_{sc}、I_d、θ_{sc} 三个符号的含义注解(本版表 3)；

——删去"序号 4(3 次恒压循环电压试验)和 5(局部放电试验)"(2002 版表 4、表 5、表 7、表 8)；

——"…峰值电流…"改为"…初始峰值电流…"(2002 版表 4、表 5、表 7、表 8 注，本版表 4、表 5、表 7、表 8 的注)；

——补充"I_d 值应由制造商提供"(本版表 4、表 5、表 7、表 8 的注)；

——增加"检验"(本版表 4～表 12)；

——增加"6/6、8.7/10"(本版表 13)；

——对盐雾和潮湿试验的要求增加了补充说明(本版表 13)。

本部分的附录 A 和附录 B 为资料性附录。

本标准由中国电器工业协会提出。

本部分由全国电线电缆标准化技术委员会(SAC/TC 213)归口。

本标准起草单位：上海电缆研究所、武汉高压研究院、广东吉熙安电缆附件有限公司、深圳市长园新材料股份有限公司、浙江永锦电力器材有限公司、南京业基电气设备有限公司、上海三原电缆附件有限公司。

本标准主要起草人：张智勇、阎孟昆、龙莉英、华国明、柯德刚、汤志辉、沈卫东、葛光明。

本部分所代替标准的历次版本发布情况为：

——GB/T 12706.4—2002。

额定电压 1 kV(U_m=1.2 kV)到 35 kV (U_m=40.5 kV)挤包绝缘电力电缆及附件 第 4 部分:额定电压 6 kV(U_m=7.2 kV) 到 35 kV(U_m=40.5 kV)电力电缆附件 试验要求

1 范围

GB/T 12706 的本部分规定了额定电压 3.6/6 kV(7.2 kV)到 26/35 kV(40.5 kV)且符合 GB/T 12706.2—2008 或 GB/T 12706.3—2008 要求的挤包绝缘电力电缆用附件的型式试验和试验要求。

本部分不包括在特殊条件下使用的电缆附件,如架空电缆、海底电缆或船用电缆或危险环境(易爆环境、耐火电缆、地震条件)的附件。

以前,对由本部分覆盖的产品是基于获得国家标准和/或满意地运行特性验证以后才获得认可的。本部分不否定已有的认可,但按这种以前的标准或规范所获得的认可的产品不能获得本部分的认可,除非对它进行特殊试验。

附件如果通过试验,除非可能影响运行特性的材料、设计或制造工艺发生改变,这些试验不必重复。

试验方法包含在 GB/T 18889—2002 中。

2 规范性引用文件

下列文件中的条款通过 GB/T 12706 的本部分的引用而成为本部分的条款。凡是注日期的引用文件,其随后所有的修改单(不包括勘误的内容)或修订版均不适用于本部分,然而,鼓励根据本部分达成协议的各方研究是否可使用这些文件的最新版本。凡是不注日期的引用文件,其最新版本适用于本部分。

GB/T 2900.10—2001 电工术语 电缆(IEC 60050(461):1984,IDT)

GB/T 12706.2—2008 额定电压 1 kV(U_m=1.2 kV)到 35 kV(U_m=40.5 kV)挤包绝缘电力电缆及附件 第 2 部分:额定电压 6 kV(U_m=7.2 kV)到 30 kV(U_m=36 kV)电缆(IEC 60502-2:2005,Power cables with extruded insulation and their accessories for rated voltages from 1 kV(U_m=1.2 kV) up to 30 kV(U_m=36 kV)—Part 2:Cables for rated voltages from 6 kV(U_m=7.2 kV) up to 30 kV(U_m=36 kV),MOD)

GB/T 12706.3—2008 额定电压 1 kV(U_m=1.2 kV)到 35 kV(U_m=40.5 kV)挤包绝缘电力电缆及附件 第 3 部分:额定电压 35 kV(U_m=40.5 kV)电缆(IEC 60502-2:2005,Power cables with extruded insulation and their accessories for rated voltages from 1 kV(U_m=1.2 kV) up to 30 kV(U_m=36 kV)—Part 2:Cables for rated voltages from 6 kV(U_m=7.2 kV) up to 30 kV(U_m=36 kV),NEQ)

GB/T 12976.3—2008 《额定电压 35 kV(U_m=40.5 kV)及以下纸绝缘电力电缆及其附件 第 3 部分:电缆和附件试验》(IEC 60055-1:2005,Paper-insulated metal-sheathed cables for rated voltages up to 18/30 kV(with copper or aluminium conductors and exluding gas-pressure and oil-filled cables)—Part 1:Tests on cables and their accessories,MOD)

GB/T 18889—2002 额定电压 6 kV(U_m=7.2 kV)到 35 kV(U_m=40.5 kV)电力电缆附件试验方

法（IEC 61442:1997，Test methods for accessories for power cables with rated voltages from 6 kV ($U_m = 7.2$ kV) up to 30 kV($U_m = 36$ kV)，MOD)

　　JB/T 8996—1999　高压电缆选择导则(eqv IEC 60183:1984)

3　术语和定义

　　GB/T 2900.10—2001 确立的以及下列术语和定义适用于本部分。

3.1
导体连接金具　connector
将电缆各导体连接在一起的一种金具。

3.2
终端　termination
安装在电缆末端，以保证与该系统其他部分的电气连接并保持绝缘至连接点的装置。

3.3
户内终端　indoor termination
在既不受阳光直接照射又不暴露在气候环境下使用的终端。

3.4
户外终端　outdoor termination
在受阳光直接照射或暴露在气候环境下或二者都存在的情况下使用的终端。

3.5
终端盒　terminal box
用于填充空气或浇注剂，并全面密封终端的盒子。

3.6
护罩式终端　shrouded termination
在套管连接处有附加绝缘并在充满空气的终端盒中使用的户内终端。

3.7
直通接头　straight joint
连接两根电缆形成连续电路的附件。

3.8
分支接头　branch joint
将分支电缆连接到干线电缆上去的附件。

3.9
过渡接头　transition joint
把两根不同种类挤包绝缘电缆连接起来的直通接头或分支接头。

3.10
绝缘终端　stop-end
提供带电电缆未连接末端绝缘用的附件。

3.11
可分离连接器　separable connector
使电缆与其他设备连接或断开的完全绝缘的终端。

3.12
屏蔽可分离连接器　screened separable connector
外表面完全屏蔽的可分离连接器。

3.13

非屏蔽可分离连接器 unscreened separable connector

外表面没有屏蔽的可分离连接器。

3.14

插入式可分离连接器 plug-in type separable connector

由滑动部件作电气接触的可分离连接器。

3.15

螺栓式可分离连接器 bolted-type separable connector

由螺栓部件作电气接触的可分离连接器。

3.16

不带电插拔连接器 deadbreak connector

只能接通或断开不带电回路的可分离连接器。

3.17

带负荷插拔连接器 loadbreak connector

能接通或断开带电回路的可分离连接器。

3.18

宽范围附件 range-taking accessory

用于一种以上电缆截面的附件。

3.19

漏电痕迹 tracking

由于通道的形成出现不可逆的老化,该通道甚至在干燥情况下也是导电的。通道是在绝缘材料表面形成和发展的,它可能出现在与空气接触的表面上,也可能出现在不同绝缘材料之间的界面上。

3.20

电蚀 erosion

由于材料损耗而引起的绝缘体表面不可逆的和不导电的老化痕迹,它可以是均匀的、局部的或树枝状的。

注:局部闪络之后,通常在终端可能形成树枝状的浅的表面痕迹,只要它们是不导电的,这些痕迹是允许的;当它们是导电的,则划为漏电痕迹。

3.21

金属护罩 metallic housing

金属护罩是指与可分离连接器外屏蔽直接接触的金属外壳,它至少具有与使用可分离连接器的电缆金属屏蔽层相同的对地通(电)流能力。

4 附件类型

本部分包括的附件列出如下:

——所有结构的户内、户外终端,包括终端盒;

——适合于用在地下或空气中的所有结构的直通接头、分支接头和绝缘终端;

——屏蔽或非屏蔽插拔式或螺栓式可分离连接器。

注:挤包绝缘电缆与纸绝缘电缆相连接的过渡接头不包括在内,涉及这些附件的试验要求见 GB/T 12976.3—2008。

5 电压的表示方法和导体最高温度

5.1 额定电压

本部分考虑的附件的额定电压 $U_0/U(U_m)$ 在 GB/T 12706.2—2008 和 GB/T 12706.3—2008 的 4.1 已给出。

对于规定用途的附件的额定电压应与电缆的额定电压相一致,而且应适合于根据 JB/T 8996—1999 推荐的所在系统的运行条件。

5.2 导体最高温度

附件应适用于 GB/T 12706.2—2008 和 GB/T 12706.3—2008 的 4.2 中表 3 规定的电缆正常运行时导体最高温度和短路时导体最高温度。

6 被试附件的安装

6.1 标示

6.1.1 用于试验的电缆应符合 GB/T 12706.2—2008 和 GB/T 12706.3—2008 规定,且应与被试附件的额定电压相同。

建议按附录 A 的示例对电缆作出正确的标示。

6.1.2 附件里使用的导体连接金具应正确标示下述有关内容:
——安装工艺;
——工具及必要的配件;
——接触表面的处理;
——连接金具的型号、编号和任何其他标示;
——型式试验认可的细述。

6.1.3 被试电缆附件应正确标示下述有关内容:
——制造商名称;
——附件的型号及表示方法、制造日期或日期代码;
——电缆的最小和最大截面积,电缆导体的材料和形状;
——电缆绝缘层的最小和最大外径;
——额定电压(见 5.1);
——安装说明书(参照标准和日期)。

6.2 安装和连接

6.2.1 除非另有规定,电缆截面积如下:
a) 终端、接头和绝缘终端:120 mm²、150 mm²、185 mm²;
b) 可分离连接器:用铝导体或铜导体电缆对表 1 中所列的每一个额定值进行试验。

表 1 用于可分离连接器试验的电缆截面积

额定值/A	电缆截面积/mm²	
	铜	铝
200/250	50	70
400	95	150
600/630	185	300
800	300	400
1 250	500	630
注 1:电流值宜足以达到 GB/T 18889—2002 中 9.2 规定的导体试验温度。		
注 2:使用这些导体截面,当达到要求的导体温度时,可能导致套管过热。在这种情况下使用一个截面较小的导体是允许的。如果套管损坏,则该试验应宣布无效(见 9.1)。		

6.2.2 附件应采用制造方提供的材料等级、数量及润滑剂(若有),按制造方说明书规定的方法进行安装。

6.2.3 附件应是干燥和清洁的,且不管是电缆还是附件都不应经受可能改变被试组件的电气、热或机械性能的任何方式的处理。

注:与化学品,如变压器油,接触可能影响电缆附件的性能,应避免。

6.2.4 除非另有规定,可分离连接器应连接到与其配合的套管上。

6.2.5 被试终端或可分离连接器与接线端子或套管之间连接应具有与电缆导体相同的导电截面积。

6.2.6 应对由制造厂推荐的非屏蔽型可分离连接器的最小相对相和相对地净距进行试验。

6.2.7 试验分支接头时,仅对干线电缆施加加热电流。

6.2.8 关于试验安装的主要细节,尤其是支撑装置,都应记录。

6.2.9 样品的试验布置和数量见图1~图5。

7 认可的范围

7.1 一种型式的宽范围附件和非宽范围附件使用6.2.1中所规定的一种导体截面成功地完成表4至表9所列本部分规定的相应的型式试验项目后,则应认为对95 mm²~300 mm²这一范围内的所有截面均有效。

为了实现上述给定范围扩展至更大范围的认可,应在所要求扩展范围的最小和(或)最大截面上按表10所示进行附加试验。

7.2 认可与电缆导体材料无关,因此试验可以用铝导体或铜导体电缆进行。

7.3 对安装在成型导体电缆上的附件进行的试验,应被认为覆盖了圆形导体电缆的相同类型附件,反之则不然。

为了实现从圆形导体扩展到扇形导体的认可,应按表11进行附加试验。绝缘终端按表6试验,试样取图3中的一半。

7.4 取决于被试电缆绝缘的认可的详细情况见表2。

表 2 被试电缆绝缘的认可范围

试验电缆的绝缘	认可范围
XLPE	XLPE、EPR、HEPR 和 PVC
EPR 和 HEPR	EPR、HEPR 和 PVC
PVC	PVC

7.5 实现对不同类型电缆绝缘屏蔽的认可的扩展应按表11规定进行附加试验,绝缘终端应按表6进行试验,试样取图3的一半。

7.6 由非纵向阻水型电缆试验获得认可后将扩展到金属屏蔽内有纵向阻水层而其他方面结构相同的电缆,反之则不适用。

7.7 在三芯附件上进行的试验应认为适用于相同结构的单芯附件,反之则不适用。

7.8 如果在较低U₀值电缆的绝缘半导电屏蔽层上的径向电场强度不大于试验电缆的径向电场强度,则对规定U₀的试验附件认可后可扩展到低于该U₀值的同类附件。

8 试验程序

适用于各种附件的试验应按表3中所列出的相应的表中程序和图进行。

表 3 试验程序

附 件	表	图
终端	4	1
直通或分支接头	5	2
绝缘终端	6	3
屏蔽型不带电插拔式可分离连接器	7	4
非屏蔽型插拔式可分离连接器	8	5
带负荷插拔式可分离连接器	9[a]	6[a]
最小和最大电缆截面的附加试验	10	—
不同类型的电缆绝缘屏蔽及从圆形导体到成型导体认可的附加试验	11	—

注：表 4 至表 8 中的符号在 GB/T 18889—2002 中给出的含义为：

I_{sc}——金属屏蔽的短路电流(有效值)。

I_d——导体短路电流(起始峰值)。

θ_{sc}——电缆导体的最大允许短路温度。

[a] 在考虑中。

对终端和接头,如果试验程序和要求是相同的,则可组合起来试验。

屏蔽型或非屏蔽型螺栓式可分离连接器的试验程序和要求可参照表 7(除插拔试验、操作环试验、操作力试验和电容试验点测试外)或表 8(除插拔试验外)规定进行。

注：IEC 60502-4:2005 中未明确螺栓式可分离连接器的试验程序,为便于本部分的实施,特作此补充。

表 12 归纳了各种附件所要求的试验,表 13 归纳了试验电压和要求。

9 试验结果

按第 7 章和表 4～表 11 所指定的项目进行试验的所有试样应满足全部试验程序的要求。

如果任一试验样品未满足要求,则应拆除,按 9.1 或 9.2 提供的检查判定,并记录检查结果。

9.1 附件失效

如果一个附件由于安装或试验程序错误而不符合要求,应宣布该试验无效,而不否定该附件。

应在新安装的试样上重复整个试验程序。

如果没有上述错误证据,则该型式附件不予认可。

9.2 电缆失效

如果除附件任何部分以外的电缆击穿,则该试验应被宣布无效,而不否定该附件。可用新的附件重新试验(按该试验程序从头开始试验)或者修复电缆后重新试验(从中断的时刻开始继续试验)。

表 4 终端的试验程序和要求

序号	试验项目[a]	要 求	试 验 方 法 GB/T 18889—2002	试验程序(见图1)				
				1.1	1.2	1.3	1.4	1.5
1	交流耐压或直流耐压	$4.5U_0$,5 min 或 $4U_0$,15 min	第 4 章或第 5 章	×	×	×		
	交流耐压	$4U_0$,1 min,淋雨[b]	第 4 章	×				
2	局部放电[c]	在 $1.73U_0$ 下,≤10 pC	第 7 章	×				
3	冲击电压试验(在 θ_t[d] 下)	每个极性冲击 10 次	第 6 章	×				
4	恒压负荷循环试验(在空气中)	在 θ_t[d] 和 $2.5U_0$ 下循环 60 次[e]	第 9 章	×				
5	局部放电[c](在 θ_t[d,f] 下和环境温度下)	在 $1.73U_0$ 下,≤10 pC	第 7 章	×				
6	短路热稳定(屏蔽)[g]	在电缆屏蔽的 I_{sc} 下,短路二次,无可见损伤	第 10 章		×[h]			

表 4（续）

序号	试验项目[a]	要 求	试验方法 GB/T 18889—2002	试验程序（见图 1）				
				1.1	1.2	1.3	1.4	1.5
7	短路热稳定（导体）	升高到电缆导体的 θ_{sc} 下，短路二次，无可见损伤	第 11 章		×[h]			
8	短路动稳定[i]	在 I_d 下短路一次，无可见损伤	第 12 章			×		
9	冲击电压试验	每个极性冲击 10 次	第 6 章	×	×	×		
10	交流耐压	$2.5U_0$，15 min	第 4 章	×	×	×		
11	潮湿试验[j,k]	$1.25U_0$，300 h，见表 13	第 13 章				×	
12	盐雾试验[b,k]	$1.25U_0$，1 000 h，见表 13	第 13 章					×
13	检验	仅供参考[l]	—	×	×	×	×	×

a 除非另有规定，试验应在环境温度下进行。

b 仅用于户外终端。

c 对安装在 3.6/6(7.2)kV 无绝缘屏蔽电缆上的附件无此要求。

d θ_t 是正常运行时导体最高温度加 5 ℃～10 ℃。

e 每一循环 8 h，温度稳定时间至少 2 h，冷却时间至少 3 h。

f 在加热期结束时进行测量。

g 本试验仅适用于能直接或通过衬套与电缆金属屏蔽相连接的终端。

h 短路热稳定试验可以与短路动稳定试验结合进行。

i 仅对初始峰值电流 i_p＞80 kA 的单芯电缆附件和初始峰值电流 i_p＞63 kA 的三芯电缆附件有此要求；I_d 值应由制造商提供。

j 仅用于户内终端，对瓷绝缘套管的终端无此要求；护罩式终端应在三相条件下试验。

k 对有瓷套管的终端无此要求。

l 被检查的附件对下列任一现象都应考虑：

（Ⅰ）填充物和/或带材或管件有裂纹；

和/或（Ⅱ）主要密封部位有贯穿性潮湿通道；

和/或（Ⅲ）腐蚀和/或漏电痕迹、电蚀，最后导致附件损坏；

和/或（Ⅳ）任何绝缘材料渗漏。

表 5 直通接头或分支接头试验程序和要求

序号	试验项目[a]	要 求	试验方法 GB/T 18889—2002	试验程序（见图 2）		
				2.1	2.2	2.3
1	交流耐压或直流耐压	$4.5U_0$，5 min 或 $4U_0$，15 min	第 4 章或第 5 章	×	×	×
2	局部放电[b,c]	在 $1.73U_0$ 下，≤10 pC	第 7 章	×		
3	冲击电压试验（在 θ_t[c,d] 下）	每个极性冲击 10 次	第 6 章	×		
4	恒压负荷循环试验（在空气中）	在 θ_t[c,d] 和 $2.5U_0$ 下循环 30 次[e]	第 9 章	×		
5	恒压负荷循环试验（在水中）	在 θ_t[c,d] 和 $2.5U_0$ 下循环 30 次[e]	第 9 章	×		
6	局部放电[b,c]（在 θ_t[c,d,f] 和环境温度下）	在 $1.73U_0$ 下，≤10 pC	第 7 章	×		
7	短路热稳定（屏蔽）[c]	在电缆屏蔽的 I_{sc} 下，短路二次，无可见损伤	第 10 章		×[g]	
8	短路热稳定（导体）	升高到电缆导体的 θ_{sc} 下，短路二次，无可见损伤	第 11 章		×[g]	
9	短路动稳定[h]	在 I_d 下短路一次，无可见损伤	第 12 章			×

表 5（续）

序号	试验项目[a]	要　　求	试 验 方 法 GB/T 18889—2002	试验程序（见图2） 2.1	2.2	2.3
10	冲击电压试验	每个极性冲击 10 次	第 6 章	×	×	×
11	交流耐压	$2.5U_0$，15 min	第 4 章	×	×	×
12	检验	仅供参考[i]	—	×	×	×

a 除非另有规定，试验应在环境温度下进行。

b 对安装在 3.6/6(7.2)kV 无绝缘屏蔽电缆上的附件无此要求。

c 过渡接头（挤包绝缘到挤包绝缘）试验参数是由额定值较低的电缆来确定。

d θ_t 是电缆正常运行情况下导体最高温度加 5 ℃～10 ℃。

e 每一循环 8 h，温度稳定时间至少 2 h，冷却时间至少 3 h。

f 在加热期结束时进行测量。

g 短路热稳定试验可以与短路动稳定试验结合进行。

h 仅对初始峰值电流 $i_p > 80$ kA 的单芯电缆附件和初始峰值电流 $i_p > 63$ kA 的三芯电缆附件有此要求；I_d 值应由制造商提供。

i 被检查的附件对下列任一现象都应考虑：

　　　（Ⅰ）填充物和/或带材或管件有裂纹；

　　　和/或（Ⅱ）主要密封部位有贯穿性潮湿通道；

　　　和/或（Ⅲ）腐蚀和/或漏电痕迹、电蚀，最后导致附件损坏；

　　　和/或（Ⅳ）任何绝缘材料渗漏。

表 6　绝缘终端的试验程序和要求

序号	试验项目[a]	要　　求	试 验 方 法 GB/T 18889—2002	试验程序（见图3） 3.1
1	交流耐压或直流耐压	$4.5U_0$，5 min 或 $4U_0$，15 min	第 4 章或第 5 章	×
2	局部放电[b]	在 $1.73U_0$ 下，≤10 pC	第 7 章	×
3	冲击电压试验	每个极性冲击 10 次	第 6 章	×
4	交流耐压	$2.5U_0$，500 h	第 4 章	×
5	局部放电[b]	在 $1.73U_0$ 下，≤10 pC	第 7 章	×
6	冲击电压试验	每个极性冲击 10 次	第 6 章	×
7	交流耐压	$2.5U_0$，15 min	第 4 章	×
8	检验	仅供参考[c]	—	×

a 除非另有规定，试验应在环境温度下进行。

b 对安装在 3.6/6(7.2)kV 无绝缘屏蔽电缆上的附件无此要求。

c 被检查的附件对下列任一现象都应考虑：

　　　（Ⅰ）填充物和/或带材或管件有裂纹；

　　　和/或（Ⅱ）主要密封部位有贯穿性潮湿通道；

　　　和/或（Ⅲ）腐蚀和/或漏电痕迹、电蚀，最后导致附件损坏；

　　　和/或（Ⅳ）任何绝缘材料渗漏。

表 7 屏蔽不带电插拔可分离连接器的试验程序和要求

序号	试验项目[a]	要 求	试验方法 GB/T 18889—2002	4.1	4.2	4.3	4.4
1	交流耐压或直流耐压	$4.5U_0$,5 min 或 $4U_0$,15 min	第 4 章或第 5 章	×	×	×	
2	局部放电[b]	在 $1.73U_0$ 下,≤10 pC	第 7 章	×			
3	冲击电压试验(在 θ_t^c 下)	每个极性冲击 10 次	第 6 章	×			
4	短路热稳定(屏蔽)[f]	在电缆屏蔽的 I_{sc} 下,短路二次,无可见损伤	第 10 章			×[g]	
5	短路热稳定(导体)	升高到电缆导体的 θ_{sc} 下,短路二次,无可见损伤	第 11 章			×[g]	
6	短路动稳定[h]	在 I_d 下短路一次,无可见损伤	第 12 章				×
7	恒压负荷循环试验(在空气中)	在 θ_t^c 和 $2.5U_0^l$ 下循环 30 次[d]	第 9 章	×			
8	恒压负荷循环试验(在水中)	在 θ_t^c 和 $2.5U_0^l$ 下循环 30 次[d]	第 9 章	×			
9	插拔试验[i]	五次,触点无可见损伤	—	×	×	×	
10	局部放电[b](在 $\theta_t^{c,e}$ 和环境温度下)	在 $1.73U_0$ 下,≤10 pC	第 7 章	×			
11	冲击电压试验	每个极性冲击 10 次	第 6 章	×	×	×	
12	交流耐压	$2.5U_0$,15 min	第 4 章	×	×	×	
13	操作循环试验	轴向力 2 200 N,1 min,力矩 14 N·m	第 18 章				×
14	局部放电[b]	在 $1.73U_0$ 下,≤10 pC	第 7 章				×
15	检验	仅供参考[m]		×	×	×	×
16	屏蔽电阻[j]	≤5 kΩ	第 14 章	序号 16～20 项的试验在单独试样上进行。 16 和 19 项试验要求不带电缆。 17、18 和 20 项实验使用适当长度电缆。			
17	屏蔽泄漏电流[j]	在 U_m 下,≤0.5 mA	第 15 章				
18	故障电流引发试验	见[k]	第 16 章				
19	操作力试验	力<900 N	第 17 章				
20	电容试验点测试	试验点对电缆导体的电容 $C_{te}>1.0$ pF 试验点对地电容 C_{te} 与试验点对电缆导体的电容的比率: $C_{te}/C_{tc}\leqslant12.0$	第 19 章				

a 除非另有规定,试验应在环境温度下进行。

b 对安装在 3.6/6(7.2)kV 无绝缘屏蔽电缆上的附件无此要求。

c θ_t 是电缆正常运行时导体最高温度加 5 ℃～10 ℃。

d 每一循环 8 h,温度稳定时间至少 2 h,冷却时间至少 3 h。

e 在加热期结束时进行测量。

f 本试验仅适用于能直接或通过衬套与电缆金属屏蔽相连接的可分离连接器。

g 短路热稳定试验可以与短路动稳定试验结合起来做。

h 仅对初始峰值电流 $i_p>80$ kA 的单芯电缆附件和初始峰值电流 $i_p>63$ kA 的三芯电缆附件有此要求;I_d 值应由制造商提供。

i 该试验仅在电缆不带电时进行。

j 无金属罩或可拆下的金属罩的可分离连接器要求做此试验。试验期间,金属罩应先拆去。对于只能在适当位置应用的带有金属罩运行的可分离连接器,则不要求做此试验。

k 对于固定接地系统,起始故障应在 3 s 内出现。对非接地或阻抗接地系统,该故障电流应连续流过。

l 电流,见表 1。

m 被检查的附件对下列任一现象都应考虑:
 （Ⅰ）填充物和/或带材或管件有裂纹;
 和/或（Ⅱ）主要密封部位有贯穿性潮湿通道;
 和/或（Ⅲ）腐蚀和/或漏电痕迹、电蚀,最后导致附件损坏;
 和/或（Ⅳ）任何绝缘材料渗漏。

表 8 非屏蔽插拔式可分离连接器的试验程序和要求(不包括护罩式终端)

序号	试验项目[a]	要 求	试验方法 GB/T 18889—2002	试验程序(见图5) 5.1	5.2	5.3	5.4
1	交流耐压或直流耐压	$4.5U_0$,5 min 或 $4U_0$,15 min	第4章或第5章	×	×	×	
2	局部放电[b]	在 $1.73U_0$ 下,≤10 pC	第7章	×			
3	冲击电压试验(θ_t[c] 下)	每个极性冲击 10 次	第6章	×			
4	短路热稳定(屏蔽)[f]	在电缆屏蔽的 I_{sc} 下短路二次,无可见损伤	第10章		×[g]		
5	短路热稳定(导体)	升高到电缆导体的 θ_{sc} 下,短路二次,无可见损伤	第11章		×[g]		
6	短路动稳定[h]	在 I_d 下短路一次,无可见损伤	第12章			×	
7	恒压负荷循环试验(在空气中)	在 θ_t[c] 和 $2.5U_0$ 下循环 30 次[d]	第9章	×			
8	恒压负荷循环试验(在水中)	在 θ_t[c] 和 $2.5U_0$ 下循环 30 次[d]	第9章	×			
9	插拔试验[i]	五次,触点无可见损伤	—	×	×	×	
10	局部放电[b](在 θ_t[c,e] 和环境温度下)	在 $1.73U_0$ 下,≤10 pC	第7章	×			
11	冲击电压试验	每个极性冲击 10 次	第6章	×	×	×	
12	交流耐压	$2.5U_0$,15 min	第4章	×	×	×	
13	潮湿试验[j]	$1.25U_0$,300 h,见表13	第13章				×
14	检验	仅供参考[k]		×	×	×	×

a 除非另有规定,试验应在环境温度下进行。

b 对安装在 3.6/6(7.2)kV 无绝缘屏蔽电缆上的附件无此要求。

c θ_t 是电缆正常运行时导体最高温度加 5 ℃~10 ℃。

d 每一循环 8 h,温度稳定时间至少 2 h,冷却时间至少 3 h。

e 在加热期结束时进行测量。

f 本试验仅适用于能直接或通过衬套与电缆金属屏蔽相连接的可分离连接器。

g 短路热稳定试验可以与短路动稳定试验结合进行。

h 仅对初始峰值电流 i_p>80 kA 的单芯电缆附件和初始峰值电流 i_p>63 kA 的三芯电缆附件有此要求;I_d 值应由制造商提供。

i 该试验仅在电缆不带电时进行。

j 应将三个试样装在一个终端盒内进行试验。

k 被检查的附件对下列任一现象都应考虑:

(Ⅰ)填充物和/或带材或管件有裂纹;

和/或(Ⅱ)主要密封部位有贯穿性潮湿通道;

和/或(Ⅲ)腐蚀和/或漏电痕迹、电蚀,最后导致附件损坏;

和/或(Ⅳ)任何绝缘材料渗漏。

表 9 带负荷插拔可分离连接器的试验程序和要求

序号	试 验 项 目	要 求	试 验 方 法	试验程序(见图6)			
		正在考虑中					

表 10 最小和最大导体截面的附加试验(见 7.1)

序号	试验项目[a]	要 求	试 验 方 法 GB/T 18889—2002	试验程序(见图 1、2 和 3) 1.1[b]	2.1[c]	3.1[d]
1	交流耐压或直流耐压	$4.5U_0$,5 min 或 $4U_0$,15 min	第 4 章或第 5 章	×	×	×
2	局部放电[e]	在 $1.73U_0$ 下,≤10 pC	第 7 章	×	×	×
3	冲击电压试验	每个极性冲击 10 次	第 6 章	×	×	×
4	检验	仅供参考[f]	—	×	×	×

　a 除非另有规定,试验应在环境温度下进行。

　b 终端:取图 1 中试品数量的一半试验。

　c 接头:取图 2 中试品数量的一半试验。

　d 绝缘终端:取图 3 中试品数量的一半试验。

　e 对安装在 3.6/6(7.2)kV 无绝缘屏蔽电缆上的附件无此要求。

　f 被检查的附件对下列任一现象都应考虑:

　　　(Ⅰ)填充物和/或带材或管件有裂纹;

　　和/或(Ⅱ)主要密封部位有贯穿性潮湿通道;

　　和/或(Ⅲ)腐蚀和/或漏电痕迹、电蚀,最后导致附件损坏;

　　和/或(Ⅳ)任何绝缘材料渗漏。

表 11 对不同型式的电缆绝缘屏蔽及从圆形导体到成型导体认可的附加试验
(不适用于绝缘终端,见 7.1 和 7.3)

序号	试验项目[a]	要 求	试 验 方 法 GB/T 18889—2002	试验程序(见图 1、2 和 3) 1.1[b]	2.1[c]	4.1～5.1[d]
1	交流耐压或直流耐压	$4.5U_0$,5 min 或 $4U_0$,15 min	第 4 章或第 5 章	×	×	×
2	局部放电[e](在 θ_t[f,g] 和环境温度下)	在 $1.73U_0$ 下,≤10 pC	第 7 章	×	×	×
3	恒压负荷循环试验(在空气中)	在 θ_t[f] 下,$2.5U_0$,63 循环[h]	第 9 章	×	×	×
4	局部放电[e](在 θ_t[f,g] 和环境温度下)	在 $1.73U_0$ 下,≤10 pC	第 7 章	×	×	×
5	冲击电压试验	每个极性冲击 10 次	第 6 章	×	×	×
6	交流耐压	$2.5U_0$,15 min	第 4 章	×	×	×
7	检验	仅供参考[i]	—	×	×	×

　a 除非另有规定,试验应在环境温度下进行。

　b 终端:取图 1 中试品数量的一半试验。

　c 接头:取图 2 中试品数量的一半试验。

　d 可分离连接器:取图 4 和图 5 中试品数量的一半试验。

　e 不适用于安装在 3.6/6(7.2)kV 无绝缘屏蔽电缆上的附件。

　f θ_t 是电缆正常运行时导体最高温度加 5 ℃～10 ℃。

　g 在加热结束时进行测量。

　h 每一循环 8 h,温度稳定时间至少 2 h,冷却时间至少 3 h。

　i 被检查的附件对下列任一现象都应考虑:

　　　(Ⅰ)填充物和/或带材或管件有裂纹;

　　和/或(Ⅱ)主要密封部位有贯穿性潮湿通道;

　　和/或(Ⅲ)腐蚀和/或漏电痕迹、电蚀,最后导致附件损坏;

　　和/或(Ⅳ)任何绝缘材料渗漏。

表 12 试验归纳

试 验 项 目	终 端		直通接头和分支接头	绝缘终端	可 分 离 连 接 器		带负荷插拔[a]
	户 内	户 外			不 带 电 插 拔		
					屏蔽型	非屏蔽型	
交流耐压							
4.5U_0/5 min,干态	×	×	×	×	×	×	
2.5U_0/15 min,干态	×	×	×	×	×	×	
2.5U_0/500 h,干态				×			
4U_0/1 min,湿态		×					
直流耐压							
4U_0/15 min,干态	×	×	×	×	×	×	
局部放电							
在 θ_t 下	×	×	×		×	×	
在环境温度下	×	×	×	×	×	×	
冲击电压试验							
在 θ_t 下	×	×	×		×	×	
在环境温度下	×	×	×	×	×	×	
恒压负荷循环试验							
在空气中	×	×	×		×	×	
在水中			×		×	×	
短路热稳定							
屏蔽	×	×	×		×	×	
导体	×	×	×		×	×	
短路动稳定	×	×	×			×	
潮湿试验	×						
盐雾试验		×					
插拔试验					×	×	
操作循环试验					×		
屏蔽电阻					×		
屏蔽泄漏电流					×		
故障电流引发					×		
操作力试验					×		
试验点电容测试					×		
检验	×	×	×	×	×	×	

注：本表只列出了试验项目而无试验程序。

[a] 在考虑中。

表 13 试验电压和要求的归纳(见第 9 章)

试验项目	试验电压	额定电压 $U_0/U(U_m)$ kV							要 求
		3.6/6(7.2)	6/6(7.2) 6/10(12)	8.7/10(12) 8.7/15(17.5)	12/20(24)	18/30(36)	21/35(40.5)	26/35(40.5)	
潮湿试验 盐雾试验	$1.25U_0$	4.5	7.5	11	15	22.5	26.25	32.5	不击穿或闪络 跳闸不超过三次 无显著的损伤[b]
局部放电[a]	$1.73U_0$	6	10	15	20	30	36.33	45	≤10 pC
恒压负荷循环和交流耐压,15 min 和 500 h	$2.5U_0$	9	15	22	30	45	52.5	65	不击穿或闪络
交流耐压,1 min	$4U_0$	14.5	24	35	48	72	84	104	不击穿或闪络
直流耐压,15 min	$4U_0$	14.5	24	35	48	72	84	104	不击穿或闪络
交流耐压,5 min	$4.5U_0$	16	27	39	54	81	94.5	117	不击穿或闪络
冲击电压试验(峰值)	—	60	75	95	125	170	200	200	不击穿或闪络

a 安装在 3.6/6 kV 无绝缘屏蔽电缆上的附件无此要求;

b 当由于下述原因附件性能严重地下降了,则认为它确实已损坏:

　(I)由于漏电痕迹达到 2 mm 或者引起介质损坏;

　和/或(II)电蚀深度达到 2 mm 或者所使用的绝缘材料任何一处较小壁厚的 50%;

　和/或(III)材料开裂;

　和/或(IV)材料穿孔。

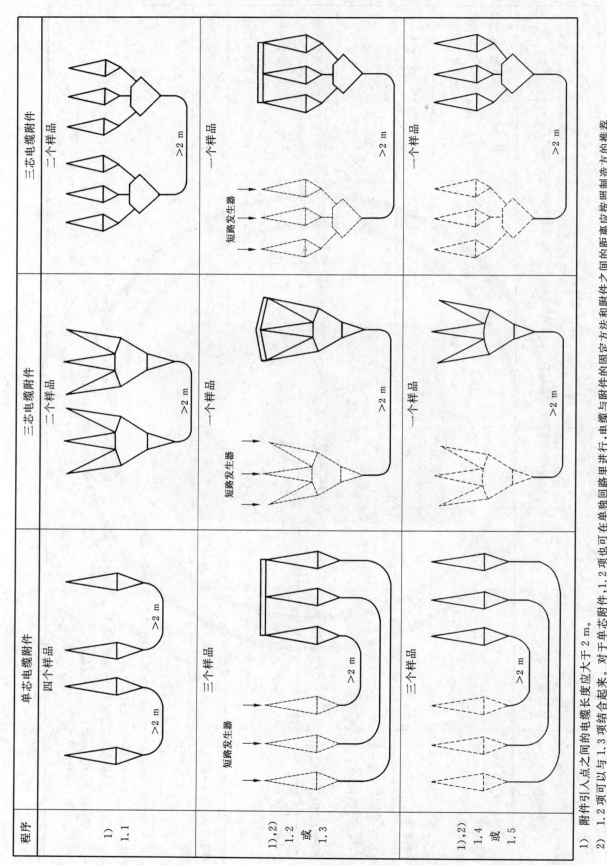

图 1　终端试品数量和试验布置（见表 4）

1）　附件引入点之间的电缆长度应大于 2 m。

2）　1.2 项可以与 1.3 项结合起来。对于单芯附件，1.2 项也可在单独回路里进行，电缆与附件的固定方法和附件之间的距离应按照制造方的推荐。

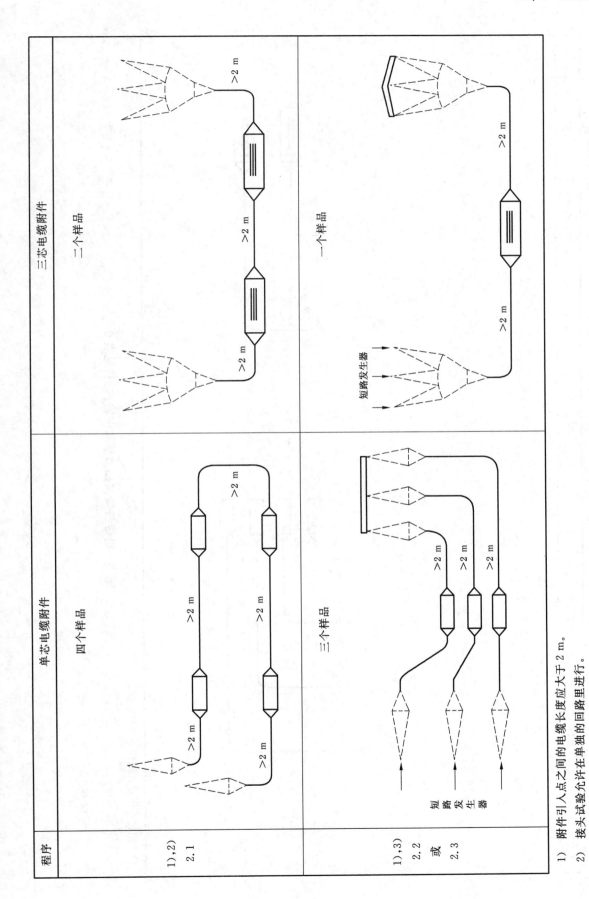

程序 | 单芯电缆附件 | 三芯电缆附件

四个样品 | 二个样品

一个样品

短路发生器

1),2)
2.1

三个样品

1),3)
2.2
或
2.3

短路发生器

1) 附件引入点之间的电缆长度应大于 2 m。

2) 接头试验允许在单独的回路里进行。

3) 2.2 项可以与 2.3 项结合起来。对于单芯附件,2.2 项也可在单独的回路里进行,电缆与附件和附件之间的距离应按照制造方的推荐。

图 2 直通接头或分支接头的试验品数量和试验布置(见表 5)

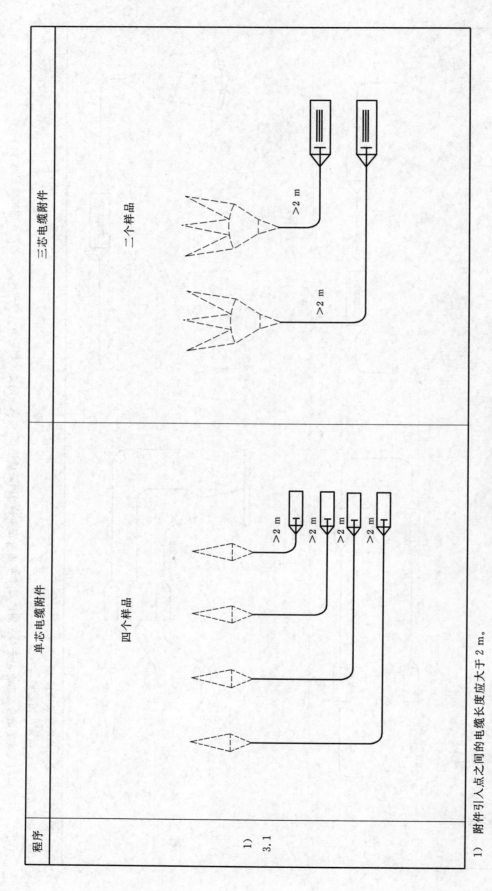

图 3 绝缘终端试品数量和试验排列（见表 6）

1）附件引入点之间的电缆长度应大于 2 m。

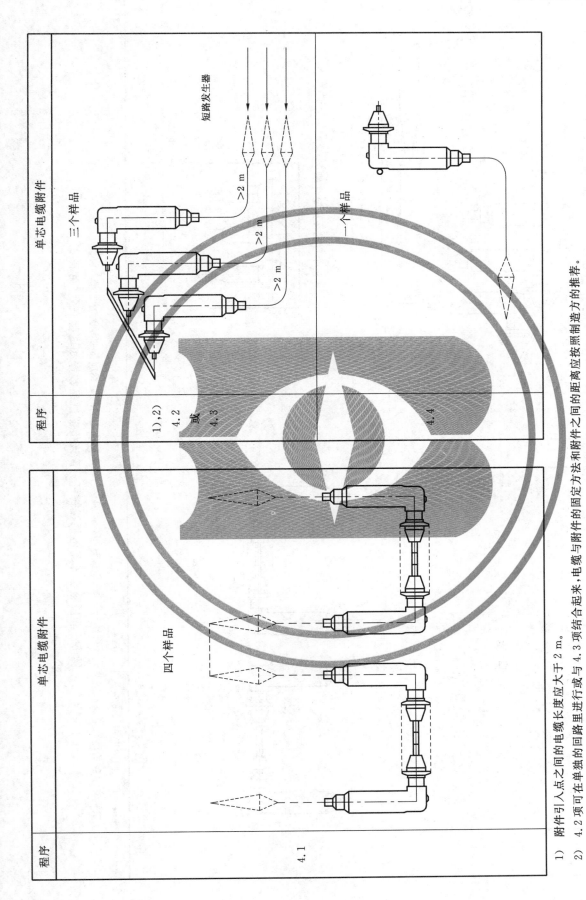

图 4 屏蔽型不带电插拔式可分离连接器试品数量和试验布置（见表 7）

1) 附件引入点之间的电缆长度应大于 2 m。

2) 4.2 项可在单独的回路里进行或与 4.3 项结合合起来，电缆与附件的固定方法和附件之间的距离应按照制造方的推荐。

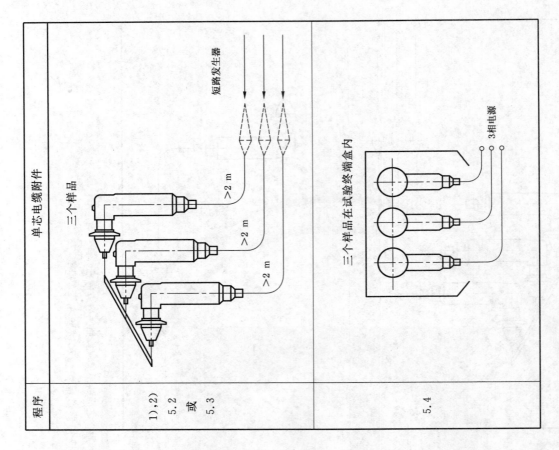

程序	单芯电缆附件
1),2) 5.2 或 5.3	三个样品
5.4	三个样品在试验终端盒内

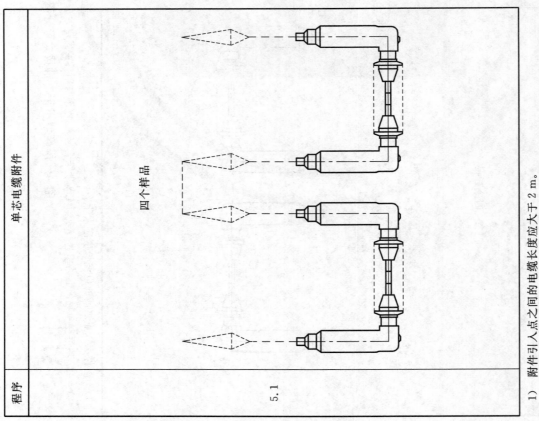

程序	单芯电缆附件
5.1	四个样品

1) 附件引入点之间的电缆长度应大于 2 m。

2) 5.2 项可在单独的回路里进行或与 5.3 项结合起来,电缆与附件的固定方法和附件之间的距离应按照制造方的推荐。

图 5 非屏蔽型不带电插拔式可分离连接器试品数量和试验布置(见表 8)

正在考虑之中

图 6　带负荷插拔可分离连接器试品数量和试验排列(参见表 9)

附 录 A

（资料性附录）

试验电缆的标示

额定电压 $U_0/U(U_m)$ kV

结构：   □单芯   □三芯   □非分相屏蔽

                                                                   □分相屏蔽

导体：   □铝   □铜

              □绞合   □实心

              □圆形   □成型导体

              □120 mm²   □150 mm²   □185 mm²

              其他截面   mm²

绝缘：   □PVC   □XLPE

              □EPR   □HEPR

绝缘屏蔽：   □不可剥离   □可剥离

金属屏蔽：   □金属丝   □金属带   □挤包金属套

外护层：   □PVC   □PE(ST3)   □PE(ST7)

阻水层（若有）：   □在导体内   □外护套下

直径：   ＊导体   mm

              ＊绝缘   mm

              ＊绝缘屏蔽   mm

              ＊外护套   mm

电缆标示：

附　录　B
（资料性附录）
本部分与 IEC 60502-4:2005 的技术性差异及其原因

表 B.1 给出了本部分与 IEC 60502-4:2005 的技术性差异及其原因。

表 B.1　本部分与 IEC 60502-4:2005 的技术性差异及其原因

本部分的章条号	技术性差异	原　因
第 1 章	增加 35 kV 电压等级	适应我国国情需要，我国电网系统有 21/35 kV、26/35 kV 电压等级
5.1	增加"…GB/T 12706.3—2008…"	GB/T 12706.3—2008 对应 35 kV 电压等级电缆
5.2	增加"…GB/T 12706.3—2008…"	GB/T 12706.3—2008 对应 35 kV 电压等级电缆
6.1.1	增加"…GB/T 12706.3—2008…"	GB/T 12706.3—2008 对应 35 kV 电压等级电缆
7.8	增加"如果在较低 U_0 值电缆的绝缘半导电屏蔽层上的径向电场强度不大于试验电缆的径向电场强度，"	规定 U_0 的试验附件获得认可后要扩展到低于该 U_0 值的同类附件上，还应考虑到电缆相对应位置的径向电场强度要不大于获得认可的试验电缆的径向电场强度
表 13	增加"6/6 kV、8.7/10 kV、21/35 kV、26/35 kV"	我国的电网系统中有这些电压等级

ICS 29.060.20
K 13

中华人民共和国国家标准

GB/T 12976.1—2008
代替 GB/T 12976.1～12976.3—1991

额定电压 35 kV(U_m=40.5 kV)及以下纸绝缘电力电缆及其附件
第 1 部分：额定电压 30 kV 及以下电缆 一般规定和结构要求

Paper-insulated power cables and their accessories with rated voltages up to and including 35 kV—Part 1: General and construction requirements for power cables with rated voltages up to and including 30 kV

(IEC 60055-2:1981, Paper-insulated metal-sheathed cables for rated voltages up to 18/30 kV—Part 2: General and construction requirements, MOD)

2008-06-30 发布 　　　　　　　　　　　　　　2009-04-01 实施

中华人民共和国国家质量监督检验检疫总局
中国国家标准化管理委员会　发布

前　言

GB/T 12976《额定电压 35 kV(U$_m$=40.5 kV)及以下纸绝缘电力电缆及其附件》由以下三个部分组成：

——第 1 部分：额定电压 30 kV 及以下电缆一般规定和结构要求；

——第 2 部分：额定电压 35 kV 电缆一般规定和结构要求；

——第 3 部分：电缆和附件试验。

本部分为 GB/T 12976 的第 1 部分。

本部分修改采用国际标准 IEC 60055-2:1981《额定电压 18/30 kV 及以下纸绝缘金属护套电缆(铜或铝导体、不包括压气和充油电缆)第 2 部分:通用和结构要求》,第一号修改单 IEC 60055-2:1989 及第二号修改单 IEC 60055-2:2005 的内容也纳入正文,并在它们所涉及的条款的页边空白处用垂直双线标识。

本部分根据 IEC 60055-2:1981 重新起草。在附录 C 中列出了本部分章条编号与 IEC 60055-2:1981 章条编号的对照一览表。

考虑到我国国情,本部分对部分内容作了一些修改,有关技术性差异已编入正文中并在它们所涉及的条款的页边空白处用垂直单线标识,并在附录 D 中给出了这些技术性差异及原因的一览表以供参考。

为便于使用,对于 IEC 60055-2:1981,本部分做了下列编辑性修改:

——"本标准"一词改为"本部分";

——删除了 IEC 60055-2:1981 的前言;

——用小数点"."代替作为小数点的逗号;

本部分代替 GB/T 12976.1—1991《额定电压 35 kV 及以下铜芯、铝芯纸绝缘电力电缆　第 1 部分:一般规定》、GB/T 12976.2—1991《额定电压 35 kV 及以下铜芯、铝芯纸绝缘电力电缆　第 2 部分:不滴流油浸纸绝缘金属套电力电缆》和 GB/T 12976.3—1991《额定电压 35 kV 及以下铜芯、铝芯纸绝缘电力电缆　第 3 部分:粘性油浸纸绝缘金属套电力电缆》。

本部分与 GB/T 12976.1—1991、GB/T 12976.2—1991 以及 GB/T 12976.3—1991 相比,主要变化如下:

——本部分删除了 GB/T 12976.1—1991、GB/T 12976.2—1991 以及 GB/T 12976.3—1991 中铝护套结构、粗钢丝铠装结构的内容;

——增加了电缆结构尺寸(见本部分表 4～表 24);

——增加了电缆选择指导(见本部分表 25);

——增加了附录 A"假定计算方法"、附录 B"数值修约";

——增加了 8.7/15 kV、12/20 kV、18/30 kV 电压等级的扇形导体结构(本部分表 3、表 19、表 20、表 22、表 24);

——增加铅套厚度计算方法(本部分附录 A)。

本部分的附录 A 和附录 B 为规范性附录,附录 C 和附录 D 为资料性附录。

本部分由中国电器工业协会提出。

本部分由全国电线电缆标准化技术委员会(SAC/TC 213)归口。

本部分起草单位:上海电缆研究所、武汉高压研究院。

本部分主要起草人:阎孟昆、张智勇、宗曦华、邓长胜、徐晓峰、张喜泽、韩云武。

本部分所代替标准的历次版本发布情况为:

——GB/T 12976.1—1991、GB/T 12976.2—1991、GB/T 12976.3—1991。

额定电压 35 kV($U_m = 40.5$ kV)及以下纸绝缘电力电缆及其附件
第 1 部分：额定电压 30 kV 及以下电缆
一般规定和结构要求

1 范围

1.1 GB/T 12976 的本部分规定了额定电压 0.6/1 kV($U_m = 1.2$ kV)到 18/30 kV($U_m = 36$ kV)铜芯或铝芯浸渍纸绝缘铅套电力电缆(不包括压气和充油电缆)的一般要求和结构要求。

GB/T 12976 的本部分适用于额定电压 0.6/1 kV($U_m = 1.2$ kV)到 18/30 kV($U_m = 36$ kV)铜芯或铝芯浸渍纸绝缘铅套电力电缆(不包括压气和充油电缆)。海底电缆及特殊用途电缆,不包括在本部分内。

注：试验方法及相应要求在第 3 部分中规定。

1.2 最大允许运行温度

表 1 所给温度适用于黏性油浸渍和不滴流浸渍绝缘。

当采用其他最高允许持续运行温度时,试验温度应作相应调整。

表 1　不同电压及绝缘的导体最高温度

电缆的额定电压(U_0/U)/ kV	设备最高电压 U_m/ kV	正常运行导体最高允许温度	
		径向场强电缆/℃	带绝缘电缆/℃
0.6/1	1.2	80	80
1.8/3 和 3/3	3.6	80	80
3.6/6 和 6/6	7.2	80	80
6/10 和 8.7/10	12	70	65
8.7/15	17.5	70	—
12/20	24	65	—
18/30	36	65[a]	—

a 仅对不滴流电缆。黏性油浸渍电缆的温度正在考虑之中。

注 1：除非采用不滴流浸渍,表 1 所给温度仅适用于电缆基本上是水平埋设。

注 2：如果电缆埋在土壤中持续运行在表 1 所列的最大允许导体温度下(100%负载因数),电缆周围的土壤热阻可能会随着时间由于土壤变干而变大。这样,导体温度可能明显超出最大允许值,如果预期存在这种运行条件,应采取相应的预防措施。

2 规范性引用文件

下列文件中的条款通过 GB/T 12976 的本部分的引用而成为本部分的条款。凡是注日期的引用文件,其随后所有的修改单(不包括勘误的内容)或修订版均不适用于本部分,然而,鼓励根据本部分达成协议的各方研究是否可使用这些文件的最新版本。凡是不注日期的引用文件,其最新版本适用于本部分。

GB/T 2900.10—2001　电工术语　电缆(idt IEC 60050-461:1984)

GB/T 2952.1—1989　电缆外护层　第 1 部分：总则

GB/T 2952.2—1989 电缆外护层 第2部分：金属套电缆通用外护套（neq IEC 55-2：1981）

GB/T 3956—1997 电缆的导体（idt IEC 60228：1978）

GB/T 6995.3—2008 电线电缆识别标志方法 第3部分：电线电缆识别标志

GB/T 12706.2—2002 额定电压1 kV（$U_m=1.2$ kV）到35 kV（$U_m=40.5$ kV）挤包绝缘电力电缆及附件 第2部分：额定电压6 kV（$U_m=7.2$ kV）到30 kV（$U_m=36$ kV）电力电缆（IEC 60502-2：1997，MOD）

GB/T 12976.3—2008 额定电压35 kV（$U_m=40.5$ kV）及以下纸绝缘电力电缆及其附件 第3部分：电缆和附件试验（IEC 60055-1：2005，MOD）

JB/T 5268.2—1991 电缆金属套 第2部分：铅套

JB/T 8137.1—1999 电线电缆交货盘 第1部分：一般规定

JB/T 8137.2—1999 电线电缆交货盘 第2部分：全木结构交货盘

JB/T 8137.3—1999 电线电缆交货盘 第3部分：全钢瓦楞结构交货盘

JB/T 8137.4—1999 电线电缆交货盘 第4部分：型钢复合结构交货盘

JB/T 8996—1999 高压电缆选择导则（IEC 60183：1984，MOD）

3 术语和定义

GB/T 2900.10—2001确立的以及下列术语和定义适用于本部分。

3.1

额定电压 rated voltage

U_0 电缆设计用的导体与地或金属套之间的额定工频电压。

U 电缆设计用的相导体之间的额定工频电压。

3.2

设备最高电压 U_m highest voltage for equipment

设备最高电压在1.2的表1中给出。

3.3

接地故障时间 earth fault duration

A类：包括接地故障能在1 min内被分离的系统。

B类：可在单相接地故障时作短时运行，根据JB/T 8996—1999规定，接地故障时间不应超过1 h，对于本部分包括的电缆允许更长的带故障运行时间，但在任何情况下不应超过8 h，每年接地故障总持续时间不应超过125 h。

C类：不属于A类、B类的系统。

3.4

近似值 approximate value

一个既不保证也不检查的数值，例如用于其他尺寸值的计算。

3.5

假定直径 fictitious diameters

按附录A计算所得值，用以确定电缆各覆盖层厚度。

3.6

修约规则 rounding rules

对所有尺寸，测量值和计算值，适用附录B给出的修约规则。

4 产品的代号和命名

4.1 代号

铜导体 ·· （T）省略

铝导体	…………………………………………………………………………………… L

铝导体 ……………………………………………………………………………………… L
纸绝缘 ……………………………………………………………………………………… Z
铅套 ………………………………………………………………………………………… Q
分相电缆 …………………………………………………………………………………… F
不滴流电缆 ………………………………………………………………………………… D
黏性电缆 …………………………………………………………………………………… 省略
外护层代号 …………………………… 按 GB/T 2952.1—1989 和 GB/T 2952.2—1989 规定

4.2 型号

产品型号的组成和排列顺序如下：

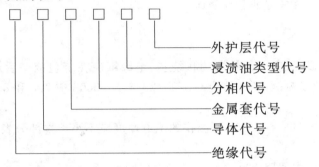

外护层代号
浸渍油类型代号
分相代号
金属套代号
导体代号
绝缘代号

4.3 产品表示方法

4.3.1 产品用型号、规格（额定电压、芯数×标称截面积）及标准编号表示。

4.3.2 产品示例如下：

示例1：铝芯不滴流油浸纸绝缘分相铅套钢带铠装聚氯乙烯套电力电缆，额定电压 8.7/15 kV，三芯，标称截面积 150 mm²，表示为：

ZLQFD22—8.7/15 3×150 GB/T 12976.1—2008

示例2：铜芯黏性油浸纸绝缘铅套聚氯乙烯套电力电缆，额定电压 0.6/1 kV，三个主线芯标称截面积 150 mm²，中性线芯截面积 70 mm²，表示为：

ZQ02—0.6/1 3×150+1×70 GB/T 12976.1—2008

5 结构要求

5.1 导体

5.1.1 一般要求

导体应符合 GB/T 3956—1997 要求，绝缘电缆的导体和类型应按额定电压 U、导体的材料和截面积符合表2要求。

表 2 电缆的导体类型选取

U/kV	导 体		按 GB/T 3956—1997
	材料	截面积	
>3	铜或铝	所有	第2类
≤3	铝	所有	第1类或第2类
≤3	铜	S≤25 mm²	第1类或第2类
≤3	铜	S>25 mm²	第2类

5.1.2 扇形导体

最小扇形导体截面积见表3（见表5～表24）。

表 3　不同电压等级的最小扇形导体截面积

额定电压(U_0/U)/kV	0.6/1 1.8/3 3/3 3.6/6 6/6	6/10 8.7/10	8.7/15	12/20	18/30
最小扇形导体截面积/mm²	25	35	50	70	95

5.1.3　圆形绞合导体

圆形绞合导体可以为紧压或非紧压导体。

5.2　绝缘

5.2.1　材料

绝缘应由浸渍纸组成,纸应以带状螺旋状绕包,绝缘纸应在绕包前或后用浸渍剂(绝缘混合物)浸渍,如果电缆是不滴流油浸渍剂,还应符合 GB/T 12976.3—2008 中 7.3 和 8.4 要求。

5.2.2　规定厚度

按 GB/T 12976.3—2008 中 7.1.1 所测得的绝缘厚度应不小于本部分表4～表24中所对应的相应最小值。

在检查绝缘厚度时表中数值应减去相应半导电层厚度。

表 4　U_0/U＝0.6/1 kV 单芯电缆

标称截面积/mm²	绝缘厚度		铅套厚度	铅套外的 PVC 护套厚度
	最小值/mm	标称值/mm	标称值/mm	标称值/mm
50	1.2	1.4	1.2	1.4
70	1.2	1.4	1.2	1.4
95	1.3	1.5	1.2	1.4
120	1.3	1.5	1.3	1.4
150	1.4	1.6	1.3	1.4
185	1.4	1.6	1.4	1.4
240	1.6	1.8	1.4	1.4
300	1.7	1.9	1.5	1.4
400	1.8	2.0	1.6	1.4
500	2.0	2.2	1.7	1.5
630	2.0	2.2	1.8	1.6
800	2.0	2.2	1.9	1.7
1 000	2.0	2.2	2.0	1.8
A.C.试验电压:3.5 kV。				
D.C.试验电压:8.5 kV。				
应用指导见表25。				

表 5　$U_0/U=0.6/1$ kV 两芯带绝缘电缆

标称截面积/mm²	绝缘厚度 导体之间 最小值/mm	绝缘厚度 导体之间 标称值/mm	导体/屏蔽 最小值/mm	导体/屏蔽 标称值/mm	铅套厚度 圆形导体 标称值/mm	铅套厚度 扇形导体 标称值/mm	铅套上的PVC护套厚度 标称值[b]/mm[e]	挤出衬垫层 标称值/mm	铠装 钢带 标称值/mm	铠装 钢丝 直径/mm	铠装层外PVC 钢带铠装 电缆衬垫 绕包/mm[e]	铠装层外PVC 钢带铠装 挤包/mm	铠装层外PVC 钢丝铠装 挤包/mm	铠装层外PVC 钢丝铠装 绕包/mm
4	1.2	1.4	1.0	1.2	1.2	—	1.4	1.0	—	—	—	—	1.5	1.5
6	1.2	1.4	1.0	1.2	1.2	—	1.4	1.0	—	—	—	—	1.5	1.6
10	1.2	1.4	1.0	1.2	1.2	—	1.4	1.0	0.5	0.8	1.6	1.6	1.6	1.6
16	1.2	1.4	1.0	1.2	1.2	—	1.4	1.0	0.5	0.8	1.7	1.6	1.7	1.7
25[a]	1.4	1.6	1.2	1.4	1.2	1.2	1.4	1.0	0.5	0.8	1.7	1.7	1.7	1.8
35	1.4	1.6	1.2	1.4	1.2	1.2	1.4	1.0	0.5	1.6	1.8	1.8	1.8	1.8
50	1.4	1.6	1.2	1.4	1.3	1.2	1.4	1.0	0.5	1.6	1.9	1.9	1.9	1.9
70	1.4	1.6	1.2	1.4	1.4	1.3	1.4	1.1	0.5	1.6	2.0	1.9	2.0	2.0
95	1.4	1.6	1.2	1.4	1.5	1.4	1.4	1.2	0.5	2.0	2.1	2.0	2.1	2.1
120	1.4	1.6	1.2	1.4	1.6	1.5	1.4	1.3	0.5	2.0	2.1	2.1	2.2	2.2
150	1.8	2.0	1.4	1.6	1.7	1.6	1.5	1.4	0.5	2.0	2.2(2.3)	2.2	2.3	2.3
185	1.8	2.0	1.4	1.6	1.8	1.7	1.6	1.5	0.5	2.5	2.3	2.3	2.4	2.4
240	2.0	2.2	1.6	1.8	1.9	1.8	1.7	1.6	0.5	2.5	2.5	2.5	2.6	2.6
300	2.0	2.2	1.6	1.8	2.0	1.9	2.0	1.7	0.5	2.5	2.6	2.6	2.7	2.7
400	2.0	2.2	1.6	1.8	2.2	2.1	2.1(2.2)	—	0.8	2.5	2.8	2.8	2.9	2.9

a　截面积 25 mm² 及以上可以为扇形导体。

b　仅适用于无铠装电缆。

c　外被层:近似厚度 2.0 mm(纤维)。

d　绕包衬垫层:近似厚度 1.5 mm。

e　厚度适用于圆形和扇形导体,除给出两个值外,括号内值适用于扇形导体,无括号的值适用于圆形导体。

A.C. 试验电压:4.0 kV(单相试验)。

D.C. 试验电压:9.5 kV。

应用指导见表 25。

表 6 $U_0/U=0.6/1$ kV 三芯带绝缘电缆

标称截面积/mm²	绝缘厚度				铅套厚度		铅套上的PVC护套厚度	挤出衬垫层和铠装厚度[c,d]			铠装层外 PVC 护套标称厚度			
	导体之间		导体/屏蔽		圆形导体	扇形导体		挤出衬垫层	铠装		钢带铠装		钢丝铠装	
									钢带	钢丝	电缆衬垫			
	最小值/mm	标称值/mm	最小值/mm	标称值/mm	标称值/mm	标称值[b]/mm	标称值/mm	标称值/mm	标称值/mm	直径/mm	挤包/mmᵉ	绕包/mm	挤包/mmᵉ	绕包/mm
4	1.2	1.4	1.0	1.2	1.2	—	1.4	1.0	—	—	—	—	—	1.5
6	1.2	1.4	1.0	1.2	1.2	—	1.4	1.0	0.5	0.8	1.6	1.6	1.5	1.6
10	1.2	1.4	1.0	1.2	1.2	—	1.4	1.0	0.5	0.8	1.6	1.6	1.6	1.6
16	1.2	1.4	1.0	1.2	1.2	—	1.4	1.0	0.5	0.8	1.7	1.7	1.7	1.7
25ᵃ	1.4	1.6	1.2	1.4	1.2	1.2	1.4	1.0	0.5	1.6	1.7	1.8	1.8	1.8
35	1.4	1.6	1.2	1.4	1.3	1.2	1.4	1.0	0.5	1.6	1.8	1.8	1.8(1.9)	1.9
50	1.4	1.6	1.2	1.4	1.4	1.3	1.4	1.1	0.5	1.6	1.9	1.9	1.9	2.0
70	1.4	1.6	1.2	1.4	1.4	1.3	1.4	1.2	0.5	2.0	2.0	2.0	2.0(2.1)	2.1
95	1.4	1.6	1.2	1.4	1.5	1.4	1.5	1.2	0.5	2.0	2.1	2.1	2.2	2.2
120	1.4	1.6	1.2	1.4	1.6	1.5	1.6	1.3	0.5	2.0	2.2	2.2	2.3	2.3
150	1.8	2.0	1.4	1.6	1.8	1.7	1.7	1.4	0.5	2.5	2.3	2.3	2.4	2.4
185	1.8	2.0	1.4	1.6	1.9	1.8	1.8	1.4	0.5	2.5	2.4	2.4	2.5	2.5
240	2.0	2.2	1.6	1.8	2.0	1.9	1.9	1.6	0.5	2.5	2.6	2.6	2.7	2.7
300	2.0	2.2	1.6	1.8	2.1	2.0	2.1	1.6	0.8	2.5	2.7	2.7	2.8	2.8
400	2.0	2.2	1.6	1.8	2.3	2.2	2.3	1.8	0.8	2.5	2.9(3.0)	2.9	3.0	3.0

ᵃ 截面积 25 mm² 及以上可以为扇形导体。
ᵇ 仅适用于无铠装电缆。
ᶜ 外被层:近似厚度 2.0 mm(纤维)。
ᵈ 绕包衬垫层:近似厚度 1.5 mm。
ᵉ 厚度适用于圆形和扇形导体,除给出两个值外,括号内值适用于圆形导体,无括号值适用于扇形导体。
A.C. 试验电压:4.0 kV(单相试验)或 4.5 kV(三相试验)。
D.C. 试验电压:9.5 kV。

应用指导见表 25。

表7 $U_0/U=0.6/1$ kV 四芯(一芯小截面导体)带绝缘电缆

标称截面a / mm²	绝缘厚度 主线芯 导体之间 最小值/mm	标称值/mm	导体/屏蔽 最小值/mm	标称值/mm	小截面导体线芯 最小值/mm	标称值/mm	铅套厚度 圆形导体 标称值/mm	扇形导体 标称值/mm	铅套上的PVC护套厚度 标称值b/mm	挤出衬垫层 标称值/mm	铠装 钢带 标称值/mm	钢丝 直径/mm	铠装层外PVC护套标称厚度 电缆衬垫 钢带铠装 挤包/mm^e	绕包/mm^e	钢丝铠装 挤包/mm^e	绕包/mm^e
25/16	1.4	1.6	1.2	1.4	0.6	0.7	1.2	1.2	1.4	1.0	0.5	1.6	1.8	1.8	1.8	1.8
35/16	1.4	1.6	1.2	1.4	0.6	0.7	1.3	1.2	1.4	1.0	0.5	1.6	1.8	1.9	1.9	1.9
50/25	1.4	1.6	1.2	1.4	0.7	0.8	1.4	1.3	1.4	1.1	0.5	2.0	1.9	2.0	2.0	2.0
70/35	1.4	1.6	1.2	1.4	0.7	0.8	1.5	1.4	1.4	1.2	0.5	2.0	2.0	2.0(2.1)	2.1	2.1
95/50	1.4	1.6	1.2	1.4	0.7	0.8	1.6	1.5	1.5	1.3	0.5	2.0	2.1(2.2)	2.2	2.2	2.2
120/70	1.4	1.6	1.2	1.4	0.7	0.8	1.7	1.6	1.6	1.3	0.5	2.5	2.2(2.3)	2.3	2.3	2.3
150/70	1.8	2.0	1.4	1.6	0.7	0.8	1.8	1.7	1.7	1.4	0.5	2.5	2.3(2.4)	2.4	2.4	2.4
185/95	1.8	2.0	1.4	1.6	0.7	0.8	1.9	1.8	1.8	1.5	0.5	2.5	2.5	2.5	2.5(2.6)	2.5(2.6)
240/120	2.0	2.2	1.6	1.8	0.7	0.8	2.1	2.0	2.0	1.6	0.5	2.5	2.6	2.6	2.7	2.7
300/150	2.0	2.2	1.6	1.8	1.0	1.1	2.2	2.1	2.1	1.7	0.8	2.5	2.8	2.8	2.9	2.9
400/185	2.0	2.2	1.6	1.8	1.0	1.1	2.4	2.3	2.3	1.8	0.8	3.15	3.0	3.0	3.1	3.1

a 所有截面可以为扇形导体。
b 仅适用于无铠装电缆。
c 外被层:近似厚度2.0 mm(纤维)。
d 绕包衬垫层:近似厚度1.5 mm。
e 厚度适用于圆形和扇形导体,除给出两个值外,括号内值适用于圆形导体,无括号的值适用于扇形导体。

A.C. 试验电压:4.0 kV(单相试验)。
D.C. 试验电压:9.5 kV。

应用指导见表25。

表 8 $U_0/U=0.6/1$ kV 四芯带绝缘电缆

标称截面积/mm²	绝缘厚度 导体之间 最小值/mm	绝缘厚度 导体之间 标称值/mm	导体/屏蔽 最小值/mm	导体/屏蔽 标称值/mm	铅套厚度 圆形导体 标称值/mm	铅套厚度 扇形导体 标称值/mm	铅套上的PVC护套厚度 标称值[b]/mm	挤出衬垫层 标称值/mm	铠装 钢带 标称值/mm	铠装 钢丝 直径/mm	钢带铠装 挤包/mm	钢带铠装 绕包/mm	钢丝铠装 挤包/mm	钢丝铠装 绕包/mm
4	1.2	1.4	1.0	1.2	1.2	—	1.4	1.0	0.5	0.8	1.6	1.6	1.5	1.6
6	1.2	1.4	1.0	1.2	1.2	—	1.4	1.0	0.5	0.8	1.6	1.6	1.6	1.6
10	1.2	1.4	1.0	1.2	1.2	—	1.4	1.0	0.5	1.6	1.6	1.7	1.7	1.7
16	1.2	1.4	1.0	1.2	1.2	1.2	1.4	1.0	0.5	1.6	1.7	1.7	1.7	1.8
25[a]	1.4	1.6	1.2	1.4	1.3	1.2	1.4	1.0	0.5	1.6	1.8	1.8	1.8	1.9
35	1.4	1.6	1.2	1.4	1.3	1.3	1.4	1.1	0.5	1.6	1.9	1.9	1.9	1.9
50	1.4	1.6	1.2	1.4	1.4	1.4	1.4	1.1	0.5	2.0	2.0	2.0	2.0	2.0(2.1)
70	1.4	1.6	1.2	1.4	1.5	1.5	1.5	1.2	0.5	2.0	2.1	2.1	2.1	2.2
95	1.4	1.6	1.2	1.4	1.6	1.6	1.6	1.3	0.5	2.0	2.2	2.2	2.3	2.3
120	1.4	1.6	1.4	1.6	1.7	1.6	1.7	1.4	0.5	2.5	2.3	2.3	2.4	2.4
150	1.8	2.0	1.4	1.6	1.9	1.8	1.8	1.5	0.5	2.5	2.4	2.4	2.5	2.5
185	1.8	2.0	1.6	1.8	2.0	1.9	1.9	1.5	0.5	2.5	2.5(2.6)	2.5(2.6)	2.6	2.6
240	2.0	2.2	1.6	1.8	2.2	2.1	2.1	1.7	0.8	2.5	2.8	2.8	2.8	2.8
300	2.0	2.2	1.6	1.8	2.3	2.2	2.2	1.8	0.8	2.5	2.9	2.9	3.0	3.0
400	2.0	2.2	1.6	1.8	2.5	2.4	2.4(2.5)	1.9	0.8	3.15	3.1	3.1	3.2	3.2

a 截面积 25 mm² 及以上可以为扇形导体。

b 仅适用于无铠装电缆。

c 外被层:近似厚度 2.0 mm(纤维)。
绕包衬垫层:近似厚度 1.5 mm。

d 厚度适用于圆形和扇形导体,除给出两个值外,括号内值适用于圆形导体,无括号的值适用于扇形导体。

A.C. 试验电压:4.0 kV(单相试验)。

D.C. 试验电压:9.5 kV。

应用指导见表25。

表9 $U_0/U=1.8/3$ kV 单芯电缆

标称截面积/mm²	绝缘厚度		铅套厚度 标称值/mm	铅套外的PVC护套厚度 标称值/mm
	最小值/mm	标称值/mm		
50	1.8	2.0	1.2	1.4
70	1.8	2.0	1.2	1.4
95	1.8	2.0	1.2	1.4
120	1.8	2.0	1.3	1.4
150	1.8	2.0	1.3	1.4
185	1.8	2.0	1.4	1.4
240	1.8	2.0	1.4	1.4
300	1.8	2.0	1.5	1.4
400	1.9	2.1	1.6	1.4
500	2.0	2.2	1.7	1.5
630	2.0	2.2	1.8	1.6
800	2.0	2.2	1.9	1.7
1 000	2.0	2.2	2.0	1.8

A.C.试验电压:6.5 kV。
D.C.试验电压:15.5 kV。

应用指导见表25。

表10 U_0/U=1.8/3 kV 三芯带绝缘电缆

标称截面积/mm²	绝缘厚度				铅套厚度		铅套上的PVC护套厚度	挤出衬垫层和铠装厚度c,d			铠装层外PVC护套标称厚度			
	导体之间		导体/屏蔽		圆形导体	扇形导体		挤出衬垫层	铠装		钢带铠装		钢丝铠装	
	最小值/mm	标称值/mm	最小值/mm	标称值/mm	标称值/mm	标称值/mm	标称值b/mm	标称值/mm	钢带 标称值/mm	钢丝 直径/mm	电缆衬垫 挤包/mm	绕包/mm	挤包e/mm	绕包e/mm
16	2.4	2.6	1.8	2.0	1.2	—	1.4	1.0	0.5	1.6	1.7	1.8	1.8	1.8
25a	2.4	2.6	1.8	2.0	1.3	1.2	1.4	1.0	0.5	1.6	1.8	1.8	1.8(1.9)	1.9
35	2.4	2.6	1.8	2.0	1.3	1.2	1.4	1.1	0.5	1.6	1.9	1.9	1.9	1.9
50	2.4	2.6	1.8	2.0	1.4	1.3	1.4	1.1	0.5	2.0	2.0	2.0	2.0	2.0(2.1)
70	2.4	2.6	1.8	2.0	1.5	1.4	1.4	1.2	0.5	2.0	2.1	2.1	2.1	2.1
95	2.4	2.6	1.8	2.0	1.6	1.5	1.5	1.3	0.5	2.0	2.2	2.2	2.2	2.2
120	2.4	2.6	1.8	2.0	1.7	1.6	1.6	1.3	0.5	2.5	2.3	2.3	2.3(2.4)	2.4
150	2.4	2.6	1.8	2.0	1.8	1.7	1.7	1.4	0.5	2.5	2.4	2.4	2.4	2.4(2.5)
185	2.4	2.6	1.8	2.0	1.9	1.8	1.8	1.5	0.5	2.5	2.5	2.5	2.5	2.5
240	2.4	2.6	1.8	2.0	2.0	1.9	2.0	1.6	0.5	2.5	2.6	2.6	2.7	2.7
300	2.4	2.6	1.8	2.0	2.2	2.1	2.1	1.7	0.8	2.5	2.8	2.8	2.8	2.8
400	2.4	2.6	1.8	2.0	2.4	2.3	2.3	1.8	0.8	3.15	3.0	3.0	3.1	3.0(3.1)

a 截面积25 mm²及以上可以为圆形导体。
b 仅适用于铠装电缆。
c 外被层：近似厚度2.0 mm（纤维）。
d 绕包衬垫层：近似厚度1.5 mm。
e 厚度适用于圆形和扇形导体，除给出两个值外，括号内值适用于扇形导体，无括号的值适用于圆形导体。

A.C. 试验电压：8.0 kV（单相试验）或9.5 kV（三相试验）。
D.C. 试验电压：19 kV。

应用指导见表25。

表11 $U_0/U=3/3$ kV 三芯带绝缘电缆

| 标称截面积/mm² | 绝缘厚度 | | | | 铅套厚度 | | 铅套上的PVC护套厚度 | 挤出衬垫层和铠装厚度[c,d] | | | 铠装层外PVC护套标称厚度 | | | |
| | 导体之间 | | 导体/屏蔽 | | 圆形导体 | 扇形导体 | | 挤出衬垫层 | 铠装 | | 钢带铠装 电缆衬垫 | | 钢丝铠装 | |
	最小值/mm	标称值/mm	最小值/mm	标称值/mm	标称值/mm	标称值/mm	标称值[b]/mm	标称值/mm	钢带 标称值/mm	钢丝 直径/mm	挤包/mm	绕包/mm	挤包[e]/mm	绕包/mm
16	2.4	2.6	2.1	2.3	1.2	—	1.4	1.0	0.5	1.6	1.8	1.8	1.8	1.8
25[a]	2.4	2.6	2.1	2.3	1.3	1.2	1.4	1.0	0.5	1.6	1.8	1.9	1.9	1.9
35	2.4	2.6	2.1	2.3	1.4	1.3	1.4	1.1	0.5	1.6	1.9	1.9	1.9	2.0
50	2.4	2.6	2.1	2.3	1.4	1.3	1.4	1.2	0.5	2.0	2.0	2.0	2.0(2.1)	2.1
70	2.4	2.6	2.1	2.3	1.5	1.4	1.5	1.2	0.5	2.0	2.1	2.1	2.1	2.2
95	2.4	2.6	2.1	2.3	1.6	1.5	1.6	1.3	0.5	2.0	2.2	2.2	2.2	2.3
120	2.4	2.6	2.1	2.3	1.7	1.6	1.7	1.4	0.5	2.5	2.3	2.3	2.4	2.4
150	2.4	2.6	2.1	2.3	1.8	1.7	1.7	1.4	0.5	2.5	2.4	2.4	2.5	2.5
185	2.4	2.6	2.1	2.3	1.9	1.8	1.8	1.5	0.5	2.5	2.5	2.5	2.6	2.6
240	2.4	2.6	2.1	2.3	2.1	2.0	2.0	1.6	0.5	2.5	2.6	2.6	2.7	2.7
300	2.4	2.6	2.1	2.3	2.2	2.1	2.1	1.7	0.8	2.5	2.8	2.8	2.8	2.8
400	2.4	2.6	2.1	2.3	2.4	2.3	2.3	1.8	0.8	3.15	3.0	3.0	3.1	3.1

a 截面积 25 mm² 及以上可以为扇形导体。
b 仅适用于无铠装电缆。
c 外被层：近似厚度 2.0 mm(纤维)。
d 绕包衬垫层：近似厚度 1.5 mm。
e 厚度适用于圆形和扇形导体，除给出两个值外，括号内值适用于 9.5 kV(单相试验)或 9.5 kV(三相试验)，无括号的值适用于圆形导体。

A.C. 试验电压：9.5 kV(单相试验)或 9.5 kV(三相试验)，附加单相试验 9.5 kV。
D.C. 试验电压：23 kV。

应用指导见表25。

表 12 $U_0/U = 3.6/6$ kV 单芯电缆

标称截面积/ mm²	绝缘厚度		铅套厚度	铅套外的 PVC 护套厚度
	最小值/ mm	标称值/ mm	标称值/ mm	标称值/ mm
50	2.4	2.6	1.2	1.4
70	2.4	2.6	1.2	1.4
95	2.4	2.6	1.3	1.4
120	2.4	2.6	1.3	1.4
150	2.4	2.6	1.4	1.4
185	2.4	2.6	1.4	1.4
240	2.4	2.6	1.5	1.4
300	2.4	2.6	1.5	1.4
400	2.4	2.6	1.6	1.5
500	2.4	2.6	1.7	1.5
630	2.4	2.6	1.8	1.6
800	2.4	2.6	1.9	1.7
1 000	2.4	2.6	2.0	1.9

A. C. 试验电压:11.0 kV。
D. C. 试验电压:26.0 kV。

应用指导见表 25。

表13 $U_0/U=3.6/6$ kV 三芯带绝缘电缆

标称截面积/mm²	绝缘厚度				铅套厚度		铅套上的PVC护套厚度	挤出衬垫层和铠装厚度				铠装层外PVC护套标称厚度			
	导体之间		导体/屏蔽		圆形导体	扇形导体		挤出衬垫层	铠装			电缆衬垫			
									钢带	钢丝		钢带铠装		钢丝铠装	
	最小值/mm	标称值/mm	最小值/mm	标称值/mm	标称值/mm	标称值/mm	标称值ᵇ/mmᵉ	标称值/mm	标称值/mm	直径/mm		挤包/mm	绕包/mmᵉ	挤包/mmᵉ	绕包/mm
16	4.2	4.4	2.7	2.9	1.3		1.4	1.0	0.5	1.6		1.9	1.9	1.9	1.9
25ᵃ	4.2	4.4	2.7	2.9	1.4		1.4	1.1	0.5	2.0		1.9	2.0	2.0	2.0
35	4.2	4.4	2.7	2.9	1.5	1.3	1.4	1.2	0.5	2.0		2.0	2.0	2.1	2.1
50	4.2	4.4	2.7	2.9	1.5	1.4	1.5	1.2	0.5	2.0		2.1	2.1	2.1(2.2)	2.2
70	4.2	4.4	2.7	2.9	1.6	1.5	1.6	1.3	0.5	2.0		2.2	2.2	2.2	2.3
95	4.2	4.4	2.7	2.9	1.7	1.6	1.7	1.4	0.5	2.5		2.3	2.3	2.4	2.4
120	4.2	4.4	2.7	2.9	1.8	1.7	1.7(1.8)	1.4	0.5	2.5		2.4	2.4	2.5	2.5
150	4.2	4.4	2.7	2.9	1.9	1.8	1.8	1.5	0.5	2.5		2.5	2.5	2.6	2.6
185	4.2	4.4	2.7	2.9	2.0	1.9	1.9	1.6	0.5	2.5		2.6	2.6	2.7	2.7
240	4.2	4.4	2.7	2.9	2.2	2.1	2.1	1.7	0.8	2.5		2.8	2.7(2.8)	2.8	2.8
300	4.2	4.4	2.7	2.9	2.3	2.2	2.2	1.7	0.8	2.5		2.9	2.9	2.9	2.9
400	4.2	4.4	2.7	2.9	2.5	2.4	2.4	1.9	0.8	3.15		3.1	3.1	3.2	3.2

a 截面积25 mm²及以上可以为扇形导体。
b 仅适用于无铠装电缆。
c 外被层:近似厚度2.0 mm(纤维)。
d 绕包衬垫层:近似厚度1.5 mm。
e 厚度适用于圆形和扇形导体,除给出两个值外,括号内值适用于圆形导体,无括号的值适用于扇形导体。

A.C. 试验电压:14 kV(单相试验)或17 kV(三相试验)。
D.C. 试验电压:34 kV。

应用指导见表25。

表 14 $U_0/U = 6/6$ kV 三芯带绝缘电缆

标称截面积/mm²	绝缘厚度 导体之间 最小值/mm	绝缘厚度 导体之间 标称值/mm	导体/屏蔽 最小值/mm	导体/屏蔽 标称值/mm	铅套厚度 圆形导体 标称值/mm	铅套厚度 扇形导体 标称值/mm	铅套上的PVC护套厚度 标称值b/mm	挤出衬垫层 标称值/mm	铠装 钢带 标称值/mm	铠装 钢丝 直径/mm	钢带铠装 挤包/mm	钢带铠装 绕包e/mm	钢丝铠装 挤包/mm	钢丝铠装 绕包e/mm
16	4.2	4.4	3.1	3.3	1.3	—	1.4	1.1	0.5	1.6	1.9	1.9	1.9	1.9
25a	4.2	4.4	3.1	3.3	1.4	1.3	1.4	1.1	0.5	2.0	2.0	2.0	2.0	2.0
35	4.2	4.4	3.1	3.3	1.5	1.4	1.4	1.2	0.5	2.0	2.0	2.0(2.1)	2.1	2.1
50	4.2	4.4	3.1	3.3	1.6	1.5	1.5	1.2	0.5	2.0	2.1	2.1	2.2	2.2
70	4.2	4.4	3.1	3.3	1.7	1.6	1.6	1.3	0.5	2.5	2.2	2.2	2.3	2.3
95	4.2	4.4	3.1	3.3	1.8	1.7	1.7	1.4	0.5	2.5	2.3	2.3	2.4	2.4
120	4.2	4.4	3.1	3.3	1.8	1.7	1.8	1.4	0.5	2.5	2.4	2.4	2.5	2.5
150	4.2	4.4	3.1	3.3	1.9	1.8	1.9	1.5	0.5	2.5	2.5	2.5	2.6	2.6
185	4.2	4.4	3.1	3.3	2.0	1.9	2.0	1.6	0.5	2.5	2.6	2.6	2.7	2.7
240	4.2	4.4	3.1	3.3	2.2	2.1	2.1	1.7	0.8	2.5	2.8	2.8	2.8	2.8
300	4.2	4.4	3.1	3.3	2.3	2.2	2.2	1.8	0.8	2.5	2.9	2.9	3.0	3.0(2.9)
400	4.2	4.4	3.1	3.3	2.5	2.4	2.4	1.9	0.8	3.15	3.1	3.1	3.2	3.2

（铠装层外 PVC 护套标称厚度；钢丝铠装绕包e、挤包为电缆衬垫。）

a 截面积 25 mm² 及以上可以为扇形导体。

b 仅适用于无铠装电缆。

c 外被层：近似厚度 2.0 mm（纤维）。

d 绕包衬垫层：近似厚度 1.5 mm。

e 厚度适用于圆形和扇形导体，除给出两个值外，括号内值适用于圆形导体，无括号的值适用于扇形导体。

A.C. 试验电压:17 kV(单相试验)或 17 kV(三相试验)并附加单相试验 17 kV)。

D.C. 试验电压:41 kV。

应用指导见表 25。

表 15 $U_0/U=6/10$ kV 单芯电缆

标称截面积/ mm²	绝缘厚度		标称值/ mm	铅套厚度 标称值/ mm	铅套外的 PVC 护套厚度 标称值/ mm
	最小值/ mm	标称值/ mm			
50	3.0	3.2		1.2	1.4
70	3.0	3.2		1.3	1.4
95	3.0	3.2		1.3	1.4
120	3.0	3.2		1.4	1.4
150	3.0	3.2		1.4	1.4
185	3.0	3.2		1.5	1.4
240	3.0	3.2		1.5	1.4
300	3.0	3.2		1.6	1.4
400	3.0	3.2		1.7	1.5
500	3.0	3.2		1.7	1.6
630	3.0	3.2		1.8	1.7
800	3.0	3.2		1.9	1.8
1 000	3.0	3.2		2.1	1.9

A.C. 试验电压:15.0 kV。

D.C. 试验电压:36.0 kV。

由制造商决定是否采用半导电层。

如采用丁半导电层,在规定绝缘厚度最小值中包括最多 0.2 mm 半导电层,标称值中包括最多 0.3 mm 半导电层。

应用指导见表 25。

表 16 $U_0/U=6/10$ kV 三芯带绝缘电缆

标称截面积/mm²	绝缘厚度* 导体之间 最小值/mm	绝缘厚度* 导体之间 标称值/mm	导体/屏蔽 最小值/mm	导体/屏蔽 标称值/mm	铅套厚度 圆形导体 标称值/mm	铅套厚度 扇形导体 标称值/mm	铅套上的PVC护套厚度 标称值b/mm	挤出衬垫层 标称值/mm	铠装 钢带 标称值/mm	铠装 钢丝 直径/mm	铠装层外PVC护套标称厚度 钢带铠装 电缆衬垫 挤包/mm	钢带铠装 电缆衬垫 绕包/mm	钢丝铠装 挤包/mm	钢丝铠装 绕包/mm
16	5.8	6.1	3.5	3.7	1.4	—	1.4	1.1	0.5	2.0	2.0	2.0	2.0	2.0
25	5.8	6.1	3.5	3.7	1.5	—	1.4	1.2	0.5	2.0	2.0	2.1	2.1	2.1
35ᵃ	5.8	6.1	3.5	3.7	1.6	1.5	1.5	1.2	0.5	2.0	2.1	2.1	2.2	2.2
50	5.8	6.1	3.5	3.7	1.6	1.5	1.6	1.3	0.5	2.0	2.2	2.2	2.3	2.3
70	5.8	6.1	3.5	3.7	1.7	1.6	1.7	1.4	0.5	2.5	2.3	2.3	2.4	2.4
95	5.8	6.1	3.5	3.7	1.8	1.7	1.8	1.4	0.5	2.5	2.4	2.4	2.5	2.5
120	5.8	6.1	3.5	3.7	1.9	1.8	1.9	1.5	0.5	2.5	2.5	2.5	2.6	2.6
150	5.8	6.1	3.5	3.7	2.0	1.9	1.9	1.6	0.5	2.5	2.6	2.6	2.7	2.7
185	5.8	6.1	3.5	3.7	2.1	2.0	2.1	1.6	0.8	2.5	2.7	2.7	2.8	2.8
240	5.8	6.1	3.5	3.7	2.3	2.2	2.2	1.7	0.8	2.5	2.9	2.9	2.9	2.9
300	5.8	6.1	3.5	3.7	2.4	2.3	2.3	1.8	0.8	3.15	3.0	3.0	3.1	3.1
400	5.8	6.1	3.5	3.7	2.6	2.5	2.5	2.0	0.8	3.15	3.2	3.2	3.3	3.3

ᵃ 截面积 35 mm² 及以上可以为扇形导体。
b 仅适用于无铠装电缆。
c 外被层:近似厚度 2.0 mm(纤维)。
d 绕包衬垫层:近似厚度 1.5mm。
* 由制造商决定是否采用半导电层。

在情况 1)中,最小厚度 5.8 mm 中包括屏蔽层厚度最多 0.4 mm,最小厚度 3.5 mm 中包括屏蔽层厚度最多 0.2 mm。
在情况 2)中,仅最小厚度 3.5 mm 中包括屏蔽层厚度最多 0.2 mm。
在情况 3)中,最小厚度 5.8 mm 和 3.5 mm 中均包括所有屏蔽层厚度。
标称值包括所有屏蔽层厚度。

1) 仅在导体上;
2) 仅在带绝缘上;
3) 导体和带绝缘上。

A.C.试验电压:20 kV(单相试验)或 25 kV(三相试验)。
D.C.试验电压:48 kV。

应用指导见表 25。

表17 $U_0/U=6/10$ kV 三芯径向电场电缆

标称截面积/mm²	绝缘厚度b 最小值/mm	绝缘厚度b 标称值/mm	铅套厚度 圆形导体 标称值/mm	铅套厚度 扇形导体 标称值/mm	铅套上的PVC护套厚度 标称值c/mm	挤出衬垫层 标称值f/mm	铠装 钢带 标称值/mm	铠装 钢丝 直径/mm	铠装层外PVC护套标称厚度 钢带铠装 挤包/mm	铠装层外PVC护套标称厚度 钢带铠装 绕包/mm	铠装层外PVC护套标称厚度 电缆衬垫 钢丝铠装 挤包f/mm	铠装层外PVC护套标称厚度 钢丝铠装 绕包f/mm
16	3.0	3.2	1.4	—	1.4	1.1	0.5	2.0	2.0	2.0	2.0	2.0
25	3.0	3.2	1.5	—	1.4	1.2	0.5	2.0	2.0	2.0	2.1	2.1
35a	3.0	3.2	1.5	1.4	1.5	1.2	0.5	2.0	2.1	2.1	2.1(2.2)	2.1
50	3.0	3.2	1.6	1.5	1.6	1.3	0.5	2.0	2.2	2.2	2.2	2.2
70	3.0	3.2	1.7	1.6	1.6	1.3	0.5	2.5	2.3	2.3	2.4	2.4
95	3.0	3.2	1.8	1.7	1.7	1.4	0.5	2.5	2.4	2.4	2.5	2.5
120	3.0	3.2	1.9	1.8	1.8	1.5	0.5	2.5	2.5	2.5	2.6	2.6
150	3.0	3.2	2.0	1.9	1.9	1.5	0.5	2.5	2.6	2.6	2.6(2.7)	2.6(2.7)
185	3.0	3.2	2.1	2.0	2.0	1.6	0.8	2.5	2.7	2.7	2.7(2.8)	2.7
240	3.0	3.2	2.2	2.1	2.2	1.7	0.8	2.5	2.8	2.8	2.9	2.9
300	3.0	3.2	2.4	2.3	2.3	1.8	0.8	3.15	3.0	3.0	3.1	3.0(3.1)
400	3.0	3.2	2.6	2.5	2.5	1.9(2.0)	0.8	3.15	3.2	3.2	3.3	3.2(3.3)

a 截面积35 mm²及以上可以为扇形导体。
b 对每一芯导体中包括导体半导电层或绝缘半导电层和绝缘半导电层最多0.2 mm,标称值中最多0.3 mm。
c 仅适用于无铠装电缆。
d 外被层:近似厚度2.0 mm(纤维)。
e 绕包衬垫层:近似厚度1.5 mm。
f 厚度适用于圆形和扇形导体,除给出两个值外,括号内值适用于圆形导体,无括号的值适用于扇形导体。

A.C.试验电压:15.0 kV(单芯试验)。
D.C.试验电压:36.0 kV。

应用指导见表25。

表18 $U_0/U=8.7/10$ kV 三芯带绝缘电缆

标称截面积/mm²	绝缘厚度*				铅套厚度		铝套上的PVC护套厚度	挤出衬垫层和铠装厚度			铠装层外PVC护套标称厚度			
	导体之间		导体/屏蔽		圆形导体	扇形导体		挤出衬垫层	铠装		电缆衬垫			
									钢带	钢丝	钢带铠装		钢丝铠装	
	最小值/mm	标称值/mm	最小值/mm	标称值/mm	标称值/mm	标称值/mm	标称值ᵇ/mm	标称值/mm	标称值/mm	直径/mm	挤包/mmᵉ	绕包/mmᵉ	挤包/mm	绕包/mm
16	5.8	6.1	4.3	4.5	1.5	—	1.4	1.2	0.5	2.0	2.0	2.0	2.1	2.1
25	5.8	6.1	4.3	4.5	1.5	—	1.5	1.2	0.5	2.0	2.1	2.1	2.2	2.2
35ᵃ	5.8	6.1	4.3	4.5	1.6	1.5	1.5	1.3	0.5	2.0	2.2	2.2	2.2	2.2
50	5.8	6.1	4.3	4.5	1.7	1.6	1.6	1.3	0.5	2.5	2.2(2.3)	2.3	2.3	2.3
70	5.8	6.1	4.3	4.5	1.8	1.7	1.7	1.4	0.5	2.5	2.3	2.3(2.4)	2.4	2.4
95	5.8	6.1	4.3	4.5	1.9	1.8	1.8	1.5	0.5	2.5	2.5	2.5	2.5	2.5
120	5.8	6.1	4.3	4.5	2.0	1.9	1.9	1.5	0.5	2.5	2.5	2.5	2.6	2.6
150	5.8	6.1	4.3	4.5	2.1	2.0	2.0	1.6	0.5	2.5	2.6	2.6	2.7	2.7
185	5.8	6.1	4.3	4.5	2.2	2.1	2.1	1.7	0.8	2.5	2.8	2.8	2.8	2.8
240	5.8	6.1	4.3	4.5	2.3	2.2	2.2	1.8	0.8	2.5	2.9	2.9	3.0	2.9(3.0)
300	5.8	6.1	4.3	4.5	2.4	2.3	2.4	1.9	0.8	3.15	3.0(3.1)	3.0	3.1	3.1
400	5.8	6.1	4.3	4.5	2.6	2.5	2.5(2.6)	2.0	0.8	3.15	3.3	3.2	3.3	3.3

ᵃ 截面积35 mm²及以上可以为扇形导体。

ᵇ 仅适用于无铠装电缆。

ᶜ 绕包衬垫层:近似厚度2.0 mm(纤维)。

ᵈ 外被层:近似厚度1.5 mm。

ᵉ 厚度适用于圆形和扇形导体,除给出两个值外,括号内值适用于圆形导体,无括号的值适用于扇形导体。金属电或半导电屏蔽层厚度最多0.4 mm。

* 导体上必须有半导电层,带绝缘上是否采用半导电导体屏蔽层由制造商决定。

最小厚度5.8 mm中包括必需的导体屏蔽层,厚度最多至0.2 mm;

最小厚度4.3 mm中包括:

——或者采用的导体屏蔽层,厚度最多0.2 mm;

——或者采用丁导体屏蔽和带绝缘屏蔽,厚度最多至0.4 mm。标称厚度总是包括所有屏蔽层厚度。

A.C.试验电压:24 kV(单相试验)或25 kV(三相试验),厚度最多至0.4 mm,附加单相试验24 kV)。

D.C.试验电压:58 kV。

应用指导见表25。

表19 $U_0/U=8.7/15$ kV 单芯径向电场和三芯分相铅套电缆

标称截面积/mm²	绝缘厚度b 最小值/mm	绝缘厚度b 标称值/mm	铅套厚度 单芯电缆 标称值/mm	铅套厚度 分相铅套电缆 标称值/mm	铅套上的PVC护套厚度 单芯电缆 标称值/mm	分相铅套电缆铝套外挤出衬垫层和铠装厚度c,d 挤出衬垫层 标称值/mm	铠装 钢带 标称值/mmᵉ	铠装 钢丝 直径/mmᵉ	分相铅套电缆 铠装层外PVC护套标称厚度 电缆衬垫 钢带铠装 挤包/mm	钢带铠装 绕包/mm	钢丝铠装 挤包/mm	钢丝铠装 绕包/mm
25	3.9	4.2	—	1.2	—	1.0	0.5	2.5	2.3	2.2	2.3	2.3
35	3.9	4.2	—	1.2	—	1.0	0.5	2.5	2.3	2.3	2.4	2.4
50ᵃ	3.9	4.2	1.3	1.2	1.4	1.0	0.5	2.5	2.4	2.4	2.5	2.5
70	3.9	4.2	1.3	1.2	1.4	1.0	0.5	2.5	2.5	2.5	2.6	2.5
95	3.9	4.2	1.4	1.3	1.4	1.0	0.8(0.5)	2.5	2.6	2.6	2.7	2.6
120	3.9	4.2	1.4	1.3	1.4	1.1	0.8	2.5	2.7	2.7	2.8	2.7
150	3.9	4.2	1.5	1.4	1.4	1.1	0.8	2.5	2.8	2.8	2.9	2.8
185	3.9	4.2	1.5	1.4	1.4	1.1	0.8	3.15(2.5)	2.9	2.9	3.0	2.9
240	3.9	4.2	1.6	1.5	1.4	1.2	0.8	3.15	3.1	3.0	3.2	3.1
300	3.9	4.2	1.6	1.5	1.5	1.2	0.8	3.15	3.2	3.1	3.3	3.2
400ᵃ	3.9	4.2	1.7	1.6	1.6	1.3	0.8	3.15	3.4	3.3	3.5	3.4
500	3.9	4.2	1.8	—	1.6	—	—	—	—	—	—	—
630	3.9	4.2	1.9	—	1.7	—	—	—	—	—	—	—
800	3.9	4.2	2.0	—	1.8	—	—	—	—	—	—	—
1 000	3.9	4.2	2.1	—	2.0	—	—	—	—	—	—	—

a 最小单芯电缆应为50 mm²,最大三芯分相铅套电缆应为400 mm²。

b 对每一芯单芯包括导体屏蔽和绝缘半导电层或金属屏蔽层最多至0.3 mm,标称值中最多至0.4 mm。

c 外披层:近似厚度2.0 mm(纤维)。

d 绕包衬垫层:近似厚度1.5 mm。

e 给出两个值的,括号内的值适用于绕包衬垫电缆,无括号的值适用于挤包和绕包衬垫电缆;其余给出一个值的适用于挤包和绕包衬垫电缆。

A.C. 试验电压:22.0 kV(单相试验)。

D.C. 试验电压:53.0 kV。

应用指导见表25。

表20 $U_0/U = 8.7/15$ kV 三芯径向电场电缆

标称截面积/mm²	绝缘厚度[b] 最小值/mm	绝缘厚度[b] 标称值/mm	铅套厚度 标称值/mm	铅套上的PVC护套厚度 标称值/mm	挤出衬垫层和铠装厚度[d,e] 挤出衬垫层 标称值/mm	铠装 钢带 标称值/mm	铠装 钢丝 直径/mm	铠装层外PVC护套标称厚度 电缆衬垫 钢带铠装 挤包/mm	钢带铠装 绕包/mm	钢丝铠装 挤包/mm	钢丝铠装 绕包/mm
25	3.9	4.2	1.6	1.5	1.3	0.5	2.0	2.2	2.2	2.2	2.2
35	3.9	4.2	1.7	1.6	1.3	0.5	2.5	2.2	2.2	2.3	2.3
50[a]	3.9	4.2	1.8	1.7	1.4	0.5	2.5	2.3	2.3	2.4	2.4
70	3.9	4.2	1.8	1.8	1.4	0.5	2.5	2.4	2.4	2.5	2.5
95	3.9	4.2	2.0	1.9	1.5	0.5	2.5	2.5	2.5	2.6	2.6
120	3.9	4.2	2.0	2.0	1.6	0.5	2.5	2.6	2.6	2.7	2.7
150	3.9	4.2	2.1	2.1	1.6	0.8	2.5	2.7	2.7	2.8	2.8
185	3.9	4.2	2.2	2.2	1.7	0.8	2.5	2.8	2.8	2.9	2.9
240	3.9	4.2	2.4	2.3	1.8	0.8	3.15	3.0	3.0	3.1	3.1
300	3.9	4.3	2.5	2.4	1.9	0.8	3.15	3.1	3.1	3.2	3.2
400	3.9	4.3	2.7	2.6	2.1	0.8	3.15	3.3	3.3	3.4	3.4

a 截面积50 mm²及以上可以为扇形导体。
b 对每一芯最小值中包括导体屏蔽和绝缘半导电层或金属化层最多至0.3 mm,标称值中最多至0.4 mm。
c 仅适用于铠装电缆。
d 外被层:近似厚度2.0 mm(纤维)。
e 绕包衬垫层:近似厚度1.5 mm。

A.C.试验电压:22.0 kV(单相试验)。
D.C.试验电压:53.0 kV。

应用指导见表25。

表21 $U_0/U=12/20\ kV$ 径向电场单芯和三芯分相铅套电缆

标称截面积/mm²	绝缘厚度ᵇ		铅套厚度		铅套上的PVC护套厚度	分相铅套电缆铅套外挤出衬垫层和铠装厚度ᶜ·ᵈ			分相铅套外PVC护套标称厚度（分相铅套电缆）					
	最小值/mm	标称值/mm	单芯电缆标称值/mm	分相铅套电缆标称值/mm	单芯电缆标称值/mm	挤出衬垫层标称值/mm	铠装 钢带标称值/mm	铠装 钢丝直径/mmᵉ	电缆衬垫 铠带铠装 挤包/mm	电缆衬垫 铠带铠装 绕包/mm	电缆衬垫 钢带铠装 挤包/mm	电缆衬垫 钢带铠装 绕包/mm	钢丝铠装 挤包/mm	钢丝铠装 绕包/mm
25	5.0	5.4	—	1.2	—	1.0	0.5	2.5	2.4	2.4	2.4	2.4	2.5	2.5
35	5.0	5.4	—	1.2	—	1.0	0.5	2.5	2.5	2.4	2.5	2.4	2.6	2.5
50ᵃ	5.0	5.4	1.4	1.3	1.4	1.0	0.8(0.5)	2.5	2.6	2.5	2.6	2.5	2.6	2.6
70	5.0	5.4	1.4	1.3	1.4	1.1	0.8(0.5)	2.5	2.7	2.6	2.7	2.6	2.7	2.7
95	5.0	5.4	1.5	1.4	1.4	1.1	0.8	2.5	2.8	2.8	2.9	2.8	2.9	2.8
120	5.0	5.4	1.5	1.4	1.4	1.1	0.8	3.15(2.5)	2.9	2.8	3.0	2.8	3.0	2.9
150	5.0	5.4	1.5	1.4	1.4	1.1	0.8	3.15(2.5)	3.0	2.9	3.1	2.9	3.1	3.0
185	5.0	5.4	1.6	1.5	1.4	1.2	0.8	3.15	3.1	3.0	3.2	3.0	3.2	3.1
240	5.0	5.4	1.6	1.5	1.5	1.2	0.8	3.15	3.2	3.2	3.3	3.2	3.3	3.2
300	5.0	5.4	1.7	1.6	1.5	1.3	0.8	3.15	3.4	3.3	3.4	3.3	3.4	3.4
400ᵃ	5.0	5.4	1.8	1.7	1.6	1.3	0.8	3.15	3.6	3.5	3.6	3.5	3.6	3.6
500	5.0	5.4	1.9	—	1.7	—	—	—	—	—	—	—	—	—
630	5.0	5.4	2.0	—	1.8	—	—	—	—	—	—	—	—	—
800	5.0	5.4	2.1	—	1.9	—	—	—	—	—	—	—	—	—
1000	5.0	5.4	2.2	—	2.0	—	—	—	—	—	—	—	—	—

a 最小单芯电缆应为50 mm²，最大三芯分相铅套电缆应为400 mm²。

b 对每一单芯电缆中包括导体屏蔽和绝缘半导电层或金属化层最多至0.3 mm，标称值中最多至0.4 mm。

c 外被层：近似厚度2.0 mm(纤维)。

d 绕包衬垫层：近似厚度1.5 mm。

e 给出两个值内的，括号内的值适用于绕包衬垫电缆，无括号的值适用于挤包和绕包衬垫电缆；其余给出一个值的值适用于挤包和绕包衬垫电缆。

A.C. 试验电压：30.0 kV(单相试验)。

D.C. 试验电压：72.0 kV。

应用指导见表25。

表 22　$U_0/U=12/20$ kV 三芯径向电场电缆

标称截面积/mm²	绝缘厚度ᵇ 最小值/mm	绝缘厚度ᵇ 标称值/mm	铝套厚度 标称值/mm	铝套上的PVC护套厚度ᶜ 标称值/mm	挤出衬垫层 标称值/mm	铠装 钢带 标称值/mm	铠装 钢丝 直径/mm	铠装层外PVC护套标称厚度 钢带铠装 电缆衬垫 挤包/mm	钢带铠装 绕包/mm	钢丝铠装 挤包/mm	钢丝铠装 绕包/mm
25	5.0	5.4	1.8	1.7	1.4	0.5	2.5	2.3	2.3	2.4	2.4
35	5.0	5.4	1.8	1.8	1.4	0.5	2.5	2.4	2.4	2.5	2.5
50	5.0	5.4	1.9	1.8	1.5	0.5	2.5	2.5	2.5	2.6	2.6
70ᵃ	5.0	5.4	2.0	1.9	1.5	0.5	2.5	2.6	2.6	2.7	2.7
95	5.0	5.4	2.1	2.0	1.6	0.8	2.5	2.7	2.7	2.8	2.8
120	5.0	5.4	2.2	2.1	1.7	0.8	2.5	2.8	2.8	2.9	2.8
150	5.0	5.4	2.3	2.2	1.8	0.8	2.5	2.9	2.9	3.0	2.9
185	5.0	5.4	2.4	2.3	1.8	0.8	3.15	3.0	3.0	3.1	3.1
240	5.0	5.4	2.5	2.4	1.9	0.8	3.15	3.1	3.1	3.2	3.2
300	5.0	5.4	2.7	2.6	2.0	0.8	3.15	3.3	3.2	3.4	3.3
400	5.0	5.4	2.9	2.8	2.2	0.8	3.15	3.5	3.4	3.6	3.5

a 截面积 70 mm² 及以上可以为圆形导体。

b 对每一芯最小值中包括导体屏蔽和绝缘半导电层或金属化层最多至 0.3 mm，标称值中最多至 0.4 mm。

c 仅适用于无铠装电缆。

d 外被层：近似厚度 2.0 mm（纤维）。

e 绕包衬垫层：近似厚度 1.5 mm。

A. C. 试验电压：30.0 kV（单相试验）。

D. C. 试验电压：72.0 kV。

应用指导见表25。

GBT 12976.1—2008

表23 $U_0/U=18/30$ kV 径向电场单芯和三芯分相铅套电缆

标称截面积/mm²	绝缘厚度b 最小值/mm	绝缘厚度b 标称值/mm	铅套厚度 单芯电缆 标称值/mm	铅套厚度 分相铅套电缆 标称值/mm	铅套上的PVC护套厚度 单芯电缆 标称值/mm	分相铅套电缆铅套外挤出衬垫层和铠装厚度c,d 挤出衬垫层 标称值/mm	铠装 钢带 标称值/mm	铠装 钢丝 直径/mm^e	分相铅套电缆铠装层外PVC护套标称厚度 钢带铠装 电缆衬垫 挤包/mm	钢带铠装 电缆衬垫 绕包/mm	钢丝铠装 挤包/mm	钢丝铠装 绕包/mm
35	7.8	8.3	—	1.4	—	1.1	0.8	3.15(2.5)	2.9	2.8	3.0	2.9
50a	7.3	7.8	1.5	1.4	1.4	1.1	0.8	3.15(2.5)	2.9	2.9	3.0	2.9
70	7.0	7.5	1.5	1.4	1.4	1.1	0.8	3.15(2.5)	3.0	2.9	3.0	3.0
95	7.0	7.5	1.6	1.5	1.4	1.2	0.8	3.15	3.1	3.0	3.2	3.1
120	7.0	7.5	1.6	1.5	1.5	1.2	0.8	3.15	3.2	3.1	3.2	3.2
150	7.0	7.5	1.7	1.6	1.5	1.2	0.8	3.15	3.3	3.2	3.3	3.3
185	7.0	7.5	1.7	1.6	1.5	1.3	0.8	3.15	3.4	3.3	3.4	3.4
240	7.0	7.5	1.8	1.7	1.6	1.3	0.8	3.15	3.5	3.4	3.6	3.5
300	7.0	7.5	1.8	1.7	1.7	1.4	0.8	3.15	3.6	3.6	3.7	3.6
400a	7.0	7.5	1.9	1.8	1.8	1.4	0.8	3.15	3.8	3.8	3.9	3.8
500	7.0	7.5	2.0	—	1.8	—	—	—	—	—	—	—
630	7.0	7.5	2.1	—	1.9	—	—	—	—	—	—	—
800	7.0	7.5	2.2	—	2.0	—	—	—	—	—	—	—
1 000	7.0	7.5	2.3	—	2.1	—	—	—	—	—	—	—

a 最小单芯电缆应为 50 mm²,最大三芯分相铅套电缆应为 400 mm²。

b 对每一芯最小值中包括导体屏蔽和绝缘半导电层或金属化层最多至 0.3 mm,标称值中最多至 0.4 mm。

c 外被层:近似厚度 2.0 mm(纤维)。

d 绕包衬垫层:近似厚度 1.5 mm。

e 给出两个值内的,括号内的值适用于绕包衬垫电缆,无括号的值适用于挤包衬垫电缆;其余给出一个值的适用于挤包和绕包衬垫电缆。

A.C. 试验电压:45.0 kV(单相试验)。

D.C. 试验电压:108.0 kV。

应用指导见表25。

表24　$U_0/U = 18/30$ kV 三芯径向电场电缆

标称截面积/mm²	绝缘厚度[b] 最小值/mm	绝缘厚度[b] 标称值/mm	铝套厚度 标称值/mm	铝套上的PVC护套厚度 标称值[c]/mm	挤出衬垫层 标称值/mm	铠装 钢带 标称值/mm	铠装 钢丝 直径/mm	钢带铠装 挤包/mm	钢带铠装 绕包/mm	钢丝铠装 挤包/mm	钢丝铠装 绕包/mm
35	7.8	8.3	2.2	2.1	1.7	0.8	2.5	2.8	2.8	2.9	2.9
50	7.3	7.8	2.2	2.1	1.7	0.8	2.5	2.8	2.8	2.9	2.9
70	7.0	7.5	2.3	2.2	1.7	0.8	2.5	2.9	2.9	2.9	2.9
95[a]	7.0	7.5	2.4	2.3	1.8	0.8	3.15	3.0	3.0	3.1	3.1
120	7.0	7.5	2.5	2.4	1.9	0.8	3.15	3.1	3.1	3.2	3.1
150	7.0	7.5	2.6	2.5	1.9	0.8	3.15	3.2	3.2	3.3	3.2
185	7.0	7.5	2.7	2.6	2.0	0.8	3.15	3.3	3.2	3.4	3.3
240	7.0	7.5	2.8	2.7	2.1	0.8	3.15	3.4	3.4	3.5	3.5
300	7.0	7.5	2.9	2.8	2.2	0.8	3.15	3.6	3.5	3.6	3.6
400	7.0	7.5	3.1	3.0	2.3	0.8	3.15	3.8	3.7	3.8	3.8

（挤出衬垫层和铠装厚度[d,e]；铠装层外PVC护套标称厚度——钢带铠装、钢丝铠装，电缆衬垫）

a 截面积95 mm²及以上可以为扇形导体。

b 对每一芯导体中包括导体屏蔽和绝缘半导电层或金属化层最多至0.3 mm,标称值中最多至0.4 mm。

c 仅适用于无铠装电缆。

d 外被层:近似厚度2.0 mm(纤维)。

e 绕包衬垫层:近似厚度1.5 mm。

A.C.试验电压:45.0 kV(单相试验)。
D.C.试验电压:108.0 kV。

应用指导见表25。

表 25　电缆选择指导

序号	U_0/U	径向	带绝缘线	第 1 类 U	第 1 类 U_m	第 2 类 U	第 2 类 U_m	第 3 类 U	第 3 类 U_m
1	0.6/1	1 芯		1.0	1.2	1.0	1.2	1.0	1.2
2	0.6/1		2 芯	1.0	1.2	1.0	1.2	1.0	1.2
3	0.6/1		3 芯	1.0	1.2	1.0	1.2	1.0	1.2
4	0.6/1		3+1 芯	1.0	1.2	1.0	1.2	1.0	1.2
5	0.6/1		4 芯	1.0	1.2	1.0	1.2	1.0	1.2
6	1.8/3	1 芯		3	3.6	3	3.6	—	—
7	1.8/3		3 芯	3	3.6	3	3.6	—	3.6
8	3/3	—		—	—	—	—	3	3.6
9	3.6/6	1 芯		6	7.2	6	7.2	3	3.6
10	3.6/6		3 芯	6	7.2	6	7.2	3	3.6
11	6/6		3 芯	—	—	—	—	6	7.2
12	6/10	1 芯		10	12	10	12	6	7.2
13	6/10	3 芯		10	12	10	12	—	—
14	6/10		3 芯	10	12	10	12	6	7.2
15	8.7/10	1 芯和 3 芯分相		—	—	—	—	10	12
16	8.7/15	3 芯		15	17.5	15	17.5	10	12
17	8.7/15		3 芯	15	17.5	15	17.5	10	12
18	12/20	1 芯和 3 芯分相		20	24	20	24	15	17.5
19	12/20	3 芯		20	24	20	24	15	17.5
20	18/30	1 芯和 3 芯分相		30	36	30	36	20	24
21	18/30	3 芯		30	36	30	36	20	24

U 为三相系统电压。

U_m 为最高系统电压。

5.2.3 线芯标识

对额定电压 0.6/1 kV 电缆:正在考虑之中。

对额定电压 0.6/1 kV 以上电缆:不要求。

5.3 屏蔽

额定电压 U_0 大于等于 8.7 kV 所有电缆每一导体外都应有半导电纸层和/或金属化纸层。

额定电压 U_0 大于等于 8.7 kV 所有单芯和分相铅套电缆绝缘外应有半导电纸层和/或金属化纸层。

所有三芯径向电场电缆在每一导体外应有半导电纸层和/或金属化纸层,在每一线芯外应有半导电纸层和/或金属化纸层。

对 6/10 kV 单芯和三芯带绝缘电缆,导体外半导电纸层(和/或金属化纸层)和/或铅套内绝缘外半导电纸层(和/或金属化纸层)是否采用由制造商选择。

对 8.7/10 kV 三芯带绝缘电缆,带绝缘外是否采用半导电纸层(和/或金属化纸层)由制造商选择。

5.4 铅套

铅套应采用符合 JB/T 5268.2—1991 规定的铅合金。

铅套标称厚度见相应表中要求,其数值按附录 A 方法计算。

按 GB/T 12976.3—2008 中 7.1.2 方法测得的铅套最小厚度应不小于规定标称值的 95% 减 0.1 mm。

注:表中规定的标称值适用于较宽范围的应用。

　　当敷设条件保证时,制造商和用户协商同意可采用较大的厚度。

5.5 铠装下的衬垫层

5.5.1 绕包衬垫层

5.5.1.1 分相铅套(S.L.)电缆

衬垫层应包括每一铅套外的衬垫和铅套后包带线芯成缆后的覆盖层。

每一铅套外的衬垫应包括下列之一:

a) 至少两层浸渍纸或沥青纸;

b) 或一层塑料带和一层浸渍纸,均涂沥青;

c) 或一层浸渍纸和一层浸渍纤维材料,均涂沥青。

成缆后线芯覆盖层应包括一层或多层浸渍纸,和/或浸渍或浸沥青纤维材料。

衬垫材料可用沥青浸渍或其他防腐材料浸渍。

5.5.1.2 所有其他铅套电缆

涂沥青的金属套衬垫层应包括合适的浸渍纸和沥青纸或由两层浸渍纸和沥青纸再绕包一层或多层沥青纤维材料的复合结构。

衬垫材料可用沥青浸渍或其他防腐材料浸渍。

5.5.1.3 衬垫层厚度

5.5.1.1 和 5.5.1.2 的电缆铠装层和铅套之间的保护层总厚度在铠装后测得的厚度近似值应为 1.5 mm。

5.5.2 挤包衬垫层

5.5.2.1 一般要求

当在铅套外采用挤包衬垫层时,应优选采用黑色的符合 GB/T 12706.2—2002 中 ST1 或 ST3 型材料。在挤包衬垫层前在铅套和挤包衬垫层之间可有一层合适的混合物材料。

5.5.2.2 厚度

标称厚度在相应表中给出,由附录 A 方法计算得出。按 GB/T 12976.3—2008 中 7.1.3 方法测得的平均厚度应不小于相应表中的标称值,最小厚度应不小于标称厚度的 85% 减 0.1 mm。

5.6 铠装

5.6.1 一般要求

要求时,金属铠装通常应由符合5.6.2的钢带铠装或符合5.6.3的镀锌钢丝铠装组成。除特殊结构外,用于交流回路的单芯电缆的铠装应采用非磁性材料。

注:用于交流回路的单芯电缆的铠装采用磁性材料,即使为某种特殊结构,电缆载流量仍将大为降低,应慎重选用。

5.6.2 钢带铠装

钢带铠装仅应使用在铅套假定外径大于12 mm的电缆上。两层钢带螺旋状绕包,外层金属带的中间大致在内层金属带间隙上方,包带间隙应不大于金属带宽度的50%。

钢带可以为热轧或冷轧钢带,在钢带的每一面应有防腐涂层。钢带标称厚度应符合本部分表4～表24中相应的要求,其数值是按附录A方法计算得到。最小厚度测量按GB/T 12976.3—2008中7.1.4方法,最小厚度应不低于标称值的90%。

5.6.3 镀锌圆钢丝

铠装钢丝的标称直径应不小于本部分表4～表24中相应的规定值,按附录A方法计算得到。测得的直径应不小于标称直径的95%。

5.6.4 镀锌扁线

扁线铠装仅适用于铅套假定外径超过15 mm的电缆。

扁线的标称厚度为0.8 mm,1.2 mm,1.4 mm。

测量的镀锌扁钢线的厚度应不小于标称厚度的92%。

注:厚度为0.8 mm的扁线适用于较大直径范围的电缆。

5.6.5 扎带

在铠装扁钢丝线或铠装圆钢丝线(若必要)外可以有扎带,扎带方向可以与铠装方向同向或反向。

轧带应为标称厚度不小于0.2 mm的镀锌钢带。按GB/T 12976.3—2008中7.1.4方法测得的最小厚度应不小于标称值的90%。

5.7 外被层和外护套

5.7.1 铠装层上的纤维外被层

外被层应由适当数量的浸沥青纤维材料层组成,近似厚度为2 mm。

注:纤维外被层可用沥青浸渍或其他防腐材料浸渍。

5.7.2 电缆的挤包外护套

5.7.2.1 一般要求

应优选采用黑色的符合GB/T 12706.2—2002中ST1或ST3型材料。当直接挤包在铅套上时,可在铅套上加一层合适的混合物材料。

5.7.2.2 厚度

标称厚度见相应表中,按附录A方法计算得到。

对无铠装电缆,铅套外的外护套厚度按GB/T 12976.3—2008中7.1.3测量,平均厚度应不小于相应表中值,最小厚度应不小于标称值的85%减0.1 mm。

对铠装电缆的外护套厚度按GB/T 12976.3—2008中7.1.3测量,平均厚度应不小于相应表中值,最小厚度应不小于标称值的80%减0.2 mm。

注:如果国家安全规定要求有外部标志,外护套上应采用浮凸字体标志。

6 产品验收、标志及包装、运输和保管

6.1 验收规则

6.1.1 产品应由制造厂的质量检验部门检验合格方可出厂。每个出厂的包装件上应附有产品质量检

验合格证。

6.1.2 产品应按 GB/T 12976.3—2008 规定的试验项目进行试验验收。

6.2 标志

成品电缆标志应符合 GB/T 6995.3—2008 规定。

在电缆绝缘表面的绝缘带或标志带上应印上制造商名称;挤包塑料外护套电缆在护套上应有制造商名称、型号、额定电压等标志。

6.3 包装、运输和保管

6.3.1 电缆应妥善包装,在符合规定要求的电缆盘上交货,全木结构交货盘应符合 JB/T 8137.1—1999 和 JB/T 8137.2—1999 要求,全钢瓦楞结构交货盘应符合 JB/T 8137.1—1999 和 JB/T 8137.3—1999 要求、型钢复合结构交货盘应符合 JB/T 8137.1—1999 和 JB/T 8137.4—1999 要求。

电缆端头应可靠密封,铅套必须金属性密封。伸出盘外的电缆端头应加保护罩,伸出的长度应不小于 300 mm。

6.3.2 每盘电缆的电缆盘上应标明:

 a) 制造厂名称或商标;

 b) 电缆型号和规格;

 c) 长度,m;

 d) 毛重,kg;

 e) 制造日期:年 月;

 f) 表示电缆盘正确滚动方向的符号;

 g) 本部分编号。

6.3.3 运输和保管应符合下列要求:

 a) 电缆应避免在露天存放,电缆盘不允许平放;

 b) 运输中严禁从高处扔下装有电缆的电缆盘,严禁机械损伤电缆;

 c) 吊装时,严禁几盘同时吊装。在车辆、船舶等运输工具上,电缆盘必须放稳,并用合适方法固定,防止互撞或翻倒。

附　录　A
（规范性附录）
假定计算方法

采用本方法是为了消除在不同计算方法中引起的差异，假定计算方法仅用于确定电缆的各种包覆层的厚度。

d_L——按照标称截面积确定的导体假定直径，不考虑导体的形状或紧压情况（见表 A.3）。导体可以为实心、绞合、圆形或扇形；

D_f——铅套内的假定直径；

D_{pb}——铅套外假定直径；

D_{SL}——线芯成缆后衬垫层内的假定直径；

D_u——挤包外护套内的假定直径；

t_i——绝缘标称厚度；

t_b——带绝缘标称厚度；

t_p——挤包衬垫层标称厚度；

t_{pa}——铠装外挤包外护套标称厚度；

t_{pu}——铅套外挤包外护套标称厚度；

t_{pb}——铅套标称厚度。

所有直径 D 都应按附录 B 中的规则修约到一位小数。

a) 一根的线芯直径

$D_{线芯} = d_L + 2t_i$，mm

b) 线芯成缆后直径

对两芯电缆，　$D = D_{线芯} \times 2.0$，mm

对三芯电缆，　$D = D_{线芯} \times 2.15$，mm

对有绕包衬垫三芯分相铅套电缆，　$D_{SL} = D_{pb} \times 2.15$，mm

对有挤包衬垫三芯分相铅套电缆，　$D_{SL} = (D_{pb} + 2t_p) \times 2.15$，mm

对四芯电缆，　$D = D_{线芯} \times 2.41$，mm

对有一小截面积绝缘线芯的四芯电缆，$D = \dfrac{3D_{c1} + D_{c2}}{4} \times 2.41$，mm

式中：

D_{c1}——相线芯直径；

D_{c2}——其中小截面中性线或保护线芯的直径。

c) 铅套内直径

对带绝缘电缆，　$D_f = D + 2t_p$；

对有屏蔽电缆，　$D_f = D$［见 b)］；

对分相铅套电缆，　$D_f = D_{线芯}$［见 a)］。

d) 铅套厚度

所有单芯电缆：

$t_{pb} = 0.03D_f + 0.8$ mm

8.7/10 kV 及以下所有扇形导体电缆：

$t_{pb} = 0.03D_f + 0.6$ mm

所有其余电缆（包括分相铅套电缆）：

$t_{pb} = 0.03D_f + 0.7$ mm

所有情况下最小厚度为 1.2 mm,计算值修约到 0.1 mm(见附录 B)。

e) 铅套外直径

$D_{pb} = D_f + 2t_{pb}$ mm

f) 铅套外挤包外护套厚度

$t_{pu} = 0.028D_{pb} + 0.6$ mm

修约到 0.1 mm(见附录 B),最小厚度 1.4 mm。

g) 挤包衬垫层厚度

$t_p = 0.02D_{pb} + 0.6$ mm

修约到 0.1 mm,最小厚度 1.0 mm。

h) 铠装

表 A.1　圆钢丝直径

假定直径 D_{pb} 或 D_{SL}/mm	钢丝直径/mm
≤15	0.8
>15 和 ≤25	1.6
>25 和 ≤35	2.0
>35 和 ≤60	2.5
>60	3.15

表 A.2　扁钢带厚度

假定直径 D_{pb} 或 D_{SL}/mm	钢带标称厚度/mm
>12 和 ≤50	0.5
>50	0.8

i) 铠装外挤包外护套

$D_{pa} = 0.028D_u + 1.1$ mm

修约到 0.1 mm(见附录 B),最小厚度 1.1 mm。

其中:$D_u =$ 挤包外护套内假定直径

$D_u = D_{pb}$ 或 $D_{SL} + 2$ 倍衬垫层厚度 + 2 倍钢丝铠装厚度(钢带铠装等于 4 倍钢带厚度)

用于计算护层厚度和铠装钢丝和钢带尺寸的每一标称导体截面积的假定直径见表 A.3:

表 A.3　用于计算的假定导体直径

导体标称截面积/mm²	假定导体直径 d_L/mm
4	2.3
6	2.8
10	3.6
16	4.5
25	5.6
35	6.7
50	8.0
70	9.4
95	11.0

表 A. 3（续）

导体标称截面积/mm²	假定导体直径 d_L/mm
120	12.4
150	13.8
185	15.3
240	17.5
300	19.5
400	22.6
500	25.2
630	28.3
800	31.9
1 000	35.7

附　录　B
（规范性附录）
数值修约

B.1　假定计算法的数值修约

在按附录 A 计算假定直径和确定单元尺寸而对数值进行修约时，采用下述规则。

当任何阶段的计算值小数点后多于一位时，数值应修约到一位小数，即精确到 0.1 mm。每一阶段的假定直径数值应修约到 0.1 mm，当用来确定包覆层厚度或尺寸时，在用到相应的公式和表格中去之前应先进行修约。按附录 A 要求从修约后的假定直径计算出的厚度应依次修约到 0.1 mm。

用下述实例来说明这些规则：

a)　修约前数据的第二位为 0、1、2、3 或 4 时，则小数点后第一位数字保持不变（舍弃）；

例如：

2.12　　　≈2.1

2.449　　≈2.4

25.0478 ≈25.0

b)　修约前数据的第二位小数为 9、8、7、6 或 5 时则小数点后第一位数字应增加 1（进 1）。

例如：

2.17　　　≈2.2

2.453　　≈2.5

30.050　≈30.1

B.2　用作其他目的的数值修约

除 B.1 考虑的用途外，有可能有些数据要修约到多于一位小数，例如计算几次测量的平均值，或标称值加上一个百分率公差后的最小值。在这些情况下，应按有关条文修约到小数点后面的规定位数。

这时修约的方法应为：

a)　如果修约前应保留的最后数值后一位数为 0、1、2、3 或 4 时，则最后数值应保持不变（舍弃）；

b)　如果修约前应保留的最后数值后一位数为 9、8、7、6 或 5 时，则最后数值加 1（进 1）。

例如：

2.449　　　≈2.45　　　修约到两位小数

2.449　　　≈2.4　　　修约到一位小数

25.047 8 ≈25.048　　修约到三位小数

25.047 8 ≈25.05　　 修约到两位小数

25.047 8 ≈25.0　　　修约到一位小数

附　录　C

（资料性附录）

本部分章条编号与 IEC 60055-2：1981 章条编号对照

表 C.1 给出了本部分章条号与 IEC 60055-2：1981 章条号对照一览表

表 C.1　本部分章条号与 IEC 60055-2：1981 章条号对照一览表

本部分章条号	对应的国际标准章条号
3	2
3.1	2.1
3.2	2.2
3.3	2.3
3.4	2.4
3.5	2.5
3.6	2.6
5.1	3
5.1.1	3.1
5.1.2	3.2
5.1.3	3.3
5.2	4
5.2.1	4.1
5.2.2	4.2
5.2.3	4.3
5.3	5
5.4	7、7.1
5.5	8
5.5.1	8.1
5.5.1.1	8.1.1
5.5.1.2	8.1.2
5.5.1.3	8.1.3
5.5.2	8.2
5.5.2.1	8.2.1
5.5.2.2	8.2.2
5.6	9
5.6.1	9.1
5.6.2	9.2
5.6.3	9.3
5.6.4	9.4

表 C.1（续）

本部分章条号	对应的国际标准章条号
5.6.5	9.5
5.7	10
5.7.1	10.1
5.7.2	10.2
5.7.2.1	10.2.1
5.7.2.2	10.2.2
表 1	1.3 中,无表号
表 2	3.1 中,无表号
表 3	3.2 中,无表号
表 4	表 1
表 5	表 2
表 6	表 3
表 7	表 4
表 8	表 5
表 9	表 6
表 10	表 7
表 11	表 8
表 12	表 9
表 13	表 10
表 14	表 11
表 15	表 12
表 16	表 13
表 17	表 14
表 18	表 15
表 19	表 16
表 20	表 17
表 21	表 18
表 22	表 19
表 23	表 20
表 24	表 21
表 25	表 22
附录 A	附录 A
附录 B	附录 B
附录 C	—
附录 D	—
—	附录 C

附 录 D

（资料性附录）

本部分与 IEC 60055-2：1981 的技术性差异及其原因的一览表

表 D.1 给出了本部分与 IEC 60055-2：1981 的技术性差异及其原因的一览表

表 D.1 本部分与 IEC 60055-2：1981 的技术性差异及其原因

本部分的章条编号	技术性差异	原 因
4	增加了产品的代号和命名	原标准有，适应我国国情需要
5	删除 IEC 60055-2：1981 中 6 制造商标示	在本标准第 6 章中有相应规定
5.6.1	增加注	经实践和试验验证，单芯电缆铠装如采用磁性材料，即使为某种特殊结构，电缆载流量仍将大为降低，应慎重选用，因此加注
6	增加了产品验收、标志及包装、运输和保管	原标准有，适应我国国情需要
—	删除了 IEC 60055-2：1981 的资料性附录 C	对我国无指导意义

ICS 29.060.20
K 13

中华人民共和国国家标准

GB/T 12976.2—2008
代替 GB/T 12976.1～GB/T 12976.3—1991

额定电压 35 kV(U_m＝40.5 kV)及以下纸绝缘电力电缆及其附件
第 2 部分：额定电压 35 kV 电缆一般规定和结构要求

Paper-insulated power cables and their accessories with rated voltages up to and including 35 kV—

Part 2：General and construction requirements for power cables with rated voltages 35 kV

(IEC 60055-2：1981，Paper-insulated metal-sheathed cables for rated voltages up to 18/30 kV—Part 2：General and construction requirements，NEQ)

2008-06-30 发布

2009-04-01 实施

中华人民共和国国家质量监督检验检疫总局
中国国家标准化管理委员会　发布

前　言

GB/T 12976《额定电压 35 kV(U_m=40.5 kV)及以下纸绝缘电力电缆及其附件》由以下三个部分组成:

——第 1 部分:额定电压 30 kV 及以下电缆一般规定和结构要求;

——第 2 部分:额定电压 35 kV 电缆一般规定和结构要求;

——第 3 部分:电缆和附件试验。

本部分为 GB/T 12976 的第 2 部分,对应于 IEC 60055-2:1981《额定电压 18/30 kV 及以下纸绝缘金属护套电缆(铜或铝导体、不包括压气和充油电缆)第 2 部分:通用和结构要求》和其第 1 号修正单(1989)及第 2 号修正单(2005)。本部分和 IEC 60055-2:1981 的一致性程度为非等效,主要差异如下:

——增加了 21/35 kV、26/35 kV 的相关内容。

本部分代替 GB/T 12976.1—1991《额定电压 35 kV 及以下铜芯、铝芯纸绝缘电力电缆　第 1 部分:一般规定》、GB/T 12976.2—1991《额定电压 35 kV 及以下铜芯、铝芯纸绝缘电力电缆　第 2 部分:不滴流油浸纸绝缘金属套电力电缆》和 GB/T 12976.3—1991《额定电压 35 kV 及以下铜芯、铝芯纸绝缘电力电缆　第 3 部分:粘性油浸纸绝缘金属套电力电缆》。

本部分与 GB/T 12976.1—1991、GB/T 12976.2—1991 和 GB/T 12976.3—1991 相比,主要变化如下:

——本部分删除了 GB/T 12976.1—1991、GB/T 12976.2—1991 以及 GB/T 12976.3—1991 中铝护套结构、粗钢丝铠装结构的内容;

——增加了电缆结构尺寸(本部分的表 2 到表 5);

——增加了附录 A"假定计算方法"、附录 B"数值修约";

——增加铅套厚度计算方法(本部分附录 A)。

本部分的附录 A 和附录 B 为规范性附录。

本部分由中国电器工业协会提出。

本部分由全国电线电缆标准化技术委员会(SAC/TC 213)归口。

本部分起草单位:上海电缆研究所、武汉高压研究院。

本部分主要起草人:阎孟昆、张智勇、宗曦华、邓长胜、徐晓峰、张喜泽、韩云武。

本部分所代替标准的历次版本发布情况为:

——GB/T 12976.1—1991、GB/T 12976.2—1991、GB/T 12976.3—1991。

额定电压 35 kV($U_m = 40.5$ kV)及以下纸绝缘电力电缆及其附件
第 2 部分:额定电压 35 kV 电缆一般规定和结构要求

1 范围

1.1 GB/T 12976 的本部分规定了额定电压 21/35 kV、26/35 kV($U_m = 40.5$ kV)铜芯或铝芯浸渍纸绝缘铅套电力电缆(不包括压气和充油电缆)的一般规定和结构要求。

GB/T 12976 的本部分适用于额定电压 21/35 kV、26/35 kV($U_m = 40.5$ kV)铜芯或铝芯浸渍纸绝缘铅套电力电缆(不包括压气和充油电缆)。海底电缆及特殊用途电缆,不包括在本部分内。

注:试验方法及相应要求在第一部分中规定。

1.2 最大允许运行温度

表 1 所给温度适用于粘性油浸渍和不滴流浸渍。

当采用其他最高可允许持续运行温度时,试验温度应作相应调整。

表 1 不同电压及绝缘的导体最高温度

电缆的额定电压(U_0/U)/kV	设备最高电压 U_m/kV	正常运行导体最高允许温度	
		不滴流油浸渍电缆/℃	粘性油浸渍电缆/℃
21/35	40.5	65	60
26/35	40.5	65	60

注 1:对采用粘性油浸渍,本表所给温度仅适用于电缆基本上是水平直埋于土壤中。

注 2:对采用不滴流浸渍,电缆可适用于垂直敷设场合。

注 3:若电缆埋在土壤中持续运行在最大允许导体温度下(100%负载因数),电缆周围的土壤起始热阻可能会随着时间由于土壤变干而使热阻变大。因此,导体温度可能明显超出最大允许值,如果预期存在这种运行条件,应采取适当的相应措施。

2 规范性引用文件

下列文件中的条款通过 GB/T 12976 的本部分的引用而成为本部分的条款。凡是注日期的引用文件,其随后所有的修改单(不包括勘误的内容)或修订版均不适用于本部分,然而,鼓励根据本部分达成协议的各方研究是否可使用这些文件的最新版本。凡是不注日期的引用文件,其最新版本适用于本部分。

GB/T 2900.10—2001 电工术语 电缆(IEC 60050-461:1984,IDT)

GB/T 2952.1—1989 电缆外护层 第 1 部分:总则

GB/T 2952.2—1989 电缆外护层 第 2 部分:金属套电缆通用外护套

GB/T 3956—1997 电缆的导体(idt IEC 60228:1978)

GB/T 6995.3—2008 电线电缆识别标志方法 第 3 部分:电线电缆识别标志

GB/T 12706.2—2002 额定电压 1 kV(U_m=1.2 kV)到 35 kV(U_m=40.5 kV)挤包绝缘电力电缆及附件 第 2 部分:额定电压 6 kV(U_m=7.2 kV)到 30 kV(U_m=36 kV)电力电缆(IEC 60502-2:1997,MOD)

GB/T 12976.3—2008 额定电压 35 kV(U_m=40.5 kV)及以下纸绝缘电力电缆及其附件 第 3 部分:电缆和附件试验(IEC 60055-1:2005,MOD)

JB/T 8137.1—1999 电线电缆交货盘 第 1 部分:一般规定

JB/T 8137.2—1999 电线电缆交货盘 第 2 部分:全木结构交货盘

JB/T 8137.3—1999 电线电缆交货盘 第 3 部分:全钢瓦楞结构交货盘

JB/T 8137.4—1999 电线电缆交货盘 第 4 部分:型钢复合结构交货盘

JB/T 8996—1999 高压电缆选择导则(mod IEC 60183:1984)

3 术语和定义

GB/T 2900.10—2001 确立的以及下列术语和定义适用于 GB/T 12976 的本部分。

3.1

额定电压 rated voltages

U_0 电缆设计用的导体与地或金属护套之间的额定工频电压。

U 电缆设计用的相导体之间的额定工频电压。

3.2

设备最高电压 U_m highest voltages for equipment

设备最高电压在 1.2 的表 1 中给出。

3.3

接地故障时间 earth fault duration

A 类:包括接地故障能在 1 min 内被分离的系统。

B 类:可在单相接地故障时作短时运行,根据 JB/T 8996—1999 规定,接地故障时间不应超过 1 h,对于本部分包括的电缆允许更长的带故障运行时间,但在任何情况下不允许超过 8 h,每年接地故障总持续时间不应超过 125 h。

C 类:不属于 A 类、B 类的系统。

3.4

近似值 approximate value

一个既不保证也不检查的数值,例如用于其他尺寸值的计算。

3.5

假定直径 fictitious diameters

按附录 A 计算所得的值,用以确定电缆各覆盖层厚度。

3.6

修约规则 rounding rules

对所有尺寸,测量结果和计算值,适用附录 B 给出的修约规则。

4 产品的代号和命名

4.1 代号

铜导体 ……………………………………… (T)省略

铝导体 ……………………………………… L

纸绝缘 ……………………………… Z

铅套 ………………………………… Q

分相电缆 …………………………… F

不滴流电缆 ………………………… D

黏性电缆 …………………………… 省略

外护层代号 ………………………… 按 GB/T 2952.1—1989 和 GB/T 2952.2—1989 规定

4.2 型号

产品型号的组成和排列顺序如下：

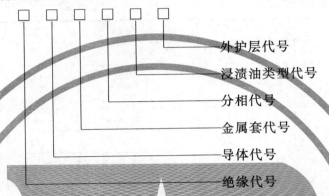

- 外护层代号
- 浸渍油类型代号
- 分相代号
- 金属套代号
- 导体代号
- 绝缘代号

4.3 产品表示方法

4.3.1 产品用型号、规格(额定电压、芯数×标称截面积)及标准编号表示。

4.3.2 示例：

铝芯不滴流油浸纸绝缘分相铅套钢带铠装聚氯乙烯套电力电缆,额定电压 21/35 kV,三芯,标称截面积 240 mm²,表示为：

ZLQFD22—21/35　3×240　GB/T 12976.2—2008

5 结构要求

5.1 导体

5.1.1 一般要求

导体应符合 GB/T 3956—1997 中第 2 种导体要求。

5.1.2 扇形导体

本部分暂不考虑扇形导体结构。

5.1.3 圆形绞合导体

圆形绞合导体可以为紧压和非紧压导体。

5.2 绝缘

5.2.1 材料

绝缘应由浸渍纸组成,纸应以带状螺旋状绕包,绝缘纸应在绕包前或后用浸渍剂(绝缘混合物)浸渍,如果电缆采用不滴流油浸渍剂,还应符合 GB/T 12976.3—2008 中 7.3 和 8.4 要求。

5.2.2 规定厚度

按 GB/T 12976.3—2008 中 7.1.1 所测得的绝缘厚度应不小于所对应表(表2～表5)中的相应最小值。

在检查绝缘厚度时表中数值应减去相应半导电层(屏蔽层)厚度。

表 2 $U_0/U = 21/35$ kV 径向电场单芯和三芯分相铅套电缆

导体标称截面积/mm²	绝缘厚度b		铅护层厚度		铅护层上的PVC护套厚度	分相铅套电缆铅护层外挤出衬垫层和铠装厚度c,d			分相铅套电缆 铠装层外PVC标称厚度			
									钢带铠装		钢丝铠装	
			单芯电缆	分相铅套电缆	单芯电缆	挤出衬垫层	铠装		电缆衬垫			
							钢带	钢丝				
	最小值/mm	标称值/mm	标称值/mm	标称值/mm	标称值/mm	标称值/mm	标称值/mm	直径/mm	挤包/mm	绕包/mm	挤包/mm	绕包/mm
50a	9.0	9.5	1.6	1.5	1.4	1.2	0.8	3.15	3.1	3.0	3.2	3.1
70	8.5	9.0	1.6	1.5	1.5	1.2	0.8	3.15	3.1	3.0	3.3	3.1
95	8.4	8.9	1.7	1.6	1.5	1.2	0.8	3.15	3.2	3.1	3.3	3.2
120	8.4	8.9	1.7	1.6	1.5	1.3	0.8	3.15	3.3	3.2	3.4	3.3
150	8.4	8.9	1.7	1.6	1.6	1.3	0.8	3.15	3.4	3.2	3.5	3.4
185	8.4	8.9	1.8	1.7	1.6	1.3	0.8	3.15	3.5	3.3	3.6	3.5
240	8.4	8.9	1.9	1.8	1.7	1.4	0.8	3.15	3.6	3.5	3.8	3.6
300	8.4	8.9	1.9	1.8	1.7	1.4	0.8	3.15	3.7	3.6	3.9	3.7
400a	8.4	8.9	2.0	1.9	1.8	1.5	0.8	3.15	4.0	3.8	4.1	3.9
500	8.4	8.9	2.1	—	1.9	—	—	—	—	—	—	—
630	8.4	8.9	2.2	—	2.0	—	—	—	—	—	—	—
800	8.4	8.9	2.3	—	2.1	—	—	—	—	—	—	—
1 000	8.4	8.9	2.4	—	2.2	—	—	—	—	—	—	—

a 最小单芯电缆的导体标称截面积应为 50 mm²,最大三芯分相铅套电缆的导体标称截面积应为 400 mm²。

b 对每一芯最小值中包括导体屏蔽和绝缘半导电层或金属化层最多至 0.3 mm,标称值中最多至 0.4 mm。

c 外被层:近似厚度 2.0 mm(纤维)。

d 绕包衬垫层:近似厚度 1.5 mm。

A.C. 试验电压:53.0 kV(单项试验)。

D.C. 试验电压:127.0 kV。

表 3 $U_0/U = 21/35$ kV 三芯径向电场电缆

导体标称截面积/mm²	绝缘厚度a		铅护层厚度	铅护层上的PVC护套厚度	挤出衬垫层和铠装厚度c,d			铠装层外PVC标称厚度			
								钢带铠装		钢丝铠装	
					挤出衬垫层	铠装		电缆衬垫			
						钢带	钢丝				
	最小值/mm	标称值/mm	标称值/mm	标称值b/mm	标称值/mm	标称值/mm	直径/mm	挤包/mm	绕包/mm	挤包/mm	绕包/mm
50	9.0	9.5	2.4	2.4	1.9	0.8	3.15	3.0	2.9	3.0	3.0
70	8.5	9.0	2.5	2.4	1.9	0.8	3.15	3.0	2.9	3.2	3.1
95a	8.4	8.9	2.6	2.5	1.9	0.8	3.15	3.1	3.0	3.3	3.2
120	8.4	8.9	2.6	2.6	2.0	0.8	3.15	3.2	3.1	3.4	3.2

表 3（续）

导体标称截面积/mm²	绝缘厚度[a]		铅护层厚度	铅护层上的PVC护套厚度	挤出衬垫层和铠装厚度[c,d]			铠装层外PVC标称厚度			
					挤出衬垫层	铠装		钢带铠装		钢丝铠装	
						钢带	钢丝	电缆衬垫			
	最小值/mm	标称值/mm	标称值/mm	标称值[b]/mm	标称值/mm	标称值/mm	直径/mm	挤包/mm	绕包/mm	挤包/mm	绕包/mm
150	8.4	8.9	2.7	2.7	2.1	0.8	3.15	3.3	3.2	3.4	3.3
185	8.4	8.9	2.8	2.8	2.1	0.8	3.15	3.4	3.3	3.5	3.4
240	8.4	8.9	3.0	2.9	2.2	0.8	3.15	3.6	3.4	3.7	3.6
300	8.4	8.9	3.1	3.0	2.3	0.8	3.15	3.7	3.6	3.8	3.7
400	8.4	8.9	3.3	3.2	2.5	0.8	3.15	3.9	3.8	4.0	3.9

[a] 对每一芯最小值中包括导体屏蔽和绝缘半导电层或金属化层最多至0.3 mm，标称值中最多至0.4 mm。

[b] 仅适用于无铠装电缆。

[c] 外被层：近似厚度2.0 mm（纤维）。

[d] 绕包衬垫层：近似厚度1.5 mm。

A.C.试验电压：53.0 kV（单项试验）

D.C.试验电压：127.0 kV

表 4　$U_0/U = 26/35$ kV 径向电场单芯和三芯分相铅套电缆

导体标称截面积/mm²	绝缘厚度[b]		铅护层厚度		铅护层上的PVC护套厚度	分相铅套电缆铅护层外挤出衬垫层和铠装厚度[c,d]			分相铅套电缆			
									铠装层外PVC标称厚度			
			单芯电缆	分相铅套电缆	单芯电缆	挤出衬垫层	铠装		钢带铠装		钢丝铠装	
							钢带	钢丝	电缆衬垫			
	最小值/mm	标称值/mm	标称值/mm	标称值/mm	标称值/mm	标称值/mm	标称值/mm	直径/mm	挤包/mm	绕包/mm	挤包/mm	绕包/mm
50[a]	11.3	11.8	1.7	1.6	1.6	1.3	0.8	3.15	3.4	3.2	3.5	3.4
70	10.4	10.9	1.7	1.6	1.6	1.3	0.8	3.15	3.4	3.2	3.5	3.4
95	10.2	10.7	1.8	1.7	1.6	1.3	0.8	3.15	3.5	3.3	3.6	3.4
120	10.0	10.5	1.8	1.7	1.6	1.3	0.8	3.15	3.5	3.4	3.7	3.5
150	10.0	10.5	1.8	1.7	1.7	1.4	0.8	3.15	3.6	3.4	3.7	3.6
185	10.0	10.5	1.9	1.8	1.7	1.4	0.8	3.15	3.7	3.5	3.8	3.7
240	10.0	10.5	2.0	1.9	1.8	1.4	0.8	3.15	3.9	3.7	4.0	3.8
300	10.0	10.5	2.0	1.9	1.8	1.5	0.8	3.15	4.0	3.8	4.1	3.9
400[a]	10.0	10.5	2.1	2.0	1.9	1.6	0.8	3.15	4.2	4.0	4.3	4.1
500	10.0	10.5	2.2	—	2.0	—	—	—	—	—	—	—
630	10.0	10.5	2.3	—	2.1	—	—	—	—	—	—	—

表 4（续）

导体标称截面积/mm²	绝缘厚度b		铅护层厚度		铅护层上的PVC护套厚度	分相铅套电缆铅护层外挤出衬垫层和铠装厚度c,d			分相铅套电缆			
									铠装层外 PVC 标称厚度			
									钢带铠装		钢丝铠装	
			单芯电缆	分相铅套电缆	单芯电缆	挤出衬垫层	铠装		电缆衬垫			
							钢带	钢丝				
	最小值/mm	标称值/mm	标称值/mm	标称值/mm	标称值/mm	标称值/mm	标称值/mm	直径/mm	挤包/mm	绕包/mm	挤包/mm	绕包/mm
800	10.0	10.5	2.4	—	2.2	—	—	—	—	—	—	—
1 000	10.0	10.5	2.5	—	2.3	—	—	—	—	—	—	—

a 最小单芯电缆的导体标称截面积应为 50 mm²，最大三芯分相铅套电缆的导体标称截面积应为 400 mm²。

b 对每一芯最小值中包括导体屏蔽和绝缘半导电层或金属化层最多至 0.3 mm，标称值中最多至 0.4 mm。

c 外被层：近似厚度 2.0 mm（纤维）。

d 绕包衬垫层：近似厚度 1.5 mm。

A.C.试验电压：65.0 kV（单项试验）

D.C.试验电压：156.0 kV

表 5　$U_0/U = 26/35$ kV 三芯径向电场电缆

导体标称截面积/mm²	绝缘厚度a		铅护层厚度	铅护层上的PVC护套厚度	挤出衬垫层和铠装厚度c,d			铠装层外 PVC 标称厚度			
								钢带铠装		钢丝铠装	
					挤出衬垫层	铠装		电缆衬垫			
						钢带	钢丝				
	最小值/mm	标称值/mm	标称值/mm	标称值b/mm	标称值/mm	标称值/mm	直径/mm	挤包/mm	绕包/mm	挤包/mm	绕包/mm
50	11.3	11.8	2.7	2.7	2.1	0.8	3.15	3.3	3.2	3.4	3.3
70	10.4	10.9	2.7	2.6	2.1	0.8	3.15	3.3	3.2	3.4	3.3
95a	10.2	10.7	2.8	2.7	2.1	0.8	3.15	3.4	3.3	3.5	3.4
120	10.0	10.5	2.9	2.8	2.2	0.8	3.15	3.4	3.3	3.6	3.4
150	10.0	10.5	2.9	2.9	2.2	0.8	3.15	3.5	3.4	3.7	3.5
185	10.0	10.5	3.0	3.0	2.3	0.8	3.15	3.6	3.5	3.8	3.6
240	10.0	10.5	3.2	3.1	2.4	0.8	3.15	3.8	3.6	3.9	3.8
300	10.0	10.5	3.3	3.2	2.5	0.8	3.15	3.9	3.8	4.0	3.9
400	10.0	10.5	3.5	3.4	2.6	0.8	3.15	4.1	4.0	4.2	4.1

a 对每一芯最小值中包括导体屏蔽和绝缘半导电层或金属化层最多至 0.3 mm，标称值中最多至 0.4 mm。

b 仅适用于无铠装电缆。

c 外被层：近似厚度 2.0 mm（纤维）。

d 绕包衬垫层：近似厚度 1.5 mm。

A.C.试验电压：65.0 kV（单项试验）

D.C.试验电压：156.0 kV

5.3 屏蔽

所有电缆每一导体外都应有半导电纸层和/或金属化纸层。

所有单芯和分相铅套电缆绝缘外应有半导电纸层和/或金属化纸层。

5.4 铅套

铅套应由铅或铅合金组成,应是紧密包覆的无缺陷的无缝铅管。

铅套厚度见相应表(表2～表5)中要求,其数值按附录A方法计算。

按 GB/T 12976.3—2008 中 7.1.2 方法测得的铅套最小厚度应不小于规定标称值的 95%—0.1 mm。

注:表中规定的标称值适用于较宽范围的应用。

当敷设条件保证时,制造商和用户协商同意可采用较大的厚度。

5.5 铠装下的衬垫层

5.5.1 绕包衬垫层

5.5.1.1 分相铅套(S. L.)电缆

衬垫层应包括每一铅护层外的衬垫和铅套后包带线芯成缆后的覆盖层。

每一铅护层外的衬垫应包括以下:

a) 至少两层浸渍纸或沥青纸;

b) 或一层塑料带和一层浸渍纸,均涂沥青;

c) 或一层浸渍纸和一层浸渍纤维材料,均涂沥青。

成缆后线芯覆盖层应包括一层或多层浸渍纸,和/或浸渍或浸沥青纤维材料。

衬垫材料可用沥青浸渍或其他防腐材料浸渍。

5.5.1.2 其他铅套电缆

涂沥青的金属护层衬垫层应包括合适的浸渍纸和沥青纸或由两层浸渍纸和沥青纸再绕包一层或多层沥青纤维材料的复合结构。

衬垫材料可用沥青浸渍或其他防腐材料浸渍。

5.5.1.3 衬垫层厚度

5.5.1.1 和 5.5.1.2 的电缆铠装层和铅护层之间的保护层总厚度在铠装后测得的厚度近似值应为 1.5 mm。

5.5.2 挤包衬垫层

5.5.2.1 一般要求

当在铅护层外采用挤包护层时,应采用优选黑色的符合 GB/T 12706.2—2002 中 ST1 或 ST3 型材料。挤包护层前,在挤包衬垫层前在铅护层和挤包衬垫层之间可有一层合适的混合物材料。

5.5.2.2 厚度

标称厚度在相应表中给出,由附录A方法计算得出。按 GB/T 12976.3—2008 中 7.1.3 测得的平均厚度应不小于相应表(表2～表5)中的标称值,最小厚度应不小于标称厚度的 85%—0.1 mm。

5.6 铠装

5.6.1 一般要求

要求时,金属铠装通常有符合5.6.2的合格的钢带铠装或符合5.6.3的合格的镀锌钢丝铠装组成。除特殊结构外,用于交流回路的单芯电缆的铠装应采用非磁性材料。

注:用于交流回路的单芯电缆的铠装采用磁性材料,即使为某种特殊结构,电缆载流量仍将大为降低,应慎重选用。

5.6.2 钢带铠装

钢带铠装仅应使用在铅护层假定外径大于 12 mm 的电缆上。两层钢带螺旋状绕包,外层金属带的中间大致在内层金属带间隙上方,包带间隙应不大于金属带宽度的 50%。

钢带可以为热轧或冷轧钢带,在钢带的每一边应有防腐涂层。钢带标称厚度应符合相应表(表2～表5)中要求,其数值是按照按附录A方法计算得出。最小厚度测量按 GB/T 12976.3—2008 中 7.1.4

规定进行，最小厚度应不低于标称值的 90%。

5.6.3 镀锌圆钢丝

铠装钢丝的标称直径应不小于相应表(表 2～表 5)中的规定值,按附录 A 方法计算得出。测得的直径应不小于标称直径的 95%。

5.6.4 镀锌扁线

扁线铠装仅适用于铅护层假定外径超过 15 mm 的电缆。

扁线的厚度为 0.8 mm、1.2 mm、1.4 mm。

测量得到的镀锌扁钢线的厚度应不小于标称厚度的 92%。

注:厚度为 0.8 mm 扁线适用于较大直径范围的电缆。

5.6.5 扎带

在铠装扁线或铠装圆钢丝线(若必要)外可以有扎带,扎带方向可以与铠装方向同向或反向。

轧带应为标称厚度不小于 0.2 mm 的镀锌钢带。按 GB/T 12976.3—2008 中 7.1.4 测得的最小厚度应不小于标称值的 90%。

5.7 外被层和外护套

5.7.1 铠装层上的纤维外被层

外被层应由适当数量的浸沥青纤维材料层组成,近似厚度为 2 mm。

注:纤维外被层可用沥青浸渍或其他防腐材料浸渍。

5.7.2 电缆的挤包外护套

5.7.2.1 一般要求

应采用优选黑色的符合 GB/T 12706.2—2002 中 ST1 或 ST3 型材料。当直接挤包在铅护层上时,可在铅护层上加一层合适的混合物材料。

5.7.2.2 厚度

标称厚度见相应表(表 2～表 5)中,按附录 A 规定的方法计算得出。

对于无铠装电缆,铅护层外的外护套厚度应按 GB/T 12976.3—2008 中 7.1.3 测量,平均厚度应不小于相应表中值,最小厚度应不小于标称值的 85%—0.1 mm。

对于铠装电缆,铅护层外的外护套厚度应按 GB/T 12976.3—2008 中 7.1.3 测量,最小厚度应不小于标称值的 80%—0.2 mm。

6 产品验收、标志及包装、运输和贮存

6.1 验收规则

6.1.1 产品应由制造厂的质量检验部门检验合格后方可出厂。每个出厂的包装件上应附有产品质量检验合格证。

6.1.2 产品应按 GB/T 12976.3—2008 规定的试验项目进行试验验收。

6.2 标志

在电缆绝缘表面的绝缘带或标志带上应印上制造商名称;对挤包塑料外护套电缆,在护套上应有制造商名称、型号、额定电压等标志。

成品电缆标志应符合 GB/T 6995.3—2008 规定。

6.3 包装、运输和贮存

6.3.1 电缆应妥善包装,在符合规定要求的电缆盘上交货,全木结构交货盘应符合 JB/T 8137.1—1999 和 JB/T 8137.2—1999 要求,全钢瓦楞结构交货盘应符合 JB/T 8137.1—1999 和 JB/T 8137.3—1999 要求、型钢复合结构交货盘应符合 JB/T 8137.1—1999 和 JB/T 8137.4—1999 要求。

电缆端头应可靠密封,铅套必须金属性密封。伸出盘外的电缆端头应加保护罩,伸出的长度应不小于 300 mm。

6.3.2 每盘电缆的电缆盘上应标明：

a) 制造厂名称或商标；

b) 电缆型号和规格；

c) 长度,m；

d) 毛重,kg；

e) 制造日期:年 月；

f) 表示电缆盘正确滚动方向的符号；

g) 本部分的标准编号。

6.3.3 运输和贮存应符合下列要求：

a) 电缆应避免在露天存放,电缆盘不允许平放；

b) 运输中严禁从高处扔下装有电缆的电缆盘,严禁机械损伤电缆；

c) 吊装时,严禁几盘同时吊装。在车辆、船舶等运输工具上,电缆盘必须放稳,并用合适方法固定,防止互撞或翻倒。

附　录　A
（规范性附录）
假定计算方法

采用本方法是为了消除在不同计算方法中引起的差异,假定计算方法仅用于确定电缆的各种包覆层的厚度。

d_L——按照标称截面积确定的导体假定直径,不考虑导体的形状或紧压情况(见表 A.1)。导体为绞合圆形;

D_f——铅护层内的假定直径;

D_{pb}——铅护层外假定直径;

D_{SL}——线芯成缆后衬垫层内的假定直径;

D_u——挤包外护套内的假定直径;

t_i——绝缘标称厚度;

t_p——挤包衬垫层标称厚度;

t_{pa}——铠装外挤包外护套标称厚度;

t_{pu}——铅护层外挤包外护套标称厚度;

t_{pb}——铅护层标称厚度。

所有直径 D 都应按附录 B 中的规则修约到一位小数。

a) 单芯电缆的线芯直径

$D_{线芯} = d_L + 2t_i$,mm

b) 线芯成缆后直径

对三芯电缆,$D = D_{线芯} \times 2.15$,mm;

对有绕包衬垫三芯分相铅套电缆,$D_{SL} = D_{pb} \times 2.15$,mm;

对有挤包衬垫三芯分相铅套电缆,$D_{SL} = (D_{pb} + 2t_p) \times 2.15$,mm。

c) 铅护层内直径

对有屏蔽电缆,$D_f = D$[见 b)];

对分相铅套电缆,$D_f = D_{线芯}$[见 a)]。

d) 铅护层厚度

所有单芯电缆:

$t_{pb} = 0.03D_f + 0.8$,mm

所有其余电缆(包括分相铅套电缆):

$t_{pb} = 0.03D_f + 0.7$,mm

所有情况下最小厚度为 1.2 mm,计算值修约到 0.1 mm(见附录 B)。

e) 铅护层外直径

$D_{pb} = D_f + 2t_{pb}$,mm

f) 铅护层外挤出外护套厚度

$t_{pu} = 0.028D_{pb} + 0.6$,mm

修约到 0.1 mm(见附录 B),最小厚度 1.4 mm。

g) 挤出衬垫层厚度

$t_p = 0.02D_{pb} + 0.6$,mm

修约到 0.1 mm,最小厚度 1.0 mm。

h) 铠装

铠装圆钢丝直径见表 A.1,铠装钢带厚度见表 A.2。

表 A.1 圆钢丝直径

假定直径(D_{pb} 或 D_{SL})/ mm	钢丝直径/ mm
≤15	0.8
>15 和≤25	1.6
>25 和≤35	2.0
>35 和≤60	2.5
>60	3.15

表 A.2 钢带厚度

假定直径(D_{pb} 或 D_{SL})/ mm	钢带标称厚度/ mm
>12 和≤50	0.5
>50	0.8

i) 铠装外挤包外护套

$D_{pb} = 0.028D_u + 1.1$,mm

修约到 0.1 mm(见附录 B),最小厚度 1.1 mm。

其中:D_u 挤包外护套内假定直径

D_u D_{pb} 或 D_{SL}＋2×衬垫层厚度＋2×铠装厚度(钢带铠装等于 4×钢带厚度)

用于计算护层厚度和铠装钢丝和钢带尺寸的每一标称导体截面积的假定直径见表 A.3:

表 A.3 用于计算的假定导体直径

导体标称截面积/ mm²	假定导体直径 d_L/ mm
4	2.3
6	2.8
10	3.6
16	4.5
25	5.6
35	6.7
50	8.0
70	9.4
95	11.0
120	12.4
150	13.8
185	15.3
240	17.5
300	19.5

表 A.3（续）

导体标称截面积/ mm²	假定导体直径 d_L/ mm
400	22.6
500	25.2
630	28.3
800	31.9
1 000	35.7

附 录 B
（规范性附录）
数值修约

B.1 假定计算法的数值修约

在按附录 A 计算假定直径和确定单元尺寸而对数值进行修约时，应采用下述规则。

当任何阶段的计算值小数点后多于一位时，数值应修约到一位小数，即精确到 0.1 mm。每一阶段的假定直径数值应修约到 0.1 mm，当用来确定包覆层厚度和直径时，在用到相应的公式和表格中之前应先进行修约，按附录 A 要求根据修约后的假定直径计算出的厚度应依次修约到 0.1 mm。

修约规则如下：

a) 修约前数据的第二位为 0、1、2、3 或 4 时，则小数点后第一位小数保持不变（修约舍弃）。

示例 1：2.12　　≈2.1

示例 2：2.449　　≈2.4

示例 3：25.047 8　≈25.0

b) 修约前数据的第二位小数为 9、8、7、6 或 5 时则小数点后第一位数应增加 1（修约进位）。

示例 1：2.17　　≈2.2

示例 2：2.453　　≈2.5

示例 3：30.050　　≈30.1

B.2 用作其他目的的数值修约

除 B.1 考虑的用途外，有可能有些数据需要修约到多于一位小数，例如计算几次测量的平均值，或标称值加上一个百分率偏差以后的最小值。在这些情况下，应按有关条文修约到小数点后面的规定位数。

此时修约的规则为：

a) 当修约前应保留的最后数值后一位数为 0、1、2、3 或 4 时，则最后数值应保持不变（修约舍弃）。

b) 当修约前应保留的最后数值后一位数为 9、8、7、6 或 5 时，则最后数值加 1（修约进位）。

示例 1：2.449　　≈2.45　　修约到两位小数

示例 2：2.449　　≈2.4　　修约到一位小数

示例 3：25.047 8　≈25.048　修约到三位小数

示例 4：25.047 8　≈25.05　修约到二位小数

示例 5：25.047 8　≈25.0　修约到一位小数

ICS 29.060.20
K 13

中华人民共和国国家标准

GB/T 12976.3—2008
代替 GB/T 12976.1~GB/T 12976.3—1991

额定电压 35 kV(U_m=40.5 kV)
及以下纸绝缘电力电缆及其附件
第 3 部分:电缆和附件试验

Paper-insulated power cables and their accessories with
rated voltages up to and including 35 kV—
Part 3:Test on cables and their accessories

(IEC 60055-1:2005,Paper-insulated metal-sheathed cables for
rated voltages up to 18/30 kV—
Part 1:test on cables and their accessories,MOD)

2008-06-30 发布　　　　　　　　　　　　2009-04-01 实施

中华人民共和国国家质量监督检验检疫总局
中国国家标准化管理委员会　发布

前　言

GB/T 12976《额定电压 35 kV(U_m=40.5 kV)及以下纸绝缘电力电缆及其附件》由以下三个部分组成：

——第 1 部分：额定电压 30 kV 及以下电缆一般规定和结构要求；

——第 2 部分：额定电压 35 kV 电缆一般规定和结构要求；

——第 3 部分：电缆和附件试验。

本部分为 GB/T 12976 的第 3 部分。

本部分修改采用 IEC 60055-1:2005《额定电压 18/30 kV 及以下纸绝缘金属套电缆(铜或铝导体、不包括压气和充油电缆)第 1 部分：电缆和附件试验》。

本部分根据 IEC 60055-1:2005 重新起草。在附录 C 中列出了本部分章条编号与 IEC 60055-1:2005 章条编号的对照一览表。

考虑到我国国情，本部分对部分内容作了一些修改，有关技术性差异已编入正文中并在它们所涉及的条款的页边空白处用垂直单线标识，并在附录 D 中给出了这些技术性差异及原因的一览表以供参考。

为便于使用，对于 IEC 60055-1:2005,本部分做了下列编辑性修改：

——"本标准"一词改为"本部分"；

——删除了 IEC 60055-1:2005 的前言；

——用小数点"."代替作为小数点的逗号。

本部分代替 GB/T 12976.1—1991《额定电压 35 kV 及以下铜芯、铝芯纸绝缘电力电缆　第 1 部分：一般规定》、GB/T 12976.2—1991《额定电压 35 kV 及以下铜芯、铝芯纸绝缘电力电缆　第 2 部分：不滴流油浸纸绝缘金属套电力电缆》和 GB/T 12976.3—1991《额定电压 35 kV 及以下铜芯、铝芯纸绝缘电力电缆　第 3 部分：粘性油浸纸绝缘金属套电力电缆》。

本部分与 GB/T 12976.1—1991、GB/T 12976.2—1991 和 GB/T 12976.3—1991 相比，主要变化如下：

——将接地故障的两类(第 1 类和第 2 类)修改为三类(A 类、B 类、C 类)(GB/T 12976.1—1991 的表 1 注,本部分 3.3)；

——将抽样试验中的滴流试验 8h 后浸渍剂的滴出量不超过试样金属内部体积的 1.5% 修改为对单芯电缆和分相铅包电缆不超过 2%、对多芯电缆不超过 3%(GB/T 12976.1—1991 的 14.5,本部分 7.3)；

——将 6/10 kV 及以上电缆型式试验中的滴流试验中 168 h 后浸渍剂的滴出量不超过试样金属内部体积的 2.5% 修改为 3%(GB/T 12976.1—1991 的 15.3,本部分 8.4)；

——将不滴流电缆的型式试验中的 4 h 交流耐压试验电压 4U_0 修改为 3U_0(GB/T 12976.1—1991 的 15.2.1,本部分 8.3.1)；

——将 26/35 kV 电缆冲击电压试验峰值由 250 kV 修改为 200 kV(GB/T 12976.1—1991 的表 18,本部分表 6)；

——增加了附件试验部分(本部分第 9 章)；

——增加了安装后试验(本部分第 10 章)。

本部分的附录 A、附录 C 和附录 D 为资料性附录,附录 B 为规范性附录。

本部分由中国电器工业协会提出。

本部分由全国电线电缆标准化技术委员会(SAC/TC 213)归口。

本部分起草单位:上海电缆研究所、武汉高压研究院。

本部分主要起草人:阎孟昆、张智勇、宗曦华、邓长胜、徐晓峰、张喜泽、韩云武。

本部分所代替标准的历次版本发布情况为:

——GB/T 12976.1—1991、GB/T 12976.2—1991、GB/T 12976.3—1991。

额定电压 35 kV(U_m＝40.5 kV)
及以下纸绝缘电力电缆及其附件
第 3 部分:电缆和附件试验

1 范围

GB/T 12976 的本部分规定了额定电压 0.6/1 kV(U_m＝1.2 kV)到 26/35 kV(U_m＝40.5 kV)浸渍纸绝缘金属护套电力电缆(不包括压气和充油电缆)的试验。

GB/T 12976 的本部分规定了额定电压 3.6/6 kV(U_m＝7.2 kV)到 26/35 kV(U_m＝40.5 kV)浸渍纸绝缘金属护套电力电缆(不包括压气和充油电缆)用附件的型式试验。

GB/T 12976 的本部分适用于额定电压 0.6/1 kV(U_m＝1.2 kV)到 26/35 kV(U_m＝40.5 kV)浸渍纸绝缘金属护套电力电缆(不包括压气和充油电缆)和 3.6/6 kV(U_m＝7.2 kV)到 26/35 kV(U_m＝40.5 kV)浸渍纸绝缘金属护套电力电缆(不包括压气和充油电缆)用附件。特殊电缆及其附件,例如海底电缆,不包括在本部分内。

2 规范性引用文件

下列文件中的条款通过 GB/T 12976 的本部分的引用而成为本部分的条款。凡是注日期的引用文件,其随后所有的修改单(不包括勘误的内容)或修订版均不适用于本部分,然而,鼓励根据本部分达成协议的各方研究是否可使用这些文件的最新版本。凡是不注日期的引用文件,其最新版本适用于本部分。

GB/T 2900.10—2001 电工术语 电缆(idt IEC 60050-461:1984)

GB/T 2951.1—1997 电缆绝缘和护套材料通用试验方法 第 1 部分:通用试验方法 第 1 节:厚度和外形尺寸测量—机械性能试验(idt IEC 60811-1-1:1993)

GB/T 2951.2—1997 电缆绝缘和护套材料通用试验方法 第 1 部分:通用试验方法 第 2 节:热老化试验方法(idt IEC 60811-1-2:1985)

GB/T 2951.3—1997 电缆绝缘和护套材料通用试验方法 第 1 部分:通用试验方法 第 3 节:密度测定方法 吸水试验 收缩试验(idt IEC 60811-1-3:1993)

GB/T 2951.4—1997 电缆绝缘和护套材料通用试验方法 第 1 部分:通用试验方法 第 4 节:低温试验(idt IEC 60811-1-4:1985)

GB/T 2951.6—1997 电缆绝缘和护套材料通用试验方法 第 3 部分:聚氯乙烯混合料专用试验方法 第 1 节:高温压力试验 抗开裂试验(idt IEC 60811-3-1:1985)

GB/T 2951.8—1997 电缆绝缘和护套材料通用试验方法 第 4 部分:聚乙烯和聚丙烯混合料专用试验方法 第 1 节:耐环境应力开裂试验 空气热老化后的卷绕试验-熔体指数测量方法-聚乙烯中炭黑和/或矿物质填料含量的测量方法(idt IEC 60811-4-1:1985)

GB/T 3048.13—2007 电线电缆电性能试验方法 第 13 部分:冲击电压试验(IEC 60230:1966,IEC 60060-1:1989,MOD)

GB/T 3956—1997 电缆的导体(idt IEC 60228:1978)

GB/T 12976.1—2008 额定电压 35 kV(U_m＝40.5 kV)及以下纸绝缘电力电缆及其附件 第 1 部分:额定电压 30 kV 及以下电缆一般规定和结构要求(IEC 60055-2:1981,MOD)

GB/T 12976.2—2008 额定电压 35 kV(U_m＝40.5 kV)及以下纸绝缘电力电缆及其附件 第 2

部分:额定电压 35 kV 电缆一般规定和结构要求(IEC 60055-2:1981,NEQ)

   GB/T 16927.1—1997 高电压试验技术 第 1 部分:一般试验要求(mod IEC 60060-1:1989)

   GB/T 18889—2002 额定电压 6 kV(U_m=7.2 kV)到 35 kV(U_m=40.5 kV)电力电缆附件试验方法(IEC 61442:1997,MOD)

   JB/T 8996—1999 高压电缆选择导则(mod IEC 60183:1984)

   IEC 60986:1989 额定电压 1.8/3(3.6)kV 到 18/30(36)kV 电力电缆短路温度规定导则

3 术语和定义

   GB/T 2900.10—2001 确立的以及下列术语和定义适用于 GB/T 12976 的本部分。

3.1

额定电压 rated voltages

U_0 电缆设计用的导体与地或金属护套之间的额定工频电压。

U 电缆设计用的相导体之间的额定工频电压。

3.2

设备最高电压 U_m highest voltage for equipment

设备最高电压 U_m 列举于表 1 中。

表 1 设备最高电压

电缆的额定电压(U_0/U)/kV	设备的最高电压 U_m/kV
0.6/1	1.2
1.8/3 和 3/3	3.6
3.6/6 和 6/6	7.2
6/10 和 8.7/10	12
8.7/15	17.5
12/20	24
18/30	36
21/35 和 26/35	40.5

3.3

接地故障时间 earth fault duration

A 类:接地故障能在 1 min 内与系统分离。

B 类:可在单相接地故障时作短时运行,根据 JB/T 8996—1999 规定,接地故障时间不应超过 1 h,对于本部分包括的电缆允许更长的带故障运行时间,但在任何情况下不应超过 8 h,每年接地故障总持续时间不应超过 125 h。

C 类:包括不属于 A 类、B 类的系统。

3.4

额定值 rated values

制造商必须保证的规定值,且总是有规定公差。

3.5

近似值 approximate values

一个既不保证也不检查的数值,例如用于计算其他尺寸值的数值。

3.6

测量值 measured values

按照规定的方法,测量或试验所得到的值。

3.7

连接管 connector

把电缆导体连接起来的金属部件。

3.8

终端 termination

安装在电缆末端,以保证与该系统其他部分的电气连接并保持绝缘至连接点的装置。

3.9

户内终端 indoor termination

在既不受阳光照射又不暴露在气候环境下使用的终端。

3.10

户外终端 outdoor termination

在受阳光照射或暴露在气候环境下或两者都存在的情况下使用的终端。

3.11

终端盒 terminal box

空气或混合物填充、并完全密封终端的壳体。

3.12

直通接头 straight-joint

连接两根电缆形成连续电路的附件。

3.13

分支接头 branch-joint

将支线电缆连接到干线电缆的附件

3.14

过渡接头 transition-joint

连接纸绝缘电缆和挤包绝缘电缆的直通接头或分支接头。

3.15

漏电痕迹 tracking

由于通道的形成出现不可逆的老化,该通道甚至在干燥情况下也是导电的。通道是在绝缘材料表面形成和发展的,它可能出现在与空气接触的表面上,也可能出现在不同绝缘材料之间的界面上。

3.16

电蚀 erosion

由于材料损耗而引起的绝缘体表面不可逆的和不导电的老化痕迹,它可以是均匀的、局部的、或树枝状的。

注: 局部闪络之后,通常在终端可能形成树枝状的浅的表面痕迹,只要它们是不导电的,这些痕迹是允许的;当它们是导电的,则划为漏电痕迹。

4 试验条件

4.1 工频试验电压的频率和波形

交流试验电压的频率应不低于 49 Hz 且不高于 61 Hz,其波形应基本是正弦波。

4.2 冲击试验电压波形

冲击电压波形应符合 GB/T 3048.13—2007 规定。

4.3 环境温度

除非特殊试验中另有规定,试验应在 5 ℃～35 ℃之间的环境温度下进行。

5 电缆的试验类型和频数

5.1 例行试验

例行试验(见第6章)由制造方在所有成品电缆长度上进行,以验证电缆是否符合规定的要求。由制造商和需方协商同意,在交货长度上例行试验可全部或部分省去。

5.2 抽样试验

当需方订货时要求,第7章所述抽样试验应由制造商在双方达成协议数量的成品电缆的样品或从成品电缆上取下的试样上进行,以证明成品电缆符合设计要求。

测量尺寸用的样品数量应不超过合同长度数量的10%。

机械性能试验和滴流试验用的样品数量应不大于表2所列:

表 2　机械性能试验和滴流试验用的样品数量

电 缆 长 度				电压为U_0的电缆样品数量	
多芯电缆		单芯电缆			
以上/km	至(包括)/km	以上/km	至(包括)/km	<8.7 kV	≥8.7 kV
2	10	4	20	0	1
10	20	20	40	1	2
20	30	40	60	2	3
依此类推		依此类推		依此类推	

5.3 型式试验

型式试验是制造商在开发一种新的绝缘等级或新的电缆设计时的初期阶段进行的,以确定使用性能。该试验的特点为:除非绝缘材料或电缆设计改变,因而改变了电缆的特性,试验做过之后就不需要重做。

5.4 安装后试验

用以证明安装后的电缆及其附件完好的试验。

6 电缆的例行试验

6.1 导体电阻

a) 对多芯电缆,应在选用做例行试验的每一个电缆长度的所有导体上进行测量。

b) 成品电缆或从成品电缆上取下的试样,应在保持适当温度的试验室内至少存放12 h后测量。若怀疑导体温度是否与室温一致,电缆应在试验室内存放24 h后测量。也可选择另一种方法,即将导体试样浸在温度可以控制的恒温液体槽内,至少浸入1 h后测量电阻。

电阻测量值应按GB/T 3956—1997规定的公式和系数校正到20 ℃下1 km长度的数值。

c) 每一导体20 ℃的直流电阻应符合GB/T 3956—1997中表1或表2的规定。

6.2 高电压试验

6.2.1 径向电场电缆

在每一导体和金属护套或屏蔽之间施加5 min工频电压,试验电压为:

——对额定电压3.6/6 kV及以下电缆,为$2.5U_0+2$ kV;

——对额定电压6/10 kV及以上电缆,为$2.5U_0$。

应逐渐升高电压到规定的值,绝缘应不击穿。

或由需方和制造商协商同意,试验也可采用直流电压,所施加的电压为工频试验电压的2.4倍,时间为5 min。

6.2.2 非径向电场电缆（带绝缘电缆）

该试验或者作为三相试验或者作为一系列单相试验，如下述。应逐渐升高电压到规定值，绝缘应不击穿。

6.2.2.1 三相试验（仅适用于三芯电缆）

试验电压通过三相变压器施加到导体上，变压器的中性点和金属套相连。

相间试验电压应为：

——对额定电压 6/6 kV 及以下电缆，为 2.5U+2 kV；

——对额定电压 6/10 kV 及以上电缆，为 2.5U。

时间为 5 min。

对额定电压 3/3 kV，6/6 kV 和 8.7/10 kV 电缆，应进行附加试验，把三个导体连在一起，在导体和金属护层之间施加单相电压。附加试验的试验电压应按 6.2.2.2 规定的电压，时间为 5 min。

6.2.2.2 单相试验

单相试验应按以下进行，试验电压为：

对额定电压 6/6 kV 及以下电缆，为 $\left(2.5 \times \dfrac{U_0 + U}{2}\right) + 2$ kV

对额定电压 6/10 kV 及以上电缆，为 $\left(2.5 \times \dfrac{U_0 + U}{2}\right)$ kV

依次在每一相导体和与金属护套连在一起的其他导体之间进行，时间为 5 min。

或由需方和制造商协商同意，试验也可采用直流电压，所施加的电压为交流试验电压的 2.4 倍，每次时间为 5 min。

6.3 介质损耗角正切试验

介质损耗角正切试验仅适用于额定电压 U_0 大于等于 8.7 kV 的径向电场电缆。

对不滴流电缆，该试验应在 6.2 所规定的高压试验前进行。

绝缘的介质损耗角正切应在如下所述环境温度下进行测量。如果是在低于 20 ℃ 的温度下测量，结果应换算到 20 ℃，或按试验温度和 20 ℃ 之间的差值，每摄氏度减去 2% 的测量值；或者通过该绝缘材料的校正曲线，该曲线应得到需方和制造商的双方同意。如果试验温度大于等于 20 ℃，则不必进行校正。

试验应在每一相导体和屏蔽或金属护套之间分别在 $0.5U_0$、$1.25U_0$ 和 $2.0U_0$ 下进行。

介质损耗角正切值，在 $0.5U_0$ 应不超过 0.006。

介质损耗角正切随电压增加允许的最大增加值见表 3：

表 3　介质损耗角正切随电压增加允许的最大增加值

试 验 电 压	径向电场电缆			
	粘性浸渍		不滴流	
	$U \leqslant 15$ kV	$U > 15$ kV	$U \leqslant 15$ kV	$U > 15$ kV
0.5 倍～1.25 倍 U_0 之间	0.001 0	0.000 8	0.005 0	0.004 0
1.25 倍～2.0 倍 U_0 之间	0.002 5	0.001 6	0.010 0	0.008 0

7　电缆的抽样试验

7.1　厚度测量

7.1.1　绝缘厚度测量

绝缘厚度的测量应在取自 5.2 规定的每一个成品电缆长度的一端的样品上进行。可采用下列方法中的一种，但在对 18/30 kV 以下电缆发生争议时，应采用厚度测微计法。厚度应不小于规定的最小值。

7.1.1.1 直径带尺测量法

将试样剥去护套及绝缘屏蔽带,直到露出绝缘线芯为止,用直径测量带尺在距绝缘线芯端部50 mm 与 100 mm 处测量绝缘线芯直径。

测量带尺的分度应不大于 0.5 mm。

然后剥去绝缘直到导体屏蔽(若有)或导体(若无导体屏蔽),用测量带尺测量原测量位置的导体屏 蔽外径或导体外径。每个测量点的绝缘厚度用该处两个直径测量值之差的一半来计算。

7.1.1.2 厚度测微计法

将从试样上剥下的纸带叠在一起,不必除去多余的浸渍剂,用厚度测微计测出总厚度。必要时,可 将绝缘分成几个小部分测量。

测微计的精度应不低于±0.006 mm。

压杆直径应不小于 6 mm,且不大于 8 mm。所施加的压力应为 350 kN/m² ±5%,压杆和压座两端 面应平直,同心,在行程范围内的平行度应在 0.003 mm 以内。

7.1.2 铅套厚度测量

铅套厚度应选用下列方法之一进行测量,测量值应不小于规定的最小值。

7.1.2.1 窄条法

从按 5.2 要求的成品电缆上切取大约 50 mm 长的试验样品,进行铅套厚度测量。

应沿纵向剥开试样,并仔细展平。在清洁试片后,应沿着铅套圆周距边沿不小于 10 mm 处进行多 点测量,以确保测量到最小厚度。测微计压杆直径应在 4 mm~8 mm 之间,精度为±0.01 mm。

7.1.2.2 圆环法

从试样上仔细切取铅套圆环进行测量。沿圆环圆周进行多点测量,以确保测量到最小厚度。测微 计的两个测量面,一个为平面,另一个为球面,或一个为平面,另一个为长 2.4 mm、宽 0.8 mm 的矩形平 面。球面或矩形平面应适合与环的内侧面接触。测微计精度应为±0.01 mm。

7.1.3 非金属护套的厚度测量

非金属护套的厚度测量应按 GB/T 2951.1—1997 中 8.2 进行。

7.1.4 钢带厚度测量

对宽度小于等于 40 mm 的钢带,应在中心位置测量。对更宽的钢带,应在距每一边 20 mm 处测量。

7.1.5 圆钢丝的直径和扁钢丝的厚度测量

圆钢丝的直径和扁钢丝的厚度应采用测微计测量。

7.2 机械性能试验

7.2.1 弯曲试验

除非用户和制造商另有协议,弯曲试验应在 10 ℃~25 ℃之间进行,电缆试样长度至少能满足绕试 验圆柱体弯曲一整圈。

试验用圆柱体直径应按表 4 规定:

表 4 弯曲试验用圆柱体直径

额定电压(U₀/U)/kV		8.7/10 及以下	8.7/15～12/20	18/30～26/35
弯曲直径 (+5%误差)	单芯电缆	$18(D+d)$	$21(D+d)$	$25(D+d)$
	多芯电缆	$15(D+d)$	$18(D+d)$	$21(D+d)$
	分相铅套三芯电缆	$15(2.15D+d)$	$15(2.15D+d)$	$18(2.15D+d)$
注:D——铅套的测量外径; 　　d——(最大)导体测量直径(对非圆形导体,d=1/3.14 倍测量周长)。				

试验样品应以匀速绕圆柱体弯曲一整圈。然后展直,再在反方向弯曲一整圈。此操作应反复进行 三次。

7.2.2 电气性能试验

上述试验结束后,试样应进行 5 min 交流耐压试验,试验电压规定如下:

—— 对额定电压大于 3.6 kV 电缆,试验电压为 6.2 中电压值的 1.6 倍;

—— 对额定电压小于等于 3.6 kV 电缆,试验电压按 6.2 中电压值。

也可由用户和制造商协商同意,采用直流进行试验,电压值为交流试验电压的 2.4 倍,时间为 5 min。

> 注:推荐安装敷设时弯曲半径应不小于弯曲试验半径。当电缆拖入管道时的条件很复杂,或者温度很低,可能导致绝缘发脆,制造商和用户协商一致后可进行特殊的机械性能试验。

7.2.3 护套、铠装和保护层的检查

在按 7.2.2 的电压试验后,从试验样品的中间部位取 300 mm 长的样品进行检查,外护层或护套不应有裂缝,铠装不应有显著位移,铅或铅合金护套不应有裂纹和开裂。

7.3 滴流试验(对不滴流电缆)

从电缆上切取一段包括护层的样品,长度为 290 mm~300 mm。

样品两端敞开,垂直悬挂在烘箱中,烘箱温度为电缆最高允许持续运行温度±2 ℃。

8 h 后,测量滴出来的浸渍剂,对单芯电缆和分相铅套电缆,应不超过试验样品金属套内部体积的 2%;对多芯电缆,应不超过 3%。

7.4 复试

如果任一样品不符合本章中规定的任一试验要求,应从同一批中再取两个试样就不合格项目重新试验。两个附加试样均合格时,则该批电缆符合标准要求。如果有一个试样不合格,则应认为该批电缆不符合本部分要求。进一步的取样试验应协商进行。

8 电缆的型式试验

8.1 一般规定

下列试验为型式试验:

a) 介质损耗角正切/温度试验(8.2);

b) 交流电压试验(8.3.1);

c) 冲击电压试验(8.3.2);

d) 滴流试验(8.4),仅适用于不滴流电缆;

e) 非金属护套的非电气性能试验(8.5)。

由制造商选择,在同一试样上可进行试验 a)、b)、c)项中的一项以上试验。然而,如果在随后的试验中未满足要求,则应在同一电缆上重新取样试验,且只有后一个试验结果才对最终评价结果有效。对三芯电缆,型式试验 a)、b)、c)应仅在一芯上进行。

8.2 介质损耗角正切/温度试验

本试验仅适用于额定电压 U_0 大于等于 8.7 kV 径向电场电缆。试样的金属护层内长度应不小于 4 m。

在额定电压 U_0 下,绝缘的介质损耗角正切应在不少于四种温度下测量,如:

a) 室温;

b) 约 40 ℃;

c) 约 60 ℃;

d) 额定运行温度以上 10 ℃。

试验时应注意确保沿整根电缆的纵向和径向的温度都是均匀的。

所测得的电缆的介质损耗角正切,不包括终端,应不大于表 5 中的规定值:

表 5 允许的最大介质损耗角正切值

样品温度/℃	最大介质损耗角正切
20~60	0.006 0
70	0.013 0
75	0.016 0
80	0.019 0
85	0.023 0

在所列温度之间的介质损耗角正切值应通过线性插值法求得。

8.3 绝缘安全性试验

绝缘安全性试验仅适用于额定电压 U_0 大于等于 8.7 kV 径向电场电缆，8.3.1 和 8.3.2 中的试验均应进行。

8.3.1 交流电压试验

在环境温度下，对一段不小于 5 m 长的电缆试样的一相导体和屏蔽之间施加 4 h 交流电压，其他相导体和屏蔽连接，试验期间电缆应不击穿。对粘性浸渍电缆施加电压为 $4U_0$，对不滴流电缆施加电压为 $3U_0$。

电压应连续施加，如果在 4 h 期间出现不可避免的试验中断时，应把中断的时间补上。中断的总时间应不超过 1 h，否则试验应重新开始。

8.3.2 冲击电压试验

冲击电压试验应由按下列顺序进行的三个试验组成：弯曲试验，冲击试验，交流耐压试验。

试样长度应满足弯曲试验要求，两个终端之间的长度至少为 5 m。

8.3.2.1 弯曲试验

试样应经受 7.2.1 所规定的弯曲试验。

8.3.2.2 冲击电压试验

冲击电压试验按 GB/T 3048.13—2007 要求进行。试验温度为最高允许持续运行温度加 0~5 ℃。

冲击试验电压应按表 6 规定值：

表 6 冲击试验电压峰值

额定电压 U_0/kV	冲击试验电压峰值/kV
3.6	60
6	75
8.7	95
12	125
18	170
21,26	200

8.3.2.3 室温下的交流电压试验

试验方法和试验电压应按 6.2.1 规定。

8.4 滴流试验

从有护套的电缆上截取不少于 1 m 的试样。在不加热的情况下将试样两端密封，下部密封端应留有收集试验时从试样内滴流出的浸渍剂的空间位置。

样品垂直悬挂在烘箱中，放置 7 天，烘箱温度等于导体的最高允许持续运行温度，误差±2 ℃。

试验结束后，测量流出的浸渍剂，应不超过试样金属套内部体积的 3%。

如果试样没有通过试验,则应从所选的电缆上再切取两个样品,在这两个样品上重复试验。仅当两个试样都通过试验时,才认为符合本条要求。

8.5 非金属护套的非电气性能试验

非电气性能试验应按 GB/T 2951.1—1997、GB/T 2951.2—1997、GB/T 2951.3—1997、GB/T 2951.4—1997、GB/T 2951.6—1997、GB/T 2951.8—1997 规定。

9 附件型式试验

9.1 概述

按 9.3.1 进行相应的试验后将获得本部分认可,这些型式试验仅适用于新设计的附件。对于制造商能够提供满意的运行经验证明的附件,经与用户协商同意,可不必做型式试验。

附件一经成功通过型式试验后,在可能影响性能的材料、结构或制造的工艺过程未发生变化时,这些试验不必重复。

试验方法见 GB/T 18889—2002。

9.1.1 附件种类

本部分所包括的附件如下:

——所有结构的户内终端、户外终端,包括终端盒;

——适合用于地下或空气中敷设的所有结构的直通接头和分支接头;

——纸绝缘电缆和挤包绝缘电缆相互连接的过渡接头。

9.1.2 额定电压

附件的额定电压 $U_0/U(U_m)$ 见 3.2。

注:额定电压 1.8/3(3.6)kV 及以下电缆附件不包括在内。

对于给定用途的附件的额定电压应与其配套的电缆的额定电压相一致,并应符合按 JB/T 8996—1999 推荐的所在系统的运行条件。

9.1.3 最大导体温度

附件应适用于 GB/T 12976.1—2008 和 GB/T 12976.2—2008 中规定的正常运行的导体温度和 IEC 60986-1989 规定的短路温度的电缆上。

9.2 试验附件的安装

9.2.1 用于试验的电缆应符合 GB/T 12976.1—2008 或 GB/T 12976.2—2008 的规定。对纸绝缘电缆建议采用附录 A 中 A.1 所示方法正确标示,对用于过渡接头的电缆建议采用 A.1 和 A.2 标示进行正确标示。

9.2.2 用于附件的连接金具应正确标示下述内容:

——安装工艺;

——工具和必要的配件;

——接触表面的处理;

——连接金具的型号、编号和任何其他标示;

——型式试验认可的细述。

用于过渡接头的连接金具在所有的运行条件下都应堵油,并应按附录 B 进行试验,除非是本身堵油的金具,即由未钻穿的实心棒加工的。

9.2.3 试验用的附件应正确标示下述内容:

——制造商名称;

——类型、标志、生产日期或批号;

——电缆的最大和最小截面积,电缆导体材料及形状;

——最大和最小的电缆绝缘直径;

——额定电压(见3.2和9.1);

——安装说明书(标准和日期)。

9.2.4　附件应按制造商的说明书(包括提供的材料的等级和数量,还应包括润滑剂(若有))规定的方式安装。

9.2.5　附件应是干燥和清洁的,且电缆和附件均不应经受可能改变被试组件的电气或热或机械性能的任何方式的处理。

9.2.6　有关试验安装的主要细节,尤其是支撑装置都应记录。

9.3　认可的条件和范围

9.3.1　一种类型附件按 GB/T 12976.1—2008 和 GB/T 12976.2—2008 给出的截面积的所有范围的认可是在按本部分对截面积为 120 mm², 150 mm², 185 mm² 或 240 mm² 中任一截面电缆依照表8和表9所列的型式试验全部试验项目成功地完成后而获得。

9.3.2　认可与电缆导体材料无关,试验可以用铝导体或铜导体电缆进行。

9.3.3　对安装在具有整形过的导体电缆上的附件进行的试验,应认为适用于圆形导体电缆的相同类型的附件,反之则不适用。

9.3.4　对三芯附件进行的试验认为适用于相同设计的单芯附件,反之则不适用。

9.3.5　认可只限于已进行试验的电气结构和电缆类型(即带绝缘或径向电场、滴流或不滴流)。

9.3.6　对给定额定电压被试验的任何附件认为也被认可用于相同设计原则的较低电压的附件。

9.3.7　试验排列和试验样品数量见图1和图2。

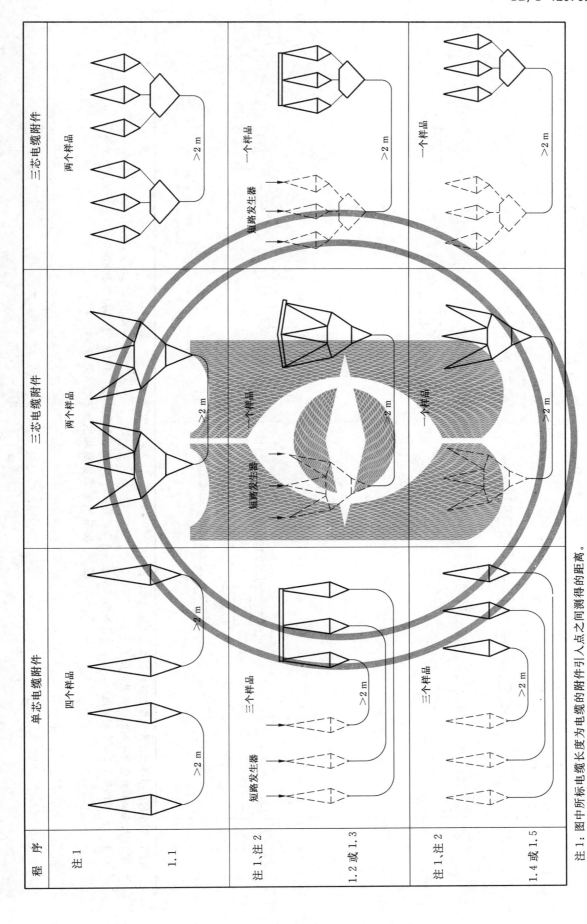

注1：图中所标电缆长度为电缆的附件引入点之间测得的距离。

注2：1.2项可以与1.3项结合起来进行。对于单芯附件，1.2项也可在单独的回路里进行，电缆与附件的固定方法和附件之间的距离应按照制造商的推荐。

图1　终端的试样数量和试验布置（见表2）

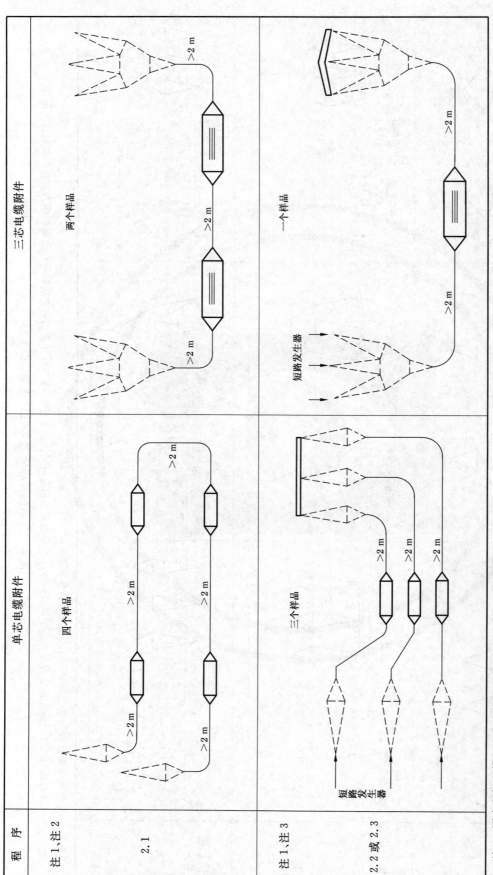

图 2　接头的试样数量和试验布置（见表 3）

注 1：图中所标电缆长度为电缆在附件引入点之间测得的距离。

注 2：接头试验允许在单独的回路里进行。

注 3：2.2 可以与 2.3 结合起来进行。对于单芯附件，2.2 也可在单独的回路里进行。电缆与附件的固定方法和附件之间的距离应按照制造方的推荐。

9.4 试验方法

所有试验方法见 GB/T 18889—2002。

9.5 试验程序

适用于附件的试验应按表 7 中所列程序进行：

表 7 试验程序

附　件	表	图
终端	8	1
直通或分支接头	9	2

对终端和接头,如果程序和要求是相同的,则可组合起来试验。试验电压和要求归纳见表 10。

9.6 试验结果

按 9.3 及表 8 和表 9 规定进行试验的所有试样都应满足所有试验程序的要求。

任一试样未满足要求,应拆除并检查,以确定是否为 9.6.1 或 9.6.2 故障,并应记录检查结果。

9.6.1 附件失效

如果一个附件由于试验安装和试验程序错误而未能满足要求,则该试验无效,但不否定该附件,整个试验程序应在新装置的试样上重复进行,如果没有上述错误迹象,该附件则不被认可。

9.6.2 电缆失效

如果除附件任何部分以外的电缆失效,则该试验应被视为无效,但不否定该附件。可用新的附件重新试验(按规定程序从头开始试验)或者修复电缆(从中断的时刻开始继续试验)。

10 安装后试验

当电缆及其附件安装完成后,应进行直流电压试验。绝缘应不击穿。

试验应按 6.2 进行,只是试验的直流电压应为 6.2 中规定值的 70%。

注:当终端与开关或任何其他设备不能便于隔离时,试验电压应由有关各方协商确定。

表 8 终端试验程序和要求

序号	试验项目[a]	要　求	试　验　方　法	试验程序(见图 1)				
				1.1	1.2	1.3	1.4	1.5
1	交流耐压或直流耐压 交流耐压	$4.5U_0$,5 min 或 $6U_0$,15 min $4U_0$,1 min,淋雨[b]	GB/T 16927.1—1997,GB/T 18889—2002 第 4 章或第 5 章 GB/T 16927.1—1997,GB/T 18889—2002 第 4 章	× ×	×	×		
2	冲击电压试验(在 θ_t^c 下)	每个极性冲击 10 次	GB/T 3048.13—2007,GB/T 18889—2002 第 6 章	×				
3	恒压负荷循环,在空气中	63 次[d],在 θ_t^c 和 $1.5U_0$	GB/T 18889—2002 第 9 章	×				
4	短路热稳定(导体)	升高到电缆导体的 θ_{sc},短路两次,无可见损坏	GB/T 18889—2002 第 11 章		×	×[e]		
5	短路动稳定[f]	在 I_d 下短路一次,无可见损坏	GB/T 18889—2002 第 12 章			×		
6	冲击试验	每个极性冲击 10 次	GB/T 3048.13—2007,GB/T 18889—2002 第 6 章	×	×	×		
7	交流耐压	$2.5U_0$,15 min	GB/T 16927.1—1997,GB/T 18889—2002 第 4 章	×	×	×		

表 8（续）

序号	试验项目a	要 求	试 验 方 法	试验程序（见图1）				
				1.1	1.2	1.3	1.4	1.5
8	潮湿试验g,h	$1.25U_0$,300 h,见表4	GB/T 18889—2002 第13章				×	
9	盐雾试验b,h	$1.25U_0$,1 000 h,见表4	GB/T 18889—2002 第13章					×

a 除非另有规定,试验应在环境温度下进行;

b 仅适用于户外终端;

c θ_t 为正常运行时最高导体温度加(0~5)℃;

d 每一循环 8 h,温度稳定时间至少 2 h,冷却时间至少 3 h;

e 短路热稳定试验可以与短路动稳定试验结合起来进行;

f 仅对起始峰值电流 i_p>80 kA 的单芯电缆附件和起始峰值电流 i_p>63 kA 的三芯电缆附件有此要求;I_d 值由制造商提供。

g 仅适用于户内终端,对有瓷绝缘套管的终端无此要求;

h 对有瓷绝缘套管的终端无此要求。

表 9　直通或分支接头试验程序和要求

序号	试 验a	要 求	试 验 方 法	试验程序（见图2）		
				2.1	2.2	2.3
1	交流耐压或直流耐压	$4.5U_0$,5 min 或 $6U_0$,15 min	GB/T 16927.1—1997,GB/T 18889—2002 第4章或第5章	×	×	×
2	冲击试验,在 θ_tb,c 下	每个极性冲击 10 次	GB/T 3048.13—2007,GB/T 18889—2002 第6章	×		
3	恒压负荷循环,在空气中	三次d,在 θ_tb,c 和 $1.5U_0$ 下	GB/T 18889—2002 第9章	×		
4	恒压负荷循环,在水中e	60 次d,在 θ_tb,c 和 $1.5U_0$	GB/T 18889—2002 第9章	×		
5	短路热稳定（导体）b	升高到电缆导体的 θ_{sc},短路两次,无可见损坏	GB/T 18889—2002 第11章		×	×f
6	短路动稳定g	在 I_d 下短路一次,无可见损坏	GB/T 18889—2002 第12章			×
7	冲击试验	每个极性冲击 10 次	GB/T 3048.13—2007,GB/T 18889—2002 第6章	×	×	×
8	交流耐压	$2.5U_0$,15 min	GB/T 16927.1—1997,GB/T 18889—2002 第4章	×	×	×

a 除非另有规定,试验应在环境温度下进行;

b 对过渡接头（纸绝缘到挤包绝缘）,试验参数是由额定值较低的电缆来确定;

c θ_t 为正常运行时最高导体温度加(0~5)℃;

d 每一循环 8 h,温度稳定时间至少 2 h,冷却时间至少 3 h;

e 对采用焊接连接的连续金属护层（如金属套）结构的电缆和接头,该试验可在空气中进行;

f 短路热稳定试验可以与短路动稳定试验结合起来进行;

g 仅对起始峰值电流 i_p>80 kA 的单芯电缆附件和起始峰值电流 i_p>63 kA 的三芯电缆附件有此要求,I_d 值由制造商提供。

表 10 试验电压和要求的归纳(见 9.5)

| 试验项目 | 试验电压 | 额定电压 $U_0/U(U_m)/kV$ | | | | | | | 要求 |
		3.6/6 (7.2)	6/10 (12)	8.7/15 (17.5)	12/20 (24)	18/30 (36)	21/35 (40.5)	26/35 (40.5)	
潮湿试验和盐雾试验	$1.25U_0$	4.5	7.5	11	15	22.5	26.25	32.5	不击穿或闪络,跳闸不超过三次,无显著损伤[a]
恒压负荷循环	$1.5U_0$	5.4	9	13	18	27	31.5	39	不击穿或闪络
交流耐压/15 min	$2.5U_0$	9	15	23	30	45	52.5	65	不击穿或闪络
交流耐压/1min	$4U_0$	14.5	24	35	48	72	84	104	不击穿或闪络
交流耐压/5min	$4.5U_0$	16	27	39	54	81	94.5	117	不击穿或闪络
直流耐压/15min	$6U_0$	21.6	36	52	72	108	126	156	不击穿或闪络
冲击试验(峰值)	—	60	75	95	125	170	200	200	不击穿或闪络

[a] 当由于以下情况造成附件性能明显下降时,即认为附件显著损坏:

(Ⅰ)由于漏电痕迹造成介质质量损失;

(Ⅱ)电蚀深度达到绝缘材料的 2 mm 或者厚度的 50%;

(Ⅲ)材料开裂;

(Ⅳ)材料穿孔。

附 录 A

（资料性附录）

试验电缆的标示

A.1 纸绝缘电缆（见 5.1）

额定电压 $U_0/U(U_m)$ kV

结构： □ 单芯 □ 三芯 □ 带绝缘
□ 分相屏蔽
□ 分相铅套

导体： □ 铝 □ 铜
□ 绞合 □ 实心
□ 圆形导体 □ 整形导体
□ 120 mm^2 □ 150 mm^2
□ 185 mm^2 □ 240 mm^2

浸渍： □ 滴流 □ 不滴流

金属护层： □ 铅 □ 铝 □ 平的
□ 皱纹的
□ PVC
外护层： □ 纤维覆盖物 □ 挤包 □ PE(ST$_3$)

直径： 导体： mm
绝缘（包括屏蔽）： mm
金属护层： mm
外护层： mm

A.2 挤包绝缘电缆（见 5.1）

额定电压 $U_0/U(U_m)$ kV

结构： □ 单芯 □ 三芯 □ 总屏蔽
□ 分相屏蔽

导体： □ 铝 □ 铜
□ 绞合 □ 实心
□ 圆形导体 □ 整形导体
□ 120 mm^2 □ 150 mm^2
□ 185 mm^2 □ 240 mm^2

绝缘： □ PVC □ XLPE
□ EPR □ HEPR

绝缘屏蔽： □ 不可剥离 □ 可剥离

金属屏蔽： □ 丝 □ 带 □ 挤包

外护层： □ PVC □ PE(ST$_3$) □ PE(ST$_7$)

堵水层（若有）： □ 导体内 □ 外护层下

直径：   导体：   mm
             绝缘：   mm
             绝缘屏蔽：   mm
             外护层：   mm
电缆标识：

附 录 B
（规范性附录）
用于浸渍纸绝缘与挤包绝缘电缆之间的过渡接头"堵油"连接金具的试验

为了模拟运行条件而提供下列方法：

B.1 该试验应在两根短段（每根长约 0.5 m）非填充的绞合导体之间压接的单独金具上进行。

B.2 试样应保持垂直，施加于连接金具最上端的水头为 1 m 高，如图 B.1 所示，应使用含荧光染料的水。

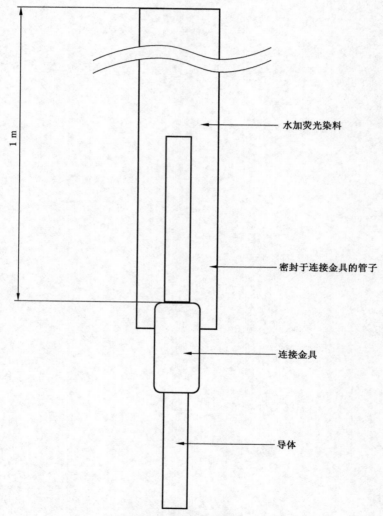

图 B.1 试验装置

B.3 用烘箱或导体加热把连接金具加热到规定的有较低的最大运行温度（电缆）的温度，允许冷却温度不高于 30 ℃，连接金具经受 100 次循环。

B.4 如果未发现水渗透到较低一端导体内，则认为符合该试验要求。

附　录　C

（资料性附录）

本部分章条号与 IEC 60055-1:2005 章条号对照

表 C.1 给出了本部分章条号与 IEC 60055-1:2005 章条号对照一览。

表 C.1　本部分章条号与 IEC 60055-1:2005 章条号对照表

本部分章条号	对应的国际标准章条号
2	1
3	2
3.1	2.1
3.2	2.2
3.3	2.3
3.4	2.4
3.5	2.5
3.6	2.6
3.7	2.7
3.8	2.8
3.9	2.9
3.10	2.10
3.11	2.11
3.12	2.12
3.13	2.13
3.14	2.14
3.15	2.15
3.16	2.16
4.1	3
4.2	4
4.3	5
5.1	6
5.2	7
5.3	8
5.4	9
6.1	10
6.2	11
6.2.1	11.1
6.2.2	11.2
6.2.2.1	11.2.1

表 C.1（续）

本部分章条号	对应的国际标准章条号
6.2.2.2	11.2.2
6.3	12
7.1	13
7.1.1	13.1
7.1.1.1	13.1.1
7.1.1.2	13.1.2
7.1.2	13.2
7.1.2.1	13.2.1
7.1.2.2	13.2.2
7.1.3	13.3
7.1.4	13.4
7.1.5	13.5
7.2	14
7.2.1	14.1
7.2.2	14.2
7.2.3	14.3
7.3	15
7.4	16
8.1	17
8.2	18
8.3	19
8.3.1	19.1
8.3.2	19.2
8.3.2.1	19.2.1
8.3.2.2	19.2.2
8.3.2.3	19.2.3
8.4	20
8.5	21
9.1	22
9.1.1	22.1
9.1.2	22.2
9.1.3	22.3
9.2	23
9.2.1	23.1
9.2.2	23.2

表 C.1（续）

本部分章条号	对应的国际标准章条号
9.2.3	23.3
9.2.4	23.4
9.2.5	23.5
9.2.6	23.6
9.3	24
9.3.1	24.1
9.3.2	24.2
9.3.3	24.3
9.3.4	24.4
9.3.5	24.5
9.3.6	24.6
9.3.7	24.7
9.4	25
9.5	26
9.6	27
9.6.1	27.1
9.6.2	27.2
10	28
表 1	2.2 中,无表号
表 2	7 中,无表号
表 3	12 中,无表号
表 4	14.1 中,无表号
表 5	18 中,无表号
表 6	19.2.2 中,无表号
表 7	表 1
表 8	表 2
表 9	表 3
表 10	表 4
附录 A	附录 B
附录 B	附录 A
附录 C	—
附录 D	—

附　录　D
（资料性附录）
本部分与 IEC 60055-1:2005 的技术性差异及其原因

表 D.1 给出了本部分与 IEC 60055-1:2005 的技术性差异及其原因。

表 D.1　本部分与 IEC 60055-1:2005 的技术性差异及其原因

本部分的章条号	技术性差异	原　因
1	增加了 35 kV 电压等级	IEC 60055-1:2005 电压等级为 1 kV 到 30 kV,而我国有 35 kV 电压等级。
表 1	增加了 21/35 kV 和 26/35 kV 电压等级内容	同上
表 4	增加了 35 kV 电压等级内容	同上
表 6	增加了 21/35 kV 和 26/35 kV 电压等级内容	同上
表 10	增加了 21/35 kV 和 26/35 kV 电压等级内容	同上

ICS 29.060.20
K 13

中华人民共和国国家标准

GB/T 14049—2008
代替 GB 14049—1993

额定电压 10 kV 架空绝缘电缆

Aerial insulated cables for rated
voltage of 10 kV

2008-06-30 发布

2009-04-01 实施

中华人民共和国国家质量监督检验检疫总局
中国国家标准化管理委员会 发布

前　言

本标准代替 GB 14049—1993《额定电压 10 kV、35 kV 架空绝缘电缆》。

本标准与 GB 14049—1993 相比,主要变化如下:

——标准名称改为《额定电压 10 kV 架空绝缘电缆》;

——删除了关于额定电压 35 kV 架空绝缘电缆的条目(1993 版的第 1 章,3.1.3,4.1,表 2,表 3,7.7.2,表 5,表 8);

——增加导体标称截面 400 mm^2(见表 2,表 3);

——删除对导体绞合节径比和绞向的规定(1993 版的 7.2.5);

——增加了线芯的标志方法(见 7.3.4);

——删除对有绝缘屏蔽电缆的局部放电作为例行试验项目(1993 版的 7.7.4);

——修改了 10 kV 架空电缆的冲击电压试验值(1993 版的表 8,本标准表 8);

——按照 GB/T 1.1—2000 进行了格式的修改。

本标准的附录 A、附录 B 和附录 C 为规范性附录。

本标准由中国电器工业协会提出。

本标准由全国电线电缆标准化技术委员会(SAC/TC 213)归口。

本标准起草单位:上海电缆研究所,江苏远东集团有限公司,海口威特电气集团有限公司,福建南平太阳电缆股份有限公司,无锡江南电缆有限公司,扬州曙光电缆有限公司,湖南华菱线缆股份有限公司。

本标准起草人:孙建生、汪传斌、蒙忠奎、范德发、刘军、梁国华、张公卓。

本标准所代替标准的历次版本发布情况为:

——GB 14049—1993。

额定电压 10 kV 架空绝缘电缆

1 范围

本标准规定了交流额定电压 10 kV 架空绝缘电缆(架空电缆)产品的型号、规格、技术要求、试验方法、验收规则、包装、运输及贮存。

本标准适用于交流额定电压 $U(U_m)$ 为 10(12) kV 的架空电力线路用铜芯、铝芯、铝合金芯交联聚乙烯(XLPE)和高密度聚乙烯(HDPE)绝缘架空电缆。

2 规范性引用文件

下列文件中的条款通过本标准的引用而成为本标准的条款。凡是注日期的引用文件,其随后所有的修改单(不包括勘误的内容)或修订版均不适用于本标准,然而,鼓励根据本标准达成协议的各方研究是否可使用这些文件的最新版本。凡是不注日期的引用文件,其最新版本适用于本标准。

GB/T 1179—1999 圆线同心绞架空线(eqv IEC 61089:1991)

GB/T 2951.1—1997 电缆绝缘和护套材料通用试验方法 第 1 部分:通用试验方法 第 1 节:厚度和外形尺寸测量—机械物理性能试验(idt IEC 60811-1-1:1993)

GB/T 2951.2—1997 电缆绝缘和护套材料通用试验方法 第 1 部分:通用试验方法 第 2 节:热老化试验方法(idt IEC 60811-1-2:1985)

GB/T 2951.5—1997 电缆绝缘和护套材料通用试验方法 第 2 部分:弹性体混合料通用试验方法 第 1 节:耐臭氧试验—热延伸试验—浸矿物油试验(idt IEC 60811-2-1:1986)

GB/T 3048.4—2007 电线电缆电性能试验方法 第 4 部分:导体直流电阻试验

GB/T 3048.5—2007 电线电缆电性能试验方法 第 5 部分:绝缘电阻试验

GB/T 3048.7—2007 电线电缆电性能试验方法 第 7 部分:耐电痕试验

GB/T 3048.8—2007 电线电缆电性能试验方法 第 8 部分:交流电压试验(IEC 60060-1:1989,NEQ)

GB/T 3048.11—2007 电线电缆电性能试验方法 第 11 部分:介质损失角正切试验

GB/T 3048.12—2007 电线电缆电性能试验方法 第 12 部分:局部放电试验(IEC 60885-3:1988,MOD)

GB/T 3682—2000 热塑性塑料熔体质量流动速率和熔体体积流动速率的测定(idt ISO 1133:1997)

GB/T 3953—1983 电工圆铜线(neq ASTM B1:1970)

GB/T 3955—1983 电工圆铝线(neq ASTM B230:1977)

GB/T 4909.2—1985 裸电线试验方法 尺寸测量(neq IEC 60251:1978)

GB/T 4909.3—1985 裸电线试验方法 拉力试验(neq IEC 60207:1966)

GB/T 6995.3—2008 电线电缆识别标志方法 第 3 部分:电线电缆识别标志

JB/T 8134—1995 电工圆铝线及圆铝合金线 铝镁硅系合金圆线

JB/T 8137—1999(所有部分) 电线电缆交货盘

JB/T 10696.3—2007 电线电缆机械和理化试验方法 第 3 部分:弯曲试验

3 术语与定义

3.1

额定电压 rated voltage

额定电压是电缆设计和运行的基准电压,用 $U(U_m)$ 表示,单位为 kV。U——电缆两相导体之间的电压有效值。U_m——设备最高电压有效值。

额定电压 $U(U_m)$ 10(12) kV 架空电缆可用于单相接地故障时间每次一般不大于 1 min 的系统,亦可用于最长每次不超过 8 h,每年累计不超过 125 h 的系统。

4 符号和代号

4.1.1 系列代号
架空电缆系列 ·· JK

4.1.2 材料和结构特征代号
铜导体 ··· 省略
软铜导体 ··· TR
铝导体 ·· L
铝合金导体 ·· LH
交联聚乙烯绝缘 ·· YJ
高密度聚乙烯绝缘 ·· Y
本色绝缘 ·· /B
耐候黑色绝缘 ··· 省略
轻型薄绝缘结构 ·· /Q
普通绝缘结构 ··· 省略

4.2 产品的表示方法
4.2.1 产品用型号,规格及本标准编号表示。

4.2.2 示例:

    a) 铝芯交联聚乙烯轻型薄绝缘架空电缆,额定电压 10 kV,单芯,标称截面为 120 mm²,表示为:

        JKLYJ/Q-10 1×120 GB/T 14049—2008

    b) 铝芯本色交联聚乙烯绝缘架空电缆,额定电压 10 kV,4 芯,其中主线芯为 3 芯,标称截面为 240 mm²;承载绞线为镀锌钢丝,标称截面为 95 mm²,表示为:

        JKLYJ/B-10 3×240+95(A) GB/T 14049—2008

    c) 铝合金线芯聚乙烯绝缘架空电缆,额定电压 10 kV,单芯,标称截面为 185 mm²,表示为:

        JKLHY-10 1×185 GB/T 14049—2008

5 使用特性

5.1 额定电压为 10 kV。

5.2 电缆敷设温度应不低于 -20 ℃。

5.3 短路时(最长持续时间不超过 5 s)电缆的最高温度:

  交联聚乙烯绝缘 ·· 250 ℃

  高密度聚乙烯绝缘 ·· 150 ℃

5.4 电缆导体的最高长期允许工作温度:

    a) 有承载线结构电缆 由绝缘的最高长期允许工作温度决定。

      交联聚乙烯绝缘 ·· 90 ℃

      高密度聚乙烯绝缘 ·· 75 ℃

    b) 无承载线结构电缆(在考虑中)

5.5 电缆的允许弯曲半径应不小于电缆弯曲试验用圆柱体直径。

6 型号和规格

架空电缆的型号如表1。

表 1

型 号	名 称	主要用途
JKYJ JKTRYJ JKLYJ JKLHYJ JKY JKTRY JKLY JKLHY	铜芯交联聚乙烯绝缘架空电缆 软铜芯交联聚乙烯绝缘架空电缆 铝芯交联聚乙烯绝缘架空电缆 铝合金芯交联聚乙烯绝缘架空电缆 铜芯聚乙烯绝缘架空电缆 软铜芯聚乙烯绝缘架空电缆 铝芯聚乙烯绝缘架空电缆 铝合金芯聚乙烯绝缘架空电缆	架空固定敷设,软铜芯产品用于变压器引下线。 电缆架设时,应考虑电缆和树木保持一定距离,电缆运行时,允许电缆和树木频繁接触
JKLYJ/B JKLHYJ/B	铝芯本色交联聚乙烯绝缘架空电缆 铝合金芯本色交联聚乙烯绝缘架空电缆	架空固定敷设 电缆架设时,应考虑电缆和树木保持一定距离,电缆运行时,允许电缆和树木频繁接触
JKLYJ/Q JKLHYJ/Q JKLY/Q JKLHY/Q	铝芯轻型交联聚乙烯薄绝缘架空电缆 铝合金芯轻型交联聚乙烯绝缘架空电缆 铝芯轻型聚乙烯绝缘架空电缆 铝合金芯轻型聚乙烯绝缘架空电缆	架空固定敷设用 电缆架设时,应考虑电缆和树木保持一定距离,电缆运行时,只允许电缆和树木作短时接触

架空电缆的型号如表 2。

表 2

型 号	芯 数	标称截面/mm²
JKYJ JKTRYJ JKLYJ JKLHYJ	1	10～400
	3	25～400
	3+K(A) 或 3+K(B)	25～400 其中 K25～120
JKY,JKTRY JKLY,JKLHY JKLYJ/Q,JKLHYJ/Q JKLY/Q,JKLHY/Q	1	10～400
JKLYJ/B JKLHYJ/B	3	25～400
	3+K(A) 或 3+K(B)	25～400 其中 K25～120
注 1:其中 K 为承载绞线,按工程设计要求,可任选表 2 中规定截面与相应导体截面相匹配,如杆塔跨距更大采用外加承载索时,该承载索不包括在电缆结构内。		
注 2:其中(A)表示钢承载绞线,(B)为铝合金承载绞线。		

7 技术要求

7.1 架空绝缘电缆的结构和技术参数如表 3 规定,承载绞线拉断力要求如表 4 规定。

表 3

导体标称截面/mm²	导体最少单线根数	导体直径(参考值)/mm	导体屏蔽层最小厚度ª(近似值)ᵇ/mm	绝缘标称厚度/mm		绝缘屏蔽层标称厚度/mm	20 ℃时导体电阻 不大于/Ω·km				导体拉断力 不小于/N		
				薄绝缘	普通绝缘		硬铜芯	软铜芯	铝芯	铝合金芯	硬铜芯	铝芯	铝合金芯
10	6	3.8	0.5	—	3.4		—	1.830	3.080	3.574	—	—	—
16	6	4.8	0.5		3.4		—	1.150	1.910	2.217	—	—	—
25	6	6.0	0.5	2.5	3.4	1.0	0.749	0.727	1.200	1.393	8 465	3 762	6 284
35	6	7.0	0.5	2.5	3.4	1.0	0.540	0.524	0.868	1.007	11 731	5 177	8 800
50	6	8.3	0.5	2.5	3.4	1.0	0.399	0.387	0.641	0.744	16 502	7 011	12 569
70	12	10.0	0.5	2.5	3.4	1.0	0.276	0.268	0.443	0.514	23 461	10 354	17 596
95	15	11.6	0.5	2.5	3.4	1.0	0.199	0.193	0.320	0.371	31 759	13 727	23 880
120	18	13.0	0.6	2.5	3.4	1.0	0.158	0.153	0.253	0.294	39 911	17 339	30 164
150	18	14.6	0.6	2.5	3.4	1.0	0.128	—	0.206	0.239	49 505	21 033	37 706
185	30	16.2	0.6	2.5	3.4	1.0	0.102 1		0.164	0.190	61 846	26 732	46 503
240	34	18.4	0.6	2.5	3.4	1.0	0.077 7		0.125	0.145	79 823	34 679	60 329
300	34	20.6	0.6	2.5	3.4	1.0	0.061 9		0.100	0.116	99 823	43 349	75 411
400	53	23.8	0.6	2.5	3.4	1.0	0.048 4		0.077 8	0.090 4	133 040	55 707	100 548

ª 轻型薄绝缘结构架空电缆无内半导电屏蔽层;

ᵇ 近似值是既不要验证又不要检查的数值,但在设计与工艺制造上需予充分考虑。

表 4

承载绞线截面/mm²	钢承载绞线拉断力 不小于/N	铝合金承载绞线拉断力 不小于/N
25	30 000	6 284
35	42 000	8 800
50	56 550	12 569
70	81 150	17 596
95	110 150	23 880
120	—	30 164

7.2 导体及承载绞线

7.2.1 导体应采用紧压圆形绞合硬铜硬铝或铝合金导体或钢芯铝绞线导体,其中铜导体应采用 TY 型硬铜圆线,并符合 GB/T 3953—1983 规定;铝导体应采用 L8 或 LY9 型硬铝圆线,并符合 GB/T 3955—1983 规定;铝合金导体应采用 LHA 或 LHB 型铝合金圆线,并符合 JB/T 8134—1995 的规定。导体的结构尺寸、机械拉断力及导体电阻应符合表 3 规定。

7.2.2 作为变压器引下线用的架空电缆导体应采用 TR 型软铜圆线,并符合 GB/T 3953—1983 规定。

7.2.3 承载绞线材料和结构应符合 JB/T 8134—1995 或 GB/T 1179—1999 相应规定,其拉断力应符合表 4 规定。

7.2.4 导体表面应光洁,无油污,无损伤屏蔽及绝缘的毛刺,锐边,以及凸起或断裂的单线。

7.2.5 导体中的单线为 7 根及以下时,所有单线均不允许有接头;7 根以上时,单线允许有接头,但成绞线上两单线接头间的距离应不小于 15 m。

7.3 绝缘

7.3.1 绝缘应采用交联聚乙烯(XLPE)或高密度聚乙烯(HDPE)混合料,如绝缘层无半导电屏蔽层,材料应采用黑色耐候料。绝缘料性能应符合附录A要求。

7.3.2 绝缘应紧密地挤包在导体或导体屏蔽层上,绝缘表面应平整,色泽均匀。

7.3.3 绝缘标称厚度应符合表3规定,绝缘厚度的平均值应不小于标称值,其最薄处厚度应不小于标称值的90%减去0.1 mm。

7.3.4 3芯电缆绝缘表面推荐采用标有可识别相序的凸出标志,A相为1根凸脊,B相为2根凸脊,C相为3根凸脊,也可采用其他耐久的标志方法。中性线芯应采用区别于上述标志方法的其他标志。

7.4 屏蔽

7.4.1 导体屏蔽

导体表面除轻型薄绝缘结构外,均应有半导电屏蔽层,导体屏蔽用半导电料可以是交联型的或者是非交联型的,半导电屏蔽层应均匀地包覆在导体上,表面应光滑,无明显绞线凸纹,不应有尖角,颗粒,烧焦或擦伤的痕迹。半导电屏蔽层厚度可参照表3规定。半导电屏蔽料性能应符合附录B规定。

7.4.2 绝缘屏蔽

3芯绞合成缆的绝缘线芯,应有挤包的半导电层作为绝缘屏蔽,不允许采用轻型薄绝缘结构。单芯电缆均采用耐候黑色绝缘,可不包覆半导电屏蔽层。

绝缘屏蔽层应采用可剥离半导电交联料,并应均匀地包覆在绝缘表面,表面应光滑,不应有尖角、颗粒、烧焦或擦伤的痕迹。

绝缘屏蔽层厚度的平均值应不小于表3规定的标称值,最薄处厚度应不小于标称值的90%减去0.1 mm。

7.5 成缆

3芯电缆应绞合成缆,成缆节径比应小于25,绞合方向为右向。

如具有承载绞线时,承载绞线应处于中心位置。

7.6 试验条件

7.6.1 除非另有规定,电压试验的环境温度为(20±15)℃,其他项目试验的环境温度为(20±5)℃。

7.6.2 交流电压试验的频率为(49~60)Hz,电压波形基本上是正弦波形。

7.6.3 冲击电压试验波形规定波前时间为(1~5)μs,半峰值时间为(40~60)μs。

7.7 例行试验(代号R)

7.7.1 导体直流电阻试验

导体直流电阻应符合表3规定。

7.7.2 绝缘电阻试验

无绝缘屏蔽电缆,应进行绝缘电阻试验。

试验在成盘电缆上进行,在室温下,将电缆浸于水中不少于1 h,施加电压(80~500)V直流电压,稳定时间应不小于1 min,且不大于5 min。普通绝缘结构电缆的绝缘电阻应不小于1 500 MΩ·km,轻型薄绝缘结构电缆的绝缘电阻应不小于1 000 MΩ·km。

7.7.3 交流电压试验

试验在成盘电缆上进行。在室温下,将电缆浸于水中不少于1 h后施加试验电压,维持时间为1 min,电缆应不击穿,对应各额定电压电缆的试验电压值如表5规定。

表5

额定电压U/ kV	10	
	普通绝缘结构电缆	轻型薄绝缘结构电缆
试验电压/ kV	18	12

7.8 抽样试验(代号 S)

7.8.1 抽样试验的数量

7.8.1.1 结构尺寸检查应在每批同一型号及规格的电缆上进行,其数量应不超过交货批电缆段数量的10%。

7.8.1.2 交货批中3芯电缆总长度超过2 km,单芯电缆总长度超过4 km,可根据表6确定抽取的试样数。

表 6

电缆交货长度 L/ km		试样数
3芯电缆	单芯电缆	
$2 < L \leqslant 10$	$4 < L \leqslant 20$	1
$10 < L \leqslant 20$	$20 < L \leqslant 40$	2
$20 < L \leqslant 30$	$40 < L \leqslant 60$	3
其余类推	其余类推	其余类推

7.8.2 结构和尺寸检查

导体结构应符合7.2规定。

承载绞线结构应符合7.2规定。

绝缘结构应符合7.3规定。

屏蔽结构应符合7.4规定。

7.8.3 4 h 交流电压试验

除终端外,成品电缆试样应不少于5 m,将电缆浸入水中按表5规定施加交流电压,持续时间4 h,试验过程中,绝缘应不发生击穿。

7.8.4 热延伸试验

交联聚乙烯绝缘应进行热延伸试验,试验条件及要求应符合表7规定。

表 7

序 号	试 验 项 目		指 标
1	试验条件		
1.1	温度(偏差±3 ℃)/℃		200
1.2	荷载时间/min		15
1.3	机械应力/MPa		0.2
2	负载下伸长率/%	最大	175
3	冷却后永久伸长率/%	最大	15

7.9 型式试验(代号 T)

7.9.1 试样长度及试验顺序

7.9.1.1 电气型式试验应在一段成品电缆试样上进行,除终端外,试样长度为(10~15)m,其他类型的型式试验试样长度均在各项试验方法中规定。

7.9.1.2 有绝缘屏蔽的电缆必须按下列顺序逐项试验:

    a) 局部放电试验(见7.9.2);

    b) 弯曲试验及随后的局部放电试验(见7.9.3);

    c) tanδ 与电压关系试验(见7.9.4);

    d) tanδ 与温度关系试验(见7.9.5);

    e) 热循环试验后的局部放电试验(见7.9.6)。

有绝缘屏蔽电缆按 7.9.2～7.9.6 顺序试验完毕后即可进行其他项目的型式试验。但不必进行 7.9.10 的耐电痕试验和 7.9.15 的绝缘耐候试验。

7.9.1.3 与 7.9.1.2 中 c)和 d)两项有关 tanδ 试验也可以另取试样试验。

7.9.1.4 无绝缘屏蔽电缆不必进行 7.9.2～7.9.6 各项型式试验,但必须进行其余各项型式试验。

7.9.2 局部放电试验

在 10 kV 电缆试样上施加 9 kV 交流电压,电缆的放电量应不大于 20 pC。

7.9.3 弯曲试验及随后的局部放电试验

7.9.3.1 弯曲试验

按 7.9.7 规定试验。

7.9.3.2 局部放电试验

按 7.9.2 规定试验。

7.9.4 tanδ 与电压关系试验

在 10 kV 电缆试样上进行,在室温下分别施加 3 kV、6 kV、12 kV 交流电压,6 kV 时测得的 tanδ 应不大于 $40×10^{-4}$,在 3 kV 和 12 kV 时测得的 tanδ 应不大于 $20×10^{-4}$。

7.9.5 tanδ 与温度关系试验

在 10 kV 电缆试样上进行,分别在室温和 90 ℃温度下测量,施加交流电压 2 kV,室温时测得的 tanδ 值应不大于 $40×10^{-4}$,90 ℃时测得的 tanδ 应不大于 $80×10^{-4}$。

7.9.6 热循环试验后的局部放电试验

在 10 kV 电缆试样导体上通以电流,使导体达到并稳定在 100 ℃,多芯电缆试样的加热电流应通过所有导体。加热循环应持续至少 8 h,在每一加热过程中,导体在达到规定温度后至少应维持 2 h,并随即在空气中自然冷却至少 3 h。如此重复循环 3 次,随后进行局部放电试验,试验结果应符合 7.9.2 规定。

7.9.7 弯曲试验

电缆应在室温下,按 JB/T 10696.3 —2007 规定进行弯曲试验。

弯曲试验用圆柱体直径按下列规定确定:

单芯电缆　20(D+d)±5%,mm;

多芯电缆　15(D+d)±5%,mm;

式中:

D——试样的实际外径,mm;

d——试样导体的实际外径,mm。

7.9.8 冲击电压试验及交流电压试验

7.9.8.1 冲击电压试验

在经过弯曲试验后电缆试样上进行,试样长度应不小于 5 m,在室温下浸水中 1 h,按表 8 中规定施加冲击电压,正负极各 10 次,试样不击穿。

表 8

额定电压 U/ kV	10	
	普通绝缘结构电缆	轻型薄绝缘结构电缆
试验电压/ kV	95	75

7.9.8.2 交流电压试验

试验应在经过冲击电压试验试样上进行。

在室温下,按表 5 规定对电缆试样施加交流电压 15 min,电缆试样应不击穿。

7.9.9 4 h 交流电压试验

按表 5 规定,对电缆试样施加交流电压 4 h,电缆试样应不击穿,该项试验也可以另取试样进行,但对有绝缘屏蔽的 10 kV 电缆试样必须先经过 7.9.3 和 7.9.6 规定的试验,对无绝缘屏蔽的电缆试样必须先经过 7.9.7 规定的试验。

7.9.10 绝缘耐漏电痕迹试验

无绝缘屏蔽的电缆应进行此项试验。

在 4 kV 电压下,经 101 次喷水后,表面应无烧焦,泄漏电流应不超过 0.5 A。

7.9.11 导体承载绞线拉力试验

导体拉力试验应在电缆试样上进行,拉断力应不小于表 3 规定。承载绞线拉断力应符合表 4 规定。

7.9.12 绝缘机械物理性能试验

7.9.12.1 老化前后绝缘机械性能试验

试验要求应符合表 9 规定。

表 9

序　号	试验项目		XLPE	HDPE
1	老化前机械性能			
1.1	抗张强度/MPa	最小	12.5	10.0
1.2	断裂伸长率/%	最小	200	300
2	空气老化后机械性能			
	温度/℃		135	100
	温度偏差/℃		±3	±2
	持续时间/d		7	10
2.1	抗张强度变化率/%	最大	±25	—
2.2	断裂伸长率变化率/%	最大	±25	—
2.3	断裂伸长率/%	最小	—	300

7.9.12.2 高密度聚乙烯绝缘熔体指数试验

试验结果应符合表 10 规定。

表 10

试验项目		指　标
老化前熔体指数/(g/10 min)	最大	0.4

7.9.13 绝缘粘附力(滑脱)试验

在 10 m 电缆上取 3 个试样,试样置一个旋转滑脱机上进行,其滑脱力应不小于 180 N。试验方法按附录 B 规定。

7.9.14 交联聚乙烯绝缘热延伸试验

试验条件及试验要求应符合表 7 规定。

7.9.15 绝缘耐候试验

无绝缘屏蔽的电缆应进行本项试验,试验方法按附录 C 规定。

在大气和光老化作用下,试样经 42 d 老化后,绝缘的抗张强度和伸长率的变化率应不超过±30％范围,经过 21 d 老化后试样与经 42 d 老化后试样对比,抗张强度和伸长率的变化率应不超过±15％范围。

7.9.16 外半导电层剥离试验

可剥离外半导电层应经受剥离试验。

取带有外半导电层的绝缘芯 0.5 m,沿轴向将半导电层平行切割成两条至绝缘的深痕,间距

10 mm。用力拉已切割成条的外半导电层,力的方向应垂直于轴心,力的大小应不小于 8 N 且不大于 40 N,绝缘应不拉坏,且无半导电层残留在表面上。

7.9.17 印刷标志耐擦试验

按 GB/T 6995.3—2008 规定的试验方法和要求进行。

7.10 成品电缆标志

成品电缆的表面应有制造厂名、产品型号及额定电压的连续标志,标志应字迹应清楚,容易辨认,耐擦。成品电缆标志应符合 GB/T 6995.3—2008 规定。

8 试验方法

产品按表 11 规定项目和试验方法进行试验。

表 11

序号	项 目	本标准条文号	验收规则		试验方法
			有绝缘屏蔽	无绝缘屏蔽	
1	导体直流电阻试验	7.7.1	R	R	GB/T 3048.4—2007
2	绝缘电阻试验	7.7.2	—	R	GB/T 3048.5—2007
3	交流电压试验	7.7.3	R	R	GB/T 3048.8—2007
4	结构和尺寸检查	7.8.2	S	S	
4.1	导体结构	7.8.2	S	S	GB/T 4909.2—1985
4.2	承载绞线结构	7.8.2	S	S	GB/T 4909.2—1985
4.3	绝缘厚度	7.8.2	S	S	GB/T 2951.1—1997
4.4	屏蔽结构	7.8.2	S	S	GB/T 2951.1—1997
5	4 h 交流电压试验	7.8.3	S	S	GB/T 3048.8—2007
6	热延伸试验	7.8.4	S	S	GB/T 2951.5—1997
7	局部放电试验	7.9.2	T	—	GB/T 3048.12—2007
8	弯曲试验及随后的局部放电试验	7.9.3	T	—	JB/T 10696.3—2007 及 GB/T 3048.12—2007
9	tanδ 与电压关系试验	7.9.4	T	—	GB/T 3048.11—2007
10	tanδ 与温度关系试验	7.9.5	T	—	GB/T 3048.11—2007
11	热循环后局部放电试验	7.9.6	T	—	GB/T 3048.12—2007
12	弯曲试验	7.9.7	T	T	JB/T 10696.3—2007
13	冲击电压及交流电压试验	7.9.8	T	T	GB/T 3048.8—2007
14	4 h 交流电压试验	7.9.9	T	T	GB/T 3048.8—2007
15	绝缘耐漏电痕迹试验	7.9.10	—	T	GB/T 3048.7—2007
16	导体承载绞线拉力试验	7.9.11	T	T	GB/T 4909.3—1985
17	绝缘机械物理性能试验	7.9.12	T	T	
17.1	老化前后绝缘机械性能试验	7.9.12.1	T	T	GB/T 2951.1 和.2—1997
17.2	高密度聚乙烯绝缘熔体指数试验	7.9.12.2	T	T	GB/T 3682—2000
18	绝缘粘附力(滑脱)试验	7.9.13	T	T	本标准附录 B
19	交联聚乙烯绝缘热延伸试验	7.9.14	T	T	GB/T 2951.5—1997

表 11（续）

序号	项　　目	本标准条文号	验收规则		试验方法
			有绝缘屏蔽	无绝缘屏蔽	
20	绝缘耐候试验	7.9.15	—	T	本标准附录 C
21	半导电层剥离试验	7.9.16	T	—	本标准 7.9.16
22	印刷标志耐擦试验	7.9.17	T	T	GB/T 6995.3—2008

9 验收规则

9.1 产品应由制造厂的技术部门检查合格后方能出厂。每个出厂的包装件上应附有产品质量检验合格证。

9.2 产品应符合 7.8.1.2 规定试验频度进行抽样试验。如果第一次试验的结果不符合 7.8 规定的任一项试验要求,应在同一批电缆中再取 2 个试样,就不合格项目进行试验,如果 2 个试样均合格,则该批电缆符合本标准要求;否则该批电缆判为不合格。

9.3 电缆的交货长度和允许短段电缆长度及数量由用户和制造厂商定。

10 包装、运输及贮存

10.1 电缆应妥善包装在符合 JB/T 8137—1999 规定要求的电缆盘上交货。

10.2 电缆端头应可靠密封、伸出盘外的电缆端头应钉保护罩,伸出的长度应不小于 300 mm。

10.3 成盘电缆的电缆盘外侧及成圈电缆的附加标签应标明:

　　a)　制造厂名或商标;

　　b)　电缆型号及规格;

　　c)　长度(m);

　　d)　毛重(kg);

　　e)　制造日期:　　　年　　　月;

　　f)　表示电缆盘正确旋转方向的符号;

　　g)　标准编号。

10.4 运输和贮存

　　a)　电缆应避免在露天存放,电缆盘不允许平放;

　　b)　运输中禁从高处扔下装有电缆的电缆盘,严禁机械损伤电缆;

　　c)　吊装包装件时,严禁几盘同时吊装。在车辆船舶等运输工具上,电缆盘必须放稳,并用合适方法固定,防止互撞或翻倒。

附 录 A

（规范性附录）

架空电缆用绝缘料半导电屏蔽料性能要求

A.1 绝缘材料

绝缘料性能应符合表 A.1 规定。

表 A.1

序号	项目		XLPE	黑色 XLPE	黑色 HDPE
1	密度/g/cm³		0.922±0.003	0.922±0.003	≥0.945
2	老化前机械性能				
	抗张强度/MPa	最小	17	14.5	18.6
	断裂伸长/%	最小	420	400	650
3	空气老化后机械性能				
	温度/℃		135	135	100
	温度偏差/℃		±3	±3	±2
	持续时间/d		7	7	10
3.1	抗张强度变化率/%	最大	±20	±20	—
3.2	断裂伸长变化率/%	最大	±20	±20	—
3.3	断裂伸长/%	最小	—	—	650
4	维卡软点化/℃	最小	—	—	110
5	冲击脆化温度/℃	不大于	—76	—76	—76
6	耐环境应力开裂/h	不小于	—	1 000	500
7	熔体指数/(g/10 min)	不大于	—	—	0.4
8	介电常数	不大于	2.3	2.35	2.45
9	介质损耗角正切/20 ℃	不大于	5×10⁻⁴	10×10⁻⁴	10×10⁻⁴
10	介电强度/(kV/mm)	不小于	35	35	35
11	热延伸/200 ℃	15 min			
12	负荷下伸长率/%	不大于	80	80	—
13	冷却后永久变形/%	不大于	5	5	—
14	凝胶含量/%		80	—	
15	光老化性能ᵃ				
	绝缘试片经 42 d 老化后（见附录 C）				
	抗张强度变化率/%	最大	±30	±30	±30
	断裂伸长率变化率/%	最大	±30	±30	±30
ᵃ 绝缘料制成电缆试样后制备绝缘试片,进行试验。					

A.2 半导电屏蔽料

半导电屏蔽料性能应符合表 A.2 规定。

表 A.2

项　目		导体屏蔽半导电料		绝缘屏蔽可剥离半导电交联料
		热塑性料	可交联料	
抗拉强度/MPa	不小于	15	15	10
断裂伸长率/%	不小于	200	200	200
空气箱老化后				
断裂伸长率/%	不小于	100	100	100
热延伸/(200 ℃/0.2 MPa/15 min)				
负荷伸长率/%	不大于	—	175	175
冷却后永久变形/%	不大于	—	15	15
冲击脆化温度/℃	不大于	−45	−50	−50
剥离力/N		—	—	8～40
体积电阻率/(Ω·cm)	不大于			
23 ℃		100	100	100
90 ℃		500	500	500

附 录 B
（规范性附录）
架空绝缘电缆粘附力（滑脱）试验方法

B.1 适用范围

本试验方法适用于架空绝缘电缆绝缘层与导体之间粘附力的测定。

B.2 试验设备

B.2.1 （0~1 000）N 拉力试验机一台。

B.2.2 夹具。如图 B.1 所示。

单位为毫米

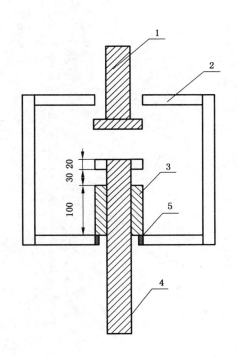

1——夹具上端部；

2——夹具框架；

3——绝缘尺；

4——导体，夹于拉力试验机下端部；

5——平面轴承。

图 B.1

B.3 试验准备

B.3.1 从被测电缆上选取长度不小于 250 mm 的试样 3 只，并按图 B.1 所示尺寸进行处理，处理时应保证被测部分绝缘层完整无损。

B.3.2 处理好的试样应在室温状态下放置 4 h 后，方可进行测试。

B.4 试验步骤

B.4.1 试验在室温（25±5）℃进行。

B.4.2 将试样放在图 B.1 所示夹具内,起动拉力机在(2±1)cm/min 速度下拉伸。

B.4.3 记录下每只试样的绝缘层与导体产生滑移时的拉力 T。

B.5 实验结果

3 只试样的拉力 T 均应不小于产品标准中规定的粘附力要求。

附　录　C
（规范性附录）
人工气候老化试验方法（氙灯法）

C.1　适用范围

本试验方法适用于聚氯乙烯（PVC）、聚乙烯（PE）、交联聚乙烯（XLPE）绝缘架空电缆的人工气候老化性能的规定。

C.2　试验设备

C.2.1　氙灯气候老化箱

C.2.1.1　氙灯功率 6 kV，试样转架直径 ϕ(800～959)mm，高 365 mm，试样转架每分钟旋转一周，箱体温度(55±3)℃，相对湿度(85±5)%。

C.2.1.2　喷水应为清洁的自来水，喷水水压(0.12～0.15)MPa，喷水嘴内径 ϕ0.8 mm。以 18 min 喷水、光照、102 min 单独光照，周期进行。

C.2.2　臭氧发生装置

C.2.3　工业用二氧化硫

**C.2.4　**−40 ℃冷冻箱。

C.2.5　拉力试验机

示值精度：从各级度盘 1/10 量程以上，但不小于最大负荷的 4% 开始，为±1%。

C.3　试样制备

从被试电缆的端部 500 mm 处切取足够长度的电缆，并从电缆中取出导体，制取绝缘试样（试片），能供三组试验测定有效性能。有机械损伤的样段不能作为试样用于试验。

第一组试样至少应 5 个，供原始性能测量用。

第二组试样至少应 5 个，供 0 h～1 008 h 光老化后性能测量用。

第三组试样至少应 5 个，供 504 h～1 008 h 光老化后性能测量用。

C.4　试验步骤

C.4.1　第一组试样保存在阴凉干燥处，第二、三组试样应放入氙灯气候箱内进行试验，其中第三组试样应在试验开始 504 h 后放入，试样放入气候箱内后，应在保持约 5% 的伸长下进行试验。

C.4.2　试验循环：整个试验持续 6 个星期，每星期为一次循环，其中 6 d 按 C.2.1.1 和 C.2.1.2 进行试验，第 7 d 按下述的调节 a、调节 b、调节 c 规定的条件进行试验。

调节 a：老化试样应在温度为(40±3)℃，含 0.067% 二氧化硫和浓度大于 20×10^{-6}(20 PPm) 臭氧的环境中放置 1 d。

调节 b：老化试样应从 C.2.1.1 和 C.2.1.2 的环境中移至(−25±2)℃冷冻室内，进行冷热试验，共进行三次，每次 2 h 两次热震时间应等于或大于 1 h。

调节 c：老化试样应在(40±3)℃，含 0.067% 二氧化硫饱和湿度的容器内放置 8 h，然后，打开容器，在试验室温环境中放置 16 h。

C.4.3　在规定的老化时间后，取出试样，置环境温度下存放至少 16 h，与第一组试样对比进行外观检查。

C.4.4　按 GB/T 2951.1—1997 的要求，在光照面冲切哑铃片和预处理后，测定老化前后三组试片的抗张强度和断裂伸长率,制作试片时,不能磨削光照面。

C.4.5 当按 C.4.4 规定,不能在光照面冲切哑铃片时,允许从同一型号的其他规格上切取,其老化性能等效。

C.5 试验结果及计算

C.5.1 检查光照面、试样应无明显的龟裂。

C.5.2 试验结果用老化前后的抗张强度和断裂伸长率的变化率(%)表示,按下式计算,其变化率应符合产品标准的规定。

$$TS_1 = (T_2 - T_1)/T_1 \times 100\%$$
$$EB_1 = (E_2 - E_1)/E_1 \times 100\%$$
$$TS_2 = (T_2 - T_3)/T_1 \times 100\%$$
$$EB_2 = (E_2 - E_3)/E_1 \times 100\%$$

式中:

TS_1——(0~1 008)h 光老化后抗张强度的变化率,%;

EB_1——(0~1 008)h 光老化后断裂伸长率的变化率,%;

TS_2——(504~1 008)h 光老化后抗张强度的变化率,%;

EB_2——(504~1 008)h 光老化后断裂伸长率的变化率,%;

T_1——光老化前(第一组试样)抗张强度的中间值,单位为兆帕(MPa);

E_1——光老化前(第一组试样)断裂伸长率的中间值,%;

T_2——光老化后(第二组试样,光老化 1 008 h)抗张强度的中间值,单位为兆帕(MPa);

E_2——光老化后(第二组试样,光老化 1 008 h)断裂伸长率的中间值,%;

T_3——光老化后(第三组试样,光老化 504 h)抗张强度的中间值,单位为兆帕(MPa);

E_3——光老化后(第三组试样,光老化 504 h)断裂伸长率的中间值,%。

ICS 29.240
K 45

中华人民共和国国家标准

GB/T 15145—2017
代替 GB/T 15145—2008

输电线路保护装置通用技术条件

General specification for transmission line protection equipment

2017-07-31 发布

2018-02-01 实施

中华人民共和国国家质量监督检验检疫总局
中国国家标准化管理委员会 发布

前　言

本标准按照 GB/T 1.1—2009 给出的规则起草。

本标准代替 GB/T 15145—2008《输电线路保护装置通用技术条件》，与 GB/T 15145—2008 相比，除编辑性修改外，主要技术变化如下：

——更新了标准的规范性引用文件；

——对装置的功耗、过载能力等要求参照 DL/T 478—2013《继电保护和安全自动装置通用技术条件》作了更新；

——增加了输电线路保护装置在智能变电站中应用的相关技术要求；

——增加了对智能变电站中与输电线路保护装置配合的如交换机、合并单元、智能终端等设备的基本要求。

请注意本文件的某些内容可能涉及专利。本文件的发布机构不承担识别这些专利的责任。

本标准由中国电力企业联合会提出并归口。

本标准起草单位：国电南京自动化股份有限公司、南京南瑞继保电气有限公司、中国南方电网电力调度控制中心、中国电力科学研究院、浙江电力调度控制中心、山东电力调度控制中心、华北电力科学研究院、北京四方继保自动化股份有限公司、许继电气股份有限公司、国电科学技术研究院。

本标准主要起草人：陈福锋、赵青春、李正红、唐翼、钱建国、李乃永、薛明军、张洁、苏黎明、李宝伟、尹羽、张月品、倪传坤、钱国明。

本标准所代替标准的历次发布版本情况为：

—— GB/T 15145—1995、GB/T 15145—2001、GB/T 15145—2008。

输电线路保护装置通用技术条件

1 范围

本标准规定了输电线路继电保护装置(以下简称为"装置")的技术要求、试验方法、检验规则及标志、包装、运输、贮存及质量保证期限等要求。

本标准适用于 110 kV 及以上中性点直接接地系统的交流输电线路继电保护装置,作为该类装置研制、设计、制造、试验、检验和应用的依据。

2 规范性引用文件

下列文件对于本文件的应用是必不可少的。凡是注日期的引用文件,仅注日期的版本适用于本文件。凡是不注日期的引用文件,其最新版本(包括所有的修改单)适用于本文件。

GB/T 191　包装储运图示标志

GB/T 2423.1　电工电子产品环境试验　第 2 部分:试验方法　试验 A:低温

GB/T 2423.2　电工电子产品环境试验　第 2 部分:试验方法　试验 B:高温

GB/T 2423.3　电工电子产品环境试验　第 2 部分:试验方法　试验 Cab:恒定湿热试验

GB/T 2887—2011　计算机场地通用规范

GB/T 7261—2016　继电保护和安全自动装置基本试验方法

GB/T 9361—2011　计算机场地安全要求

GB/T 11287—2000　电气继电器　第 21 部分:量度继电器和保护装置的振动、冲击、碰撞和地震试验　第 1 篇　振动试验(正弦)

GB/T 14285—2006　继电保护和安全自动装置技术规程

GB/T 14537—1993　量度继电器和保护装置的冲击和碰撞试验

GB/T 14598.26—2015　量度继电器和保护装置　第 26 部分:电磁兼容要求

GB/T 14598.27—2008　量度继电器和保护装置　第 27 部分:产品安全要求

GB/T 17626.8　电磁兼容　试验和测量技术　工频磁场抗扰度试验

GB/T 17626.9　电磁兼容　试验和测量技术　脉冲磁场抗扰度试验

GB/T 17626.10　电磁兼容　试验和测量技术　阻尼振荡磁场抗扰度试验

GB/T 19520.12—2009　电子设备机械结构 482.6 mm(19 in)系列机械结构尺寸　第 3-101 部分:插箱及其插件

GB/T 20840.8　互感器　第 8 部分:电子式电流互感器

GB/T 22386—2008　电力系统暂态数据交换通用格式

GB/T 26864—2011　电力系统继电保护产品动模试验

DL/T 478—2013　继电保护和安全自动装置通用技术条件

DL/T 667—1999　远动设备及系统　第 5 部分:传输规约　第 103 篇:继电保护设备信息接口配套标准

DL/T 860(所有部分)　变电站通信网络和系统

DL/T 1241—2013　电力工业以太网交换机技术规范

3 技术要求

3.1 环境条件

3.1.1 正常工作大气条件

正常工作大气条件应符合下列要求：
a) 环境温度：
   1) 户内：−10 ℃～+55 ℃；
   2) 户外：−25 ℃～+70 ℃；
b) 相对湿度：5%～95%（装置内部既无凝露，也不应结冰）；
c) 大气压力：80 kPa～106 kPa。

3.1.2 正常试验大气条件

正常试验大气条件应符合下列要求：
a) 环境温度：15 ℃～35 ℃；
b) 相对湿度：45%～75%；
c) 大气压力：86 kPa～106 kPa。

3.1.3 试验基准大气条件

试验基准大气条件应符合下列要求：
a) 环境温度：+20 ℃±5 ℃；
b) 相对湿度：45%～75%；
c) 大气压力：86 kPa～106 kPa。

3.1.4 运输中的极限环境温度

装置在运输中允许的环境温度为−40 ℃～+70 ℃，相对湿度不大于85%。

3.1.5 贮存中的极限环境温度

装置贮存中允许的环境温度为−25 ℃～+55 ℃，相对湿度不大于85%。

3.1.6 周围环境

装置使用地点周围环境应符合下列要求：
a) 电磁环境应符合3.9的规定；
b) 场地应符合GB/T 9361—2011中B类安全要求；
c) 使用地点不出现超过GB/T 11287—2000中规定的严酷等级为Ⅰ级的振动；
d) 使用地点应无爆炸危险的物质，周围介质中不应含有能腐蚀金属、破坏绝缘和表面敷层的介质及导电介质，不应有严重的霉菌存在；
e) 应有防御雨、雪、风、沙、尘埃的措施；
f) 接地电阻应符合GB/T 2887—2011中4.8的要求。

3.1.7 特殊环境条件

当超出3.1.1～3.1.5规定的环境条件时，由用户与制造厂商定。

3.2 额定电气参数

3.2.1 直流电源

直流电源应符合下列要求：

a) 额定电压：220 V、110 V；

b) 允许偏差：−20%～+10%；

c) 纹波系数：不大于5%。

3.2.2 交流回路

交流回路应符合下列要求：

a) 交流电流：5 A、1 A；

b) 交流电压：100 V、$100/\sqrt{3}$ V；

c) 频率：50 Hz。

3.3 功率消耗

功率消耗应符合下列要求：

a) 交流电流回路：

   1) 当I_N=5 A时，每相不大于1 VA；

   2) 当I_N=1 A时，每相不大于0.5 VA；

b) 交流电压回路：当额定电压U_N时，每相不大于1 VA；

c) 直流电源回路：

   1) 当正常工作时，不大于50 W；

   2) 当装置动作时，不大于80 W；

d) 当采用电子式变换器时，按相关标准规定。

注：I_N、U_N为电流及电压额定值，下同。

3.4 过载能力

装置经受下列电流或电压过载后应无绝缘损坏，并符合3.11的规定：

a) 交流电流回路：

   1) 2倍额定电流，连续工作；

   2) 40倍额定电流，允许1 s；

b) 交流电压回路：

   1) 1.4倍额定电压，连续工作；

   2) 2倍额定电压，允许10 s。

3.5 整套装置的功能要求

3.5.1 装置应满足可靠性、选择性、灵敏性和速动性的要求。

3.5.2 装置应具有独立性、完整性、成套性，应具有能反应被保护输电线路各种故障及异常状态的保护功能。

3.5.3 应用于220 kV及以上电压等级的装置，其振荡闭锁功能应满足GB/T 14285—2006中4.1.7的要求。

3.5.4 当应用于带串联电容补偿、可控高抗等设备的柔性交流输电线路或电铁供电的线路等场合，装置应采取措施防止不正确动作。

3.5.5 当差动保护装置应用于同杆并架双回线路时发生跨线故障应不误动作。

3.5.6 装置应具有硬件、软件闭锁回路,只有在电力系统发生扰动时,才允许解除闭锁。

3.5.7 装置应设有通信接口,以满足自动化系统的通信要求,与远动设备或上位机传递保护动作的顺序和时间、故障类型和故障特征量、故障前后各输入模拟量的采样数据、与保护配合的相关信息、通道信息、接收和发送保护定值等信息。通信接口数不宜少于 3 个,通信传输协议应符合 DL/T 667—1999 或 DL/T 860 系列标准的有关规定。

3.5.8 装置应能记录相关保护动作信息,保留 8 次以上最新动作报告,每个动作报告至少应包含故障前 2 个周波,故障后 6 个周波的数据。

3.5.9 装置应支持软件版本、定值区号及定值、日志及报告等信息的上送功能。

3.5.10 装置应具有与外部标准授时源的对时接口。

3.5.11 装置应具有测量故障点距离的功能。

3.5.12 具有光纤通信功能的纵联保护装置应具有通道监视功能,如实时记录并累计丢帧,错误帧等通道状态数据,具备通道故障告警功能。

3.5.13 具有光纤通信功能的纵联保护装置应具备可供用户整定的通道识别码,并对通道识别码进行校验,校验出错时告警并闭锁纵联保护。

3.5.14 装置应具有包括故障时的输入模拟量和开关量、输出开关量、动作元件、动作时间、返回时间、故障相别等故障记录功能,以记录保护的动作过程,录波数据格式应按照 GB/T 22386—2008 要求转换输出或上传。

3.5.15 装置应具有以时间顺序记录的方式记录正常运行的操作信息,例如开关变位、开入量变位、压板切换、定值修改、定值区切换等。

3.5.16 装置应设有当地信息的汉字显示功能,应能显示保护动作记录、故障类型和故障点距离、通道信息及与保护配合等相关信息。

3.5.17 装置应具有在线自动检测功能,自动检测功能应符合 GB/T 14285—2006 中 4.1.12.5 的要求。

3.5.18 装置应设有自复位电路。

3.5.19 装置应装设硬件时钟电路,装置失去直流电源时,硬件时钟应能正常工作。

3.5.20 装置的所有记录信息在失去直流电源的情况下应不丢失,在电源恢复正常后应能重新正确显示并输出。

3.5.21 装置应支持就地和远方投退软压板、复归装置、修改定值、切换定值区等操作功能。

3.5.22 技术上无特殊要求及无特殊情况时,保护装置中的零序电流方向元件应采用自产零序电压。

3.5.23 对于采用数字化采样或者数字化跳闸的装置应满足如下要求:

    a) 装置应按合并单元设置"SV 接收"软压板。当某合并单元的"SV 接收"软压板投入时,保护装置应将接收的 SV 报文中的 Test 位与装置自身的检修压板状态进行比较,只有两者一致时才将该信号用于保护逻辑,否则应闭锁相关保护;"SV 接收"压板退出后,相应采样值不参与保护计算;

    b) 装置应将接收的 GOOSE 报文中的 test 位与装置自身的检修压板状态进行比较,只有两者一致时才将信号作为有效进行处理或动作;

    c) 装置应具有更改 GOOSE 和 SV 软压板名称的功能;

    d) 装置应能适应 3/2 主接线的智能变电站中断路器等可能存在二次设备极性接入冲突的场合;

    e) 装置应能适应线路各侧分别采用常规采样和数字化采样的情况;

    f) 装置检修压板投入时,上送带品质位信息,装置应有明显显示(面板指示灯或界面显示)。参数、配置文件仅在检修压板投入时才可下装;

    g) 装置应在发送端设 GOOSE 出口软压板,GOOSE 出口软压板应在满足现场运行需求的前提下简化配置。

3.6 技术性能

3.6.1 总则

保护模块的配置与被保护的设备有关,但所选择的单个保护应能达到下面的性能指标。本标准未规定的指标由下级标准规定。

3.6.2 纵联保护

纵联保护的性能应满足以下条件:

a) 由保护与通道设备构成的线路纵联保护作为主保护。在被保护区内发生故障时,应不带附加整定延时地发出跳闸命令。

b) 线路纵联保护的通道可以是:
——光纤;
——微波;
——电力线载波。

c) 具有方向纵联保护功能的装置应提供构成闭锁式或允许式保护的条件和相应逻辑:
——通道为双工方式的纵联保护,不宜使用闭锁式;
——具备光纤通道条件的线路,宜优先采用分相电流差动保护。

d) 动作时间:
——220 kV 及以上线路,应不大于 30 ms(包含出口继电器或 GOOSE 出口时间,不包含通道传输时间);
——110 kV 线路,应不大于 40 ms(包含出口继电器或 GOOSE 出口时间,不包含通道传输时间)。

3.6.3 后备保护

后备保护的性能应满足以下条件:

a) 后备保护可以由能反应各种故障的保护,如相间距离、接地距离、零序电流保护等构成。

b) 动作时间(含出口继电器或 GOOSE 出口时间):
——相间距离 I 段(0.7 倍整定值):应不大于 30 ms;
——接地距离 I 段(0.7 倍整定值):应不大于 30 ms;
——零序过流 I 段(1.2 倍整定值):应不大于 30 ms。

c) 距离 I 段暂态超越:应不超过 $\pm 5\%$。

d) 零序功率方向元件动作区应符合设计规定,零序电压高于 1 V 时方向元件应该有灵敏度。

e) 精确工作范围:
——电压:$(0.01 \sim 1.1)U_N$;
——电流:$(0.05 \sim 20)I_N$ 或 $(0.1 \sim 40)I_N$ 时,相对误差应不大于 5% 或 $0.02\ I_N$,测量元件特性的准确度。

3.6.4 测量元件特性的准确度

测量元件的准确度应满足以下条件:

a) 整定误差:固有准确度应不超过 $\pm 2.5\%$;

b) 温度变差:在正常工作环境温度范围内,相对于 $+20\ ℃ \pm 2\ ℃$ 时,应不超过 $\pm 2.5\%$。

3.6.5 故障点测距精度

故障测距精度应满足以下指标：

a) 允许偏差：应符合 GB/T 14285—2006 中 4.1.12.3 的要求；

b) 测试条件：单侧电源，金属性三相短路。

3.6.6 输出继电器触点性能

输出继电器触点应满足以下指标：

a) 机械寿命：接通应不小于 1 000 次，断开应不小于 1 000 次，不带负载触点应不小于 10 000 次。

b) 最大接通能力：1 000 W，$L/R=40$ ms。

c) 最大通过电流：5 A，连续。

d) 最大短时通过电流：30 A，200 ms。短时额定工作周期应为：接通 200 ms，断开 15 s。

e) 最大断开能力：应不小于 30 W，$L/R=40$ ms。

f) 触点电压：直流 110 V 或者直流 220 V。

g) 介质强度：

1) 同一组触点断开时，应能承受工频 1 000 V 电压，时间 1 min；

2) 触点与线圈之间，应能承受工频 2 000 V 电压，时间 1 min。

3.6.7 时钟精度

装置的时钟精度应满足：在 24 h 内误差应不大于 5 s。

3.7 对相关设备的要求

3.7.1 对电子式互感器的要求

电子式互感器应符合下列要求：

a) 保护用电子式电流互感器（以下简称 ECT）的误差应满足 5P 级或 5TPE 级要求，保护用电子式电压互感器（以下简称 EVT）的误差应满足 3P 级要求；

b) 电子式互感器应由两路独立的采样系统进行采集，每路采样系统应采用双 A/D 系统接入合并单元，每个合并单元输出的冗余数字采样值由同一 SV 数据集进入保护装置；

c) 电子式互感器采样数据的品质标志应实时反映自检状态，不应附加延时或展宽；

d) ECT 与合并单元之间的数字量采用串行数据传输，宜采用异步方式，也可采用同步方式传输，电子式互感器与合并单元间的接口、传输协议宜统一，通讯协议宜采用 GB/T 20840.8 的 FT3 格式；

e) 电子式互感器两路独立采样数据的数值差应不大于实际输入量的 2.5%（或 $0.02I_N/0.02U_N$）。

3.7.2 对合并单元的要求

合并单元应符合下列要求：

a) 合并单元宜支持通过 DL/T 860.92 接口实现合并单元之间的级联功能；

b) 合并单元应能接受外部公共时钟的同步信号，与 ECT、EVT 的同步可采用同步采样脉冲。无时钟同步信号或时钟同步信号丢失，且超过合并单元守时时间后，合并单元发送报文同步标志位应置非同步状态；

c) 合并单元输出采样数据的品质标志应实时反映自检状态，应不附加延时或展宽；

d) 合并单元必须保证采样值发送间隔离散值小于 10 μs（采样率为 4 kHz）；

e) 合并单元应实现采集器间的采样同步功能,采样同步误差应不大于 1 μs。外部同步时钟信号消失后,至少应满足 10 min 内 4 μs 同步精度要求;

f) 按间隔配置的合并单元应具备同步本间隔电流、电压信号的能力,若本间隔二次设备需接入母线电压,还应级联接入来自母线电压合并单元的母线电压信号;

g) 双母线接线电压切换功能,应由各间隔合并单元实现。当Ⅰ母刀闸和Ⅱ母刀闸均在分位时,电压数值为零,数据有效;

h) 接入两段及以上母线电压的母线电压合并单元,电压并列功能宜由母线电压合并单元实现;通过 GOOSE 网络或硬接点开入获取母联(分段)断路器、刀闸位置信息,实现电压并列功能;

i) 合并单元应采用同一逻辑节点对双 A/D 采样数据进行实例建模,应通过描述信息明确体现数据的冗余关系;

j) 合并单元应在 ICD 文件的采样值数据集中,预先配置满足工程需要的采样值输出,采样值发送数据集的一个 FCD 成员是一个采样值输出虚端子;

k) 合并单元检修压板投入时,发送采样值报文中采样值数据品质 q 的 test 位应置 True;

l) 合并单元的采样值数据品质位应采用正逻辑(1 无效,0 有效),外部输入断链后,应置相关采样数据无效;

m) 合并单元采样值报文采样延时应不大于 2 ms(包含各类互感器的固有相位差和电子式互感器额定延时);

n) 合并单元重新启动过程中,在发送 SV 报文时如没有收到 GOOSE 的电压并列或切换所需的相关位置信号,应置相关电压采样数据无效。

3.7.3 对智能终端的要求

智能终端应符合下列要求:

a) 智能终端 GOOSE 订阅支持的数据集不应少于 15 个;

b) 智能终端检修压板投入时,装置发送的 GOOSE 报文中的 test 应置位;

c) 智能终端应通过 GOOSE 单帧实现跳闸功能;

d) 智能终端应提供原始开入 GOOSE 信号,IED 设备应根据各自需求完成所需信号合成;

e) 智能终端动作时间不大于 7 ms(包含出口继电器的时间);

f) 开入动作电压应在额定直流电源电压的 55%～70%范围内,位置类输出信号应采用双位置信号;

g) 智能终端发送的外部采集开关量应带时标;

h) 智能终端外部采集开关量分辨率应不大于 1 ms,消抖时间宜采用 5 ms;

i) 智能终端应能记录输入、输出的相关信息;

j) 装置应以虚遥信点方式发送收到及输出跳合闸命令的反馈。

3.7.4 对时间同步的要求

装置的时间同步性能应符合下列要求:

a) 保护装置、合并单元和智能终端均应能接收 IRIG-B 码同步对时信号,保护装置、智能终端的对时精度误差应不大于 1 ms,合并单元的对时误差应不大于 1 μs;

b) 保护装置应具备上送时钟当时值的功能;

c) 装置时钟同步信号异常后,应发告警信号;

d) 采用光纤 IRIG-B 码对时方式时,宜采用 ST 接口;采用电 IRIG-B 码对时方式时,采用直流 B 码,通信介质为屏蔽双绞线。

3.7.5 对交换机的要求

交换机应符合下列要求：

a) 交换机端口全线速转发时,帧丢失率应为 0;

b) 交换机的存储转发时延应小于 15 μs;

c) 交换机其他指标应满足 DL/T 1241—2013 规范的要求。

3.7.6 对通道传输设备的要求

传输信息的通道设备应满足传输时间、可靠性的要求,其传输时间应满足 GB/T 14285—2006 规范的要求。

3.8 静态模拟、动态模拟

3.8.1 静态模拟

装置应进行静态模拟试验。在各种故障类型下,装置动作行为应正确,信号指示应正常,应符合 3.5、3.6 的规定。

3.8.2 动态模拟

装置应进行动态模拟试验。在各种故障类型下,装置动作行为应正确,信号指示应正常,应符合 3.5、3.6 的规定。

3.9 电磁兼容性能

3.9.1 抗扰度项目及要求

抗扰度项目应符合下列要求:

a) 装置与外部电磁环境的特定界面接口称为端口,含辅助电源端口、输入端口、输出端口、通信端口、外壳端口和功能地端口,见图 1,装置不同端口应进行附录 A 规定的抗扰度试验。

图 1 保护装置的端口示意图

b) 合格判据:进行 3.9.1 a)规定的各项试验时,按下列要求加入激励量:

1) 过量继电器:激励量为 0.9 倍整定值时,应不误动,1.1 倍整定值时,应不返回;

2) 欠量继电器:激励量为 1.1 倍整定值时,应不误动,0.9 倍整定值时,应不返回;

3) 整定值由产品标准规定。

3.9.2 电磁发射试验

装置应符合 GB/T 14598.26—2015 中 5.1 规定的辐射发射限值和 5.2 规定的传导发射限值。

3.10 直流电源影响

直流电源影响应符合下列要求：

a) 在 3.1.2 规定的正常试验大气条件下，直流电源分别为 3.2.1 b)规定的极限参数时，装置应可靠工作，性能及参数符合 3.5、3.6 的规定；

b) 按 GB/T 14598.26—2015 的规定，进行直流电源中断 20 ms 影响试验，装置应不误动作；

c) 装置加电、断电、电源电压缓慢上升或缓慢下降，装置均应不误动作或误发信号。

3.11 绝缘性能

3.11.1 绝缘电阻

在 3.1.2 规定的正常试验大气条件下，装置各独立电路与外露的可导电部分之间，以及与各独立电路之间，用电压为直流 500 V 的兆欧表测量其绝缘电阻值，不应小于 100 MΩ。

3.11.2 介质强度

介质强度应符合下列要求：

a) 在 3.1.2 规定的正常试验大气条件下，装置应能承受频率为 50 Hz，历时 1 min 的工频耐压试验而无击穿闪络及元件损坏现象；

b) 工频交流试验电压值按表 1 规定进行选择，也可以采用直流试验电压，其值应为规定的工频交流试验电压值的 $\sqrt{2}$ 倍；

c) 试验过程中，任一被试电路施加电压时，其余电路等电位互联接地。

表 1 各回路试验电压要求

序号	被试回路	额定绝缘电压或额定工作电压 V	试验电压 V	泄漏电流[a] mA
1	整机引出端子和背板线——地(外壳)	>63~250	2 000	5
2	直流输入电路[b]——地(外壳)	>63~250	2 000	10
3	交流输入电路[b]——地(外壳)	>63~250	2 000	5
4	信号输出触点[b]——地(外壳)	>63~250	2 000	5
5	无电气联系的各回路[b]之间	>63~250	2 000	5~10
6	整机外引带电部分[b]——地(外壳)	≤63	500	
7	通信接口电路[b]——地(外壳)	≤63	500	5

[a] 泄漏电流为参考值，整机外引带电部分——地(外壳)的泄漏电流由产品标准规定。

[b] 指引至装置端子的回路和接线。

3.11.3 冲击电压

在 3.1.2 规定的正常试验大气条件下，装置的直流输入回路、交流输入回路、输入输出触点等各电路对地，以及电气上无联系的各独立电路之间，应能承受 1.2/50 μs 的标准雷电波的短时冲击电压试验。当额定绝缘电压大于 63 V 时，开路试验电压为 5 kV；当额定绝缘电压不大于 63 V 时，开路试验电压为 1 kV。试验后，装置应无绝缘损坏，性能应符合 3.5、3.6 的规定。

3.12 耐湿热性能要求

根据试验条件和使用环境,在以下两种方法中选择其中一种:

a) 恒定湿热:装置应能承受 GB/T 2423.3 规定的恒定湿热试验。试验温度为+40 ℃±2 ℃,相对湿度为(93±3)%,试验持续时间 48 h。在试验结束前 2 h 内,用 500 V 直流兆欧表,测量部位同 3.11.1,其绝缘电阻值不应小于 10 MΩ,介质强度应不低于 3.11.2 规定的介质强度试验电压值的 75%。

b) 交变湿热:装置应能承受 GB/T 7261—2016 第 9 章规定的交变湿热试验。试验温度为+40 ℃±2 ℃,相对湿度为(93±3)%,试验时间为 48 h,每一周期历时 24 h。在试验结束前 2 h 内,用 500 V 直流兆欧表,测量部位同 3.11.1,其绝缘电阻值应不小于 10 MΩ,介质强度不应低于 3.11.2 规定的介质强度试验电压值的 75%。

3.13 连续通电

装置完成调试后,出厂前,应进行 40 ℃、72 h(或室温 100 h)连续通电试验。试验期间,装置工作应正常,信号指示应正确,应不出现元器件损坏或其他异常情况。试验结束后,性能指标应符合 3.5、3.6 的规定。

3.14 机械性能

装置机械性能应符合表 2 的规定。

表 2　机械性能要求

序号	项目	要　　求
1	振动	a) 振动响应:装置应能承受 GB/T 11287—2000 中 3.2.1 规定的严酷等级为 Ⅰ 级的振动响应试验,试验期间及试验后,装置性能应符合该标准中 5.1 的规定。 b) 振动耐久:装置应能承受 GB/T 11287—2000 中 3.2.2 规定的严酷等级为 Ⅰ 级的振动耐久试验,试验期间及试验后,装置性能应符合该标准中 5.2 的规定
2	冲击	a) 冲击响应:装置应能承受 GB/T 14537—1993 中 4.2.1 规定的严酷等级为 Ⅰ 级的冲击响应试验,试验期间及试验后,装置性能应符合该标准中 5.1 的规定。 b) 冲击耐久:装置应能承受 GB/T 14537—1993 中 4.2.2 规定的严酷等级为 Ⅰ 级的冲击耐久试验,试验期间及试验后,装置性能应符合该标准中 5.2 的规定
3	碰撞	装置应能承受 GB/T 14537—1993 中 4.3 规定的严酷等级为 Ⅰ 级的碰撞试验,试验期间及试验后,装置性能应符合该标准中 5.2 的规定

3.15 结构、外观要求

3.15.1 装置的机箱尺寸应符合 GB/T 19520.12—2009 的规定。

3.15.2 装置应采取必要的抗电气干扰措施,装置的金属外壳应在电气上连成一体,并设置可靠地接地点。

3.16 安全要求

3.16.1 装置应有安全标志,所采用的安全标志应符合 GB/T 14598.27—2008 中 9.1 的规定。

3.16.2 应提供对可接近的危险带电部分的接触防护,提供达到足够绝缘强度的绝缘,符合要求的装置外壳或遮拦进行直接接触防护,应符合 GB/T 14598.27—2008 中的 5.1 的要求。

3.16.3 为限制和阻断火势蔓延所采用的防火外壳和火焰遮拦应符合 GB/T 14598.27—2008 中的 7.9 的要求。

3.16.4 金属结构件应有防锈蚀措施。所有紧固件应拧紧,不松动。

4 试验方法

4.1 试验条件

试验条件参照如下条款:

a) 除另有规定外,各项试验均在 3.1.2 规定的正常试验大气条件下进行;

b) 被试验装置和测试仪表必须良好接地,并考虑周围环境电磁干扰对测试结果的影响;

c) 测量仪表准确度等级要求:测量仪表的基本误差应不大于被测量准确等级的 1/4。条件允许时,测量仪表的基本误差应不大于被测量准确等级的 1/10。

4.2 温度影响试验

根据 3.1.1 a)的要求,按 GB/T 7261—2016 中第 9 章规定进行低温试验和高温试验。在试验过程中施加规定的激励量,温度变差应满足 3.6.4 b)的要求。

4.3 温度贮存试验

根据 3.1.5 的要求,装置不包装,不施加激励量,先按 GB/T 2423.1 的规定,进行 −25 ℃、16 h 的低温贮存试验。在室温下恢复 2 h 后,再按 GB/T 2423.2 规定,进行 +55 ℃、16 h 的高温贮存试验。在室温下恢复 2 h 后,施加激励量进行电气性能检测,装置的性能应符合 3.5、3.6、3.8 的规定。

4.4 功率消耗试验

根据 3.3 的要求,按 GB/T 7261—2016 中第 7 章的规定和方法,对装置进行功率消耗试验。

4.5 过载能力试验

根据 3.4 的要求,按 GB/T 7261—2016 中第 14 章的规定和方法,对装置进行过载能力试验。

4.6 主要技术性能试验

4.6.1 基本性能试验

基本性能试验项目如下:

a) 各种保护的定值;

b) 各种保护的动作特性;

c) 各种保护的动作时间特性;

d) 装置整组的动作正确性。

4.6.2 其他性能试验

其他性能试验项目如下:

a) 硬件系统自检。

b) 硬件系统时钟功能。

c) 通信及信息显示、输出功能。

d) 开关量输入输出回路。

e) 数据采集系统的精度和线性度。

f) 定值切换功能。

g) 智能站相关测试项目：

    1) ICD 模型测试；

    2) 后台通信规范性测试；

    3) 信息规范性测试；

    4) 报文规范性测试；

    5) 光口发射/接收功率测试。

4.7 动态模拟试验

4.7.1 装置通过 4.6 各项试验后,在电力系统动态模拟系统上进行整组试验,或使用数字仿真系统进行试验。试验结果应满足 3.5、3.6 的规定。动态模拟试验项目如下：

a) 区内单相接地,两相短路接地,两相短路和三相短路时的动作行为；

b) 区内转换性故障时的动作行为；

c) 区内转区外或区外转区内各种转换性故障时装置的动作行为；

d) 区外和反向单相接地,两相短路接地,两相短路和三相短路时的动作行为；

e) 区内外经过渡电阻短路时的动作行为；

f) 非全相运行中再故障的动作行为；

g) 手合在空载线上及合环时装置的动作行为；

h) 手合在永久性故障线上装置的动作行为；

i) 拉合空载变压器时装置的动作行为；

j) 装置和重合闸配合工作时,在瞬时性和永久性故障条件下的动作行为；

k) 在接入线路电压互感器条件下,线路两侧开关跳开后以及合闸时装置的动作行为；

l) 允许式或闭锁式全线速动保护,在各种类型故障以及区外故障功率倒向时的动作行为；

m) 电压回路断线或短路对装置的影响；

n) 距离保护的暂态超越；

o) 距离保护的静态超越；

p) 系统稳定破坏；

q) 系统频率偏移,区内外各种金属性故障类型的动作行为；

r) 弱馈方式下,区内外各种金属性类型的动作行为；

s) 电流互感器断线以及断线后的区内外故障的动作行为；

t) 电流互感器饱和。

4.7.2 装置通过 4.6 各项试验后,根据 3.8.2 的要求,按照 GB/T 26864—2011 的规定,在电力系统动态模拟系统上进行整组试验,或使用仿真系统进行试验。试验结果应满足 3.5、3.6 的规定。

4.8 电磁兼容性能试验

按表 3 的规定和方法,进行电磁兼容性能试验。

表3　电磁兼容性能试验方法

序号	项　目	试　验　方　法
1	辐射电磁场骚扰试验	根据3.9.1的要求,按GB/T 14598.26—2015的规定和方法,对装置进行辐射电磁场骚扰试验
2	快速瞬变干扰试验	根据3.9.1的要求,按GB/T 14598.26—2015的规定和方法,对装置进行快速瞬变干扰试验
3	1 MHz脉冲群干扰试验	根据3.9.1的要求,按GB/T 14598.26—2015的规定和方法,对装置进行1 MHz脉冲群干扰试验
4	静电放电试验	根据3.9.1的要求,按GB/T 14598.26—2015的规定和方法,对装置进行静电放电试验
5	电磁发射试验	根据3.9.2的要求,按GB/T 14598.26—2015的规定和方法,对装置进行传导发射限值试验和辐射发射限值试验
6	射频场感应的传导骚扰抗扰度试验	根据3.9.1的要求,按GB/T 14598.26—2015的规定和方法,对装置进行射频场感应的传导骚扰抗扰度试验
7	浪涌抗扰度试验	根据3.9.1的要求,按GB/T 14598.26—2015的规定和方法,对装置进行浪涌抗扰度试验
8	工频抗扰度试验	根据3.9.1的要求,按GB/T 14598.26—2015的规定和方法,对装置进行工频抗扰度试验
9	脉冲磁场	根据3.9.1的要求,按GB/T 17626.9的规定和方法,对装置进行脉冲磁场
10	工频磁场	根据3.9.1的要求,按GB/T 17626.8的规定和方法,对装置进行工频磁场
11	阻尼振荡磁场	根据3.9.1的要求,按GB/T 17626.10的规定和方法,对装置进行阻尼振荡磁场

4.9　直流电源影响试验

根据3.10的要求,按GB/T 7261—2016中第10章和GB/T 14598.26—2015规定和方法,对装置进行电源影响试验。

4.10　绝缘试验

根据3.11的要求,按GB/T 7261—2016第12章的规定和方法,分别进行绝缘电阻测量、介质强度及冲击电压试验。

4.11　耐湿热试验

4.11.1　恒定湿热试验

根据3.12.1的要求,按GB/T 7261—2016第9章的规定和方法,对装置进行恒定湿热试验。

4.11.2　交变湿热试验

根据3.12.2的要求,按GB/T 7261—2016第9章的规定和方法,对装置进行交变湿热试验。

4.12　连续通电试验

连续通电试验项目如下:

a)　根据3.13的要求,装置出厂前应进行连续通电试验;

b)　被试装置只施加直流电源,必要时可施加其他激励量进行功能检测。

4.13 机械性能试验

机械性能试验方法见表 4。

表 4 机械性能试验方法

序号	项目	要 求
1	振动	根据表 2 中序号 1 的要求,按 GB/T 11287—2000 的规定和方法,对装置进行振动响应和振动耐久试验
2	冲击	根据表 2 中序号 2 的要求,按 GB/T 14537—1993 的规定和方法,对装置进行冲击响应和冲击耐久试验
3	碰撞	根据表 2 中序号 3 的要求,按 GB/T 14537—1993 的规定和方法,对装置进行碰撞试验

4.14 结构和外观检查

按 3.15 及 GB/T 7261—2016 第 5 章的要求逐项进行检查。

4.15 安全试验

根据 3.16 的要求,按 GB/T 7261—2016 第 16 章规定的方法进行检查和试验。

5 检验规则

5.1 检验分类

产品检验分出厂检验和型式检验两种。

5.2 出厂检验

每台装置出厂前必须由制造厂的检验部门进行出厂检验,检验项目见表 5。出厂检验在 3.1.2 规定的正常试验大气条件下进行。

5.3 型式检验

5.3.1 型式检验规定

凡遇下列情况之一,应进行型式检验:
a) 新产品定型鉴定前;
b) 产品转厂生产定型鉴定前;
c) 产品停产两年以上又重新恢复生产时;
d) 正式投产后,如果设计、工艺、材料、元器件有较大改变,可能影响产品性能时;
e) 国家质量技术监督机构或受其委托的质量技术检验部门提出型式检验要求时;
f) 合同规定时。

5.3.2 型式检验项目

型式检验项目见表 5。型式检验在 3.1.2 规定的正常试验大气条件下进行。

5.3.3　型式检验的抽样与判定规则

型式检验的抽样与判定规则是：

a)　型式检验从出厂检验合格的产品中任意抽取两台作为样品，然后分 A、B 两组进行：

A 组样品按 5.3.2 中规定的 a)、c)、i)、e)、f)、g)、h)、l)各项进行检验；

B 组样品按 5.3.2 中规定的 b)、d)、j)、k)、m)、n)各项进行检验；

b)　样品经过型式检验，未发现主要缺陷，则判定产品本次型式检验合格。检验中如发现有一个主要缺陷，则进行第二次抽样，重复进行型式检验，如未发现主要缺陷，仍判定该产品本次型式检验合格。如第二次抽取的样品仍存在此缺陷，则判定该产品本次型式检验不合格；

c)　样品型式检验结果达不到 3.3～3.12 要求中任一条时，均按存在主要缺陷判定；

d)　检验中样品出现故障允许进行修复。修复内容，如对已做过检验项目的检验结果没有影响，可继续往下进行检验，反之，受影响的检验项目应重做。

表 5　检验项目

检验项目名称	出厂检验	型式检验	技术要求	试验方法
a)　温度影响	—	√	3.1.1 a)、3.6.4 b)	4.2
b)　温度贮存	—	√	3.1.5	4.3
c)　功率消耗	—	√	3.3	4.4
d)　过载能力	—	√	3.4	4.5
e)　主要功能、技术性能	√	√	3.5、3.6	4.6
f)　静态模拟	√	√	3.8.1	4.7
g)　动态模拟	—	√[b]	3.8.2	4.7
h)　电磁兼容性能	—	√[b]	3.9	4.8
i)　直流电源影响	—	√	3.10	4.9
j)　绝缘性能	√[a]	√	3.11	4.10
k)　耐湿热性能	—	√	3.12	4.11
l)　连续通电	√	—	3.13	4.12
m)　机械性能	—	√[b]	3.14	4.13
n)　结构与外观	√	√	3.15	4.14
o)　安全	√[c]	√[c]	3.16	4.15

[a]　只进行绝缘电阻测量及介质强度试验，不进行冲击电压试验。

[b]　新产品定型鉴定前做。

[c]　出厂试验仅测量保护接地连续性和安全标志检查。

6　标志

6.1　标志或铭牌规定

每台装置应在机箱的显著部位设置持久明晰的标志或铭牌，标志下列内容：

a)　产品型号、名称；

  b）　制造厂全称及商标；

  c）　主要参数；

  d）　对外端子及接口标识；

  e）　出厂日期及编号。

6.2　包装箱标记规定

包装箱上应以不易洗刷或脱落的涂料作如下标记：

  a）　发货厂名、产品型号、名称；

  b）　收货单位名称、地址、到站；

  c）　包装箱外形尺寸(长×宽×高)及毛重；

  d）　包装箱外面书写"防潮""向上""小心轻放"等字样；

  e）　包装箱外面应规定叠放层数。

6.3　包装箱标示规定

包装标志标识应符合 GB/T 191 的规定。

6.4　产品执行标准规定

产品执行的标准应予以明示。

6.5　安全设计标志规定

安全设计标志应按 GB/T 14598.27—2008 的规定明示。

7　包装、运输、贮存

7.1　包装

7.1.1　产品包装前的检查

产品包装前应检查以下内容：

  a）　产品合格证书和装箱清单中各项内容应齐全；

  b）　产品外观无损伤；

  c）　产品表面无灰尘。

7.1.2　包装的一般要求

产品应有内包装和外包装,插件插箱的可动部分应锁紧扎牢,包装应有防尘、防雨、防水、防潮、防震等措施。包装完好的装置应满足 3.1.4 规定的贮存运输要求。

7.2　运输

产品应适于陆运、空运、水运(海运),运输装卸按包装箱的标志进行操作。

7.3　贮存

长期不用的装置应保留原包装,在环境温度为−25 ℃～＋55 ℃,相对湿度不大于85％的通风、干燥的室内贮存。贮存场所应无酸、碱、盐及腐蚀性、爆炸性气体和灰尘以及雨、雪的侵害。

8 质量保证期限

用户在遵守本标准及产品说明书所规定的运输、贮存条件下,装置自出厂之日起,至安装不超过两年,如发现装置和配套件非人为损坏,制造厂应负责免费维修或更换。

附 录 A

（规范性附录）

保护装置抗扰度试验要求

A.1 外壳端口抗扰度试验

外壳端口抗扰度试验项目如表 A.1 所示。

表 A.1 外壳端口抗扰度试验

序号	电磁干扰类型		试验规范	单位	参照标准
1.1	辐射射频电磁场		80～1 000	MHz 频率	GB/T 14598.26—2015
			10	V/m 非调制,有效值	
		调幅	80	％AM（1 kHz）	
1.2	静电放电				GB/T 14598.26—2015
		接触	6	kV（充电电压）	
		空气	8	kV（充电电压）	

A.2 电源端口抗扰度试验

电源端口抗扰度试验项目如表 A.2 所示。

表 A.2 电源端口抗扰度试验

序号	电磁干扰类型		试验规范		单位	参照标准
2.1	射频场感应的传导骚扰			0.15～80	MHz 频率	GB/T 14598.26—2015
				10	V 非调制,有效值	
				150	Ω 电源阻抗	
		调幅		80	％AM(1 kHz)	
2.2	快速瞬变			5/50	ns T_R/T_H	GB/T 14598.26—2015
		A 级		4	kV 峰值	
				2.5	kHz 重复频率	
		B 级		2	kV 峰值	
				5	kHz 重复频率	
2.3	1 MHz 脉冲群		0.1	1	MHz 频率	GB/T 14598.26—2015
			75	75	ns T_R	
			≥40	400	Hz 重复频率	
			200	200	Ω 电源阻抗	
		差模	1	1	kV 峰值	
		共模	2.5	2.5	kV 峰值	

表 A.2（续）

序号	电磁干扰类型		试验规范	单位		参照标准
2.4	浪涌		1.2/50(8/20)	μs	T_R/T_H 电压(电流)	GB/T 14598.26—2015
			2	Ω	电源阻抗	
		线对线	0.5、1	kV	充电电压	
			0	Ω	耦合电阻	
			18	μF	耦合电容	
		线对地	0.5、1、2	kV	充电电压	
			10	Ω	耦合电阻	
			9	μF	耦合电容	
2.5	直流电压中断		100	％	衰减	GB/T 14598.26—2015
			5、10、20、50、100、200	ms	中断时间	

A.3 通信端口抗扰度试验

通信端口抗扰度试验项目如表 A.3 所示。

表 A.3 通信端口抗扰度试验

序号	电磁干扰类型		试验规范		单位		参照标准
3.1	射频场感应的传导骚扰		0.15～80		MHz	频率	GB/T 14598.26—2015
			10		V	非调制,有效值	
			150		Ω	电源阻抗	
		调幅	80		％	AM(1 kHz)	
3.2	快速瞬变		5/50		ns	T_R/T_H	GB/T 14598.26—2015
		A 级	2		kV	峰值	
			5		kHz	重复频率	
		B 级	1		kV	峰值	
			5		kHz	重复频率	
3.3	1 MHz 脉冲群		0.1	1	MHz	频率	GB/T 14598.26—2015
			75	75	ns	T_R	
			≥40	400	Hz	重复频率	
			200	200	Ω	电源阻抗	
		差模	0	0	kV	峰值	
		共模	1	1	kV	峰值	
3.4	浪涌		1.2/50		μs	T_R/T_H 电压	GB/T 14598.26—2015
			8/20		μs	T_R/T_H 电流	
			2		Ω	电源阻抗	
		线对地	0.5、1		kV	充电放电电压	
			0		Ω	耦合电阻	
			0		μF	耦合电容	

A.4 输入和输出端口抗扰度试验

输入和输出端口抗扰度试验项目如表 A.4 所示。

表 A.4 输入和输出端口抗扰度试验

序号	电磁干扰类型	试验规范		单位		参照标准
4.1	射频场感应的传导骚扰		0.15~80	MHz	频率	GB/T 14598.26—2015
			10	V	非调制,有效值	
			150	Ω	电源阻抗	
	调幅		80	%AM(1 kHz)		
4.2	快速瞬变		5/50	ns	T_R/T_H	GB/T 14598.26—2015
	A 级		4	kV	峰值	
			2.5	kHz	重复频率	
	B 级		2	kV	峰值	
			5	kHz	重复频率	
4.3	1 MHz 脉冲群	0.1	1	MHz	频率	GB/T 14598.26—2015
		75	75	ns	T_R	
		≥40	400	Hz	重复频率	
		200	200	Ω	电源阻抗	
	差模	1	1	kV	峰值	
	共模	2.5	2.5	kV	峰值	
4.4	浪涌		1.2/50 (8/20)	μs	T_R/T_H电压(电流)	GB/T 14598.26—2015
			2	Ω	电源阻抗	
	线对线		0.5、1	kV	充电电压	
			40	Ω	耦合电阻	
			0.5	μF	耦合电容	
	线对地		0.5、1、2	kV	充电电压	
			40	Ω	耦合电阻	
			0.5	μF	耦合电容	
4.5	工频干扰					GB/T 14598.26—2015
	A 级 差模		150	V	有效值	
			100	Ω	耦合电阻	
			0.1	μF	耦合电容	
	A 级 共模		300	V	有效值	
			220	Ω	耦合电阻	
			0.47	μF	耦合电容	
	B 级 差模		100	V	有效值	
			100	Ω	耦合电阻	
			0.047	μF	耦合电容	
	B 级 共模		300	V	有效值	
			220	Ω	耦合电阻	
			0.47	μF	耦合电容	

A.5 功能接地端口抗扰度试验

功能接地端口抗扰度试验项目如表 A.5 所示。

表 A.5 功能接地端口抗扰度试验

序号	电磁干扰类型		试验规范	单位	参照标准
5.1	射频场感应的传导骚扰		0.15~80	MHz 频率	GB/T 14598.26—2015
			10	V 非调制,有效值	
			150	Ω 电源阻抗	
		调幅	80	% AM(1 kHz)	
5.2	快速瞬变		5/50	ns T_R/T_H	GB/T 14598.26—2015
		A 级	4	kV 峰值	
			2.5	kHz 重复频率	
		B 级	2	kV 峰值	
			5	kHz 重复频率	

A.6 外壳端口发射试验

外壳端口发射试验项目如表 A.6 所示。

表 A.6 外壳端口发射试验

序号	电磁干扰类型	试验规范	单位	参照标准
6.1	辐射发射	30 MHz~230 MHz	40 dB(μV/m)准峰值	GB/T 14598.26—2015
		230 MHz~1 000 MHz	47 dB(μV/m)准峰值	

注:表中所列限值的测量距离为 10 m。

A.7 辅助电源端口发射试验

辅助电源端口发射试验项目如表 A.7 所示。

表 A.7 辅助电源端口发射试验

序号	电磁干扰类型	试验规范	单位	参照标准
7.1	传导发射	0.15 MHz~0.50 MHz	79 dB(μV)准峰值 66 dB(μV)平均值	GB/T 14598.26—2015
		0.5 MHz~5 MHz	73 dB(μV)准峰值 60 dB(μV)平均值	
		5 MHz~30 MHz	73 dB(μV)准峰值 60 dB(μV)平均值	

ICS 29.060.20
K 13

中华人民共和国国家标准

GB/T 18889—2002

额定电压 6 kV(U_m=7.2 kV)到 35 kV (U_m=40.5 kV)电力电缆附件试验方法

Electric cables-test methods for accessories for power cables with rated voltages from 6 kV (U_m=7.2 kV) up to 35 kV (U_m=40.5 kV)

(IEC 61442,MOD)

2002-11-25 发布　　　　　　　　　　　　2003-06-01 实施

中 华 人 民 共 和 国
国家质量监督检验检疫总局 发布

前　言

　　本标准修改采用国际电工委员会(IEC)标准 IEC 61442《额定电压 6 kV(U_m=7.2 kV)到 30 kV(U_m=36 kV)电力电缆附件试验方法》(1997 年英文版)。本标准与 IEC 61442 的主要差异是将额定电压范围从"30 kV"延伸到"35 kV"。

　　本标准从实施之日起原标准 JB/T 8138.1～8138.6—1995 作废。

　　本标准的附录 A、附录 B 是资料性附录。

　　本标准由中国电器工业协会提出。

　　本标准由全国电线电缆标准化技术委员会归口。

　　本标准负责起草单位:上海电缆研究所。

　　本标准起草人:葛光明。

额定电压 6 kV(U_m＝7.2 kV)到 35 kV (U_m＝40.5 kV)电力电缆附件试验方法

1 范围

本标准规定了额定电压 3.6/6(7.2)kV 到 26/35(40.5)kV 电力电缆附件型式试验的试验方法。试验方法适用于符合 GB/T 12706.2、GB/T 12706.3 的挤包绝缘电力电缆的附件和符合GB/T 12976的纸绝缘电力电缆的附件。

2 规范性引用文件

下列文件中的条款通过本标准的引用而成为本标准的条款。凡是注日期的引用文件,其随后所有的修改单(不包括勘误的内容)或修订版均不适用于本标准,然而,鼓励根据本标准达成协议的各方研究是否可使用这些文件的最新版本。凡是不注日期的引用文件,其最新版本适用于本标准。

GB/T 2951.2—1997 电缆绝缘和护套材料通用试验方法 第1部分:通用试验方法 第2节:热老化试验方法(idt IEC 60811-1-2:1985)

GB/T 3048.13 电线电缆 冲击电压试验方法(neq IEC 60230:1966)

GB/T 7354 局部放电测量(eqv IEC 60270:1981)

GB/T 11022—1999 高压开关设备和控制设备标准的共用技术要求(eqv IEC 60694:1996)

GB/T 12706.2 额定电压 1 kV(U_m＝1.2 kV)到 35 kV(U_m＝40.5 kV)挤包绝缘电力电缆及附件 第2部分:额定电压 6 kV(U_m＝7.2 kV)到 30 kV(U_m＝36 kV)电缆(GB/T 12706.2—2002,eqv IEC 60502-2:1997)

GB/T 12706.3 额定电压 1 kV(U_m＝1.2 kV)到 35 kV(U_m＝40.5 kV)挤包绝缘电力电缆及附件 第3部分:额定电压 35 kV(U_m＝40.5 kV)电缆(GB/T 12706.3—2002,neq IEC 60502-2:1997)

GB/T 12976 额定电压 35 kV 及以下铜芯或铝芯纸绝缘金属护套电缆

GB/T 16927.1—1997 高电压试验技术 第1部分:一般试验要求(eqv IEC 60060-1:1989)

IEC 60885-2 电缆电性能试验方法 第2部分:局部放电试验

IEC 60986 额定电压 1.8/3.6 kV 到 18/30(36)kV 电缆允许短路温度导则

3 试验安装和试验条件

3.1 本标准所述的试验方法规定用于型式试验。

3.2 试验布置和试样数量由相关的标准给定。

3.3 第4章～第19章规定了试验条件。特殊要求的条件应在相关标准中规定。

3.4 除非另有规定,试验参数和要求由相关标准给定。

3.5 过渡接头(不同种类挤包绝缘或挤包绝缘对纸绝缘)的试验参数(电压和导体温度)按较低额定值电缆的参数。

3.6 除非制造方另有规定,应在附件安装到电缆试验回路中至少经 24 h 以后开始试验,该时间间隔应记录在试验报告中。

3.7 电缆屏蔽和铠装(若有)应连接在一起,并在一端接地,以防止环流。

3.8 附件上正常接地的所有部件都应连接到电缆屏蔽上,所有支撑的金属制件也应接地。

3.9 环境温度应是(20±15)℃。

4 交流耐压试验

4.1 干态试验

4.1.1 安装

附件组件应与所有相关的金属制件和配件一起装配。施加试验电压前附件应保持清洁和干燥。

4.1.2 方法

除非另有规定,试验应在环境温度下进行,应按 GB/T 16927.1—1997 第 6 章规定的程序施加电压。

4.2 湿态试验

4.2.1 安装

除按运行状态和制造方说明书特定的安装方位和相对间距外,应将终端安装在垂直位置。

4.2.2 方法

除非另有规定,湿态试验应如 GB/T 16927.1 所述,并在环境温度下进行。

5 直流耐压试验

5.1 安装

附件组件应与所有相关的金属制件和配件一起装配。施加试验电压前附件应保持清洁和干燥。

5.2 方法

应对电缆导体施加负极性电压。

试验应在环境温度下进行,应按 GB/T 16927.1 规定的程序施加电压。

6 冲击电压试验

6.1 安装

应参照相关标准进行包括金属罩壳和终端盒的试验安装的准备。

对于三相电缆的附件(例如在一个金属罩壳内有三个单芯终端),一次试验一相,其他两相接地。

6.2 方法

应按 GB/T 3048.13 进行试验。

6.3 提高温度下试验

附件安装和温度测量在第 8 章中给出。

冲击试验之前及试验中,应对电缆导体加热并在下列温度下至少稳定 2 h:

——对于挤包绝缘电缆,为电缆正常运行时导体最高温度以上(5～10)℃;

——对于纸绝缘电缆,为电缆正常运行时导体最高温度以上(0～5)℃。

7 局部放电试验

仅要求挤包绝缘单芯电缆和有分相半导电屏蔽芯的三芯电缆附件进行本项试验,对与纸绝缘电缆连接的附件不要求进行本项试验。

7.1 方法

应按 GB/T 7354 和 IEC 60885-2 的规定进行本项试验。

应在相关标准给定的试验电压下测量局部放电。

7.2 在提高温度下试验

附件安装和温度测量在第 8 章中给定。

局部放电试验之前和试验中,应对电缆导体加热并在电缆正常运行时导体最高温度以上(5～10)℃至少稳定 2 h。

8 提高温度试验的一般要求

8.1 安装和接线

应安装和架设(若有必要)好附件,并配备用以接通加热电流的连接件。

对终端或可分离连接器试验时,端子或套管之间连接件的电气截面应与电缆导体的相同。

在分支接头试验时,仅在干线电缆里接通加热电流。

三芯附件可接通单相或三相加热电流。按要求应将单相或三相电压叠加在加热电流上。在有磁性外壳情况下,应施加三相加热电流。

带绝缘电缆附件应承受三相电压。

8.2 温度测量

8.2.1 电缆导体温度

推荐附录 A 中描述的一种方法用于测定实际导体温度。

8.2.2 热电偶的位置

两个热电偶应像图 1～图 5 所示附着在电缆护套上。

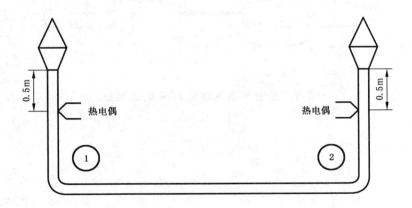

图 1 在空气中试验的终端

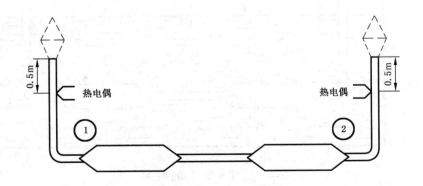

图 2 在空气中试验的接头

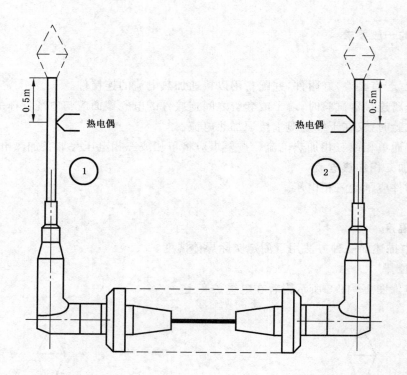

图 3 在空气中试验的可分离连接器

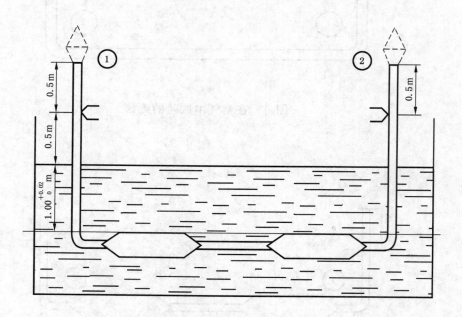

图 4 在水中试验的接头

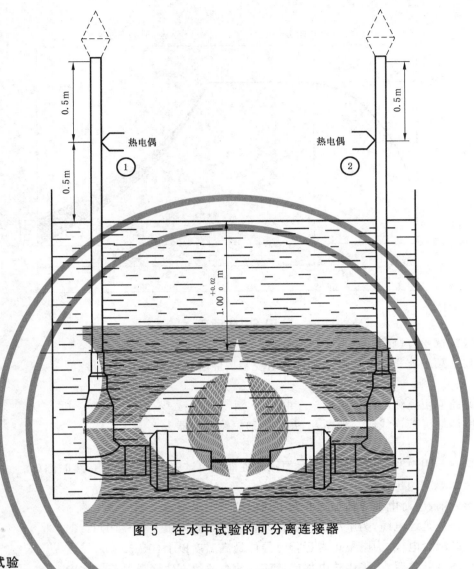

图 5　在水中试验的可分离连接器

9　热循环试验

9.1　安装

在空气中或水中的试验布置应如第 8 章规定。

应将在水中作热循环试验的接头或可分离连接器安放在水箱中,应使水面高出所有被试附件
$(1.00^{+0.02}_{0})$m。水温应为环境温度。

对带有密闭的金属外壳,并搪铅或焊接到电缆金属护套上的接头,不必作浸水试验。

9.2　方法

应按第 8 章规定测量温度。

在空气中或水中进行的每个热循环,时间应为 8 h,并在下列温度下至少稳定 2 h:

——对于挤包绝缘电缆,为电缆正常运行时导体最高温度以上(5~10)℃;

——对于纸绝缘电缆,为电缆正常运行时导体最高温度以上(0~5)℃。

然后自然冷却至少 3 h 至与环境温度相差不超过 10℃(见图 6)。

组合试样应经受相应标准中给定的规定次数热循环,并施加规定的电压。

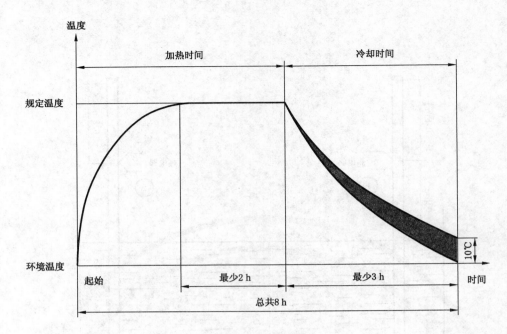

图 6　热循环

10　短路热稳定试验（屏蔽）

本试验仅适用于能直接或通过适配件与电缆金属屏蔽相连接的电缆附件。

10.1　安装

本试验回路应由电缆与附件组成。

试验回路两端屏蔽连线应与地断开，并连接到短路发生器上。

10.2　方法

应由制造方与用户商定按电网的实际短路条件而确定试验电流（I_{sc}）和持续时间（t）。

附件安装和温度测量在第 8 章中给定。

短路试验之前，应对电缆导体加热并在下述温度下至少稳定 2 h。

——对于挤包绝缘电缆，为电缆正常运行时导体最高温度以上（5～10）℃；

——对于纸绝缘电缆，为电缆正常运行时导体最高温度以上（0～5）℃。

在进行短路试验前后，应采用热电偶或任何其他合适的方法测量屏蔽层温度。

应按商定的试验电流和持续时间在屏蔽层上进行两次短路试验，应允许两次短路之间电缆屏蔽层温度冷却至不超过第一次短路前温度 10 ℃。

11　短路热稳定试验（导体）

11.1　安装

本试验回路应由电缆与附件组成。

对于三芯附件，可将电缆回路的一端与短路发生器相连接，而另一端接到短路排上，按相关标准所述进行试验。也可选用另一种方法，将三个线芯串联起来，如同单芯附件一样试验。

11.2　方法

本试验应在环境温度下进行。

应用交流或直流电流将导体温度升到电缆最高允许短路温度（θ_{sc}），时间不超过 5 s，短路两次。允许两次短路之间试验回路冷却到超过试验开始时导体温度（θ_i）（5～10）℃。

IEC 60986 中给定了电缆导体的最高允许短路温度。

应采用 IEC 60986 的下列公式计算：

对于铝导体

$$I^2t = 2.19 \times 10^4 \times S^2 \times \ln\left(\frac{\theta_{sc} + 228}{\theta_i + 228}\right)$$

对于铜导体

$$I^2t = 5.11 \times 10^4 \times S^2 \times \ln\left(\frac{\theta_{sc} + 234.5}{\theta_i + 234.5}\right)$$

式中：

I——短路电流有效值，A；

t——短路时间，s；

S——导体截面积，mm^2；

θ_{sc}——允许的导体短路温度，℃；

θ_i——试验开始时导体温度，℃；

$\ln$——$\log_e$。

如果短路期间电流不恒定，推荐采用 GB/T 11022—1999 的附录 B 来确定短路电流的有效值。

12 短路动稳定试验

本试验为对于要求设计用于峰值电流大于 80 kA 的单芯电缆附件和设计用于峰值电流大于63 kA 的三芯电缆附件进行的三相试验。

12.1 安装

本试验回路应由三根单芯电缆或一根三芯电缆与附件组成。

如相关标准所述试验电缆回路的一端应与短路发生器相连接，另一端应接到短路排上。

对于终端、可分离连接器和接头，电缆与附件的固定方法及附件之间的间隔应按制造方推荐确定。另外，单芯电缆接头应按三角形排列进行试验。

12.2 方法

应按下列规定以合适的时间和电流值施加短路电流。

——短路电流：$I_d = 2.5 \times I$；

——I：按 11.2 中 $t = 1$ s 时计算得出的短路电流值；

——持续时间：至少 10 ms；

——应记录波形。

13 潮湿试验和盐雾试验

13.1 设备

要求采用单相或三相交流电压源。试验中在泄漏电流为 250 mA 时，电源高压侧的最大电压降应小于 5%。

潮湿试验室应装备喷雾嘴或其他可排出雾化水的加湿器，喷雾速率为 (0.4 ± 0.1) L/$(h \cdot m^3)$。整个试验期间雾水的电导率，对于潮湿试验应为 (70 ± 10) mS/m，而对于盐雾试验应为 $(1\,600 \pm 200)$ mS/m。试验室应能满足在试验期间没有水直接滴落到附件上的要求。

附录 B 中给定试验室及喷雾设备的导则说明。

13.2 安装

应按照制造方的说明书，并以与运行状态下附件相同的安装方向和相对间距将试验附件安装在潮湿试验室内。

三个非屏蔽可分离连接器或三个护罩式终端应安装在试验终端盒内，且经受三相电压试验。

三芯电缆终端也应经受三相电压试验。

应采用连接到测量电源电流的自动断路器来保护变压器的各相,设定当流过高压侧的瞬时电流达(1.0±0.1)A 时,在 50 ms～250 ms 时间内令电路断开。

13.3 方法

试验期间,潮湿试验室内温度应为环境温度。

试验的时间和电压值应在相应标准中给定。

允许试验中断时间不超过试验时间的 5%。

在试验期间不允许清洗附件或进行任何其他类似的干扰。

在试验开始前和完成试验以后,至少应在两个相反的方向摄下被试附件的彩色照片,照片应清晰地展示泄漏途径的状况。

试验结束后应注明试样的状况。

试验结果应记录发生的任何闪络、附件状态的描述和照片,尤其是任何电痕、电蚀或机械损伤。

14 屏蔽电阻测量

本试验的目的是保证手触及到运行中的可分离连接器不会有触电感觉。

本试验仅在没有金属外壳或不装在金属防护罩内的屏蔽可分离连接器上进行。

14.1 安装

本试验应在可分离连接器上进行,该连接器不必安装在电缆上或与其配合的套管上,可分离连接器的每个端部应安装缠绕或涂银的电极。

14.2 方法

在环境温度下测量两个电极间可分离连接器的屏蔽电阻。本试验回路中的功率损耗应不超过 100 mW。

应按 GB/T 2951.2—1997 中 8.1 所述条件,将试样置于空气烘箱经受(120±2)℃、168 h 的热老化试验。

如上所述,在环境温度下再次测量可分离连接器的屏蔽电阻。

15 屏蔽泄漏电流测量

本试验的目的是保证手触及到运行中的可分离连接器不会有触电感觉。

本试验仅在没有金属外壳或不装在金属防护罩内的屏蔽可分离连接器上进行。

15.1 安装

应将可分离连接器安装在一段电缆上,且与它的配套套管相连接。

15.2 方法

本试验应在环境温度下进行。

应将 25 cm²(即 5 cm×5 cm)的金属箔固定在可分离连接器的尽可能远离接地点的外屏蔽上,在金属箔与外屏蔽间应无任何空气隙:

——带有接地金属法兰的可分离连接器(见图 7a),金属箔应置于金属法兰和电缆屏蔽接地连接点中间;

——对于没有接地金属法兰的可分离连接器(见图 7b),金属箔应置于与电缆屏蔽接地连接点相反方向的可分离连接器的末端。

如图 7 所示,在两种情况下,将金属箔通过毫安表和 2 000 Ω 电阻接地。

在导体与地之间施加交流试验电压 U_m 以测量泄漏电流。

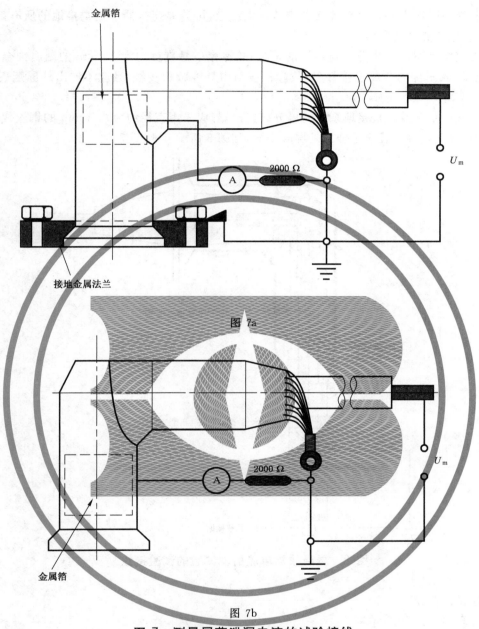

金属箔

U_m

2000 Ω

A

接地金属法兰

图 7a

金属箔

U_m

2000 Ω

A

图 7b

图 7　测量屏蔽泄漏电流的试验接线

16　屏蔽故障电流引发试验

本试验的目的：

a)　在直接接地系统中，

验证当可分离连接器的绝缘损坏时，其屏蔽是否有引发足以使电路保护动作的对地故障电流的能力。

b)　在不接地或阻抗接地系统中，

证明已损坏的可分离连接器能被明显地识别已失效。

本试验仅适用于屏蔽可分离连接器，且以按运行状况安装的连接器进行试验。

对带有金属外壳的屏蔽可分离连接器的试验正在考虑之中。

16.1 安装

应按照制造方说明书将可分离连接器安装在电缆上,可分离连接器上正常接地的所有部件应与电缆屏蔽相连接,包括套管的屏蔽。

对用于直接接地系统的可分离连接器的试验,故障棒应是直径约为 10 mm 的耐腐蚀金属棒,一端通过所钻的孔嵌入附件的金属连接件里,故障棒应与内外屏蔽相接触,且应不伸出外屏蔽表面,如图 8 所示。

对用于不接地系统或阻抗接地系统的可分离连接器,应采用直径约为 0.2 mm 的铜丝代替故障棒,铜丝应与内外屏蔽相接触,且应不伸出外屏蔽表面,如图 8 所示。

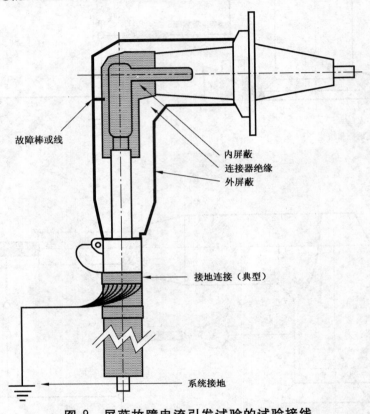

故障棒或线
内屏蔽
连接器绝缘
外屏蔽
接地连接(典型)
系统接地

图 8 屏蔽故障电流引发试验的试验接线

16.2 方法

16.2.1 直接接地系统

试验应在环境温度下进行。

应调整电路使施加在试样上的电压为该可分离连接器相对地电压 U_0,短路电流(有效值)为10 kA,试样应经受两次引起对地故障起始电流电弧试验,每次操作流过电流的最短持续时间为 0.2 s,两次试验之间,试样允许冷却到不超过第一次试验之前的温度10℃。

16.2.2 不接地或阻抗接地系统

试验应在环境温度下进行。

应调整电路使施加在试样上的电压为该可分离连接器相对地电压 U_0,短路电流至少为 10 A。

短路试验电流由制造方和购买方考虑电网的实际短路条件共同确定。

应在整个试验周期内连续记录试验电压和试验电流。试验顺序应如下:

    a) 接通电压持续 1 s;

    b) 断开电压持续 2 min;

    c) 接通电压持续 2 min;

d) 断开电压持续 2 min；

e) 接通电压持续 1 min；

f) 断开电压。

17 操作力试验

仅对装有滑动接触的屏蔽可分离连接器要求进行本试验。

17.1 安装

应按照制造方说明书安装可分离连接器，并采用制造方提供的润滑剂将其接入与之配套的套管。

17.2 方法

将可分离连接器组合件置于（−20±2）℃下处理至少 12 h。应在从该低温处理箱移出后，在 5 min 内进行试验。采用合适的工具夹住可分离连接器，使之能沿着可分离连接器与配套套管界面的轴线进行操作。

应沿轴线方向将力逐渐施加到可分离连接器上，并测量可分离连接器与配合套管界面打开和闭合的力。

18 操作环试验

仅对装有滑动接触的屏蔽可分离连接器要求进行本试验。

18.1 安装

应按照制造方说明书将可分离连接器安装在电缆回路中，并采用制造方提供的润滑剂将其接入与之配套的套管。应采用机械方法沿界面将可分离连接器夹紧。

18.2 方法

试验应在环境温度下进行。

应采用合适工具沿套管轴线方向将拉力逐渐施加到操作环上，直到所施加的力达到相应标准的给定值并维持到规定的时间。

应采用合适的工具，先以顺时针方向逐渐施加扭矩，达到相应标准给定的规定值。然后再以逆时针方向，重复进行。

随后，可分离连接器应经受局部放电试验。

19 电容测试点测试

仅对带有电容测试点的屏蔽可分离连接器要求进行本试验。

19.1 安装

应按照制造方说明书将可分离连接器安装在电缆上，并将外屏蔽接地。可分离连接器不需要与配套的套管相连接。推荐采用尽可能短的电缆。

19.2 试验方法

应在环境温度下测量下列电容值：

——C_{tc}：试验点与电缆导体之间电容；

——C_{te}：试验点与地之间电容。

因为被测量的电容很小，为消除杂散电容的影响，推荐使用差接电桥。

附 录 A
（资料性附录）
电缆导体温度的测定

A.1 目的

将电缆导体温度升高到给定值对于某些附件试验来说是必要的,当对电缆施加工频或者冲击电压时,典型的条件下温度高于正常运行最高温度,例如对挤包绝缘电缆为高于正常运行最高温度(5~10)℃,因此不可能用导体直接测量温度。

另外导体温度必须维持在限定范围(5℃)内,而环境温度会在很宽范围内变化。

因而,在附件试验期间,考虑到在环境温度允许的变化条件下,有必要为测定导体实际温度而在试验电缆上进行预先校准。

以下给出对通常所使用方法的导则。

A.2 试验电缆导体温度的校准

校准的目的是为了以直接测量所施加的给定电流来确定导体温度,使其在试验要求的温度范围内。用作校准的电缆应与被用作附件试验的电缆相同。

A.2.1 电缆和热电偶安装

应在至少 2 m 长的电缆上进行校准,如图 A.1 所示,热电偶应安装在距电缆末端 0.5 m 处。

每一处应固定两个热电偶:如图 A.2 所示,一个在导体上(a),另一个在外表面上(b)。

注:如果采用 A.3.2 的方法,则仅需安装在外表面上的热电偶(b)。

推荐采用机械方法将热电偶固定在导体上,因为电缆导体加热期间的振动可能使热电偶移动。

如果实际试验回路包括相互紧靠的几个单独电缆段,这些电缆段将经受邻近热效应。因此应考虑在实际试验布置情况下进行校准,在最热的电缆段(通常是中间段)上进行测量。

A.2.2 方法

应在(5~35)℃温度且不通风的情况下进行校准。

用温度记录仪测量导体、护套和环境温度。应将电缆加热到图 A.1 中①和②处热电偶(a)指示的导体温度达到并稳定在下列温度:

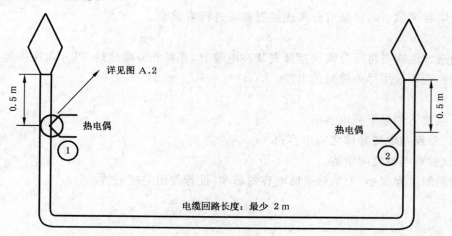

图 A.1 控温基准电缆

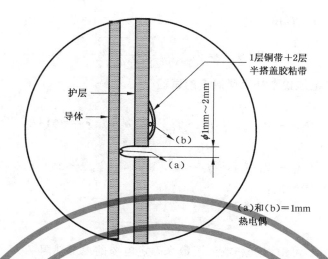

图 A.2 热电偶的设置

对于挤包电缆为电缆正常运行时导体最高温度以上(5~10)℃;

对于纸绝缘电缆为电缆正常运行时导体最高温度以上(0~5)℃。

如果①和②处热电偶(a)读数在 2 h 内未出现大于 2℃的变化,即认为已达到稳定状态。

当达到稳态后,应记录以下数据:

——导体温度 $\theta_{cond} = \dfrac{(a_1 + a_2)}{2}$;

——护套温度 $\theta_{sheath.c} = \dfrac{(b_1 + b_2)}{2}$;

——环境温度 $\theta_{amb.c}$;

——加热电流 I_{cal}。

A.3 附件的加热

R_{20}:20℃下导体单位长度上的电阻(见 GB/T 3956);

α_{20}:20℃下的电阻温度系数(见 GB/T 3956);

T:导体与周围介质(包括空气热阻 T_4)间的热阻;

T':导体与电缆外表面(不包括空气热阻 T_4)间的热阻;

注:根据 JB/T 10181,$T' = T_1 + nT_2 + nT_3$。

    式中:对于单芯电缆,$n = 1$;

        对于三芯电缆,$n = 3$;

        $T = T' + nT_4$。

$\theta_{amb.t}$:附件试验期间环境温度;

$\theta_{sheath.t}$:附件试验期间电缆护套外表面温度;

I_{test}:附件试验期间电流。

A.3.1 方法 1:基于测量环境温度的试验

假设绝缘、金属护套和铠装损耗可以忽略:

——电缆校准时:

$$\theta_{cond} - \theta_{amb.c} = R_{20} \cdot I_{cal}^2 [1 + \alpha_{20}(\theta_{cond} - 20)]T \qquad \cdots\cdots\cdots\cdots\cdots (A.1)$$

——附件试验时:

$$\theta_{cond} - \theta_{amb.t} = R_{20} \cdot I_{test}^2 [1 + \alpha_{20}(\theta_{cond} - 20)]T \qquad \cdots\cdots\cdots\cdots\cdots (A.2)$$

(假定 T,尤其 T_4 没有变化)

联立式(A.1)和式(A.2)给出：

$$I_{test} = I_{cal} \sqrt{\frac{\theta_{cond} - \theta_{amb.t}}{\theta_{cond} - \theta_{amb.c}}} \qquad \cdots\cdots\cdots\cdots\cdots\cdots\cdots\cdots\cdots\cdots (A.3)$$

A.3.2 方法 2：基于测量电缆护套外表面温度的试验

——电缆校准时：

$$\theta_{cond} - \theta_{sheath.c} = R_{20} \cdot I_{cal}^2 [1 + \alpha_{20}(\theta_{cond} - 20)]T' \qquad \cdots\cdots\cdots\cdots\cdots (A.4)$$

——附件试验时：

$$\theta_{cond} - \theta_{sheath.t} = R_{20} \cdot I_{test}^2 [1 + \alpha_{20}(\theta_{cond} - 20)]T' \qquad \cdots\cdots\cdots\cdots\cdots (A.5)$$

联立式(A.4)和式(A.5)给出：

$$I_{test} = I_{cal} \sqrt{\frac{\theta_{cond} - \theta_{sheath.t}}{\theta_{cond} - \theta_{sheath.c}}} \qquad \cdots\cdots\cdots\cdots\cdots\cdots\cdots\cdots\cdots\cdots (A.6)$$

应注意，从方程式(A.4)可由温度和电流读数来确定电缆的内部热阻 T'

可将方程式(A.5)写成下列形式：

$$\theta_{cond} = \frac{\theta_{sheath.t} + (1 - 20\alpha_{20})R_{20} \cdot I_{test}^2 T'}{1 - \alpha_{20}R_{20}I_{test}^2 T'} \qquad \cdots\cdots\cdots\cdots\cdots (A.7)$$

因此有可能将该公式转换为曲线形式，如图 A.3 所示，对于不同的加热电流值 I_{test1}、I_{test2}……，按 $\theta_{sheath.t}$ 读数给出 θ_{cond} 值。

如果不是自动控制的试验，采用这样的曲线是可取的。

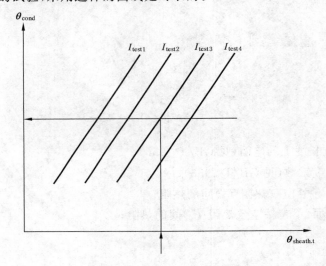

图 A.3 电流/温度曲线

A.3.3 方法 3：采用控温基准电缆的试验

在该方法中，控温基准电缆与试验电缆相同，用与试验回路相同电流加热。该电缆不加电压，因此热电偶可以装在导体上，如 A.2.1 推荐的那样。

应如此安排试验：

——任何时候，流过控温基准电缆的电流应与试验回路相同；

——试样安装应考虑整个试验过程中相互的热影响；

——调节加热电流使导体温度保持在规定的范围之内。

附　录　B

（资料性附录）

潮湿试验和盐雾试验的试验室和喷雾设备详述

B.1　试验室

试验室的尺寸应足以容纳同时被试验的附件数量，并与附件尺寸大小、试验电压、安全间距和杂散电场以及试验室容积与喷嘴数量之比直接相关。

试验室应由耐腐蚀和耐水材料构成。可采用临时结构。所有高压套管和支撑绝缘子应安装在接地支撑物上，以保证沿试验室的表面不存在电场。试验室应具有观察孔。

当电源（三相或单相，按适用）通过合适的套管引入试验室时，套管间应有足够的间隔，以避免邻近相之间相互影响。对套管处于试验室内的部分，建议设计成具有较长爬电距离，且裙边结构上有深的凹槽，以防闪络。

应有排水设施，以将水引出试验室。试验室应设计为试验期间可防止腐蚀产物或其他污秽物滴落到附件上。试验室可通风，以防止造成室内产生压力。但不应引起大量的汽或雾逸出到大气中去。

对于潮湿和盐雾试验，应提供测试流入雾化喷嘴的溶液流量的方法。

B.2　潮湿试验和盐雾试验的喷雾设备

潮湿试验和盐雾试验可采用如 GB/T 4585.1 描述的气嘴喷射系统。喷雾设备应设计成能在试验期间连续工作。

喷嘴应安置在试验室内。雾不应直接喷射到附件上，而应使其充满试验室，由雾和气流作用自由地在附件周围环流。至少应有 80% 的水由于喷嘴喷射而雾化成直径不大于 10 μm 的水滴。

另一方面，现成可供雾化水和盐溶液的专用设备能使制造方进行试验较方便。不应限制使用的设备，但前提是制造方应提供表明其设备能够喷射尺寸正确的雾化水滴以充满试验室的资料。

B.3　高压变压器

对于三相试验，可采用一台三相或三台单相变压器作附件试验的电压源。对单相变压器应以星形连接，其中性点接地。试验回路的电压应保持稳定，不受泄漏电流变化的影响。输出电压大小可由调节变压器低压电源来控制，并能测量或校准输出电压。

参 考 文 献

GB/T 3956—1997　电缆的导体(idt IEC 60228:1978)

GB/T 4585.1—1984　交流系统用高压绝缘子人工污秽试验方法　盐雾法(idt IEC 60507)

JB/T 10181.1～10181.6—2000　电缆载流量的计算(idt IEC 60287)

ICS 29.060.20
K 13

中华人民共和国国家标准

GB/T 18890.1—2015
代替 GB/Z 18890.1—2002

额定电压 220 kV(U_m=252 kV)交联聚乙烯绝缘电力电缆及其附件 第 1 部分:试验方法和要求

Power cables with cross-linked polyethylene insulation and their accessories for rated voltage of 220 kV(U_m=252 kV)—Part 1: Test methods and requirements

(IEC 62067:2011,Power cables with extruded insulation and their accessories for rated voltages above 150 kV(U_m=170 kV) up to 500 kV (U_m=550 kV)—Test methods and requirements,MOD)

2015-10-09 发布

2016-05-01 实施

中华人民共和国国家质量监督检验检疫总局
中国国家标准化管理委员会 发布

前　言

GB/T 18890《额定电压 220 kV(U_m＝252 kV)交联聚乙烯绝缘电力电缆及其附件》分为三个部分：
——第 1 部分：试验方法和要求；
——第 2 部分：电缆；
——第 3 部分：电缆附件。

本部分为 GB/T 18890 的第 1 部分。

本部分按照 GB/T 1.1—2009 给出的规则起草。

本部分代替 GB/Z 18890.1—2002《额定电压 220 kV(U_m＝252 kV)交联聚乙烯绝缘电力电缆及其附件　第 1 部分：额定电压 220 kV(U_m＝252 kV)交联聚乙烯绝缘电力电缆及其附件的电力电缆系统试验方法和要求》。与 GB/Z 18890.1—2002 相比，主要技术变化如下：

——标准的性质由指导性技术文件改为推荐性标准；
——标准名称由"额定电压 220 kV(U_m＝252 kV)交联聚乙烯绝缘电力电缆及其附件　第 1 部分：额定电压 220 kV(U_m＝252 kV)交联聚乙烯绝缘电力电缆及其附件的电力电缆系统　试验方法和要求"修改为"额定电压 220 kV(U_m＝252 kV)交联聚乙烯绝缘电力电缆及其附件　第 1 部分：试验方法和要求"；
——增加了标称电场强度的定义(见 3.4)；
——删除了以聚氯乙烯为基的 ST_1 和以聚乙烯为基的 ST_3 外护套材料，其后试验项目及要求相应删减(见 4.4，表 2，2002 年版的 4.3)；
——增加了金属屏蔽和/或金属套电阻测量的要求(见 10.5)；
——增加了皱纹金属套上外护套厚度的测量方法(见 10.6.3)；
——修改了附件的抽样试验(见第 11 章，2002 年版的第 11 章)；
——修改了电缆系统的预鉴定试验(见第 13 章，2002 年版的第 13 章)；
——增加了电缆系统的预鉴定扩展试验(见 13.3)；
——增加了电缆的型式试验(见第 14 章)；
——增加了附件的型式试验(见第 15 章)；
——增加了导体温度的测定方法(见附录 A)；
——修改了透水试验的样品长度(见附录 E，2002 年版的附录 C)；
——增加了具有与外护套黏结的纵包金属带或纵包金属箔的电缆组件的试验(见附录 F)。

本部分使用重新起草法修改采用 IEC 62067:2011《额定电压大于 150 kV(U_m＝170 kV)至 500 kV(U_m＝550 kV)挤包绝缘电力电缆及其附件　试验方法和要求》英文版(第 2 版)。

本部分与 IEC 62067:2011 相比结构上有部分调整，附录 I 列出了本部分与 IEC 62067:2011 的章条编号对照一览表。

本部分与 IEC 62067:2011 相比存在技术性差异，这些差异涉及的条款已通过在其外侧页边空白位置的垂直单线(|)进行了标示，附录 J 给出了相应技术性差异及其原因的一览表。

本部分由中国电器工业协会提出。

本部分由全国电线电缆标准化技术委员会(SAC/TC 213)归口。

本部分负责起草单位：上海电缆研究所。

本部分参加起草单位：中国电力科学研究院、国家电线电缆质量监督检验中心、扬州曙光电缆有限公司、郑州电缆有限公司、广东南洋超高压电缆有限公司、江苏新远东电缆有限公司、浙江晨光电缆股份有限公司、天津塑力线缆集团有限公司。

本部分主要起草人：徐晓峰、赵健康、范玉军、胡剑虹、朱爱荣、郭党庆、汪传斌、岳振国、孙建生、韩长武。

本部分所代替标准的历次版本发布情况为：

——GB/Z 18890.1—2002。

额定电压 220 kV(U_m=252 kV)交联聚乙烯绝缘电力电缆及其附件 第 1 部分:试验方法和要求

1 范围

GB/T 18890 的本部分规定了额定电压 220 kV(U_m=252 kV)固定安装的交联聚乙烯绝缘电力电缆系统、电缆本体及其附件本体的试验方法和要求。

本部分适用于通常安装和运行条件下使用的单芯电缆及其附件,但不适用于特殊条件下使用的电缆及其附件,如海底电缆。对这些特殊用途的电缆及附件可能需要修改本部分的试验或可能需要设定一些特殊的试验条件。

本部分不包含连接交联聚乙烯绝缘电缆和纸绝缘电缆的过渡接头。

2 规范性引用文件

下列文件对于本文件的应用是必不可少的。凡是注日期的引用文件,仅注日期的版本适用于本文件。凡是不注日期的引用文件,其最新版本(包括所有的修改单)适用于本文件。

GB/T 2951.11—2008 电缆和光缆绝缘和护套材料通用试验方法 第 11 部分:通用试验方法——厚度和外形尺寸测量——机械性能试验(IEC 60811-1-1:2001,IDT)

GB/T 2951.12—2008 电缆和光缆绝缘和护套材料通用试验方法 第 12 部分:通用试验方法——热老化试验方法(IEC 60811-1-2:1985,IDT)

GB/T 2951.14—2008 电缆和光缆绝缘和护套材料通用试验方法 第 14 部分:通用试验方法——低温试验(IEC 60811-1-4:1985,IDT)

GB/T 2951.21—2008 电缆和光缆绝缘和护套材料通用试验方法 第 21 部分:弹性体混合料专用试验方法-耐臭氧试验——热延伸试验——浸矿物油试验(IEC 60811-2-1:2001,IDT)

GB/T 2951.31—2008 电缆和光缆绝缘和护套材料通用试验方法 第 31 部分:聚氯乙烯混合料专用试验方法——高温压力试验——抗开裂试验(IEC 60811-3-1:1985,IDT)

GB/T 2951.32—2008 电缆和光缆绝缘和护套材料通用试验方法 第 32 部分:聚氯乙烯混合料专用试验方法——失重试验——热稳定性试验(IEC 60811-3-2:1985,IDT)

GB/T 2951.41—2008 电缆和光缆绝缘和护套材料通用试验方法 第 41 部分:聚乙烯和聚丙烯混合料专用试验方法——耐环境应力开裂试验——熔体指数测量方法——直接燃烧法测量聚乙烯中碳黑和(或)矿物质填料含量——热重分析法(TGA)测量碳黑含量——显微镜法评估聚乙烯中碳黑分散度(IEC 60811-4-1:2004,IDT)

GB/T 3048.12 电线电缆电性能试验方法 第 12 部分:局部放电试验(GB/T 3048.12—2007,IEC 60885-3:1988,Electrical test methods for electric cables—Part 3: Test methods for partial discharge measurements on lengths of extruded power cables,MOD)

GB/T 3048.13 电线电缆电性能试验方法 第 13 部分:冲击电压试验(GB/T 3048.13—2007,IEC 60230:1966,Impulse tests on cables and accessories,IEC 60060-1:1989,High-voltage test techniques—Part 1: General definitions and test requirements,MOD)

GB/T 3956　电缆的导体（GB/T 3956—2008，IEC 60228：2004，IDT）

GB/T 16927.1　高电压试验技术　第 1 部分：一般定义及试验要求（GB/T 16927.1—2011，IEC 60060-1：2006，High-voltage test techniques—Part 1：General definitions and test requirements，MOD）

GB/T 18380.12　电缆和光缆在火焰条件下的燃烧试验　第 12 部分：单根绝缘电线电缆火焰垂直蔓延试验-1 kW 预混合型火焰试验方法（GB/T 18380.12—2008，IEC 60332-1-2：2004，IDT）

JB/T 10181.11—2014　电缆载流量计算　第 11 部分：载流量公式（100％负荷因数）和损耗计算一般规定（IEC 60287-1-1：2006，IDT）

JB/T 10696.5—2007　电线电缆机械和理化性能试验方法　第 5 部分：腐蚀扩展试验

JB/T 10696.6—2007　电线电缆机械和理化性能试验方法　第 6 部分：挤出外套刮磨试验

IEC 60183　高压交流电缆选择导则（Guidance for the selection of high-voltage a.c. cable systems）

IEC 60229：2007　电缆　具有特殊保护功能的挤包外护套的试验（Electric cables -Tests on extruded oversheaths with a special protective function）

3　术语和定义

下列术语和定义适用于本文件。

3.1　尺寸值（厚度，截面积等）定义

3.1.1

标称值　nominal value

指定的量值并经常用于表格之中。

注：在本部分中，标称值通常引伸出在考虑规定公差下通过测量进行检验的一些量值。

3.1.2

中间值　median value

将测量的若干个数值以递增（或递减）的次序排列，若数值的数目为奇数时中间的那个数值为中间值，若数值的数目为偶数时中间两个数值的平均值为中间值。

3.2　有关试验的定义

3.2.1

例行试验　routine test

由制造商在部件（所有制造长度电缆或所有附件）上进行的试验，以检验其是否满足规定的要求。

3.2.2

抽样试验　sample test

由制造商按规定的频度在成品电缆或取自成品电缆或附件的部件的试样上进行的试验，以验证成品电缆或附件是否满足规定的要求。

3.2.3

型式试验　type test

在一般工业生产基础上供应本部分所包含的一种型式的电缆系统之前进行的试验，以证明其具有满足预期使用条件的良好性能。

注：型式试验一旦通过后，除非电缆或附件中的材料、制造工艺、结构或设计电场强度发生改变，且这种改变可能会对其性能产生不利影响，否则就不必重复进行。

3.2.4

预鉴定试验　prequalification test

在一般工业生产基础上供应本部分所包含的一种型式的电缆系统之前进行的试验,以证明该完整电缆系统具有满意的长期运行性能。

3.2.5

预鉴定扩展试验　extension of prequalification test

在一般工业生产基础上供应本部分所包含的一种型式的电缆系统之前,系统电缆和附件已经分别通过预鉴定试验,为验证该完整电缆系统具有满意的长期运行性能所进行的试验。

3.2.6

安装后的电气试验　electrical test after installation

电缆系统安装完成时为证明其完好所进行的试验。

3.3　其他定义

3.3.1

电缆系统　cable system

安装了各种附件的电缆,包括用于抑制系统上热机械力的仅对终端和接头使用的各种部件。

3.3.2

标称电场强度　nominal electrical stress

以标称尺寸计算的在 U_0 下的电场强度。

4　电压标示和材料

4.1　额定电压

本部分用符号 U_0、U 和 U_m 表示电缆和附件的额定电压,这些符号的意义由 IEC 60183 给出。

4.2　电缆的绝缘材料

本部分适用于以交联聚乙烯(XLPE)材料作为绝缘的电缆,表1中规定了 XLPE 绝缘电缆导体的最高工作温度,并据此规定试验条件。

表 1　电缆的交联聚乙烯绝缘混合料

绝缘混合料	导 体 最 高 温 度/℃	
	正常运行	短路(最长持续时间 5 s)
交联聚乙烯(XLPE)	90	250

4.3　电缆的金属屏蔽和(或)金属套

本部分适用于使用中的各种结构的金属屏蔽,包括径向防水结构以及其他结构。

提供径向防水功能的结构主要有:

——金属套;

——与外护套黏结的纵包金属带或纵包金属箔;

——复合屏蔽,包括束合金属线及其外部加上的作为径向不透水的阻挡层(见第 5 章)的金属套或与外护套黏结的金属带或金属箔。

而其他结构如：

——仅有束合金属线。

注：在任何情况下，金属屏蔽和（或）金属套应能够承受全部故障电流。

4.4 电缆的外护套材料

本部分的各项试验规定适用于以下两种类型外护套：

——以聚氯乙烯（PVC）为基材的 ST_2；

——以聚乙烯（PE）为基材的 ST_7。

选用何种类型护套取决于电缆的设计及电缆运行时的机械、热性能和阻燃性能的要求。

与本部分中包括的各种类型的外护套材料相适应的在正常运行时的最高导体温度见表2。

注：一些情况下，外护套上可包覆一层功能材料（如半导电层）。

表 2　电缆的外护套混合料

外护套混合料	代号	正常运行时电缆导体最高温度/℃
聚氯乙烯（PVC）	ST_2	90
聚乙烯（PE）	ST_7	90

5　电缆阻水措施

当电缆系统敷设在地下、易积水的地下通道或水中时，推荐采用径向不透水的阻挡层包覆电缆。

注：目前尚无径向透水试验方法。

为防止一旦电缆损坏进水后更换大段长度的电缆，也可以采用纵向阻水措施。

纵向透水试验在12.5.14中给出。

6　电缆特性

为实施并记录本部分所述的电缆系统或电缆的试验，应对电缆进行标示。

下列电缆特性应予明确或申明：

a)　制造商名称、型号、名称、制造日期或日期代码。

b)　额定电压：应给出 U_0、U 和 U_m 的值（见4.1和8.4）。

c)　导体类型及其材料和用平方毫米表示的标称截面积；导体结构；减小集肤效应的措施（如果有）及其性质；纵向阻水措施（如果有）及其性质；如果标称截面积与GB/T 3956不一致，给出折算到 20 ℃时 1 km 的导体直流电阻。

d)　绝缘的材料和标称厚度（见4.2）。表3给出了交联聚乙烯绝缘材料的 $\tan\delta$。

e)　绝缘系统的制造工艺类型。

f)　屏蔽层的阻水措施（如果有）及其性质。

g)　金属屏蔽的材料和结构，例如金属线的根数和直径。应申明金属屏蔽的直流电阻。金属套的材质、结构及标称厚度，或与外护套黏结的纵包金属带或金属箔（如果有）的材料、结构和标称厚度。

h)　外护套的材料和标称厚度。

i)　导体标称直径（d）。

j)　成品电缆标称外径（D）。

k) 绝缘的标称内径（d_{ii}）和计算的标称外径（D_{io}）。

l) 导体与金属屏蔽和（或）金属套间的 1 km 标称电容。

m) 计算的导体屏蔽上的标称电场强度（E_i）和绝缘屏蔽上的标称电场强度（E_o）：

$$E_i = \frac{2U_0}{d_{ii}\ln\left(\frac{D_{io}}{d_{ii}}\right)}$$

$$E_o = \frac{2U_0}{D_{io}\ln\left(\frac{D_{io}}{d_{ii}}\right)}$$

式中：

$U_0 = 127\ \text{kV}$；

$D_{io} = d_{ii} + 2t_n$；

D_{io}——计算的绝缘标称外径，单位为毫米（mm）；

d_{ii}——申明的绝缘标称内径，单位为毫米（mm）；

t_n——申明的绝缘标称厚度，单位为毫米（mm）。

表 3 交联聚乙烯绝缘料的 tanδ

绝缘混合料	交联聚乙烯（XLPE）
tanδ 最大值	10×10^{-4}

7 附件特性

为实施并记录本部分所述的电缆系统或附件的试验，应对附件进行标示。

下列特性应予明确或申明：

a) 用于附件试验的电缆应按第 6 章正确标示；

b) 附件中使用的导体连接金具应正确地标示：

——安装工艺；

——工具、模具和必要的装配设置；

——接触表面的处理；

——连接金具的型号、编号和其他识别标志；

——导体连接金具已经通过的型式试验认可的详细情况，适用时。

c) 用于试验的附件应正确地标示：

——制造商名称；

——型号、名称、制造日期或日期代码；

——额定电压［见第 6 章 b)项］；

——安装说明书（编号和日期）。

8 试验条件

8.1 环境温度

除非对特殊试验另外详细规定，试验应在环境温度为（20±15）℃下进行。

8.2 工频试验电压的频率和波形

除非本部分另外指明,交流试验电压的频率应为 49 Hz~61 Hz。波形应基本为正弦波。电压值以均方根值(r.m.s.)表示。

8.3 雷电冲击试验电压的波形

按照 GB/T 3048.13,标准雷电冲击电压波的波前时间应为 1 μs~5 μs,按照 GB/T 16927.1,半波峰时间应为(50±10)μs。

8.4 试验电压与额定电压的关系

本部分规定的试验电压用额定电压 U_0 的倍数表示,为确定试验电压的 U_0 值为 127 kV,试验电压应按表 4 规定。

本部分中的试验电压是根据假定电缆和附件用于 IEC 60183 中定义的 A 类系统而确定。

表 4 试验电压

1	2	3	4[a]	5[a]	6[a]	7[a]	8[a]	9[a]	10[b]
额定电压 U	设备最高电压 U_m	用于确定试验电压的值 U_0	9.3 电压试验 2.5U_0 (30 min)	9.2 和12.4.4 局部放电试验 1.5U_0	12.4.5 tanδ 试验 U_0	12.4.6 热循环电压试验 2U_0	10.12、12.4.7.2 和13.2.5 雷电冲击电压试验	12.4.7.2 电压试验 2U_0	16.3 安装后电压试验 (60 min)
kV	kV	kV	kV	kV	kV	kV	kV	kV	kV
220	252(245)[c]	127	318	190	127	254	1 050	254	180

[a] 必要时,应根据 12.4.1 调整施加电压。

[b] 必要时,应根据 16.3 调整施加电压。

[c] 圆括号中的数值为用户有要求时使用。

8.5 电缆导体温度的测定

推荐采用附录 A 中所述的试验方法之一测定导体的实际温度。

9 电缆和预制附件主绝缘的例行试验

9.1 概述

下列试验应在每根制造长度电缆上进行:

a) 局部放电试验(见 9.2);

b) 电压试验(见 9.3);

c) 外护套的电气试验(见 9.4)。

这些试验的次序由制造方自行确定。

每个预制附件的主绝缘应经受局部放电试验(见 9.2)和电压试验(见 9.3),可按以下 1)、2)或 3)叙述的方法进行试验:

1) 在安装于电缆的附件上进行;

2) 主绝缘部件装在专供试验的附件上进行；

3) 采用模拟附件装置进行试验,使主绝缘部件所受的电场强度再现实际电场情况。

在上述 2)和 3)情况下,应选取试验电压值使得产生的电场强度至少与附件产品上施加 9.2 和 9.3 规定试验电压时在该部件上产生的电场强度相同。

注： 预制附件的主绝缘包括与电缆绝缘直接接触并且是附件中控制电场分布所必需而且基本的部件,例如模压预制或预浇注预制橡胶绝缘件或有填充料的环氧绝缘件。它们可以单独使用或组合起来使用而成为附件的必要的绝缘和屏蔽。

9.2 局部放电试验

电缆局部放电试验应按 GB/T 3048.12 进行,检测灵敏度应为 10 pC 或更优。附件试验按相同原则进行,检测灵敏度应为 5 pC 或更优。

试验电压应逐渐升到 $1.75U_0$ 并保持 10 s,然后慢慢地降到 $1.5U_0$(见表 4 第 5 列)。

在 $1.5U_0$ 下,被试品应无超过申明灵敏度的可检测的放电。

9.3 电压试验

电压试验应在环境温度下以工频交流电压进行。

试验电压应施加在导体和金属屏蔽和(或)金属套间逐渐地升到 $2.5U_0$(见表 4),然后保持 30 min。

绝缘不应发生击穿。

9.4 外护套的电气试验

应进行 IEC 60229:2007 第 3 章规定的电气试验,在金属屏蔽和(或)金属套与外护套表面导电层之间以金属套接负极施加直流电压 25 kV,历时 1 min。

外护套不应发生击穿。

10 电缆的抽样试验

10.1 概述

下列试验应在代表交货批的电缆样品上进行,对 b)项和 g)项试验,样品可以是整盘电缆。

a) 导体检验(见 10.4);

b) 导体电阻和金属屏蔽和(或)金属套电阻测量(见 10.5);

c) 绝缘与外护套厚度测量(见 10.6);

d) 金属套厚度测量(见 10.7);

e) 直径测量,要求时(见 10.8);

f) XLPE 绝缘热延伸试验(见 10.9);

g) 电容测量(见 10.10);

h) 雷电冲击电压试验(见 10.11);

i) 透水试验,适用时(见 10.12);

j) 具有与外护套黏结的纵包金属带或纵包金属箔的电缆部件的试验(见 10.13)。

10.2 试验频度

10.1 中的 a)～g)以及 j)抽样试验项目,应在相同型号和导体截面积电缆的每一批(生产系列)中抽取的一根试样上进行,但不应超过任何合同中电缆总根数的 10%,修约至最近的整数。

10.1 中的 h)和 i)项的抽样频度应符合协议的质量控制方法。在无此类协议时,对电缆长度在

4 km～20 km 的合同应进行一次试验,对电缆长度超过 20 km 的合同应进行二次试验。

10.3 复试

如果取自任一根电缆上的试样,未通过 10.1 中的任何一项试验,则应从同一批电缆中再取两根试样,对未通过的项目进行试验。假如加试的这两根电缆都通过了试验,则抽取这两根试样的该批其他电缆应认为符合要求。如任一根加试电缆未通过试验,则该批电缆应认为不符合要求。

10.4 导体检验

应采用实际可行的检验及测量方法来检查导体结构是否符合 GB/T 3956。

10.5 导体电阻和金属屏蔽和(或)金属套电阻测量

整根电缆或电缆试样在试验前应置于温度适当稳定的试验室内至少 12 h。如怀疑导体或金属屏蔽温度与试验室温度不同,则电缆应放在试验室内 24 h 后再测量电阻。或者可将导体或金属屏蔽试样放置在可控温的恒温槽内至少 1 h 后再测量电阻。

导体或金属屏蔽直流电阻应按 GB/T 3956 给出的公式和系数校正到温度为 20 ℃时 1 km 的数值。对于不是铜或铝的金属屏蔽,温度系数和校正公式应分别从 JB/T 10181.11—2014 的表 1 和 2.1.1 取得。

校正到 20 ℃的导体直流电阻不应超过 GB/T 3956 规定的相应的最大值或申明值。

校正到 20 ℃的金属屏蔽直流电阻不应超过申明值。

10.6 绝缘和外护套厚度测量

10.6.1 概述

试验方法应按 GB/T 2951.11—2008 第 8 章的规定,但包覆在皱纹金属套上的外护套厚度测量应按照 10.6.3 给出的方法。

应从每根选作试验的电缆的一端(如果必需)截除任何可能受到损伤的部分后,切取一段代表被试电缆的试样。

10.6.2 对绝缘的要求

最小测量厚度不应小于标称厚度的 90%:

$$t_{min} \geqslant 0.90 t_n$$

以及,由下式定义的绝缘的偏心度不应大于 8%:

$$\frac{t_{max} - t_{min}}{t_{max}} \leqslant 0.08$$

式中:

t_{max}——最大厚度,单位为毫米(mm);

t_{min}——最小厚度,单位为毫米(mm);

t_n ——标称厚度,单位为毫米(mm)。

注:其中 t_{max} 和 t_{min} 为绝缘同一截面上的测量值。

导体和绝缘上的半导电屏蔽层厚度不应包含在绝缘厚度内。

10.6.3 对电缆外护套的要求

外护套厚度的最小测量值加上 0.1 mm 后,不应小于标称厚度的 85%,即:

$$t_{min} \geqslant 0.85 t_n - 0.1$$

式中：

t_{min}——最小厚度，单位为毫米（mm）；

t_n——标称厚度，单位为毫米（mm）。

此外，包覆在基本光滑表面上的外护套，其测量值的平均值（mm）按附录B修约至一位小数，不应小于标称厚度。

对平均厚度的要求不适用于包覆在不规则表面上的外护套，如包覆在金属屏蔽线和（或）金属带、或皱纹金属套上的外护套。

包覆在皱纹金属套上的外护套厚度，应采用具有至少一个半径约为3 mm的球面测头、精度为±0.01 mm的测微计进行测量。取样和测量的步骤如下：

a) 从成品电缆上切取包含至少6个波峰和6个波谷的足够长度的一段外护套试样，在该外护套试样的外表面上画一条平行于电缆轴线的参考线。从外护套试样的一端截取的一个圆环上确定最小厚度的位置，以该最小厚度的位置为中点（以前述的参考线辅助定位）、沿着电缆轴线切取宽度约为20 mm～40 mm的包含了6个波峰和6个波谷的条状试片。应小心地除去试片上的各种附着物（如防腐涂料）；

b) 在条状试片上6个波谷位置（护套较薄处）分别测量每个波谷处的护套最小厚度。

6个测量值中最小的一个即为该皱纹金属套上的外护套的最小测量厚度。

10.7 金属套厚度测量

下列试验适用于铅、铅合金或铝金属套电缆。

10.7.1 铅或铅合金套

铅或铅合金套电缆，其金属套的最小厚度加上0.1 mm后，不应小于标称厚度的95%，即：

$$t_{min} \geq 0.95t_n - 0.1$$

应由制造方决定用下列的一种方法测量金属套厚度。

10.7.1.1 窄条法

应采用测量面直径为4 mm～8 mm、精度为±0.01 mm的测微计进行测量。

应从成品电缆上切取约50 mm长的铅套试件进行测量。应将试件沿纵向剖开，并小心地展平。在清洁试片后，应沿着铅套圆周、距试片边缘不小于10 mm处在足够多的点上测量，以确保测得最小厚度。

10.7.1.2 圆环法

应采用测微计测量，测微计的两个测量面，一个为平面，另一个为球面，或一个为平面，另一个为长2.4 mm、宽0.8 mm的矩形平面。球面或矩形平面应适合与环的内侧面接触。测微计精度应为±0.01 mm。

应从试样上仔细切取铅套圆环进行测量。应沿圆环的圆周在足够多的点上测量，以确保测得最小厚度。

10.7.2 平铝套或皱纹铝套

平铝套的最小厚度加上0.1 mm后，不应小于标称厚度的90%，即

$$t_{min} \geq 0.90t_n - 0.1$$

皱纹铝套的最小厚度加上0.1 mm后，不应小于标称厚度的85%，即

$$t_{min} \geq 0.85t_n - 0.1$$

应从成品电缆上仔细切取约 50 mm 宽的铝金属套圆环,采用具有两个半径约 3 mm 球面测头、精度为±0.01 mm 的千分尺进行测量。应沿圆环圆周在足够多的点上测量,以确保测得最小厚度。

10.8 直径测量

如买方要求,应测量电缆绝缘芯直径和(或)电缆外径。测量应按 GB/T 2951.11—2008 的 8.3 进行。

10.9 XLPE 绝缘的热延伸试验

10.9.1 步骤

取样和试验步骤应按照 GB/T 2951.21—2008 第 9 章进行,采用表 9 给出的试验条件。
试片应按所采用的交联工艺,取自被认为交联度最低的绝缘部分。

10.9.2 要求

试验结果应符合表 9 要求。

10.10 电容测量

应在环境温度下测量导体与金属屏蔽和(或)金属套间的电容,并应同时记录环境温度。
电容测量值应校正到 1 km 电容,并且不应超过制造商申明标称值8%。

10.11 雷电冲击电压试验

试验应在不包括试验附件至少 10 m 长的成品电缆试样上进行,试验时导体温度应比电缆正常运行的最大导体温度高 5 K~10 K。
应只通过导体电流将被试电缆加热到规定的温度。
注:如果由于实际原因,不能达到试验温度,可以外加热绝缘措施。
应按照 GB/T 3048.13 的试验程序施加雷电冲击电压。
电缆应耐受按表 4 第 8 栏试验电压值施加的 10 次正极性和 10 次负极性电压冲击而不破坏。
绝缘不应发生击穿。

10.12 透水试验

适用时,应从成品电缆上取样进行试验,并应满足 12.5.14 的要求。

10.13 与外护套黏结的纵包金属带或金属箔电缆的部件试验

对具有与外护套黏结的纵包金属带或纵包金属箔的电缆,应从成品电缆上取 1 m 试样,并按照 12.5.15要求进行试验。

11 附件的抽样试验

11.1 附件部件的试验

对每个部件的特性应按照附件制造商的技术规范,或者通过部件供应商提供的试验报告或通过内部试验来进行查验。
附件制造商应提供每种部件要进行的各项试验的清单,并说明每种试验的频次。
对部件要按照图纸进行检查,不应有超出申明公差的偏离。

注：由于各个供应商提供的部件各不相同，因此本部分不可能规定部件通用的抽样试验。

11.2 成品附件的试验

对主绝缘部件不能进行例行试验（见9.1）的附件，制造商应在完全装配好的附件上进行下列各项电气试验。

　　a)　局部放电试验（见9.2）；

　　b)　电压试验（见9.3）。

这些试验的次序由制造方按适合试验安排来确定。

注：不做例行试验的主绝缘的例子有绕包绝缘和（或）现场模制的绝缘。

如果该合同中这种形式附件的数量超过50个，应对该形式的一个附件进行抽样试验。

如果试样未通过上述二项试验中的任何一项试验，则应从合同供应的相同类型附件中再抽取两个试样，对未通过的项目进行试验。如果这两个加试试样都通过了试验，则应认为该合同相同类型的其他附件符合本部分要求。如任一个加试试样仍未通过试验，则应认为该合同的该种类型的附件不符合本部分要求。

12 电缆系统的型式试验

12.1 概述

本章规定的各项试验是用以验证电缆系统具有满意的性能。

附录C给出电缆系统型式试验及其条文号的一览表。

注：本部分不规定与环境条件有关的终端试验。

12.2 型式认可的范围

对具有特定截面以及相同额定电压和结构的一种或一种以上电缆系统的型式试验通过后，如果满足下列a)～f)的所有条件，则该型式认可对本标准范围内其他导体截面、额定电压和结构的电缆系统亦应认可有效：

注：按照本部分的2002年版本已经通过的型式试验依然有效。

　　a)　电压等级不高于已试电缆系统的电压等级；

注：本部分中相同额定电压等级的电缆系统是指具有相同设备最高电压 U_m 和相同试验电压等级（见表4中第1栏和第2栏）的电缆系统。

　　b)　导体截面不大于已试电缆的导体截面；

　　c)　电缆和附件具有与已试电缆系统相同或相似的结构；

注：结构类似的电缆和附件是指绝缘和半导电屏蔽的类型和制造工艺相同的电缆和附件。由于导体或连接金具的型式或材料的差异、或者由于屏蔽绝缘线芯上或附件主绝缘部件上的保护层的差异，除非这些差异可能对试验结果有显著影响，否则电气型式试验就不必重复进行。在有些情况下，重做型式试验中的一项或几项试验[例如弯曲试验、热循环试验和（或）相容性试验]可能是合适的。

　　d)　电缆导体屏蔽上计算的标称电场强度值和雷电冲击电场强度值不超过已试电缆系统相应计算值10%；

　　e)　电缆绝缘屏蔽上计算的标称电场强度值和雷电冲击电场强度值不超过已试电缆系统相应计算值；

　　f)　电缆附件主绝缘件上和电缆与附件界面上计算的标称电场强度值和雷电冲击电场强度值不超过已试电缆系统相应计算值。

除非采用不同的材料和制造工艺，对取自不同电压等级和（或）导体截面的电缆的试样不需要进行电缆组件的型式试验（见12.5）。但是如果包覆在屏蔽绝缘芯上的材料组合不同于原先已经过型式试验的电缆的材料组合,可以要求重复进行成品电缆样段的老化试验以检验材料的相容性(见12.5.4)。

由具有资质的鉴证机构代表签署的型式试验证书、或由制造商提供的有合适资格官员签署的载有试验结果的报告、或由独立实验室出具的型式试验证书应认可作为通过型式试验的证明。

12.3 型式试验概要

型式试验应包括12.4规定的成品电缆系统的电气试验和12.5规定的电缆部件及成品电缆适用的非电气试验。

12.4.2列出的试验应在不包括电缆附件至少10 m长的一个或多个成品电缆试样上进行,试样的数量取决于试验的附件数量。

两个附件之间自由电缆的最短长度应为5 m。

附件应安装在经过弯曲试验后的电缆上,每种型式的附件应有一个试样进行试验。

电缆和附件应按制造商说明书规定的方法进行组装,采用其所提供的等级和数量的材料,包括润滑剂(如果有)。

附件的外表面应干燥和清洁,但对电缆和附件都不应以制造商说明书没有规定的方式进行任何可能改变其电性能、热性能或机械性能的方法进行处理。

进行12.4.2的 c)项~g)项试验时,必须将被试接头的外保护层装上。但如果能够表明此外保护层不会影响接头绝缘性能,例如没有热机械或相容性的影响,就不必装上此外保护层。

12.4.9规定的半导电屏蔽电阻率测量应在单独的试样上进行。

12.4 成品电缆系统的电气型式试验

12.4.1 试验电压值

电气型式试验前,应按GB/T 2951.11—2008中8.1规定方法在供试验用的有代表性的一段试样上测量电缆的绝缘厚度,以检查绝缘平均厚度是否超过标称值太多。

如果绝缘平均厚度未超过标称厚度5%,试验电压应取表4规定的试验电压值。

如果绝缘平均厚度超过标称厚度5%、但不超过15%,应调整试验电压,以使得导体屏蔽上电场强度等于绝缘平均厚度为标称值、且试验电压为表4规定的试验电压值时确定的电场强度。

用于电气型式试验的电缆段的绝缘平均厚度不应超过标称值15%。

12.4.2 试验及试验顺序

试验 a)~h)应按以下顺序进行:

a) 弯曲试验(见12.4.3)随后安装附件和在环境温度下的局部放电试验(见12.4.4);

b) tanδ 测量(见12.4.5);

注:本项试验可以在未进行本试验序列中其余试验项目的装有特殊试验终端的另一个电缆试样上进行。

c) 热循环电压试验(见12.4.6);

d) 局部放电试验(见12.4.4):

  • 在环境温度下进行,以及

  • 在高温下进行。

本试验应在上述 c)项最后一次循环后进行,或者在下述 e)项雷电冲击电压试验后进行;

e) 雷电冲击电压试验及随后的工频电压试验(见12.4.7);

f) 局部放电试验,若上述 d)项没有进行;

g) 接头的外保护层试验(见附录G);

注1:本项试验可以在已经通过 c)项热循环电压试验的接头上进行,也可以在经过至少3次热循环(见附录G)的另一个单独的接头上进行。

注2:如果电缆和接头不在潮湿环境下运行(即不直接埋在地下或不间断地或连续浸在水中),则 G.3 和 G.4.2 规定

的试验可以不做。

h) 在上述各项试验完成时,对包含电缆和附件的电缆系统的检验(见 12.4.8);

i) 电缆半导电屏蔽的电阻率试验(见 12.4.9)应在单独的试样上测量。

试验电压应符合表 4 的规定。

12.4.3 弯曲试验

电缆试样应在环境温度下围绕试验用圆柱体(例如电缆盘的筒体)弯曲至少一整圈,然后展直,过程中电缆没有轴向转动。接着应将试样沿电缆轴线旋转 180°,重复上述过程。如此作为一个循环。

这样的弯曲循环应共进行三次。

试验用圆柱体的直径不应大于:

——36($d+D$)×1.05,平铝套电缆;

——25($d+D$)×1.05,铅、铅合金、皱纹金属套或具有与外护套黏结的纵包金属带或纵包金属箔的电缆;

——20($d+D$)×1.05,其他电缆。

式中:

d——导体标称直径,单位为毫米(mm)[见第 6 章,i)项];

D——电缆标称外径,单位为毫米(mm)[见第 6 章,j)项]。

注:不规定负偏差。只有与制造商协商一致才能用小于规定直径进行弯曲试验。

12.4.4 局部放电试验

局部放电试验应按 GB/T 3048.12 进行,检测的灵敏度应为 5 pC 或更优。

试验电压应逐渐升到 1.75U_0 并保持 10 s,然后慢慢地降到 1.5U_0。

高温下试验时,试样应在比电缆正常运行的最大导体温度高 5 K~10 K 下进行试验。导体温度应在此规定温度范围内保持至少 2 h。

应只通过导体电流将被试电缆加热到规定的温度。

注:如果由于实际原因,不能达到试验温度,可以外加热绝缘措施。

在 1.5U_0 下,试品中应无超过申明灵敏度的可检测的放电。

12.4.5 tanδ 测量

应只通过导体电流将试样加热到规定的温度。可采用测量导体电阻,或采用置于屏蔽或金属套表面的热电偶,或采用同样加热方式的另一段相同电缆试样导体上的热电偶来确定导体温度。

试样应加热至导体温度超过电缆正常运行的最大导体温度 5 K~10 K。

注:如果由于实际原因,不能达到试验温度,可以外加热绝缘措施。

然后应在工频电压 U_0(见表 4 第 6 栏)及上述规定温度下测量 tanδ。

测量值不应大于表 3 的给定值。

12.4.6 热循环电压试验

电缆试样应有一段弯成 12.4.3 规定直径的 U 形。

应只通过导体电流将试样加热到规定的温度。试样应加热至导体温度超过电缆正常运行的最大导体温度 5 K~10 K。

注:如果由于实际原因,不能达到试验温度,可以外加热绝缘措施。

加热应至少 8 h。在每个加热期内,导体温度应保持在上述温度范围内至少 2 h。随后应自然冷却至少 16 h,直到导体温度冷却至不高于 30 ℃ 或者冷却至高于环境温度 15 K 以内,取两者之中的较高值,但最高不高于 45 ℃。应记录每个加热周期最后 2 h 的导体电流。

加热和冷却循环应进行 20 次。

在整个试验期内,试样上应施加 $2U_0$ 电压(见表 4 第 7 栏)。

试验过程允许中断,只要完成了总共 20 个加电压的完整热循环即可。

注:导体温度超过电缆正常运行的最大导体温度 10 K 的那些热循环也认为有效。

12.4.7 雷电冲击电压试验及随后的工频电压试验

应只通过导体电流将试样加热到规定的温度。试样应加热至导体温度超过电缆正常运行的最大导体温度 5 K～10 K。

导体温度应保持在上述试验温度范围至少 2 h。

注:如果由于实际原因,不能达到试验温度,可以外加热绝缘措施。

应按照 GB/T 3048.13 给出的试验程序施加雷电冲击电压。

电缆应耐受按表 4 第 8 栏试验电压值施加的 10 次正极性和 10 次负极性电压冲击而不破坏。

雷电冲击电压试验后,应对试样系统进行 $2U_0$,15 min 的工频电压试验(见表 4 第 9 栏)。由制造方决定,这项试验可在冷却过程中或在环境温度下进行。

不应发生绝缘击穿或闪络。

12.4.8 检验

12.4.8.1 电缆和附件

将一个试样电缆解剖,以及只要可能将各个附件拆解,以正常视力或经矫正但不放大的视力进行检查,应无可能影响电缆系统运行的劣化迹象(如:电气品质下降、泄露、腐蚀或有害的收缩)。

12.4.8.2 与外护套黏结的纵包金属箔或金属带电缆

应从完成上述型式试验后的电缆上取下 1 m 长的试样,进行 12.5.15 的各项试验。

12.4.9 半导电屏蔽电阻率

电缆半导电屏蔽的电阻率应在单独的试样上测量。

应从制造后未经处理的电缆试样的绝缘芯上和从已经过 12.5.4 规定的组件材料相容性试验老化处理后的电缆试样的绝缘芯上分别取试件,进行导体上和绝缘上的挤包半导电屏蔽的电阻率测定。

12.4.9.1 步骤

试验步骤见附录 D。

测量应在温度(90±2)℃下进行。

12.4.9.2 要求

老化前和老化后的电阻率不应超过:
——导体屏蔽:1 000 Ω·m;
——绝缘屏蔽:500 Ω·m。

12.5 电缆组件和成品电缆的非电气型式试验

非电气型式试验项目如下:
a) 电缆结构检验(见 12.5.1);
b) 绝缘老化前后机械性能试验(见 12.5.2);
c) 外护套老化前后机械性能试验(见 12.5.3);
d) 检验材料相容性的成品电缆段老化试验(见 12.5.4);
e) ST_2 型 PVC 外护套的失重试验(见 12.5.5);

f) 外护套的高温压力试验(见 12.5.6);

g) PVC 外护套(ST₂)低温试验(见 12.5.7);

h) PVC 外护套(ST₂)热冲击试验(见 12.5.8);

i) XLPE 绝缘的微孔杂质试验(见 12.5.9);

j) XLPE 绝缘热延伸试验(见 12.5.10);

k) 半导电屏蔽层与绝缘层界面的微孔与突起试验(见 12.5.11);

l) 黑色 PE 外护套(ST₇)碳黑含量测量(见 12.5.12);

m) 燃烧试验(见 12.5.13);

n) 透水试验(见 12.5.14);

o) 具有与外护套黏结的纵包金属带或纵包金属箔的电缆部件的试验(见 12.5.15);

p) 非金属外护套的刮磨试验(见 12.5.16);

q) 铝套的腐蚀扩展试验(见 12.5.17)。

电缆组件及成品电缆的非电气试验汇总于表 5 中,并指出每种试验所适用的 XLPE 绝缘和各种护套材料。电缆燃烧试验仅在制造商希望申明该电缆的设计特性适合该试验时才要求进行。

表 5 电缆组件和成品电缆的非电气型式试验项目汇总

	绝缘	外护套	
混合料代号(见 4.2 和 4.4)	XLPE	ST₂	ST₇
结构检查 透水试验[a]	均适用,与绝缘和外护套材料无关		

机械性能
(抗张强度和断裂伸长率)
  a) 老化前
  b) 空气烘箱 老化后
  c) 成品电缆 老化后(相容性试验)
	×
	×
	×
		×
		×
		×
			×
			×
			×

高温压力试验	—	×	×

低温性能
  a) 低温拉伸试验
  b) 低温冲击试验
	—
	—
		×
		×
			—
			—

空气烘箱热失重	—	×	—
热冲击试验	—	×	—
热延伸试验	×	—	—
炭黑含量试验[b]	—	—	×
燃烧试验[c]	—	×	—
绝缘中微孔杂质试验	×	—	—
半导电屏蔽层与绝缘层界面的微孔与突起	×	—	—
非金属外护套的刮磨试验	—	×	×
铝套的腐蚀扩展试验	—	×	×
具有与外护套黏结的纵包金属层的试验[c]	—	—	×
注:×表示要做此项试验。			
[a] 用于制造方申明具有纵向阻水措施的电缆。 [b] 仅对黑色外护套。 [c] 只在制造方申明电缆设计适合时要求。			

12.5.1 电缆结构检查

导体检查、绝缘和外护套厚度以及金属套厚度测量应分别按10.4、10.6和10.7进行,并应符合要求。

12.5.2 绝缘老化前后机械性能试验

12.5.2.1 取样

取样和试片制备应按GB/T 2951.11—2008的9.1进行。

12.5.2.2 老化处理

老化处理应按表6和GB/T 2951.12—2008的8.1并在表6规定的条件下进行。

表6 电缆XLPE绝缘混合料的机械性能试验要求(老化前后)

序号	试验项目和试验条件 (混合料代号见4.2)	单位	性能要求 XLPE
0	正常运行时导体最高温度	℃	90
1	老化前(GB/T 2951.11—2008的9.1)		
1.1	最小抗张强度	N/mm²	12.5
1.2	最小断裂伸长率	%	200
2	空气烘箱老化后(GB/T 2951.12—2008的8.1)		
2.1	处理条件:温度	℃	135
	温度偏差	K	±3
	持续时间	h	168
2.2	抗张强度		
	a) 老化后最小值	N/mm²	—
	b) 最大变化率ᵃ	%	±25
2.3	断裂伸长率		
	a) 老化后最小值	%	—
	b) 最大变化率ᵃ	%	±25
ᵃ 变化率:老化后测得中间值与老化前测得中间值的差值除以后者,以百分率表示。			

12.5.2.3 预处理和机械性能试验

预处理和机械性能的测量应按GB/T 2951.11—2008的9.1进行。

12.5.2.4 要求

老化前和老化后试片的试验结果应符合表6要求。

12.5.3 外护套老化前后机械性能试验

12.5.3.1 取样

取样和试片制备应按GB/T 2951.11—2008的9.2进行。

12.5.3.2 老化处理

老化处理应按表 7 和 GB/T 2951.12—2008 的 8.1 并在表 7 规定的条件下进行。

12.5.3.3 预处理和机械性能试验

预处理和机械性能的测量应按 GB/T 2951.11—2008 的 9.2 进行。

12.5.3.4 要求

老化前和老化后试片的试验结果应符合表 7 要求。

表 7 电缆外护套混合料的机械性能试验要求（老化前后）

序号	试验项目和试验条件 （混合料代号见 4.4）	单位	性能要求（混合料代号见 4.4）	
			ST₂	ST₇
1	老化前（GB/T 2951.11—2008 的 8.2）			
1.1	最小抗张强度	N/mm²	12.5	12.5
1.2	最小断裂伸长率	%	150	300
2	空气烘箱老化后（GB/T 2951.12—2008 的 8.1）			
	处理条件：温度	℃	100	110
	温度偏差	K	±2	±2
	持续时间	h	168	240
2.1	抗张强度			
	a) 老化后最小值	N/mm²	12.5	—
	b) 最大变化率ᵃ	%	±25	—
2.2	断裂伸长率			
	a) 老化后最小值	%	150	300
	b) 最大变化率ᵃ	%	±25	—
3	高温压力试验（GB/T 2951.31—2008 的 8.2）			
	试验温度	℃	90	110
	温度偏差	K	±2	±2
ᵃ 变化率：老化后测得中间值与老化前测得中间值的差值除以后者，以百分率表示。				

12.5.4 检验材料相容性的成品电缆段的老化试验

12.5.4.1 概述

应进行成品电缆段的老化试验，以检验电缆是否存在由于绝缘、挤包半导电层和外护套与电缆其他组成部分的接触而容易在运行中过多劣化的倾向。

本试验适用于所有类型电缆。

12.5.4.2 取样

绝缘和外护套试验用电缆试样应取自 GB/T 2951.12—2008 的 8.1.4 所述的成品电缆。

12.5.4.3 老化处理

电缆段的老化处理应按 GB/T 2951.12—2008 的 8.1.4 在空气烘箱中进行，条件如下：

——温度:(100±2)℃;

——持续时间:7×24 h。

12.5.4.4 机械性能试验

从老化后电缆样品上取下的绝缘和护套试片,应按 GB/T 2951.12—2008 中 8.1.4 制备并进行机械性能试验。

12.5.4.5 要求

老化后的抗张强度和断裂伸长率的中间值与老化前得出的相应值(见 12.5.2 和 12.5.3)的变化率不应超过表 6 给出的绝缘经空气烘箱老化后的试验值,以及表 7 给出的外护套经空气烘箱老化后的试验值。

12.5.5 ST$_2$ 型 PVC 外护套失重试验

12.5.5.1 步骤

ST$_2$ 型外护套的失重试验应按表 8 和 GB/T 2951.32—2008 的 8.2 规定条件下进行。

12.5.5.2 要求

试验结果应符合表 8 要求。

表 8 电缆 PVC 外护套料特殊性能试验要求

序号	试验项目和试验条件	单位	要求(混合料代号见 4.4) ST$_2$
1	空气烘箱热失重试验 (GB/T 2951.32—2008 中 8.2)		
1.1	处理条件:温度	℃	100
	温度偏差	K	±2
	持续时间	h	168
1.2	最大允许失重	mg/cm²	1.5
2	低温性能[a](GB/T 2951.14—2008 的第 8 章) 试验在未经先前老化下进行		
2.1	哑铃片的低温拉伸试验		
	试验温度	℃	−15
	温度偏度	K	±2
2.2	低温冲击试验		
	试验温度	℃	−15
	温度偏度	K	±2
3	热冲击试验(GB/T 2951.31—2008 的 9.2)		
	试验温度	℃	150
	温度偏度	K	±3
	试验时间	h	1
[a]　因气候条件不同时,可以采用更低的试验温度。			

12.5.6 外护套高温压力试验

12.5.6.1 步骤

ST_2 和 ST_7 外护套的高温压力试验应按 GB/T 2951.31—2008 的 8.2 所述试验方法和表 7 给出的试验条件进行。

12.5.6.2 要求

试验结果应符合 GB/T 2951.31—2008 的 8.2 要求。

12.5.7 PVC 外护套(ST_2)低温试验

12.5.7.1 步骤

ST_2 外护套的低温试验应采用表 8 规定的试验温度,按 GB/T 2951.14—2008 的第 8 章进行。

12.5.7.2 要求

试验结果应符合 GB/T 2951.14—2008 的第 8 章要求。

12.5.8 PVC 外护套(ST_2)热冲击试验

12.5.8.1 步骤

ST_2 外护套的热冲击试验应采用表 8 规定的试验温度和持续时间,按 GB/T 2951.31—2008 的 9.2 进行。

12.5.8.2 要求

试验结果应符合 GB/T 2951.31—2008 的 9.2 要求。

12.5.9 XLPE 绝缘的微孔杂质试验

12.5.9.1 步骤

XLPE 绝缘的微孔杂质试验应按照附录 H 进行取样和试验。

12.5.9.2 要求

试验结果应符合以下要求:
a) 成品电缆绝缘中应无大于 0.05 mm 的微孔,大于 0.025 mm 的微孔在每 10 cm³ 绝缘中不应多于 18 个;
b) 成品电缆绝缘中应无大于 0.125 mm 的不透明杂质,大于 0.05 mm 并小于等于 0.125 mm 的不透明杂质在每 10 cm³ 绝缘中不应多于 6 个;
c) 成品电缆绝缘中应无大于 0.16 mm 的半透明深棕色杂质。

12.5.10 XLPE 绝缘热延伸试验

XLPE 绝缘应按 10.9 进行热延伸试验并应符合表 9 要求。

表 9 电缆 XLPE 绝缘混合料的特殊性能试验要求

序号	试验项目和试验条件	单位	性能要求
			XLPE
1	热延伸试验(GB/T 2951.21—2008 的第 9 章) 处理条件:空气烘箱温度 　　　　　温度偏差 　　　　　负荷时间 　　　　　机械应力	℃ K min N/cm²	200 ±3 15 20
1.1	负荷下最大伸长率	%	175
1.2	冷却后最大永久伸长率	%	15

12.5.11 半导电屏蔽层与绝缘层界面的微孔与突起试验

12.5.11.1 步骤

半导电屏蔽层与绝缘层界面的微孔与突起试验应按照附录 H 进行取样和试验。

12.5.11.2 要求

试验结果应符合下述规定:

a) 半导电屏蔽层与绝缘层界面上应无大于 0.05 mm 的微孔;

b) 导体半导电屏蔽层与绝缘层界面上应无大于 0.08 mm 的进入绝缘层的突起以及大于 0.08 mm的进入半导电层的突起;

c) 绝缘半导电屏蔽层与绝缘层界面上应无大于 0.08 mm 的进入绝缘层的突起以及大于0.08 mm 的进入半导电层的突起。

12.5.12 黑色 PE 外护套碳黑含量测量

12.5.12.1 步骤

ST$_7$ 外护套的碳黑含量测量应按 GB/T 2951.41—2008 第 11 章所述的取样和试验步骤进行。

12.5.12.2 要求

碳黑含量应为(2.5±0.5)%。

注:对不受紫外线曝晒的特殊场合,允许较低的炭黑含量值。

12.5.13 燃烧试验

如果制造商希望申明电缆的特殊设计符合燃烧试验要求时,应在成品电缆的试样上进行GB/T 18380.12规定的燃烧试验。

试验结果应符合 GB/T 18380.12 要求。

12.5.14 透水试验

透水试验应适用于具有包括如第 6 章的 c)和 f)中申明的纵向透水阻隔结构的电缆。本试验的目的是满足埋地电缆的要求,而不是为了用于如海底电缆那类结构的电缆。

试验装置、取样、试验步骤和要求应符合附录 E。

12.5.15 与外护套黏结的纵包金属箔或金属带电缆的组件的试验

电缆试样应进行下列试验：

a) 目力检查(见 F.1)；

b) 金属箔黏结强度(见 F.2)；

c) 金属箔搭接的剥离强度(见 F.3)。

试验装置、步骤和要求应符合附录 F 的规定。

12.5.16 非金属外护套刮磨试验

电缆的非金属外护套应进行 JB/T 10696.6—2007 规定的刮磨试验并符合要求。

12.5.17 铝套腐蚀扩展试验

铝套电缆应进行 JB/T 10696.5—2007 规定的腐蚀扩展试验并符合要求。

13 电缆系统的预鉴定试验

13.1 概述和预鉴定试验的认可范围

当额定电压 220 kV 电缆系统成功通过预鉴定试验，制造商就具有供应额定电压 220 kV 或较低电压等级电缆系统的合格资格，只要其绝缘屏蔽上计算的标称电场强度等于或者低于已通过试验的电缆系统的相应值。

如果一个预鉴定合格的电缆系统使用另一个已通过预鉴定试验电缆系统的电缆和(或)附件进行替换，且另一个电缆系统的绝缘屏蔽上的计算电场强度等于或高于被替换的电缆系统，则现有的预鉴定认可应扩展到此系统或另一个电缆系统的电缆和(或)附件，只要其满足了 13.3 的全部要求。

如果一个预鉴定合格的电缆系统使用没有进行过预鉴定试验的电缆和(或)附件，或者使用另一个已通过预鉴定试验电缆系统的电缆和(或)附件进行替换，但该电缆系统的绝缘屏蔽上的计算电场强度低于被替换的电缆系统，则新组成的电缆系统应进行预鉴定试验，并满足 13.2 的全部要求。

预鉴定试验和预鉴定扩展试验的一览表参见附录 C。

注 1：除非与该电缆系统相关的材料、制造工艺、设计和设计场强水平有实质性改变，预鉴定试验只需要进行一次。

注 2：实质性改变定义为可能对电缆系统产生不利影响的改变。如果有改变而申明不构成实质性改变，供应方应提供包括试验证据的详细情况。

注 3：推荐使用大截面导体的电缆进行预鉴定试验，以覆盖热-机械性能的影响。

注 4：如果电缆系统已经完成了同等要求的长期试验，且已经证明其具有良好的运行经历，预鉴定试验可以免做。

注 5：已经按照 2002 版本标准通过的预鉴定试验仍然有效。

由具有资质的鉴证机构代表签署的预鉴定试验证书、或由制造商提供的有合适资格官员签署的载有试验结果的报告、或由独立实验室出具的预鉴定试验证书应认可作为通过预鉴定试验的证明。

13.2 电缆系统的预鉴定试验

13.2.1 预鉴定试验概要

预鉴定试验应由约 100 m 长的成品电缆包含每种类型附件至少一件的完整电缆系统上进行的电气试验组成。附件之间的自由电缆的长度应至少 10 m。试验的顺序应如下：

a) 热循环电压试验(见 13.2.4)；

b) 雷电冲击电压试验(见 13.2.5)；

c) 电缆系统完成上述试验后的检验(见 13.2.6)。

可能有一个或多个附件不能满足 13.2 中所有预鉴定试验的要求。对被试电缆系统修理后,可以对保留下的电缆系统(电缆和其余的附件)继续进行预鉴定试验。如果保留下的电缆系统满足了 13.2 的所有要求,该保留下的电缆系统(电缆和其余的附件)就认为通过预鉴定试验,而没有完成试验的电缆附件则没有通过该预鉴定试验。但是可以对更换附件的电缆系统继续进行预鉴定试验直到满足 13.2 的所有要求。如果制造商确定预鉴定试验的电缆系统包含修理好的附件,那么该完整系统的预鉴定试验的起始时间应该从修理后开始计算。

13.2.2 试验电压值

电缆系统预鉴定试验前,应测量电缆的绝缘厚度,必要时按照 12.4.1 调整试验电压值。

13.2.3 试验布置

电缆和附件应按制造商说明书规定的方法进行组装,采用其所提供的等级和数量的材料,包括润滑剂(如果有)。

试验布置应能代表实际安装敷设的条件,例如刚性固定、挠性固定和过渡方式安装、地下以及空气中安装。特别应当考虑附件热机械性能的特殊情况。

在安装和试验期间环境条件可能会有变化,但认为环境条件的变化并无重要影响。8.1 规定的温度限制不适用。

13.2.4 热循环电压试验

应只通过导体电流将试样加热到规定的温度。试样应加热至导体温度超过电缆正常运行的最大导体温度 0~5 K。试验过程中因环境温度变化要求调节导体电流。

应选择加热布置方式,使得远离附件的电缆导体温度达到上述规定温度。应记录电缆表面温度作为参考。

加热应至少 8 h。在每个加热期内,导体温度应保持在上述温度范围内至少 2 h。随后应自然冷却至少 16 h。

注 1:如果由于实际原因,不能达到试验温度,可以外加热绝缘措施。

在整个 8 760 h 的试验期间,应对电缆系统施加 $1.7U_0$ 电压和热循环。加热冷却循环应进行至少 180 次。

应无击穿发生。

注 2:建议在试验期间进行局部放电测试以便提供可能劣化的早期预警,从而有可能在故障前进行修理。

注 3:应完成总的循环次数而不管那些可能发生的中断。

注 4:导体温度超过电缆正常运行的最大导体温度 5 K 的那些热循也认为有效。

13.2.5 雷电冲击电压试验

试验应在取自试验系统的总有效长度最少 30 m 的一根或多根电缆试样上进行,电缆导体温度超过电缆正常运行的最大导体温度 0~5 K。导体温度应保持在上述温度范围内至少 2 h。

注:作为替代,试验也可在整个试验回路上进行。

应按照 GB/T 3048.13 给出的步骤施加冲击电压。

试验回路应耐受按表 4 第 8 栏试验电压值施加的 10 次正极性和 10 次负极性电压冲击而不破坏。

13.2.6 检验

电缆系统(电缆和附件)的检验应符合 12.4.8 的要求。

13.3 电缆系统的预鉴定扩展试验

13.3.1 预鉴定扩展试验概要

预鉴定扩展试验应包括13.3.2规定的完整电缆系统的电气性能试验和12.5中规定的电缆的非电气试验。

13.3.2 电缆系统的预鉴定扩展试验的电气部分

13.3.2.1 概述

13.3.2.3所列试验应在已通过预鉴定试验的电缆系统的一个或多个成品电缆的试样上进行,取决于附件的数量。电缆系统的试样应包含需要预鉴定扩展试验的电缆附件每种至少一件。试验可在实验室中进行,而不必在模拟真实安装的条件下进行。

附件之间电缆的最短长度应为5 m。电缆总长度应最少20 m。

电缆和附件应按制造商说明书规定的方法进行安装,采用其所提供的等级和数量的材料,包括润滑剂(如果有)。

如果一个接头的预鉴定要扩展到用于挠性和刚性二种安装方式,试验时一个接头应以挠性方式安装,另一个接头应以刚性方式安装,见图1。

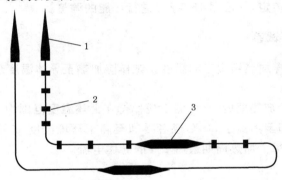

说明:

1——终端;

2——夹具;

3——接头。

图 1　一个采用设计为挠性和刚性二种安装方式的另外接头的系统的预鉴定扩展试验的布置示例

如果电缆也是预鉴定扩展试验的部分,试验回路应按12.4.3规定的直径敷设成U形。

除13.3.2.3规定情形之外,13.3.2.3所列的所有试验项目应在同一个试样上依次进行。附件应在电缆的弯曲试验后安装。

12.4.9所述的半导电屏蔽电阻率的测量应在单独的试样上进行。

如果预鉴定扩展试验仅针对附件,那么就不要求U形试验回路以及进行电缆半导电屏蔽电阻率测量。

13.3.2.2 试验电压值

预鉴定扩展试验的电气试验前,应测量电缆的绝缘厚度,必要时应按照12.4.1调整试验电压值。

13.3.2.3 预鉴定扩展试验的电气试验顺序

预鉴定扩展试验的电气部分的正常顺序应如下:

a) 弯曲试验(见12.4.3)后先不做判定性的局部放电试验,而是随后安装要进行预鉴定扩展试验的附件；

b) 弯曲试验及安装附件后进行局部放电试验(见12.4.4)，以检查已安装的附件的质量；

c) 不加电压的热循环试验(见13.3.2.4)；

d) tanδ 测量(见12.4.5)；

注1：本项试验可以在不进行本试验序列中其余试验项目的装有特殊试验终端的另一个电缆试样上进行。

e) 热循环电压试验(见12.4.6)；

f) 环境温度下和高温下的局部放电试验(见12.4.4)；本试验应在上述 e)项试验的最后一次循环后，或者在下述 g)项雷电冲击电压试验后进行；

g) 雷电冲击电压试验及随后的工频电压试验(见12.4.7)；

h) 局部放电试验，若上述 f)项没有进行；

i) 接头的外保护层试验(见附录G)；

注2：本项试验可以在已经通过 c)项热循环试验的接头上进行，也可以在经过至少3次热循环(见附录G)的另一个单独的接头上进行。

注3：如果电缆和接头不在潮湿环境下运行(即不直接埋在地下或不间歇地或连续地浸在水中)，则 G.3 和 G.4.2 规定的试验可以不做。

j) 在上述各项试验完成后，对包含电缆和附件的电缆系统的检验(见12.4.8)；

k) 电缆半导电屏蔽的电阻率(见12.4.9)应在单独的试样上测量。

试验电压应符合表4的规定，并根据13.3.2.2进行可能的调整。

13.3.2.4 不加电压的热循环试验

应只通过导体电流将试样加热到规定的温度。试样应加热至导体温度超过电缆正常运行的最大导体温度 0～5K。

加热应至少 8 h。在每个加热期内，导体温度应保持在上述温度范围内至少 2 h。随后应自然冷却至少 16 h，直到导体温度冷却至不高于 30 ℃ 或者冷却至高于环境温度 15 K 以内，取两者之中的较高值，但最高为 45 ℃。应记录每个加热周期最后 2 h 的导体电流。

加热冷却循环应进行 60 次。

注：导体温度超过电缆正常运行的最大导体温度 5 K 的那些热循环也认为有效。

14 电缆的型式试验

电缆应作为电缆系统的一部分进行型式试验。

15 附件的型式试验

附件应作为电缆系统的一部分进行型式试验。

16 安装后的电气试验

16.1 概述

试验在电缆和附件安装完成后的新线路上进行。

推荐采用16.2的外护套直流电压试验和/或16.3的绝缘交流电压试验。

当电缆线路仅按16.2作了外护套试验，根据购买方和承包方协议，附件安装的质量保证程序可以代替16.3的绝缘交流电压试验。

16.2　外护套直流电压试验

应按 IEC 60229 在电缆金属套或金属屏蔽与地之间对外护套施加 10 kV 直流电压,持续时间 1 min。

为使试验有效,外护套外表面必须与地良好接触。外护套上的导电层有助于达到此要求。

16.3　绝缘交流电压试验

应经购买方与承包方协商同意施加交流电压。电压波形应基本为正弦波形,频率应为 20 Hz～ 300 Hz。施加的交流电压值应为 180 kV 或者 216 kV($1.7U_0$),持续时间 1 h。作为替代,可施加交流电压 127 kV(U_0),持续时间 24 h。

> 注:对已运行的电缆线路,可采用较低电压和/或较短时间进行试验。应考虑到运行年份、环境条件、击穿经历以及试验目的,经协商确定试验电压和时间。

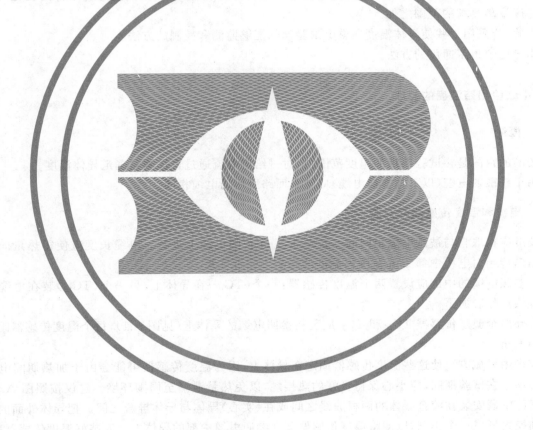

附　录　A
（资料性附录）
电缆导体温度的测定

A.1　目的

对某些试验,电缆施加工频或冲击电压时,必须将电缆导体温度升高到某一给定温度,典型的为正常运行时的最高温度以上 5 K～10 K,因此不可能去接触导体,直接测量温度。

此外尽管环境温度可能变化范围很大,但是导体温度变化应被维持在严格限制范围(5 K)。

尽管对被试电缆的预先校准或计算可能最初是满意的,但整个试验期间环境条件的变化可能导致导体温度偏离要求的范围之外。

因此,应采用一些使导体温度在整个试验期间能够监测和控制的方法。

本导则给出了通用的方法。

A.2　主试验回路温度的校准

A.2.1　概述

校准的目的是在试验要求的温度范围内,对一给定电流通过直接测量确定导体温度。

用于校准的电缆(以下称参照电缆)应与主回路所用的电缆相同。

A.2.2　电缆和温度传感器的安装

校准应在取自与被试电缆相同的一段至少 5 m 长的电缆上进行。电缆长度应使得热量向电缆两端的纵向传导对电缆中部 2 m 范围内温度的影响不超过 2 K。

在参照电缆的中部应设置两个温度传感器:一个(TC_{1c})在导体上,另一个(TC_{1s})装在电缆外表面上或直接在外表面下。

另外两个温度传感器 TC_{2c} 和 TC_{3c} 应装在参照电缆的导体上(见图 A.1),每个温度传感器距离电缆中部约 1 m。

应采用机械方法使这些温度传感器固定在导体上,因为温度传感器可能会由于加热期间电缆的振动而移动。在试验期间,应小心保持良好的热接触,以免热量泄漏至周围环境。建议按照图 A.2 所示,把温度传感器安装在绞合导体的两根股线之间或在(实心)导体与导体屏蔽之间。把导体外面的各包覆层仔细挖去形成一个小洞,以便将温度传感器装在参照电缆中部的导体上。安装好温度传感器后,可将挖出的各包覆层放回原处,这样可以恢复参照电缆的热特性。

注:为证实向电缆两端的热传导可以忽略,温度传感器 TC_{1c}、TC_{2c} 和 TC_{3c} 的各读数之间的差值应小于 2 K。

如果实际主试验回路包含了几个彼此靠近的单独电缆段,则这些电缆段会受到热邻近效应的影响。因此,考虑到这种实际试验布置应进行校准,测量应在最热的电缆段(通常是位于中间的电缆段)上进行。

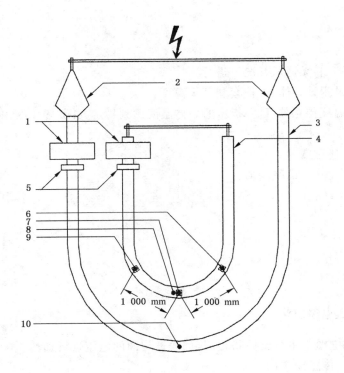

说明：
1——大电流变压器；   6——TC_{3C}（导体）；

2——终端；   7——TC_{1C}（导体）；

3——试验电缆；   8——TC_{1S}（护套）；

4——参照电缆（≥5 m）；   9——TC_{2C}（导体）；

5——电流互感器；   10——TC_{S}（护套）。

图 A.1 参考回路和试验回路的典型布置图

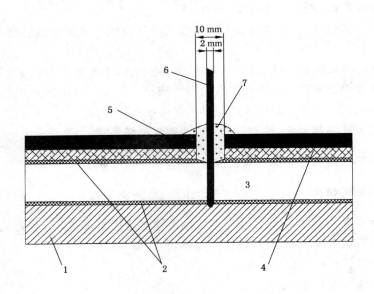

说明：
1——导体；   3——绝缘；   5——电缆外护套；   7——热绝缘胶（泥）。

2——半导电屏蔽；   4——金属屏蔽；   6——温度传感器；

图 A.2 参照回路导体上的温度传感器的布置示例

A.2.3 校准方法

校准应在温度(20±5)℃和无通风状况下进行。

应采用温度记录仪同时测量导体、外护套和环境温度。

电缆应加热到图 A.1 温度传感器 TC_{1c} 指示的导体温度达到稳定,并如表 1 给出的电缆正常运行时导体最高温度以上 5 K～10 K。

当温度稳定时,记录下述温度:

——导体温度:位置 1、2 和 3 的平均值;

——外护套温度:位置 TC_{1c};

——环境温度;

——加热电流。

A.3 试验中的加热

A.3.1 方法 1——应用参照电缆回路

本方法中,参照回路的电缆与主试验回路相同,都通过相同的电流进行加热。

二个回路的电缆和温度传感器应按 A.2 进行安装。

试验回路的布置应考虑如下因素:

——参照电缆的加热电流在任何时刻与主试验回路的相同;

——试验回路的安装方式要考虑整个试验中相互的热影响。

应调节两个回路的电流,使得导体温度保持在规定范围之内。

温度传感器(TC_S)应安装在主回路最热点(通常在回路的中部)的电缆外表面上或外表面下,并与参照电缆最热点的温度传感器 TC_{1S} 安装方式相同。

注 1: 安装在主回路电缆外护套表面上或外护套下的温度传感器(TC_S)和参照电缆上的温度传感器(TC_{1S})所测到的温度被用于核查两个试验回路的外护套温度是否相同。

参照回路导体上的温度传感器 TC_{1c} 测量的导体温度可以认为能表示加有试验电压的主试验回路的导体温度。

注 2: 由于介质损耗的影响,主试验回路的导体温度可稍高于参照回路的导体温度。如果有必要,应进行修正。

所有温度传感器应连接到记录仪以便进行温度监测。应记录每个回路的加热电流,以验证二个回路电流值在整个试验期间相同。二个加热电流的差异应保持在±1%内。

如果通过光纤或类同方式测量温度,参考电缆可以与被试电缆串联。

A.3.2 方法 2——应用计算导体温度和测量表面温度

A.3.2.1 试验电缆导体温度的校准

校准的目的是在试验要求的温度范围内,对一给定电流通过直接测量确定导体温度。

用于校准的电缆应与被试电缆相同,且加热方式也应相同。

用于校准的电缆及温度传感器应按 A.2.2 安装。

校准应按 A.2.3 在参照电缆上进行。

A.3.2.2 基于外表面温度测量的试验

校准期间以及主回路试验期间,主回路的电缆导体温度应依据测得的外护套表面温度(TC_S)按照 IEC 60853-2 计算。温度测量应采用安装在外护套表面或下面的最热点处的温度传感器、以与参照电缆相同的方式进行。

    注：如证实暂态温度已在规定时间内趋近稳定，则作为替代，可按照 JB/T 10181.11—2014 进行计算。

    应调整加热电流，以得到根据所测得的外护套的外表面温度计算导体温度所要求的值。

附 录 B
（规范性附录）
数值修约

当数值要修约到规定位数的小数,例如从几个测量值计算平均值或由一个给定标称值加上偏差百分率推导出最小值时,其步骤应按下述。

如修约前要保留的最后一位数字后跟着的数字是 0、1、2、3 或 4,则该位数字应保持不变(修约舍弃)。

如修约前要保留的最后一位数字后跟着的数字是 9、8、7、6 或 5,则该位数字应加 1(修约进位)。

例如：

2.449	$\approx$ 2.45	修约到两位小数
2.449	$\approx$ 2.4	修约到一位小数
2.453	$\approx$ 2.45	修约到两位小数
2.453	$\approx$ 2.5	修约到一位小数
25.047 8	$\approx$ 25.048	修约到三位小数
25.047 8	$\approx$ 25.05	修约到两位小数
25.047 8	$\approx$ 25.0	修约到一位小数

附 录 C
（资料性附录）
电缆系统的型式试验、预鉴定试验和预鉴定扩展试验一览表

电缆系统的型式试验叙述于第 12 章。

表 C.1 列出了电缆系统的型式试验的概要和条款编号。

电缆系统的预鉴定试验叙述于 13.1 和 13.2。

电缆系统的预鉴定扩展试验叙述于 13.1 和 13.3。

表 C.2 列出了电缆系统的预鉴定试验的概要和条款编号。

表 C.3 给出了电缆系统的预鉴定扩展试验的概要和条款编号。

表 C.1 电缆系统的型式试验

序号	试验	条目
		电缆系统
a	概述	12.1
b	型式认可范围	12.2
c	电气型式试验	12.4
d	试验电压值	12.4.1
e	弯曲试验 室温下的局部放电试验	12.4.3 12.4.4
f	tanδ 测量	12.4.5
g	热循环电压试验	12.4.6
h	高温下的局部放电试验	12.4.4
	室温下的局部放电试验［最后一次热循环后或者 i)项雷电冲击电压试验后］	12.4.4
i	雷电冲击电压试验及随后的工频电压试验	12.4.7
j	高温下的局部放电试验［如上述 g)项后没有进行］	12.4.4
	室温下的局部放电试验［如上述 g)项后没有进行］	12.4.4
k	接头外保护层试验	附录 G
l	检验	12.4.8
m	半导电屏蔽电阻率	12.4.9
n	电缆组件和成品电缆的非电气型式试验	12.5

表 C.2 电缆系统的预鉴定试验

序号	试验	条目
		电缆系统
a	概述和预鉴定试验的认可范围	13.1

表 C.2（续）

序号	试验	条目
		电缆系统
b	电缆系统上的预鉴定试验	13.2
c	预鉴定试验概要	13.2.1
d	试验电压值	13.2.2
e	试验布置	13.2.3
f	热循环电压试验	13.2.4
g	雷电冲击电压试验	13.2.5
h	检验	13.2.6

表 C.3 电缆系统的预鉴定扩展试验

序号	试验	条目
		电缆系统
a	预鉴定试验的认可范围及概述	13.1
b	电缆系统的预鉴定扩展试验概要	13.3
c	电缆系统的预鉴定扩展试验的电气部分	13.3.2
d	试验电压值	13.3.2.2
e	弯曲试验，不进行局部放电试验	12.4.3
f	室温下的局部放电试验，试验中安装附件后进行	12.4.4
g	不加电压的热循环试验	13.3.2.4
h	$\tan\delta$ 测量	12.4.5
i	热循环电压试验	12.4.6
j	室温下的局部放电试验[i)项最后一次热循环后或者 l)项雷电冲击电压试验后]	12.4.4
k	雷电冲击电压试验及随后的工频电压试验	12.4.7
l	高温下的局部放电试验（如上述 i)项后没有进行）	12.4.4
m	接头外保护层试验	附录 G
n	检验	12.4.8
o	半导电屏蔽电阻率	12.4.9
p	电缆组件和成品电缆的非电气型式试验	12.5

附　录　D
（规范性附录）
半导电屏蔽电阻率测量方法

应从长度 150 mm 的成品电缆试样上制备每个试件。

应将绝缘线芯试样沿纵向对半切开,除去导体及隔离层（如果有）以制备导体屏蔽试件[见图 D.1a)]。应将绝缘线芯外所有包覆层除去以制备绝缘屏蔽试件[见图 D.1b)]。

屏蔽的体积电阻率的测定步骤应如下:

应将四只涂银电极 A、B、C 和 D(见图 D.1a)和图 D.1b))置于半导电层表面。两个电位电极 B 和 C 应间距 50 mm。两个电流电极 A 和 D 应分别放置在每个电位电极外侧至少 25 mm 处。

应采用合适的夹子连接电极。连接导体屏蔽电极时,应确保夹子与试件外表面的绝缘屏蔽相互绝缘。

应将组装好的试样放入已经预热到规定温度的烘箱内,至少放置 30 min 后,用功率不超过100 mW的测量电路测量两个电位电极间的电阻。

电阻测量后,应在环境温度下测量导体屏蔽和绝缘屏蔽的外径,以及测量导体屏蔽层和绝缘屏蔽层的厚度,每个数据取图 D.1b)所示试样上六个测量值的平均值。

体积电阻率 ρ(用 $\Omega \cdot m$ 表示)应按下式计算:

a)　导体屏蔽

$$\rho_c = \frac{R_c \times \pi \times (D_c - T_c) \times T_c}{2L_c}$$

式中:

ρ_c —— 体积电阻率,单位为欧姆米($\Omega \cdot m$);

R_c —— 测量电阻,单位为欧姆(Ω);

L_c —— 电位电极间距离,单位为米(m);

D_c —— 导体屏蔽外径,单位为米(m);

T_c —— 导体屏蔽平均厚度,单位为米(m)。

b)　绝缘屏蔽

$$\rho_i = \frac{R_i \times \pi \times (D_i - T_i) \times T_i}{L_i}$$

式中:

ρ_i —— 体积电阻率,单位为欧姆米($\Omega \cdot m$);

R_i —— 测量电阻,单位为欧姆(Ω);

L_i —— 电位电极间距离,单位为米(m);

D_i —— 绝缘屏蔽外径,单位为米(m);

T_i —— 绝缘屏蔽平均厚度,单位为米(m)。

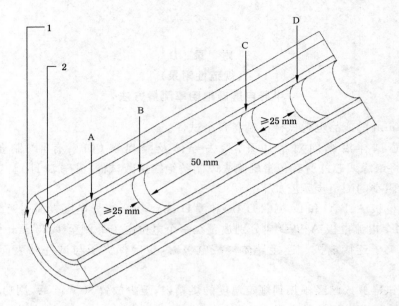

说明：

1 ——绝缘屏蔽层；

2 ——导体屏蔽层；

B、C ——电位电极；

A、D ——电流电极。

a） 导体屏蔽的体积电阻率测量

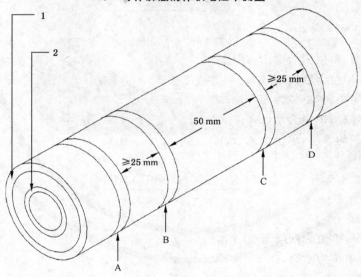

说明：

1 ——绝缘屏蔽层；

2 ——导体屏蔽层；

B、C ——电位电极；

A、D ——电流电极。

b） 绝缘屏蔽的体积电阻率测量

图 D.1 导体屏蔽和绝缘屏蔽的体积电阻率测量的试样制备

附　录　E
（规范性附录）
透水试验

E.1　试样

一段未经过 12.4 或 14.4 所述任何试验的长度至少 8 m 的成品电缆试样应进行 12.4.3 所述的弯曲试验。

应从经过弯曲试验后的电缆上截取一段 8 m 长的电缆，并水平放置。应在电缆中间部位切除一段宽约 50 mm 的圆环。切除的圆环应包括绝缘屏蔽以外的所有各层材料。如果申明导体也有纵向阻水结构，则切除的圆环应包括导体以外包覆的所有各层材料。

如电缆采用间隔的纵向透水阻隔结构，试样至少应含有 2 个这样的阻隔，并在阻隔之间切除圆环。对这种情形，应告知电缆阻隔间的平均距离。

切出的表面应使具有纵向阻水作用的界面容易被水浸湿。不具有纵向阻水作用的界面，应采用适当的材料密封，或者将其外包覆层除去。

这样的界面例子包括：

——电缆只有导体阻水；

——界面位于外护套和金属套之间。

采用适当的装置（见图 E.1），将一根内径至少为 10 mm 的管子垂直放置在切开的圆环上，并与外护套表面相密封。电缆穿出该装置处的密封不应在电缆上产生机械应力。

注：某些阻隔对纵向透水的反应可能和水的组分（例如 pH 值和离子浓度）有关。除非另有规定，应采用普通的自来水试验。

E.2　试验

应在 5 min 内向管子内注入温度为（20±10）℃的水，使管中水柱高于电缆中心 1 m（见图 E.1）。

注水后的试样装置应放置 24 h。

然后应在试样上施加 10 次加热循环。应采用适当方法加热导体，直到其温度达到电缆正常运行时导体最高温度以上 5 K～10 K 之间的一个稳定温度，但不应达到水的沸点。

应至少加热 8 h。在每一个加热期内，导体温度应保持在上述温度范围内至少 2 h，随后应自然冷却至少 16 h。

水头应保持在 1 m。

注：整个试验过程中不加电压，建议使用一根（与被试电缆相同的）模拟电缆与被试电缆串联，在模拟电缆的导体上直接测量温度。

E.3　要求

试验期间，电缆试样两端应无水分渗出。

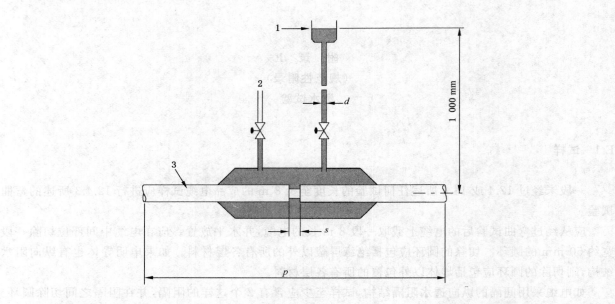

说明：

1——水头箱； d——直径最小 ϕ10 mm(内径)；

2——排气管； s——约 50 mm；

3——电缆。 p——长度，8 000 mm。

图 E.1 透水试验装置示意图

附 录 F

（规范性附录）

具有与外护套黏结的纵包金属带或纵包金属箔的电缆组件的试验

F.1 目视检查

应将电缆解剖后作目视检查。对试样以正常或经矫正但不放大的视力进行检查，应无开裂或金属箔与其黏结的外护套相分离或对电缆其他部分的损伤。

F.2 金属箔黏结强度

F.2.1 步骤

试片应取自金属箔与外护套相黏结的电缆护层。

试片的长度和宽度应分别为 200 mm 和 10 mm。

试片的一端应剥开 50 mm～120 mm，装在拉力试验机上，用拉力试验机的一个夹具夹住剥开一端的外护套或绝缘屏蔽层。再将剥开端的金属箔向下翻转后用另一个夹具夹住，如图 F.1 所示。

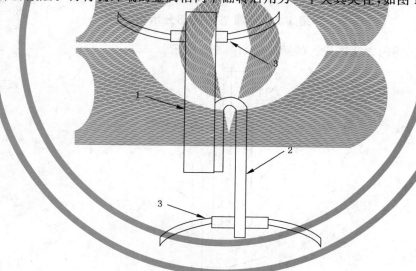

说明：

1——外护套；

2——金属箔或层合的金属箔；

3——夹具。

图 F.1 金属箔黏结强度

试验期间，试片应保持夹住并与夹具端面近似垂直。

调整好连续记录装置后，应以约 180°角度从试片上剥离金属箔，并连续剥离一段足够长度以显示黏结强度。至少有一半长度的保留黏结面应以约 50 mm/min 的速度剥离。

F.2.2 要求

应由剥离力除以试样宽度计算出剥离强度（N/mm）。至少应对 5 个试样进行试验，且剥离强度的最小值不应小于 0.5 N/mm。

　　注：如果剥离强度大于金属箔的抗拉强度以至于金属箔在剥离前断裂,应结束试验并记录断裂位置。

F.3　金属箔搭接处的剥离强度

F.3.1　步骤

　　应从包含有金属箔搭接部分的电缆上取下长 200 mm 的试样。应从取下的试样上按图 F.2 所示切下只含有搭接的部分。

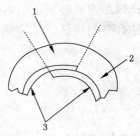

说明：

1——样品；

2——外护套；

3——金属箔或层合的金属箔。

图 F.2　金属箔搭接部分示例

试验应按 F.2 相同的方法进行。试样装置如图 F.3 所示。

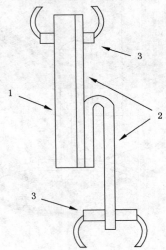

说明：

1——外护套；

2——金属箔或层合的金属箔；

3——夹具。

图 F.3　金属箔搭接部分的剥离强度试验

F.3.2　要求

　　剥离强度的最小值不应小于 0.5 N/mm。

　　注：如果剥离强度大于金属箔的抗拉强度以至于金属箔在剥离前断裂,应结束试验并记录断裂位置。

附　录　G
（规范性附录）
接头的外保护层试验

G.1　概述

本附录规定了用于直埋接头、或用于屏蔽中断的金属套分段绝缘的绝缘护套电力电缆系统中使用的带有金属套分断结构的所有类型接头的外保护层的型式认可试验的步骤。

接头的制造商应提供带有可清楚识别的所有防水保护层的图纸。

G.2　认可范围

当需要认可具有诸如互联引线入口等结构的接头外保护层时，被试外保护层应包含这些设计特征。

如果一种符合12.2认可的成品电缆直径的金属套分段绝缘的接头的外保护层通过了试验，那么对于没有金属套分段绝缘的类似接头的外保护层也将给予认可，但反之却不可以。

当一种接头外保护层的设计取得认可后，那么由同一制造商提供的采用相同基本设计原理、采用相同材料而且在已试验直径范围之内、试验电压相同或较低的所有接头的外保护层也应认为获得认可。

试验 G.3 和 G.4 应依次在一个已通过热循环电压试验（见12.4.6）的接头上、或在按12.4.2 的 g)项要求经历了至少三个不加电压的热循环的另一个接头上进行。

G.3　浸水和热循环

组装试样应浸入水中，水面距外保护层最高点至少 1 m。需要时，可以使用一个水头箱与装有组装试样的密封容器相连接来实现。水应能够接触到制造商申明的阻水层。

应进行总共 20 个加热和冷却循环，水温应升高到低于正常运行条件下导体最高温度 15 K～20 K 范围。每个循环中，水应被加热到规定温度，保持至少 5 h，然后冷却至环境温度以上 10 K 之内。可以通过加入冷水或热水来达到试验温度。每个加热和冷却循环的总时间不应小于 12 h，应尽可能使水温升高到规定温度的时间与冷却到 30 ℃以下或冷却至环境温度以上 10 K 内的时间相同。

G.4　电压试验

G.4.1　概述

完成热循环且试样仍浸于水中的组装试样，应立即进行以下电压试验：

G.4.2　没有金属套分断绝缘接头的组装试样

在电力电缆的金属屏蔽和(或)金属套与接头外保护层的接地的外表面之间应施加直流试验电压 25 kV，历时 1 min。

G.4.3　金属套分断绝缘的组装试样

G.4.3.1　直流电压试验

在附件两端的电力电缆金属屏蔽和(或)金属套之间，以及在每一端的金属屏蔽和(或)金属套与接头外保护层接地的外表面之间应施加直流试验电压 25 kV,历时各 1 min。

G.4.3.2 雷电冲击电压试验

表 G.1 的试验电压应施加在浸于水中的组装试样两端的金属屏蔽和(或)金属套之间,以及施加在每一端金属屏蔽和(或)金属套与接头外保护层接地的外表面之间。若无法对浸在水中的组装试样进行冲击电压试验,可将其从水中取出,而后在最短时间内进行试验,或者可以用湿布包裹以保持试样潮湿,或者可以将组装试样的整个外表面上涂上导电层。

对两端金属屏蔽和(或)金属套之间的试验,应在冲击电压试验前将组装试样从水中移出后进行。

试验应按 GB/T 3048.13 规定并在环境温度下进行。

上述任何一项试验中应无击穿发生。

注:开始热循环前,可以考虑进行 G.4 的电压试验以检查试样装置的安装状态。

表 G.1 冲击电压试验

主绝缘额定雷电冲击电压[a] kV	雷电冲击试验电压水平			
	接头两端之间		接头每端对地之间	
	互联引线≤3 m kV	互联引线>3 m 和 ≤10 m[b] kV	互联引线≤3 m kV	互联引线>3 m 和 ≤10 m[b] kV
1 050	60	95	30	47.5
[a] 见表 4 第 8 栏;				
[b] 若电缆的金属套电压限制器装在邻近接头处,采用互联引线不大于 3 m 的试验电压。				

G.5 试样装置的检查

G.4 所述试验完成后,应即检查组装试样。

对填充可移动浇注剂的接头外保护盒,如没有可见的内部气隙或由于水分侵入造成浇注剂内部位移,或者没有浇注剂经各密封处或盒壁漏泄的迹象,应认为通过检验。

对采用其他设计和材料的接头外保护层应没有水侵入或内部腐蚀的迹象。

附 录 H
（规范性附录）
微孔、杂质与半导电屏蔽层界面突起试验

H.1 试验设备

H.1.1 显微镜

最小放大倍数为 15 倍的显微镜。

最小放大倍数为 40 倍的测量显微镜。

H.1.2 切片机

普通用途的切片机或具有类似功能的其他设备。

H.2 试样制备

从约 50 mm 长的电缆绝缘线芯样品上沿径向切取 80 个含有导体屏蔽、绝缘和绝缘屏蔽的圆形或螺旋形薄试片，试片的厚度约 0.4 mm～0.7 mm。切割用的刀片应锋利，以便获得的试片具有均匀的厚度和极光滑的表面。应非常小心地保持试片表面清洁，并防止擦伤。

H.3 步骤

应采用透射光普遍检查全部 80 个试片绝缘内的微孔、不透明杂质和半透明棕色物质，以及绝缘与半导电屏蔽层界面处的微孔和突起。

应采用最小放大倍数为 15 倍的显微镜检测在上述普遍检查中可疑的 20 个连续试片（或相等圈数的螺旋形试片）的全部区域。记录并列表统计下列各项：

——所有大于或等于 0.025 mm 的微孔；

——所有大于或等于 0.05 mm 的不透明杂质；

——所有大于或等于 0.16 mm 的半透明棕色（琥珀状）物质；

——所有大于或等于 0.08 mm 的绝缘层与半导电屏蔽层界面的突起。

这个表格应成为试验报告的组成部分。

对最大的微孔、最大的杂质、最大的半透明棕色物质以及最大的绝缘与半导电层界面的突起应做标记。

应采用最小放大倍数为 40 倍的测量显微镜对最大的微孔、最大的杂质、最大的半透明棕色物质以及最大的绝缘与半导电层界面的突起在其最大尺寸方向上测量其尺寸。

H.4 试验结果及计算

测量及计算 20 个试片绝缘的总体积，将统计表中的微孔和杂质数量换算成每 10 cm³ 绝缘体积中的数量，计算值应修约为整数。

应记录和报告最大的微孔、最大的杂质、最大的半透明棕色物质以及最大的绝缘与半导电层界面突

起的尺寸。

如果 20 个试片的总体积小于 16.4 cm³，且计算的 10 cm³ 体积中的微孔和杂质数量大于本部分 12.5.9.2的规定，则应从同一样品上再取足够的试片进行测量，以使被测试片的总体积达到 16.4 cm³ 及以上。

附 录 I

（资料性附录）

本部分与 IEC 62067:2011 相比的结构变化情况

本部分与 IEC 62067:2011 相比在结构上有调整,具体章条编号对照情况见表 I.1。

表 I.1 本部分与 IEC 62067:2011 的章条对照情况

本部分章条编号	对应的 IEC 62067:2011 章条编号
—	8.3.2(删除)
—	10.11(删除)
10.11	10.12
10.12	10.13
10.13	10.14
—	12.4.7.1(删除)
12.5.9(增加)	—
—	12.5.9(删除)
12.5.11(增加)	—
—	12.5.11(删除)
12.5.16(增加)	—
12.5.17(增加)	—
表 8	表 9
表 9	表 8
附录 H(增加)	—
附录 I(增加)	—
附录 J(增加)	—

附 录 J

（资料性附录）

本部分与 IEC 62067:2011 的技术性差异及其原因

表 J.1 给出了本部分与 IEC 62067:2011 的技术性差异及其原因。

表 J.1 本部分与 IEC 62067:2011 的技术性差异及其原因

本部分章条编号	技术性差异	原因
标题	限定额定电压为 220 kV 和交联聚乙烯绝缘	我国高压电力电缆标准系列所确定
1	限定额定电压为 220 kV 和交联聚乙烯绝缘	本部分范围确定为 220 kV 电压等级
2	删除了 ISO 48 有关橡胶试验的标准	不在本部分范围
2	增加了 JB/T 10696.5 和 JB/T 10696.6	文本件中增加的试验项目
4.2，表 1，表 3	删除了交联聚乙烯绝缘以外的绝缘类型	本部分范围为交联聚乙烯
4.4，表 2	删除了以聚氯乙烯为基的 ST_1 和以聚乙烯为基的 ST_3 外护套材料	本部分范围电缆导体最高工作温度为 90 ℃
8.3.2	删除了操作冲击电压	不在本部分范围
8.4，表 4，表 G.1	删除了 220 kV 以外的电压等级	本部分范围为 220 kV 电压等级
10.1	删除了 EPR 和 HDPE 绝缘的内容	不在本部分范围
10.6.1	增加了皱纹金属套上的外护套厚度测量方法	现行国家标准尚无适用方法
10.6.2	修改绝缘偏心度为 0.08	适应我国国情，提高绝缘品质要求
10.6.3	增加了皱纹金属套上的外护套厚度测量方法	现行国家标准尚无适用方法
10.9	删除了 EPR 内容	不在本部分范围
10.11	删除了 HDPE 绝缘测量	不在本部分范围
12.4.2	删除了操作冲击电压试验	不在本部分范围
12.4.7.1	删除了操作冲击电压试验	不在本部分范围
12.5	删除了 EPR 和 HDPE 绝缘的内容	不在本部分范围
12.5	增加了外护套刮磨试验、铝套腐蚀扩展试验、绝缘中微孔杂质试验、半导电界面突起试验	适应我国国情，增加电缆产品的质量要求
表 5	修改了表名，增加了外护套刮磨试验、铝套腐蚀扩展试验、绝缘中微孔杂质试验、半导电界面突起试验、与外护套黏结的纵包金属层的试验，删除了与 HDPE、EPR、ST_3、ST_1 有关的试验内容	汇总了非电气型式试验项目，方便本部分的使用
12.5.9，表 8	删除了 EPR 耐臭氧试验	不在本部分范围
12.5.9	增加绝缘中微孔杂质试验	适应我国国情，增加绝缘品质要求
12.5.10	删除了 EPR 内容	不在本部分范围
12.5.11，表 8	删除了 HDPE 绝缘的密度测量	不在本部分范围
12.5.11	增加了半导电界面突起试验	适应我国国情，增加绝缘品质要求

表 J.1（续）

本部分章条编号	技术性差异	原　因
12.5.16	增加外护套刮磨试验	增加外护套品质要求
12.5.17	增加铝套腐蚀扩展试验	增加金属套品质要求
13.3.2.3	删除了操作冲击电压试验	不在本部分范围
附录 C	删除了操作冲击电压试验	不在本部分范围
附录 H	增加绝缘中微孔杂质试验	增加绝缘品质要求
附录 I	—	按 GB/T 20000.2 要求设置
附录 J	—	按 GB/T 20000.2 要求设置

参 考 文 献

[1] IEC 60840:2011 额定电压 30 kV(U_m＝36 kV)以上至 150 kV(U_m＝170 kV)挤包绝缘电力电缆及其附件试验方法和要求[Power cables with extruded insulation and their accessories for rated voltages above 30 kV(U_m＝36 kV) up to 150 kV(U_m＝170 kV)—Test methods and requirements]

[2] IEC 60853-2 电缆周期性和应急载流量的计算 第 2 部分:大于 18/30（36）kV 电缆周期性载流量和所有电压电缆应急载流量(Calculation of the cyclic and emergency current rating of cables—Part 2: Cyclic rating of cables greater than 18/30 (36) kV and emergency ratings for cables of all voltages)

[3] Electra No. 151:额定电压 150 kV(U_m＝170 kV)以上至 400 kV(U_m＝420 kV)挤包绝缘电力电缆及其附件推荐的电气试验,型式试验、抽样试验和例行试验(Recommendations for electrical tests,type,sample and routine on extruded cables and accessories at voltages above 150 kV(U_m＝170 kV)and up to and including 400 kV(U_m＝ 420 kV), December 1993, pp 20-28

[4] Electra No. 151:额定电压 150 kV(U_m＝170 kV)以上至 400 kV(U_m＝420 kV)挤包绝缘电力电缆及其附件推荐的电气预鉴定试验和开发试验(Recommendations for electrical tests prequalification and development on extruded cables and accessories at voltages above 150 kV(U_m＝170 kV) and up to and including 400 kV (U_m＝ 420 kV),December 1993,pp 14-19

[5] Electra No. 173:高压挤包绝缘电缆系统安装后的试验(After laying tests on high-voltage extruded insulation cable systems), Augst 1997, pp 32-41

[6] Electra No. 193:额定电压 150 kV(U_m＝170 kV)以上至 500 kV(U_m＝550 kV)挤包绝缘电力电缆及其附件推荐的电气试验,型式试验、抽样试验和例行试验(Recommendations for electrical tests,type,sample and routine on extruded cables and accessories at voltages above 150 kV (U_m＝170 kV)and up to and including 500 kV (U_m＝ 550 kV), December 2000

[7] Electra No. 193:额定电压 150 kV(U_m＝170 kV)以上至 500 kV(U_m＝550 kV)挤包绝缘电力电缆及其附件推荐的电气预鉴定试验和开发试验(Recommendations for electrical tests prequalification and development on extruded cables and accessories at voltages above 150 kV (U_m＝170 kV)and up to and including 500 kV (U_m＝ 550 kV),December 2000

[8] CIGRE Technical Brochure 303:交流（超）高压挤包绝缘地下电缆预鉴定程序的评价(Revision of qualification procedures for extruded (extra) high voltage ac undergroud cables); CIGRE Working Group B1-06;2006

ICS 29.060.020
K 13

中华人民共和国国家标准

GB/T 18890.2—2015
代替 GB/Z 18890.2—2002

额定电压 220 kV(U_m=252 kV)交联聚乙烯绝缘电力电缆及其附件第 2 部分：电缆

Power cables with cross-linked polyethylene insulation and their accessories for rated voltage of 220 kV(U_m=252 kV)—Part 2：Power cables

2015-10-09 发布

2016-05-01 实施

中华人民共和国国家质量监督检验检疫总局
中国国家标准化管理委员会　发布

前　言

GB/T 18890《额定电压 220 kV(Um=252 kV)交联聚乙烯绝缘电力电缆及其附件》分为三个部分：
——第 1 部分：试验方法和要求；
——第 2 部分：电缆；
——第 3 部分：电缆附件。

本部分为 GB/T 18890 的第 2 部分。

本部分按照 GB/T 1.1—2009 给出的规则起草。

本部分代替 GB/Z 18890.2—2002《额定电压 220 kV(Um=252 kV)交联聚乙烯绝缘电力电缆及其附件　第 2 部分：额定电压 220 kV(Um=252 kV)交联聚乙烯绝缘电力电缆》。与 GB/Z 18890.2—2002 相比，本部分主要技术变化如下：

——标准的性质由指导性技术文件改为推荐性标准；
——标准名称由"额定电压 220 kV(Um=252 kV)交联聚乙烯绝缘电力电缆及其附件　第 2 部分：额定电压 220 kV(Um=252 kV)交联聚乙烯绝缘电力电缆"改为"额定电压 220 kV(Um=252 kV)交联聚乙烯绝缘电力电缆及其附件　第 2 部分：电缆"；
——增加了金属塑料复合护套的定义(见 3.2)；
——增加了使用特性和电缆载流量(见 4.3)；
——增加了金属塑料复合护套电缆的代号、型号和名称(见 5.1、表 1)；
——修改了皱纹铝套的注释(见表 1,2002 年版 5.1 的注)；
——增加了铜丝屏蔽的要求和标示方法(见 5.3)；
——删除了 2002 年版的第 6 章材料,其内容列入技术要求的相关章节；
——增加了分割导体的技术要求内容(见 6.1.2)；
——增加了半导电屏蔽层的最薄点厚度的要求(见 6.3.2 和 6.3.3)；
——增加了缓冲层和纵向阻水层材料的要求(见 6.4.1)；
——增加了金属屏蔽的要求(见 6.5)；
——增加了径向隔水层(见 6.5.5)；
——修改了铅套和铝套材料的要求(见 6.6.1,2002 年版的 6.4 和 6.5)；
——增加了铜套(见 6.6.1 的注)；
——增加了沥青材料的要求(见 6.6.3)；
——增加了挤塑的半导电层及其要求(见 6.7.3)；
——修改了电缆试验项目及要求(见 8.2,2002 年版的第 8 章)；
——修改了电缆的使用条件(见附录 A,2002 年版的附录 A)；
——增加了半导电材料的性能(见附录 B)；
——增加了参考文献。

本部分由中国电器工业协会提出。

本部分由全国电线电缆标准化技术委员会(SAC/TC 213)归口。

本部分负责起草单位：上海电缆研究所。

本部分参加起草单位：中国电力科学研究院、国家电线电缆质量监督检验中心、青岛汉缆股份有限公司、特变电工山东鲁能泰山电缆有限公司、重庆泰山电缆有限公司、杭州电缆股份有限公司、宝胜普睿司曼电缆有限公司、上海上缆藤仓电缆有限公司、沈阳古河电缆有限公司、浙江万马电缆股份有限公司。

本部分主要起草人：孙建生、赵健康、范玉军、陈沛云、刘召见、周勇华、滕兆丰、陈涛、赵源泽、张道利、徐晓峰、刘焕新。

本部分所代替标准的历次版本发布情况为：

——GB/Z 18890.2—2002。

额定电压 220 kV(U_m=252 kV)交联
聚乙烯绝缘电力电缆及其附件
第 2 部分：电缆

1 范围

GB/T 18890 的本部分规定了固定安装的额定电压 220 kV(U_m=252 kV)交联聚乙烯绝缘电力电缆型号命名、技术要求、试验及验收规则、包装、运输及贮存。

本部分适用于通常安装和运行条件下使用的单芯电缆，但不适用于特殊条件下使用的电缆，如海底电缆。

2 规范性引用文件

下列文件对于本文件的应用是必不可少的。凡是注日期的引用文件，仅注日期的版本适用于本文件。凡是不注日期的引用文件，其最新版本（包括所有的修改单）适用于本文件。

GB/T 494—2010 建筑石油沥青

GB/T 2951.11—2008 电缆和光缆绝缘和护套材料通用试验方法 第 11 部分：通用试验方法——厚度和外形尺寸测量——机械性能试验

GB/T 2951.12—2008 电缆和光缆绝缘和护套材料通用试验方法 第 12 部分：通用试验方法——热老化试验方法

GB/T 2951.14—2008 电缆和光缆绝缘和护套材料通用试验方法 第 14 部分：通用试验方法——低温试验

GB/T 2951.21—2008 电缆和光缆绝缘和护套材料通用试验方法 第 21 部分：弹性体混合料专用试验方法——耐臭氧试验——热延伸试验——浸矿物油试验

GB/T 2951.31—2008 电缆和光缆绝缘和护套材料通用试验方法 第 31 部分：聚氯乙烯混合料专用试验方法——高温压力试验——抗开裂试验

GB/T 2951.32—2008 电缆和光缆绝缘和护套材料通用试验方法 第 32 部分：聚氯乙烯混合料专用试验方法——失重试验——热稳定性试验

GB/T 2951.41—2008 电缆和光缆绝缘和护套材料通用试验方法 第 41 部分：聚乙烯和聚丙烯混合料专用试验方法——耐环境应力开裂试验——熔体指数测量方法——直接燃烧法测量聚乙烯中碳黑和（或）矿物质填料含量——热重分析法（TGA）测量碳黑含量——显微镜法评估聚乙烯中碳黑分散度

GB/T 3048.4—2007 电线电缆电性能试验方法 第 4 部分：导体直流电阻试验

GB/T 3048.8—2007 电线电缆电性能试验方法 第 8 部分：交流电压试验

GB/T 3048.11—2007 电线电缆电性能试验方法 第 11 部分：介质损失角正切试验

GB/T 3048.12—2007 电线电缆电性能试验方法 第 12 部分：局部放电试验

GB/T 3048.13—2007 电线电缆电性能试验方法 第 13 部分：冲击电压试验

GB/T 3048.14—2007 电线电缆电性能试验方法 第 14 部分：直流电压试验

GB/T 3880.1—2012 一般工业用铝及铝合金板、带材 第 1 部分：一般要求

GB/T 3953　电工圆铜线

GB/T 3956　电缆的导体

GB/T 6995.3—2008　电线电缆识别标志方法　第3部分:电线电缆识别标志

GB/T 18380.12—2008　电缆和光缆在火焰条件下的燃烧试验　第12部分:单根绝缘电线电缆火焰垂直蔓延试验　1 kW预混合型火焰试验方法

GB/T 18890.1—2015　额定电压220 kV(U_m=252 kV)交联聚乙烯绝缘电力电缆及其附件　第1部分:试验方法和要求

GB/T 26011—2010　电缆护套用铅合金锭

JB/T 5268.1—2011　电缆金属套　第1部分:总则

JB/T 8137(所有部分)　电线电缆交货盘

JB/T 10181.11—2014　电缆载流量计算　第11部分:载流量公式(100%负荷因数)和损耗计算一般规定

JB/T 10259　电缆和光缆用阻水带

JB/T 10696.5—2007　电线电缆机械和理化性能试验方法　第5部分 腐蚀扩展试验

JB/T 10696.6—2007　电线电缆机械和理化性能试验方法　第6部分 挤出外套刮磨试验

YD/T 723—2007(所有部分)　通信电缆光缆用金属塑料复合带

IEC 60183　高压交流电缆选择导则(Guidance for the selection of high-voltage a.c.cable systems)

3　术语和定义

GB/T 18890.1—2015界定的以及下列术语和定义适用于本文件。

3.1

近似值　approximate value

一种既不保证也不检查的数值,例如用于其他尺寸值的计算。

3.2

金属塑料复合护套　metal-plastic laminated sheath

具有与电缆外护套黏结性能的纵包金属带或纵包金属箔的复合护套,复合护套的金属带(箔)搭接缝通过熔化塑料或粘接剂黏结形成不透水的密封。通常金属层与聚乙烯护套黏结,构成为金属复合聚乙烯护套。

4　使用特性

4.1　额定电压

额定电压是电缆设计和电性能试验用的基准电压,本部分用U_0/U和U_m标识,这些符号的意义由IEC 60183给出:

U_0——电缆设计用的导体与金属屏蔽或金属套之间的额定电压有效值,kV;

U——电缆设计用的导体之间的额定电压有效值,kV;

U_m——设备最高工作电压有效值,kV。

在本部分中:U_0/U=127/220 kV;

U_m=252 kV。

4.2　工作温度和额定载流量

电缆正常运行时导体允许的长期最高温度为90 ℃。

短路时(最长持续时间不超过 5 s),电缆导体允许的最高温度为 250 ℃。

JB/T 10181.11—2014 给出了电缆正常运行时载流量计算方法。

4.3 安装最小弯曲半径

电缆的安装最小弯曲半径推荐为 20 倍电缆外径。

4.4 使用条件

电缆的使用条件参见附录 A。

5 产品命名

5.1 代号

本部分采用下列代号:

交联聚乙烯绝缘 ……………………… YJ
铜导体 ……………………………… T(省略)
铅套 ………………………………… Q
皱纹铝套 …………………………… LW
金属塑料复合护套 ………………… A
聚氯乙烯外护套 …………………… 02
聚乙烯外护套 ……………………… 03
纵向阻水结构 ……………………… Z

5.2 型号

型号依次由绝缘、导体、金属套、外护套或通用外护层以及阻水结构的代号构成。

本部分包括的电缆型号和名称见表 1。

表 1 电缆的型号和名称

型 号	电缆名称
YJLW02	交联聚乙烯绝缘皱纹铝套或焊接皱纹铝套聚氯乙烯护套电力电缆
YJLW03	交联聚乙烯绝缘皱纹铝套或焊接皱纹铝套聚乙烯护套电力电缆
YJLW02-Z	交联聚乙烯绝缘皱纹铝套或焊接皱纹铝套聚氯乙烯护套纵向阻水电力电缆
YJLW03-Z	交联聚乙烯绝缘皱纹铝套或焊接皱纹铝套聚乙烯护套纵向阻水电力电缆
YJQ02	交联聚乙烯绝缘铅套聚氯乙烯护套电力电缆
YJQ03	交联聚乙烯绝缘铅套聚乙烯护套电力电缆
YJQ02-Z	交联聚乙烯绝缘铅套聚氯乙烯护套纵向阻水电力电缆
YJQ03-Z	交联聚乙烯绝缘铅套聚乙烯护套纵向阻水电力电缆
YJA03	交联聚乙烯绝缘金属复合聚乙烯护套电力电缆
YJA03-Z	交联聚乙烯绝缘金属复合聚乙烯护套纵向阻水电力电缆

注:皱纹铝套包括挤包皱纹铝套和铝带焊接皱纹铝套,按 JB/T 5268.1—2011 二者代号均为 LW;焊接皱纹铝套
　　应在产品名称中明确表示。

5.3 规格

电缆的规格用额定电压、导体芯数、导体标称截面积/铜丝屏蔽(如果有)标称截面积表示。

本部分包括的电缆导体标称截面积(mm²)有:

400,500,630,800,1 000,1 200,(1 400),1 600,(1 800),2 000,(2 200),2 500。

其中括号内数字为非优选导体截面积。

铜丝屏蔽标称截面积宜采用 GB/T 3956 的推荐系列。

5.4 产品表示方法

5.4.1 产品表示

产品用型号、规格和本部分编号表示。

5.4.2 举例

示例 1:额定电压 127/220 kV、单芯、铜导体标称截面积 630 mm²、交联聚乙烯绝缘皱纹铝套聚氯乙烯护套电力电缆,表示为:YJLW02 127/220 1×630 GB/T 18890.2—2015。

示例 2:额定电压 127/220 kV、单芯、铜导体标称截面积 1 000 mm²、交联聚乙烯绝缘铅套聚乙烯护套纵向阻水电力电缆,表示为:YJQ03-Z 127/220 1×1 000 GB/T 18890.2—2015。

示例 3:额定电压 127/220 kV、单芯、铜导体标称截面积 1 000 mm²/铜丝屏蔽标称截面积 400 mm²、交联聚乙烯绝缘金属复合聚乙烯护套纵向阻水电力电缆,表示为:YJA03-Z 127/220 1×1 000/400 GB/T 18890.2—2015。

6 技术要求

6.1 导体

6.1.1 材料

铜导体应采用符合 GB/T 3953 规定的 TR 型圆铜线。

6.1.2 结构和直流电阻

标称截面积为 800 mm² 以下的导体应采用符合 GB/T 3956 的第 2 种紧压绞合圆形结构;800 mm² 的导体可以采用紧压绞合圆形结构,也可以采用分割导体结构。

标称截面积为 800 mm² 以上的导体应采用分割导体结构。分割导体如果采用金属绑扎带,应是非磁性的,且应具有足以减小分割导体股块位移所需的强度。金属绑扎带应无凹痕、油污、裂缝、折皱;绕包后不应有可能穿透半导电屏蔽层的缺陷。

分割导体的圆度应采用卡尺和周长带二种方法沿着导体轴向相互间隔约 0.3 m 的 5 个位置进行测量。卡尺测得的 5 个最大直径的平均值不应超过周长带测得的 5 个直径的平均值 2%;在任一位置卡尺测得的最大直径不应超过周长带测得的直径 3%。

各种绞合导体和分割导体不允许整芯或整股焊接。绞合导体中的单线允许焊接,但在同一层内,相邻两个接头之间的距离不应小于 300 mm。导体表面应光洁、无油污、无损伤屏蔽及绝缘的毛刺及锐边、以及无凸起或断裂的单线。

导体的结构和直流电阻应符合表 2 要求。

表 2　铜导体的结构和直流电阻

导体标称截面积/mm²	导体中单线最少根数	20 ℃时直流电阻最大值/(Ω/km)
400	53	0.047 0
500	53	0.036 6
630	53	0.028 3
800	53	0.022 1
1 000	170	0.017 6
1 200	170	0.015 1
1 400	170	0.012 9
1 600	170	0.011 3
1 800	265	0.010 1
2 000	265	0.009 0
2 200	265	0.008 3
2 500	265	0.007 2

6.2　绝缘

6.2.1　材料

本部分包括的绝缘材料的类型应是超净的交联聚乙烯,缩写代号为 XLPE。

绝缘材料的性能参见附录 B。

6.2.2　厚度

绝缘层的标称厚度应符合表 3 规定。

绝缘层的最小厚度以及偏心度应符合 GB/T 18890.1—2015 中 10.6.2 规定。

表 3　绝缘层的标称厚度

导体标称截面积/mm²	绝缘层标称厚度/mm
400 和 500	27
630	26
800	25
1 000 及以上	24

6.2.3　绝缘中的微孔和杂质

绝缘中允许的微孔和杂质尺寸及数目应符合 GB/T 18890.1—2015 中 12.5.9.2 要求。

6.3 半导电屏蔽

6.3.1 材料

半导电屏蔽应采用交联型的半导电屏蔽塑料,应具有与其直接接触的其他材料的良好相容性,其耐温等级应与 XLPE 绝缘适配。

半导电屏蔽材料的性能参见附录 B。

6.3.2 导体屏蔽

导体屏蔽应由绕包半导电带和在其上挤包的半导电层组成,其厚度的近似值为 2.0 mm,其中挤包的半导电层的最薄点厚度不应小于 0.8 mm。

导体屏蔽绕包用的半导电带的体积电阻率参见附录 B。

挤包的半导电层应厚度均匀,并与绝缘层牢固地黏结。半导电层与绝缘层的界面应连续光滑,无明显绞线凸纹、尖角、颗粒、焦烧及擦伤的痕迹。

6.3.3 绝缘屏蔽

绝缘屏蔽应为与绝缘层同时挤出的半导电层,其厚度的近似值为 1.0 mm,其最薄点厚度不应小于 0.5 mm。

半导电层应均匀地挤包在绝缘上,并与绝缘层牢固地黏结。半导电层与绝缘层的界面应连续光滑,无明显尖角、颗粒、焦烧及擦伤的痕迹。

6.3.4 半导电屏蔽层与绝缘层界面的微孔与突起

半导电屏蔽层与绝缘层界面的微孔与突起应符合 GB/T 18890.1—2015 中 12.5.11 要求。

6.3.5 半导电屏蔽电阻率

半导电屏蔽电阻率应符合 GB/T 18890.1—2015 中 12.4.9 规定。

6.4 缓冲层和纵向阻水层

6.4.1 材料

缓冲层应采用半导电弹性材料,或具有纵向阻水功能的半导电弹性阻水材料。

阻水带和阻水绳应具有吸水膨胀性能。缓冲层和纵向阻水材料应与其相接触的其他材料相容。

绕包用的半导电缓冲带的体积电阻率应与电缆挤包的绝缘屏蔽的体积电阻率相适应,其他物理力学性能应符合 JB/T 10259 要求。

6.4.2 缓冲层

在挤包的绝缘半导电屏蔽层外应有缓冲层。

缓冲层应是半导电的,以使绝缘半导电屏蔽层与金属屏蔽层保持电气上接触良好。

缓冲层的厚度应能满足补偿电缆运行中热膨胀的要求。

6.4.3 纵向阻水层

如电缆有纵向阻水要求时,绝缘屏蔽层与径向金属防水层之间应有纵向阻水层。纵向阻水层应由半导电性的阻水膨胀带绕包而成。阻水膨胀带应绕包紧密、平整,其可膨胀面应面向铜丝屏蔽(如果有)。

当采用与绝缘半导电屏蔽直接黏结的铝箔复合套时,可免去额外的纵向阻水层。

如对电缆导体也有纵向阻水要求时,导体绞合时应加入阻水材料。

6.5 金属屏蔽

6.5.1 一般要求

金属屏蔽应施加在电缆非金属屏蔽层上面。金属屏蔽在整个电缆长度上应电气上连续。

金属屏蔽应能满足电缆线路短路容量(短路电流及持续时间)的要求。

注:验证金属屏蔽的短路电流有效值的计算可参见 IEC 60949。

6.5.2 铜丝屏蔽

铜丝屏蔽应由同心疏绕的软铜线组成,铜丝屏蔽层的表面上应用铜丝或铜带反向扎紧。屏蔽铜丝的直径不应小于 1.00 mm;相邻屏蔽铜丝的平均间隙 G 不应大于 4 mm。G 由式(1)定义:

$$G = \frac{\pi(D+d) - nd}{n} \quad\dots\dots\dots\dots\dots\dots\dots\dots\dots\dots (1)$$

式中:

G ——相邻屏蔽铜丝的平均间隙,单位为毫米(mm);

D ——铜丝屏蔽下的缆芯直径,单位为毫米(mm);

d ——铜丝的直径,单位为毫米(mm);

n ——铜丝的根数。

6.5.3 金属套屏蔽

电缆采用铅套或铝套时,金属套可作为金属屏蔽。如铅套或铝套的厚度不能满足短路容量的要求时,应采取增加铜丝屏蔽或增加金属套厚度的措施。

6.5.4 金属屏蔽的电阻

如适用,铜丝屏蔽的电阻测量值应符合 GB/T 3956 规定,或者不大于制造厂申明值(当铜丝屏蔽的截面积与 GB/T 3956 推荐的系列截面积不同时)。要求时,还应测量金属套的电阻值。

6.5.5 径向隔水层

当电缆系统敷设在地下、易积水的地下通道或水中时,电缆应采用径向不透水的阻挡层。

径向隔水层包括金属套及金属塑料复合护套。

金属塑料复合护套应符合 GB/T 18890.1—2015 的 12.5.15 要求。金属塑料复合带应符合 YD/T 723—2007 要求。

6.6 金属套

6.6.1 材料

铅套应用铅合金制造。铅合金应符合 GB/T 26011—2010 要求。

皱纹铝套应采用纯度不小于 99.50% 的铝或铝合金制造。焊接用铝带应符合 GB/T 3880.1—2012 要求,其伸长率不应小于 16%。

注:买方要求时,也可以采用铜套。铜套代号符合 JB/T 5268.1—2011 的规定,厚度测量参照皱纹铝套厚度测量方法。

6.6.2 金属套的厚度

金属套的标称厚度应符合表4规定。

铅套的最小厚度应符合GB/T 18890.1—2015中10.7.1规定。

铝套的最小厚度应符合GB/T 18890.1—2015中10.7.2规定。

表4 金属套的标称厚度

导体标称截面积 mm^2	铅 套 mm	铝 套 mm
400	2.7	2.4
500	2.7	2.4
630	2.8	2.4
800	2.8	2.4
1 000	2.8	2.6
1 200	2.9	2.6
(1 400)	3.0	2.6
1 600	3.1	2.6
(1 800)	3.1	2.8
2 000	3.2	2.8
(2 200)	3.3	2.8
2 500	3.4	2.8

6.6.3 金属套的防蚀层

金属套表面应有沥青或热熔胶防蚀层。沥青可采用符合GB/T 494—2010要求的10号沥青。
铅套上允许绕包自粘性橡胶带作为防蚀层。

6.7 外护套

6.7.1 材料

本部分包括的外护套的类型和代号应为符合GB/T 18890.1—2015中4.4规定的代号为ST$_2$和
ST$_7$外护套混合料。

外护套的性能应符合GB/T 18890.1—2015中表7和表8中ST$_2$和ST$_7$的要求。

外护套的颜色一般为黑色。为了适应电缆的某种特殊使用条件,经供需双方协商也可采用其他颜
色,这种情况下,不规定外护套混合料的碳黑含量。

6.7.2 外护套的厚度

外护套的标称厚度应是5.0 mm。

外护套的平均厚度不应小于标称厚度,最小厚度应是4.2 mm。对皱纹金属套的外护套无平均厚度
要求。

注:当采用复合外护套结构时,本规定仅适用于总厚度。

6.7.3 导电层

外护套的表面应施以均匀牢固的导电层。

如果采用挤塑的半导电层,且其与电缆外护套粘结牢固,其厚度可以构成为外护套总厚度的一部分,但挤塑半导电层不应超过外护套标称厚度的20%。半导电塑料的性能参见附录B。

6.8 成品电缆

成品电缆的性能应符合第7章和第8章要求。

7 成品电缆标志

成品电缆的外护套表面应有制造商名称、产品型号、导体/铜丝屏蔽(如果有)规格、额定电压的连续标志和长度标志。标志应字迹清楚,容易辨认,耐擦。

成品电缆标志应符合GB/T 6995.3—2008规定。

8 试验要求

8.1 试验类别及代号

试验类别及代号见表5。

表5 试验类别及代号

试验类别	代号
电缆例行试验	R
电缆抽样试验	S
电缆型式试验	T
电缆系统型式试验	T
电缆系统预鉴定试验	PQ

8.2 试验项目及要求

试验项目及要求应符合表6～表8规定。例行试验应符合GB/T 18890.1—2015的第9章和表6要求。抽样试验应符合GB/T 18890.1—2015的第10章和表7要求。成品电缆系统的型式试验应符合GB/T 18890.1—2015的第12章和表8要求。预鉴定试验(以及预鉴定的扩展试验)应符合GB/T 18890.1—2015的第13章和表9要求。

其中型式试验和预鉴定试验均应在成品电缆系统上进行,为成品电缆系统的型式试验和预鉴定试验。

表6 电缆例行试验项目及要求

序号	试验项目	试验类型	试验要求 GB/T 18890.1—2015	试验方法
1	局部放电试验	R	9.2	GB/T 3048.12—2007
2	电压试验	R	9.3	GB/T 3048.8—2007
3	外护套的电气试验	R	9.4	GB/T 3048.14—2007

表 7 电缆抽样试验项目及要求

序号	试 验 项 目	试验类型	试验要求		试验方法
			GB/T 18890.2—2015	GB/T 18890.1—2015	
1	导体检验	S	6.1.2	10.4	适当方法
2	导体和金属屏蔽电阻测量	S	6.1.2 和 6.5.3	10.5	GB/T 3048.4—2007
3	绝缘厚度测量	S	6.2.2	10.6	GB/T 2951.11—2008
4	铜丝屏蔽的检查（适用时）	S	6.5.2	—	适当方法
5	金属套厚度测量	S	6.6.2	10.7	GB/T 18890.1—2015 的 10.7
6	外护套厚度测量	S	6.7.2	10.6	GB/T 18890.1—2015 的 10.6.3
7	直径测量（要求时进行）	S	—	10.8	GB/T 2951.11—2008 及其他适当方法
8	XLPE 绝缘热延伸试验	S	—	10.9	GB/T 2951.21—2008
9	电容测量	S	—	10.10	GB/T 3048.11—2007
10	雷电冲击电压试验	S	—	10.11	GB/T 3048.13—2007
11	透水试验（适用时）	S	—	10.12	GB/T 18890.1—2015 的附录 E
12	具有与外护套黏结的纵包金属带或纵包金属箔的电缆组件的试验（适用时）	S	—	10.13	GB/T 18890.1—2015 的附录 F

表 8 电缆系统的型式试验项目及要求

序号	试 验 项 目	试验类型	试验要求		试验方法
			GB/T 18890.2—2015	GB/T 18890.1—2015	
1	绝缘厚度检验	T	—	12.4.1	GB/T 2951.11—2008
2	弯曲试验 随后进行 室温下的局部放电试验	T	—	12.4.3 12.4.4	GB/T 18890.1—2015 的 12.4.3 GB/T 3048.12—2007
3	tanδ 测量	T	—	12.4.5	GB/T 3048.11—2007
4	热循环电压试验	T	—	12.4.6	GB/T 18890.1—2015 的 12.4.6
5	局部放电试验（最后一次热循环后或下述第 6 项雷电冲击电压试验后进行） 高温下 室温下	T	—	12.4.4	GB/T 3048.12—2007
6	雷电冲击电压试验及随后的工频电压试验	T	—	12.4.7	GB/T 3048.13—2007， GB/T 3048.8—2007

表 8（续）

序号	试 验 项 目	试验类型	试验要求 GB/T 18890.2—2015	GB/T 18890.1—2015	试验方法
7	局部放电试验（如果上述第 5 项试验没有进行）高温下 室温下	T	—	12.4.4	GB/T 3048.12—2007
8	检验	T	—	12.4.8	GB/T 18890.1—2015 的 12.4.8
9	半导电屏蔽电阻率	T	6.3.5	12.4.9	GB/T 18890.1—2015 的附录 D
10	电缆结构检查	T	6.1.2, 6.2.2, 6.3.2, 6.3.3, 6.5.2, 6.6.2, 6.7.2	12.5.1	GB/T 2951.11—2008 及其他适当方法
11	绝缘老化前后机械性能试验	T	—	12.5.2	GB/T 2951.11—2008, GB/T 2951.12—2008
12	外护套老化前后机械性能试验	T	—	12.5.3	GB/T 2951.11—2008, GB/T 2951.12—2008
13	成品电缆段相容性老化试验	T	—	12.5.4	GB/T 2951.11—2008, GB/T 2951.12—2008
14	ST₂ 型 PVC 外护套失重试验	T	—	12.5.5	GB/T 2951.32—2008
15	外护套高温压力试验	T	—	12.5.6	GB/T 2951.31—2008
16	PVC 外护套（ST₂）低温试验	T	—	12.5.7	GB/T 2951.14—2008
17	PVC 外护套（ST₂）热冲击试验	T	—	12.5.8	GB/T 2951.31—2008
18	XLPE 绝缘微孔杂质试验	T	6.2.3	12.5.9	GB/T 18890.1—2015 的附录 H
19	XLPE 绝缘热延伸试验	T	—	12.5.10	GB/T 2951.21—2008
20	半导电屏蔽层与绝缘层界面的微孔与突起试验	T	6.3.4	12.5.11	GB/T 18890.1—2015 的附录 H
21	黑色 PE 外护套碳黑含量测量	T	—	12.5.12	GB/T 2951.41—2008
22	燃烧试验（要求时进行）	T	—	12.5.13	GB/T 18380.12—2008
23	纵向透水试验（要求时进行）	T	—	12.5.14	GB/T 18890.1—2015 的附录 E
24	具有与外护套黏结的纵包金属带或纵包金属箔的电缆的组件试验	T	—	12.5.15	GB/T 18890.1—2015 的附录 F
25	非金属外护套刮磨试验	T	—	12.5.16	JB/T 10696.6—2007
26	铝套腐蚀扩展试验	T	—	12.5.17	JB/T 10696.5—2007
27	成品电缆标志的检查	T	第 7 章	—	GB/T 6995.3—2008

表 9 电缆系统预鉴定试验项目及要求

序号	试 验 项 目	试验类型	试验要求 GB/T 18890.1—2015	试验方法
1	绝缘厚度检验	PQ	13.2.2	GB/T 2951.11—2008
2	热循环电压试验	PQ	13.2.4	GB/T 18890.1—2015 的 12.4.6
3	雷电冲击电压试验	PQ	13.2.5	GB/T 3048.13—2007、 GB/T 3048.8—2007
4	预鉴定试验后的试样检验	PQ	13.2.6	合适方法
5	预鉴定扩展试验[a]	PQ	13.3	GB/T 18890.1—2015 的 13.3
[a] 要求时进行。				

9 验收规则

制造方应按本部分第 8 章要求进行例行试验、抽样试验、型式试验和（或）预鉴定试验并应符合要求。抽样试验的频度和复试要求应按照 GB/T 18890.1—2015 中 10.2 和 10.3 规定。

型式试验和（或）预鉴定试验应由制造商或独立检测机构按本部分要求进行并符合要求。型式试验报告和预鉴定试验报告的效力应符合 GB/T 18890.1—2015 要求。

产品应由制造商的质量检验部门检验合格后方能出厂。出厂的每盘电缆应附有产品检验合格证书。买方要求时，制造商应提供产品的工厂试验报告、型式试验报告。

产品的工厂验收应按表 6 和表 7 规定的试验项目进行。

10 包装、运输和贮存

10.1 包装

电缆应卷绕在符合 JB/T 8137 的电缆盘上交货，电缆盘的筒径应考虑使电缆不受到过度弯曲。电缆的两个端头应有可靠的防水或防潮密封，并牢靠地固定在电缆盘上。

在每盘出厂的电缆上，应附有产品检验合格证。

每个电缆盘上应标明：

a) 制造商名称；

b) 电缆型号；

c) 额定电压，kV；

d) 标称截面，mm²；

e) 装盘长度，m；

f) 毛重，kg；

g) 电缆盘包装尺寸（长×宽×高），m；

h) 电缆盘工厂编号；

i) 制造日期，年 月；

j) 表示电缆盘搬运时正确滚动方向的箭头；

k) 本部分编号。

10.2 运输和贮存

电缆应尽量避免露天存放。电缆盘不允许平放。

搬运中严禁从高处扔下装有电缆的电缆盘,严禁机械损伤电缆。吊装包装件时,严禁几盘同时吊装。

在车辆、船舶等运输工具上,电缆盘必须放稳,并用合适的方法固定,防止运输中相互碰撞、滚动或翻倒。

附　录　A
（资料性附录）
电缆的使用条件

A.1　概述

本部分中电缆的使用环境主要由电缆金属套和塑料外护套的性能确定，因此一般适用于
GB/T 2952.2—2008 中表1推荐的场所。

A.2　铅套和铝套电缆

铅套和铝套电缆除适用于一般场所外，特别适合于下列场合：
——铅套电缆：腐蚀较严重但无硝酸、醋酸、有机质（如泥煤）及强碱性腐蚀质，且受机械力（拉力、压
力、振动等）不大的场所；
——铝套电缆：腐蚀不严重和要求承受一定机械力的场所（如直接与变压器连接，敷设在桥梁上、坡
道和竖井中等）。

A.3　金属塑料复合护套电缆

金属塑料复合护套电缆主要适用于受机械力（拉力、压力、振动等）不大，无腐蚀或腐蚀轻微，且不直
接与水接触的一般潮湿场所。

A.4　塑料外护套

塑料外护套有如下种类：
——02 型（聚氯乙烯）外护套电缆主要适用于有一般防火要求和对外护套有一定绝缘要求的线路；
——03 型（聚乙烯）外护套电缆主要适用于对外护套绝缘要求较高的直埋敷设的电缆线路；对
　－20 ℃ 以下的低温环境，或化学液体浸泡场所，以及燃烧时有低毒性要求的电缆宜采用聚乙
烯外护套。聚乙烯外护套如有必要用于隧道或竖井中时应采取相应的防火阻燃措施。

A.5　电缆敷设时的温度

聚氯乙烯外护套电缆敷设前 24 h 的环境温度不应低于 0 ℃。在更低环境温度敷设时，应采取适当
的加温措施，恒温时间不低于 12 h 方可展放。

A.6　电缆安装时的最大拉力和最大侧压力

电缆安装时允许的最大拉力和最大侧压力可参照 GB 50217—2007 的附录 H 确定。

附　录　B

（资料性附录）

绝缘料和半导电材料的性能

电缆绝缘和半导电材料的性能如表 B.1 所示。

表 B.1　电缆绝缘和半导电材料的性能

序号	项　目	单位	绝缘料	半导电屏蔽料	半导电护套料	导体屏蔽绕包半导电带
1	抗张强度	MPa	≥17.0	≥12.0	≥12.0	—
2	断裂伸长率	%	≥500	≥150	≥150	—
3	热延伸试验[(200±3)℃，0.20 MPa,15 min] 负荷下伸长率 永久变形率	% %	≤100 ≤10	≤100 ≤10	— —	— —
4	介电常数	—	≤2.35	—	—	—
5	介质损失角正切 tanδ	—	≤5.0×10⁻⁴	—	—	—
6	短时工频击穿强度（较小的平板电极直径 25 mm,升压速率 500 V/s）	kV/mm	≥30			—
7	体积电阻率 23 ℃ 90 ℃	Ω·m Ω·m	≥1.0×10¹⁴	≤1.0 ≤3.5	≤1.0	≤1 000
8	杂质最大尺寸(1 000 g 样片中)	mm	≤0.10	—	—	

参 考 文 献

[1] GB/T 2952.2—2008 电缆外护层 第2部分:金属套电缆外护层

[2] GB 50217—2007 电力工程电缆设计规范

[3] IEC 60949 考虑非绝热效应的允许热短路电流的计算(Calculation of thermally permissible short-circuit currents，taking into account non-adiabatic heating effects)

ICS 29.060.20
K 13

中华人民共和国国家标准

GB/T 18890.3—2015
代替 GB/Z 18890.3—2002

额定电压 220 kV(U_m＝252 kV)交联聚乙烯绝缘电力电缆及其附件
第 3 部分：电缆附件

Power cables with cross-linked polyethylene insulation and their
accessories for rated voltage of 220 kV(U_m＝252 kV)—Part 3：Accessories

2015-10-09 发布

2016-05-01 实施

中华人民共和国国家质量监督检验检疫总局
中国国家标准化管理委员会 发 布

前　言

GB/T 18890—2015《额定电压 220 kV(U_m＝252 kV）交联聚乙烯绝缘电力电缆及其附件》分为3 个部分：
——第 1 部分：试验方法和要求；
——第 2 部分：电缆；
——第 3 部分：电缆附件。

本部分为 GB/T 18890 的第 3 部分。

本部分按照 GB/T 1.1—2009 给出的规则起草。

本部分代替 GB/Z 18890.3—2002《额定电压 220 kV(U_m＝252 kV）交联聚乙烯绝缘电力电缆及其附件　第 3 部分：额定电压 220 kV(U_m＝252 kV）交联聚乙烯绝缘电力电缆附件》。与 GB/Z 18890.3—2002 相比，本部分的主要技术变化如下：
——标准的性质由指导性技术文件改为推荐性标准；
——标准名称由"额定电压 220 kV(U_m＝252 kV）交联聚乙烯绝缘电力电缆及其附件　第 3 部分：额定电压 220 kV(U_m＝252 kV）交联聚乙烯绝缘电力电缆附件"改为"额定电压 220 kV(U_m＝252 kV）交联聚乙烯绝缘电力电缆及其附件　第 3 部分：电缆附件"；
——增加了术语：瓷套管终端、复合套管终端、GIS 终端连接的外壳、设计压力、最低功能压力（见第3 章）；
——附件特性改为使用条件（见第 4 章，2002 年版的第 4 章）；
——修改了 GIS 终端的压力（见 4.3,2002 年版的 4.4）；
——修改了外绝缘环境分类、污秽类型，增加现场污秽度（SPS）等级的表示（见 4.2.5 和表 1,2002年版的 5.1.4 和表 1）将"最小爬电比距"修改为"三相系统爬电比距"（见 5.1.4,2002 年版的5.1.4）；
——增加了特殊环境条件的说明（见 4.2.6）；
——修改了油浸（变压器）终端的命名（见 5.1.2,2002 年版的 5.1.2）；
——增加了复合套管终端的代号（见 5.1.2）、型号名称（见表 2）及其技术要求（见 6.7）；
——修改了液体填充绝缘的代号（见 5.1.3.1,2002 年版的 5.1.3.1）；
——修改了导体连接金具的要求（见 6.1,2002 年版的 6.1）；
——增加了半导电屏蔽用橡胶带要求和半导电橡胶带的性能（见 6.3 和附录 A）；
——修改了橡胶绝缘件用绝缘料与半导电料的性能要求（见 6.4,2002 年版的 6.4 和附录 A）；
——增加了用于绝缘接头金属套分断的绝缘件的要求（见 6.5）；
——修改了瓷套管的技术要求（见 6.6,2002 年版的 6.6）；
——增加了接头金属屏蔽的技术要求（见 6.10）；
——增加了附件的抽样试验的内容（见 8.3,2002 年版的第 10 章）；
——修改了终端组装后的密封试验条件（见 8.4.1,2002 年版的 11.5）；
——删除了户外终端无线电干扰试验的要求（2002 年版的 11.1.1）；
——增加了附件和电缆组成电缆系统的型式试验（见 8.5）；
——增加了预鉴定扩展试验（表 3）；
——修改了液体绝缘填充剂硅油的性能要求，增加聚异丁烯（见附录 C）；
——增加了参考文献。

本部分由中国电器工业协会提出。

本部分由全国电线电缆标准化技术委员会(SAC/TC 213)归口。

本部分负责起草单位:上海电缆研究所。

本部分参加起草单位:中国电力科学研究院、国家电线电缆质量监督检验中心、上海三原电缆附件有限公司、长缆电工科技股份有限公司、南京业基电气设备有限公司、广东吉熙安电缆附件有限公司、浙江金凤凰电气有限公司、长园电力技术有限公司、上海永锦电气技术有限公司。

本部分主要起草人:夏俊峰、赵健康、范玉军、徐操、郭长春、汤志辉、龙莉英、屈哲、王锦明、邓长胜、柯德刚。

本部分所代替标准的历次版本发布情况为:

——GB/Z 18890.3—2002。

额定电压220 kV(U_m=252 kV)交联
聚乙烯绝缘电力电缆及其附件
第3部分：电缆附件

1 范围

GB/T 18890的本部分规定了额定电压220 kV(U_m=252 kV)交联聚乙烯绝缘电力电缆附件的基本结构、型号命名、技术要求、试验和验收规则、包装、运输及贮存。

本部分适用于一般安装条件下符合GB/T 18890.1—2015规定的额定电压220 kV(U_m=252 kV)交联聚乙烯绝缘电力电缆使用的户外终端、GIS终端、油浸(变压器)终端、直通接头及绝缘接头。

本部分不适用于包带绝缘的接头、用于连接交联聚乙烯绝缘电缆和纸绝缘电缆的过渡接头以及可分离式电缆终端。

2 规范性引用文件

下列文件对于本文件的应用是必不可少的。凡是注日期的引用文件，仅注日期的版本适用于本文件。凡是不注日期的引用文件，其最新版本(包括所有的修改单)适用于本文件。

GB 311.1—2012 绝缘配合 第1部分：定义、原则和规则

GB/T 1527—2006 铜及铜合金拉制管

GB/T 2900.10—2013 电工术语 电缆

GB/T 3048.8—2007 电线电缆电性能试验方法 第8部分：交流电压试验

GB/T 3048.12—2007 电线电缆电性能试验方法 第12部分：局部放电试验

GB/T 3048.13—2007 电线电缆电性能试验方法 第13部分：冲击电压试验

GB/T 4109—2008 交流电压高于1 000 V的绝缘套管

GB/T 4423—2007 铜及铜合金拉制棒

GB/T 7354—2003 局部放电测量

GB/T 8287.1—2008 标称电压高于1 000 V系统用户内和户外支柱绝缘子 第1部分：瓷或玻璃绝缘子的试验

GB/T 12464 普通木箱

GB/T 16927.1 高电压试验技术 第1部分：一般定义及试验要求

GB/T 18890.1—2015 额定电压220 kV(U_m=252 kV)交联聚乙烯绝缘电力电缆及其附件 第1部分：试验方法和要求

GB/T 18890.2—2015 额定电压220 kV(U_m=252 kV)交联聚乙烯绝缘电力电缆及其附件 第2部分：电缆

GB/T 21429—2008 户外和户内电气设备用空心复合绝缘子 定义、试验方法、接收准则和设计推荐

GB/T 22381—2008 额定电压72.5 kV及以上气体绝缘金属封闭开关设备与充流体及挤包绝缘电力电缆的连接 充流体及干式电缆终端

GB/T 23752—2009 额定电压高于1 000 V的电器设备用承压和非承压空心瓷和玻璃绝缘子

GB/T 26218.1—2010　　污秽条件下使用的高压绝缘子的选择和尺寸确定　第1部分:定义、信息和一般原则

IEC 62271-209:2007　　高压开关和控制设备　第209部分:额定电压52 kV以上气体绝缘金属封闭开关的电缆连接　充流体的和挤包绝缘电缆　充流体的和干式电缆-终端(High-voltage switchgear and controlgear—Part 209:Cable connections for gas-insulated metal-enclosed switchgear for rated voltages above 52 kV—Fluid-filled and extruded insulation cables—Fluid-filled and dry-type cable-terminations)

IEC/TR 62271-301:2009　　高压开关和控制设备　第301部分:高压端子的尺寸标准化(High-voltage switchgear and controlgear—Part 301:Dimensional standardization of high-voltage terminals)

3　术语和定义

GB/T 18890.1—2015和GB/T 2900.10—2013界定的以及下列术语和定义适用于本文件。为了便于使用,以下重复列出了GB/T 2900.10—2013中的某些术语和定义。

3.1

户外终端　outdoor termination

在受阳光直接照射或暴露在气候环境下或二者都存在的情况下使用的电缆终端。

[GB/T 2900.10—2013,定义461-10-14]

3.2

瓷套管终端　termination with porcelain insulator

以瓷套管为外绝缘的(户外)电缆终端。

3.3

复合套管终端　termination with composite insulator

以玻璃纤维增强环氧管为衬芯,外覆耐候、抗污秽弹性体材料(如硅橡胶)组成的复合套管为外绝缘的(户外)电缆终端。

3.4

GIS 终端　gas-immersed termination for GIS

安装在气体绝缘金属封闭开关(GIS)设备内部以六氟化硫(SF_6)气体为其外绝缘的气体绝缘部分的电缆终端。

3.5

油浸终端(变压器终端)　oil-immersed termination

安装在油浸变压器设备油箱内以绝缘油为其外绝缘的液体绝缘部分的电缆终端。

3.6

直通接头　straight joint

连接两根电缆形成连续电路的附件。在本部分中特指接头的金属外壳与被连接电缆的金属屏蔽和绝缘屏蔽在电气上连续的接头。

3.7

绝缘接头　sectionalizing joint

将被连接电缆的金属套、金属屏蔽和绝缘屏蔽在电气上保持断开(不连续)的接头。

3.8

预制附件　pre-fabricated accessories

以具有电场应力控制作用的预制橡胶元件(和预制环氧绝缘件)作为主要绝缘件的电缆附件,包含预制式终端和预制式接头。

3.9

组合预制绝缘件接头 **composite type pre-fabricated joint**

采用预制橡胶应力锥及预制环氧绝缘件现场组装作为主要绝缘件的接头。

3.10

整体预制橡胶绝缘件接头 **one piece pre-molded joint**

采用单一预制橡胶绝缘件作为主要绝缘件的接头。

3.11

GIS 终端连接的外壳 **cable termination connection enclosure for GIS**

气体绝缘金属封闭开关设备中装有电缆终端及开关主回路末端的封闭壳体。

注：参见 IEC 62271-209:2007 的 3.3。

3.12

设计压力 **design pressure**

用于确定电缆终端连接的 GIS 外壳厚度以及承受该压力的 GIS 终端部件结构的压力。

注：参见 IEC 62271-209:2007 的 3.5。

3.13

最低功能压力 **minimum functional pressure**

折算到标准大气条件(20 ℃,101.3 kPa)下,用相对压力或绝对压力(Pa)表示的绝缘介质的最低工作压力,大于或等于此压力时开关设备和 GIS 终端保持其额定特性。

注：参见 GB/T 11022—2011 中的 3.6.5.5。

4 使用条件

4.1 额定电压与导体工作温度

附件的额定电压和正常运行时最高工作温度、短路温度与 GB/T 18890.2—2015 第 4 章对电缆的规定相一致。

4.2 环境条件(适用于户外终端)

4.2.1 标准参考大气压条件

标准参考大气压条件为：

——温度 $t_0 = 20$ ℃；

——压力 $p_0 = 101.3$ kPa；

——绝对湿度 $h_0 = 11$ g/m³。

本部分规定的试验电压均为标准参考大气压条件下的数值。

4.2.2 正常使用条件

本部分规定的试验电压,适用于下列使用条件下运行的设备：

a) 周围环境最高空气温度不超过 40 ℃；

b) 安装地点的海拔高度不超过 1 000 m。

4.2.3 试验电压值的温度修正

对周围环境空气温度高于 40 ℃处的设备,其外绝缘在干燥状态下的试验电压应取本部分规定的试验电压值乘以温度修正因数 K_T,温度修正因数的计算见式(1)：

$$K_T = 1 + 0.003\ 3(T - 40) \qquad \cdots\cdots\cdots\cdots\cdots\cdots (1)$$

式中：

T——环境空气温度，单位为摄氏度(℃)。

4.2.4 试验电压值的海拔修正

对用于海拔高于 1 000 m,但不超过 4 000 m 处的户外终端的外绝缘的绝缘强度应进行海拔修正,修正方法见 GB 311.1—2012 的附录 B。对于海拔高于 1 000 m,但不超过 4 000 m 安装使用的户外终端,在海拔不高于 1 000 m 地点试验时,其试验电压应将本部分规定的试验电压乘以海拔校正因数 K_a[计算见式(2)],并按此要求相应提高户外终端的外绝缘的绝缘水平。

$$K_a = \frac{1}{1.1 - H \times 10^{-4}} \qquad \cdots\cdots\cdots\cdots\cdots\cdots (2)$$

式中：

H——户外终端安装地点的海拔高度,单位为米(m)。

4.2.5 污秽环境

外绝缘环境分类、污秽类型和现场污秽度(SPS)等级的表示应符合 GB/T 26218.1—2010。

4.2.6 特殊环境条件

设计用于特殊环境条件,例如地震、飓风、覆冰等非正常条件下运行的设备,可能需要某些特定的试验,见 GB/T 21429—2008、GB/T 23752—2009 和 GB/T 4109—2008,本部分不作规定。

4.3 GIS 终端的压力

包围 GIS 终端外绝缘的 SF_6 气体在 20 ℃下的设计压力(相对压力)为 0.75 MPa,最低功能压力不应超过 0.25 MPa(相对压力)。GIS 额定充气压力不应低于其最低功能压力。

当与电缆连接的 GIS 外壳抽真空是属于 SF_6 充气工序的一部分时,电缆终端应耐受真空条件(见 IEC 62271-209:2007)。

4.4 终端安装角度

终端一般应垂直安装。如终端的轴线与垂直线的夹角超过 30°时应满足 GB/T 4109—2008 规定的弯曲耐受负荷。该要求不适用于 GIS 终端和变压器终端。

4.5 系统类别

本部分包括的附件适合的系统类别与 GB/T 18890.2—2015 中 4.1 的规定相一致。

5 产品命名

5.1 代号

5.1.1 系列代号

交联聚乙烯绝缘电缆 ·· YJ

5.1.2 附件代号

瓷套管(户外)终端 ·· ZW

复合套管(户外)终端 ……………………………………………………………………… ZWF

GIS 终端 ……………………………………………………………………………………… ZG

油浸(变压器)终端 ………………………………………………………………………… ZY

直通接头 ……………………………………………………………………………………… JT

绝缘接头 ……………………………………………………………………………………… JJ

5.1.3 内绝缘代号

5.1.3.1 终端内绝缘特征

液体填充绝缘 ………………………………………………………………………………… Y

干式绝缘 ……………………………………………………………………………………… G

六氟化硫(SF$_6$)充气绝缘 ………………………………………………………………… Q

5.1.3.2 接头内绝缘特征

组合预制绝缘件 ……………………………………………………………………………… Z

整体预制绝缘件 ……………………………………………………………………………… I

5.1.4 户外终端外绝缘污秽等级代号

户外终端外绝缘污秽等级代号见表1。

表 1 户外终端外绝缘污秽等级代号

污秽度(SPS)等级	代号	统一爬电比距 mm/kV	三相系统爬电比距 mm/kV
a	0	22.0	12.7
b	1	27.8	16
c	2	34.7	20
d	3	43.3	25
e	4	53.7	31

5.1.5 接头保护盒及外保护层

无保护盒 ……………………………………………………………………………………… 0

玻璃钢保护盒(含铜壳和防水浇注剂) …………………………………………………… 1

绝缘铜壳(含防水浇注剂) ………………………………………………………………… 2

5.2 产品型号

型号组成如图1所示：

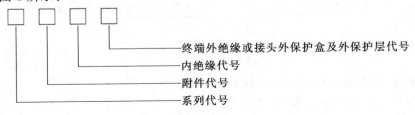

图 1 电缆附件型号组成

本部分包括的附件产品型号与名称见表2。

表 2 产品型号及名称

型号		产品名称
主型号	含副型号	
YJZWY	YJZWY0	交联聚乙烯绝缘电力电缆用液体填充绝缘瓷套管终端,外绝缘污秽等级 a 级
	YJZWY1	交联聚乙烯绝缘电力电缆用液体填充绝缘瓷套管终端,外绝缘污秽等级 b 级
	YJZWY2	交联聚乙烯绝缘电力电缆用液体填充绝缘瓷套管终端,外绝缘污秽等级 c 级
	YJZWY3	交联聚乙烯绝缘电力电缆用液体填充绝缘瓷套管终端,外绝缘污秽等级 d 级
	YJZWY4	交联聚乙烯绝缘电力电缆用液体填充绝缘瓷套管终端,外绝缘污秽等级 e 级
YJZWQ	YJZWQ0	交联聚乙烯绝缘电力电缆用 SF_6 充气绝缘瓷套管终端,外绝缘污秽等级 a 级
	YJZWQ1	交联聚乙烯绝缘电力电缆用 SF_6 充气绝缘瓷套管终端,外绝缘污秽等级 b 级
	YJZWQ2	交联聚乙烯绝缘电力电缆用 SF_6 充气绝缘瓷套管终端,外绝缘污秽等级 c 级
	YJZWQ3	交联聚乙烯绝缘电力电缆用 SF_6 充气绝缘瓷套管终端,外绝缘污秽等级 d 级
	YJZWQ4	交联聚乙烯绝缘电力电缆用 SF_6 充气绝缘瓷套管终端,外绝缘污秽等级 e 级
YJZWFY	YJZWFY2	交联聚乙烯绝缘电力电缆用液体填充绝缘复合套管终端,外绝缘污秽等级 c 级
	YJZWFY3	交联聚乙烯绝缘电力电缆用液体填充绝缘复合套管终端,外绝缘污秽等级 d 级
	YJZWFY4	交联聚乙烯绝缘电力电缆用液体填充绝缘复合套管终端,外绝缘污秽等级 e 级
YJZWFQ	YJZWFQ2	交联聚乙烯绝缘电力电缆用 SF_6 充气绝缘复合套管终端,外绝缘污秽等级 c 级
	YJZWFQ3	交联聚乙烯绝缘电力电缆用 SF_6 充气绝缘复合套管终端,外绝缘污秽等级 d 级
	YJZWFQ4	交联聚乙烯绝缘电力电缆用 SF_6 充气绝缘复合套管终端,外绝缘污秽等级 e 级
YJZGY	—	交联聚乙烯绝缘电力电缆用液体填充绝缘 GIS 终端
YJZGG	—	交联聚乙烯绝缘电力电缆用干式绝缘 GIS 终端
YJZYY	—	交联聚乙烯绝缘电力电缆用液体填充绝缘(变压器)油浸终端
YJZYG	—	交联聚乙烯绝缘电力电缆用干式绝缘(变压器)油浸终端
YJJTI	YJJTI0	交联聚乙烯绝缘电力电缆用整体预制橡胶绝缘件直通接头,无保护盒
	YJJTI1	交联聚乙烯绝缘电力电缆用整体预制橡胶绝缘件直通接头,玻璃钢保护盒
	YJJTI2	交联聚乙烯绝缘电力电缆用整体预制橡胶绝缘件直通接头,绝缘铜壳保护盒
YJJTZ	YJJTZ0	交联聚乙烯绝缘电力电缆用组合预制绝缘件直通接头,无保护盒
	YJJTZ1	交联聚乙烯绝缘电力电缆用组合预制绝缘件直通接头,玻璃钢保护盒
	YJJTZ2	交联聚乙烯绝缘电力电缆用组合预制绝缘件直通接头,绝缘铜壳保护盒
YJJJI	YJJJI0	交联聚乙烯绝缘电力电缆用整体预制橡胶绝缘件绝缘接头,无保护盒
	YJJJI1	交联聚乙烯绝缘电力电缆用整体预制橡胶绝缘件绝缘接头,玻璃钢保护盒
	YJJJI2	交联聚乙烯绝缘电力电缆用整体预制橡胶绝缘件绝缘接头,绝缘铜壳保护盒
YJJJZ	YJJJZ0	交联聚乙烯绝缘电力电缆用组合预制绝缘件绝缘接头,无保护盒
	YJJJZ1	交联聚乙烯绝缘电力电缆用组合预制绝缘件绝缘接头,玻璃钢保护盒
	YJJJZ2	交联聚乙烯绝缘电力电缆用组合预制绝缘件绝缘接头,绝缘铜壳保护盒

5.3 附件规格

附件规格由额定电压、适用电缆的相数及导体截面积表示。

附件规格应与所配套的电缆导体截面相适配。

GIS 终端及油浸(变压器)终端的规格应与其所配套设备的额定电压及额定电流相适配。

5.4 产品表示方法

产品用型号、规格(额定电压、相数、适用电缆截面)及标准号表示。

示例 1:导体标称截面积 1 000 mm²、额定电压 127/220 kV、交联聚乙烯绝缘电力电缆用液体填充绝缘瓷套管终端,外绝缘污秽等级 c 级,表示为:YJZWY2 127/220 1×1000 GB/T 18890.3—2015。

示例 2:导体标称截面积 630 mm²、额定电压 127/220 kV、交联聚乙烯绝缘电力电缆用干式绝缘 GIS 终端,表示为:YJZGG 127/220 1×630 GB/T 18890.3—2015。

示例 3:导体标称截面积 1 600 mm²、额定电压 127/220 kV、交联聚乙烯绝缘电力电缆用整体预制橡胶绝缘件绝缘接头,绝缘铜壳外保护盒,表示为:YJJJI2 127/220 1×1600 GB/T 18890.3—2015。

6 技术要求

6.1 导体连接金具

导体连接杆应采用符合 GB/T 4423—2007 的铜材制造。

导体连接管应采用符合 GB/T 1527—2006 的铜材制造。压接型导体连接管的铜含量不应低于99.90%,并经退火处理。

终端的接线端子应采用导电性良好的铜或铜合金制造,其尺寸应符合 IEC/TR 62271-301:2009 或用户要求。

导体连接金具的表面应光滑、洁净,不允许有损伤、毛刺和凹凸斑痕及其他影响电气接触和机械强度的缺陷。铸造成型的接线端子其接触面及连接孔不得有气孔、砂眼和夹渣等缺陷。

连接金具的规格不应小于电缆导体截面。连接金具的机械强度应满足安装和运行条件的要求。

要求时,导体连接杆和导体连接管可进行 8.4.2 规定的试验,以证明其性能满足要求。

6.2 结构金具

附件结构金具(金属壳体、法兰、套管、包围支架等)应采用非磁性金属材料。

弹簧压紧装置的配合面应光滑无突起,应与橡胶应力锥紧密配合,能在设计寿命内提供规定的设计压力。

所有密封金具应有良好的组装密封性和配合性,不应有造成后泄露的缺陷,如划伤、凹痕等。密封性能应符合 8.4.1 规定的试验要求。

6.3 密封圈及半导电橡胶带

附件用密封圈应与其周围介质相容,并能在额定负荷下长期保持使用功能。

用于屏蔽的半导电橡胶带应是交联型的,其性能参见附录 A。

6.4 橡胶应力锥及预制橡胶绝缘件

橡胶应力锥及预制橡胶绝缘件用绝缘料与半导电料的性能参见 GB/T 20779.2—2007(其中的人工气候老化和耐电痕试验不适用)。

橡胶应力锥及预制橡胶绝缘件应无气泡、烧焦物及其他有害杂质,内外表面应光滑,无伤痕、裂痕、突起物。绝缘与半导电的界面应结合良好,无裂纹和剥离现象,半导电屏蔽内应无有害杂质。

橡胶绝缘件的尺寸规格应与电缆主绝缘的外径相适配。

6.5 环氧预制件及环氧套管

环氧树脂固化体性能参见附录 B。

环氧预制件及环氧套管应无有害杂质、气孔，内外表面应光滑无缺陷。绝缘体与预埋金属件结合良好，无裂纹、变形等异常现象。

用于绝缘接头金属套分断的绝缘件应能耐受 GB/T 18890.1—2015 的 G.4.3 的直流电压试验和雷电冲击电压试验。

环氧预制件的密封性能应符合 8.4.1 的试验要求。

6.6 瓷套管

瓷套管应符合 GB/T 23752—2009 的要求。

6.7 复合套管

复合套管应符合 GB/T 21429—2008 的要求。

6.8 支柱绝缘子

支柱绝缘子应符合 GB/T 8287.1—2008 的要求。

6.9 液体绝缘填充剂

液体绝缘填充剂应与相接触的绝缘材料及结构材料相容。硅油性能和聚异丁烯性能参见附录 C。

对乙丙橡胶应力锥推荐采用硅油或聚异丁烯作为绝缘填充剂。

对硅橡胶应力锥推荐采用聚异丁烯或高粘度硅油作为绝缘填充剂。

6.10 接头的金属屏蔽

接头的金属屏蔽组合应能提供不低于所连接电缆在正常运行（连续或短时负荷）和故障（短路）条件下的载流能力。

注：有关接头的金属屏蔽组合短路特性的信息可参见 IEC 60949:1988 和 IEEE Std 404:2012。

6.11 GIS 终端连接尺寸

GIS 终端与 GIS 开关的安装连接尺寸应符合 IEC 62271-209:2007 或 GB/T 22381—2008 的要求。当终端制造方与 GIS 开关制造方协商同意时，也可以采用其他配合尺寸。

终端制造方与 GIS 开关制造方的供应方界限见 IEC 62271-209:2007 的图 2 和图 4 或 GB/T 22381—2008的表 A.1 和表 A.3。

GIS 终端应采用防止外绝缘的 SF_6 气体进入终端和电缆内部的结构。

6.12 附件产品

附件产品及其主要部件应符合第 7 章及第 8 章的要求。

7 附件标志

7.1 产品标志

每个出厂的电缆附件产品应带有明显的耐久性标志，标志内容如下：

a) 制造方名称；

b) 型号、规格；

c) 额定电压，kV；

d) 生产日期及编号。

7.2 零部件的标志

接头保护盒、预制橡胶绝缘件等部件应采用适当的方式标明制造方名称、型号、规格。

8 试验和要求

8.1 概述

试验分为例行试验(代号为 R)、抽样试验(代号为 S)、型式试验(代号为 T)、附加试验(代号为 A)和预鉴定试验(代号为 PQ)。

试验条件应符合 GB/T 18890.1—2015 的第 8 章的要求。

8.2 附件部件的例行试验

附件预制橡胶绝缘件的例行试验应包括以下项目:

a) 密封金具的密封试验;

b) 预制橡胶绝缘件的局部放电试验(见 GB/T 18890.1—2015 的 9.2);

c) 预制橡胶绝缘件的电压试验(见 GB/T 18890.1—2015 的 9.3)。

预制橡胶绝缘件包括应力锥或整体预制的组合应力控制绝缘件。

密封金具的密封试验可根据适用条件任选 8.4.1.1 或 8.4.1.2 规定的一种方法进行试验。其他试验应按照 GB/T 18890.1—2015 第 9 章进行,并符合要求。

注:经制造方和买方同意,密封金具的密封试验可以采用检漏仪或其他方式进行。

8.3 附件的抽样试验

附件的抽样试验应按照 GB/T 18890.1—2015 第 11 章进行,并符合要求。

8.4 附件的型式试验

附件的型式试验及要求应符合 GB/T 18890.1—2015 第 12 章和第 15 章,此外还应进行下列项目的试验:

a) 终端组装后的密封试验(见 8.4.1);

b) 导体压接和机械连接件的热机械性能试验,购买方有要求时(见 8.4.2);

c) 附加试验的户外终端淋雨工频电压试验,购买方有要求时(见 8.4.3)。

被试附件应按制造方提供的安装说明书并采用制造方提供的规定等级和数量的材料(包括润滑剂)进行组装。通常的安装指南参见附录 D。

GIS 终端产品电气型式试验采用的连接外壳的尺寸应符合 IEC 62271-209:2007 的图 3 或图 5 规定。变压器终端产品电气型式试验采用的连接外壳的尺寸应与设备一致(由变压器制造商提出)。

电气试验时,GIS 终端连接的外壳内应充气至其最小功能压力。经协商同意,允许采用其他气体介质代替 SF_6 气体,但充气压力应提供相同的介电强度。变压器终端连接的外壳内应充以允许的最小工作压力(由变压器制造商提出)的变压器油。

8.4.1 终端组装后的密封试验

终端试样应按实际使用的安装要求进行组装,组装试样内允许不含绝缘件。

试验装置应将密封金具、瓷套管、复合套管或环氧套管试品两端密封。可根据实际情况任选 8.4.1.1 或 8.4.1.2 的一种方法进行试验。

8.4.1.1 压力泄漏试验

在环境温度下对试品施加表压为(250±10) kPa 的气压,保持 1 h。承受气压的试品应有防爆安全措施。任选浸水检验或密封面上涂肥皂液检验,观察是否有气体逸出。

或施加相同水压,保持 1 h。在密封面上涂白垩粉,观察是否有水渗出迹象。

试验期间应无漏气或渗水迹象。

8.4.1.2 真空漏增试验

在环境温度下将试样抽真空至残压 A 为 10 kPa,然后关闭试品与真空泵间的真空阀门,保持 1 h。测量试品的压力值 B。测量用真空计的分辨率不应超过 2 kPa。

试验结束时,真空压力漏增值($B-A$)不应超过 10 kPa。

8.4.2 导体压接和机械连接件的热机械性能试验

经制造方和买方同意,导体压接和机械连接件应进行电气热循环试验和机械试验。

试验方法和要求在考虑中。

8.4.3 户外终端淋雨工频电压试验

户外终端试样在淋雨状态下,施加工频电压 460 kV 经 1 min,终端应不闪络或击穿。淋雨条件采用 GB/T 16927.1 的规定。

8.5 附件和电缆组成系统的型式试验

包含附件的电缆系统的型式试验应按 GB/T 18890.1—2015 第 12 章,并应符合要求。

8.6 附件和电缆组成系统的预鉴定试验

包含附件的电缆系统的预鉴定试验应按 GB/T 18890.1—2015 第 13 章,并应符合要求。

9 验收规则

附件产品的试验要求和试验方法如表 3 所示。

电缆附件产品应按表 3 规定进行试验。

产品应由制造方的质量检验部门检验合格后方能出厂,每件出厂的附件产品应附有产品检验合格证书。用户要求时,制造方应提供产品的工厂试验报告或(和)型式试验报告。

产品应按表 3 规定的试验项目进行出厂验收。

表 3 附件的试验分类、要求及试验方法

序号	试 验 项 目	试验类型	试验要求	试验方法
1	密封金具的密封试验	R	8.2	8.2
2	预制橡胶绝缘件的局部放电试验	R	GB/T 18890.1—2015 中 9.2	GB/T 7354—2003, GB/T 3048.12—2007
3	预制橡胶绝缘件的电压试验	R	GB/T 18890.1—2015 中 9.3	GB/T 3048.8—2007
4	附件部件的试验	S	GB/T 18890.1—2015 中 11.1	合适方法

表 3（续）

序号	试 验 项 目	试验类型	试验要求	试验方法
5	成品附件的局部放电试验	S	GB/T 18890.1—2015 中 11.2	GB/T 7354—2003 GB/T 3048.12—2007
6	成品附件的电压试验	S	GB/T 18890.1—2015 中 11.2	GB/T 3048.8—2007
7	环境温度下的局部放电试验	T	GB/T 18890.1—2015 中 12.4.4	GB/T 7354—2003 GB/T 3048.12—2007
8	热循环电压试验	T	GB/T 18890.1—2015 中 12.4.6	GB/T 18890.1—2015 中 12.4.6
9	环境温度下和高温下的局部放电试验	T	GB/T 18890.1—2015 中 12.4.4	GB/T 7354—2003 GB/T 3048.12—2007
10	雷电冲击电压试验及随后的工频电压试验	T	GB/T 18890.1—2015 中 12.4.7	GB/T 3048.13—2007 GB/T 3048.8—2007
11	电气试验后的试样检验	T	GB/T 18890.1—2015 中 12.4.8	合适方法
12	直埋接头的外保护层试验	T	GB/T 18890.1—2015 的附录 G	GB/T 18890.1—2015 的附录 G
13	终端组装后的密封试验	T	8.4.1	8.4.1
14	导体压接和机械连接件的试验[a]	T	8.4.2	在考虑中
15	户外终端淋雨工频耐压试验	A	8.4.3	GB/T 16927.1
16	预鉴定试验的热循环电压试验	PQ	GB/T 18890.1—2015 中 13.2.4	GB/T 18890.1—2015 中 12.4.6
17	预鉴定试验后的试样检验	PQ	GB/T 18890.1—2015 中 13.2.6	合适方法
18	预鉴定扩展试验[a]	PQ	GB/T 18890.1—2015 中 13.3	GB/T 18890.1—2015 中 13.3
[a] 仅在要求时进行。				

10 包装、运输及贮存

10.1 一般要求

电缆附件产品的包装方式可根据产品特点而定，附件的零部件可分开包装。

对各种预制绝缘件、带材等应有相应的防水、防潮等密封措施；对易碎、怕压部件或材料应有相应的防压、防撞击的包装措施，并在包装物外部明显位置标出相应的字样或标记；易燃部件或材料应有防火警示标志。

10.2 包装箱

包装箱可采用木箱或纸箱。木箱应符合 GB/T 12464 要求。装箱时在箱内应装入装箱清单。包装箱侧面应标明附件（部件）名称、规格。包装箱的两端面应标示：

a) 轻放；

b) 防雨；

c) 不得倒置。

10.3 运输和贮存

产品运输过程中不得将包装箱倒置及碰撞。

产品应贮存在清洁干燥和阴凉处，不得在户外或阳光下存放。

附　录　A

（资料性附录）

半导电橡胶带的性能

半导电橡胶带的性能见表 A.1。

表 A.1　半导电橡胶带的性能

序号	项　目		单　位	性能指标
1	老化前机械性能	抗张强度	MPa	≥0.70
		断裂伸长率	%	≥300
2	空气箱老化后机械性能［老化条件:(135±3)℃,7 d］	抗张强度变化率	%	≤±30
		伸长率的变化率	%	≤±30
3	体积电阻率(23 ℃)		Ω·m	≤10

附　录　B

（资料性附录）

环氧树脂固化（胶）体的性能

附件用环氧树脂固化体的性能见表 B.1。

表 B.1　环氧树脂固化体的性能

序号	项　目			单　位	性能指标
1	电气性能	室温	体积电阻率(23 ℃)	$\Omega \cdot m$	$\geqslant 1.0 \times 10^{13}$
			$\tan\delta$	—	$\leqslant 5.0 \times 10^{-3}$
			介电常数	—	$3.5 \sim 6.0$
			短时工频击穿电场强度	kV/mm	$\geqslant 20$
		100 ℃	体积电阻率	$\Omega \cdot m$	$\geqslant 1.0 \times 10^{13}$
			$\tan\delta$	—	$\leqslant 5.0 \times 10^{-3}$
			介电常数	—	$3.5 \sim 6.0$
2	热变形温度			℃	$\geqslant 105$

附 录 C
（资料性附录）
液体绝缘填充剂的性能

硅油的性能见表 C.1。

聚异丁烯的性能见表 C.2。

表 C.1 硅油的性能

序号	项 目		单 位	性能指标
1	外观		—	无色透明,无杂质
2	运 动 黏 度 (25 ℃)	低黏度硅油	m²/s	$(40\sim1\,000)\times10^{-6}$
		高黏度硅油	m²/s	$(7\,000\sim13\,000)\times10^{-6}$
3	闪点		℃	$\geqslant300$
4	折光指数(25 ℃)		—	$1.42\sim1.47$
5	击穿电压(电极间距 2.5 mm)		kV	$\geqslant35$
6	体积电阻率(25 ℃)		Ω·m	$\geqslant8.0\times10^{12}$
7	挥发度(条件:150 ℃,3 h)		%	$\leqslant0.5$

表 C.2 聚异丁烯的性能

序号	项 目	单 位	性能指标
1	外观	—	无色透明,无杂质
2	闪点	℃	$\geqslant165$
3	折光指数(25 ℃)	—	$1.48\sim1.53$
4	击穿电压(电极间距 2.5 mm)	kV	$\geqslant35$
5	体积电阻率(25 ℃)	Ω·m	$\geqslant5.0\times10^{12}$

附　录　D

（资料性附录）

安装导则

D.1　范围

本安装导则适用于额定电压 220 kV 交联聚乙烯绝缘电力电缆附件安装的一般要求。附件的具体安装工艺和详细技术要求由制造方提供。

D.2　一般要求

D.2.1　安装工作应由经过培训合格和掌握附件安装技术的有经验人员进行。

D.2.2　安装手册规定的安装程序，根据不同的环境可进行调整和改变，但应通知制造方以便提供参考意见。

D.2.3　施工现场应保持清洁、无尘。一般情况下其相对湿度不应超过 75% 方可进行电缆终端施工安装。

D.2.4　需要时，电缆应用加热方法预先进行校直。

D.2.5　电缆和附件的各组成部件，应采用挥发性好的专用清洗剂进行清洗。

D.2.6　○型圈在安装前应涂上密封硅胶或专用硅脂，与○型圈接触的表面，必须用清洗剂清洗干净，并确认这些接触面无任何损伤。

D.2.7　导体连接杆和导体连接管压接时，其所用模具尺寸应符合安装工艺规定。

D.2.8　在安装过程中，预制橡胶绝缘件和电缆绝缘表面，均应清洁干净。

D.2.9　当对电缆金属套进行钎焊时，连续钎焊时间不应超过 30 min，并可在钎焊过程中采取局部冷却措施，以免因钎焊时金属套温度过高而损伤电缆绝缘。焊接前焊接处表面应保持清洁，焊接后的表面应处理光滑。

参 考 文 献

[1]　GB/T 11022—2011　高压开关设备和控制设备标准的共用技术要求

[2]　GB/T 20779.2—2007　电力防护用橡胶材料　第2部分:电缆附件用橡胶材料

[3]　IEC 60949:1988　考虑非绝热效应的允许热短路电流的计算（Calculation of thermally permissible short-circuit currents，taking into account non-adiabatic heating effects）

[4]　IEEE Std 404:2012　2.5 kV～500 kV 挤包和层绕绝缘屏蔽电缆接头（ IEEE Standard for Extruded and Laminated Dielectric Shielded Cable Joints Rated 2.5 kV to 500 kV）

ICS 29.060.20
K 13

中华人民共和国国家标准

GB/T 22078.1—2008

额定电压 500 kV(U_m=550 kV)交联聚乙烯绝缘电力电缆及其附件 第 1 部分：额定电压 500 kV(U_m=550 kV)交联聚乙烯绝缘电力电缆及其附件 ——试验方法和要求

Power cables with cross-linked polyethylene insulation and their accessories for rated voltage of 500 kV(U_m=550 kV)—Part1：Power cable systems-cables with cross-linked polyethylene insulation and their accessories for rated voltage of 500 kV(U_m=550 kV)—Test methods and requirements

（IEC 62067：2006，MOD）

2008-06-30 发布

2009-04-01 实施

中华人民共和国国家质量监督检验检疫总局
中国国家标准化管理委员会 发 布

前　　言

GB/T 22078《额定电压500 kV(U_m=550 kV)交联聚乙烯绝缘电力电缆及其附件》分为三个部分：
——第1部分：额定电压500 kV(U_m=550 kV)交联聚乙烯绝缘电力电缆及其附件——试验方法和要求；
——第2部分：额定电压500 kV(U_m=550 kV)交联聚乙烯绝缘电力电缆；
——第3部分：额定电压500 kV(U_m=550 kV)交联聚乙烯绝缘电力电缆附件。
本部分为GB/T 22078的第1部分。

本部分修改采用IEC 62067:2006 Ed.1.1《额定电压150 kV(U_m=170 kV)以上至500 kV(U_m=550 kV)挤包绝缘电缆及其附件——试验方法和要求》(英文版)。IEC第20技术委员会(电缆)已决定此出版物的内容直至2010年保持不变。至该时，此出版物将重新确认或废止或修订或修改。

本部分主要技术内容和编写格式、文本结构与IEC 62067:2006相同，但外护套材料仅采用与正常运行条件电缆导体最高温度90 ℃相适配的ST_2和ST_7外护套混合料；型式试验中增加绝缘层微孔、杂质和半导电屏蔽层与绝缘层界面微孔、突起试验，相应增加附录E：绝缘层杂质、微孔和半导电屏蔽与绝缘层界面微孔、突起试验；增加外护套刮磨试验和铝套腐蚀扩展试验。绝缘偏心度要求和绝缘$\tan\delta$值要求以及例行试验中局部放电试验灵敏度要求均严于IEC 62067:2006。有关技术性差异已编入正文中并在它们所涉及的条款的页边空白处用垂直单线标识。在附录F中给出了这些技术性差异及其原因的一览表以供参考。

本部分的附录A、附录B、附录C、附录D、附录E为规范性附录，附录F为资料性附录。

本部分由中国电器工业协会提出。

本部分由全国电线电缆标准化技术委员会(SAC/TC 213)归口。

本部分负责起草单位：上海电缆研究所。

本部分参加起草单位：武汉高压研究院、国家电线电缆产品质量监督检验中心、特变电工山东鲁能泰山电缆有限公司、远东控股集团有限公司、上海电缆输配电公司、天津塑力线缆集团有限公司。

本部分主要起草人：应启良、杨黎明、吴长顺、刘召见、汪传斌、姜芸、韩长武。

额定电压 500 kV($U_m=550$ kV)交联聚乙烯绝缘电力电缆及其附件 第 1 部分：额定电压 500 kV($U_m=550$ kV)交联聚乙烯绝缘电力电缆及其附件 ——试验方法和要求

1 范围

GB/T 22078 的本部分规定了额定电压 500 kV($U_m=550$ kV)固定安装的交联聚乙烯绝缘电缆系统、电缆及其附件的试验方法和要求。

此试验要求适用于通常安装和运行条件下的单芯电缆及其附件，而不适用于特种电缆及其附件，诸如海底电缆。对特种电缆可能需要修改本部分的试验或可能需要设计特殊的试验条件。

本部分不包含交联聚乙烯绝缘电缆和纸绝缘电缆的过渡接头。

2 规范性引用文件

下列文件中的条款通过 GB/T 22078 的本部分的引用而成为本部分的条款。凡是注日期的引用文件，其随后所有的修改单（不包括勘误的内容）或修订版均不适用于本部分，然而，鼓励根据本部分达成协议的各方研究是否可使用这些文件的最新版本。凡是不注日期的引用文件，其最新版本适用于本部分。

GB/T 2951.11—2008 电缆和光缆绝缘和护套材料通用试验方法 第 11 部分：通用试验方法 厚度和外形尺寸测量 机械性能试验(IEC 60811-1-1:2001,IDT)

GB/T 2951.12—2008 电缆和光缆绝缘和护套材料通用试验方法 第 12 部分：通用试验方法 热老化试验方法(IEC 60811-1-2:1985,IDT)

GB/T 2951.14—2008 电缆和光缆绝缘和护套材料通用试验方法 第 14 部分：通用试验方法 低温试验(IEC 60811-1-4:1985,IDT)

GB/T 2951.21—2008 电缆和光缆绝缘和护套材料通用试验方法 第 21 部分：弹性体混合料专用试验方法 耐臭氧试验 热延伸试验 浸矿物油试验(IEC 60811-2-1:2001,IDT)

GB/T 2951.31—2008 电缆和光缆绝缘和护套材料通用试验方法 第 31 部分：聚氯乙烯混合料专用试验方法 高温压力试验 抗开裂试(IEC 60811-3-1:1985,IDT)

GB/T 2951.32—2008 电缆和光缆绝缘和护套材料通用试验方法 第 32 部分：聚氯乙烯混合料专用试验方法 失重试验 热稳定性试验(IEC 60811-3-2:1985,IDT)

GB/T 2951.41—2008 电缆和光缆绝缘和护套材料通用试验方法 第 41 部分：聚乙烯和聚丙烯混合料专用试验方法 耐环境应力开裂试验 熔体指数测量方法—直接燃烧法测量聚乙烯中碳黑和/或矿物质填料含量—热重分析法（TGA）测量碳黑含量—显微镜法评估聚乙烯中碳黑分散度(IEC 60811-4-1:2004,IDT)

GB/T 2952.1—1989 电缆外护层 第 1 部分：总则

GB/T 3048.12—2007 电线电缆电性能试验方法 第 12 部分：局部放电试验(IEC 60885-3:1988,MOD)

GB/T 3048.13—2007 电线电缆电性能试验方法 第 13 部分：冲击电压试验(IEC60230:1966,

IEC 60060-1:1989,MOD)

GB/T 3956—1997 电缆的导体(idt IEC 60228:1978)

GB/T 16927.1—1997 高电压试验技术 第一部分:一般试验要求(eqv IEC 60060-1:1989)

GB/T 18380.1—2001 电缆在火焰条件下的燃烧试验 第1部分:单根绝缘电线或电缆的垂直燃烧试验方法(idt IEC 60332-1:1993)

GB/T 22078.2—2008 额定电压 500 kV(U_m=550 kV)交联聚乙烯绝缘电力电缆及其附件 第2部分:额定电压 500 kV(U_m=550 kV)交联聚乙烯绝缘电力电缆

JB/T 8996—1999 高压电缆选择导则(eqv IEC 60183:1984)

JB/T 10696.5—2007 电线电缆机械和理化性能试验方法 第5部分:腐蚀扩展试验

JB/T 10696.6—2007 电线电缆机械和理化性能试验方法 第6部分:挤出外套刮磨试验

3 定义

本部分采用下列定义:

3.1 尺寸(厚度、导体截面等)定义

3.1.1

标称值 nominal value

指定的量值并经常用于表格之中。

注:本部分中,通常标称值引伸出的量值考虑规定公差,通过测量并进行检验。

3.1.2

中间值 median value

将试验得到的若干数值以递增(或递减)的次序依次排列时,若数值的数目是奇数,中间的那个值为中间值;若数值的数目是偶数,中间两个数值的平均值为中间值。

3.2 有关试验的定义

3.2.1

例行试验 routine test

由制造方在成品电缆的所有制造长度或附件的每个预制绝缘件上进行的试验,以检验其是否符合规定的要求。

3.2.2

抽样试验 sample test

由制造方按规定的频度在成品电缆试样上,或在取自成品电缆的某些部件上进行的试验,以检验成品电缆是否符合规定要求。

3.2.3

型式试验 type test

按一般商业原则对本部分所包含的一种型式电缆系统在供货前进行的试验,以表明其具有能满足预期使用条件的良好性能。除非电缆或附件的材料或设计或制造工艺的改变可能改变其特性,试验一旦成功完成,就不需要重做。

3.2.4

预鉴定试验 prequalification test

按一般商业原则对本部分所包含的一种型式电缆系统在供货前进行的试验,以证明该成品电缆系统具有满意的长期运行性能。

除非该电缆系统相关的材料、制造工艺、设计和设计水平有实质性改变,预鉴定试验只需要进行一次。

注:实质性改变定义为可能对电缆系统产生不利影响的改变。如果有改变而申明不构成实质性改变,供应方应提供包括试验证据的详细情况。

3.2.5

安装后电气试验　electrical tests after installation

用以证明安装后的电缆系统完好的试验。

3.3

电缆系统　cable system

电缆系统由电缆和安装在电缆上的附件构成。

4　电压标示和材料

4.1　额定电压

本部分中,符号 U_0、U 和 U_m 标示电缆和附件的额定电压。这些符号的含义由 JB/T 8996—1999 给出。

4.2　电缆绝缘材料

本部分适用的电缆的交联聚乙烯绝缘混合料列于表 1 中。该表亦规定了采用该绝缘混合料电缆的导体最高运行温度,此为规定试验条件的依据。

表 1　电缆的交联聚乙烯绝缘混合料

绝缘混合料	导体最高温度/℃	
	正常运行	短路(最长时间 5 s)
交联聚乙烯(XLPE)	90	250

4.3　电缆外护套材料

规定下列两种型式的外护套的试验:

——以聚氯乙烯为基料的 ST_2;

——以聚乙烯为基料的 ST_7。

外护套型式的选择取决于电缆设计以及运行时机械和热性能的限定。

外护套混合料适用的导体最高温度见表2。

表 2　电缆外护套混合料

外护套混合料	代　号	正常运行条件电缆导体最高温度/℃
聚氯乙烯	ST_2	90
聚乙烯	ST_7	90

5　电缆阻水措施

当电缆系统安装于地下、易积水的隧道或水中时,推荐电缆应具有径向不透水阻隔层。

注:目前尚不具备径向透水试验条件。

按购买方和制造方之间的协议或按制造方推荐,电缆可以采用纵向阻水结构以免万一电缆在接触水的环境中损伤时必须更换大段电缆。

纵向阻水试验见 12.5.12。

6　电缆特性

为实施并记录本部分所述的试验,应验明电缆。下列特性应予确认或申明:

6.1　额定电压:应给出 U_0、U 和 U_m 值(见 4.1 和 8.4)。

6.2　导体类别、材料和单位为平方毫米的标称截面积。如果导体有纵向阻水结构,明确实现纵向阻水性能的措施实质。如果导体截面积不符合 GB/T 3956—1997,应申明导体的直流电阻。

6.3 绝缘的材料和标称厚度(见 4.2 和 GB/T 22078.2—2008 中 7.2.1)。

6.4 绝缘系统的制造工艺。

6.5 如果屏蔽处有阻水措施,其阻水措施的实质。

6.6 如果有金属屏蔽,明确金属屏蔽的材料和结构,例如金属丝根数和单线直径。

如果有金属套,明确其材料、结构和标称厚度。应申明金属屏蔽的直流电阻。

6.7 外护套的材料和标称厚度。

6.8 导体标称外径(d)。

6.9 成品电缆标称外径(D)。

6.10 导体与金属屏蔽和(或)金属套间标称电容。

7 附件特性

为实施并记录本部分所述的试验,应验明附件。应予确认或申明下列特性:

7.1 应对附件内所用的导体连接金具正确地标明以下各点:

——安装工艺;

——工具、模具和必需的调整;

——接触表面处理,如果适用;

——连接金具的类型、编号和其他识别标志。

7.2 应对要作试验的附件正确标明以下各点:

——制造方名称;

——附件型式、标号、制造日期或日期代码;

——额定电压(见上述 6.1);

——安装说明书(参照资料和日期)。

8 试验条件

8.1 环境温度

除非特殊试验另有详细规定,试验应在环境温度(20±15)℃下进行。

8.2 工频试验电压的频率和波形

除非本部分另外指明,工频试验电压的频率应为 49 Hz～61 Hz 范围。波形应基本为正弦波形。电压值以有效值表示。

8.3 雷电冲击试验电压波形

按照 GB/T 3048.13—2007,标准雷电冲击电压的波前时间应为 1 μs～5 μs。按 GB/T 16927.1—1997 规定,半波峰时间为 40 μs～60 μs。

8.4 操作冲击试验电波形

按照 GB/T 16927.1—1997 规定,标准操作冲击电压的波前时间为 250 μs±50 μs,半波峰时间为 2 500 μs±1 500 μs。

8.5 试验电压与额定电压的关系

本部分的试验电压为额定电压 U_0 的倍数,U_0 值和试验电压应按表 3 规定。

本部分中试验电压是根据假定电缆和附件使用于 JB/T 8996—1999 定义的 A 类系统而确定。

表 3　试验电压

1	2	3	4		5	6	7	8	9
额定电压 U/kV	设备最高电压 U_m/kV	确定试验电压值 U_0/kV	9.3 电压试验		9.2 和 12.4.5 局部放电试验 $(1.5U_0)$ /kV	12.4.7 热循环电压试验 $(2U_0)$/kV	10.11,12.4.9 和 13.2.4 雷电冲击电压试验 /kV	10.11 和 12.4.9 雷电冲击电压试验后电压试验 /kV	12.4.8 操作冲击电压试验 /kV
			电压ᵃ/kV	时间ᵃ/min					
500	550	290	580	60	435	580	1 550	580	1 175

ᵃ 绝缘的电场强度不宜超过阈值 27 MV/m～30 MV/m 以避免电缆在交货前遭受任何可能导致以后运行时发生击穿的绝缘损伤。9.3 电压试验时可降低试验电压同时延长试验时间以避免电场强度过高。

在制造方和购买方同意条件下,即使绝缘试验最大电场强度低于 30 MV/m,9.3 电压试验亦可采用较低电压和较长时间代替,但试验电压应不低于 435 kV $(1.5U_0)$,试验时间不超过 10 h。

9　电缆和预制附件主绝缘的例行试验

9.1　概述

应对每根制造长度电缆和每个预制附件的主绝缘进行下列试验以检验每根电缆和每个预制附件主绝缘是否符合要求。

这些试验项目的次序由制造方安排而定。

a)　局部放电试验(见 9.2);

b)　电压试验(见 9.3);

c)　电缆外护套电气试验(见 9.4)。

预制附件的主绝缘要经受局部放电和电压例行试验,按以下 1)或 2)或 3)进行。

1)　在安装于电缆的预制附件的主绝缘上进行;

2)　主绝缘部件装在专供试验的附件上进行;

3)　采用模拟附件试验装置进行试验,使主绝缘部件所受的电场强度再现实际电场情况。

在上述 2)和 3)情况下,应选取试验电压值使得产生的电场强度至少与附件产品上施加 9.2 和 9.3 规定试验电压时在该部件上产生的电场强度相同。

注:预制附件的主绝缘包括与电缆绝缘直接接触并且是附件中控制电场分布所必需而且基本的部件,例如模压预制或预浇注预制橡胶绝缘件或有填充料的环氧绝缘件。它们可以单独使用或组合起来使用而成为附件的必需的绝缘和屏蔽。

9.2　局部放电试验

应根据 GB/T 3048.12—2007 对电缆进行局部放电试验,且按 GB/T 3048.12—2007 定义,其灵敏度应优于或等于 5 pC。附件的试验按相同原则进行。

试验电压应逐渐升至 508 kV $(1.75U_0)$ 并保持 10 s,然后慢慢地降至 435 kV $(1.5U_0)$。

在 435 kV 下被试品应无可检测出的放电。

9.3　电压试验

应在室温下以工频交流电压进行电压试验。

按照表 3 第 4 栏规定,应将导体与金属屏蔽和(或)金属套之间的试验电压逐渐上升至 580 kV $(2U_0)$,然后保持 60 min。

绝缘应不发生击穿。

9.4　电缆外护套电气试验

按 GB/T 2952.1—1989 规定,在金属套和外护套表面导电层之间以金属套接负极施加直流电压

25 kV，历时 1 min，外护套应不击穿。可以在外护套上包覆导电层，也可以将电缆浸入水中进行试验。

10 电缆抽样试验

10.1 概述

下列试验应在代表批的试样上进行。对试验项目 b)和 g)可以将成盘电缆作为试样。

a) 导体检验(见 10.4)；

b) 导体电阻测量(见 10.5)；

c) 绝缘和外护套厚度测量(见 10.6)；

d) 金属套厚度测量(见 10.7)；

e) 外径测量，如有要求(见 10.8)；

f) XLPE 绝缘热延伸试验(见 10.9)；

g) 电容测量(见 10.10)；

h) 雷电冲击电压试验和随后的工频电压试验(见 10.11)；

i) 透水试验，如适用(见 12.5.12)。

10.2 试验频度

抽样试验项目 a)项～g)项应在每批相同型号、相同导体截面电缆中抽取一根试样上进行，但抽样根数应不超过任何合同的电缆根数的 10% 修约至最接近的整数。

试验项目 h)和 i)的试验频度应根据协议的质量控制方法。在无此协议情况下，试验应按以下抽样方法进行。

合同总数(单芯长度)L/km	试 样 数
$4 < L \leqslant 20$	1
$L > 20$	2

10.3 复试

如果取自任何一根选作试验电缆的试样未通过第 10 章规定的任何一项试验，应在同一批中再从两根电缆上取试样就原先试样未通过的项目进行试验。如果两个加试的试样都通过试验，该批的其他电缆应认为符合本部分要求。如果任何一个试样未通过试验，则应判该批电缆为不合格。

10.4 导体检验

应采用实际可行的检测方法检验导体结构是否符合 GB/T 3956—1997 的要求。

10.5 导体电阻测量

整根电缆或从中取出的试样应在试验前置于温度相当稳定的试验室内至少 12 h。如果怀疑导体与试验室温度不同，应在电缆置于试验室至少 24 h 以后测量导体电阻。或者可将导体试样放置在温控的液浴中至少处理 1 h 后测量电阻。

应根据 GB/T 3956—1997 的公式和系数，将导体直流电阻修正至温度为 20 ℃、长度为 1 km 的电阻值。

20 ℃下导体的直流电阻应不超过 GB/T 3956—1997 和 GB/T 22078.2—2008 中表 2 规定的相应的最大值。

10.6 绝缘和电缆外护套厚度测量

10.6.1 概述

试验方法应按 GB/T 2951.11—2008 的规定。

应从每根选作试验的电缆的一端切除损伤部分(如果必需)取出代表被试电缆的试件。

10.6.2 绝缘要求

最小测量厚度应不小于标称厚度的 90%：

$$t_{min} \geqslant 0.90 t_n$$

绝缘偏心度应不大于 8%：

$$\frac{t_{max} - t_{min}}{t_{max}} \leqslant 0.08$$

式中：

t_{max}——绝缘最大厚度，单位为毫米（mm）；

t_{min}——绝缘最小厚度，单位为毫米（mm）；

t_n——绝缘标称厚度，单位为毫米（mm）。

注：t_{max} 和 t_{min} 在绝缘同一截面上测得。

绝缘厚度应不包含导体和绝缘上半导电屏蔽厚度。

10.6.3 电缆外护套要求

最小测量厚度应不低于标称厚度的 85%—0.1 mm：

$$t_{min} \geqslant 0.85 t_n - 0.1$$

式中：

t_{min}——最小厚度，单位为毫米（mm）；

t_n——标称厚度，单位为毫米（mm）。

此外包覆在基本为光滑表面上的外护套，其测量值的平均值按附录 A 修约至一位小数，应不小于标称值。

对包覆在不规则表面诸如金属丝和（或）金属带屏构成的表面或皱纹金属套上的外护套没有测量值的平均值的要求。

10.7 金属套厚度测量

电缆有铅或铅合金套或铝套，采用下列试验方法。

10.7.1 铅或铅合金套

如果电缆具有铅或铅合金套，金属套的最小厚度应不小于标称厚度 95%—0.1 mm：

$$t_{min} \geqslant 0.95 t_n - 0.1$$

铅套厚度由应制造方确定用下列的一种方法测量。

10.7.1.1 窄条法

应采用测微计进行测量，测微计的两个平面端的直径 4 mm～8 mm，测量精度为 ±0.01 mm。

应从成品电缆取出一段长约 50 mm 的铅套试件进行测量。应将试件沿纵向剖开，并小心地展平。在试件作清洁处理后，应沿着铅套圆周，在距展平的铅片边缘不小于 10 mm 处作足够多点的测量，以确保测得最小厚度。

10.7.1.2 圆环法

应采用测微计进行测量，测微计的一个测量头为平面，另一测量头为球面，或一个测量头为平面，另一测量头为宽 0.8 mm、长 2.4 mm 的矩形面。球面测量头或矩形平面测量头应置于圆环的内侧。测微计的精度应为 ±0.01 mm。

应从试样上小心地切下铅套圆环进行测量。应沿圆环四周足够多的点上测量厚度以确保测得最小厚度。

10.7.2 皱纹铝套

应采用两个具有半径约 3mm 的球面头测微计进行测量，其精度应为 ±0.01 mm。

如果电缆具有铝套，其最小厚度应不小于标称厚度 85%—0.1 mm，即：

$$t_{min} \geqslant 0.85 t_n - 0.1$$

应小心地从成品电缆取宽约 50 mm 的铝套圆环，对其进行测量。应沿圆环四周足够多点上测量厚度以确保测得最小厚度。

10.8 直径测量

如果购买方要求测量绝缘芯和(或)电缆外径,应按照 GB/T 2951.11—2008 中 8.3 进行测量。

10.9 XLPE 绝缘热延伸试验

10.9.1 步骤

取样和试验步骤应按照 GB/T 2951.21—2008 第 9 章,并采用表 7 给出的试验条件进行试验。

应按所采用的交联工艺,在认为交联度最低的绝缘部分制取试片。

10.9.2 要求

试验结果应符合表 7 给出的要求。

10.10 电容测量

应测量导体与金属屏蔽和(或)金属套间的电容。

测量值应不超过制造方申明的标称值 8%。

10.11 雷电冲击电压试验及随后的工频电压试验

应在不包括试验附件,长度至少 10 m 的成品电缆上,于导体温度 95 ℃~100 ℃下进行。

应根据 GB/T 3048.13—2007 规定的方法施加雷电冲击电压。

电缆应耐受表 3 中第 7 栏给出的电压值 1 550 kV 正负极性各 10 次雷电电压冲击而不击穿。

雷电冲击电压试验后电缆试样应经受 580 kV($2U_0$),15 min 的工频电压试验,由制造方任选,可在冷却过程中或在室温下进行。绝缘应不发生击穿。

11 附件抽样试验

在考虑中。

12 电缆系统的型式试验

12.1 概述

电缆和附件应按制造方的安装说明书规定进行组装并采用制造方提供等级和数量的材料,包括润滑剂(如果有)。

附件外表面应干燥、清洁,但电缆和附件均不应经受制造方安装说明书未规定的任何方式的可能改变组装试样的电气、热或机械性能的处理。

在作 12.4.2 的 c)项~g)项试验时,必须将被试接头加上外保护层。如果能够指明此外保护层不会影响接头绝缘性能,例如没有热机械或有关相容性的影响,就不必加上此外保护层。

注:本部分不规定终端有关环境条件方面的试验。

12.2 型式试验认可范围

当某一特定导体截面和结构的相同额定电压等级为 500 kV 的电缆系统成功地通过型式试验,如果符合下列全部条件,型式试验对本部分范围内相同额定电压的其他导体截面和结构的电缆系统亦认可有效。

注:本部分中相同额定电压等级电缆系统是指具有相同 U_m 值(设备最高电压),因而试验电压水平相同的电缆系统。

a) 导体截面不大于通过试验电缆的导体截面;

b) 电缆和附件具有和通过试验的电缆系统相同或相似的结构;

注:相似结构的电缆和附件是指型式相同、绝缘和半导电屏蔽制造工艺相同的电缆和附件。由于导体的种类或材料的差异或者屏蔽绝缘芯上或附件主绝缘上保护层的差异,除非这些差异可能对试验结果有显著影响,电气型式试验不必重复进行。有些情况下,重复进行型式试验中一项或多项试验(例如弯曲试验、热循环试验和(或)相容性试验)可能合适。

c) 导体和绝缘屏蔽上、附件主绝缘部件中和界面上的最大的计算电场强度等于或低于通过试验的电缆和附件的相应值。

注：假如电压等级相同，且电缆导体截面较小，并且绝缘厚度不小于通过试验的电缆，导体上计算的最大电场强度可以比通过试验电缆的相应值大10%。

除非采用不同的材料生产电缆，取自不同导体截面的电缆的试样不需进行电缆组件的型式试验（见12.5）。然而假如包覆在屏蔽绝缘芯上的材料组合不同于原先已经型式试验的电缆的材料组合，可以要求重复进行成品电缆样段的老化试验以检验材料的相容性（见12.5.4）。

由具有资质的监证机构代表签署的型式试验证书或制造方提供的由有合适资格的官员签署的试验报告或由独立试验室出具的型式试验证书应认可作为通过型式试验的证明。

12.3 型式试验概要

型式试验应包含12.4规定的成品电缆系统的电气试验和12.5规定的电缆组件和成品电缆适用的非电气试验。

除12.4.3规定，电气试验应依次在电缆系统的一根试样上进行。

电缆组件和成品电缆的非电气试验汇总于表4，此表指出哪些试验适用于交联聚乙烯绝缘材料和各种外护套材料。燃烧试验仅当制造方希望申明以通过此项试验为其电缆的设计特点时才要求进行。

表4 电缆绝缘和外护套混合料非电气型式试验

混合料代号（见4.2和4.3）	绝缘	外护套	
	XLPE	ST₂	ST₇
结构检查 透水试验ª	采用各种外护套材料的交联聚乙烯绝缘电缆均适用		

机械性能（抗张强度和断裂伸长率）
  a) 老化前
  b) 空气烘箱老化后
  c) 成品电缆老化后（相容性试验）
	×
	×
	×
		×
		×
		×
			×
			×
			×

高温压力试验	—	×	×

低温性能
  a) 低温拉伸试验
  b) 低温冲击试验
	—
	—
		×
		×
			—
			—

空气烘箱失重试验	—	×	—
热冲击试验	—	×	—
热延伸试验	×	—	—
碳黑含量ᵇ	—	—	×
燃烧试验ᶜ	—	×	—

注："×"表示要作型式试验。

ª 对制造方申明电缆设计具有纵向透水阻隔结构时，要做此项试验。

ᵇ 仅对黑色外护套。

ᶜ 仅当制造方希望申明符合电缆设计时有要求。

12.4 成品电缆系统的电气型式试验

不包括附件长度的成品电缆试样长度至少10 m。在一个或几个成品电缆试样上应进行12.4.2中所列的试验。成品电缆试样数取决于试验的附件种类数。

附件之间电缆的最短净长应为5 m。

除12.4.3规定外，12.4.2所列的全部试验应依次施加于同一试样。附件应在电缆经弯曲试验后安装。每种附件应有一个试样进行试验。

12.4.11所述的半导电屏蔽电阻率测量应在一未经上述试验的试样上进行。

12.4.1 试验电压值

电气型式试验前,应在用于试验的电缆段上取代表性试件,按 GB/T 2951.11—2008 中 8.1 规定的方法测量绝缘厚度以检查绝缘厚度是否过分超过标称值。

如果绝缘平均厚度不超过标称厚度 5%,试验电压应为按表 3 规定的试验电压值。

如果绝缘平均厚度超过标称厚度 5% 但不超过 15%,应调整试验电压使得导体屏蔽上电场强度等于绝缘平均厚度为标称值且试验电压为按表 3 的试验电压值时产生的电场强度。

用于电气型式试验电缆的绝缘平均厚度应不超过标称值 15%。

12.4.2 试验顺序

试验应按以下顺序进行。

a) 电缆弯曲试验(见 12.4.4)后安装附件并在室温下进行局部放电试验(见 12.4.5);

b) tanδ 测量(见 12.4.6);

c) 热循环电压试验(见 12.4.7);

d) 室温和高温下局部放电试验(见 12.4.5)

试验应在上述 c)项最后一次循环后进行,或在下述 f)项雷电冲击电压试验后进行;

e) 操作冲击电压试验 (见 12.4.8);

f) 雷电冲击电压试验及随后工频电压试验(见 12.4.9);

g) 局部放电试验(如果上述 d)项试验未进行);

h) 直埋接头外保护层试验(见附录 D);

注 1:此项试验施加于已通过 c)项循环试验的接头或已通过三次热循环(见附录 D)的分开试验接头。

注 2:如果电缆和接头在运行时不遭受潮湿环境(非直埋于地下或非间断或连续浸水)此项试验可以免除。

i) 结束上述试验后应检验包含电缆和附件的电缆系统(见 12.4.10)。

12.4.3 特殊条款

12.4.2 中 b)项试验可以用未经 12.4.2 列出其余试验的电缆试样并安装特殊的试验终端进行。

12.4.4 弯曲试验

室温下电缆试样应绕试验圆柱体(例如圆盘筒体)至少弯曲一整圈。再复位而轴不转。然后反方向弯曲试样,重复此过程。

此反复弯曲应总共进行三次。

试验圆柱体直径对铅、铅合金和皱纹金属套电缆应不大于 25($d+D$)+5%。其中 d 为导体标称直径,mm(见 6.8);D 为电缆标称外径,mm(见 6.9)。

弯曲试验结束后应将附件安装在电缆上。此组装试样应在室温下进行局部放电试验,并应符合 12.4.5 规定要求。

12.4.5 局部放电试验

应根据 GB/T 3048.12—2007 进行试验,其灵敏度为 5 pC 或优于 5 pC。

试验电压应逐渐升至 508 kV(1.75U_0)并保持 10 s,然后缓慢地降低至 435 kV(1.5U_0)。

对高温下局部放电试验,组装试样应在导体温度 95 ℃～100 ℃ 下进行试验,导体温度应在此规定的温度范围内至少保持 2 h。

组装试样在 435 kV 下应无可检测出的放电。

12.4.6 tanδ 测量

应采用适当方法加热试样。采用测量导体电阻或采用放置在屏蔽或金属套表面热电偶测温或以相同加热方法,用放置在另一相同电缆试样的导体中热电偶测温方法确定导体温度。

应加热试样使导体温度达到 95 ℃～100 ℃。

在工频电压 290 kV(U_0)及上述规定温度下测量 tanδ,测量值应不超过 8.0×10^{-4}。

12.4.7 热循环电压试验

电缆应弯成 U 形,其弯曲直径按 12.4.4 规定。

用导体电流加热组装试样至电缆导体温度达到稳定温度 95 ℃～100 ℃。

注：如果因为实际原因，不能达到试验温度，可以外加热绝缘措施。

至少加热 8 h。每个加热周期导体温度应在上述温度范围内至少保持 2 h。随后应自然冷却至少 16 h 至导体温度为环境温度以上 15 ℃范围以内，最大不超过 45 ℃。应记录每个加热周期最后 2 h 的导体电流。

此加热和冷却循环应进行 20 次。

在全部试验过程中，应对组装试样施加 580 kV($2U_0$)电压。

组装试样应在最后一次热循环后或在 12.4.9 所述的雷电冲击电压试验后，在高温和室温下按 12.4.5 要求进行局部放电试验并符合要求。

12.4.8　操作冲击电压试验

应在导体温度为 95 ℃～100 ℃对组装试样进行试验。导体温度应在此温度范围内至少保持 2 h。

应按 GB/T 3048.13—2007 所述的方法施加符合表 3 第 9 栏给出的操作冲击试验电压。

组装试样应耐受正负极性各 10 次操作冲击电压而不击穿或闪络。

12.4.9　雷电冲击电压试验和随后的工频电压试验

应在导体温度为 95 ℃～100 ℃下对组装试样进行试验。导体温度应在此温度范围内至少保持 2 h。

应按 GB/T 3048.13—2007 给出的方法施加雷电冲击试验电压。

组装试样应耐受正负极性各 10 次表 3 第 7 栏给出的雷电冲击电压而不击穿或闪络。

雷电冲击电压试验后组装试样应经受 580 kV($2U_0$)，15 min 的工频电压试验。由制造方任选，试验可在冷却过程中或室温下进行。应不发生绝缘击穿或闪络。

如果原先按 12.4.7 规定的热循环电压试验结束时未进行局部放电试验，组装试样应在高温和室温下按 12.4.5 规定经受局部放电试验并符合要求。

12.4.10　检验

用肉眼检验含电缆和附件的电缆系统，应无可能影响系统运行的劣化迹象（例如电气品质降低、泄漏、腐蚀或有害的收缩）。

12.4.11　半导电屏蔽电阻率

应从制成后未经处理的电缆试样的绝缘芯取试件和已经受按 12.5.4 规定作组件材料相容性试验的老化处理的电缆试样绝缘芯取试件进行导体上和绝缘上的挤包半导电屏蔽的电阻率测定。

12.4.11.1　测量方法

测量方法应按照附录 B。

应在 90 ℃±2 ℃温度范围内进行测量。

12.4.11.2　要求

老化前后的电阻率应不超过以下值：

导体屏蔽：1 000 Ω·m；

绝缘屏蔽：500 Ω·m。

12.5　电缆组件和成品电缆的非电气型式试验

12.5.1～12.5.15 规定试验的详细要求。

12.5.1　电缆结构检查

导体检验和绝缘、外护套与金属套厚度测量应根据并符合 10.4、10.6、10.7 给出的要求。

12.5.2　确定老化前后绝缘的机械性能试验

12.5.2.1　取样

试件取样和制备应按 GB/T 2951.11—2008 中的 9.1 进行。

12.5.2.2　老化处理

老化处理应按 GB/T 2951.12—2008 中的 8.1 并在表 5 规定的条件下进行。

表 5　电缆绝缘混合料机械特性要求（老化前后）

序号	试验项目和试验条件 （混合料代号见 4.2）	单 位	性能要求
			XLPE
0	正常运行时导体最高温度	℃	90
1	老化前（GB/T 2951.11—2008 中 9.1）		
1.1	最小抗张强度	N/mm²	12.5
1.2	最小断裂伸长率	%	200
2	空气烘箱老化后（GB/T 2951.12—2008 中 8.1）		
2.1	处理条件：温度	℃	135
	温度偏差	℃	±3
	持续时间	d	7
2.2	抗张强度		
	a）　老化后最小值	N/mm²	—
	b）　最大变化率[a]	%	±25
2.3	断裂伸长率		
	a）　老化后最小值	%	—
	b）　最大变化率[a]	%	±25
[a]　变化率：老化后测得中间值与老化前测得中间值的差值除以后者，以百分率表示。			

12.5.2.3　预处理和机械性能试验

预处理和机械性能测试应按 GB/T 2951.11—2008 中的 9.1 进行。

12.5.2.4　要求

老化前和老化后试件的试验结果应符合表 5 给出的要求。

12.5.3　确定老化前后外护套机械性能试验

12.5.3.1　取样

试件取样和制备应按 GB/T 2951.11—2008 中的 9.2 进行。

12.5.3.2　老化处理

老化处理应按 GB/T 2951.12—2008 中的 8.1 并在表 6 规定的条件下进行。

表 6　电缆外护套混合料机械特性试验要求（老化前后）

序号	试验项目和试验条件 （混合料代号见 4.3）	单位	性能要求	
			ST₂	ST₇
1	老化前（GB/T 2951.11—2008 中 9.2）			
1.1	最小抗张强度	N/mm²	12.5	12.5
1.2	最小断裂伸长率	%	150	300
2	空气烘箱老化后（GB/T 2951.12—2008 中 8.1）			
2.1	处理条件：温度	℃	100	100
	温度偏差	℃	±2	±2
	持续时间	d	7	10
2.2	抗张强度：			
	a）　老化后最小值	N/mm²	12.5	—
	b）　最大变化率[a]	%	±25	—
2.3	断裂伸长率：			
	a）　老化后最小值	%	150	300
	b）　最大变化率[a]	%	±25	—
3	高温压力试验（GB/T 2951.31—2008 中 8.2）			
3.1	试验温度	℃	90	110
	温度偏差	℃	±2	±2
[a]　变化率：老化后测得中间值与老化前测得中间值的差值除以后者，以百分率表示。				

12.5.3.3 预处理和机械性能试验

预处理和机械性能测试应按 GB/T 2951.11—2008 中的 9.2 进行。

12.5.3.4 要求

老化前和老化后试件的试验结果应符合表 6 给出的要求。

12.5.4 检验材料相容性的成品电缆样段老化试验

12.5.4.1 概述

应进行成品电缆样段老化试验以检验绝缘、挤包半导电层和外护套是否由于与电缆中其他组件相接触而引起过分劣化。

此项试验适用于所有型式的电缆。

12.5.4.2 取样

绝缘和外护套试样应从 GB/T 2951.12—2008 中 8.1.4 所述的成品电缆上取样。

12.5.4.3 老化处理

电缆段的老化处理应按 GB/T 2951.12—2008 中 8.1.4,在空气烘箱中按以下条件进行:

温度:(100±2)℃;

时间:7×24 h。

12.5.4.4 机械性能试验

应按 GB/T 2951.12—2008 中 8.1.4 所述制备取自老化电缆样段的绝缘和外护套的试件,并进行机械性能试验。

12.5.4.5 要求

老化后的抗张强度和断裂伸长率的中间值与老化前得出的相应值(见 12.5.2 和 12.5.3)的变化率应不超过表 5 给出适用于绝缘经空气烘箱老化后试验值以及表 6 给出适用于外护套经空气烘箱老化后试验值。

12.5.5 ST₂ 型聚氯乙烯外护套失重试验

12.5.5.1 方法

ST₂ 型外护套的失重试验应按 GB/T 2951.32—2008 中 8.2 所述在表 9 给出的条件下进行。

表 7 电缆交联聚乙烯绝缘混合料热延伸试验要求

混合料代号(见 4.2)	单　位	XLPE
热延伸试验(GB/T 2951.21—2008 第 9 章)		
处理条件:空气烘箱温度	℃	200
温度偏差	℃	±3
负荷时间	min	15
机械应力	N/cm²	20
负荷下最大伸长率	%	175
冷却后最大永久伸长率	%	15

表 8 电缆热塑性聚乙烯混合料的碳黑含量试验要求

混合料代号(见 4.3)	单　位	ST₇
碳黑含量(仅对黑色外护套,GB/T 2951.41—2008 第 11 章)		
标称值	%	2.5
偏差	%	±0.5

表 9　电缆 PVC 外护套混合料特性试验要求

序号	试验项目和试验条件(混合料代号见 4.3)	单位	性能要求
			ST₂
1	空气烘箱失重(GB/T 2951.32—2008 中 8.2)		
1.1	处理条件:		
	温度	℃	100
	温度偏差	℃	±2
	持续时间	d	7
1.2	最大允许失重	mg/cm²	1.5
2	低温性能¹⁾(GB/T 2951.14—2008 第 8 章)		
	试验在未经先前老化下进行		
2.1	哑铃片的低温拉伸试验		
	试验温度	℃	−15
	温度偏差	℃	±2
2.2	低温冲击试验		
	试验温度	℃	−15
	温度偏差	℃	±2
3	热冲击试验(GB/T 2951.31—2008 中 9.2)		
3.1	试验温度	℃	150
	温度偏差	℃	±3
3.2	试验时间	h	1

1) 因气候条件,可以采用更低的试验温度。

12.5.5.2　要求

试验结果应符合表 9 给出的要求。

12.5.6　外护套高温压力试验

12.5.6.1　方法

ST₇ 和 ST₇ 外护套的高温压力试验应按 GB 2951.31—2008 中的 8.2 所述,采用该试验方法和表 6 的试验条件进行。

12.5.6.2　要求

试验结果应符合 GB/T 2951.31—2008 中的 8.2 给出的要求。

12.5.7　聚氯乙烯外护套(ST₂)的低温试验

12.5.7.1　方法

ST₂ 外护套的低温试验应按 GB/T 2951.14—2008 第 8 章,采用表 9 给出的试验温度进行。

12.5.7.2　要求

试验结果应符合 GB/T 2951.14—2008 第 8 章给出的要求。

12.5.8　聚氯乙烯外护套(ST₂)热冲击试验

12.5.8.1　方法

ST₂ 外护套的热冲击试验应按 GB/T 2951.31—2008 中的 9.2,且试验温度和时间根据表 9 进行。

12.5.8.2　要求

试验结果应符合 GB/T 2951.31—2008 中的 9.2 给出要求。

12.5.9 XLPE 绝缘热延伸试验

XLPE 绝缘应经受 10.9 所述的热延伸试验,并应符合其要求。

12.5.10 黑色聚乙烯外护套碳黑含量测量

12.5.10.1 方法

ST_7 外护套的碳黑含量应按 GB/T 2951.41—2008 第 11 章所述的取样和试验方法作测量。

12.5.10.2 要求

试验结果应符合表 8 给出的要求。

12.5.11 燃烧试验

如果电缆有 ST_2 外护套,且如果制造方希申明电缆的特殊设计符合要求,应在成品电缆的试样上按照 GB/T 18380.1—2001 进行燃烧试验。

试验结果应符合 GB/T 18380.1—2001 给出的要求。

12.5.12 透水试验

具有纵向阻水结构的电缆应进行透水试验。此项试验目的为满足埋地电缆的要求而不是用于如海底电缆这种结构的电缆。

此试验适用于下列电缆结构:

a) 具有防止沿绝缘屏蔽外表面与径向不透水阻隔层之间的间隙纵向透水的阻隔结构;

b) 具有防止沿导体纵向透水的阻隔结构。

试验设备、取样、试验方法和要求应按照附录 C 的规定。

12.5.13 绝缘层杂质、微孔和半导电屏蔽层与绝缘层界面微孔、突起试验

绝缘层杂质、微孔和半导电屏蔽层与绝缘层界面微孔、突起应按附录 E 规定进行测试,试验结果应符合以下要求:

a) 成品电缆绝缘中应无大于 0.02 mm 的微孔;

b) 成品电缆绝缘中应无大于 0.075 mm 的不透明杂质;

c) 半导电屏蔽层与绝缘层界面应无大于 0.02 mm 的微孔;

d) 导体半导电屏蔽层与绝缘层界面应无大于 0.05 mm 进入绝缘层的突起和大于 0.05 mm 进入半导电屏蔽层的突起;

e) 绝缘半导电屏蔽层与绝缘层界面应无大于 0.05 mm 进入绝缘层的突起和大于 0.05 mm 进入半导电屏蔽层的突起。

12.5.14 外护套刮磨试验

经 12.4.4 弯曲试验后的试样应按 JB/T 10696.6—2007 规定方法进行外护套刮磨试验。试验结果应符合 GB/T 2952.1—1989 中 8.3.4 的要求。

12.5.15 铝套腐蚀扩展试验

经 12.4.4 弯曲试验后的试样应按 JB/T 10696.5—2007 规定方法进行腐蚀扩展试验。试验结果应符合 GB/T 2952.1—1989 中 8.3.3 的要求。

13 电缆系统预鉴定试验

13.1 预鉴定试验认可范围

当额定电压 500 kV 电缆系统成功地通过预鉴定试验,制造方就具有供应额定电压 500 kV 电缆系统的合格资格,只要绝缘屏蔽上计算电场强度等于或低于通过试验的电缆系统的相应值。

注:推荐采用较大导体截面电缆进行预鉴定试验以包含热机械方面影响。

由具有资质的监证机构代表签署的试验证书或由制造方给出并由具有合适资格的官员签署的试验报告或独立试验室出具的试验证书均应认可作为通过预鉴定试验的证明。

13.2 成品电缆系统的预鉴定试验

预鉴定试验应包含在约 100 m 长实样尺寸的成品电缆系统上进行的电气试验,电缆系统含每种附件至少 1 件。试验的正常顺序应为:

    a) 热循环电压试验(见 13.2.3);

    b) 电缆试样雷电冲击电压试验(见 13.2.4);

    c) 结束上述试验后电缆系统的检验(见 13.2.5)。

注:如果已进行过替代的长期试验并能表明具有满意的运行经验,预鉴定试验可以免除。

13.2.1 预鉴定试验用电缆的绝缘厚度检查

预鉴定试验前,应按照 GB/T 2951.11—2008 中 8.1 规定方法测量绝缘厚度,在用作预鉴定试验的电缆上取代表性试件,以检查绝缘厚度是否过分超过标称值。

绝缘厚度标称值要求如 12.4.1 所给出。

13.2.2 试验布置

电缆和附件应按制造方说明书规定方法进行安装,采用所提供的等级和数量的材料,包括润滑剂(如果有)。

试验的布置应代表安装设计的状况,例如刚性固定、柔性固定和过渡区安装、埋地和空气中安装。特别应注意附件的热机械方面状况。

各试验装置之间及试验时环境条件会有改变,但认为环境条件并无重要影响。8.1 规定的环境温度限制不必采用。

13.2.3 热循环电压试验

采用导体电流加热组装试样直到电缆导体温度达到 90 ℃~95 ℃。试验过程中因环境温度变化要求调节导体电流。

应选择加热设施,使得远离附件的电缆导体温度达到上述规定温度。

至少应加热 8 h。每个加热周期内应在上述温度范围内至少保持 2 h。随后至少应自然冷却 16 h。

在整个试验期间 8 760 h 内,应对组装试样施加电压 493 kV($1.7U_0$)和热循环。加热冷却循环至少应进行 180 次。

试验期间应不发生击穿。

13.2.4 电缆试样的雷电冲击电压试验

应从组装试样上截取最短有效总长为 30 m 的一根或多根电缆试样,在导体温度 90 ℃~95 ℃下进行雷电冲击电压试验。导体温度应在此温度范围内至少保持 2 h。

注:作为替代,试验可在整个组装试样上进行。

应按照 GB/T 3048.13—2007 给出的步骤施加雷电冲击电压。

电缆试样应耐受正负极性各 10 次表 3 第 7 栏给出的雷电电压冲击而不发生击穿。

13.2.5 检验

目测检验电缆和附件的电缆系统,应无可能影响系统运行的劣化迹象(例如电气品质降低、潮气侵入、泄漏、腐蚀或有害收缩)。

14 安装后电气试验

电缆和其附件安装完成后,在新的电缆线路上进行试验。

推荐采用按 14.1 的外护套试验和(或)按 14.2 的绝缘交流电压试验。当电缆线路仅按 14.1 作了外护套试验,根据购买方和承包方协议,附件安装的质量保证程序可以代替绝缘试验。

14.1 外护套直流电压试验

电缆金属套或同心金属线或金属带屏蔽对地间施加直流电压 10 kV,时间 1 min。

为使试验有效,外护套外表面必须与地良好接触。外护套上导电层有助于达到此要求。

14.2 绝缘交流电压试验

应经购买方和承包方协商同意施加交流电压。电压波形应基本为正弦波形,频率应为 20 Hz～300 Hz。应根据实际试验条件,施加 320 kV 或 493 kV($1.7U_0$)交流电压,时间为 1 h。

作为替代,可施加 290 kV(U_0)交流电压,时间 24 h。

注:对于已运行的电缆线路,可采用较低电压和(或)较短时间进行试验。应考虑运行年份、环境条件、击穿经历及试验目的,经协商确定试验电压和时间。

附　录　A
（规范性附录）
数值修约

当数值要修约到规定的小数位数,例如从几个测量值计算平均值或由给出的标称值加上偏差百分率而导出最小值,应按以下步骤:

如果修约前要保留的最后一位数字后跟着 0,1,2,3 或 4,此数字为不变(修约舍弃)。如果修约前要保留的最后一位数字后跟着 9,8,7,6 或 5,此数字应加一(修约进一)。例如:

2.449≈2.45　修约到二位小数;

2.449≈2.4　修约到一位小数;

2.453≈2.45　修约到二位小数;

2.453≈2.5　修约到一位小数;

25.047 8≈25.048　修约到三位小数;

25.047 8≈25.05　修约到二位小数;

25.047 8≈25.0　修约到一位小数。

附　录　B
（规范性附录）
半导电屏蔽电阻率测量方法

应从 150 mm 成品电缆试样上制备每个试件。

应将绝缘芯试样纵向切成两半，除去导体和隔离层（如果有）以制备导体屏蔽试件（见图 B.1a）。

应将绝缘芯试样剥去所有外保护层以制备绝缘屏蔽试件（见图 B.1b）。

测定屏蔽的体积电阻率方法应如下。

应将四个涂银电极 A、B、C 和 D[（见图 B.1a）和 B.1b）]放置在半导电表面上。两个电位电极 B 和 C 应相距 50 mm，两个电流电极 A 和 D 应放置于电位电极外侧至少 25 mm。

用合适的夹子连接电极。与导体屏蔽电极相连接时，应确保夹子与试件外表面的绝缘屏蔽相互绝缘。

装好的试件应放置在预热到规定温度的烘箱内，并且至少在相隔 30 min 以后测量电极间电阻，测量回路功率应不超过 100 mW。

电阻测量以后，应在环境温度下测量导体屏蔽和绝缘屏蔽的直径以及导体屏蔽和绝缘屏蔽的厚度，各为图 B.1b 所示试件上六个测量值的平均值。

体积电阻率应按下式计算：

导体屏蔽

$$\rho_c = \frac{R_c \times \pi \times (D_c - T_c) \times T_c}{2L_c}$$

式中：

ρ_c——体积电阻率，单位为欧姆米（$\Omega \cdot m$）；

R_c——测量电阻，单位为欧姆（Ω）；

L_c——电位电极间距离，单位为米（m）；

D_c——导体屏蔽外径，单位为米（m）；

T_c——导体屏蔽平均厚度，单位为米（m）。

绝缘屏蔽

$$\rho_i = \frac{R_i \times \pi \times (D_i - T_i) \times T_i}{L_i}$$

式中：

ρ_i——体积电阻率，单位为欧姆米（$\Omega \cdot m$）；

R_i——测量电阻，单位为欧姆（Ω）；

L_i——电位电极间距离，单位为米（m）；

D_i——绝缘屏蔽外径，单位为米（m）；

T_i——绝缘屏蔽平均厚度，单位为米（m）。

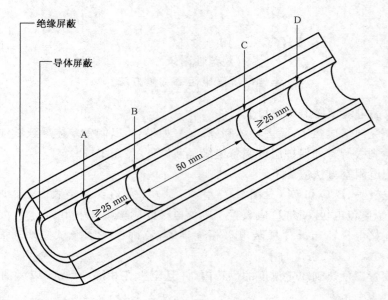

B、C——电位电极；
A、D——电流电极。

a）导体屏蔽体积电阻率测量

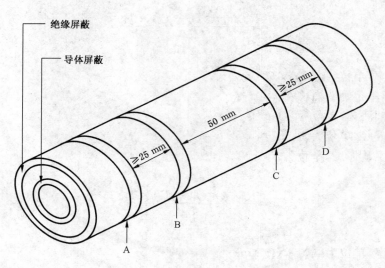

B、C——电位电极；
A、D——电流电极。

b）绝缘屏蔽体积电阻率测量

图 B.1　导体屏蔽和绝缘屏蔽体积电阻率测量的试样制备

附　录　C

（规范性附录）

透水试验

C.1　试件

一段长度至少 8 m，未经受 12.4 所述任何试验的成品电缆试样应经受 12.4.4 所述的弯曲试验。

应从已经受弯曲试验的电缆段上切取 8 m 长电缆，并水平放置。应从该段电缆的中央处切开约 50 mm 宽的圆环，剥去环内绝缘屏蔽外的所有包覆层。当申明导体亦有阻隔结构时，此切除的圆环应包含导体以外的所有包覆层。

如果电缆有间断的纵向阻水阻隔结构，试样应至少包含两个阻隔结构，并将阻隔结构间的圆环去除。这种情况下，应知道这种电缆阻隔结构间的平均距离。

切出表面应使得有纵向阻水要求界面易于与水接触，而无纵向阻水要求的界面用合适的材料封堵或除外包覆层。

界面情况例如包括：

——电缆仅有导体阻隔；

——界面在外护套与金属套之间。

采用适当的装置（见图 C.1），将一根直径至少 10 mm 的管子垂直放置在切开的圆环上并与外护套表面相密封。电缆从此试验装置穿出处的密封应不对电缆施加机械应力。

注：某些阻隔结构对纵向阻水的影响取决于水的组分（例如 pH 值，离子浓度）。除非另有规定，宜采用自来水进行试验。

C.2　试验

在 (20 ± 10) ℃温度下，于 5 min 内将管子充满水使得管子的水高出电缆中心 1 m（见图 C.1）。

试样应放置 24 h。

然后试样应经受 10 次热循环。采用合适方法将导体加热至 95 ℃～100 ℃但应不达到 100 ℃。

应至少加热 8 h，每个加热周期中导体温度应保持在所述的温度范围内至少 2 h。然后应至少自然冷却 16 h。

水头应保持为 1 m。

注：在整个试验中不施加电压，建议串联一段与被试电缆相同的仿真电缆，并直接测量该电缆的导体温度。

C.3　要求

试验期间试样两端应无水渗漏。

尺寸单位为毫米

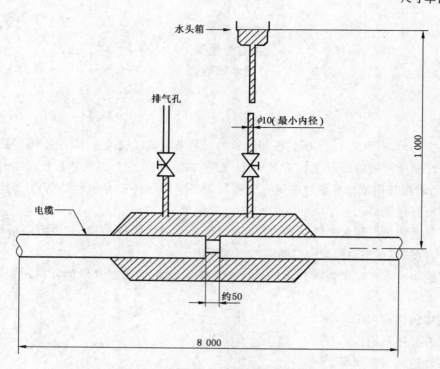

图 C.1　纵向透水试验示意图

附　录　D

（规范性附录）

直埋接头外保护层试验

D.1　概述

本附录规定的方法适用于接头的各种型式外保护层的型式认可试验,包括用于直埋接头或绝缘护套电缆系统的金属套开断结构以及金属套分段绝缘连同屏蔽开断结构的认可试验。

D.2　认可范围

当接头外保护层的认可要求包括引入器件,诸如连接引线时,所试的外保护层应包含这些设计特点。

适用于所认可的最小和最大外径的成品电缆的绝缘接头外保护层成功地通过试验,其认可范围可以包括相似的直通接头外保护层,但反之无效。

当一种接头外保护层的设计取得认可,则由相同制造方供应的采用相同设计原则,采用相同材料,在所试的电缆直径范围内,试验电压相同或较低的所有接头外保护层均应予以认可。

已通过热循环电压试验(见12.4.7)的接头或已通过如12.4.7规定至少三次热循环但不加电压的分开试验的接头应接着进行 D.3 和 D.4 项试验。

D.3　浸水和热循环

接头试样应浸入水中,使其外保护层顶点处水深不小于 1 m。需要时,可采用与放入接头试样并穿出密封的容器相连接的水头箱来实施。

应施加总共 20 次加热和冷却循环,水温升高到 70 ℃～75 ℃。每次热循环,水温应上升至规定温度,至少保持 5 h,然后冷却到不超过环境温度以上 10 ℃范围内。可用热水或冷水来混合以达到试验温度。

D.4　电压试验

热循环结束且接头试样浸于水中,应即按以下进行电压试验。

D.4.1　接头试样无金属套开断绝缘

在电力电缆的金属屏蔽和(或)金属套与接头外保护层接地外表面之间应施加直流试验电压 20 kV,历时 1 min。

D.4.2　接头试样具有金属套开断绝缘

D.4.2.1　直流电压试验

在接头隔离绝缘体两端的电力电缆金属屏蔽和(或)金属套之间以及每端金属屏蔽和(或)金属套与接头外保护层接地外表面之间应施加直流试验电压 20 kV,历时 1 min。

D.4.2.2　冲击电压试验

在接头试样浸于水中情况下,每端的金属屏蔽和(或)金属套与接头试样外表面之间应施加按表 D.1 所示的试验电压以进行各端对地试验。如果在接头试样浸水时,不能进行冲击电压试验,可将接头从水中取出,经最短时间,用湿布擦抹接头外表面保持潮湿或在试验装置整个外表面加上导电涂层以进行冲击电压试验。

对两端金属屏蔽和(或)金属套之间的试验,应在冲击电压试验前将接头试样从水中取出进行试验。

应按照 GB/T 3048.13—2007 规定的试验步骤在环境温度下进行接头试验。

表 D.1 冲击电压试验

主绝缘额定雷电冲击电压/kV	冲击电压水平			
	两端间		每端对地	
	互连引线 L		互连引线 L	
	L≤3 m kV	3 m<L≤10 m^a kV	L≤3 m kV	3 m<L≤10 m^a kV
1 550	75	145	37.5	72.5

^a 如果金属套电压限制器置于靠近接头,采用互连引线≤3 m 的电压值。

上述任何试验应不发生击穿。

D.5 接头试样检验

D.4 所述的试验结束后,应即检验接头试样。对填充流动浇注剂的接头保护盒如果无可见的内部气孔或因水分进入使浇注剂移动或浇注剂从各密封处或保护盒壁漏泄的迹象,就认为检验通过。

对于采用其他替代的设计或材料的接头保护层,应无水分进入或内部腐蚀的迹象。

附　录　E

（规范性附录）

绝缘层杂质、微孔和半导电屏蔽层与绝缘层界面微孔、突起试验

E.1　试验设备

E.1.1　显微镜

最小放大倍数为 25 倍的显微镜。

最小放大倍数为 40 倍的测量显微镜。

E.1.2　切片机

普通用切片机或具有类似功能的其他设备。

E.2　试样制备

从 50 mm 长的电缆样品上沿径向切取 80 个含有导体屏蔽、绝缘和绝缘屏蔽的圆形或螺形薄试片，试片的厚度约 0.625 mm。切割用的刀片应锋利，以便获得的试片具有均匀的厚度和极光滑的表面。应非常小心地保持试片表面清洁，并防止擦伤。

E.3　试验步骤

E.3.1　应采用透射光普遍检查全部 80 个试片绝缘内的微孔、不透明杂质，以及绝缘与半导电屏蔽层界面处的微孔和突起。

E.3.2　应采用最小放大倍数为 25 倍的显微镜检测在上述普遍检查中可疑的 20 个连续试片（或相等圈数的螺旋形试片）的全部区域。记录并列表统计包括：

　　a)　所有大于等于 0.02 mm 的微孔；

　　b)　所有大于等于 0.075 mm 的不透明杂质；

　　c)　所有大于等于 0.05 mm 的绝缘与半导电层界面的突起。

这个表应成为试验报告的组成部分。

对最大的微孔、最大的杂质，以及最大的绝缘与半导电层界面的突起应做标记。

E.3.3　应采用最小放大倍数为 40 倍的显微镜对最大的微孔、最大的杂质以及最大的绝缘与半导电层界面的突起，在其最大尺寸方向上测量。

E.4　试验结果及计算

E.4.1　测量及计算 20 个试片绝缘的总体积。

E.4.2　应记录和报告最大的微孔、最大的杂质以及最大的绝缘与半导电层界面突起的尺寸。

附 录 F

（资料性附录）

本部分与 IEC 62067:2006 技术性差异及其原因

表 F.1 给出了本部分与 IEC 62067:2006 的技术性差异及其原因的一览表。

表 F.1 本部分与 IEC 62067:2006 技术性差异及其原因

本部分的章条编号	技 术 性 差 异	原 因
1	将第一段中额定电压由"150 kV 以上至 500 kV"修改为"500 kV"。	本部分所有部分均为适用于"额定电压 500 kV($U_m=550$ kV）交联聚乙烯绝缘电力电缆及其附件"。
2	引用了采用国际标准的我国标准,而非国际标准。	以适合我国国情。
4.3	电缆外护套材料由"ST_1、ST_2 和 ST_3、ST_7"四种修改为"ST_2 和 ST_7"两种,并将表 2 更改为"外护套混合料"。	因本部分适用的"额定电压 500 kV($U_m=550$ kV）交联聚乙烯绝缘电力电缆"外护套只采用"ST_2 和 ST_7"两种混合料;同时,为方便标准实施,将表 2 更改为"外护套混合料"。 原文的表 2 为"电缆绝缘混合料 $\tan\delta$ 的要求",本部分仅适用于交联聚乙烯绝缘的电缆,只须规定"XLPE"的"$\tan\delta$"值,因此删除了该表。
6.3	增加引用本标准第 2 部分的 7.2.1。	原文仅引用本部分 4.2,并无绝缘标称厚度规定。
8.5	删除了原文的第 2 段。	本部分的所有部分均为适用于"额定电压 500 kV($U_m=550$ kV）",不须对其他电压范围作出规定。
9.2	将局部放电试验的检测灵敏度由原文的"10 pC"提高为"5 pC"。	符合我国目前的实际技术水平。
9.3	将原文第二段中"试验电压上升至规定值"修改为直接规定"580 kV($2U_0$)"。	本部分仅适用于"额定电压 500 kV($U_m=550$ kV）"。
9.4	明确规定应对电缆外护套进行电压试验,而非原文所述"若合同或规程特殊规定"方进行此项试验。	符合我国目前的实际情况。
10.1	删除了原文的第"h)"项,其后两项按顺序提前。	本部分不含 HDPE 绝缘品种,故删除该试验项目。
10.6.2	所规定的最大绝缘偏心度提高为"0.08",而非原文规定的"0.10"。	符合我国目前的实际技术水平。
10.7.2	条文的标题修改为"皱纹铝套",而非原文的"平或皱纹铝套";并且删除了条文中全部关于"平铝套"的内容。	符合我国目前的实际情况,我国额定电压 500 kV 交联聚乙烯绝缘电力电缆的金属套不采用"平铝套"型式。
第 10 章	删除了原文的"10.11 HDPE 绝缘密度测量",其后条文编号按顺序提前。	本部分不含 HDPE 绝缘品种,故删除该试验项目。

表 F.1（续）

本部分的章条编号	技 术 性 差 异	原 因
10.11(原文10.12)	直接规定适用于交联聚乙烯绝缘的导体温度"95 ℃～100 ℃"； 雷电冲击电压后的工频试验电压值由原文的"$2U_0$"修改为直接规定"580 kV($2U_0$)"。	本部分仅适用于交联聚乙烯绝缘的电缆,只须规定与其相适的导体温度； 本部分仅适用于"额定电压500 kV(U_m=550 kV)"。
12.2	删除原文中本条的"a)"项,其后续列项按顺序提前。	本部分仅适用于"额定电压500 kV(U_m=550 kV)"。
12.4.4	删除了条文中全部关于"平铝套"的内容。	符合我国目前的实际情况,我国额定电压500 kV交联聚乙烯绝缘电力电缆的金属套不采用"平铝套"型式。
12.4.5	试验电压值由原文的"$1.75U_0$,$1.5U_0$"修改为直接规定"508 kV($1.75U_0$),435 kV($1.5U_0$)"； 直接规定适用于交联聚乙烯绝缘的导体温度"95 ℃～100 ℃"。	本部分仅适用于"额定电压500 kV(U_m=550 kV)"； 本部分仅适用于交联聚乙烯绝缘的电缆,只须规定与其相适应的导体温度。
12.4.6	将原文第三、第四段中测量电缆绝缘"tanδ"时的温度和电压规定值及"tanδ"的规定值改为直接规定对于"额定电压500 kV交联聚乙烯绝缘电缆"的数值,并且"tanδ"的规定值($8.0×10^{-4}$)优于原文的规定值($10×10^{-4}$)。	本部分仅适用于额定电压500 kV交联聚乙烯绝缘电缆,只须规定与之相适应的数值。本部分规定的"XLPE"的"tanδ"值,符合我国目前的实际技术水平。
12.4.7	直接规定适用于交联聚乙烯绝缘的导体温度"95 ℃～100 ℃"； 试验电压值由原文的"$2U_0$"修改为直接规定"580 kV($2U_0$)"。	本部分仅适用于交联聚乙烯绝缘的电缆,只须规定与其相适的导体温度； 本部分仅适用于"额定电压500 kV(U_m=550 kV)"。
12.4.8	删除原文第一段； 直接规定适用于交联聚乙烯绝缘的导体温度"95 ℃～100 ℃"。	本部分仅适用于"额定电压500 kV(U_m=550 kV)",不存在"电压范围"； 本部分仅适用于交联聚乙烯绝缘的电缆,只须规定与其相适应的导体温度。
12.4.9	直接规定适用于交联聚乙烯绝缘的导体温度"95 ℃～100 ℃"； 雷电冲击电压试验后的电压试验值由原文的"$2U_0$"修改为直接规定"580 kV($2U_0$)"。	本部分仅适用于交联聚乙烯绝缘的电缆,只须规定与其相适应的导体温度； 本部分仅适用于"额定电压500 kV(U_m=550 kV)"。
12.5.4.2	引用了采用 IEC 60811-1-2 的我国标准 GB/T 2951.12,而非原文引用的 IEC 60811-1-2。	以适合我国国情。
12.5.4.3	直接规定适用于交联聚乙烯绝缘的电缆段空气烘箱老化温度"($100±2$)℃"。	本部分仅适用于交联聚乙烯绝缘的电缆,只须规定与其相适应的老化温度。
12.5.6	12.5.6.1中删除了原文中的"ST_1"外护套混合料；	因本部分适用的"额定电压500 kV(U_m=550 kV)交联聚乙烯绝缘电力电缆"外护套只采用"ST_2和ST_7"两种混合料情。
12.5.7	删除了原文标题及12.5.7.1中外护套混合料的"ST_1"。	因本部分适用的"额定电压500 kV(U_m=550 kV)交联聚乙烯绝缘电力电缆"外护套只采用"ST_2"聚氯乙烯混合料。

表 F.1（续）

本部分的章条编号	技 术 性 差 异	原 因
12.5.8	删除了原文标题及 12.5.8.1 中外护套混合料的"ST$_1$"。	因本部分适用的"额定电压 500 kV（U_m=550 kV）交联聚乙烯绝缘电力电缆"外护套只采用"ST$_2$"聚氯乙烯混合料。
第 12.5 条	删除了原文的"12.5.9 中 EPR 绝缘耐臭氧试验"和"12.5.11 中 HDPE 绝缘密度测量"，其后条文编号按顺序提前。	本部分不含"EPR 绝缘"和"HDPE 绝缘"品种，故删除该两项试验项目。
12.5.9（原文 12.5.10）	删除了原文中的"EPR 绝缘"。	本部分不含 EPR 绝缘品种，故予以删除。
12.5.11（原文 12.5.13）	删除了原文中外护套混合料的"ST$_1$"。	因本部分适用的"额定电压 500 kV（U_m=550 kV）交联聚乙烯绝缘电力电缆"外护套只采用"ST$_2$"聚氯乙烯混合料。
12.5.13、12.5.14、12.5.15	原文无此三条条文。	该三条条文系本部分为适应我国国情和满足使用方要求所增加。
13.1	明确规定为额定电压 500kV 电缆系统预鉴定试验。	本部分仅适用于"额定电压 500 kV（U_m=550 kV）"。
13.2.3	直接规定适用于交联聚乙烯绝缘的导体温度"90 ℃～95 ℃"； 试验电压值由原文的"1.7U_0"修改为直接规定"493kV（1.7U_0）"。	本部分仅适用于交联聚乙烯绝缘的电缆，只须规定与其相适应的导体温度； 本部分仅适用于"额定电压 500 kV（U_m=550 kV）"。
13.2.4	直接规定适用于交联聚乙烯绝缘的导体温度"90 ℃～95 ℃"。	本部分仅适用于交联聚乙烯绝缘的电缆，只须规定与其相适应的导体温度。
14.2	直接规定适用于额定电压 500 kV 电缆系统的试验电压值而非原文按不同电压等级的列表。	本部分仅适用于"额定电压 500 kV（U_m=550 kV）"。
表 1～表 9 表 D.1	表 1、表 3、表 4、表 5、表 6、表 7、表 8、表 9 和表 D.1 分别删除了原文中与本部分无关的绝缘混合料、外护套混合料、电压等级的相关内容。 删除了原文的表 2。 删除了原文的表 10。	本部分适用的"额定电压 500 kV（U_m=550 kV）交联聚乙烯绝缘电力电缆"绝缘混合料仅采用"XLPE"，外护套混合料仅采用"ST$_2$、ST$_7$"，电缆的额定电压等级为"500 kV"，因此只须规定这些材料和电压相关的技术要求和试验。 见 4.3 的差异说明。 原文的表 10 为绝缘交流试验电压列表，本标准仅适用于"额定电压 500 kV"。

ICS 29.060.20
K 13

中华人民共和国国家标准

GB/T 22078.2—2008

额定电压 500 kV$(U_{\mathrm{m}}=550\ \mathrm{kV})$交联聚乙烯绝缘电力电缆及其附件
第 2 部分:额定电压 500 kV$(U_{\mathrm{m}}=550\ \mathrm{kV})$交联聚乙烯绝缘电力电缆

Power cables with cross-linked polyethylene insulation and their accessories for rated voltage of 500 kV$(U_{\mathrm{m}}=550\ \mathrm{kV})$—

Part 2:Power cables with cross-linked polyethylene insulation for rated voltage of 500 kV$(U_{\mathrm{m}}=550\ \mathrm{kV})$

2008-06-30 发布

2009-04-01 实施

中华人民共和国国家质量监督检验检疫总局
中国国家标准化管理委员会 发布

前　言

GB/T 22078《额定电压 500 kV(U_m=550 kV)交联聚乙烯绝缘电力电缆及其附件》分为三个部分：

——第 1 部分：额定电压 500 kV(U_m=550 kV)交联聚乙烯绝缘电力电缆及其附件　试验方法和要求；

——第 2 部分：额定电压 500 kV(U_m=550 kV)交联聚乙烯绝缘电力电缆；

——第 3 部分：额定电压 500 kV(U_m=550 kV)交联聚乙烯绝缘电力电缆附件。

本部分为 GB/T 22078 的第 2 部分。

本部分的附录 A 和附录 B 为资料性附录。

本部分由中国电器工业协会提出。

本部分由全国电线电缆标准化技术委员会(SAC/TC 213)归口。

本部分负责起草单位：上海电缆研究所。

本部分参加起草单位：武汉高压研究院、沈阳古河电缆有限公司、上海上缆藤仓电缆有限公司、青岛汉缆集团有限公司、浙江万马电缆有限公司、宝胜科技创新股份有限公司。

本部分主要起草人：应启良、杨黎明、张道利、华良伟、陈沛云、姜松弈、房权生。

额定电压 500 kV(U_m＝550 kV)交联聚乙烯
绝缘电力电缆及其附件
第 2 部分：额定电压 500 kV(U_m＝550 kV)
交联聚乙烯绝缘电力电缆

1 范围

GB/T 22078 的本部分规定了固定安装的额定电压 500 kV(U_m＝550 kV)交联聚乙烯绝缘电力电缆的型号、材料、技术要求、试验、验收规则、包装和贮运。

本部分适用于通常安装和运行条件下的单芯电缆,但不适用于如海底电缆等特殊用途电缆。

2 规范性引用文件

下列文件中的条款通过本部分的引用而成为本部分的条款。凡是注日期的引用文件,其随后所有的修改单(不包括勘误的内容)或修订版均不适用于本部分,然而,鼓励根据本部分达成协议的各方研究是否可使用这些文件的最新版本。凡是不注日期的引用文件,其最新版本适用于本部分。

GB/T 2951.11—2008 电缆和光缆绝缘和护套材料通用试验方法 第 11 部分:通用试验方法——厚度和外形尺寸测量——机械性能试验(IEC 60811-1-1:2001,IDT)

GB/T 2951.12—2008 电缆和光缆绝缘和护套材料通用试验方法 第 12 部分:通用试验方法——热老化试验方法(IEC 60811-1-2:1985,IDT)

GB/T 2951.14—2008 电缆和光缆绝缘和护套材料通用试验方法 第 14 部分:通用试验方法——低温试验(IEC 60811-1-4:1985,IDT)

GB/T 2951.21—2008 电缆和光缆绝缘和护套材料通用试验方法 第 21 部分:弹性体混合料专用试验方法——耐臭氧试验——热延伸试验——浸矿物油试验(IEC 60811-2-1:2001,IDT)

GB/T 2951.31—2008 电缆和光缆绝缘和护套材料通用试验方法 第 31 部分:聚氯乙烯混合料专用试验方法——高温压力试验——抗开裂试(IEC 60811-3-1:1985,IDT)

GB/T 2951.32—2008 电缆和光缆绝缘和护套材料通用试验方法 第 32 部分:聚氯乙烯混合料专用试验方法——失重试验——热稳定性试验(IEC 60811-3-2:1985,IDT)

GB/T 2951.41—2008 电缆和光缆绝缘和护套材料通用试验方法 第 41 部分:聚乙烯和聚丙烯混合料专用试验方法——耐环境应力开裂试验——熔体指数测量方法——直接燃烧法测量聚乙烯中碳黑和/或矿物质填料含量——热重分析法(TGA)测量碳黑含量——显微镜法评估聚乙烯中碳黑分散度(IEC 60811-4-1:2004,IDT)

GB/T 2952.2—1989 电缆外护层 金属套电缆通用外护层(IEC neq 60055-2:1981)

GB/T 3048.4—2007 电线电缆电性能试验方法 第 4 部分:导体直流电阻试验

GB/T 3048.8—2007 电线电缆电性能试验方法 第 8 部分:交流电压试验(IEC 60060-1:1989,NEQ)

GB/T 3048.11—2007 电线电缆电性能试验方法 第 11 部分:介质损耗角正切试验

GB/T 3048.12—2007 电线电缆电性能试验方法 第 12 部分:局部放电试验(IEC 60885-3:1988,MOD)

GB/T 3048.13—2007 电线电缆电性能试验方法 第 13 部分:冲击电压试验(IEC 60230:1966,IEC 60060-1:1989,MOD)

GB/T 3048.14—2007　电线电缆电性能试验方法　第14部分：直流电压试验（IEC 60060-1：1989，NEQ）

GB/T 3953—1983　电工圆铜线

GB/T 3956—1997　电缆的导体（idt IEC 60228：1978）

GB 6995.1—1986　电线电缆识别标志方法　第1部分：一般规定（IEC neq 60304：1982）

GB 6995.3—1986　电线电缆识别标志方法　第3部分：电线电缆识别标志（IEC neq 60227：1979）

GB/T 18380.1—2001　电缆在火焰条件下的燃烧试验　第1部分：单根绝缘电线或电缆的垂直燃烧试验方法（idt IEC 60332-1：1993）

GB/T 22078.1—2008　额定电压500 kV（U_m＝550 kV）交联聚乙烯绝缘电力电缆及附件　第1部分：额定电压500 kV（U_m＝550 kV）交联聚乙烯绝缘电力电缆及其附件的电力电缆系统—试验方法和要求

JB 5268.2—1991　电缆金属套　第2部分：铅套

JB/T 10696.5—2007　电线电缆机械和理化性能试验方法　第5部分：腐蚀扩展试验

JB/T 10696.6—2007　电线电缆机械和理化性能试验方法　第6部分：挤出外套刮磨试验

3　定义

本部分除采用 GB/T 22078.1—2008 的定义外，还采用以下定义：

近似值　approximate value

一个既不保证也不检查的数值，例如用于其他尺寸值的计算。

4　电缆特性

4.1　应按 GB/T 22078.1—2008 第6章要求确知并申明 GB/T 22078.1—2008 中6.1明确的各项电缆特性，其中电缆的额定电压为：

——U_0＝290 kV；

——U＝500 kV；

——U_m＝550 kV。

4.2　电缆导体最高允许温度：正常运行时为 90 ℃；短路时（最长 5 s）为 250 ℃。

4.3　电缆安装时最小弯曲半径推荐为 20 倍电缆外径；电缆安装后最小弯曲半径推荐为 15 倍电缆外径。

4.4　电缆使用环境参照附录 A。

5　电缆的代号和命名

5.1　代号

5.1.1　产品系列代号

交联聚乙烯绝缘电缆 ………………………………………………………………………………… YJ

5.1.2　材料特征代号

铜导体 ……………………………………………………………………………………………… 省略

铅套 …………………………………………………………………………………………………… Q

皱纹铝套 …………………………………………………………………………………………… LW

聚氯乙烯外护套 …………………………………………………………………………………… 02

聚乙烯外护套 ……………………………………………………………………………………… 03

5.1.3　阻水结构代号

纵向阻水 …………………………………………………………………………………………… Z

注1：皱纹铝套包括挤包皱纹铝套和焊接皱纹铝套，两种不同皱纹铝套的代号均为 LW 不作区分，但焊接皱纹铝套应在产品名称中明确，名称中未说明焊接皱纹铝套的即为挤包皱纹铝套。

注2：纵向阻水包括绝缘屏蔽与金属套间阻水和导体阻水。其代号均为 Z。

5.2 型号

型号依次由产品系列代号、导体、金属套和外护套特征代号以及阻水结构代号构成。

本部分包括的电缆型号和名称见表1。

表 1 电缆的型号和名称

型　号	名　称
YJLW02	交联聚乙烯绝缘皱纹铝套或焊接皱纹铝套聚氯乙烯护套电力电缆
YJLW03	交联聚乙烯绝缘皱纹铝套或焊接皱纹铝套聚乙烯护套电力电缆
YJLW02-Z	交联聚乙烯绝缘皱纹铝套或焊接皱纹铝套聚氯乙烯护套纵向阻水电力电缆
YJLW03-Z	交联聚乙烯绝缘皱纹铝套或焊接皱纹铝套聚乙烯护套纵向阻水电力电缆
YJQ02	交联聚乙烯绝缘铅套聚氯乙烯护套电力电缆
YJQ03	交联聚乙烯绝缘铅套聚乙烯护套电力电缆
YJQ02-Z	交联聚乙烯绝缘铅套聚氯乙烯护套纵向阻水电力电缆
YJQ03-Z	交联聚乙烯绝缘铅套聚乙烯护套纵向阻水电力电缆

5.3 规格

本部分适用电缆的导体标称截面（mm^2）为 800、1 000、1 200、(1 400)、1 600、(1 800)、2 000、(2 200)、2 500。其中括号内为非优选导体截面。

5.4 产品表示方法

产品用型号、规格和本部分编号表示。

产品表示方法举例如下：

示例1：铜芯、单芯、导体截面 1 000 mm^2、500 kV 交联聚乙烯绝缘皱纹铝套聚乙烯护套电力电缆表示为：

　　　　YJLW03　290/500　1×1 000　GB/T 22078.2—2008

示例2：铜芯、单芯、导体截面 1 600 mm^2、500 kV 交联聚乙烯绝缘皱纹铝套聚氯乙烯护套纵向阻水电力电缆表示为：

　　　　YJLW02-Z　290/500　1×1 600　GB/T 22078.2—2008

6 材料

6.1 导体用铜单线应采用 GB/T 3953—1983 中 TR 型圆铜线。

6.2 绝缘料推荐采用超净的可交联聚乙烯料。其性能要求参见附录 B。

6.3 屏蔽用半导电料推荐采用超光滑可交联半导电料，其性能要求参见附录 B。

6.4 皱纹铝套用铝的纯度一般不低于 99.6%。

6.5 铅套应采用符合 JB 5268.2—1991 规定的铅合金。

6.6 外护套应为符合 GB/T 22078.1—2008 中规定的以聚氯乙烯为基料的代号为 ST_2 外护套混合料和以聚乙烯为基料的代号为 ST_7 外护套混合料。

7 技术要求

7.1 导体

7.1.1 应采用紧压绞合圆形铜导体，截面为 800 mm^2 导体可任选紧压导体或分割导体结构；1 000 mm^2 及以上导体应采用分割导体结构。

导体的结构和直流电阻应符合 GB/T 3956—1997 和表 2 规定。

表 2 铜导体的结构和直流电阻

导体标称截面/ mm²	导体中单线最少根数	20 ℃时导体直流电阻最大值/ Ω/km
800	53	0.022 1
1 000	170	0.017 6
1 200	170	0.015 1
1 400	170	0.012 9
1 600	170	0.011 3
1 800	265	0.010 1
2 000	265	0.009 0
2 200	265	0.008 3
2 500	265	0.007 3

7.1.2 导体表面应光洁、无油污、无损伤屏蔽及绝缘的毛刺、锐边以及凸起或断裂的单线。

7.2 绝缘

7.2.1 绝缘层的标称厚度应符合表 3 规定。

表 3 绝缘层标称厚度

导体标称截面/ mm²	绝缘层标称厚度/ mm
800	34
1 000,1 200	33
1 400,1 600	32
1 800,2 000,2 200,2 500	31

7.2.2 绝缘最小测量厚度和绝缘偏心度要求应符合 GB/T 22078.1—2008 中 10.6.2 要求。

7.3 屏蔽

7.3.1 导体屏蔽

导体屏蔽由半导电包带和挤包的半导电层组成,其厚度近似值为 2.5 mm,其中挤包半导电层厚度近似值为 2.0 mm。挤包半导电层应均匀地包覆在半导电包带外,并牢固地粘在绝缘层上。在与绝缘层的交界面上应光滑,无明显绞线凸纹、尖角、颗粒、烧焦或擦伤痕迹。

7.3.2 绝缘屏蔽

绝缘屏蔽为挤包半导电层,其厚度近似值为 1.0 mm,绝缘屏蔽应与导体挤包屏蔽层和绝缘层一起三层共挤。绝缘屏蔽应均匀地包覆在绝缘表面,并牢固地粘附在绝缘层上。在绝缘屏蔽的表面以及与绝缘层的交界面上应光滑,无尖角、颗粒、烧焦或擦伤的痕迹。

7.4 缓冲层、纵向阻水结构和径向不透水阻隔层

7.4.1 缓冲层

在绝缘半导电屏蔽层外应有缓冲层,可采用半导电弹性材料或具有纵向阻水功能的半导电阻水膨胀带绕包而成。绕包应平整、紧实、无皱褶。

7.4.2 纵向阻水结构

对电缆的金属套内间隙有纵向阻水要求时,绝缘屏蔽与金属套间应有纵向阻水结构。纵向阻水结

构可采用半导电阻水膨胀带绕包而成,半导电阻水带应绕包紧密、平整、无擦伤;亦可采用具有纵向阻水性能的金属丝屏蔽布带绕包结构。如对电缆导体亦有纵向阻水要求时,导体绞合时应绞入阻水绳等材料。

7.4.3 径向不透水阻隔层

7.4.3.1 应采用铅套或皱纹铝套等金属套作为径向不透水阻隔层。

7.4.3.2 金属套的标称厚度应符合表4规定。如不能满足用户对短路容量的要求时应采取增加金属套厚度或在金属套内或外增加疏绕铜丝(在疏绕铜丝外用反向绕包的铜丝或铜带扎紧)等措施。

表 4 金属套的标称厚度

导体标称截面/mm²	铅套厚度/mm	皱纹铝套厚度/mm
800	3.3	2.9
1 000	3.4	3.0
1 200	3.5	3.0
1 400	3.5	3.0
1 600	3.6	3.1
1 800	3.6	3.2
2 000	3.7	3.2
2 200	3.7	3.2
2 500	3.8	3.3

7.4.3.3 铅套的最小厚度应符合 GB/T 22078.1—2008 中 10.7.1 对铅套的要求;皱纹铝套的最小厚度应符合 GB/T 22078.1—2008 中 10.7.2 对皱纹铝套的要求。

7.4.4 金属丝屏蔽布带

金属套下允许绕包金属丝屏蔽布带。

7.5 外护套

7.5.1 金属套的外护套应采用绝缘型的聚氯乙烯或聚乙烯护套。金属套表面应有电缆沥青(或热熔胶)防腐涂层,铅套上允许绕包自粘性橡胶带代替防腐涂层。防腐涂层与外护套间允许加绕塑料带或相当带材。

7.5.2 外护套的性能应符合 GB/T 22078.1—2008 中表6、表8和表9的要求。外护套的颜色一般为黑色,但为了适应电缆的某种特殊使用条件,经供需双方协商也可采用其他颜色。

7.5.3 外护套的标称厚度为 6.0 mm。最小厚度为 5.0 mm。

7.5.4 在外护套表面应有均匀牢固的导电层作为外护套耐压试验时的外电极。

7.6 成品电缆

成品电缆的检验由第8章规定。

8 成品电缆检验

成品电缆的检验分为例行试验(代号为 R)、抽样试验(代号为 S)、型式试验(代号为 T)和预鉴定试验(代号为 P),如表5所示,各类试验的项目、试验方法和试验要求应符合 GB/T 22078.1—2008 中第8章、第9章、第10章、第12章和第13章规定。

其中型式试验和预鉴定试验均应在成品电缆系统上进行,为成品电缆系统的型式试验和预鉴定试验。

表 5　电缆的检验分类、要求和试验方法

序号	试 验 项 目	试 验 要 求	试验类型	试 验 方 法
1	局部放电试验	GB/T 22078.1—2008 中 9.2	R	GB/T 3048.12—2007
2	工频电压试验	GB/T 22078.1—2008 中 9.3	R	GB/T 3048.8—2007
3	金属套外护套直流耐压试验	GB/T 22078.1—2008 中 9.4	R	GB/T 3048.14—2007
4	导体结构检查	GB/T 22078.1—2008 中 10.4 和 12.5.1	S、T	目测
5	导体直流电阻测量	GB/T 22078.1—2008 中 10.5	S	GB/T 3048.4—2007
6	绝缘厚度测量	GB/T 22078.1—2008 中 10.6 和 12.4.1	S、T	GB/T 2951.11—2008
7	金属套厚度测量	GB/T 22078.1—2008 中 10.7 和 12.5.1	S、T	GB/T 2951.11—2008 和 GB/T 22078.1—2008 中 10.7
8	金属套外护套厚度测量	GB/T 22078.1—2008 中 10.6 和 12.5.1	S、T	GB/T 2951.11—2008
9	交联聚乙烯绝缘热延伸试验	GB/T 22078.1—2008 中 10.9 和 12.5.9	S、T	GB/T 2951.21—2008
10	电容测量	GB/T 22078.1—2008 中 10.10	S	GB/T 3048.11—2007
11	雷电冲击电压试验及随后的工频电压试验	GB/T 22078.1—2008 中 10.11	S	GB/T 3048.13—2007 和 GB/T 3048.8—2007
12	绝缘厚度检查	GB/T 22078.1—2008 中 12.4.1	T	GB/T 2951.11—2008
13	弯曲试验及随后的局部放电试验	GB/T 22078.1—2008 中 12.4.4 和 12.4.5	T	GB/T 3048.12—2007
14	tanδ 试验	GB/T 22078.1—2008 中 12.4.6	T	GB/T 3048.11—2007
15	热循环电压试验及随后的局部放电试验	GB/T 22078.1—2008 中 12.4.7 和 12.4.5	T	GB/T 3048.8—2007 和 GB/T 3048.12—2007
16	操作冲击电压试验	GB/T 22078.1—2008 中 12.4.8	T	GB/T 3048.13—2007
17	雷电冲击电压试验及随后的工频电压试验	GB/T 22078.1—2008 中 12.4.9	T	GB/T 3048.13—2007 GB/T 3048.8—2007
18	电气型式试验结束后电缆系统的检验	GB/T 22078.1—2008 中 12.4.10	T	目测检验
19	半导电屏蔽电阻率测量	GB/T 22078.1—2008 中 12.4.11	T	GB/T 22078.1—2008 中附录 B
20	绝缘和护套机械性能试验	GB/T 22078.1—2008 中 12.5.2 和 12.5.3	T	GB/T 2951.11—2008 GB/T 2951.12—2008
21	成品电缆样段材料相容性试验	GB/T 22078.1—2008 中 12.5.4	T	GB/T 22078.1—2008 中12.5.4
22	聚氯乙烯护套热失重试验	GB/T 22078.1—2008 中 12.5.5	T	GB/T 2951.32—2008

表 5（续）

序号	试 验 项 目	试 验 要 求	试验类型	试 验 方 法
23	护套高温压力试验	GB/T 22078.1—2008 中 12.5.6	T	GB/T 2951.31—2008
24	聚氯乙烯外护套低温性能试验	GB/T 22078.1—2008 中 12.5.7	T	GB/T 2951.14—2008
25	聚氯乙烯外护套热冲击试验	GB/T 22078.1—2008 中 12.5.8	T	GB/T 2951.31—2008
26	黑色聚乙烯外护套炭黑含量测量	GB/T 22078.1—2008 中 12.5.10	T	GB/T 2951.41—2008
27	燃烧试验	GB/T 22078.1—2008 中 12.5.11	T	GB/T 18380.1—2001
28	纵向透水试验	GB/T 22078.1—2008 中 12.5.12	T	GB/T 22078.1—2008 中附录 C
29	绝缘层杂质、微孔和半导电层与绝缘界面微孔、突起检查	GB/T 22078.1—2008 中 12.5.13	T	GB/T 22078.1—2008 中附录 E
30	外护套刮磨试验	GB/T 22078.1—2008 中 12.5.14	T	JB/T 10696.6—2007
31	皱纹铝套腐蚀扩展试验	GB/T 22078.1—2008 中 12.5.15	T	JB/T 10696.5—2007
32	成品电缆标志检查	第 9 章	T	目测
33	成品电缆标志耐擦试验	第 9 章	T	GB 6995.1—1986 中 5.2
34	绝缘厚度检查	GB/T 22078.1—2008 中 13.2.1	P	GB/T 2951.11—2008
35	热循环电压试验	GB/T 22078.1—2008 中 13.2.3	P	GB/T 3048.8—2007
36	雷电冲击电压试验	GB/T 22078.1—2008 中 13.2.4	P	GB/T 3048.13—2007
37	预鉴定试验结束后电缆系统的检验	GB/T 22078.1—2008 中 13.2.5	P	目测检验

9 成品电缆标志

在成品电缆的外护套上应有制造厂名称、产品型号、额定电压、导体截面和制造年份的连续标志和长度标志。标志的字迹应清晰、容易辨认和耐擦。成品电缆的标志还应符合 GB 6995.1—1986 和 GB 6995.3—1986 的相应规定。

10 验收规则

10.1 制造厂应按本部分要求进行例行试验、抽样试验、型式试验和预鉴定试验。

10.2 产品应由制造厂的质量检验部门检验合格后方能出厂,每盘出厂的电缆应附有产品检验合格证书。用户有要求时,制造厂应提供产品的试验报告。

10.3 产品应按表 5 规定的试验项目进行验收。

11 包装、运输和贮存

11.1 电缆应卷绕在符合电缆弯曲盘径的电缆盘上交货。考虑使电缆不受到过度弯曲,电缆盘的筒径应不小于型式试验的电缆弯曲直径。对于大规格电缆如果按此规定电缆盘筒径过大,无法运输,可按制造方和购买方协议,采用筒径较小的电缆盘运输。电缆的两个端头应有可靠防水、防潮密封,在外侧端头上应装有供敷设用的牵引头。

11.2 每盘出厂的电缆,应附有产品检验合格证,合格证应放在不透水的塑料袋内,该袋固定在电缆盘侧板上。每个电缆盘上应标明:

    a) 制造厂名称;

    b) 电缆型号;

    c) 额定电压,kV;

    d) 标称截面,mm²;

    e) 装盘长度,m;

    f) 毛重,kg;

    g) 电缆盘的尺寸,m;

    h) 工厂电缆盘编号;

    i) 制造日期, 年 月;

    j) 表示电缆盘在搬运时放线方向的箭头;

    k) 本部分编号。

11.3 运输及贮存应注意:

    a) 电缆盘不允许平放;

    b) 运输中严禁从高处扔下装有电缆的电缆盘,严禁机械损伤电缆;

    c) 吊装包装件时,严禁几盘同时吊装。在车辆、船舶等运输工具上,电缆盘必须放稳、并用合适方法固定,防止相互碰撞或翻倒。

12 安装后电气试验

电缆连同其附件安装完成后的电气试验建议采用 GB/T 22078.1—2008 中第 14 章的推荐规定。

附　录　A

（资料性附录）

电缆的使用环境

A.1　概述

本部分中电缆的使用环境主要由电缆金属套和塑料外护套的性能确定,因此一般应符合 GB/T 2952.2—1989 中表 1 的规定。

A.2　金属套

铅套和皱纹铝套除适用于一般场所外,特别适用于下列场合:

——铅套电缆:腐蚀较严重但无硝酸、醋酸、有机质(如泥煤)及强碱性腐蚀质,且受机械力(拉力、压力、振动等)不大的场所。

——皱纹铝套电缆:腐蚀不严重和要求承受一定机械力的场所(如直接与变压器连接,敷设在桥梁上和竖井中等)。

A.3　塑料外护套

——02 型(聚氯乙烯)外护套电缆主要适用于有一般防火要求和对外护套有一定绝缘要求的高压电缆线路;

——03 型(聚乙烯)外护套电缆主要适用于对外护套绝缘要求较高的直埋敷设的高压电缆线路。如有必要用于隧道或竖井中时应采取一定的阻燃防火措施。

注:隧道内安装的电缆应具有阻燃外护套。

附 录 B
（资料性附录）
绝缘料和半导电料性能

绝缘料和半导电料性能可参照表 B.1 所示。

表 B.1 绝缘料和半导电料性能

序号	项　　目	单位	绝缘料	半导电料
1	抗张强度	N/mm²	≥20.0	≥12.0
2	断裂伸长率	%	≥500	≥180
3	热延伸试验(200 ℃,0.20 N/mm²,15 min) 　负荷下伸长率 　永久变形	 % %	 ≤100 ≤10	 — —
4	tanδ		≤5.0×10⁻⁴	—
5	体积电阻率 23 ℃	Ω·cm	≥1.0×10¹⁶	<35
6	短时工频击穿强度	MV/m	≥35	—
7	凝胶含量	%	≥82	≥65
8	绝缘料杂质含量(1 000 g 样带) 杂质颗粒尺寸>0.075 mm	个	0	—

ICS 29.060.20
K 13

中华人民共和国国家标准

GB/T 22078.3—2008

额定电压 500 kV$(U_m=550$ kV$)$交联聚乙烯绝缘电力电缆及其附件

第 3 部分:额定电压 500 kV$(U_m=550$ kV$)$交联聚乙烯绝缘电力电缆附件

Power cables with cross-linked polyethylene insulation and
their accessories for rated voltage of 500 kV$(U_m=550$ kV$)$—
Part 3:Accessories for power cables with cross-linked polyethylene
insulation for rated voltage of 500 kV $(U_m=550$ kV$)$

2008-06-30 发布   2009-04-01 实施

中华人民共和国国家质量监督检验检疫总局
中国国家标准化管理委员会   发 布

869

前　言

GB/T 22078《额定电压 500 kV(U_m=550 kV)交联聚乙烯绝缘电力电缆及其附件》分为三个部分：

——第 1 部分：额定电压 500 kV(U_m=550 kV)交联聚乙烯绝缘电力电缆及其附件　试验方法和要求；

——第 2 部分：额定电压 500 kV(U_m=550 kV)交联聚乙烯绝缘电力电缆；

——第 3 部分：额定电压 500 kV(U_m=550 kV)交联聚乙烯绝缘电力电缆附件。

本部分为 GB/T 22078 的第 3 部分。

本部分的附录 A、附录 B、附录 C 和附录 D 为资料性附录。

本部分由中国电器工业协会提出。

本部分由全国电线电缆标准化技术委员会(SAC/TC 213)归口。

本部分负责起草单位：上海电缆研究所。

本部分参加起草单位：上海三原电缆有限公司、武汉高压研究院、宝胜普睿司曼电缆有限公司、江苏安靠超高压电缆附件公司、北京电力公司。

本部分主要起草人：应启良、魏东、杨黎明、吴春忠、陈晓鸣、李华春。

额定电压500 kV(U_m＝550 kV)交联聚乙烯绝缘电力电缆及其附件

第3部分：额定电压500 kV(U_m＝550 kV)交联聚乙烯绝缘电力电缆附件

1 范围

GB/T 22078的本部分规定了额定电压500 kV交联聚乙烯绝缘电力电缆附件的基本结构、型号、技术要求、验收规则、包装、运输和贮存。

本部分适用于额定电压500 kV交联聚乙烯绝缘电力电缆的户外终端、气体绝缘终端(GIS终端)、油浸终端、复合终端、直通接头和绝缘接头。

2 规范性引用文件

下列文件中的条款通过GB/T 22078的本部分的引用而成为本部分的条款。凡是注日期的引用文件,其随后所有的修改单(不包括勘误的内容)或修订版均不适用于本部分,然而,鼓励根据本部分达成协议的各方研究是否可使用这些文件的最新版本。凡是不注日期的引用文件,其最新版本适用于本部分。

GB 311.1—1997 高压输变电设备的绝缘配合(IEC neq 60071-1:1993)

GB/T 4423—2007 铜及铜合金拉制棒

GB/T 772—2005 高压绝缘子瓷件 技术条件

GB/T 3048.8—2007 电线电缆电性能试验方法 第8部分:交流电压试验(IEC 60060-1:1989,NEQ)

GB/T 3048.12—2007 电线电缆电性能试验方法 第12部分:局部放电试验(IEC 60885-3:1988,MOD)

GB/T 3048.13—2007 电线电缆电性能试验方法 第13部分:冲击电压试验(IEC 60230:1966,IEC 60060-1:1989,MOD)

GB/T 5582—1993 高压电力设备外绝缘污秽等级(IEC neq 60507:1991)

GB/T 7354—2003 局部放电测量(IEC 60270:2000,IDT)

GB/T 11604—1989 高压电器设备无线电干扰测试方法(eqv IEC 60018:1983)

GB/T 12464—2002 普通木箱

GB/T 22078.1—2008 额定电压500 kV(U_m＝550 kV)交联聚乙烯绝缘电力电缆及其附件 第1部分:额定电压500 kV(U_m＝550 kV)交联聚乙烯绝缘电力电缆及其附件的电力电缆系统 试验方法和要求(IEC 62067:2006,MOD)

GB/T 22078.2—2008 额定电压500 kV(U_m＝550 kV)交联聚乙烯绝缘电力电缆及其附件 第2部分:额定电压500 kV(U_m＝550 kV)交联聚乙烯绝缘电缆

IEC 62271-209:2007 额定电压52 kV以上气体绝缘金属封闭开关 充油电缆及挤包绝缘电缆充油及干式电缆终端的电缆连接装置

3 定义

除采用GB/T 22078.1—2008有关定义外,以下定义适用于本部分。

3.1

户外终端　outdoor termination

在受阳光直接照射或暴露在气候环境下或二者都存在的情况下使用的终端。

3.2

气体绝缘终端（GIS 终端）　SF₆ gas immersed termination（GIS　termination）

安装在气体绝缘封闭开关设备（GIS）内部以六氟化硫（SF₆）气体为外绝缘的气体绝缘部分的电缆终端（以下简称 GIS 终端）。

3.3

油浸终端　oil immersed termination

安装在油浸变压器油箱内以绝缘油为外绝缘的液体绝缘部分的电缆终端。

3.4

复合终端（复合套管终端）　composite termination

以玻璃纤维增强环氧管为衬芯,外覆耐候、抗污秽弹性材料（如硅橡胶）制成的复合套管为外绝缘的户外终端。

3.5

直通接头　straight joint

连接两根电缆形成连续电路的附件。在本部分中特指接头的金属外壳以及接头两边电缆的金属屏蔽和绝缘屏蔽在电气上连续的接头。

绝缘接头　sectionalizing joint

将电缆的金属套、金属屏蔽和绝缘屏蔽在电气上断开的接头。

3.6

预制附件　pre-fabricated accessories

以具有电场应力控制作用的预制橡胶元件作为主要绝缘件的电缆附件。

3.7

组合预制绝缘件接头　composite type pre-fabricated joint

采用预制橡胶应力锥及预制环氧绝缘件现场组装的接头。

3.8

整体预制橡胶绝缘件接头　one piece pre-moulded joint

采用单一预制橡胶绝缘件的接头。

4　附件特性

4.1　一般要求

应按照 GB/T 22078.1—2008 第 7 章要求,确知并申明附件特性。

4.2　额定电压和正常运行条件

附件的额定电压和正常运行时最高温度、短路温度应与 GB/T 22078.2—2008 中 4.1 和 4.2 对电缆的规定相一致。

4.3　试验电压的海拔高度修正

本部分适用的户外终端的正常使用条件为海拔高度不超过 1 000 m。对于海拔高度超过 1 000 m,但不超过 4 000 m 安装使用的户外终端,在海拔不高于 1 000 m 地点试验时,其试验电压应按 GB 311.1—1997 中 3.4 的规定将本部分规定的试验电压乘以海拔校正因数 K_a,并按此要求相应提高户外终端外绝缘的绝缘水平。

$$K_a = \frac{1}{1.1 - H \times 10^{-4}}$$

式中：

H——户外终端安装地点的海拔高度，单位为米(m)。

4.4 GIS终端工作气压

GIS终端外绝缘的 SF_6 气体在 20 ℃下的设计工作压力（表压）最大为 0.75 MPa，最小为 0.30 MPa。

注：GIS终端推荐最大设计工作气压值采用 IEC 62271-209:2007 给出的数值。

5 附件的型号和命名

5.1 代号

5.1.1 系列代号

交联聚乙烯绝缘电缆 ·· YJ

5.1.2 附件代号

户外终端 ··· ZW

GIS终端 ·· ZG

油浸终端 ··· ZY

复合终端（复合套管终端） ·· ZF

直通接头 ··· JT

绝缘接头 ··· JJ

5.1.3 内绝缘代号

5.1.3.1 终端内绝缘

液体绝缘橡胶应力锥 ·· Y

干式绝缘橡胶应力锥 ·· G

六氟化硫（SF_6）充气绝缘橡胶应力锥 ·· Q

硅油浸渍电容锥 ·· R

5.1.3.2 接头绝缘

组合预制橡胶绝缘件 ·· Z

整体预制橡胶绝缘件 ·· I

5.1.4 终端外绝缘污秽等级

外绝缘污秽等级符合 GB/T 5582—1993 规定。本部分采用以下代号：

Ⅰ级（最小爬电比距 16 mm/kV） ·· 1

Ⅱ级（最小爬电比距 20 mm/kV） ·· 2

Ⅲ级（最小爬电比距 25 mm/kV） ·· 3

Ⅳ级（最小爬电比距 31 mm/kV） ·· 4

5.1.5 接头保护盒和外保护层

无保护盒 ··· 0

保护盒含防水浇注剂 ·· 1

绝缘铜壳 ··· 2

5.2 型号组成

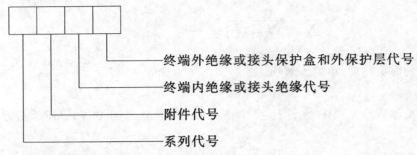

终端外绝缘或接头保护盒和外保护层代号

终端内绝缘或接头绝缘代号

附件代号

系列代号

附件型号和名称见表1。

表 1 附件型号及名称

型号		产品名称
主型号	含副型号	
YJZWY	YJZWY1	液体绝缘橡胶应力锥户外终端,外绝缘污秽等级Ⅰ级
	YJZWY2	液体绝缘橡胶应力锥户外终端,外绝缘污秽等级Ⅱ级
	YJZWY3	液体绝缘橡胶应力锥户外终端,外绝缘污秽等级Ⅲ级
	YJZWY4	液体绝缘橡胶应力锥户外终端,外绝缘污秽等级Ⅳ级
YJZWQ	YJZWQ1	SF$_6$充气绝缘橡胶应力锥户外终端,外绝缘污秽等级Ⅰ级
	YJZWQ2	SF$_6$充气绝缘橡胶应力锥户外终端,外绝缘污秽等级Ⅱ级
	YJZWQ3	SF$_6$充气绝缘橡胶应力锥户外终端,外绝缘污秽等级Ⅲ级
	YJZWQ4	SF$_6$充气绝缘橡胶应力锥户外终端,外绝缘污秽等级Ⅳ级
YJZWR	YJZWR1	硅油浸渍电容锥户外终端,外绝缘污秽等级Ⅰ级
	YJZWR2	硅油浸渍电容锥户外终端,外绝缘污秽等级Ⅱ级
	YJZWR3	硅油浸渍电容锥户外终端,外绝缘污秽等级Ⅲ级
	YJZWR4	硅油浸渍电容锥户外终端,外绝缘污秽等级Ⅳ级
YJZFY		液体绝缘橡胶应力锥复合终端
YJZFQ		SF$_6$充气绝缘橡胶应力锥复合终端
YJZFR		硅油浸渍电容锥复合终端
YJZGY		液体绝缘橡胶应力锥 GIS 终端
YJZGG		干式绝缘橡胶应力锥 GIS 终端
YJZGR		硅油浸渍电容锥 GIS 终端
YJZYY		液体绝缘橡胶应力锥油浸终端
YJZYG		干式绝缘橡胶应力锥油浸终端
YJZYR		硅油浸渍电容锥油浸终端
YJJTI	YJJTI0	整体预制橡胶绝缘件直通接头,无保护盒
	YJJTI1	整体预制橡胶绝缘件直通接头,保护盒含防水浇注剂
	YJJTI2	整体预制橡胶绝缘件直通接头,绝缘铜壳保护盒
YJJTZ	YJJTZ0	组合预制橡胶绝缘件直通接头,无保护盒
	YJJTZ1	组合预制橡胶绝缘件直通接头,保护盒含防水浇注剂
	YJJTZ2	组合预制橡胶绝缘件直通接头,绝缘铜壳保护盒

表 1（续）

型　号		产　品　名　称
主型号	含副型号	
YJJJI	YJJJI0	整体预制橡胶绝缘件绝缘接头，无保护盒
	YJJJI1	整体预制橡胶绝缘件绝缘接头，保护盒含防水浇注剂
	YJJJI2	整体预制橡胶绝缘件绝缘接头，绝缘铜壳保护盒
YJJJZ	YJJJZ0	组合预制橡胶绝缘件绝缘接头，无保护盒
	YJJJZ1	组合预制橡胶绝缘件绝缘接头，保护盒含防水浇注剂
	YJJJZ2	组合预制橡胶绝缘件绝缘接头，绝缘铜壳保护盒

5.3　产品表示方法

产品用型号、规格（额定电压、相数、适用电缆截面）及本部分编号表示。

产品表示方法举例如下：

示例 1：导体标称截面 1 000 mm²、500 kV 交联聚乙烯绝缘电缆液体绝缘橡胶应力锥单相户外终端，外绝缘污秽等级 I 级，表示为：

YJZWY1　290/500　1×1 000　GB/T 22078.3—2008

示例 2：导体标称截面 1 600 mm²、500 kV 交联聚乙烯绝缘电缆干式绝缘橡胶应力锥单相 GIS 终端表示为：

YJZGG　290/500　1×1 600　GB/T 22078.3—2008

6　技术要求

6.1　导体连接杆和导体连接管

6.1.1　导体连接杆和导体连接管应采用 GB/T 4424—2007 规定的铜材制造，并经退火处理。

6.1.2　导体连接杆和导体连接管表面应光滑、清洁，应无损伤和毛刺。

6.1.3　导体连接杆和导体连接管压接连接件的性能应符合 11.6 规定的试验要求。

6.2　金具

6.2.1　附件金具应采用非磁性金属材料。

6.2.2　附件的密封金具应具有良好的组装密封性和配合性，不应有组装后造成泄漏的缺陷，如划伤、凹痕等。密封性能应符合 9.2 规定的要求。

6.3　密封圈

附件用密封圈应与相接触的材料相容，并能在附件正常运行的最高温度下长期使用。

6.4　橡胶应力锥和橡胶绝缘件

6.4.1　橡胶应力锥和橡胶绝缘件的绝缘料和半导电料推荐采用符合附录 A 的材料。

6.4.2　橡胶应力锥和橡胶绝缘件应无气泡、焦烧物和其他有害杂质，其内外表面应光滑，应无伤痕、裂痕和突起物。绝缘与半导电屏蔽的界面应结合良好，应无裂纹和剥离现象。半导电屏蔽应无有害杂质。

6.5　环氧预制件和环氧套管

6.5.1　环氧树脂混合料推荐采用符合附录 B 的材料。

6.5.2　环氧预制件和环氧套管内外表面应光滑，无有害杂质、气孔。绝缘与预埋金属嵌件结合良好，无裂纹、变形等异常情况。

6.5.3　环氧套管的密封性能应符合 9.2 规定的要求。

6.6　瓷套

应按终端外绝缘污秽等级要求选用瓷套。瓷套应符合 GB/T 772—2005 的要求。

6.7　复合套管

复合终端用复合套管的污秽等级应为 III 级或以上（最小爬电比距不小于 25 mm/kV）。

6.8 液体绝缘填充剂

液体绝缘填充剂应与绝缘材料相容。由于 500 kV 终端的工作电场强度较高,对 500 kV 终端推荐采用经真空脱气的硅油作为液体绝缘填充剂。

推荐采用符合附录 C 要求的硅油作为液体绝缘填充剂。

6.9 **防水浇注剂**

推荐采用聚氨酯混合物作为接头保护盒的防水浇注剂。浇注剂应具有良好的防水密封性能,并对周围材料无有害作用。浇注剂应对环境无污染。

6.10 **GIS 终端与 GIS 连接配合要求**

GIS 终端与 GIS 的安装连接尺寸配合要求应符合 IEC 62271-209:2007 的规定。

6.11 **附件产品**

附件产品和其主要部件的试验要求在第 7 章中规定。

7 附件检验

附件的检验分例行试验(代号为 R)、抽样试验(代号为 S)、型式试验(代号为 T)和预鉴定试验(代号为 P)。如表 2 所示。当购买方有要求时,还需进行附加试验(代号为 A)。各类试验的试验项目、试验要求在第 8 章、9 章、10 章、11 章和 12 章中规定。

表 2 附件的检验分类,要求和试验方法

序号	试 验 项 目	试 验 要 求	试验类型	试 验 方 法
1	密封金具、瓷套、复合套管及环氧套管压力泄漏和真空漏增试验	9.2	R	9.2
2	预制件局部放电试验	9.3	R	GB/T 7354—2003
3	预制件电压试验	9.4	R	GB/T 3048.8—2007
4	室温下局部放电试验	GB/T 22078.1—2008 中 12.4.5	T	GB/T 3048.12—2007
5	热循环电压试验	GB/T 22078.1—2008 中 12.4.7	T	GB/T 22078.1—2008 中 12.4.7
6	室温和高温下局部放电试验	GB/T 22078.1—2008 中 12.4.5	T	GB/T 3048.12—2007
7	操作冲压试验	GB/T 22078.1—2008 中 12.4.8	T	GB/T 3048.13—2007
8	雷电冲击电压试验及随后的工频电压试验	GB/T 22078.1—2008 中 12.4.9	T	GB/T 3048.13—2007 和 GB/T 3048.8—2007
9	附件试样检验	GB/T 22078.1—2008 中 12.4.10	T	GB/T 22078.1—2008 中 12.4.10
10	直埋接头外保护层浸水电压试验	GB/T 22078.1—2008 中附录 D	T	GB/T 22078.1—2008 中附录 D
11	导体连接杆和导体连接管的压接连接件性能试验	11.6	T	在考虑中
12	组装附件压力泄漏及真空漏增试验	11.5	T	11.5
13	户外终端无线电干扰试验	11.4	A	GB/T 11604—1989
14	预鉴定试验的热循环电压试验	GB/T 22078.1—2008 中 13.2.3	P	GB/T 3048.8—2007
15	预鉴定试验结束后试样检验	GB/T 22078.1—2008 中 13.2.5	P	目测检验

8 试验条件

试验条件按 GB/T 22078.1—2008 第 8 章规定。

9 附件的例行试验

9.1 一般规定

附件的例行试验包括以下项目

a) 密封金具、瓷套、复合套管和环氧套管的密封试验(见 9.2);

b) 预制附件的部件主绝缘电气试验:

    1) 橡胶应力锥和整体预制橡胶绝缘件局部放电试验(见 9.3);

    2) 橡胶应力锥和整体预制橡胶绝缘件电压试验(见 9.4)。

9.2 密封金具、瓷套、复合套管和环氧套管的压力泄漏和真空漏增试验

试验装置应将密封金具、瓷套或环氧套管两端密封。

制造方可根据适用条件任选 9.2.1 或 9.2.2 规定的一种方法进行试验。

9.2.1 压力泄漏试验

室温下对试件加以(0.20±0.01)MPa 表压气压,保持 1 h。任选浸水检验或密封面上涂肥皂水检验,应无气体逸出迹象。试验装置应有防爆安全措施。亦可施加相同水压,保持 1 h,在密封面上涂白垩粉,应无水渗出迹象。

9.2.2 真空漏增试验

在室温下,将试件抽真空至残压约 67 Pa,然后关闭试件与真空泵间的阀门,经 0.5 h 压力漏增应不超过 67 Pa。

9.3 局部放电试验

橡胶应力锥和整体预制橡胶绝缘件的局部放电试验应符合 GB/T 22078.1—2008 中 9.1 和 9.2 的要求。

9.4 电压试验

橡胶应力锥和整体预制橡胶绝缘件的电压试验应符合 GB/T 22078.1—2008 中 9.1 和 9.3 的要求。

10 附件的抽样试验

在考虑中。

11 附件的型式试验

11.1 概述

附件的型式试验包括以下项目:

11.1.1 电气型式试验

a) 附件与电缆组成的系统的电气型式试验(见 11.2);

b) 直埋接头外保护层的浸水热循环和电压试验(见 11.3);

c) 当购买方有要求时进行的附加的无线电干扰试验(见 11.4)。

11.1.2 组装附件压力泄漏试验和真空漏增试验(见 11.5)。

11.1.3 导体连接杆和导体连接管压接连接件性能试验(见 11.6)。

11.2 附件和电缆组成系统的电气型式试验

可参照附录 D 在电缆上安装附件组成电缆系统。应按 GB/T 22078.1—2008 中 12.1、12.2 和 12.4 进行电气型式试验,并应符合规定要求。

11.3 直埋接头外保护层浸水热循环和电压试验

直埋接头外保护层浸水热循环和电压试验应按 GB/T 22078.1—2008 中附录 D 进行,并符合规定要求。

11.4 户外终端无线电干扰试验

户外终端试样在 319 kV(1.1U_0)工频电压下,其 1 MHz 的无线电干扰电压应不超过 500 μV。试验方法按照 GB/T 11604—1989 的规定。

11.5 组装附件压力泄漏试验和真空漏增试验

11.5.1 压力泄漏试验

附件试样组装后,在室温下充以(0.20±0.01)MPa 表压气压保持 1 h。在密封面上涂肥皂水检验,应无气体逸出迹象。试验装置应有防爆安全措施。试验亦可加以相同水压,保持 1 h,在密封面上涂白垩粉,应无水渗出迹象。

11.5.2 真空漏增试验

附件试样组装后在室温下抽真空至残压约 67 Pa,然后关闭试样和真空泵间阀门,经 0.5 h,压力漏增应不超过 67 Pa。

11.6 导体连接杆和导体连接管的压接连接件性能试验

试验方法和试验要求在考虑中。

12 附件和电缆组成系统的预鉴定试验

附件和电缆组成系统的预鉴定试验应按 GB/T 22078.1—2008 第 13 章进行试验,并符合规定要求。

13 产品标志

13.1 产品标志

应在终端及接头的保护管表面粘接一金属软标牌标明:

a) 制造厂名称;

b) 型号、规格;

c) 额定电压,kV;

d) 制造年、月。

13.2 零部件

金属顶盖、电缆保护管、绝缘预制件等部件制造时应采用适当的方式标明制造规格、型号。

14 验收规则

附件产品按表 2 规定进行例行试验、型式试验和预鉴定试验,当用户有要求时还需进行附加试验,并按此验收。

14.1 产品应由制造厂的质量检验部门检验合格后方能出厂;每件出厂的附件应附有产品检验合格证书。用户有要求时,制造厂应提供产品的试验报告。

14.2 产品应按表 2 规定的试验项目进行验收。

15 包装、运输和贮存

15.1 电缆附件的包装

15.1.1 电缆附件产品的包装方式可根据各种零部件特点而定。对各种预制绝缘件、带材等应有相应的防水、防潮等密封措施;对易碎、防压的部件和材料应有相应的防压、防冲击的包装措施,并在包装物外部明显位置标出相应的字样或标记;易燃部件或材料应有防火标志。

15.1.2 包装箱可采用木箱或纸箱。木箱应符合 GB/T 12464—2002 要求。装箱时箱内应装入装箱单。零部件可分开包装。包装箱侧面应注部件名称、规格。两端面应注明：

 a) 轻放；

 b) 防雨；

 c) 不得倒置。

15.2 运输和贮存

15.2.1 产品运输过程中不得将包装箱倒置及碰撞。

15.2.2 产品应贮存在清洁干燥和阴凉处。不得在户外或阳光下存放。

附 录 A

（资料性附录）

橡胶料的性能

预制橡胶绝缘件的三元乙丙橡胶绝缘料与半导电料的性能如表 A.1 所示。硅橡胶绝缘料与半导电料的性能如表 A.2 所示。

表 A.1 三元乙丙橡胶料的性能

序号	项 目	单 位	绝缘料	半导电料
1.0	老化前机械性能			
1.1	抗张强度	N/mm^2	≥7.0	≥8.0
1.2	断裂伸长率	%	≥300	≥260
1.3	抗撕裂强度	N/mm	≥22	≥22
1.4	硬度	邵氏 A	≤70	≤80
1.5	压缩永久变形	%	≤40	≤40
2.0	空气箱老化后机械性能 老化条件:135 ℃±3 ℃,7 d			
2.1	抗张强度最大变化率	%	±30	±30
2.2	伸长率最大变化率	%	±30	±30
3.0	电气性能(室温下)			
3.1	体积电阻率(23 ℃)	Ω·cm	≥1.5×10^{15}	<1.0×10^3
3.2	tanδ	—	≤5.0×10^{-3}	—
3.3	介电常数	—	2.5～4.0	
3.4	短时工频击穿电场强度	MV/m	≥25	—

表 A.2 硅橡胶料的性能

序号	项 目	单 位	绝缘料	半导电料
1.0	老化前机械性能			
1.1	抗张强度	N/mm^2	≥6.0	≥6.0
1.2	断裂伸长率	%	≥450	≥350
1.3	抗撕裂强度	N/mm	≥20	≥18
1.4	硬度	邵氏 A	≤50	≤55
1.5	压缩永久变形	%	在考虑中	在考虑中
2.0	空气箱老化后机械性能 老化条件:135 ℃±3 ℃,7 d			
2.1	抗张强度最大变化率	%	±20	±20
2.2	伸长率最大变化率	%	±20	±20
3.0	电气性能(室温下)			
3.1	体积电阻率(23 ℃)	Ω·cm	≥1.0×10^{15}	<1.0×10^4
3.2	tanδ	—	≤4.0×10^{-3}	—
3.3	介电常数	—	2.8～3.5	
3.4	短时工频击穿电场强度	MV/m	≥25	—

附 录 B

（资料性附录）

环氧树脂固化体的性能

附件用环氧树脂固化体的性能如表 B.1 所示。

表 B.1 环氧树脂固化体的性能

序号	项 目	单 位	性能指标
1.0	电气性能（室温下）		
1.1	体积电阻率（23 ℃）	Ω·cm	$\geqslant 1.5 \times 10^{15}$
1.2	tanδ	—	$\leqslant 5.0 \times 10^{-3}$
1.3	介电常数	—	3.5～6.0
1.4	短时工频击穿电场强度	MV/m	$\geqslant 25$
2.0	电气性能（100 ℃时）		
2.1	体积电阻率	Ω·cm	$\geqslant 1.0 \times 10^{15}$
2.2	tanδ	—	$\leqslant 5.0 \times 10^{-3}$
2.3	介电常数	—	3.5～6.0
3.0	热变形温度	℃	＞105

附 录 C
（资料性附录）
硅油的性能

附件用硅油的性能如表 C.1 所示。

表 C.1 硅油的性能指标

序号	项 目		单 位	性能指标
1	外观			无色透明、无杂质
2	动力黏度（25 ℃）	低黏度硅油	Pa·s	4～100
		高黏度硅油		800～1 300
3	黏度最大变化率		%	±4.8
4	闪点		℃	＞300
5	折光指数（25 ℃）			1.35～1.47
6	击穿电压（电极间距 2.5 mm）		kV	＞35
7	体积电阻率（25 ℃）		Ω·cm	＞$1.0×10^{15}$
8	挥发度（150 ℃,3 h）		%	＜0.5

附　录　D

（资料性附录）

附件安装导则

D.1　范围

本安装导则适用于额定电压 500 kV 交联聚乙烯绝缘电力电缆用的户外终端、GIS 终端、油浸终端、直通接头和绝缘接头安装时的一般要求。上述各类附件的安装手册和安装详细技术要求,由制造方在产品发货时一并提供用户。

D.2　一般要求

D.2.1　安装工作应由经过培训和掌握各类附件的专用安装手册知识的有经验人员进行。

D.2.2　安装手册规定的安装程序,根据不同的环境可进行调整和改变,但应通知制造方,以便交换意见。

D.2.3　在安装前按装箱单检查所有部件是否完整、无缺。

D.2.4　各部分安装尺寸,均应符合制造方提供的图样要求。

D.2.5　电缆和附件的各组成部件,应采用适用的清洗剂进行清洗,清洗剂在热风干燥器吹干时,应具有良好的挥发性能。

D.2.6　在安装处理过程中,不应损伤电缆的附件部件,特别是应力锥、O 型圈以及与 O 型圈接触的所有接触表面。

D.2.7　施工现场应保持清洁、无尘埃。一般情况下其相对湿度应不超过 70% 方可进行电缆附件施工安装。

D.2.8　各部位固定螺丝应按图样规定要求,用力矩扳手固紧。

D.2.9　应注意电缆绝缘的收缩,保证电缆各部位的最终尺寸符合要求。

D.2.10　当剥离半导电层时,应特别注意不要损伤电缆绝缘。电缆绝缘表面应经适当方法处理得光滑、清洁、外形圆整。

D.2.11　放置 O 型圈前,与 O 型圈接触的表面,应使用清洗剂清洗干净,并确认这些接触面无任何损伤。

D.2.12　导体连接管压接时,其所用模具尺寸应按图样规定。

D.2.13　在组装过程中,环氧树脂预制件、应力锥和电缆绝缘表面,均应清洁干净,各绝缘件的接触表面,均涂上专用硅脂涂层。

D.2.14　当与电缆金属套进行铅锡合金焊接时,连续焊接时间应不超过 30 min,并可在焊接过程中采取局部冷却措施,以免因焊接时金属套温度过高而损伤电缆绝缘芯。焊接前焊接处表面应保持清洁并应处理光滑。

D.2.15　在组装各种附件时,电缆均应该用加热的方法预先进行校直。

D.2.16　所有的接地线或金属编织带均应用铜丝扎紧后再以焊锡固焊。

D.2.17　对于采用弹簧压缩装置的附件的压力调整均应按图样要求,用力矩扳手固紧。

ICS 29.130.10
K 43

中华人民共和国国家标准

GB/T 22381—2017
代替 GB/T 22381—2008

额定电压 72.5 kV 及以上气体绝缘金属封闭开关设备与充流体及挤包绝缘电力电缆的连接　充流体及干式电缆终端

Cable connections between gas-insulated metal-enclosed switchgear for rated voltages equal to and above 72.5 kV and fluid-filled and extruded insulation power cables—Fluid-filled and dry type cable-terminations

（IEC 62271-209:2007,High-voltage switchgear and controlgear—Part 209：Cable connections for gas-insulated metal-enclosed switchgear for rated voltages above 52 kV—Fluid-filled and extruded insulation cables—Fluid-filled and dry-type cable-terminations,MOD)

2017-07-12 发布　　　　　　　　　　　　　　2018-02-01 实施

中华人民共和国国家质量监督检验检疫总局
中国国家标准化管理委员会 发布

前　言

本标准按照 GB/T 1.1—2009 给出的规则起草。

本标准代替 GB/T 22381—2008《额定电压 72.5 kV 及以上气体绝缘金属封闭开关设备与充流体及挤包绝缘电力电缆的连接　充流体及干式电缆终端》,与 GB/T 22381—2008 相比,主要技术变化如下:

——删除了额定电压 800 kV、1 100 kV 的相关规定;

——额定电流值增加到 3 150 A;

——术语和定义增加了"电缆系统";

——额定值中删除了"一个壳体中的相数";

——删除了"表 1 电缆终端绝缘试验的气压极限"。

本标准采用重新起草法修改采用 IEC 62271-209:2007《高压开关设备和控制设备　第 209 部分:额定电压 52 kV 以上的气体绝缘金属封闭开关设备与充流体及挤包绝缘电力电缆的连接 充流体及干式电缆终端》。

本标准与 IEC 62271-209:2007 的技术性差异及其原因如下:

——关于规范性引用文件,本标准做了具有技术性差异的调整,以适应我国的技术条件,调整的情况集中反映在 1.2 "规范性引用文件"中,具体调整如下:

- 用修改采用国际标准的 GB/T 7674—2008 代替了 IEC 62271-203:2003(见 4.3、4.4、4.6、4.7、4.8、6.2.2、9);

- 用修改采用国际标准的 GB/T 9326.1—2008 代替了 IEC 60141-1:1993(见 6.1);

- 用非等效采用国际标准的 GB/T 9326.2—2008 代替了 IEC 60141-1:1993(见第 9 章);

- 用修改采用国际标准的 GB/T 11017.1—2014 代替了 IEC 60840:2011(见 6.1);

- 用修改采用国际标准的 GB/T 11022—2011 代替了 IEC 62271-1:2007(见第 7 章、第 8 章、第 10 章、第 11 章、第 12 章);

- 用修改采用国际标准的 GB/T 18890.1 代替了 IEC 62067:2011(见 6.1);

- 用修改采用国际标准的 GB/T 22078.1—2008 代替了 IEC 62067:2006(见 6.1);

- 增加引用了 GB/T 9326.3—2008、GB/T 11017.2—2014、GB/T 11017.3—2014、GB/T 18890.2、GB/T 18890.3、GB/T 22078.2—2008、GB/T 22078.3—2008(见第 9 章)。

——增加了第 2 章正常和特殊使用条件;

——额定电压:删除了与我国电网无关的额定电压值,按照 GB/T 11022(或 GB 156)中所列电压给出;

——增加了三相电缆终端的绝缘试验要求;

——为保证密封性能,将图 A.2 及图 A.4 中的密封面的表面粗糙度由最大 R_{max} 6.3 改为 R_{max} 3.2。

与 IEC 62271-209:2007 相比,本标准做了下列编辑性修改:

——将 IEC 62271-209:2007 标题中的额定电压由"52 kV 以上"改为"72.5 kV 及以上";

——将 IEC 62271-209:2007 的第 1 章范围及第 2 章引用标准作为本标准的 1.1 范围和 1.2 规范性引用文件;

——将 IEC 62271-209:2007 的第 5 章编辑性列于本标准的第 4 章;

——将 IEC 62271-209:2007 的第 4 章供应方界限及图 2、图 3、图 4、图 5 编辑性列于增加的附录 A(规范性附录)供应方的界限;

——将 IEC 62271-209:2007 的第 6 章设计和结构及第 7 章标准尺寸编辑性列于本标准的第 5 章

设计和结构；

——将 IEC 62271-209:2007 的第 8 章试验编辑性列于本标准的第 6 章；

——将 IEC 62271-209:2007 的图 2、图 3、图 4、图 5 中的表按照我国标准的习惯形式单独编排，作为表 A.1、表 A.2、表 A.3、表 A.4。

——按我国机械制图标准，对 IEC 62271-209:2007 的图 2、图 3、图 4 及图 5 作了编辑性修改。

请注意本文件的某些内容可能涉及专利。本文件的发布机构不承担识别这些专利的责任。

本标准由中国电器工业协会提出。

本标准由全国高压开关设备标准化技术委员会(SAC/TC 65)归口。

本标准起草单位：西安西电开关电气有限公司、西安高压电器研究院有限责任公司、西安西电高压开关有限责任公司、机械工业高压电器设备质量检测中心、特变电工沈阳电气技术研究院有限公司、北京北开电气股份有限公司、特变电工中发上海高压开关有限公司、ABB(中国)有限公司、日升集团有限公司、厦门 ABB 高压开关有限公司、浙江开关厂有限公司、新东北电气集团高压开关有限公司、浙江时通电气制造有限公司、平高集团有限公司、上海思源高压开关有限公司、山东泰开高压开关有限公司、益和电气集团股份有限公司、华仪电气股份有限公司、国网浙江省电力公司金华供电公司。

本标准主要起草人：侯平印、李智博、田恩文、李建华、邢娜、元复兴、李振军、张晋波、李强、王传川、南振乐、路全峰、杨伟卫、杨英杰、张姝、尹弘彦、张文波、孙荣春、石鹏斌、杜明蕾、樊建荣、林爱民、高二平、陈伯荣、周庆清、孟迪、叶树新、阎关星、周华、王向克、袁志兵、张朋举、汪建成、孔祥冲、田晓越、潘世岩、卢德银。

本标准所代替标准的历次版本发布情况为：

——GB/T 22381—2008。

额定电压 72.5 kV 及以上气体绝缘金属封闭开关设备与充流体及挤包绝缘电力电缆的连接 充流体及干式电缆终端

1 范围

1.1 范围

本标准规定了额定电压 72.5 kV 及以上、额定频率为 50 Hz 的气体绝缘金属封闭开关设备与充流体及挤包绝缘电力电缆连接的充流体及干式电缆终端的额定值、设计和结构、标准尺寸、试验和供应方界限等要求。

本标准适用于额定电压 72.5 kV 及以上、额定频率为 50 Hz 的气体绝缘金属封闭开关设备的充流体和挤包电缆的连接装置,在单相或三相布置中电缆终端为充流体式或干式。在电缆绝缘与开关设备气体的绝缘间用绝缘锥隔开。

本标准旨在建立电缆终端和气体绝缘金属封闭开关设备连接的电气和机械的可互换性,并确定供应方的界限。

为了便于本标准的使用,术语"开关设备"均用于表述"气体绝缘金属封闭开关设备"。

除气体绝缘金属封闭开关设备以外,本标准不适用其他直接安装于开关设备中的电缆终端。

1.2 规范性引用文件

下列文件对于本文件的应用是必不可少的。凡是注日期的引用文件,仅注日期的版本适用于本文件。凡是不注日期的引用文件,其最新版本(包括所有的修改单)适用于本文件。

GB/T 7674—2008 额定电压 72.5 kV 及以上气体绝缘金属封闭开关设备(IEC 62271-203:2003,MOD)

GB/T 9326.1—2008 交流 500 kV 及以下纸或聚丙烯复合纸绝缘金属套充油电缆及附件 第 1 部分:试验(IEC 60141-1:1993,MOD)

GB/T 9326.2—2008 交流 500 kV 及以下纸或聚丙烯复合纸绝缘金属套充油电缆及附件 第 2 部分:交流 500 kV 及以下纸绝缘铅套充油电缆(IEC 60141-1:1993,NEQ)

GB/T 9326.3—2008 交流 500 kV 及以下纸或聚丙烯复合纸绝缘金属套充油电缆及附件 第 3 部分:终端

GB/T 11017.1—2014 额定电压 110 kV(U_m=126 kV)交联聚乙烯绝缘电力电缆及其附件 第 1 部分:试验方法和要求(IEC 60840:2011,MOD)

GB/T 11017.2—2014 额定电压 110 kV(U_m=126 kV)交联聚乙烯绝缘电力电缆及其附件 第 2 部分:电缆

GB/T 11017.3—2014 额定电压 110 kV(U_m=126 kV)交联聚乙烯绝缘电力电缆及其附件 第 3 部分:电缆附件

GB/T 11022—2011 高压开关设备和控制设备标准的共用技术要求(IEC 62271-1:2007,MOD)

GB/T 18890.1 额定电压 220 kV(U_m=252 kV)交联聚乙烯绝缘电力电缆及其附件 第 1 部分:试验方法和要求(GB/T 18890.1—2015,IEC 62067:2011,MOD)

GB/T 18890.2 额定电压 220 kV(U_m=252 kV)交联聚乙烯绝缘电力电缆及其附件 第 2 部分:

电缆

GB/T 18890.3　额定电压 220 kV(U_m=252 kV)交联聚乙烯绝缘电力电缆及其附件　第 3 部分：电缆附件

GB/T 22078.1—2008　额定电压 500 kV(U_m=550 kV)交联聚乙烯绝缘电力电缆及其附件　第 1 部分：额定电压 500 kV(U_m=550 kV)交联聚乙烯绝缘电力电缆及其附件　试验方法和要求(IEC 62067:2006,MOD)

GB/T 22078.2—2008　额定电压 500 kV(U_m=550 kV)交联聚乙烯绝缘电力电缆及其附件　第 2 部分：额定电压 500 kV(U_m=550 kV)交联聚乙烯绝缘电力电缆

GB/T 22078.3—2008　额定电压 500 kV(U_m=550 kV)交联聚乙烯绝缘电力电缆及其附件　第 3 部分：额定电压 500 kV(U_m=550 kV)交联聚乙烯绝缘电力电缆附件

IEC 60141-2:1963　充油和气压电缆及其附件的试验　第 2 部分：交流额定电压 275 kV 及以下的内部气压电缆及其附件(Tests on oil-filled and gas-pressure cables and their accessories—Part 2：Internal gas-pressure cables and accessories for alternating voltages up to 275 kV)

2　正常和特殊使用条件

GB/T 11022—2011 的第 2 章适用。

3　术语和定义

下列术语和定义适用于本文件。

3.1

电缆终端　cable-termination

安装在电缆末端、与系统的其他部分保证电气连接并保持直到连接点绝缘的设备。

注：本标准中描述的电缆终端有两种类型。

3.1.1

充流体电缆终端　fluid-filled cable-termination

电缆的绝缘与开关设备的气体绝缘间有一隔离绝缘锥的电缆终端。这种电缆终端所包含的绝缘流体作为电缆连接装置的一部分。

3.1.2

干式电缆终端　dry type cable-termination

含有一个与位于电缆的绝缘和开关设备的气体绝缘间的隔离绝缘锥密切接触的弹性的电场强度控制元件的电缆终端。这种电缆终端不需要任何绝缘流体。

3.2

主回路末端　main-circuit end terminal

气体绝缘金属封闭开关设备中形成连接界面的主回路部分。

3.3

电缆连接的外壳　cable connection enclosure

气体绝缘金属封闭开关设备中装有电缆终端及主回路末端的壳体。

3.4

电缆连接装置　cable connection assembly

实现电缆与气体绝缘金属封闭开关设备的机械及电气连接的电缆终端、电缆连接的外壳及主回路末端的组合。

3.5

设计压力 design pressure

用于确定电缆连接的外壳厚度以及承受该压力的(按 GB/T 7674—2008 的第 3 章)电缆终端部件的压力。

3.6

流体/绝缘流体 fluid/insulating fluid

绝缘用的液体或气体。

3.7

电缆装置 cable system

安装有附件的电缆。

4 额定值

4.1 概述

在确定电缆连接时,下列额定值适用:

a) 额定电压(U_r);

b) 额定绝缘水平;

c) 额定频率(f_r)

d) 额定电流(I_r)和温升;

e) 额定短时耐受电流(I_k)

f) 额定峰值耐受电流(I_p);

g) 额定短路持续时间(t_k);

h) 电缆连接的外壳中绝缘气体的额定充入压力(p_{re})。

4.2 额定电压(U_r)

电缆连接装置的额定电压(U_r)等于电缆和气体绝缘金属封闭开关设备额定电压中的较小值,其值应从下列标准值中选取:

72.5 kV,126 kV,252 kV,363 kV,550 kV。

注:电缆连接装置的 U_r 等于电缆的 U_m。

4.3 额定绝缘水平

电缆连接装置的额定绝缘水平应符合 GB/T 7674—2008 的 4.2。

4.4 额定频率(f_r)

GB/T 7674—2008 的 4.3 适用。

4.5 额定电流(I_r)和温升

见图 A.1 和图 A.2 所示的充流体电缆终端及图 A.3 和图 A.4 所示的干式电缆终端的主回路连接界面在额定电流直到 3 150 A 时适用,正常承载电流的连接界面的接触表面应镀银、镀铜或是裸铜。

为了电缆终端的整体可互换性,连接界面应设计成在 90 ℃的最高温度下,电流等于电缆的额定电流时,没有从主回路末端到电缆终端的热传递。

注:由于电缆的最高导体温度受绝缘介质最高运行温度的限制,如果从连接界面到电缆终端有热传递,有些电缆绝缘介质就不能耐受气体绝缘金属封闭开关设备规定的最高温度。通过额定电流 3 150 A 时,如果不能达到温度最高为 90 ℃的限制,开关设备制造厂可以电流函数的形式提供主回路末端及绝缘气体(SF₆)温升的必要数据。

4.6 额定短时耐受电流（I_k）

GB/T 7674—2008 的 4.5 适用。

4.7 额定峰值耐受电流（I_p）

GB/T 7674—2008 的 4.6 适用。

4.8 额定短路持续时间（t_k）

GB/T 7674—2008 的 4.7 适用。

4.101 电缆连接的外壳中绝缘气体的额定充入压力（p_{re}）

如果用 SF_6 作为绝缘气体，那么在温度 20 ℃时，在额定电压 252 kV 及以下的情况下，用来确定电缆终端绝缘设计的绝缘用最低功能压力 p_{me} 不应超过 0.25 MPa（相对压力）；在额定电压高于 252 kV 的情况下，用来确定电缆终端绝缘设计的绝缘用最低功能压力不应超过 0.3 MPa（相对压力）。

绝缘气体的额定充入压力 p_{re} 由开关设备制造厂确定，但应不低于 p_{me}，如图 1 所示。如果使用 SF_6 之外的气体，那么根据 5.1，当低于最大推荐运行压力时，选择的最低功能压力也能给予相同的绝缘强度。

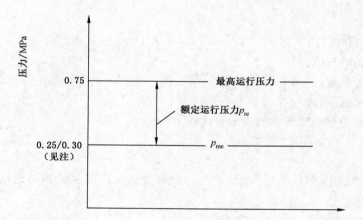

说明：
p_{re} ——绝缘气体的额定充入压力（不低于 p_{me}）。
p_{me} ——绝缘用最低功能压力。
注：电压 252 kV 及以下为 0.25 MPa；电压 252 kV 以上为 0.30 MPa。

图 1　电缆连接的外壳的气体绝缘运行压力

5　设计和结构

5.101　耐受压力要求

对于电缆终端外部承受的设计压力（相对压力）最高推荐值为 0.75 MPa（20 ℃时）。
如果电缆连接的外壳抽真空是充气过程的一部分，电缆终端应能耐受真空条件。

5.102　作用在电缆终端上的机械力

对于三相连接，电缆终端制造厂应考虑短路时产生的总的动态力，这些力包括电缆终端内部产生的以及来自开关设备主回路的力。开关设备横向施加于连接界面（图 A.1、图 A.3）的及由主回路末端直接传递过来的最大附加力应不超过 5 kN。

对于单相连接附加力虽然很小,连接界面也应能够承受横向施加于其上的 2 kN 的总的机械力。开关设备制造厂有责任确保这些力不超过规定。

注：单相及三相连接,运行中的温度变化及振动会引起附加力及相对于开关设备的位移。这些力可能同时作用于开关设备和电缆终端,且主要取决于开关设备的布置、终端的安装、电缆的设计及机械支撑方式。支撑结构设计均可考虑这些力和位移,特别重要的是不要将开关设备的支撑加到绝缘锥的法兰和/或压紧法兰(图 A.1 或图 A.3 的序号 9 和序号 11)上。

5.103 标准尺寸

5.103.1 充流体电缆终端

充流体电缆连接的外壳及适用于单相外壳的主回路末端和电缆终端的标准尺寸见图 A.2 和表 A.2。表 A.2 中给出的五组数值对应于额定电压(U_r)从 72.5 kV 到 550 kV(5 个电压等级)的充流体电缆连接的标准尺寸。

5.103.2 干式电缆终端

干式电缆连接的外壳及适用于单相外壳的主回路末端和电缆终端的标准尺寸见图 A.4 和表 A.4。表 A.4 中给出的五组数值对应于额定电压(U_r)从 72.5 kV 到 550 kV(5 个电压等级)的干式电缆连接的标准尺寸。图 A.3 给出了两种形式的干式电缆终端。A 型将弹性电场强度控制元件安装在绝缘锥内部,B 型将弹性的电场强度控制元件安装在绝缘锥外部。

注 1：如果电压为 252 kV 的干式电缆终端尺寸超过了表 A.4 中的规定,那么干式电缆终端可安装到该电压等级的充流体电缆终端的外壳中。在这种情况下,电缆终端制造厂有责任根据图 A.3 达到该 252 kV 电缆终端的外壳尺寸要求。

注 2：为了使充流体电缆终端和干式电缆终端可以完全互换,如果需要,电缆终端制造厂可提供适于扩展的连接界面。

5.103.3 三相电缆终端外壳

三相电缆终端外壳的最小尺寸由相间最小距离 d_{10} 和相对地最小距离 $d_5/2$ 确定。

6 试验

6.1 概述

电缆终端和气体绝缘金属封闭开关设备的试验,对于电缆终端,充油电缆终端应根据 GB/T 9326.1—2008 进行试验,充气电缆终端应根据 IEC 60141-2:1963 进行试验,具有挤包绝缘的电缆应根据 GB/T 11017.1—2014、GB/T 18890.1 和 GB/T 22078.1—2008 进行试验；开关设备应根据 GB/T 7674—2008 进行试验。另外,本标准给出了绝缘试验布置及电缆终端安装后试验布置的推荐方案。

如果在制造 GIS 时就提前安装了电缆终端绝缘子,那么,该绝缘子应承受 GB/T 7674—2008 规定的出厂试验。

因此该绝缘子应设计成能够耐受这些出厂试验。GIS 制造厂在准备试验时应遵从电缆终端制造厂提供的操作和/或安装说明。

6.2 型式试验

6.2.1 电缆终端的绝缘试验

6.2.1.1 概述

安装在典型电缆上的电缆终端的绝缘试验,应在充有 $p_{me0}^{+0.02}$ MPa 规定压力的绝缘气体的外壳中进行。

如果屏蔽罩与电缆终端设计成一体,试验时应将其安装到工作位置。

如果电缆终端制造厂要求,只要连接界面未被覆盖住的长度超过图 A.2(充流体电缆终端)和图 A.4(干式电缆终端)中的距离 l_2,可用另一试验用屏蔽罩屏蔽连接界面的外露部分。

6.2.1.2　单相外壳的电缆终端的绝缘试验

电缆终端周围套上一个接地的金属圆筒;对五种电缆连接的标准尺寸,筒的内径分别应满足图 A.2(充流体电缆终端)和图 A.4(干式电缆终端)中 d_5 的要求。金属圆筒的最小长度应符合表 A.2 和表 A.4中给出的尺寸 l_5。

6.2.1.3　三相外壳的电缆终端的绝缘试验

由于对试品施加了最严酷的绝缘应力,所以使用 GIS 的单相电缆终端外壳的单相试验布置覆盖三相外壳中电缆终端的试验要求。

6.2.2　电缆连接的外壳的绝缘试验

根据 GB/T 7674—2008,可对不带电缆终端的电缆连接的外壳及主回路末端进行绝缘型式试验。

6.2.3　电缆装置安装后的试验

如果直接连接到电缆连接装置上的开关设备的部件在绝缘用气体额定充入压力下,不能耐受电缆试验规定的试验电压,或者根据开关设备制造厂的判断,受影响的开关设备元件不允许施加这一试验电压,开关设备制造厂应对电缆装置试验采取特别措施,例如隔离措施、接地设施和/或提高电缆连接的外壳的给定设计限值范围内的气体压力。

注:应当说明的是,直流电压试验时,提高气体压力不是改善绝缘子表面电气强度的可靠方法。

如果用户要求,开关设备制造厂应提供试验套管适当的安装位置,并向用户提供将此套管安装到电缆连接的外壳所需的全部资料。

当绝缘裕度不足时,套管应包括适当的绝缘连接件及试验端子。

试验套管的要求应由用户在询问单中规定。

7　出厂试验

GB/T 11022—2011 的第 7 章不适用。

8　选用导则

GB/T 11022—2011 的第 8 章不适用。

9　随询问单、投标书、订货单一起提供的资料

参照 GB/T 9326.2—2008、GB/T 9326.3—2008、GB/T 11017.2—2014、GB/T 11017.3—2014、GB/T 18890.2、GB/T 18890.3、GB/T 22078.2—2008、GB/T 22078.3—2008 和 GB/T 7674—2008 的第 9 章。另外,用户及制造厂应考虑设备的安装要求。制造厂应说明对民用、电力和安装空间适用的特殊要求。

10 运输、储存、安装、运行及维护

GB/T 11022—2011 的第 10 章适用。并作如下补充：

电缆终端制造厂应规定电缆终端的生产、运输、储存过程要求，以保证连接完成后可以满足 GB/T 11022—2011 的 5.2 的要求。电缆终端制造厂应当提供必要的资料，使其他人员安装电缆终端时也可以满足这些要求。

11 安全性

GB/T 11022—2011 的第 11 章适用。

12 产品对环境的影响

GB/T 11022—2011 的第 12 章适用。

附　录　A

（规范性附录）

供应方的界限

　　气体绝缘金属封闭开关设备及电缆终端的供应方的界限,对充流体的电缆终端,应按图 A.1 和表 A.1 确定;对干式电缆终端,应按图 A.3 和表 A.3 确定。

　　为了限制瞬态条件下的电压,在图 A.1 的充流体电缆终端及图 A.3 的干式电缆终端的序号 6 或序号 11 与序号 13 间的绝缘处可以接入非线性电阻(序号 15)。该非线性电阻的数值及特性应由电缆终端制造厂确定并提供,并应考虑到用户及开关设备制造厂的要求。

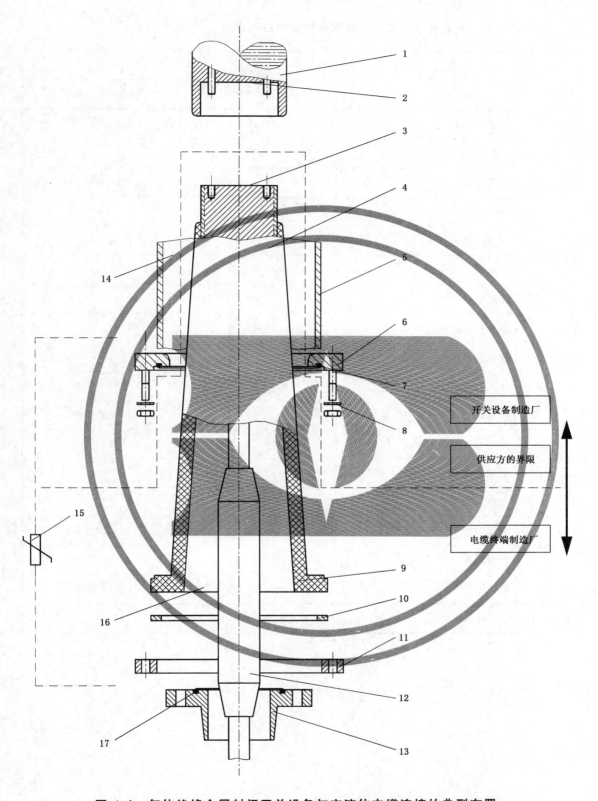

图 A.1　气体绝缘金属封闭开关设备与充流体电缆连接的典型布置

表 A.1 开关设备与充流体电缆连接的供应方界限(参照图 A.1)

序号	名称	制造厂	
		开关设备制造厂	电缆终端制造厂
1	主回路末端	×	
2	连接界面	×	
3	连接界面		×
4	绝缘锥		×
5	电缆连接的外壳	×	
6	外壳法兰或中间板	×如果需要	
7	密封垫	×	
8	螺栓、垫圈、螺母	×	
9	绝缘锥的法兰或接头		×
10	中间垫片		×如果需要
11	压紧法兰		×如果需要
12	电场强度控制元件		×
13	电缆密封套		×
14	气体	×	
15	非线性电阻		×如果需要
16	绝缘流体		×
17	密封垫		×
注：×表示供应方可以供应的。			

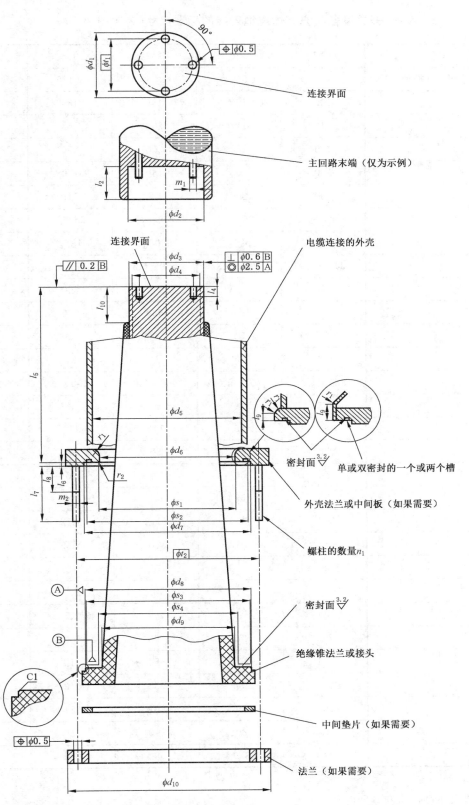

连接界面

主回路末端（仅为示例）

连接界面

电缆连接的外壳

密封面

单或双密封的一个或两个槽

外壳法兰或中间板（如果需要）

螺柱的数量 n_1

密封面

绝缘锥法兰或接头

中间垫片（如果需要）

法兰（如果需要）

注：外壳和固定的连接界面之间的相对角度位置，仅作为例子。

图 A.2　气体绝缘金属封闭开关设备与充流体电缆连接的典型装配

表 A.2 开关设备与充流体电缆连接的标准尺寸(参照图 A.2)　　　　　单位为毫米

额定电压(有效值)/kV	72.5	126	252	363	550
额定雷电冲击耐受电压(峰值)/kV	325	550	1 050	1 175	1 550
$d_{1(最大)}$	100	100	139	139	139
$d_{2(最小)}$	112	112	202	252	252
$d_{3(最大)}$	110	110	200	250	250
$d_{4(最小)}$	100	100	140	140	140
$d_{5(最小)}$	300	300	480	540	540
d_6	200^{+3}_{0}	255^{+5}_{0}	480^{+5}_{0}	540^{+5}_{0}	540^{+5}_{0}
d_7	$246^{+0.5}_{0}$	$299^{+0.5}_{0}$	$560^{+0.5}_{0}$	$618^{+0.5}_{0}$	$618^{+0.5}_{0}$
d_8	245 ± 0.3	298 ± 0.3	559 ± 0.3	617 ± 0.3	617 ± 0.3
$d_{9(最大)}$ [b]	196	250	440	500	500
$d_{10(最大)}$	300	350	620	690	690
$l_{2(最大)}$	50	50	100	100	100
$l_{4(最小)}$	18	18	21	21	21
l_5	583 ± 1.0	757 ± 1.0	960 ± 2.0	$1\,400\pm2.0$	$1\,400\pm2.0$
$l_{6(最大)}$	5.5	5.5	6	6	6
$l_{7(最小)}$	85	85	110	110	110
$l_{8(最大)}$	30	30	30	30	30
$l_{9(最大)}$	50	50	70	70	70
$l_{10(最小)}$	55	55	105	105	105
m_1	M10	M10	M12	M12	M12
m_2	M10	M12	M16	M16	M16
n_1	8	12	16	20	20
$r_{1(最小)}$	10	10	10[a]	10[a]	10[a]
$r_{2(最小)}$	1	1.5	2.5	2.5	2.5
$s_{1(最小)}$	205	257	490	550	550
$s_{2(最大)}$	241	294	554	612	612
$s_{3(最小)}$	242	295	555	613	613
$s_{4(最大)}$	206	266	491	551	551
t_1	80	80	110	110	110
t_2	270	320	582	640	640

[a] 如果 $d_5 > d_6$。

[b] d_9 和拐角半径不可与 d_6 和 r_2 产生干涉。

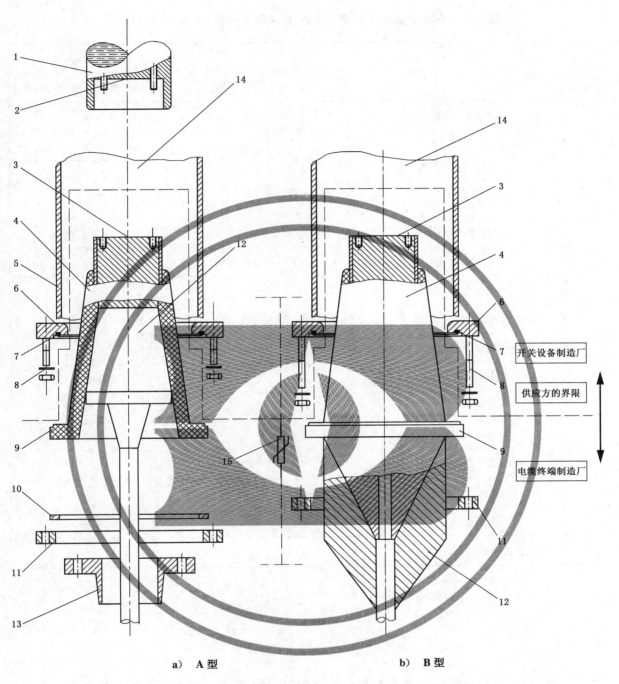

開關設備制造厂

供应方的界限

电缆终端制造厂

a) A 型 b) B 型

图 A.3 气体绝缘金属封闭开关设备与干式电缆终端连接的典型布置

表 A.3 开关设备与干式电缆连接的供应方界限(参照图 A.3)

序号	名称	制造厂	
		开关设备制造厂	电缆终端制造厂
1	主回路末端	×	
2	连接界面	×	
3	连接界面		×
4	绝缘锥		×
5	电缆连接的外壳	×	
6	外壳法兰或中间板	×如果需要	
7	密封垫	×	
8	螺栓、垫圈、螺母	×	
9	绝缘锥的法兰或接头		×
10	中间垫片		×如果需要
11	压紧法兰		×如果需要
12	电场强度控制元件		×
13	电缆密封套		×
14	气体	×	
15	非线性电阻		×如果需要
注：×表示供应方可供应的。			

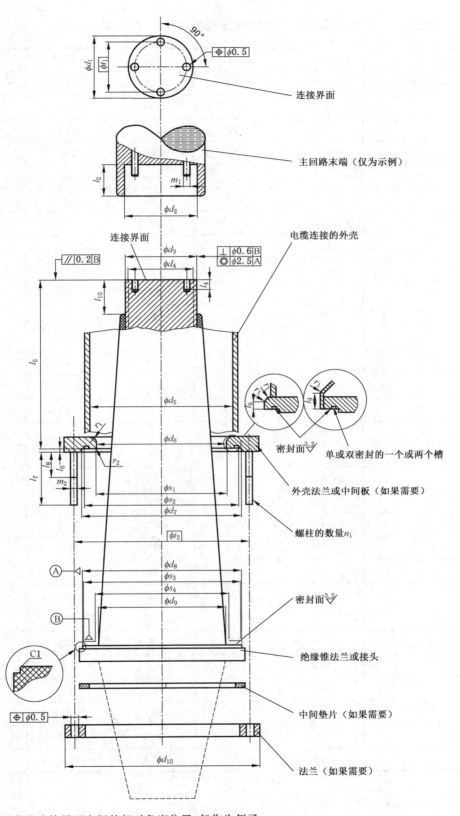

注：外壳和固定的连接界面之间的相对角度位置，仅作为例子。

图 A.4　开关设备与干式电缆终端连接的典型装配

表 A.4 开关设备与干式电缆连接的标准尺寸(参照图 A.4)　　　单位为毫米

额定电压(有效值)/kV	72.5	126	252	363	550
额定雷电冲击耐受电压(峰值)/kV	325	550	1 050	1 175	1 550
$d_{1(最大)}$	100	100	139	139	139
$d_{2(最小)}$	112	112	202	252	252
$d_{3(最大)}$	110	110	200	250	250
$d_{4(最小)}$	100	100	140	140	140
$d_{5(最小)}$	300	300	400	540	540
d_6	200^{+3}_{0}	255^{+5}_{0}	385^{+5}_{0}	540^{+5}_{0}	540^{+5}_{0}
d_7	$246^{+0.5}_{0}$	$299^{+0.5}_{0}$	$455^{+0.5}_{0}$	$618^{+0.5}_{0}$	$618^{+0.5}_{0}$
d_8	245 ± 0.3	298 ± 0.3	454 ± 0.3	617 ± 0.3^{c}	617 ± 0.3^{c}
$d_{9(最大)}{}^{b}$	196	250	375	500	500
$d_{10(最大)}$	300	350	500	690	690^{c}
$l_{2(最大)}$	50	50	100	100	100
$l_{4(最小)}{}^{c}$	18	18	21	21	21
l_5	310 ± 1.0	470 ± 1.0	620 ± 2.0	960 ± 2.0^{c}	960 ± 2.0^{c}
$l_{6(最大)}$	5.5	5.5	6	6	6
$l_{7(最小)}$	85	85	110	110	110
$l_{8(最大)}$	30	30	30	30	30
$l_{9(最大)}$	50	50	70	70	70
$l_{10(最小)}$	55	55	105	105	105
m_1	M10	M10	M12	M12	M12
m_2	M10	M12	M12	M16	M16
n_1	8	12	16	20	20
$r_{1(最小)}$	10	10	10	10^{a}	10^{a}
$r_{2(最小)}$	1	1.5	2.5	2.5	2.5
$s_{1(最小)}$	205	258	390	550	550
$s_{2(最大)}$	241	294	450	612^{c}	612^{c}
$s_{3(最小)}$	242	295	451	613^{c}	613^{c}
$s_{4(最大)}$	206	266	391	551	551
t_1	80	80	110	110	110
t_2	270	320	475	640	640

^{a} 如果 $d_5 > d_6$。

^{b} d_9 和拐角半径不可与 d_6 和 r_2 产生干涉。

^{c} 所设的值仅为假设值,比其小的尺寸也在考虑的范围内。

ICS 29.240.20
K 43

中华人民共和国国家标准

GB/T 22383—2017
代替 GB/T 22383—2008

额定电压 72.5 kV 及以上刚性
气体绝缘输电线路

Rigid gas-insulated transmission lines for rated voltage of 72.5 kV and above

（IEC 62271-204：2011，High-voltage switchgear and controlgear—
Part 204：Rigid gas-insulated transmission lines for rated
voltage above 52 kV，MOD）

2017-12-29 发布

2018-07-01 实施

中华人民共和国国家质量监督检验检疫总局
中国国家标准化管理委员会 发布

前　言

本标准按照 GB/T 1.1—2009 给出的规则起草。

本标准代替 GB/T 22383—2008《额定电压 72.5 kV 及以上刚性气体绝缘输电线路》,与 GB/T 22383—2008 相比主要技术变化如下:

——增加了气密性以及防腐保护的相关要求;

——增加了 3.111 隔离单元、3.113 GIL 段;

——增加了 4.3 中优选的额定绝缘水平表 1 和表 2,并对部分绝缘水平进行了调整;

——删除了 5.1 开关设备和控制设备中液体的要求;

——删除了 5.10.101 量度标记、5.10.103 公众标志;

——增加了 5.20.102 非地埋设备的腐蚀保护;

——增加了 5.101.2 中表 4,根据保护系统性能确定的不同电弧持续时间下的性能判据;

——增加了 5.104 GIL 系统的分段;

——在 6.1 中增加了正常生产的产品每隔八年应进行的试验项目;

——对 6.2 绝缘试验的试验电压进行调整;

——调整 6.102 隔板压力试验中压力上升速率;

——增加了 7.1 概述及试验项目;

——将 7.102.2 现场的外壳焊接等试验项目调整为 10.4.104,将 7.104 地埋设备的抗腐蚀试验调整为 10.4.107;

——在 7.102 中增加了试验持续时间和试验判据;

——第 8 章选用导则中增加了短时过载能力和强迫冷却的相关要求;

——增加了 11.2 制造厂的预防措施和 11.3 用户的预防措施;

——增加了第 12 章产品对环境的影响;

——将附录 B 中 B.10.1 三相 GIL、B.10.2 单相 GIL、B.10.2.1 固定连接、B.10.2.2 特殊连接、B.10.2.2.1 单点连接合并为概述,只保留 B.10.2.2.2 交叉连接;

——删除了附录 D,改为参照 GB/T 7674—2008 的附录 B。

本标准使用重新起草法修改采用 IEC 62271-204:2011《高压开关设备和控制设备　第 204 部分:额定电压 52 kV 以上刚性气体绝缘输电线路》。

本标准与 IEC 62271-204:2011 的技术性差异及其原因如下:

——关于规范性引用文件,本标准做了具有技术性差异的调整,以适应我国的技术条件,调整的情况集中反映在 1.2"规范性引用文件"中,具体调整如下:

- 用等同采用国际标准的 GB/T 2421.1 代替了 IEC 60068-1;

- 用修改采用国际标准的 GB/T 2900.20—2016 代替了 IEC 60050-441:1984;

- 用修改采用国际标准的 GB/T 2900.83 代替了 IEC 60050-151;

- 用等同采用国际标准的 GB/T 4208—2017 代替了 IEC 60529:2013;

- 用等同采用国际标准的 GB/T 7354 代替了 IEC 60270;

- 用修改采用国际标准的 GB/T 7674—2008 代替了 IEC 62271-203:2011;

- 用修改采用国际标准的 GB/T 8905 代替了 IEC 60480;

- 用修改采用国际标准的 GB/T 11022—2011 代替了 IEC 62271-1:2007;

- 用修改采用国际标准的 GB/T 16927.1 代替了 IEC 60060-1;

- 用修改采用国际标准的 GB/T 28537 代替了 IEC 62271-303；
- 增加引用了 GB/T 12022；
- 删除引用 IEC 60287-3-1:995、IEC 60376、ISO/IEC Guide 51。

——将运行频率 60 Hz 及以下改为额定频率为 50 Hz；

——额定电压:删除了与我国电网无关的额定电压值,按照 GB/T 11022—2011 中所列的电压给出；

——增加了 4.3 中优选的额定绝缘水平表 1 和表 2,并对部分绝缘水平进行了调整；

——将额定短路持续时间的标准值由 1 s 改为 2 s；

——删除了 5.13.101 对主回路的防护等级和 5.13.102 对辅助回路的防护等级；

——增加了 5.101.2 中表 4,根据保护系统性能确定的不同电弧持续时间下的性能判据；

——6.1 中增加了正常生产的产品每隔八年应进行的试验项目；

——将 6.2.7.2 雷电和操作冲击电压试验修改为 6.2.8.3 操作冲击电压试验和 6.2.8.4 雷电冲击电压试验(与 GB/T 11022—2011 保持一致)；

——将 6.2.10 局部放电试验进行修改,试验程序与 GB/T 7674—2008 的要求一致；

——调整 6.102 隔板压力试验中压力上升速率；

——增加了 7.1 概述及试验项目；

——7.102 中增加了试验持续时间和试验判据；

——增加了 7.103 隔板的压力试验；

——因国家标准与国际标准结构性差异,在起草本标准时为国际标准原文的部分悬置段增加了条款号,致使其后部分条款号产生变化。

本标准由中国电器工业协会提出。

本标准由全国高压开关设备标准化技术委员会(SAC/TC 65)归口。

本标准起草单位:平高集团有限公司、西安高压电器研究院有限责任公司、中国电力科学研究院、西安西电开关电气有限公司、上海西电高压开关有限公司、西安西电高压开关有限责任公司、ABB(中国)有限责任公司、机械工业高压电器设备质量检测中心、厦门 ABB 高压开关有限公司、新东北电气集团高压开关有限公司、浙江时通电气制造有限公司、金华供电公司、华仪电气股份有限公司、特变电工沈阳电气技术研究院有限公司、北京北开电气股份有限公司、浙江开关厂有限公司、特变电工中发上海高压开关有限公司、山东泰开高压开关有限公司、河南森源电气股份有限公司、益和电气集团股份有限公司。

本标准起草人:阎关星、周华、王向克、田恩文、田刚领、韩书谟、钟建英、张晋波、吴鸿雁、冯武俊、张子骁、钟磊、林麟、闫站正、张友鹏、崔博源、侯平印、赵伯楠、李智博、李振军、李建华、王传川、南振乐、路全峰、杨伟卫、陈天送、徐修明、杨英杰、李宝宝、高二平、吴文海、张勐、叶树新、卢德银、田晓越、潘世岩、张姝、尹弘彦、孙荣春、陈伯荣、周庆清、石鹏斌、汪建成、刘洋、孔祥冲、魏凯。

本标准所代替标准的历次版发布情况为：

——GB/T 22383—2008。

额定电压 72.5 kV 及以上刚性
气体绝缘输电线路

1 范围

1.1 范围

本标准规定了额定电压 72.5 kV 及以上、额定频率为 50 Hz 的刚性气体绝缘输电线路（GIL）的使用条件、额定值、设计与结构以及试验等方面的要求,其绝缘,至少部分是由不同于大气压力下的空气的非腐蚀性绝缘气体实现的。

本标准除适用于 GB/T 7674—2008 的应用场合外,还可用在 GB/T 7674—2008 的规定未涵盖的场合（见注 3）。

刚性气体绝缘输电线路的每一端,可以使用专用元件把它和其他设备（如套管、电力变压器或电抗器、电缆终端、金属封闭的避雷器、电压互感器或 GIS）连接起来,这些设备由各自的技术标准涵盖。

除非另有规定,刚性气体绝缘输电线路应设计用于正常使用条件。

注 1：本标准中,术语"刚性气体绝缘输电线路"缩写成"GIL"。

注 2：本标准中,"气体"一词意为单一气体或混合气体,由制造厂确定。

注 3：GIL 的应用示例如下：

——全部或部分刚性气体绝缘输电线路直接埋入地下的场合（地埋）；

——刚性气体绝缘输电线路的安装场所,全部或部分是公众可接近的区域；

——刚性气体绝缘输电线路较长并且典型气体隔室的长度超出了 GIS 隔室的常规长度。

1.2 规范性引用文件

下列文件对于本文件的应用是必不可少的。凡是注日期的引用文件,仅注日期的版本适用于本文件。凡是不注日期的引用文件,其最新版本（包括所有的修改单）适用于本文件。

GB/T 2421.1 电工电子产品环境试验 概述和指南（GB/T 2421.1—2008,IEC 60068-1：1988,IDT）

GB/T 2900.20—2016 电工术语 高压开关设备和控制设备［IEC 60050(441)：1984,MOD］

GB/T 2900.83 电工术语 电的和磁的器件（GB/T 2900.83—2008,IEC 60050-151：2001,IDT）

GB/T 4208—2017 外壳防护等级（IP 代码）（IEC 60529：2013,IDT）

GB/T 7354 局部放电测量（GB/T 7354—2003,IEC 60270：2000,IDT）

GB/T 7674—2008 额定电压 72.5 kV 及以上的气体绝缘金属封闭开关设备（IEC 62271-203：2003,MOD）

GB/T 8905 六氟化硫电气设备中气体管理和检测导则（GB/T 8905—2012,IEC 60480：2004,MOD）

GB/T 11022—2011 高压开关设备和控制设备标准的共用技术要求（IEC 62271-1：2007,MOD）

GB/T 12022 工业六氟化硫

GB/T 16927.1 高电压试验技术 第 1 部分：一般定义及试验要求（GB/T 16927.1—2011,IEC 60060-1：2010,MOD）

GB/T 28537 高压开关设备和控制设备中六氟化硫（SF_6）的使用和处理（GB/T 28537—2012,IEC 62271-303：2008,MOD）

IEC 60229:2007　电缆　对具有专门保护功能外壳的试验(Electric cables—Tests on extruded oversheaths with a special protective function)

2　正常和特殊使用条件

2.1　概述

GB/T 11022—2011 的第 2 章适用,并做如下补充:

在任何海拔处内绝缘的介电特性和海平面处相同。因此,对于内绝缘,关于海拔没有特别的要求。

GIL 的正常使用条件取决于 2.101、2.102 和 2.103 中给出的安装条件。如果使用于多种安装条件时,GIL 的每一段应符合相应条款的规定。

2.101　敞开在空气中的设备

敞开在空气中和安装在敞开式地沟中的 GIL 的额定值,GB/T 11022—2011 规定的正常使用条件适用。

如果实际使用条件不同于正常使用条件,则额定值应作相应调整,除非用户另有规定,GB/T 11022—2011 规定的特殊使用条件适用。

2.102　地埋设备

热阻率和土壤温度的典型值为:

——1.2 K·m/W,20 ℃,夏季;

——0.85 K·m/W,10 ℃,冬季。

作为指导,可以参考 JB/T 10181.31-2014[1][1] 中给出的数值。

注 1:对于长距离 GIL(几千米),还需考虑土壤电阻率的现场测量。

注 2:也可以考虑使用具有规定热阻率的可控性回填土壤。

注 3:如果地埋 GIL 周围的土壤变干,则可能存在热量剧变的危险。为了不使土壤干化,通常考虑的外壳的最高运行温度在 50 ℃~60 ℃范围内。

敷设的深度应由用户与制造厂协商。敷设深度的确定应考虑到热特性、安全性要求及地方法规。

2.103　隧道、竖井和类似场所中的设备

用在隧道、竖井和类似场所中,必要时可采取强迫冷却。

在长垂直竖井和斜隧道或其倾斜段的情况下,应注意到热和气体密度的变化梯度,尤其是采用混合气体时。

3　术语和定义

GB/T 2900.20—2016、GB/T 2900.83 和 GB/T 11022—2011 界定的以及下列术语和定义适用于本文件。

3.101

公众可接近的区域　area accessible to public

未经授权的人员可接近的区域。

注:安装在变电站外部地面上的 GIL 被认为是"安装在公众可接近的区域"。

---

1)　方括号中的数字见参考文献。

3.102

刚性气体绝缘输电线路　rigid gas-insulated transmission lines；GIL

金属封闭线路,其内绝缘至少部分是通过不同于大气压力下的空气的绝缘气体实现的,且其外壳是接地的。

3.103

GIL 外壳　GIL enclosure

GIL 的部件,保持处于规定条件下的绝缘气体以安全地维持要求的绝缘水平,保护设备免受外部影响并对人员提供安全防护。

注：外壳可以是三相或单相的。

3.104

隔室　compartment

GIL 的一部分,除了相互连接和控制需要打开外全部封闭。

3.105

隔板　partition

把一个隔室和其他隔室分开的支持绝缘子。

3.106

(GIL 的)主回路　main circuit(of GIL)

包含在用于传输电能回路中的 GIL 的所有导电部件。

注：改写 GB/T 2900.20—2016,定义 5.2。

3.107

(GIL 的)周围空气温度　ambient air temperature(of GIL)

在规定的条件下,在敞开的空气、地沟或隧道中安装 GIL 的外壳外部周围的空气温度。

注：改写 GB/T 2900.20—2016,定义 3.13。

3.108

外壳的设计温度　design temperature of enclosure

在规定的最严酷使用条件下外壳所能达到的最高温度。

3.109

外壳的设计压力　design pressure of enclosure

用于确定外壳设计的相对压力。

注：它至少等于在规定的最严酷使用条件下绝缘气体所能达到的最高温度时外壳内部的最高压力。

3.110

隔板的设计压力　design pressure(of the partition)

隔板两边的相对压力。

注：它至少等于维修活动中隔板两侧的的最大相对压力。

3.111

隔离单元　disconnecting unit

主要在现场试验或维护时分离气体隔室的单元。

3.112

破坏性放电　disruptive discharge

在电压作用下与绝缘失效有关的现象,其中放电全部桥接了受试绝缘,电极间的电压降低到零或接近零。

注 1：本术语适用于固体、液体和气体介质及其组合中的放电。

注 2：固体介质中的破坏性放电导致绝缘强度永久丧失(非自恢复绝缘);在液体和气体介质中,绝缘强度的丧失可能仅仅是暂时的(自恢复绝缘)。

注 3：破坏性放电发生在气体或液体介质中时,叫做"火花放电";破坏性放电发生在气体或液体介质中的固体介质表面时,叫做"闪络";破坏性放电贯穿于固体介质时,叫做"击穿"。

3.113

GIL 段 GIL section

由运行或其他要求(例如:绝缘试验的最大长度或安装顺序)所确定的(GIL 的)一部分。

注 1:其可能由一个或多个隔室组成。

注 2:段间可能被隔离单元分隔开。

4 额定值

4.1 概述

GIL 的额定值包括:

a) 额定电压(U_r)和相数;

b) 额定绝缘水平;

c) 额定频率(f_r);

d) 额定电流(I_r)(主回路的);

e) 额定短时耐受电流(I_k)(主回路和接地回路的);

f) 额定峰值耐受电流(I_p)(主回路和接地回路的);

g) 额定短路持续时间(t_k);

h) 构成 GIL 一部分元件的额定值,包括辅助设备;

i) 绝缘气体的额定充入压力。

4.2 额定电压(U_r)

GB/T 11022—2011 的 4.2 适用,并作如下补充:

注:构成 GIS 一部分的元件可以按照各自的标准具有独立的额定电压值。

4.3 额定绝缘水平

GB/T 11022—2011 的 4.3 及表 1、表 2 适用,并做如下补充:

考虑过电压等参数时应在具体设备绝缘配合研究的基础上,对每种安装情况进行专门的绝缘配合研究。对于 GIL,下面的表 1 和表 2 是优选。

表 1 额定电压范围 I 的优先选用额定绝缘水平

额定电压 U_r kV(有效值)	额定短时工频耐受电压 U_d kV(有效值)		额定雷电冲击耐受电压 U_p kV(峰值)	
	极对地、开关装置 断口间及极间	隔离断口间	极对地、开关装置 断口间及极间	隔离断口间
(1)	(2)	(3)	(4)	(5)
72.5	140	140(+42)	325	325(+60)
	160	160(+42)	380	350(+60)
126	230	185(+73)	550	630
		230(+73)		550(+103)
252	460	570	1 050	1 200
		460(+146)		1 050(+206)
注:栏(2)中的值适用于: ——对于型式试验,极对地和极间; ——对于出厂试验,极对地、极间和开关装置断口间。 栏(3)、栏(4)和栏(5)中的值仅适用于型式试验。				

表 2　额定电压范围Ⅱ的优先选用额定绝缘水平

额定电压 U_r kV(有效值)	额定短时工频耐受电压 U_d kV(有效值)		额定操作冲击耐受电压 U_s kV(峰值)			额定雷电冲击耐受电压 U_p kV(峰值)	
	极对地和极间 (注3)	开关装置断口间和/或隔离断口间 (注3)	极对地和开关装置断口间	极间 (注3和注4)	隔离断口间 (注1、注2和注3)	极对地和极间	开关装置断口间和/或隔离断口间 (注3)
(1)	(2)	(3)	(4)	(5)	(6)	(7)	(8)
363	520	510(+210)	950	1 425	800(+295)	1 175	1 175(+205)
550	710	680(+318)	1 175	1 760	1 050(+450)	1 550	1 550(+315)
800	960	900(+462)	1 425	2 420	1 300(+650)	2 100	2 100(+455)
		960(+462)	1 550		1 425(+650)		
1 100	1 100	1 100(+635)	1 800	2 700	1 675(+900)	2 400	2 400(+630)
							2 400(+900)

注1：栏(6)的值也适用于某些断路器,见 GB/T 1984。

注2：栏(6)中括号内的数值是施加在对侧端子上工频电压的峰值 $U_r \sqrt{2}/\sqrt{3}$(联合电压)。栏(8)中括号内的数值是施加在对侧端子上工频电压的峰值 $0.7U_r \sqrt{2}/\sqrt{3}$(联合电压);对于额定电压 1 100 kV,该栏采用了 $U_r \sqrt{2}/\sqrt{3}$。

注3：栏(2)中的值适用于
——对于型式试验,极对地和极间;
——对于出厂试验,极对地、极间和开关装置断口间。
栏(3)、栏(4)、栏(5)、栏(6)、栏(7)和栏(8)中的值仅适用于型式试验。

注4：这些数值是由 GB/T 311.1—2012 的表 3 中规定的。

尽管通过选取适当的绝缘水平可以大幅避免内部电弧故障,还应考虑在设备的每一端上采取限制外部过电压的措施(如:避雷器)。

4.4　额定频率(f_r)

GB/T 11022—2011 的 4.4 适用。

4.5　额定电流和温升

4.5.1　额定电流(I_r)

GB/T 11022—2011 的 4.5.1 适用,并做如下补充:
额定电流定义为周围空气温度为 40 ℃时,安装于地面上的单相、三相回路的数值。对于其他安装条件,参见附录 A。

4.5.2　温升

GB/T 11022—2011 的 4.5.2 适用,并做如下补充:
如果适用,外壳表面的最高温度不应超过防腐蚀涂层的最高允许温度。

GIL 中包含的元件的温升没有被 GB/T 11022—2011 所涵盖时,不应超过相应元件标准中的温升限值。

对敞开空气、隧道和竖井中的设备,外壳的最高温度不应超过 80 ℃。运行中可触及的部位不应超过 70 ℃。参见第 11 章。

对于地埋的设备,外壳的最高温度应限制到使土壤的干化最小。通常认为温度在 50 ℃～60 ℃范围内是合适的。

4.5.3 温度和温升限值的特别说明

GB/T 11022—2011 的 4.5.3 适用。

4.5.101 温升的特别要求

对于采用非氧化性气体作为绝缘介质的场合,温度和温升的限值应和 GB/T 11022—2011 表 3 对 SF_6 的规定一致。

对于采用压缩空气作为绝缘介质的场合,温度和温升的限值应和 GB/T 11022—2011 表 3 对空气的规定一致。

对于采用氧化性气体(不同于空气的)作为绝缘介质的场合,温度和温升的限值应由制造厂与用户协商。

4.6 额定短时耐受电流(I_k)

GB/T 11022—2011 的 4.6 适用,并做如下补充:

对于设备或设备的部件选择额定短时耐受电流时,应注意到随距变电站距离的增加,回路中的最大故障电流会减小。

4.7 额定峰值耐受电流(I_p)

GB/T 11022—2011 的 4.7 适用。

4.8 额定短路持续时间(t_k)

GB/T 11022—2011 的 4.8 适用。

4.9 辅助、控制回路的额定电源电压(U_a)

GB/T 11022—2011 的 4.9 适用。

4.10 辅助回路的额定电源频率

GB/T 11022—2011 的 4.10 适用,并做如下补充:
辅助回路的额定电源频率是回路运行条件和温升确定时的频率。

4.11 可控压力系统用压缩气源的额定压力

GB/T 11022—2011 的 4.11 不适用。

4.12 绝缘和/或开合用的额定充入水平

GB/T 11022—2011 的 4.12 适用。

5 设计与结构

5.1 概述

要求例行的预防性维护或诊断试验的任何元件应易于触及。

GIL 应设计成能够安全地正常运行、实施检查和维护作业,以及在安装和扩建后的相序检查。

设备的设计应保证在所有相关负载,如热膨胀、协议允许的基础位移、外部振动、地震、土壤负荷、风和冰负荷产生的机械应力下都不应降低设备的性能。

具有相同额定值和结构的元件,应具有互换性。

5.2 GIL 中气体的要求

GB/T 11022—2011 的 5.2 适用,并作如下补充:

在使用混合气体的情况下,制造厂应给出气体的特性信息,例如:绝缘强度、混合比、混合和充入压力的程序等。

注:参见参考文献的[6]、[7]和[8]。

5.3 接地

5.3.1 概述

GB/T 11022—2011 的 5.3 适用,并做如下补充。

5.3.101 主回路的接地

为了保证维修工作的安全性,需要或能够触及的主回路中的所有元件均应能接地。另外,在外壳打开后,在工作期间应能够使导体与接地电极相连。

接地可以通过下述装置实现:

a) 如果不能肯定要连接的回路是不带电的,应使用关合电流能力等于额定峰值耐受电流的接地开关;

b) 如果可以肯定要连接的回路是不带电的,可使用关合电流能力低于额定峰值耐受电流或不具有关合电流能力的接地开关;

c) 仅当用户与制造厂达成协议时,才可使用移动的接地装置。

能被隔离的每一部分均应能接地。

第一次操作的接地装置应具有消除被隔离回路上最高水平杂散电荷的能力。

对于由接地开关构成与 GIL 相连的电气元件的场合,用户应保证它们满足上述 a)到 c)的要求。

5.3.102 外壳的接地

外壳应能与地相连。所有要接地的,不属于主回路或辅助回路的金属件应能与地相连。对于外壳、支架等的相互连接,紧固方式(例如螺栓连接或焊接)应保证电气连续性。如果紧固方式是螺栓连接,应采取措施保证电气连续性。如果不能保证电气连续性,那么应由截面合适的铜或铝导体用作机械连接旁路。

考虑到可能承载的电流产生的热和电气的负荷,应保证接地回路的连续性。

大部分 GIL 的安装会在两端进行固定连接和接地。特定的设计会对散热、驻波电压和外部磁场产生影响。这些在附录 B 中讨论。

对于地埋的 GIL,外壳接地的设计应和防腐措施协调。

5.4 辅助和控制设备

GB/T 11022—2011 的 5.4 适用。

5.5 动力操作

GB/T 11022—2011 的 5.5 不适用。

5.6 储能操作

GB/T 11022—2011 的 5.6 不适用。

5.7 不依赖人力或动力的操作(非锁扣的操作)

GB/T 11022—2011 的 5.7 不适用。

5.8 脱扣器的操作

GB/T 11022—2011 的 5.8 不适用。

5.9 低压力和高压力闭锁以及监测装置

GB/T 11022—2011 的 5.9 适用,并做如下补充:

应提供监控气体压力或气体密度的方法,并应考虑到相关的国家标准。当绝缘用气体压力降至制造厂规定的报警压力和/或最低功能压力时,应能发出相应信号。

5.10 铭牌

5.10.101 铭牌

对于户外设备,铭牌和它们的固定件应是耐气候条件影响的、防腐蚀的。参见 GB/T 11022—2011 的 5.10。

在设备的每一端和需要维护的段,均应提供完整的铭牌。这些铭牌应包含下列资料:

——制造厂的名称或商标;

——型号或系列号;

——额定电压 U_r;

——额定雷电冲击耐受电压[2)] U_p;

——额定操作冲击耐受电压[2)] U_s;

——额定工频耐受电压[2)] U_d;

——额定电流 I_r;

——额定短时耐受电流 I_k;

——额定峰值耐受电流 I_p;

——额定频率 f_r;

——额定短路持续时间 t_k;

——绝缘介质的额定充入压力;绝缘介质的最低功能压力;

——气体的种类;

---

2) 铭牌上的值为相对地值。

——气体的质量 *m* 。

注："额定"一词可以不出现在铭牌上。

5.10.102　设备的标志

因为不同段的特性可能不同,在外壳或外壳的涂层(如果有的话)上应有标记。两个识别标记之间的最大距离应由用户同制造厂协商。

标记应耐久、清晰易读,并应包含下列资料:

——制造厂的名称和商标;

——型号;

——额定电压;

——气体的种类和(用于绝缘的)额定充入压力。

5.11　联锁装置

GB/T 11022—2011 的 5.11 不适用。

5.12　位置指示

GB/T 11022—2011 的 5.12 不适用。

5.13　外壳提供的防护等级

5.13.1　概述

GB/T 11022—2011 的 5.13.1 适用。

5.13.2　防止人体接近危险部件的防护和防止固体外物进入设备的防护(IP 代码)

GB/T 11022—2011 的 5.13.2 适用,并作如下补充:

防护措施仅对控制和/或辅助回路适用。第一个特征数字应不小于 3。

5.13.3　防止水浸入的防护(IP 代码)

对于敷设条件可能存在水浸入危险的设备(地埋设备、地沟或管道等中的设备),则应规定第二位特征数字。在这种情况下,GB/T 11022—2011 表 7 中确定的第二位字母 X 应由下面表 3 中的数字取代:

表 3　IP 代码的第二位特征数字

第二位特征数字	简　介	定　义
7	防止短时间浸水的效应	当外壳暂时浸入标准的压力和时间条件下的水中时,浸水的程度应不导致有害效应
注:当要求比第二位特征数字为 7 更严酷的条件时,防护宜由用户同制造厂协商。		

对于户外安装的设备,如果需要防雨和其他气候条件的附加功能,则可通过在第二位特征数字或附加字母(如果有的话)之后用补充字母 W 的方式来规定。

5.14　爬电距离

GB/T 11022—2011 的 5.14 不适用。

5.15 气体和真空的密封

5.15.1 概述

GB/T 11022—2011 的 5.15.1 不适用。

5.15.2 气体的可控压力系统

GB/T 11022—2011 的 5.15.2 不适用。

5.15.3 气体的封闭压力系统

制造厂应规定正常使用条件下封闭压力系统的密封特性和补气之间的时间且应该与维修和检查最少的准则一致。

气体封闭压力系统的密封性用每个隔室的相对漏气率(F_{rel})来规定,标准值为每个隔室每年 0.5%。

补气之间的时间值,对于 SF_6 气体系统至少为 10 年,对于其他气体系统应与密封性一致。不同压力的分装之间可能的泄漏应予以考虑。在一个隔室维护而相邻隔室包含承压气体的特定情况下,穿过隔板的允许气体泄漏率应由制造厂予以规定,且两次补气之间的时间间隔不应小于一个月。

在设备运行时,应提供给气体系统安全补气的手段。

5.15.4 密封压力系统

GB/T 11022—2011 的 5.15.4 适用。

5.15.101 内部隔板

如果用户有要求,为了允许维护一个隔室而相邻隔室包含承压气体,通过隔板允许的气体泄漏率也应由制造厂规定。

5.16 液体的密封

GB/T 11022—2011 的 5.16 不适用。

5.17 火灾危险(易燃性)

GB/T 11022—2011 的 5.17 不适用。

5.18 电磁兼容性(EMC)

GB/T 11022—2011 的 5.18 不适用。

5.19 X 射线发射

GB/T 11022—2011 的 5.19 不适用。

5.20 腐蚀

5.20.1 概述

GB/T 11022—2011 的 5.20 适用,并做如下补充。

5.20.101 地埋设备的腐蚀保护

腐蚀防护,包括外部涂敷的和任何主动防护装置均应考虑到一些特殊情况如:地点、土壤/回填材料和条件,外壳的材料和所采用的接地类型。

通常,GIL 的腐蚀防护与正常的管线或电力电缆的防护类似。外壳敷有一层或多层橡胶或塑料,涂层作为被动腐蚀防护装置,它会使电气设备的金属外壳免受因湿气和水引起的锈蚀。

作为对被动腐蚀防护的补充,在被动装置失效时,可以安装主动装置。主动腐蚀防护装置保持金属外壳处于规定的电位,这取决于外壳的材料(钢、铝)。设计主动腐蚀防护装置时,应考虑到 GIL 周围的土壤条件。

5.20.102 非地埋设备的腐蚀保护

GB/T 11022—2011 的 5.20 适用。

5.101 内部故障

5.101.1 概述

按照本标准制造的 GIL 内部故障导致电弧发生的概率很低。这是因为采用了绝缘气体而不是大气压力下的空气,且不会受大气污染、湿度或虫害的影响。

避免由内部故障引起电弧以及限制其持续时间和后果的方法示例:
——绝缘配合;
——气体泄漏的限制和控制;
——快速保护;
——快速电弧短路装置;
——遥控;
——外部压力释放;
——现场的工艺检查。

布置也应使得导致电弧的内部故障对 GIL 连续运行能力的影响减到最小。电弧的影响应限制在发生电弧的隔室。

尽管采取了措施,但如果用户和制造厂之间仍达成协议进行试验以验证内部故障的电弧效应,则该试验应符合 6.105。

对于安装在中性点绝缘或谐振接地系统中并配有保护以限制内部接地故障持续时间的单相封闭的GIL 通常不需进行试验。

注:对于中性点绝缘系统或谐振接地系统,强烈推荐使用限制内部故障持续时间的保护。

5.101.2 电弧的外部效应

内部电弧的效应是:
——气体压力升高(见 GB/T 7674—2008 的 D.1);
——可能形成的外壳烧穿。

电弧的外部效应应(通过适当的保护装置)限制到外壳出现孔洞或裂缝而没有碎片。

电弧的持续时间与第一段(主保护)和第二段(后备保护)保护确定的保护系统的性能有关。

表 4 给出了根据保护系统性能确定的不同电弧持续时间下的性能判据。

表 4 性能判据

额定短路电流	保护段	电流持续时间	性 能 判 据
<40 kA(有效值)	1	0.2 s	除了适当的压力释放装置动作外没有外部效应
	2	≤0.5 s	没有碎片(允许烧穿)

表 4（续）

额定短路电流	保护段	电流持续时间	性 能 判 据
≥40 kA(有效值)	1	0.1 s	除了适当的压力释放装置动作外没有外部效应
	2	≤0.3 s	没有碎片（允许烧穿）

制造厂和用户可以规定不会产生外部效应的内部故障电弧的短路电流和持续时间。应根据试验结果或者公认的计算程序确定该时间。见 GB/T 7674—2008 的 D.1。

可以根据公认的计算程序来确定不同短路电流对应的、外壳不会烧穿的电流持续时间。

5.101.3 内部故障定位

如果用户要求确定故障位置，GIL 制造厂应提出适当的方法。

5.102 外壳

5.102.1 概述

外壳应是金属的、永久接地的，并能承受运行中出现的正常和瞬态压力。

如果充气设备的外壳符合本标准，而且在运行中永久承压，则应按其特定的使用条件，将它们与压缩空气罐和类似储存容器区分开来。这些条件包括：

——主回路的外壳不仅应能防止接近带电部件的危害，而且在充入高于或等于用于绝缘的最低功能气体压力时，其形状可以保证达到设备的额定绝缘水平（在决定形状和使用的材料方面，电气因素比机械因素更重要）；

——外壳内通常充有彻底干燥、稳定和惰性的非腐蚀性气体；因为当存在较小的压力波动时，保持气体处于该状态的措施是设备运行的基础，由于外壳不会受到内部腐蚀，因此，决定外壳设计时，不必要对这些因素留有裕度（然而，可能存在传导的振动效应应予以考虑）；

——采用的运行压力相对较低。

对于户外设备，制造厂应考虑到气候条件的影响（见第 2 章）。

对于地埋设备，除应考虑到环境条件外，还应考虑防止外部腐蚀（见 5.20）。

5.102.2 外壳的设计

外壳的壁厚应基于设计压力以及以下所列的外壳不烧穿的最短耐受持续时间：

——短路电流 40 kA 及以上，0.1 s；

——短路电流 40 kA 以下，0.2 s。

为了使外壳烧穿的危险最小，短路电流的大小和持续时间与外壳的设计和隔室的尺寸应仔细配合。最小的容积应使得在上面给出的最短耐受持续时间内压力释放装置不动作。

关于计算外壳厚度和结构方面的标准程序、方法，无论是焊接或铸造的外壳，都可以基于本标准中确定的设计温度和设计压力，从已制定的相关标准中选取。

> 注：设计外壳时，还需考虑到下述因素：
>
> a) 正常充气过程中可能出现的真空；
>
> b) 外壳或隔板两侧可能出现的全部压力差；
>
> c) 相邻隔室具有不同运行压力时隔室间偶然泄漏情况下所产生的压力；
>
> d) 出现内部故障的可能性（见 5.101）。

外壳的设计温度通常为周围空气温度的上限再加上流过额定电流时导致的温升。如果太阳辐射的效应比较明显,则应予以考虑。

外壳的设计压力至少应等于在设计温度下,外壳内部所能达到的压力上限。

确定外壳的设计压力时,除非设计压力可以从已有的温升试验记录来确定,否则气体温度应取外壳温度的上限和流过额定电流时主回路导体温度的平均值。

设计外壳时,应考虑到除内部过压力引起的机械负荷以外的机械负荷,例如热膨胀产生的力(见5.106)、外部振动(见5.107)、地埋设备的土壤负荷,其他外部负荷如地震、风、雪和冰等。

对于外壳和部件的强度不能用计算完全确定时,应进行验证试验(见6.101),验证它们满足要求。

生产外壳的材料应是已知的,并且最低的物理性能是通过计算和/或验证试验获取的。制造厂应基于材料供应商出具的证书,或制造厂进行的试验,或两者,对材料的选用和这些最低物理性能的维护负责。

5.103 隔板和隔室划分

GIL 应以这样的方式分成隔室:正常运行条件得到满足且实现对隔室内部故障电弧效应的限制(见5.101.1)。

GIL 分成隔室的方式对下述方面产生影响:
——安装;
——现场试验;
——维护;
——气体处理。

隔板通常由绝缘材料构成,但不要求它们对人员提供电气安全保证。对人员安全的保证需要用设备接地等其他方法来实现;但应保证相邻隔室间在可能出现的气体最大压力差下的机械安全性。

将充有绝缘气体的隔室和相邻的充有液体的隔室分开的隔板,不应出现任何影响两种介质绝缘性能的泄漏。

为了满足运行要求、限制影响 GIL 部件的故障和便于维护,应考虑 GIL 隔室的划分。

5.104 GIL 系统的分段

可使用隔离单元对 GIL 系统进行分段。确定系统分段的长度应考虑相关要求,例如:试验条件和最大长度、长段的安装程序或运行和维护原因。

5.105 压力释放

5.105.1 概述

符合本条款的压力释放装置的布置,应使得在压力下逸出的气体和蒸汽,对正在 GIL 上履行正常运行职责的工作人员的危害最小。

> **注:** 术语"压力释放装置"包括:由打开压力和关闭压力表征的压力释放阀;不能重新关闭的压力释放装置,例如膜片和防爆盘。

5.105.2 最大充入压力限制

在为气体隔室充气时,压力调节器应安装到充气管上,以防止气体压力超过设计压力的110%。作为替代,压力调节器也可以装在外壳上。

选择充入压力时应考虑到充气时的气体温度,例如,使用温度补偿压力表。

5.105.3 内部故障情况下限制压力升高的压力释放装置

内部故障引起电弧后,因为外壳的损坏部件需要更换,压力释放装置仅用于限制电弧的外部效应

（见5.101.2）。

内部故障所产生的压力取决于气体隔室的容积、短路电流和持续时间,在内部故障条件下,若该压力不超过外壳的出厂试验压力,也可以不装设压力释放装置。如果设备位于隧道中,这一考虑尤为重要。

如果压力释放装置用在人员可触及的限定的空间内,应采取措施以保证在压力释放时人员的安全。（见第11章）

注1:在内部故障引起外壳变形时,宜对相邻的外壳进行检查,以确认它没有变形。

注2:如果压力释放采用了防爆盘,宜注意它们的破坏压力和外壳设计压力之间的关系,以降低防爆盘无意识破坏的可能性。

5.106 热膨胀的补偿

由于GIL的部件之间、GIL的部件与其周围环境之间,或敷设期间与温度有关的GIL部件之间有温度差,所以GIL部件相互之间和其周围环境之间有相对运动。

部件和/或它们的周围环境之间的相对运动或力,既可以通过测量也可以根据敷设期间与温度有关的部件的最大温度差通过计算确定。如果需要补偿,可以采用下述方法:

a) 一次元件和外壳间的补偿可以通过一次元件中的滑动触头或类似方法来获得;

b) 外壳和其周围环境（固定支架、周围的土壤）间的补偿应通过适当的方法获得。

注:计算周围环境和外壳间的作用力和相对运动以及解释结果时,宜参考适当的标准或方法。这一点对地埋GIL尤为重要,因为它受到诸如固定、土壤的压缩、土壤的类型、线路的几何结构等因素的严重影响。

5.107 外部振动

在某些条件下,GIL可能要承受外部振动。典型的情况是GIL靠近地铁、汽车和火车用的桥。另一种情况是GIL直接与电力变压器或电抗器连接。

当GIL靠近振动源时,建议通过在振动源和与GIL刚性连接的支架的部件间采用阻尼装置以降低机械应力。这一措施可以显著降低GIL部件上的动态机械应力。剩余的动态机械应力可被用作确定GIL机械尺寸,为了确定总的应力水平和保证这些应力值低于所采用材料的允许值,应把剩余应力和作用到GIL上的其他机械负荷合并。

如果是桥梁,则应对桥梁与其基础之间的相对运动给予特别考虑。计算机械尺寸过程中确定总的应力时,有必要考虑这些运动可能产生的附加机械负荷。

5.108 非地埋GIL的支架

5.108.1 概述

GIL的支架对GIL的机械性能有影响。支架的结构可根据其功能、GIL的配置、安装GIL的地基结构、隧道或竖井的不同而不同。因此,本条款规定了支架功能的设计条件和要求。

5.108.2 设计条件

支架设计时应考虑到下述的力和负荷:

——GIL的重力;

——内部气体压力产生的力;

——支架上端部和GIL下端部表面的摩擦;

——GIL热膨胀产生的力;

——地震力（适用时）;

——风力（适用时）;

——短路电流产生的力；

——冰负荷(适用时)；

——其他外部冲击(如振动)产生的力；

——SF$_6$/空气套管的端子拉力。

如果支架不构成接地系统的一部分时,应提供措施避免支架中产生涡流,且能够实施腐蚀防护。

5.108.3　支架的类型

下面列出两种基本的支撑功能的类型：

a)　滑动和柔性支架：这些支架设计用以支撑且允许因 GIL 热膨胀引起的一定的位移；

b)　刚性支架：这些支架设计用来固定 GIL 并能耐受因外壳热膨胀引起的力和外壳内补偿器(如果有的话)的热膨胀以及内部气体压力导致的作用力。

6　型式试验

6.1　总则

6.1.1　概述

GB/T 11022—2011 的 6.1 适用,并作如下补充：

型式试验应在有代表性的装配或分装上进行。

由于元件的组合方式可能多种多样,对所有可能的布置都进行型式试验是不现实的。任一特定布置的性能可以由类似布置获得的试验数据来证明。除在相关条款中另有规定外,所有试验应在充有规定类型气体和额定充入压力的设备上进行。

正常生产的产品,每隔八年应进行一次温升试验、短时耐受电流和峰值耐受电流试验。其他项目的试验必要时也可抽试。

所有型式试验的结果都应记录在型式试验报告中,型式试验报告应包含充分的数据以证明其符合本标准,要有足够的信息以确认被试设备的主要零部件。关于支架的一般信息应包含在试验报告中。

型式试验和试验报告应包括下述内容。

6.1.101　强制型式试验

强制的型式试验如下：

a)　绝缘试验,按 6.2；

b)　温升试验和主回路电阻测量,按 6.5 和 6.4；

c)　短时耐受电流和峰值耐受电流试验,按 6.6；

d)　防护等级验证,按 6.7；

e)　密封试验,按 6.8；

f)　外壳的强度试验,按 6.101；

g)　隔板的压力试验,按 6.102；

h)　地埋设备的抗腐蚀试验,按 6.103。

6.1.102　选用的型式试验(根据用户和制造厂之间的协议进行的试验)

选用的型式试验如下：

a)　滑动触头的机械试验,按 6.104；

b)　内部故障电弧试验,按 6.105；

c) 气候防护试验,按 6.106;

d) 地埋设备的长期试验,按附录 C。

注:某些型式试验可能会降低被试部件进一步使用的适用性。

6.2 绝缘试验

6.2.1 概述

GB/T 11022—2011 的 6.2.1 不适用。

6.2.2 试验时周围的大气条件

GB/T 11022—2011 的 6.2.2 不适用。

6.2.3 湿试程序

GB/T 11022—2011 的 6.2.3 不适用。

6.2.4 绝缘试验时开关设备和控制设备的状态

GB/T 11022—2011 的 6.2.4 不适用。

绝缘试验应在制造厂规定的绝缘气体的最低功能压力下进行。试验过程中气体压力和温度应记录在试验报告中。

6.2.5 通过试验的判据

GB/T 11022—2011 的 6.2.5 适用。

6.2.6 试验电压的施加和试验条件

GB/T 11022—2011 的 6.2.6 不适用。

主回路中的每相导体依次连接到试验电源的高压端子上,应施加 6.2.7 和 6.2.8 规定的试验电压,所有其他的主回路导体和辅助回路应连接到接地导体或框架上,并接至试验电源的接地端子上。

如果每相独立封闭在一个金属外壳内,仅进行相对地试验,不需要进行相间试验。

6.2.7 $U_r \leqslant 252$ kV 的开关设备和控制设备的试验

6.2.7.1 概述

额定耐受电压应为表 1 中规定的那些数值。

6.2.7.2 工频电压试验

GIL 应按照 GB/T 16927.1 承受短时工频电压试验。试验电压应升到试验值并保持 1 min 且仅在干燥状态下进行试验。

如果没有出现破坏性放电,则认为设备通过了试验。

6.2.7.3 雷电冲击电压试验

试验过程中,冲击发生器的接地端子应与 GIL 的外壳连接。

应注意到试品的长度,以避免因行波引起的过电压。

6.2.8 $U_r > 252$ kV 的开关设备和控制设备的试验

6.2.8.1 概述

额定耐受电压应为表 2 中规定的那些数值。

6.2.8.2 工频电压试验

GB/T 11022—2011 的 6.2.8.2 适用,并做如下补充:

GIL 应按照 GB/T 16927.1 承受短时工频电压试验。试验电压应升到试验值并保持 1 min 且仅在干燥状态下进行试验。

如果没有出现破坏性放电,则认为设备通过了试验。

6.2.8.3 操作冲击电压试验

GB/T 11022—2011 的 6.2.8.3 适用,并做如下补充:

GIL 的主回路应仅在干状态下进行操作冲击电压试验。

对于三极设计,极间的操作冲击试验应采用特殊的试验要求。特殊的试验要求在 GB/T 7674—2008 的附录 A 中详细规定。

试验过程中,冲击发生器的接地端子应与 GIL 的外壳连接。

应注意到试品的长度,以避免因行波引起的过电压。

6.2.8.4 雷电冲击电压试验

GB/T 11022—2011 的 6.2.8.4 适用,并做如下补充:

试验过程中,冲击发生器的接地端子应与 GIL 的外壳连接。

应注意到试品的长度,以避免因行波引起的过电压。

6.2.9 户外绝缘子的人工污秽试验

GB/T 11022—2011 的 6.2.9 不适用。

6.2.10 局部放电试验

GB/T 7674—2008 的 6.2.9 适用,并做如下补充:

在相应于所有试验回路的电压 $U_{Pd\text{-}test}$ 下的最大允许局部放电量不应超过 5 pC。

6.2.11 辅助和控制回路的绝缘试验

GB/T 11022—2011 的 6.2.11 适用。

6.2.12 作为状态检查的电压试验

GB/T 11022—2011 的 6.2.12 不适用。

6.3 无线电干扰电压(r.i.v)试验

GB/T 11022—2011 的 6.3 不适用。

6.4 回路电阻的测量

GB/T 11022—2011 的 6.4 适用,并作如下补充:

主回路的载流部件、外壳和每种类型的接触系统均应在温升试验前后进行该试验。

6.5 温升试验

GB/T 11022—2011 的 6.5 适用,并作如下补充:

可以根据型式试验的结果进行计算来确定在其他规定的使用条件下的最大允许电流。对于这些计算,应参考附录 A。任何补充的试验应征得制造厂和用户的同意。

总装配或分装配应包括腐蚀防护涂层(如果适用)的标准外壳,并且防止过度地外部加热或冷却。试验应在敞开的空气中进行。

如果设计包含可更换的元件和布置方式,则试验应在这些元件和布置方式处于最严酷条件下进行。

除了每相单独封闭在一个金属外壳中的情况外,试验应以额定相数和从装配的一端到与试验电缆连接的端子通以额定电流的条件下进行。

如果允许并进行单相试验,外壳中的电流应代表最严酷的条件。

如果对分装配单独试验,相邻的分装配应承载相应于额定条件下产生功率损耗的电流。如果试验不能在实际条件下进行,允许通过加热器或绝热的方式模拟等效条件。

不同元件的温升应参考周围空气温度进行规定。它们不应超过相关标准中对其规定的值。

注 1:GIL 载流件的功率损耗和电阻数据可以参照附录 A 用于计算。

注 2:试验过程中 GIL 的热时间常数可作为评估 GIL 短时过载能力的基础。

6.6 短时耐受电流和峰值耐受电流试验

6.6.1 概述

GB/T 11022—2011 的 6.6 适用,并做如下补充:

如果设计包含可更换的元件和布置方式,则试验应在这些代表性的元件和布置方式处于最严酷的条件下进行。

6.6.2 GIL 和试验回路的布置

GB/T 11022—2011 的 6.6.2 不适用。

试验时,应使用新的洁净触头。

三相外壳的 GIL 应进行三相试验。

单相外壳的 GIL 应按照外壳中返回电流进行试验,这取决于接地方式:

a) 如果运行中外壳承载所有返回电流,则 GIL 应进行单相试验,外壳中流过全部的返回电流;

b) 如果运行中外壳不承载所有返回电流,则 GIL 应进行三相试验。试验应在制造厂规定的最小相间距离下进行。

6.6.3 试验电流和持续时间

GB/T 11022—2011 的 6.6.3 适用。

6.6.4 试验过程中 GIL 的性能

GB/T 11022—2011 的 6.6.4 不适用。

已经认识到,试验过程中,GIL 载流件和相邻件的温升可能超过 GB/T 11022—2011 中表 3 规定的限值。对于短时电流耐受试验,没有规定温升限值,但所达到的最高温度应不足以导致邻近部件的明显损坏。

6.6.5 试验后 GIL 的状态

GB/T 11022—2011 的 6.6.5 不适用。

试验后，不应出现可能防碍正常运行的外壳内导体和接触连接的变形或损坏。

试验后，应按 6.4 测量主回路电阻。如果电阻的增加超过 20% 且不可能通过目测检验来核实触头的状态，则有必要进行附加的温升试验。

6.7 防护等级验证

GB/T 11022—2011 的 6.7.1 适用，并作如下补充：

如果规定了第二位特征数字，则应按照 GB/T 4208—2017 的第 11 章和第 14 章对相应数字的要求进行试验。

6.8 密封试验

6.8.1 概述

GB/T 11022—2011 的 6.8 适用。

6.8.101 法兰连接

见 GB/T 11022—2011 的 6.8。

6.8.102 焊接连接

如果用 X 射线、超声波或其他方法进行了 100% 的焊缝检查，那么现场焊接的外壳不要求特别的密封试验。在这种情况下可认为焊缝具有零泄漏率。

注：对于焊接的 GIL，开始和/或最后法兰连接的密封性可不予考虑。

6.9 电磁兼容性试验（EMC）

GB/T 11022—2011 的 6.9 不适用。

6.10 辅助和控制回路的附加试验

GB/T 11022—2011 的 6.10 不适用。

6.11 真空灭弧室的 X 射线试验程序

GB/T 11022—2011 的 6.11 不适用。

6.101 外壳的验证试验

6.101.1 概述

如果外壳或其部件的强度未进行计算，则应进行验证试验。在尚未装入内部元件之前，按设计压力的试验条件对单独的外壳进行这些试验。

根据所使用的材料，验证试验可以是破坏性压力试验或非破坏性压力试验。

6.101.2 破坏性压力试验

对于破坏性压力试验，压力上升应不大于 400 kPa/min。对于铸造外壳，破坏性压力试验要求为 3.5 倍的设计压力，对于焊接外壳，破坏性压力试验要求为 2.3 倍的设计压力。这些系数是根据所用材料能够保证的最低性能确定的。

考虑到制作方法以及使用的材料,可能要求附加系数。

经历这些压力后仍然保持完好的所有外壳都不能使用。

6.101.3　非破坏性压力试验

在采用应变指示技术的非破坏性压力试验的情况下,应该采用下述程序:

试验前,能够指示 5×10^{-5} mm/mm 应变的应变仪的传感元件应该附着在外壳的表面,传感元件的数量、位置以及方向的选择应使得在对外壳完整性重要的所有点上能够确定主要的应变和应力。

水压应以大约 10% 的步长逐步施加至对应于预期设计压力(见 7.102)的标准试验压力或外壳的任何部分出现明显变形为止。

如果满足上述条件,则压力不应进一步升高。

在压力上升期间应读取应变的数值,并在卸载期间重新读取。

如果没有证据表明外壳变形,可以不考虑相关的地方法规中的要求。

如果应变/压力关系曲线是非线性的,可以重复施加不应超过五次的压力。直到相应于连续两个循环的加载和卸载曲线本质上一致。如果不能获得一致,应从最后卸载期间获得的,相应于应变/压力关系曲线的线性部分的压力范围内选取设计压力和试验压力。

如果在应变/压力关系曲线的线性部分内达到了标准的试验压力,则应认为可以确认预期的设计压力。

如果在应变/压力关系的线性部分获得的最终的试验压力或者压力范围低于标准的试验压力,则设计压力应根据下述公式计算:

$$p = \frac{1}{1.1k}\left(p_y \frac{\sigma_a}{\sigma_t}\right)$$

式中:

p ——设计压力;

p_y——存在明显变形时的压力或者在最终卸载阶段相应于应变/压力关系线性部分的,外壳最大应变部分的压力范围;

k ——标准的试验压力系数(见 7.102);

σ_t ——试验温度时许用设计应力;

σ_a ——设计温度时许用设计应力。

6.102　隔板的压力试验

本试验的目的是为了验证在运行条件下承受压力的隔板的安全裕度。

隔板应和维护条件一样安装。压力应以 (400 ± 100) kPa/min 的速度上升直到出现破裂。

型式试验压力应大于三倍的设计压力。

6.103　地埋设备的抗腐蚀试验

6.103.1　被动腐蚀防护

被动腐蚀防护系统本质上是金属外壳的合成涂层使金属防潮。合成涂层通常由一层或多层合成材料构成。

应进行下述三项试验。

6.103.2　电气试验

为了验证合成涂层的质量,应进行高压试验。导电涂层涂敷在合成涂层上,然后根据合成涂层的绝缘强度在金属外壳和导电涂层之间施加试验电压。

电压的大小取决于合成涂层的类型,且应根据用户和制造厂之间的协议确定。如果合同有特殊要求,腐蚀防护涂层应能耐受 IEC 60229:2007 的第 3 章中规定的电气试验。

试品的长度应足以反映合成涂层的实际结果。因此,推荐的最短长度为 5 D,这里 D 为金属外壳的外径。

6.103.3　机械试验

机械试验应按照 GB/T 2421.1,在周围空气温度下进行。机械试验应证明涂层在敷设过程中或敷设后能耐受现场条件。应证明能耐受两个机械应力:

——涂层的弯曲;

——金属物体或岩石对涂层的冲击。

机械应力很大程度上取决于敷设方法和系统布置。进行试验的力和程序,制造厂和用户应相互认可。

6.103.4　热试验

热试验代表了现场安装过程中和运行中 GIL 的最大温度变化产生的应力。

正常使用条件见 GB/T 11022—2011,需要特殊环境条件的场合应由用户确定。进行型式试验的程序,制造厂和用户应相互认可。

6.104　滑动触头的特殊机械试验

应进行机械寿命试验以评估基本元件(如滑动触头)在设备的预期寿命期内完成其功能的能力。

注 1:由于触头测量和维护困难,该试验对 GIL 是特殊试验。

触头应从下述方面确认:

——触头布置和原理;

——触头材料(包括涂层的特征和厚度,如果有的话);

——触头压力(最小到最大);

——使用说明书中明示的润滑(如果有的话)。

试验条件应表明:

——触头行程;

——触头速度;

——循环次数。

可以采用机械化试验装置来模拟带电导体的预期相对运动。该试验是有代表性的,只要能证明:

——满足了最差的条件,考虑了最大的膨胀差异、导体重量、负载等;

——操作频率应限制到每小时 6 个循环的数量级;

——普通 GIL 触头的最少循环数为 10 000。

注 2:对于特殊使用场合,如用于给抽水蓄能电站供电,更多次数的操作循环和/或增加操作频率可以由制造厂和用户协商。

在试验前后应进行下述检查和试验:

——目视检查;

——尺寸检查和触头压力;

——接触电阻。

如果满足下述条件,则认为通过了试验:

——目视检查证明原来的表面涂层仍然完好;

——触头的磨损使触头压力仍然在允许公差内；

——接触电阻的变化小于或等于 20%。

6.105 内部故障引起电弧条件下的试验

如果用户和制造厂之间就该试验达成协议,试验程序应符合 GB/T 7674—2008 的附录 B 中描述的方法,并将 GB/T 7674—2008 的 B.2.2.2 的 b)项改为:选择的短路关合瞬间应保证电弧电流的第一个半波的峰值至少为规定的短路电流交流分量有效值的 2.5 倍。对于三相试验,该要求至少在一相上实现。

电流持续时间不应小于预期的第二段保护的故障排除时间,该时间由保护装置确定。

短路电流值应与额定短时耐受电流一致。

注：根据资料,对于 40 kA 及以上的电流,第一段保护的故障排除时间约为 0.1 s;对于 40 kA 以下的电流为 0.2 s。
　　对于 40 kA 及以上的电流,第二段保护的故障排除时间通常不超过 0.3 s;对于 40 kA 以下的电流为 0.5 s。

试验过程中,在 5.102.2 中规定的耐受时间内没有产生外部效应,则认为 GIL 通过了试验。

除非用户同制造厂另有协议,对 40 kA 及以上的电流在 0.3 s 排除故障和 40 kA 以下电流 0.5 s 排除故障后,外壳应不出现破裂。

对于特定布置的试验结果,通过计算或推断或两者结合也可以用于预测相同设计的其他布置的性能。

为把试验结果扩展到类似设计的其他外壳,但外壳具有不同的尺寸以及形状和/或其他试验参数,则计算方法应在制造厂和用户之间达成一致。

6.106 气候防护试验

如果用户和制造厂达成协议,对户外使用的 GIL 应进行气候防护试验。推荐的方法在 GB/T 11022—2011 附录 C 中给出。该试验考虑了风雪的影响。

如果设计检查能说明该试验不必要,则可以略去。

7 出厂试验

7.1 概述

出厂试验是为了发现材料和结构中的缺陷。这些试验不会损坏试品的性能和可靠性。

本标准规定的出厂试验项目包括:

a) 主回路的绝缘试验,按 7.2;

b) 辅助和控制回路的绝缘试验,按 7.3;

c) 主回路电阻的测量,按 7.4;

d) 密封试验,按 7.5;

e) 设计检查和外观检查,按 7.6;

f) 局部放电测量,按 7.101;

g) 工厂制造的外壳的压力试验,按 7.102;

h) 隔板的压力试验,按 7.103。

7.2 主回路的绝缘试验

GB/T 11022—2011 的 7.2 适用,并作如下补充:

出厂的绝缘试验应优先在完整的分装配上进行。然而,由于存在可能在运输时解体的非常长的部件,制造厂可以限定只对关键部件(例如绝缘子)实施出厂试验。这些关键部件应在与使用条件等同的绝缘结构上进行。对完整装配段的绝缘试验可以在现场进行(见 10.4.101)。

按照 6.2.6 的要求,对 GIL 主回路的工频电压试验应在对地和相间(适用时)进行。出厂试验的试验电压应从表 1 或表 2 的栏(2)中选取。

试验应在绝缘气体的最低功能压力下进行。

7.3 辅助和控制回路的绝缘试验

GB/T 11022—2011 的 7.3 适用。

7.4 主回路电阻的测量

GB/T 11022—2011 的 7.4 适用,并作如下补充:

总的测量应在工厂对分装或运输单元实施。测得的总电阻不应超过 $1.2R_u$,这里 R_u 为温升试验前测量到的相应电阻之和。

7.5 密封试验

GB/T 11022—2011 的 7.5 适用,并作如下补充:

应注意外壳的外部涂层(如果有的话)可能隐藏着泄漏。应采取相应的密封试验程序。

注:该试验适用于工厂制造的外壳,对于现场焊接的外壳参见 10.4.104。

7.6 设计检查和外观检查

GB/T 11022—2011 的 7.6 适用。

7.101 局部放电测量

局部放电测量应对关键绝缘件(如绝缘子)实施。按照 6.2.10 进行。

推荐进行 GIL 分装配和/或段的局部放电测量。

7.102 工厂制造的外壳的压力试验

压力试验应对工厂生产的每一个独立外壳实施。

标准试验压力应为 k 倍的设计压力,这里系数 k 等于:

——焊接外壳为 1.3;

——铸造外壳为 2.0。

试验压力至少应维持 1 min。

试验期间不应出现破裂或永久变形。

7.103 隔板的压力试验

GB/T 7674—2008 的 7.104 适用。

8 GIL 的选用导则

8.101 概述

对于一种给定的运行方式,选择 GIL 时应考虑到正常负载条件和故障情况下的各个额定值。

按照本标准选择额定值时应该考虑系统的特性以及潜在的未来发展。额定值清单在第 4 章中给出。

故障条件所承担的负载应通过计算系统中 GIL 安装地点的故障电流来确定。

如果适用,短时的过载和同时出现的环境温度应由制造厂和用户协商。推荐在具体工程设备上进行温度研究以确认其不超出温度限值。

8.102 短时过载能力

短时过载的条件应由用户同制造厂在考虑特定的环境(过载系数和持续时间、环境温度、初始条件、过载条件下温度的升高、敷设条件等)后协商确定。典型的过载数据,例如:高于额定电流20%,30 min,应考虑过载阶段开始时的特定负载和温度。

8.103 强迫冷却

应考虑隧道中的总损耗。该损耗应为GIL通过额定电流且其他参数为额定值时的损耗。

注:接近运行中的隧道时,宜考虑下列条件的影响:
——短时过载的情况;
——失去通风的情况;
——隧道内的温度过高的情况;
——气体浓度超过当地法规规定的水平。

9 查询、投标和订货时提供的资料

9.1 概述

GB/T 11022—2011 的 9.1 不适用。

9.2 询问单和订单的资料

9.2.1 概述

GB/T 11022—2011 的 9.2 不适用。
询问或订购 GIL 设备时,询问者应提供下述资料。

9.2.101 系统特征

标称和最高电压、频率、系统中性点接地的类型。

9.2.102 环境条件

应给出环境条件的下述详细信息:
a) 电站内部安装限定的可接近程度或电站外部安装限定的可接近程度以及对公众的可接近程度;
b) 地埋或非地埋设备;
c) 带有提供支架的地沟、隧道或敞开空气中的设备;
d) 地质段以及地理设备的土壤地质和物理结构;
e) 敷设深度(地埋时);
f) 土壤的导热率(地埋时);
g) 地沟、隧道的通风;
h) 地震要求。

9.2.103 运行条件

周围空气或土壤的最高和最低温度;偏离正常运行条件或影响设备良好运行的任何外界条件,例如:异常地暴露在蒸汽、潮湿、流体、烟雾、爆炸性气体、过量的灰尘或盐雾中,地震或由外部原因向设备传来的其他振动的危险,以及基础可能的位移和可能的机械冲击。

9.2.104 设备的详细资料

应给出设备的下述详细信息:

a) 设备长度和地理路径选择;
b) 相数(分相封闭或处于公共外壳内);
c) 同一地沟或隧道中设置的线路的数量;
d) 额定电压;
e) 额定绝缘水平;
f) 额定电流;
g) 额定短时耐受电流;
h) 额定短路持续时间(不同于 2 s 时);
i) 额定峰值耐受电流;
j) 内部故障情况下的最长故障排除时间;
k) 辅助回路的防护等级。

9.2.105 辅助装置的详细资料

应给出辅助装置下述的详细信息;

a) 辅助装置和监控系统(例如:联锁、气体监测、信号等)的要求;
b) 额定辅助电压(如果有的话);
c) 额定辅助频率(如果有的话)。

9.2.106 特殊条件

作为对这些项目的补充,询问者应明确可能影响投标和订货的每个条件,例如运输设备和/或限制因素,特殊的固定或安装条件,外部高压连接的部位或压力容器的法规。

如果要求特殊的型式试验,应提供相关的资料。

9.3 标书的资料

9.3.1 概述

GB/T 11022—2011 的 9.3 不适用。

如果适用,制造厂应随说明书和图纸提供下列资料。

9.3.101 额定值和特性

设备的详细资料列举在 9.2.104 中。

9.3.102 GIL 及其元件更详细的资料

应给出 GIL 的下述细节:

a) 外壳的设计压力;
b) 外壳的设计温度;
c) 绝缘用气体的类型和额定充入压力;
d) 最低功能压力;

e) 不同隔室气体的质量；

f) 隔室的长度；

g) 气体湿度的限制和泄漏率；

h) 适用于测定故障位置的细节。

9.3.103 型式试验证书或报告

要求时，型式试验证书或报告应以完整的文件提交。

9.3.104 结构特征

标书应该最少但不局限于提供下述的信息：

a) 最重的运输单元的质量；

b) GIL 的总体尺寸；

c) 外部连接的布置；

d) 用户应采取的运输规则；

e) 制造厂规定的安装和敷设规则；

f) 支架固定点的位置；

g) 每个固定点的最大力；

h) 每个固定点外壳的最大挠度。

9.3.105 辅助装置的详细资料

标书应该最少但不局限于提供下述的信息：

a) 类型和额定值列举在 9.2.105 中；

b) 操作时的电流或输入功率。

9.3.106 关于制造厂和用户之间先期协议的所有事件的资料

应提供制造厂和用户间先期协议的所有事件的资料。

9.3.107 推荐的备件清单

用户采购的备件。

10 运输、储存、安装、运行和维护规则

10.1 概述

GB/T 11022—2011 的 10.1 适用。

10.2 运输、储存和安装时的条件

GB/T 11022—2011 的 10.2 适用，并作如下补充：

内部洁净度影响到 GIL 的功能。洁净度应由制造厂规定的适当预防措施予以保证。

注：可以包括下列预防措施：

——在洁净条件下（例如，具有干燥空气、温度调节和有很低表压的封闭装配间内）连接 GIL 的单元；

——安装过程中打开的孔宜由防尘罩或盖子遮盖；

——如果有必要，装配后，整个 GIL 宜进行内部清洁；

——作为对现场预防措施的补充，预先在 GIL 中充入干燥的、洁净的气体后运输有助于保持 GIL 内部元件处于良好状态。

装配单元应尽可能地大,以便减少现场安装以及污染的风险。

应对 GIL 单元的连接区域应进行保护,以防止密封面或为焊缝所准备的边缘的损坏。

GIL 现场焊接时,应采取措施避免金属粒子或污染的烟雾进入 GIL。

安装程序应随同 GIL 提供。

10.3 安装

10.3.1 概述

GB/T 11022—2011 的 10.3.1 不适用。

对每种类型的 GIL,制造厂提供的说明书至少应包括下述项目。

10.3.2 开箱和起吊

GB/T 11022—2011 的 10.3.2 适用。

10.3.3 总装

GB/T 11022—2011 的 10.3.3 适用。

10.3.4 安装上位

GB/T 11022—2011 的 10.3.4 适用。

10.3.5 连接

GB/T 11022—2011 的 10.3.5 适用。

10.3.6 安装竣工检验

GB/T 11022—2011 的 10.3.6 不适用。

说明书应提供 GIL 安装和所有连接完成后应进行的检查和试验。

说明书应包括:

——实现正确功能所推荐的现场试验清单;

——推荐进行的相关测量和记录,这有助于将来的维护决策;

——最终检查和投入运行的说明。

10.3.7 用户的基本输入数据

GB/T 11022—2011 的 10.3.7 适用。

10.3.8 制造厂的基本输入数据

GB/T 11022—2011 的 10.3.8 适用。

10.4 运行

10.4.1 概述

GB/T 11022—2011 的 10.4 不适用。

安装后,投入运行前,应对 GIL 进行试验以检查设备的正确操作和绝缘强度。

这些试验和验证包括:

a) 主回路的电压试验,按 10.4.101;

b) 辅助回路的绝缘试验,按7.3;

c) 主回路电阻的测量,按10.4.103;

d) 密封试验,按7.5;

e) 检查和验证,按10.4.106;

f) 气体状态测量,按10.4.102;

g) 地埋设备的抗腐蚀性试验,按10.4.107;

h) 现场焊接的外壳试验,按10.4.104。

为了确保最少的干扰、降低潮湿的危害和灰尘进入外壳妨碍 GIL 正常运行,所以,当 GIL 运行时,不规定或不推荐强制性的定期检查或压力试验。

10.4.101 主回路电压试验

10.4.101.1 概述

因为对 GIL 特别重要,为了消除可能增加运行中内部故障发生的潜在原因,应对绝缘强度进行检查。

现场电压试验是绝缘出厂试验的补充,目的是为了检查整个设备的绝缘完整性和探测上述的异常情况。通常,绝缘试验应在 GIL 完全安装和充有额定充入压力的气体后进行,如果是新安装的设备,优先在所有现场试验后进行。在隔室经过因维护或修理过程大的拆卸后也建议进行这样的绝缘试验。这些试验应与投运前为使设备达到某种电气调整类型所进行的逐步升高电压的试验区分开来。

这类现场试验的实施不总是可行的,与标准的偏差也是可以接受的。这些试验的目的是送电前的最终检查,选择的试验程序不会危及 GIL 的完好部件是至关重要的。

对每一个单独情况选择适当的试验方法时,出于可行性和经济性方面考虑,可能需要专门的协议,例如,可能需要考虑试验设备的电气功率要求以及尺寸和重量。

现场绝缘试验的详细试验程序应由制造厂和用户协商。

10.4.101.2 试验程序

应正确安装 GIL 并充有额定充入压力的气体。

试验时,GIL 可以不和其他设备连接,这是因为它们的充电电流较大或它们对电压限值的影响,例如:

——高压电缆和架空线路;

——电力变压器和大多数电压互感器;

——避雷器和保护用放电间隙。

由于 GIL 可能很长,有必要对某段 GIL 进行现场绝缘试验。基于这个事实,GIL 的设计中应预留好安装位置,以便在不必拆卸 GIL 的情况下安装试验设备。

不进行试验的 GIL 分段的导体应该接地。

注1:确定可以被隔离的部件时,需注意到试验完成后的重新连接可能会引入故障。

注2:为了尽可能对 GIL 试验,上述情况的每种形式均可包含设计中的可移开连接件。这里"连接件"理解成导体的一部分,为了使 GIL 的两部分互相隔离,"连接件"可以轻松地移去。这种分离型式优于拆卸。

GIL 每一个新安装的部分均应进行现场绝缘试验。

通常,在扩建的情况下,进行绝缘试验时,相邻的原有部分应不带电并应接地。除非采取了专门措施以防止扩展部分的破坏性放电影响到原有 GIL 的带电部分。

主要部分经过修理或维护后或扩建部分安装后,应施加试验电压。试验电压可以加在现有的部分上以便可以对涉及的所有段进行试验。在这些情况下,可以按照对新安装的 GIL 同样的试验程序实施。

应按照 GB/T 16927.1 选择适当的电压波形。然而,也允许采用类似的波形。优先采用交流,不应使用直流。施加试验电压过程中应对局部放电进行监测。符合 GB/T 7354 的传统的局部放电测量可能不适合。可以考虑其他方法,例如 UHF。截止目前,还没有给出局部放电水平。

推荐试验时施加的电压等于出厂试验时施加的工频电压的 80%。如果出厂没有经过 100% 工频耐受电压试验,现场应施加 100% 电压。对于较长的 GIL,应在尽可能长的段上进行试验。

如果 GIL 段全部装配形成完整的设备后,因为试验设备能力的限制,可以用较低的电压进行试验。

可能需要补充进行冲击电压试验(雷电冲击波,可以采用具有延长的波前时间的振荡波)。电压数值应由制造厂和用户协商。

10.4.102　气体状态的测定

应测定绝缘介质的湿度,应符合 5.2。

应对 GIL 装配好的并充有额定充入压力气体的所有隔室进行测量。

如果 GIL 充入的是六氟化硫,应参照 GB/T 12022 和 GB/T 8905 来检查运行中气体的状态。

10.4.103　主回路电阻测量

应在 GIL 的装配段上进行测量。测量的条件应尽可能接近对运输单元进行出厂试验时的条件。但是,选择测量方法和装配段的足够长度时应考虑下述要求:

——测量应以能够验证主回路完整性(包括连接)的方式进行;

——测量的精度应能够探测到所有可能的不良连接。

10.4.104　现场焊接的外壳试验

10.4.104.1　概述

如果外壳在现场焊接,为验证焊接质量和完整性,应进行两类试验:焊接试验和压力试验。

10.4.104.2　现场的焊接试验

现场焊接的所有焊接部位应杜绝缺陷,应根据制造厂和用户之间的协议,通过适当的 X 射线照相、超声波或其他等效技术予以确认。

10.4.104.3　压力试验

现场焊接的外壳应耐受压力试验,优先采用气压。对于完整装配的隔室进行的试验,系数 k 可以限定到 1.1。在这种情况下应该进行附加的预防措施,如增加焊接检查。

当系数 k 限制在 1.1 时,根据 10.4.104.2,焊接试验应在整个 100% 焊接长度上进行。

试验过程中应采取预防措施以保证压力释放装置不会动作。如果气压试验不符合地方法规,则应采用制造厂和用户协议的替代方法。

注:装配完整的隔室宜避免进行液压试验。

10.4.105　外壳的定期试验

如果满足下述条件,则不需进行定期试验:

——外壳充有非腐蚀性的、干燥的、稳定和惰性的气体;

——对防腐蚀的外部涂层实施了监控。

10.4.106　检查和验证

应对下述情况进行验证:

a) 装配符合制造厂的图样和说明书;

b) 所有管接头的密封,以及螺栓和其他连接的紧密性;

c) 接线符合图样;

d) 包括加热和照明在内的监控和调节设备正确工作;

e) 焊接连接的正确性检查。

注:不论任何原因,如果一项或几项出厂试验不能在制造厂进行,则宜在现场与安装后的试验合并进行。

10.4.107 地埋 GIL 的腐蚀保护试验

10.4.107.1 被动腐蚀保护

IEC 60229:2007 的第 5 章中规定的电压水平和持续时间应用于金属外壳与地之间。

为了试验的有效性,有必要做好地面与外壳外表面的连接。在这方面外壳的导体层可起到帮助作用。

10.4.107.2 主动腐蚀保护

主动腐蚀防护系统可以按照沿着 GIL 的环境条件进行设计。保护电流和保护电位可以根据土壤电阻率和酸度值进行计算。

这些数值应在 GIL 投运后进行测量。

10.5 维修

10.5.1 对制造厂的建议

GB/T 11022—2011 的 10.5.2 适用。

10.5.2 对用户的建议

GB/T 11022—2011 的 10.5.3 适用。

10.5.3 失效报告

GB/T 11022—2011 的 10.5.4 适用。

10.5.101 GIL 的维护

维护的效率主要取决于制造厂起草的说明书和实施的方式。

应全面考虑事故后或其他修理的要求,包括制定气体处理和储存、更换部分、现场焊接、烟雾回收、焊接检查等规程,以及修理后进行高压试验的方法。

10.5.102 气体的处理

下述内容适用于充有气体的 GIL,该气体可能对环境造成影响或者对操作人员产生危害。

对于采用 SF_6 气体和其混合气体的 GIL,GB/T 28537 适用,作为补充,推荐的内容如下:

通常,绝缘气体处理的方式不应对环境或人员造成危害。如果气体或其在某种运行条件(例如:内部故障电弧)下可能产生的分解物对人员有害,应采取适当的预防措施以保证安全处理,包括有害产物的偶然释放后的净化。

应该遵守关于在工作区域所使用气体的最大允许气体浓度的规定。这可能需要测量气体浓度的装置以及通风设备。这对在地沟、隧道和限定空间的类似场所中靠近设备工作的情况尤为重要。对于氮气和可以被吸入而没有危险的其他气体,应采取类似的预防措施以防止窒息。

如果使用的气体对环境有影响,在正常条件(例如:维护、修理)下,它不应释放到大气中。这就意味着通过具有相对于设备的最大气体容积的储存能力的气体处理单元进行回收。异常的泄漏应予以纠正。被污染的气体应通过气体处理单元再处理后使用,或者,如果不可行,应送到专业从事废品净化/再处理的公司。如果认为废品是有害的,在处理和运输过程中应该遵守相关的安全规则。

11 安全

11.1 概述

GB/T 11022—2011 的 11.1 适用,并做如下补充:

只有根据相关的安装规程和制造厂的说明进行安装、使用和维护,GIL 才可能是安全的。它应该由具备资格的人员来操作和维护。

由于完全不可能触及 GIL 的带电部件,因此,GIL 提供了最高等级的安全防护。但是,正常情况下仅允许指定的人员接近它。

如果 GIL 安装在公众可接近的区域,还需要附加的安全措施。有两种类型的 GIL 可供参考:

——对于地埋设备,不直接接触但应有可见标记,埋入的标记应告知人们:此处埋有电气装置。这些布置以及土壤的足够厚度(典型为 1 m,见 2.102)应能避免任何意外的接触。地沟上方区域的潜在负荷限值应清晰可见的设置于沿线;

——对于地面上的设备,应沿着 GIL 设置围栏或等效的措施,以防止无意识地触及 GIL 或其配套设备的事件发生。

下述技术要求对保证人员安全是非常重要的。

11.2 制造厂的预防措施

GB/T 11022—2011 的 11.2 适用。

11.3 用户的预防措施

GB/T 11022—2011 的 11.3 适用。

11.4 电气方面

电气方面要求如下:

——主回路的绝缘(见 4.3);

——接地(见 5.3.102);

——高电压回路和低电压回路分离(见 5.4);

——IP 代码(直接接触)(见 5.13);

——内部故障效应(见 5.101)。

11.5 机械方面

机械方面要求如下:

——外部环境作用下或 GIL 和环境间相互作用下的机械应力:

    a) 地基的移动、地震、土壤负荷、风、冰(见 5.102.2、5.107);

    b) 热膨胀(见 5.106);

——承压元件(见 5.102.2、5.103 和 5.104)。

11.6 热的方面

可接触部分的最高温度(见 4.5.2)。

11.101 维护方面

维护方面要求如下:
——气体处理(见 10.5.102);
——隧道中维护人员的作业(见 5.105.3);
  维护人员进行的作业应被严格限制。如果必需进行维护作业时,应认真确定作业的条件并考虑到 GIL 的设计(隔室的气体容积、压力释放装置等)以及隧道的容积。
——主回路和外壳的接地(见 5.3.101,5.3.102)。

12 产品对环境的影响

GB/T 11022—2011 的第 12 章适用,并做如下补充:
也参见 10.5.102。

附　录　A

（资料性附录）

持续电流的估算

A.1　概述

　　本附录的目的是为确定运行条件不同于型式试验的条件时 GIL 的持续电流,例如,直接暴露在太阳辐射条件下的敞开空气中的 GIL,地埋的 GIL 或具有强迫冷却的竖井或隧道中的 GIL 的持续电流。其他的变化可能包括不同的相间距或单相 GIL 情况下相的位置或者由于接地而产生的不同的外壳电流。提出的方法提供了估算持续电流的基础,并参考 IEC 60287-1-1[2]。

　　与参考的标准相比,估算连续电流可以不仅仅依赖计算,还可以根据型式试验的结果获取的参考值推导出来。可用给定的标准来计算。如果采用了其他适当的计算方法,则应予以提及。如果导体的温升相对于所进行的型式试验不高出 15 K,则允许进行计算。

　　注:尽管 JB/T 10181.31—2014[1]适用于电缆,除非某些关系(主要是关于尺寸)的依据的定义不同,否则,给出的
　　　　计算对 GIL 也同样有效。

A.2　符号

　　下列符号适用于本文件:

D_c　　——导体的直径,m。

D_e　　——外壳的直径,m。

L　　——GIL 的长度,m。

n　　——一个外壳内的相数。

$\Delta\theta_c$　　——导体的平均温升,K。

$\Delta\theta_{mc}$　　——导体的最大温升,K。

$\Delta\theta_e$　　——外壳的平均温升,K。

$\Delta\theta_{me}$　　——外壳的最大温升,K。

$\Delta\theta_{ce}$　　——导体和外壳间的平均温度差,K。

I_s　　——估算的持续电流,A。

K　　——热量交换的热系数。

α　　——电阻率的温度系数,1/K。

α_c　　——导体电阻率的温度系数,1/K。

α_e　　——外壳电阻率的温度系数,1/K。

A.3　参考值

A.3.1　概述

　　下列参考值可以从型式试验结果中导出:

　　a)　一般的型式试验数值;

　　b)　交流电阻;

　　c)　功率损耗;

d) 热阻;

e) 热系数。

A.3.2 一般的型式试验数值

下列数值可以从完成的型式试验导出或给出:

I_r ——额定电流,A;

$\Delta\theta_{co}$ ——导体的平均温升,K;

$\Delta\theta_{mco}$ ——导体的最大温升,K;

R_{dco} ——在周围空气温度中导体的直流电阻,$\mu\Omega$;

I_{eo} ——外壳电流,A;

$\Delta\theta_{eo}$ ——外壳的平均温升,K;

$\Delta\theta_{meo}$ ——外壳的最大温升,K;

R_{deo} ——在周围空气温度下的外壳的直流电阻,$\mu\Omega$;

$\Delta\theta_{ceo}$ ——导体和外壳间的平均温度差,K。

注:平均温度是根据(被试品)长度范围的温度分布图确定的。

A.3.3 交流电阻

平均导体温度下的导体的交流电阻 R_{co} 既可以由测量的直流电阻 R_{dco} 和 JB/T 10181.31—2014[1] 导出,又可以通过适当的计算获取。

平均外壳温度下的外壳的交流电阻 R_{eo} 既可以由测量的直流电阻 R_{dco} 和 JB/T 10181.31—2014[1] 导出,又可以通过适当的计算获取。

注1:接触电阻也宜予以考虑。

注2:宜确定 GIL 的这种电阻值与所考虑的 GIL 的长度的关系。

注3:宜考虑邻近效应。可以参考 JB/T 10181.31—2014[1]或适当的文献。

A.3.4 功率损耗

在平均导体温度下导体的功率损耗 P_{co} 可以由下式确定:

$$P_{co}=I_r^2 \times R_{co}$$

在平均外壳温度下外壳的功率损耗 P_{eo} 可以在已知电流幅值的情况下确定:

$$P_{eo}=I_{eo}^2 \times R_{eo}$$

其次,由于涡流导致的外壳的功率损耗可以根据计算确定(参考 JB/T 10181.31—2014[1]或适当的文献)。

A.3.5 热阻

导体和外壳间的热阻 T_{ceo} 由下式给出:

$$T_{ceo}=\Delta\theta_{ceo}/P_{co}$$

外壳和环境间的热阻 T_{eo} 由下式给出:

$$T_{eo}=\Delta\theta_{eo}/[n \times P_{co}+P_{eo}]$$

A.3.6 热系数

JB/T 10181.31—2014[1] 中给出的热阻 T 空气(气体介质)中的热阻为:

$$T=1/[\pi \times D \times K \times \theta^{0.25}]$$

式中：

K —— 热系数；

D —— 直径；

θ —— 温度差。

因此，对应于 T_{ce} 和 T_e 的热系数 K_{ce} 和 K_e 分别为：

$$K_{ce} = 1/[T_{ceo} \times \pi \times D_c \times \Delta\theta_{ceo}^{0.25}]$$

$$K_e = 1/[T_{eo} \times \pi \times D_e \times \Delta\theta_{eo}^{0.25}]$$

注：根据 IEC/TR 60943[5]，电流和温升之间的关系式为：

$$I^{1.67} = K' \Delta\theta$$

因此，按照 IEC/TR 60943[5]，热阻为：

$$T = 1/[\pi \times D \times K' \theta^{0.2}]$$

A.4 电流额定值的估算

A.4.1 概述

估算持续电流时，应考虑到下述因素。

A.4.2 最大温升

因为计算是基于平均温升的，下面的关系式是用来确定导体相对于导体的平均温升的最大温升：

$$S\theta_{mc} = (I_s/I_r)^2 \times (\Delta\theta_{mco} - \Delta\theta_{co})$$

所以，导体的最大温升 $\Delta\theta_{mc}$ 为：

$$\Delta\theta_{mc} = \Delta\theta_c + S\theta_{mc}$$

外壳的最大温升 $S\theta_{me}$ 也可以用同样的方法计算。

A.4.3 热量输入

相邻相的影响可以在估算外部热量输入时予以考虑。

A.4.3.1 估算的内部功率损耗

对于要求的情况，导体的内部功率损耗为：

$$P_c = (I_s/I_r)^2 \times P_{co}[1 + \alpha_c \times (\Delta\theta_c - \Delta\theta_{co})]$$

对于要求的情况，外壳的功率损耗为：

$$P_e = (I_s/I_r)^2 \times P_{eo}[1 + \alpha_e \times (\Delta\theta_e - \Delta\theta_{eo})]$$

注：如果设备的布置不同（例如，单相设备的不同相距或不同的接地），则功率损耗的计算宜作相应调整。

A.4.3.2 外部热量输入

其他的外部热源，如太阳辐射，相邻相的影响等应予以考虑。下面，它们的影响用符号 P_s 表示。

A.4.4 热阻

A.4.4.1 内部热阻

导体和外壳间的内部热阻 T_{ce} 可以根据 A.4.5 中给出的公式计算。可以使用计算出的热系数。

A.4.4.2 外部热阻

对于自由空气中的设备，外壳对环境的外部热阻 T_e，包括热系数，在 A.4.5 中给出。在这种情况下,忽略了风等的影响。

对于其他情况下的外部热阻 T_e 可以根据 JB/T 10181.31—2014[1]或其他相关的文献确定。

注：外部热阻是外壳对环境的热阻率的总和。

A.4.5 估算的最大温升

估算的外壳的平均温升由下式确定：

$$\Delta\theta_e = T_e \times (n \times P_c + P_e + P_s)$$

外壳的最大温升为：

$$\Delta\theta_{me} = \Delta\theta_e + S\theta_{me}$$

导体的最大温升可由下式给出：

$$\Delta\theta_{mc} = \Delta\theta_e + S\theta_{mc} + T_{ce} \times P_c$$

A.4.6 允许温升

GIL 任一点（导体、外壳、隧道等）的温升应符合相关国家标准中的允许温升。

A.4.7 估算的持续电流

估算的持续电流通过对本附录的条款中给出的关系式和依据的联立方程求解就可以确定。

A.4.8 信息文件

更多信息见参考文献[5]。

附　录　B
（资料性附录）
接　　地

B.1　概述

接地系统应设计成能保证在正常或异常运行条件下,出现的有危害的电位差不会对人员构成危险且不损坏设备。

B.2　电位升高的安全界限

接地系统的设计应考虑到故障电流导致的电位升高、伴随瞬态外壳电压(见下面所述)产生的高频电流以及对于某种连接类型的驻波电压(见下面所述)导致的电位升高。

接触电位、跨步电压和传导的电压对人员安全的可接受数值应按照 IEC/TS 60479-1[3]和 IEC/TS 60479-2[4]确定。应注意电位升高(驻波电压、感应电压)的进一步限值可能被地方法规采用。

B.3　外壳

包含有 GIL 的导电外壳通常应处于地电位或接近地电位。

B.4　接地电极

接地电极为故障电流和伴随瞬态外壳电压(见下面所述)产生的高频电流提供一个对地的低阻抗通路。

接地电极的设计应考虑到系统中所处位置的最大接地故障电流和持续时间以及土壤的电阻率,以防止出现危险的电位差。

接地电极横截面积的选择应能适应系统中该位置的最大接地故障电流和持续时间且在可接受的温升范围内。

任何连接点的设计应考虑到系统中该处的最大接地故障电流和持续时间。

接地电极的设计应考虑到在安装过程中和故障条件下可能出现的机械应力。

接地电极的材料应是抗腐蚀的。

B.5　接地系统的导体

接地系统的导体可能要求承载故障电流和伴随瞬态外壳电压(见下面所述)产生的高频电流。在某些情况下,导体可能会承载零序电流或工频环流。

导体的设计应考虑到所有需要承载的电流而不出现危险的电位差。

导体应有足够的宽度(通常大于 50 mm),应尽可能地短,并尽量减少弯曲以降低自感应避免导体上的急剧弯曲。

导体横截面积的选择应能适应需要承载的任何电流而不超过可接受的温升。

任何连接点的设计应考虑到需要承载的所有电流。

导体的设计应考虑到在故障条件下可能出现的机械应力。

B.6 接地连续性

GIL任一端的接地系统之间的电气连续性应为零序电流提供一个低阻抗通路。

对于不可能使用外壳来保证充分的接地连续性的场合,可能需要独立的接地连续性导体。

B.7 感应电压

接地系统应设计成能够避免流过较大接地电流(不是正常运行时的外壳电流)时在相邻的通信线路、管线等(可能属于其他所有者)中感应出危险的电压。

B.8 瞬态外壳电压

像操作(尤其是隔离开关的操作)、故障条件、雷电冲击和避雷器动作等事件会产生快波前的瞬态现象。在这些条件下,外壳内的不连续性(例如,绝缘的法兰成为结构的主要部件的场合,或气体进入空气套管的场合)会造成高频电流对外耦合以及在外壳外边传导,导致瞬态外壳电压升高。接地系统设计时应采取预防措施以限制瞬态外壳电压的影响。

B.9 非线性电阻

为了防止瞬态外壳电压的影响,应在没有接地的外壳一端安装保护装置(非线性电阻)。

装置的额定电压应与额定电流和额定短路电流感应的驻波电压(见 B.10)相匹配。该装置应能够吸收足够的能量且具有高频响应。

应通过使连接引线的长度最短和连接大量的并联装置的布置以获取低电感连接。

B.10 连接和接地

B.10.1 概述

考虑到大部分 GIL 设备都会在两端牢固的连接并接地。但是当使用其他连接方法(例如单点连接或交叉连接)时,需要在接地系统的设计中采取附加预防措施,以控制驻波电压及感应电压和电流的效应。

这种外壳可能需要沿着线路在附加位置接地,以减小内部故障条件下地电位的升高。

如果三相 GIL 包含在一个外壳内,则外壳应在 GIL 两端接地。线路两端之间,外壳通常具有足够的接地连续性,不需要另外的接地连续性导体。

外壳可以在一端连接并接地,而在另一端与地绝缘(末端连接),或者在中点连接并接地,而在两个末端与地绝缘(中点连接)。GIL 可能由大量的单元段组成,每一个单元段单点连接。

为了防止瞬态电压的影响,保护装置(非线性电阻)连接在外壳与地绝缘的单元段的末端。

B.10.2 交叉连接

在交叉连接系统中,外壳的每个单元段依相旋转串联连接,因此,在三个单元段后,沿着外壳感应电动势总和趋于零。因此,外壳电压得以控制且环流可以消除。但是,通常会在外壳壁中产生涡流并成为 GIL 的总的热损耗。

外壳可以在 GIL 的末端固定连接并接地,并可以在整个长度内连续的交叉连接(连续的交叉连接)或在大量主要段的末尾固定连接并接地,每个主要段包括三个交叉连接的小段(分段的交叉连接)。

为了防止瞬态电压的影响,保护装置(非线性电阻)连接在外壳与地绝缘的单元段的末端。

如果固定连接位置的接地电阻较大,可能需要独立的接地连续性导体以便能够在内部故障条件下防止超过保护装置的额定值。

B.11 适用于地埋的设备

如果设备是地埋的,接地系统的设计应能适应 5.20.101 中规定的腐蚀防护要求(见图 B.1)。

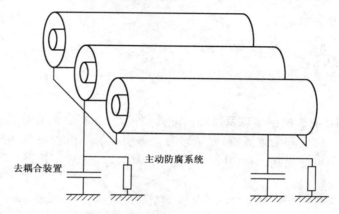

去耦合装置　　　主动防腐系统

图 B.1　在外壳两端固定连接情况下接地系统与主动防腐系统一起的示例

接地系统的设计应与腐蚀防护涂层的绝缘水平协调。

应提供可移开连接件,以便能对 6.103 中规定的被动腐蚀防护进行电气试验。

接地系统和主动腐蚀防护的设计应相互协调,以便电流从外壳流入大地时不会损坏主动腐蚀防护系统。

B.12 信息文件

更多信息见参考文献[3]和[4]。

附 录 C
（规范性附录）
地埋设备的长期试验

C.1 长期性能的评价

C.1.1 概述

评价长期性能需要考虑的方面：
——装配的热机械性能；
——外壳的腐蚀防护。

C.1.2 热机械性能

热机械力能导致 GIL 的机械损坏以及可能的外壳破损，除非有适当的解释。因此，尤其是对外壳，不论采用任何装置抵消热膨胀和收缩效应，在地埋时也需要估算。试验设备的长度应足以保证任何热机械运动能够代表运行中可能出现的情况。

注：回填材料的性能：

整个 GIL 上的土壤性能的评估是困难的，除非使用已知性能的回填土。假定正常的土壤材料在温度 50 ℃~60 ℃ 之间有一个干燥的热阻率数值和低于该温度的非干燥数值。这些数值用于附录 A 中的额定值计算。假设已知热阻率的数值，可以计算出干燥数值允许的系统额定值（适用时）和土壤温度。

C.1.3 外壳的腐蚀防护

运行中外壳防护涂层不被渗透这点很重要。涂层的性能可以通过长期水浸试验或长期埋入潮湿土壤中的试验来评估。在这段时间内，GIL 应承受热循环以检查温度循环对水的转移的影响。涂层的劣化可以通过定期施加试验电压和测量流过的泄漏电流来探测。

C.2 长期试验摘要

在进行长期试验之前，制造厂应完成型式试验。这些试验的目的是为了确认整个 GIL 装置的长期性能且只需进行一次（除非 GIL 装置在材料、工艺和设计方面有重大改动）。试验布置应由 50 m~100 m GIL 组成，包括辅助设备（气体监测，局部放电探测和压力释放装置）。用在装置中的每个单元至少有一种型式应被试验，且试验布置应能代表设备的设计。长期试验应历时 12 个月。

试验程序的确定正在考虑中。下述是一些指导。

长期试验开始之前和终了后应进行下述试验：

a) 外壳和设定距离处的回填材料的温升测量（按照 4.5.2）；
b) 主回路电阻的测量；
c) GIL 内的局部放电水平；
d) 绝缘耐受试验；
e) 气体泄漏率；
f) 完成上述试验后，可以进行击穿电压试验。

长期试验可包括：
——长期热循环；

母线和任何膨胀装置承受热机械力。

——腐蚀防护性能；

这是在热循环时进行的评测，且应包括完整的布置和所有的辅助设备。

——回填土的性能；

只有在回填土的性能不明或无法保证时，才须进行该项试验。

参 考 文 献

［1］ JB/T 10181.31—2014 电缆载流量计算 第31部分：运行条件相关 基准运行条件和电缆选型（IEC 60287-3-1：1999，IDT）

［2］ IEC 60287-1-1，Electric cables—Calculation of the current rating—Part 1-1：Current rating equations（100％ load factor）and calculation of losses—General

［3］ IEC/TS 60479-1：2005，Effects of current on human beings and livestock—Part 1：General aspects

［4］ IEC/TS 60479-2：2007，Effects of current on human beings and livestock—Part 2：Special aspects

［5］ IEC/TR 60943：1998，Guidance concerning the permissible temperature rise for parts of electrical equipment，in particular for terminals Amendment 1（2008）

［6］ CIGRE Brochure 163：2000，Guide for SF6 gas mixtures

［7］ CIGRE Brochure 260：2004，N2/SF6 mixtures for gas insulated systems

［8］ CIGRE Brochure 360：2008，Insulation co-ordination related to internal insulation of gas insulated systems with SF6 and N2/SF6 gas mixtures under AC condition